AF854834

Atlas der Anatomie
des Hundes und der Katze

Stanley H. Done
BA BVetMed PhD DECPHM DECVP FRCVS FRCPath
Visiting Professor of Veterinary Pathology
University of Glasgow Veterinary School
Former Lecturer in Veterinary Anatomy
Royal Veterinary College
London

Susan A. Evans
MIScT AIMI MIAS
Former Chief Technician in Anatomy
Department of Veterinary Basic Sciences
Royal Veterinary College
London

Peter C. Goody (verstorben)
MSC (Ed) PhD
Former Lecturer in Veterinary Anatomy
Royal Veterinary College
London

Neil C. Stickland
BSc PhD DSc
Professor of Veterinary Anatomy
Department of Veterinary Basic Sciences
Royal Veterinary College
London

Röntgenbilder zur Verfügung gestellt von

Elizabeth A. Baines
MA VetMB DVR DipECVDI MRCVS
Lecturer in Veterinary Radiology
Department of Veterinary Clinical Sciences
Royal Veterinary College
London

Atlas der Anatomie
des Hundes und der Katze

Zweite Auflage

Deutsche Ausgabe herausgegeben von

Christoph K.W. Mülling
Professur für Veterinär-Anatomie
Universität Leipzig

Stefan Arnhold
Professur für funktionelle Veterinär-Anatomie,
-Histologie und -Embryologie
Justus-Liebig-Universität Gießen

Sabine Wenisch
Professur für klinische Anatomie
und experimentelle Chirurgie
Justus-Liebig-Universität Gießen

edra MEDIA

Original title:
COLOR ATLAS OF VETERINARY ANATOMY vol. 3, The Dog and Cat. Second edition

This translation is published by arrangement with Elsevier Ltd.
ISBN 978-0-7234-3415-3

Atlas der Anatomie des Hundes und der Katze

ISBN: 978-3-98891-005-9
eISBN: 978-3-98891-006-6

Publikationskoordination: Costanza Smeraldi
Projektmanager: Elisa Bechi
Produktionsleitung: Paolo Ficicchia
Übersetzung: Chef Du Monde
Wissenschaftliche Revision: Christoph K.W. Mülling (Kapitel 3, 4, 7 und 5 von Seite 231 bis 260);
Stefan Arnhold (Kapitel 1, 2, 10); Sabine Wenisch (Kapitel 6, 8, 9 und 5 von Seite 195 bis 230)
Seitengestaltung und Lektorat: ALTER EDOM

Aus Gründen der besseren Lesbarkeit wurde im Text auf die Verwendung der Gender-Sprachformen verzichtet und das generische Maskulinum angewendet.
Ausdrücklich gelten sämtliche Personenbezeichnungen dabei gleichermaßen für alle Geschlechter.

EDRA Media GmbH
Zeil 109
60313 Frankfurt am Main
Germany
+49 (0)69 348 7920-92
www.EDRA.media

edra MEDIA

Gedruckt von Rotomail Italia S.p.A, Italien, September 2023

HERAUSGEBER

Prof. Dr. med. vet. **Christoph K. W. Mülling**

Professur für Veterinär-Anatomie, Fachtierarzt für Anatomie

Dr. Christoph K. W. Mülling ist seit 2010 Universitätsprofessor für Veterinäranatomie an der veterinärmedizinischen Fakultät der Universität Leipzig. Er war 2013-2016 Prodekan und 2016-2019 Studiendekan. 2007-2010 war er Professor für klinische Anatomie und Studiendekan an der University of Calgary/Kanada. 2006 war er Associate Professor an der School of Veterinary Medicine and Sciences, University of Nottingham. Dr. Mülling ist Tierarzt und klinischer Anatom mit Leidenschaft für praxisorientierte Lehre und Forschung am Bewegungsapparat. Er hat seine berufliche Karriere nach fünf Jahren Tätigkeit in der tierärztlichen Praxis der universitären Lehre und Forschung im Bereich der funktionellen Anatomie der Haus- und Nutztiere gewidmet. In dieser Tätigkeit hat er national und international mit Studierenden, Wissenschaftler*innen, Tierärzt*innen, Hufschmied*innen, Klauenpfleger*innen sowie zahlreichen weiteren Berufsgruppen, die am Tier tätig sind, zusammengearbeitet.
Prof. Mülling ist spezialisiert auf funktionelle Anatomie und integrierte biomechanische Forschung bei Rindern und Pferden mit den Schwerpunkten Bewegungsapparat, Klaue und Huf. Sein Team verfolgt einen interdisziplinären Forschungsansatz. Seine Aktivitäten umfassen neben klinisch angewandten Fragestellungen auch die Lehr- und Lernforschung sowie die Entwicklung von multimedialen Lehrmaterialien. Das Vermitteln und Teilen von anatomischem Wissen stehen aktuell im Zentrum seiner Tätigkeit. Prof. Mülling hat viermal den Ackerknecht-Preis der VMF für exzellente Lehre erhalten. 2013 erhielt er das Share Jones Lectureship in Veterinary Anatomy des Royal Veterinary College, London.

Prof. Dr. med. vet. **Stefan Arnhold**

Professur für funktionelle Veterinär-Anatomie, -Histologie und -Embryologie

Dr. Stefan Arnhold ist seit 2007 Universitätsprofessor für funktionelle Veterinäranatomie, -histologie und -embryologie am Fachbereich Veterinärmedizin der Justus-Liebig-Universität Gießen. Er war von 2010-2016 und von 2019-2021 Studiendekan und ist seit 2021 Dekan des Fachbereichs Veterinärmedizin. Er wurde am Institut für Anatomie der medizinischen Fakultät der Universität zu Köln promoviert, wo er von 1993 bis 2007 als wissenschaftlicher Assistent tätig war. Er habilitierte sich im Jahr 2002 am Fachbereich Veterinärmedizin der JLU Gießen. Während der Zeit als wissenschaftlicher Assistent hat er den Bezug zur tierärztlichen Praxis durch diverse Praxisvertretungen aufrechterhalten. Sowohl als wissenschaftlicher Assistent als auch als Universitätsprofessor hat Prof. Arnhold Studierende sowohl der Human- als auch der Veterinärmedizin in den Fächern Anatomie, Histologie und Embryologie unterrichtet sowie zahlreiche Doktorand*innen betreut.
Der Fokus der Forschung von Prof. Arnhold liegt auf der Charakterisierung von embryonalen und adulten Stammzellen sowie deren Derivate für den Einsatz als Therapeutika bei degenerativen Veränderungen des muskuloskelettalen Systems sowie bei Tumorerkrankungen von Hund und Pferd. Neben seinem Engagement in der universitären Selbstverwaltung ist ihm die Verknüpfung von anatomischer Lehre mit klinischen Fragestellungen ein großes Anliegen.

Prof. Dr. **Sabine Wenisch**

Professur für klinische Anatomie und experimentelle Chirurgie

Dr. Sabine Wenisch ist seit 2010 Universitätsprofessorin für klinische Anatomie und experimentelle Chirurgie am Fachbereich Veterinärmedizin der Justus-Liebig-Universität Gießen. Nachdem sie nach der Habilitation für mehrere Jahre die Forschungsabteilung – Labor für experimentelle Unfallchirurgie – der Klinik und Poliklinik für Unfallchirurgie in Gießen leitete, kehrte sie 2007 in die Veterinärmedizin zurück. Sie ist Fachtierärztin für Anatomie und die strukturierte Vermittlung praxisrelevanter Inhalte im Rahmen der studentischen Lehre – von der Histologie über die Embryologie bis hin zur makroskopischen Anatomie – ist ihr ein großes Anliegen. Darüber hinaus widmet sie sich im interdisziplinären Diskurs der forschungsorientierten Lehre mit Blick auf regenerative Therapien des Stütz- und Bewegungsapparates bei verschiedenen Spezies. Sie ist Spezialistin für In-vitro-Verfahren zur Überprüfung der Biokompatibilität von Werkstoffen für den Gewebeersatz unter besonderer Berücksichtigung zellvermittelter Abwehr- und Regenerationsmechanismen.

VORWORT

Dieser dritte Band der Reihe ist, wie die beiden ersten über den Wiederkäuer und das Pferd, hauptsächlich für Studierende der Veterinärmedizin und praktizierende Tierärzte gedacht. Dennoch gehen wir davon aus, dass er ein breiteres Publikum ansprechen wird, darunter Hunde- und Katzenliebhaber, Forschende, vergleichende Anatomen, angehende Tierärzte, eben alle, die sich für die topographische Anatomie der domestizierten Karnivoren interessieren.

Das Buch zeigt die wichtigsten Merkmale der regionalen und topographischen Anatomie in einer Serie von Farbfotos detaillierter Präparationen. Die entsprechenden Strukturen sind in dazugehörigen farbigen und ausführlich beschrifteten Zeichnungen gekennzeichnet. Die Nomenklatur basiert auf den Termini der *Nomina Anatomica Veterinaria* (1983), wobei die lateinische Terminologie für Muskeln, Arterien, Venen, Lymphgefäße und Nerven verwendet wird, bei den meisten anderen Strukturen jedoch die eingedeutschte Terminologie eingesetzt wird. Die Bildunterschriften geben zusätzliche Informationen, die für die Interpretation der Fotos notwendig sind, z. B. welche Strukturen für die Aufnahme entfernt oder verschoben wurden.

Ein Kritikpunkt bei der Verwendung konservierter Kadaver für die Herstellung von Präparaten ist, dass ihnen der „realistische Eindruck", die normale Farbe und Form fehlen und sie oft wenig Ähnlichkeit mit den Organen in ihrem natürlichen Zustand haben. Diese Kritik ist in der Tat berechtigt, denn wenn man selbst präpariert, wird deutlich, dass sich konserviertes Material nicht so anfühlt wie frisches Material, da es seine Elastizität und Biegsamkeit verloren hat. Berücksichtigt man jedoch die topographischen Beziehungen zwischen den Strukturen und ihrer entsprechenden Lage, verliert die Kritik schnell an Bedeutung, da der konservierte Kadaver solche Beziehungen sicher besser abbilden kann. Fotografien derartig konservierter Präparate sind außerdem eindeutiger und leichter zu interpretieren als Fotografien von frischem Material. Daher haben wir bei unseren Bestrebungen, einen ersten Eindruck der regionalen und topographischen Anatomie zu vermitteln, bevorzugt Fotografien konservierter, mit Latex injizierter Präparate verwendet.

Die Präparate und Fotografien wurden speziell für dieses Buch angefertigt, mit Ausnahme einiger Fotografien von Präparaten aus der Sammlung des Anatomiemuseums der Abteilung für veterinärmedizinische Grundlagenfächer des Royal Veterinary College London. Die Röntgenbilder wurden für die Lehre angefertigt und entsprechen zum großen Teil Röntgenaufnahmen, die praktizierende Tierärzte regelmäßig auswerten.

Drei Rüden, zwei Hündinnen und zwei Katzen wurden für dieses Werk präpariert. Da es nicht Ziel dieses Buches ist, innerartliche Unterschiede zu besprechen, wurden rassetypische Unterschiede bei den Präparaten nicht berücksichtigt. Jedes Tier wurde in einer fortlaufenden Abfolge von Präparationsschritten vollständig präpariert. Folglich sahen wir uns mit ähnlichen Problemen konfrontiert wie Studierende der Veterinärmedizin, die einen Kadaver, dessen Erhaltungszustand sich langsam verschlechtert, über den Zeitraum von mehreren Monaten präparieren.

Die Präparate wurden mit Verfahren konserviert, die routinemäßig in der Abteilung für veterinärmedizinische Grundlagenfächer des Royal Veterinary College angewendet werden. Anschließend wurde farbiger Neoprenlatex in ihre Blutgefäße injiziert und sie wurden in Formalin (7 %) gelagert.

Ziel der Präparationen ist es, die Topographie des Tieres unter anderem für Studierende der Veterinärmedizin und Tierärzte abzubilden. Anders als beim Rind und Pferd ist die klinische Routineuntersuchung beim Hund oder der Katze nicht auf den Zugang von lateral am stehenden Tier beschränkt. So überwiegen zwar die Ansichten von lateral, um sie mit denen des Pferdes und des Rindes vergleichen zu können, doch werden sie durch zahlreiche Präparationen aus der ventralen Perspektive ergänzt. Außerdem haben wir, wie beim Rind und Pferd, so weit wie möglich vermieden, Fotos von Körperteilen, die aus dem Körper entfernt wurden, sowie Ansichten aus unüblichen Perspektiven oder von ungewöhnlichen Körperpositionen zu verwenden.

Dieser Band unterscheidet sich in mehrfacher Hinsicht von den ersten beiden. Die früheren Bände enthielten weder das allgemeine Einführungskapitel noch wurden Röntgenaufnahmen verwendet. Abgesehen von den praktischen Herausforderungen bei der Erstellung guter Röntgenbilder sind entsprechende Aufnahmen beim Rind und beim Pferd für die Bereitstellung topographischer Informationen nur von begrenztem Wert. Bei kleineren Haustieren sind Röntgenaufnahmen deutlich einfacher durchzuführen und liefern viele nützliche Informationen ergänzend zu den Präparationen. Zweitens widmet sich ein zusätzliches Kapitel speziell der Wirbelsäule unter besonderer Berücksichtigung der epaxialen Muskulatur. Drittens werden Transversalschnitte durch die verschiedenen Körperregionen verwendet, um mit Blick auf moderne bildgebende Verfahren die Interpretation der dreidimensionalen Topographie zu erleichtern.

Einen bedeutenden Unterschied zwischen dieser Auflage des Bandes und vorangegangenen Auflagen machen die neuen Röntgenaufnahmen, CT- und MRI-Scans aus, die im ganzen Buch in den entsprechenden Kapiteln zu finden sind. Ein zweiter wesentlicher Unterschied besteht darin, dass klinische Hinweise zu Beginn jedes Hauptkapitels aufgeführt werden. Diese Hinweise heben Bereiche der Anatomie hervor, die von besonderer klinischer Bedeutung sind. Schließlich sind in dieser neuen Ausgabe über 60 Fragen zur Selbstbeurteilung online verfügbar, um den Lernprozess zu überprüfen. Wir sind der Meinung, dass diese Ergänzungen den Nutzen des Buches insbesondere für angehende Tierärzte erheblich steigern.

DANKSAGUNGEN

Seit der ersten Auflage ist unser Kollege Peter Goody verstorben. Er war unser Freund, Kollege und Teammitglied. Er war ein gewissenhafter Anatom und beachtlicher Künstler und wir haben seinen Beitrag in dieser überarbeiteten Auflage sehr vermisst. So ist es uns eine Freude, diese Fassung seinem Andenken zu widmen und ihn zum Erstautor zu ernennen. Ohne seinen Einsatz wäre die erste Auflage des Bandes über den Hund nicht entstanden.

Die Präparationen und Fotografien für dieses Buch wurden im Ressort Anatomie der Abteilung für veterinärmedizinische Grundlagenfächer des Royal Veterinary College durchgeführt. Wir danken der Abteilung für die Zurverfügungstellung der speziellen Ausstattung, ohne die dieses Werk nicht realisierbar gewesen wäre. Während die Präparationen gemeinsam durchgeführt wurden, lag die alleinige Verantwortung für die Fotografie bei Sue Evans. Auch war die Logistik der Buchproduktion, mit Autoren an verschiedenen Standorten, stark von ihrer organisatorischen Leistung abhängig. Die anderen Autoren möchten die Gelegenheit nutzen, ihr an dieser Stelle einen ganz besonderen Dank auszusprechen für die Zeit, Mühe und die Liebe zum Detail, die sie bei der Erstellung der brillanten Fotografien an den Tag legte, und für die herausragende Handhabung des gesamten Projekts.

Eine Vielzahl von Menschen und Organisationen leistete während der Buchproduktion Unterstützung. Unser Dank gilt den folgenden: Gower Medical Publishing stellte die Erstfinanzierung für das Projekt bereit. Andrew Crook und Graham Hagger waren mit der Aufgabe betraut, die Präparate vor und während der Präparationen vorzubereiten und zu betreuen. Mehrere Präparationen der Katze wurden durch Fay Cullingham unterstützt.

Die Tiere wurden von Frau J. Lonsdale, Frau V. Pritchard, Herrn I. Bailey und Herrn J. Moseley zum Fotografieren zur Verfügung gestellt.

Lightbox Creative Services aus Camden Town führte die Filmentwicklung durch – seine schnelle und effiziente Bearbeitung wurde hochgeschätzt. Bibliotheksdienstleistungen wurden vom Royal Veterinary College in Camden Town und vom Ministerium für Landwirtschaft, Fischerei und Ernährung in Weybridge bereitgestellt. Unterstützung bei der Auswertung von Röntgenaufnahmen in der ersten Auflage leistete Herr S. Dean BVetMed DVR MRCVS, dem wir zu Dank verpflichtet sind. Wir sind dem Ministerium für Landwirtschaft, Fischerei und Ernährung dankbar für die großzügige Auslegung der „Gleitzeitregelung“ und des Jahresurlaubs, ohne die SHD keine Zeit für das Sezieren hätte finden können. Kollegen aus der Klinik sind wir ebenfalls zu Dank verpflichtet für die Durchsicht unserer klinischen Hinweise.

Es gibt keinen Zweifel daran, dass wir für Band 3 ohne den maßgeblichen Beitrag von Dr. R. R. Ashdown zu den Bänden 1 und 2 dieser Serie weder eine Gliederung gehabt hätten, nach der wir uns hätten richten können, noch einen anzustrebenden Standard.

Die Idee, einen Atlas der Anatomie des Hundes begleitend zu denen über das Rind und das Pferd zu erstellen, ergab sich aus Gesprächen mit Gower Medical Publishing in den frühen Achtzigern. Bedauerlicherweise konnte das Projekt erst in den frühen Neunzigern beginnen und wurde aus verschiedensten Gründen erst nach mehreren Jahren realisiert. Wir sind den Redakteuren, Gestaltern und Illustratoren (insbesondere Jane Catherall, die den Großteil der Zeichnungen anfertigte) sehr dankbar dafür, dass sie in dieser frustrierenden Stop-and-Go-Phase so geduldig unsere Unpünktlichkeiten und individuellen Eigenheiten ertragen haben. Ungeachtet dieser Schwierigkeiten hat Elsevier an das Endprodukt geglaubt und es schlussendlich fertiggestellt, wofür wir uns herzlich bedanken.

Neil Stickland
Stan Done

BIBLIOGRAFIE

Adams D.R. (1986), *Canine Anatomy a Systemic Study*, Ames: Iowa State University Press.

Ammann K., Seiferle E. & Pelloni G. (1978), *Atlas of Topographical Surgical Anatomy of the Dog – Atlas zur chirurgisch-topographischen Anatomie des Hundes*, Berlin, Hamburg: Paul Parey.

Anderson W. & Anderson B.G. (1994), *Atlas of Canine Anatomy*, Philadelphia: Lea & Febiger.

Barone R. (1976), *Anatomie Compareé des Mammifères Domestiques*, 3 vols. Paris: Vigot Frères.

Baum H. & Zietzschmann D. (1936), *Handbuch der Anatomie des Hundes*, 2nd edition, Berlin: Paul Parey.

Bolk L., Göppert E., Kallius E. & Lubosch W. (Eds) (1931–1938), *Handbuch der vergleichenden Anatomie der Wirbeltiere*, 6 Vols, Berlin & Vienna: Urban & Schwarzenberg. (Reprinted Asher & Co: Amsterdam 1967).

Boyd J.S. & Patterson C. (1991), *A Colour Atlas of Clinical Anatomy of the Dog and Cat*, London: Wolfe.

Bradley D.C. (1959), *Topographical Anatomy of the Dog*, 6th edition revised by T. Grahame. Edinburgh: Oliver & Boyd.

Budras K.-D. & Fricke W. (1991), *Atlas der Anatomie des Hundes*. Lehrbuch für Tierärzte und Studierende, 3rd Edition, Hannover: Schlütersche.

Budras K.-D. & Fricke W. (1995), *Anatomy of the Dog: An Illustrated Text* (Translation of 3rd Edition), London: Mosby–Wolfe.

Crouch J.E. (1969), *Text-atlas of Cat Anatomy*, Philadelphia: Lea & Febiger.

deLahunta A. (1983), *Veterinary Neuroanatomy and Clinical Neurology*, 2nd Edition, Philadelphia: Saunders.

deLahunta A. & Habel R.E. (1986), *Applied Veterinary Anatomy*, Philadelphia: W. B. Saunders.

Dyce K.M., Sack W.O. & Wensing C.J.G. (1987), *Textbook of Veterinary Anatomy*, Philadelphia: W B Saunders.

Ellenberger W. & Baum H. (1943), *Handbuch der vergleichenden Anatomie der Haustiere*, 18th edition, edited by Zietzschmann O. Ackernecht E. & Grau H. Berlin: Springer.

Ellenberger W., Baum H. & Dittrich O. (1925), *An Atlas of Animal Anatomy for Artists*, 2nd edition revised by LS Brown, New York: Dover.

Evans H.E. & Christensen G.C. (1979), *Miller's Anatomy of the Dog*, 2nd edition, Philadelphia: W. B. Saunders.

Evans H.E. & deLahunta A. (1988), Miller's *Guide to the Dissection of the Dog*, 3rd edition, Philadelphia: W. B. Saunders.

Feaney D.A. (1991), *Atlas of Correlative Imaging Anatomy of the Normal Dog: Ultrasound and Computed Tomography*, Philadelphia: W. B. Saunders.

Field E.J. & Harrison R.J. (1968), *Anatomical Terms. Their Origin and Derivation*, 3rd edition, Cambridge: Heffer.

Field H.E., Taylor M.E. & Butterworth B.B. (1969), *Atlas of Cat Anatomy*, Chicago: University of Chicago Press.

Ghoshal N.G., Koch T. & Popesko P. (1981), The *Venous Drainage of the Domestic Animals*, Philadelphia: W. B. Saunders.

Grassé P.P. (Editor) (1950–1970), *Traité de Zoologie: Anatomic, Systematique. Biologic*, Vertebrates vols. 13–17, Paris: Masson.

Gilbert S.G. (1975), *Pictorial Anatomy of the Cat*, Revised Edition, Seattle: University of Washington Press.

Hudson L.C. & Hamilton W.P. (1993), *Atlas of Feline Anatomy for Veterinarians*, Philadelphia: W. B. Saunders.

International Committee on Veterinary Gross Anatomical Nomenclature, World Association of Veterinary Anatomists (1983), *Nomina Anatomica Veterinaria*, 3rd edition, Ithaca: International Committee on Veterinary Gross Anatomical Nomenclature.

Jayne H. (1898), *Mammalian Anatomy. Part I The Skeleton of the Cat*, Philadelphia: J B Lippincott.

McClure R.C., Dallman M.J. & Garrett P.D. (1973), *Cat Anatomy An Atlas. Text and Dissection Guide*, Philadelphia: Lea & Febiger.

McFadyean J. (1964), *Osteology and Arthrology of the Domesticated Animals*, 4th edition, Edited by H.V. Hughes & J.W. Dransfeld, London: Bailliere Tindall, Cox.

Miller M.E. (1962), *Guide to the Dissection of the Dog*, 3rd edition, Ithaca: Edwards Bros.

Miller M.E., Christensen G.C. & Evans H.E. (1964), *Anatomy of the Dog*, Philadelphia: W. B. Saunders.

Montané L., Bourdelle E. & Bressou C. (1953), *Anatomie Régionale des Animaux Domestiques*, Vol. IV – Carnivores: Chien et Chat, Paris: J–B Baillière.

Nickel R., Schummer A. & Seiferle E. (1961–1967), *Lehrbuch der Anatomie der Haustiere*, Vol. 1–IV, Berlin, Hamburg: Paul Parey, (Revised and translated into English 1979–1986).

Band 1 (1986), *The Locomotor System of the Domestic Mammals*, 5th Edition – Revised by J. Frewein, K–H. Wille & H. Wilkens. Translated by WG Siller & WM Stokoe, Berlin, Hamburg: Paul Parey.

Band 2 (1979), *The Viscera of the Domestic Animals*, 2nd Edition – Translated and Revised by A. Schummer, R. Nickel & W.O. Sack, New York: Springer.

Band 3 (1981), *The Circulatory System, the Skin and the Cutaneous Organs of the Domestic Mammals*, 2nd Edition – Revised by A. Schummer, H. Wilkens, B. Vollmerhaus & K.–H. Habermehl – Translated by W.G. Siller & P.A.L. Wight, Berlin, Hamburg: Paul Parey.

Band 4 (1986), The *Nervous System, the Endocrine Glands, and the Sensory Organs of the Domestic Mammals*, 2nd Edition – Revised by E. Seiferle & G. Bohme, Berlin, Hamburg: Paul Parey.

Pierard J. (1972), *Anatomie Appliquée des Carnivores Domestiques. Chien et Chat*, Quebec: Sornabec.

Popesko P. (1977), *Atlas of Topographical Anatomy of the Domestic Animals*, 2nd edition, Philadelphia: W. B. Saunders.

Reighard J. & Jennings H.S. (1935), *Anatomy of the Cat*, 3rd edition, Edited by R. Elliot, New York: Holt, Rinehart & Winston.

Schebitz H. & Wilkens H. (1986), *Atlas of Radiographic Anatomy of the Dog and Cat – Atlas der Röntgenanatomie von Hund und Katze*, 4th edition revised, Berlin: Paul Parey, Philadelphia: W. B. Saunders.

Sisson S. & Grossman J.D. (1953), *The Anatomy of the Domestic Animals*, 4th edition, revised, Philadelphia: W. B. Saunders.

Sisson S. & Grossman J.D. (1975), *The Anatomy of the Domestic Animals*, vol. 2, 5th edition, Edited by R. Getty, Philadelphia: W. B. Saunders.

Taylor J.A. (1955–1970), *Regional and Applied Anatomy of the Domestic Animals*, Parts I–III, Edinburgh: Oliver & Boyd.

Vollmerhaus B. & Habermehl K.H. *Topographical Anatomical Diagrams of Injection Technique in Horses. Cattle, Dogs and Cats*, Marburg, Lahn: Hoechst, Behringwerke A.G.

Walker W.F. Jr. (1967), *A Study of the Cat*, Philadelphia: W. B. Saunders.

INHALT

Dieser Band ist dem Andenken des verstorbenen Peter Goody gewidmet

EINLEITUNG

Die Bände 1 und 2 dieser Reihe wurden speziell erstellt, um Studierenden der Veterinärmedizin zu helfen, fehlende Erfahrungen im Rahmen von Großtierpräparationen zu kompensieren. Es ist immer noch so, dass der größte Teil der Präparationen von Studierenden an einem Hunde- oder Katzenkadaver durchgeführt wird, aber selbst hier handelt es sich unter Umständen nicht um die vollständige detaillierte Präparation eines kompletten Tierkörpers. Immer häufiger ist die klassische Präparation nicht mehr Teil des Lehrplans, da moderne Diagnostikverfahren, konventionelle Techniken ersetzen. Präparate wurden schon immer von mehreren Präparatoren gleichzeitig genutzt, aber heutzutage sind aus verschiedenen Gründen, wie Kosten, Verfügbarkeit und Zeitkontingent, die Möglichkeiten zur Durchführung einer Präparation für den einzelnen Studierenden im Vergleich zu vergangenen Jahren reduziert. Die geringere Verfügbarkeit von Präparationsmaterial in Verbindung mit geringeren personellen Kapazitäten für die Erstellung und Erhaltung dieser Präparate führen dazu, dass die Herstellung guter Demonstrationsobjekte, aber auch musealer Ausstellungspräparate, die sämtliche Präparationsstadien einer speziellen Region umfassen, nicht mehr möglich ist.

Wir hoffen, dass dieser fotografische Präparationsatlas: (a) für Studierende, die selbst, aus welchen Gründen auch immer, keine detaillierte Präparation durchführen können, einen kompensatorischen Beitrag leistet; (b) Studierenden, die detaillierte Präparationen selbst durchführen können, eine permanente Gedächtnisstütze für das bietet, was gesehen wurde oder hätte gesehen werden sollen.

Wie schon in den Bänden 1 und 2 versichern wir hier nochmals, dass wir die Studierenden nicht aus dem Präpariersaal, weg von den Präparaten, in den bequemen Sessel zum Studium der praktischen topographischen Anatomie locken wollen. Vielmehr haben wir den Versuch unternommen, einen Atlas zur Verfügung zu stellen, mit dem sie ihr eigenes persönliches Studium der Präparate von Hund und Katze bestätigen und erweitern können, wenn die Präparate nicht mehr zur Verfügung stehen. Allerdings soll dieser Atlas, so unsere Hoffnung, für diejenigen unter Ihnen, die nicht selbst präparieren oder fertige Präparate verwenden können, eine gute Alternative darstellen – mit einer umfassenden Auswahl von Fotografien und beschrifteten Zeichnungen, die Sie in Ruhe studieren können.

Die in diesem Band gezeigten Präparate umfassen vollständige Präparationsabfolgen von der Oberfläche in die Tiefe – eine laterale Abfolge wird durch eine ventrale und eine dorsale Abfolge ergänzt. Aufeinanderfolgende Präparationsstadien wurden in regelmäßigen Abständen fotografiert, sobald die Strukturen offengelegt, gesäubert und definiert waren – und viele letztendlich entfernt wurden. Es bedarf einer Anmerkung zur Präparationstechnik, die auf diesen Fotos zu sehen ist. In vielen Fällen haben wir nicht das gesamte Bindegewebe von den dargestellten Strukturen entfernt, dennoch hielten wir es für notwendig, jeden Bereich von Fettgewebe zu säubern, um so besondere Merkmale freizulegen. Bei „kompletten" Präparaten ist es oft unmöglich, die ursprünglichen topographischen Beziehungen zwischen Gefäßen und Nerven präzise zu erhalten. Auch führen solche Präparate dazu, dass die Studierenden entsprechende Zeichnungen aus dem Lehrbuch für „echt" halten und annehmen, dass Fett-, Faszien- und Bindegewebe gar nicht existieren. Wir haben uns daher bemüht, dass die Fotos die Strukturen so wiedergeben, wie sie tatsächlich im Laufe einer Präparation erscheinen.

Obwohl dieser Band in erster Linie für Studierende der Veterinärmedizin gedacht ist, soll er kein Atlas der angewandten Veterinäranatomie sein. Es wird kein besonderer Schwerpunkt auf eine bestimmte Region oder Struktur gelegt: Die von uns angegebenen Details bilden eine solide Grundlage für jede spezifische Anwendung.

Das erste Kapitel vermittelt ein Gesamtbild des Hundes, bei dem die Oberflächenanatomie, die oberflächlichen Beziehungen der inneren Organe und das Skelettsystem im Vordergrund stehen. Bestandteile des Skeletts werden nur als gelenkig miteinander verbundene Einheiten gezeigt, die die knöcherne Grundlage der jeweiligen Region bilden. Einzelne Knochen wurden nicht einbezogen, da sie nur wenig zur Beschreibung der Topographie beitragen. Die folgenden Kapitel, die sich mit bestimmten Körperregionen befassen, beginnen mit Fotografien regionaler Oberflächenmerkmale des lebenden Tieres, die durch Fotografien eines Hundeskeletts ergänzt werden, um die wesentlichen palpierbaren Strukturen in diesen Regionen darzustellen. Der größte Teil jedes Kapitels besteht aus einer detaillierten Abfolge von Präparationen von lateral und ventral und endet mit einer Serie von Transversalschnitten durch die Region. Der Thorax und das Abdomen enthalten Präparationsansichten sowohl von der linken lateralen als auch von der rechten lateralen Seite: Der Kopf und die Wirbelsäule zeigen auch Ansichten aus der dorsalen Perspektive. Das letzte Kapitel befasst sich mit der Katze und konzentriert sich auf die Merkmale, die sich wesentlich von denen des Hundes unterscheiden, die in den vorangegangenen Kapiteln beschrieben wurden.

Die Bände 1 und 2 dieser Serie setzten voraus, dass die Leser bereits über die Grundlagen der systematischen Anatomie verfügten und diese auf die Topographie der Großtierarten ausdehnen wollten. Dieser Band setzt dies nicht voraus und wird zweifellos von Studierenden in einem frühen Stadium ihres Anatomiekurses oder von jenen, die nur über geringe Vorkenntnisse in der makroskopischen Anatomie verfügen, verwendet. Daher sind einige Anmerkungen zu den in den Titeln und Überschriften üblicherweise verwendeten Begriffen für Positionen und Lagebeziehungen erforderlich. Diese sind auch für Lesende gedacht, die mit der Humananatomie vertraut sind. Hier beziehen sich die Begriffe auf die normale anatomische Position des Menschen, also auf die aufrecht stehende Haltung. Lagebeschreibungen beim Menschen enthalten die Termini anterior und posterior, superior und inferior, die in der Veterinär-Anatomie nicht verwendet werden.

Anatomische Lagebeziehungen der Strukturen beim Tier werden mit Blick auf die vierbeinige anatomische Position beschrieben – fest auf allen vier Beinen stehend, mit ausgestrecktem Kopf und Schwanz.

Dorsal/ventral – hin zum Rücken oder der Oberseite (Dorsum)/hin zum Bauch oder der Unterseite (Venter). Bei den Gliedmaßen bezieht sich dorsal auf die Vorderseite der Pfoten, während palmar/plantar für die Rückseite (Unterseite) der Vorder- bzw. Hinterpfoten verwendet wird.

Kranial/kaudal – zum Kopf/zum Schwanz. Am Kopf wird der Terminus rostral (hin zum Rostrum oder Maul) dem Terminus kranial vorgezogen, der hier doppeldeutig wäre. Bei den Gliedmaßen werden die Termini kranial und kaudal bezüglich der vorderen und hinteren Flächen oberhalb (proximal) des Karpus und Tarsus verwendet.

Medial/lateral – zur Mittellinie hin (Medianebene)/zur Seite oder von der Mittellinie weg. Bei den Gliedmaßen werden diese Termini verwendet, um die inneren und äußeren Flächen zu bezeichnen.

Proximal/distal – hin zur Mittelachse des Körpers (oder dem Ursprung einer Struktur)/weiter entfernt von der Mittelachse des Körpers (oder dem Ursprung einer Struktur), was für die Gliedmaßen besonders wichtig ist, da der proximale Abschnitt näher am Rumpf und die Pfote am weitesten distal ist.

Axial/abaxial – nahe der Mittellinie (Mittelachse) einer Gliedmaße/Strukturen einer Gliedmaße fern dieser Mittelachse. An den Pfoten verläuft die Mittelachse zwischen der 3. und 4. Zehe und daher zeigt die axiale Fläche einer Zehe hin zur Achse und die abaxiale Fläche zeigt weg von der Achse.

Tief (innerlich)/oberflächlich (äußerlich) – entfernt von der Körperoberfläche oder im Inneren eines Organs/hin zur Körperoberfläche oder einer Organoberfläche.

Rechts/links – festgelegt in Bezug auf das Tier und nicht auf den Betrachter, eine wichtige Unterscheidung, wenn das Tier auf dem Rücken liegt oder wenn ein Transversalschnitt durch den Körper aus der kranialen Perspektive betrachtet wird.

Der Kopf, Rumpf und die Gliedmaßen wurden präpariert, um einige der Bilder erstellen zu können. In diesem Zusammenhang wird ein Bezug zu bestimmten Ebenen hergestellt:

Medianebene – longitudinale Ebene, die das Tier in zwei gleiche Hälften, die rechte und linke Hälfte, unterteilt.

Sagittalebene – eine Ebene, die parallel zur Medianebene verläuft.

Transversalebene – liegt quer im rechten Winkel zur Längsachse des Körpers oder der Gliedmaße oder zur Längsachse eines Organs oder Körperteils.

Bei den Röntgenaufnahmen wird die Ansicht in Bezug auf die Richtung beschrieben, die die Röntgenstrahlen vom Eintrittspunkt in das Tier bis zum Austrittspunkt nehmen.

Es ist auch wichtig, darauf hinzuweisen, dass in Vorbereitung für diesen Band nur eine begrenzte Anzahl von Tieren seziert wurde. Im Rahmen unserer langjährigen Erfahrung haben wir beachtliche individuelle Unterschiede zwischen den Tieren festgestellt. Dies gilt insbesondere für Arterien und Venen. Daher können andere Präparate von den in diesem Band gezeigten Präparaten abweichen.

1. REGIONEN, OBERFLÄCHEN-PROJEKTIONEN UND ANATOMIE DES SKELETTSYSTEMS

Abb. 1.1 Oberflächenmerkmale des Hundes: linke laterale Ansicht. Dieses Bild ist dazu gedacht, auf ganz einfache Art die wesentlichen Körperteile darzustellen. Dementsprechend wurde in den Beschriftungen der Zeichnung die beschreibende Terminologie bewusst allgemein gehalten und in manchen Fällen wurden häufig verwendete umgangssprachliche Begriffe einbezogen. Detailliertere Betrachtungen der Oberflächenanatomie der verschiedenen Körperteile (Kopf und Hals; Brustkorb, Bauchhöhle und Becken; sowie die Gliedmaßen) werden weiter unten in diesem einleitenden Kapitel dargestellt. Abb. 1.1A am Ende der Seite stellt die wesentlichen topographischen Regionen dar, in die der Körper deskriptiv unterteilt wird. Es ist insbesondere für die Lagebeschreibung innerer Organe im Verhältnis zur Oberfläche sinnvoll, den Körper im Sinne von Regionen zu beschreiben. Detailliertere Unterteilungen dieser topografischen Hauptregionen werden im weiteren Verlauf dieses Kapitels dargestellt.

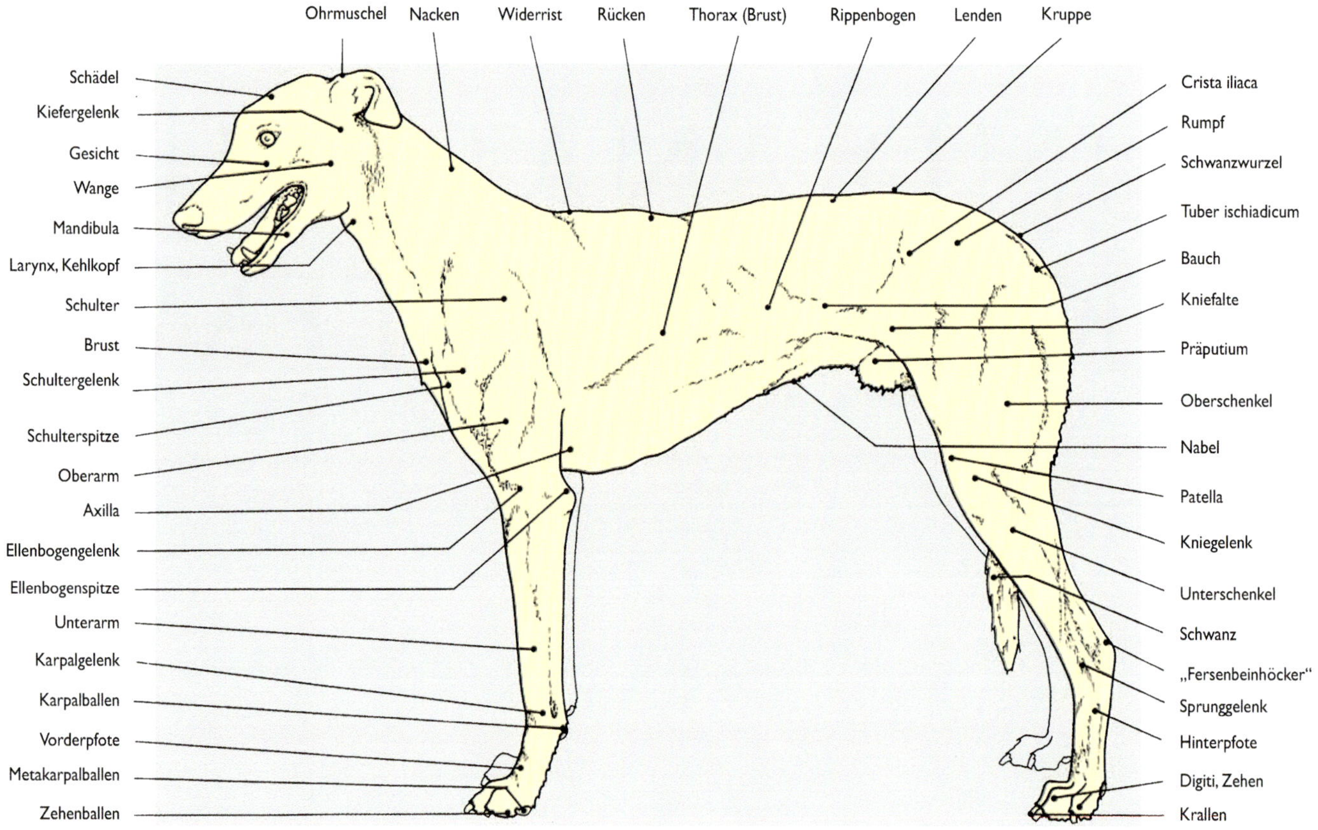

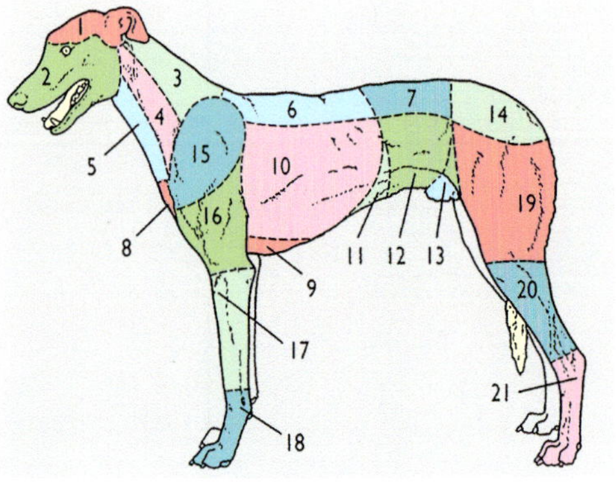

Abb. 1.1A Topographische Regionen beim Hund: linke laterale Ansicht. **1** Regiones craniales. **2** Regiones faciales. **3-5** Regiones colli. **3** Regio colli dorsalis. **4** Regio colli lateralis. **5** Regio colli ventralis. **6-7** Regiones dorsi. **6** Regio vertebralis thoracis. **7** Regio lumbalis. **8-10** Regiones thoracis (pectoris). **8** Regio praesternalis. **9** Regio sternalis. **10** Regio costalis. **11-13** Regiones abdominis. **11** Regio abdominis cranialis. **12** Regio abdominis media. **13** Regio abdominis caudalis. **14** Regio pelvis. **15-18** Regiones membri thoracici. **15** Regio scapularis. **16** Regio brachialis. **17** Regio antebrachialis. **18** Regio manus. **19-21** Regiones membri pelvini. **19** Regio femoris. **20** Regio cruris. **21** Regio pedis.

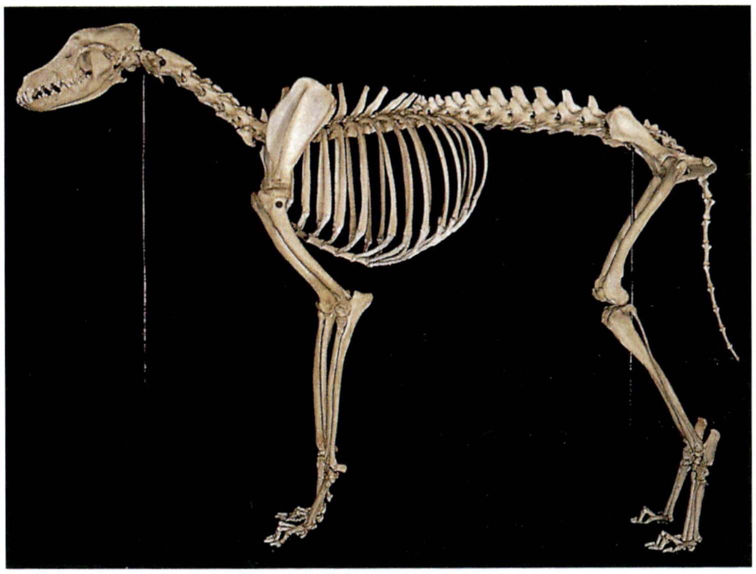

Abb. 1.2 Skelett des Hundes: linke laterale Ansicht. Wie bei der Oberflächenansicht der dazugehörigen Seite soll auch die Zeichnung des Skeletts in ganz allgemeiner Art die Hauptbestandteile des Skeletts darstellen. Generell kann das Skelett seiner Position im Körper entsprechend in zwei Teile unterteilt werden. 1. Achsenskelett – die Skelettbasis von Kopf, Hals, Rumpf und Schwanz, bestehend aus Wirbelsäule, Rippen und Brustbein sowie dem Schädel. 2. Extremitätenskelett – Knochen der Gliedmaßen und dazugehörige Verbindungselemente, die die Gliedmaße mit dem Rumpf verbinden. In diesem Skelettpräparat fehlen der zerbrechliche Zungenbeinapparat, ein Bestandteil des Schädels, der beim lebenden Tier die Zunge und den Kehlkopf am Schlundboden aufhängt und das Os penis, das sich in den Weichteilen des freien Penisendes entwickelt.

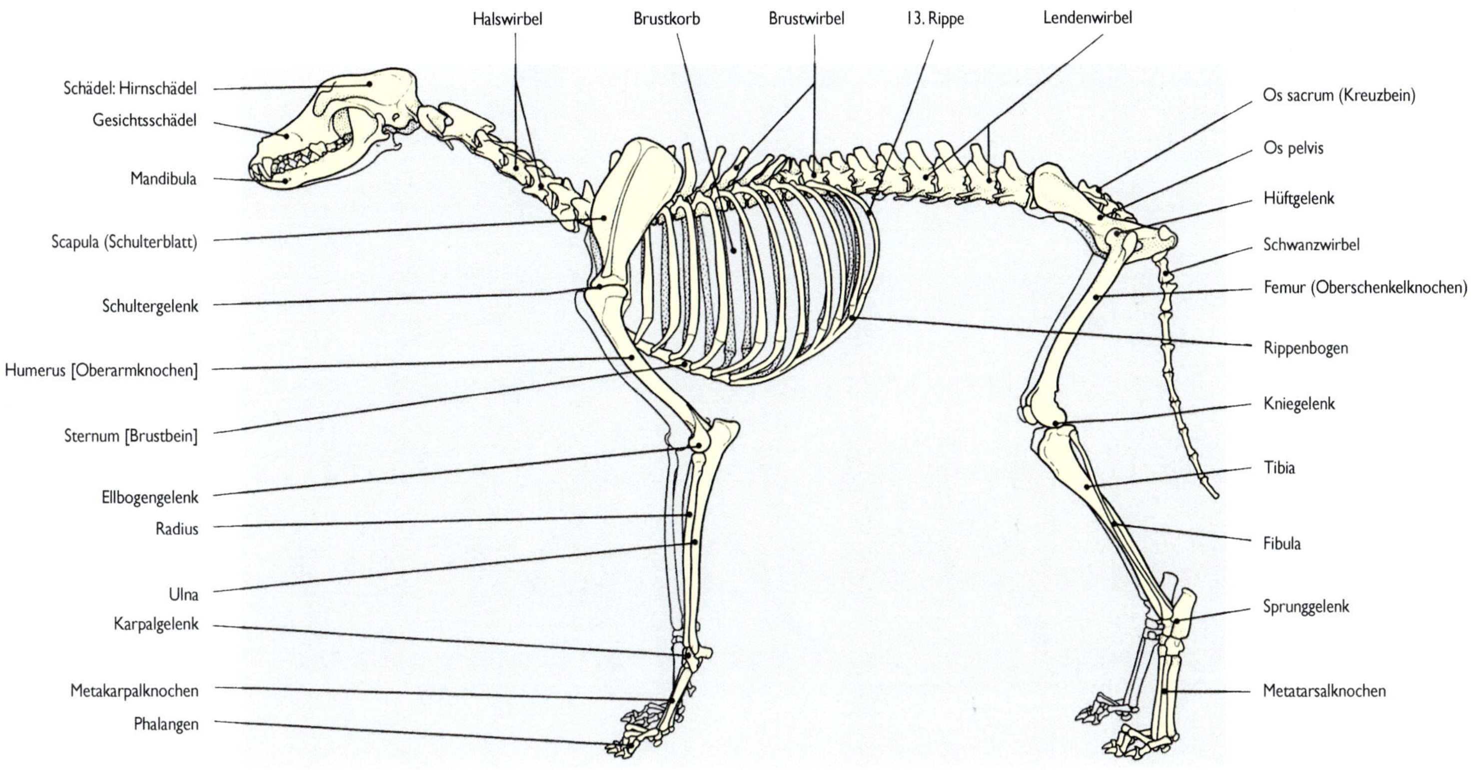

Abb. 1.2A Variabilität der Körperform beim Hund: linke laterale Ansichten. Die große innerartliche Schwankungsbreite der Körperformen ist anhand von drei Beispielen aus den über dreihundert vorkommenden Haushunderassen dargestellt: A – Dackel; B – Staffordshire; C – Ungarischer Vizsla.

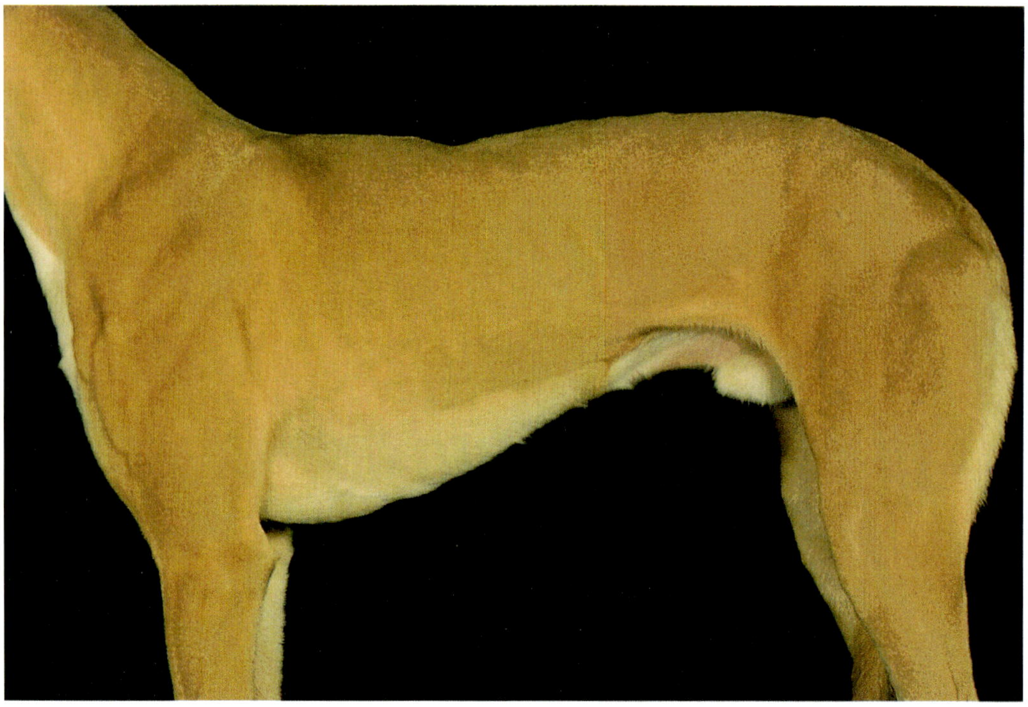

Abb. 1.3 Oberflächenmerkmale des Brustkorbs und der Bauchhöhle: linke laterale Ansicht. Es werden die knöchernen Hauptmerkmale des Rumpfes dargestellt. Zusätzlich können die lateralen Oberflächen der 13. bis 5. Rippe in der normalen stehenden Position durch die darüberliegende Muskulatur hindurch palpiert werden. Wird die Vordergliedmaße vorgezogen, sind auch die 2. bis 5. Rippen, zumindest auf einem Teil ihrer Länge, tastbar. Durch Palpation in der Fossa jugularis kraniomedial des Schultergelenks kann die Vorderkante der 1. Rippe an der Thoraxapertur ertastet werden. In stehender Haltung ist der Angulus scapulae cranialis auf einer Höhe mit der Spitze des Processus spinosus des 1. Brustwirbels; der Angulus caudalis befindet sich auf einer Höhe mit den Wirbelkörpern der 4. und 5. Brustwirbel; das Schultergelenk liegt lateral des unteren Endes der 1. Rippe; der Processus olecrani der Ulna liegt unterhalb des ventralen Endes vom 5. Interkostalraum.

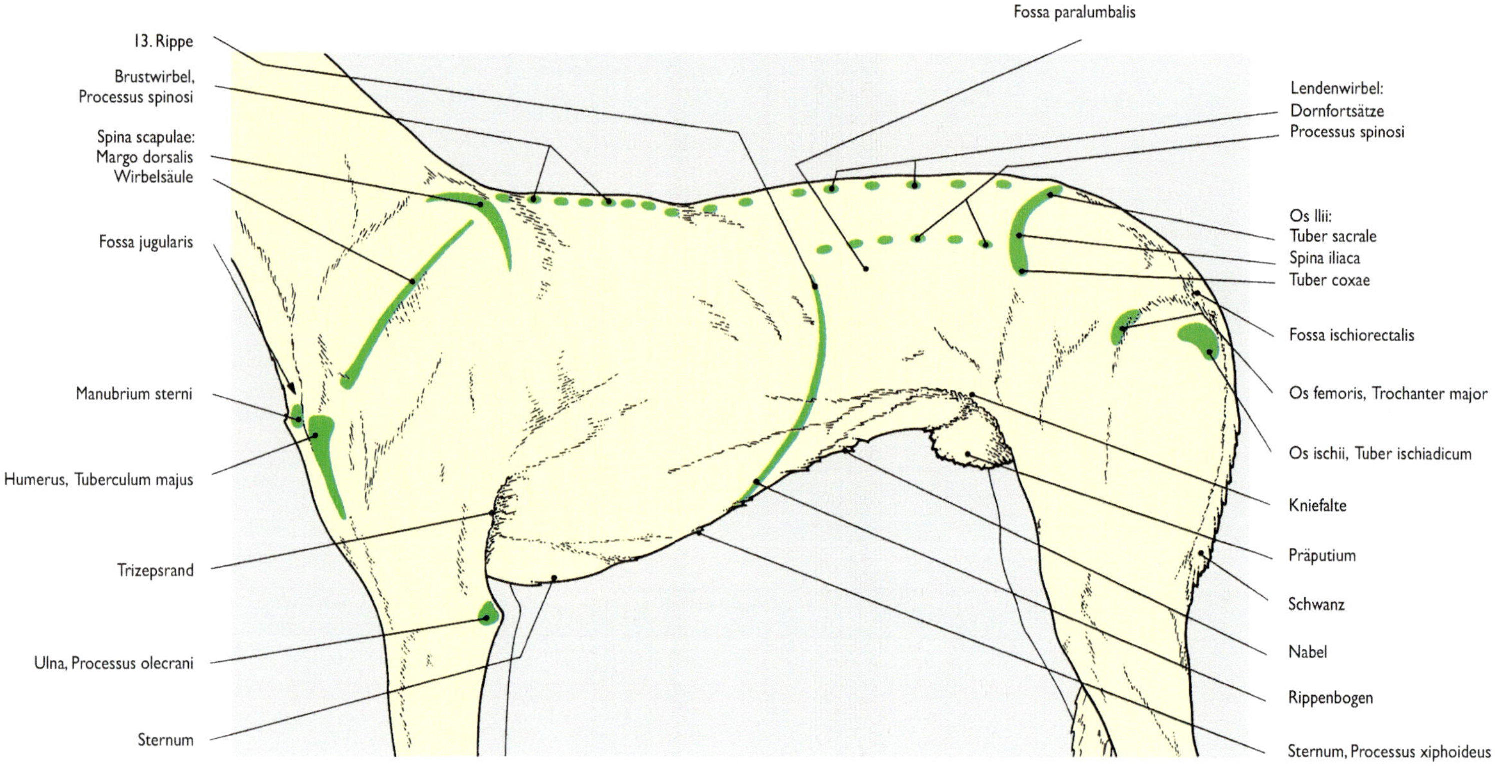

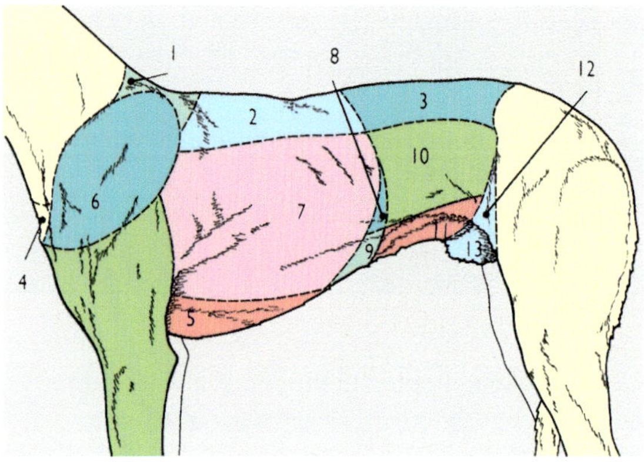

Abb. 1.3A Topographische Regionen der Brust- und Bauchhöhle: linke laterale Ansicht. **1-3** Regiones dorsi. **1** Regio interscapularis. **2** Regio vertebralis thoracis. **3** Regio lumbalis. **4-7** Regiones thoracis (pectoris). **4** Regio praesternalis. **5** Regio sternalis. **6** Regio scapularis. **7** Regio costalis. **8-9** Regio abdominis cranialis. **8** Regio hypochondriaca links. **9** Regio xiphoidea. **10-11** Regio abdominis media. **10** Regio abdominis lateralis links. **11** Regio umbilicalis. **12-13** Regio abdominis caudalis. **12** Linke Regio inguinalis. **13** Regio praeputialis (Schamregion).

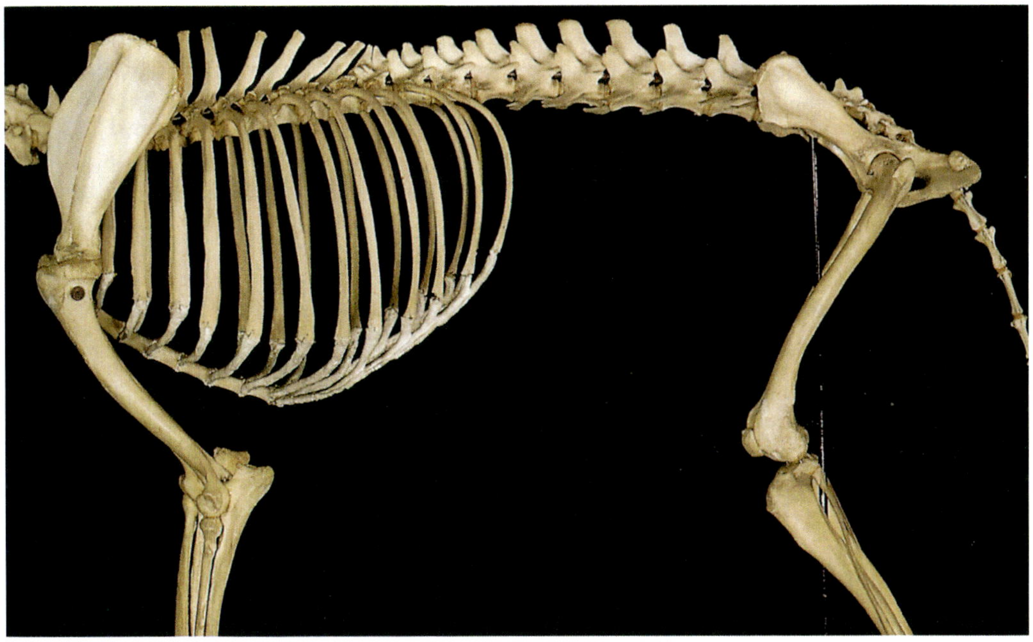

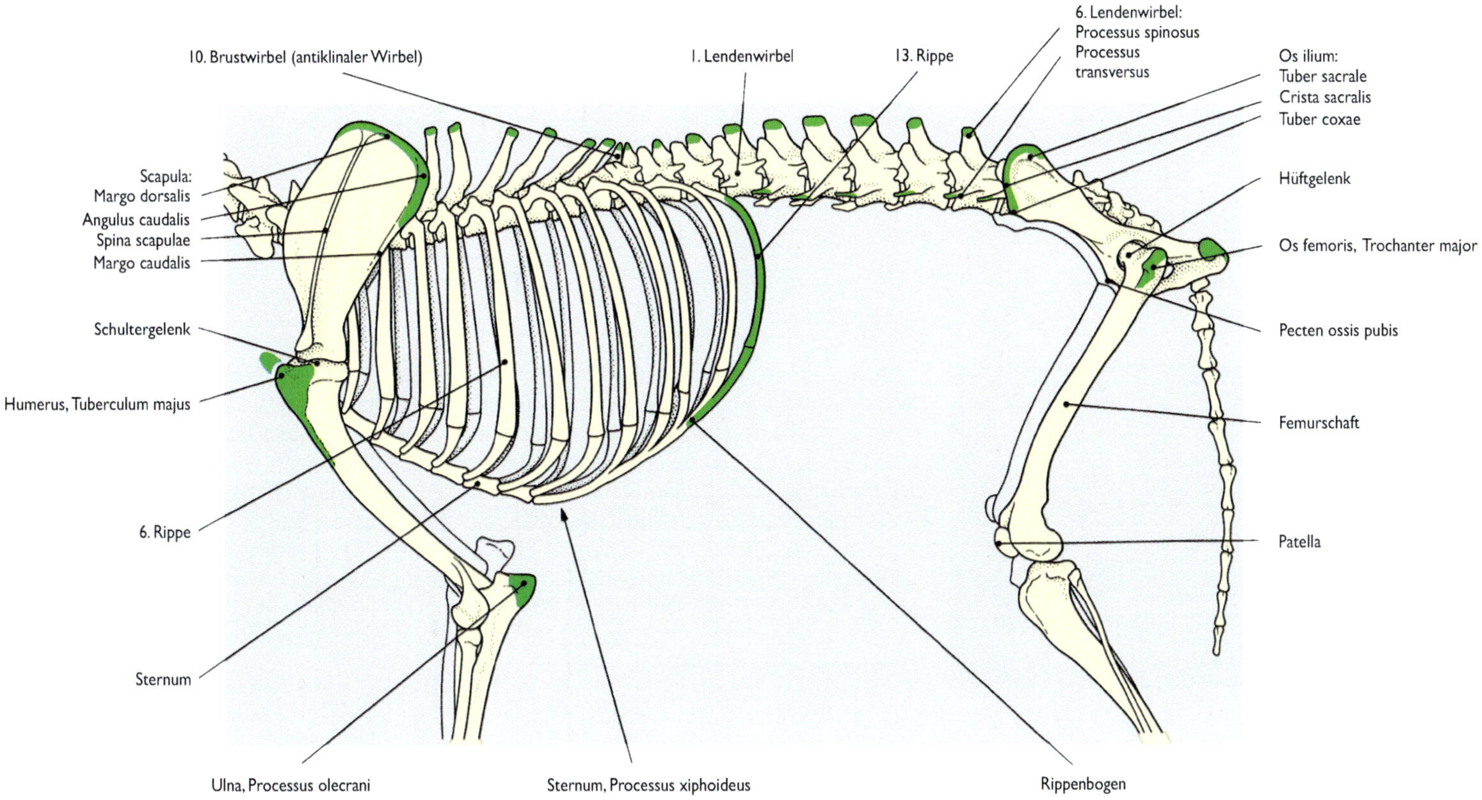

Abb. 1.4 Skelett des Thorax und des Abdomens: linke laterale Ansicht. Die palpierbaren Knochenpunkte, abgebildet in der Oberflächenansicht des Rumpfes, sind hier farbig dargestellt. Die 13. Rippe, die freie Rippe, liegt frei in der Bauchwand und gelegentlich finden sich dort Überreste zusätzlicher Rippen (siehe Abb. 6.18, in der eine kleine 14. Rippe am kraniodorsalen Rand der Bauchwand liegt). Die Rippen sind lang und relativ gerade, während die Rippenknorpel im beinahe rechten Winkel gebogen sind, um so bei den ersten 9 Rippen eine Verbindung mit dem Brustbein zu ermöglichen. Die fast vertikale Ausrichtung der kranialeren Rippen nimmt weiter kaudal eine zunehmend kaudoventrale Ausrichtung an. Der Rippenbogen bildet die kraniale Begrenzung der weichen Bauchwand: Die kaudale Begrenzung ist die Apertura pelvis, von der nur der Pecten ossis pubis palpierbar ist. Die Beckenhöhle ist mit der Bauchhöhle verbunden, obwohl sie wesentlich kleiner ist und in den Grenzen der Beckenknochen liegt, die gelenkig mit dem Kreuzbein und den Schwanzwirbeln verbunden sind.

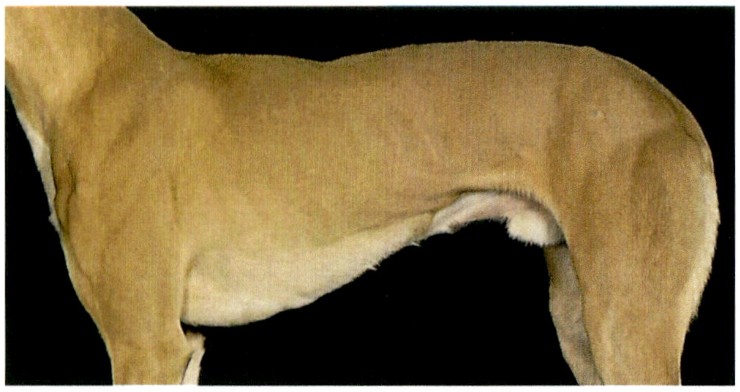

Abb. 1.5 Oberflächenbeziehungen der thorakalen und abdominalen Eingeweide des Hundes: linke laterale Ansicht. Die wichtigsten inneren Eingeweide in der Brust- und Bauchhöhle sind in der Oberflächenprojektion in dieser und in **Abb. 1.6** in lateraler Ansicht dargestellt. In diesen Zeichnungen wird davon ausgegangen, dass der Hund in normaler Standposition fest auf allen vier Gliedmaßen steht. Die pleurale Umschlagfalte des Recessus costodiaphragmaticus, direkt kranial des Rippenbogens, kennzeichnet die kaudale Begrenzung der Brusthöhle. Die Bauchhöhle ist kranial durch das Zwerchfell begrenzt, das sich entlang der Mittellinie auf einer beachtlichen Länge kranial des Rippenbogens erstreckt. Folglich liegt ein wesentlicher Teil des Abdomens und seines Inhalts (hauptsächlich Leber und Magen) innerhalb des Rippenbogens in den Grenzen des Brustkorbs.

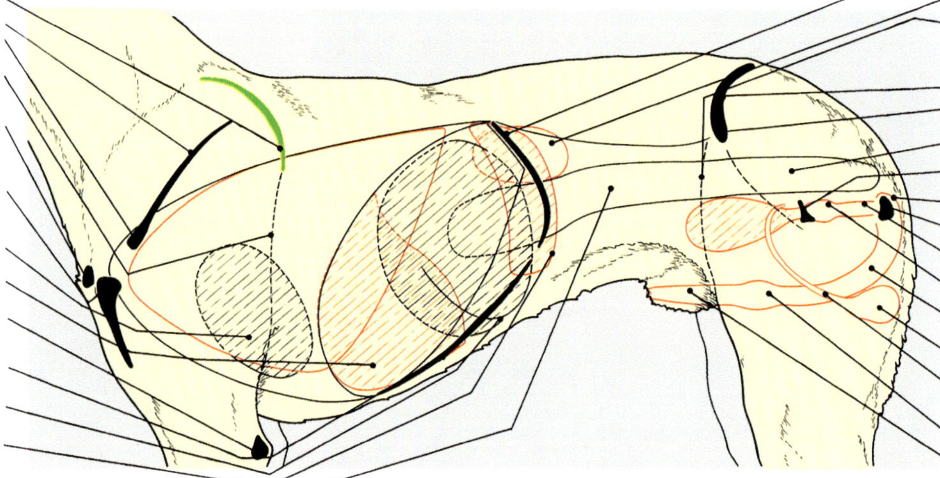

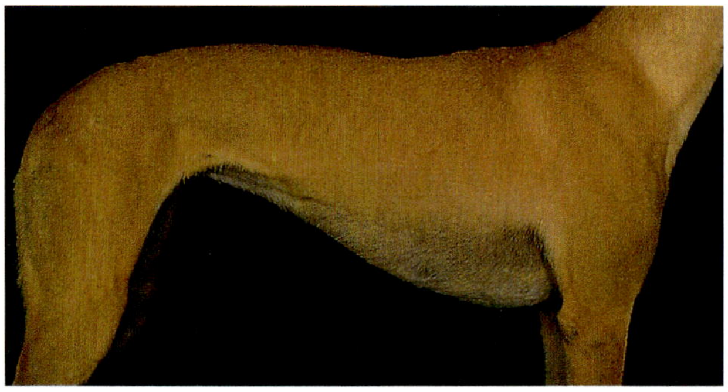

Abb. 1.6 Oberflächenbeziehungen der Brust- und Baucheingeweide der Hündin: laterale Ansicht. Die Visualisierung der Lage der inneren Organe ist in der Brusthöhle besonders wichtig, da eine Palpation nicht möglich ist. Eine Lageüberprüfung kann allerdings mittels Perkussions- und Auskultationstechniken durch einen erfahrenen Tiermediziner durchgeführt werden. Die Organe der Bauchhöhle können durch die Bauchwand nur begrenzt palpiert werden, obwohl ein großer Teil des Bauchraums von weichen, beweglichen Darmschlingen eingenommen wird. Von den in dieser Projektion dargestellten Organen können einige, wie die Niere und das Colon descendens, falls es harten Kot enthält, palpiert werden, allerdings nur bei schlanken und kooperativen Tieren. In einigen Stadien der Trächtigkeit können eventuell auch Föten im vergrößerten Uterushorn ertastet werden.

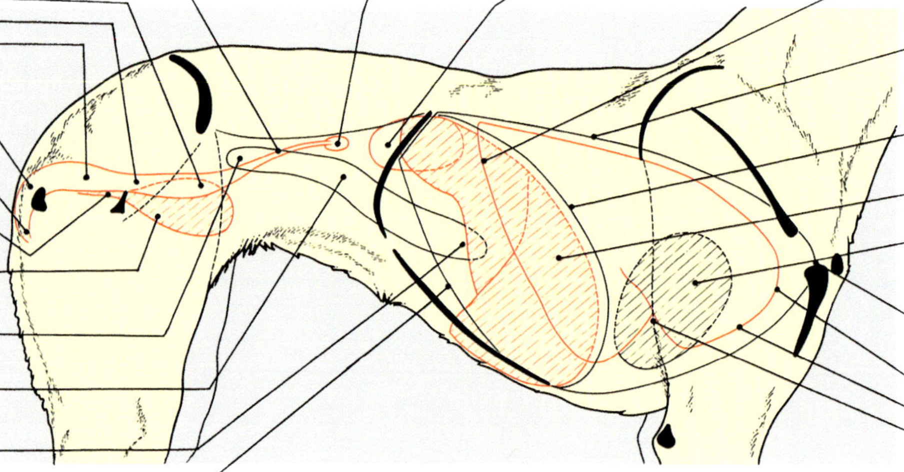

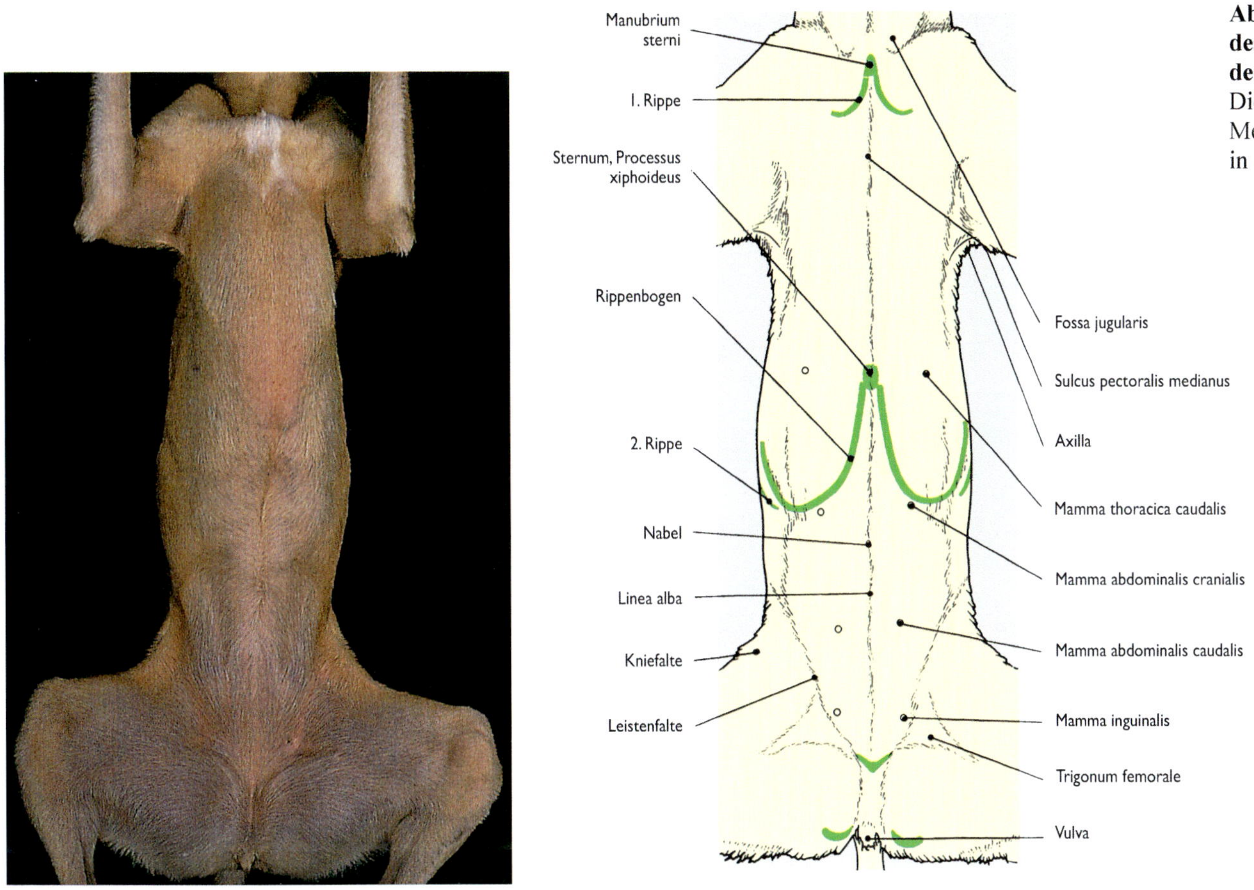

Abb. 1.7 Oberflächenmerkmale des Brust- und Bauchraums der Hündin: ventrale Ansicht. Die wesentlichen palpierbaren Merkmale des Rumpfes sind in dieser Abbildung dargestellt.

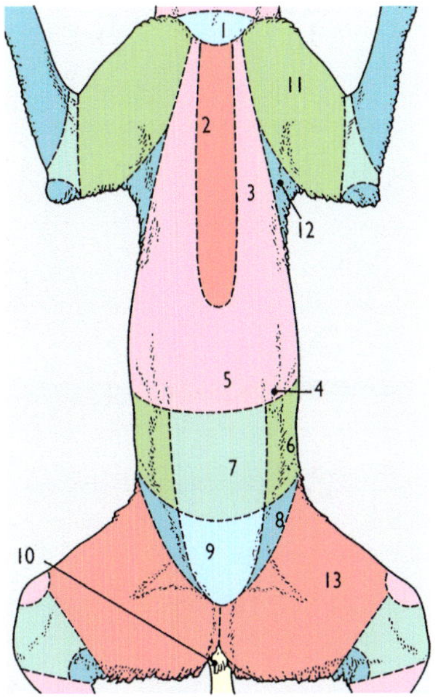

Abb. 1.7A Topographische Regionen: 1-3 Regiones thoracis (pectoris). **1** Regio praesternalis. **2** Regio sternalis. **3** Regio costalis. **4-9** Regiones abdominis. **4-5** Regio abdominis cranialis. **4** Regio hypochondriaca links. **5** Regio xiphoidea. **6-7** Regio abdominis media. **6** Regio abdominis lateralis links. **7** Regio umbilicalis. **8-9** Regio abdominis caudalis. **8** Regio inguinalis links. **9** Regio pubica, Regio pelvis. **10** Regio perinealis, Pars urogenitalis. **11-12** Regionen der Schultergliedmaße, an Rumpf angrenzend. **11** Regio brachialis. **12** Regio brachialis, Region der Beckengliedmaße an Rumpf angrenzend. **13** Regio femoris.

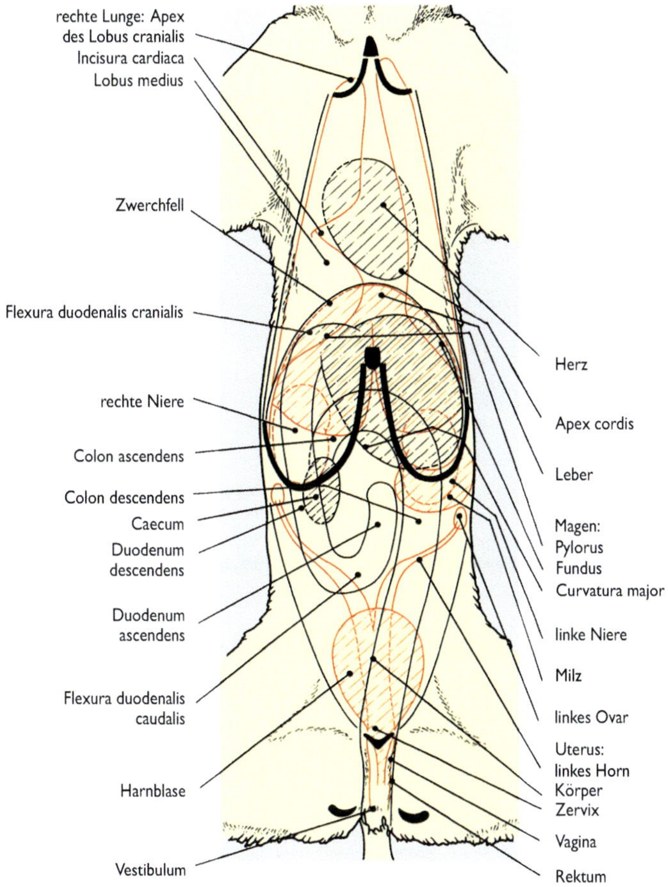

Abb. 1.8 Oberflächenbeziehungen der Brust- und Baucheingeweide der Hündin: ventrale Ansicht. Die wesentlichen inneren Organe sind in dieser Abbildung in der Oberflächenprojektion dargestellt. Zu beachten: Oberflächenbeziehungen zwischen Organen, insbesondere im Brustraum, unterscheiden sich deutlich, je nachdem, ob sich das Tier in Rückenlage mit vorgezogenen Schultergliedmaßen und nach hinten gezogenen Beckengliedmaßen befindet oder ob es in normaler stehender Haltung aus lateraler Perspektive betrachtet wird.

2. DER KOPF

Der Kopf des Hundes ist häufig Traumata ausgesetzt, die entweder durch Unfälle oder durch andere Tiere verursacht werden. Die Kenntnis über die Lage der subkutanen Gefäße ist in diesen Fällen besonders wichtig. Hautwunden müssen oft chirurgisch versorgt werden und auch Verletzungen an Augen, Ohren und dem Maul sowie an der Zunge kommen nicht selten vor. Darüber hinaus können an der Zunge auch Verletzungen durch Verbrennungen oder Stromeinwirkung auftreten. Die Zähne werden auch leicht durch Traumata, übermäßiges Kauen oder duch Fremdkörper beschädigt. Diese Fremdkörper können in der Zunge, den Wangen, dem weichen Gaumen oder den Zähnen stecken bleiben. Man sollte bedenken, dass sowohl die Maulöffnung als auch die Nasenöffnungen für Pathogene oder übermäßig auftretende Antigene leicht zugänglich sind. Die Schleimhäute von Maul, Augen, Zunge oderder Nase sind wichtig für die klinische Bewertung des Herz-Kreislauf-Systems.

Blässe (Pallor) kann auf eine Anämie hinweisen, eine Zyanose (Blaufärbung) auf mangelnde Sauerstoffsättigung und eine Gelbfärbung zeigt eine Gelbsucht an. Es gibt eine Vielzahl von Ursachen, von denen einige ihren Ursprung in der Leber haben können, darunter toxische, neoplastische und metabolische Erkrankungen. Darüber hinaus können auch (kleine oder große) Blutungen aus allen Gefäßen und auch innerhalb der Schleimhäute auftreten. Diese treten insbesondere im Zusammenhang mit der Aufnahme von Rattengift auf. Der Puls kann an der Arteria linguofacialis oder auch an der A. lingualis profunda (unter der Zungenspitze) palpiert werden.

Die meisten großen Blutgefäße des Kopfes und die Nerven werden von einer tiefen Faszie geschützt. Die Hirnnerven V und VII versorgen den Kopf. Die großflächige motorische Innervation durch den N. facialis (VII) für die Kopfmuskulatur (mimische Muskulatur) steht im Gegensatz zu der geringeren sensorischen Innervation durch den N. trigeminus V, der die Hautinnervation der Kopfhaut gewährleistet. Der N. facialis VII kann auf der Oberfläche des M. massetericus leicht beschädigt werden, weshalb nicht selten eine Gesichtslähmung auftritt. Davon ist allerdings das obere Augenlid, das von Ästen des N. occulomotorius III versorgt wird, nicht betroffen.

Die Augen sind für die klinische Diagnostik von großer Bedeutung, da sie einen guten Eindruck der Aufmerksamkeit und der Reaktionsbereitschaft vermitteln. Sie sind auch ein wichtiger Indikator für den allgemeinen Gesundheitszustand, da eine Untersuchung der Netzhaut möglich ist. Auch das Vorhandensein des orbitalen Fettkörpers ist von Bedeutung. Er kann leicht austrocknen, hebt dann das dritte Augenlid an und dadurch entsteht der Eindruck eines „Schlupflides". Wenn das Fettpolster in der Augenhöhle noch weiter reduziert ist, kann das dritte Augenlid noch prominenter hervortreten. Das Auge wird lateral und kaudal durch das Ligamentum orbitale geschützt, wodurch das Auge in seiner Position gehalten wird. Bei einigen brachycephalen Rassen wie dem Pekinesen kann das Auge „herausspringen" und muss dann, wenn mögich, reponiert oder gar exstirpiert (entfernt) werden. Die Entfernung des Augenlids erfordert das Abklemmen von Nerven und Blutgefäßen und die Entfernung des Augapfels. Ein wichtiges Blutgefäß ist die Arteria ophthalmica, die am hinteren Teil des Auges ansetzt. Bei der Entfernung des Augapfels sollte darauf geachtet werden, dass nicht zu viel Zug ausgeübt wird, da sonst das Chiasma opticum beschädigt werden kann. Am Auge kann eine Vielzahl klinischer Operationen durchgeführt werden, darunter die oberflächliche Keratektomie, bei der das vordere Hornhautstroma entfernt wird. Eine Gitter-Keratotomie mit Abrasion wird relativ häufig durchgeführt. Ein weiterer Grund für chirurgische Eingriffe am Auge ist das Entropium, bei dem sowohl das obere als auch das untere Augenlid nach innen zum Auge hin eingerollt sein und Irritationen verursacht en kann. Dabei wird Gewebe entfernt, um das Augenlid nach außen zu drehen. Das entgegengesetzte Krankheitsbild, das Ektropium, kann ebenfalls auftreten und wird korrigiert, indem das Unterlid verkürzt und durch einen Hautlappen korrigiert wird. Der Zustand der Distichiasis (überschüssige Haare, die die Hornhaut reizen) und der ektopischen Wimpern kann durch eine teilweise Entfernung des Tarsus palpebrae chirurgisch korrigiert werden; im Wesentlichen wird dabei ein Streifen des Augenlids entfernt. Im Falle einer Schädigung oder Ulzeration der Hornhaut kann diese zum besseren Abheilen mit einem Bindehautlappen abgedeckt werden. Alternativ können Kontaktlinsen verwendet werden.

Wenn das Auge sehr trocken ist (Keratitis sicca), kann der Ductus parotideus transplantiert werden. Dieser Zustand kann in Verbindung mit einer Autoimmunerkrankung auftreten und in vielen Fällen medikamentös (Optimmune) behandelt werden. Der Ductus parotideus eröffnet sich auf Höhe des 4. oberen Prämolaren auf einer hervorstehenden Papille. Die Öffnung der Glandula zygomatica liegt etwas weiter posterior und näher am Zahnfleischrand. Der Ductus parotideus wird frei präpariert und in den oberen lateralen Augenwinkel oder auch auf den unteren Bindehautsack transplantiert.

In Verbindung mit den Speicheldrüsen kann es zu einer Zystenbildung (Mukozele) bei Verstopfung der Ausführungsgänge kommen. Der Komplex aus sublingualer und submandibulärer Speicheldrüse kann dann intakt „in toto" entfernt werden, da sie sich nur schwer voneinander trennen lassen. Dabei muss darauf geachtet werden, dass dorsal die V. maxillaris superficialis und ventral die Vena linguofacialis geschont werden. In die Karunkel injiziertes Röntgenkontrastmittel kann zur Überprüfung der Durchgängigkeit verwendet werden. Die Glandula mandibularis ist eine wichtige Struktur. Sie ist im Kieferwinkel palpierbar und kann leicht mit den mandibulären Lymphknoten verwechselt werden.

Der Ln. parotideus lässt sich in seiner Lage nahe dem knorpeligen Gehörgang normalerweise nicht palpieren, kann aber bei chirurgischen Eingriffen am Ohr verletzt werden. Die Lnn. mandibulares sind größer, wichtiger und können bei Infektionen oder neoplastischen Erkrankungen ertastet werden. Sie sind gleich kaudal des ventralen Randes der Mandibula und des Kieferwinkels palpierbar. Der Truncus linguofacialis und der Ductus parotideus liegen lateral von diesen Lymphknoten.

Die Articulatio temporomandibularis kann bei manchen Hunden der Ausgangspunkt für Schmerzen sein, sie ist vor dem Ohransatz palpierbar. Das Gelenk kann ertastet werden, wenn das Maul vorsichtig geöffnet und wieder geschlossen wird. Eine Luxation erfordert möglicherweise eine Reposition unter Anästhesie. Andere Erkrankungen der Mandibula, einschließlich der Symphysenfraktur (die verdrahtet werden muss) und gelegentlich der Fraktur des Ramus mandibulae, erfordern unter Umständen eine chirurgische Behandlung. Bei jungen Hunden kann dies durch die Extraktion von Milchzähnen oder der unteren Canini auch iatrogen verursacht sein. Es wird auch die besondere Form der kranialen mandibulären Osteodystrophie beschrieben.

Die Zähne können sehr gut zur Altersschätzung bei Hunden herangezogen werden, da sich die Pulpahöhlen mit zunehmendem Alter verengen. Zusätzlich wird häufiger der Grad der Abnutzung der Zähne und der Zahnsteinbildung und die allgemeine Gesundheit des Zahnfleisches herangezogen. Die Zähne sind offensichtlich eng mit der Mandibula und der Maxilla verbunden. Ein Kieferabszess kann im Bereich der Wurzel des 4. oberen Prämolaren (Reißzahn) vorkommen. Er kann zu einer Schwellung des Gesichts unterhalb des Auges führen und kann im Laufe der Zeit in die Haut fisteln. Eine Entfernung muss durchgeführt werden, um eine Drainage zu ermöglichen. Es kann erforderlich sein, persistierende Milchzähne zu entfernen, was in der Regel die Canini betrifft. Bleibende Reißzähne haben eine große Wurzel, die breiter ist als das Zahnfach. Zur Extraktion des Zahns sind Wurzelheber erforderlich oder die Entfernung der lateralen Wand des Zahnfachs ist indiziert. Die oberen und unteren Canini verfügen über ausgedehnte Wurzeln, die kaudal bis unter die Wurzeln der ersten zwei Prämolaren reichen. Der obere Reißzahn hat drei Wurzeln, ist schwieriger zu extrahieren und kann leicht durch das Kauen an Knochen o. ä. beschädigt werden. Der Zahn neigt zur Ausbildung von Wurzelgranulomen oder Fisteln. Ausstellungshunde und Polizeihunde müssen unter Umständen auch zahnprothetisch versorgt werden. Die Tonsillen (Mandeln) können sich infizieren. Normalerweise werden sie von der darüberliegenden Schleimhaut der Krypten überdeckt, aber wenn sie sich entzünden, treten sie unter den Krypten hervor.

Möglicherweise ist dann eine Tonsillektomie (Mandelentfernung) indiziert. Der Gaumen kann im Wesentlichen von zwei Problemen betroffen sein. Es kann eine angeborene Anomalie wie eine Gaumenspalte vorliegen, die eine Behandlung erfordert. Durch Inzisionen werden zusätzliche Lappen angelegt und der Gaumen mit den Tonsillenkrypten verbunden. Der weiche Gaumen erstreckt sich normalerweise nicht über die kaudale Begrenzung der Mandelkrypten hinaus. Er sollte mit der Epiglottis, die bei normaler Atmung dorsal des weichen Gaumens liegt, im Kontakt sein.

Bei brachyzephalen Rassen kann der weiche Gaumen zu lang sein und muss dann auf die passende Länge operativ gekürzt werden. Sollte er nicht ausreichend gekürzt werden, kann dies zu Atemproblemen (Dyspnoe) führen wobei laute Atemgeräusche entstehen. Wird der Gaumen jedoch zu stark verkürzt, gelangt beim Schlucken Futter in die Nasenhöhle. Um einen Tracheotubus von der Mundhöhle in den Kehlkopf und die Luftröhre einführen zu können, muss der weiche Gaumen nach dorsal angehoben werden, so dass der Kehldeckel freigelegt wird. Dann wird der Tubus in den *Aditus laryngis* eingeführt.

Die Ohren können die Ursache für viele klinische Probleme sein: Bisse, Einklemmungen und Blutergüsse. Infektionen des äußeren Gehörgangs (*Otitis externa*) gehören zu den häufigsten Beschwerden am Ohr. Infektionen im Innenohr können eine Gesichtslähmung nach sich ziehen. Bei Fleischfressern kann eine Otitis media auf Fasern des Sympathicus übergreifen, die durch das Mittelohr verlaufen. Bei einem Othämatom muss das Blut durch eine Drainage entfernt werden und flach an eine Matrix vernäht werden. Zu den Verfahren gehören unter anderem Matratzennähte und der Einsatz von Drainagen. Allerdings tritt das Problem in vielen Fällen wiederholt auf. Ein beträchtlicher Teil der tierärztlichen Tätigkeit konzentriert sich auf verstopfte Gehörgänge (überschüssige Haare, überschüssiges Cerumen und Fremdkörper). Das Problem besteht darin, dass es sich um einen vertikalen Kanal handelt, der sich füllt, eine hervorragende Brutstätte für Krankheitserreger darstellt und sich nicht leicht selbst reinigen lässt. Bei langhaarigen Rassen mit Hängeohren wie z. B. beim Spaniel verstärkt sich das Problem. Der Gehörgang muss enthaart und per Otoskop gereinigt werden. Manchmal reicht das nicht aus und es muss eine Gehörgangsresektion durchgeführt werden. Dabei wird der ventrale Anteil des externen Gehörgangs abgetragen, wodurch der Gehörgang durch eine direkte Öffnung zur Haut besser belüftet und drainiert wird. Das ist nur dann möglich, wenn der horizontale Ohrkanal in einem klinisch guten Zustand ist.

Die Paukenhöhle (Bulla tympanica) liegt medial des Processus muscularis mandibulae und des Cornu majus ossis hyoidei. Die Paukenhöhle kann zur Drainage ventral eröffnet werden. Das muss allerdings mit großer Umsicht geschehen, um die umliegenden Strukturen wie z. B. den N. hypoglossus, die A. carotis interna und die inneren Gefäße der Maxilla nicht zu verletzen. Ablagerungen und sekretorisches sowie entzündetes Gewebe werden entfernt und der Operationsbereich gesäubert. Dies kann mittels einer lateralen oder ventralen Bullaosteotomie erfolgen.

Die letzten der wesentlichen klinisch wichtigen Bereiche umfassen die Nasenöffnungen und die Nasenhöhle. Die Nasenhöhle kann sich infizieren oder als Sitz von Fremdkörpern dienen. Dies geschieht selten, aber gelegentlich müssen Erkrankungen wie die nasale Aspergillose behandelt werden. Mittels einer Rhinoskopie kann die Nasenhöhle auf Anzeichen einer Obstruktion und der Tränen-Nasen-Kanal auf Durchgängigkeit untersucht werden. Im Falle eines persistierenden eitrigen Nasenausflusses oder des Auftretens von Polypen kann eine Rhinektomie (Entfernung der Knochen der Conchae nasales) mit einer Inzision entlang der Mittellinie vom Sinus frontalis bis zum rostralen Ende der Nasenknochen vorgenommen werden. Durch parallele Inzisionen werden der zentrale Knochen und die Knochen der Conchae entfernt und die Blutung gestillt. Anschließend wird der Hautschnitt ohne das darunterliegende Knochenfragment vernäht.

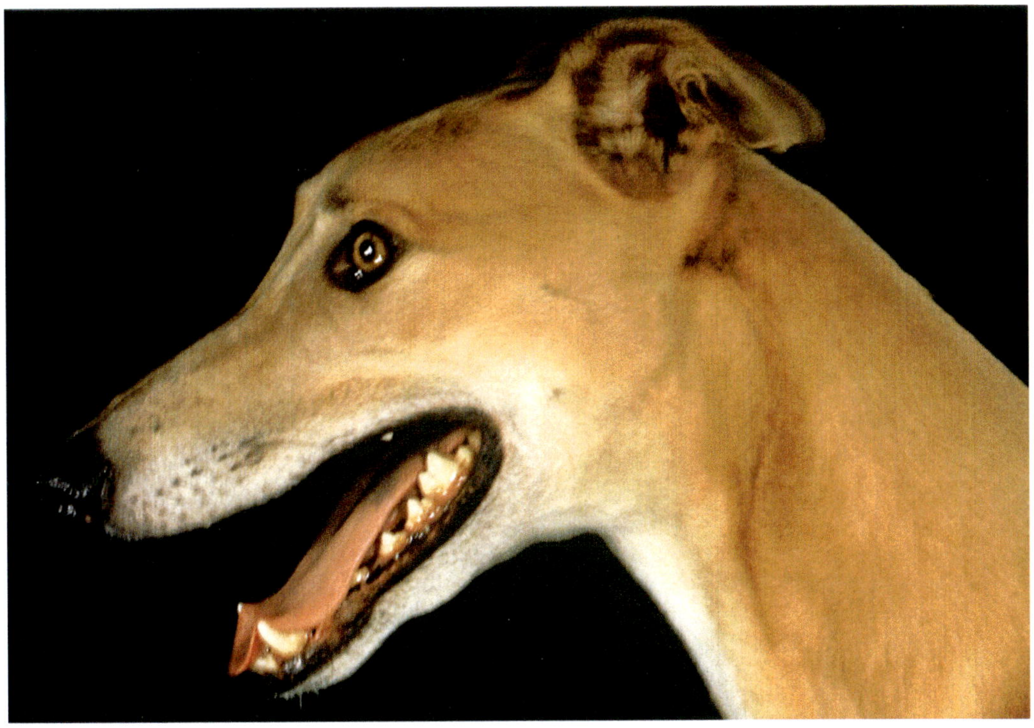

Abb. 2.1 Oberflächenmerkmale des Kopfes: linke laterale Ansicht. Die knöchernen Hauptmerkmale, die auf der Oberfläche des Kopfes leicht palpierbar und/oder sichtbar sind, sind in dieser Abbildung dargestellt. Diese „Punkte“ korrespondieren mit den in Abb. 2.2 gezeigten, grün eingefärbten Knochenbereichen. Zusätzliche palpierbare Merkmale umfassen den Cartilago thyroidea, das Ligamentum orbitale, den M. temporalis und den M. masseter sowie die Lnn. mandibulares. Auch die Position der Articulatio temporomandibularis rostral der Basis des Ohrknorpels kann leicht palpiert werden, wenn das Maul vorsichtig geöffnet und wieder geschlossen wird. Abb. 2.55, 2.59 und 2.125 zeigen die Oberfläche des Kopfes in dorsaler und ventraler Ansicht und sollten mit dieser Abbildung verglichen werden.

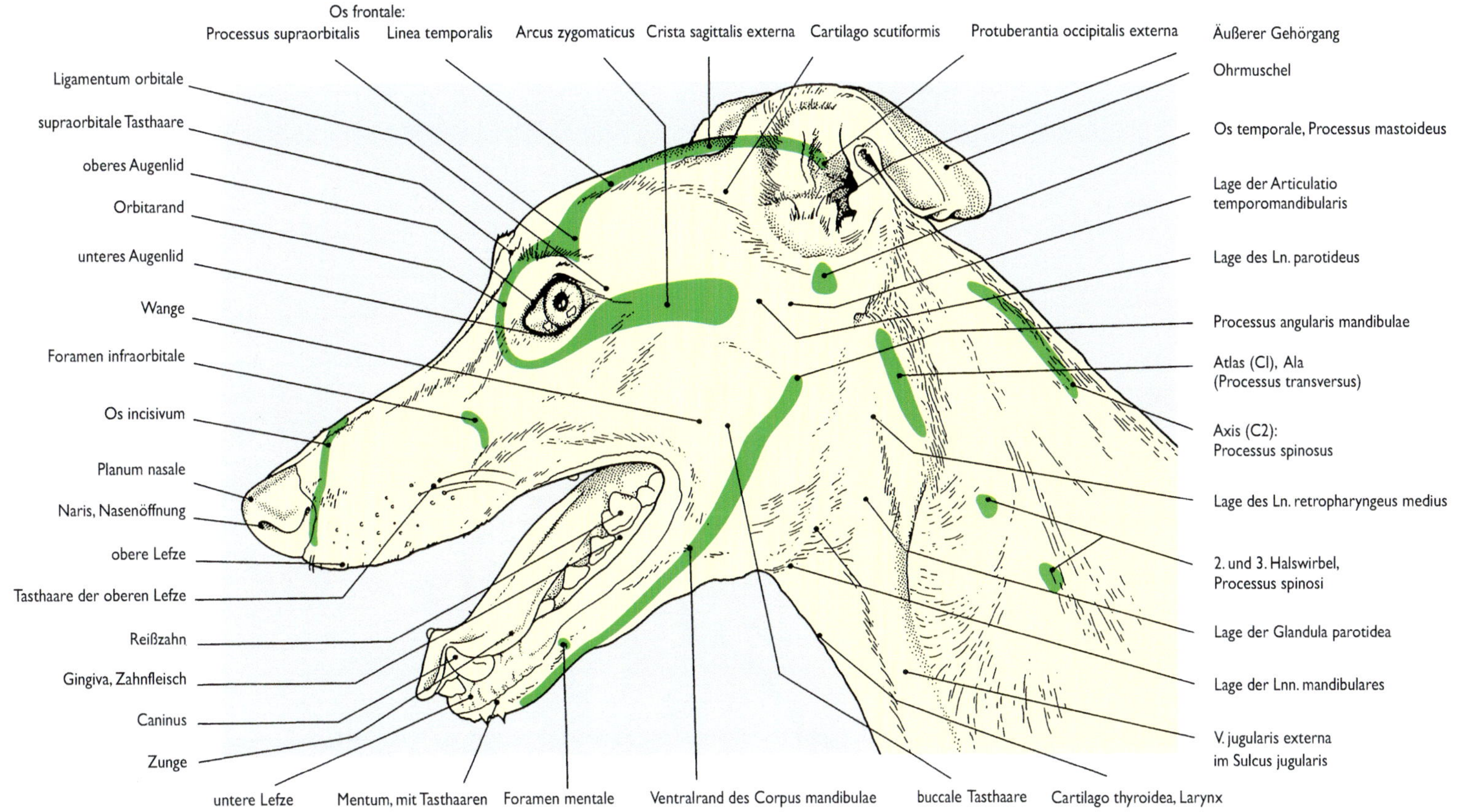

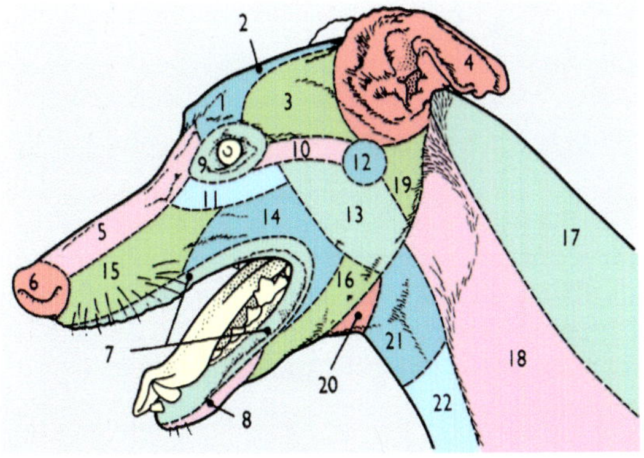

Abb. 2.1A Topographische Regionen des Kopfes: linke laterale Ansicht. Die wesentlichen topografischen Regionen, in die der Kopf unterteilt wird, sind in dieser Zeichnung abgebildet. Diese Regionen basieren auf den ihnen zugrundeliegenden Knochen und Weichgeweben. **1-4** Regio cranialis. **1** Regio frontalis. **2** Regio parietalis. **3** Regio temporalis. **4** Regio ausicularis. **5-16** Regio facialis. **5-6** Regio nasalis. **5** Regiones nasales dorsales et laterales. **6** Regio naris. **7** Regio oralis. **8** Regio mentalis. **9** Regio orbitalis. **10** Regio zygomatica. **11** Regio infraorbitalis. **12** Regio art. temporomandibularis. **13** Regio masseterica. **14** Regio buccalis. **15** Regio maxillaris. **16** Regio mandubularis. **17-22** Regio cervicalis. **17** Regio cervicalis dorsalis. **18** Regio cervicalis lateralis. **19** Regio parotidea. **20** Regio pharyngealis. **21-22** Regio cervicalis ventralis. **21** Regio laryngealis. **22** Regio trachealis.

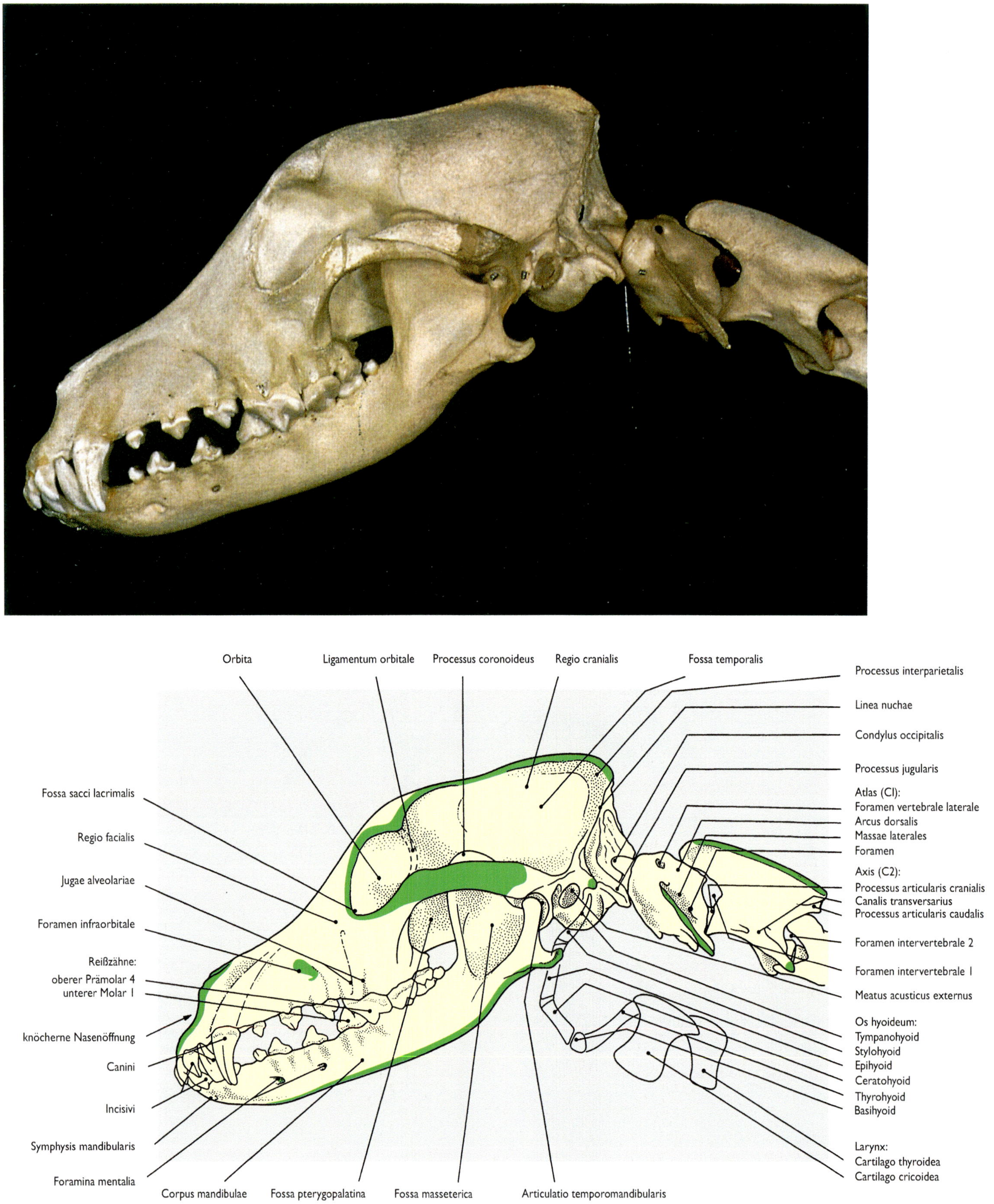

Abb. 2.2 Kopfskelett: linke laterale Ansicht. Die in Abb. 2.1 gezeigten palpierbaren knöchernen Merkmale sind an diesem Schädel und den ersten drei Halswirbeln grün angefärbt. In dieser Skelettpräparation ist das Os hyoideum nicht vorhanden (die einzelnen Komponenten und deren topografische Lage sind den Präparationen der Pharynxregion zu entnehmen – aus der lateralen Ansicht in Abb. 2.78-2.83; aus der medialen Ansicht in Abb. 2.93 und 2.94; und aus der ventralen Ansicht in Abb. 2.129-2.133). Die Nasenknorpel sind in Abb. 2.99-2.106, und die Ohrknorpel in Abb. 2.32 und 2.33 und Abb. 2.61-2.67 gezeigt. Zusätzlich zu den eindeutig palpierbaren „Knochenpunkten" können große Knochenabschnitte, vor allem in der Gesichtsregion, auch durch die darüberliegende Muskulatur ertastet werden.

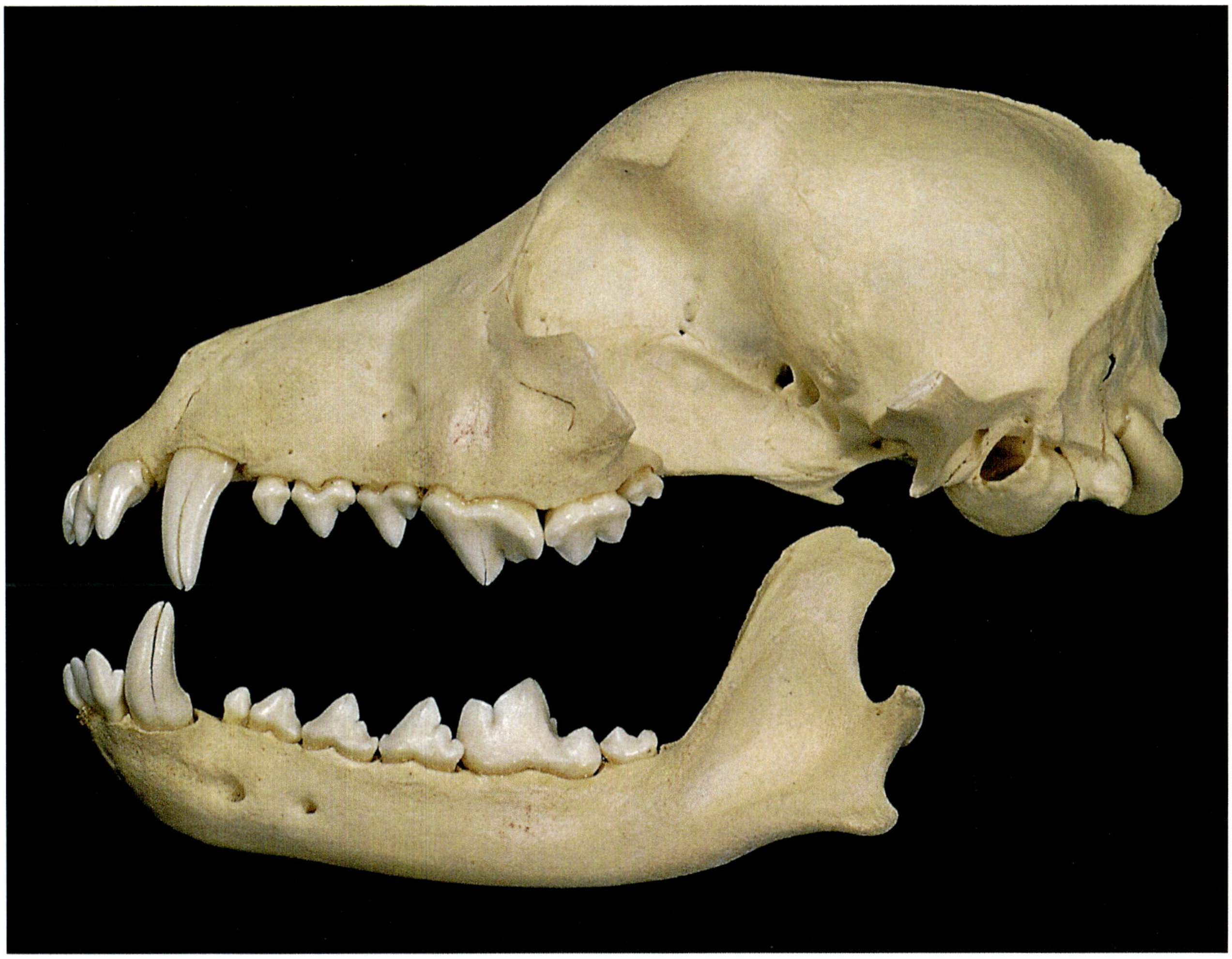

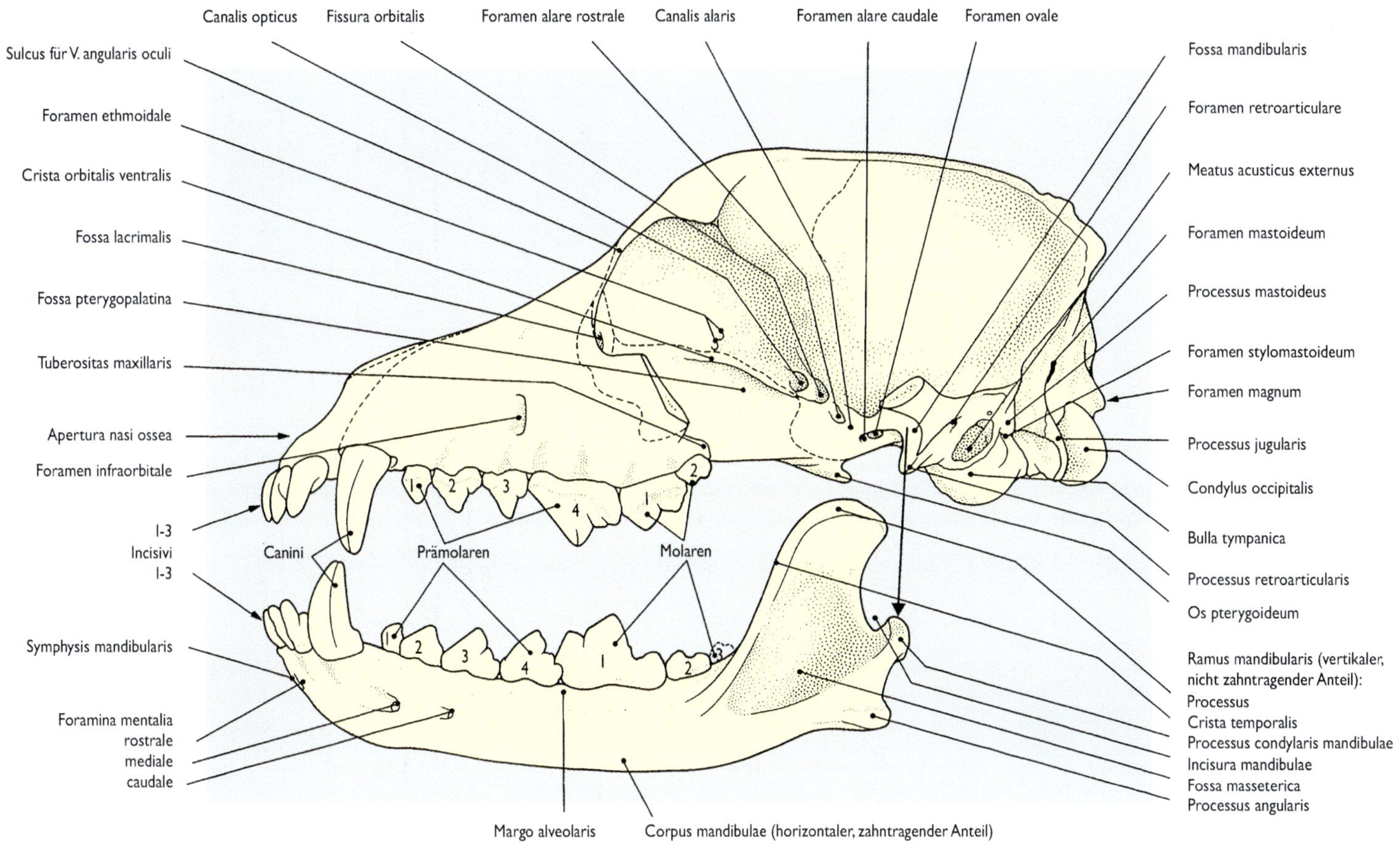

Abb. 2.3 Schädel nach Entfernung des Arcus zygomaticus und Exartikulation des Unterkiefers (Mandibula): linke laterale Ansicht. Die Mandibula wurde in der Articulatio temporomandibularis exartikuliert und ventral verlagert. Der Arcus zygomaticus wurde entfernt, wodurch die Fossa temporalis und die Fossa pterygopalatina lateral eröffnet wurden. Mehrere Foramina sind dargestellt, deren Identifizierung eine zusätzliche Grundlage für die Interpretation des Verlaufs der Nerven und Blutgefäße in der detaillierten Präparation bietet. Dabei ist zu beachten, dass bei diesem Präparat der untere dritte Molar fehlt.

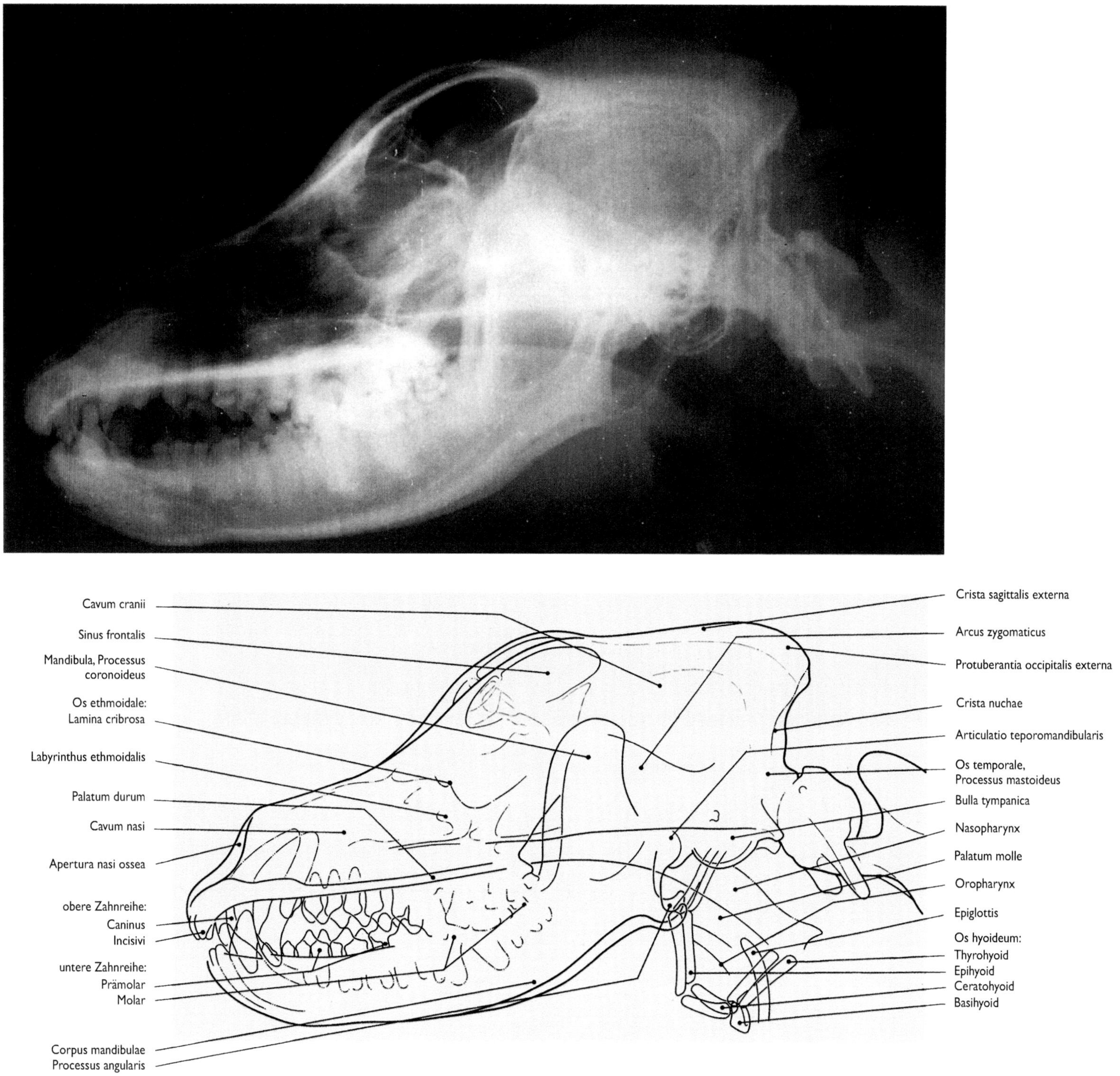

Abb. 2.4 Röntgenbild des Kopfes: linke laterale Ansicht. Hier wurden vor allem jene Merkmale markiert, die von der Oberfläche aus palpierbar sind. Es sind auch Strukturen abgebildet, wie die Lamina cribrosa, die intern die Abgrenzung zwischen Nasen- und Schädelhöhle kennzeichnet. Detailliertere Aspekte der inneren Schädelanatomie sind in der röntgenologischen Betrachtung ausdrücklich nicht berücksichtigt und werden später aus osteologischer Sicht besprochen.

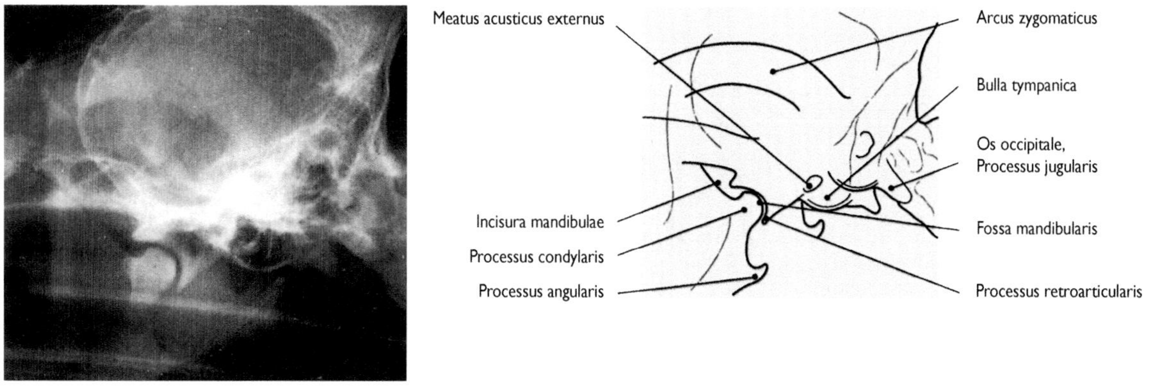

Abb. 2.5 Röntgenbild des Temporomandibulargelenks: schräge laterale Ansicht. Das Kiefergelenk ist in lateralen Röntgenaufnahmen wegen umfangreichen Überlagerungen nicht gut abbildbar. Mittels einer kleinen Veränderung des Einfallswinkels, indem es in die Luftdichte des Nasopharynx hineinprojiziert wird, ist es allerdings darstellbar.

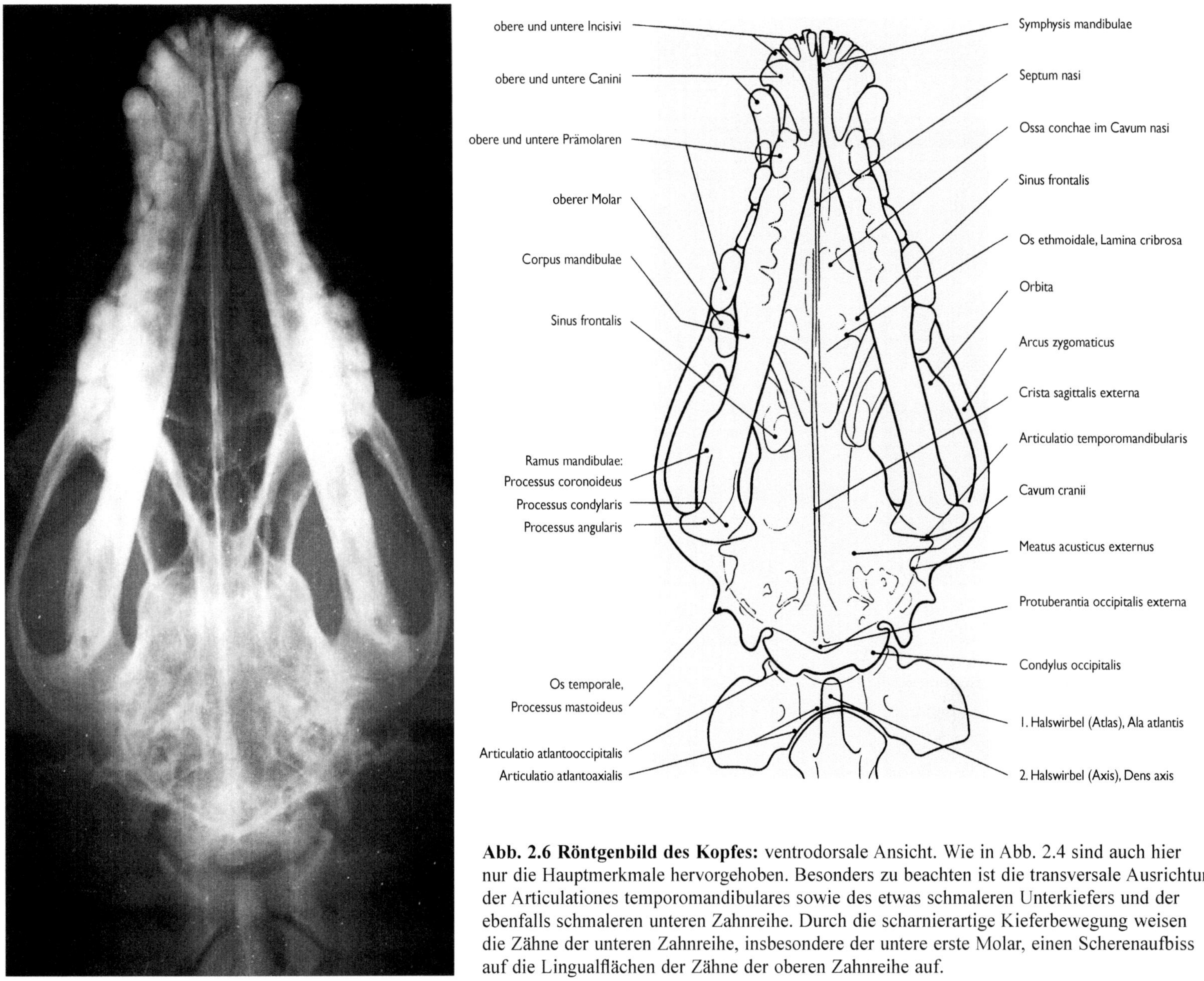

Abb. 2.6 Röntgenbild des Kopfes: ventrodorsale Ansicht. Wie in Abb. 2.4 sind auch hier nur die Hauptmerkmale hervorgehoben. Besonders zu beachten ist die transversale Ausrichtung der Articulationes temporomandibulares sowie des etwas schmaleren Unterkiefers und der ebenfalls schmaleren unteren Zahnreihe. Durch die scharnierartige Kieferbewegung weisen die Zähne der unteren Zahnreihe, insbesondere der untere erste Molar, einen Scherenaufbiss auf die Lingualflächen der Zähne der oberen Zahnreihe auf.

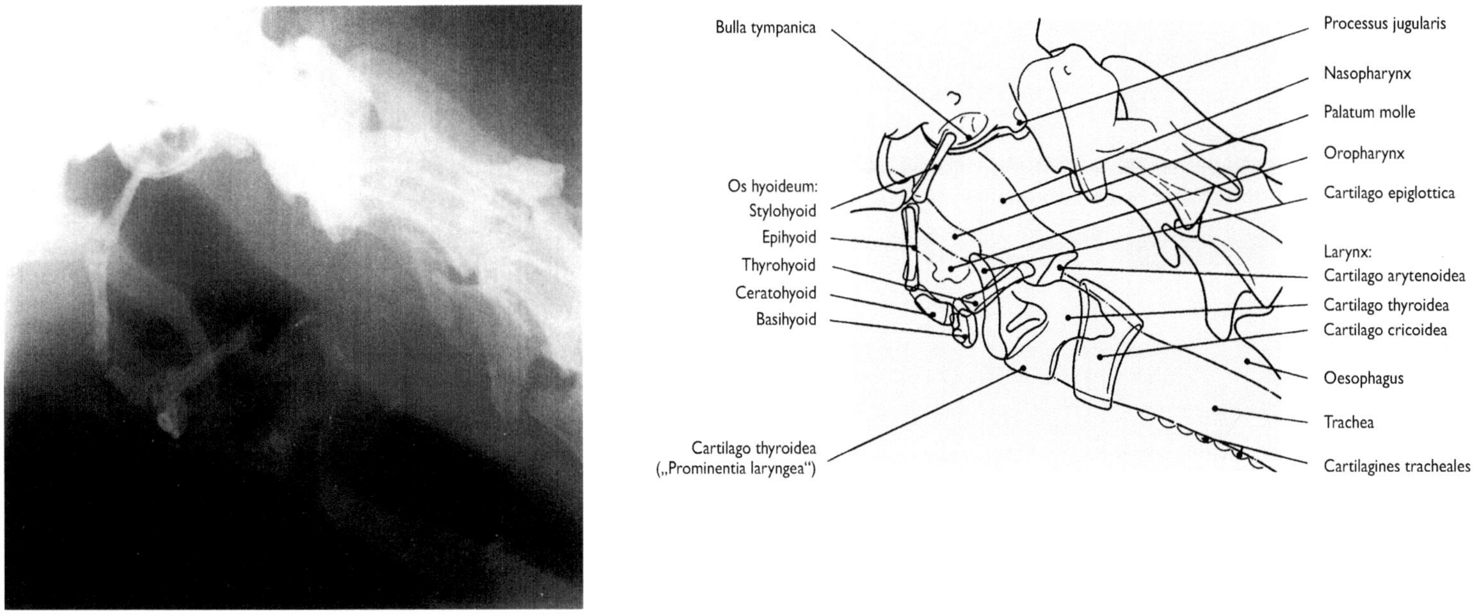

Abb. 2.7 Röntgenbild des Os hyoideum und des Larynx: laterale Ansicht. Da das oberste Element des Os hyoideum (das Tympanohyoid) auf jeder Seite aus Knorpel besteht, ist es strahlendurchlässig. Die Larynxknorpel sind dagegen von ausreichender Dichte und verfügen über ein gewisses Maß an Kalzifizierung, weswegen ihre Umrisse erkennbar sind.

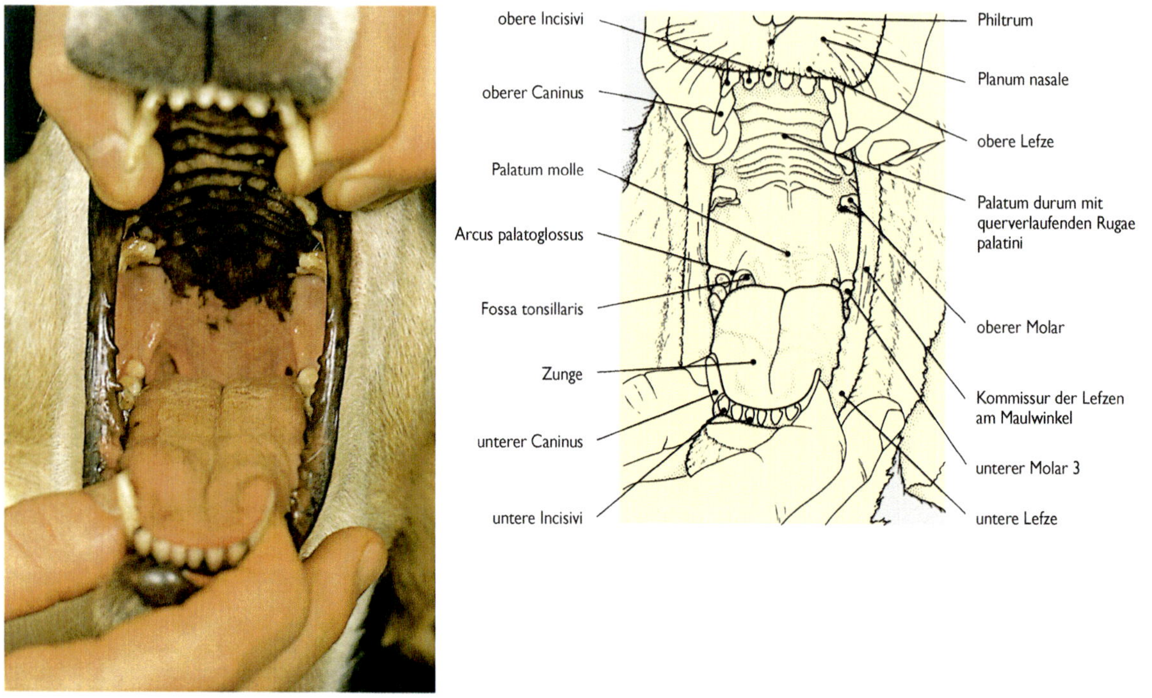

Abb. 2.8 Oberflächenmerkmale des Kopfes bei geöffneter Maulhöhle: rostrale Ansicht. Wenn die Maulhöhle geschlossen ist, füllt die Zunge praktisch die komplette Maulhöhle aus (siehe auch Abb. 2.143 des Kopfes im Transversalschnitt): bei offener Maulhöhle kann man die Schleimhaut, die die Zunge und den Gaumen bedeckt und die Wangen innen auskleidet, gut erkennen. Die Länge des weichen Gaumens sollte beachtet werden (siehe auch Abb. 2.87) da dieser bei brachyzephalen Rassen den Luftfluss durch den Larynx beeinträchtigen kann.

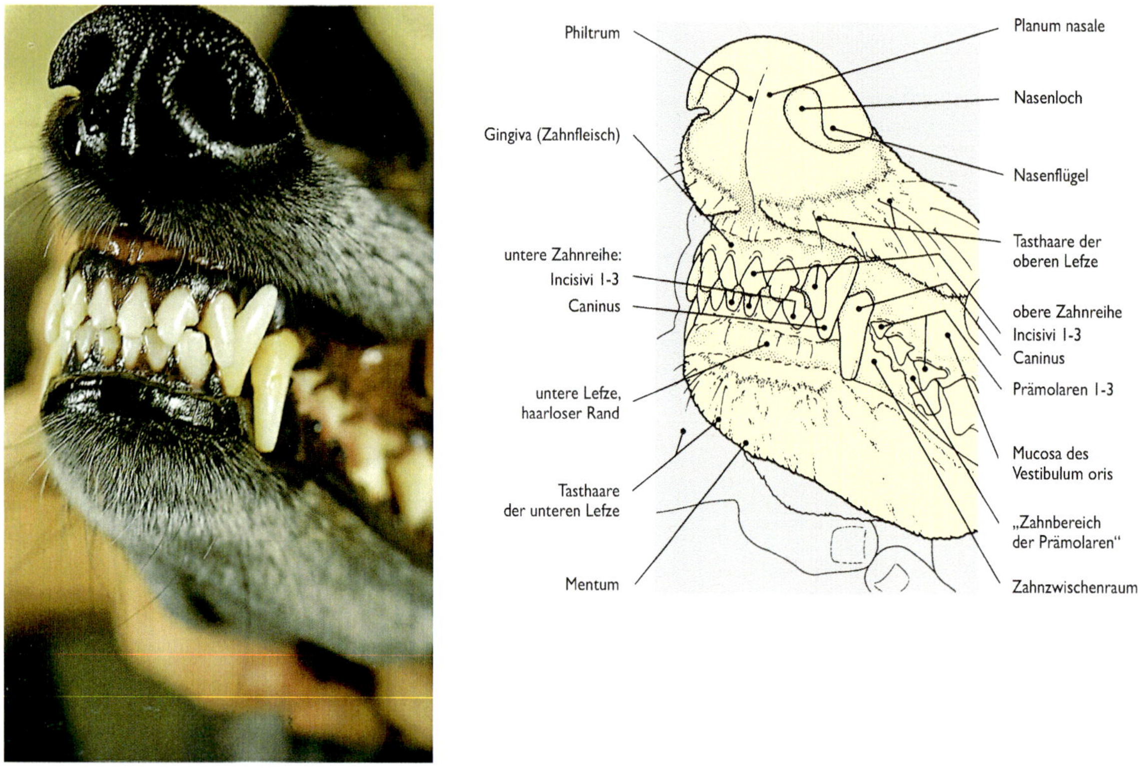

Abb. 2.9 Oberflächenmerkmale der Schnauze: rostrolaterale Ansicht. Der Aufbiss zwischen Incisivi und Canini wird beim Fletschen der Zähne sichtbar. Die größere normale Länge des Oberkiefers führt dazu, dass die oberen Schneidezähne auf die Labialflächen der unteren Schneidezähne treffen. Die Zähne in Relation zu den Lefzen und Wangen sind ebenfalls abgebildet, wobei die erschlafften Lefzen und Wangen ein großes Vestibulum oris umschließen. Der Maulwinkel befindet sich auf einer Höhe mit den Backenzähnen 3 oder 4, bei der Wange handelt es sich dadurch um einen eher begrenzten Bereich und ein weiter Spalt ist möglich.

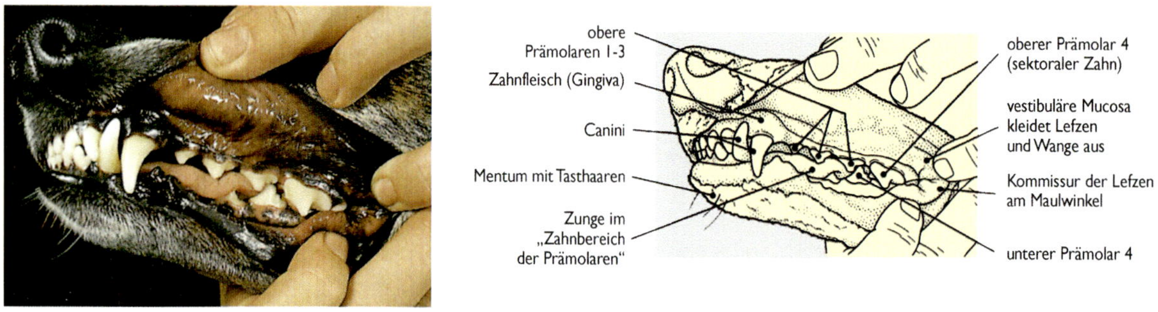

Abb. 2.10 Zähne: linke laterale Ansicht. Der ineinandergreifende Biss zwischen Incisivi und Canini und die ausgedehnte Überlappung des Scherenbisses stehen im Gegensatz zu der fehlenden Okklusion zwischen den weiter rostral gelegenen Prämolaren im „Zahnbereich der Prämolaren".

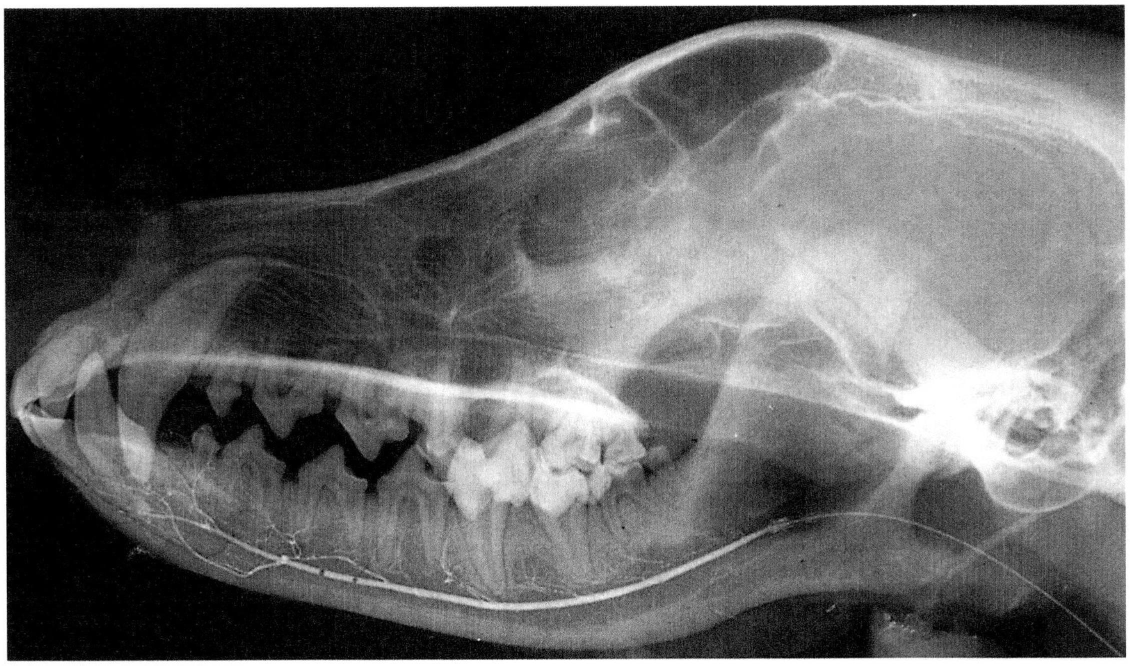

Abb. 2.11 Röntgenbild der Kiefer und der bleibenden Zähne: laterale Ansicht. Durch die Überlagerung des Unter- und Oberkiefers in der Lateralansicht wird ein etwas verwirrender Eindruck der Zahnreihen erzeugt (siehe Abb. 2.4). Deshalb wurde der Kopf in der sagittalen Schnittebene geröntgt und das bleibende Gebiss ist pro Kiefer nur auf einer Seite zu sehen. Die sektoralen (Reiß-)zähne – oberer Prämolar 4 und unterer Molar 1 – sind in der Zeichnung beschriftet.

$$2\left(I\frac{3}{3}\ C\frac{1}{1}\ P\frac{4}{4}\ M\frac{2}{3}\right) = 42$$

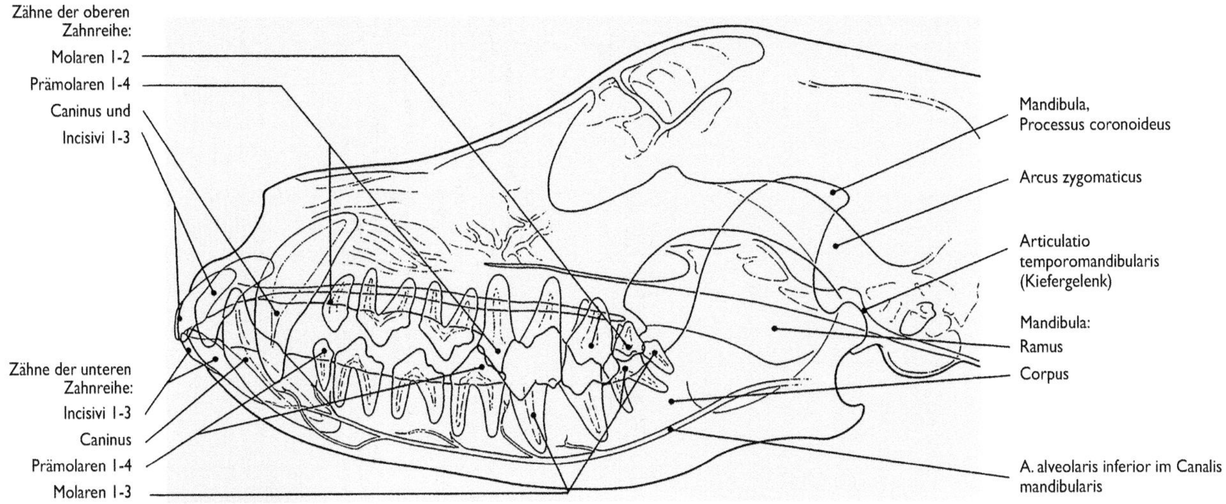

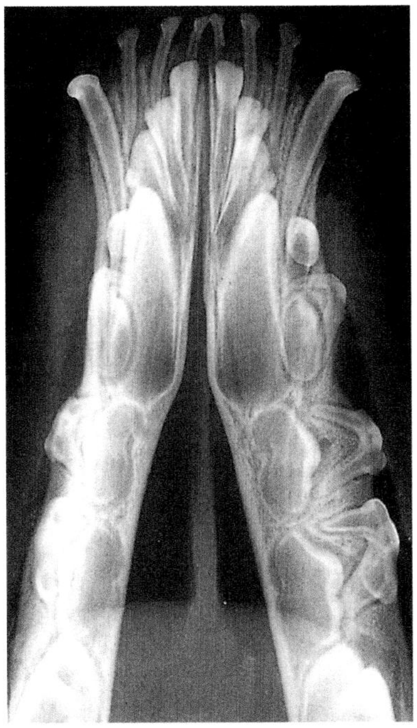

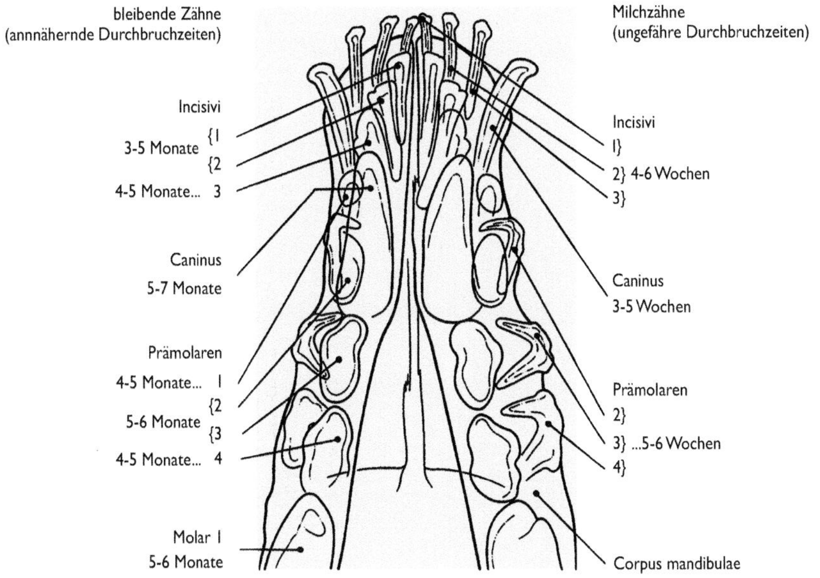

Abb. 2.12 Röntgenbild des Unterkiefers, Milchzähne und bleibende Zähne: dorsoventrale Ansicht. Diese Röntgenaufnahme zeigt die Milchzähne und in der Entwicklung befindlichen bleibenden Zähne. Das Milchzahnschema im Alter von zwei Monaten lautet:

$$2\left(I\frac{3}{3}\ C\frac{1}{1}\ P\frac{3}{3}\right) = 28$$

Der Zahnwechsel beginnt im Alter von etwa 3 Monaten und ist mit etwa 7 Monaten abgeschlossen, wobei der Zeitpunkt des Zahndurchbruchs je nach Rasse und Größe variieren kann. Der Prämolar 1 (deutlich sichtbar) hat keinen Milchzahnvorläufer und bricht im Alter zwischen dem 4. und 5. Monat durch.

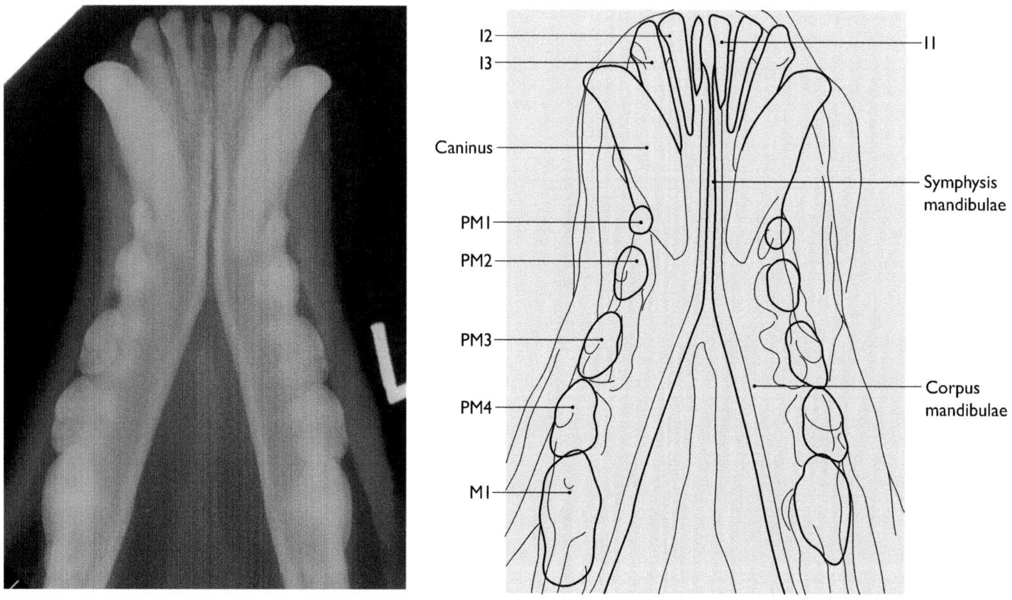

Abb. 2.13 Röntgenbild des Unterkiefers: ventrodorsale intraorale Ansicht.

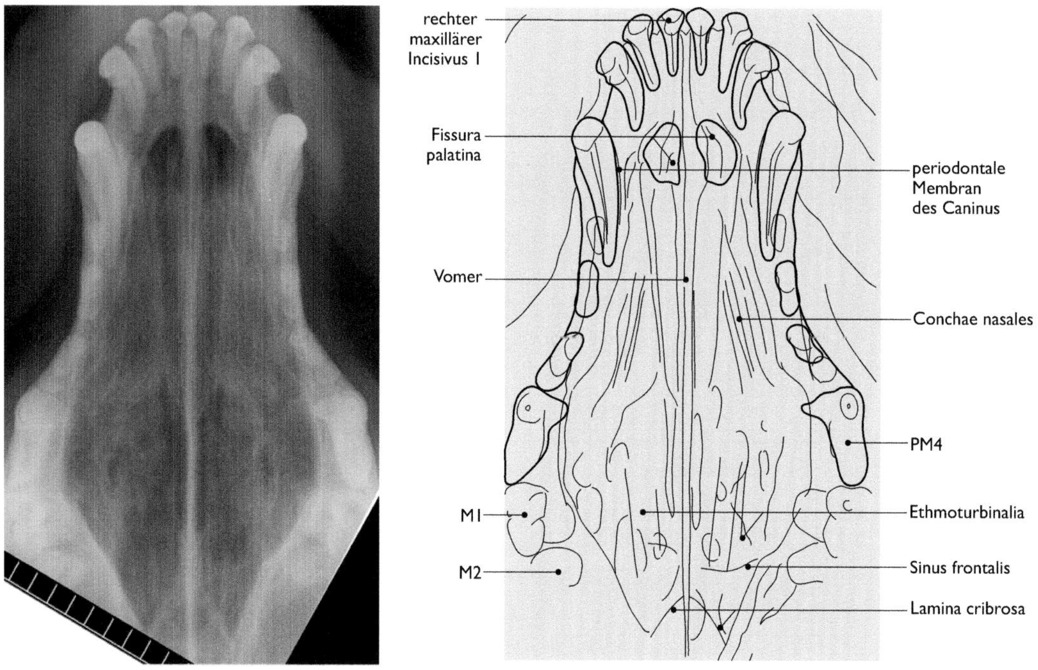

Abb. 2.14 Röntgenbild des Oberkiefers und der Nasenhöhlen: dorsoventrale intraorale Ansicht. Die Zahnwurzeln erscheinen in dieser Ansicht verkürzt, da sie relativ zum Röntgenstrahl abgewinkelt sind. Die beiden Nasenhöhlen sind ohne Überlagerung erkennbar.

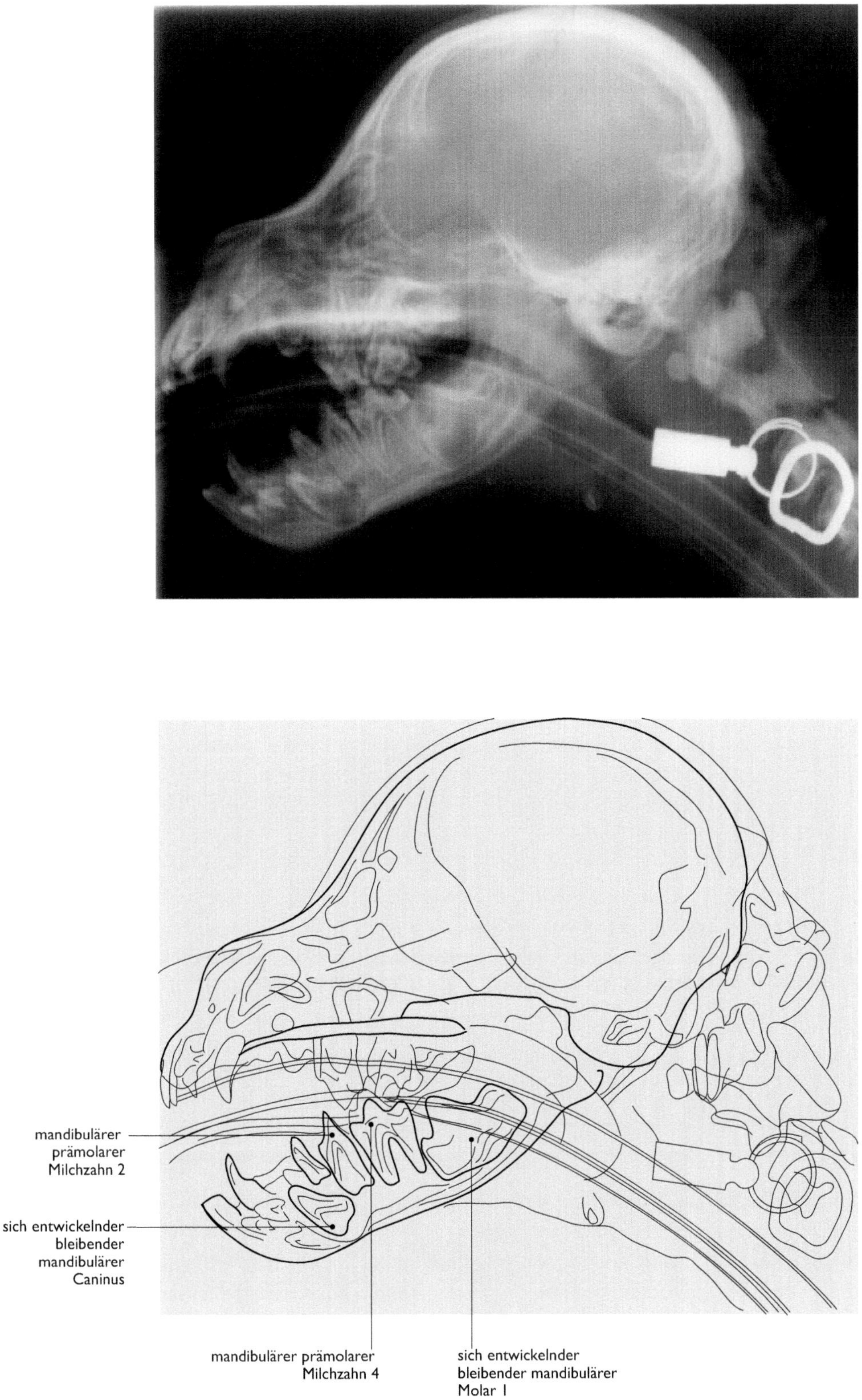

Abb. 2.15 Röntgenbild des Kopfes: laterale Ansicht, dental unreifer Hund. Sowohl in der Maxilla als auch in der Mandibula sind die sich entwickelnden bleibenden Zähne erkennbar. Die Milchzähne und ihre Wurzeln erscheinen sehr filigran.

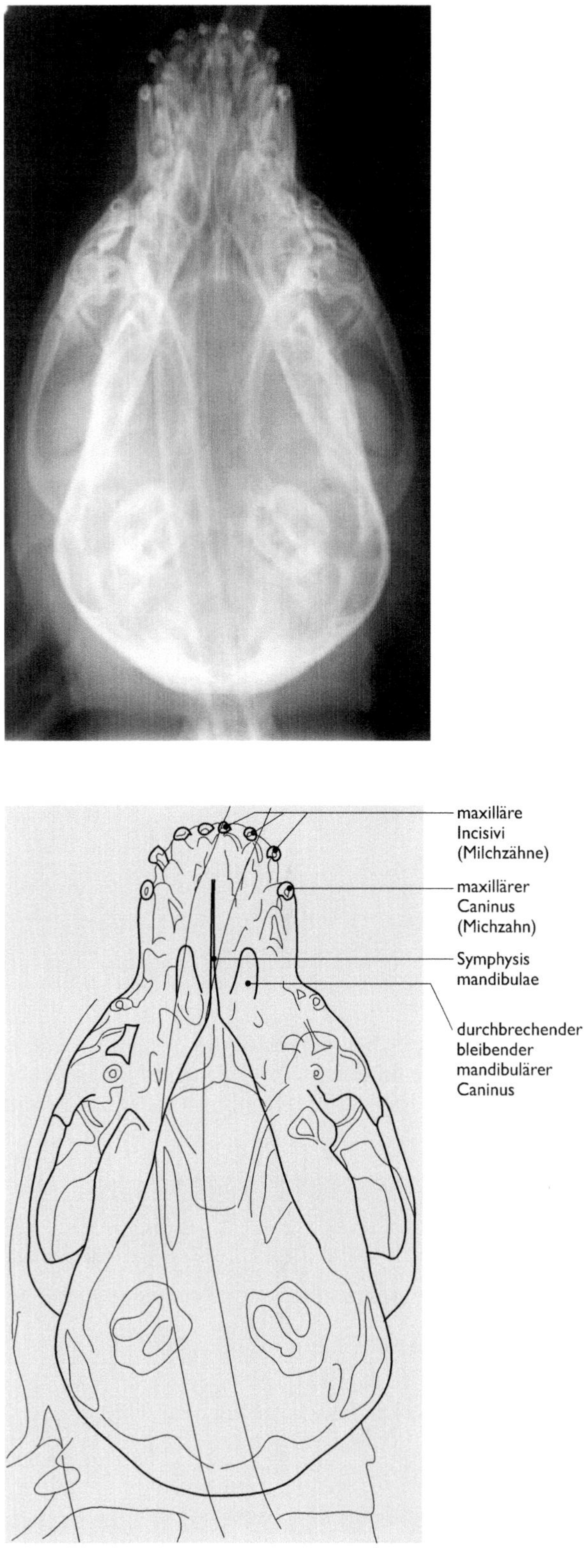

Abb. 2.16 Röntgenbild des Kopfes: ventrodorsale Ansicht, dental unreifer Hund. Die bleibenden Zähne entwickeln sich medial der jeweils entsprechenden Milchzähne und wachsen in lateraler Richtung. Die Sutur zwischen dem Processus zygomaticus des Os temporale und dem Processus temporalis des Os zygomaticum ist bei diesem Junghund erkennbar.

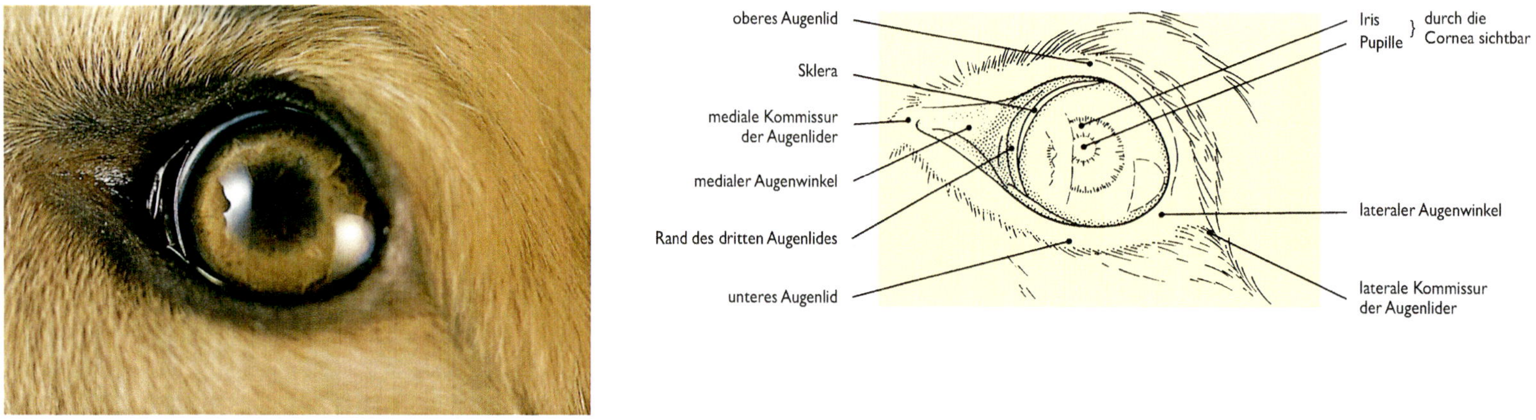

Abb. 2.17 Oberflächenmerkmale des Auges: linke laterale Ansicht (1). Das Auge ist mit offenen Augenlidern dargestellt. Der palpierbare knöcherne Rand der Orbita wird lateral durch ein Ligamentum orbitale vervollständigt, das den Processus supraorbitalis mit dem Arcus zygomaticus verbindet (*vgl.* Abb. 2.39). Hunde verfügen über ein weites Sichtfeld von etwa 240°, und die Sichtfelder des rechten und linken Auges überlappen sich, wenn der Blick geradeaus gerichtet ist.

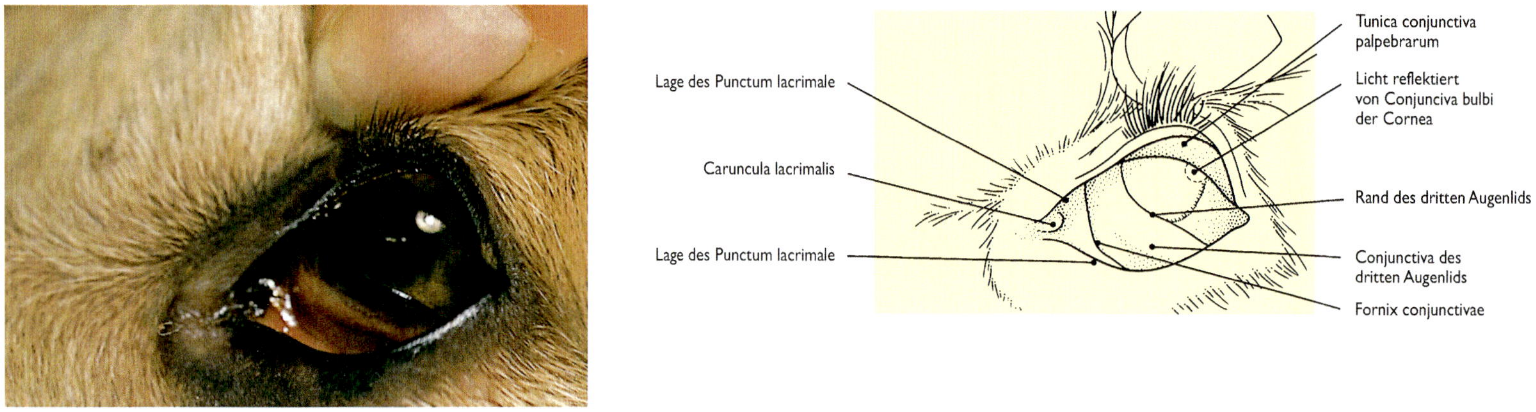

Abb. 2.18 Oberflächenmerkmale des Auges: linke laterale Ansicht (2). Das dritte Augenlid wurde durch manuellen Druck durch die Augenlider freigelegt. Dieses Verfahren drückt den Augapfel leicht in die Augenhöhle und komprimiert dabei intraorbitales Fettgewebe. Ein normaler Anteil orbitalen Fettgewebes ist wichtig, um den Augapfel fest gegen die Innenflächen der Augenlider zu halten und dafür zu sorgen, dass er weit genug über den Rand der Augenhöhle hinausragt.

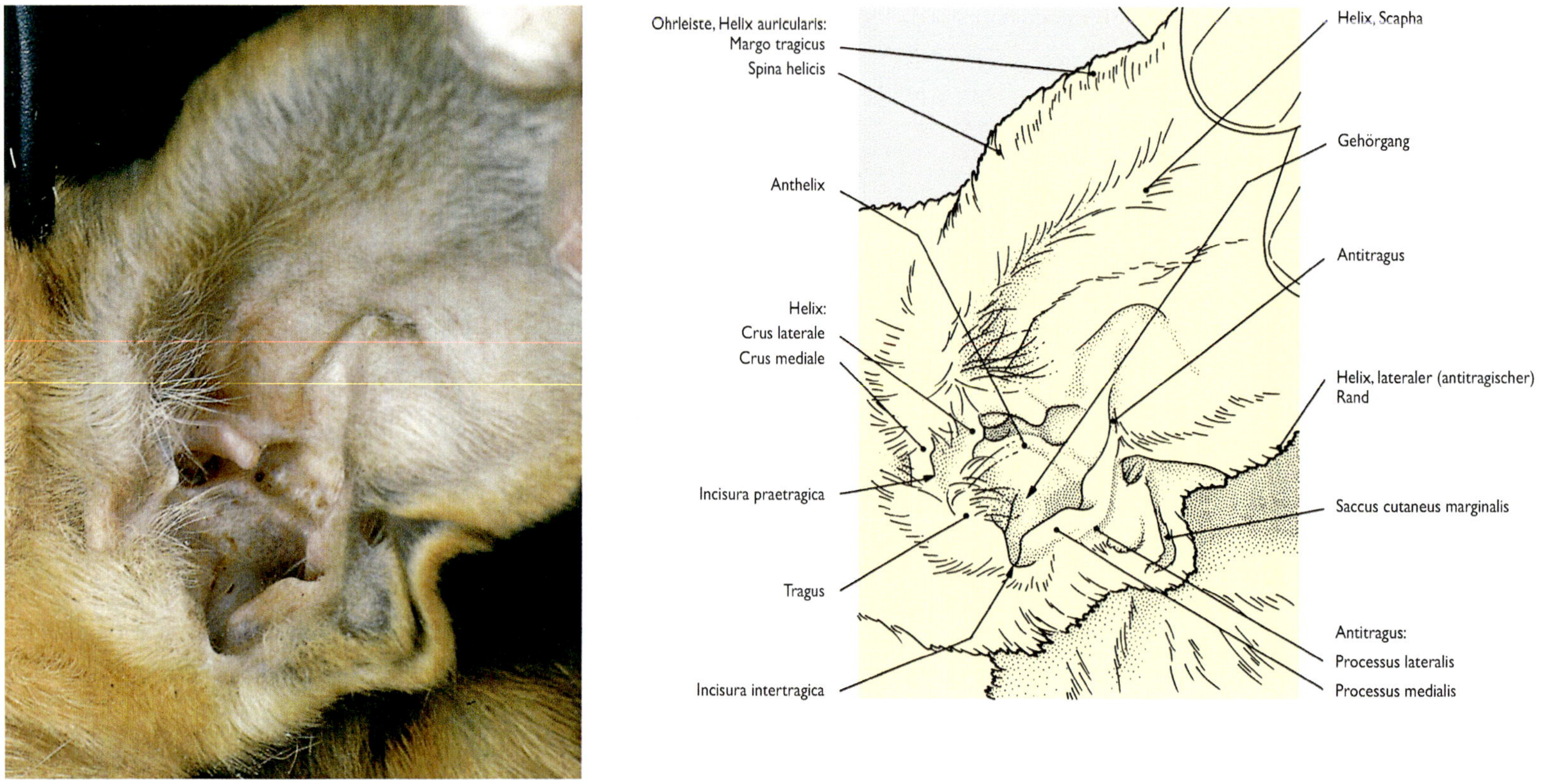

Abb. 2.19 Oberflächenmerkmale des Ohres: linke laterale Ansicht. Die Helix der Ohrmuschel wurde angehoben und aufrecht gehalten. Von der im Bild sichtbaren Öffnung aus erstreckt sich der Gehörgang fast vertikal nach ventral und dreht sich dann um 90° nach innen und nach rostral, in Richtung des Trommelfells (siehe auch Abb. 2.145 des Kopfes im Transversalschnitt). Deshalb wird der Gehörgang durch lateralen Zug an der Ohrmuschel gerade ausgerichtet.

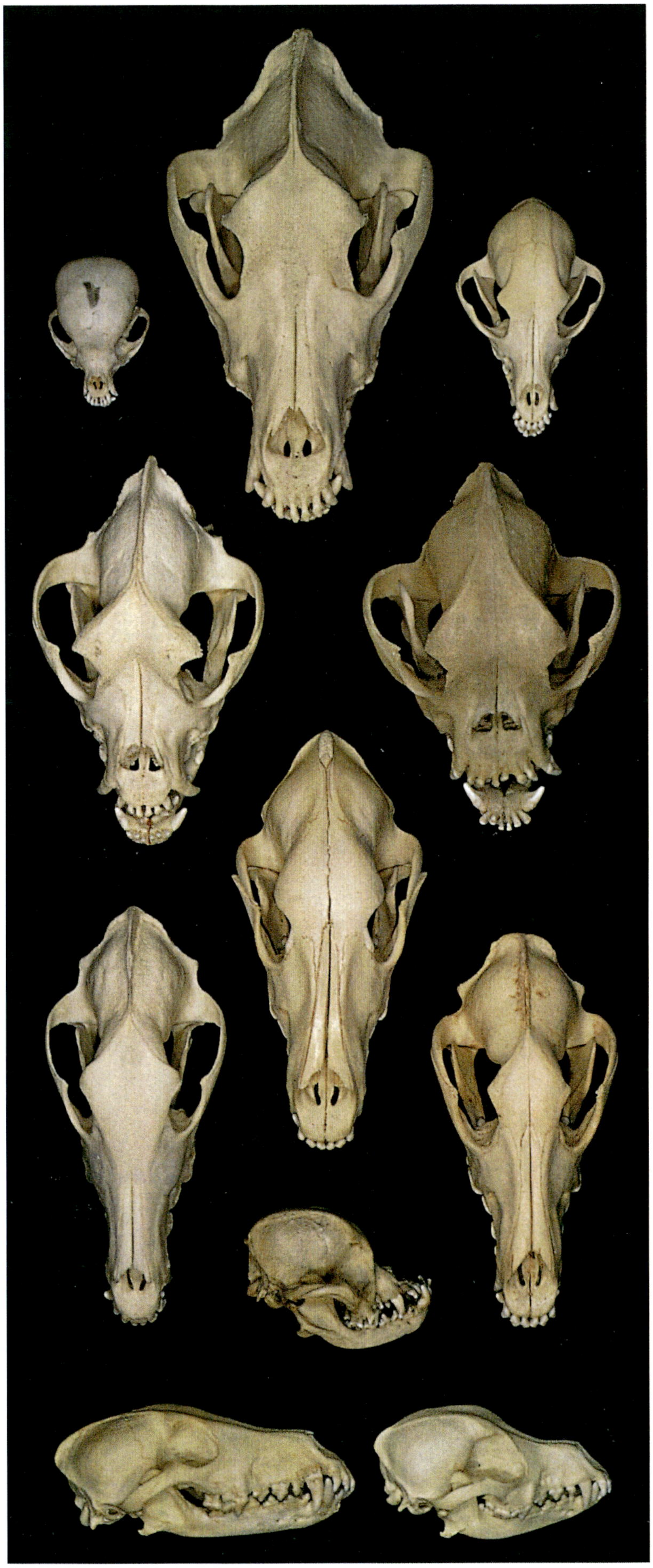

Abb. 2.20 Skelettgrundlage für Variationen der Kopfform: dorsale und laterale Ansichten. Die Kopfform ist zum großen Teil durch den Schädel und insbesondere durch die Gesichtsregion bestimmt. Für den Schädelaufbau sind generell drei große Kategorien definiert – brachyzephal, mesatizephal and dolichozephal. Die Darstellung der verschiedenen Schädel in der begleitenden Abbildung zeigt alle drei Kategorien; z. B. Bulldogge (brachyzephal), Basset Hound (mesatizephal) und Langhaarcollie (dolichozephal). Der Gesichtsschädel ist der Teil des Schädels, der bei brachyzephalen Rassen verkürzt/verbreitert ist. Bei dolichozephalen ist er verlängert/verschmälert. Diese Kategorien beziehen sich ausschließlich auf die Kopfform und sagen nichts über den restlichen Körperbau aus. Diese Tatsache wird in den drei lateralen Ansichten am Fuß der Seite dargestellt – brachyzephal (Pekinese), mesatizephal (Dackel), and dolichozephal (Sealyham Terrier). In den lateralen Ansichten wird auch der Unterschied in der Höhe der Dorsalkonturen des Hirn- und Gesichtsschädels deutlich. Obwohl sie sich in annähernd parallelen Ebenen befinden, entsteht durch den deutlichen Sprung von der Schädel- zur Gesichtsebene der nasofrontale Winkel oder „Anschlag". Bei brachycephalen Rassen ist das verkürzte, verbreiterte Gesicht mit einem deutlich ausgeprägten nasofrontalen Winkel und stärker nach vorne gerichteten Augen verbunden. Die selektive Züchtung hat auch zu einem Längenunterschied zwischen Ober- und Unterkiefer geführt – ein kurzes Gesicht ist in der Regel prognathisch mit einem unterständigen Unterkiefer; ein langes Gesicht geht oft mit einem brachygnathischen, zurückweichenden Unterkiefer einher. Die Montage veranschaulicht auch die enorme innerartliche Größenspanne, die besonders gut durch die nebeneinander stehenden Schädel von Chihuahua und Deutscher Dogge am oberen Rand der Seite dargestellt wird. Auch der Kopf einer brachyzephalen Rasse (Boxer) ist oben auf der Seite abgebildet.

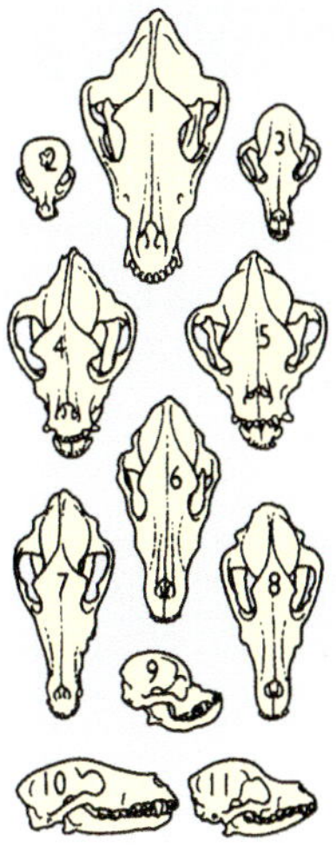

1. Deutsche Dogge
2. Chihuahua
3. Yorkshire Terrier
4. Boxer
5. Bulldogge
6. Basset Hound
7. Langhaarcollie
8. Dobermann
9. Pekinese
10. Sealyham Terrier
11. Dackel

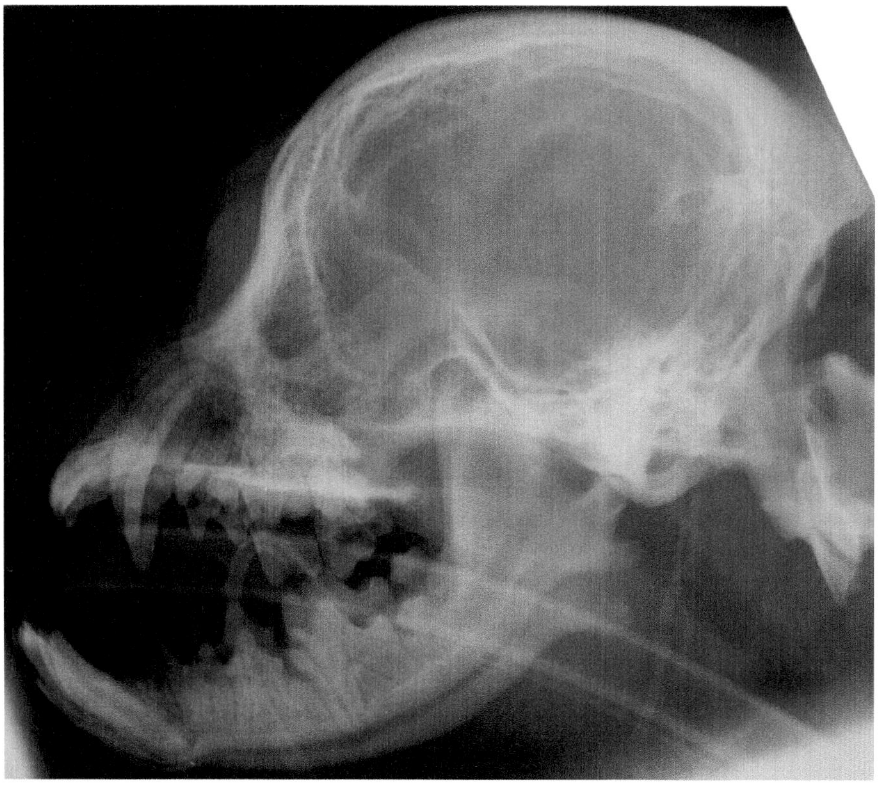

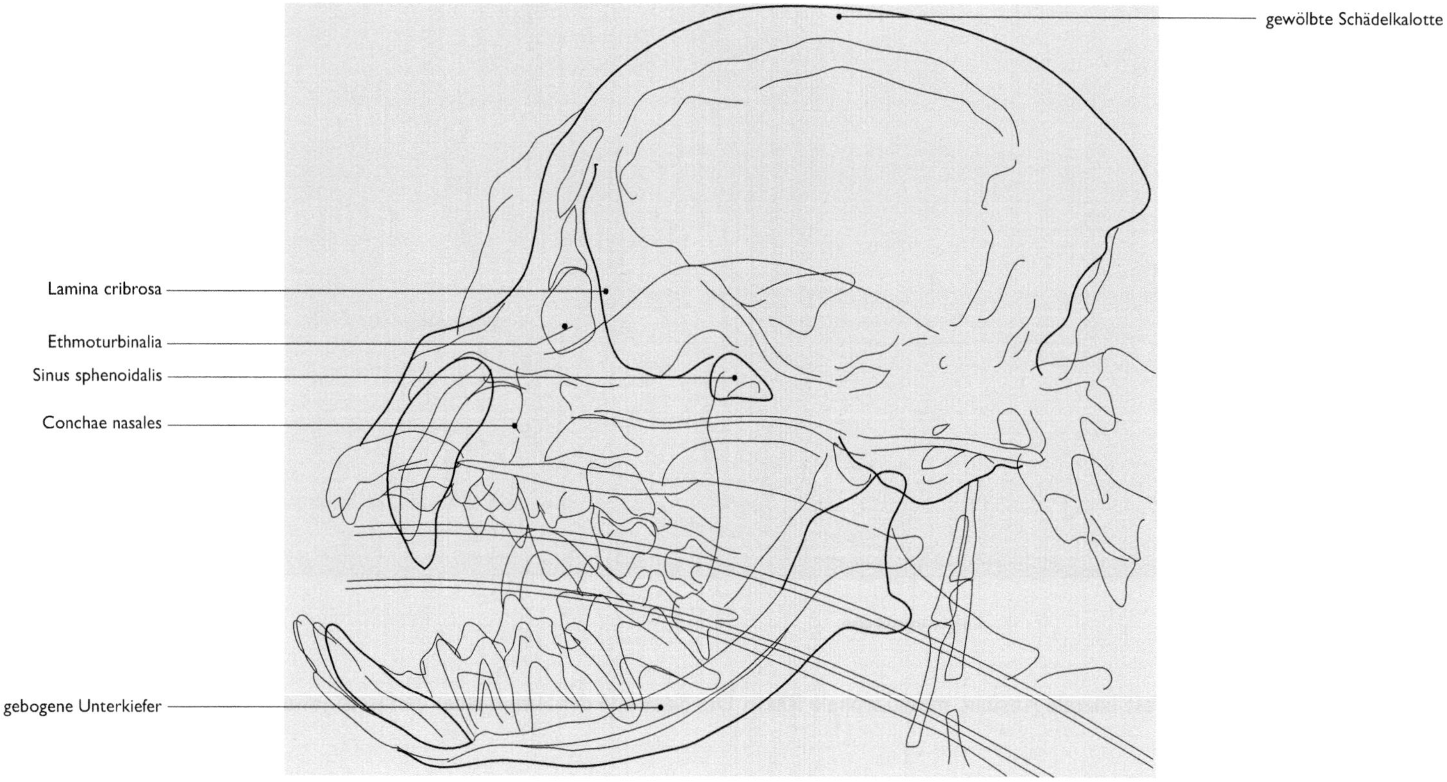

Abb. 2.23 Röntgenbild des Kopfes: laterale Ansicht, brachyzephale Rasse. Die Nase ist deutlich verkürzt und der nasofrontale Winkel markant ausgebildet. Der Sinus frontalis ist praktisch nicht vorhanden. Der Schädel ist gewölbt und die Mandibula hat eine konvexe Kontur. Es besteht eine mandibuläre Prognathie.

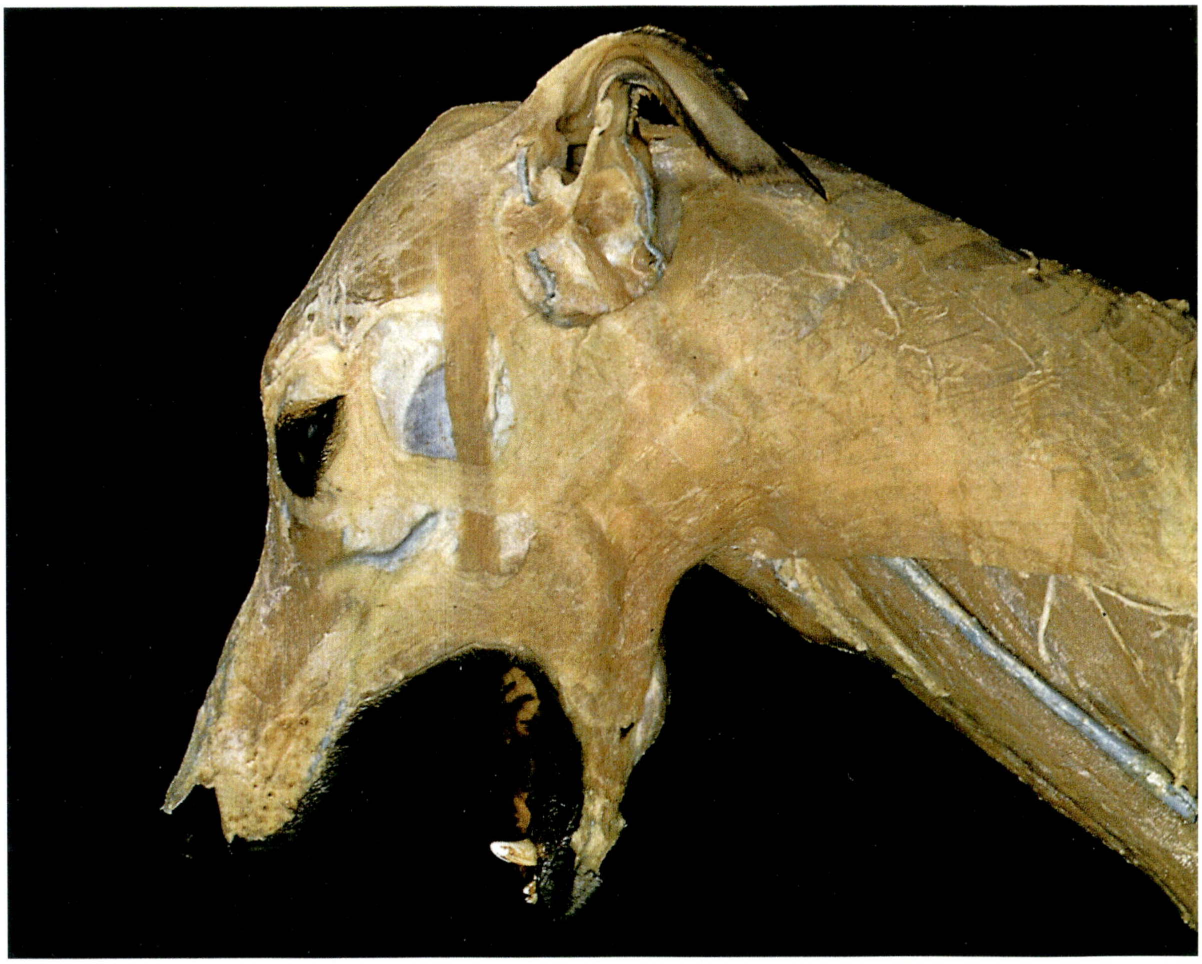

Abb. 2.24 Oberflächenstrukturen des Kopfes und des kranialen Halsbereichs: linke laterale Ansicht. Die Haut wurde bis auf einen schmalen Rand an den Lippen, um die Nasenöffnung und das Auge sowie am distalen Teil der Scapha des Cartilago auricularis entfernt. Da das Tier mit geöffnetem Kiefer und leicht in Richtung Hals gebogenem Kopf fixiert wurde, bleiben das Fett und die Faszie an der Unterseite des Rachens als komprimierte und „flüssigkeitsgetränkte" Masse erhalten. Beim Entfernen dieser Masse wurden auch die wenigen feinen transversalen Stränge des M. sphincter colli superficialis entfernt (siehe Abb. 3.6). Die oberflächlichen Strukturen des Kopfes sind auch in den Abbildungen 2.57 und 2.61 aus der Dorsalansicht und in Abbildung 2.125 aus der Ventralansicht dargestellt.

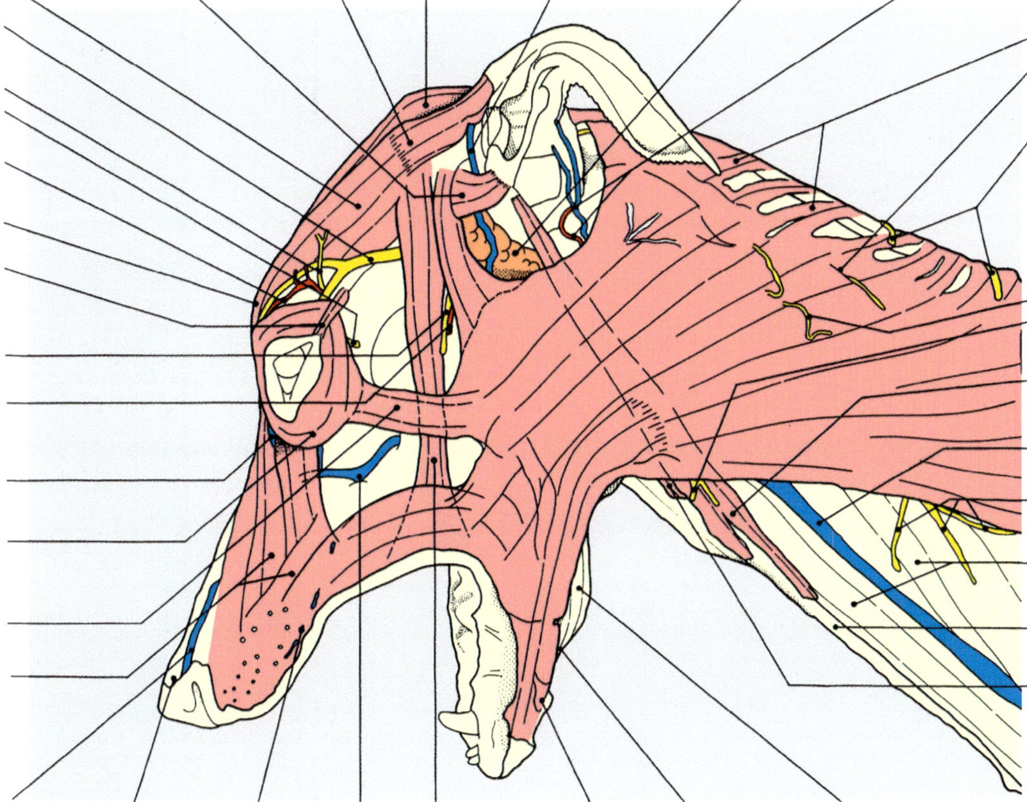

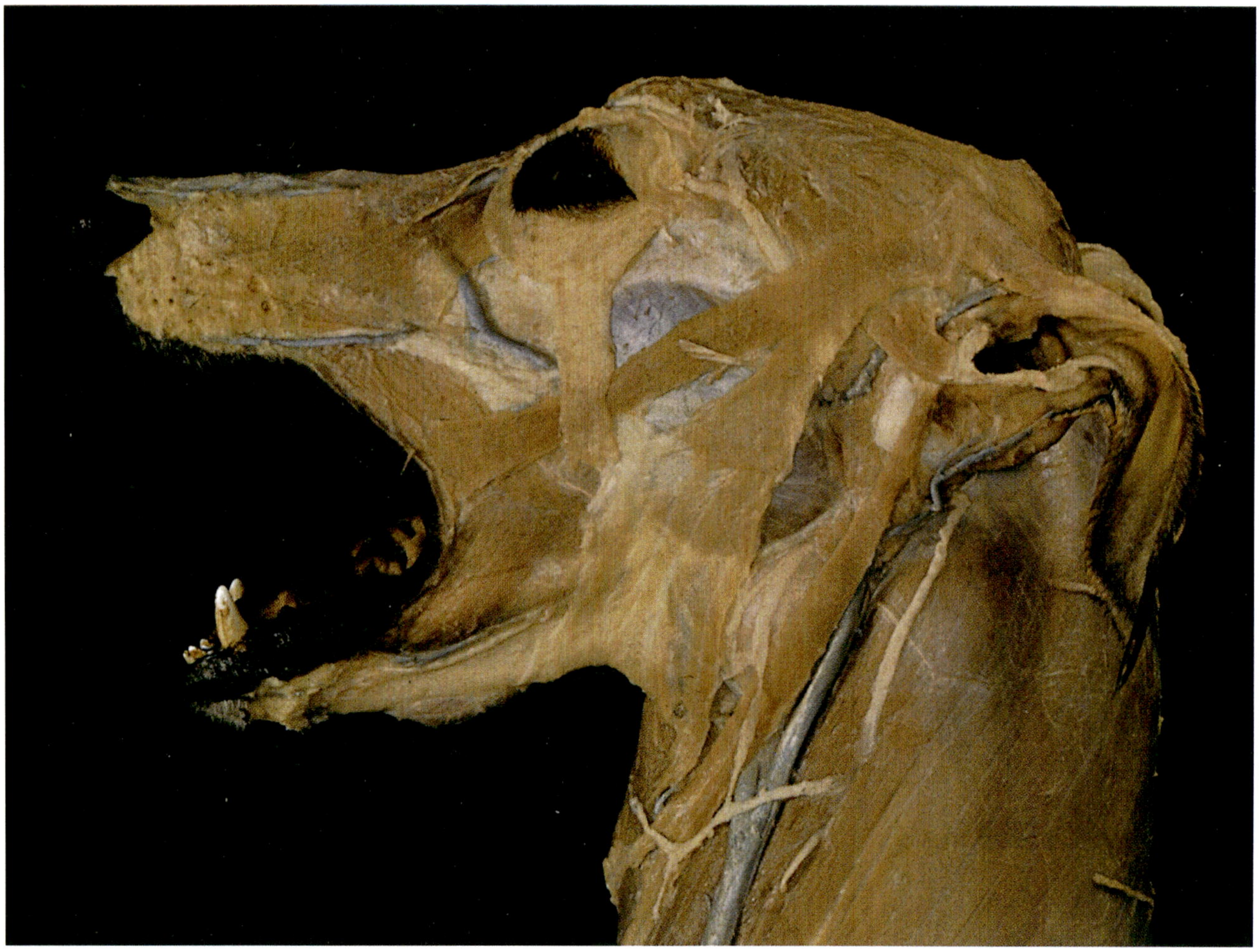

Abb. 2.25 Oberflächliche Strukturen des Kopfes nach Entfernung des Platysmas: linke laterale Ansicht. Muskelfasern vom Dorsalrand des Platysmas sind mit denen des intermediären Anteils verwoben, weswegen das Durchtrennen dieser Verbindung bei der Entfernung des Platysmas eine „gezackte" Linie auf der Oberfläche des intermediären Anteils, in der Zeichnung durch ein „X" gekennzeichnet, hinterlassen hat. Es ist schwierig, den M. orbicularis oris vollständig zu entfernen, da seine Fasern sich mit denen des M. levator nasolabialis durchmischen. Ein Teil davon befindet sich zwischen den Wurzeln und Follikeln der sensorischen Tasthaare. Der M. mentalis ist von Fett- und Fasergewebe im Kinnbereich infiltriert und daher schwer abzugrenzen.

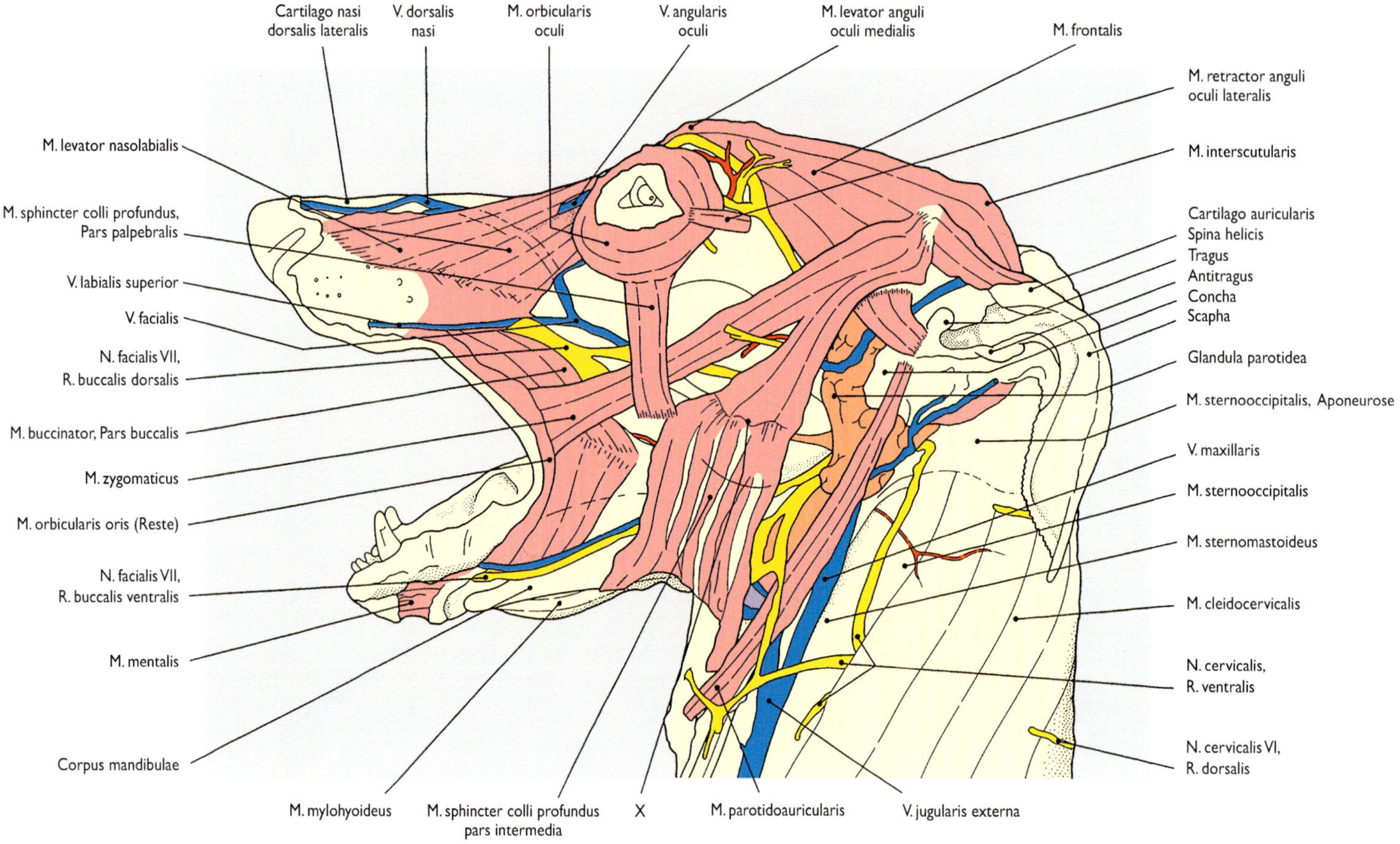

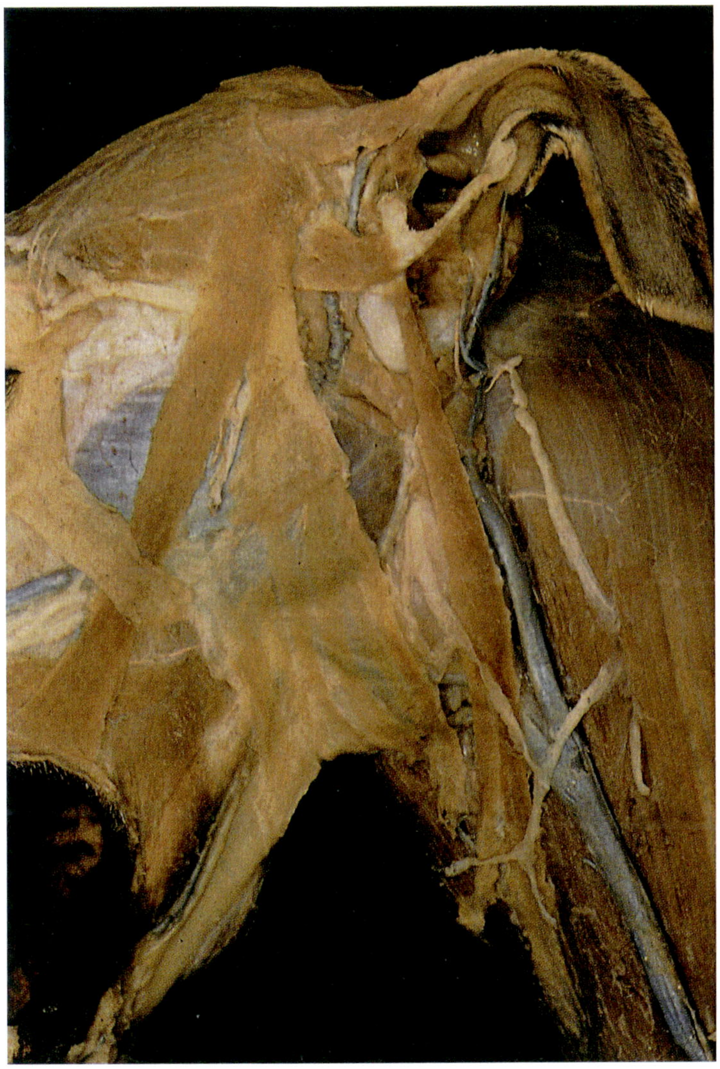

Abb. 2.26 Oberflächliche Strukturen der Regiones temporalis, auricularis, parotidea und masseterica nach Entfernung des Platysmas: linke laterale Ansicht. Dies ist eine detailliertere Ansicht eines Teils der in Abb. 2.25 dargestellten Präparation. Eine begrenzte Abtragung der oberflächlichen Faszie in der Umgebung der Concha des Cartilago auricularis legt die Glandula parotidea und den proximalen Teil ihres Ausführungsganges frei. Die kutane Innervation des Kopfes erfolgt durch den N. trigeminus (V), einige seiner Äste sind in dieser Präparation abgebildet (siehe auch Abb. 2.58). Viele seiner Endverzweigungen wurden jedoch zwangsläufig zusammen mit der Haut und dem Platysma entfernt, so dass bestenfalls die proximalen Stümpfe dieser Nerven intakt erhalten sind.

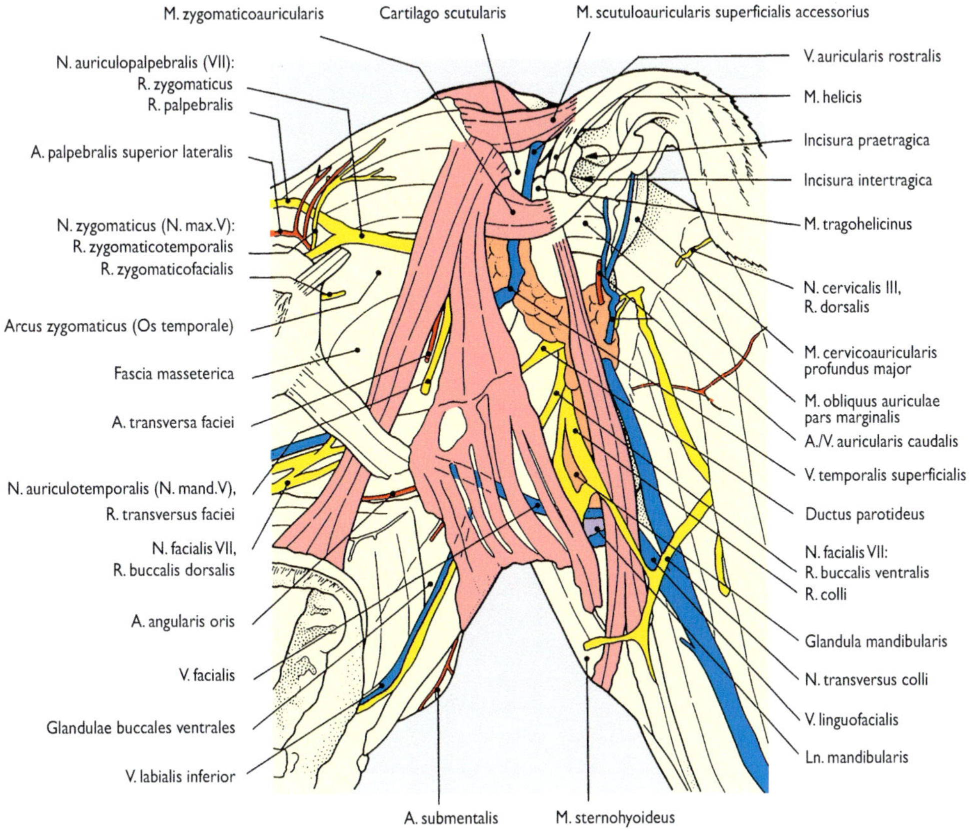

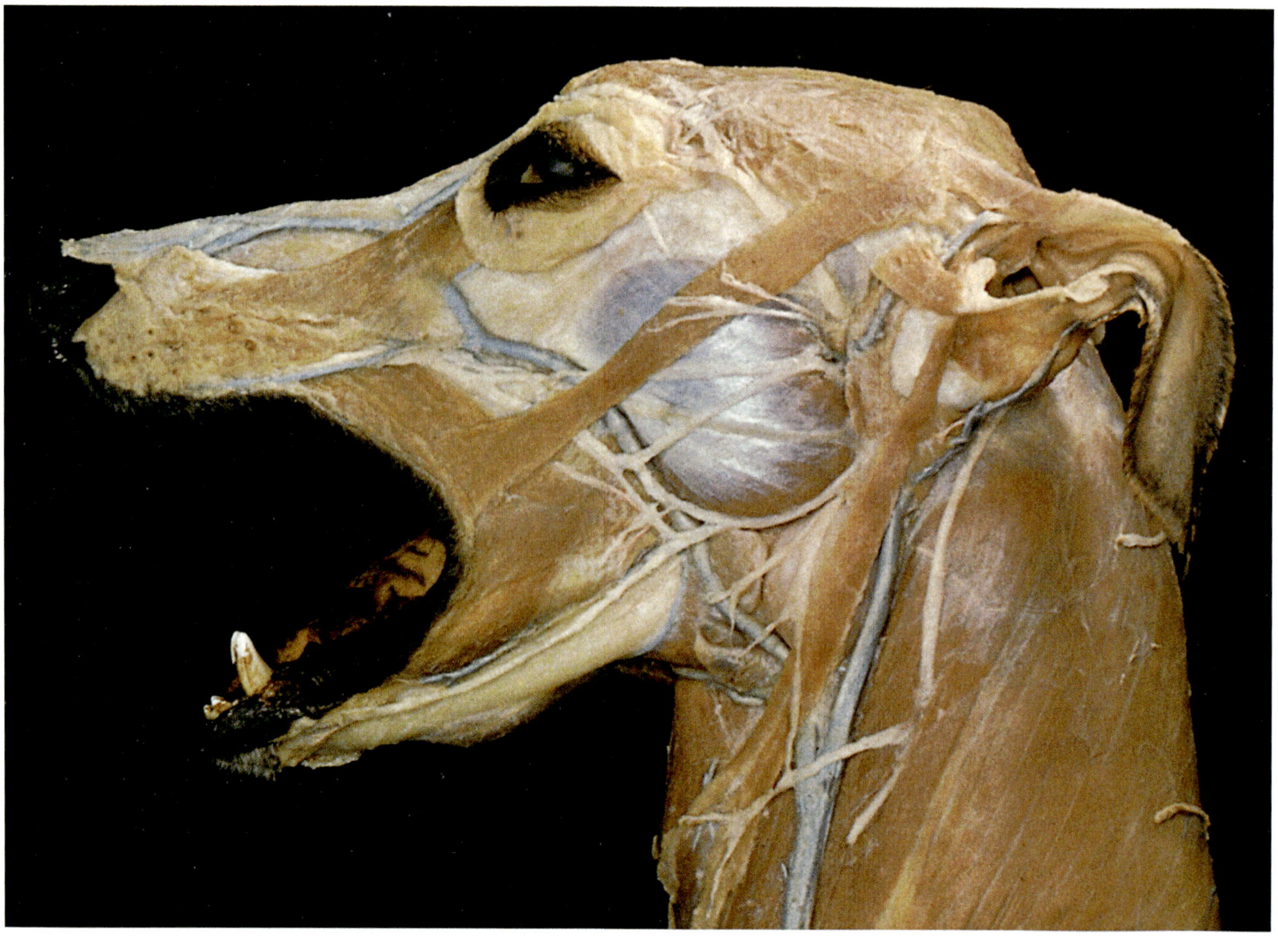

Abb. 2.27 Oberflächliche Strukturen des Kopfes nach Entfernung des Platysmas und des M. sphincter colli profundus: linke laterale Ansicht. Der intermediäre Anteil des M. sphincter colli profundus und der nasofrontale Anteil des M. levator nasolabialis wurden entfernt. Die extensive Ausbreitung des N. facialis (VII) zur motorischen Versorgung der Gesichtsmuskulatur steht im Gegensatz zu einer weniger auffälligen Verbreitung sensorischer Äste des N. trigeminus (V). Die Verästelungen von Hautnerven werden im Allgemeinen mit dem Abtragen der Haut entfernt. Die großflächige und ausgeprägte venöse Drainage im Bereich der oberflächlichen Faszie steht im deutlichem Kontrast zur eher begrenzten Verbreitung der Arterien (siehe auch Abb. 2.127).

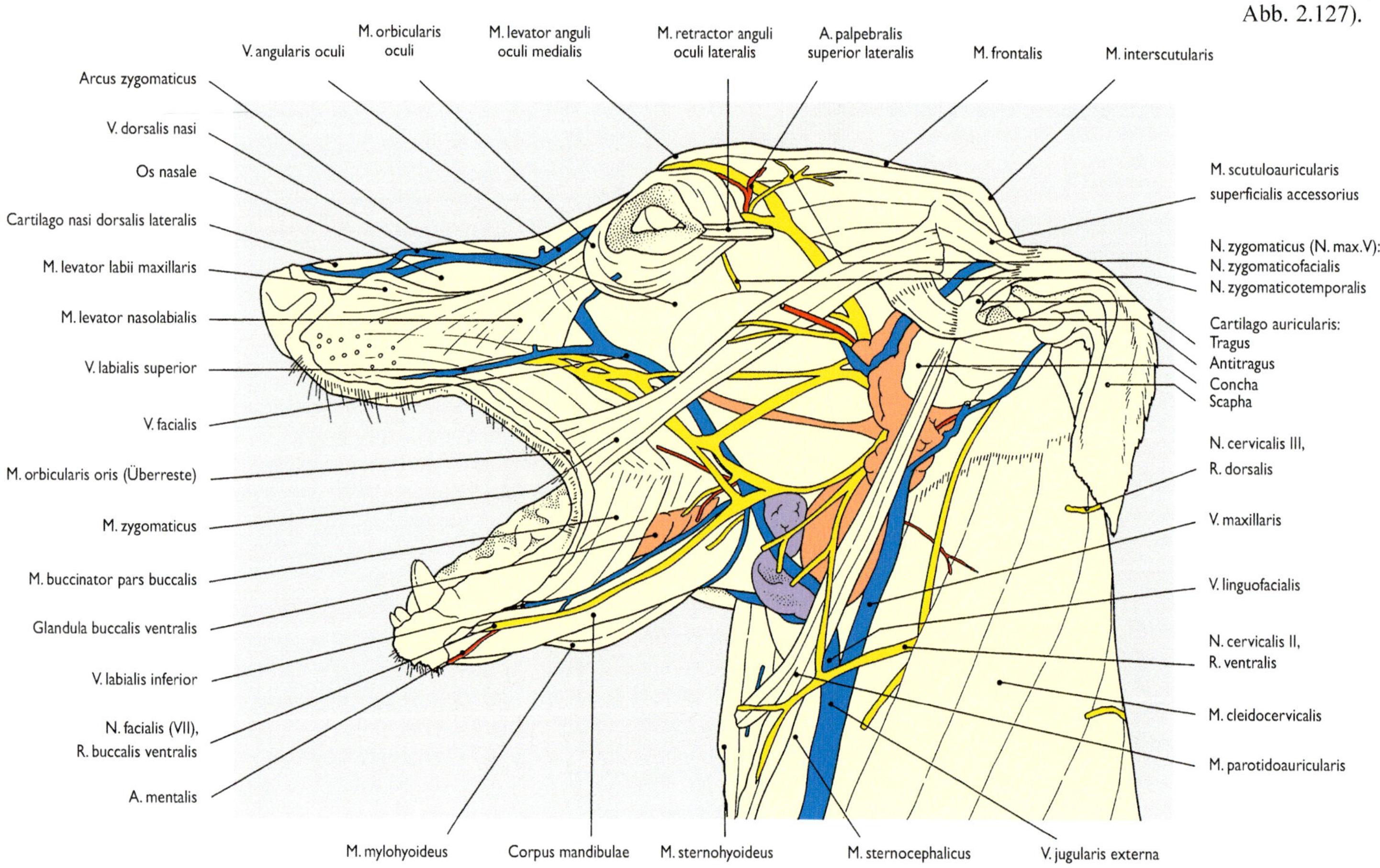

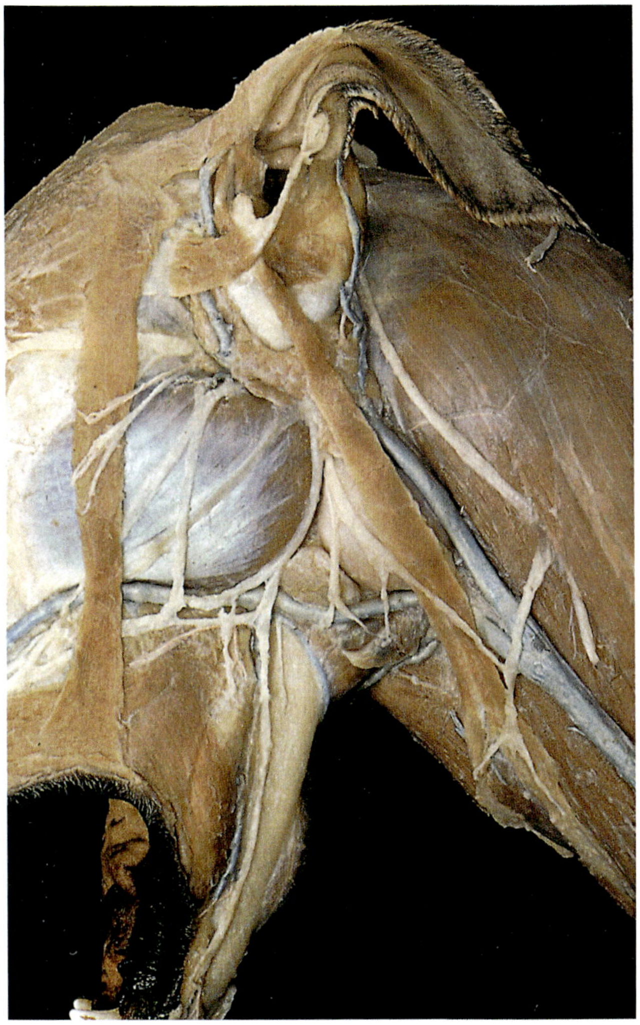

Abb. 2.28 Oberflächliche Strukturen der Regiones temporalis, parotidea und masseterica nach Entfernung des Platysmas und des M. Sphincter colli profundus: linke laterale Ansicht. Dies ist eine detailliertere Ansicht eines Teils der in Abb. 2.27 dargestellten Präparation. Durch die Entfernung der Pars intermedia des M. sphincter colli profundus wurden die Lnn. mandibulares freigelegt (siehe auch Abb. 2.127). Diese Lymphknoten sind erheblich größer als der in Abb. 2.30 freigelegte sehr kleine Ln. parotideus. Die Anzahl der Lymphknoten ist beim Hund im Allgemeinen gering und sie sind (im Verhältnis zur Körpergröße) klein. Das lymphatische Gewebe ist im Allgemeinen schlecht zu erkennen. Lymphgefäße (abgesehen vom Ductus thoracicus – siehe Kapitel 5) sind nicht dargestellt.

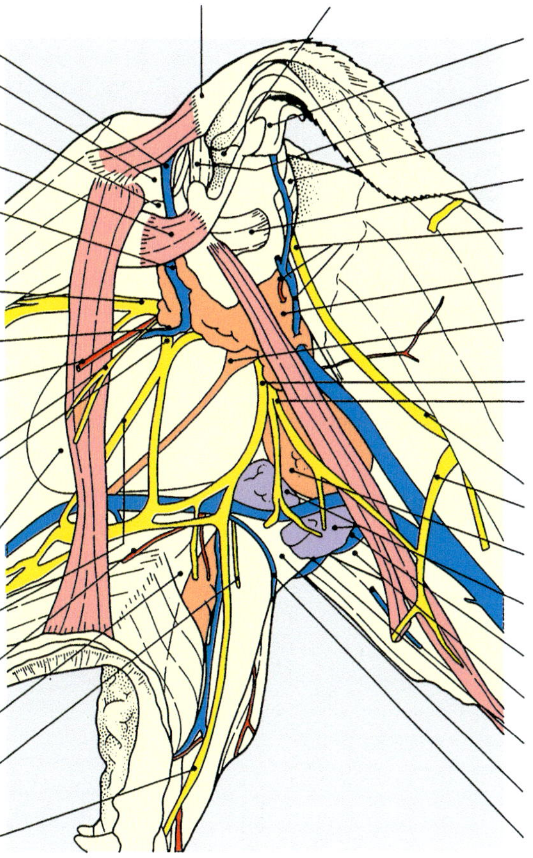

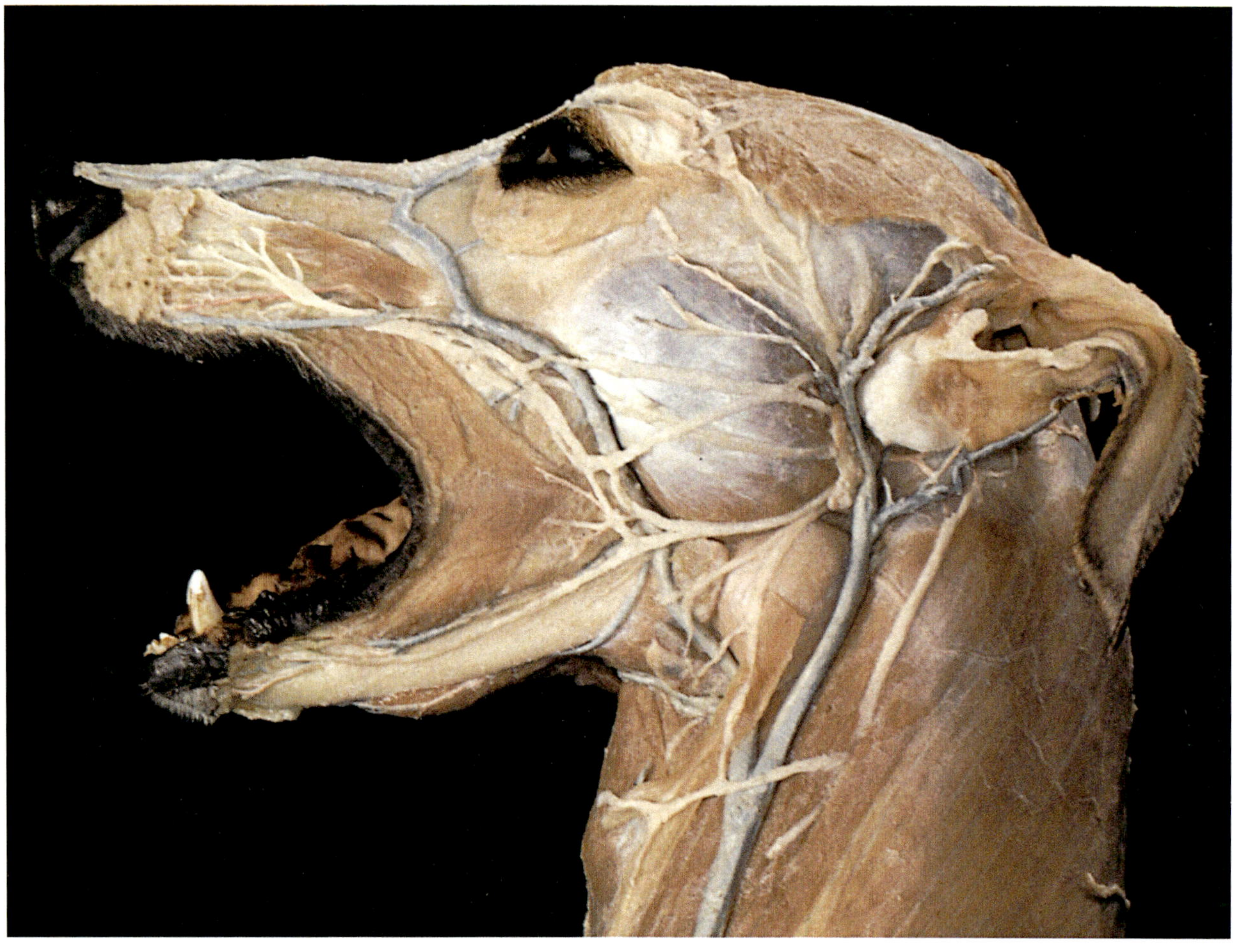

Abb. 2.29 Oberflächliche Nerven und Blutgefäße des Kopfes: linke laterale Ansicht. Die Mm. zygomaticus und zygomaticoauricularis, Teile des M. parotidoauricularis, und der maxilläre Anteil des M. levator nasolabialis wurden entfernt. Das ventrale Ende des M. parotidoauricularis wurde erhalten, um den zervikalen Ast des N. facialis (VII) intakt zu lassen, der sich mit dem transversalen zervikalen Anteil des N. cervicalis II auf seiner Oberfläche verbindet. Die Glandula parotidea wurde partiell entfernt, so dass nur noch ein kleiner Anteil, aus dem der Ductus parotideus entspringt, vorhanden ist.

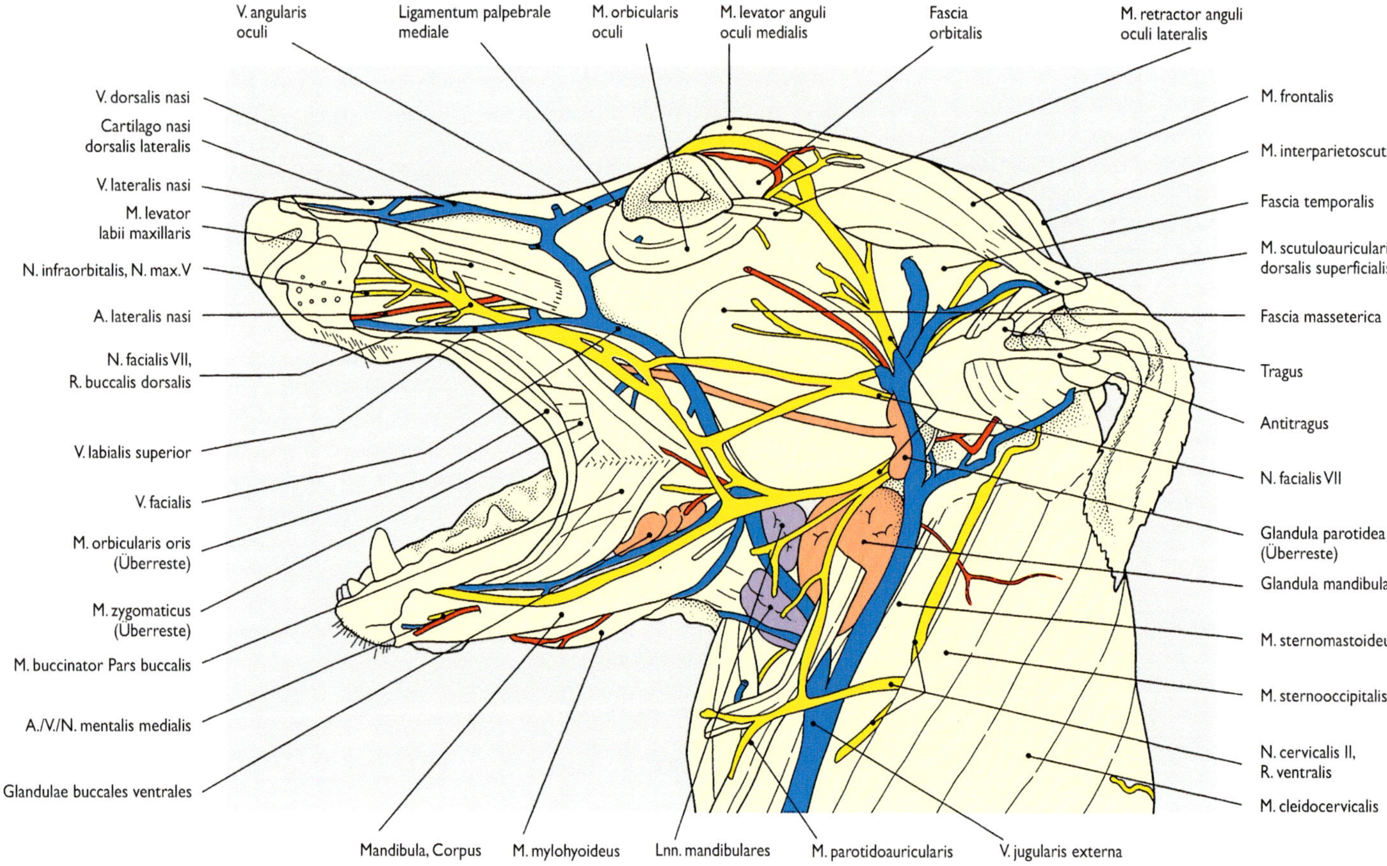

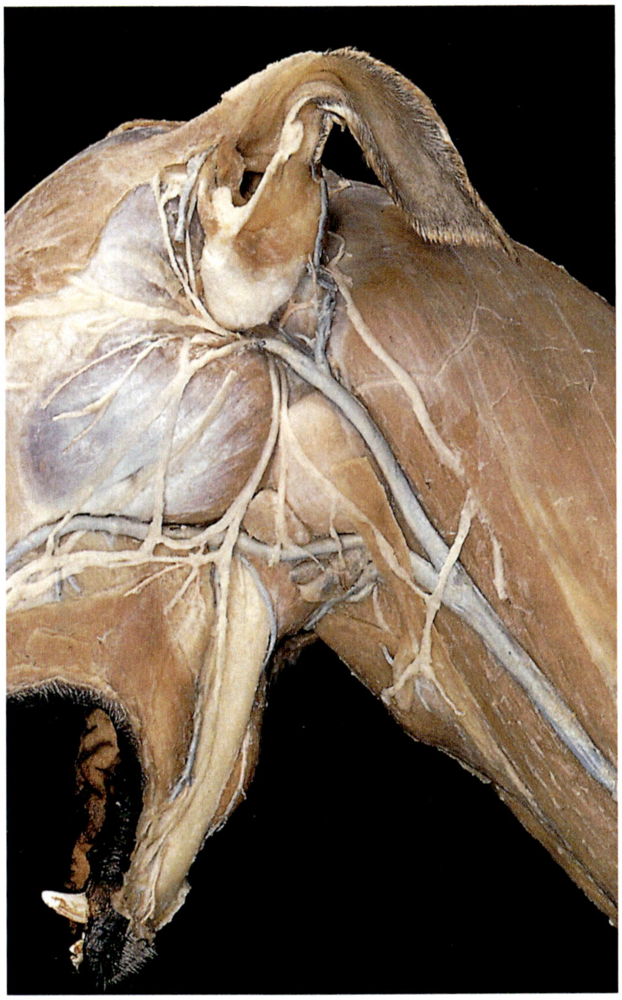

Abb. 2.30 Oberflächliche Strukturen der Regiones temporalis, auricularis, parotidea und masseterica nach Entfernung der Gesichtsmuskulatur und der Glandula parotidea: linke laterale Ansicht. Dies ist eine detailliertere Ansicht eines Teils der in Abb. 2.29 gezeigten Präparation, allerdings wurde die Glandula parotidea entfernt, einschließlich des proximalen Anteils ihres Ausführungsganges, ebenso wie der Anteil der V. temporalis superficialis, der im Parotisgewebe eingebettet verlief. Die durchtrennten Enden der Vena temporalis superficialis sind an ihrem Austritt aus der Fascia temporalis dorsal vom Arcus zygomaticus und direkt, bevor sie kaudoventral der Concha des Cartilago auricularis in die V. maxillaris mündet, sichtbar. Der kleine Ln. parotideus, der in dieser Abb. freigelegt ist, überdeckt teilweise den Ramus communicans, der den R. auriculotemporalis des N. trigeminus (V) mit dem R. buccalis dorsalis des N. facialis (VII) verbindet.

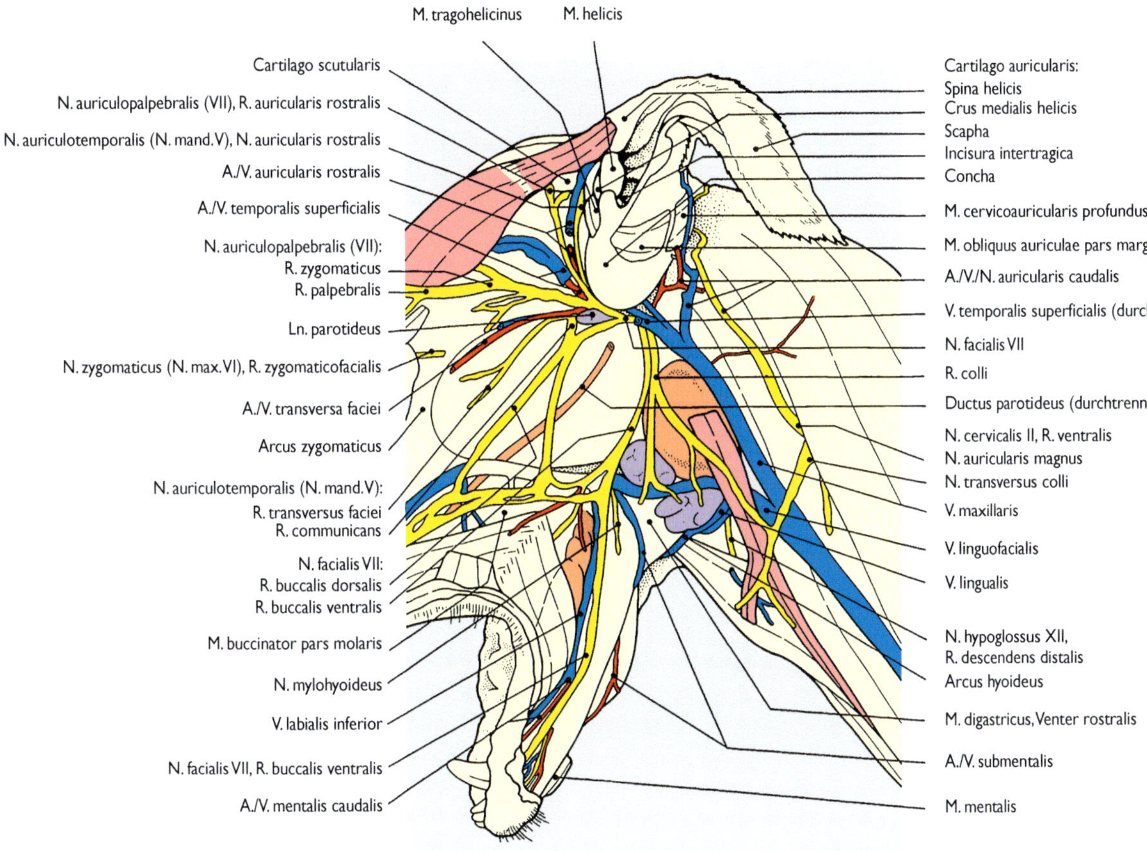

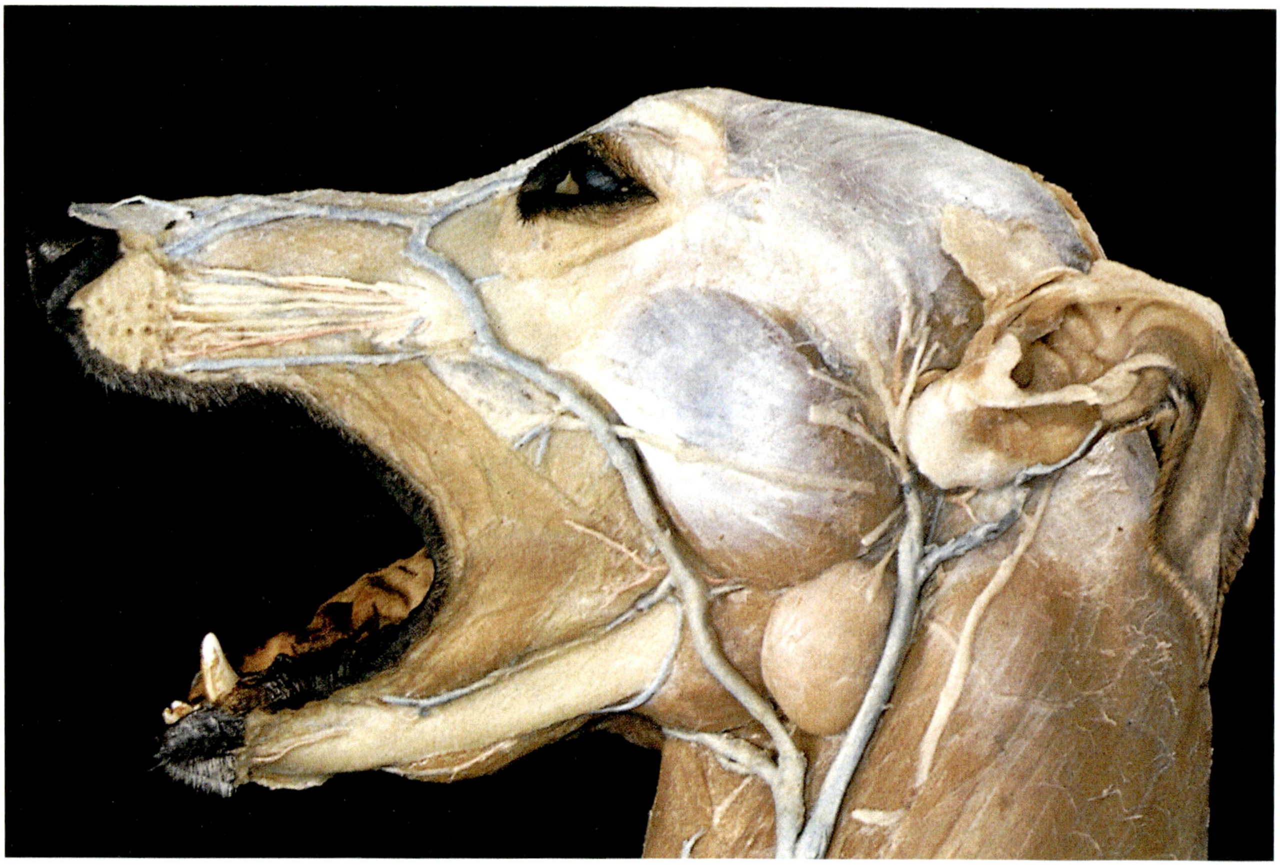

Abb. 2.31 Cartilago auricularis, Mm. temporalis und masseter nach Entfernung der Gesichtsmuskulatur: linke laterale Ansicht. Die verbleibenden Gesichtsmuskeln wurden, gemeinsam mit den Lnn. mandibulares und parotidei und den Endverzweigungen des N. facialis (VII) entfernt. Infraorbitale Äste des N. maxillaris (des N. trigeminus V) sind nun sichtbar und erstrecken sich rostral des Foramen infraorbitale in den Bereich der Schnauze. Durch eine geringfügige Verschiebung der V. facialis weg vom rostroventralen Rand des M. masseter wurden die V. facialis profunda, die A. facialis und die Ausdehnung des N. mylohyoideus auf das Gesicht freigelegt (siehe auch Abb. 2.98).

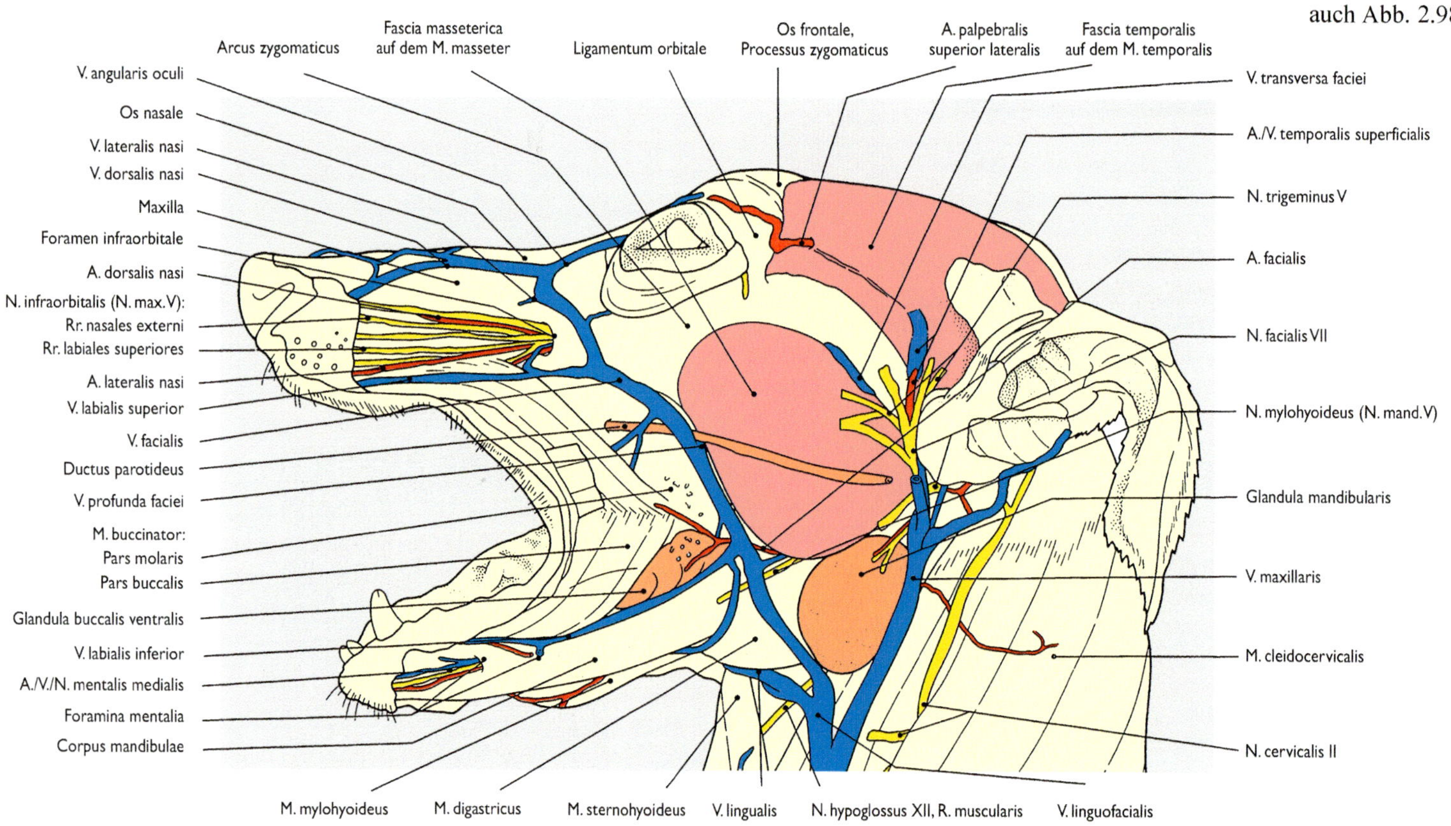

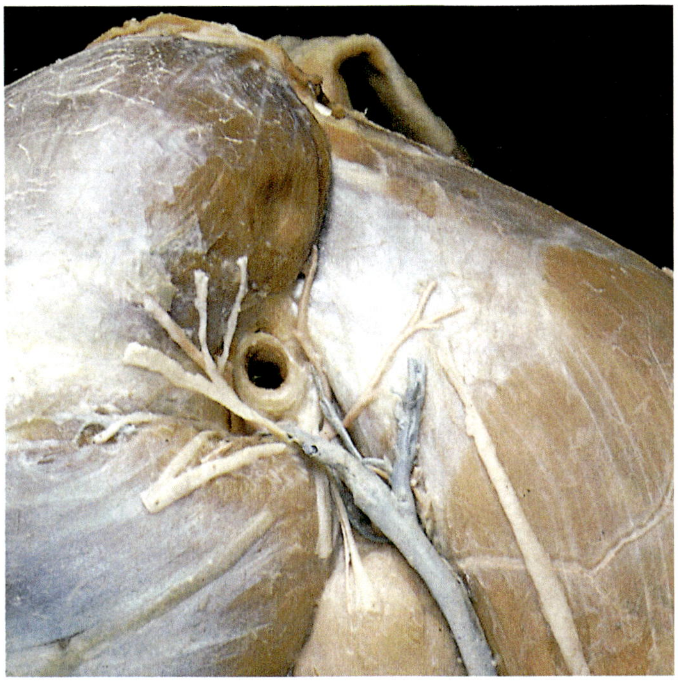

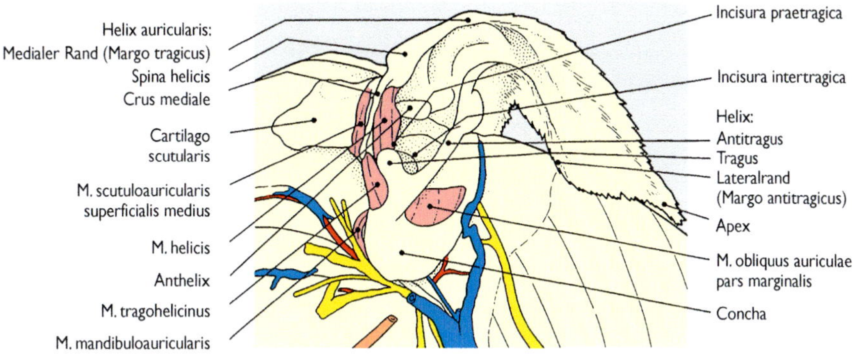

Abb. 2.32 Ohr- und Scutulumknorpel nach Entfernung der oberflächlichen Muskeln und der Glandula parotidea: linke laterale Ansicht. Diese vergrößerte Ansicht des Ohrbereiches (Abb. 2.31) zeigt Scutulum- und Ohrknorpel und einige intrinsische Ohrmuskeln.

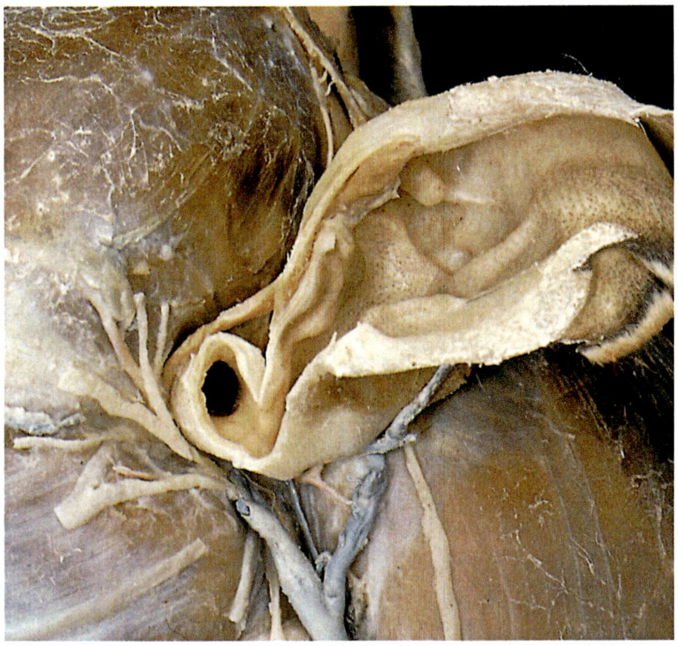

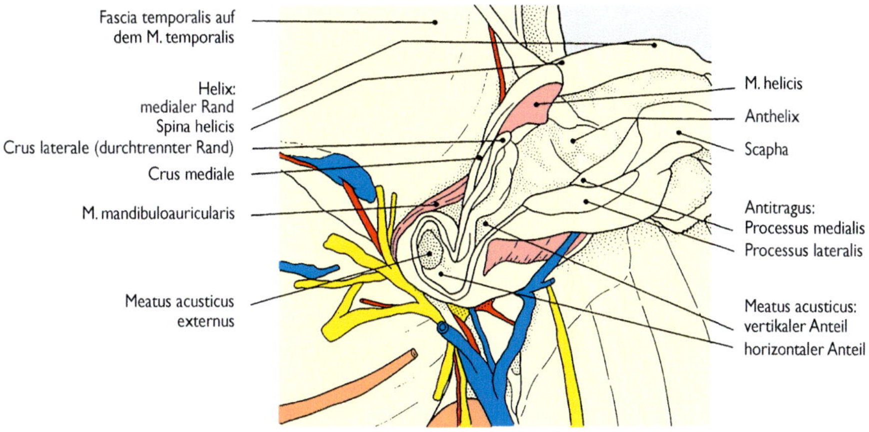

Abb. 2.33 Ohrknorpel und äußerer Gehörgang nach Resektion des Tragus: linke laterale Ansicht. Der Gehörgang wird eröffnet, um seine rechtwinklige Biegung zu demonstrieren, bevor der äußere Meatus acusticus externus und die Membrana tympani erreicht werden (siehe auch Sektionen, Abb. 2.145 und 2.146).

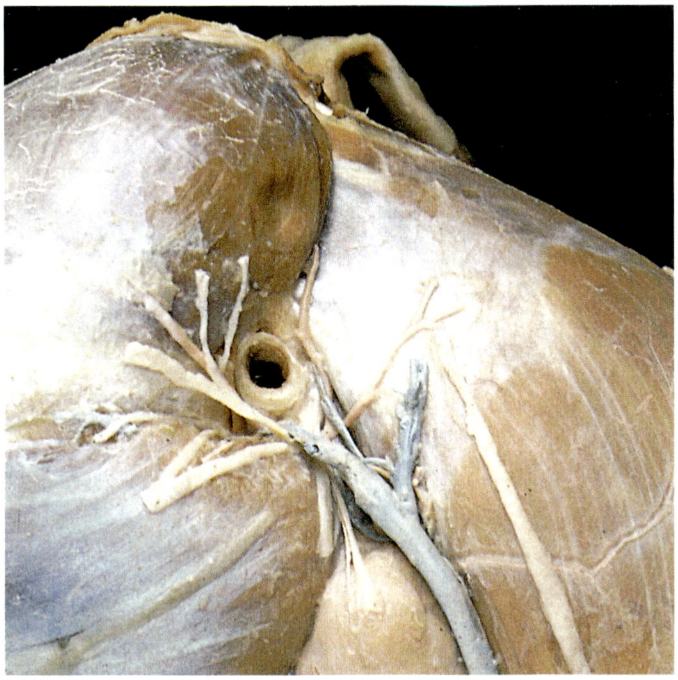

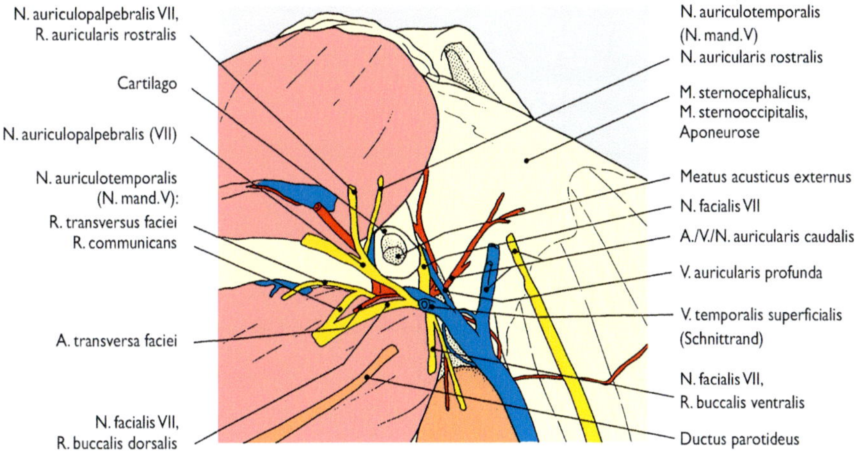

Abb. 2.34 Regiones temporalis, parotidea, auricularis und masseterica und der äußere Gehörgang nach Entfernung des Ohrknorpels: linke laterale Ansicht. Der N. facialis (VII) tritt aus dem Foramen stylomastideum kaudal des Meatus acusticus externus hervor (siehe Abb. 2.3) und umschließt ihn praktisch.

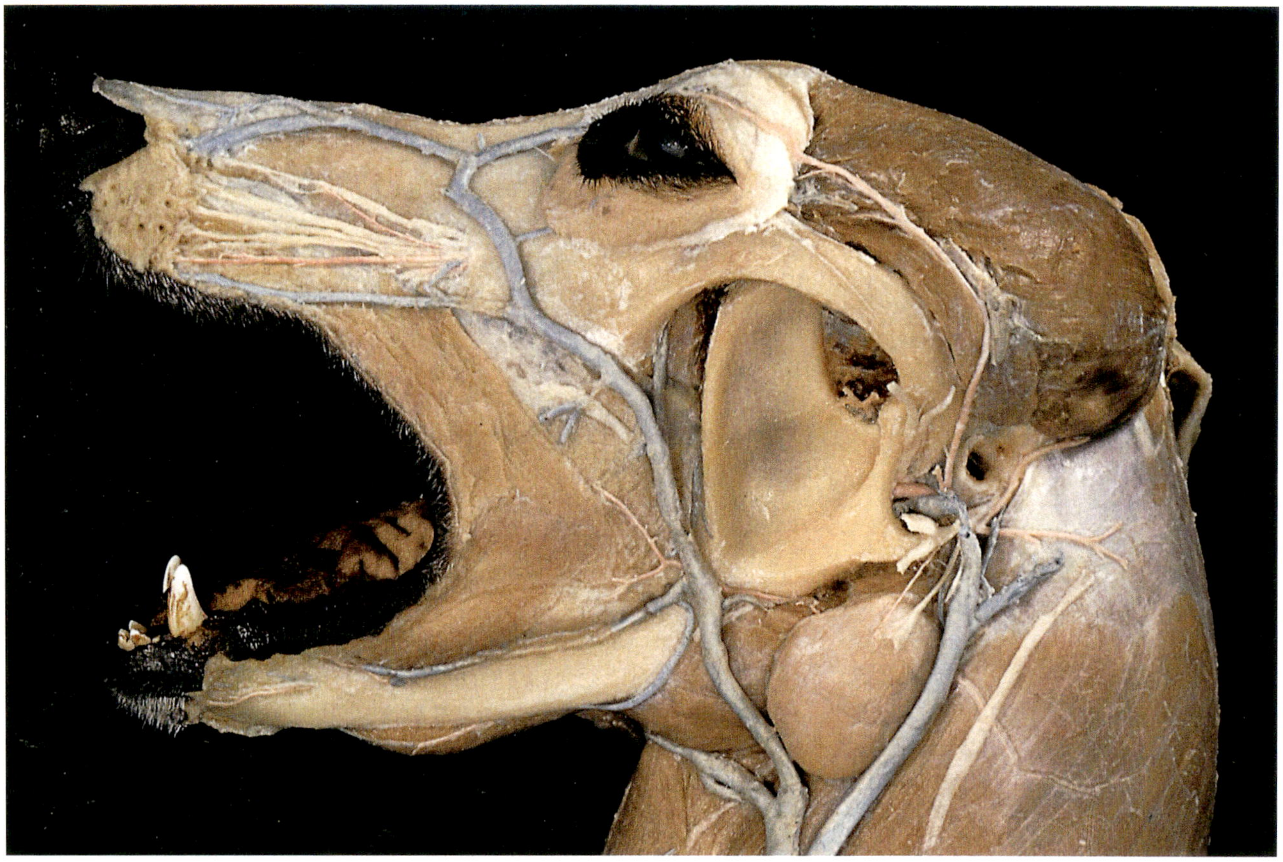

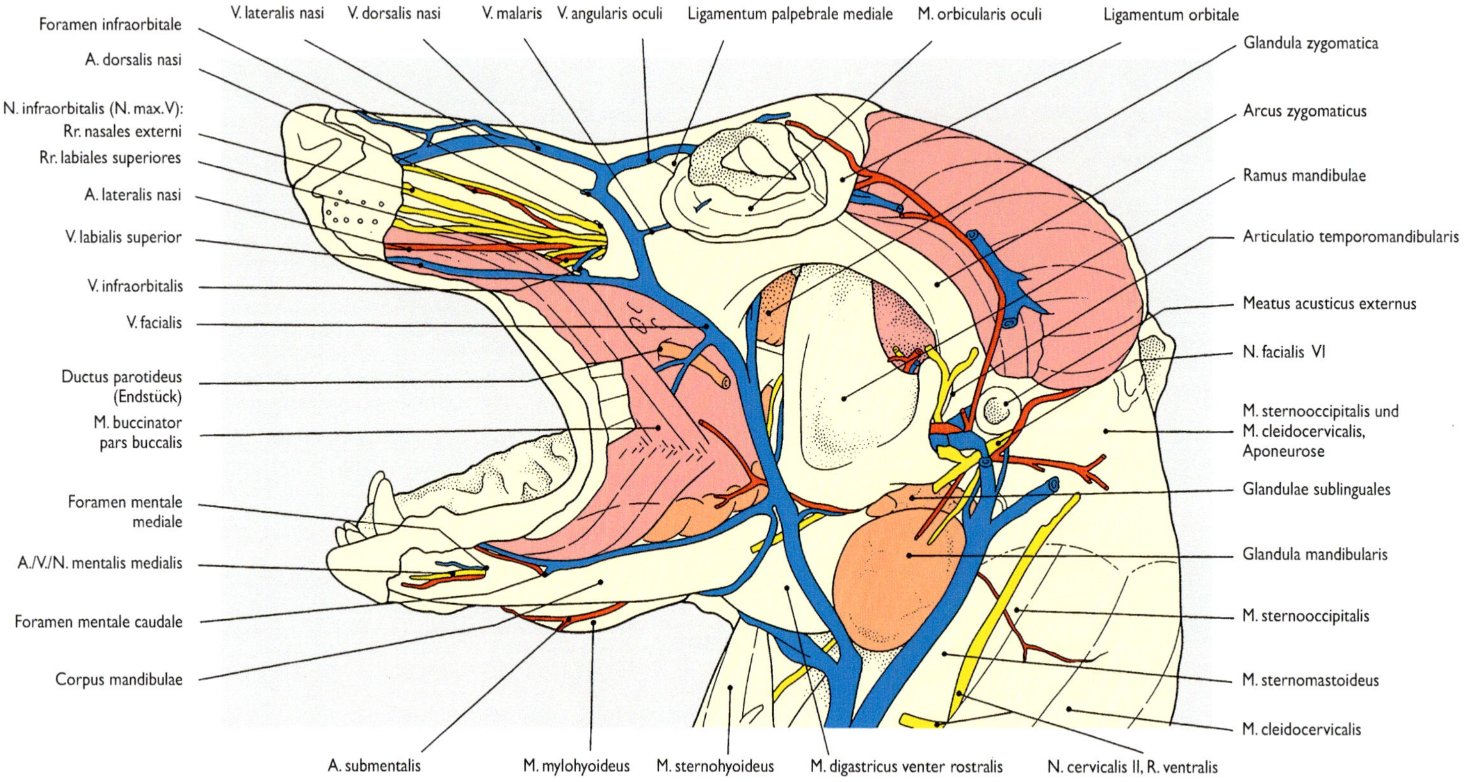

Abb. 2.35 Ramus mandibulae und M. temporalis nach Entfernung des M. masseter und der Fascia temporalis: linke laterale Ansicht (1). Durch die Entfernung des Cartilago auricularis und des Cartilago scutularis wurde die kräftige Fascia temporalis freigelegt und anschließend entfernt. Einige „ausgefranste" Bereiche auf der Oberfläche des M. temporalis zeigen, wo zahlreiche Fasern ihren Ursprung an der Innenseite der Fascia temporalis hatten. Bei der Entfernung des Kaumuskels wurden die oberflächlichen Anteile des N. trigeminus (V) und des N. facialis (VII) weiter durchtrennt. Die durchtrennten Stümpfe dieser Nerven sind oberhalb und unterhalb der A. und V. maxillaris, lateral der Articulatio temporomandibularis, sichtbar.

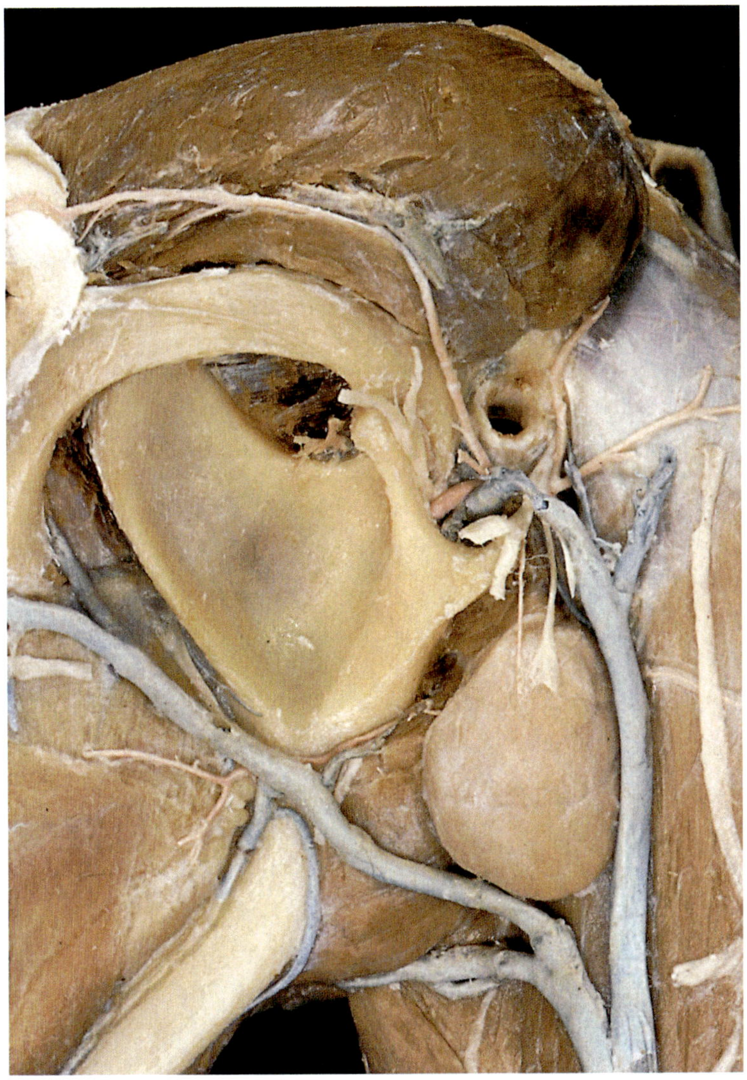

Abb. 2.36 Ramus mandibulae und M. temporalis nach Entfernung des M. masseter und der Fascia temporalis: linke laterale Ansicht (2). Dies ist eine detailliertere Ansicht der Regiones temporalis und masseterica aus der Präparation in Abb. 2.35. Sie zeigt die V. facialis profunda, wie sie die Fossa pterygopalatina verlässt und teilweise in der Glandula zygomatica eingebettet ist. Der N. buccalis aus dem Ramus mandibulae des N. trigeminus (V) taucht in der Wange direkt rostral des Processus coronoideus des Ramus mandibulae auf. Kaudal des äußeren Gehörgangs wurden die Überreste der kaudalen Ohrgefäße und -nerven nach kaudal verschoben, nachdem der Cartilago auricularis entfernt wurde. Sie erstrecken sich über die Aponeurose der Mm. cleidocervicalis und sternooccipitalis im Bereich des Ala atlantis.

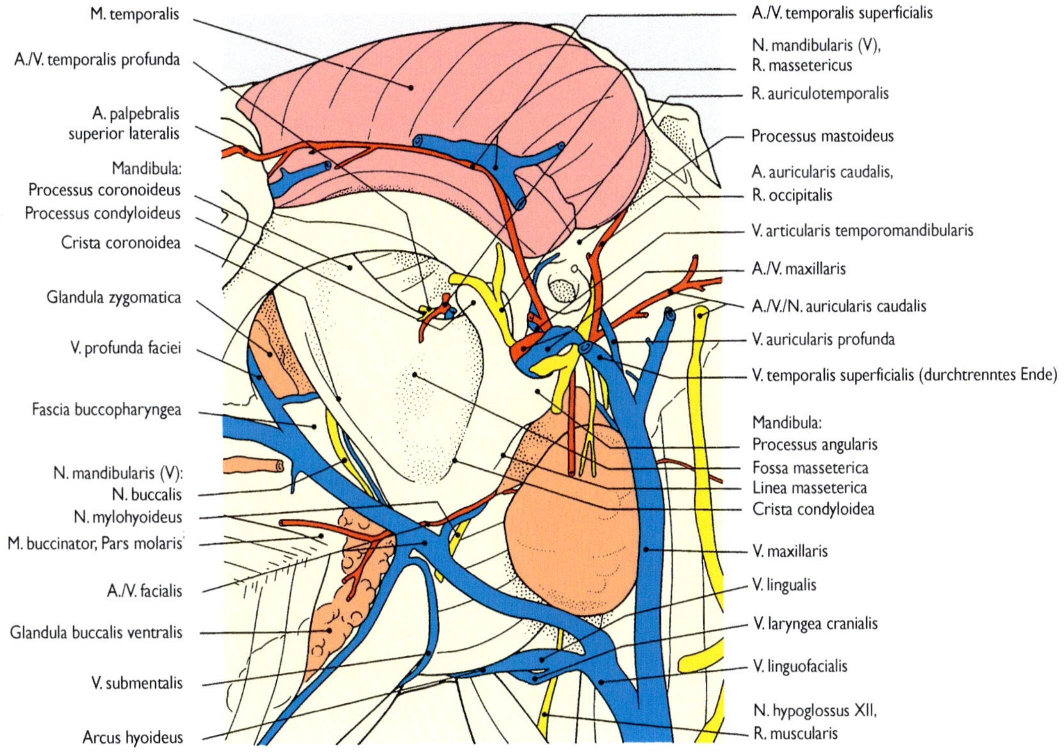

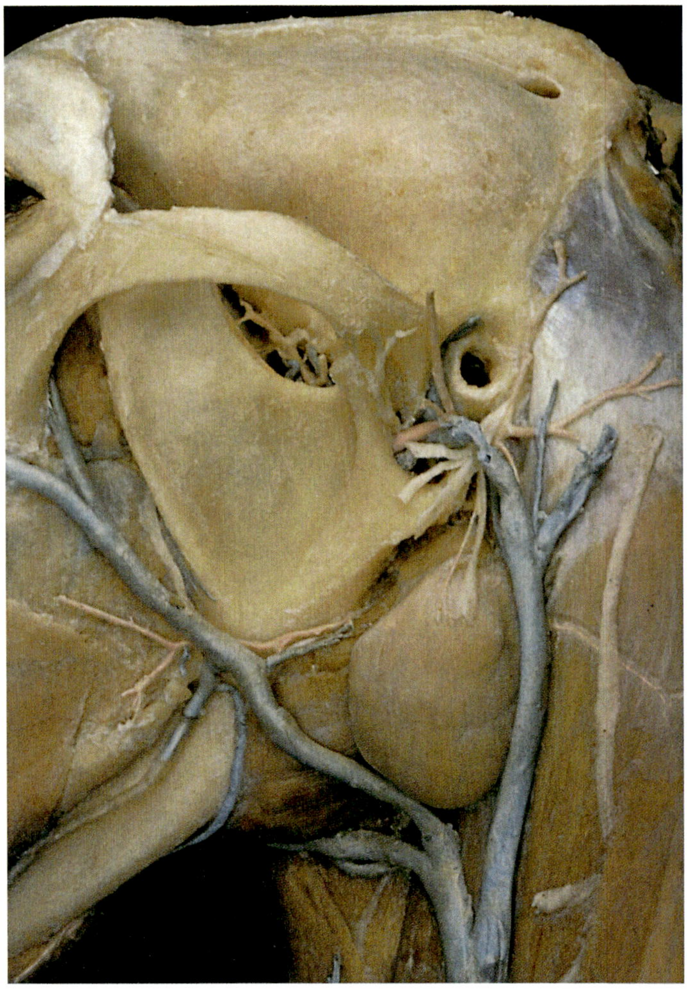

Abb. 2.37 Fossa temporalis und Ramus mandibularis nach Entfernung der Mm. temporalis und masseter: linke laterale Ansicht. Durch „schrittweise“ Entfernung des M. temporalis verbleibt die Versorgung durch Nerven und Blutgefäße intakt und in ihrem Verlauf durch die Incisura mandibulae sichtbar (siehe auch Abb. 2.69 und 2.70). Während der Entfernung des M. temporalis war die Isolation orbitaler Strukturen in der Periorbita deutlich zu erkennen: Die Fascia temporalis verschmilzt mit dem Ligamentum orbitale, während der M. temporalis selbst lediglich an der Periorbita anliegt, aber nicht mit ihr verwachsen ist (siehe auch Abb. 2.70). Ebenso war auch die Trennung des M. temporalis vom N. maxillaris und seinen Blutgefäßen und dem N. buccalis in der Fossa pterygopalatina ventral davon problemlos möglich (siehe auch Abb. 2.72). Das Loch im Schädel an der mit „X“ gekennzeichneten Stelle diente dazu, einen Haken zur Fizierung des Kopfes während der Konservierung des Kadavers anzubringen.

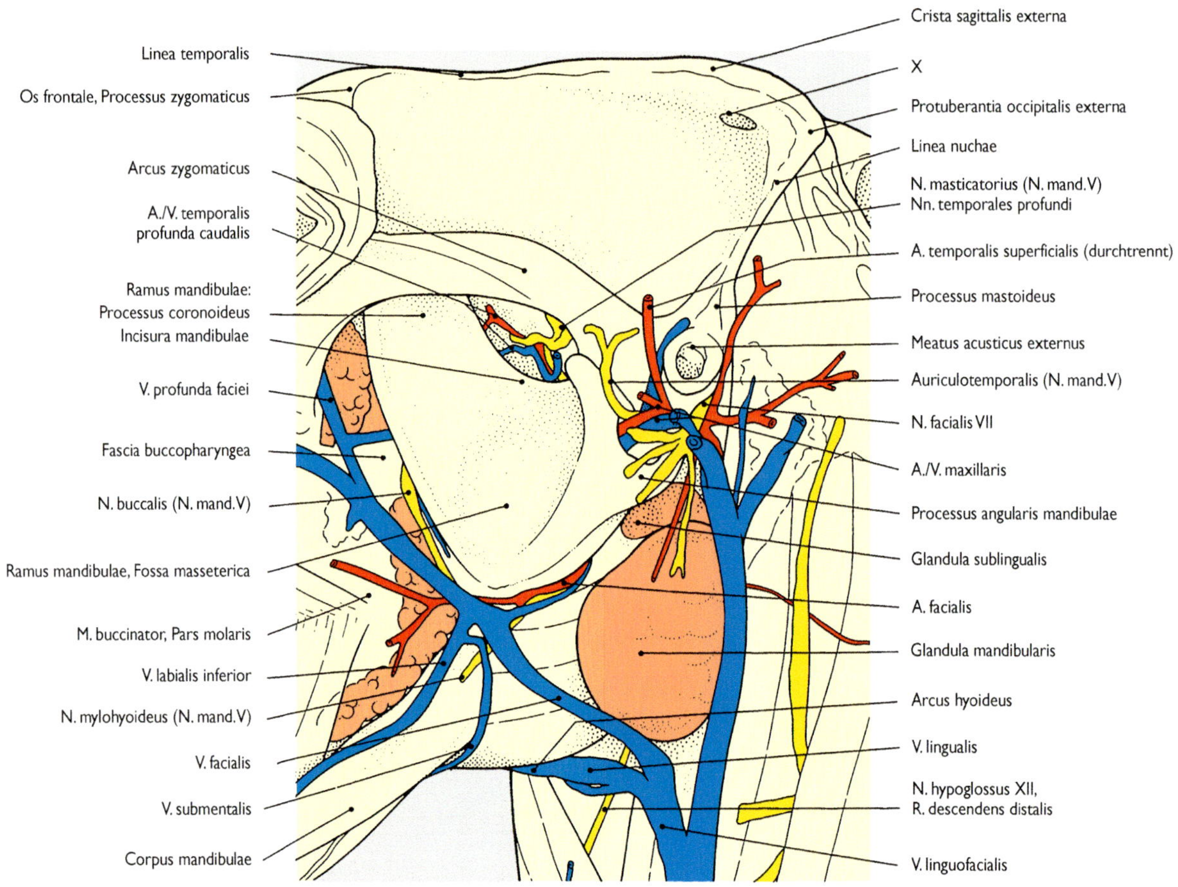

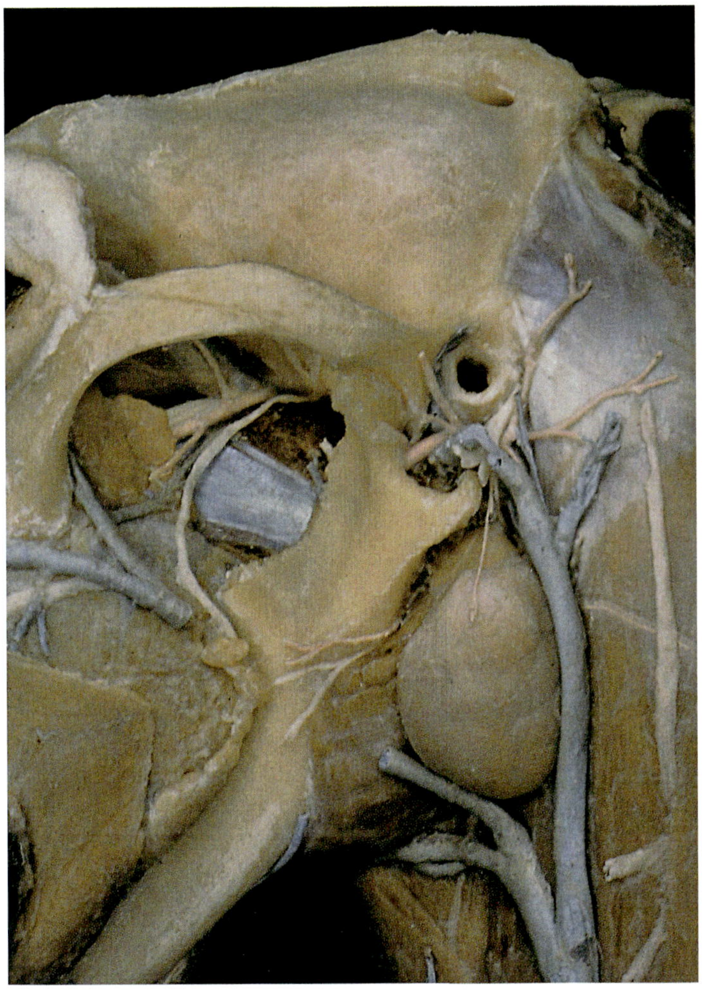

Abb. 2.38 Fossa temporalis und Fossa pterygopalatina nach Entfernung des Processus coronoideus mandibulae: linke laterale Ansicht. Der Processus coronoideus mandibulae wurde durchgesägt und entfernt, wodurch die Fossa pterygopalatina von lateral eröffnet wurde. Fettgewebe und Faszien wurden um die V. facialis profunda und die Glandula zygomatica herum und von der darunterliegenden Fascia buccopharyngea rostral des M. pterygoideus medialis entfernt. Ein kurzer Abschnitt der V. facialis wurde an der Stelle, an der sie die Mandibula kreuzt, entfernt, so dass die Wange mit dem M. buccinator als Basis für eine kurze Strecke kaudal und innerhalb des Ramus mandibulae verfolgt werden kann.

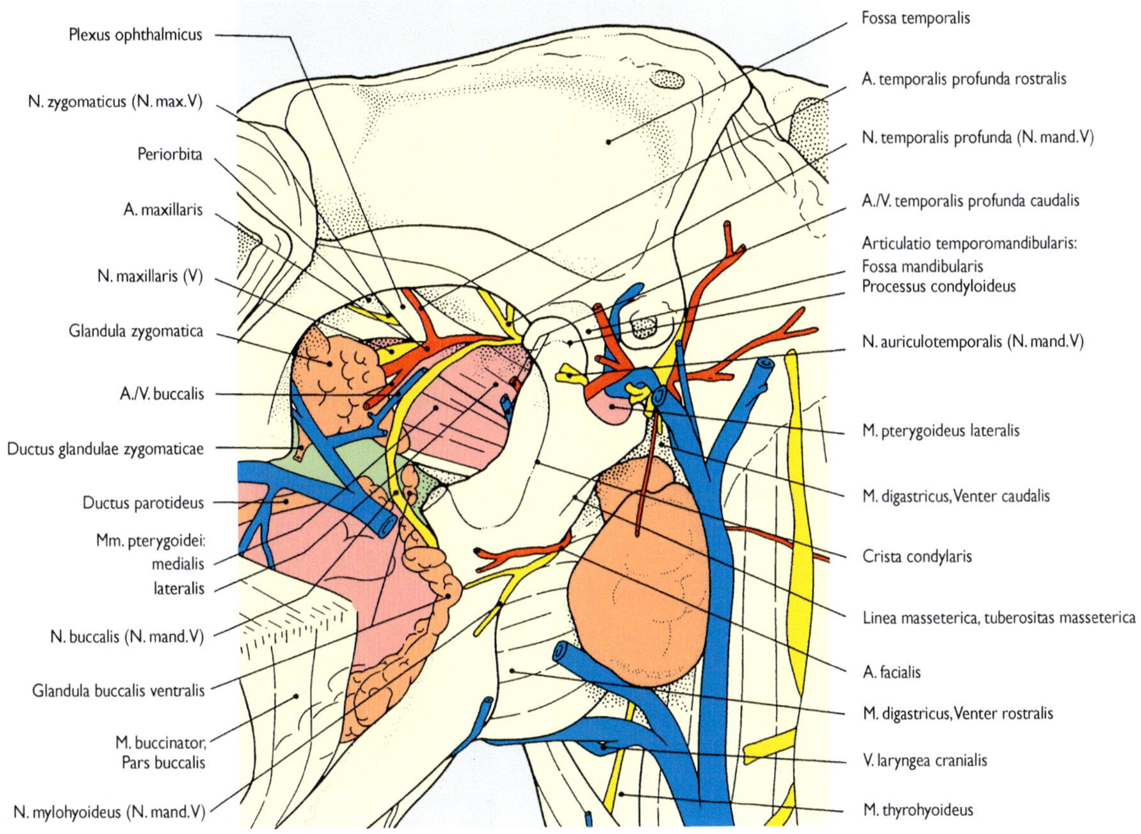

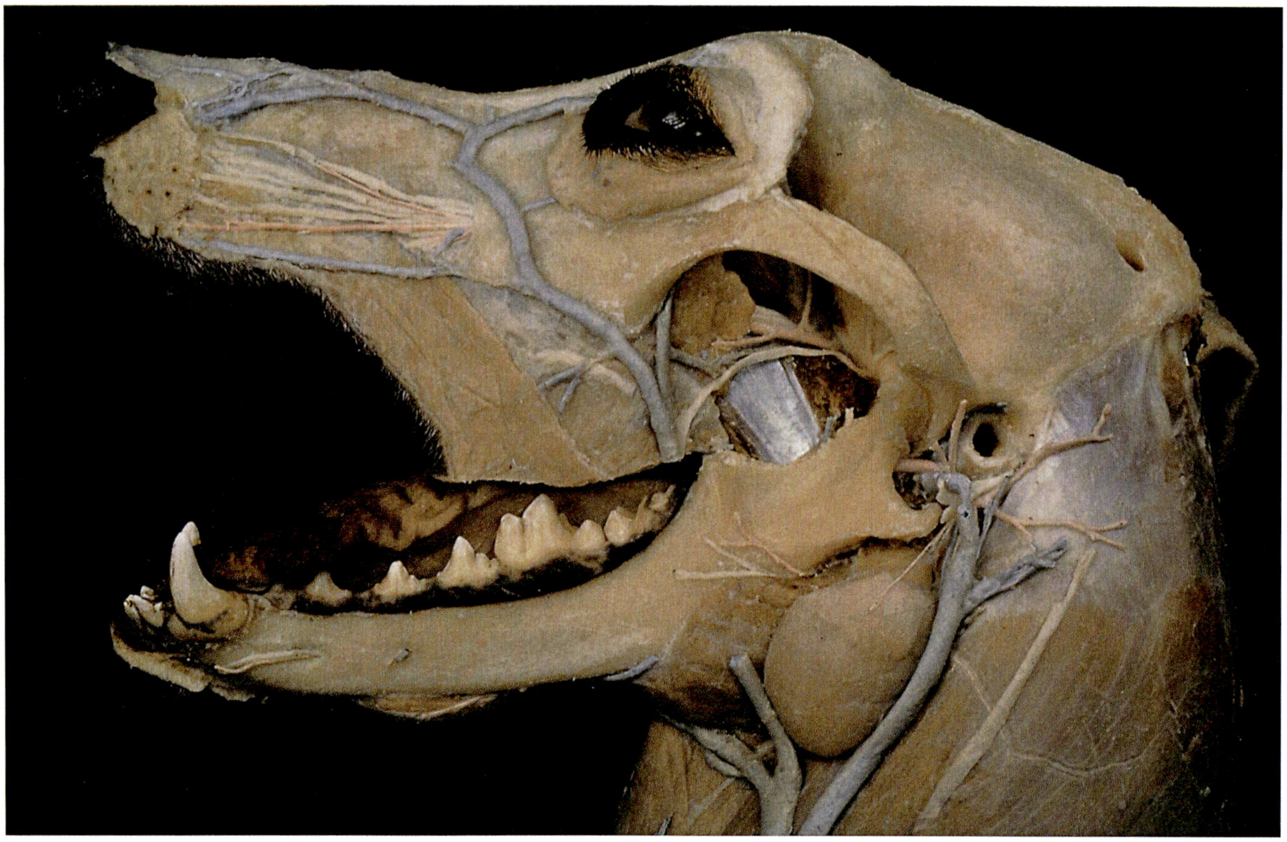

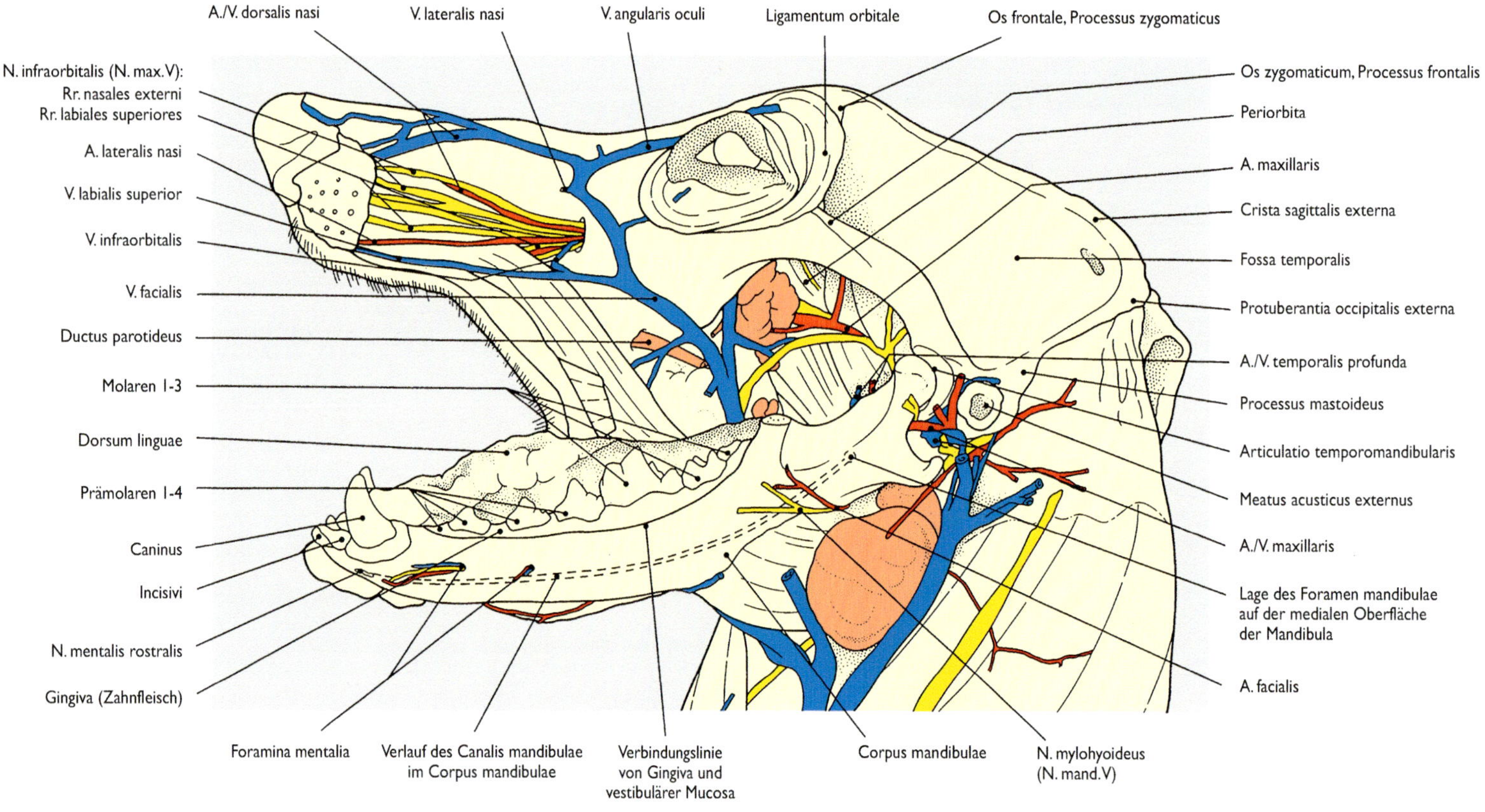

Abb. 2.39 Unterkiefer nach Entfernung des M. masseter, der ventralen Anteile der Wange und der Unterlippe: linke laterale Ansicht. Der Unterkiefer (Mandibula) wurde durch Entfernen des unteren Teils der Wange freigelegt. Vom Maulwinkel aus wurde ein Schnitt nach kaudal durch den Musculus buccinator und die Fascia buccalis bis zum Ramus mandibulae auf der Höhe der Entfernung des Processus coronoideus gelegt (siehe Abb. 2.38).
Der M. buccinator wurde von der Mandibula abgetrennt und die Wangenschleimhaut wurde an ihrer Umschlagfalte von der Innenseite der Lippe und der Wange zur Mandibula abgetrennt.

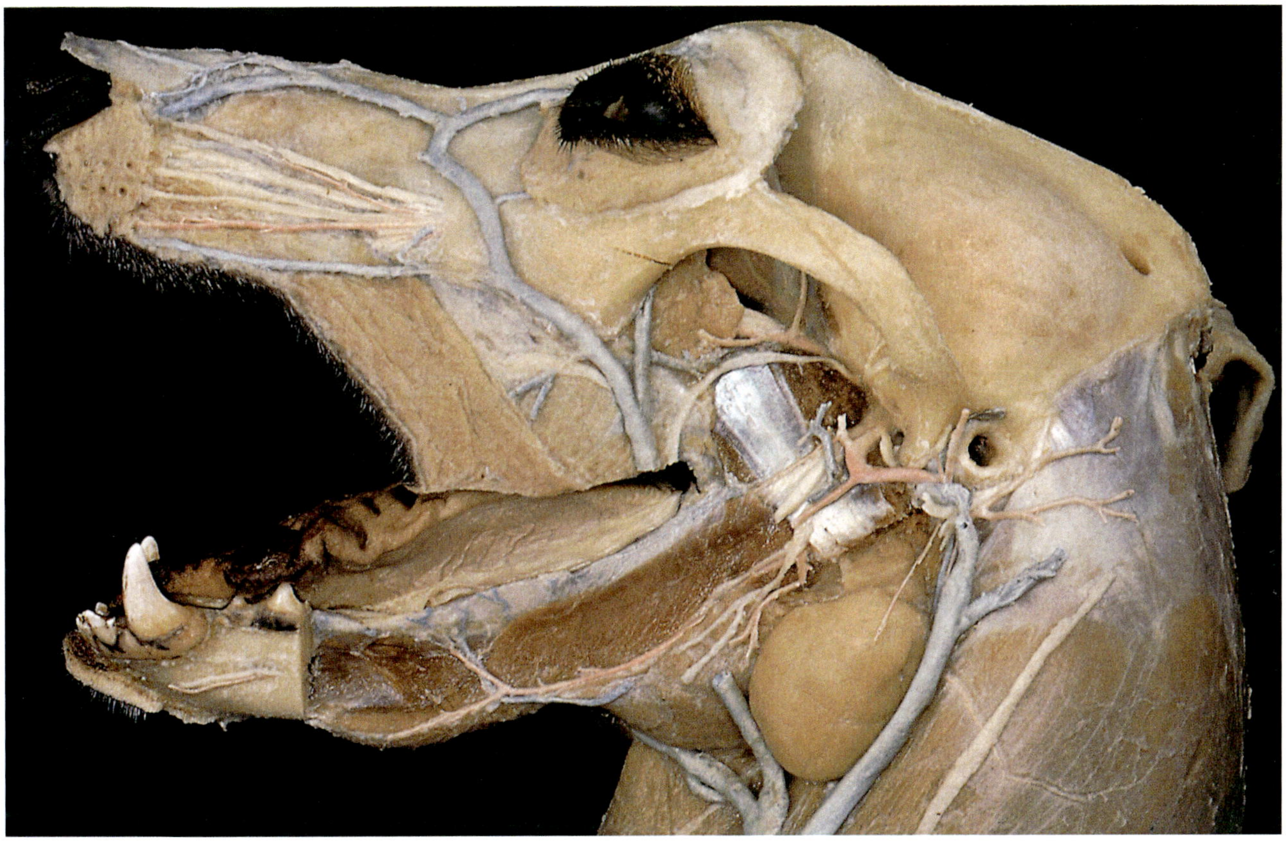

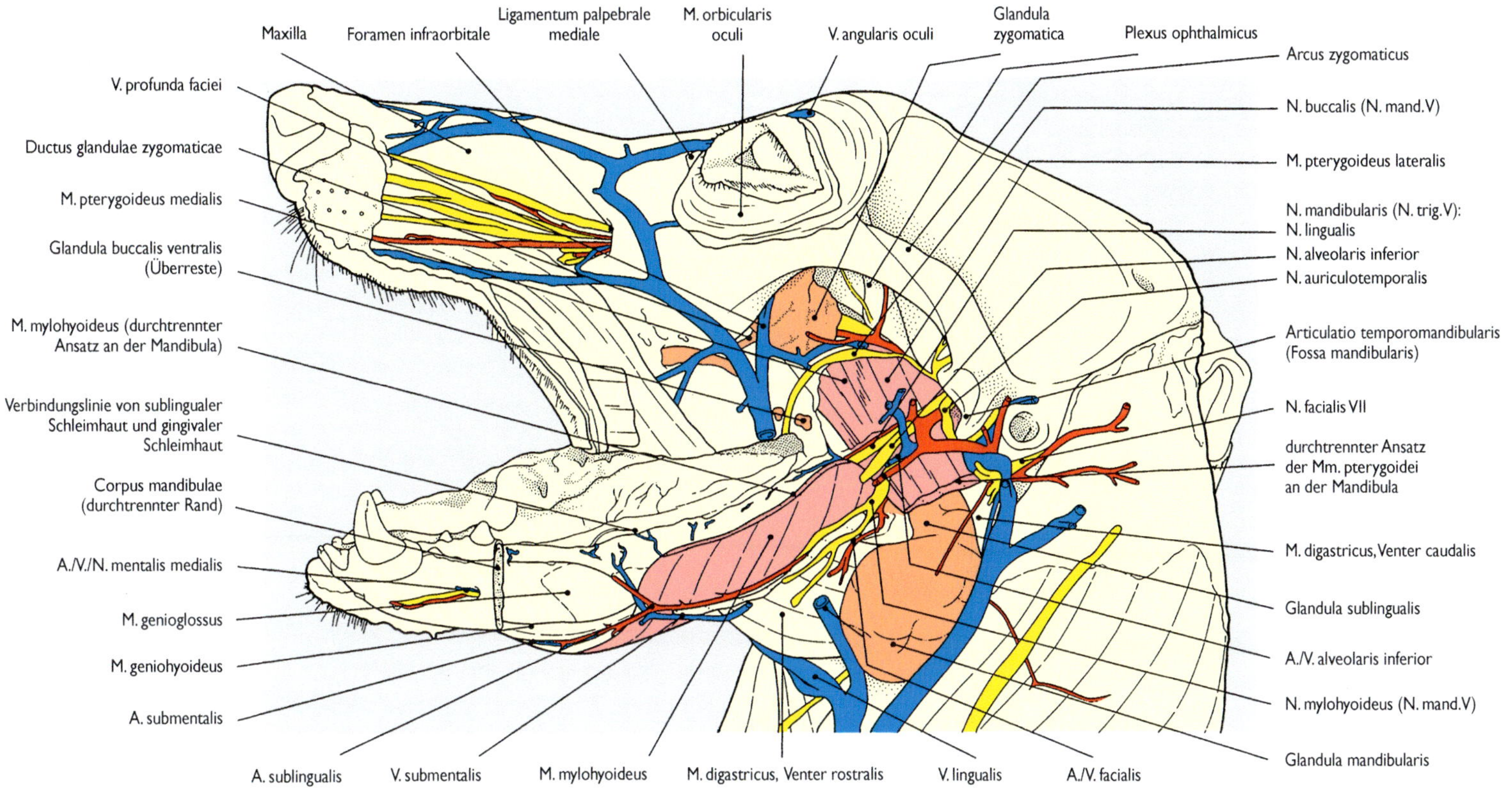

Abb. 2.40 Fossa pterygopalatina und Unterkiefer nach Entfernung des Os mandibulare: linke laterale Ansicht. Der verbleibende Teil des linken Unterkiefers wurde entfernt, indem: ein vertikaler Sägeschnitt durch das Corpus mandibulae kaudal des unteren Prämolaren 2 vorgenommen wurde; die Articulatio temporomandibularis exartikuliert wurde; die Mm. digastricus, pterygoideus medialis, pterygoideus lateralis, mylohyoideus, geniohyoideus sowie der M. genioglossus an ihren Ansätzen abgetrennt wurden; die Alveolargefäße der Mandibula und des entsprechenden Nervs an ihrem Eingang in den Canalis mandibulae abgetrennt (siehe Abb. 2.98); und die Mucosa sublingualis im Mundboden an ihrer Umschlagsfalte auf die Innenfläche der Mandibula durchtrennt wurde.

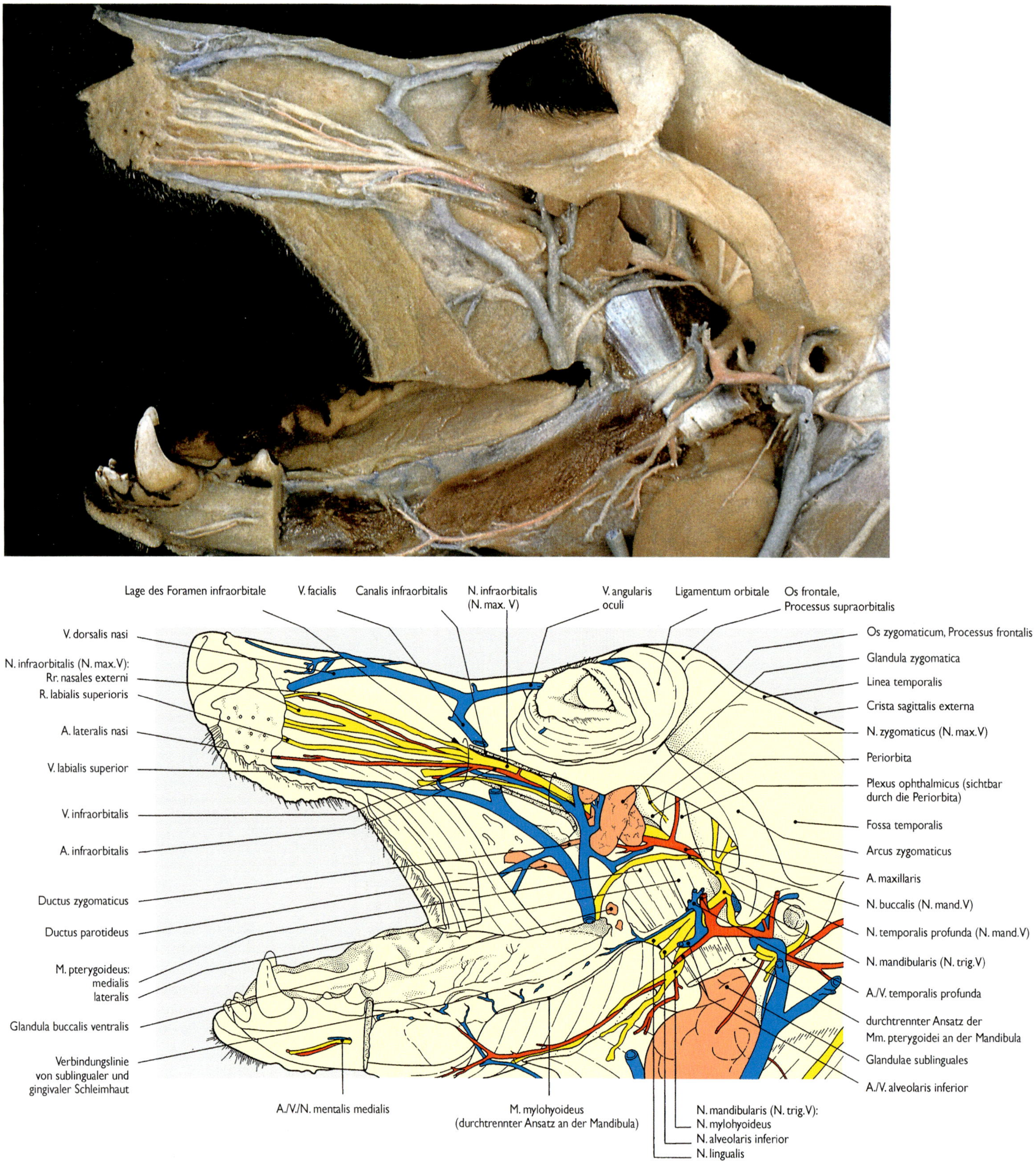

Abb. 2.41 Oberkiefer und Fossa pterygopalatina nach Entfernung der Wand des Canalis infraorbitalis: linke laterale Ansicht. Der Canalis infraorbitalis wurde durch parallele Sägeschnitte durch den Oberkieferknochen von der dorsalen und ventralen Begrenzung des Foramen infraorbitale eröffnet. Nach kaudal verlaufen die Sägeschnitte durch das Os zygomaticum und eröffnen so die Pars rostralis fossae pterygopalatinae unterhalb der Orbita. Der ventrale Sägeschnitt hat auch die Wurzeln der Backenzähne (obere PM4 und M1) freigelegt, während der dorsale Sägeschnitt die mediale Wand des Canalis infraorbitalis durchbrochen hat und in den Recessus maxillaris eingedrungen ist (siehe auch Abb. 2.99, 2.100 and 2.141).

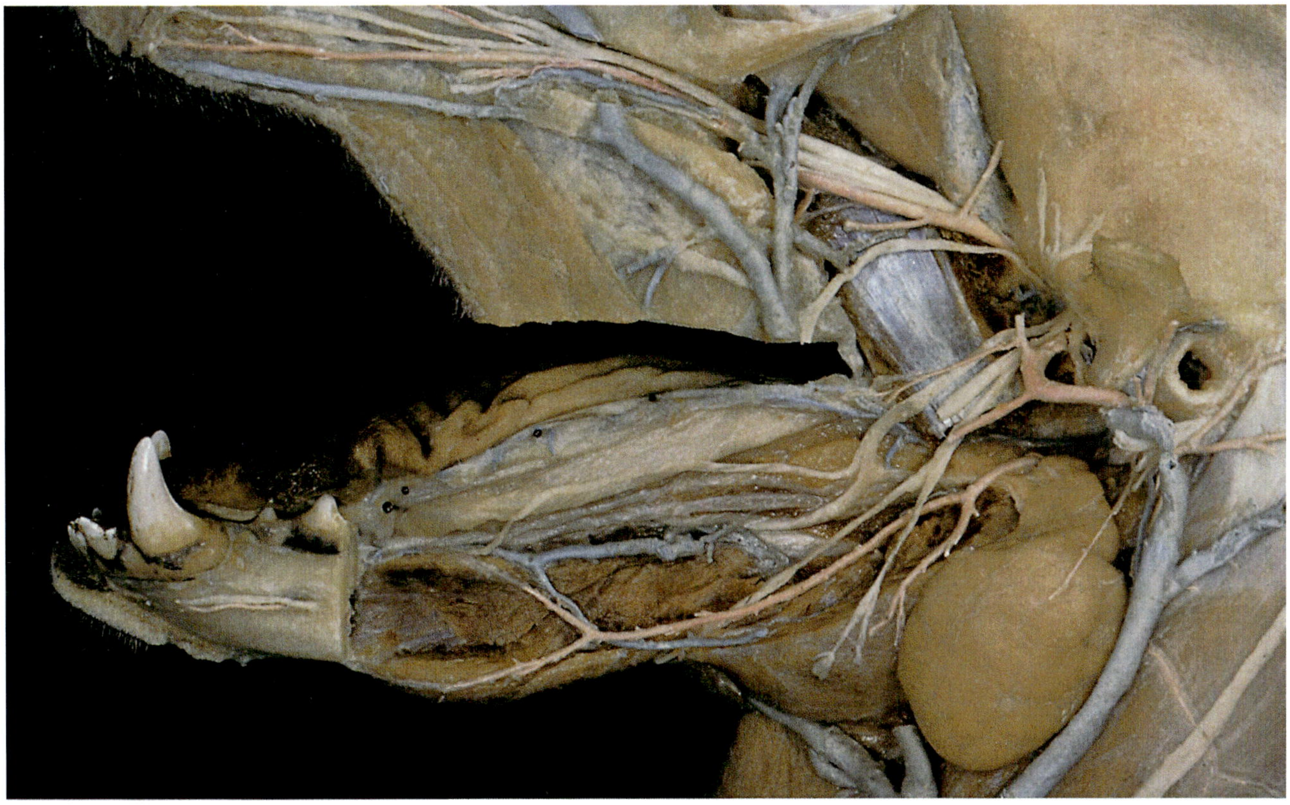

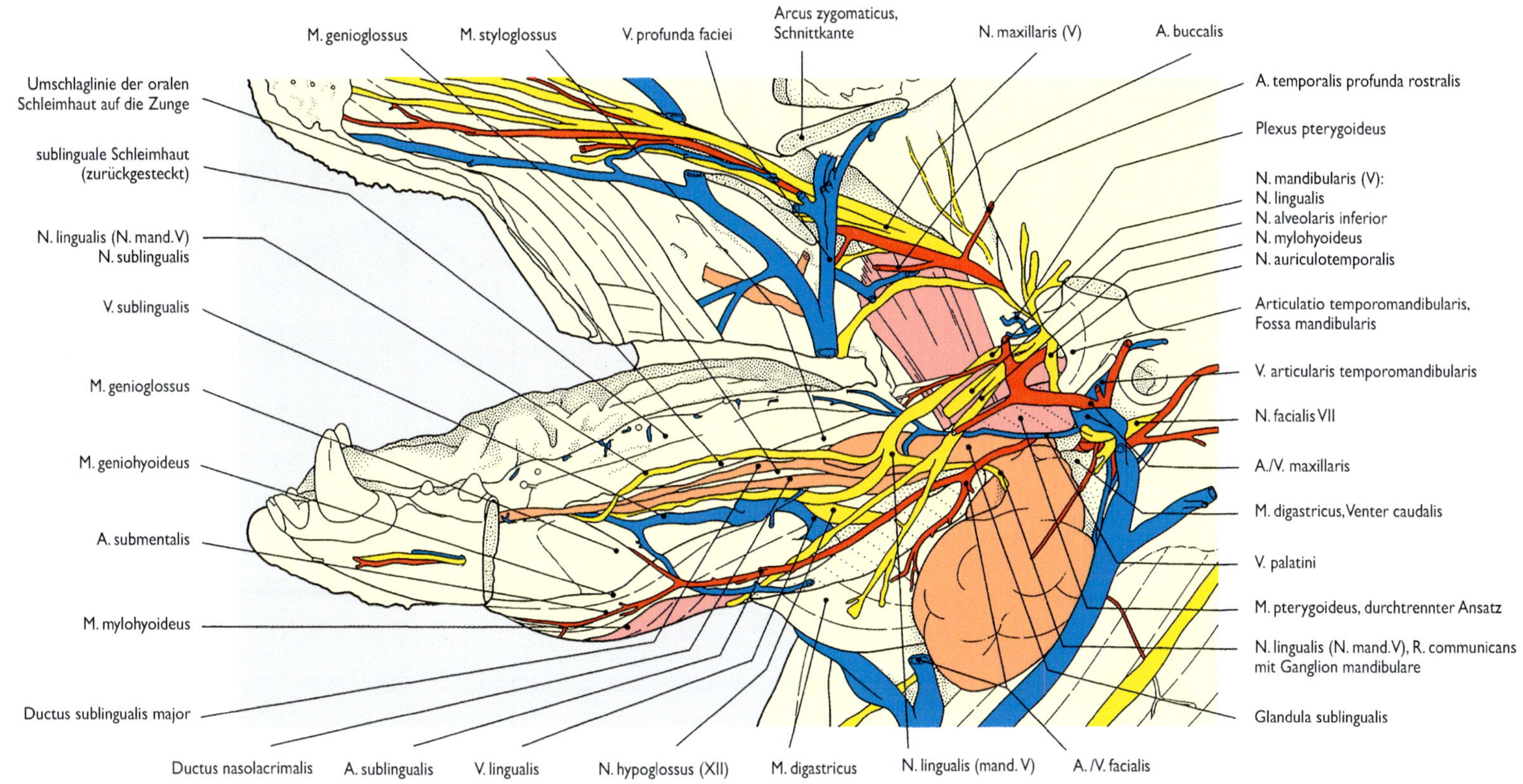

Abb. 2.42 Unterkiefer – N. lingualis, Glandula und Ductus nasolacrimalis und Ductus sublingualis: linke laterale Ansicht. Der schlankere, fast vertikal ausgerichtete Anteil des M. mylohyoideus wurde entfernt. Die Maulbodenschleimhaut zwischen dem abgetrennten Zahnfleischrand und der Zunge enthält die sublinguale Schleimhautfalte. Um den N. sublingualis und die Ausführungsgänge der großen und kleinen Speicheldrüsen darzustellen, wird die Schleimhautfalte gerafft und an der Seitenfläche der Zunge angeheftet. Durch weiteres Zurückschneiden der durchtrennten Enden der Mm. pterygoidei wird der monostomatische Anteil der Glandula sublingualis in seiner ganzen Ausdehnung freigelegt.

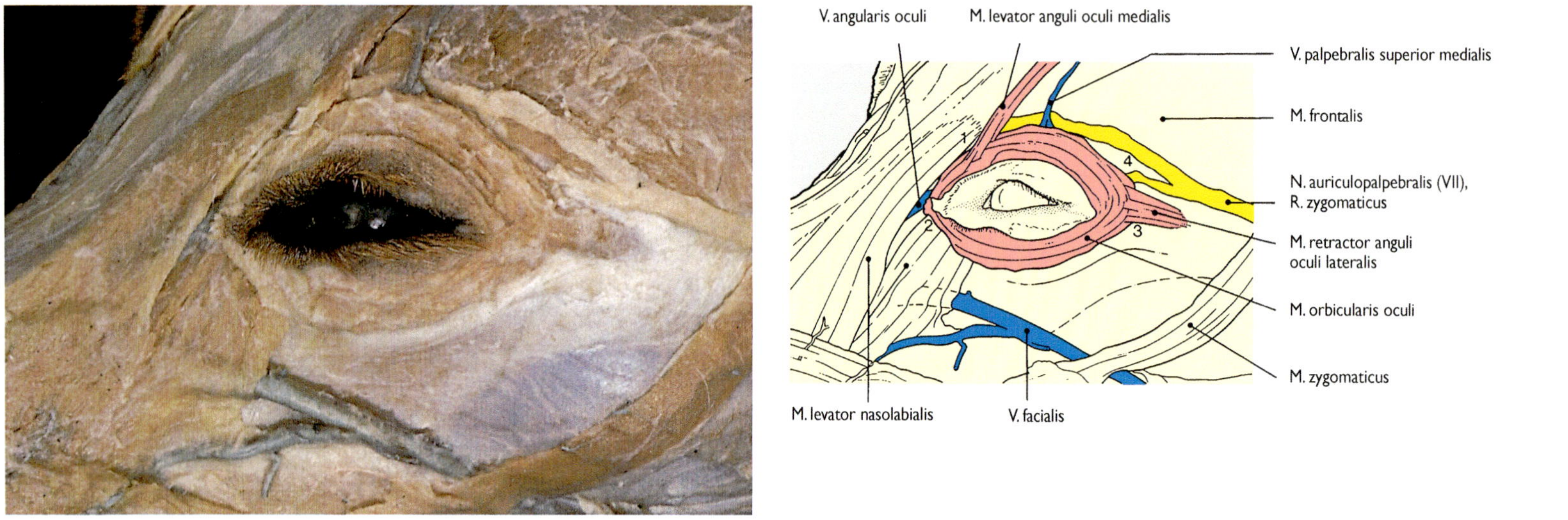

Abb. 2.43 Oberflächliche Strukturen des Auges und der Orbitaregion (1). Muskulatur der Augenlider: linke laterale Ansicht. Die Haut wurde entfernt und die oberflächliche Faszie freigelegt. Die Hautäste des N. trigeminus (V) wurden zusammen mit der Haut entfernt. Ihre Lage ist an den beschrifteten Punkten angezeigt: 1) Ramus frontalis und 2) R.infratrochlearis des N. ophthalmicus; 3) Ramus zygomaticofacialis und 4) R. zygomaticotemporalis des N. maxillaris.

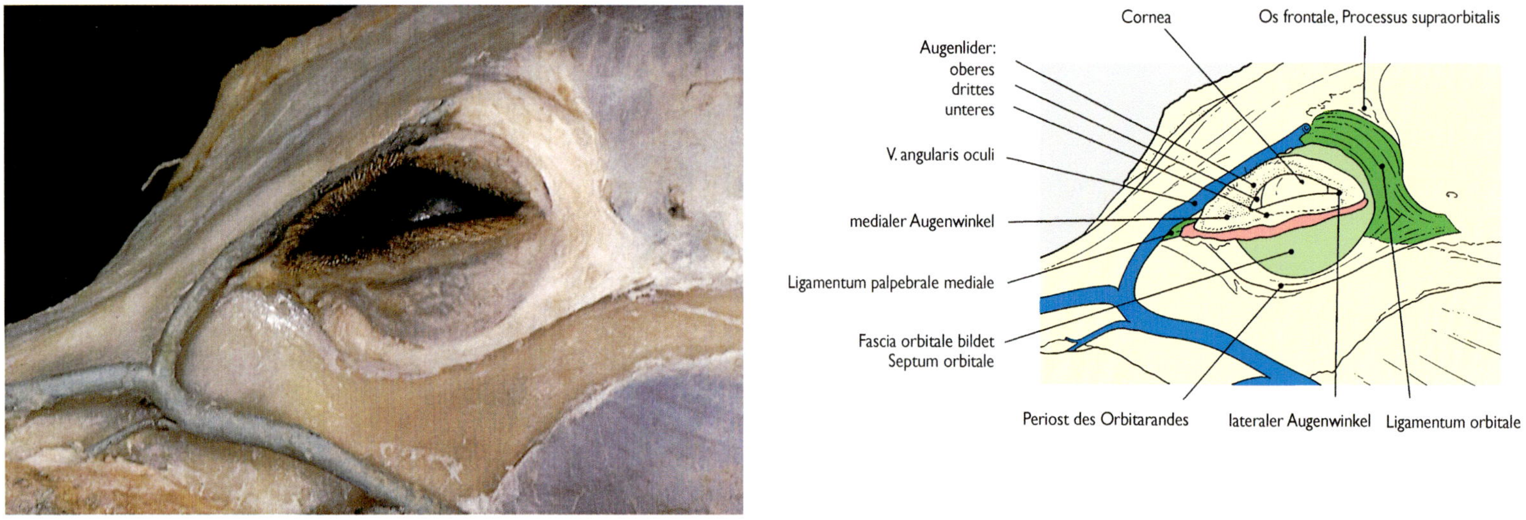

Abb. 2.44 Oberflächliche Strukturen des Auges und der Orbitaregion (2). Fascia und Ligamentum orbitale: linke laterale Ansicht. Die oberflächlichen Muskeln wurden entfernt und der M. orbicularis oculi wurde soweit zurückgeschnitten, um das Ligamentum orbitale freizulegen. Die Entfernung des M. levator nasolabialis hat die V. angularis oculi und das Ligamentum palpebrale mediale freigelegt, das den medialen Augenwinkel verankert.

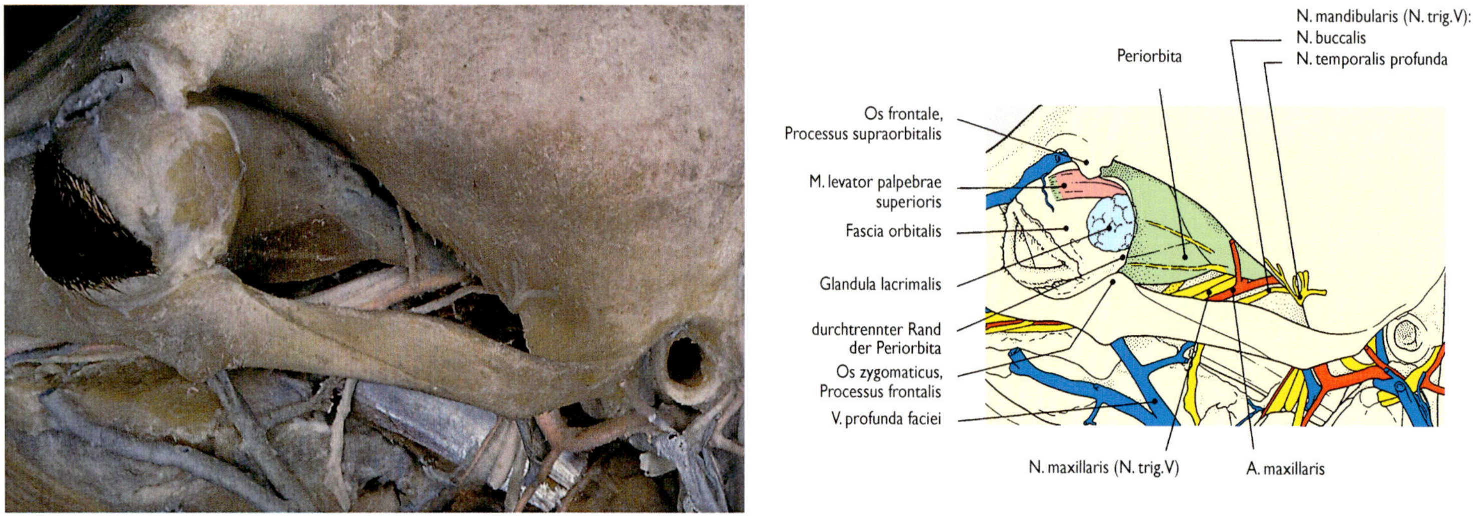

Abb. 2.45 Orbita und Fossa temporalis nach Entfernung des M. temporalis und des Ligamentum orbitale: linke dorsolaterale Ansicht. Die Mm. temporalis und masseter wurden entfernt, wodurch die Periorbita, die den „Inhalt" der Orbita umgibt und begrenzt, freigelegt ist. Das Ligamentum orbitale wurde ebenfalls entfernt, wodurch der Orbitarand nach dorsalateral geöffnet und der Schnittrand der Periorbita, der mit dem Ligamentum verbunden war, dargestellt werden kann.

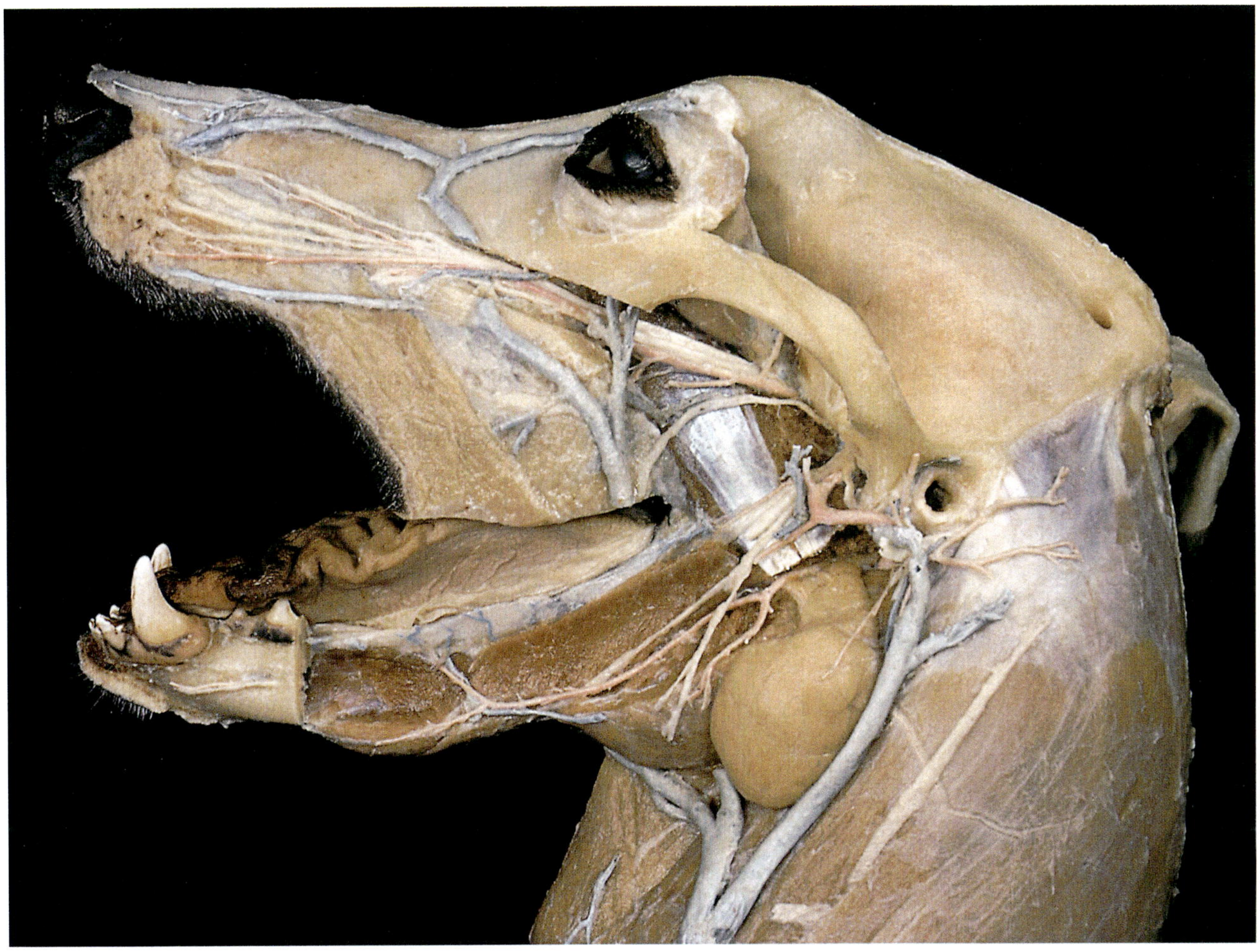

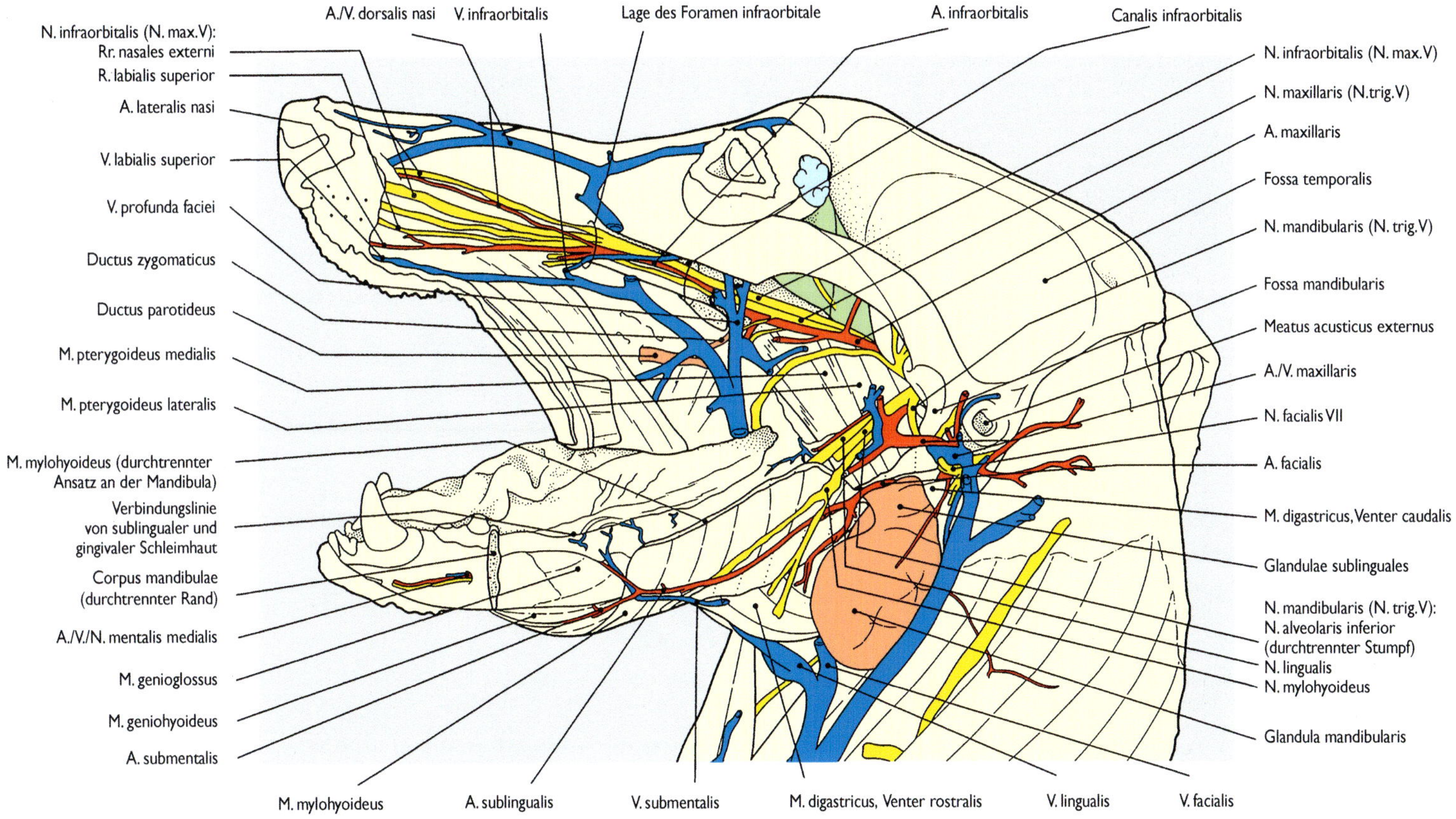

Abb. 2.46 Oberkiefer, A. und N. maxillaris und V. facialis profunda nach Eröffnung des Canalis infraorbitalis: Bei dem bei der Präparation der Orbita in Abb. 2.45 dargestellten Zustand, handelt es sich um eine vergrößerte Ansicht dieses Präparationsstadiums vom Kopf insgesamt. Durch die Entfernung des Ligamentum orbitale wird die Orbita nun dorsal in die Fossa temporalis sowie ventral in die Fossa pterygopalatina eröffnet (siehe auch Abb. 2.71 von diesem Stadium in dorsaler Ansicht). Die Glandula zygomatica wurde entfernt, ein unkomplizierter Eingriff, da sie in ihrer Position nicht fest fixiert ist und nicht über eine stark ausgeprägte Kapsel verfügt. Sie wurde von der Fossa pterygopalatina aus um die Äste der V. facialis profunda herum gelockert.

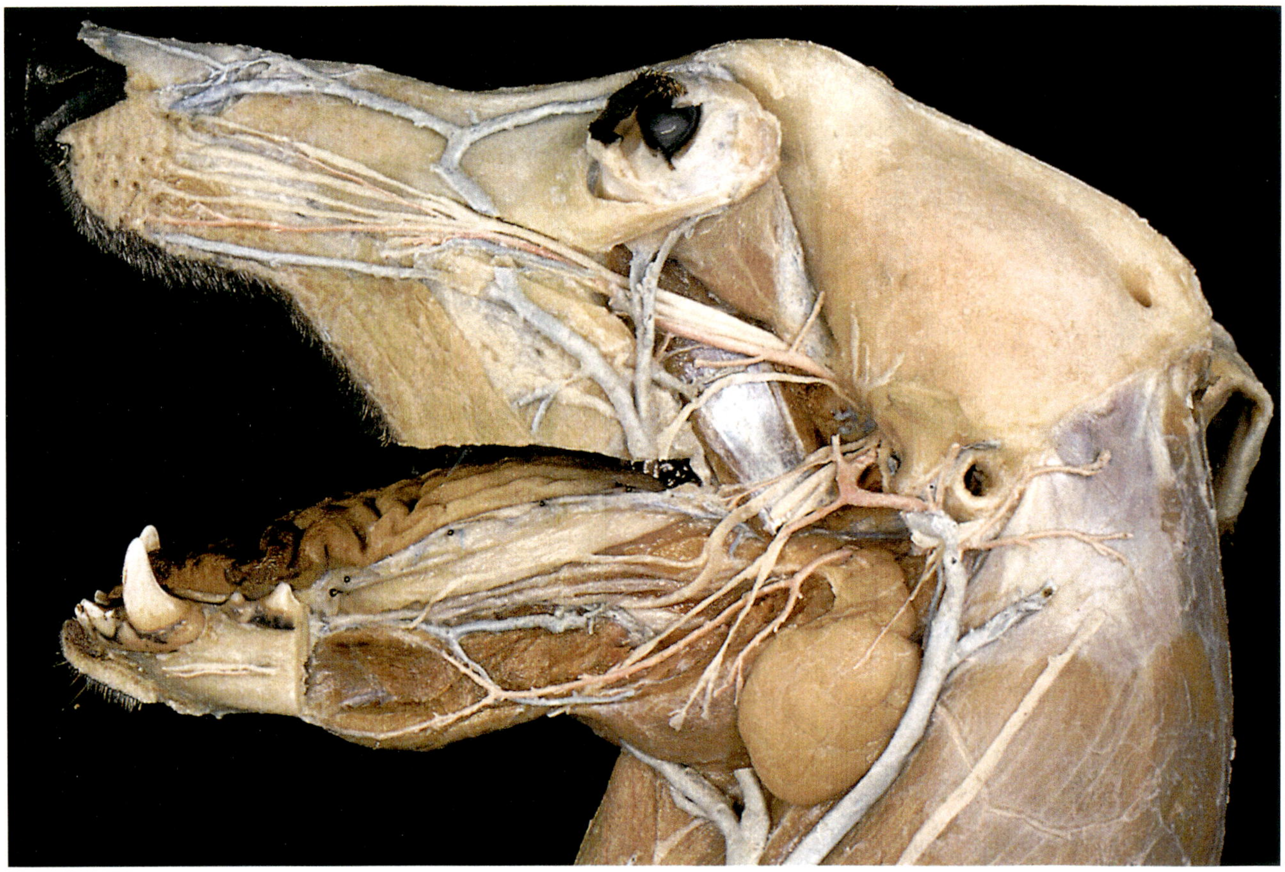

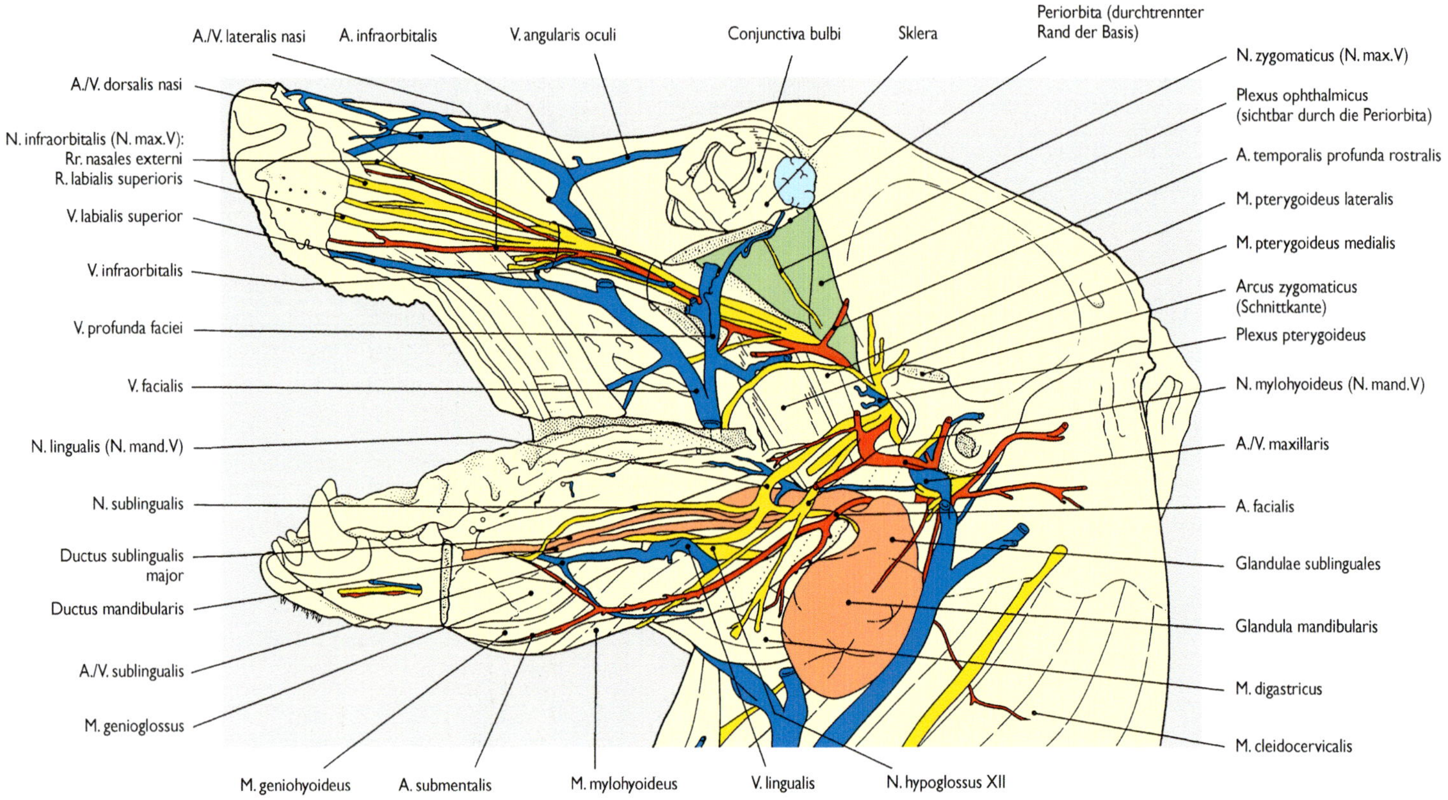

Abb. 2.47 Oberkiefer, A. und N. maxillaris und V. facialis profunda nach Entfernung des Arcus zygomaticus: linke laterale Ansicht. Mit der Entfernung des M. orbicularis oculi und des Ligamentum orbitale beginnt die tiefe Präparation der Orbita durch „Eröffnung" des Periorbitalisbeutels an seiner Basis. Die Entfernung der Glandula zygomatica aus dem Umfeld der Vena facialis profunda in der Fossa pterygopalatina legt die Periorbita frei und zeigt, wie die Faszienhülle die orbitalen „Inhalte" umfasst. Zwei der Hauptzuläufe der V. facialis profunda sind intakt freigelegt: eine anastomotische Verbindung zur V. ophthalmica ventralis durch die Periorbita (siehe Abb. 2.142) und eine Verbindung mit der V. temporalis superficialis.

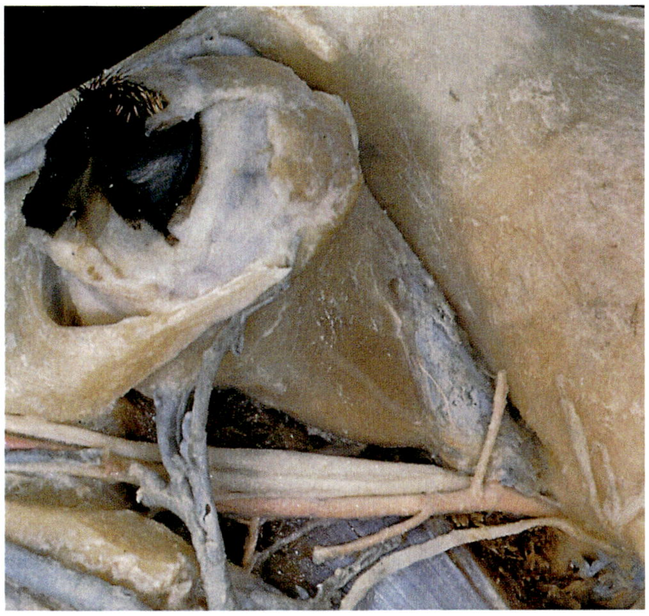

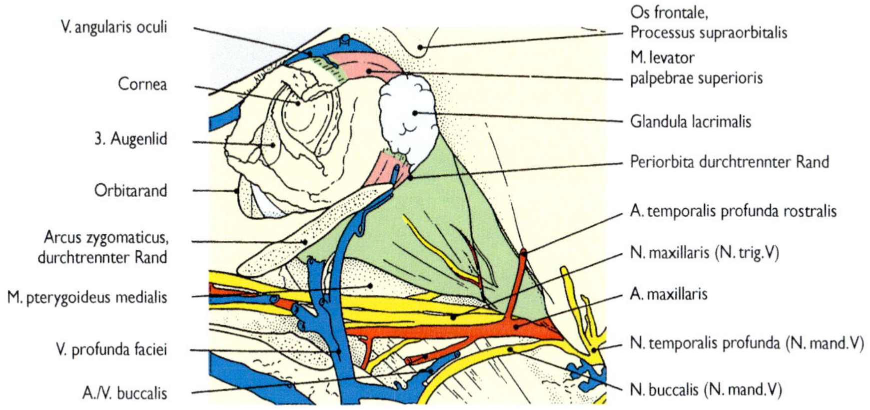

Abb. 2.48 Orbita und Fossa pterygopalatina nach Entfernung des Arcus zygomaticus: linke laterale Ansicht. Dies ist eine vergrößerte Ansicht der Orbita und Fossa pterygopalatina aus Abb. 2.47. Die lateralen Hälften der oberen und unteren Augenlider und die tarsale Bindehaut wurden entfernt. Das Septum orbitale wurde ebenfalls vom lateralen und ventralen Bereich des Augapfels entfernt.

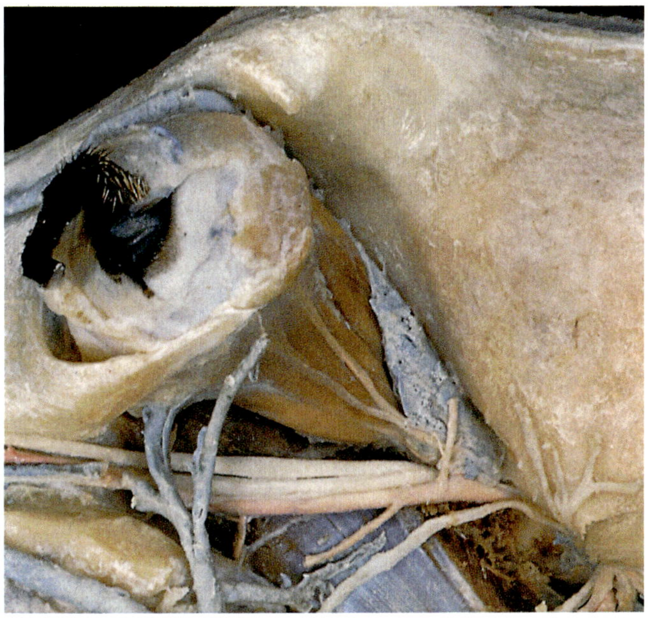

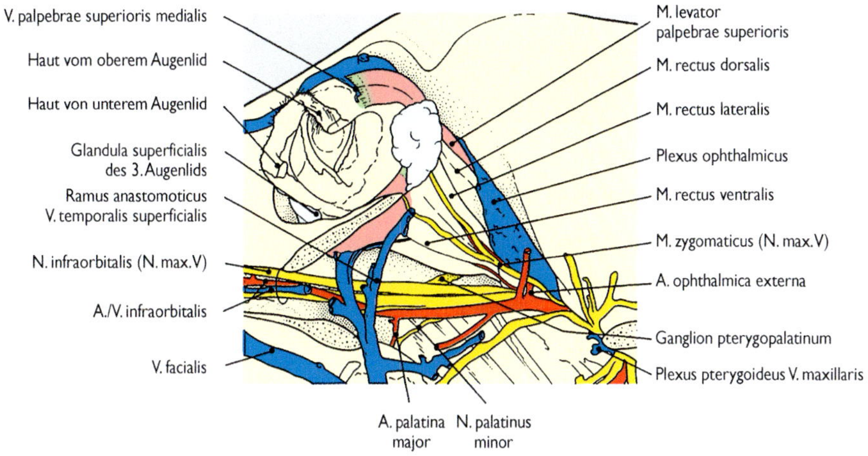

Abb. 2.49 Orbita und Fossa pterygopalatina nach Entfernung der Periorbita: linke laterale Ansicht. Die Periorbita wurde um den Orbitainhalt herum entfernt und etwas intraperiorbitales Fett wurde am ventralen Rand der Orbita entnommen, wobei die oberflächliche Drüse des dritten Augenlides freigelegt wurde.

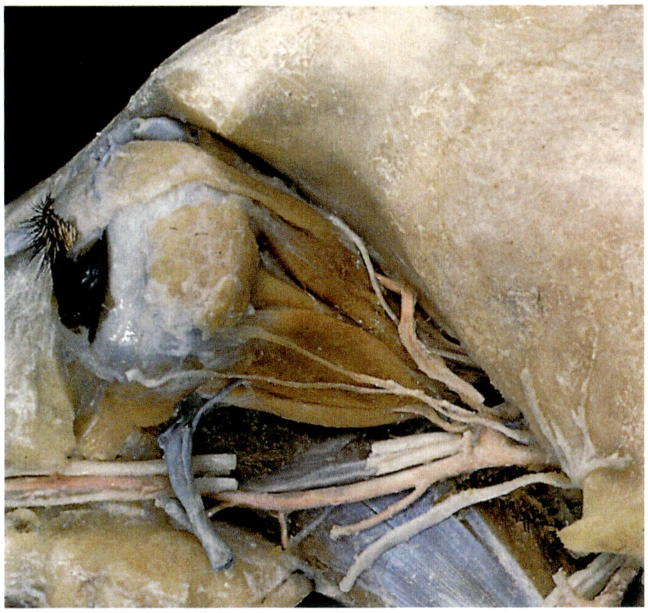

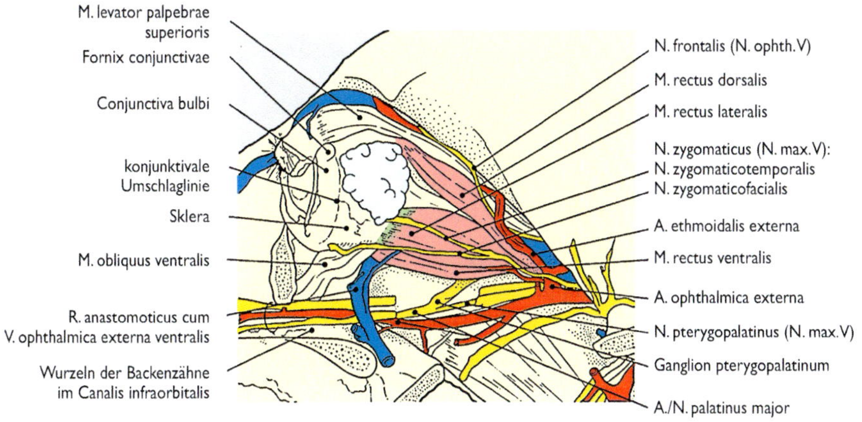

Abb. 2.50 Orbita und Fossa pterygopalatina nach Entfernung der ventralen Begrenzung des Orbitarandes: linke laterale Ansicht. Die Überreste des Arcus zygomaticus wurden ebenso entfernt wie der Plexus venosus ophthalmicus und das zwischen den extrinsischen Augenmuskeln infiltrierte Fettgewebe, wodurch eine detailreichere Freilegung der Orbitainhalte gegeben ist.

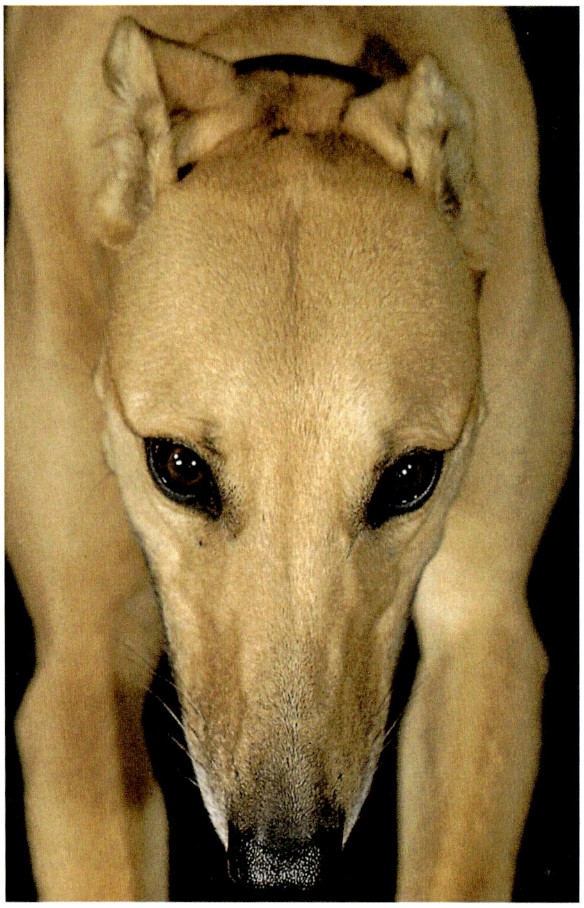

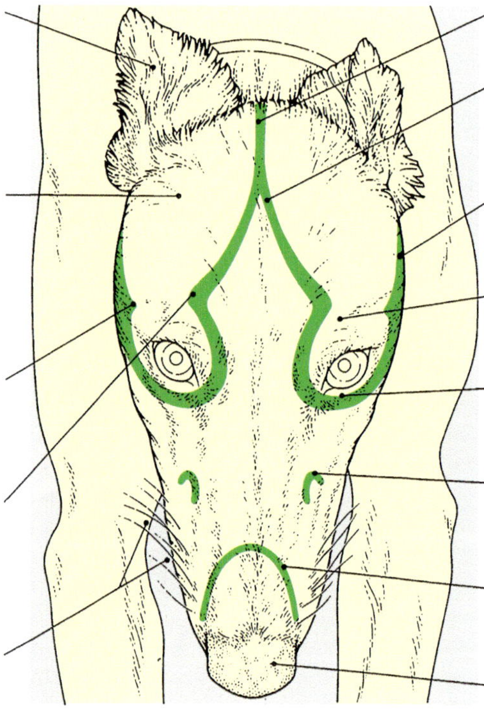

Abb. 2.55 Oberflächenmerkmale des Kopfes: dorsale Ansicht. Die wesentlichen leicht palpierbaren und/oder sichtbaren knöchernen Merkmale am Kopf sind gekennzeichnet. Diese „Punkte" korrespondieren mit den farbigen Punkten auf den unten abgebildeten Knochen (Abb. 2.56). Zu vergleichen mit den lateralen (Abb. 2.1) und medialen (Abb. 2.125) Ansichten.

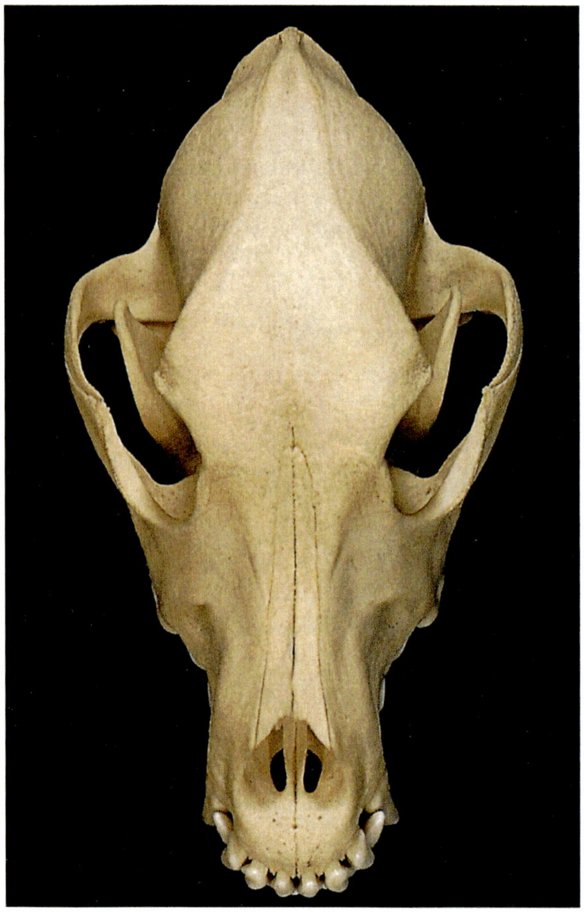

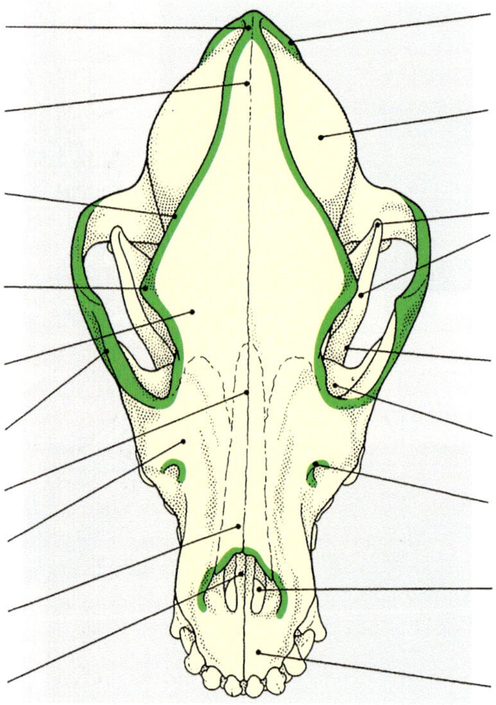

Abb. 2.56 Schädel: dorsale Ansicht. Die in der obenstehenden Oberflächenansicht (Abb. 2.55) gezeigten palpierbaren Knochenpunkte sind an diesem Schädel farbig hervorgehoben. Zusätzlich zu den palpierbaren Knochenpunkten können große Knochenbereiche ebenfalls durch die darüberliegende Muskulatur ertastet werden.

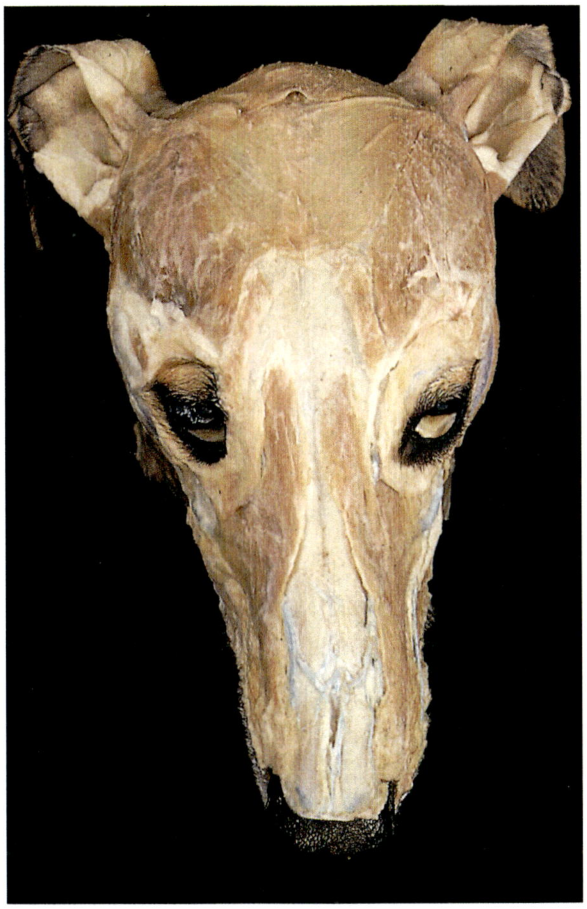

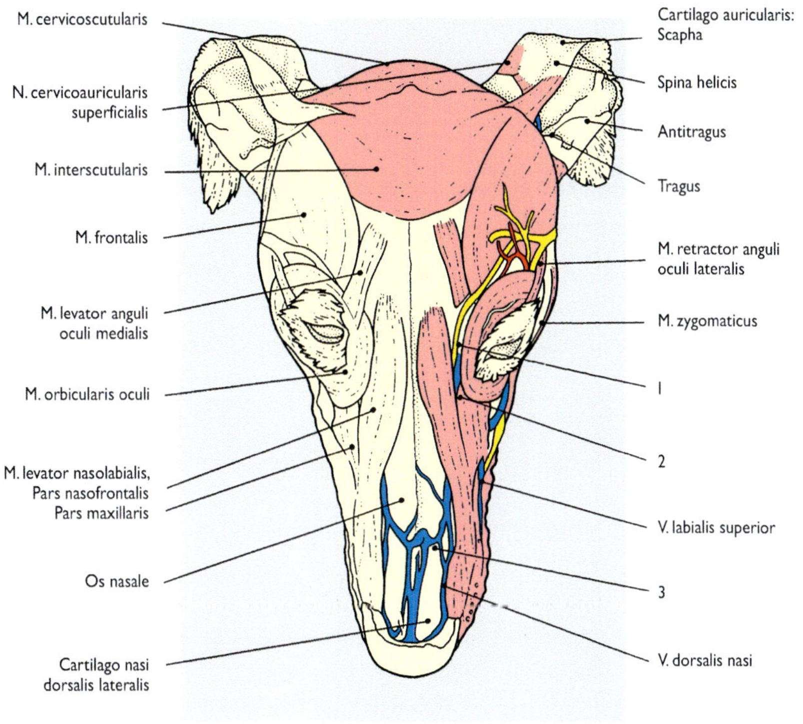

Abb. 2.57 Oberflächenstrukturen der Hirnschädel- und Gesichtsregionen: dorsale Ansicht (1). Die Haut wurde vom Kopf entfernt, wobei ein schmaler Hautrand um die Lefzen, die Nasenöffnungen und die Augen sowie auf der Scapha des Ohrknorpels belassen wurde. Auf der Rückenpartie und an der Seite der Schnauze sind die kutanen Verzweigungen des N. ophtalmicus des N. trigeminus (V) nicht identifiziert worden. 1) N. frontalis; 2) N. infratrochlearis; 3) N. nasalis externus.

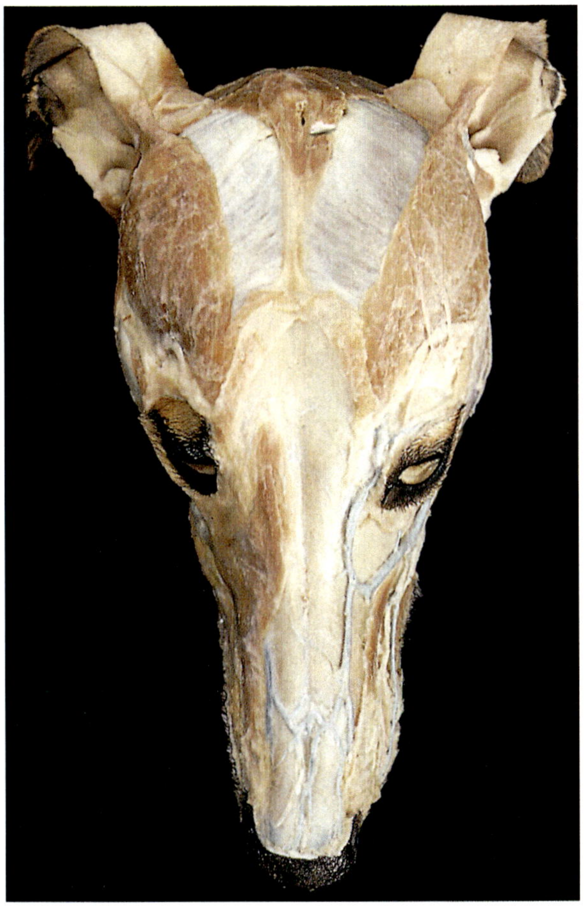

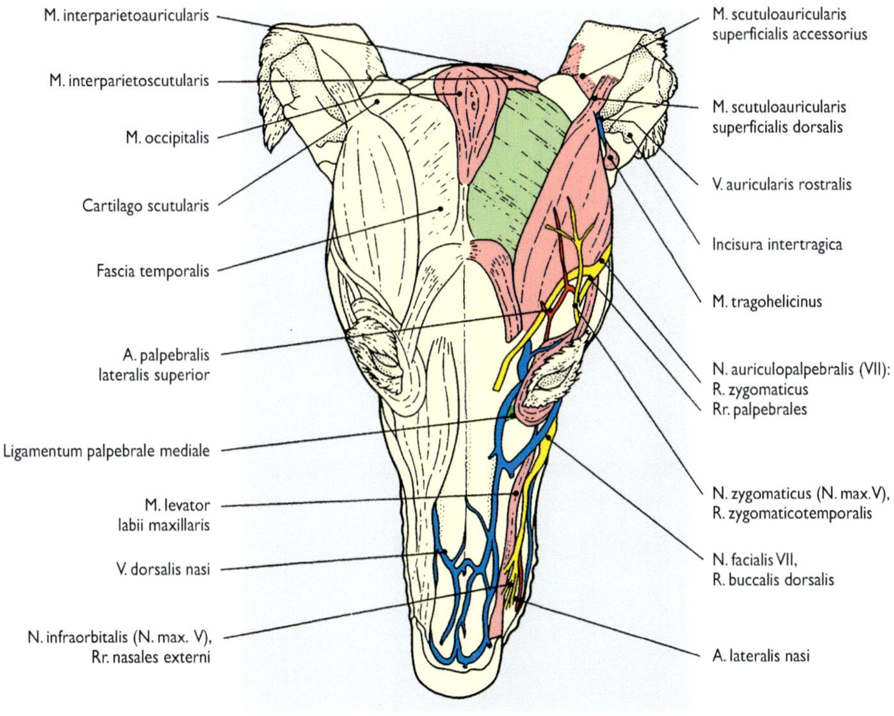

Abb. 2.58 Oberflächenstrukturen der Hirnschädel- und Gesichtsregionen: dorsale Ansicht (2). Der M. interscutularis und der M. levator nasolabialis der linken Seite wurden entfernt und der M. orbicularis oculi gekürzt. Durch eine teilweise Säuberung und Entfernung der Fascia nasofrontalis wurden die Knochen des dorsalen Gesichtsschädels freigelegt. Da benachbarte Muskeln in den oberflächlichen Blättern an ihren Rändern in erheblichem Maße miteinander verwoben sind, ist die genaue Abgrenzung der einzelnen mimischen Muskeln oft schwierig und in gewissem Maße willkürlich.

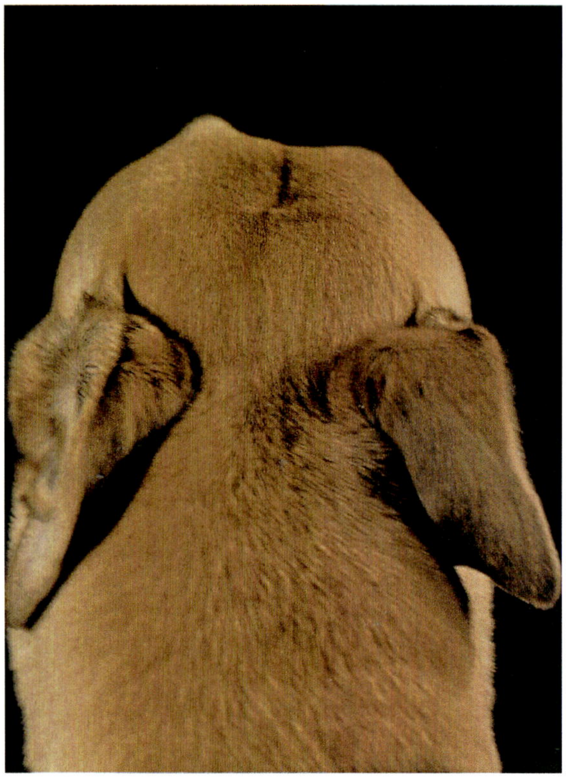

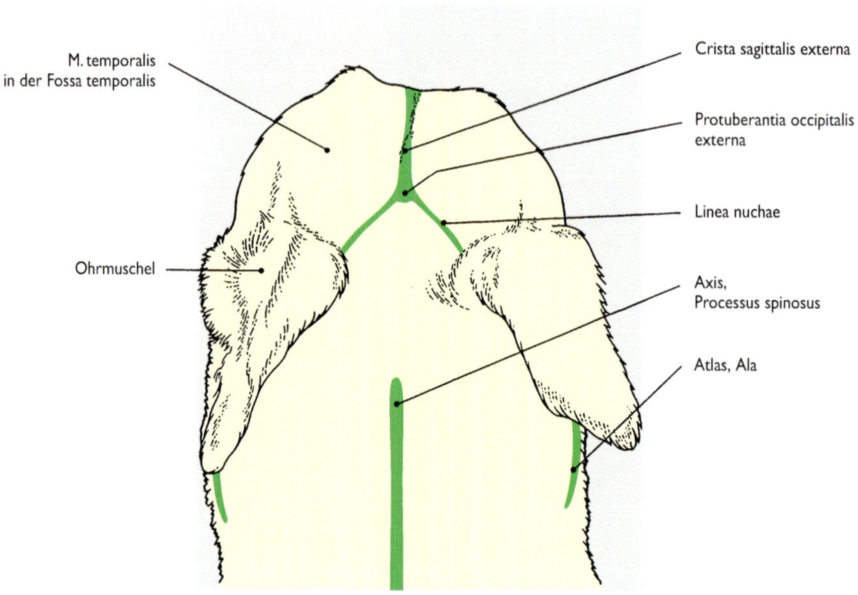

Abb. 2.59 Oberflächenstrukturen des Kopfes und des kranialen Halsendes: dorsale Ansicht. Die wesentlichen leicht palpierbaren und/oder sichtbaren knöchernen Merkmale auf der Oberfläche dieser Region sind gekennzeichnet. Diese „Punkte" korrespondieren mit denen, die in Abb. 2.60 an den Knochen farbig hervorgehoben wurden. Die Oberfläche des Kopfes ist in Abb. 2.1 aus der lateralen Ansicht dargestellt.

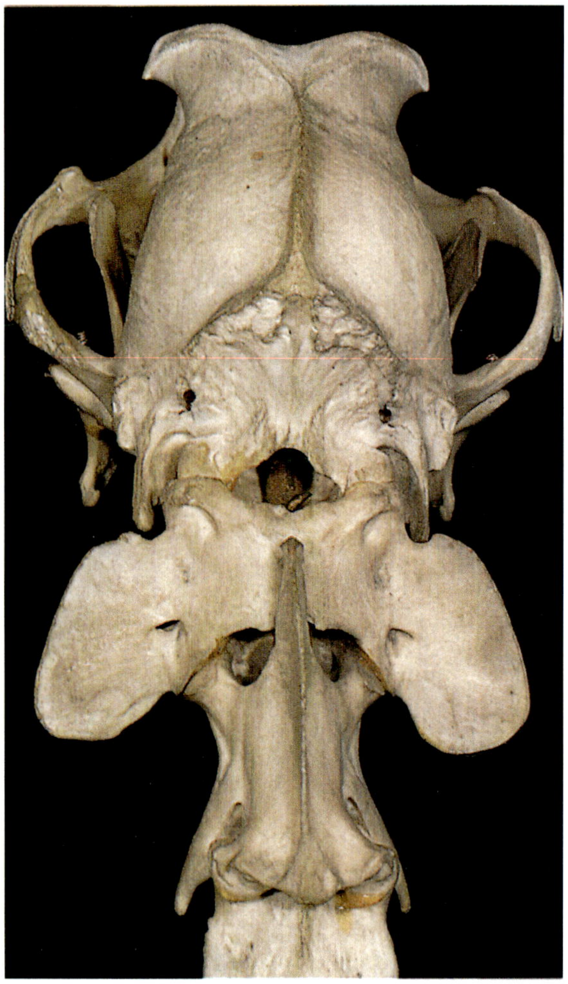

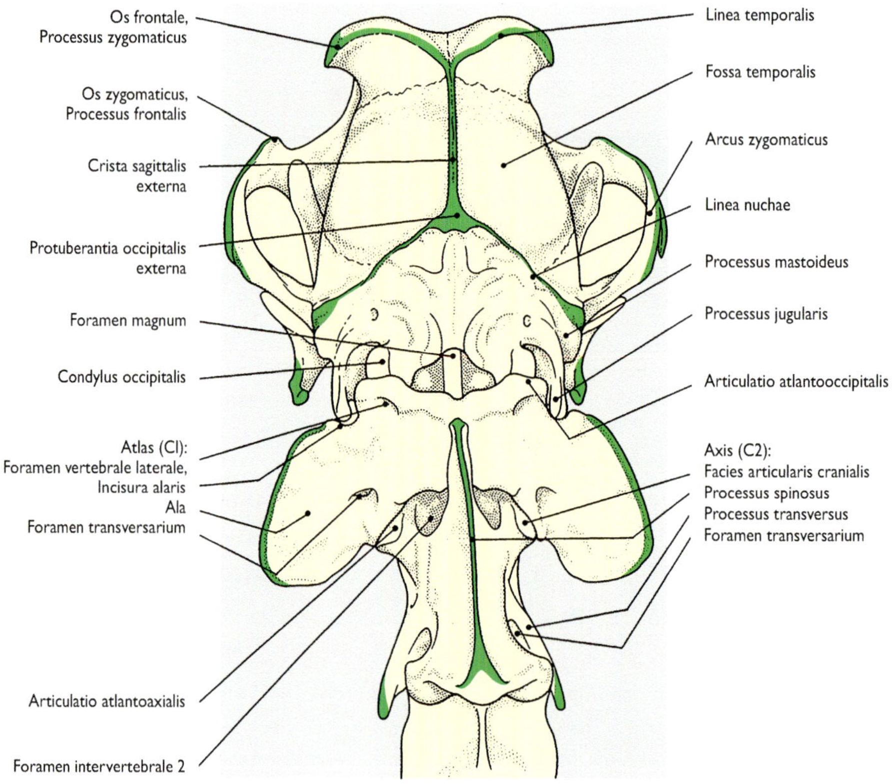

Abb. 2.60 Skelett des Kopfes und des kranialen Halsendes: dorsale Ansicht. Die in der Oberflächenansicht in Abb. 2.59 gezeigten palpierbaren Knochenpunkte sind in dieser Zeichnung farbig dargestellt.

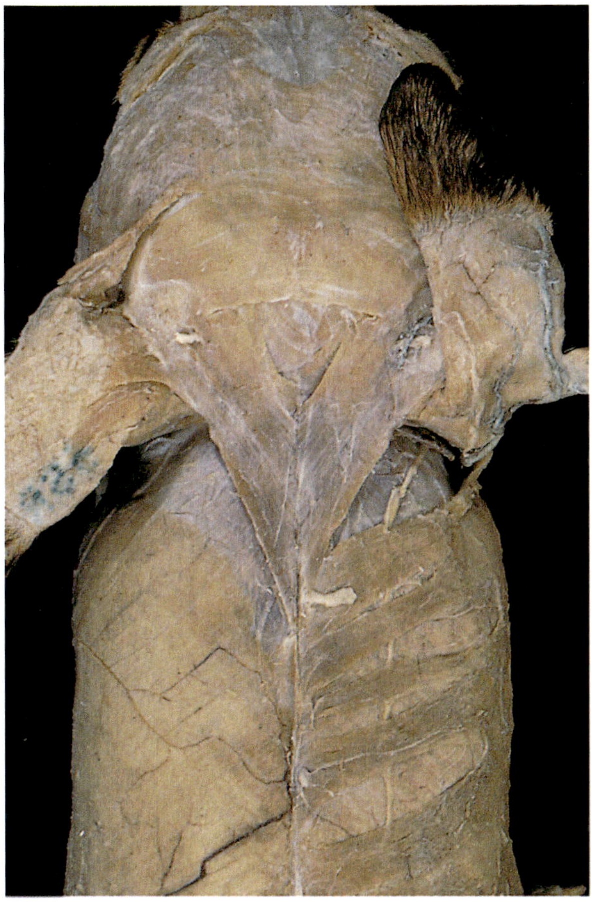

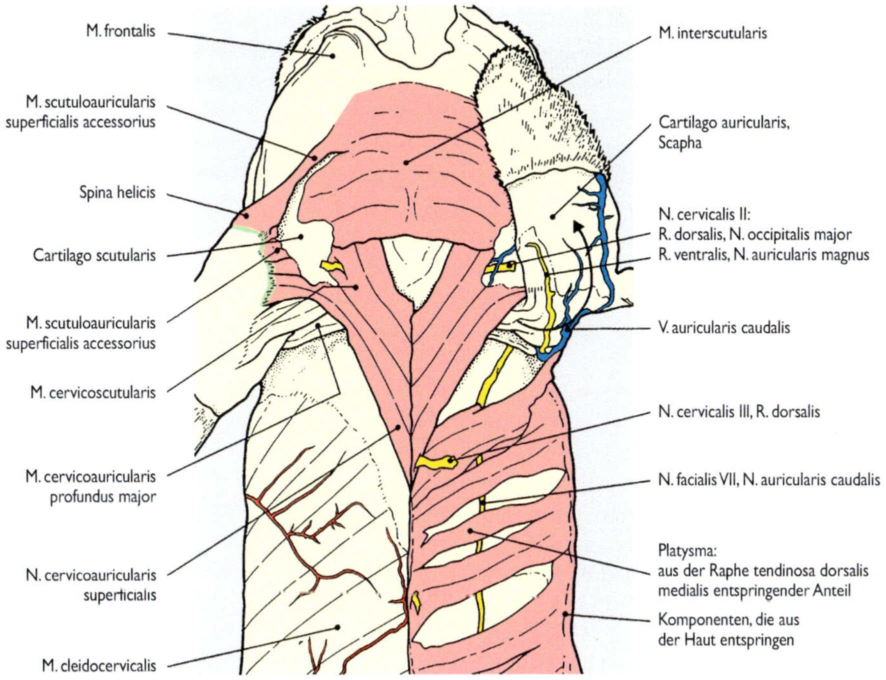

Abb. 2.61 Oberflächenstrukturen der Regiones cranialis, auricularis und retroauricularis (1). M. auricularis dorsalis und Platysma: dorsale Ansicht. Die Haut wurde entfernt und die oberflächliche Faszie einer begrenzten Säuberung unterzogen, um Oberflächenstrukturen darzustellen. Auf der rechten Seite wurde die Ohrmuschel nach rostral geklappt, um die kaudalen Nerven und Blutgefäße des Ohres darzustellen und die Weiterführung des Ramus auricularis caudalis des N. facialis (VII) zur Versorgung des Platysmas zu zeigen (siehe auch Abb. 3.7).

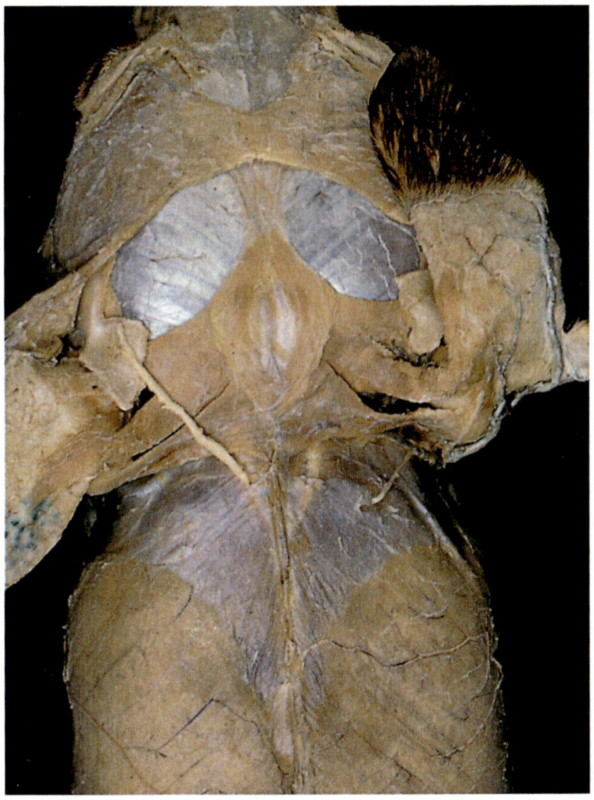

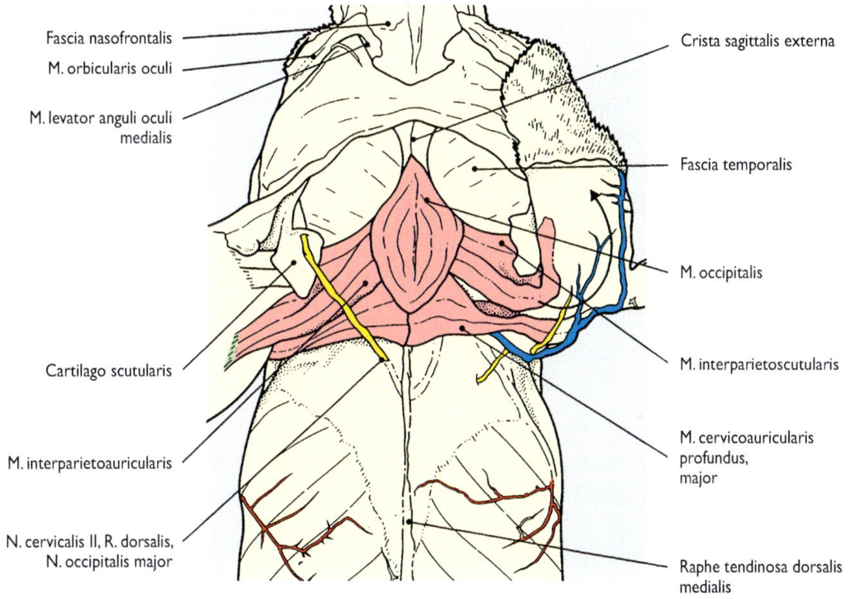

Abb. 2.62 Oberflächenstrukturen der Regiones cranialis, auricularis und retroauricularis (2). Mm. auriculares dorsales profundi und Cartilago scutularis: dorsale Ansicht. Die Mm. interscutularis, cervicoscutularis und cervicoauricularis superficialis wurden entfernt, wodurch die Mm. interparietoscutularis und interparietoauricularis (die mittleren Heber der Ohrmuschel) und die Mm. cervicoauricularis major und minor (der lange und kurze Auswärtsdreher der Ohrmuschel) freigelegt wurden.

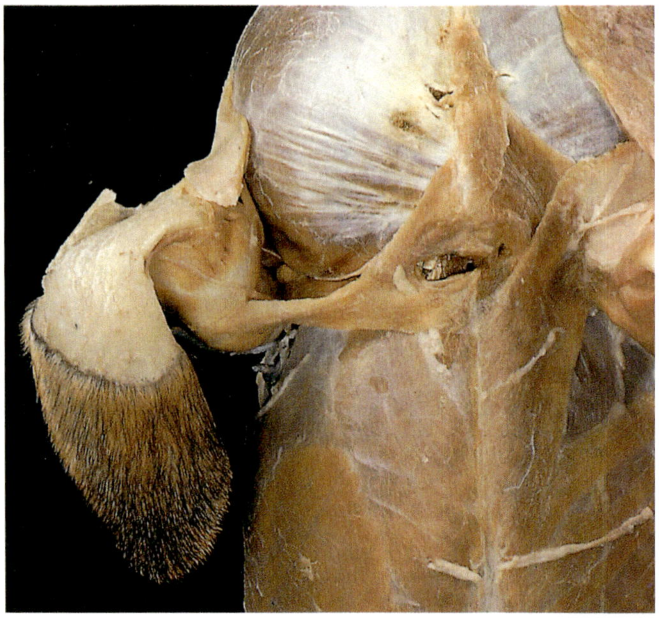

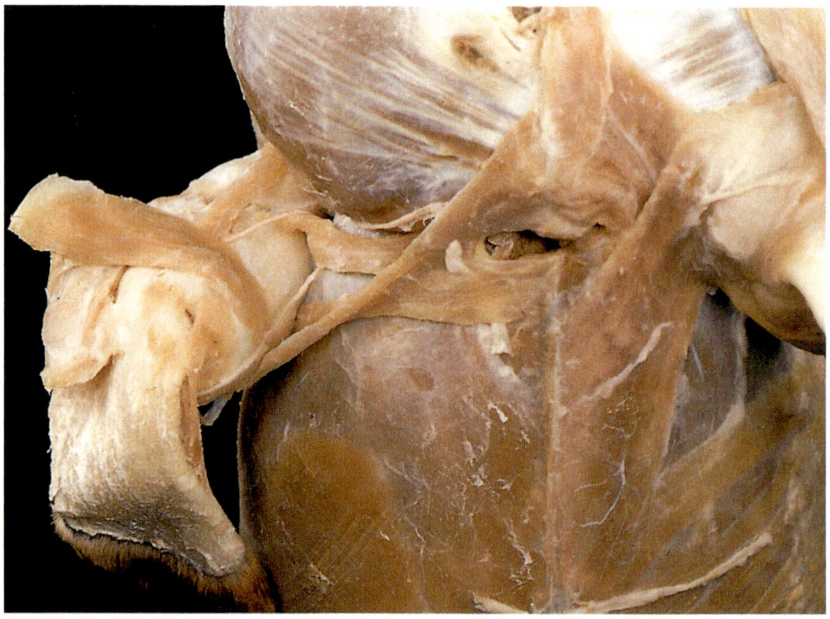

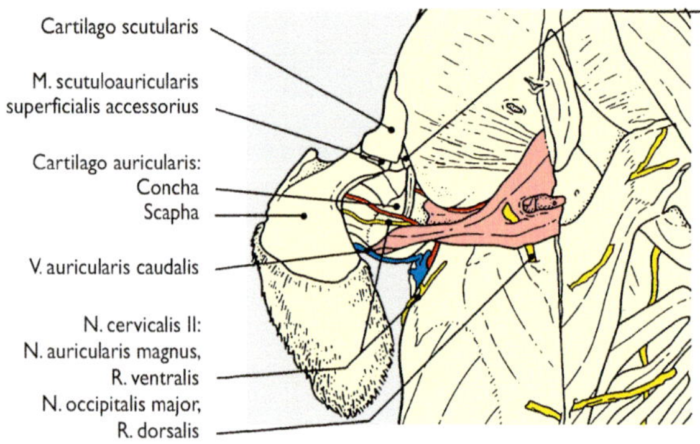

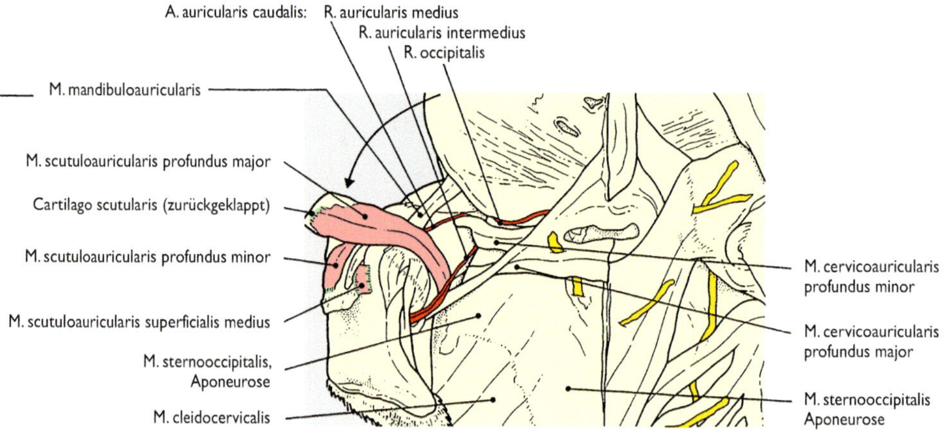

Abb. 2.63 Ohr- und Scutulumknorpel der linken Seite (1). A., V. und N. auricularis caudalis: dorsale Ansicht. Die interparietoskutulären und interparietoaurikulären Muskeln der linken Seite wurden zusammen mit der dorsalen oberflächlichen skutuloaurikulären Komponente des M. frontalis entfernt. Nach der Entfernung dieser skutulären Komponenten ist der Cartilago scutularis leicht nach ventral verlagert worden.

Abb. 2.64 Ohr- und Scutulumknorpel der linken Seite (2). Tiefe innere Muskulatur nach Zurückklappen des Scutulums: dorsale Ansicht. Der Cartilago scutularis wurde nach kaudolateral von der Oberfläche der Fascia temporalis geklappt, wodurch der prominente M. scutuloauricularis profundus major (der große Conchadreher) an seiner Unterseite freigelegt wurde. Die Präparation der Knorpel und tiefen Muskeln der Ohrmuschel beinhaltet die Entfernung eines Fettpolsters in der Tiefe des Cartilago scutularis und im Umfeld der Basis des Cartilago auricularis.

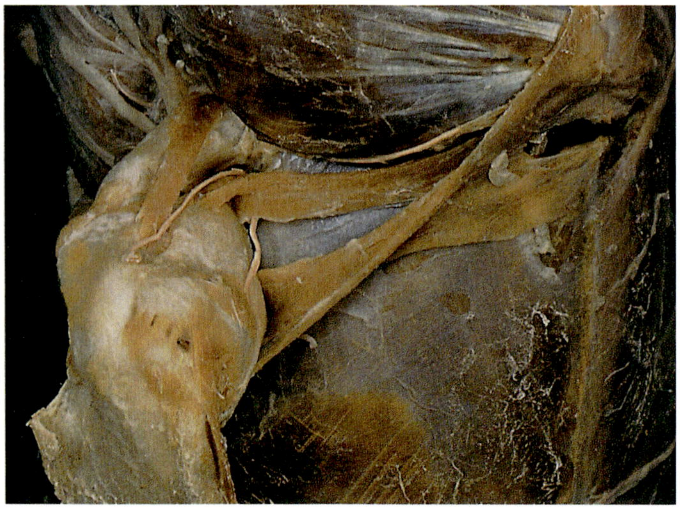

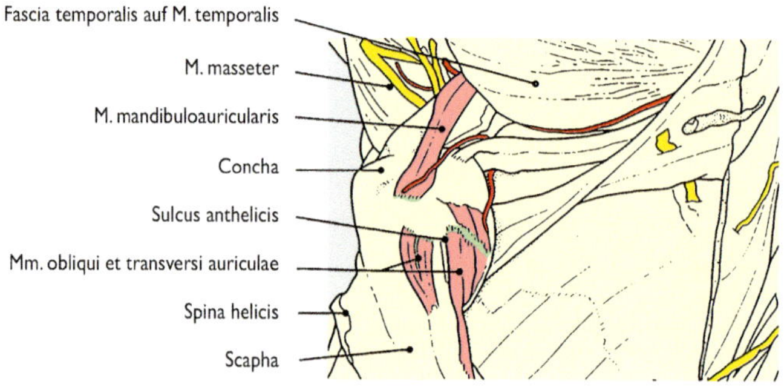

Abb. 2.65 Cartilago auricularis der linken Seite – M. mandibuloauricularis nach Entfernung des Cartilago scutularis: dorsolaterale Ansicht. Der flache Sulcus anthelicis liegt unterhalb der Anthelix auf der konkaven Oberfläche der Ohrmuschel (siehe auch Abb. 2.32 und 2.33) und markiert die Abgrenzung von Concha und Scapha.

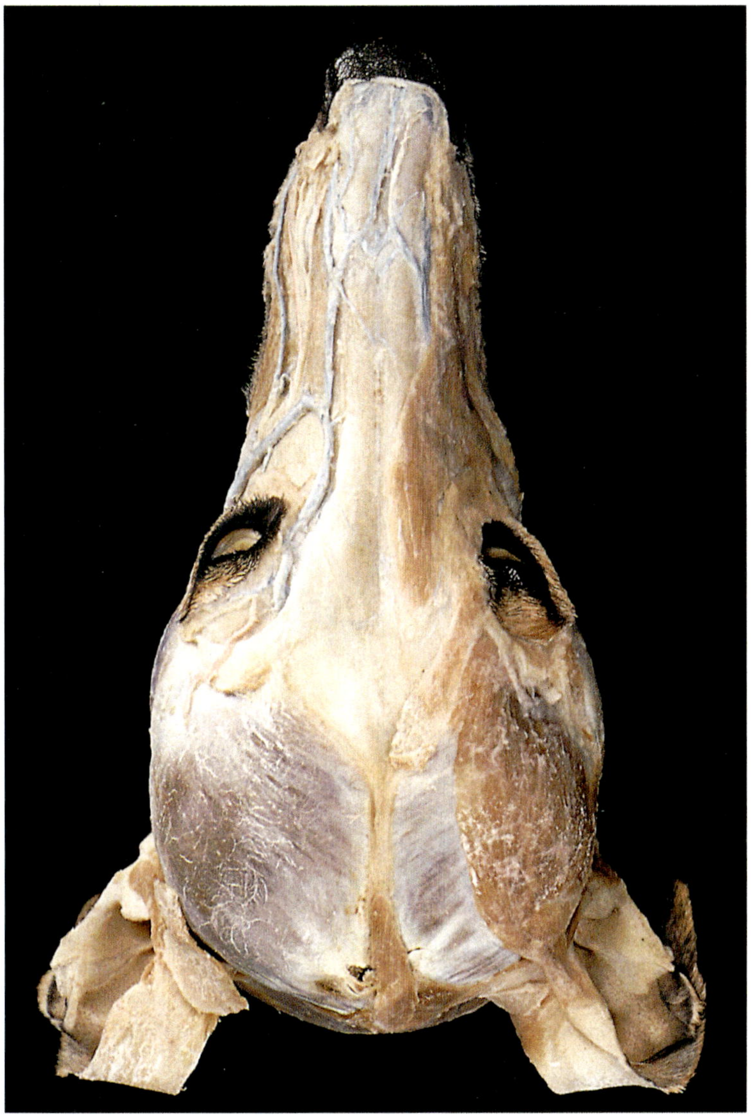

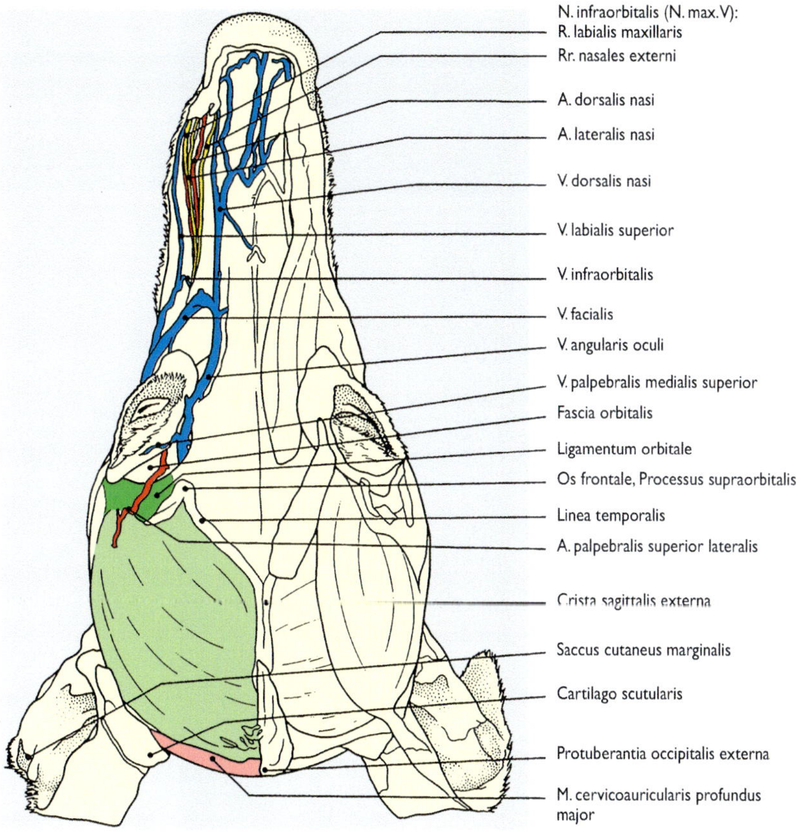

Abb. 2.66 Schädel- und Gesichtsregionen nach Entfernung der oberflächlichen Muskulatur: dorsale Ansicht. Praktisch alle oberflächlichen Muskeln sind von der Kopfoberfläche entfernt worden, ebenso wie die Endäste des N. facialis (VII). Die isolierten Cartilagines auricularis und scutularis der linken Seite bleiben in ihrer Lage auf der Fascia temporalis erhalten.

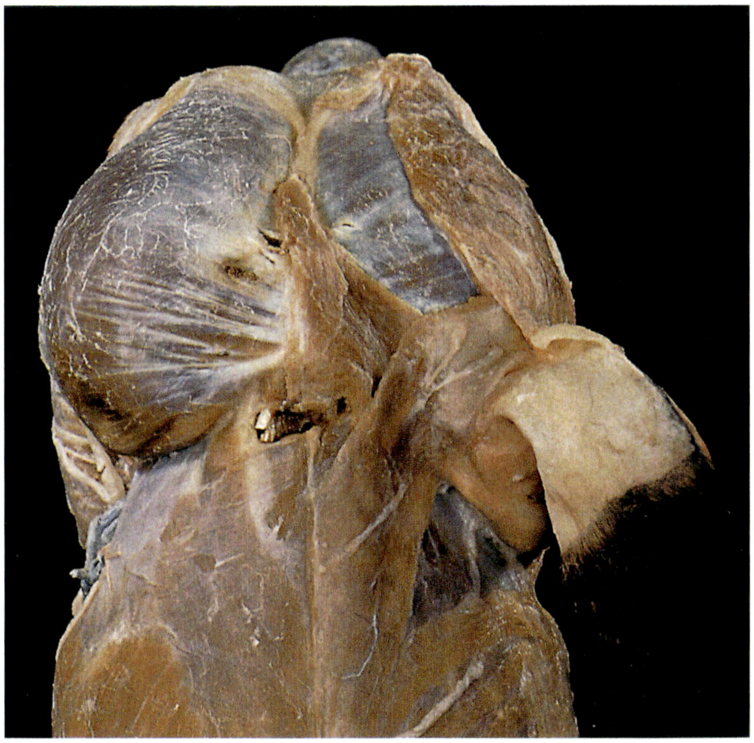

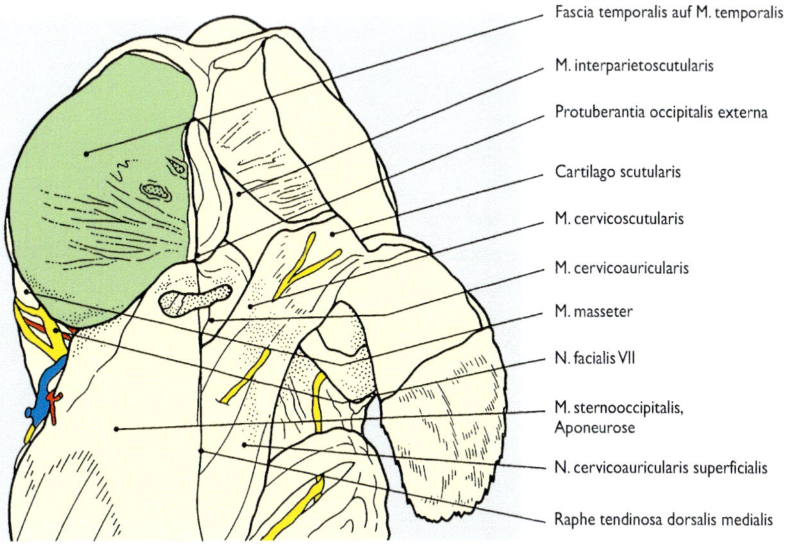

Abb. 2.67 Regiones cranialis, auricularis und retroauricularis – M. temporalis nach Entfernung des Cartilago auricularis und des Cartilago scutularis: dorsale Ansicht. Der Cartilago auricularis der linken Seite wurde gemeinsam mit den verbleibenden Musculi auriculares entfernt, um die Oberfläche des M. temporalis freizulegen, die noch von der Fascia temporalis bedeckt ist.

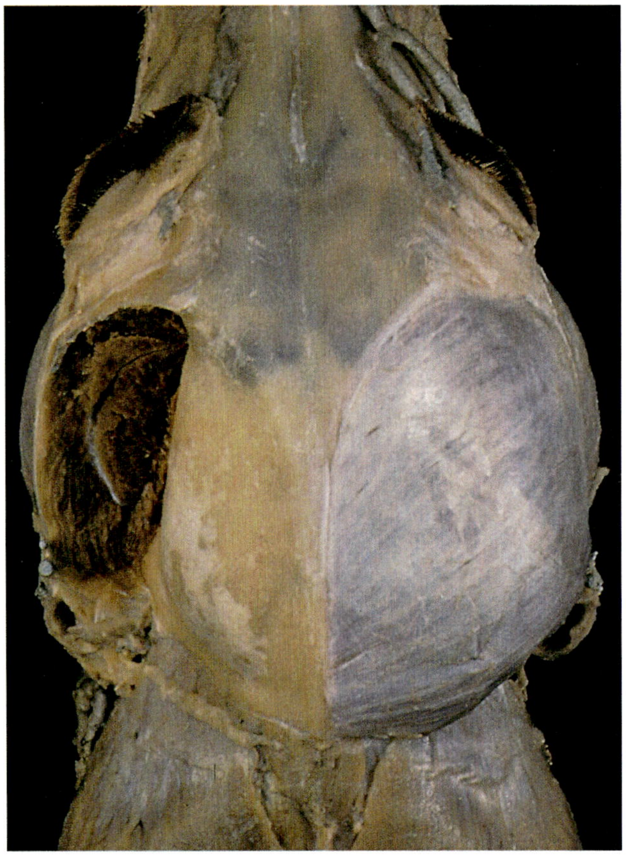

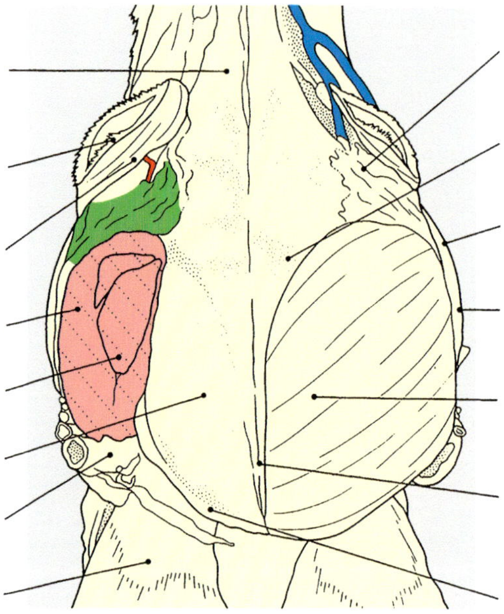

Abb. 2.68 Fossa temporalis der linken Seite nach Entfernung des M. temporalis: dorsale Ansicht. Die Fascia temporalis wurde auf der linken Seite des Kopfes entfernt, genauso wie der größte Teil des darunterliegenden M. temporalis, Der terminale Anteil des Muskels, der am Processus coronoideus ansetzt, verbleibt in seiner Position, allerdings ist der Processus noch verdeckt. Medial des Arcus zygomaticus vermischt sich der M. masseter teilweise mit dem M. temporalis.

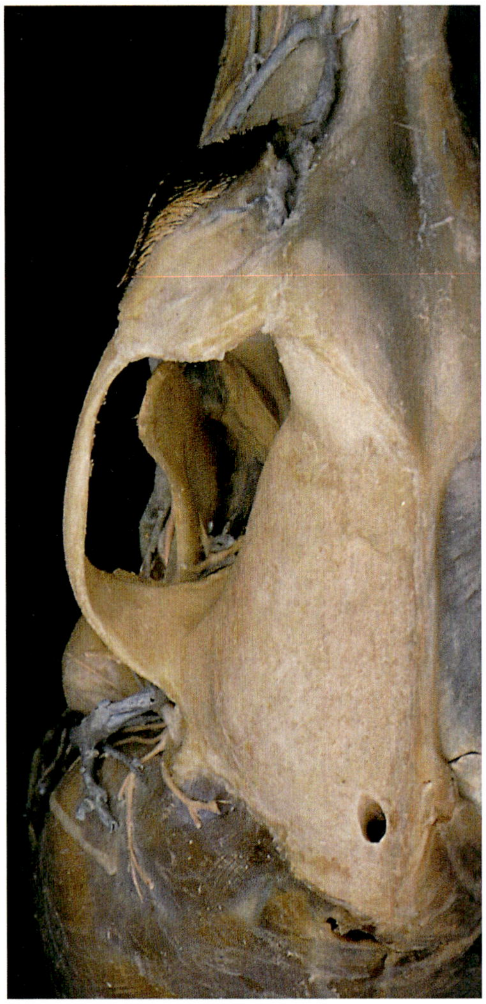

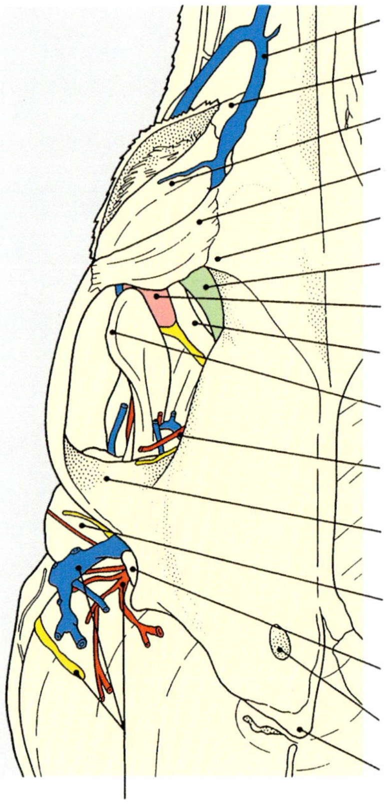

Abb. 2.69 Orbita, Fossae pterygopalatina und temporalis der linken Seite nach Entfernung der Mm. temporalis und masseter: dorsale Ansicht. Die Mm. temporalis und masseter wurden entfernt, um so die gesamte dorsale Oberfläche des Neurocraniums freizulegen. Diese Ansicht zeigt anschaulich, dass die Entfernung des M. temporalis in keiner Weise den Inhalt der Orbita beeinträchtigt, die von der Periorbita umschlossen werden. NB: Das Loch im Hirnschädel an der mit „X“ bezeichneten Stelle diente dazu, einen Haken für die Fixierung während er Konservierung des Hundes anzubringen.

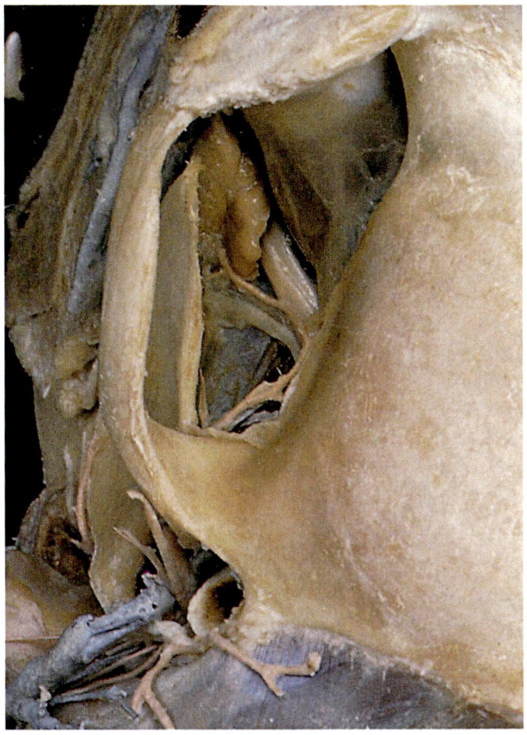

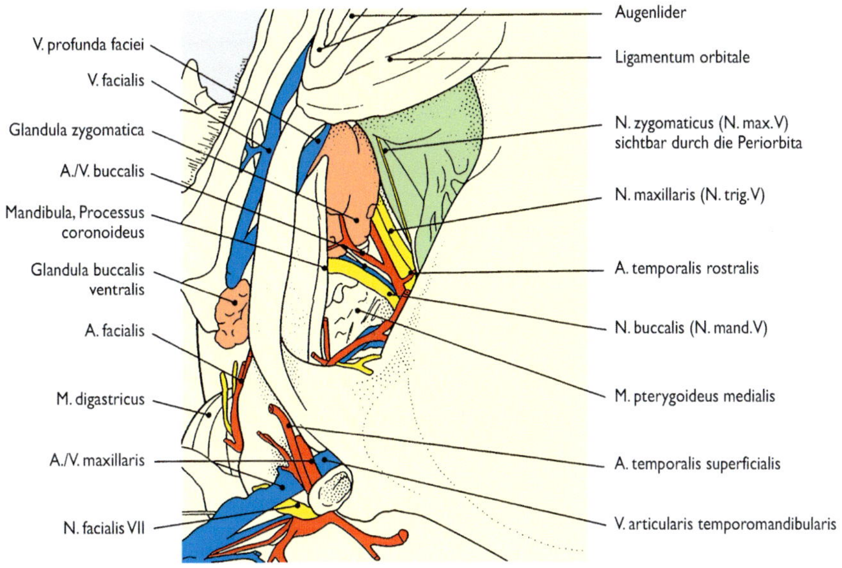

Abb. 2.70 Fossa pterygopalatina der linken Seite – Glandula zygomatica und Processus coronoideus mandibulae: dorsolaterale Ansicht. Dies ist eine detailliertere Ansicht des in Abb. 2.69 dargestellten Präparates, allerdings aus einem etwas lateraleren Blickwinkel betrachtet. Am Boden der Fossa pterygopalatina wurde eine begrenzte Menge von Fett- und Fasziengewebe entfernt, wodurch die Glandula zygomatica gemeinsam mit der A., der V. und des N. maxillaris, auf der Oberfläche des M. pterygoideus medialis liegend, freigelegt wurde.

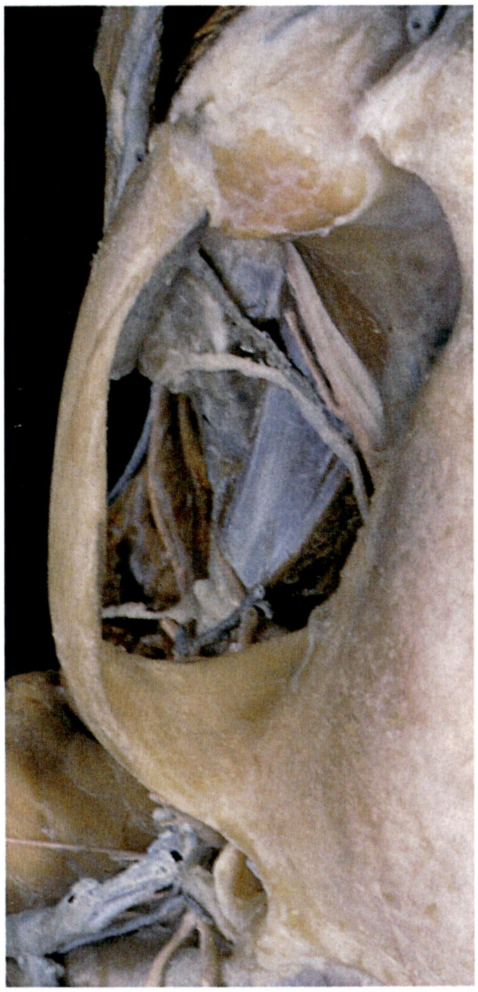

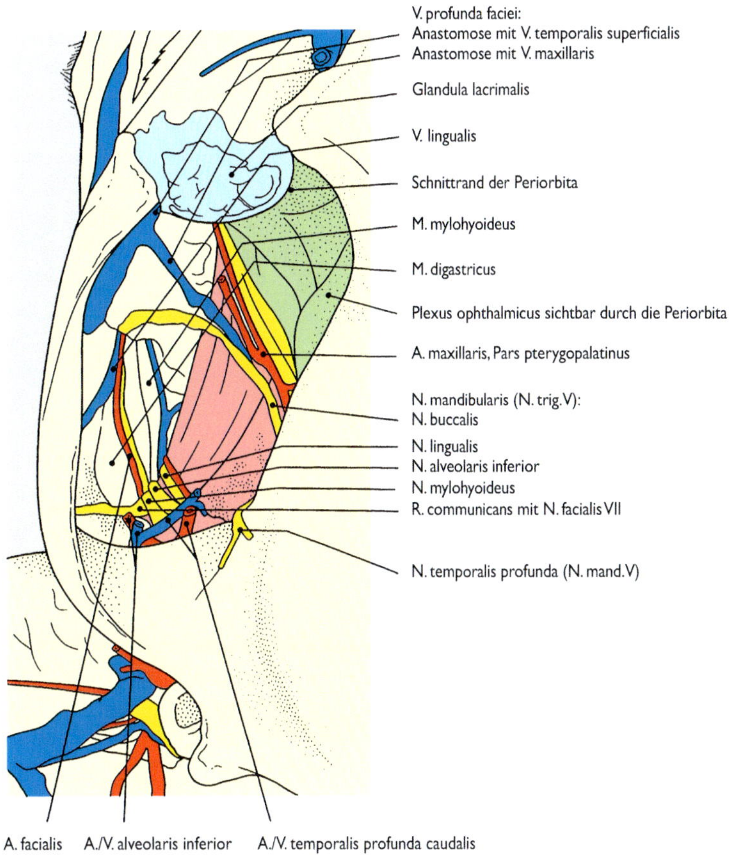

Abb. 2.71 Fossae pterygopalatina und infratemporalis der linken Seite – maxilläre und mandibuläre Anteile des N. trigeminus: dorsale Ansicht. Das Ligamentum orbitale wurde entfernt, wodurch der Orbitarand eröffnet und die Tränendrüse freigelegt wurde. Die Schnittkante der Periorbita ist dort freigelegt, wo sie mit dem Ligamentum orbitale verschmilzt, wodurch der Conus orbitalis an seiner Basis „versiegelt" ist. Durch die Entfernung der Mandibula konnte die Glandula zygomatica aus der Fossa pterygopalatina und dem Orbitaboden herauspräpariert werden.

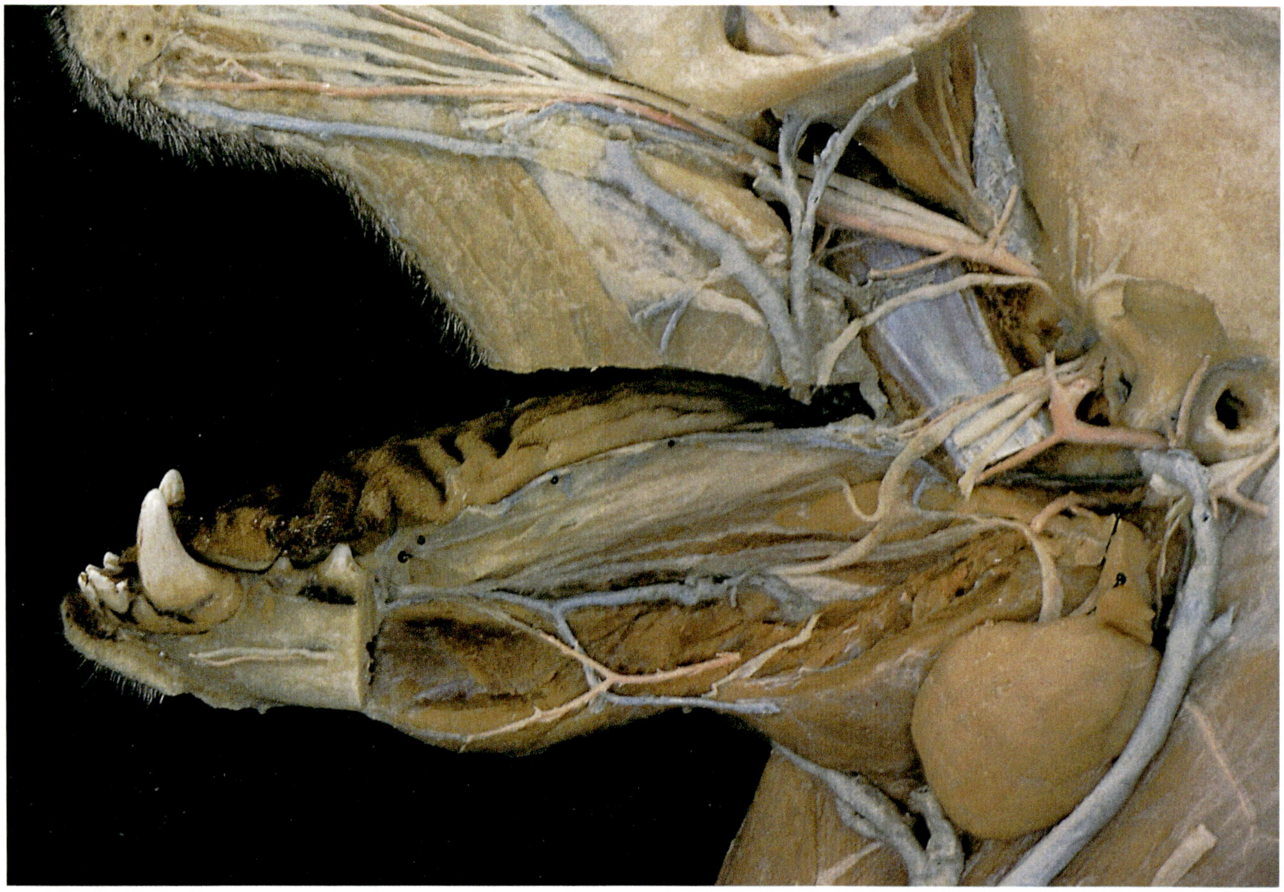

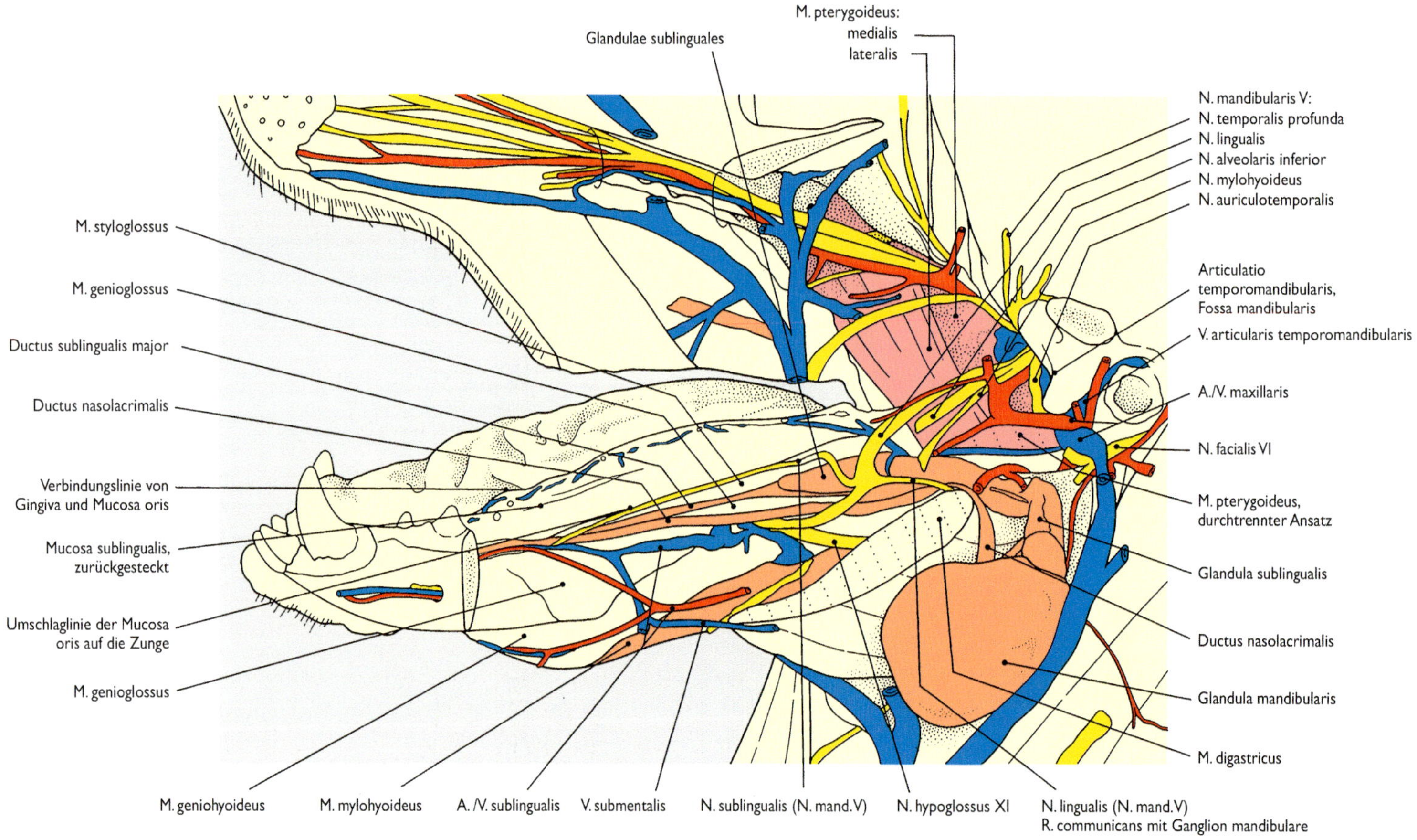

Abb. 2.72 Fossa pterygopalatina und Unterkiefer – Glandulae und Ductus mandibularis und sublingualis: linke laterale Ansicht. Bei dieser tiefen Präparation wurden die Mm. temporalis und masseter sowie des Arcus zygomaticus und die Mandibula entfernt. In der Fossa pterygopalatina und der Orbita wurden sowohl die Glandula zygomatica als auch die Periorbita entfernt und die Mm. pterygoidei erneut gekürzt. Im Unterkiefer wurden der N. mylohyoideus und die A. facialis entfernt und die durchtrennten mandibulären Ansätze sowohl des M. digastricus als auch des M. mylohyoideus zusätzlich beschnitten. Die Glandula sublingualis wurde verlagert und zur Seite geschoben, um den Ductus mandibularis freizulegen.

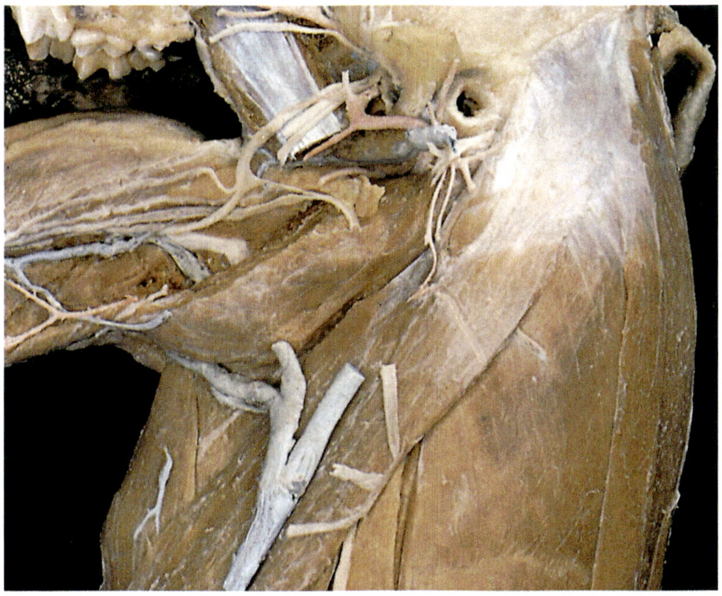

Abb. 2.73 Regiones pharyngealis und laryngealis (1). M. digastricus nach Entfernung der Glandula mandibularis: linke laterale Ansicht. Der Anfangsteil der Glandula sublingualis und die gesamte Glandula mandibularis wurden entfernt, ebenso der Teil der V. maxillaris, der an die Glandula mandibularis angrenzt. Da dieses Präparat mit weit offenem Maul und dem Kopf zum Hals gebeugt einbalsamiert und fixiert wurde, sind die Mm. digastricus und sternooccipitalis angenähert und verdecken die Strukturen im Rachenbereich, die bei geschlossenem Maul deutlicher sichtbar wären (siehe auch Abb. 3.17-3.21). Diese Region am Übergang zwischen Hals und Kopf wird zum Teil im Kapitel 3 behandelt.

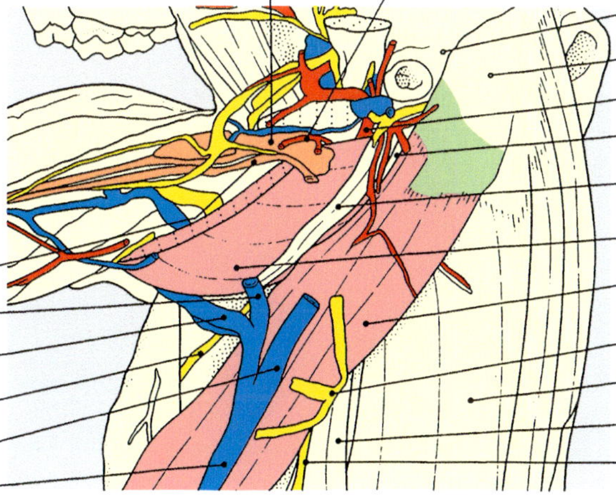

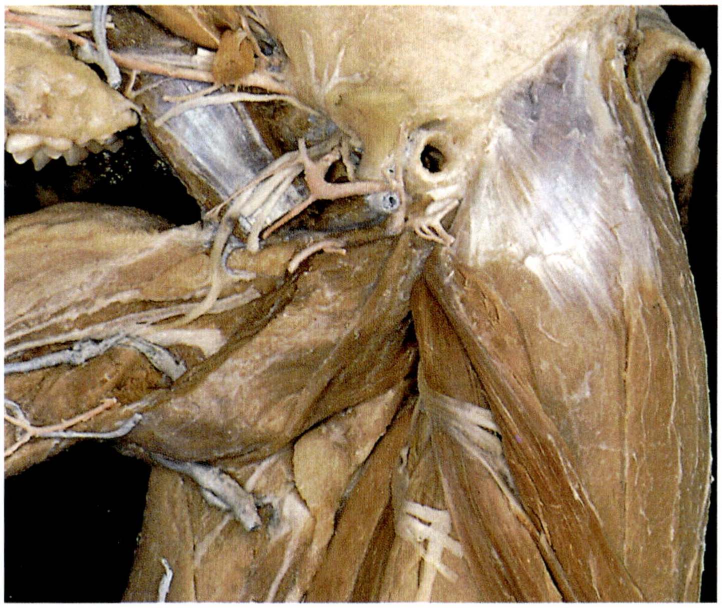

Abb. 2.74 Regiones pharyngealis und laryngealis (2). Darstellung des Ln. retropharyngeus medialis nach Zurückklappen der Mm. sterno- und cleidomastoideus: linke laterale Ansicht. Die V. jugularis externa und die Pars sternooccipitalis des M. sternocephalicus wurden entfernt; die Mm. sternomastoideus und cleidomastoideus wurden durchtrennt und zurückgeklappt. Der Ln. retropharyngealis medialis ist in begrenztem Umfang freigelegt, allerdings ist er in den Abb. 3.14-3.20 und im Anschnitt in Abb. 3.35 und 3.36 besser zu sehen.

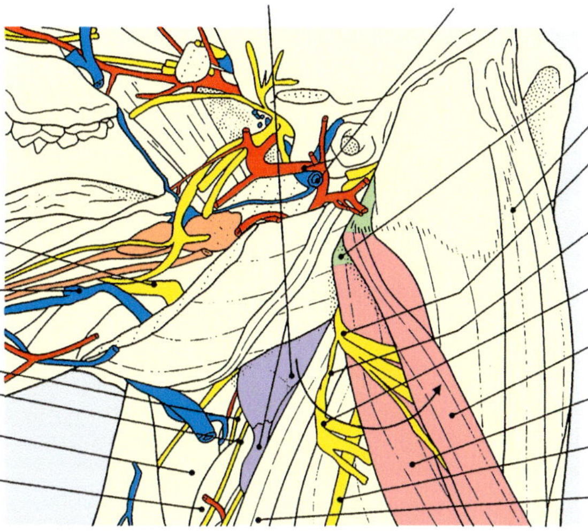

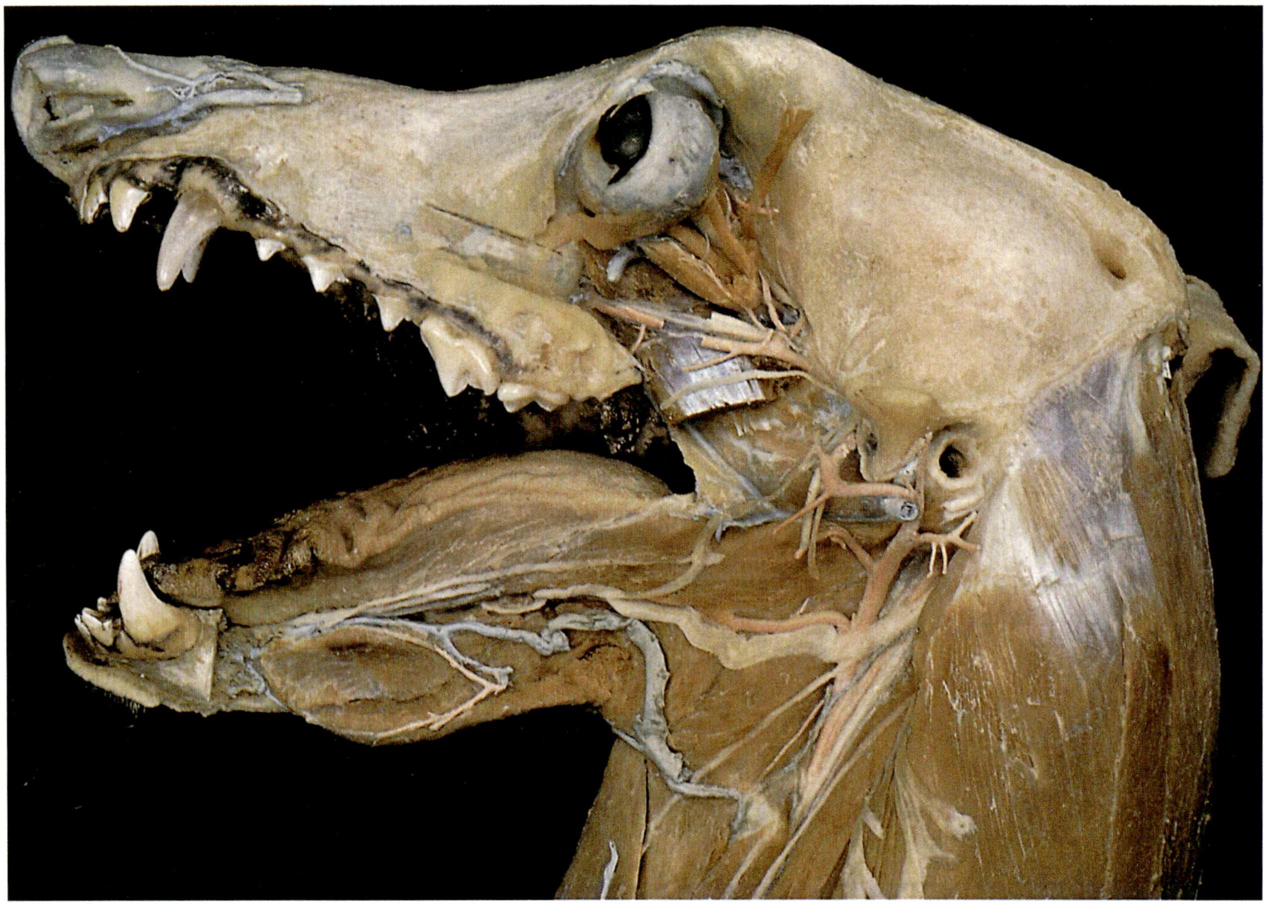

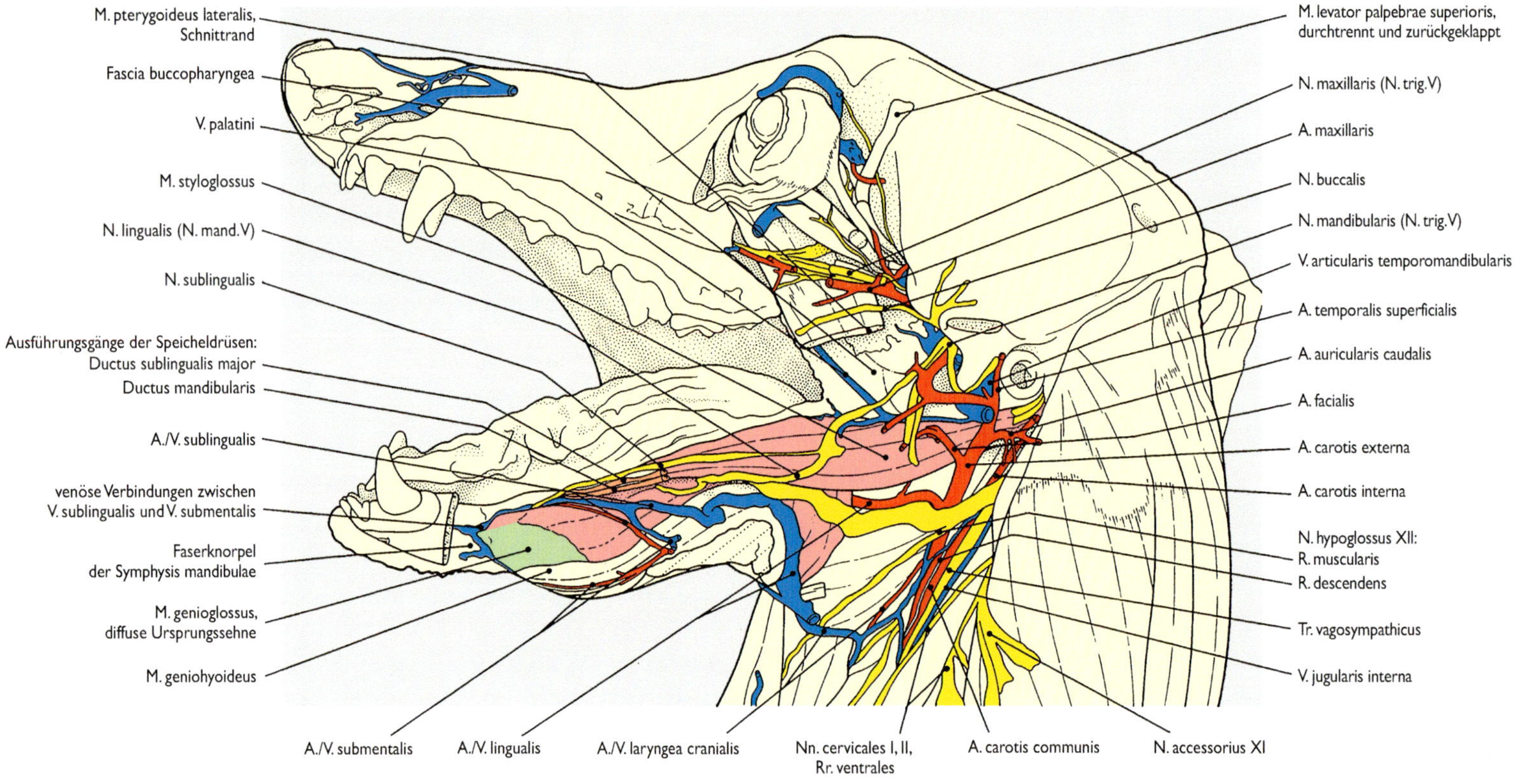

Abb. 2.75 Pharynx und Zunge (1). N. hypoglossus, A. carotis externa und M. styloglossus: linke laterale Ansicht. Der Pharynxabschnitt und die Zungenwurzel wurden durch Entfernung der Mm. digastricus, stylohyoideus, sternomastoideus und cleidomastoideus sowie der Glandula sublingualis und des Ln. retropharyngealis freigelegt. Auf der Oberfläche der A. carotis communis ist eine äußerst zarte Schleife des N. hypoglossus sichtbar, wobei ein Muskelast des N. hypoglossus zum M. sternohyoideus, der unter der V. laryngea cranialis verläuft, eine wesentlich bedeutendere Struktur darstellt.

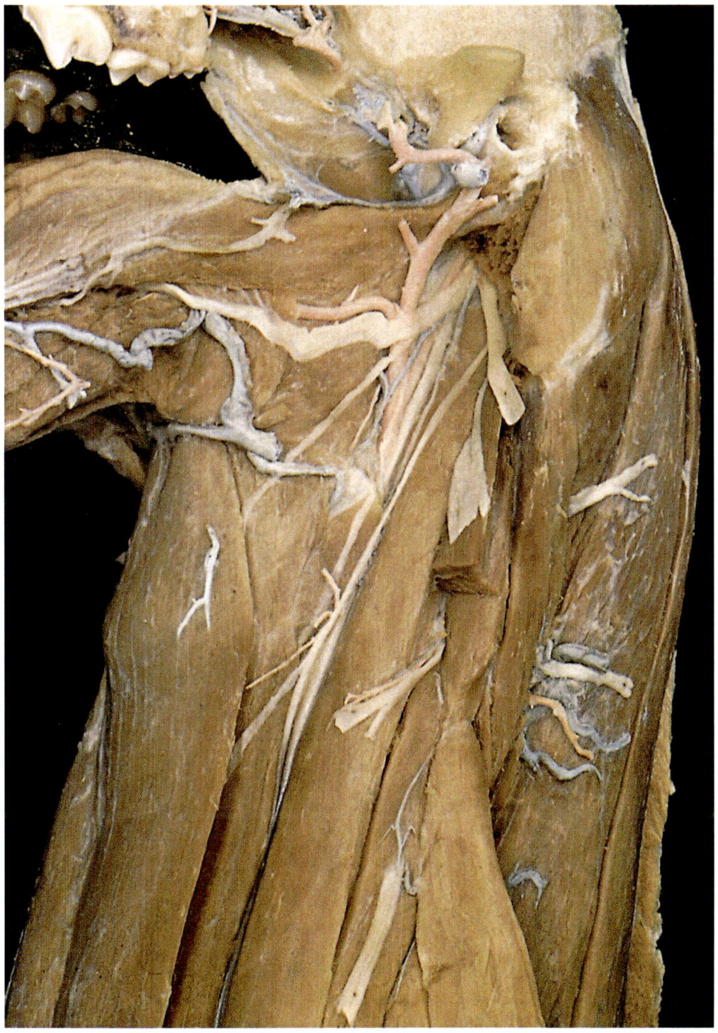

Abb. 2.76 Pharynx und Zunge (2). N. hypoglossus, N. accessorius und Ramus ventralis des N. cervicalis I: linke ventrolaterale Ansicht. Dieses Bild zeigt im Wesentlichen das gleiche Stadium der Präparation des Pharynx wie in Abb. 2.75, allerdings aus einem etwas anderen Blickwinkel. In der Regio nasopharyngealis wurden der proximale Anteil des N. mandibularis des N. trigeminus (V) und die darunterliegenden Mm. pterygoidei entfernt. Der distalere Anteil des Nervs, der N. lingualis, verbleibt auf dem M. styloglossus, wird aber nach dorsal verlagert, um seinen Eintritt in die Zunge ventral des Muskels sichtbar zu machen. Durch die Entfernung der Mm. pterygoidei wurden das Os palatinum und das Os pterygoideum an der Stelle freigelegt, an der sie die mediale Begrenzung der Fossa pterygopalatina und der lateralen Wand des Nasopharynx bilden (gezeigt im Schnittbild, Abb. 2.143). Dorsal im Nackenbereich wurden die Mm. splenius, rhomboideus und omotransversarius entfernt, mit Ausnahme eines Stumpfes des M. omotransversarius, der an der Ala atlantis ansetzt. Für Details zu diesem Teil des Halses siehe Kapitel 3 und 9.

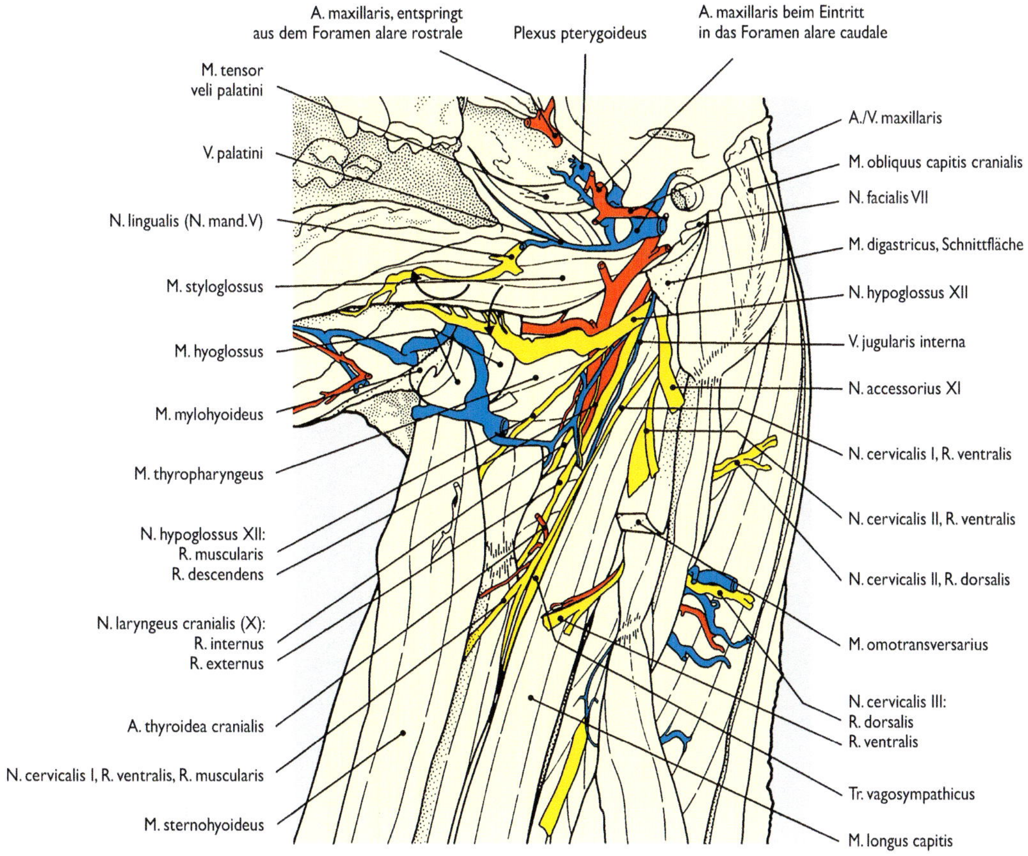

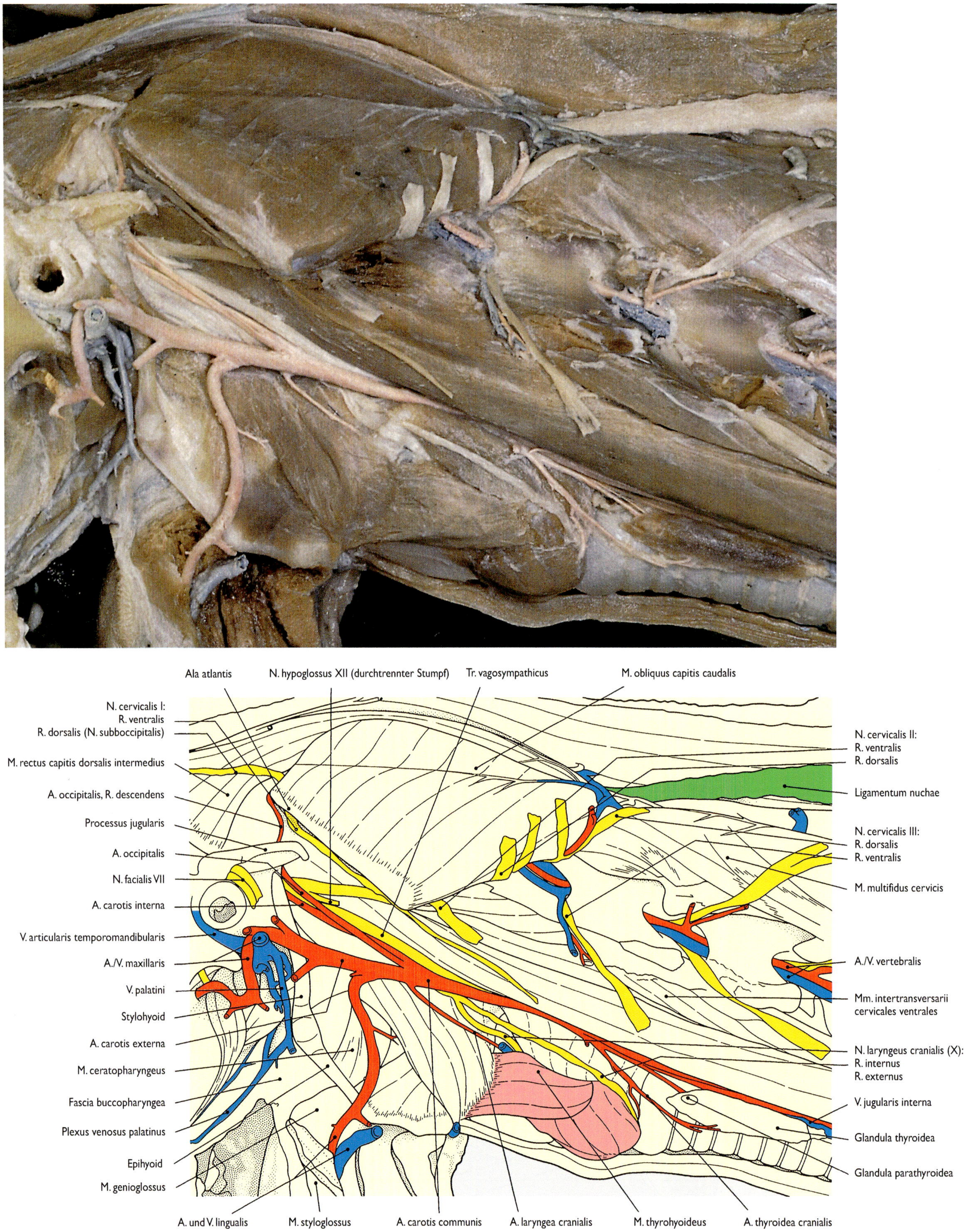

Abb. 2.79 Pharynx und Larynx (1). Os hyoideum und äußere Kehlkopfmuskeln: linke laterale Ansicht. Dieses Bild und die sechs folgenden zeigen fortschreitende Stadien der Präparation des Kehlkopfes sowie der Muskulatur des Gaumens und des Kehlkopfes. Ihre Innervation durch Äste der N. glossopharyngeus (IX) und N. vagus (X) und des sympathischen Nervensystems wird gezeigt. Der Aufbau des Kehlkopfes wird ebenfalls gezeigt, sowohl in der ventralen Ansicht in Abb. 2.131 und 2.135 als auch im Querschnitt in Kapitel 3. Durch die Entfernung der Mm. sternohyoideus und sternothyroideus kann der Kehlkopf sukkzessive freigelegt werden. Die Überreste der Mm. omotransversarius, biventer, complexus, longissimus und intertransversarius wurden entfernt, wodurch der 3. und 4. Halswirbel mit den dazugehörigen Gefäßen freigelegt wurden (siehe Kapitel 3).

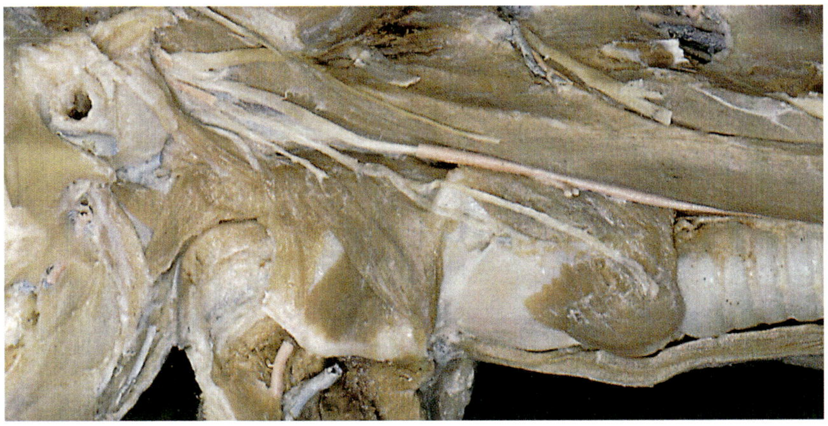

Abb. 2.80 Pharynx und Larynx (2). Mm. palatinus und pharyngealis und Innervation des Larynx: linke laterale Ansicht. Die Gaumen- und Schlundmuskulatur sowie die Nervenversorgung des Pharynx und des Larynx wurden durch folgende Präparationsschritte freigelegt: Entfernung der Endverästelung der A. carotis communis, der Überreste der V. maxillaris und ihrer Zuflüsse, eines Abschnitts des Cornu craniale ossis hyoidei der Fascia pharyngea externa und des M. thyrohyoideus. Durch die Entfernung der Glandula thyreoidea wurde auch der N. laryngeus caudalis (X) freigelegt.

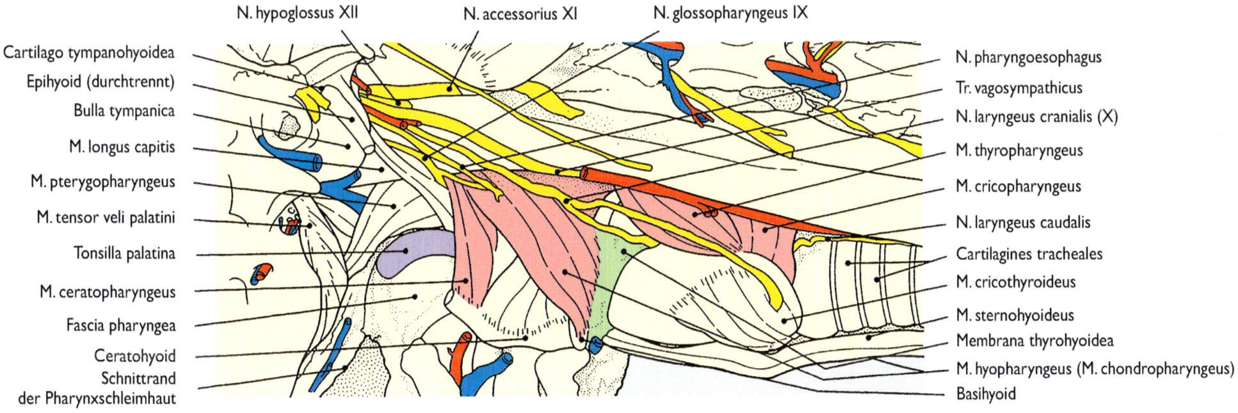

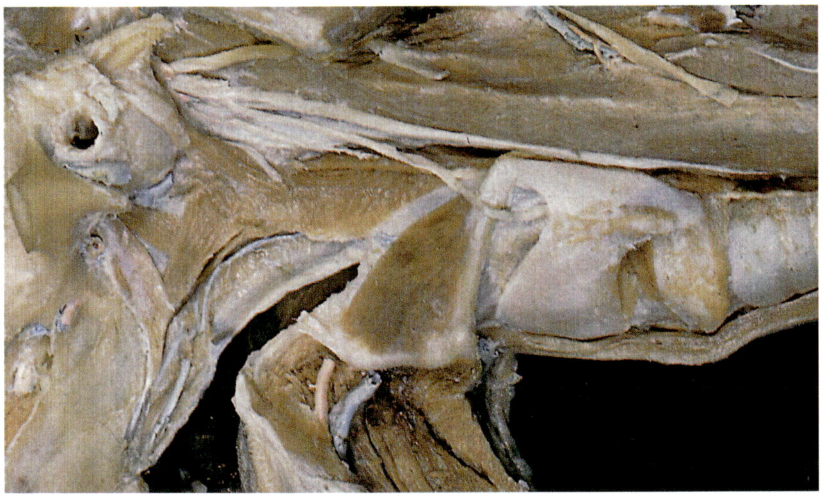

Abb. 2.81 Pharynx und Larynx (3). Palatum molle, Nervi und Musculi pharyngeales sowie die Cartilagines laryngis: linke laterale Ansicht. Die weiterführende Präparation beinhaltete die Entfernung: der Mm. ceratopharyngeus, hyopharyngeus, thyropharyngeus, cricopharyngeus und cricothyroideus; der Tonsilla palatina und der Fascia palatina; und eines Teils der Mucosa oropharyngea kaudal des Arcus palatoglossus. Die gesamte Ausdehnung der Mm. palatopharyngeus und stylopharyngeus wird in der Wand des Nasopharynx freigelegt (siehe auch Abb. 2.91 und 2.92 aus medialer Ansicht).

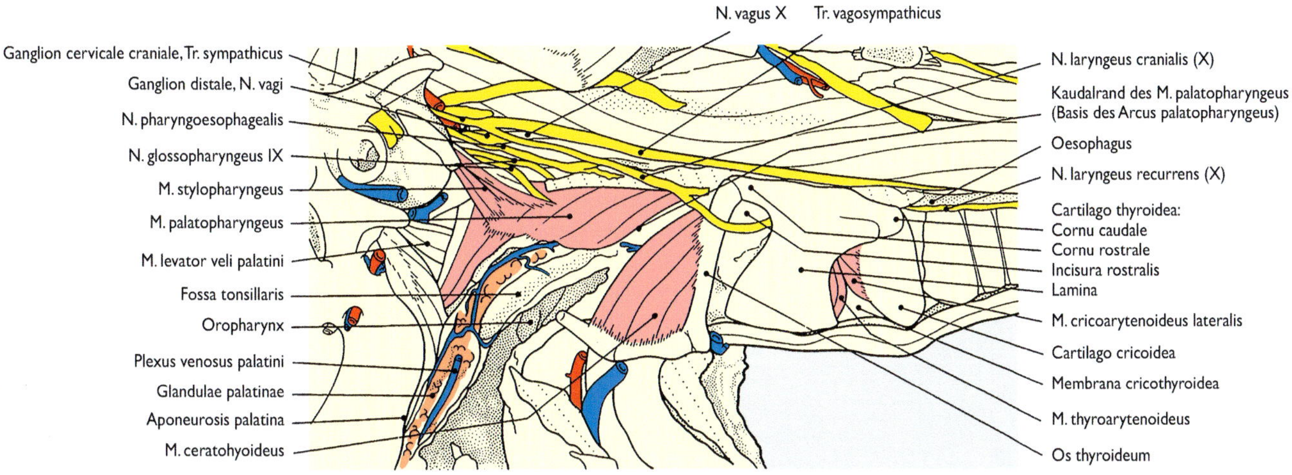

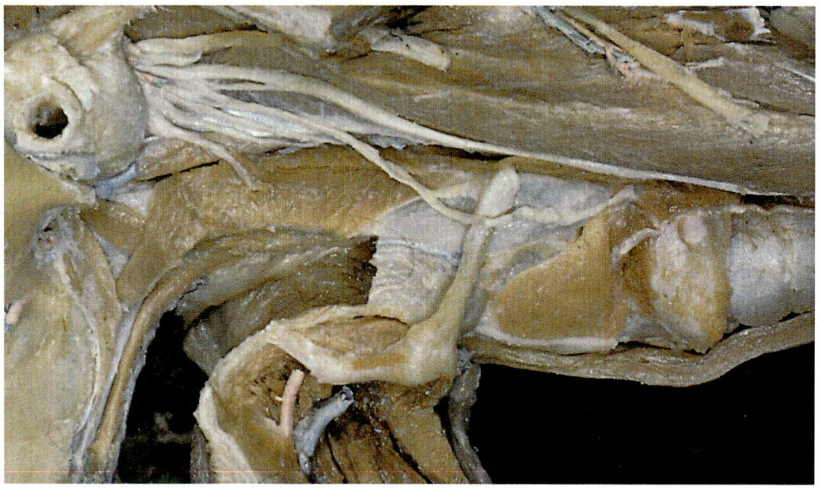

Abb. 2.82 Pharynx und Larynx (4). Innere Kehlkopfmuskulatur, Ventriculus laryngis und Innervation des Kehlkopfes: linke laterale Ansicht. Das Drüsengewebe und das venöse Geflecht am weichen Gaumen wurde entfernt, um den M. palatinus freizulegen. Die Lamina thyroidea wurde entfernt, wodurch die innere Larynxmuskulatur und der sackartige Ventriculus laryngis freigelegt wurde. Im Bereich des Zungengrundes legt die Entfernung des M. ceratohyoideus die Mm. geniohyoideus, mylohyoideus und die Zungenmuskulatur frei, die am Basihyoideum und dem Ceratohyoideum zusammenlaufen.

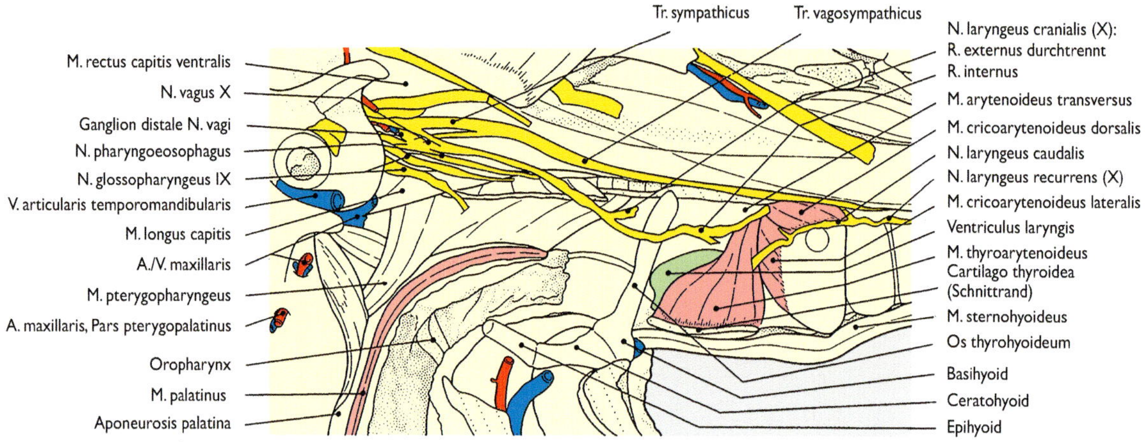

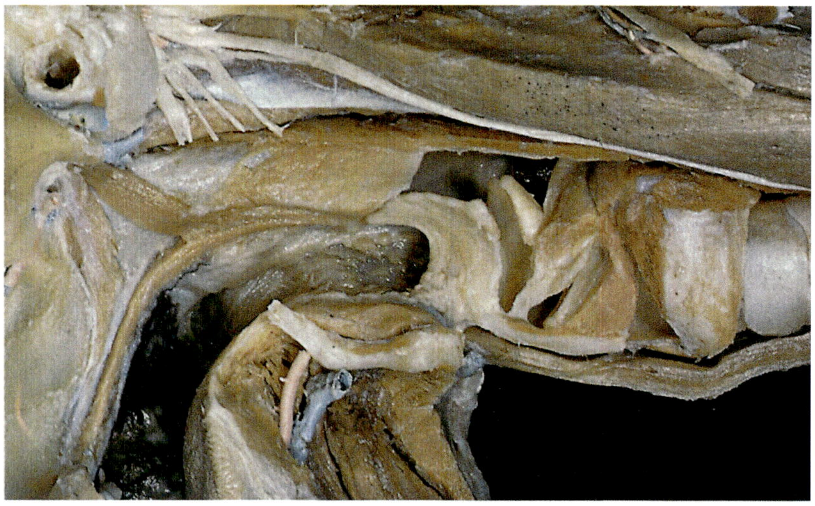

Abb. 2.83 Pharynx und Larynx (5). Innere Larynxmuskulatur und Cavom laryngis: linke laterale Ansicht. Dieses Bild vervollständigt die Präparation aus der linken lateralen Perspektive, wobei der M. thyrohyoideus, der M. thyroarytenoideus und der Ventriculus laryngis aus dem Larynx entfernt wurden. Die Entfernung der Kehlkopfschleimhaut ermöglicht den Blick auf die Epiglottis. Deren Spitze weist auf den kaudalen Rand des weichen Gaumens, der durch das Ende des M. palatopharyngealis am Arcus palatopharyngeus gebildet wird.

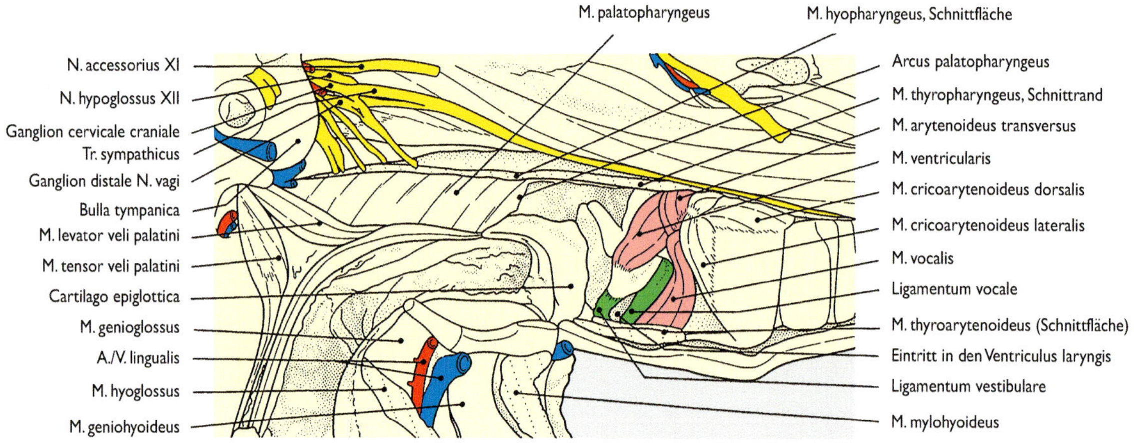

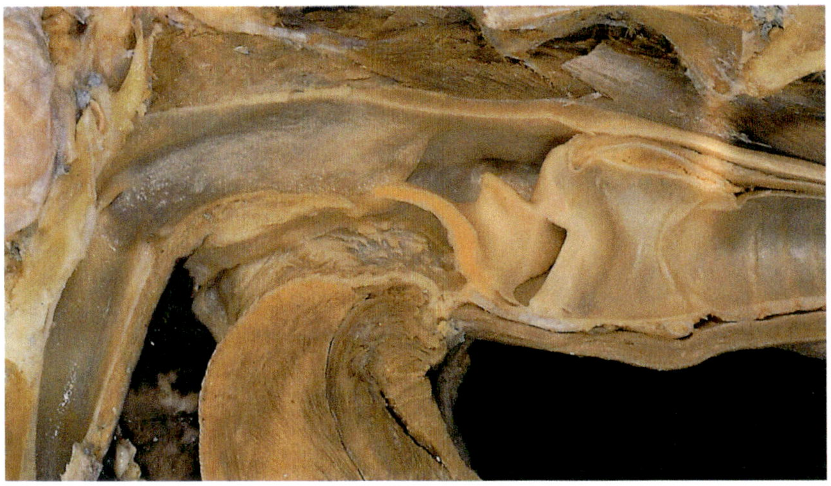

Abb. 2.84 Pharynx, Larynx und Zungenwurzel im Medianschnitt: mediale Ansicht der rechten Hälfte. Pharynx, Larynx und die Zungenwurzel wurden in der Medianebene durchtrennt, um eine mediale Ansicht der rechten Hälfte des Pharynx und Larynx zu ermöglichen. Die ungefähre Ausdehnung des Ventriculus laryngis ist in der Zeichnung durch eine gestrichelte Linie gekennzeichnet.

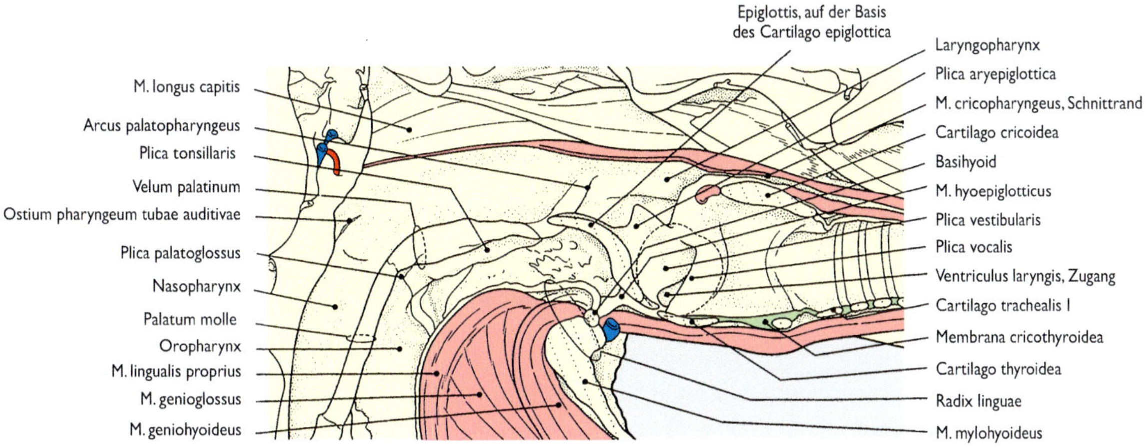

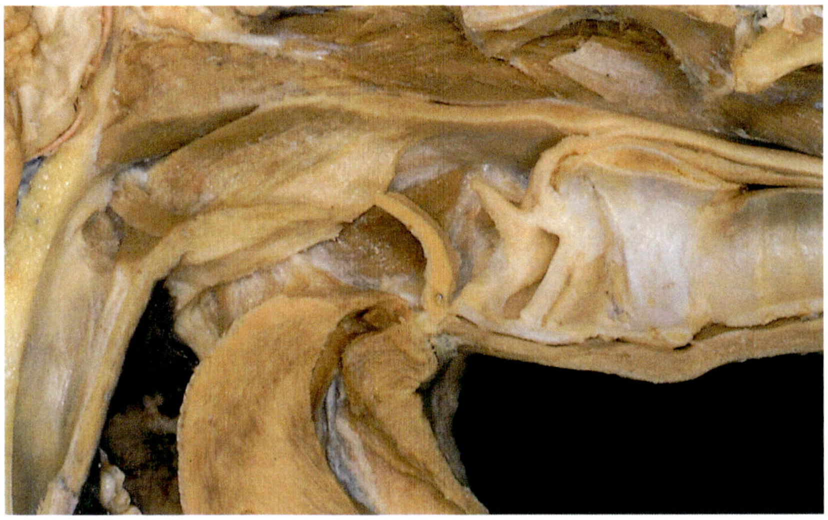

Abb. 2.85 Die Pharynx- und Larynxmuskulatur der rechten Seite: mediale Ansicht. Durch das Abziehen der inneren Schleimhaut von der Wand von Pharynx und Larynx wurde der Cartilago epiglottica von seinen fibrösen Verbindungen von dem Cartilago thyroidea und dem Basihyoideum abgelöst und dann wieder in seiner ungefähren Position angeheftet. Die Struktur des Larynx wird auch in Abb. 2.134 und im Kapitel 3 gezeigt.

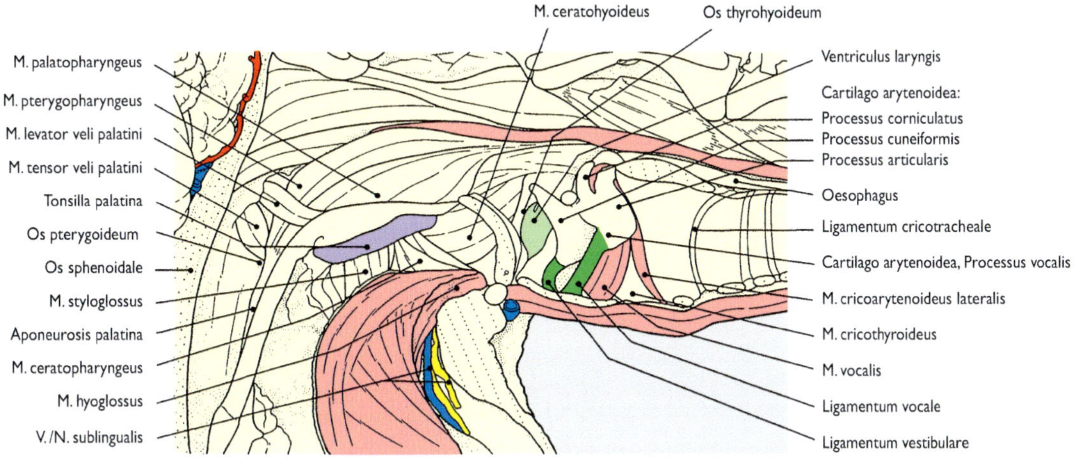

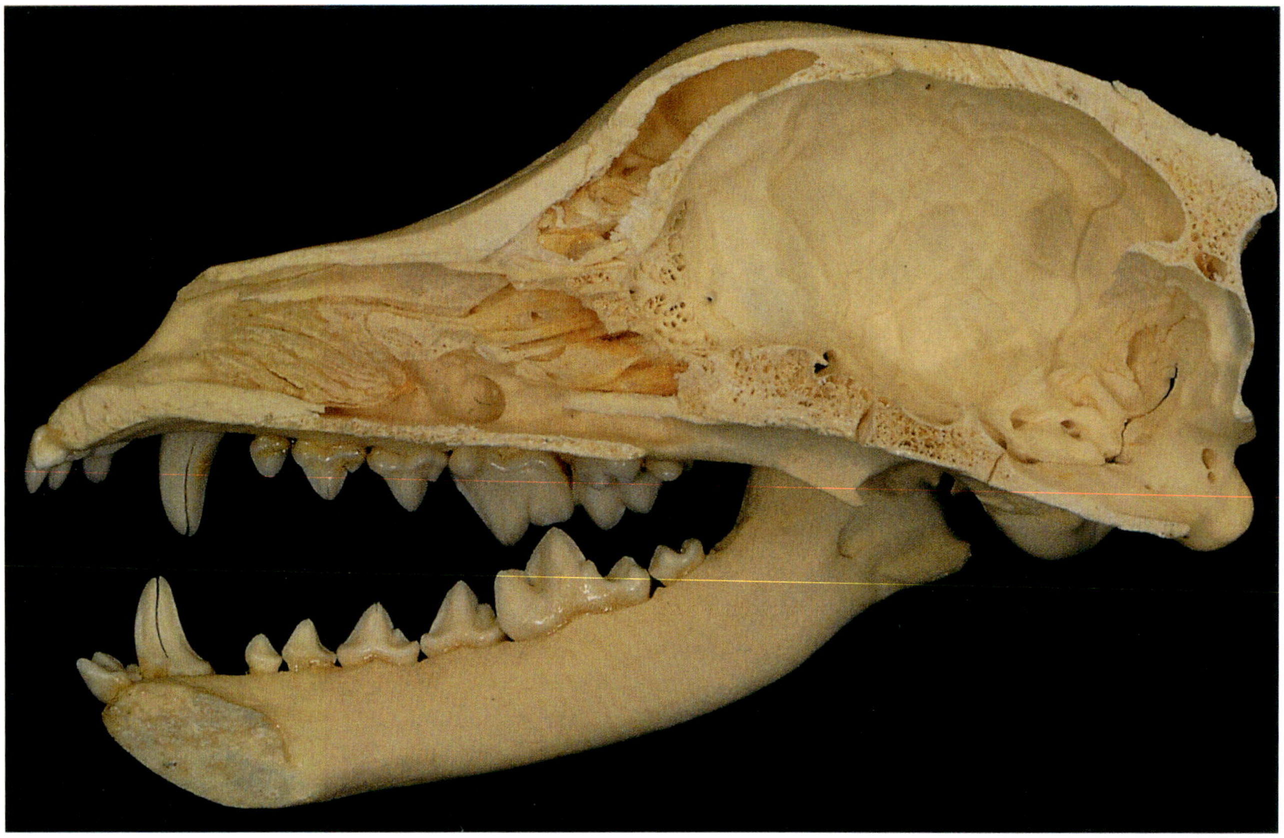

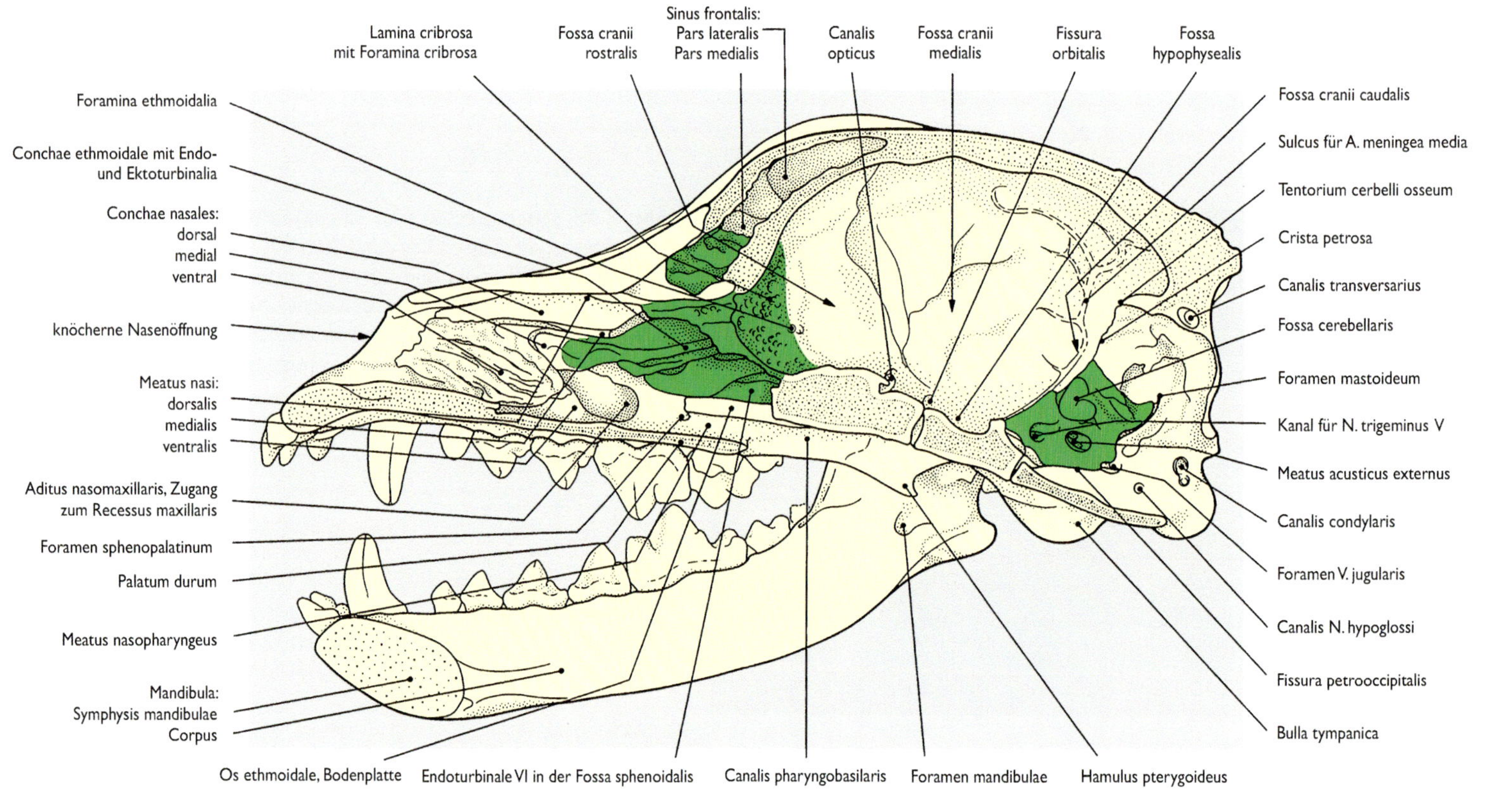

Abb. 2.86 Schädel im Medianschnitt: mediale Ansicht der rechten Hälfte. Dieses Bild dient als Interpretationsgrundlage für viele der nächsten 30 Bilder. Nach dem Schnitt wurden die Processus septales des Stirn- und Nasenbeins entfernt, wodurch der Sinus frontalis auf der rechten Seite eröffnet wurde. Sein mediales Kompartiment enthält Nasenmuschelfortsätze aus dem Siebbeinlabyrinth (siehe auch Abb. 2.105). Auch die Nasenscheidewand wurde unter Eröffnung der Fossa nasalis dextra entfernt. Zur Verdeutlichung sind das Os ethmoidale und die komplexe Pars petrosa ossis temporalis (Felsenbeinpyramide) in der Zeichnung farbig hervorgehoben (siehe Abb. 2.115 und 2.116).

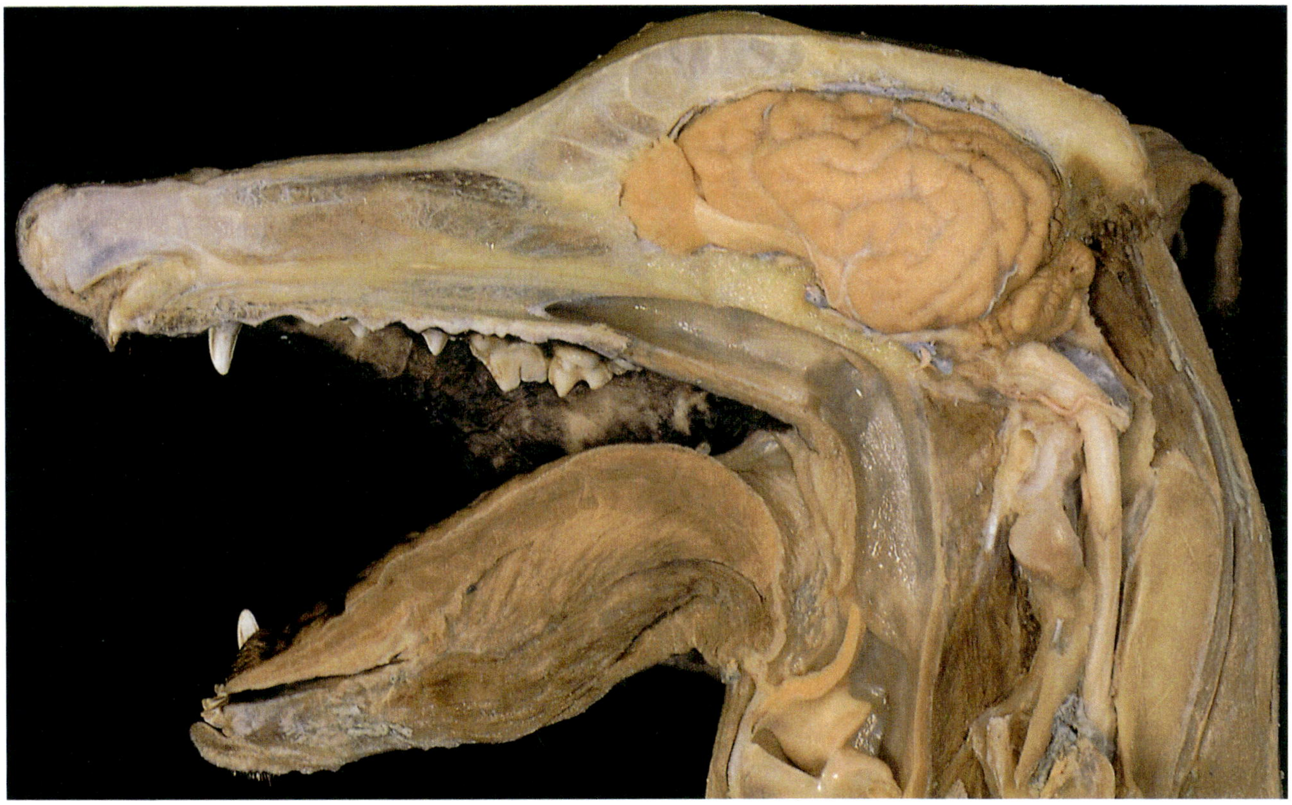

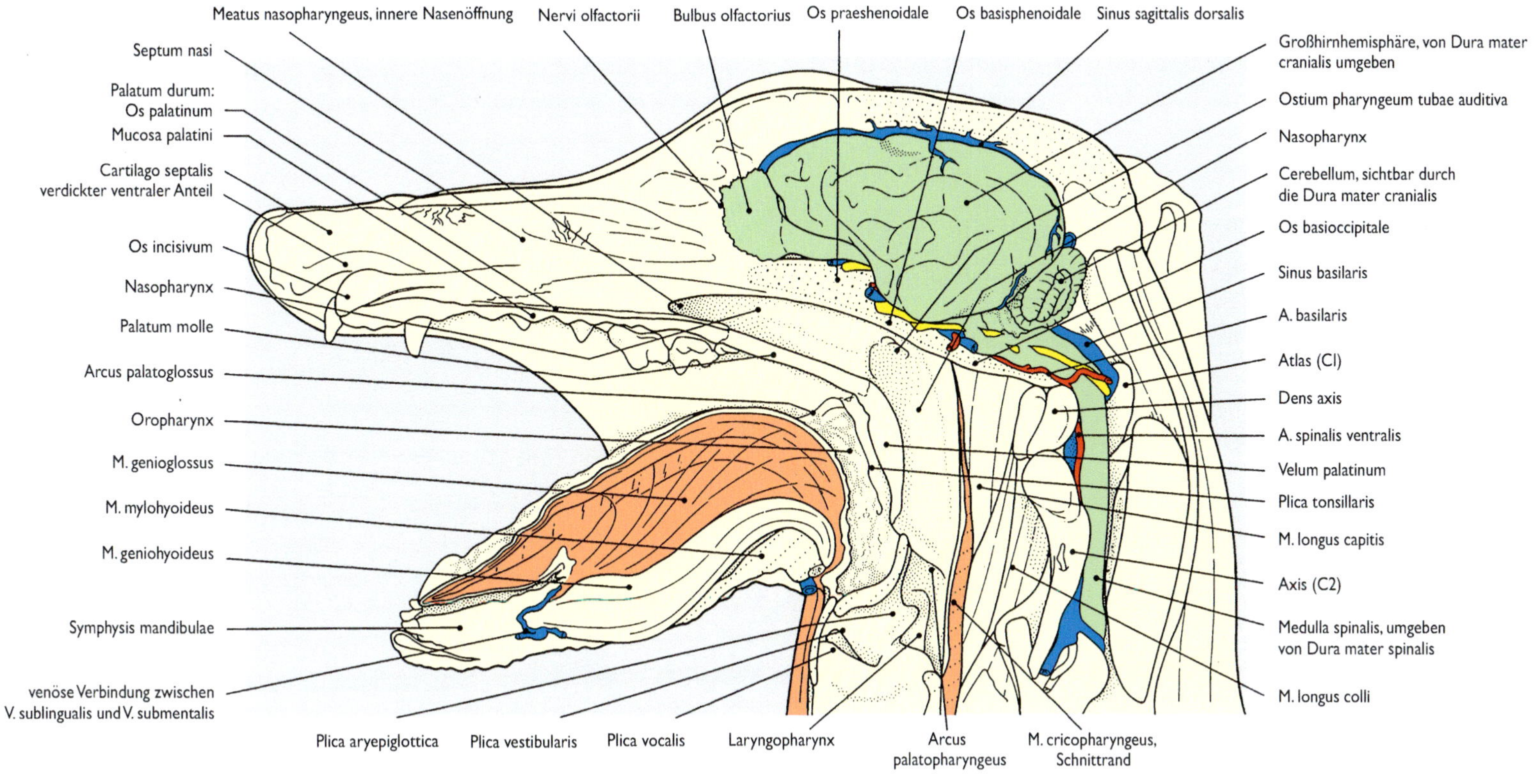

Abb. 2.87 Nasenhöhle, Zunge, Pharynx und Larynx im Medianschnitt: mediale Ansicht der rechten Hälfte. Der Schnitt entlang der Mittellinie der Nasenregion legt die Nasenscheidewand frei (detaillierter dargestellt in Abb. 2.103). Der mediane Anschnitt der Zunge leitet eine Sequenz ein, die in den Abb. 2.89-2.94 fortgesetzt wird. Die Präparation des Pharynx und Larynx im Medianschnitt wird in Abb.2.91-2.94 fortgeführt. Das Gehirn bleibt innerhalb der Hirnhäute intakt erhalten, nachdem die Schädelknochen „Stück für Stück" entfernt wurden. Dies ist in den Abb. 2.109-2.115 und Abb. 2.118-2.121 detaillierter dargestellt. Der Atlas wurde entlang der Mittellinie durchtrennt, wobei am Axis nur die laterale Wand seines Arcus entfernt wurde.

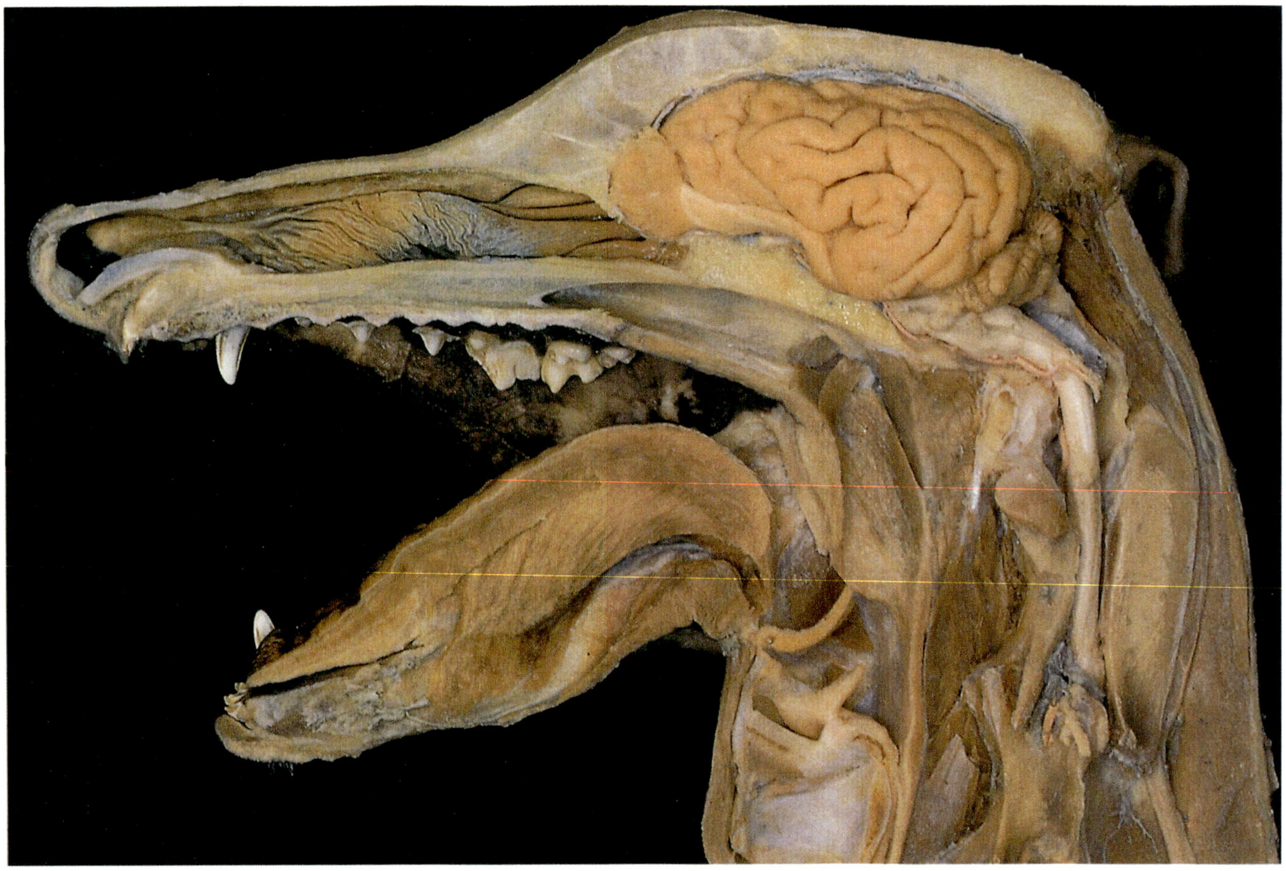

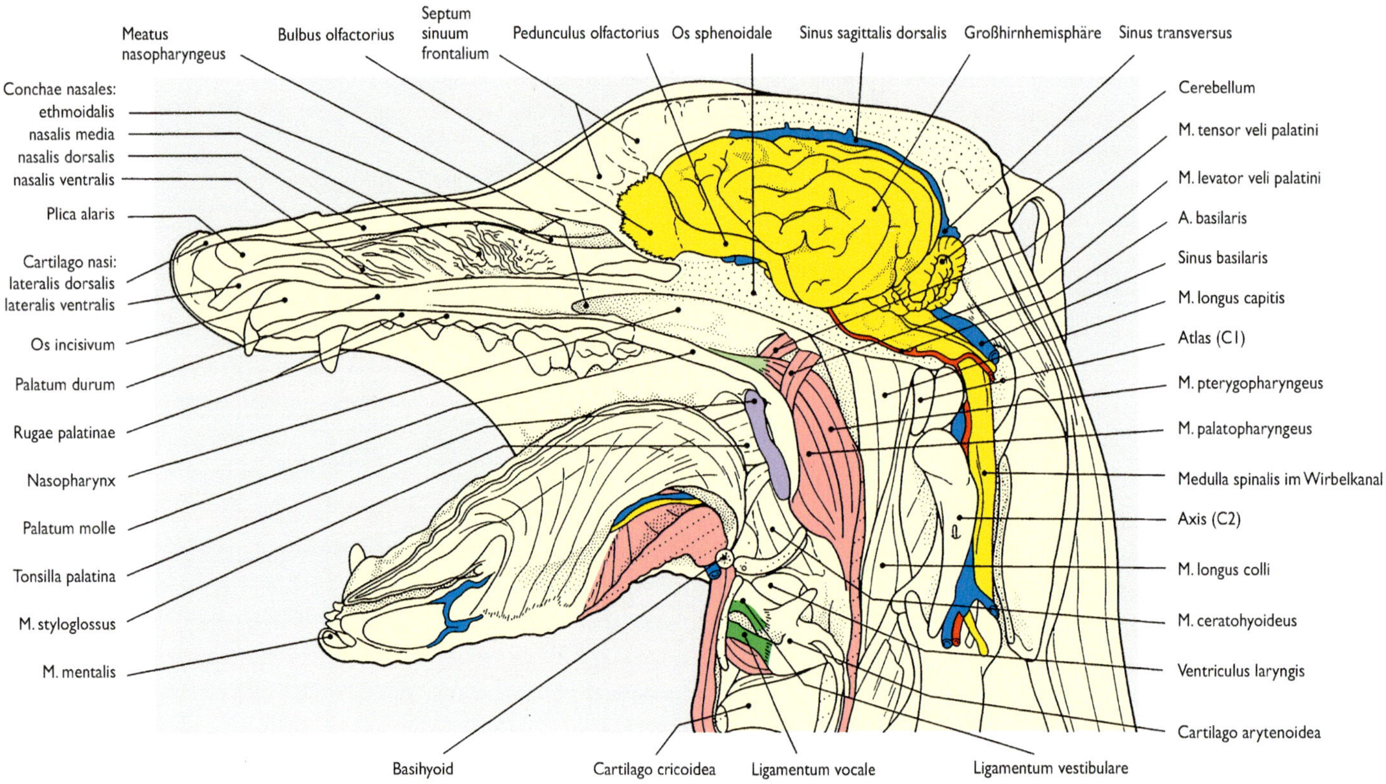

Abb. 2.88 Nasenhöhle, Zunge, Pharynx und Larynx der rechten Seite: mediale Ansicht. Mit Entfernung des Septum nasi und Eröffnung des Cavum nasi beginnt die Präparation der rechten Nasenhälfte (vergrößert in Abb. 2.104). Bei der Zunge beginnt mit der Entfernung des M. geniohyoideus die Freilegung von Gefäßen und Nerven, die bei den in den Abbildungen 2.89 und 2.90 gezeigten Schnitten fortgesetzt wird.

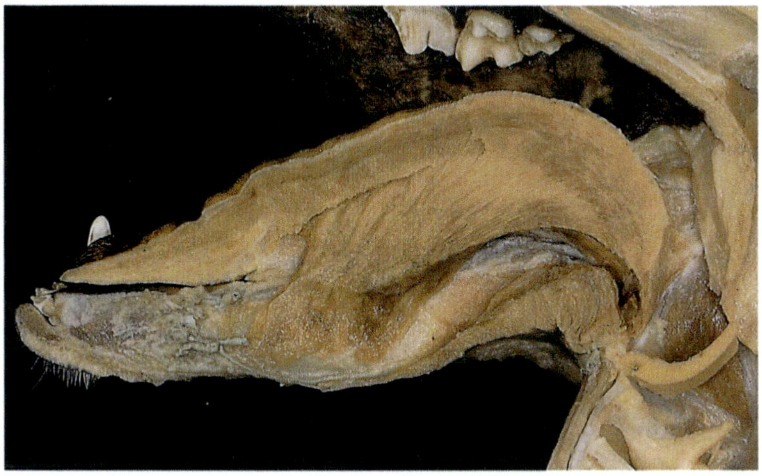

Abb. 2.89 Zunge (1). Muskeln der rechten Seite: mediale Ansicht. Dies ist eine vergrößerte Ansicht der Zunge aus Abb. 2.88. Der M. geniohyoideus wurde entfernt und der M. genioglossus, der sich fächerförmig in den Zungenkörper ausbreitet, ist freigelegt. Durch die Entfernung der Mund- und Rachenschleimhaut kaudal des Arcus palatoglossus wurde der M. styloglossus freigelegt. Die Zungenstruktur wird aus ventraler Ansicht in den Abb. 2.219 und 2.130 sowie ihr innerer Aufbau im Präparat in Abb. 2.139-2.145 dargestellt.

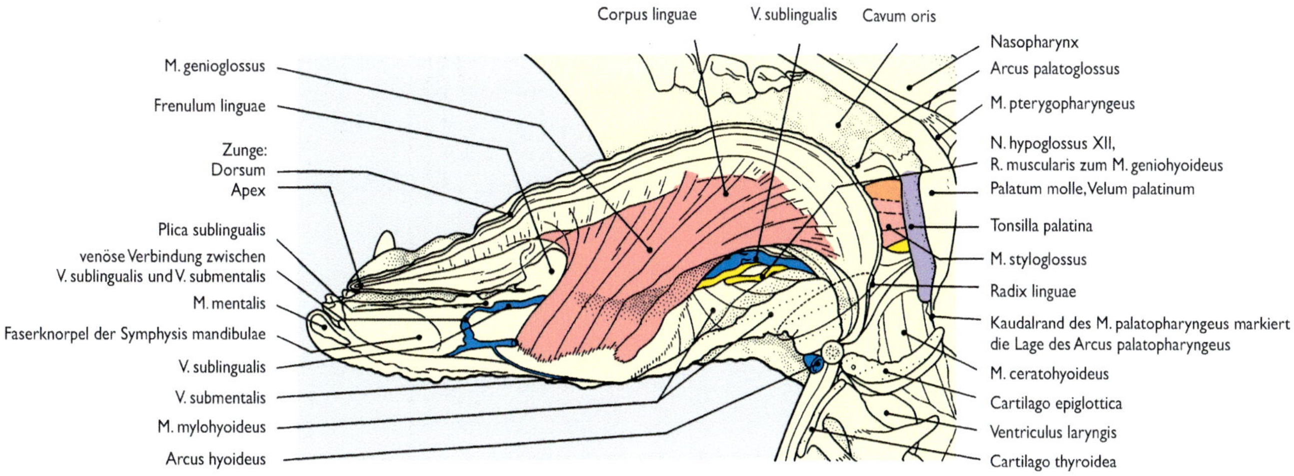

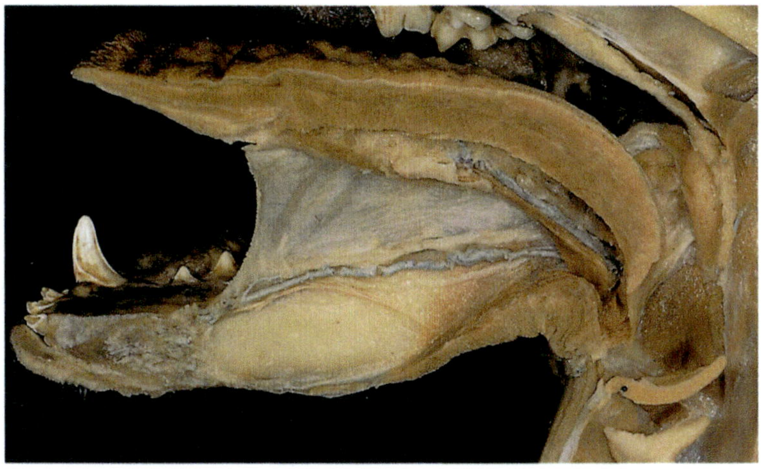

Abb. 2.90 Zunge (2). Gefäß- und Nervenversorgung der rechten Seite: mediale Ansicht. Durch die Entfernung des M. genioglossus konnte die Zunge angehoben werden, wodurch die sublinguale Schleimhaut gedehnt und die Speicheldrüsengänge, die sublingualen Gefäße und der N. sublingualis freigelegt wurden (siehe auch Schnitte, Abb. 2.139-2.142). Durch das Anheben der Zunge wurde ihre Radix linguae nach kaudal gedreht, wodurch der Cartilago epiglottica verschoben wurde, wie es auch beim normalen Schluckvorgang der Fall wäre.

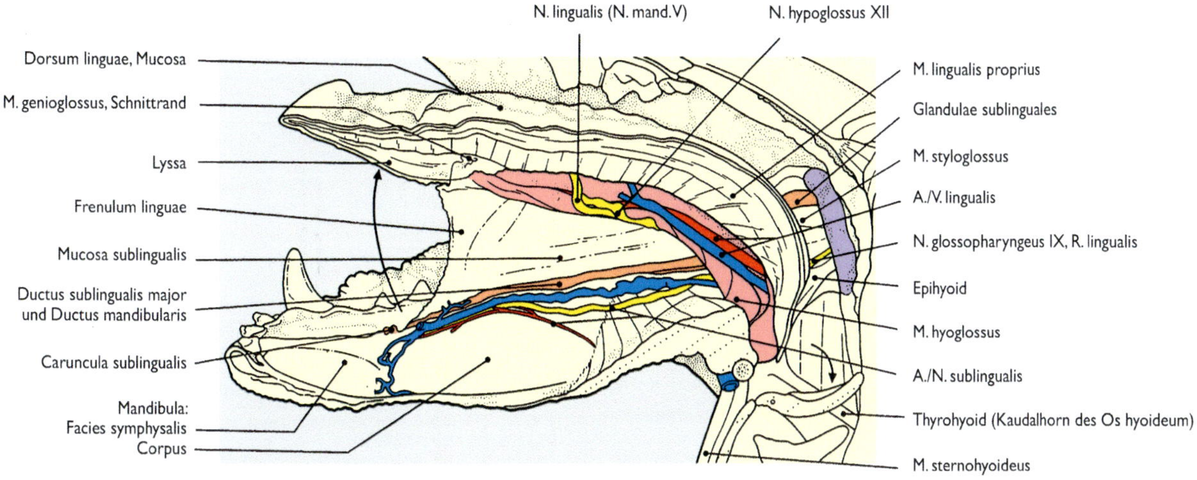

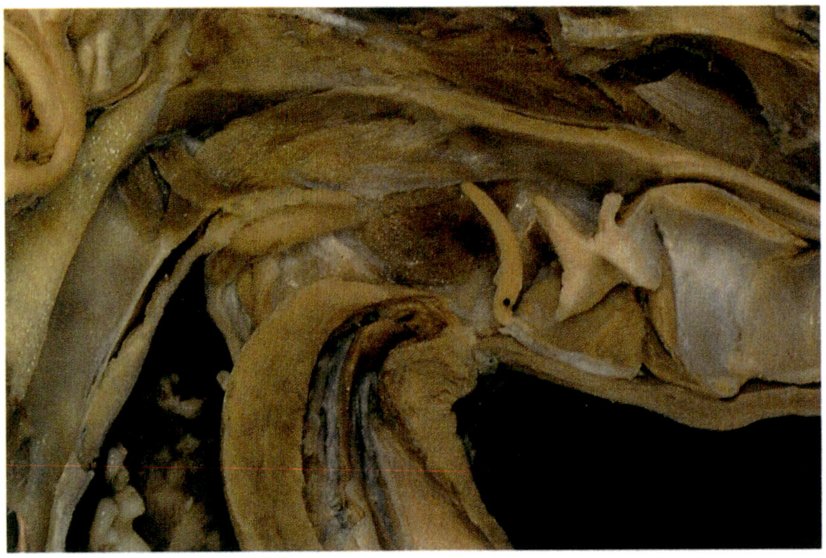

Abb. 2.91 Pharynx und Larynx (1). Pharynxmuskulatur, Tonsilla palatina der rechten Seite und Radix linguae: mediale Ansicht. Dieses Bild knüpft an das in Abb. 2.85 erreichte Stadium an. Durch die Entfernung der Mm. genioglossi und geniohyoidei werden Nerven und Blutgefäße freigelegt, die in Abb. 2.90 ausführlicher dargestellt sind. Die Ligg. vocale und vestibulare und der M. vocalis wurden entfernt, wodurch der Cartilago arytaenoidea freigelegt wurde (siehe auch Abb. 2.78-2.81 in lateraler Ansicht).

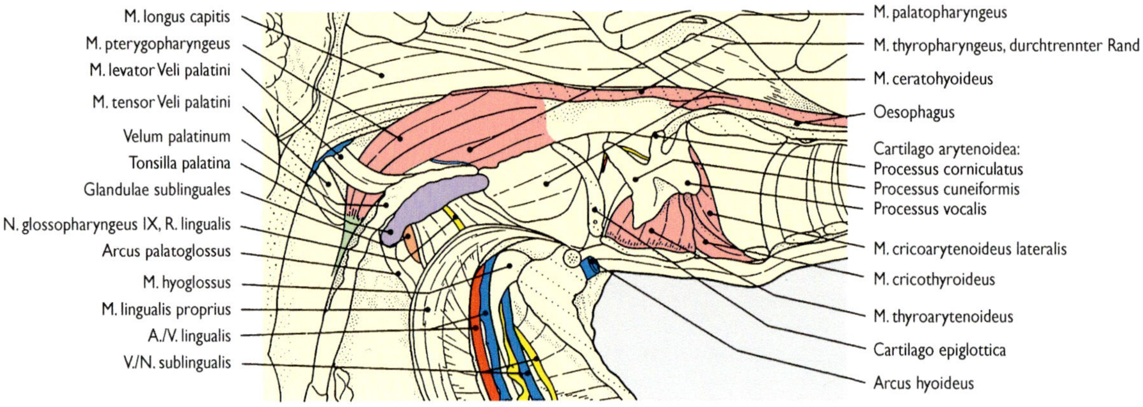

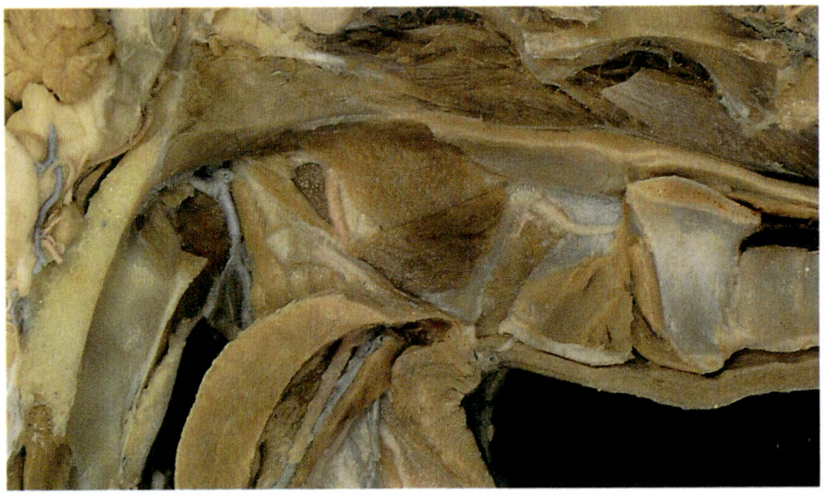

Abb. 2.92 Pharynx und Larynx (2). Muskulatur des Pharynx und des Os hyoideums der rechten Seite und Zungenwurzel: mediale Ansicht. Durch die Entfernung der Tonsilla palatina, des Velum palatinum und der Mm. palatini wurde die Trennung zwischen Oro- und Nasopharynx aufgehoben (die Struktur des Palatum molle ist auch in der Ventralansicht in den Abbildungen 2.135 und 2.136 und im Schnitt in den Abbildungen 2.143-2.145 dargestellt). Durch die Entfernung des Cartilago epiglottica, der Cartilagines arytaenoideae und des oberen Endes der ersten beiden Cartilagines tracheales konnten die Nn. laryngeales cranialis und caudalis freigelegt werden.

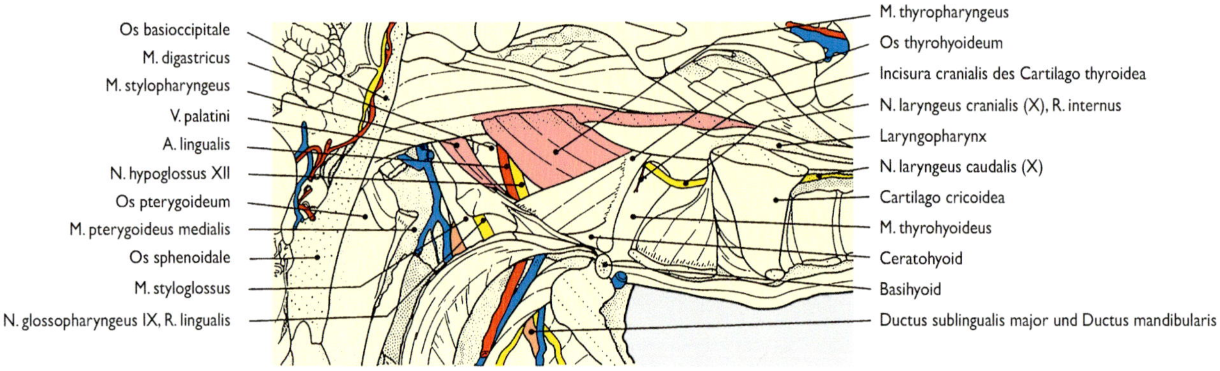

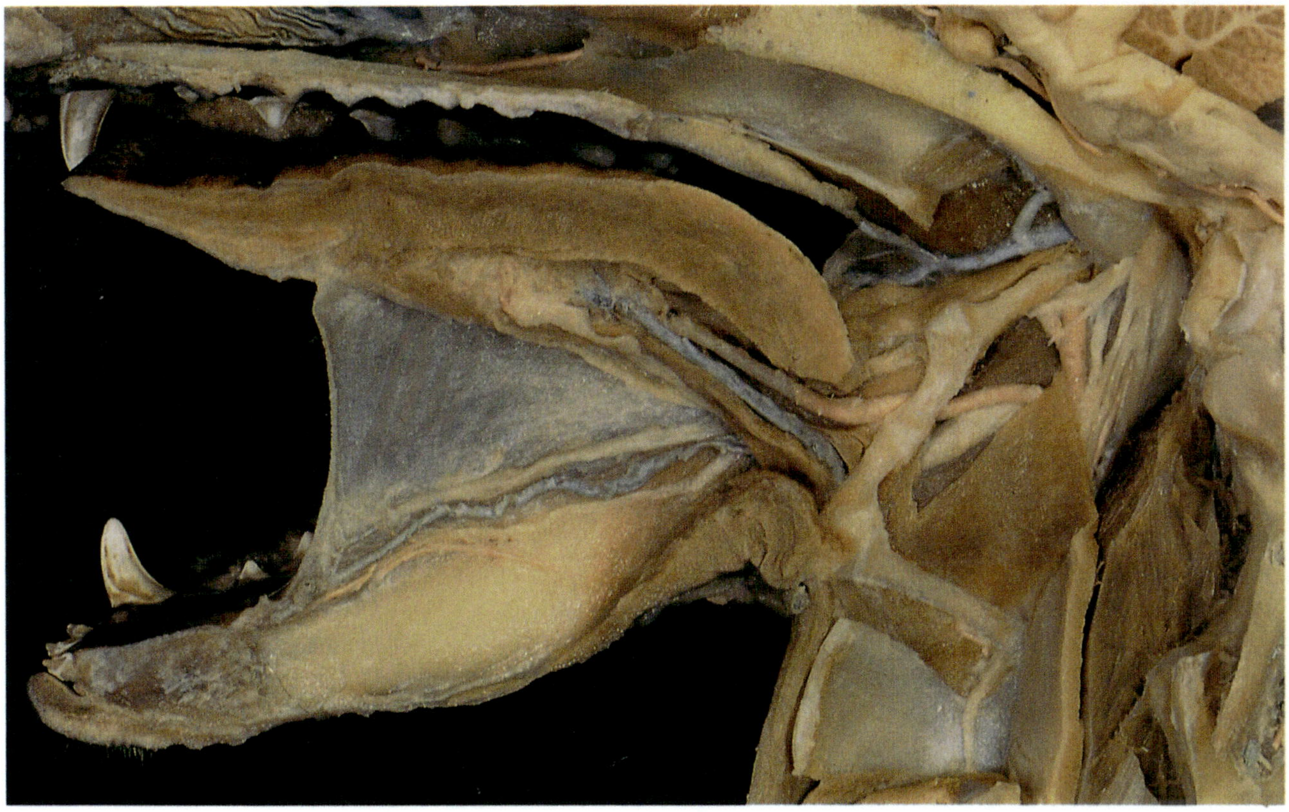

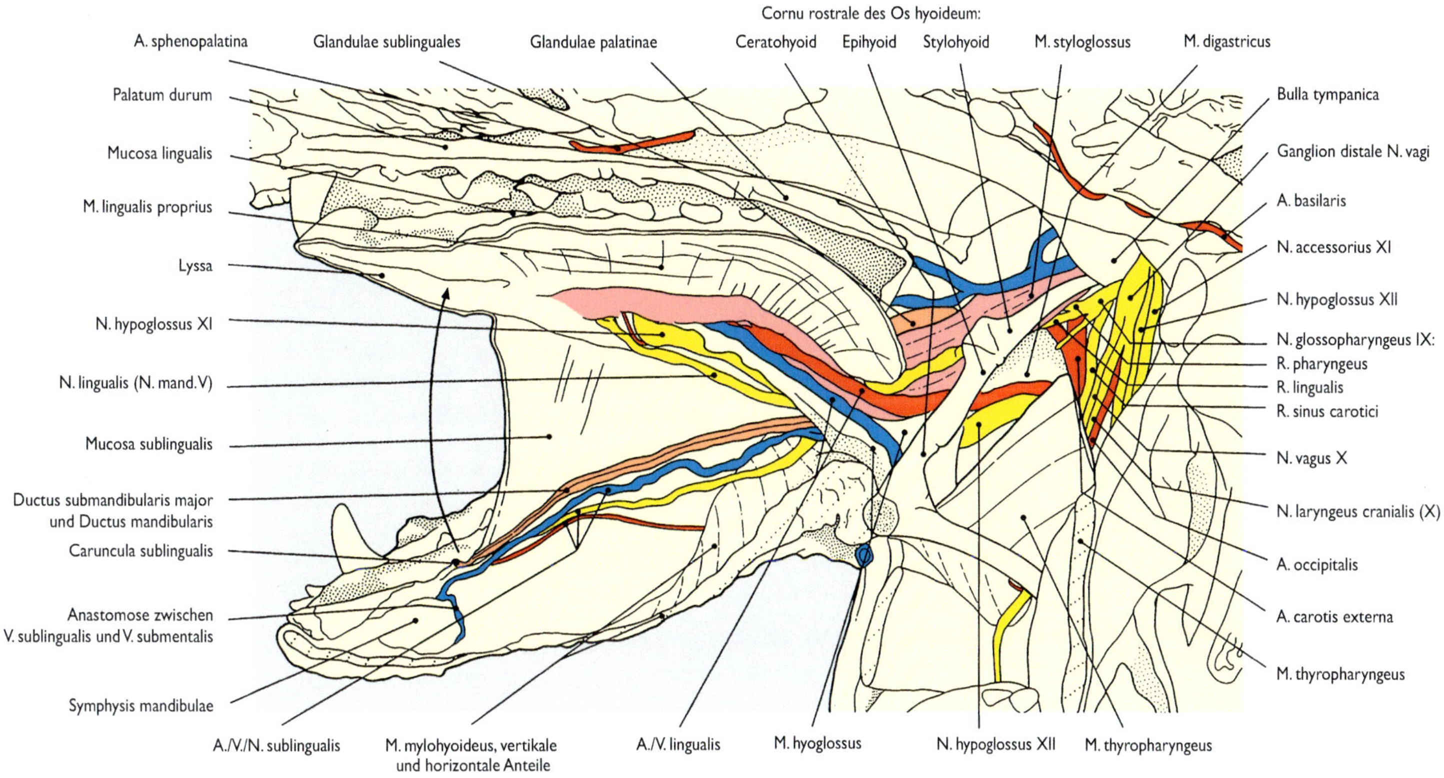

Abb. 2.93 Os hyoideum, seine versorgenden Blutgefäße und Nerven, angrenzend an die rechte Pharynxseite: mediale Ansicht (1). Durch die Entfernung der Mm. ceratohyoideus, stylopharyngealis und longus capitis wurden Nerven und Blutgefäße freigelegt, die sowohl an den Pharynx als auch an beide Cornu hyoidei angrenzen (siehe auch Abb. 2.132 und 2.133). Der Ansatz der inneren Zungenmuskeln am Os hyoideum wurde durchtrennt und ein Teil davon entfernt, so dass die A./V. lingualis sowie der R. lingualis des N. glossopharyngeus in die Zunge verfolgt werden können.

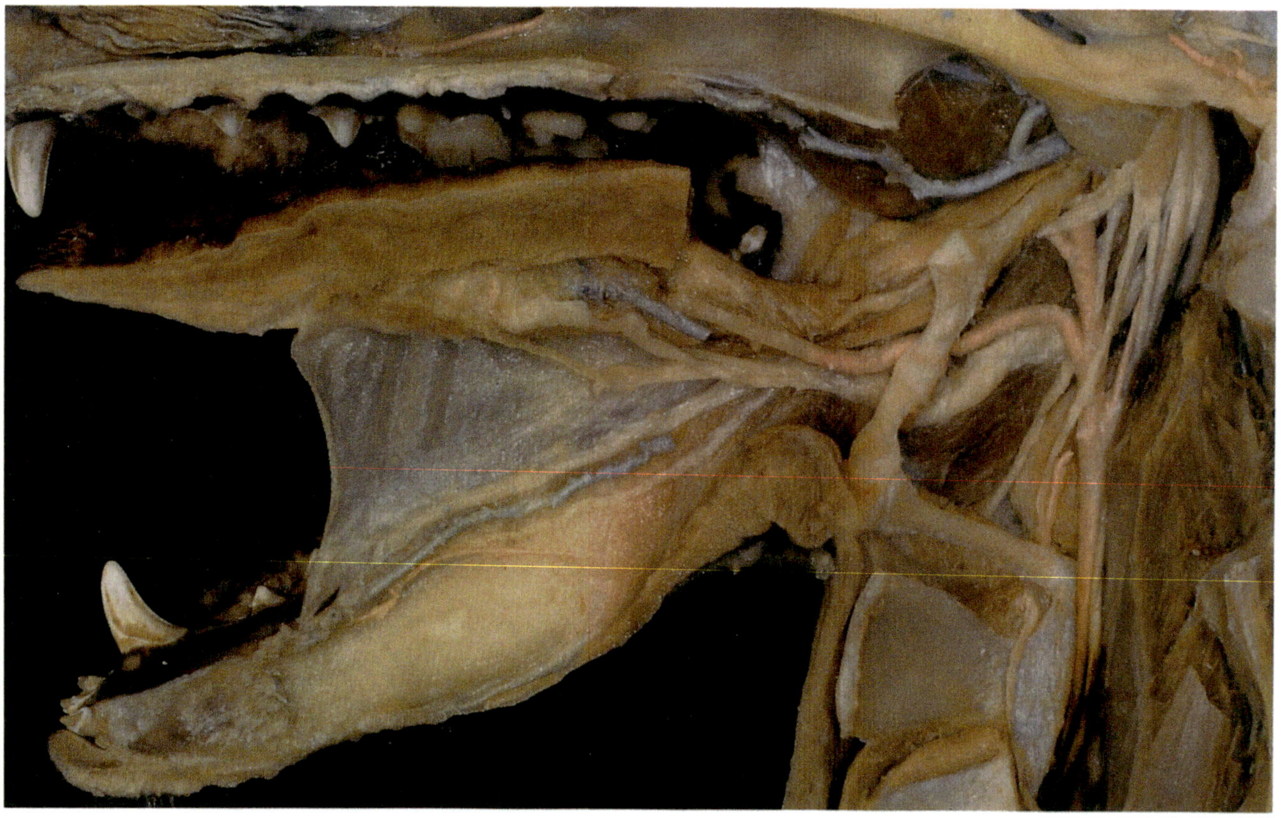

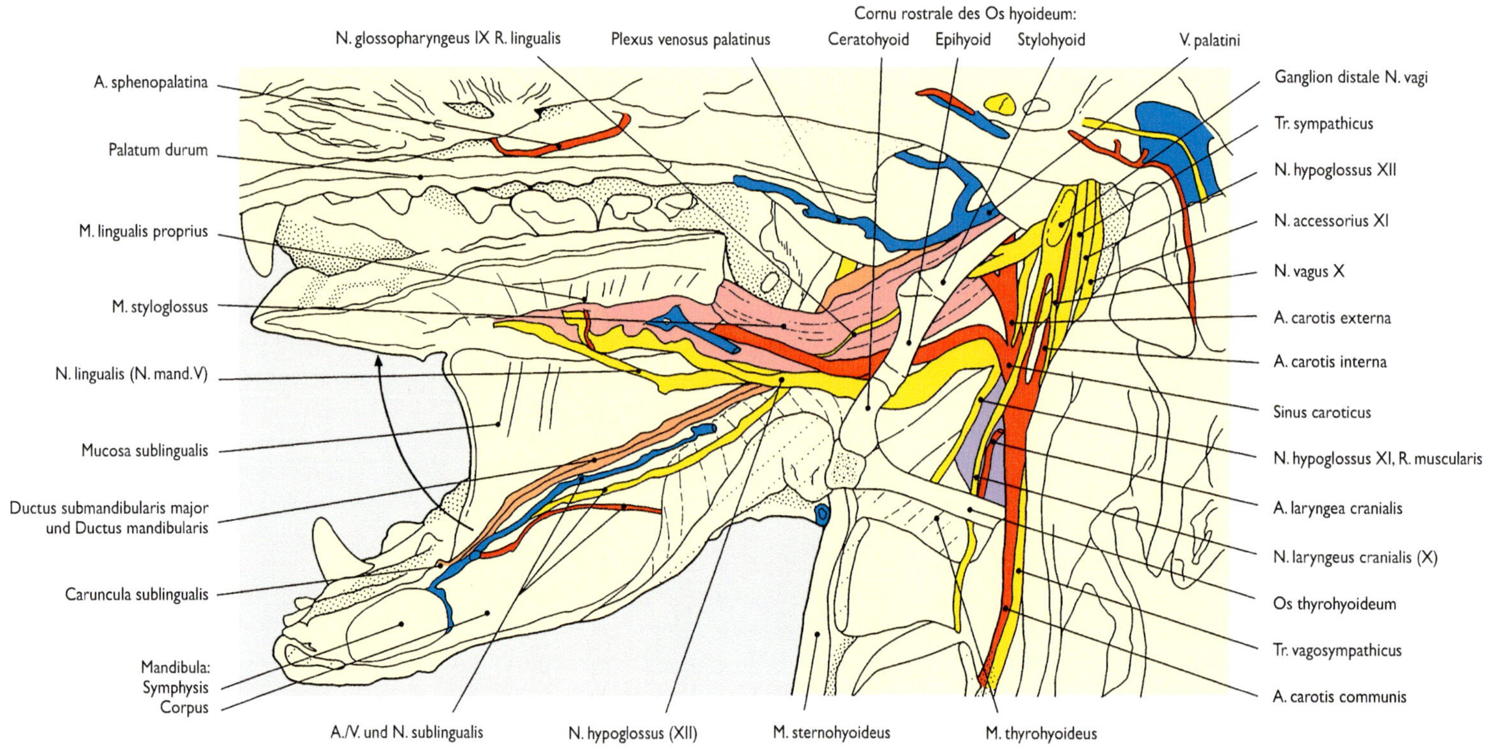

Abb. 2.94 Os hyoideum, Blutgefäße und Nerven, angrenzend an die rechte Pharynxseite: mediale Ansicht (2). Durch die Entfernung des M. hyopharyngeus wird die Freilegung der an den Pharynx angrenzenden Nerven und Arterien vervollständigt. Der M. hyoglossus wurde gemeinsam mit einem großen Abschnitt der inneren Zungenmuskulatur entfernt, wodurch der M. styloglossus freigelegt wurde. Der linguale und proximale Anteil der V. sublingualis wurden entfernt, so dass der Verlauf des N. hypoglossus (XII) in die Zunge gut darzustellen ist. Die Reste der Mm. palatini und des Glandulae palatini wurden entfernt und ein Teil der Wangenschleimhaut hinter dem unteren Molar 3 wurde abgetragen.

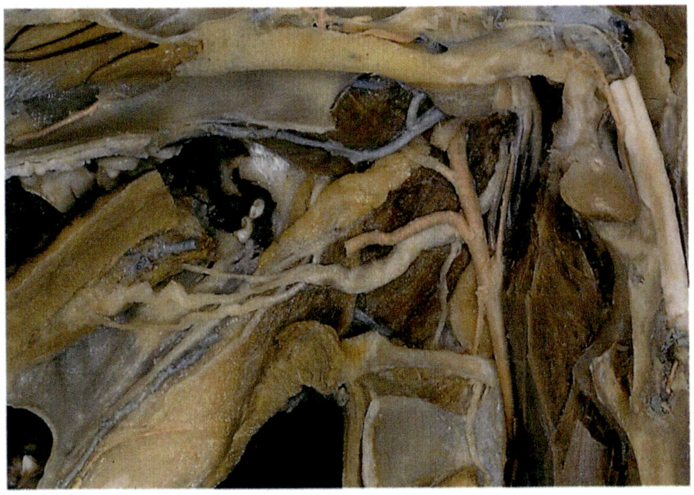

Abb. 2.95 N. mandibularis, Glandula sublingualis und M. mylohyoideus der rechten Seite: mediale Ansicht. Die Glandula sublingualis und der Ductus mandibularis wurden nach Entfernung des Cornu hyoideum craniale und des M. styloglossus freigelegt. Durch Entfernung des N. vagus (X) und des N.glossopharyngeus (IX) sowie des Truncus sympathicus wurden die A. occipitalis (unvollständig mit farbigem Latex gefüllt) und die A. carotis interna freigelegt.

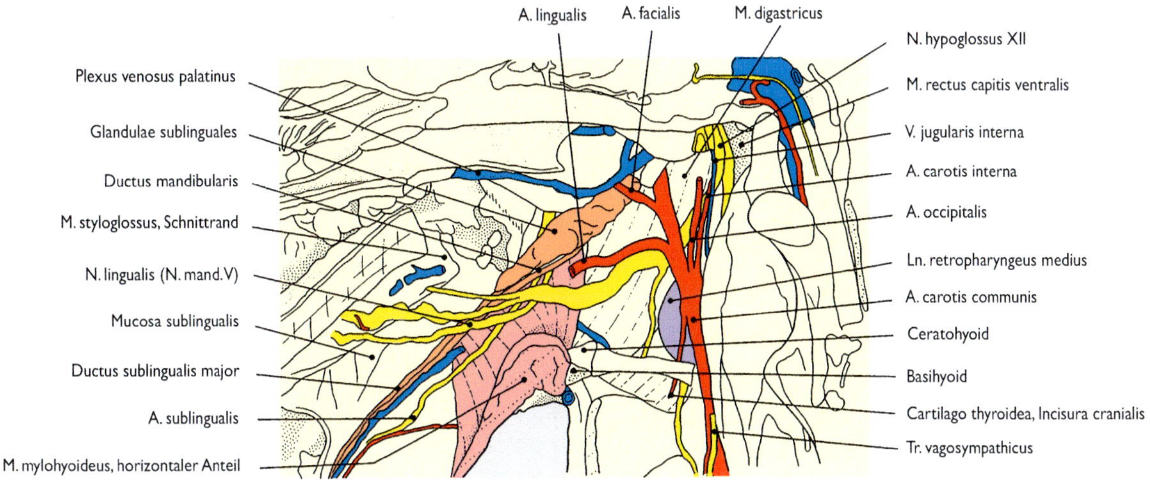

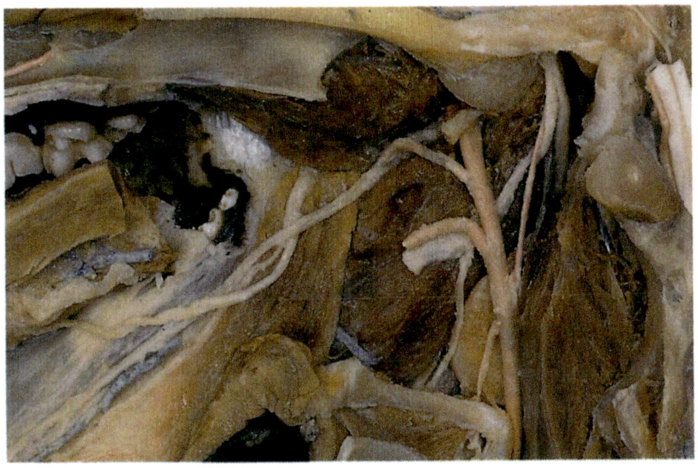

Abb. 2.96 Mm. pterygoideus und digastricus der rechten Seite: mediale Ansicht. Durch die Entfernung der Glandula sublingualis, eines Teils des N. hypoglossus (XII) und der ableitenden Venen des Plexus palatinus wurden die Mm. pterygoideus, digastricus und mylohyoideus freigelegt. Die Entfernung des N. glossopharyngeus (IX) und des N. vagus (X) legt die proximalen Anteile des N. hypoglossus (XII) und des N. accessorius (XI) frei (dargestellt in lateraler Ansicht in den Abb. 2.75-2.77).

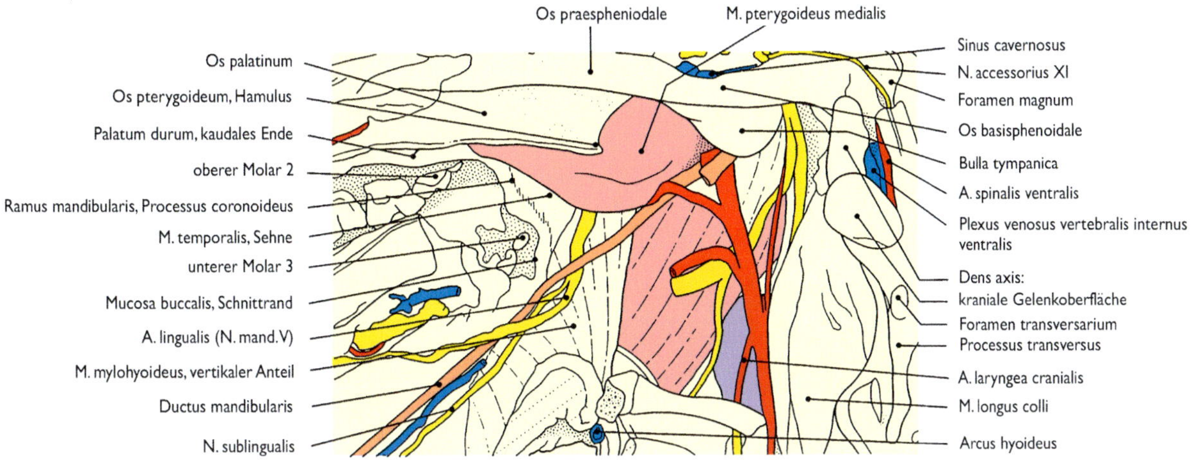

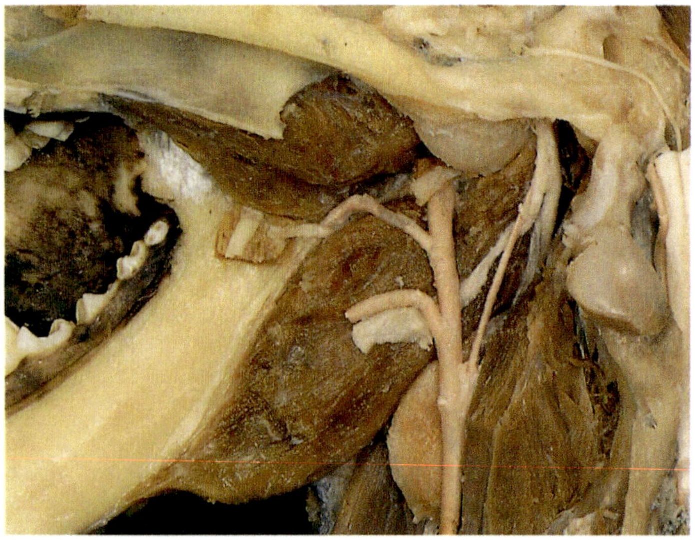

Abb. 2.97 A. carotis externa, Ln. retropharyngeus medius und M. digastricus der rechten Seite: mediale Ansicht. Die verbliebenen Zungenanteile wurden zusammen mit dem M. mylohyoideus, dem N. lingualis und dem Ductus mandibularis entfernt. Die Mandibula mit dem an ihrem unteren Rand ansetzenden M. digastricus ist freigelegt. Im Bereich dieses Ansatzes verlaufen der N. mylohyoideus und der R. sublingualis der Arteria facialis zusammen (siehe auch Abb. 2.40 in der Seitenansicht und Abb. 2.143 im Anschnitt).

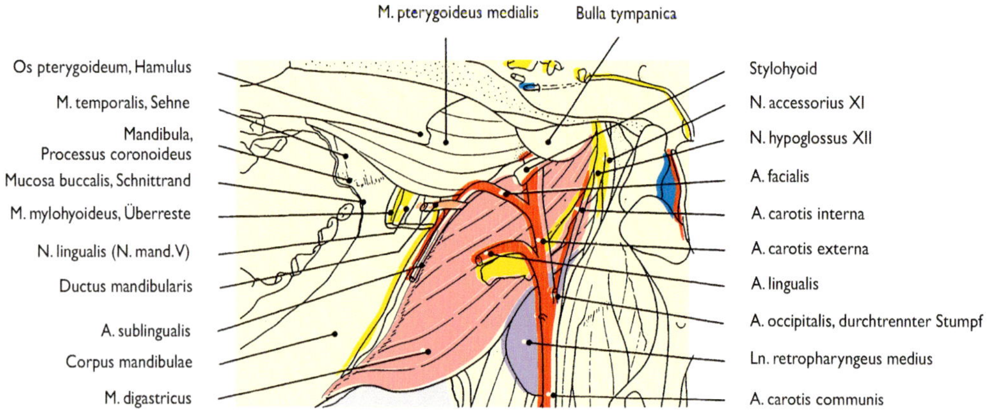

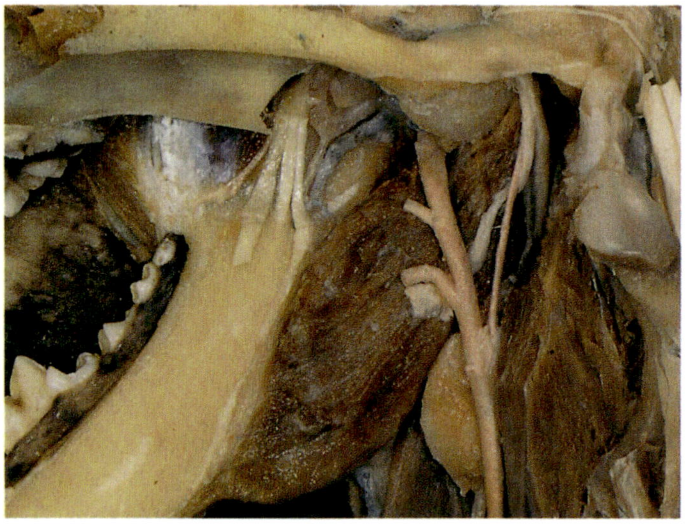

Abb. 2.98 N. alveolaris mandibulae und Gefäße, die in das For. mandibulae der rechten Hälfte des Unterkiefers eintreten: mediale Ansicht. Durch die „stückweise" Entfernung des M. pterygoideus medialis wurden der N. mandibularis (N. trigeminus V) und seine drei Hauptäste, die die dorsalen und lateralen Flächen des Muskels durchziehen, freigelegt (siehe auch Abb. 2.46 und 2.47). Ein Teil der Mucosa buccalis wurde entfernt, wodurch der M. masseter freigelegt wurde, der unmittelbar rostral des am Processus coronoideus ansetzenden Teils des M. temporalis liegt.

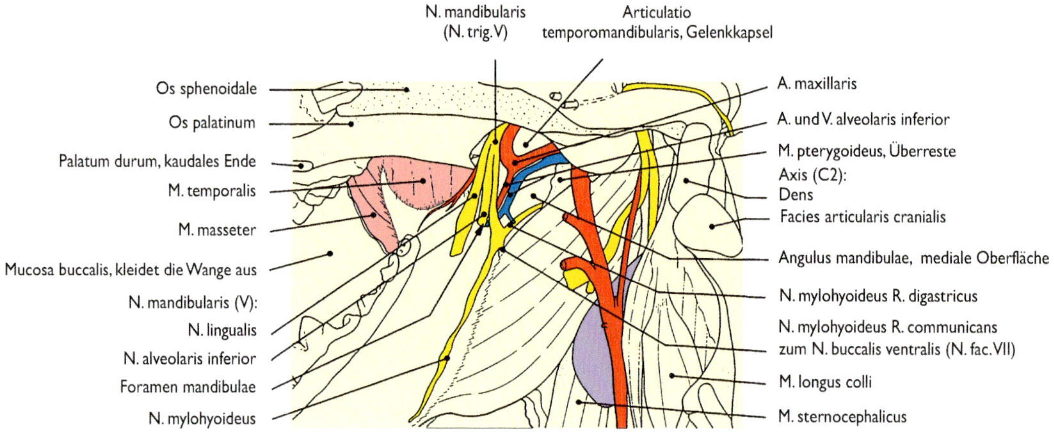

Abb. 2.99 Nasenhöhle (1). Labyrinthus ethmoidalis, Fundus nasi und Sinus frontalis: linke laterale Ansicht. Zu Beginn dieser Sequenz von Nasenhöhlenpräparationen wurden der Nasenfundus und die Stirnhöhle der linken Seite durch Entfernen der medialen Orbitawand bis hinunter in die Fossa pterygopalatina und zum For. sphenopalatinum hin eröffnet. Die Unterscheidung zwischen der Mucosa olfactoria und respiratoria wird durch das ausgedehnte submuköse Gefäßsystem der respiratorischen Mucosa angezeigt, das mit blauem Latex gefüllt wurde.

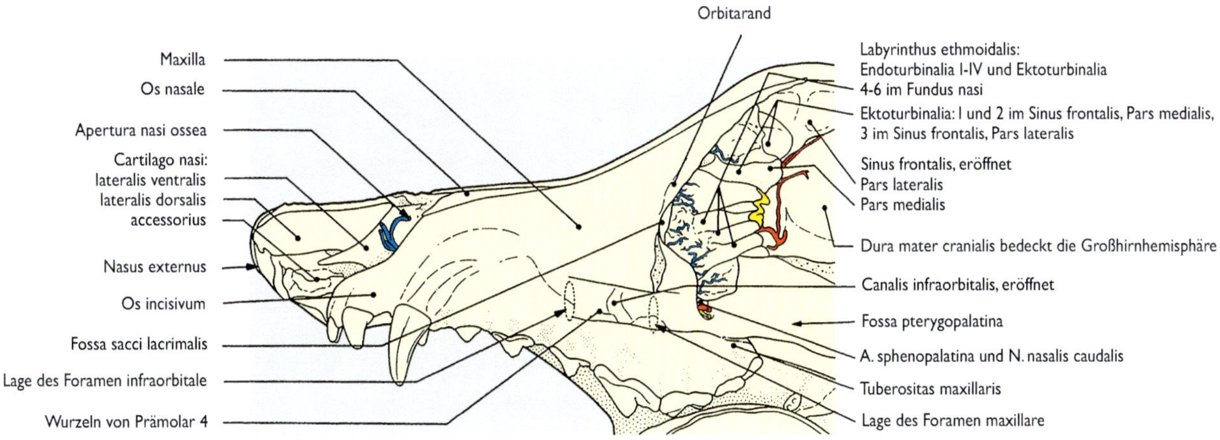

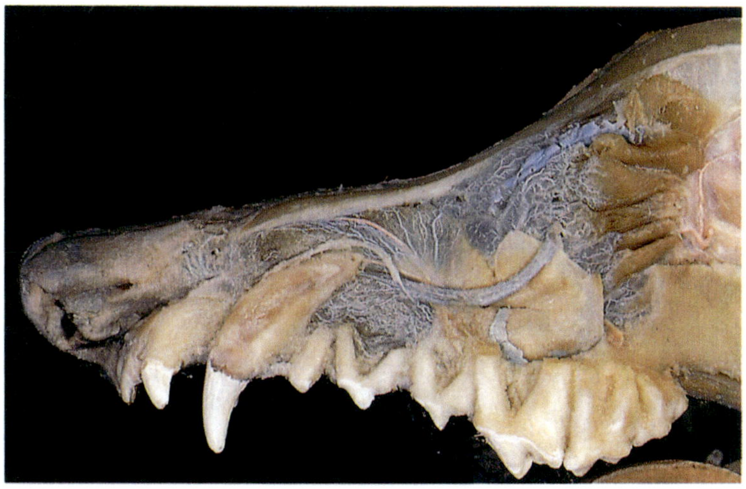

Abb. 2.100 Nasenhöhle (2). Canalis lacrimalis und Innenbereich der Cavitas nasi: linke laterale Ansicht. Die seitliche Nasenwand ist bis auf einen Teil der inneren Lamina des Oberkiefers, die den Ductus nasolacrimalis trägt, entfernt worden. Der Verlauf des Ductus wird durch den blauen Latex verdeutlicht, das in die Auskleidung des Ductus nasolacrimalis unter der Schleimhaut eingesickert ist. Die Zahnwurzeln liegen frei, jedoch wurden die Wurzeln des oberen Prämolaren 4 bei der Eröffnung des Canalis infraorbitalis durchgesägt (siehe Abb. 2.41). Die Lage des Processus uncinatus ossis ethmoidalis in der Apertura nasomaxillaris wird durch die Maxilla hindurch als ein Streifen latex-imprägnierter Schleimhaut sichtbar, wo er die mediale Wand des Canalis infraorbitalis bildet.

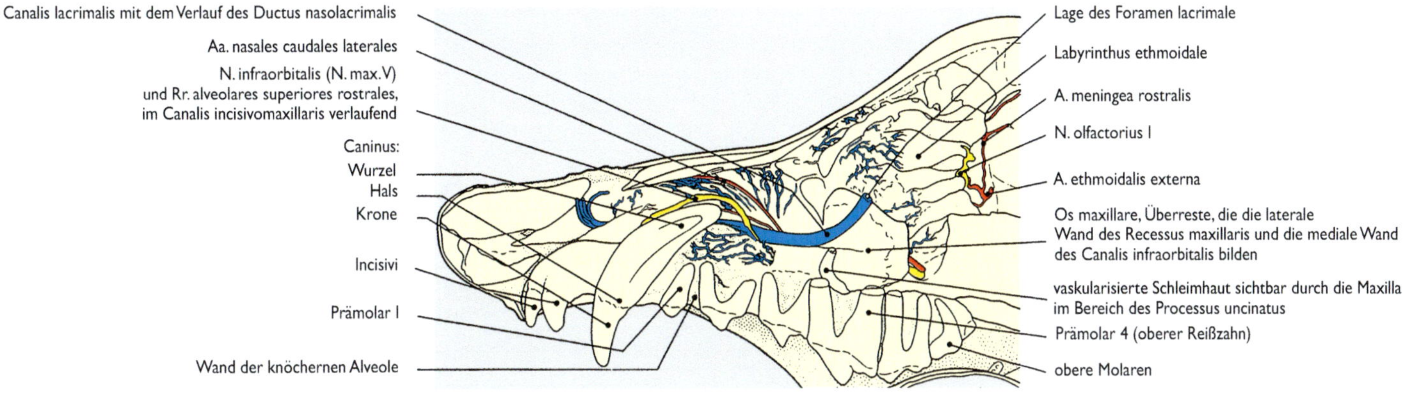

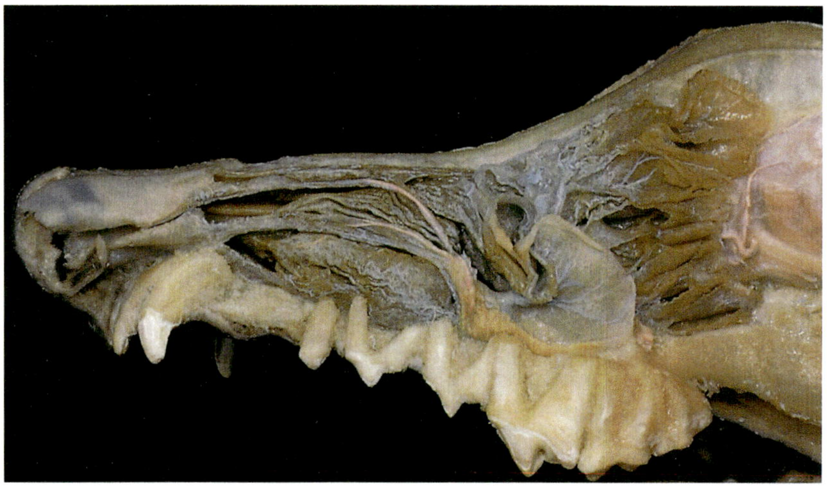

Abb. 2.101 Nasenhöhle (3). Recessus maxillaris und Blutgefäße der Conchae nasales: linke laterale Ansicht. Durch die vollständige Entfernung der Maxilla wurde der Recessus maxillaris eröffnet. Dadurch wurde die laterale (orbitale) Lamina des Os ethmoidale freigelegt, die seine mediale Wand bildet. Die Lage der Apertura nasomaxillaris, die sich in den Recessus hinein eröffnet, wird durch den Processus uncinatus ossis ethmoidalis verdeutlicht. Das Vestibulum nasi ist eröffnet, nachdem ein großer Teil des Cartilago nasi lateralis ventralis unter Freilegung der Plica alaris entfernt wurde.

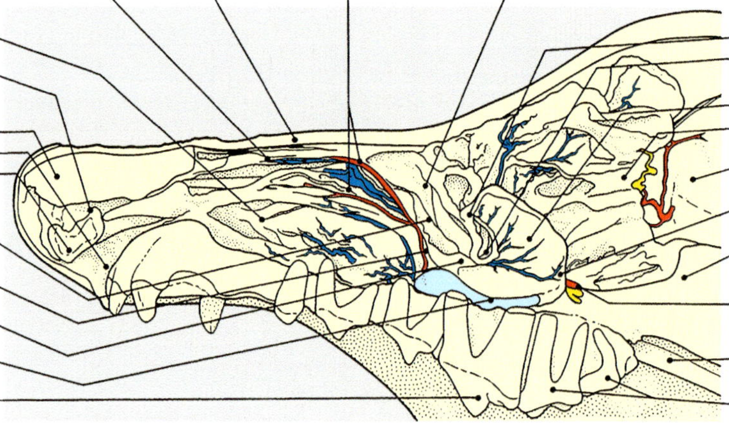

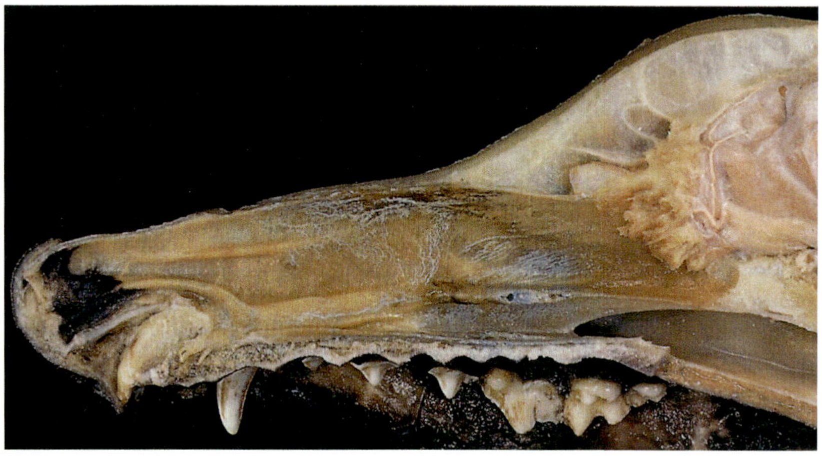

Abb. 2.102 Nasenhöhle (4). Septum nasi und Organum vomeronasale: linke laterale Ansicht. Die Nasenhöhle und der Gaumen wurden unmittelbar links der Mittellinie durchtrennt und die linksseitigen Anteile entfernt. Die Schleimhaut, die die Nasenscheidewand bedeckt, ist freigelegt. Die schwache Pigmentierung im Vestibulum nasi zeigt den Übergang vom Oberflächen- zum Nasenepithel an. Kaudal des Os incisivum durchläuft der Schnitt die Fissura palatina auf der linken Seite (siehe auch Abb. 2.126).

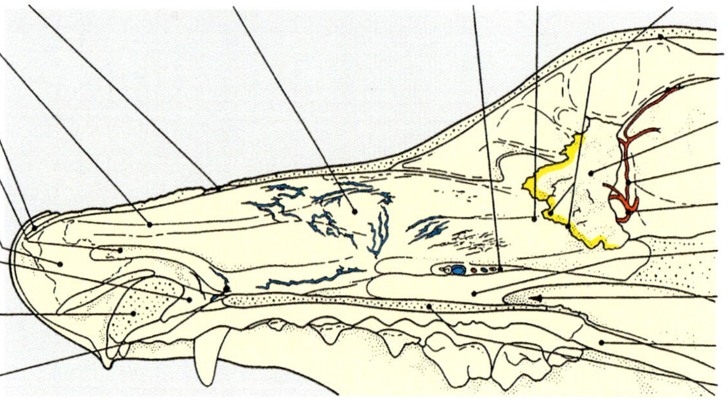

Abb. 2.103 Nasenhöhle (5). Im Medianschnitt: mediale Ansicht der rechten Hälfte. Die linke Hälfte der Nasenhöhle und des Gaumens wurden entfernt und die Nasenhöhle wird im Medianschnitt dargestellt. Allerdings verbleiben das Septum nasi und die sie bedeckende Mucosa intakt. Die unterschiedlichen Beteiligungen am Septum nasi sind erkennbar.

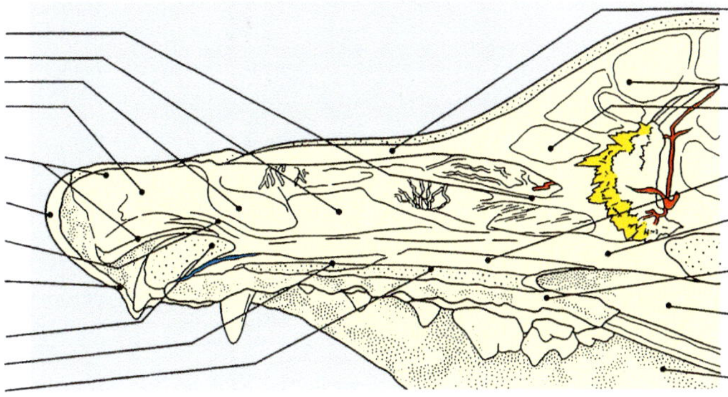

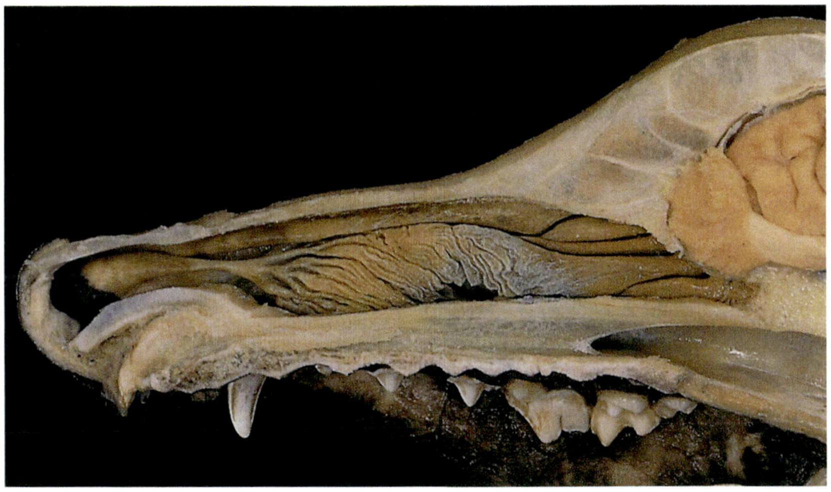

Abb. 2.104 Nasenhöhle (6). Cavum nasi proprium und Conchae nasales der rechten Seite: mediale Ansicht. Das Septum nasi wurde abgesehen vom Vomer entfernt, wodurch das Cavum nasi dextra eröffnet wurde und die Conchae nasales dargestellt sind. Die Plica alaris als Fortführung der ventralen Concha nasalis ist ein hervorstechendes Merkmal, das einen großen Teil des Vestibulum nasi einnimmt (siehe Abb. 2.138).

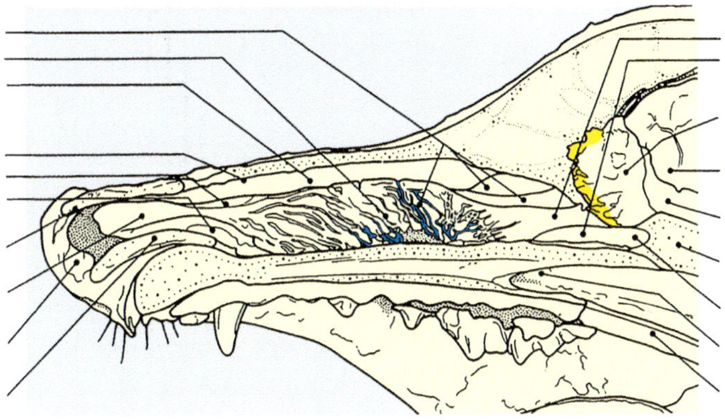

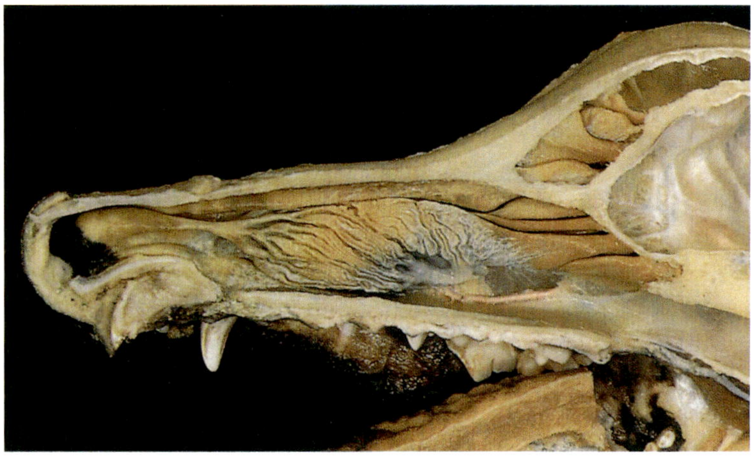

Abb. 2.105 Nasenhöhle (7). Conchae nasales und Sinus frontalis der rechten Seite: mediale Ansicht. Nach der Entfernung des Vomer und der Lamina transversalis ossis ethmoidalis wird die Lage der Meatus nasales longitudinales dargestellt (siehe Abb. 2.139-2.142). Der Sinus sphenoidale wurde mit dem darin enthaltenen Endoturbinalen eröffnet; der Sinus frontalis wurde nach Entfernung des Processus septalis ossis frontalis eröffnet.

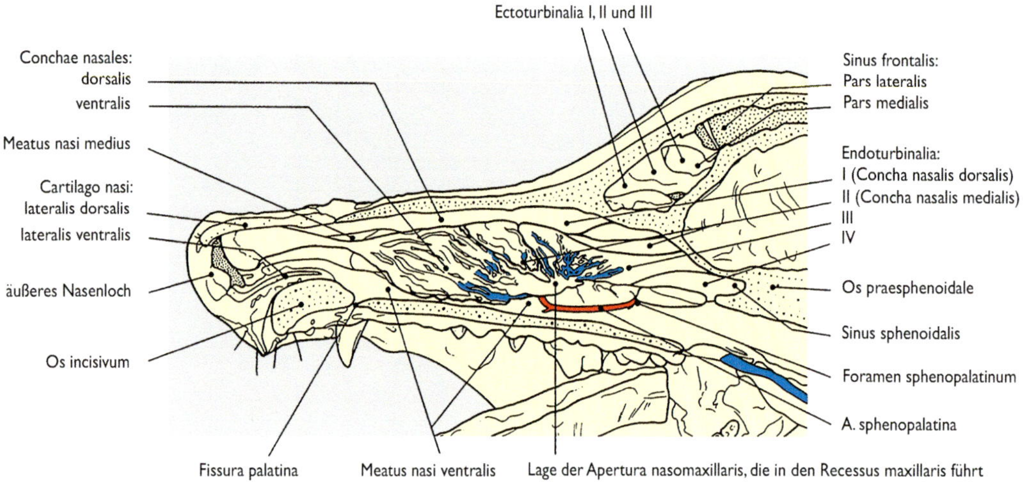

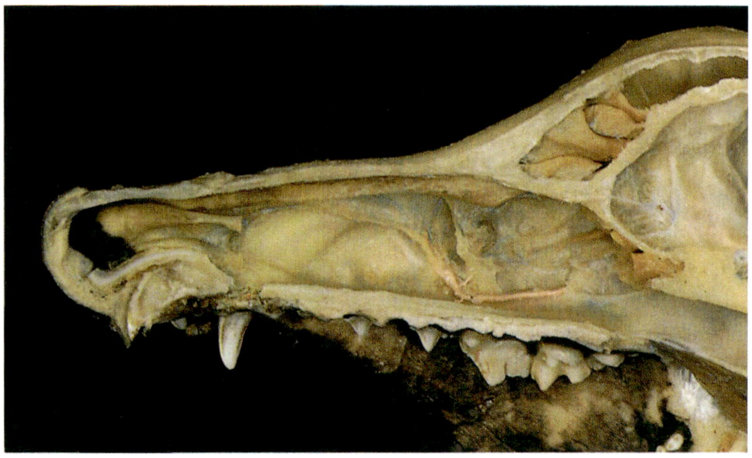

Abb. 2.106 Nasenhöhle (8). Recessus maxillaris und Wand der Fossa nasalis der rechten Seite: mediale Ansicht. Die Conchae nasales wurden mit Ausnahme der dorsalen entfernt, wobei die Lamina lateralis ossis ethmoidalis im Fundus nasalis freigelegt wurde, die die mediale Wand des Recessus maxillaris bildet. Die Apertura nasomaxillaris, die in den Recessus maxillaris führt, ist ventrolateral zum Processus uncinatus conchae nasalis dorsalis sichtbar.

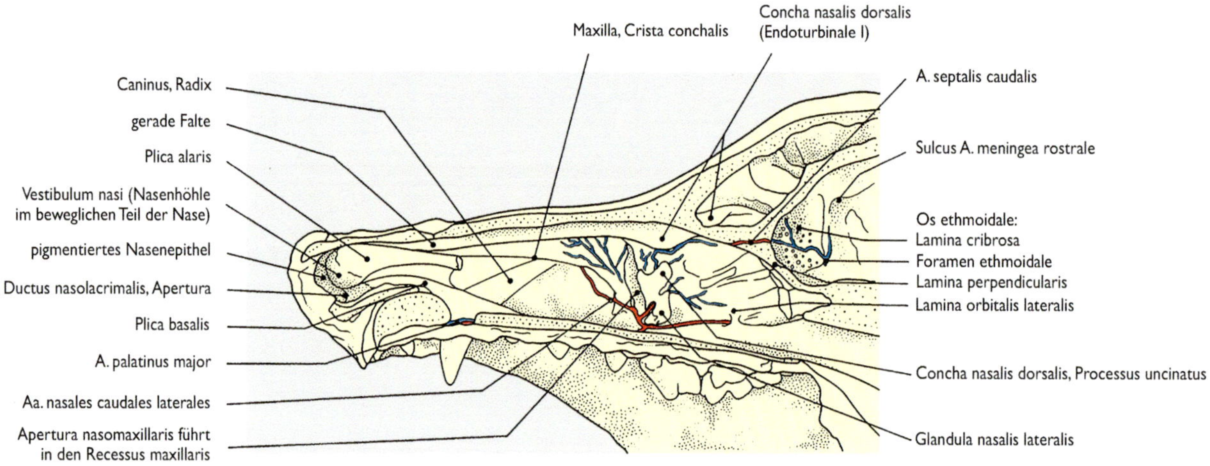

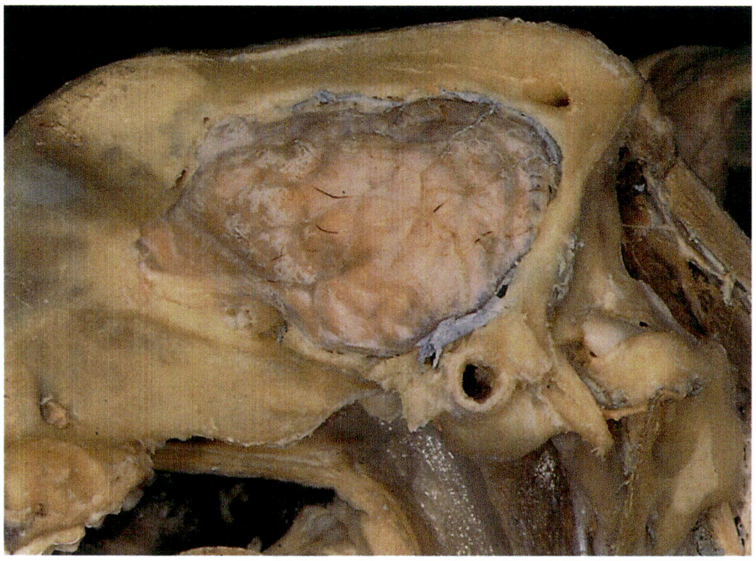

Abb. 2.107 Cranium und Dura mater cranialis: linke laterale Ansicht. Um die Sequenz von Hirnpräparationen einzuleiten, wurde die Schädelwand vom Foramen ethmoidale in der medialen Orbitawand bis zur Crista sagittalis entfernt. Ventral wurde auch die Fossa mandibularis des Kiefergelenks entfernt. Durch die „stückweise" Entfernung des Knochens wurde sichergestellt, dass die Dura mater cranialis intakt blieb und mit ihren Sinus venosus freigelegt wird. Der Sinus temporalis verlässt den Schädel durch das Foramen retroauriculare, um dann zur V. articularis temporomandibularis zu werden (siehe Abb. 2.42). Durch die Entfernung des M. rectus capitis dorsalis wurde der Condylus occipitalis an dem Punkt freigelegt, an dem er in die Articulatio atlantooccipitale eintritt.

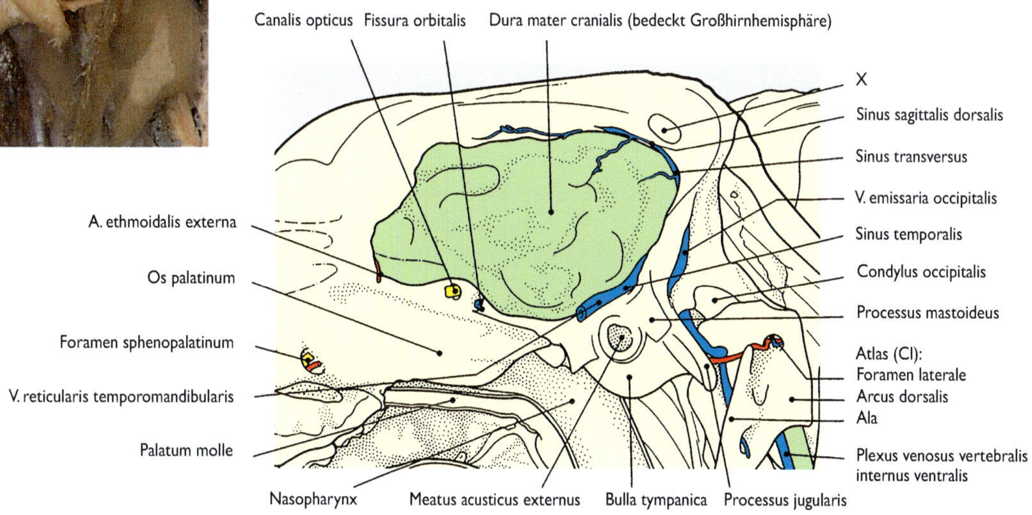

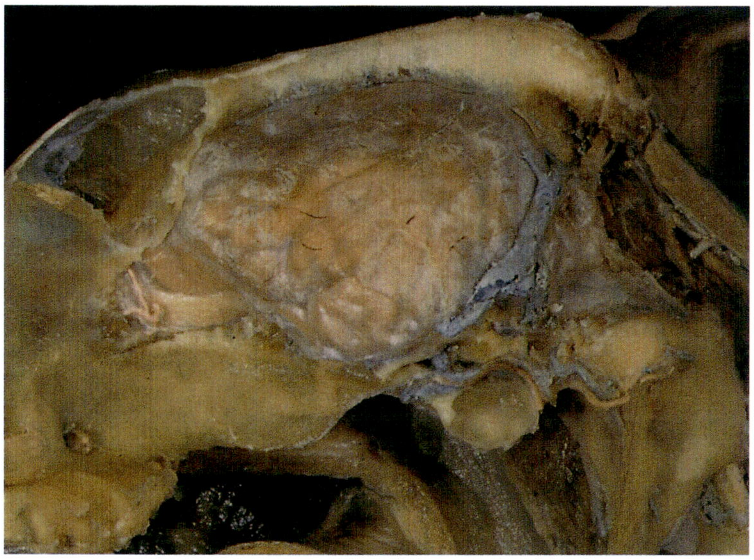

Abb. 2.108 Dura mater cranialis, Sinus durae matris und A. carotis interna: linke laterale Ansicht. Die kraniale Wand wurde dorsal und kaudal der Mittellinie entfernt. Ventrolateral wurde ein großer Teil des Os temporale entfernt. Die A. carotis interna ist sichtbar, da der Canalis caroticus ossis temporalis nach der Entfernung der Bulla tympanica eröffnet wurde. Rostral wurde die Orbitawand lateral des Fundus nasalis und des Sinus frontalis entfernt. Der in diesem und im vorhergehenden Bild mit „X" bezeichnete Bereich markiert die Beschädigung durch einen Haken, der zur Fixierung des Kopfes während der Konservierung eingesetzt wurde.

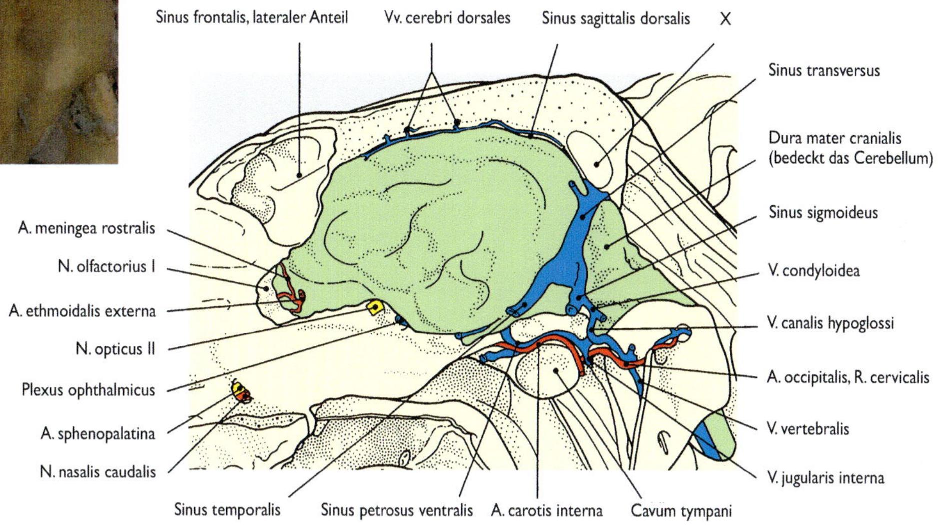

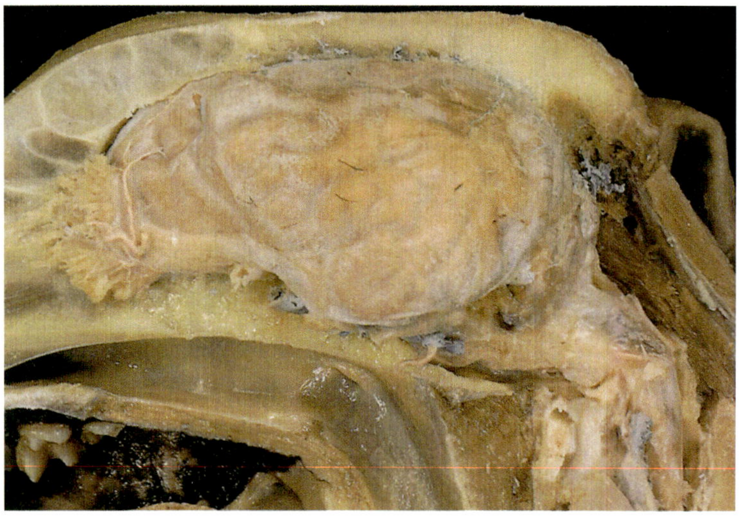

Abb. 2.109 Dura mater cranialis und spinalis, Bulbus olfactorius und N. olfactorius: linke laterale Ansicht. Sämtliche Knochen des Schädels, ebenso wie der Atlas, wurden in der Mittellinie durchtrennt. Die Sinus durae matris wurden entfernt und die Kontinuität der Dura mater cranialis und spinalis ist am Foramen magnum eindeutig erkennbar. Dargestellt sind der Bulbus olfactorius und zahlreiche Filamente des N. olfactorius (1), die nach Entfernung der linken Hälfte der Lamina cribrosa erhalten geblieben sind.

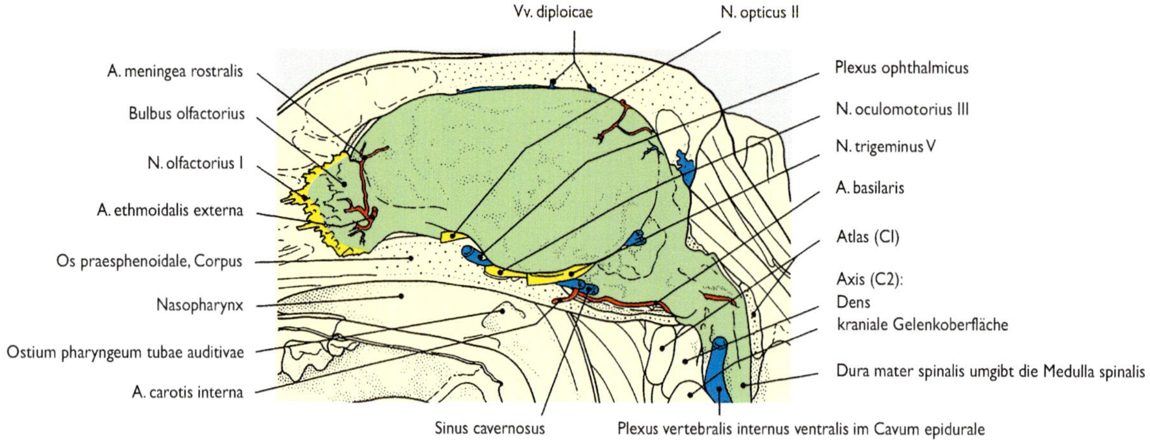

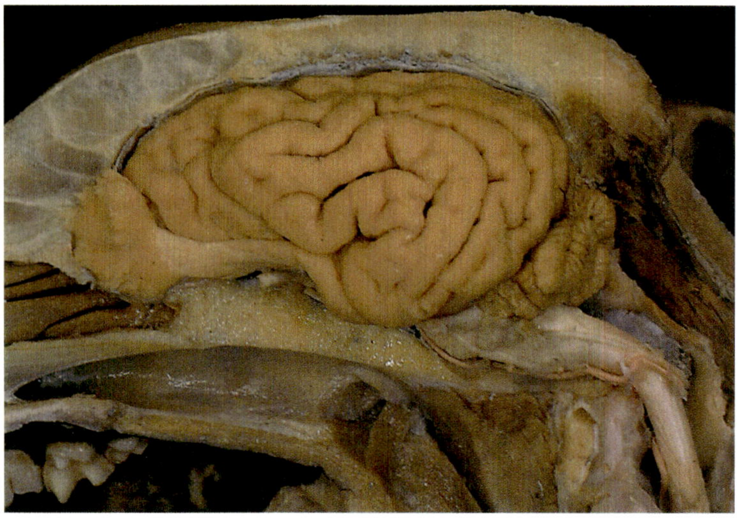

Abb. 2.110 Gehirn *in situ* nach Entfernung der kranialen Meningen: linke laterale Ansicht. Durch Entfernung der Dura mater in Verbindung mit einer Säuberung der darunterliegenden Pia/Arachnoidea wurde das Gehirn freigelegt. Die Großhirnhemisphäre zeichnet sich durch Sulci und Gyri aus und es gibt eine deutliche topographische Unterteilung in vier Lobi: Lobus frontalis, Lobus parietalis, Lobus temporalis und Lobus occipitalis. Ein fünfter Lobus, Lobus piriformis, steht über den Pedunculus olfactorius mit dem Bulbus olfactorius in Verbindung (siehe Abb. 2.124 des isolierten Gehirns).

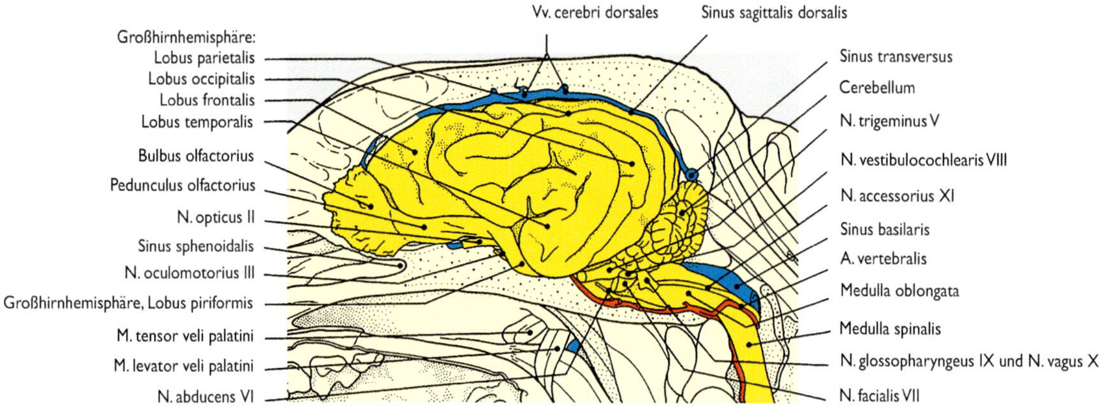

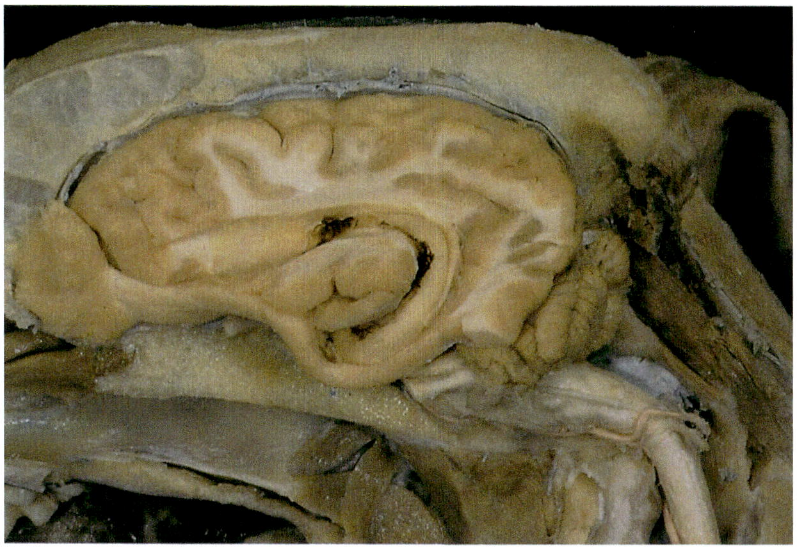

Abb. 2.111 Gehirn (1). Lateraler Ventrikel und Hippocampus: linke laterale Ansicht. Ein großer Anteil der linken Gehirnhälfte wurde entfernt, indem ein Sagittalschnitt nach ventral von der dorsalen Oberfläche durch das Corpus callosum in den Hohlraum des Ventriculus lateralis geführt wurde. Durch die Entfernung der Gehirnhälfte lateral des Schnittes wurde der Ventrikel eröffnet, indem das Dach und die laterale Wand entfernt wurden. Das rostrale Ende des Plexus choroideus markiert die Lage des Foramen interventriculare.

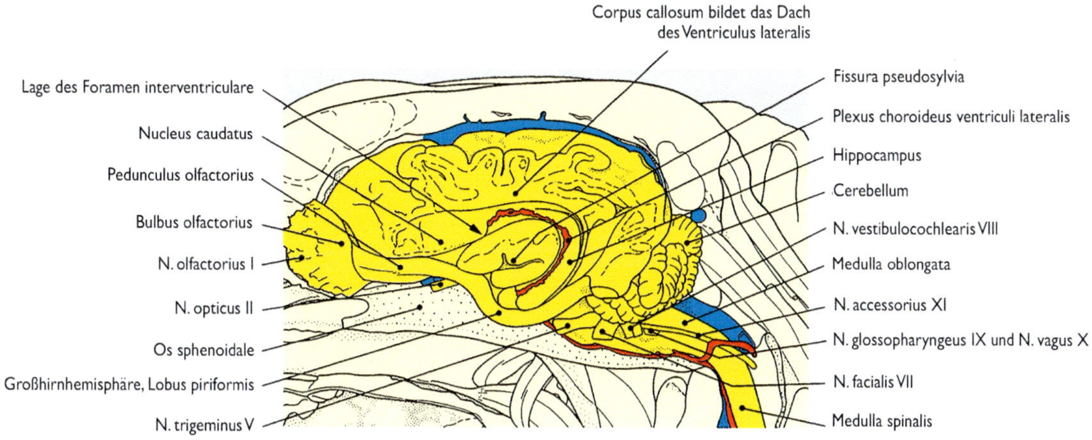

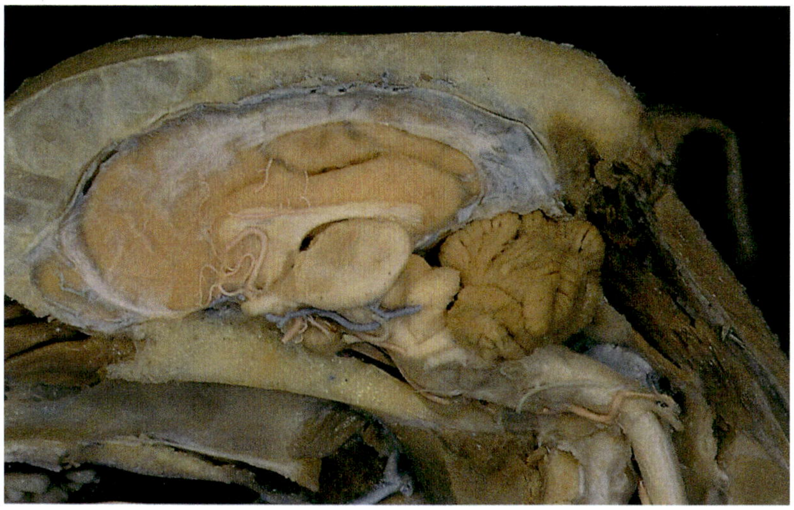

Abb. 2.112 Gehirn (2). Hirnstamm, Cerebellum und Falx cerebri: linke laterale Ansicht. Die linke Gehirnhälfte wurde durch Durchtrennen des Thalamus rostral des Tractus opticus, des Corpus callosum, der Fornix, der Commissura rostralis, der Lamina terminalis, des Epithalamus und der Commissura caudalis, in der Mittellinie, entfernt. Entlang der Mittellinie erstreckt sich die Falx cerebri nach ventral, wodurch ein Großteil der rechten Hemisphäre nicht sichtbar ist. Die Blutgefäße der Hirnbasis sind im isolierten Gehirn besser darstellbar, Abb. 2.124.

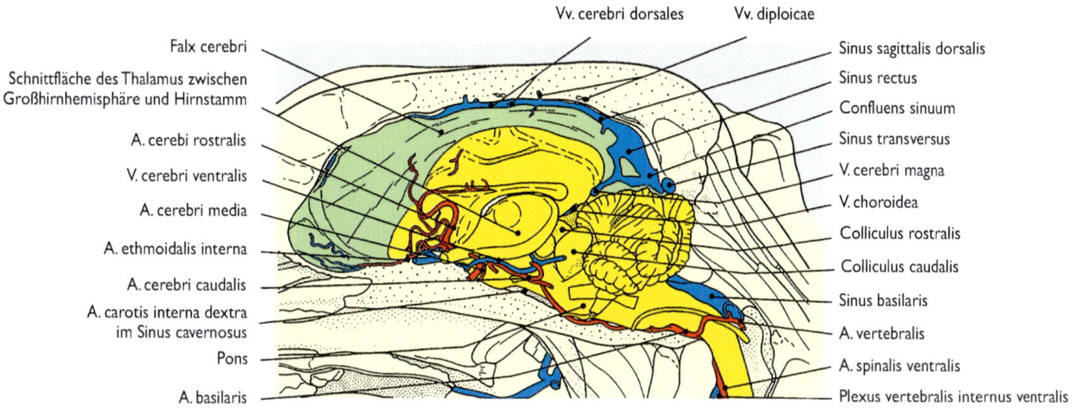

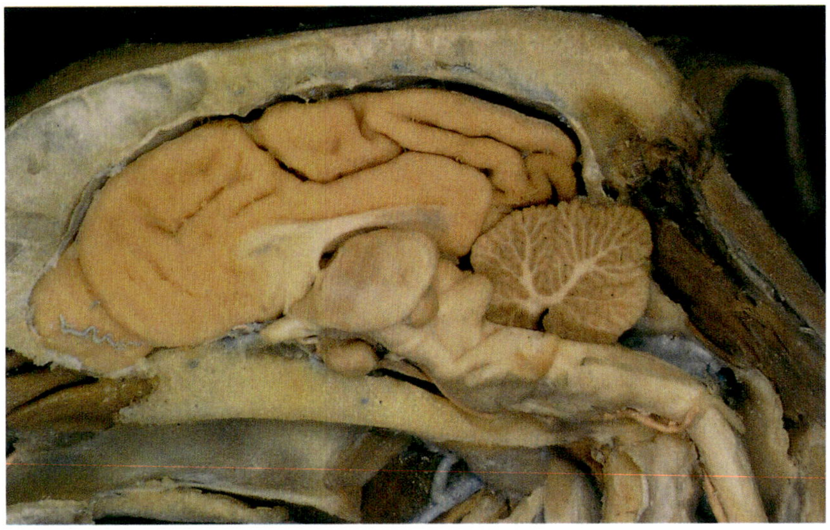

Abb. 2.113 Gehirn (3). Hirnstamm und rechte Gehirnhälfte: linke laterale Ansicht. Die Falx cerebri, das Tentorium cerebelli und dazugehörige venöse Sinus wurden entfernt, um die rechte Gehirnhälfte aus der medialen Ansicht freizulegen. Die Blutgefäße an der Hirnbasis wurden auf der linken Seite entfernt, wodurch die Hypophyse freigelegt wurde, die von ihnen umschlossen wurde (siehe Abb. 2.144 im Schnitt). Das Cerebellum wurde entlang der Mittellinie durchtrennt und die linke Hälfte durch Abtrennen der Pendunculi cerebelli entfernt.

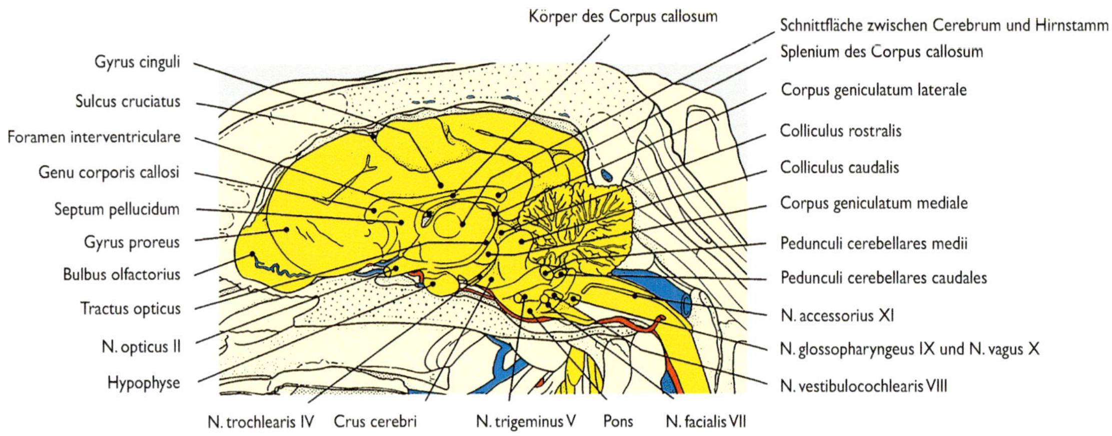

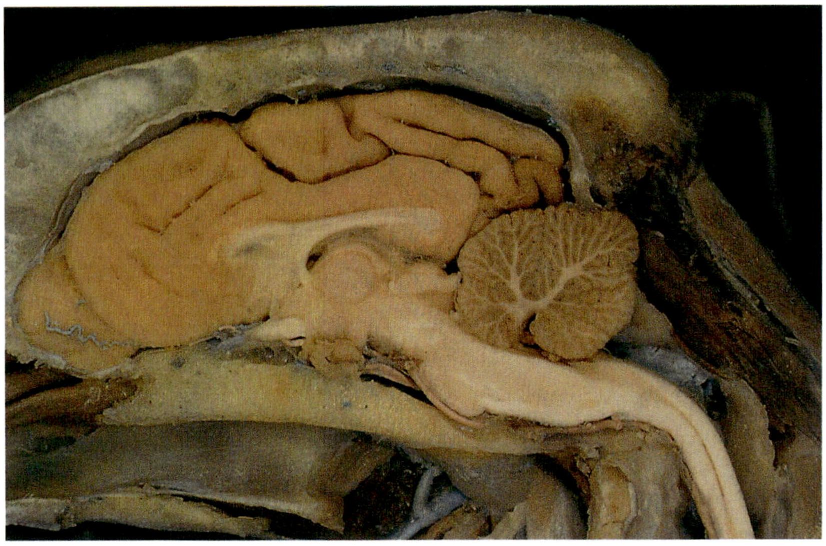

Abb. 2.114 Gehirn (4). Im Medianschnitt: mediale Ansicht der rechten Hälfte. Das Gehirn wurde in der Medianebene durchtrennt. Das Ventrikelsystem ist mit Ausnahme des lateralen Ventrikels der rechten Seite dargestellt, wobei das Foramen interventriculare sichtbar ist. Die Adhesio interthalamica wurde entlang der Mittellinie durchtrennt. Darunter wurden am Boden des dritten Ventrikels ebenfalls das Chiasma opticum, die Hypophyse und das Corpus mamillare durchtrennt.

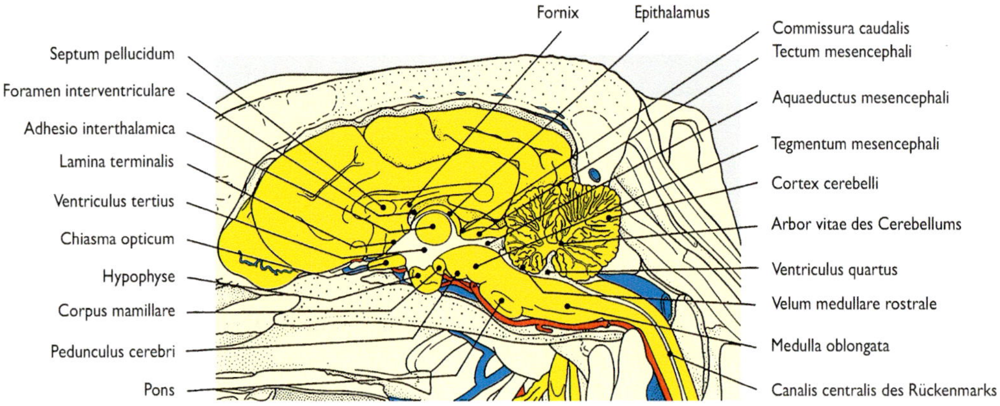

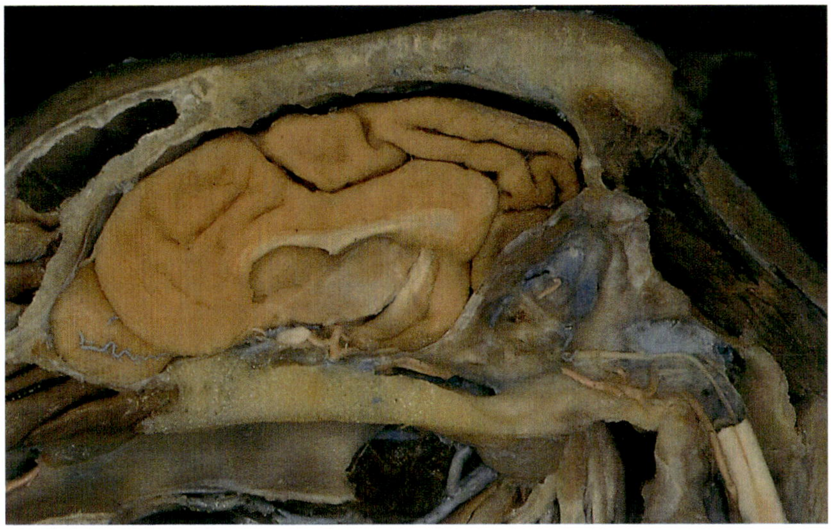

Abb. 2.115 Gehirn (5). Rechte Gehirnhälfte *in situ* nach Entfernung des Cerebellums und des Hirnstamms: mediale Ansicht. Der Hirnstamm und das verbliebene Cerebellum wurden mittels Durchtrennung des Thalamus auf der rechten Seite und der Wurzeln der Hirnnerven entfernt. Von der medialen Oberfläche der rechten Gehirnhälfte wurde die Columna fornicis rostralis rostral des Foramen interventriculare zusammen mit dem Septum pellucidum entfernt, wodurch der Ventriculus lateralis eröffnet wurde.

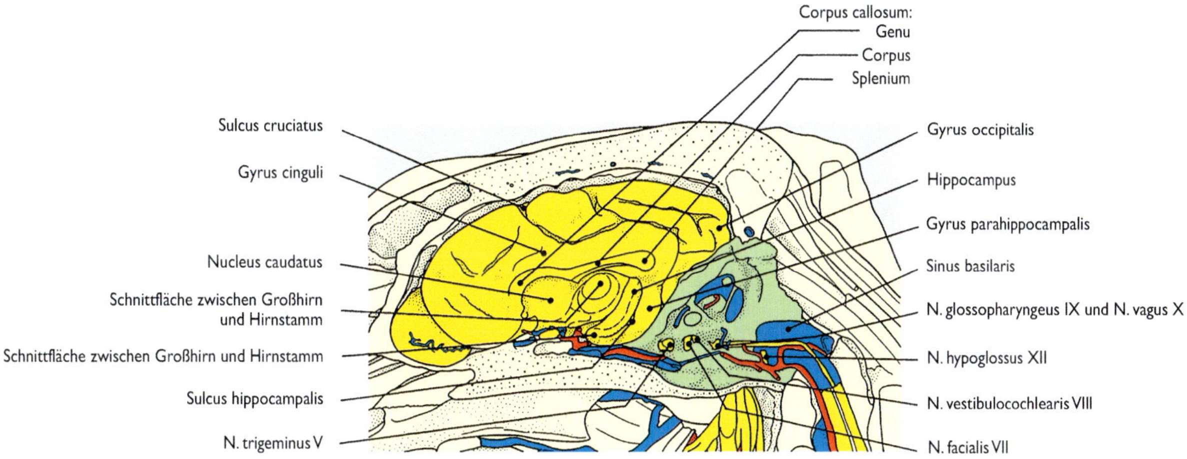

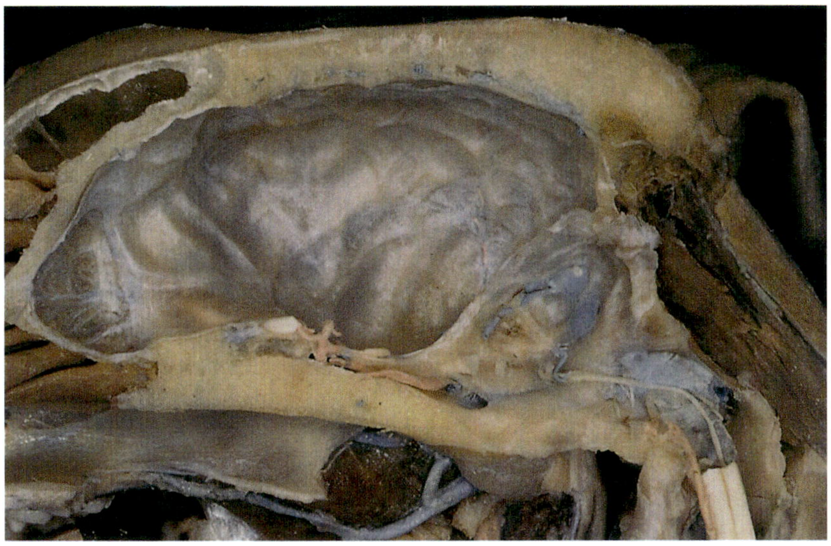

Abb. 2.116 Dura mater und Sinus durae matris der rechten Seite nach Entfernung des Gehirns: mediale Ansicht. Die rechte Gehirnhälfte wurde aus der Fossae cranii rostralis und media entfernt, wobei die Dura mater cranialis an ihrem Ort verbleibt, wo sie das Periost der Schädelknochen bildet. Die Sinus sigmoideus und temporalis sind in Bezug auf die Pyramide des Os temporale sichtbar, während am Boden des Cavum cranii der Sinus cavernosus und der Sinus petrosus ventralis zu erkennen sind (vgl. Abb. 2.86 and 2.122).

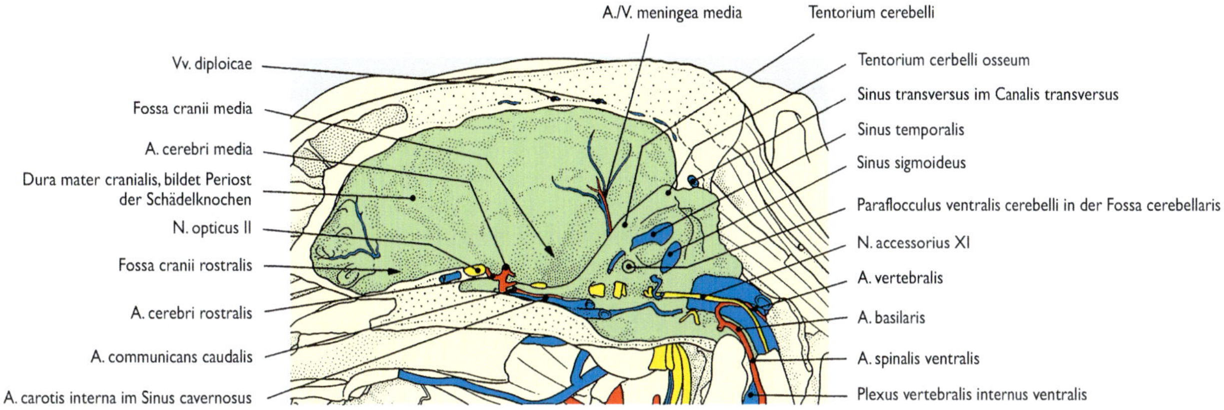

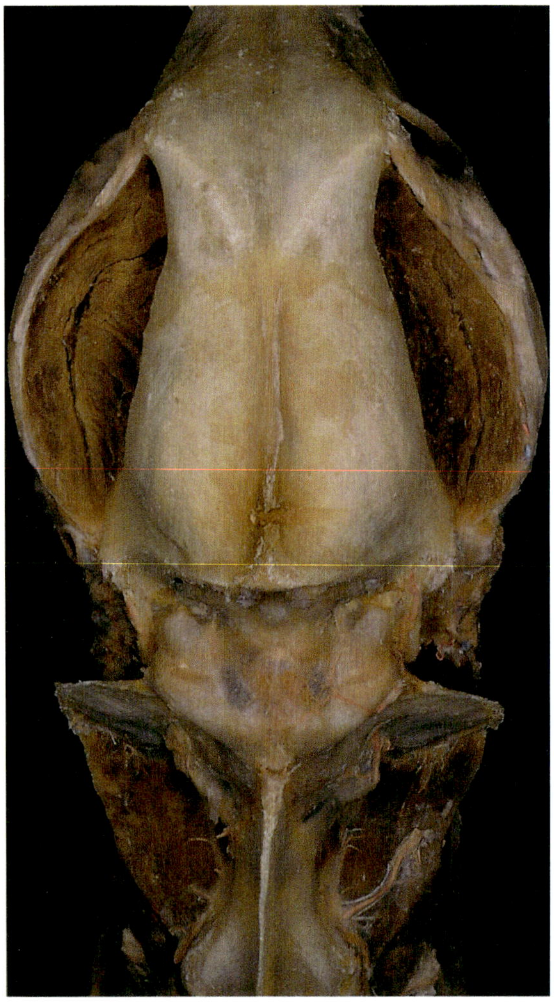

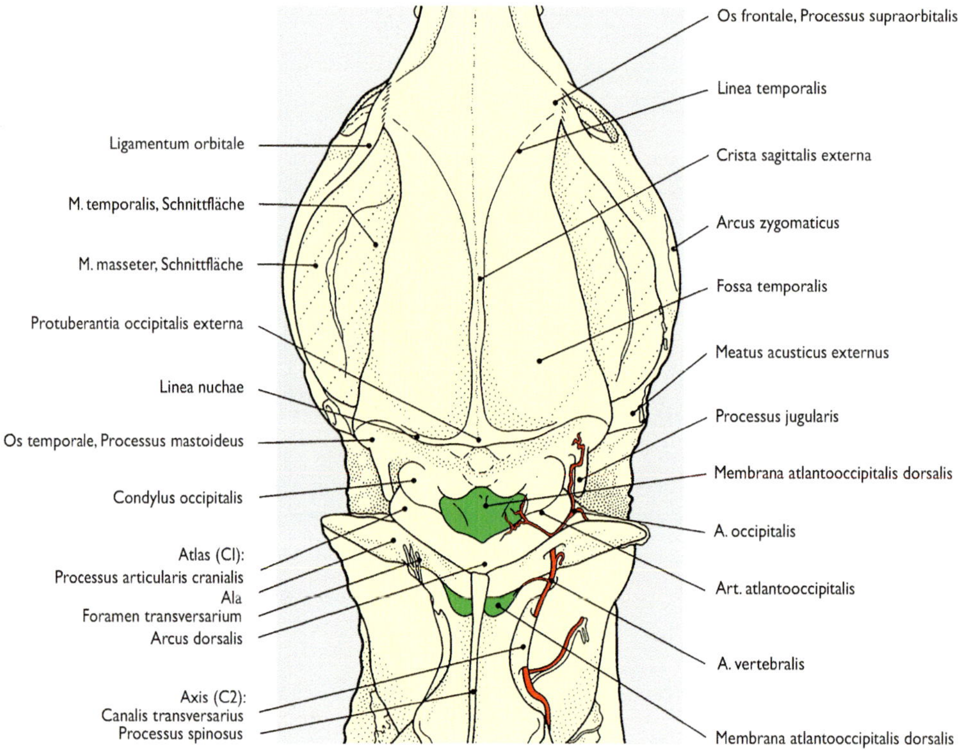

Abb. 2.117 Schädel nach Entfernung der temporalen und dorsalen Halsmuskeln: dorsale Ansicht. Die Mm. temporales beider Seiten und die dorsalen Halsmuskeln, die kaudal am Schädel, am Atlas und am Axis ansetzten, wurden entfernt. Die Condyli occipitales und die Articulatio atlantooccipitalis wurden freigelegt und die Membrana atlantooccipitalis dorsalis aufgedehnt. Auf der rechten Seite ist die Anastomose der A. vertebralis mit der A. occipitalis in der Fossa atlantis dargestellt.

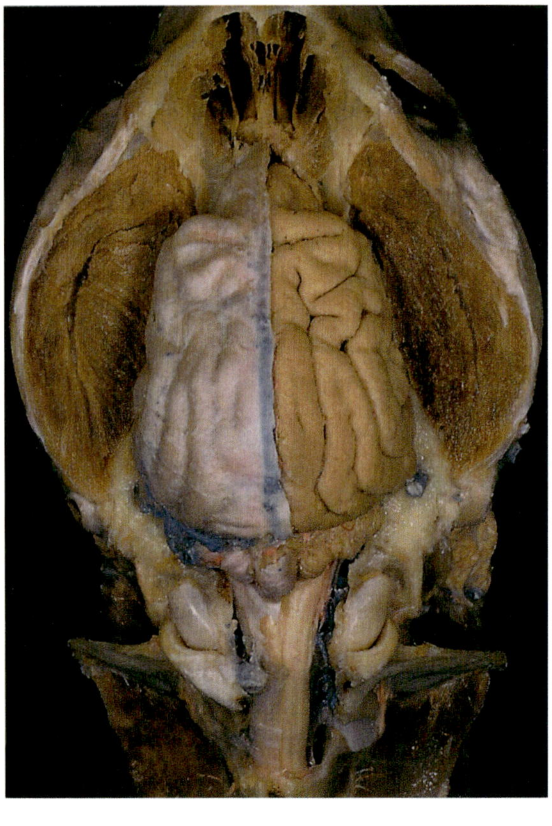

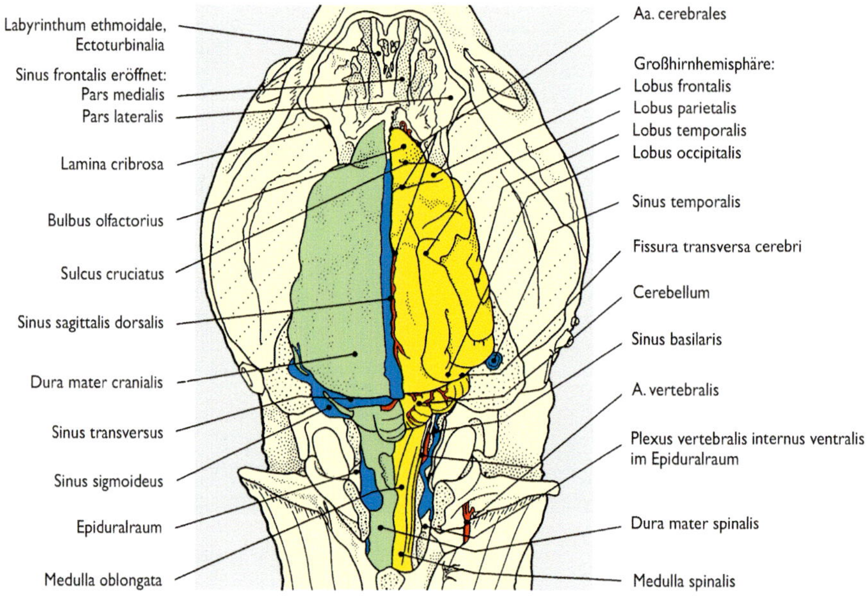

Abb. 2.118 Gehirn (1). Großhirn, Dura mater cranialis und Sinus durae matris: dorsale Ansicht. Das Dach und die hintere Wand des Hirnschädels wurden entfernt, ebenso wie der Arcus dorsalis des Atlas und das kraniale Ende des Processus spinosus sowie der Arcus dorsalis des Axis. Auf der linken Seite wurde die Dura mater an ihrem Ort belassen; auf der rechten Seite wurde sie entfernt. Die Sinus durae matris sind daher auf der linken Seite durch die periostale durale Schicht erkennbar. Auf der rechten Seite setzt sich der Sinus basilaris am Foramen magnum durch den Plexus venosus vertebralis ventralis im Epiduralraum fort.

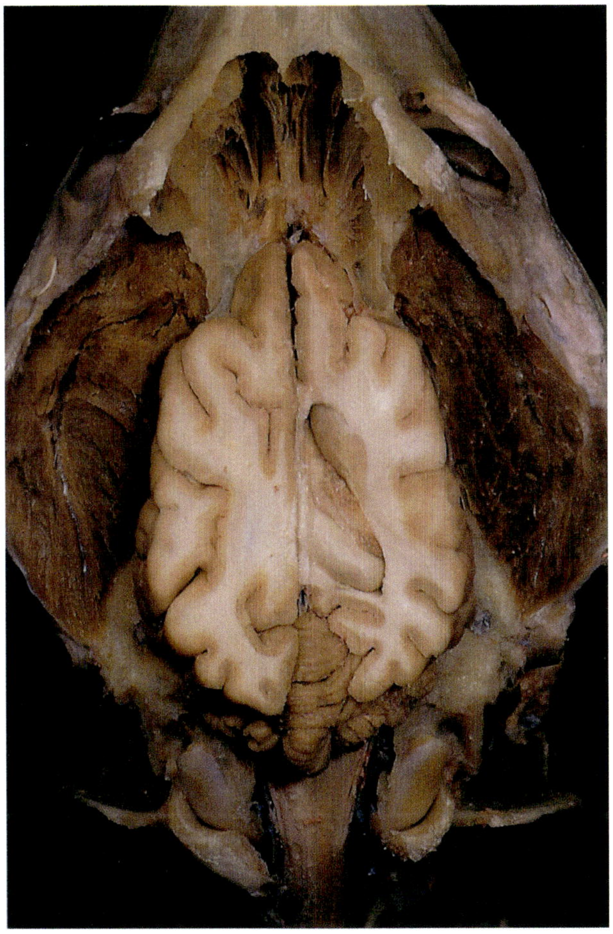

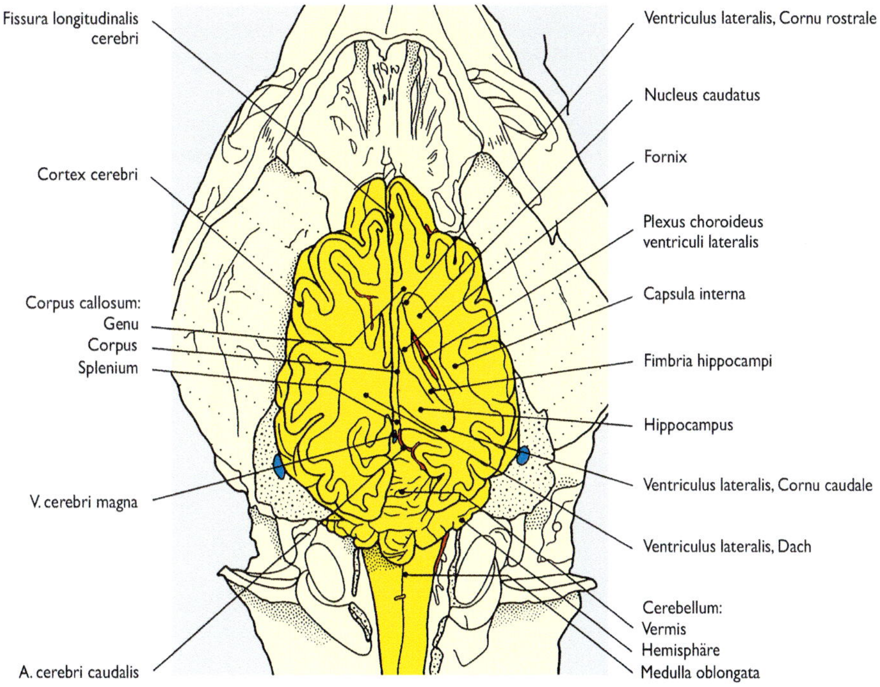

Abb. 2.119 Gehirn (2). Cortex cerebri, Corpus callosum und Ventriculus lateralis: dorsale Ansicht. Beide Gehirnhälften wurden horizontal geschnitten: Auf der linken Seite ging der Schnitt beinahe bis zum Corpus callosum und auf der rechten Seite wurde das Corpus callosum durch den Schnitt entfernt und dadurch der laterale Ventrikel eröffnet. Entlang der Mittellinie bleibt ein Streifen des Corpus callosum von seinem Splenium bis zum Genu erhalten. Durch den Schnitt wurden beträchtliche Anteile der Okzipitallappen des Telencephalons entfernt, wodurch weitere Anteile des Vermis cerebelli entlang der Mittellinie aufgedeckt werden (siehe Abb. 2.111).

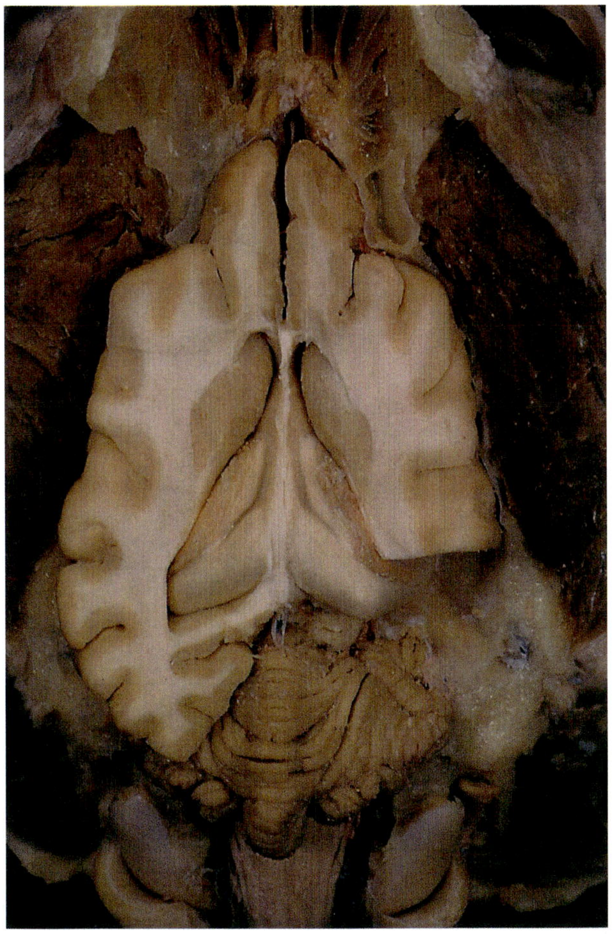

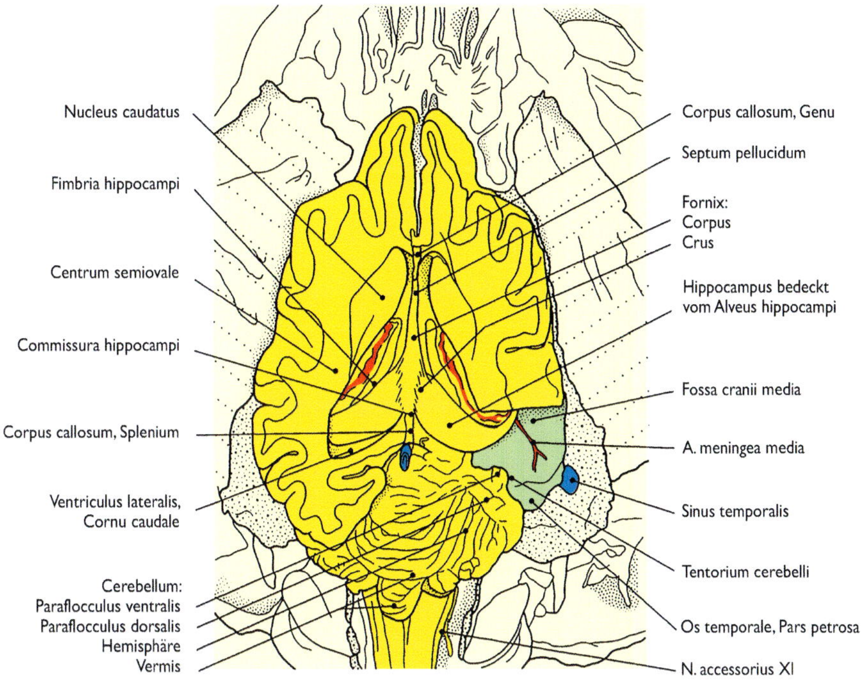

Abb. 2.120 Gehirn (3). Hippocampus, Fornix und Cerebellum: dorsale Ansicht. Die linke Hirnhälfte wurde bis zur gleichen Höhe wie auf der rechten Seite herunterpräpariert, wodurch der Ventriculus lateralis eröffnet wurde. Auf der rechten Seite wurden die Überreste des Lobus occipitalis und ein Teil des Lobus temporalis der Gehirnhälfte durch einen vertikalen Schnitt entfernt. Das Tentorium cerebelli ist dort freigelegt, wo es die Großhirn- von der Kleinhirnhälfte trennte, und auf ihm ist ein Ast der A. meningea media sichtbar (siehe Abb. 2.115).

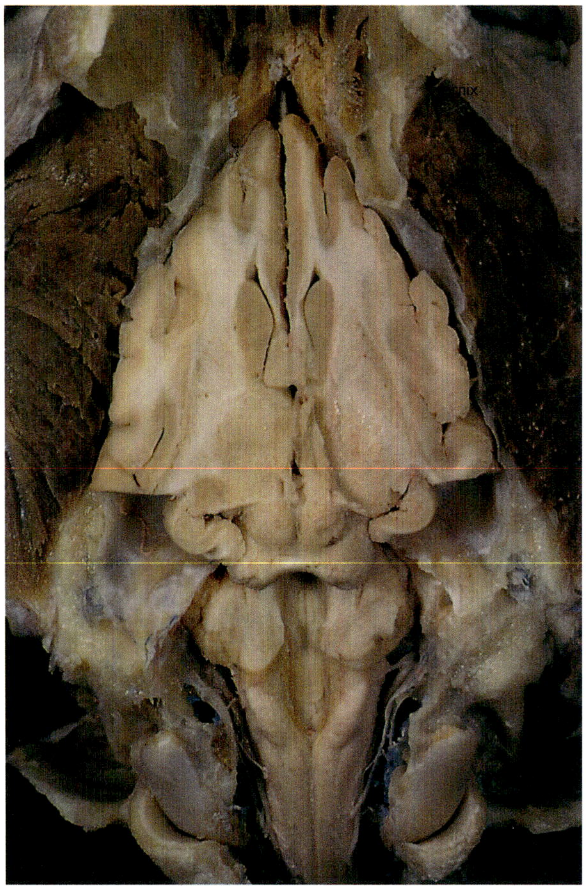

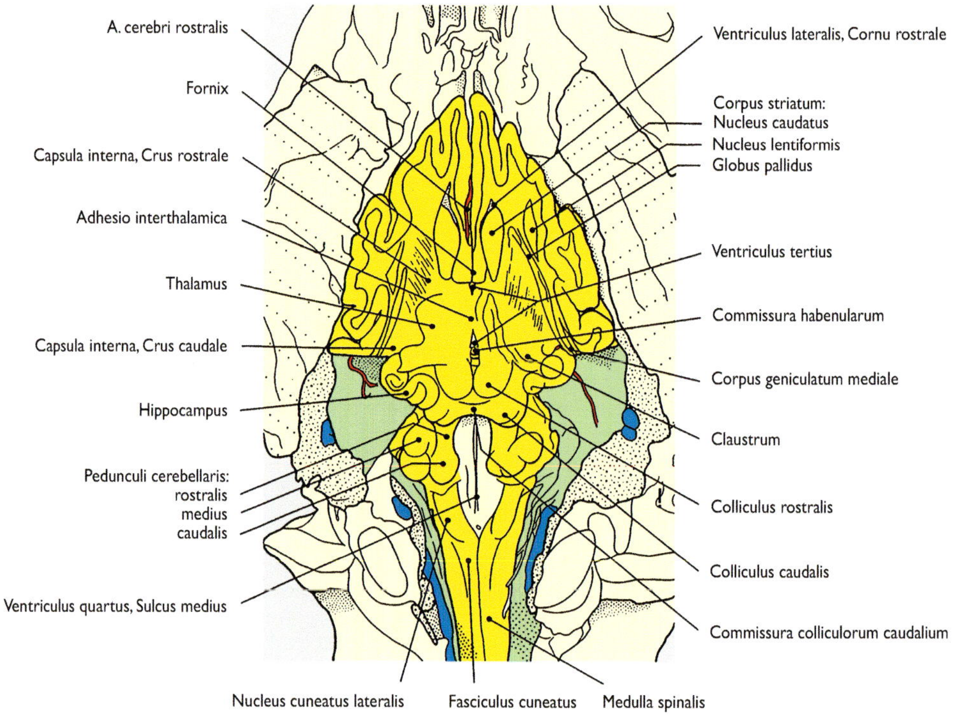

Abb. 2.121 Gehirn (4). Corpus striatum und Hirnstamm: dorsale Ansicht. Die horizontale Schnittführung durch die Gehirnhälften wurde fortgeführt. Die Fornix und Hippocampi wurden bis auf ihre kaudoventralen Anteile, die in den Cornu caudales der Ventriculi laterales liegen, entfernt. Die Entfernung des Cerebellums hat die Medulla oblongata, den Hohlraum des vierten Ventrikels und die Lamina quadrigemina freigelegt. Auf der rechten Seite wurde das Tentorium cerebelli geringfügig bis auf die Höhe der Crista partis petrosa zurückgeschnitten, deshalb liegt die Fossa cerebellaris des Os temporale Pars petrosa offen (siehe Abb. 2.115 und 2.116).

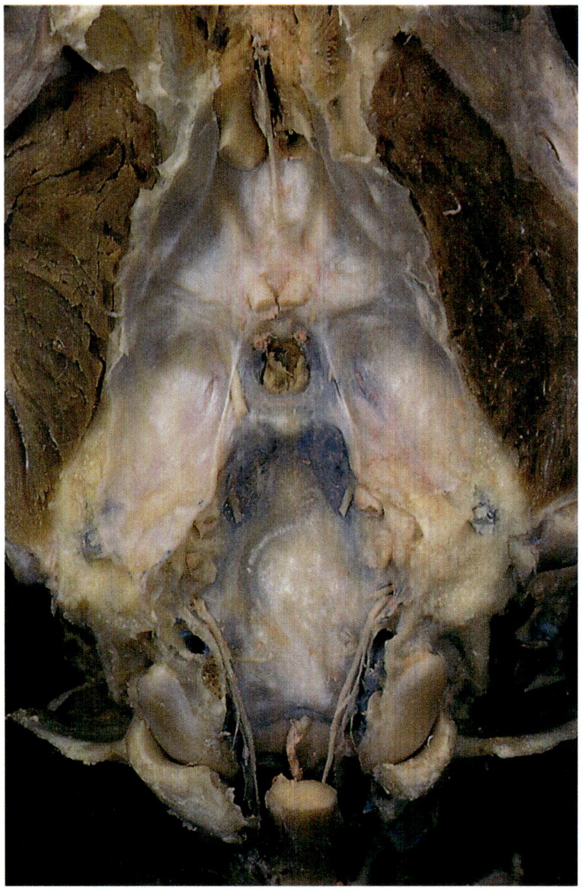

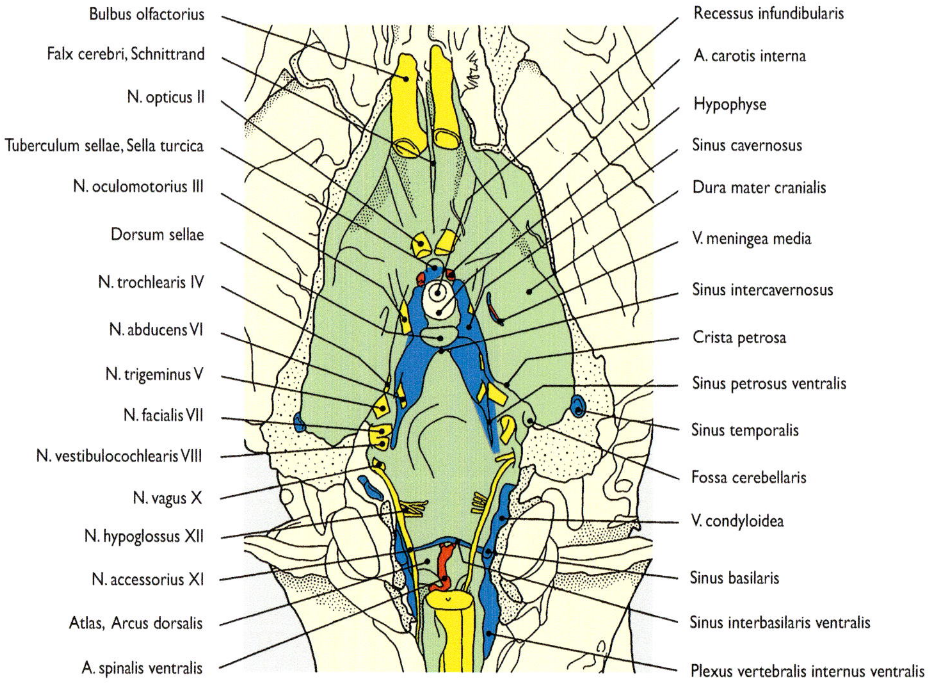

Abb. 2.122 Dura mater und Sinus venosum durae matris am Boden des Cavum cranii nach Entfernung des Gehirns: dorsale Ansicht. Die Überreste des Gehirns wurden mittels Durchtrennung der Bulbi olfactorii, der Medulla spinalis und der Wurzeln der Hirnnerven entfernt. Die arterielle Versorgung des Gehirns wurde nur unzureichend mit Latex injiziert und mit dem Gehirn entfernt (siehe Abb. 2.124), die durchtrennten Enden der Aa. carotis internae sind an der Stelle sichtbar, an der sie rostral der Hypophyse die Dura mater durchdringen. Die Sinus venosus durae matris am Boden des Cavum cranii sind durch das meningeale Blatt der Dura mater erkennbar.

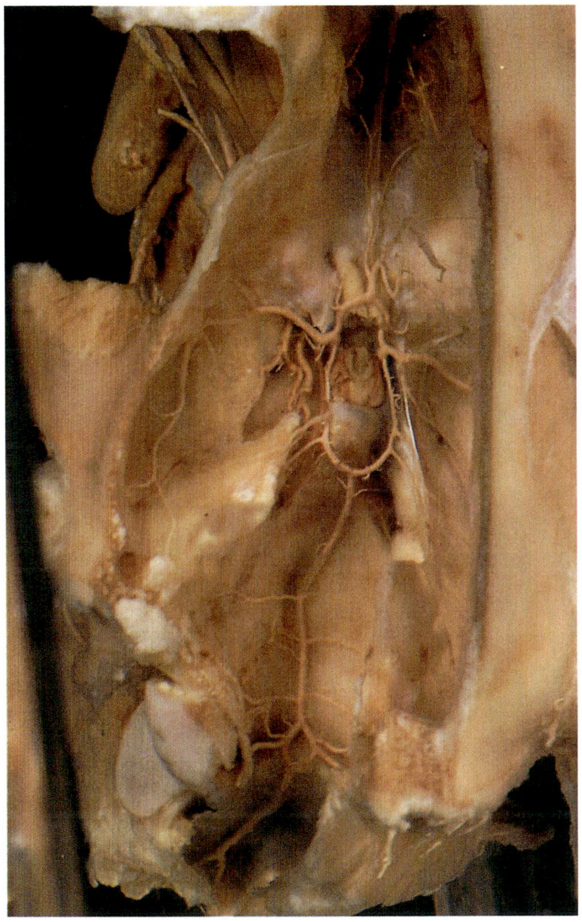

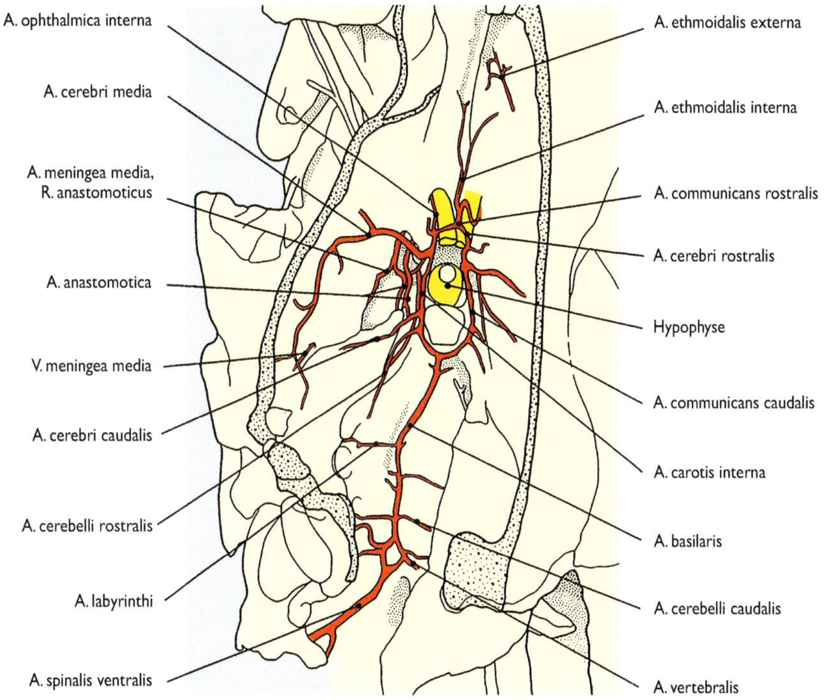

Abb. 2.123 Blutversorgung des Gehirns (1). Hirnarterien *in situ* nach Entfernung des Gehirns: dorsale Ansicht. In dieser Präparation wurde das Gehirn entfernt und die Arterien am Boden des Hirnschädels belassen. Der Circulus arteriosus cerebri umspannt die Hypophyse und das Dorsum sellae und die aus ihm hervorgehenden Aa. cerebri rostralis, media und caudalis sind auf der linken Seite, dorsal des Sinus cavernosus liegend, übersichtlich dargestellt. Das meningeale Blatt der Dura mater wurde entfernt, wodurch der Sinus eröffnet und die A. carotis interna im medialen Bereich freigelegt wird.

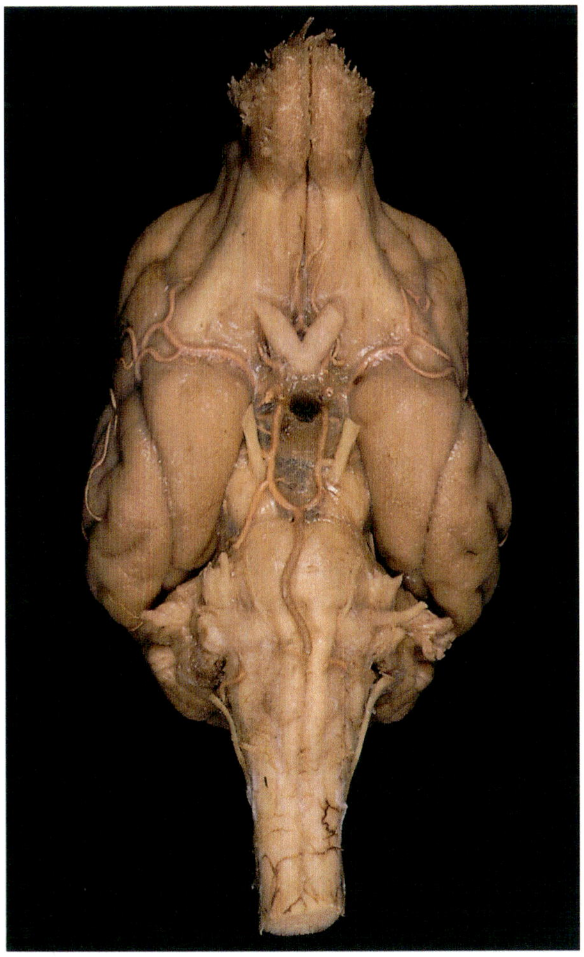

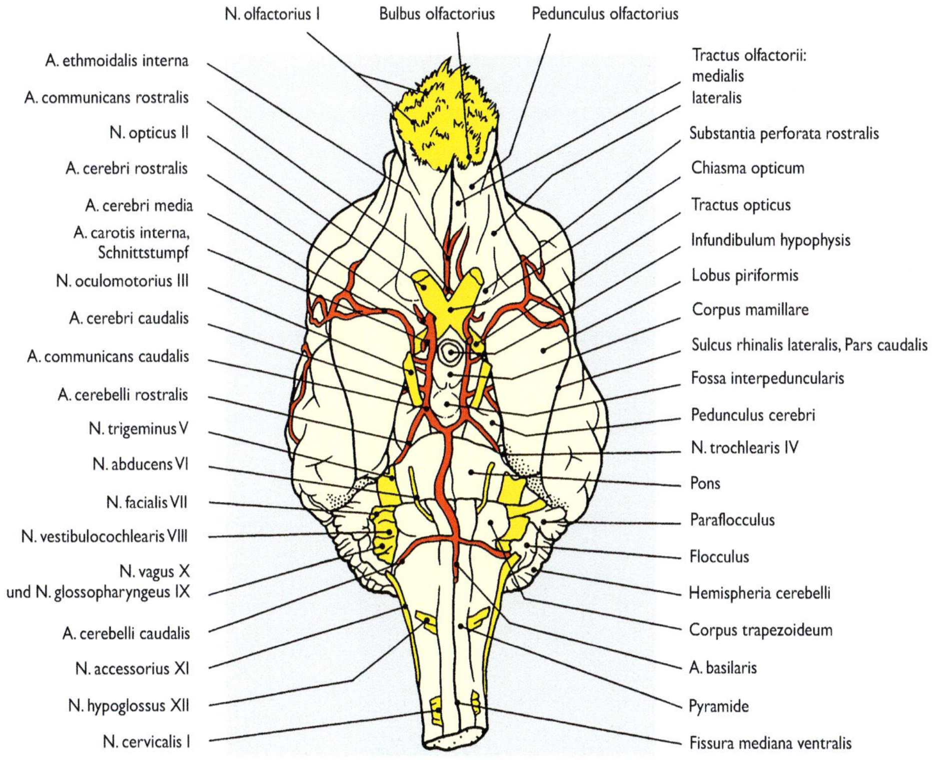

Abb. 2.124 Blutversorgung des Gehirns (2). Isoliertes Gehirn: ventrale Ansicht. In dieser Präparation wurde das Gehirn aus dem Cavum cranii entfernt, wobei die entsprechenden Blutgefäße in ihrer Position auf den ventralen und lateralen Oberflächen verbleiben. Nach der Entfernung wurden die Arterien durch eine begrenzte Säuberung der Leptomeningen auf der Oberfläche des Gehirns deutlicher sichtbar gemacht. Gleichzeitig wurden auch sämtliche Wurzeln der Hirnnerven an ihren Ansätzen am Gehirn freigelegt.

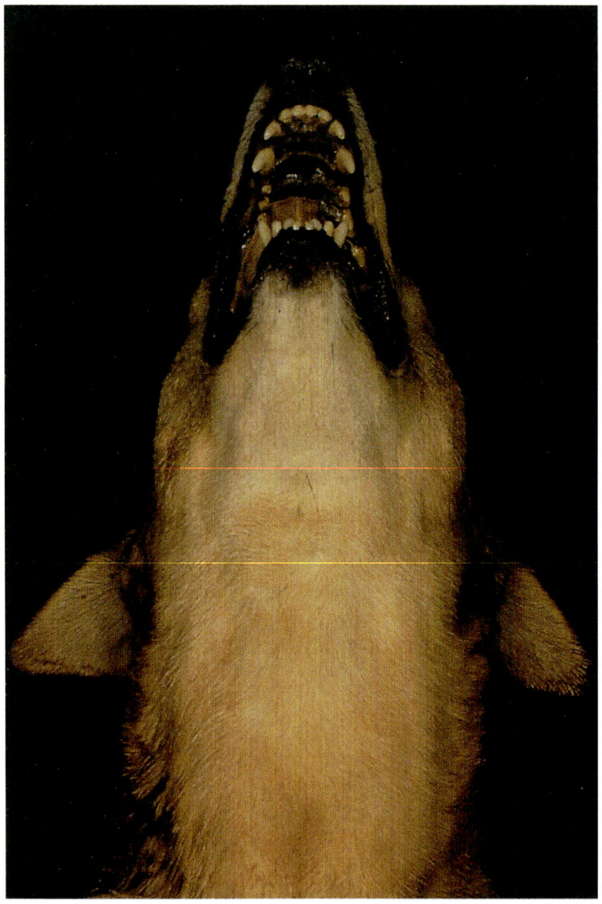

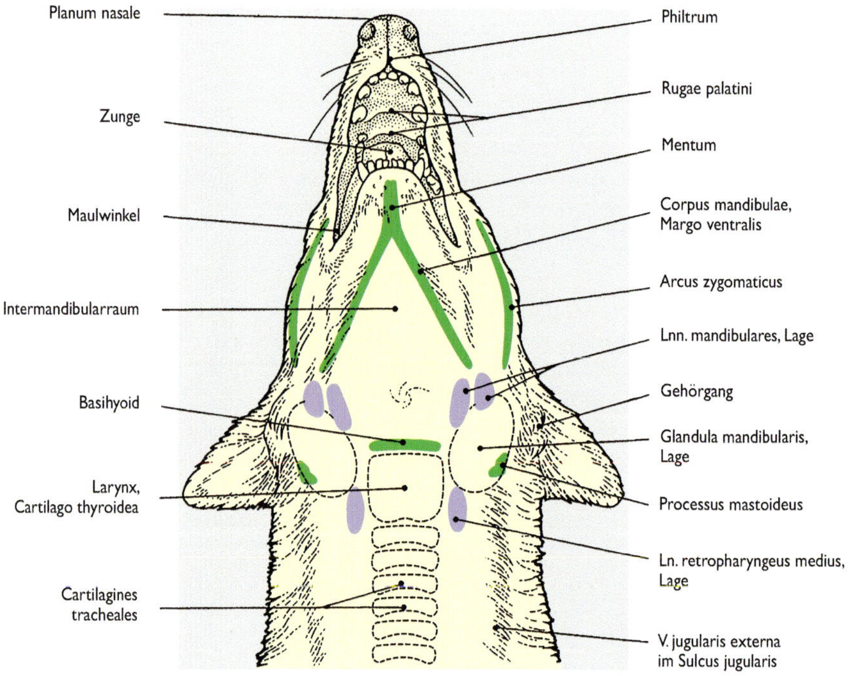

Abb. 2.125 Oberflächenmerkmale des Kopfes: ventrale Ansicht. Die an der Unterseite des Kopfes und dem kranialen Ende des Halses gut palpierbaren und/oder sichtbaren knöchernen Merkmale sind in dieser Abbildung gekennzeichnet. Diese „Punkte“ entsprechen den in Abb. 2.126 an den Knochen farbig dargestellten Bereichen. Abbildungen 2.1, 2.55 und 2.59 zeigen Oberflächenansichten des Kopfes aus der lateralen und dorsalen Perspektive und sollten im Zusammenhang mit dieser Abbildung betrachtet werden.

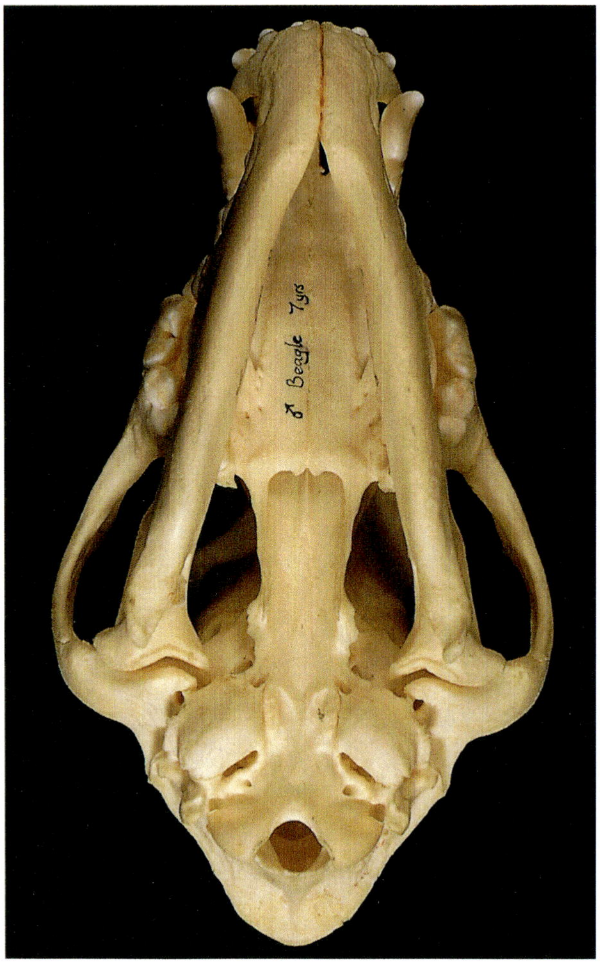

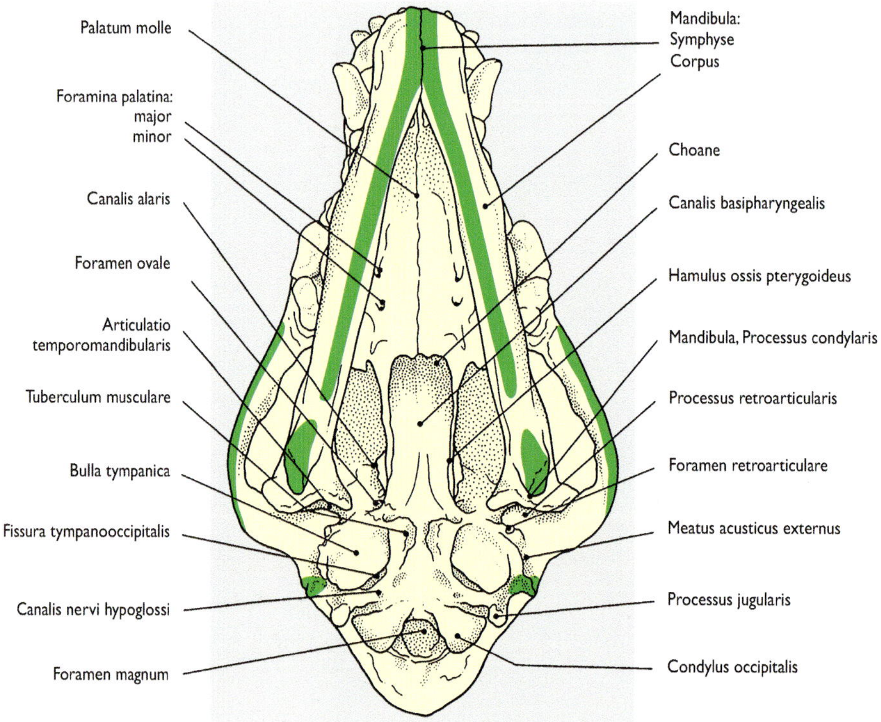

Abb. 2.126 Schädel: ventrale Ansicht. Die in der Oberflächenansicht gezeigten palpierbaren knöchernen Merkmale in Abb. 2.125 sind an diesem Schädel farbig markiert. An dieser Skelettpräparation fehlen die Anteile des Os hyoideums, an denen der Larynx aufgehängt ist. Abb. 2.132 und 2.133 zeigen diese Strukturen nach einer weiteren Präparation in ihrer Position.

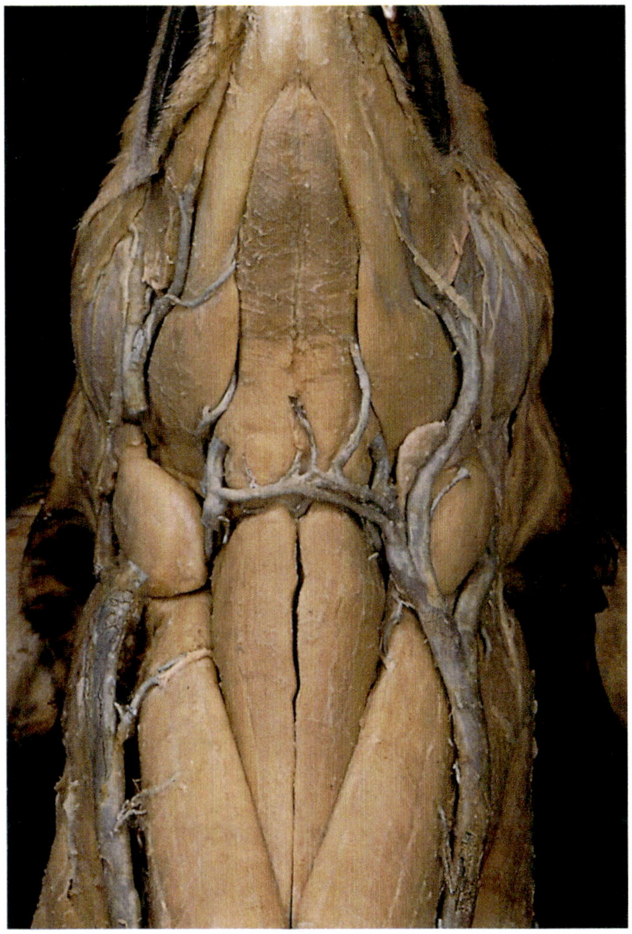

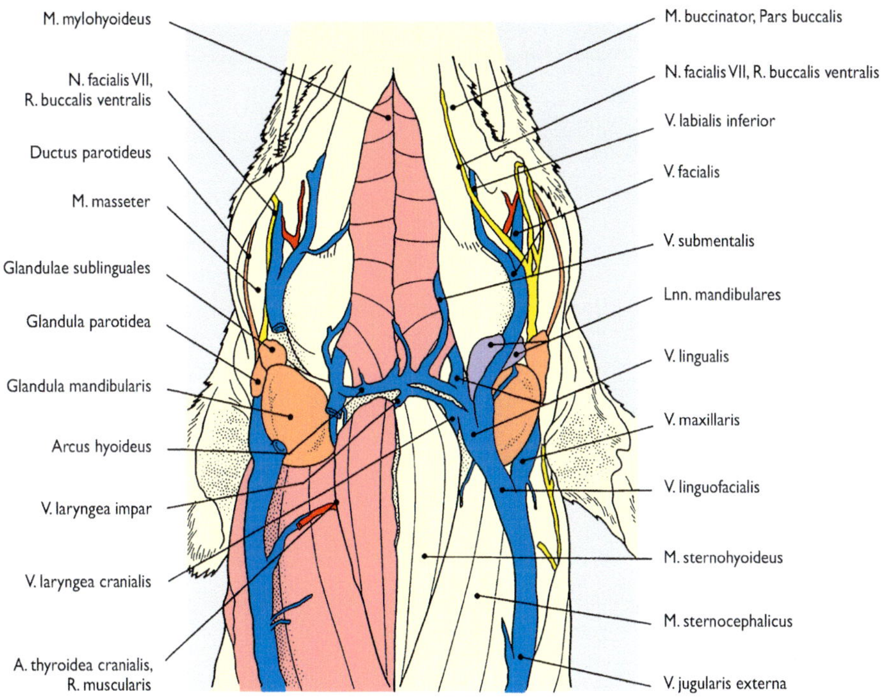

Abb. 2.127 Oberflächenstrukturen des Kopfes nach Entfernung der oberflächlichen Faszie und der Gesichtsmuskeln: ventrale Ansicht. Die Haut, die oberflächliche Faszie und die Hautmuskeln wurden von der ventralen Kopf- und Halsoberfläche entfernt. Rechtsseitig wurden auch Anteile der Vv. facialis, lingualis und linguofacialis entfernt. Diese Ansicht gibt einen klaren Hinweis auf die variable Natur der oberflächlichen Venenverteilung mit einem einfachen Venenbogen auf der einen Seite und einem doppelten auf der anderen.

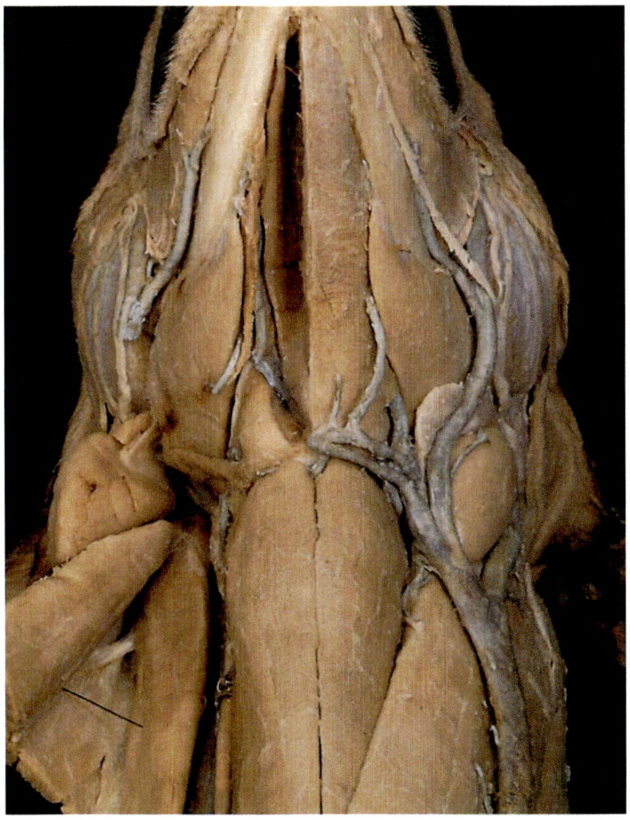

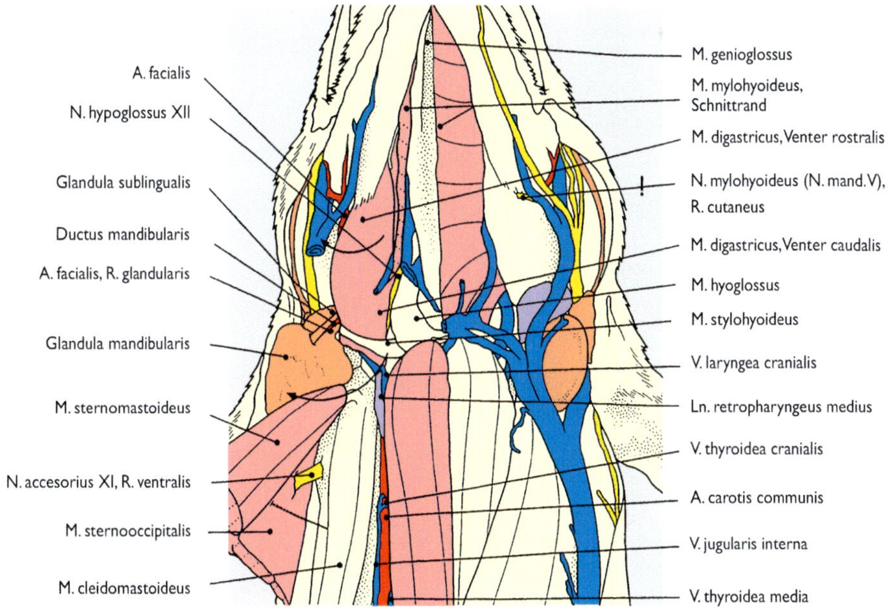

Abb. 2.128 Extrinsische Zungenmuskulatur, Glandulae mandibularis und sublingualis: ventrale Ansicht. Die Präparation auf der rechten Seite wird wie folgt fortgeführt: Entfernung der verbliebenen oberflächlichen Venen und laterale Verschiebung des Schnittendes der V. facialis; Entfernung des horizontalen Anteils des M. mylohyoideus (siehe auch Abb. 2.144, im Schnitt) und des M. geniohyoideus; ebenfalls nach lateral verschoben sind die Glandula mandibularis und der M. sternomastoideus. Die auf der Oberfläche des M. digastricus sichtbare „Linie" ist der einzige Hinweis auf seine Unterteilung in einen rostralen und einen kaudalen Teil.

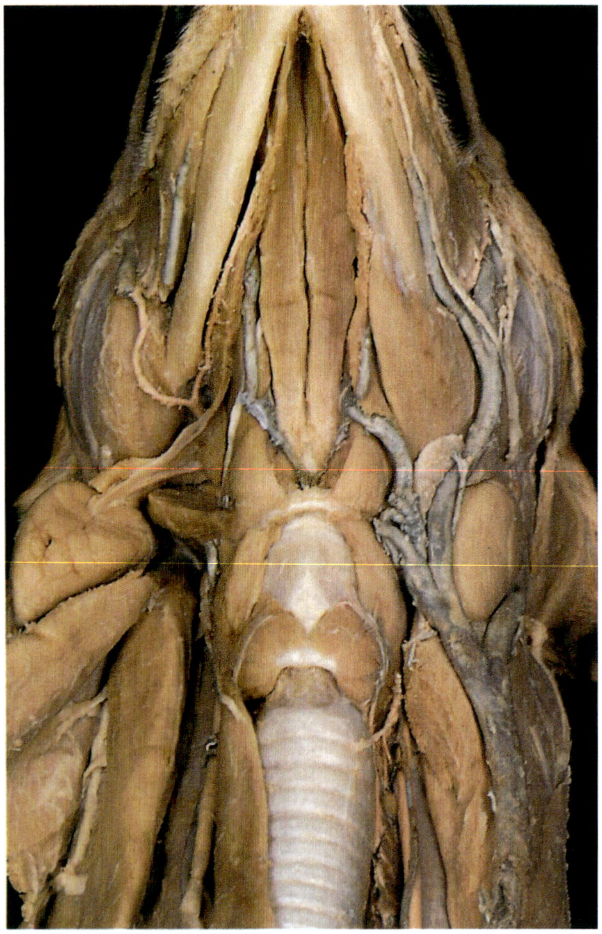

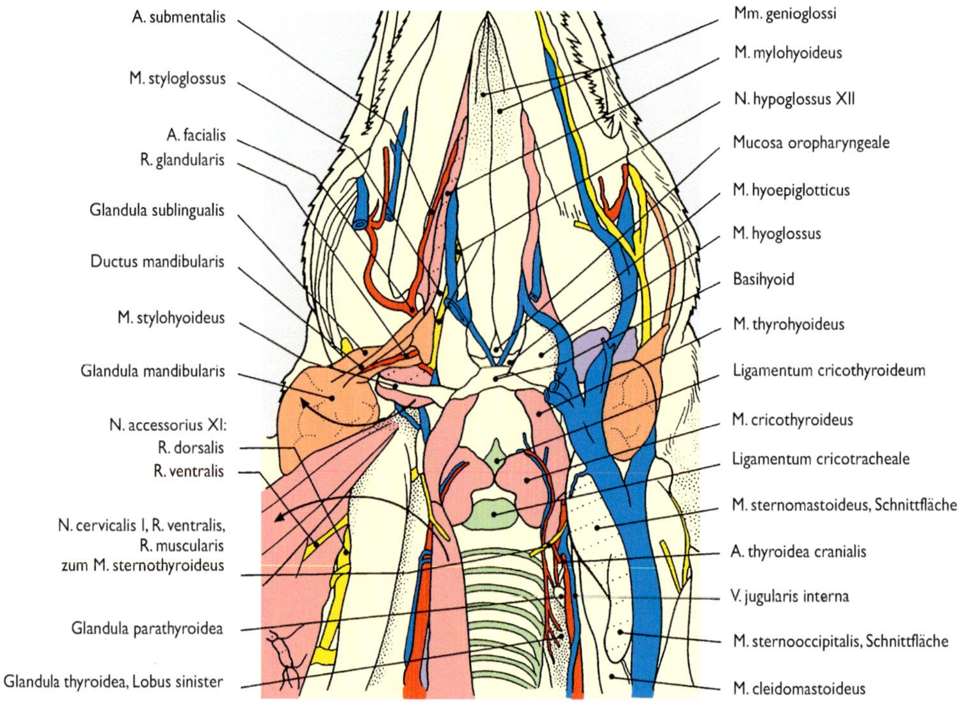

Abb. 2.129 Zunge, Os hyoideum und Larynx: ventrale Ansicht (1). Auf der rechten Seite wurde der Venter rostralis des M. digastricus, auf der linken Seite wurden die horizontalen Anteile der Mm. mylohyoideus und geniohyoideus entfernt. Auf der linken Seite wurde ebenfalls der ventrale Anteil des M. sternocephalicus auf einer Höhe mit der V. jugularis externa durchtrennt und entfernt. Die Mm. sternohyoidei wurden auf beiden Seiten und der M. sternothyroideus wurde auf der linken Seite entfernt.

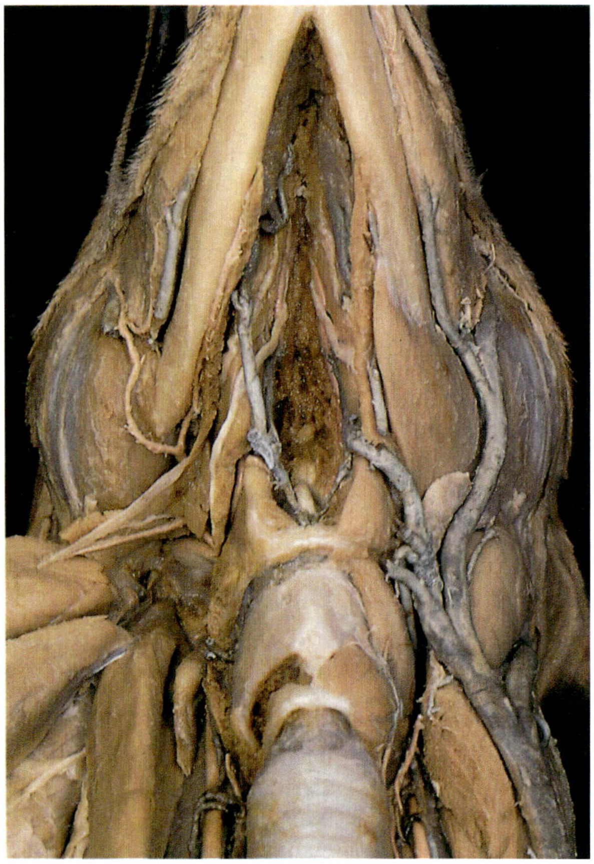

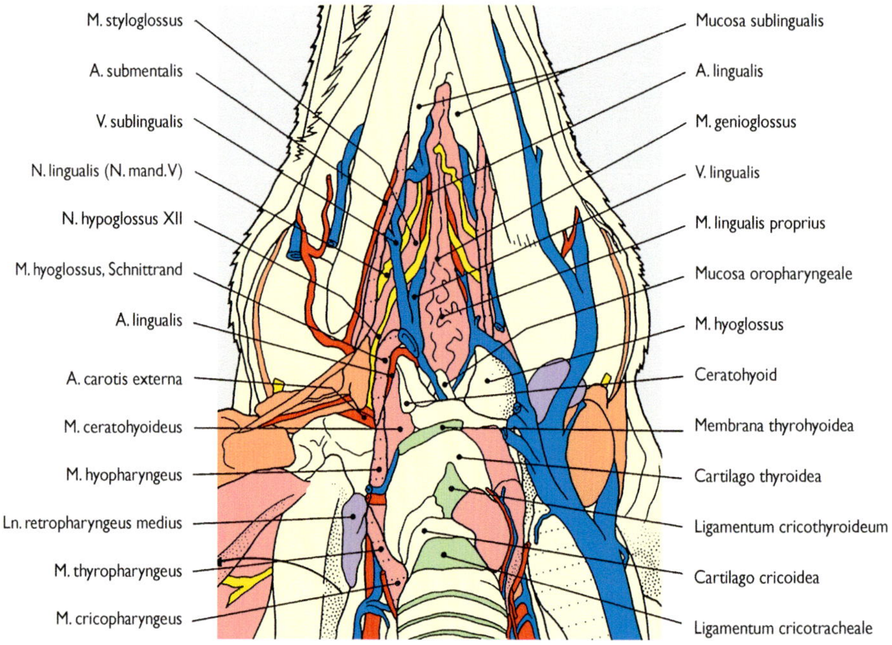

Abb. 2.130 Zunge, Os hyoideum und Larynx: ventrale Ansicht (2). Die M. genioglossi wurden beidseitig gemeinsam mit dem rostralen Anteil des M. hyoglossus und dem Venter caudalis des M. digastricus auf der rechten Seite entfernt. Auch auf der rechten Seite wurden durch die Entfernung der Mm. thyrohyoideus und cricothyroideus weitere Anteile des Arcus hyoideus und der Kehlkopfknorpel freigelegt. Die Muskulatur des Os hyoideums, des Pharynx und des Larynx lässt sich in der seitlichen (Abb. 2.79-2.81) und medialen (Abb. 2.91-2.94) Ansicht besser erkennen.

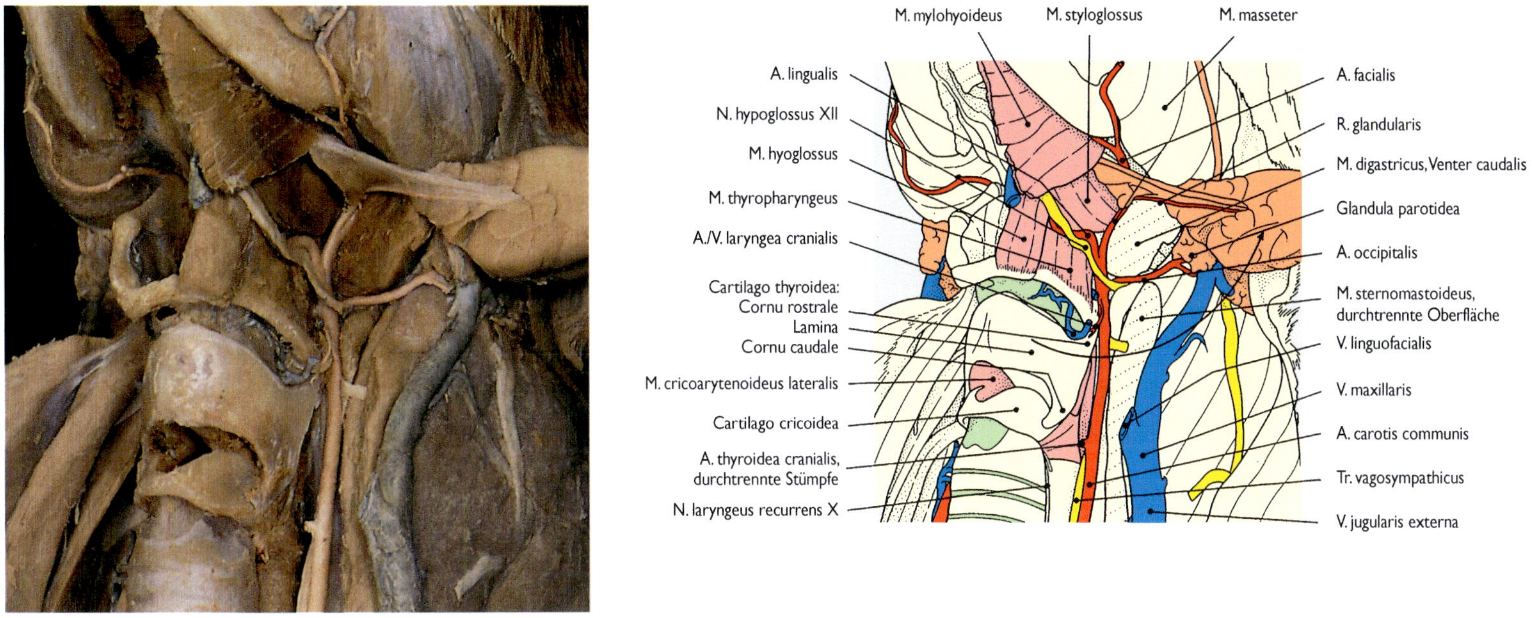

Abb. 2.131 Larynx und Os hyoideum: linke ventrolaterale Ansicht (1). Die oberflächlichen Venen und die Lnn. mandibulares der linken Seite wurden entfernt, so dass die Glandula mandibularis lateral abgeklappt werden konnte. Zusätzlich wurden der Venter rostralis des M. digastricus, die Mm. cricothyroideus und thyrohyoideus, ein größerer Teil des M. sternomastoideus, die Ansätze der Mm. thyropharyngeus und cricopharyngeus am Larynx sowie die Glandula thyroidea entfernt.

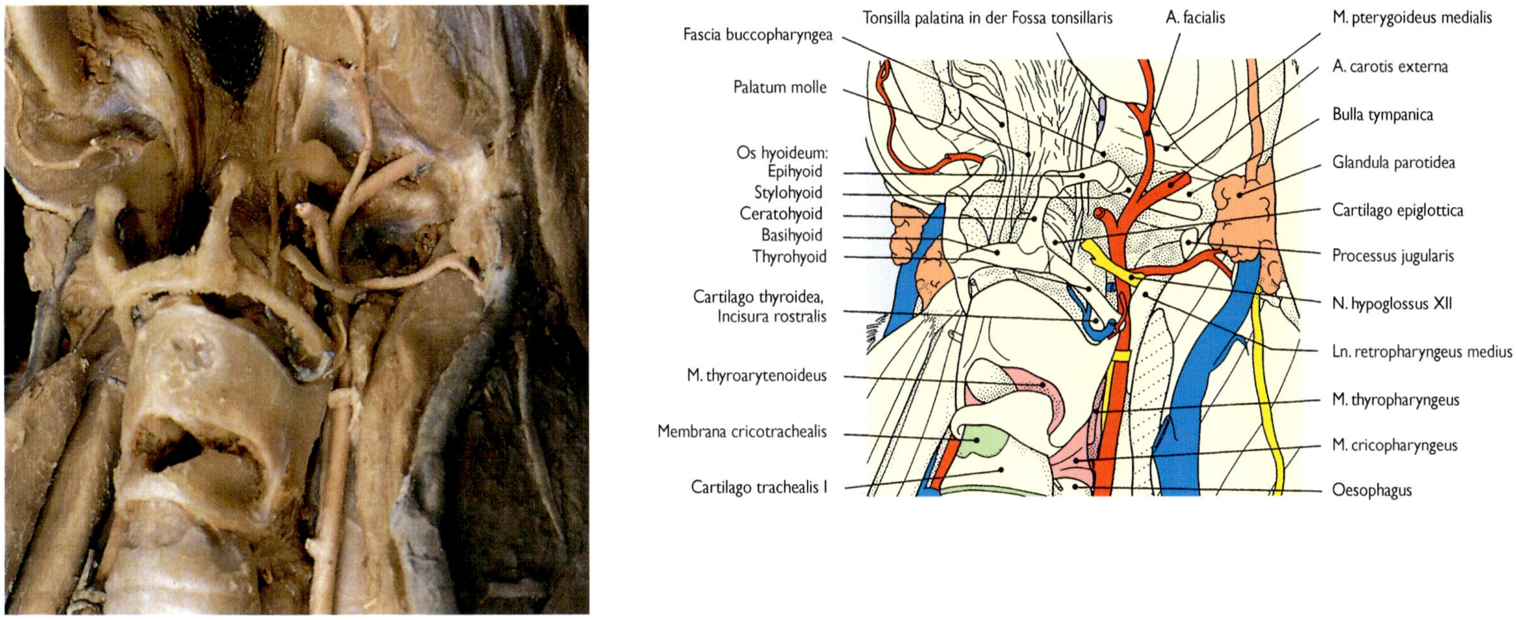

Abb. 2.132 Larynx und Os hyoideum: linke ventrolaterale Ansicht (2). Die Reste der Zunge und des Mundbodens wurden wie folgt entfernt: Durchtrennen des Ansatzes der Mm. hyoglossus und styloglossus am Os hyoideum sowie des N. hypoglossus und der A. lingualis; Entfernung der Speicheldrüsen und -ausführungsgänge, der Überreste der Mm. mylohyoideus, digastricus, hyopharyngeus und ceratohyoideus; Abtrennen der Schleimhautauskleidung des Maulbodens und der Wände des Oropharynx bis zur Basis des Cartilago epiglottica.

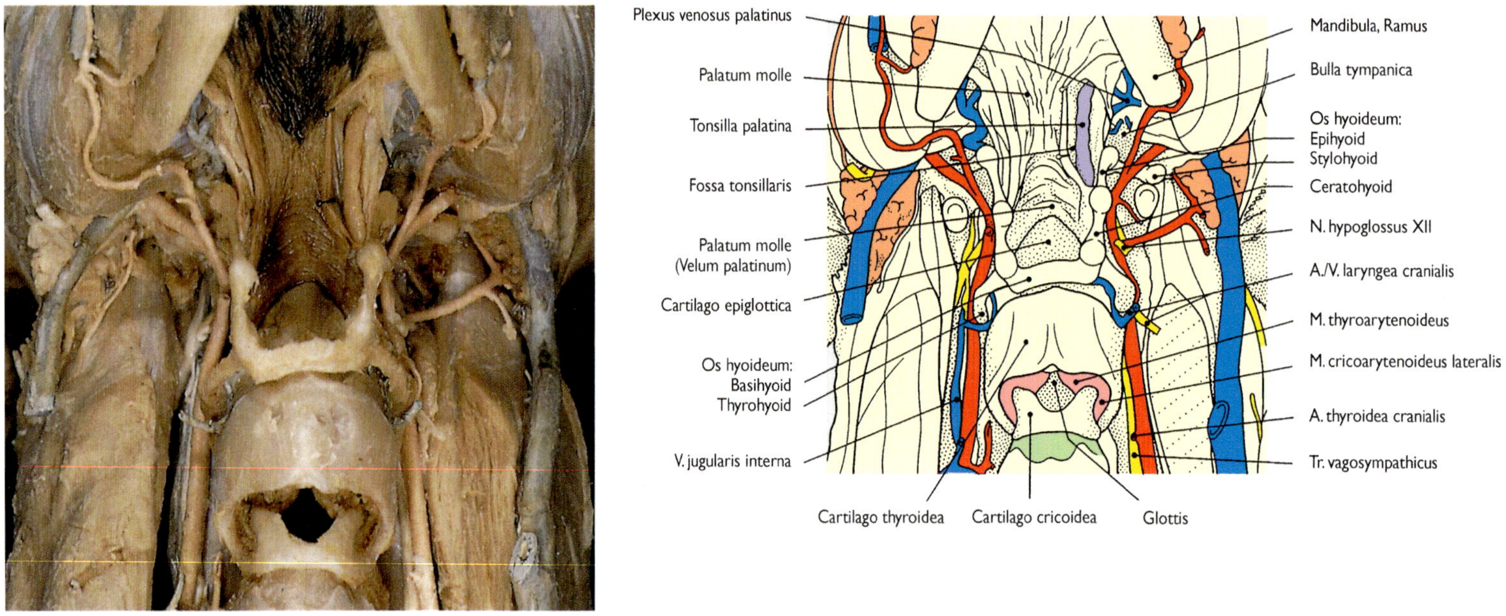

Abb. 2.133 Larynx, Os hyoideum, Tonsilla und Palatum molle: ventrale Ansicht. Dies ist eine andere Ansicht der in Abb. 2.132 gezeigten Präparation mit dem Zusatz, dass hier die Tonsilla palatina der linken Seite durch Zurückstecken der Ränder der Fossa tonsillaris umfassender freigelegt wurde. Lateral der Tonsilla wurde die Schleimhaut von der Unterseite des M. pterygoideus medialis entfernt.

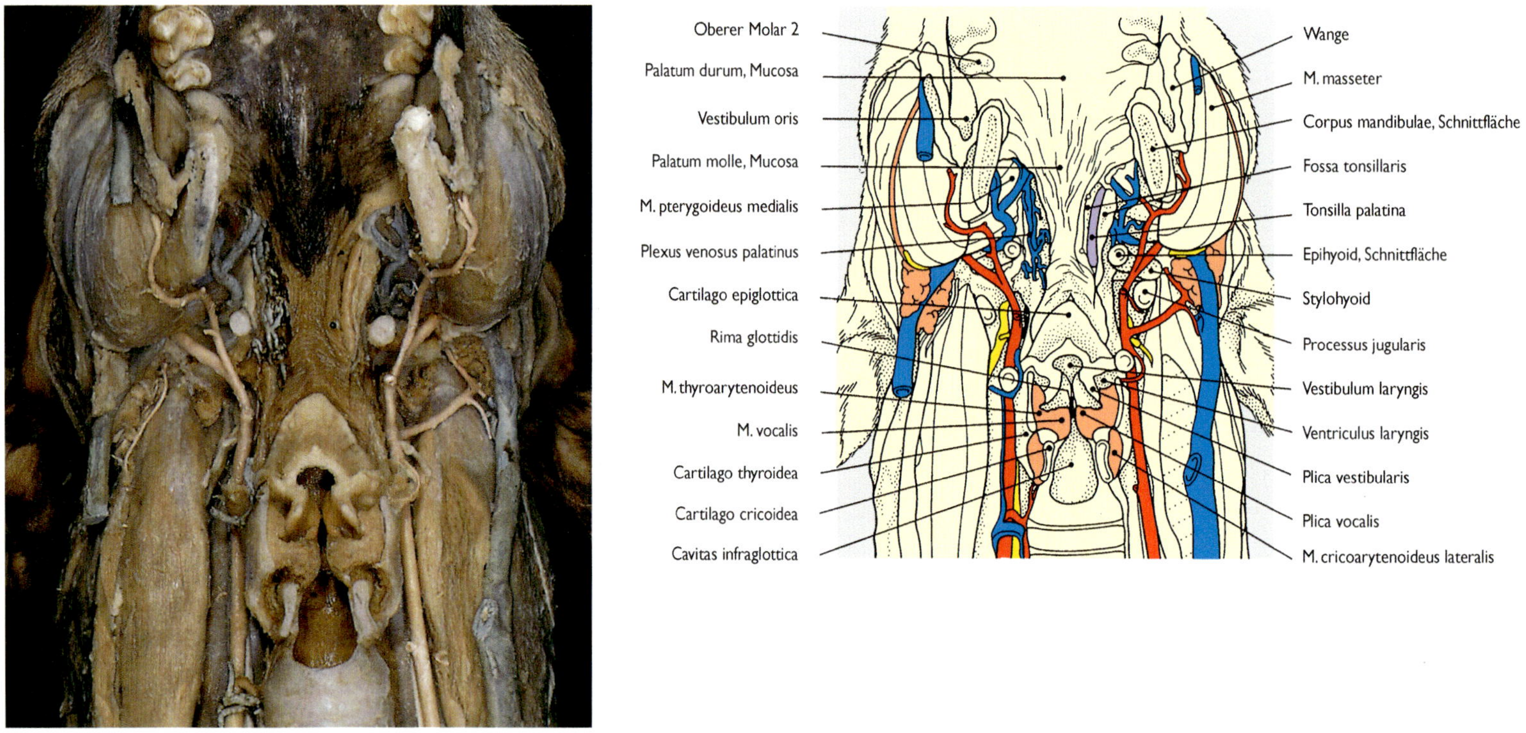

Abb. 2.134 Palatum molle, Tonsilla palatina und Cavum laryngis: ventrale Ansicht. Der Unterkiefer wurde entfernt, indem beidseitig ein Schnitt vom Maulwinkel durch die Wange und das Corpus mandibulae geführt wurde. Ein großer Teil des Os hyoideum wurde durch Abtrennen des Epihyoids und des Thyrohyoids auf beiden Seiten entfernt. Bei fortgesetzter Entfernung von Schleimhautanteilen aus dem Palatum molle und dem Gaumendach werden die Verästelungen des Plexus venosus palatinus sichtbar. Der Larynx wurde horizontal geschnitten, die Trachea verbleibt jedoch intakt.

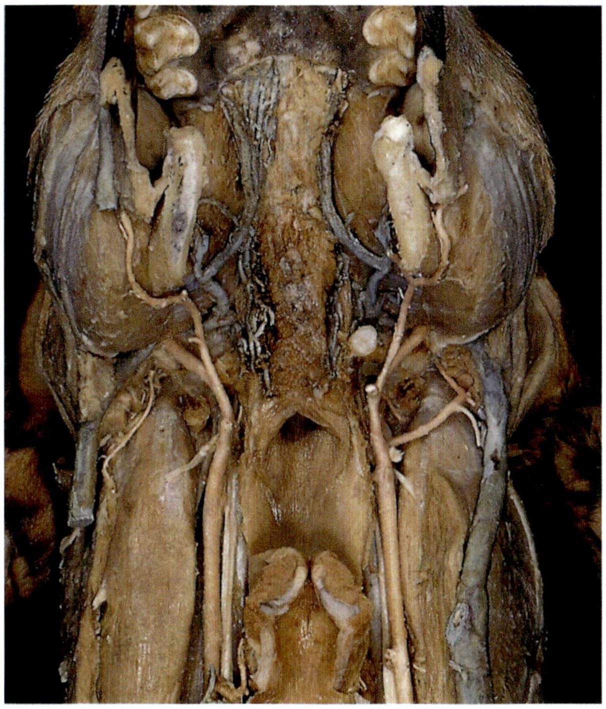
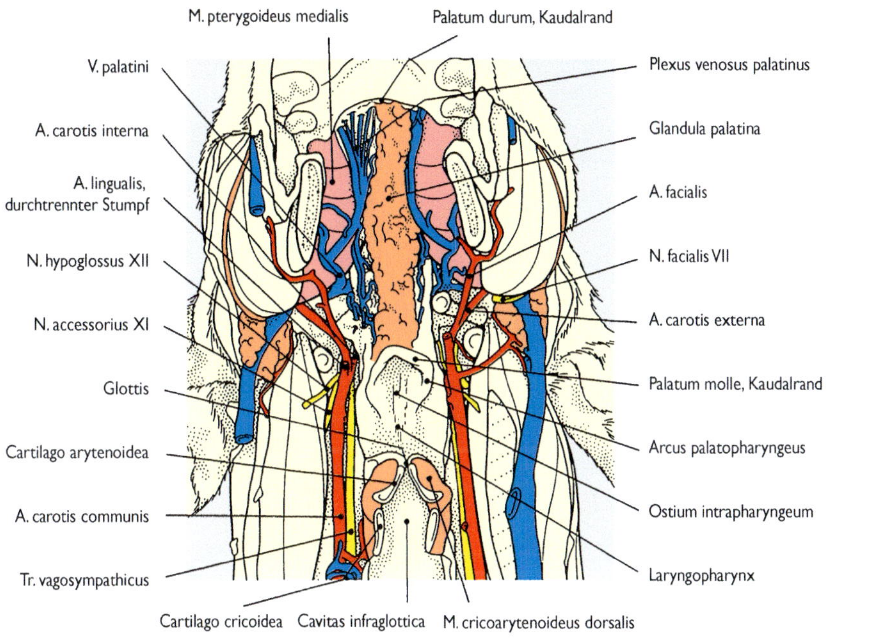

Abb. 2.135 Palatum molle (1). Glandulae palatinae, Plexus venosus palatinus und Laryngopharynx: ventrale Ansicht. Durch die vollständige Entfernung der Schleimhaut des Palatum molle und einer Säuberung des Plexus venosus palatinus auf der linken Seite wird die dichte Masse des palatinen Speicheldrüsengewebes freigelegt. Ein deutlicher Hinweis auf die beträchtliche „Tiefe" des weichen Gaumens ist auch im Schnitt zu sehen (Abb. 2.144 und 2.145). Durch die weitere horizontale Präparation des Larynx wurden der Cartilago thyroidea und der Cartilago epiglottica entfernt; die Cartilagines arytenoidei verbleiben gelenkig mit der Vorderkante des Cartilago cricoideum verbunden.

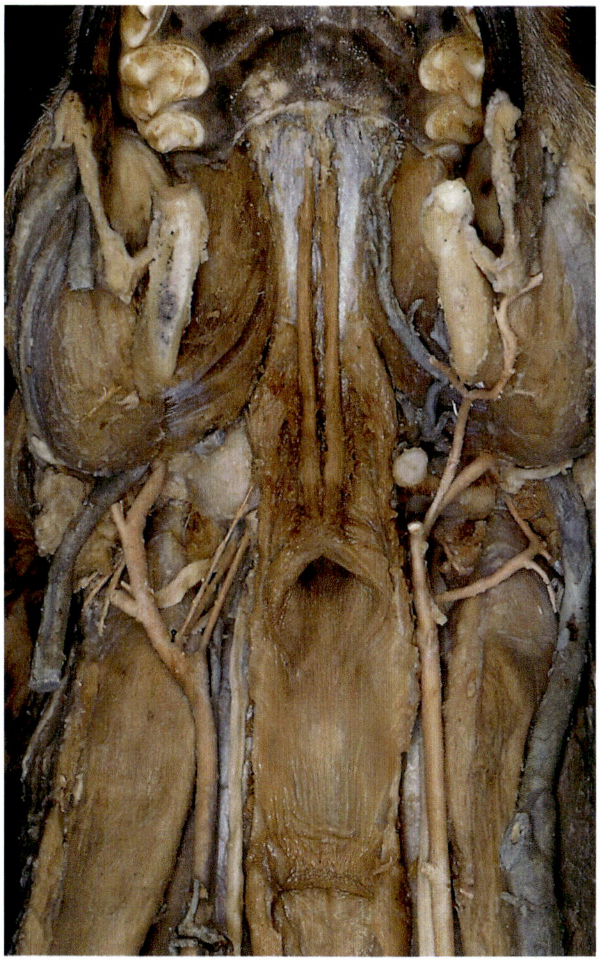
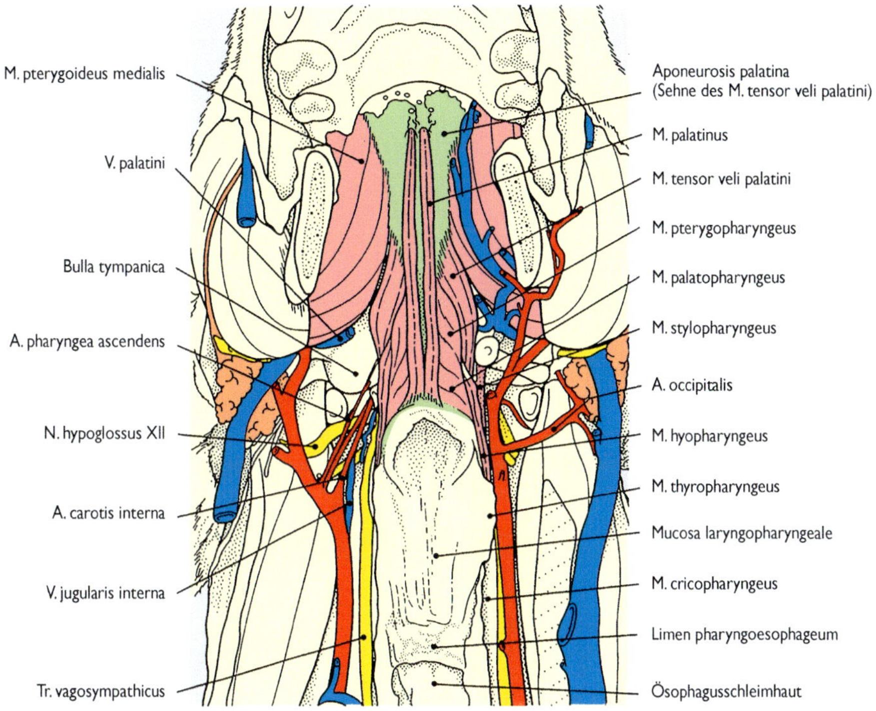

Abb. 2.136 Palatum molle (2). Gaumen- und Rachenmuskeln und Äste der A. carotis: ventrale Ansicht. Das Drüsengewebe und der Plexus venosus palatinus wurden entfernt. Auf der rechten Seite wurde das Stylohyoid entfernt und die Aa. facialis und carotis externa wurden nach lateral verschoben. Die verbleibenden Anteile des Larynx wurden entfernt und die Abgrenzung zwischen Laryngopharynx und Ösophagus ist sichtbar.

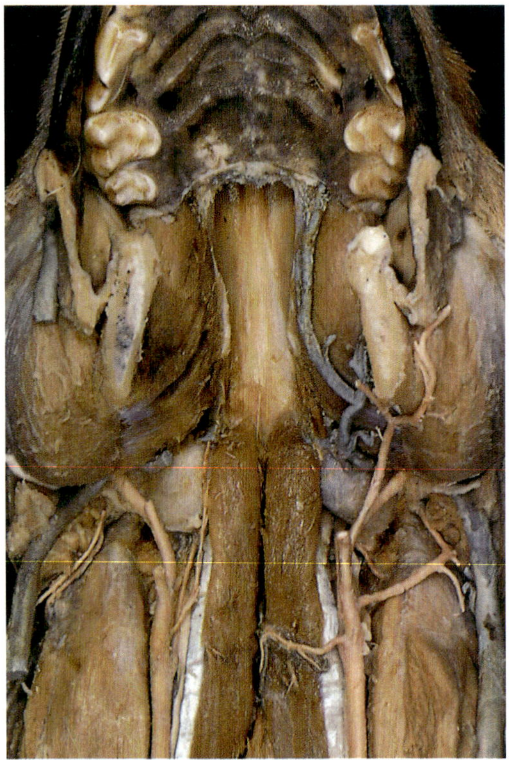

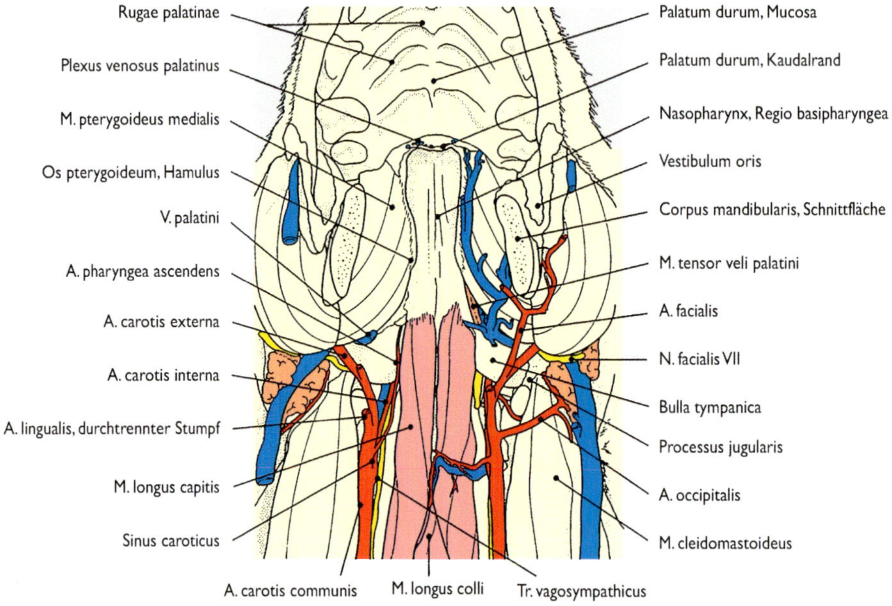

Abb. 2.137 Nasopharynx, Bulla tympanica und M. longus capitis: ventrale Ansicht. Das Palatum molle und seine Muskeln wurden entfernt, wodurch der Nasopharynx im Canalis basipharyngeus des Schädels eröffnet wurde (siehe Abb. 2.126). Der kaudale Rand des Palatum durums zeigt die Lage der Choanae (innere Nasenlöcher) an. Die verbliebene Schleimhaut und Muskulatur des Daches des Laryngopharynx und des Ösophagus werden ebenfalls entfernt und der lange, bandartige M. longus capitis, der am Boden des Cavum cranii zwischen den Bullae tympanicae ansetzt, wird mit seinen Ansätzen freigelegt.

Abb. 2.138-2.146 Transversalschnitte 1-9 durch den Kopf: rostrale Ansichten. Die Transversalschnitte durch den Kopf leiten eine Folge von Schnitten durch den gesamten Körper und die Gliedmaßen ein. Die Schnitte durch den Kopf werden aus rostraler Perspektive betrachtet und die dazugehörige Zeichnung zeigt die ungefähren Ebenen, auf denen die Schnitte durchgeführt wurden.

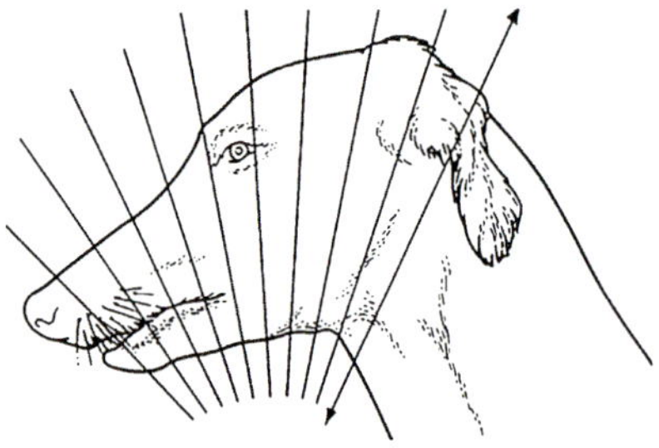

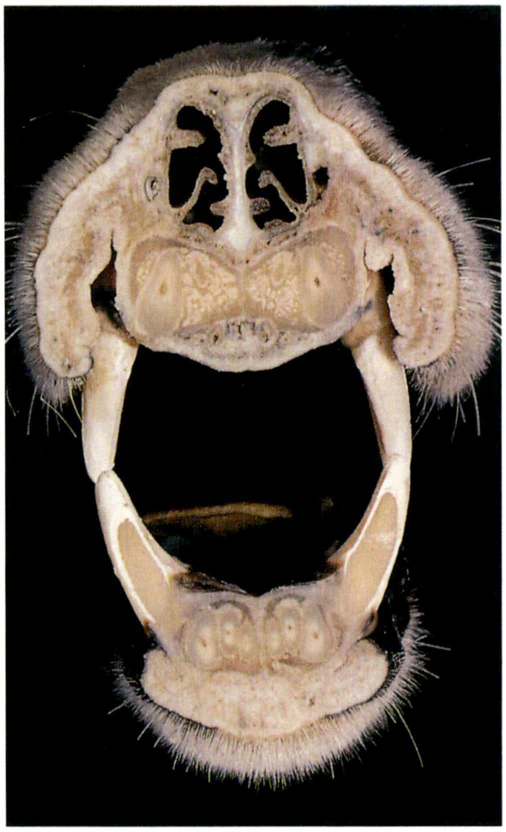

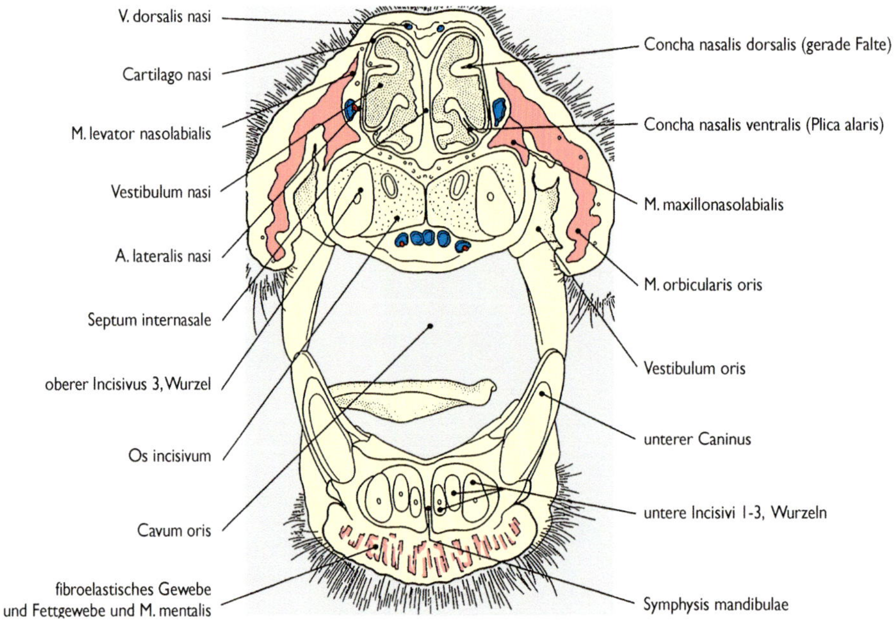

Abb. 2.138 Transversalschnitt (1). Durch das Vestibulum nasi und den Unterkiefer auf der Höhe der Canini: rostrale Ansicht. Diese erste Präparation geht durch das Vestibulum nasi und zeigt das knorpelige Stützgerüst des beweglichen Teils der Nase an.

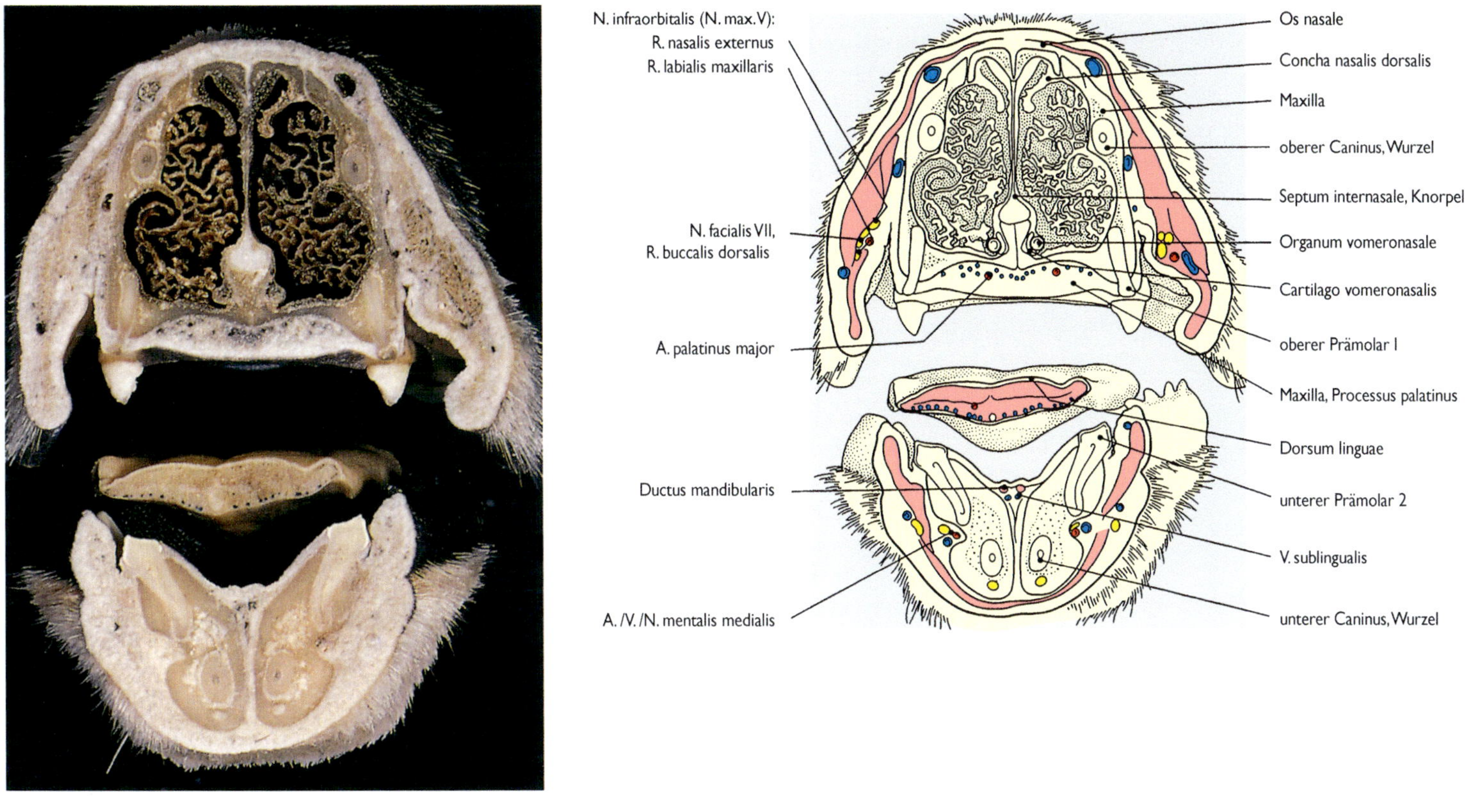

Abb. 2.139 Transversalschnitt (2). Durch die Nasenhöhle auf der Höhe des oberen Prämolaren 1 und den Unterkiefer am unteren Prämolaren 2: rostrale Ansicht. Dieser Schnitt führt durch die Cavitas nasi proprium und zeigt die komplexe Verästelung der Concha nasalis ventralis (Maxilloturbinale) und die ausgedehnte Vaskularisierung des submukösen Gewebes, das die Nasenhöhle auskleidet (vgl. Abb. 2.101 und 2.102). Die Vomeronasalorgane und die dazugehörigen Vomeronasalknorpel sind auf beiden Seiten des basalen Anteils der Nasenscheidewand sichtbar (vgl. Abb. 2.102).

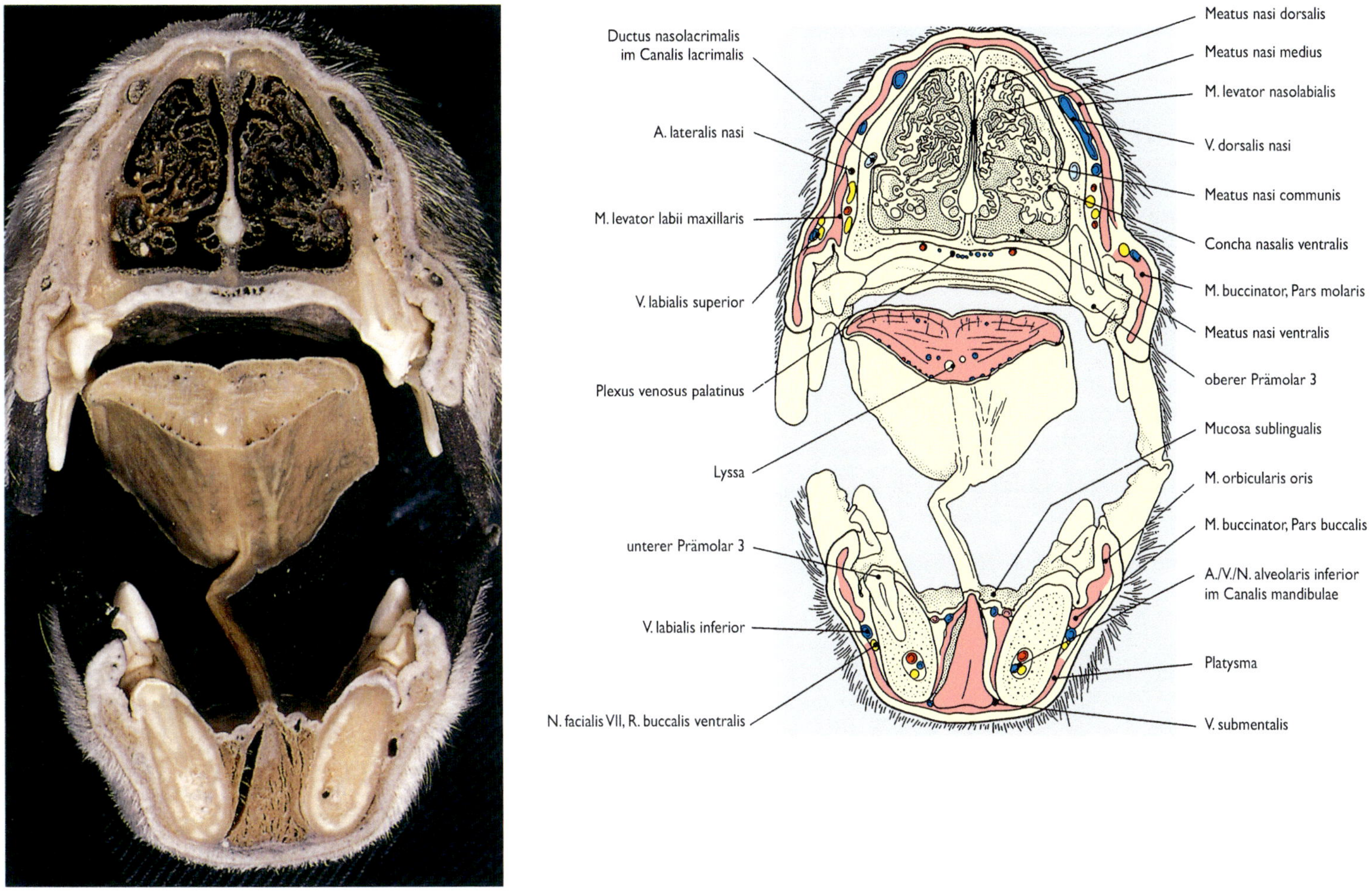

Abb. 2.140 Transversalschnitt (3). Durch Nasenhöhle, Zunge und Unterkiefer auf der Höhe des oberen und unteren Prämolaren 3: rostrale Ansicht. Diese Präparation durch die Nasenhöhle zeigt, wie die Nasenschleimhaut mit den Ossa conchae als Stützgerüst praktisch die gesamte Nasenhöhle ausfüllt. Die longitudinal verlaufenden Meatus nasi sind daher, abgesehen vom Meatus nasi ventralis, undeutlich abgebildet. Die Symphysis mandibulae wird in der Abb. 2.139 etwas besser dargestellt, während in dieser Präparation die Mm. genioglossus und geniohyoideus an ihren Ursprüngen direkt kaudal der Symphyse gezeigt werden.

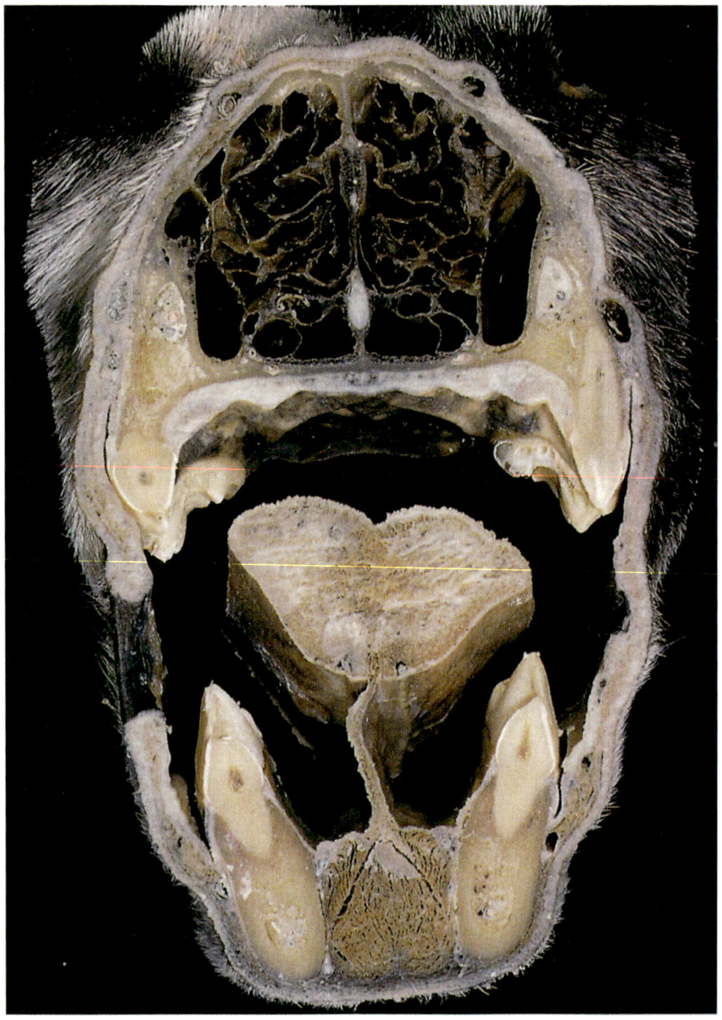

Abb. 2.141 Transversalschnitt (4). Durch das Cavum nasi, Zunge und Unterkiefer auf der Höhe des oberen Prämolaren 4 und unteren Molaren 1: rostrale Ansicht. Dieser Schnitt führt durch die Backen- (Reißzähne) auf der Höhe des Maulwinkels. Innerhalb der Nasenhöhle durchläuft der Schnitt den rostralen Anteil des Labyrinthus ethmoidalis und zeigt dabei, dass die Ectoturbinalia und Endoturbinalia als Stützgerüst für die Riechschleimhaut fungieren (siehe Abb. 2.104 und 2.105). Das Frenulum linguae enthält beidseitig Fortsätze der Mm. genioglossi, die sich zwischen rostral verlaufenden Anteilen der Mm. hyoglossi in die Zunge hineinziehen. Der Großteil der Zunge besteht aus verschiedenen Bündeln intrinsischer Muskeln, wobei die Fibrae perpendiculares und transversae besonders hervorzuheben sind. Die extrinsischen Zungenmuskeln kommen in lateraler (Abb. 2.77) und insbesondere medialer (Abb. 2.87-2.94) Ansicht besser zur Geltung.

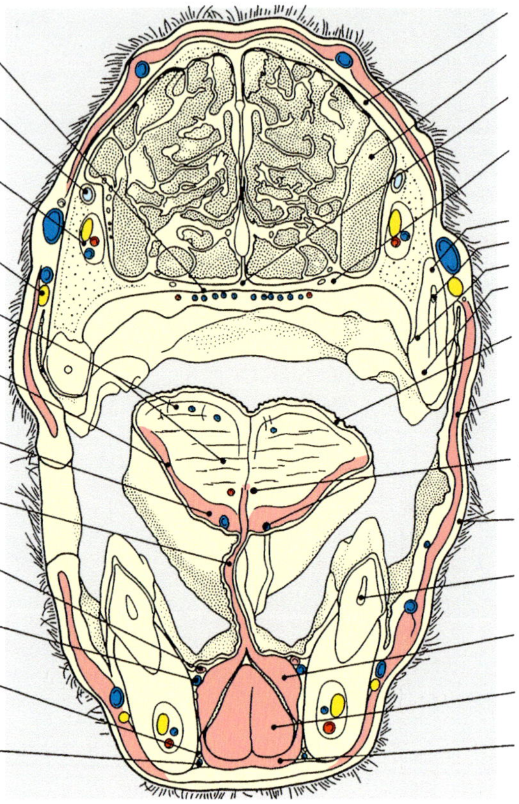

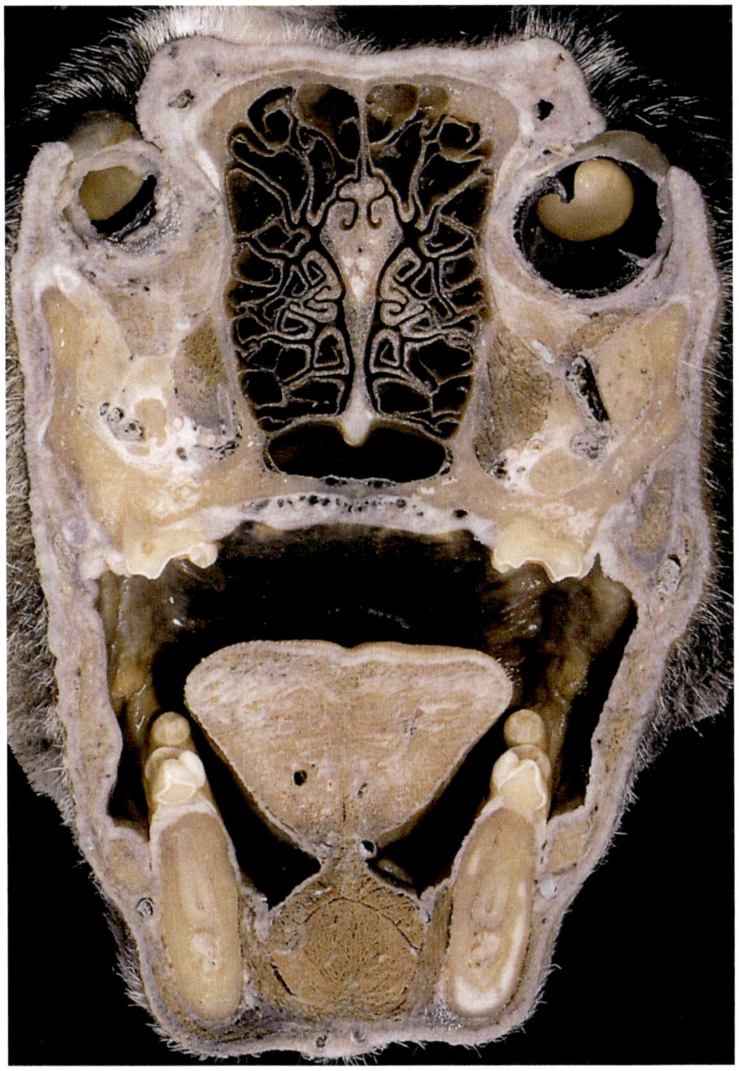

Abb. 2.142 Transversalschnitt (5). Durch das Cavum nasi, die Orbitae, die Fossae pterygopalatinae, die Zunge und den Unterkiefer: rostrale Ansicht. Dieser Schnitt führt durch die Orbitae und die Fossae pterygopalatinae. Der Bulbus oculi wird genauso wie die äußeren Augenmuskeln und die sie umgebende periorbitale Schicht durchtrennt. Linkseitig ist die Periorbita an der Verbindung der V. ophthalmica ventralis externa und der V. facialis profunda perforiert (siehe Abb. 2.48 und 2.52). Die A. und der N. maxillaris sind vor ihrem Eintritt in den Canalis infraorbitalis am Foramen maxillare erkennbar. Die Glandula zygomatica und das Fettgewebe verdecken diese Strukturen teilweise. Der M. mylohyoideus, der den gesamten intermandibulären Bereich überspannt, ist deutlich zu erkennen, denn er bildet am Maulboden eine Art „Diaphragma".

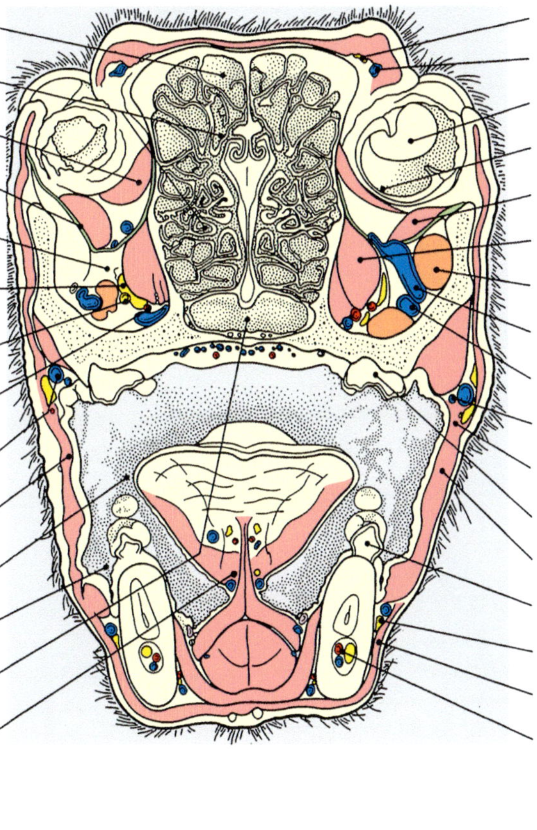

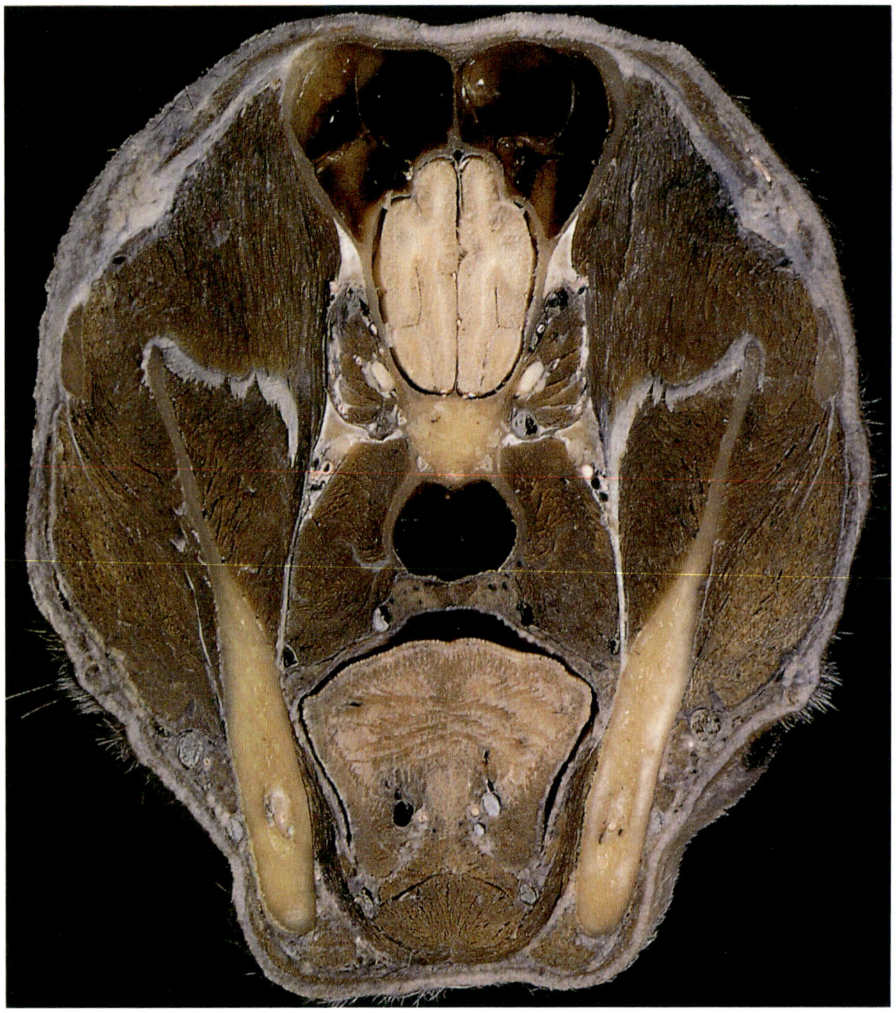

Abb. 2.143 Transversalschnitt (6). Durch die Sinus frontales, das rostrale Ende des Cavum cranii, den Nasopharynx, das Corpus linguae und die Mandibularäste: rostrale Ansicht. Die Orbitae und die Fossae pterygopalatinae sind in diesem Schnitt immer noch vorhanden, obwohl die Orbita nahe dem Apex des Conus periorbitalis durchtrennt wurde. Die äußeren Augenmuskeln und die Vv. Orbitales sind sichtbar, der Schnitt verläuft jedoch kaudal vom Austritt des N. opticus (siehe Abb. 2.48-2.54). Der Oropharynx ist unter der Masse der Zunge praktisch nicht mehr erkennbar. In seinen Seitenwänden an der medialen Oberfläche der Mandibula und am M. mylohyoideus liegen die Glandulae sublinguales an. Die Lobi frontales der Hirnhälften können in der Schädelhöhle unter dem Sinus frontalis lateralis identifiziert werden. Die Abbildungen 2.110-2.115 und 2.118-2.121 zeigen Details der groben inneren Struktur des Gehirns in Lateral- bzw. Dorsalansicht.

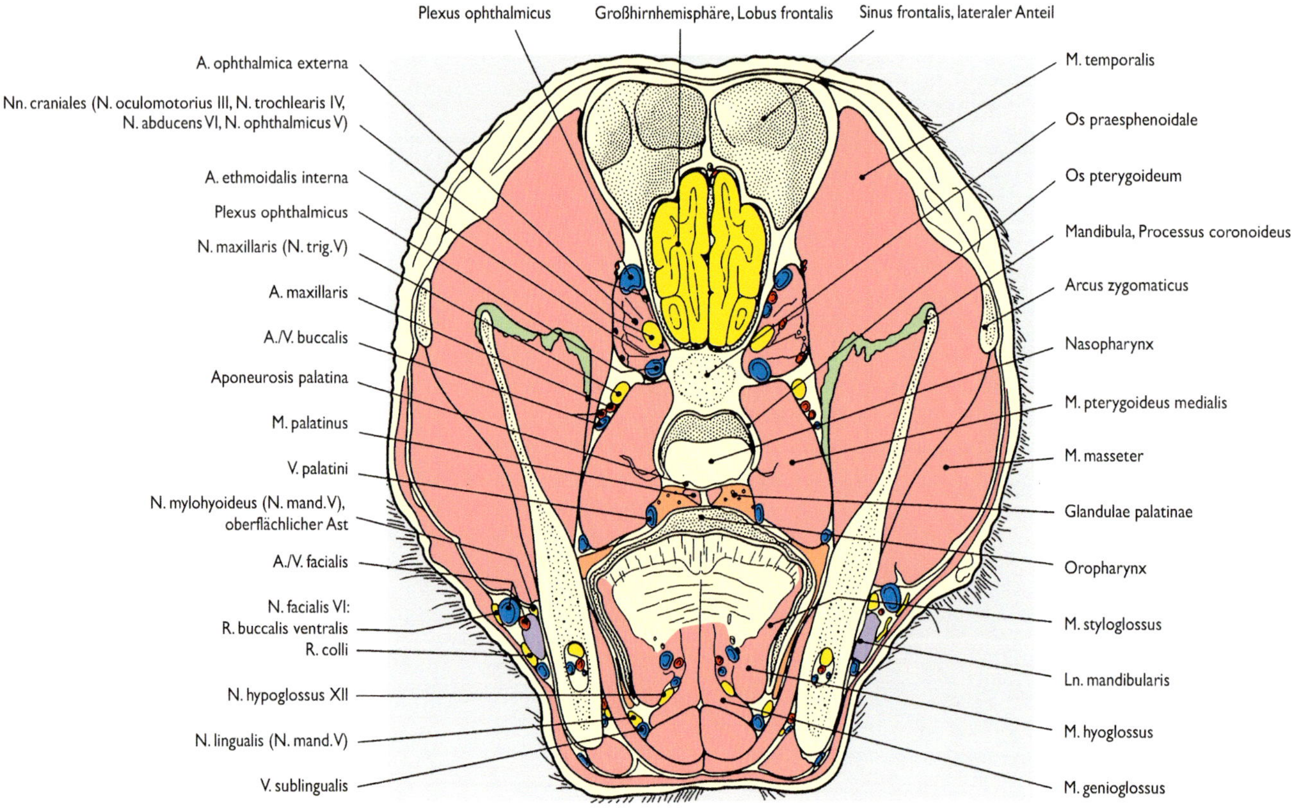

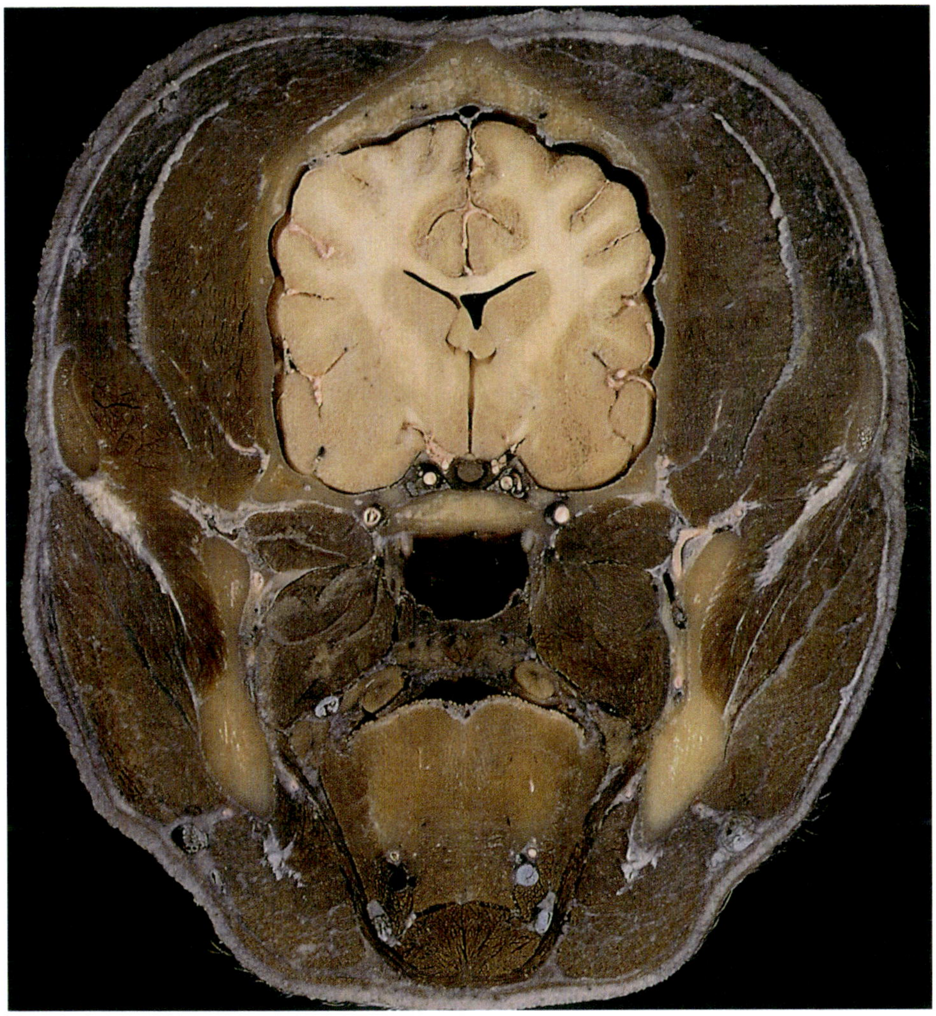

Abb. 2.144 Transversalschnitt (7). Durch die Hirnhälften, die Hypophyse, den Nasopharynx, die Tonsillae palatinae und die Radix linguae: rostrale Ansicht. In dieser Präparation sind eine Reihe von Strukturen erkennbar, die die Hypophyse flankieren, insbesondere der Circulus arteriosus cerebri und die A. carotis interna, die im Sinus cavernosus liegt (siehe Abb. 2.113, 2.115, 2.123 und 2.124). Lateral davon auf der äußeren Oberfläche des Cavum cranii ist die A. maxillaris an ihrem Eintritt in den Canalis alaris ossis sphenoidalis erkennbar (siehe Abb. 2.3 und 2.82). Der Unterkiefer ist durch die Incisura mandibulae rostral des Kiefergelenks jedoch kaudal des Foramen mandibulae durchtrennt worden (siehe Abb. 2.3). Die A., V. und N. alveolaris mandibulae, erscheinen zwischen dem M. pterygoideus medialis und lateralis *auf dem Weg* zum Foramen mandibulae (Abb. 2.98).

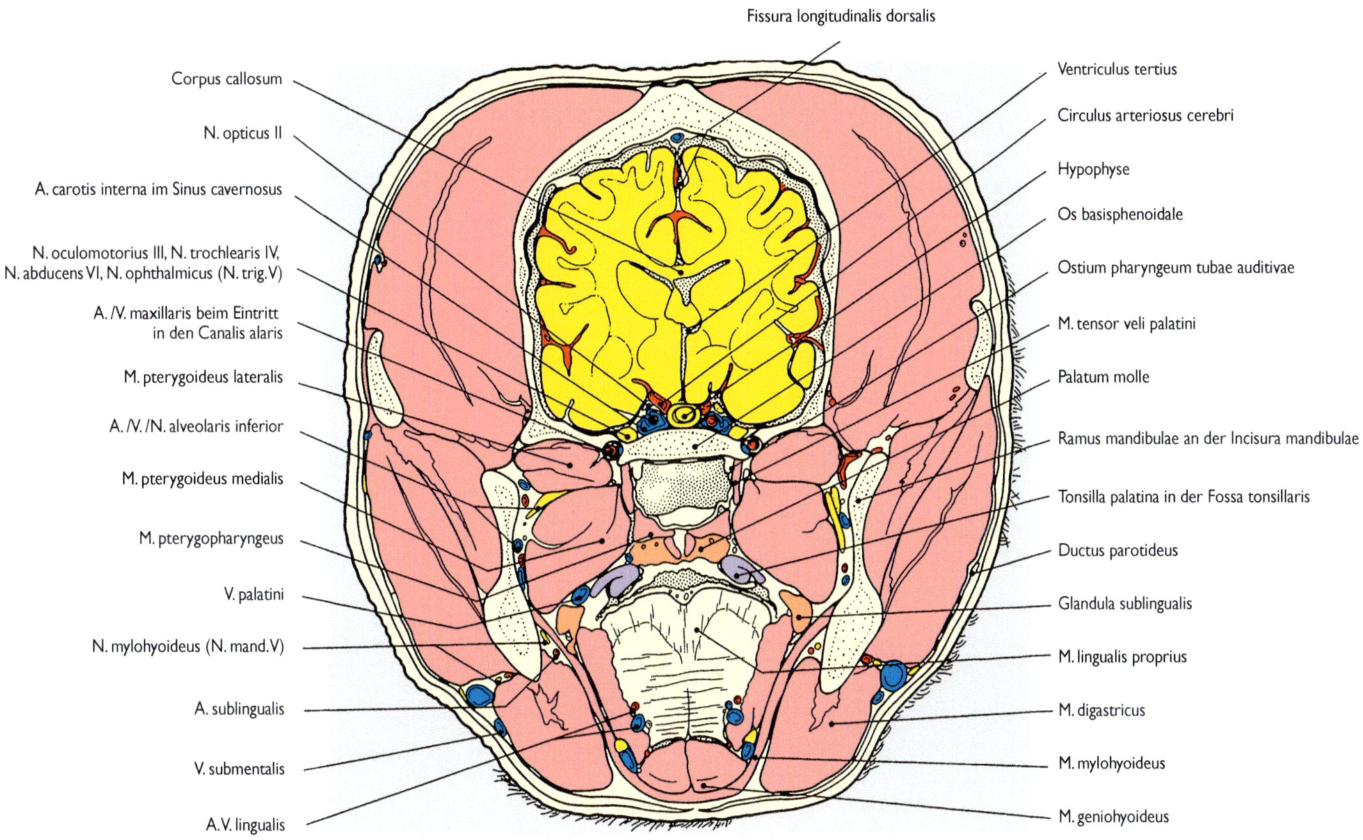

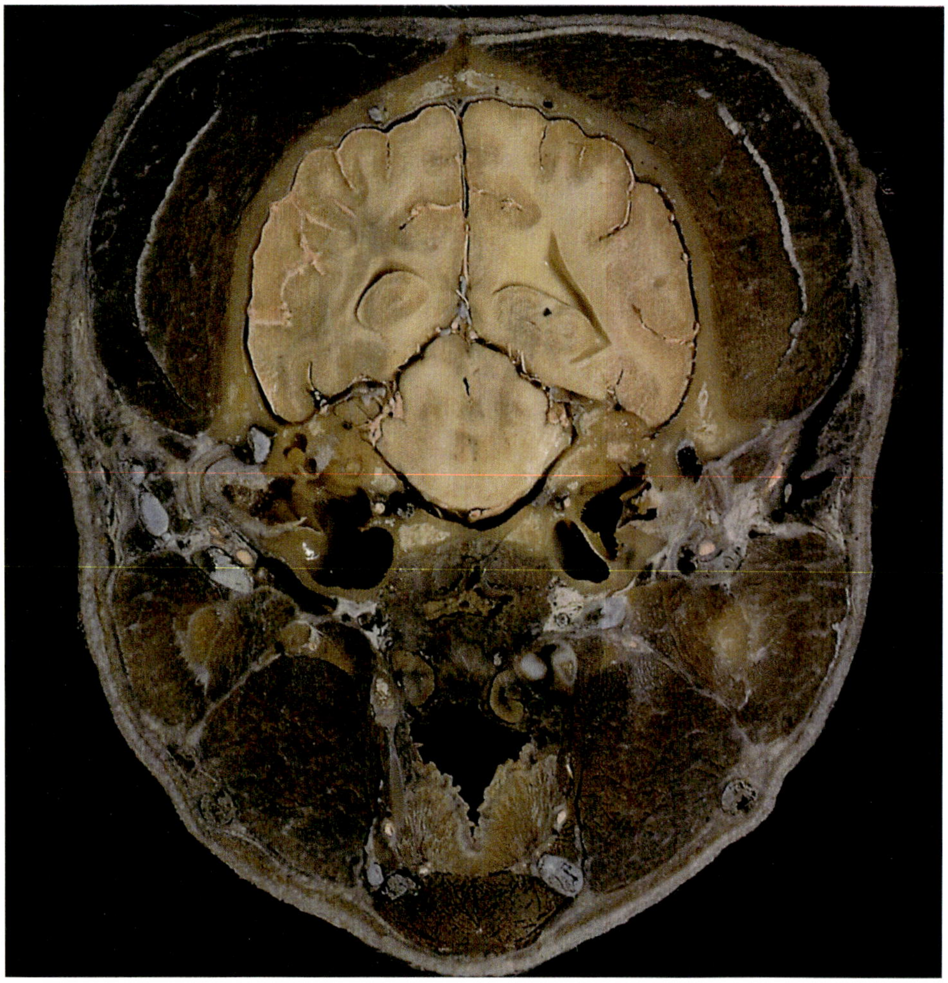

Abb. 2.145 Transversalschnitt (8). Durch die Großhirnhemisphären, das Mittelhirn, die Bullae tympanicae, Mittelohrhöhle, Tonsilla palatina und den Oropharynx: rostrale Ansicht. Auf der rechten Seite dieser Präparation werden zwei der drei Ossiculae auditoriae (incus und malleus) sowie der M. tensor tympani und die Membrana tympanica (Trommelfell) gezeigt. Der Meatus acusticus externus ist teilweise durchtrennt. Die enge Beziehung von A., V. und N. facialis (VII) zum Meatus wird deutlich, da diese Strukturen in der Tiefe der Glandula parotidea liegen (siehe Abb. 2.39 und 2.45). Der Unterkiefer ist allein durch den Processus angularis mandibulae dargestellt. Allerdings sind die Mm. masseter, pterygoideus und digastricus als bedeutende Anteile deutlich zu erkennen.

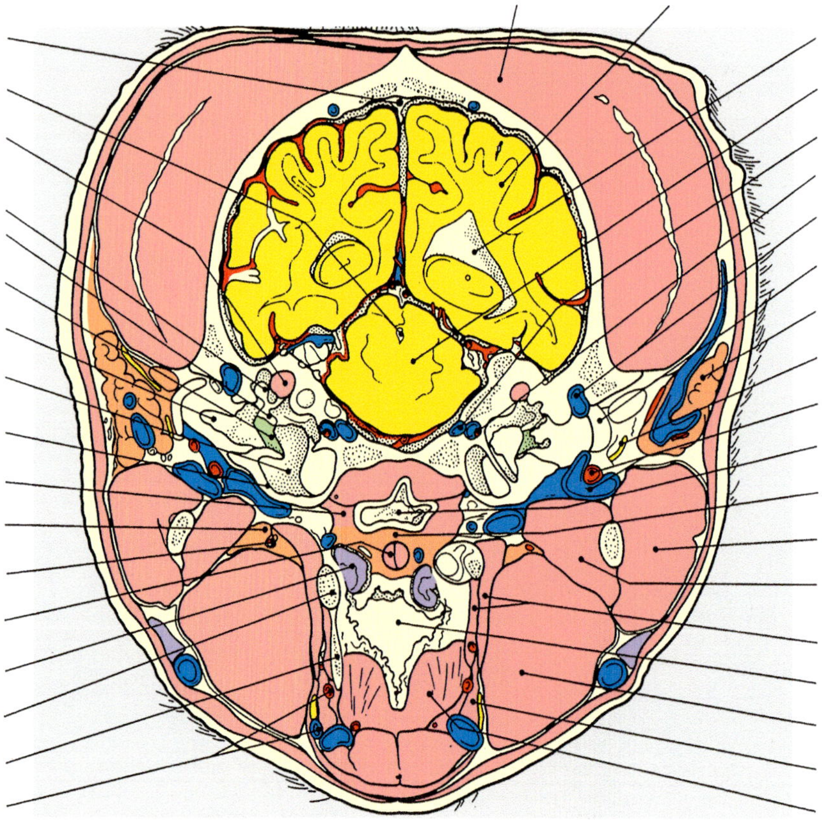

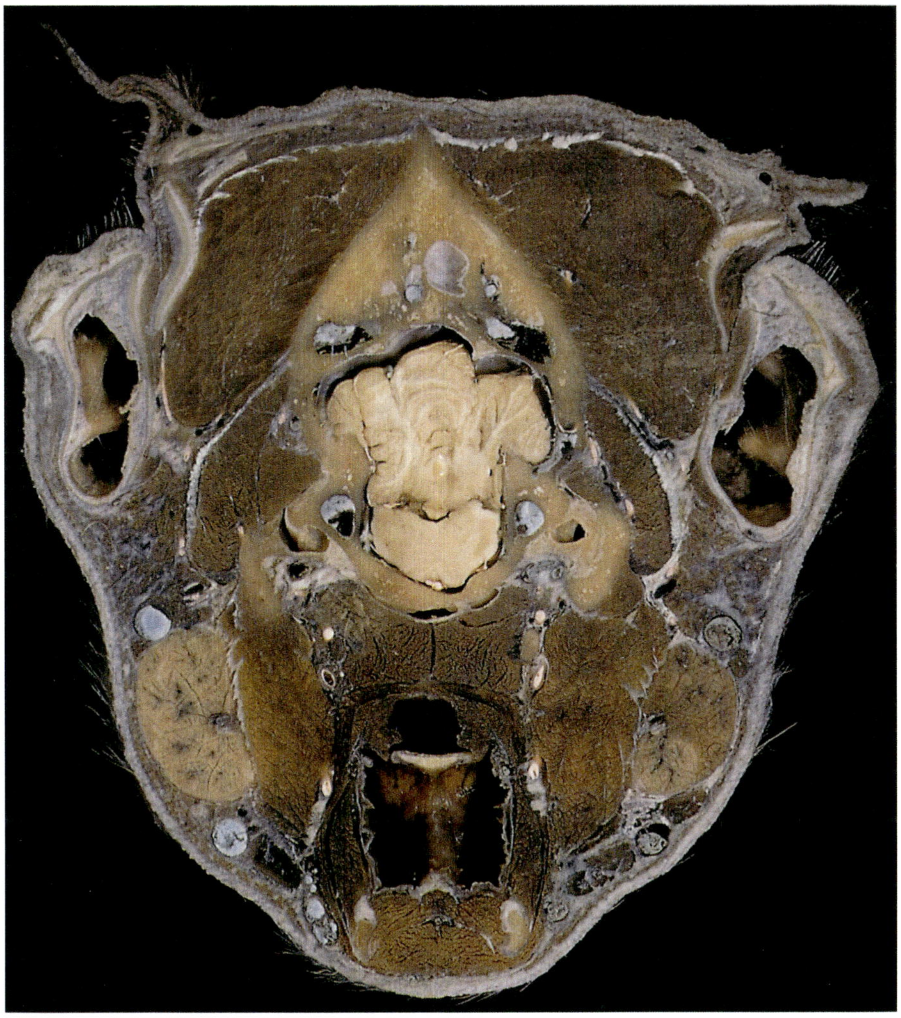

Abb. 2.146 Transversalschnitt (9). Durch die Regio occipitalis, das Cerebellum, Myelencephalon und die Glandulae parotideae und mandibularis: rostrale Ansicht. In dieser Präparation wurden ventral der Articulatio atlantooccipitalis mehrere Hirnnerven (Nn. cranii: X, XI und XII) und die Aa. carotis interna und externa dort durchtrennt, wo sie zwischen dem M. digastricus lateral und dem M. longus capitis medial liegen (siehe Abb. 2.78-2.82 und 2.92-2.95). Der Schnitt führt durch den Pharynx kaudal des freien Randes des Palatum molle, so dass der Apex des Cartilago epiglottica auf der Schnittebene sichtbar wird. Innerhalb des Maul- und Rachenraums ist die orale Oberfläche der Epiglottis identifizierbar.

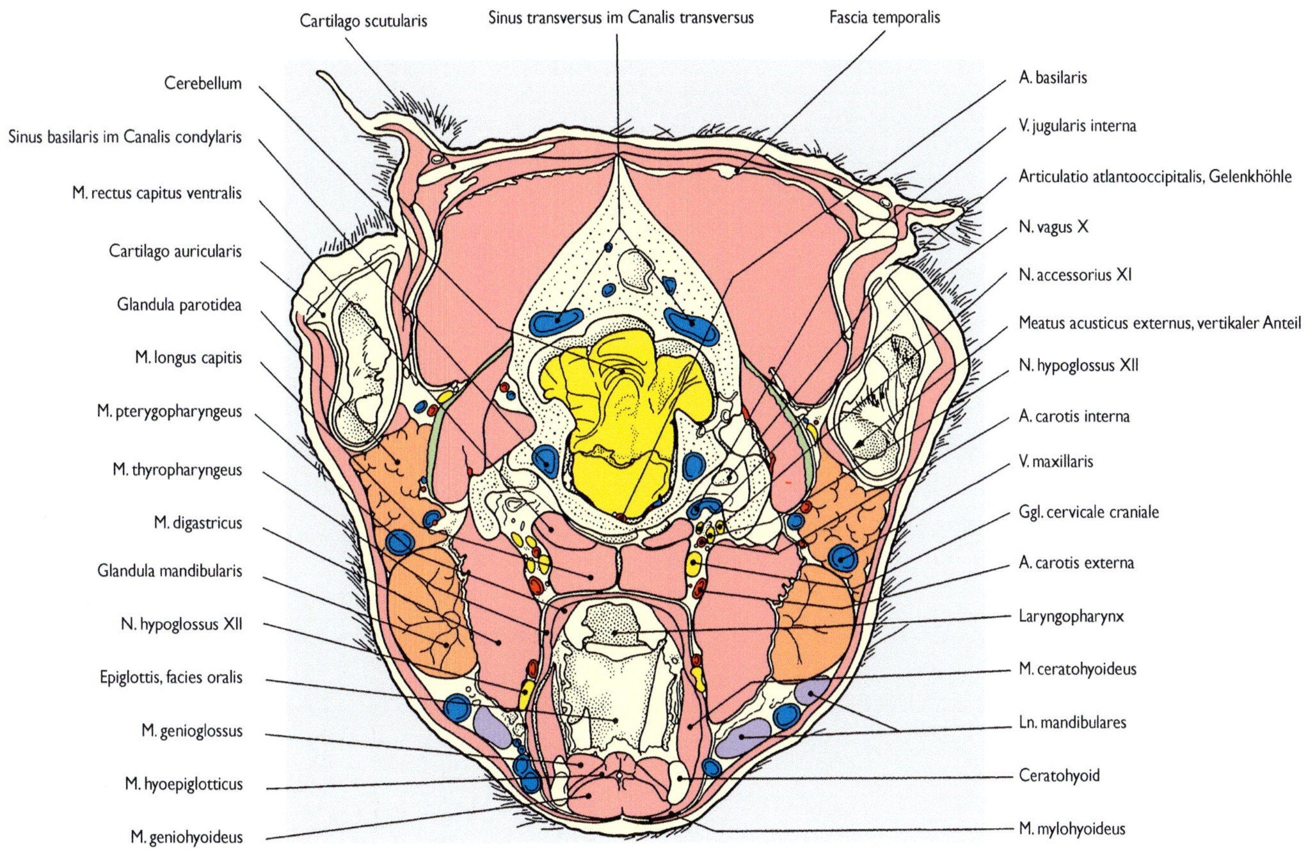

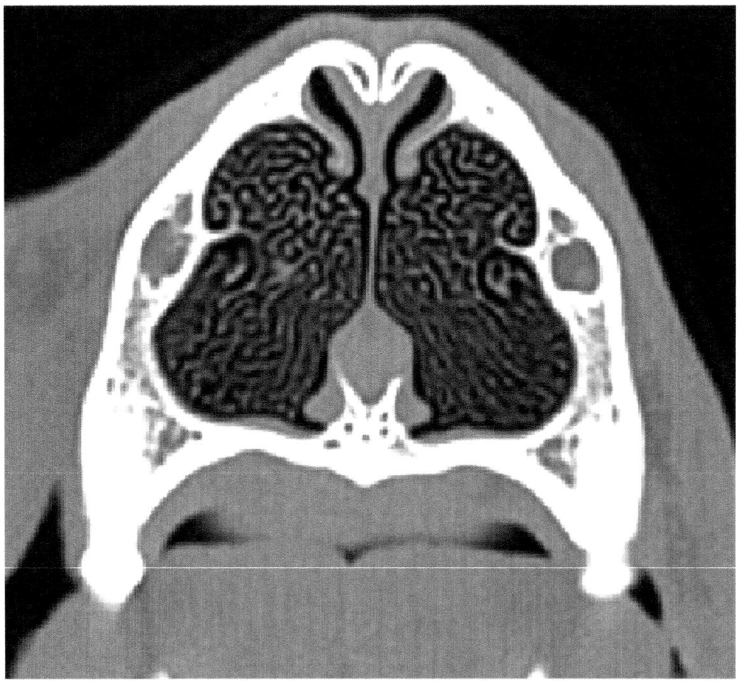

Abb. 2.147 Computertomografisches Bild der Nase: transversale Ebene, in Höhe des ersten Prämolaren.

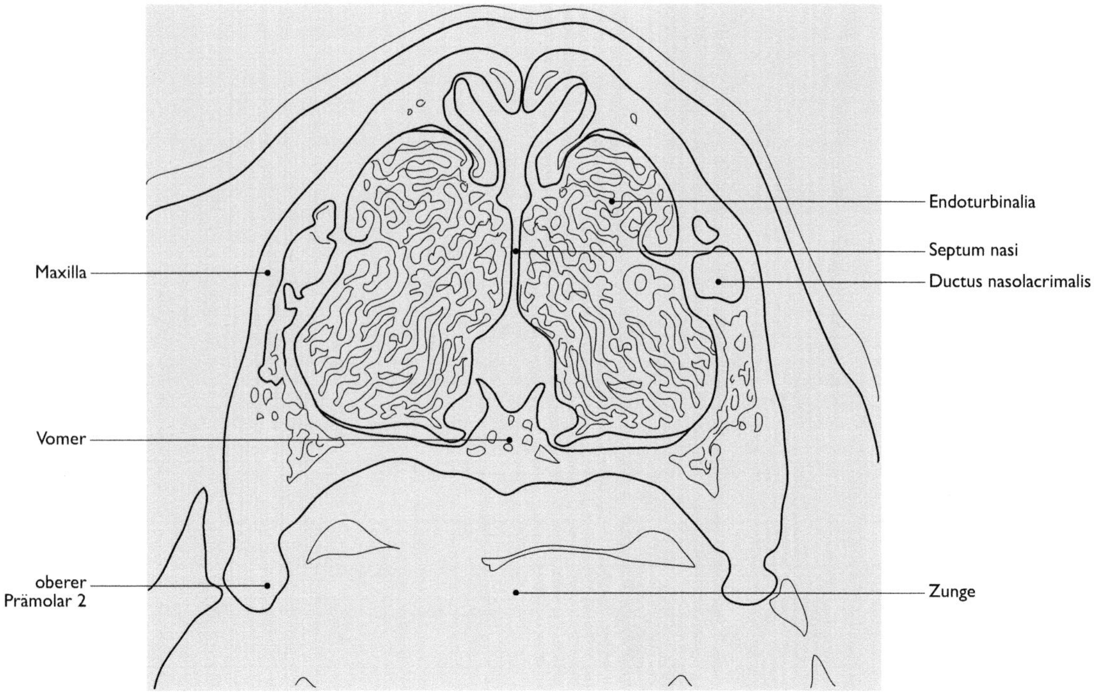

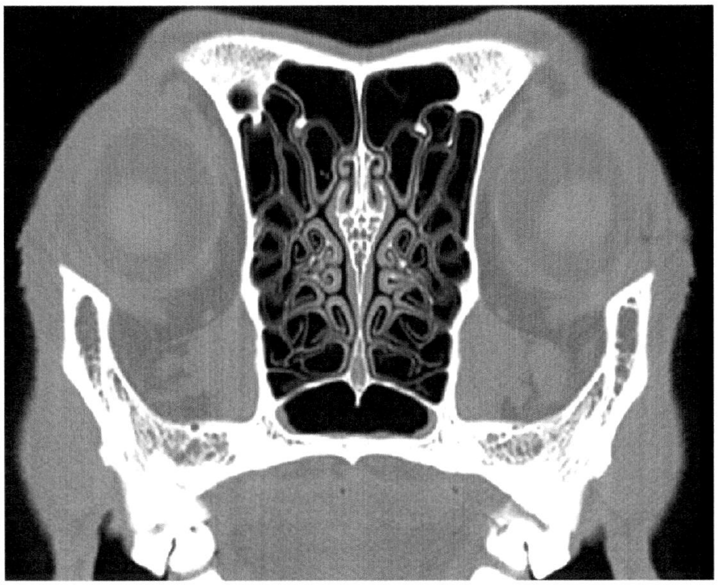

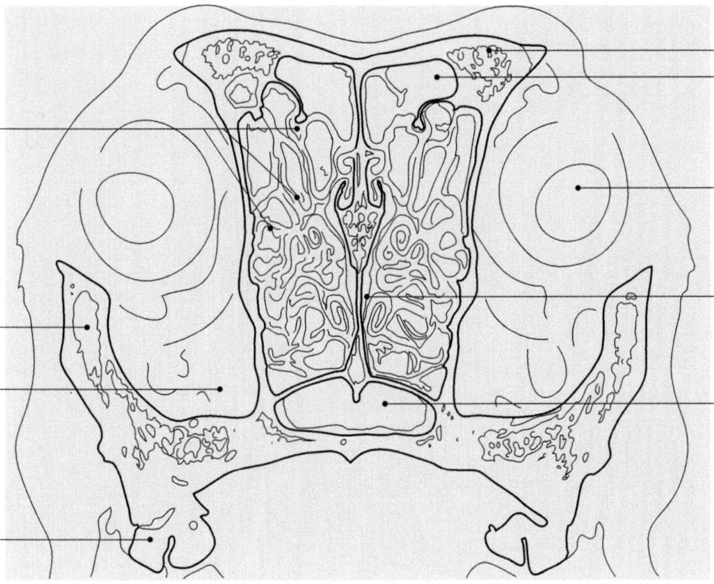

Abb. 2.148 Computertomografisches Bild der Nase: Transversalebene, Höhe der Orbitae.

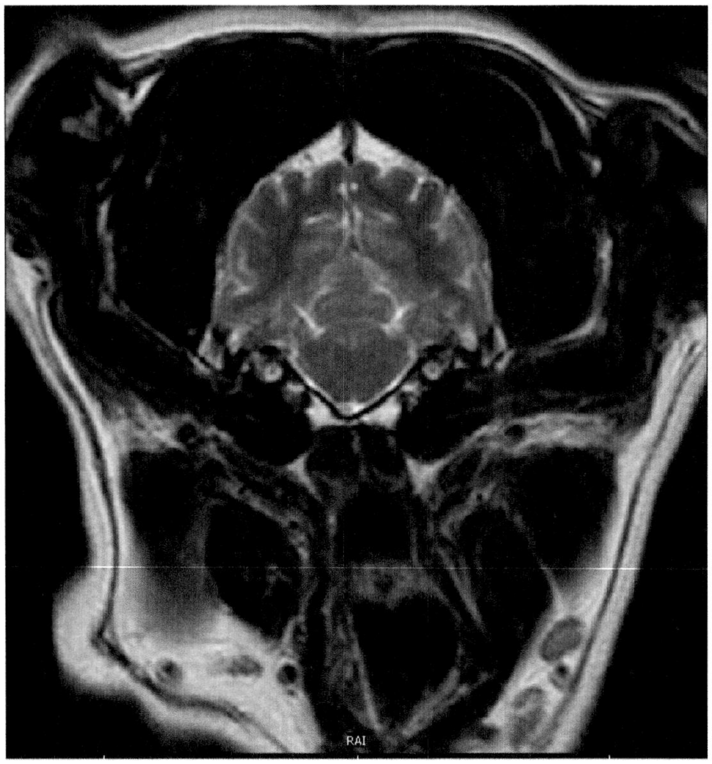

Abb. 2.149 MRT-Bild des Kopfes: Transversalebene, auf der Höhe der Bullae tympanicae, T_2 gewichtetes Bild.

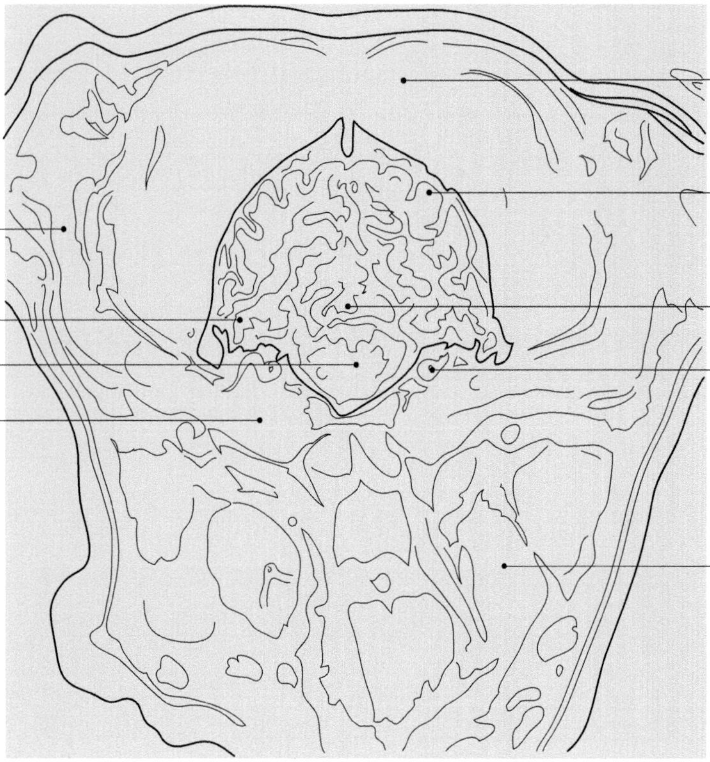

Abb. 2.150 MRT-Bild des Kopfes: Transversalebene, auf der Höhe der Hypophyse, T_2 gewichtetes Bild.

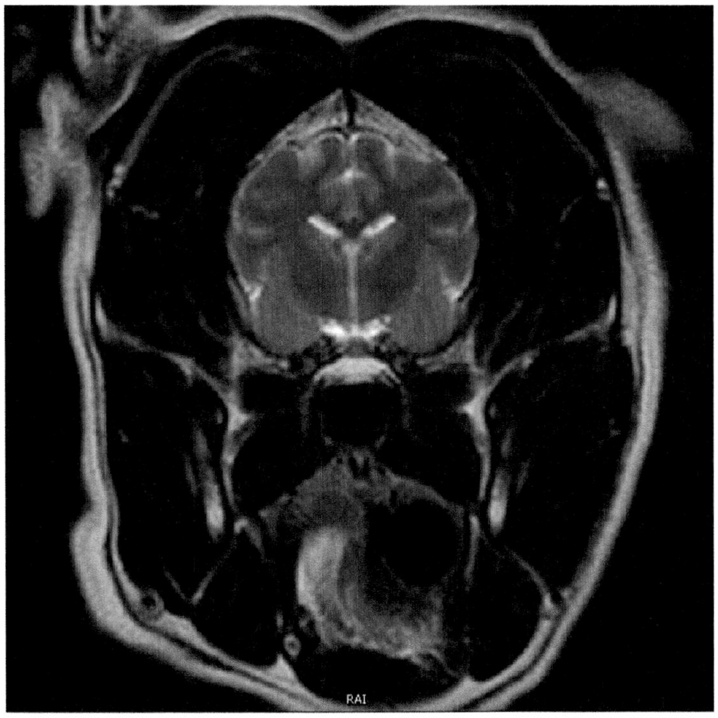

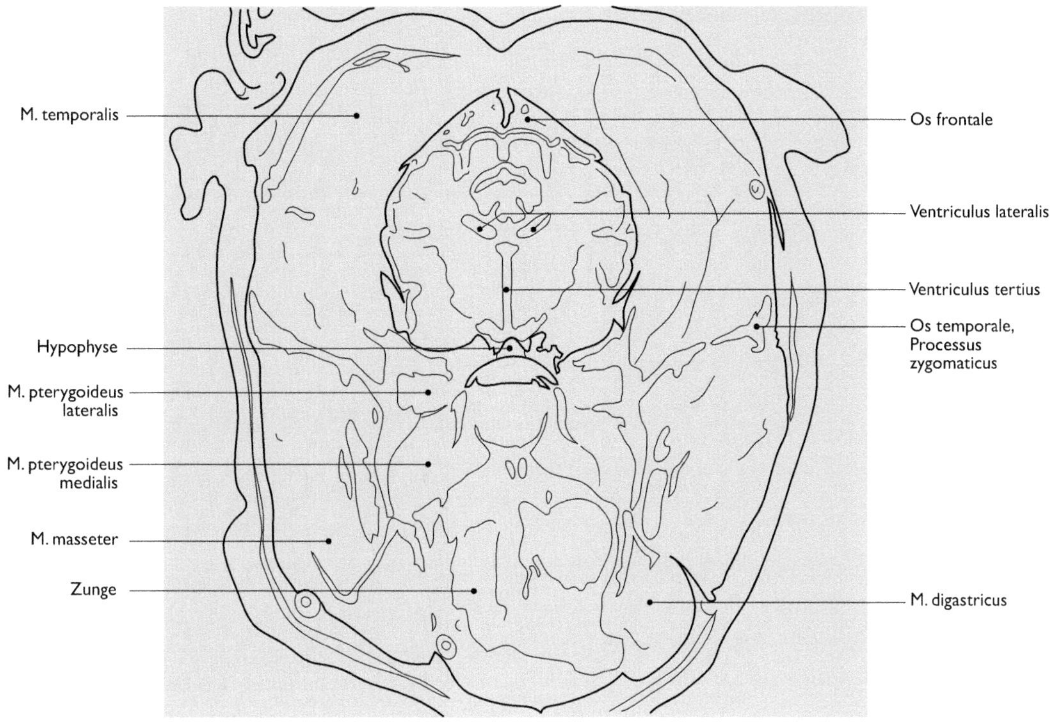

Abb. 2.151 MRT-Bild des Kopfes: Sagittalebene, Mittellinie, T_2 gewichtetes Bild.

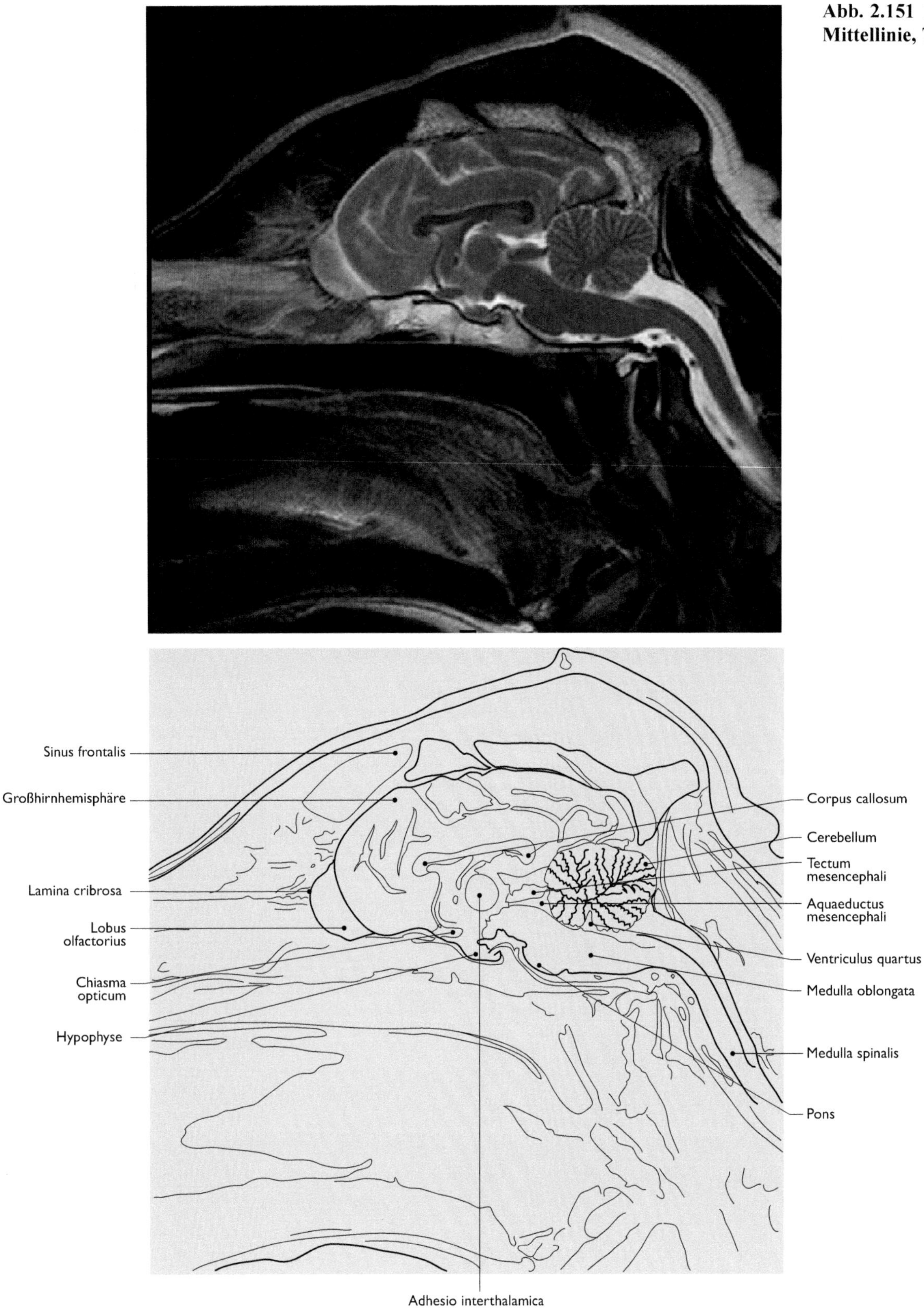

3. DER HALS

Der Hals wird in drei Regionen gegliedert: Die Parotisregion (*Regio parotidea*), den ventralen Rand des Halses (*Regio colli ventralis*) und die Region vor dem Schulterblatt (*Regio praescapularis*). Viele Erkrankungen betreffen gleichzeitig Kopf und Hals. Eines der wichtigsten Beispiele dafür ist der brachyzephale Hund, bei dem es wegen des deformierten Gesichtsschädels zum oberen Atemwegssyndrom kommt.

Der Hals wird häufig bei Kämpfen mit Schädigungen der oberflächlichen Nerven und Gefäße verletzt. Im dorsalen Halsbereich, der keine empfindlichen Strukturen enthält, gibt es wenige lebenswichtige Strukturen, die beschädigt werden können, so dass die Verletzungen hier lediglich Haut, Unterhaut und Muskeln betreffen. Der wichtigste Orientierungspunkt ist der Schildknorpel des Larynx (*Prominentia laryngea*) kaudal des Basihyoideum des Zungenbeines. Die klinisch wichtigen Strukturen sind die Schilddrüse, der Larynx, die Trachea, der Ösophagus und die Halswirbel.

Die Schilddrüse ist beim gesunden Hund nicht palpierbar. Palpierbare Vergrößerungen, Kropf genannt, treten auf, sind aber ziemlich selten. Die Schilddrüse befindet sich über der 5. bis 9. Knorpelspange der Trachea. In jedem der beiden Schilddrüsenlappen befinden sich zwei Nebenschilddrüsen (Epithelkörperchen). Das innere Epithelkörperchen befindet sich am kaudalen Pol der Schilddrüse und das äußere befindet sich am kranialen Pol der Schilddrüse. Bei einer Thyroidektomie müssen die Nebenschilddrüsen unversehrt bleiben. Dies ist besonders wichtig bei Katzen. Klinisch ist es wichtig zu wissen, dass die Epiglottis dorsal des weichen Gaumens liegt.

Eines der häufigen klinischen Probleme bei Hunden ist die Schluckstörung oder Dysphagie. Sie hat drei Phasen: ösophageal, pharyngeal und gastroösophageal. Im Falle eines Megaösophagus, also einer erweiterten Speiseröhre, kann in seltenen Fällen ein aufgetriebener, flüssigkeitsgefüllter Ösophagus tastbar sein. Der chirurgische Zugang zu dieser Region ist gewöhnlich im mittleren Drittel des Halses. Der persistierende rechte Aortenbogen ist ein interessantes anatomisches Problem, das zum Megaösophagus führt. Ein chirurgischer Eingriff am Oesophagus erfordert Sorgfalt bei der Lokalisation und dem Schutz der A. carotis und des Truncus vago-sympathicus. Wenn der Ösophagus verlagert wird, sollte das vorsichtig geschehen, um Schäden am linken N. laryngeus recurrens zu vermeiden. Dieser liegt zwischen Ösophagus und Trachea, links der Mittellinie. Die übliche Stelle für einen chirurgischen Eingriff am Hals beim Tier in Rückenlage ist die ventromediane bindegewebige Raphe. Inzisionen werden in dieser Linie vorgenommen, um Schäden an den umliegenden Geweben zu minimieren und Blutungen zu verringern. Die ventralen bandförmigen Muskeln können dann zur Seite geschoben werden. Dieser Bereich wird für chirurgische Eingriffe an der Trachea, dem Ösophagus, der Schilddrüse und den Bandscheiben genutzt.

Der Trachealkollaps, eine relativ häufige Erkrankung bei älteren Hunden, tritt besonders oft bei Yorkshire Terriern auf und wird ebenfalls chirurgisch über einen Zugang durch die Raphe in der Mittellinie ca. 2 bis 3 cm kaudal des Larynx behandelt. Bei dieser Erkrankung kommt es zu einer Degeneration der Knorpelspangen der Trachea. Die chirurgische Versorgung besteht in der Straffung des Ligamentum tracheale, um die runde Form der Trachea wiederherzustellen.

Die ventrale zervikale Bandscheibenfenestration wird verwendet, um Schäden an den Bandscheiben zu behandeln, die insbesondere bei kleinen Hunderassen im Halsbereich auftreten. Der Nucleus pulposus der Bandscheibe fällt entweder lateral oder dorsal vor, wodurch Druck auf das Rückenmark ausgeübt wird. Der daraus resultierende Schmerz verursacht Muskelkrämpfe. Dieser korrigierende Eingriff wird ebenfalls in Rückenlage durchgeführt.

Für eine erfolgreiche endotracheale Intubation ist die Kenntnis des Aufbaus des Kehlkopfes unerlässlich. Mehrere andere klinische Erkrankungen des Larynx und Pharynx werden ebenfalls chirurgisch behandelt. Falls erforderlich, können Stimmbänder chirurgisch entfernt werden. Die Arytenoid-Lateralisierung wird angewendet, um eine Larynxparese zu behandeln. Dabei werden die Aryknorpel vom darunterliegenden Cartilago cricoidea gelöst und weiter rostral an den ipsilateralen Flügel der Cartilago thyroidea geheftet, wodurch die damit verbundenen Stimmbänder abduziert werden. Cricopharyngeale Myotomie wird durchgeführt, um eine cricopharyngeale Achalasie zu behandeln, bei der der cricopharyngeale Sphincter sich nicht lockern kann und daher keinen Durchtritt (Passage) von Nahrung aus dem Pharynx in den Ösophagus zulässt. In diesem Fall werden Teile der cricopharyngealen Muskelmasse entfernt.

Die pharyngeale Intubation ermöglicht es, einen Tubus *in situ* im Ösophagus zu platzieren und unterstützt die Versorgung von Wunden am Ösophagus und eine Behandlung der Pharyngealparese. Liquor cerebrospinalis (CSF) kann an einer Stelle entnommen werden, die auf halbem Wege zwischen den Protuberantia occipitalis und einer die Atlasflügel verbindenden Linie liegt. Der Hund verfügt nur über sehr wenig Liquor cerebrospinalis.

Am Hals finden sich zwei weitere wichtige Strukturen. Die erste von ihnen ist der Ln. cervicalis superficialis oder die entsprechende Lymphknotenkette. Dieser Lymphknoten ist normalerweise beim Hund nicht tastbar, es sei denn er ist aufgrund von Infektionen oder Tumoren pathologisch verändert.

Die zweite Struktur ist die V. jugularis, die ventrolateral verläuft und für die Venenpunktion aus verschiedenen Gründen zugänglich ist (Blutabnahme, Anästhesie, Medikamentenverabreichung etc.). Sie kann durch Druck an der kaudalen Begrenzung des Halses gestaut werden. Die V. cephalica liegt im Sulcus pectoralis. Sowohl die V. cephalica als auch die V. cervicalis superficialis münden in der Drosselrinne in die V. jugularis externa. Die V. omobrachialis mündet ebenfalls in die V. jugularis externa.

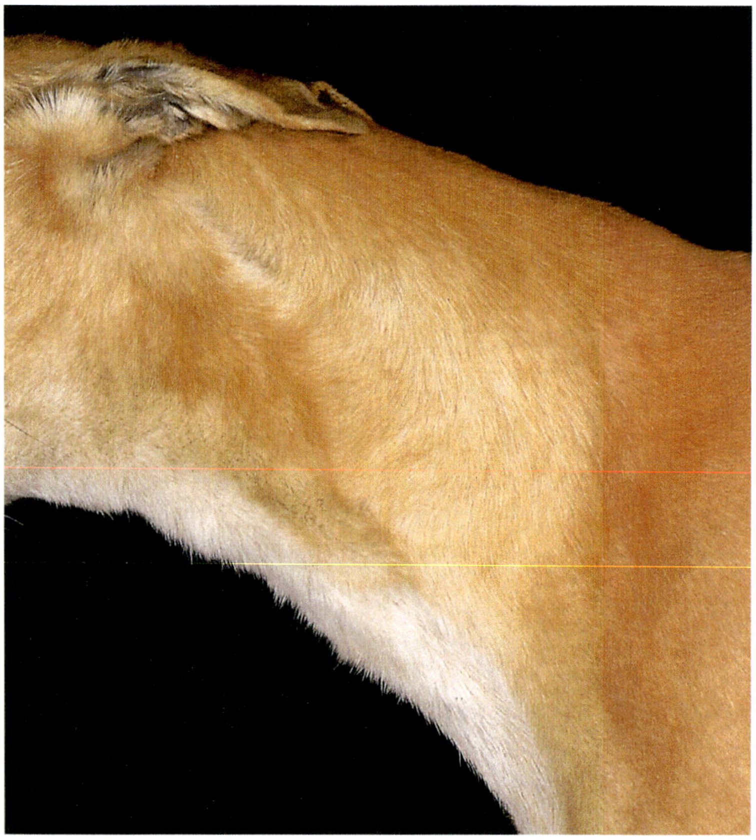

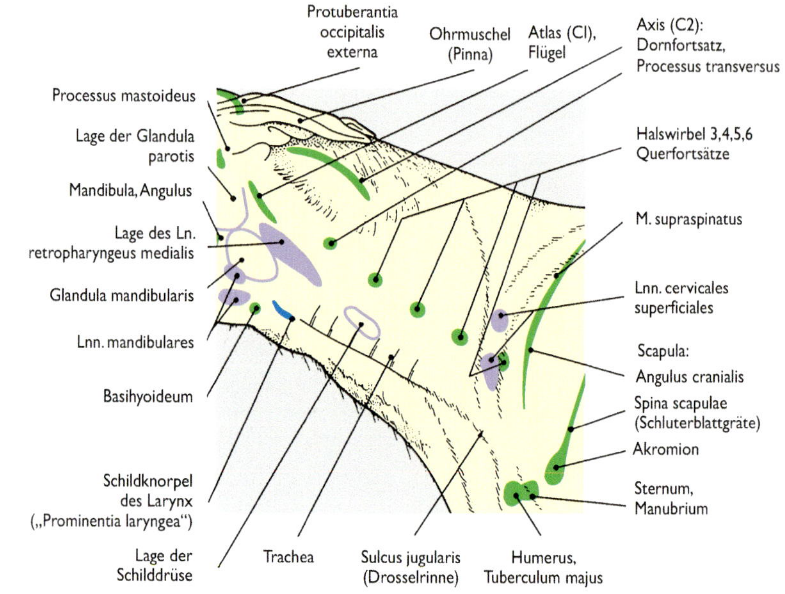

Abb. 3.1 Oberflächenmerkmale: linke laterale Ansicht. Die tastbaren knöchernen „Orientierungspunkte" am Hals sind dargestellt. Das Hyoid, der Larynx und die Trachea sind an der Halsunterseite eindeutig tastbar. Zu den gelegentlich tastbaren Weichteilstrukturen gehören die Lnn. mandibularis und cervicalis superficialis. Die V. jugularis externa kann in der Fossa jugularis durch Druck an der Thoraxapertur gestaut werden.

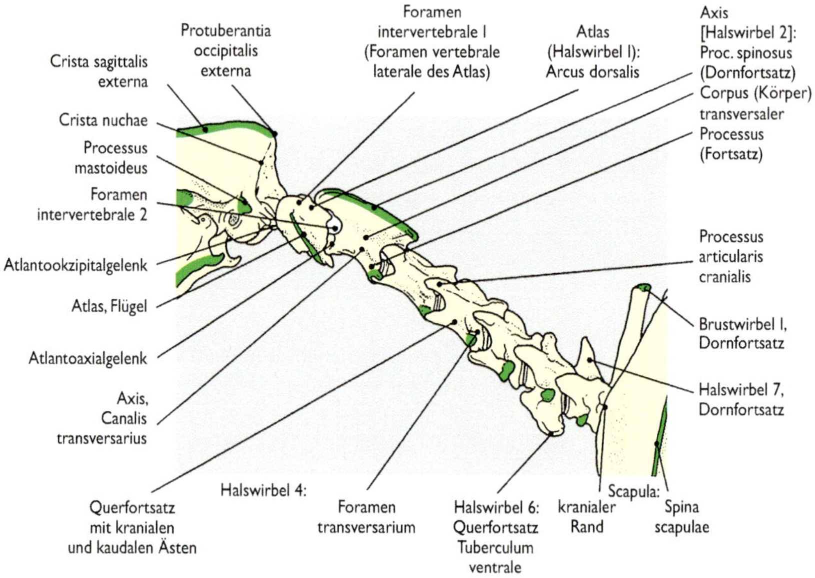

Abb. 3.2 Skelett: linke laterale Ansicht. Die in Abb. 3.1 gezeigten tastbaren Knochenpunkte sind in diesem Diagramm in Grün dargestellt. Allerdings sind alle relevanten Merkmale der Halswirbel 3 bis 7 selbst bei schlanken Hunden nur schwer und bei großen Rassen gar nicht zu palpieren.

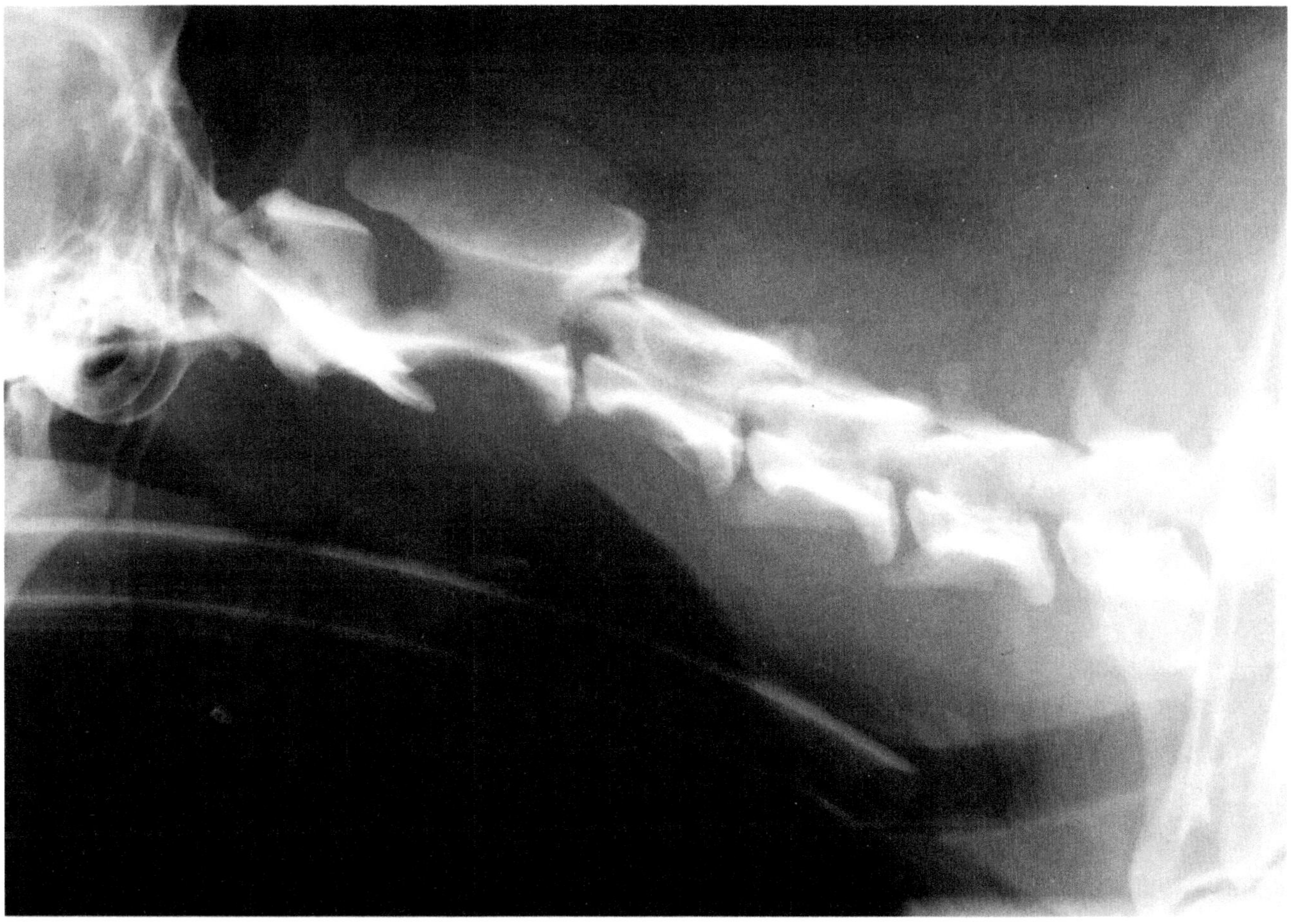

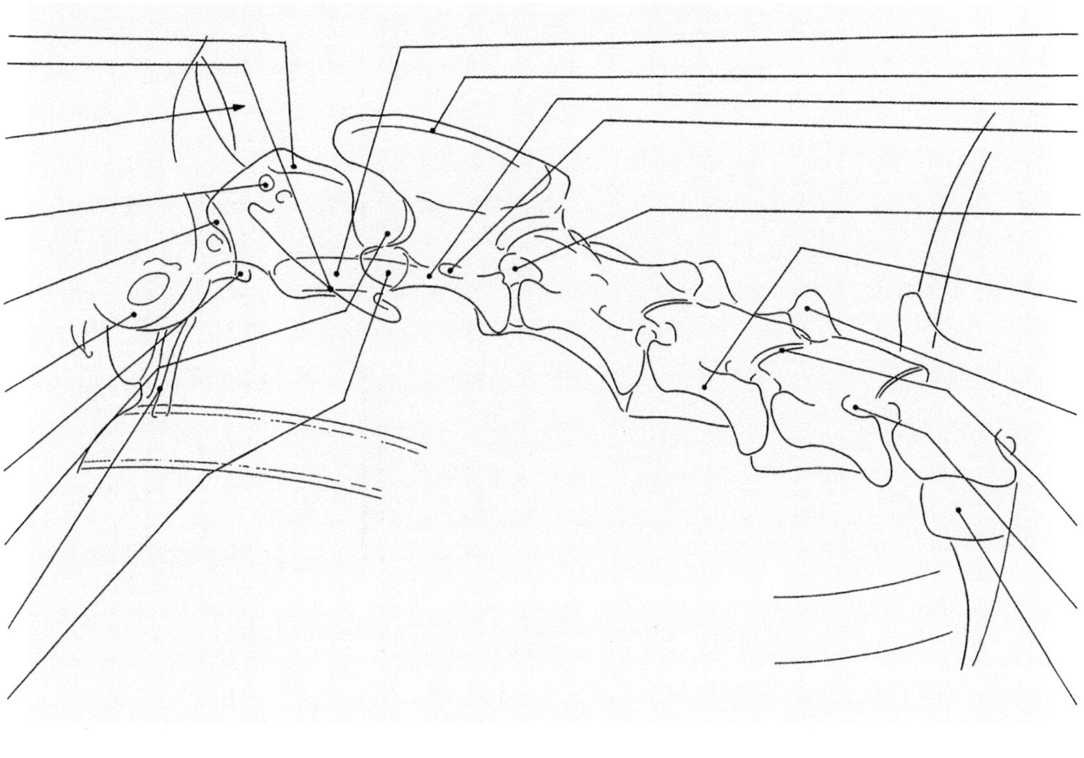

Abb. 3.3 Röntgenbild des Halses: linke laterale Ansicht. Auf diesem und dem folgenden Röntgenbild werden die wesentlichen Strukturmerkmale des Halses dargestellt. Beide bieten übersichtliche Ansichten des Wirbelkanals, in dem sich das Rückenmark befindet. Das Spatium atlantooccipitale erstreckt sich nach innen bis zur Membrana atlantooccipitalis und überbrückt dabei den Raum zwischen dem dorsalen Atlasbogen und dem dorsalen Rand des Foramen magnum. Dieser Raum vergrößert sich, wenn der Kopf zum Hals hin gebeugt wird, was den Zugang zum Wirbelkanal durch die Membrana atlantooccipitalis ermöglicht.

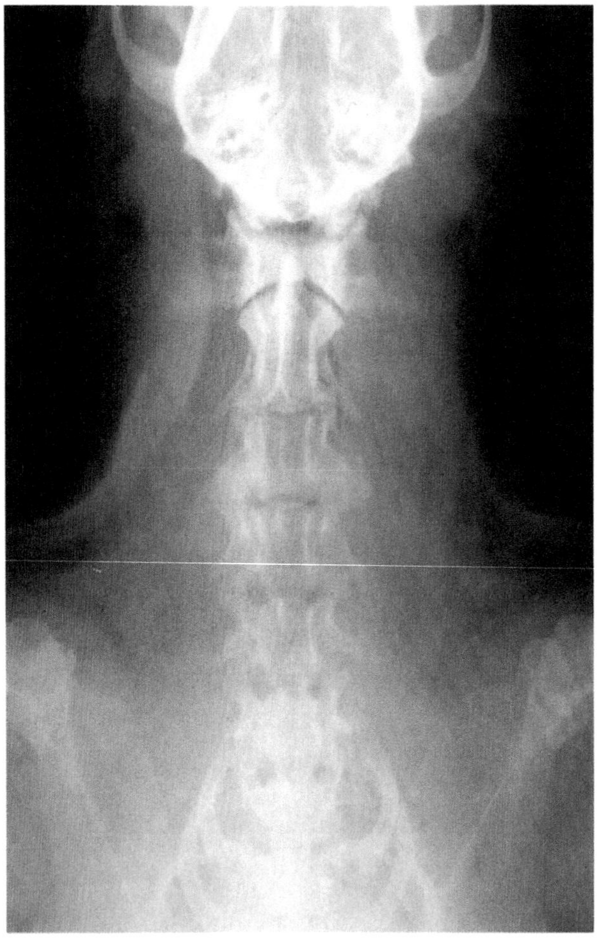

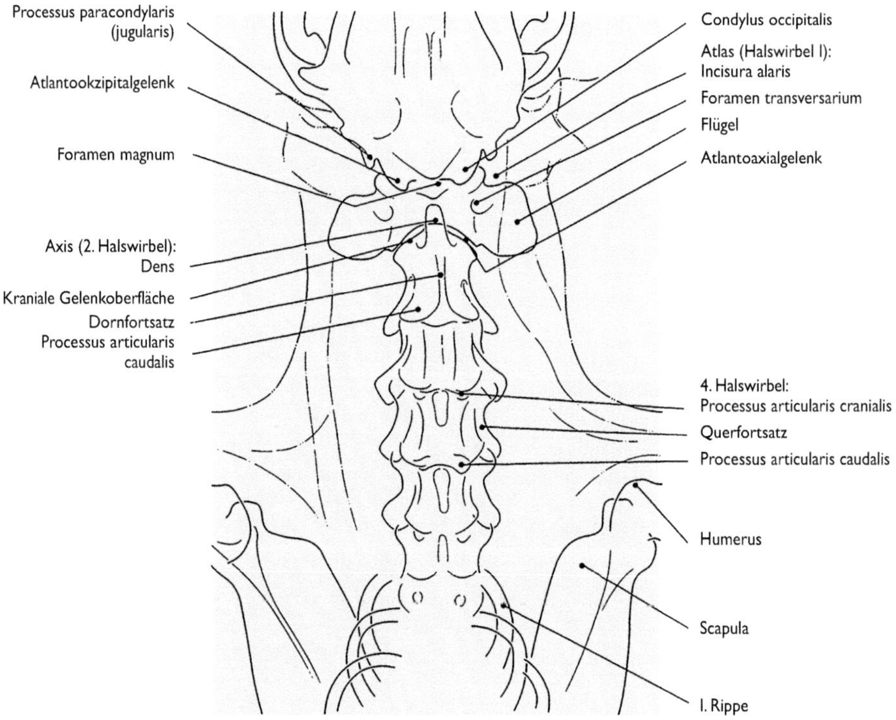

Abb. 3.4 Röntgenbild des Halses: ventrodorsale Ansicht. Dieses Röntgenbild zeigt die Lage der Processus transversi, insbesondere die leicht zu palpierenden Atlasflügel. Es zeigt auch die Vielfalt der Gelenke, die die große Beweglichkeit von Hals und Kopf ermöglichen – (i) überlappende Synovialgelenke zwischen Gelenkfortsätzen aufeinanderfolgender Wirbel; (ii) knorpelige (strahlendurchlässige) Bandscheiben zwischen Wirbelkörpern; (iii) Atlantookzipitalgelenk an den Condyli occipitales, das die Auf- und Abwärtsbewegung des Kopfes auf dem Hals ermöglicht; (iv) atlantoaxiales Gelenk, das auf dem Drehzapfen des Dens basiert und eine Drehbewegung des Kopfes am Hals ermöglicht. In dieser Ansicht der Schulter ist deutlich zu erkennen, dass das Schlüsselbein fehlt.

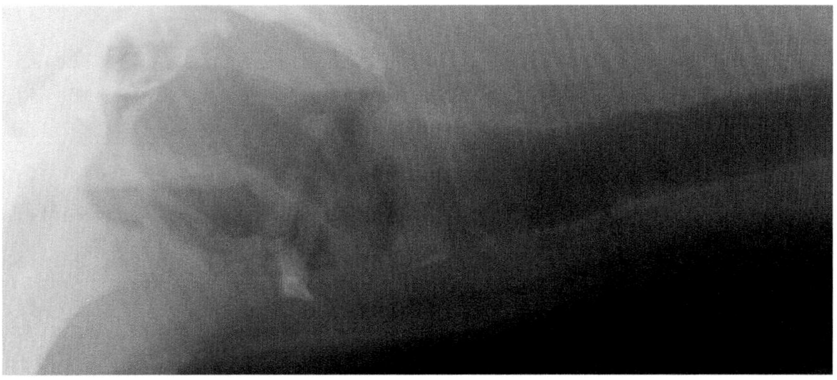

Abb. 3.5 Röntgenbild des Larynx: laterale Ansicht. Die Larynxknorpel sind schwach als unklar abgegrenzte Weichteilverschattung, hervorgehoben durch die Luft im Larynx, erkennbar. Das Tympanohyoideum ist knorpelig und daher vor dem Hintergrund des retropharyngealen Weichgewebes nicht sichtbar.

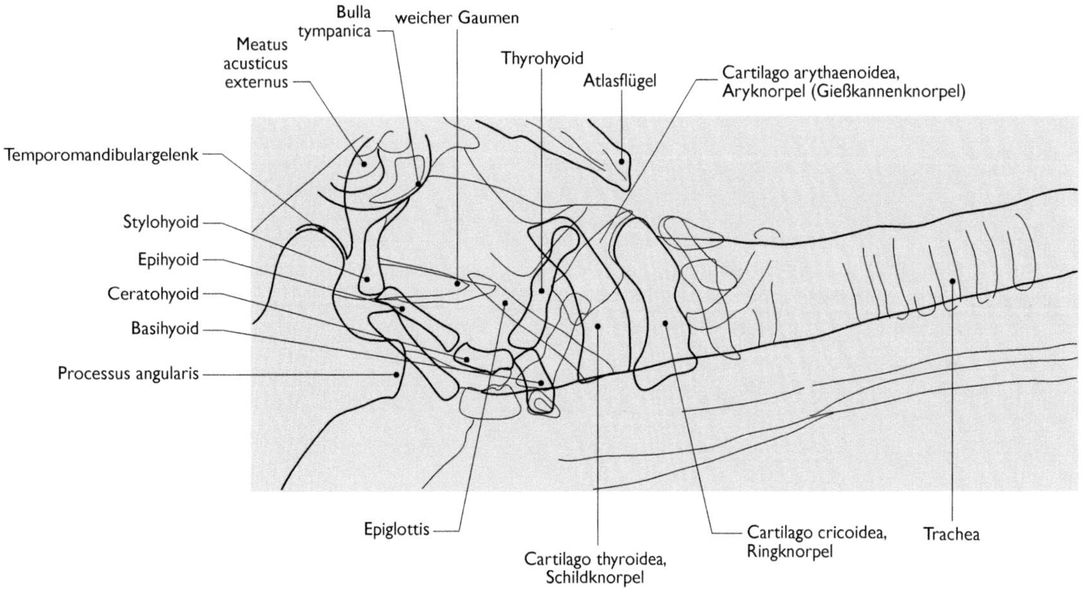

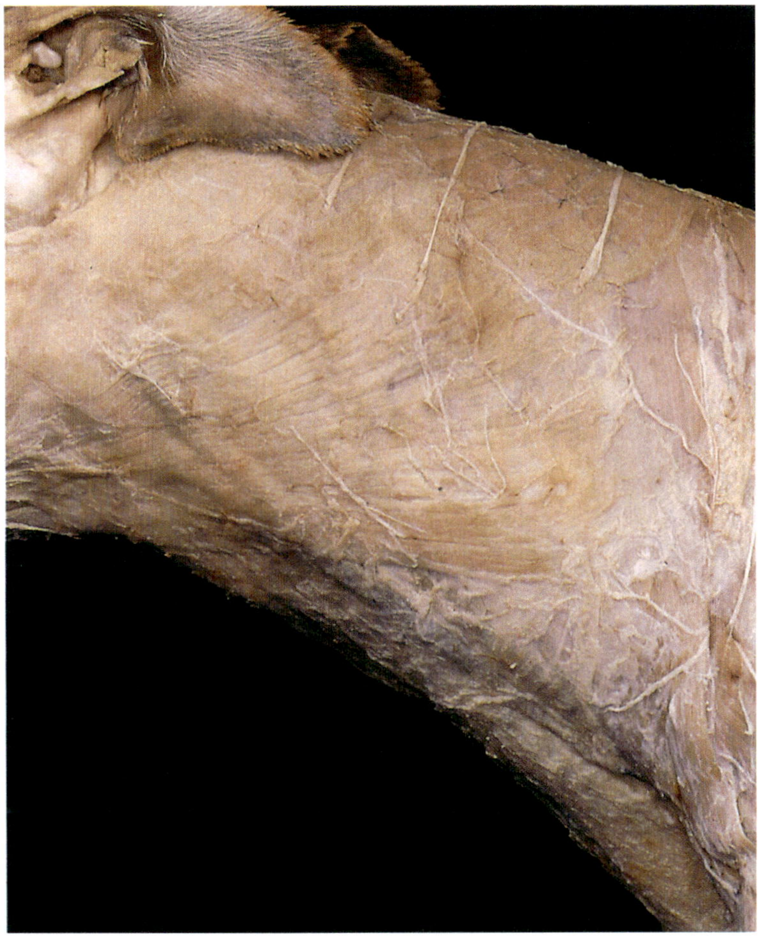

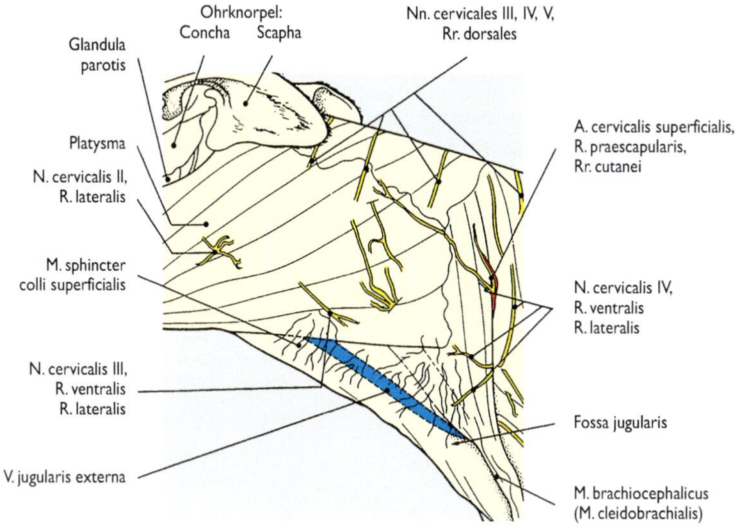

Abb. 3.6 Oberflächliche Strukturen (1). Oberflächliche Faszie, Hautmuskeln und Hautnerven: linke laterale Ansicht. Die oberflächliche Halsfaszie ist nach Entfernung der Haut freigelegt. Sie setzt sich kranial (über den Regiones temporalis, parotidea und masseterica) als oberflächliche Kopffaszie und kaudal als oberflächliche Arm- und Brustfaszie fort. Freigelegt sind das markante Platysma und einige isolierte Stränge des M. sphincter colli superficialis.

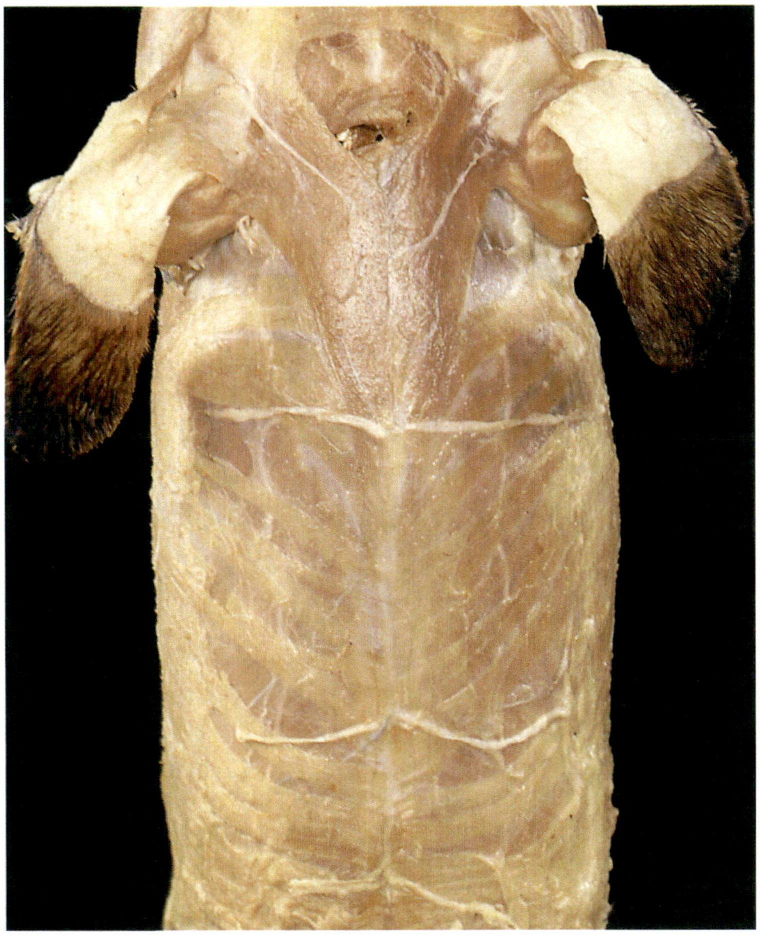

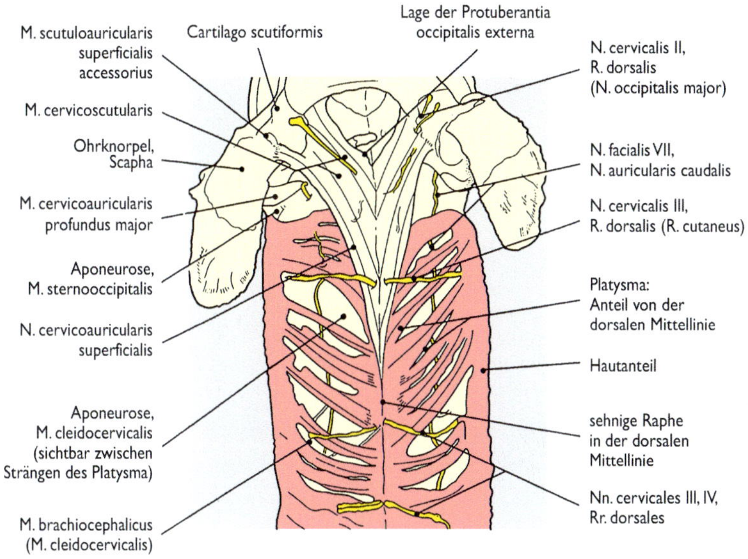

Abb. 3.7 Oberflächliche Strukturen (2). Hautmuskeln und Hautnerven: dorsale Ansicht. Die zwei Anteile des Platysma sind zum einen als mehrere separate Stränge erkennbar, die an der dorsalen Halsmittellinie ihren Ursprung haben, zum anderen als ein kräftigerer Anteil, der aus der Innenseite der Haut selbst entspringt. Beide vereinigen sich dorsolateral am Hals.
Die Hautäste der dorsalen Äste der Nn. cervicales treten nahe der dorsalen Mittellinie hervor und breiten sich auf der Oberfläche des Platysma aus.

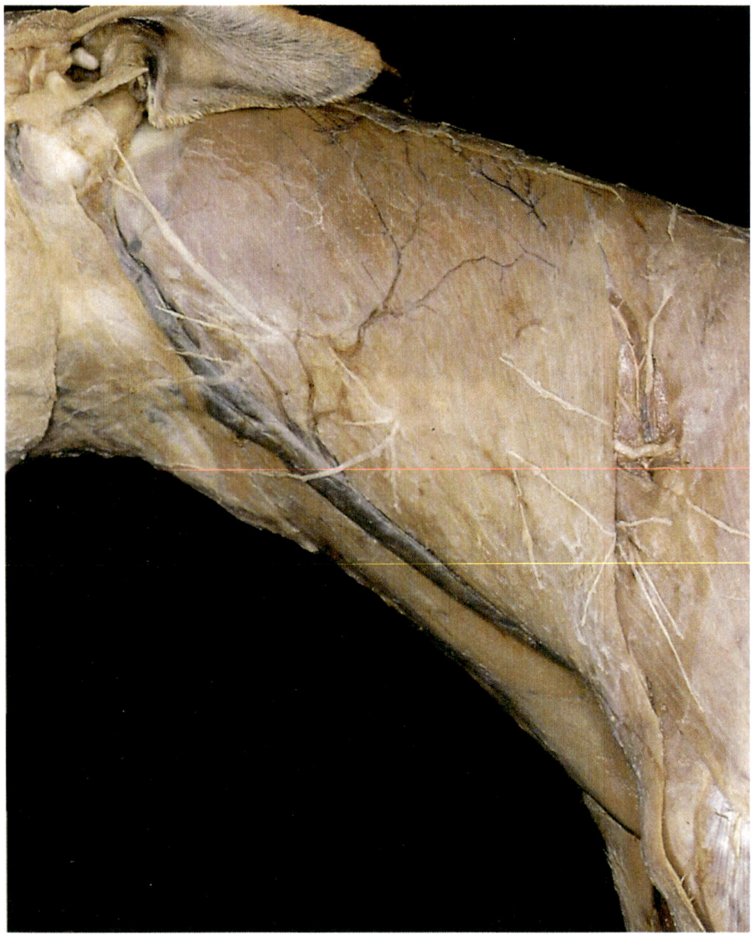

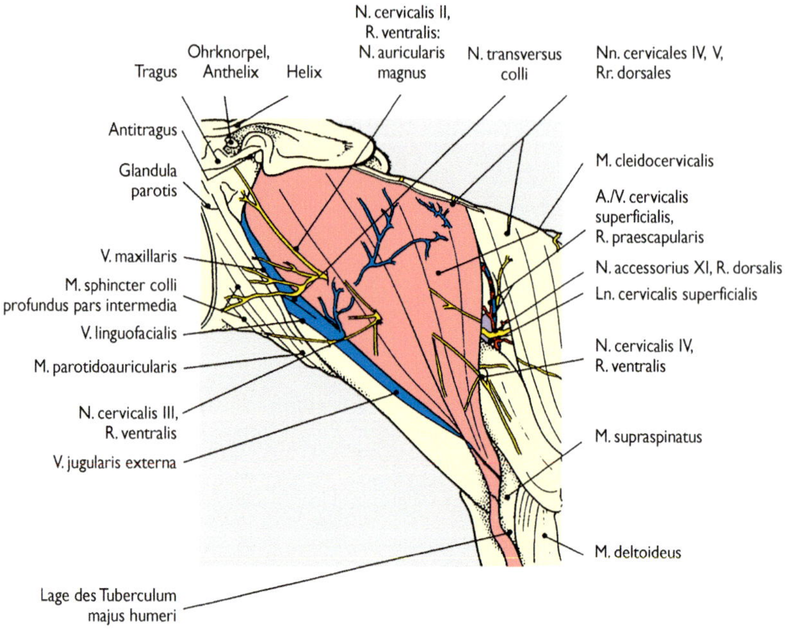

Abb. 3.8 Oberflächliche Strukturen (3). Hautnerven und V. jugularis externa: linke laterale Ansicht. Das Platysma wurde entfernt und die oberflächliche Faszie beseitigt, um die darunterliegenden Muskeln freizulegen und die Hautäste der Zervikalnerven 2, 3 und 4 zu isolieren. Dem 5. Zervikalnerv fehlen laterale Hautäste, wobei die Zervikalnerven 6, 7 und 8 am Plexus brachialis beteiligt sind (siehe Abb. 3.19). Hautäste des Zervikalnerven 4 verteilen sich zum Halsansatz.

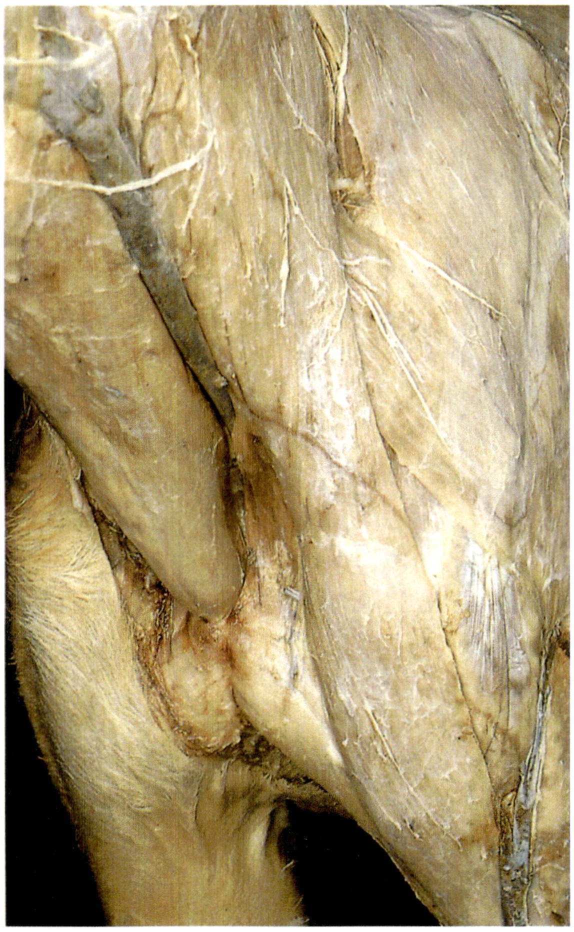

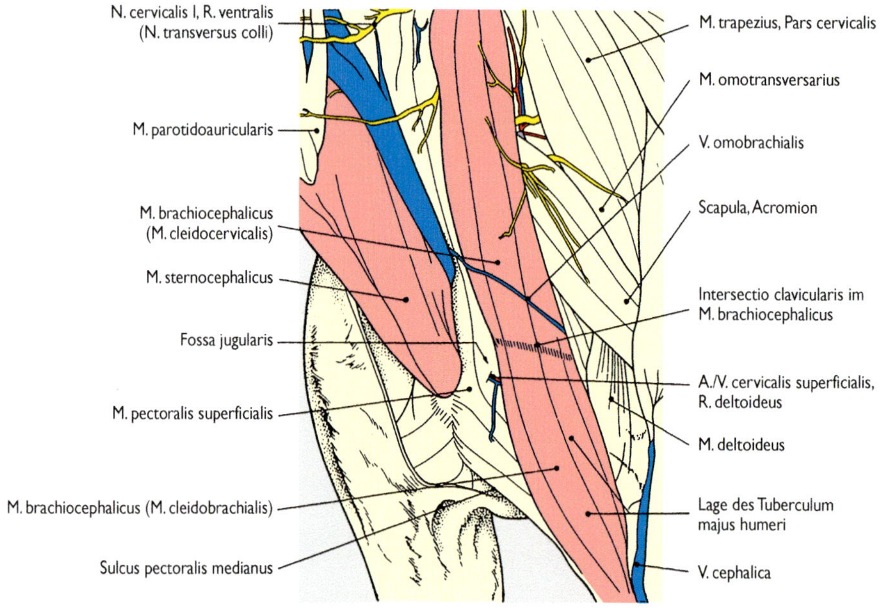

Abb. 3.9 Oberflächliche Strukturen (4). Hautnerven, V. jugularis externa und Fossa jugularis: linke kraniolaterale Ansicht. Dies zeigt deutlich die Fossa jugularis am Halsansatz und die tiefe und annähernd dreieckige Vertiefung, die von den Mm. sternocephalicus, brachiocephalicus und pectoralis superficialis begrenzt wird (siehe auch Abb. 3.41). Ebenfalls erkennbar ist die Intersectio clavicularis im M. brachiocephalicus, markiert durch eine unscharfe Faszienlinie lateral der Fossa jugularis.

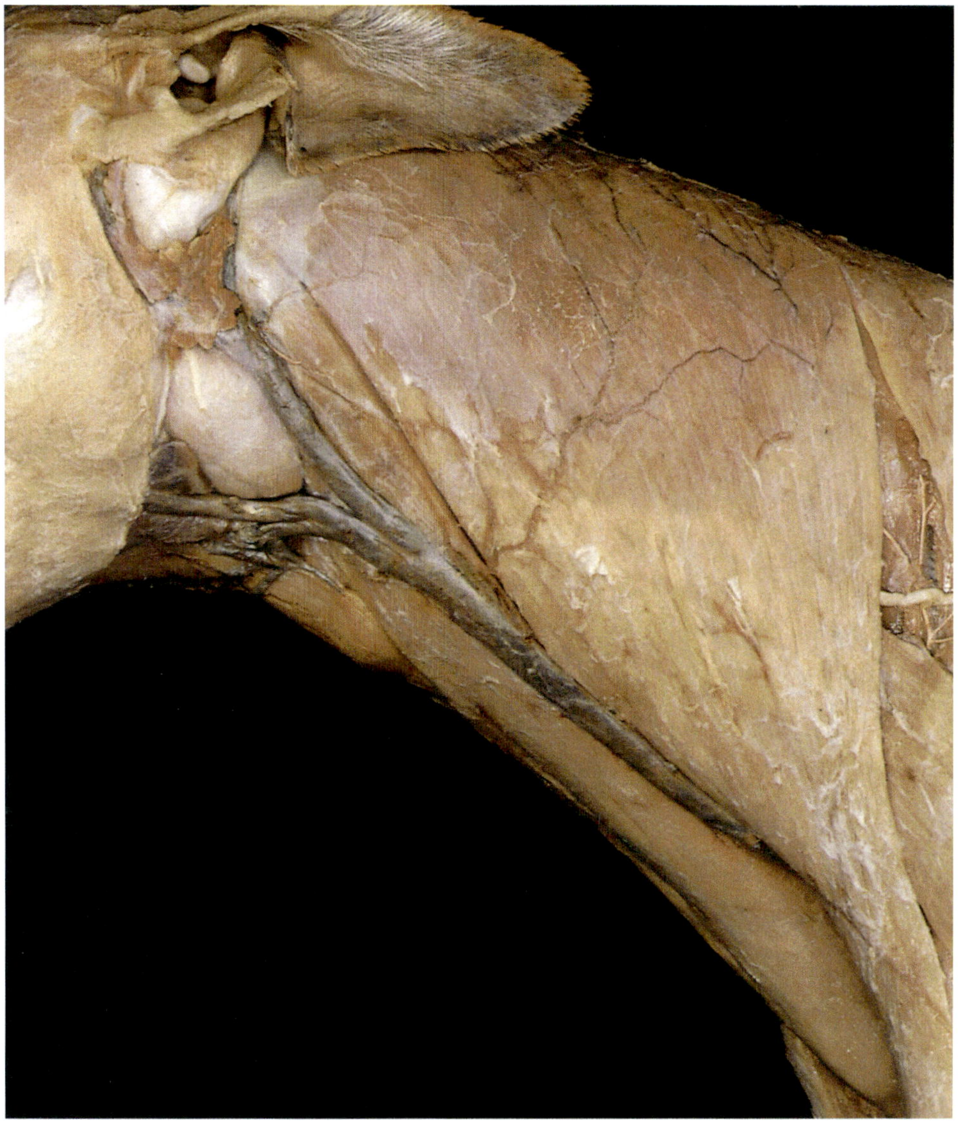

Abb. 3.10 Oberflächliche Muskulatur: linke laterale Ansicht. Die lose oberflächliche Faszie in der Regio praescapularis wurde entfernt, die Fossa retromandibularis freigelegt und die Hautmuskeln entfernt. Dadurch wurden die Glandulae mandibularis und parotis, die Lnn. mandibulares und die wesentlichen Zuflüsse der V. jugularis externa freigelegt.

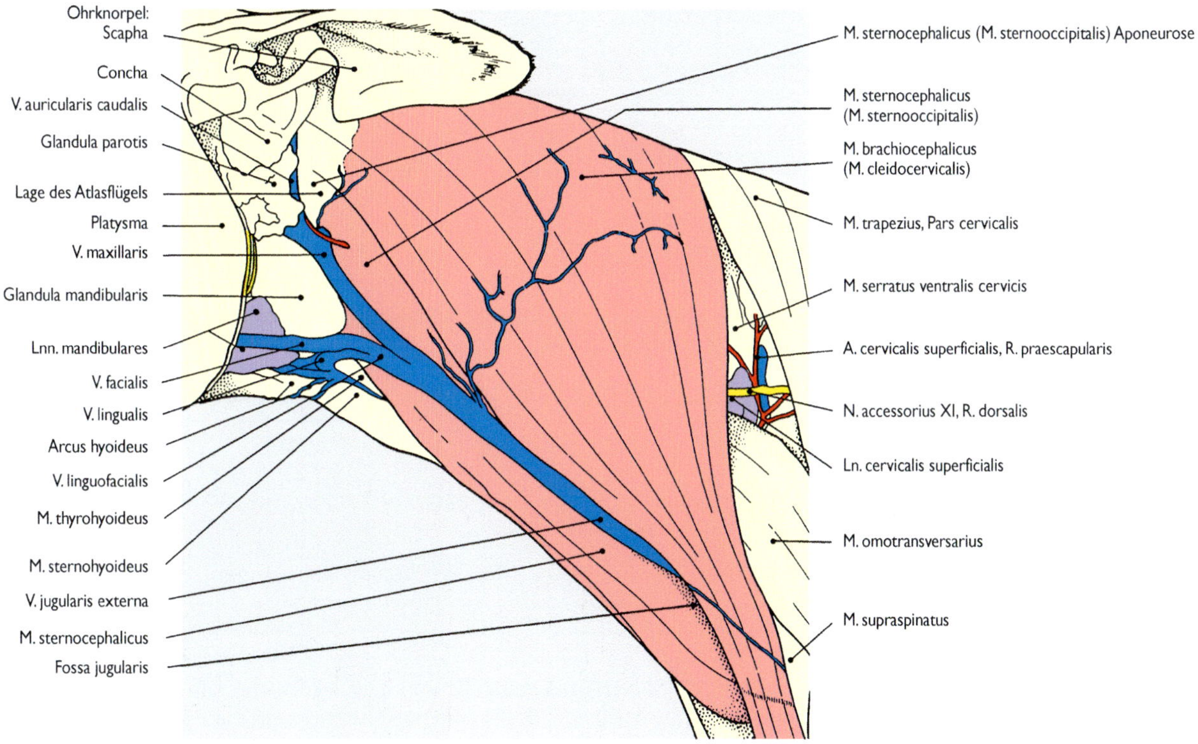

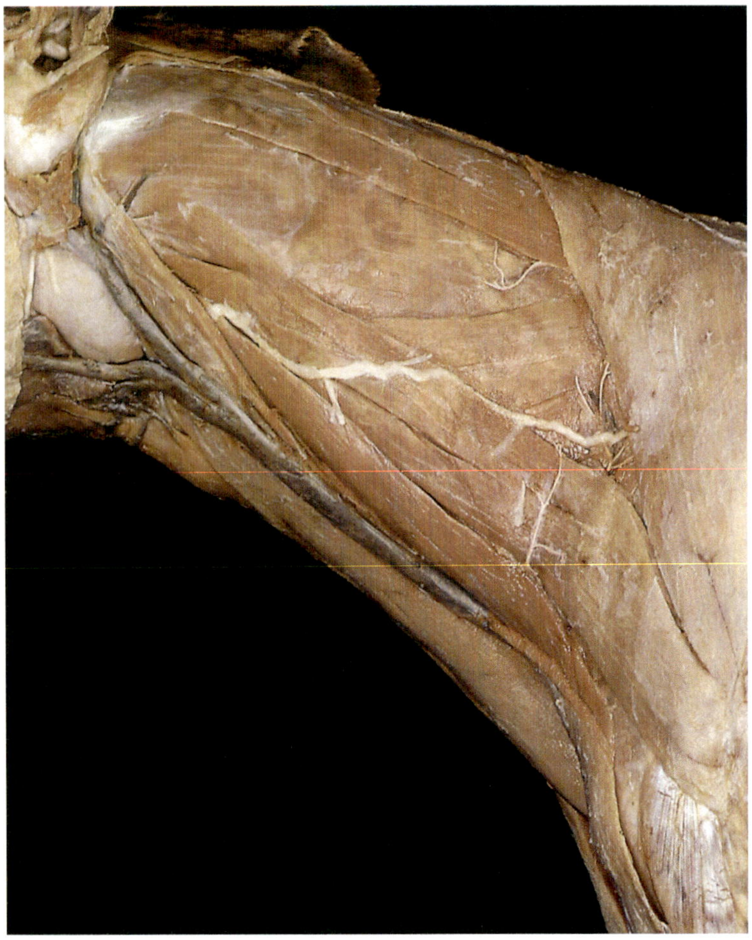

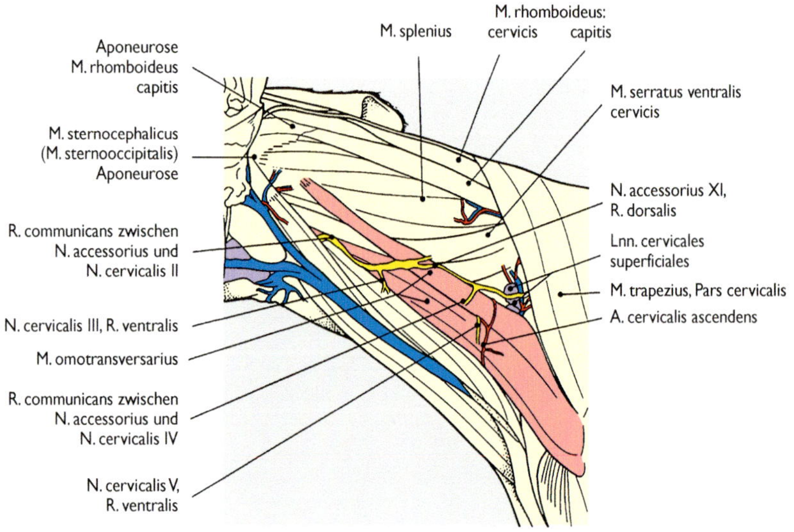

Abb. 3.11 M. omotransversarius und Ramus dorsalis des N. accessorius: linke laterale Ansicht. Die Ohrmuschel wurde zum Kopf vorgezogen, um den kraniodorsalen Teil des Halses offenzulegen. Die Mm. cervicoauricularis und cervicoscutularis wurden von ihren Ansätzen an der dorsalen Mittellinie des Halses abgetrennt. Der M. cleidocervicalis wurde von der Seitenfläche des Halses entfernt, indem sein Bauch auf einer Linie mit dem dorsalen Rand der Vena jugularis externa durchtrennt wurde. Dadurch wurde der gesamte dorsale Ast des N. accessorius (XI) zum M. trapezius freigelegt.

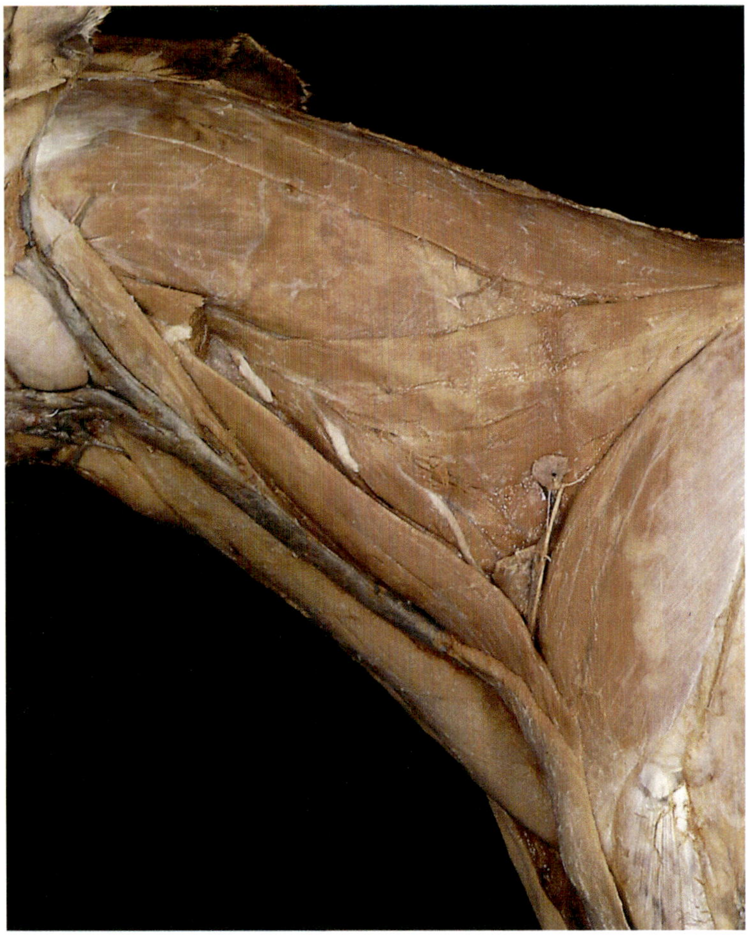

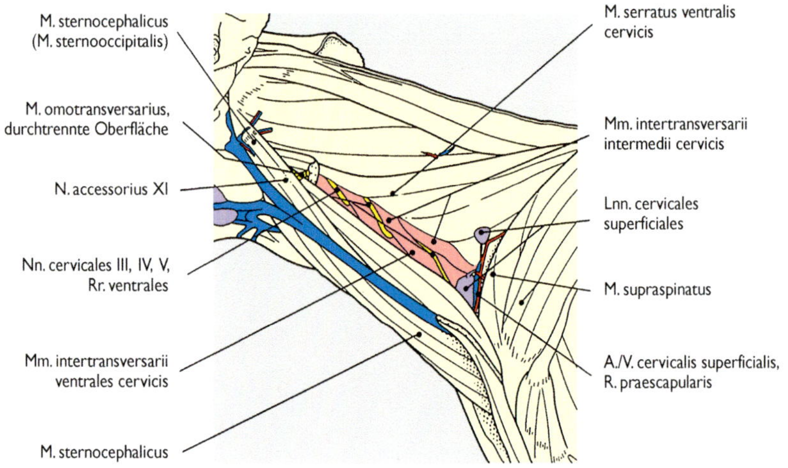

Abb. 3.12 M. serratus ventralis und Lnn. cervicales superficiales: linke laterale Ansicht. Der M. omotransversarius und die Pars cervicalis des M. trapezius wurden gemeinsam mit dem sie versorgenden dorsalen Ast des N. accessorius (XI) entfernt, wodurch der M. serratus ventralis freigelegt wurde.

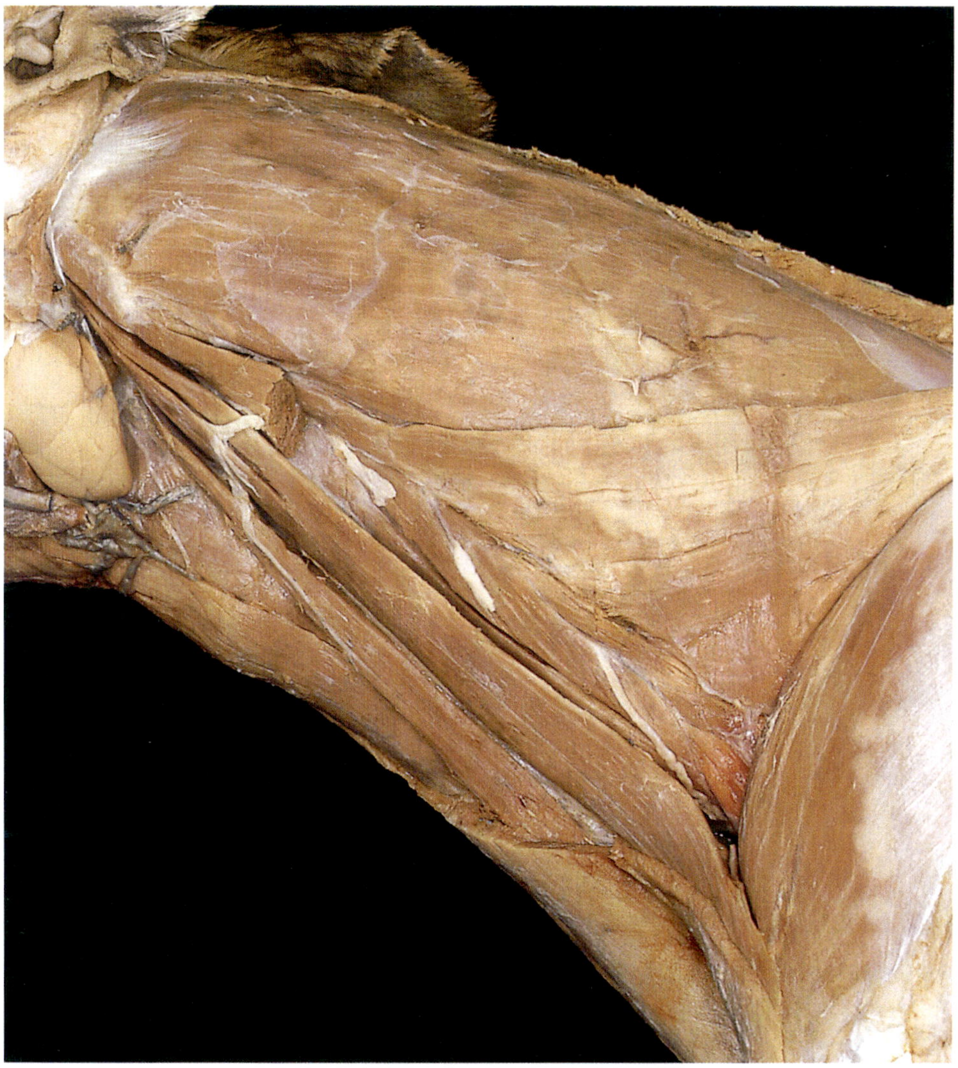

Abb. 3.13 Mm. sternomastoideus und cleidomastoideus und Ramus ventralis des N. accessorius: linke laterale Ansicht. Die V. jugularis externa und der sternookzipitale Anteil des M. sternocephalicus wurden entfernt, um die Mm. sternomastoideus und cleidomastoideus in ihrer gesamten Länge freizulegen.

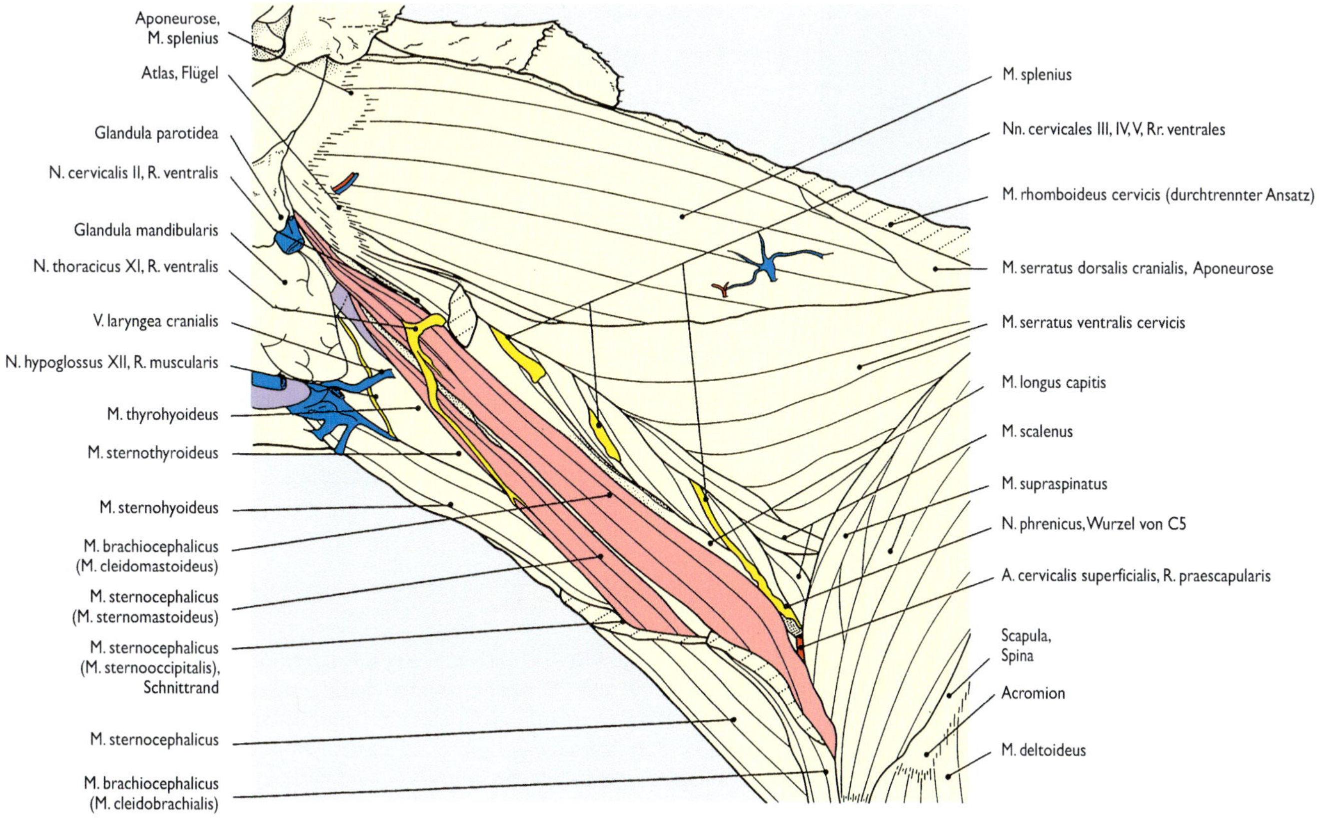

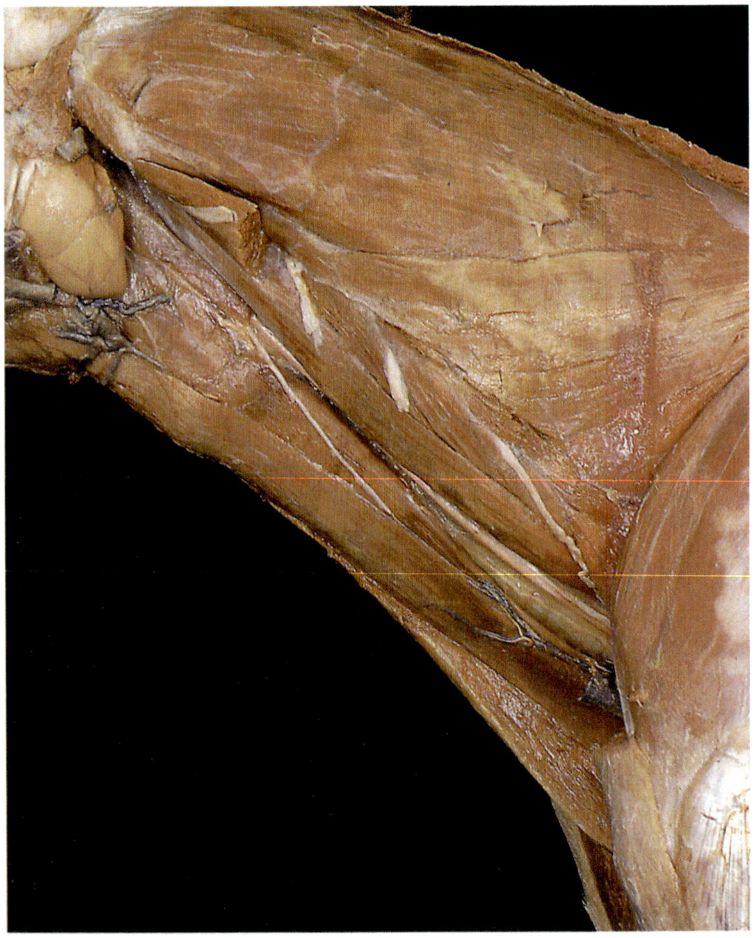

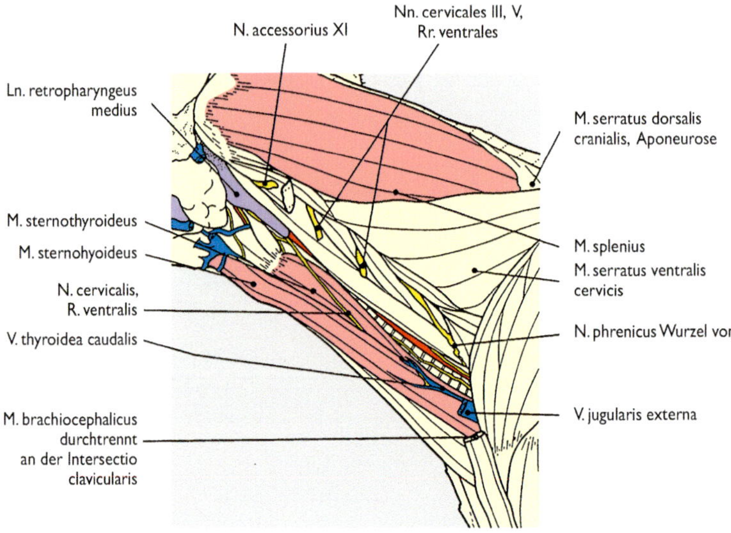

Abb. 3.14 Tiefere Strukturen (1). Mm. sternohyoideus und sternothyroideus und Lnn. retropharyngeales mediales: linke laterale Ansicht. Die Überreste des M. sternocephalicus wurden kaudal ihres Ursprungs am Manubrium sterni entfernt. Der M. cleidomastoideus und die Überreste der cleidocervicalen Anteile des M. brachiocephalicus wurden ebenfalls mit einem Schnitt im Bereich der Intersectio clavicularis (siehe Abb. 3.9) entfernt.

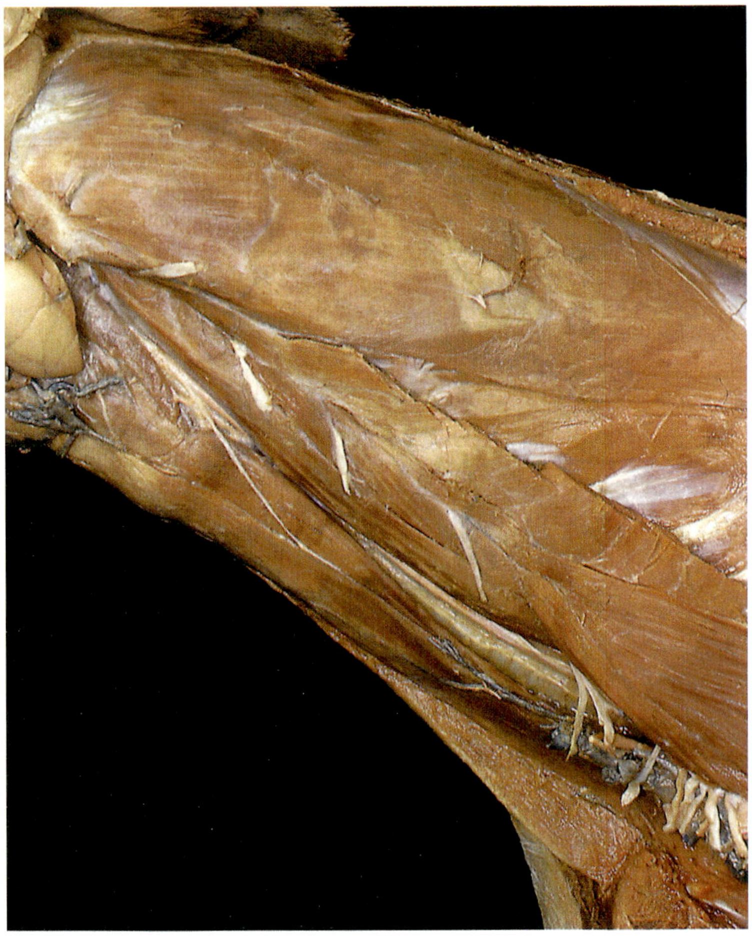

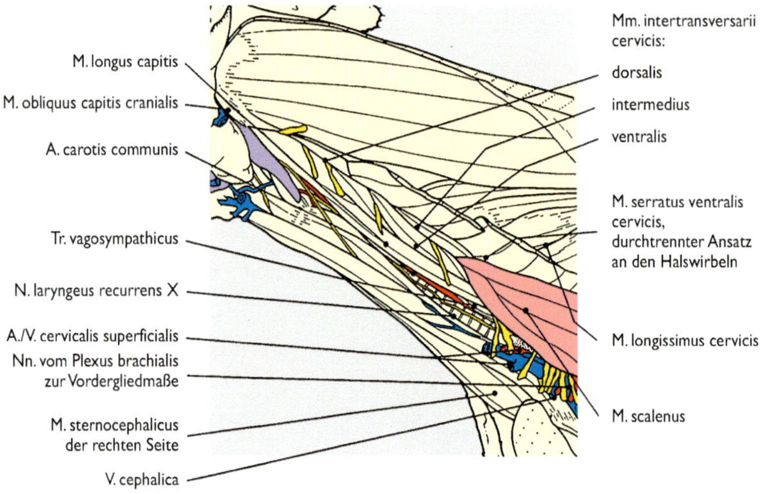

Abb. 3.15 Tiefere Strukturen (2). Nach Entfernung der Vordergliedmaße: linke laterale Ansicht. Die Mm. rhomboideus, serratus ventralis und pectoralis (d.h. die verbliebene extrinsische Extremitätenmuskulatur) wurden abgetrennt und die Vordergliedmaße entfernt. Die markanten Mm. splenius und scalenus, die den Bereich zwischen Brust und Hals überbrücken, wie auch die zervikalen Eingeweide im ventralen Halsbereich, sind nun freigelegt. Ein Teil der abgetrennten Extremitätennerven und -blutgefäße kommen unter den Mm. scaleni zum Vorschein.

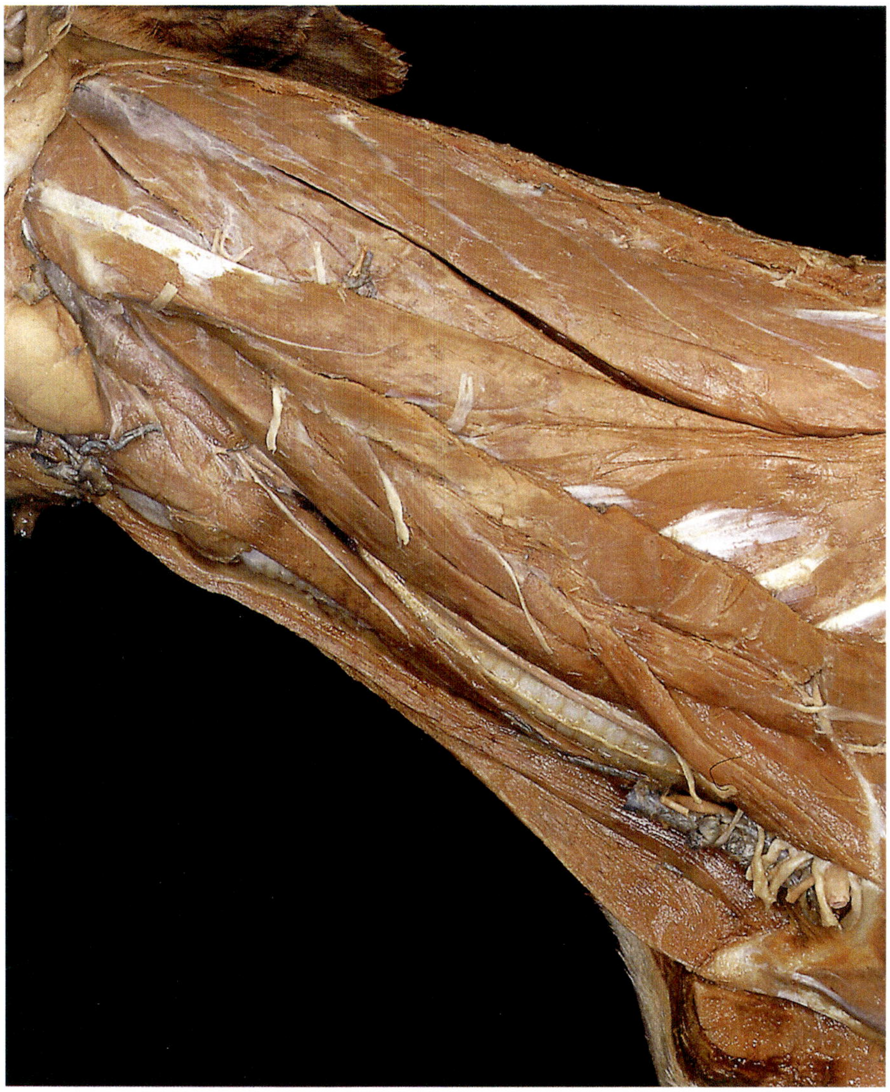

Abb. 3.16 Tiefere Strukturen (3). Mm. longissimi: linke laterale Ansicht. Der M. splenius wurde entfernt, wodurch die zwei Anteile des M. semispinalis capitis, der Mm. biventer cervicis und complexus, und die zwei Anteile des M. longissimus, der M. longissimus cervicis et capitis, freigelegt wurden.

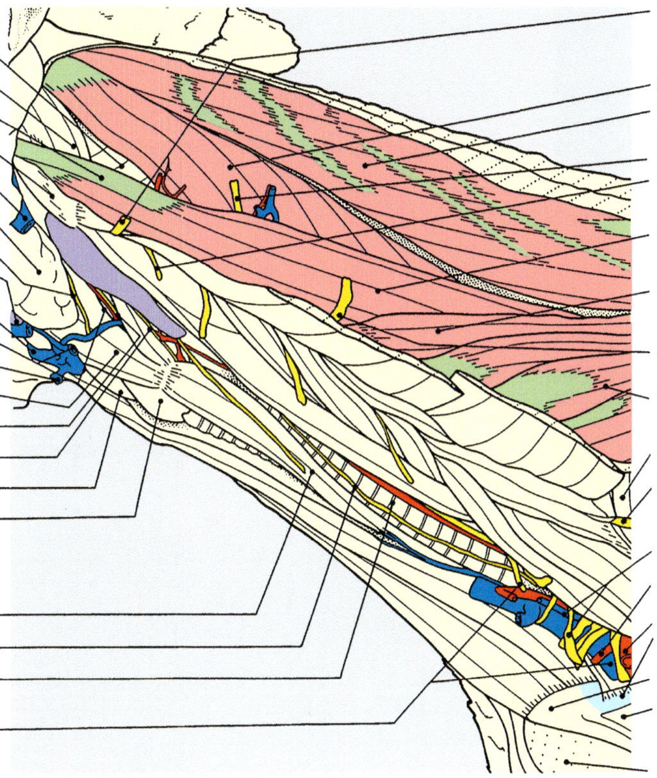

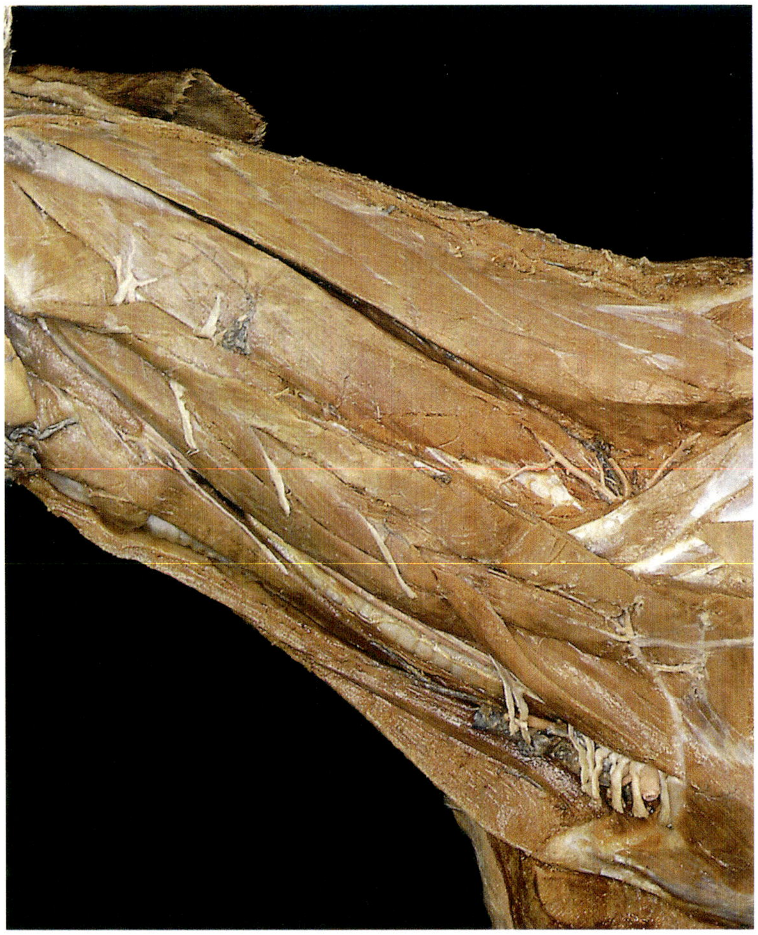

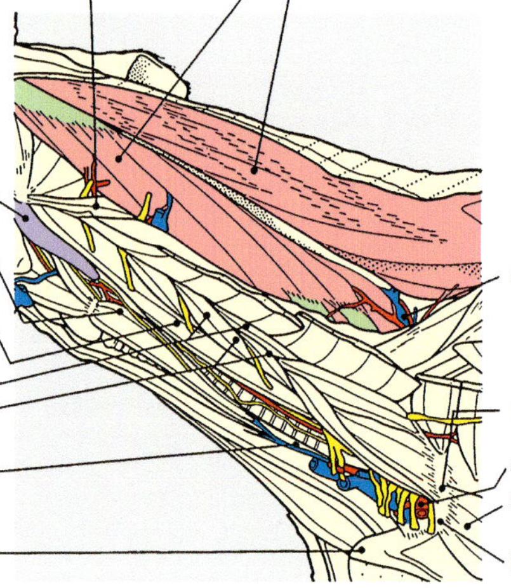

Abb. 3.17 Tiefe Strukturen (1). Mm. biventer und complexus: linke laterale Ansicht. Die Kopf- und Halsanteile des M. longissimus wurden entfernt, um die Mm. biventer cervicis und complexus freizulegen (die beiden Anteile des M. semispinalis capitis). Einige Verästelungen der A. cervicalis profunda sind kaudodorsal freigelegt, während kranial Verzweigungen der Rami dorsales der Nn. cervicales 2 und 3 gezeigt werden. Die Entfernung der mittleren und dorsalen Anteile des M. scalenus deckt die erste Rippe auf.

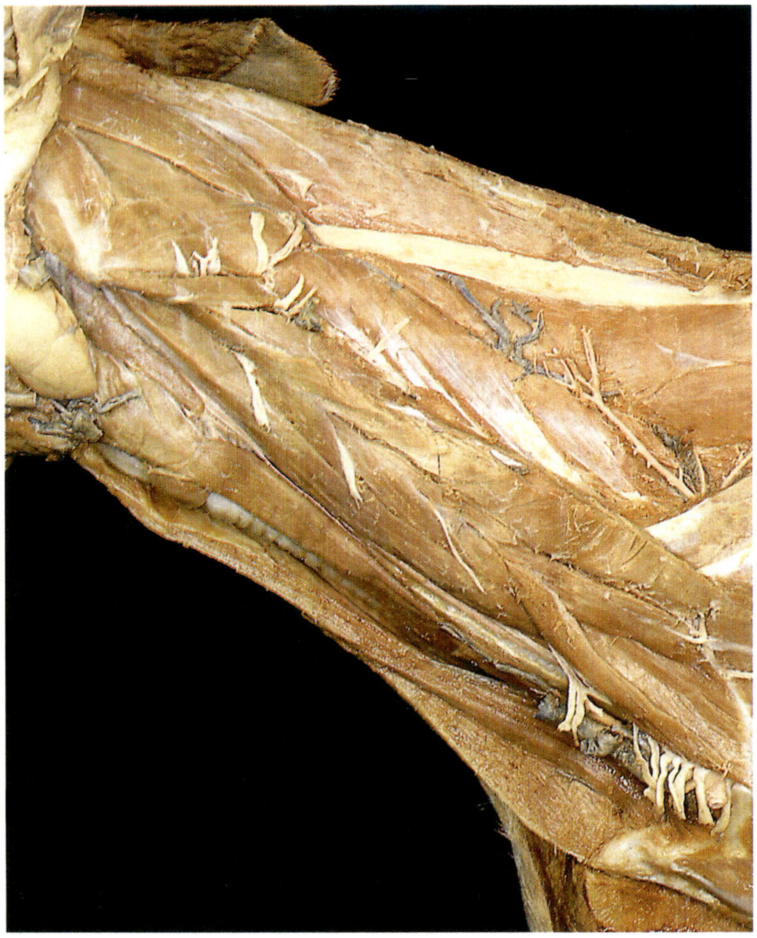

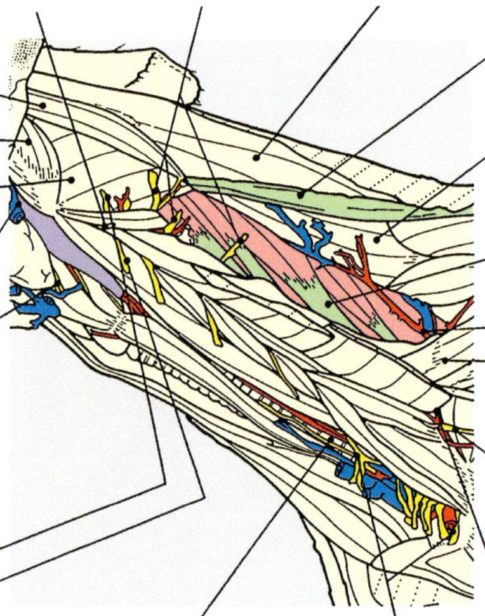

Abb. 3.18 Tiefe Strukturen (2). Tiefe Halsgefäße, Mm. multifidus, rectus capitis und obliquus: linke laterale Ansicht. Die Mm. biventer cervicis und complexus wurden entfernt, wodurch das auf der Mittellinie liegende Ligamentum nuchae freigelegt wurde, das an der Spina axis und dem Proc. spinosus des ersten Brustwirbels ansetzt und ventral mit den Mm. multifidi und spinalis cervicis verbunden ist.

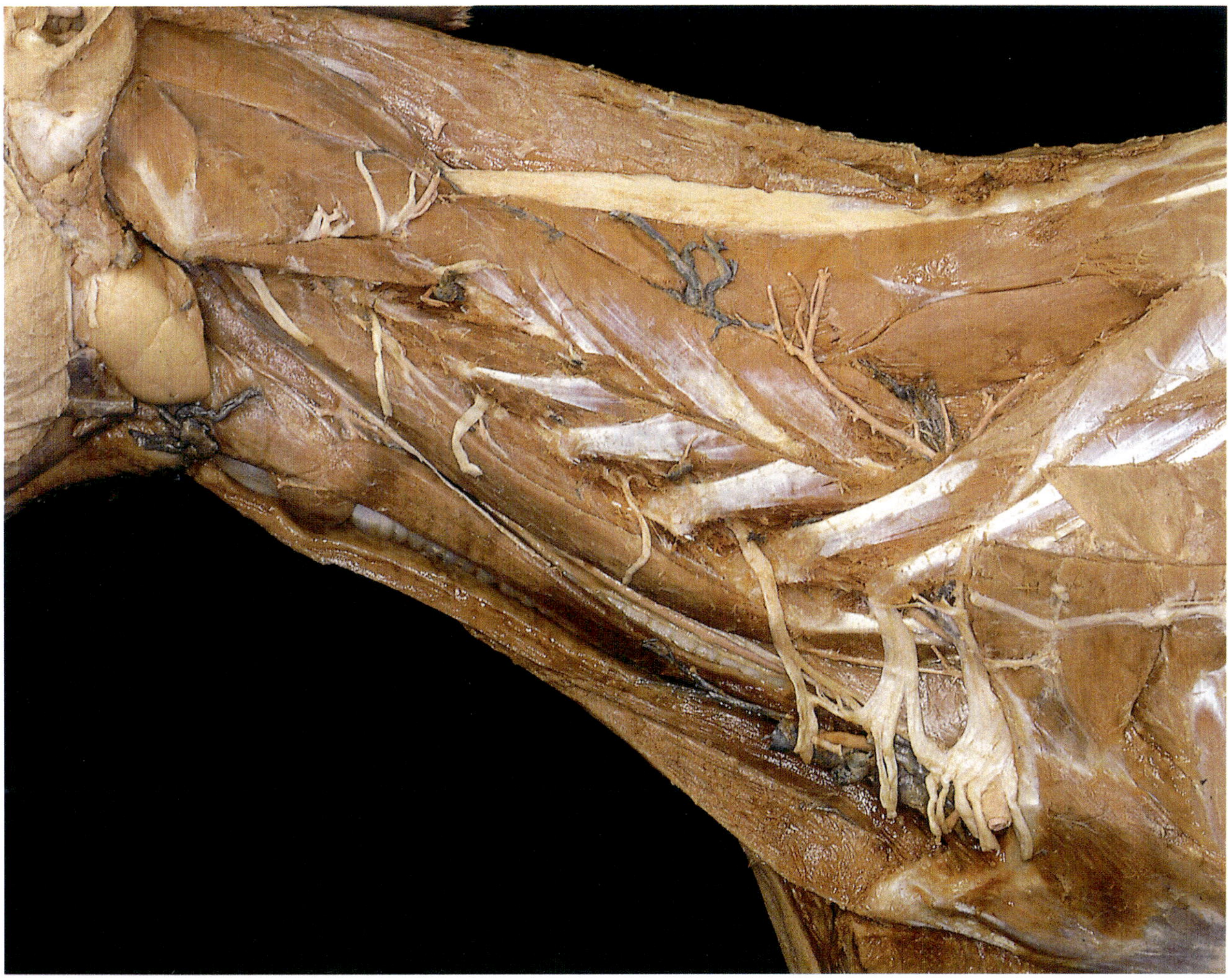

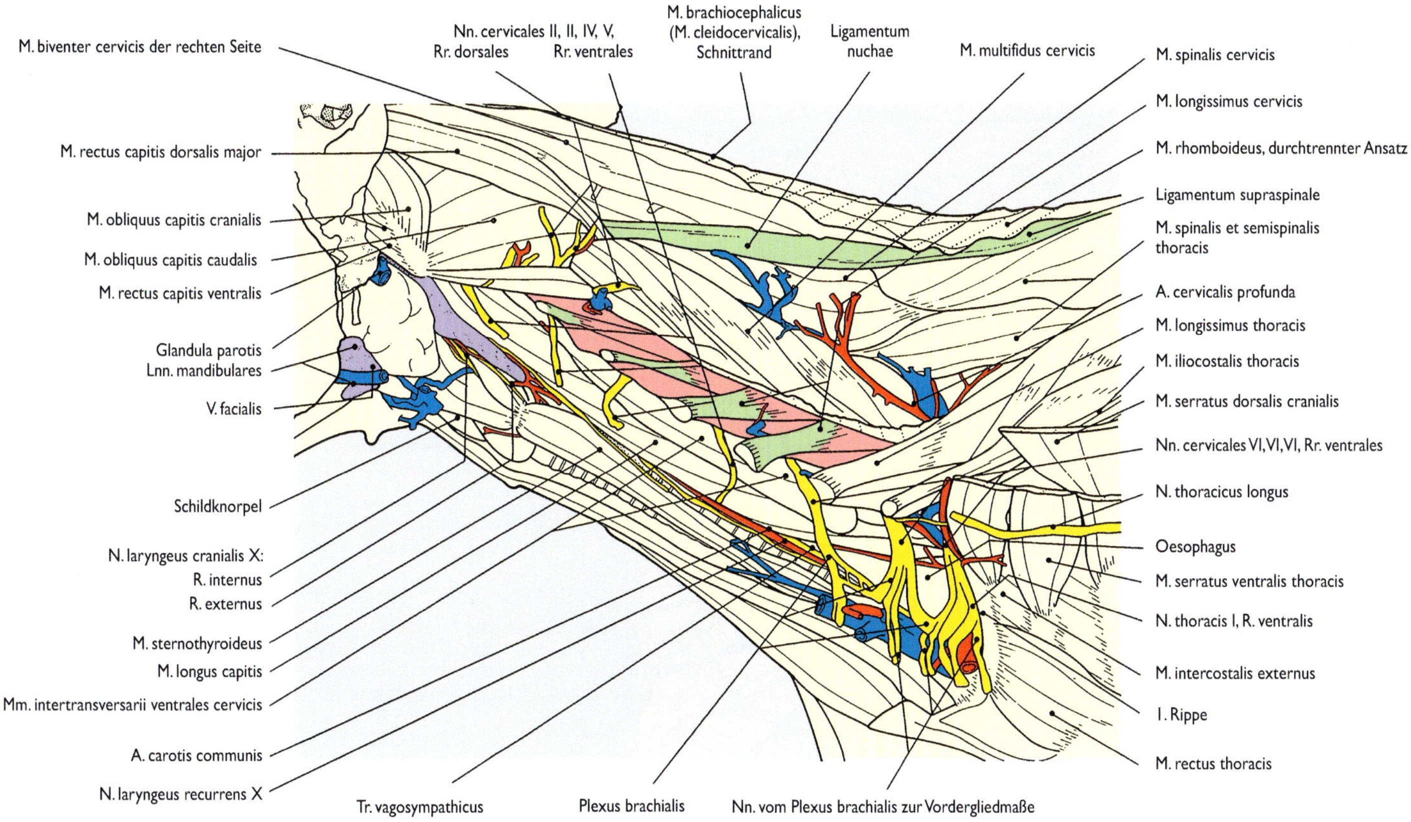

Abb. 3.19 Tiefe Strukturen (3). Ligamentum nuchae: linke laterale Ansicht. Die am Hals verbliebenen Anteile des M. serratus ventralis wurden entfernt, gemeinsam mit den dorsalen und intermediären Anteilen des M. intertransversarius und dem verbliebenen Anteil des M. scalenus, der an der ersten Rippe entspringt. Die Ansätze des M. longissimus cervicis an den Halswirbeln werden dargestellt.
Die Zervikalnerven 2 bis 5 werden der Reihe nach angezeigt und der Aufbau des Plexus brachialis aus den Rami ventrales der Zervikalnerven 6, 7, 8 und des ersten Brustnerven ist freigelegt.

3 Der Hals

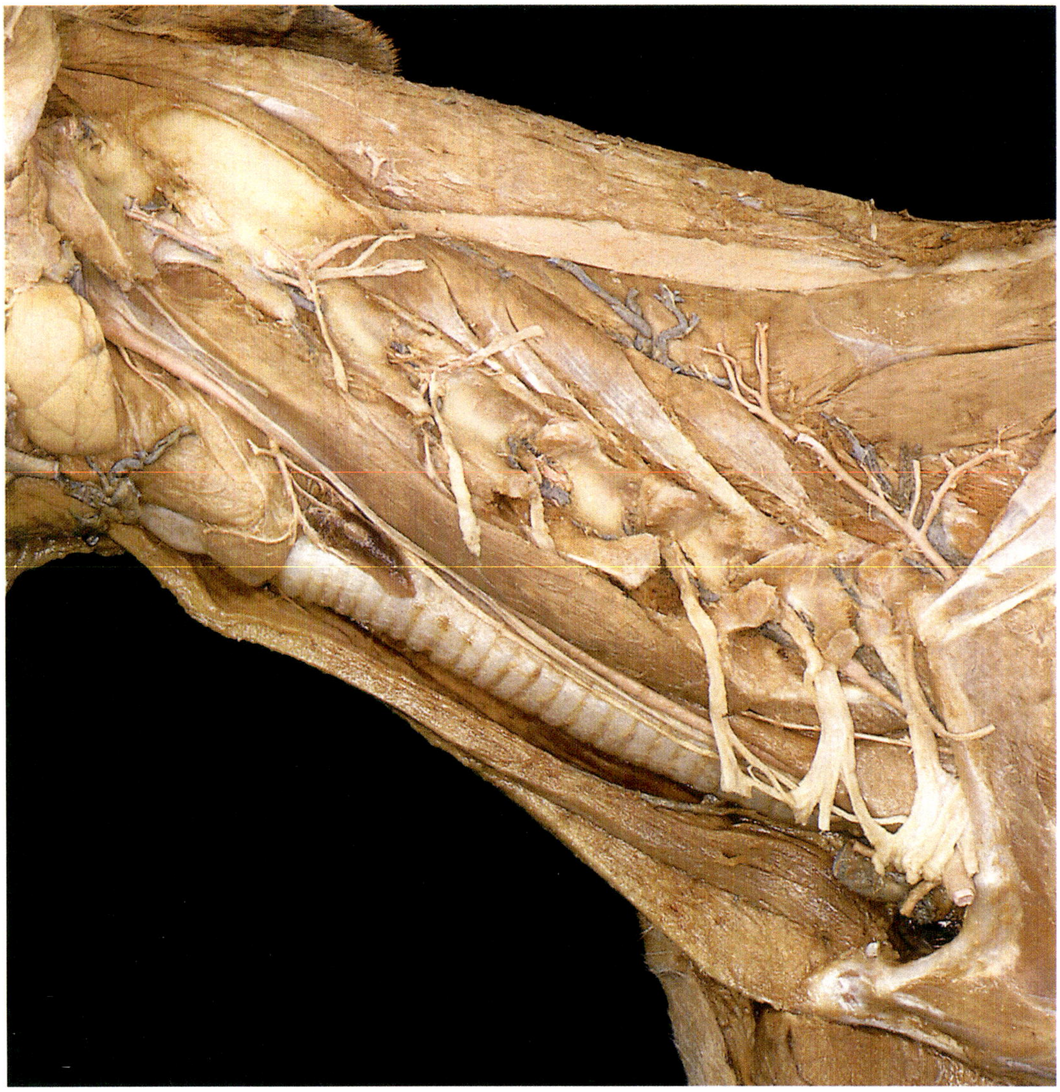

Abb. 3.23 Tiefe Strukturen (5). Zervikalnerven und Plexus brachialis: linke laterale Ansicht. Die Halswirbelsäule ist nun durch die Entfernung der verbliebenen Mm. intertransversarii ventrales, des Anteils des M. longissimus thoracis auf dem sechsten Halswirbel und der zervikalen Fortführung des M. iliocostalis thoracis auf den siebten Halswirbel fast vollständig eröffnet worden. Die A. + V. vertebralis wurden am Halsansatz freigelegt.

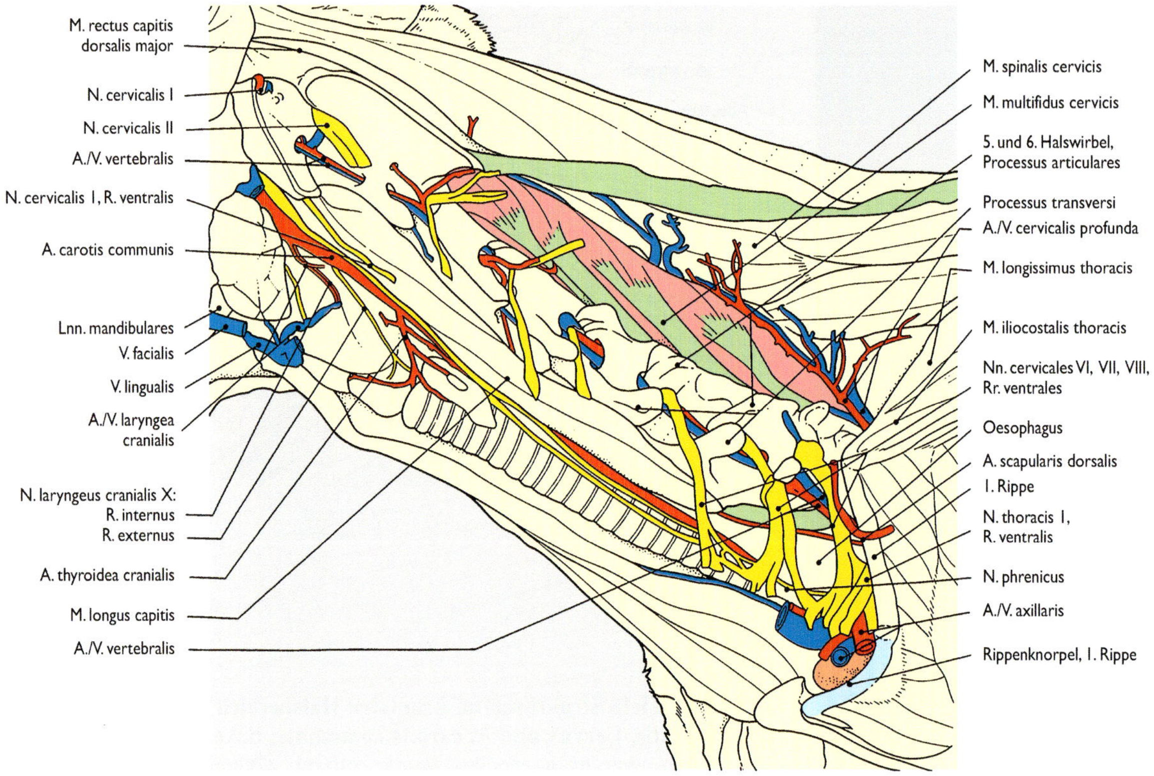

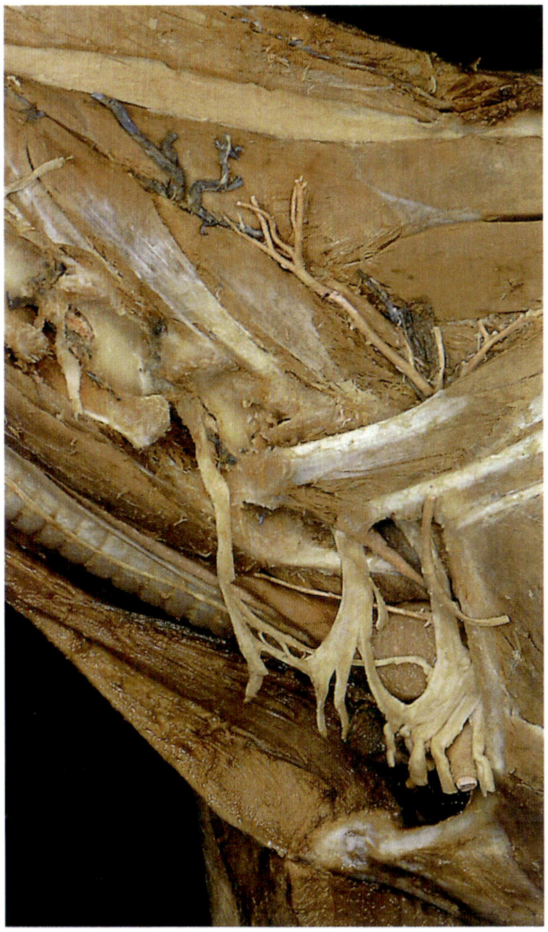

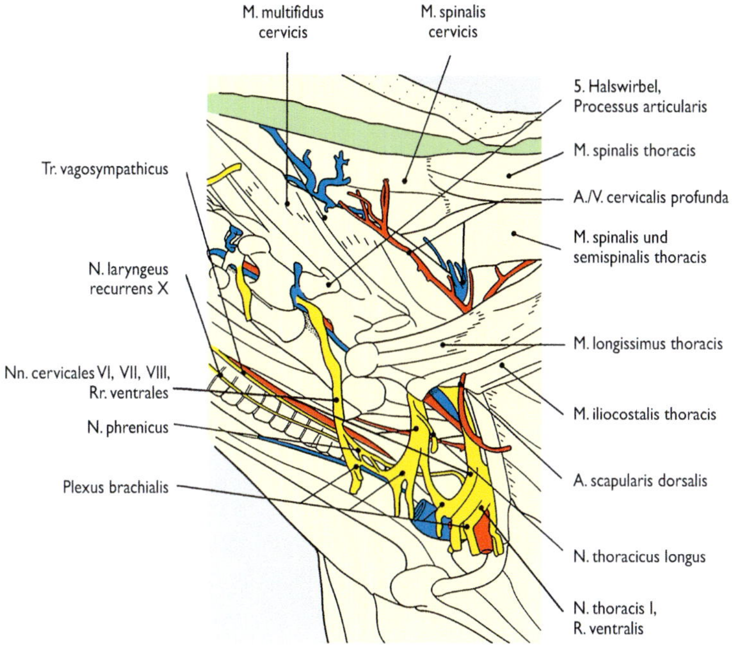

Abb. 3.24 Tiefe Strukturen an der Apertura thoracis cranialis (1). Plexus brachialis: linke laterale Ansicht. Im Thorax wurden die Mm. serratus und scalenus entfernt, um nahezu die gesamte Länge der ersten Rippe offenzulegen. Äste des Truncus costocervicalis sind sichtbar – die A. scapularis dorsalis taucht um die erste Rippe herum auf und die A. cervicalis profunda steigt aus dem ersten Interkostalraum auf.

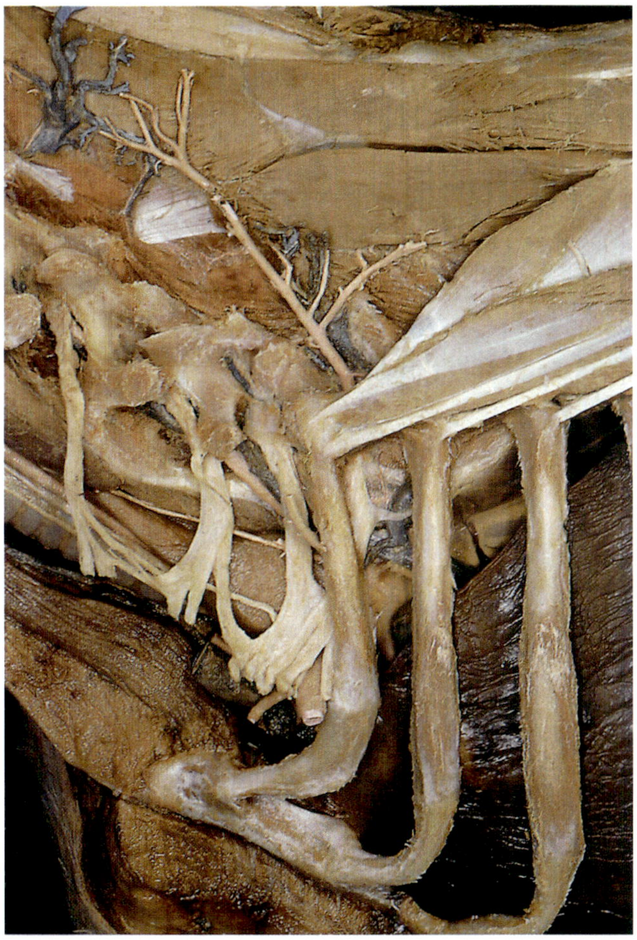

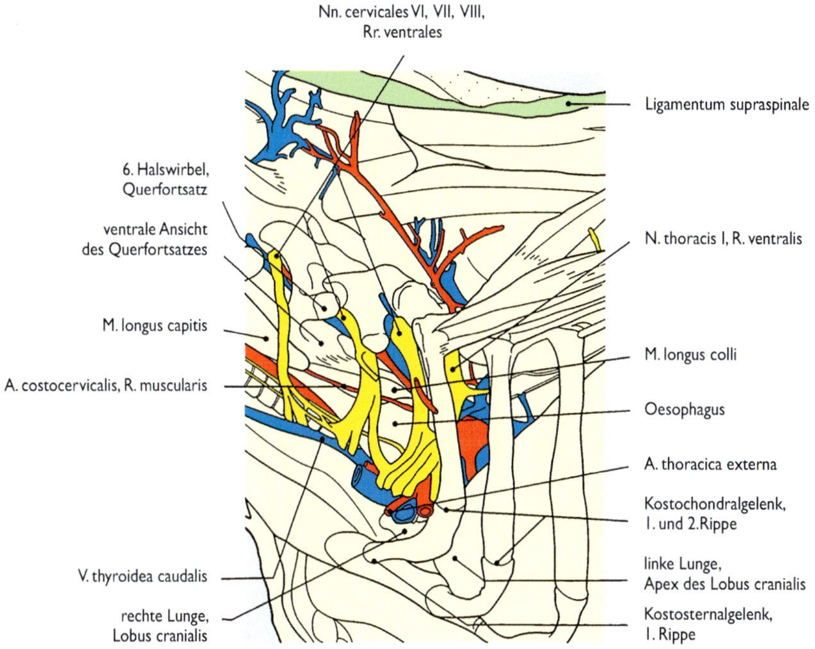

Abb. 3.25 Tiefe Strukturen an der Apertura thoracis (2). Plexus brachialis, vertebrale und tiefe Halsgefäße: linke laterale Ansicht. Die Mm. rectus thoracis und abdominis wurden von der ersten Rippe entfernt und der Interkostalraum wurde von Muskeln und Faszie befreit, so dass beinahe die gesamte erste Rippe und der N. thoracicus 1 dargestellt werden. Der verbliebene Anteil des M. longissimus cervicis und der Anteil des M. longissimus thoracis, der am 7. Halswirbel ansetzt, ebenso wie der M. multifidus cervicis wurden entfernt. Ein großer Teil der Halswirbel 6 und 7, der Austritt der Spinalnerven 7 und 8 und die Vertebralgefäße an ihrem Eintritt in den Hals sind nun erkennbar.

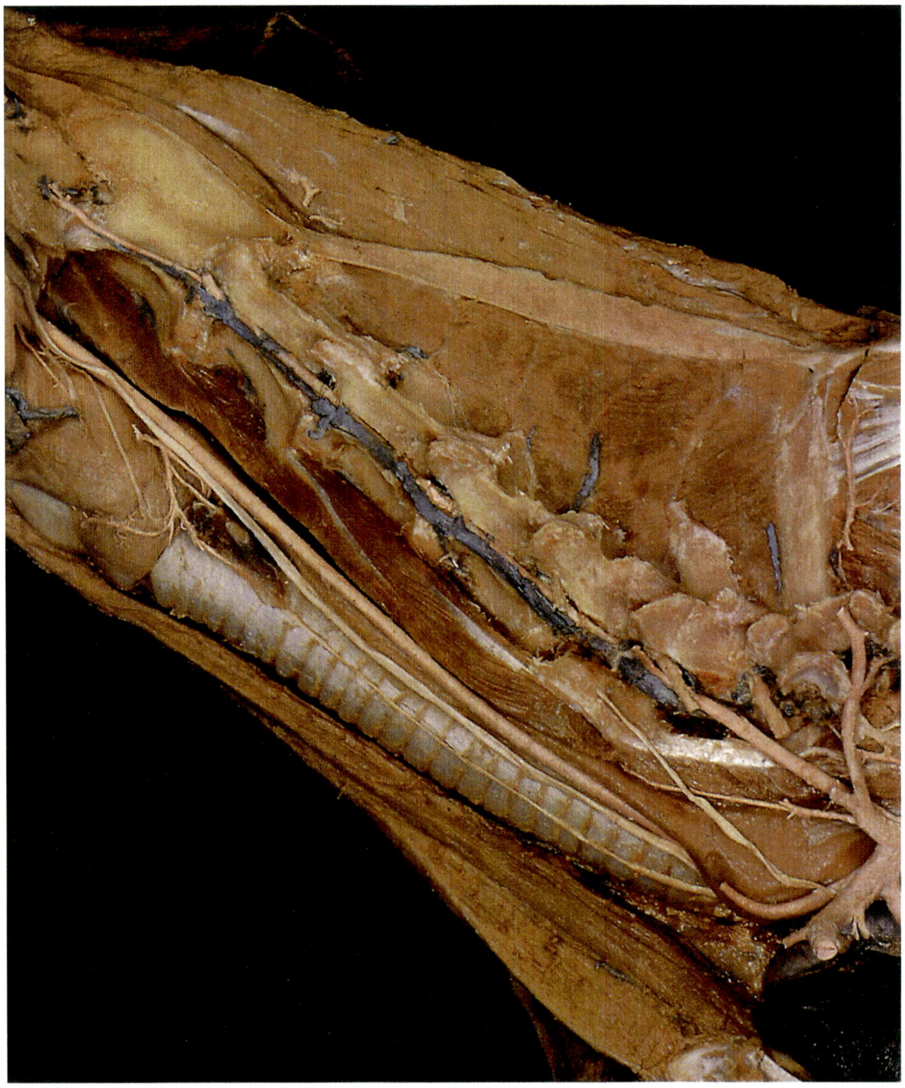

Abb. 3.26 Tiefe Strukturen (6). Halswirbelsäule und A. + V. vertebralis: linke laterale Ansicht.
Die verbliebenen Mm. multifidis und spinalis wurden von den dorsalen Halswirbelbereichen, gemeinsam mit den Verästelungen der tiefen Halsgefäße entfernt. Der M. longus capitis ventral der Halswirbel wurde entfernt, um den M. longus colli freizulegen. Die Halswirbel sind lateral beinahe vollständig freigelegt und die A. + V. vertebralis sind in ihrer gesamten Länge freigelegt.

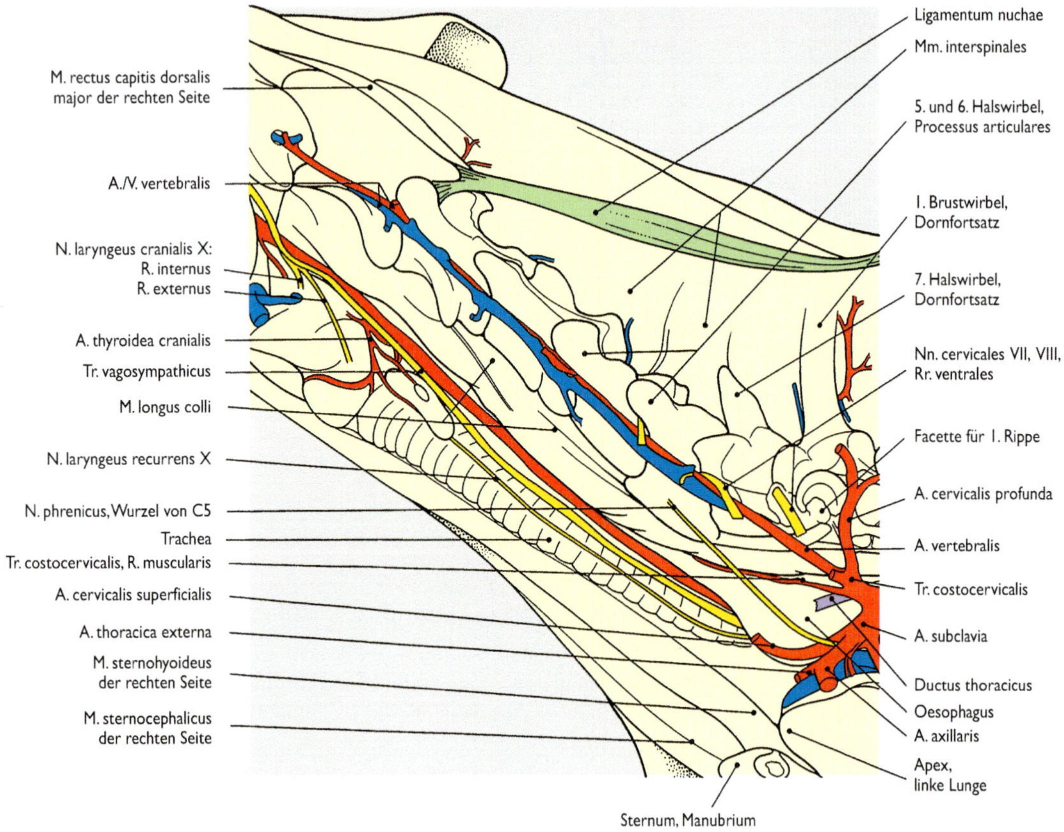

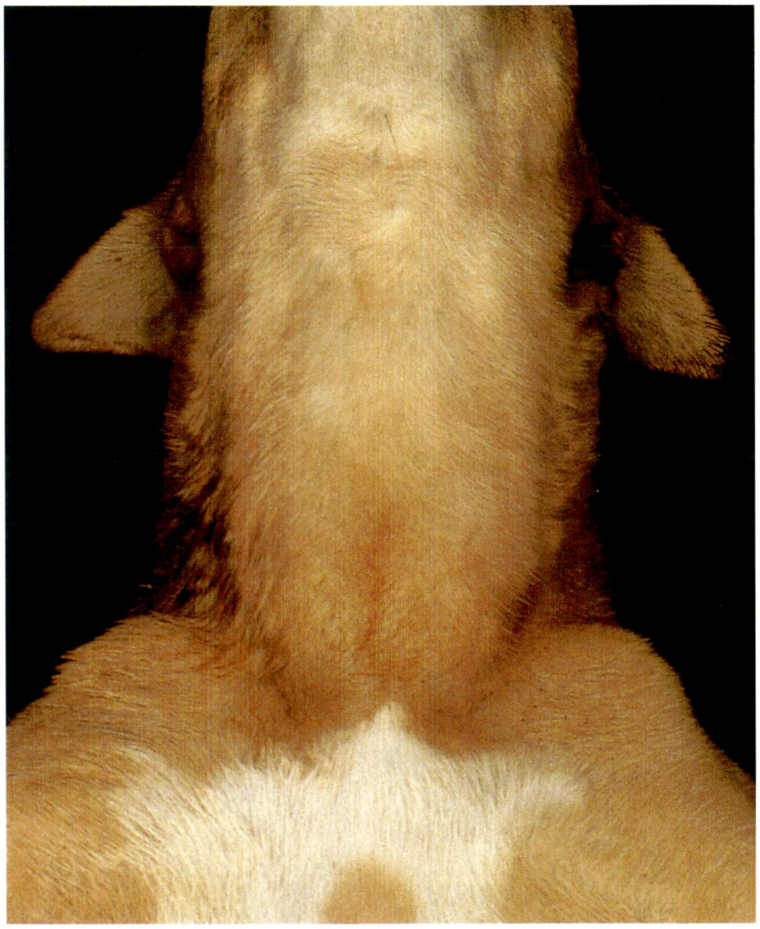

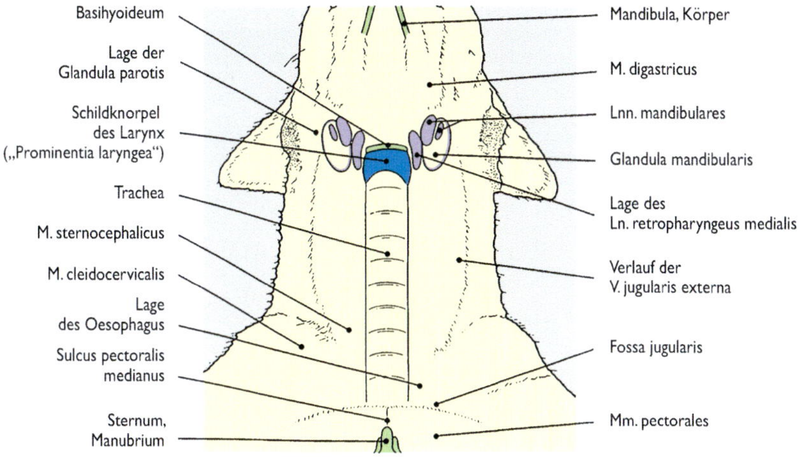

Abb. 3.27 Oberflächenmerkmale: ventrale Ansicht. An der Halsunterseite sind abgesehen vom Basihyoid kranial und vom Manubrium sterni kaudal, praktisch keine knöchernen „Orientierungspunkte“ tastbar. Die Larynxknorpel und Trachealspangen sind jedoch eindeutig palpierbar, obwohl keine Konturen erkennbar sind.

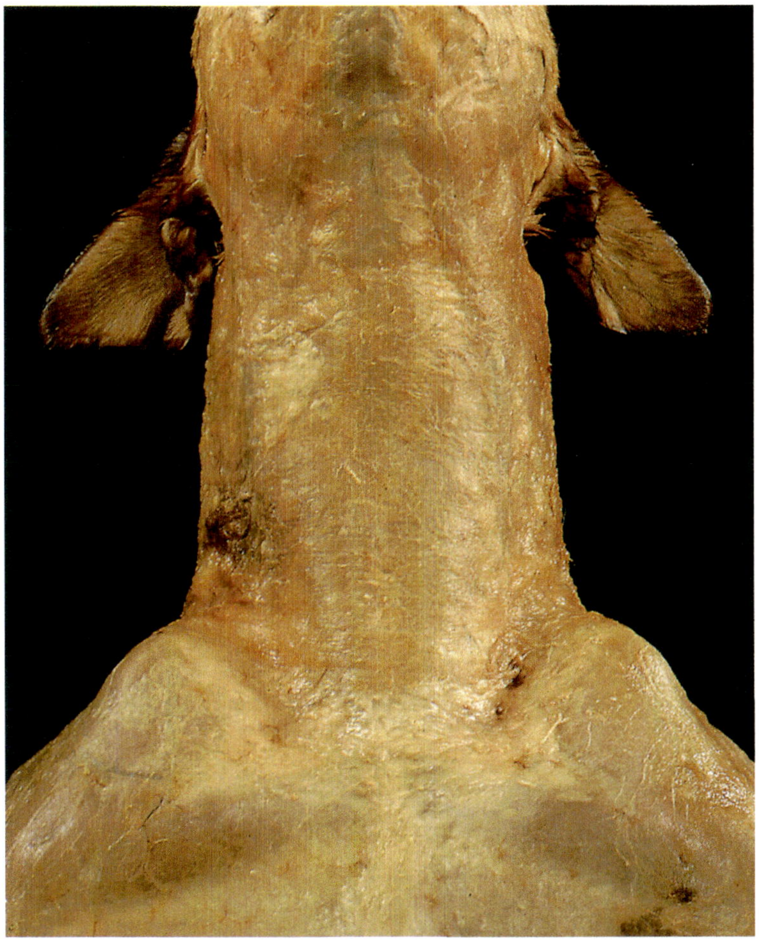

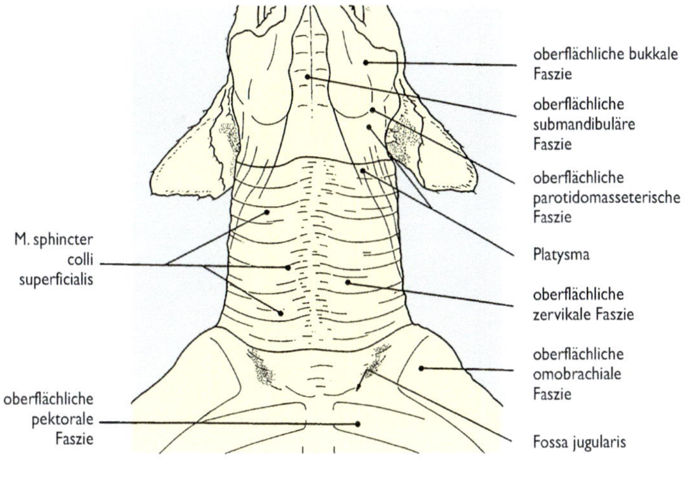

Abb. 3.28 Oberflächliche Strukturen der Regiones intermandibularis, subhyoidea und colli ventralis (1). Oberflächliche Faszie: ventrale Ansicht. Die Haut wurde entfernt, so dass die den Hals als loser Zylinder umgebende oberflächliche Faszie freigelegt wurde. Diese ist verbunden mit der oberflächlichen Kopffaszie in den Regiones laryngea und parotideomasseterica und mit den oberflächlichen Pektoral- und Omobrachialfaszien in den Regiones praesternalis und scapularis. Sie enthält neben dem Platysma auch erkennbare Stränge des M. sphincter colli superficialis.

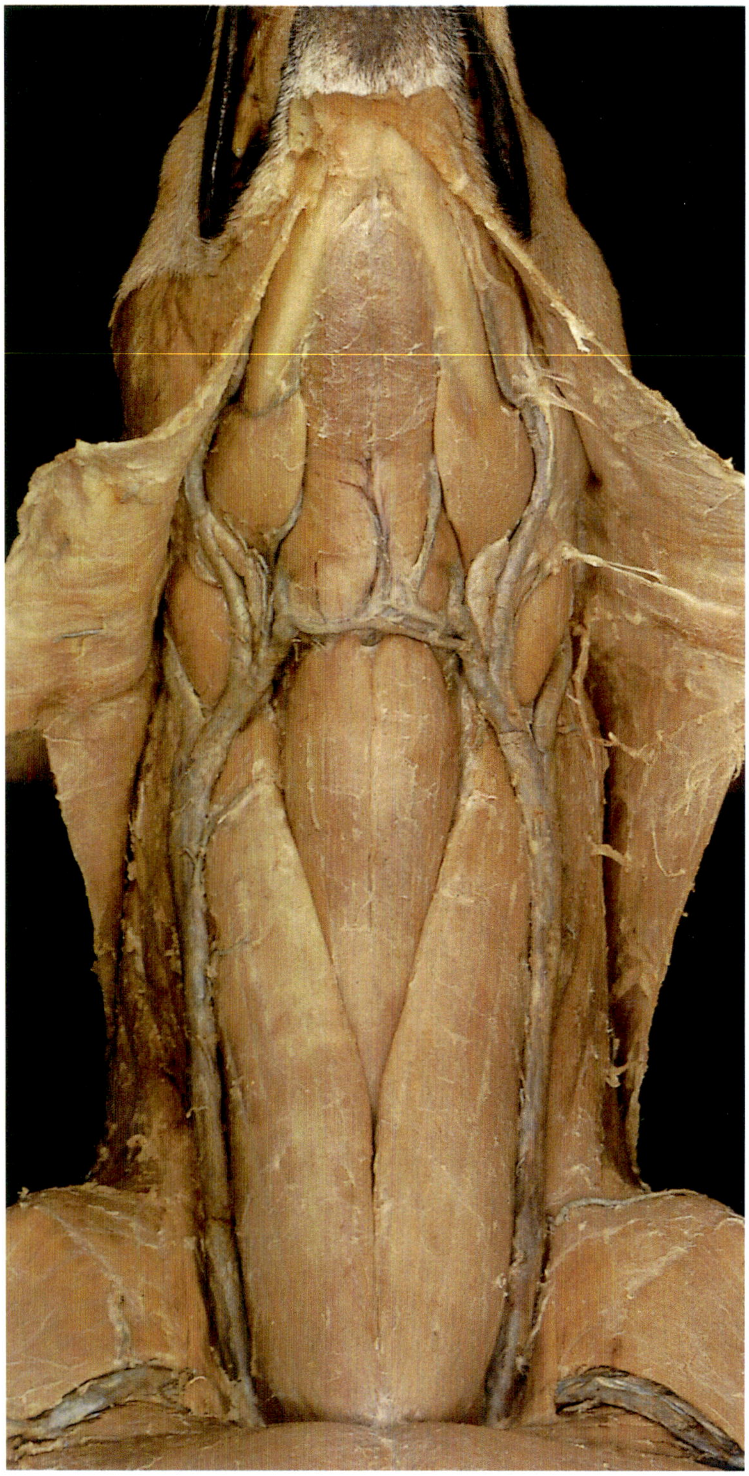

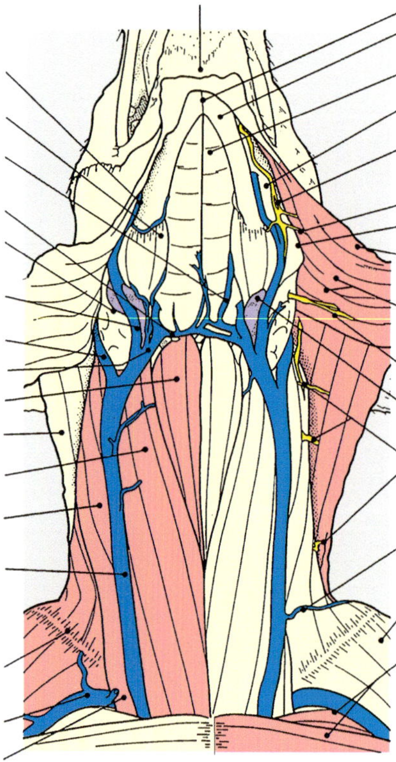

Abb. 3.29 Oberflächliche Strukturen der Regiones intermandibularis, subhyoidea und colli ventralis (2) Muskeln: Ventrale Hautansicht. Beidseitige Entfernung der Haut und der oberflächlichen Faszie legen die Muskeln und oberflächlichen Venen auf der ventralen Halsoberfläche frei. Die unregelmäßigen und schwach abgegrenzten transversalen Anteile der Hautmuskulatur am Hals wurden entfernt. Diese liegen in der oberflächlichen Faszie der Regiones laryngea und subhyoidea (siehe Abb. 3.28). Zusätzlich wurde das Platysma (siehe Abb. 3.6, 3.7), das sich kranioventral auf die ventrolaterale Oberfläche der Regiones subhyoidea und intermandibularis erstreckt, auf beiden Seiten zurückgeklappt. Auf seiner internen Oberfläche sind Stränge des parotidoaurikulären und intermediären Anteils des M. sphincter colli profundus sichtbar.

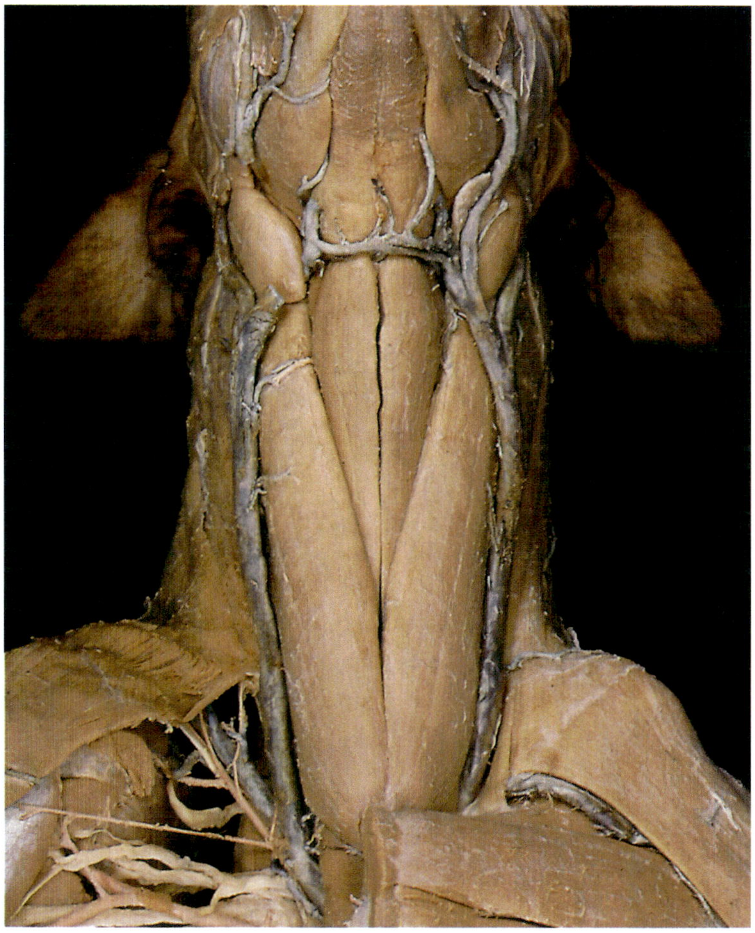

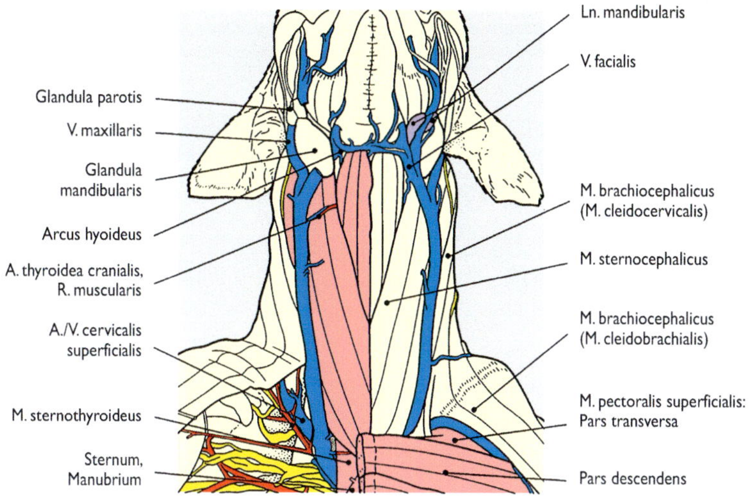

Abb. 3.30 Oberflächliche Strukturen: ventrale Ansicht. Teile der Vv. facialis, lingualis und linguofacialis wurden gemeinsam mit den Lnn. mandibulares auf der rechten Seite entfernt. Die Glandula mandibularis ist am Übergang vom Kopf zum Hals freigelegt. Auf dieser und den drei folgenden Abbildungen wurde der rechte Halsansatz während der Präparation von Nerven und Gefäßen, die die Vordergliedmaße versorgen, zum Teil in Mitleidenschaft gezogen (siehe Kapitel 4).

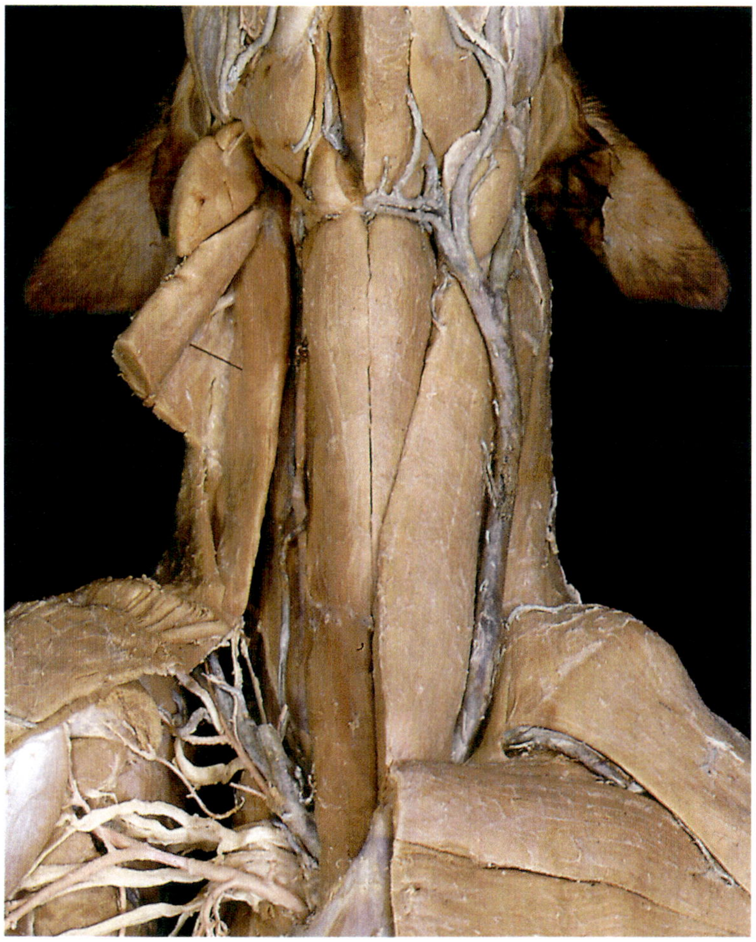

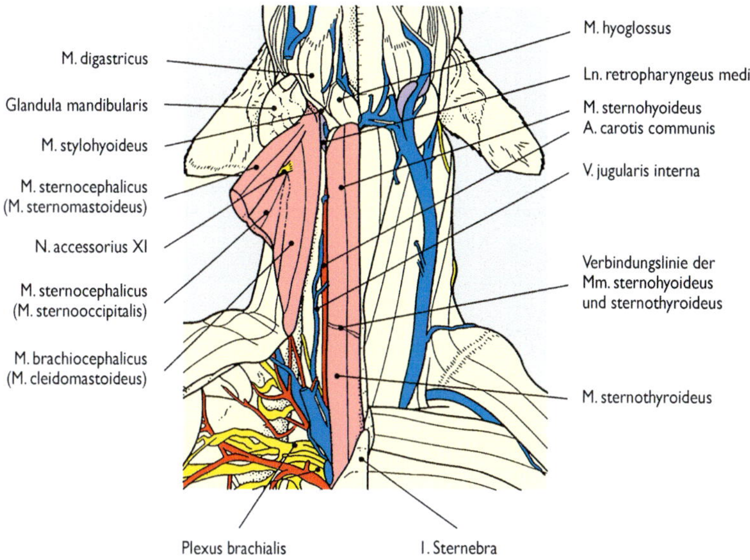

Abb. 3.31 M. sternocephalicus und Karotisscheide: ventrale Ansicht. Der M. sternocephalicus dexter wurde in der Mitte des Halses durchtrennt und sein kranialer Anteil lateral zurückgeklappt, wodurch die Glandula mandibularis verlagert wurde. Dies legt den Ln. retropharyngealis medialis, die A. carotis communis dextra und die begleitende V. jugularis interna frei. Außerdem ist der ventrale Ast des N. accessorius (XI) an seinem Austritt durch den M. cleidomastoideus zu sehen.

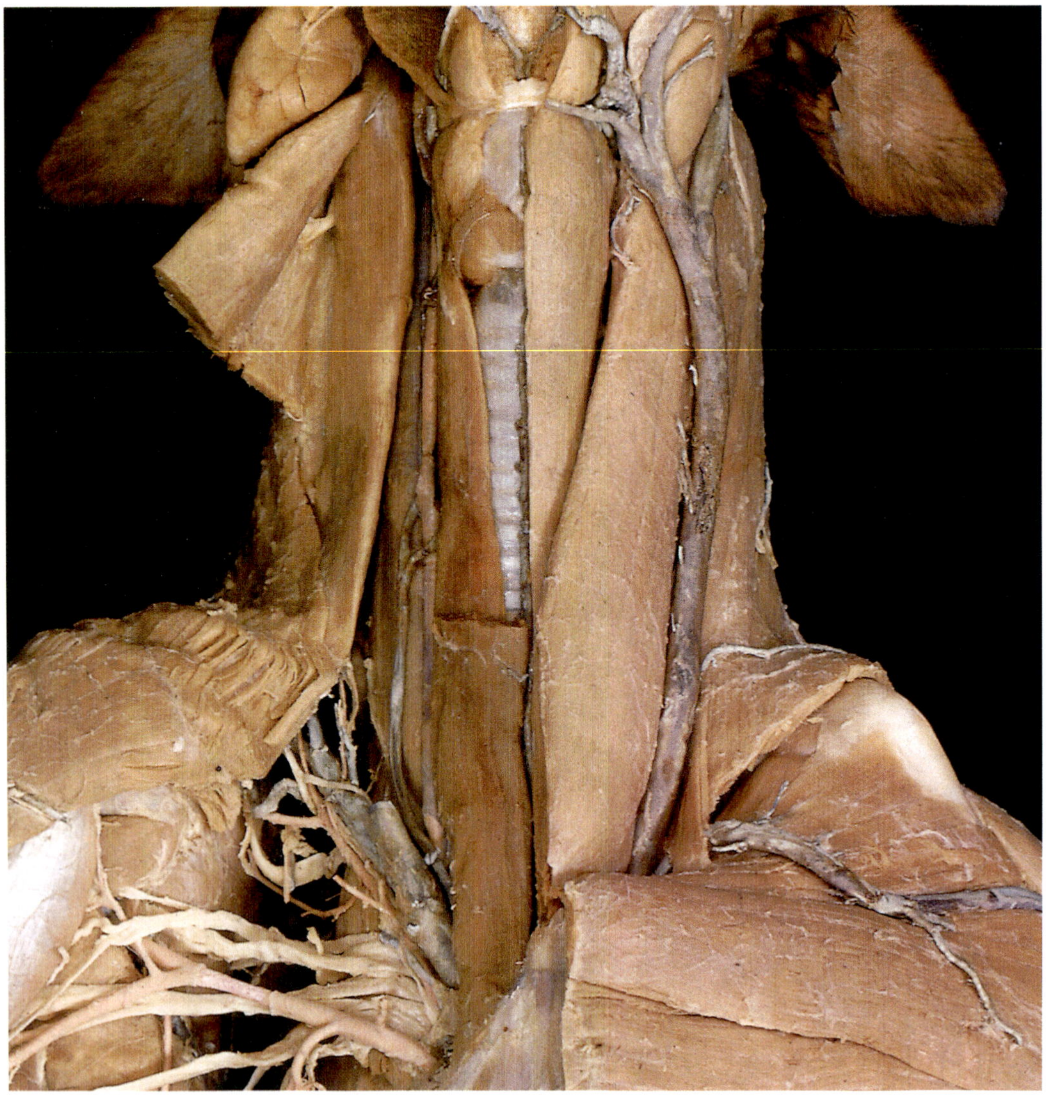

Abb. 3.32 M. sternothyroideus, Larynx und Trachea: ventrale Ansicht. Mit der Entfernung der kranialen Hälfte des rechten M. sternohyoideus beginnt die Freilegung der Cartilagines thyroidea und cricoidea des Larynx mit ihren dazugehörigen extrinsischen Muskeln (Mm. cricothyroideus und thyrohyoideus). Obwohl er entfernt wurde, blieb die Nervenversorgung ausgehend vom N. hypoglossus (XII) erhalten und ist auf dem M. sternothyroideus zu sehen. Die Entfernung der unteren Hälfte des M. sternocephalicus legt den Teil des M. sternohyoideus frei, der mit dem M. sternothyroideus verwachsen ist.

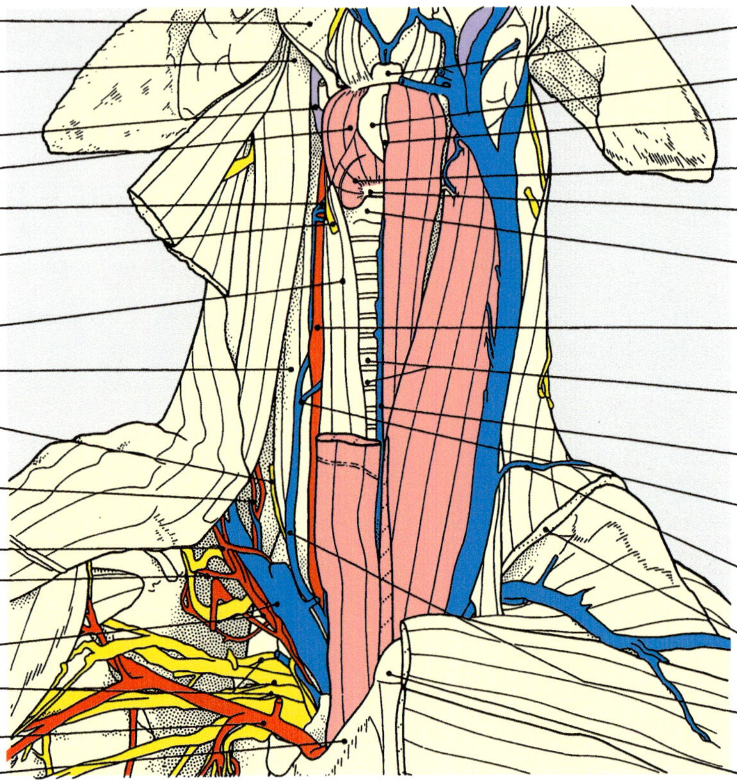

Abb. 3.33 Larynx, Trachea, Schilddrüse und Karotisscheide (1): ventrale Ansicht. Beidseitig wurden die Mm. sternohyoideus und sternothyroideus vollständig entfernt, außerdem wurde der M. sternocephalicus sinister teilweise entfernt. Der letztere wurde durch einen Schnitt parallel zum unteren Rand der V. jugularis externa entfernt. Die gesamte Länge des Halses ist jetzt ventral „eröffnet" und die Trachea sowie der Ösophagus sind freigelegt. Zusätzlich sind beide Lappen der Schilddrüse sichtbar, allerdings war über der Trachea kein verbindender Isthmus vorhanden.

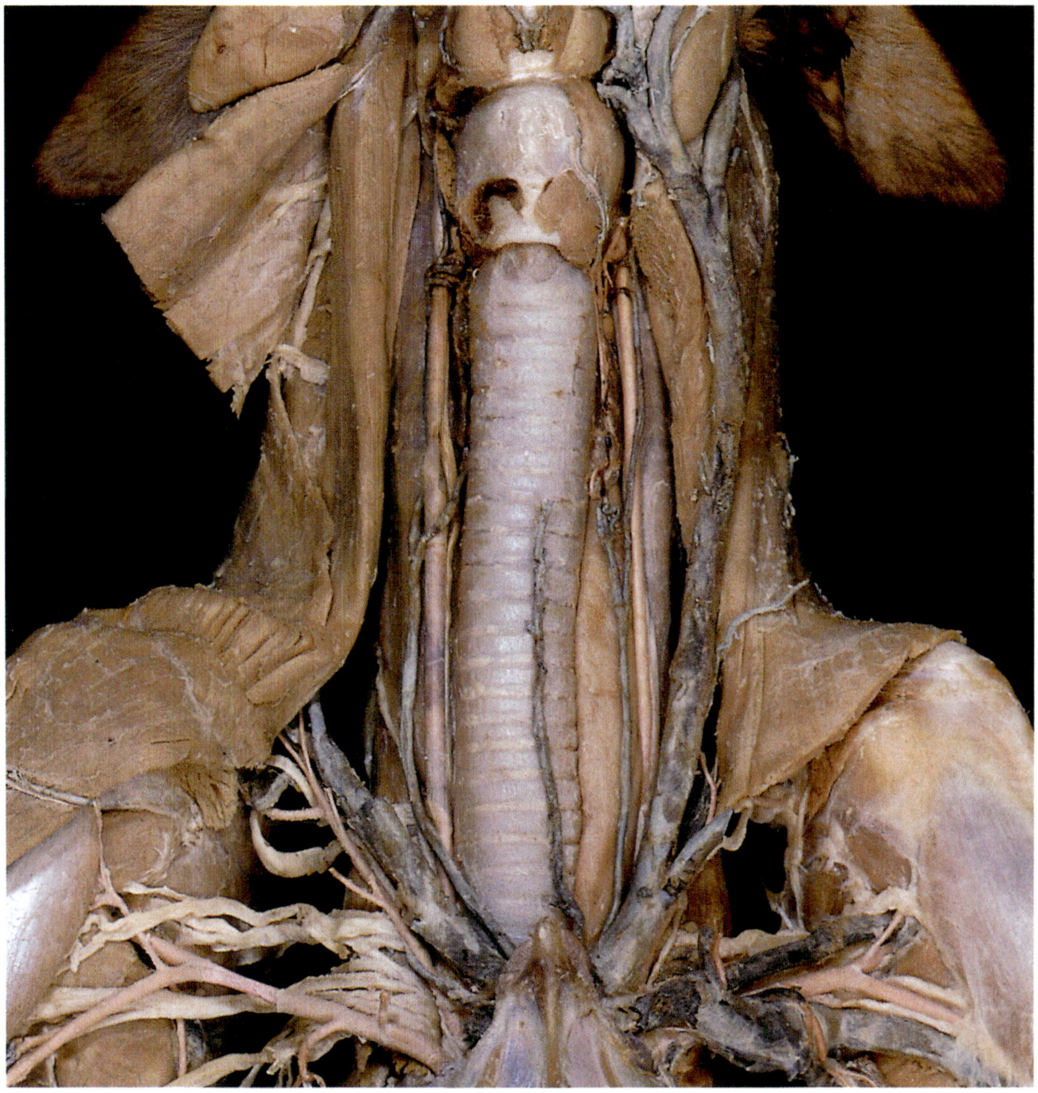

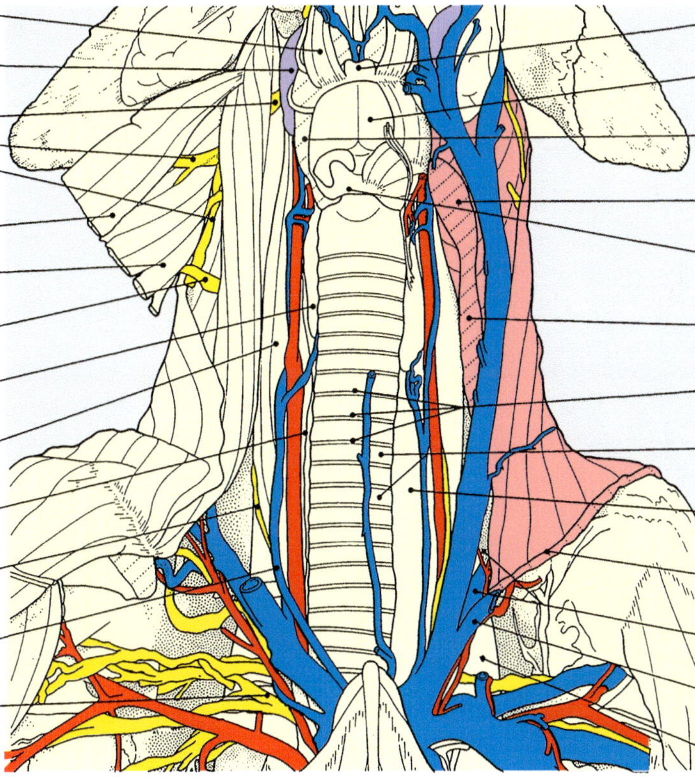

Abb. 3.34 Larynx, Trachea, Schilddrüse und Karotisscheide (2): linke ventrolaterale Sicht. Der cleidobrachiale Anteil des M. brachiocephalicus wurde entfernt, indem er an der Intersectio clavicularis durchtrennt wurde. Dadurch wurden die Äste der oberflächlichen Halsgefäße am Halsansatz freigelegt.

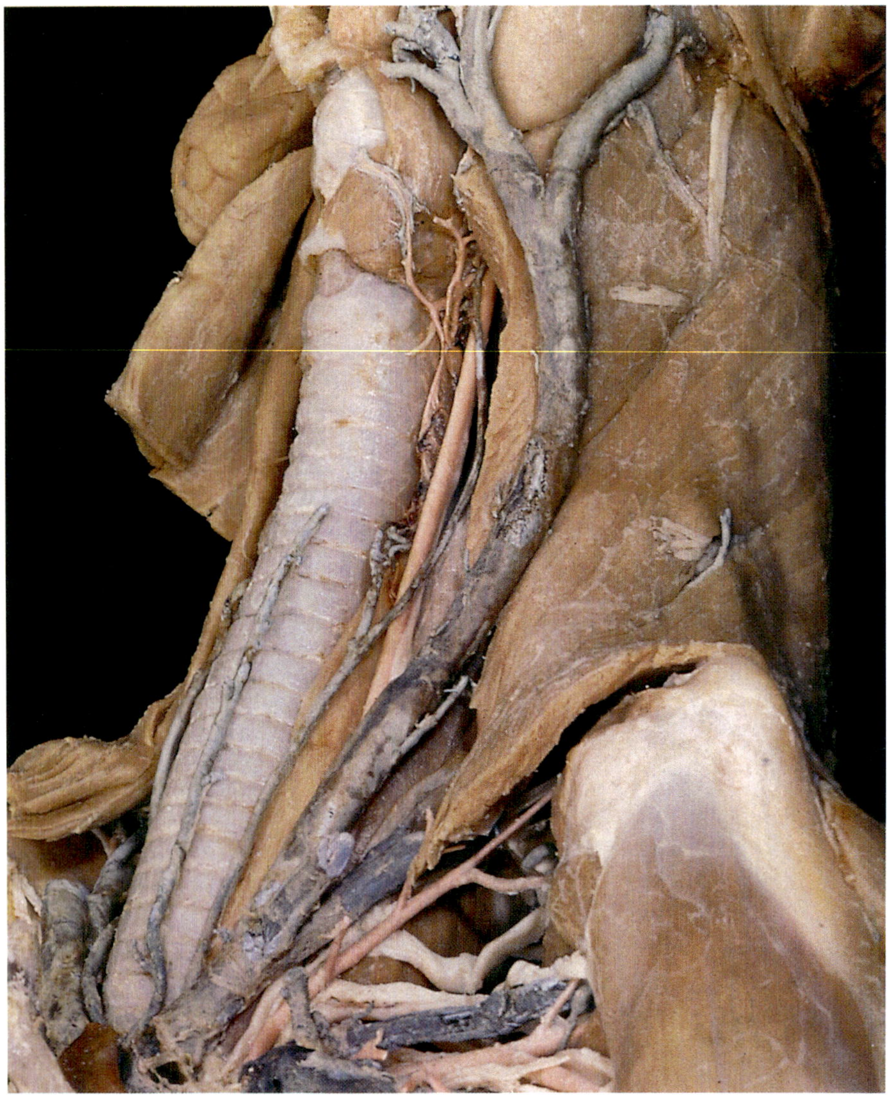

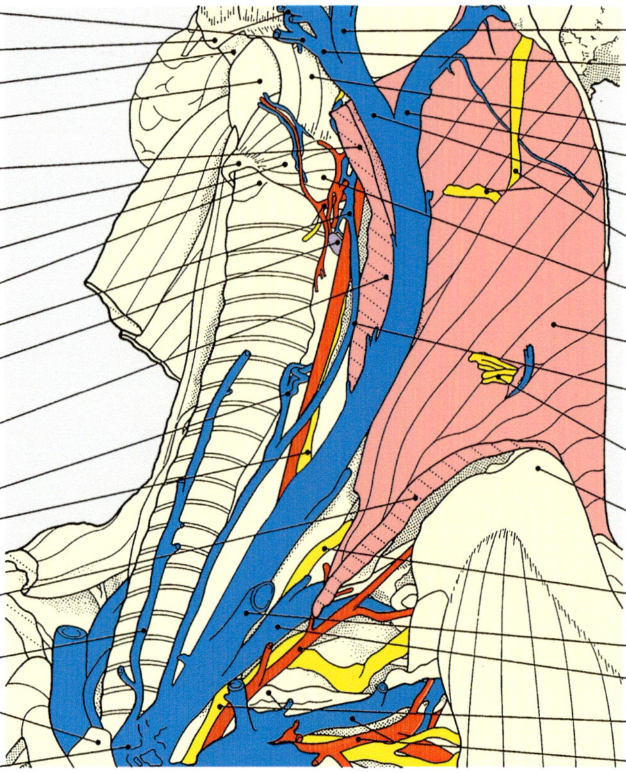

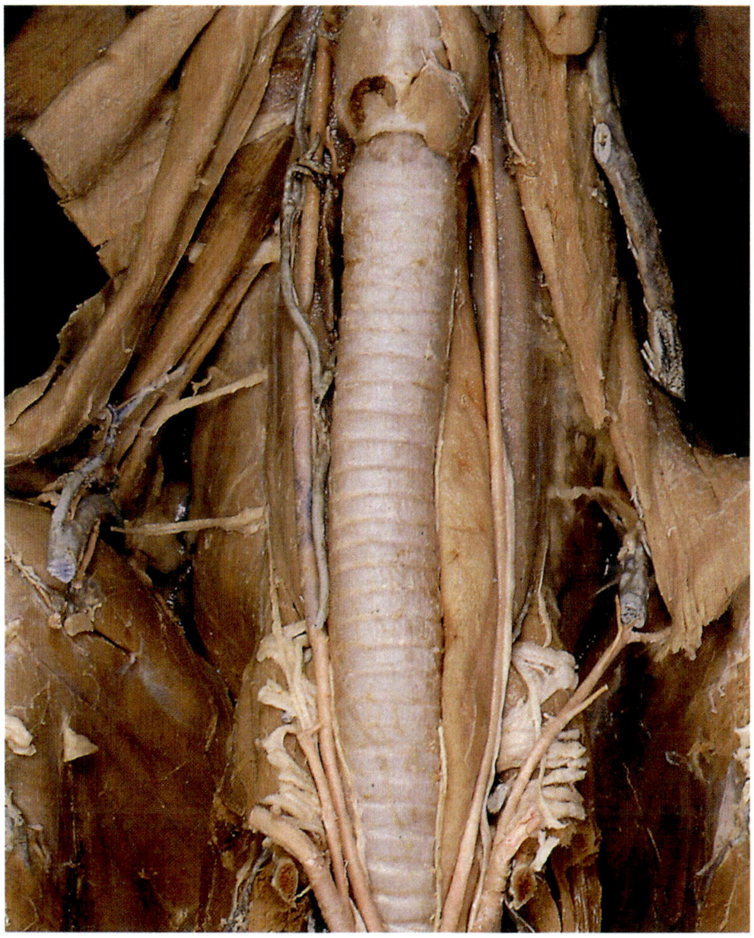

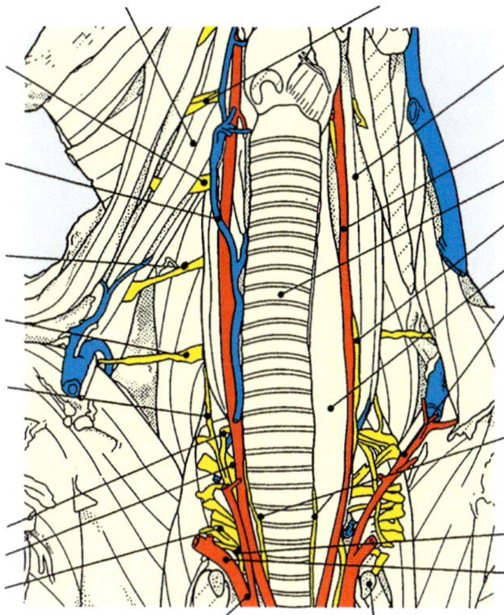

Abb. 3.35 Trachea, Ösophagus, Nn. laryngei recurrentes und Truncus vagosympathicus: ventrale Ansicht. Im Laufe der Thoraxpräparation wurde die Apertura thoracis cranialis eröffnet. Ihre Lage ist gekennzeichnet durch die durchtrennten Stümpfe der ersten Rippen. Die Venen, die die Apertur durchqueren, wurden entfernt, wie praktisch alle Halsvenen. Die Aa. carotides communes verbleiben auf beiden Seiten intakt und der Truncus vagosympathicus sowie der N. laryngeus recurrens sinister werden in ihrer Position gezeigt. Die Beziehung dieser im gesamten Hals verlaufenden Strukturen ist in der Sequenz von Transversalschnitten (Abb. 3.36-3.43) dargestellt, die auf der in der dazugehörigen Zeichnung angezeigten Höhe durchgeführt wurden. Der erste Schnitt ist aus kranialer Ansicht dargestellt, während die verbleibenden sieben Schnitte aus kaudaler Ansicht gezeigt werden. Der erste Schnitt (Abb. 3.36) ist eine direkte Fortführung der letzten Präparation durch den Kopf (siehe Kapitel 2). Der vorangegangene Schnitt (Abb. 3.43) passiert tatsächlich die Apertura thoracis cranialis und wird mit dem ersten Schnitt durch den Thorax fortgeführt (siehe Kapitel 5).

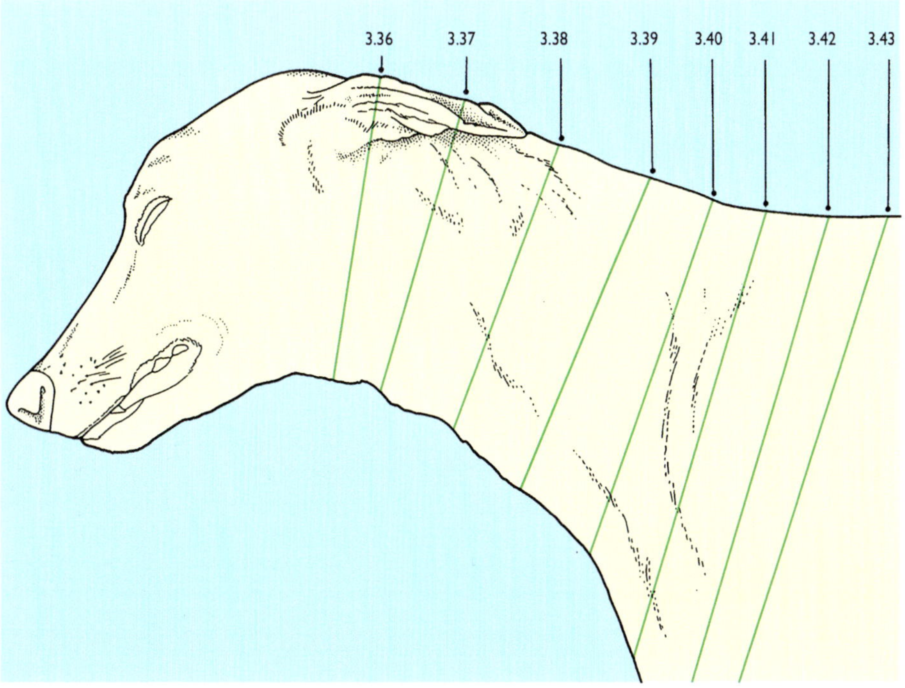

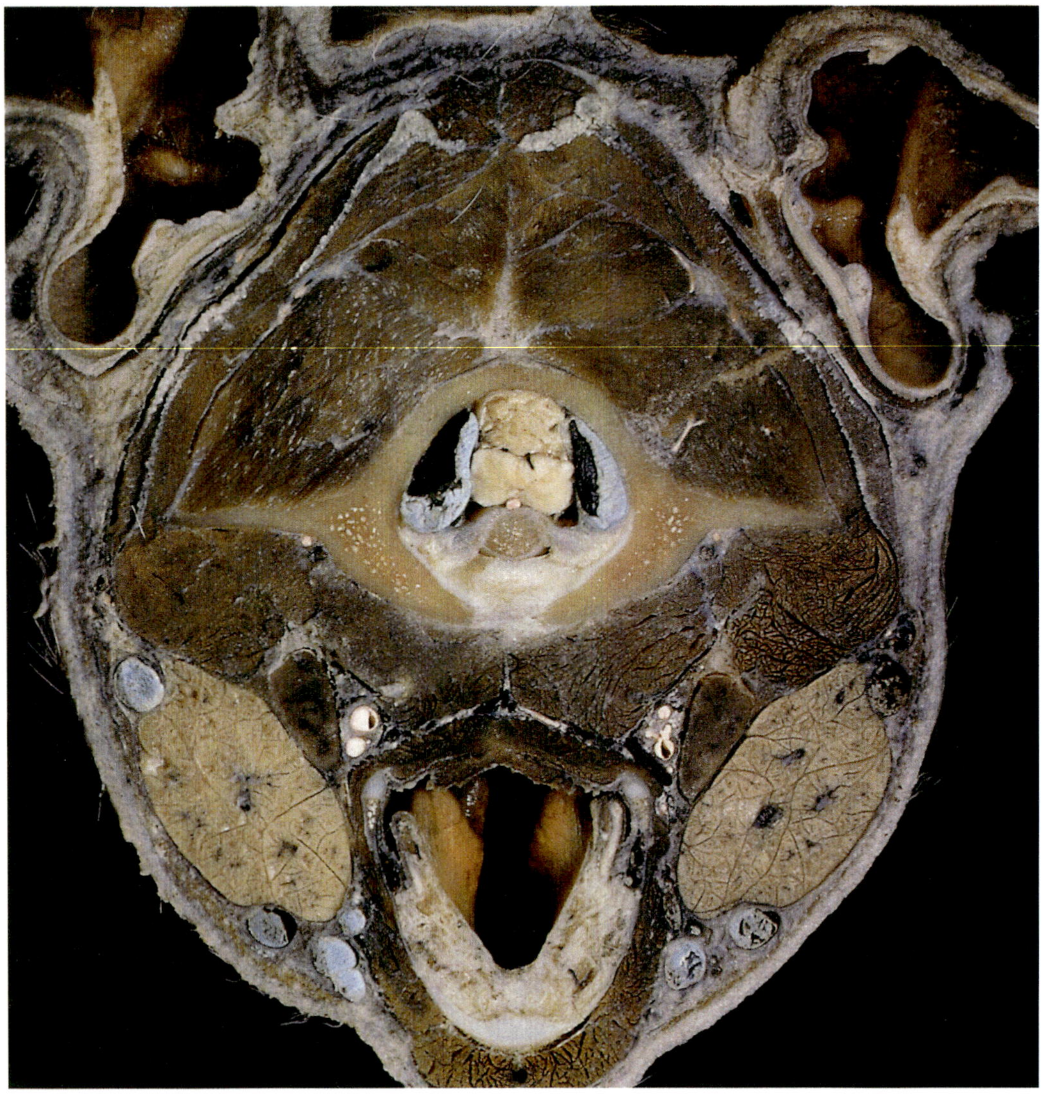

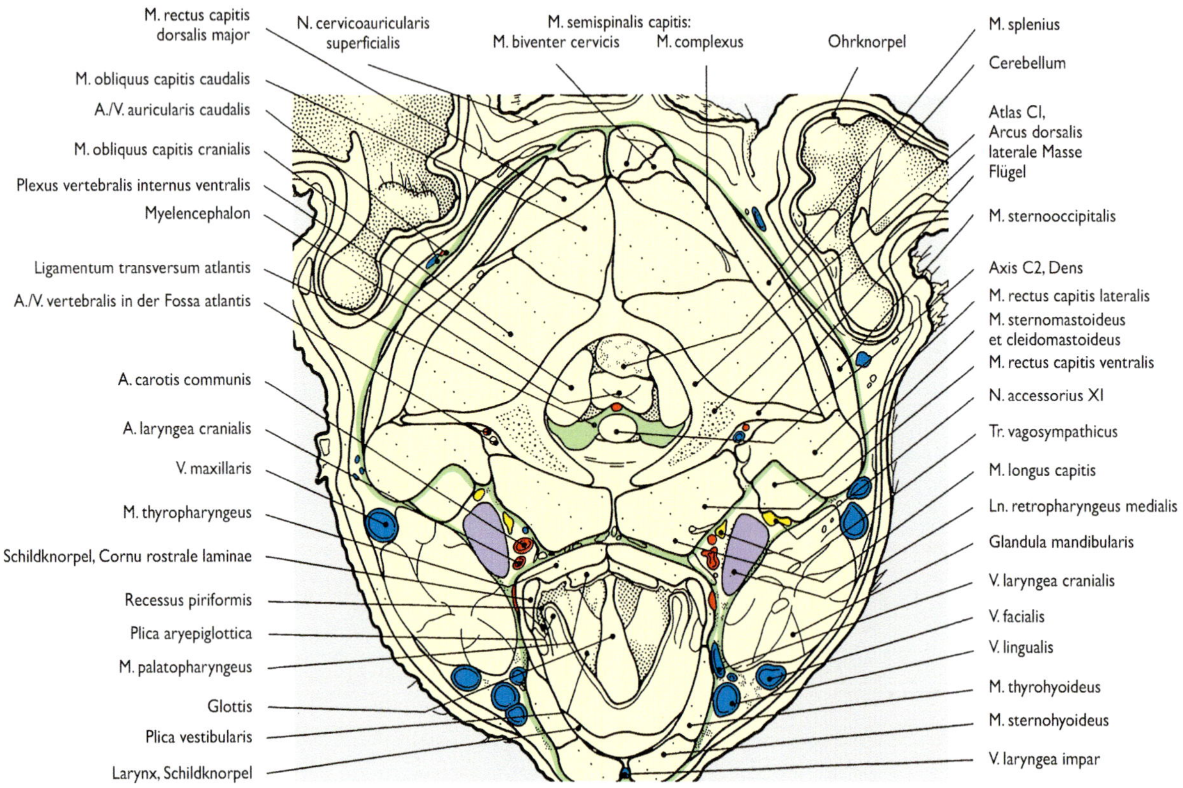

Abb. 3.36 Transversalschnitt (1) durch den 1. Halswirbel (Atlas), Pars laryngea pharyngis, Vestibulum laryngis und Lnn. retropharyngei mediales: kraniale Ansicht. Dieser Schnitt läuft durch den Atlas (C1), wobei die verbreiterten Querfortsätze (Flügel) auf beiden Seiten gezeigt werden. Innerhalb des mittleren Teils des Wirbelkanals ist der Dens des Axis (C2) zu sehen, der durch ein markantes Ligamentum transversum atlantis an seinem Platz gehalten wird. Auch im Wirbelkanal enthalten sind die paarigen Plexus venosi vertebrales interni, die im Epiduralraum verlaufen. Ventral des Atlasflügels liegt der Ln. retropharyngealis medialis lateral der A. carotis communis, des Truncus vagosympathicus und der V. jugularis interna und medial der Glandula mandibularis. Diese Region an der „Grenze“ zwischen Kopf und Hals wird hauptsächlich in Kapitel 2 behandelt.

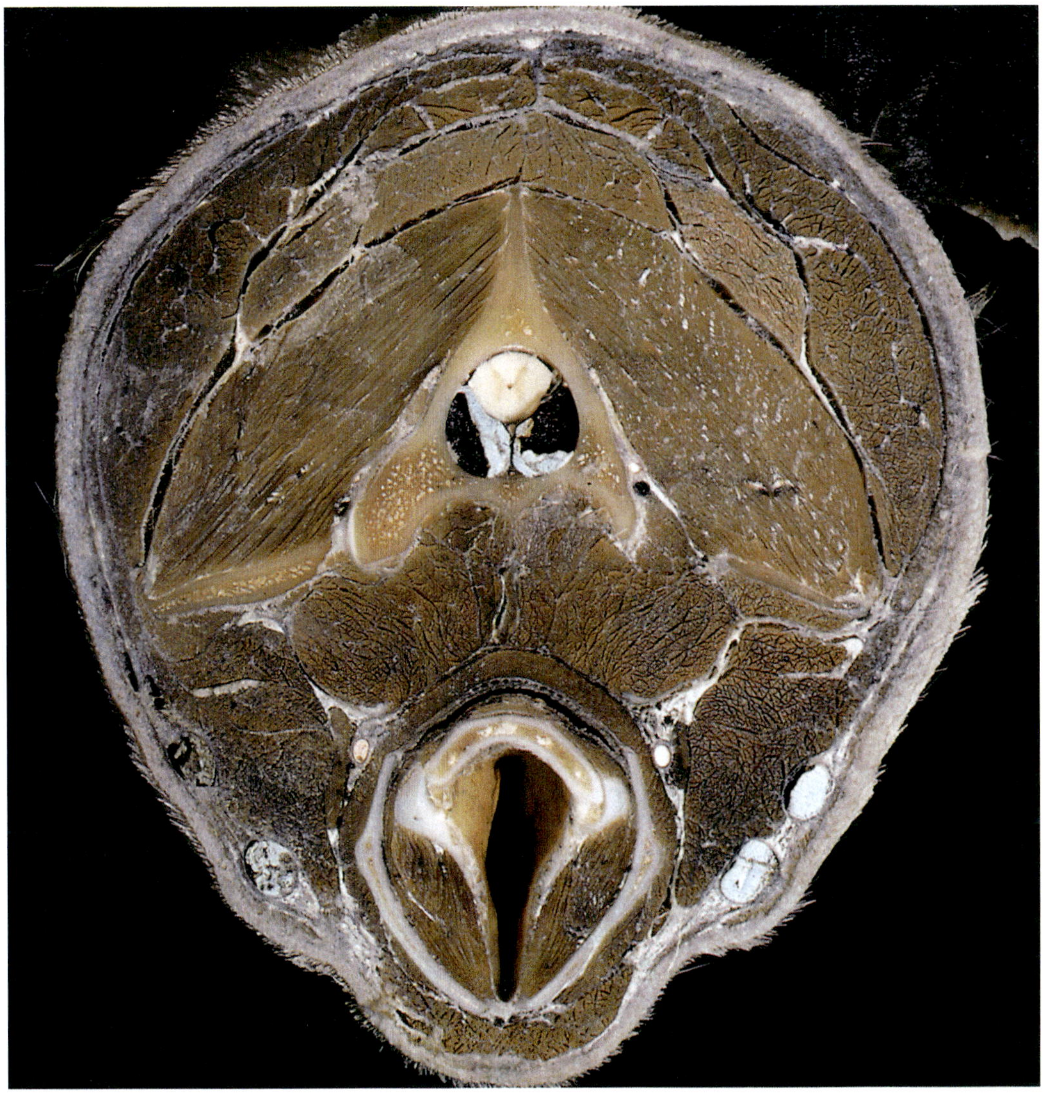

Abb. 3.37 Transversalschnitt (2) durch Halswirbel 2 (Axis) und Larynx: kaudale Ansicht. Identifizierbar sind die vier hauptsächlichen Kehlkopfknorpel sowie die zu den Aryknorpeln gehörige intrinsische Muskulatur. Detaillierter wird die Anatomie des Larynx im Kapitel 2 behandelt. Die Pars laryngea pharyngis ist hier besonders gut zu erkennen, umringt vom M. thyropharyngeus, einem der Schlundkopfschnürer.

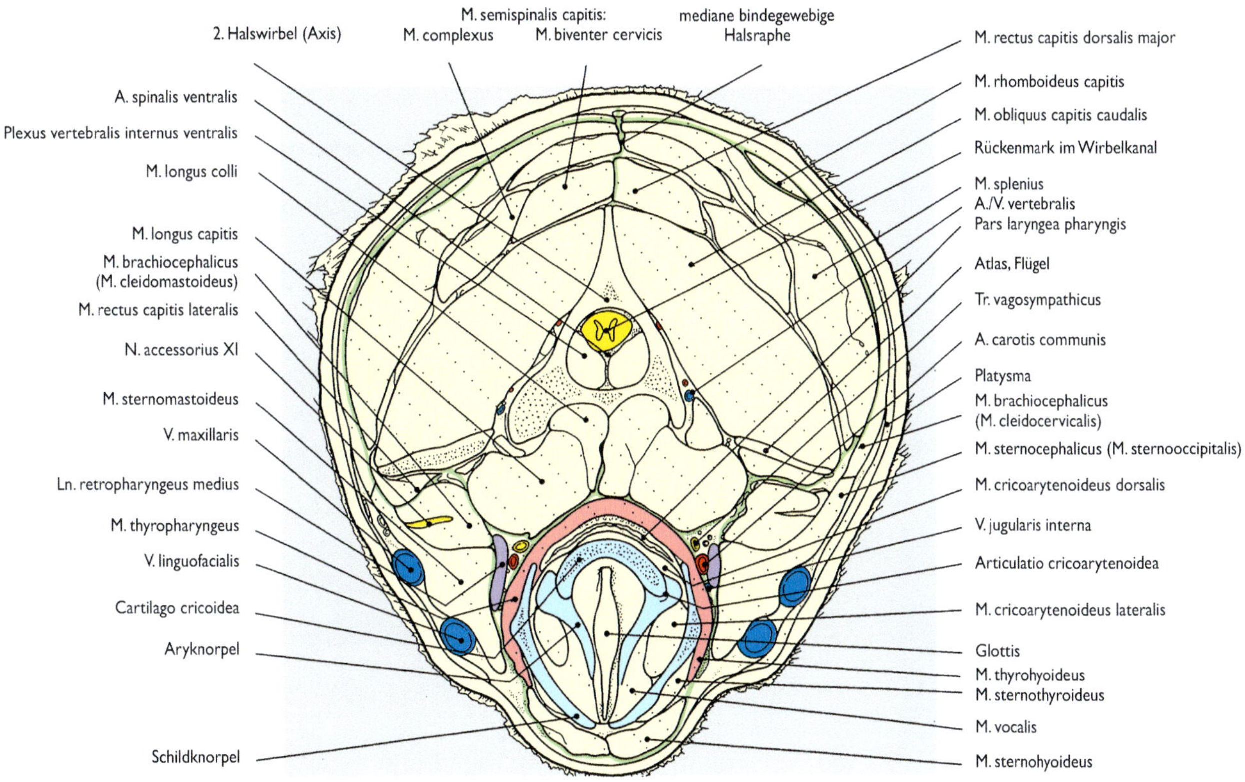

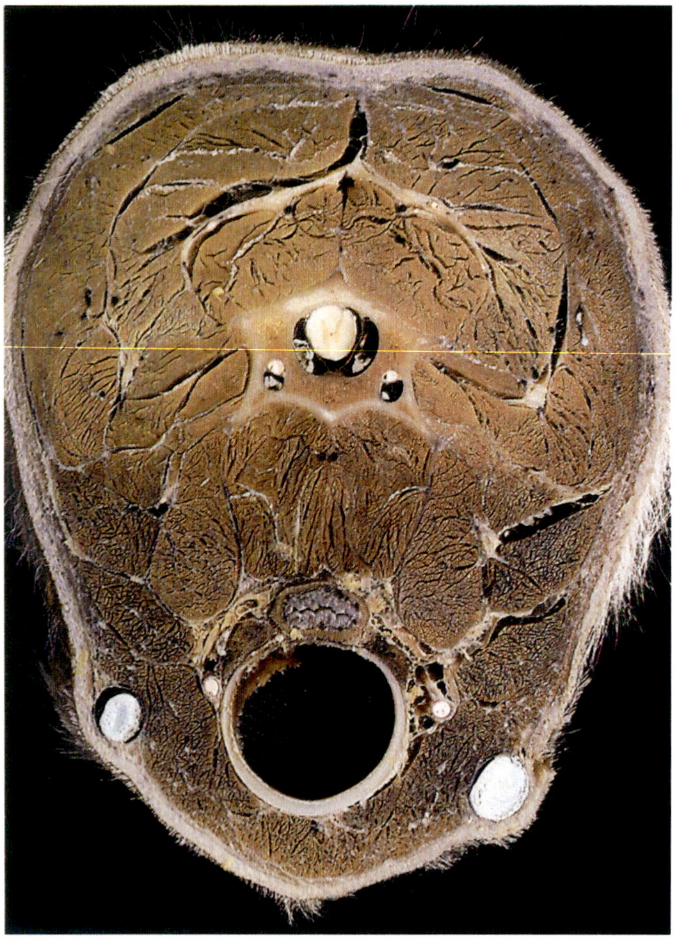

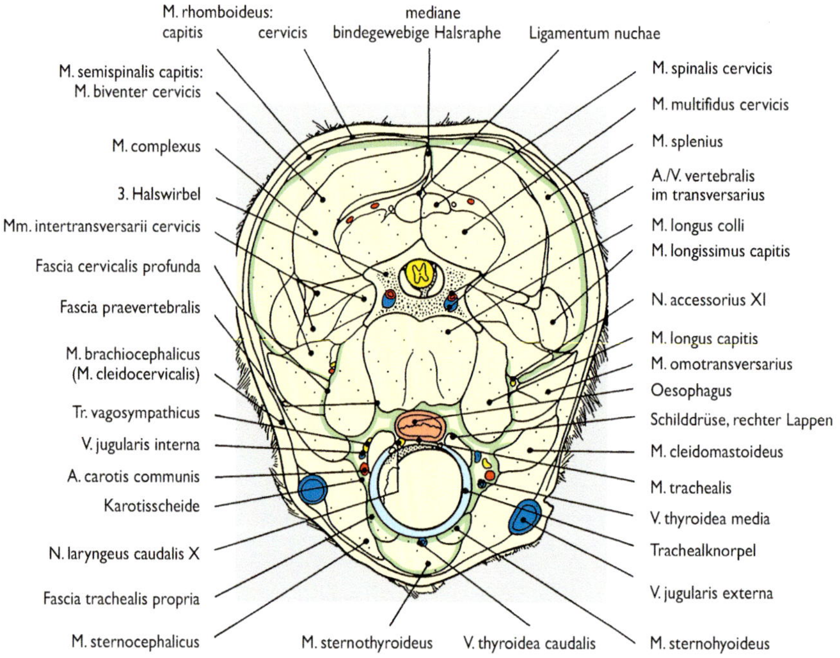

Abb. 3.38 Transversalschnitt (3) durch den 3. Halswirbel und die Schilddrüse: kaudale Ansicht. Der Ösophagus liegt auf der Mittellinie und wird flankiert von den Schilddrüsenlappen.

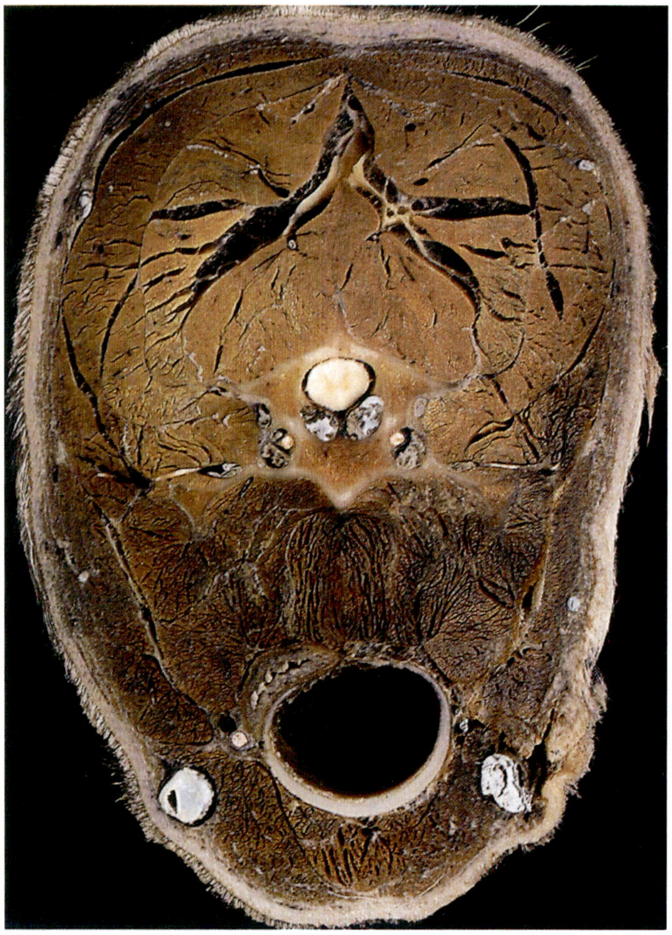

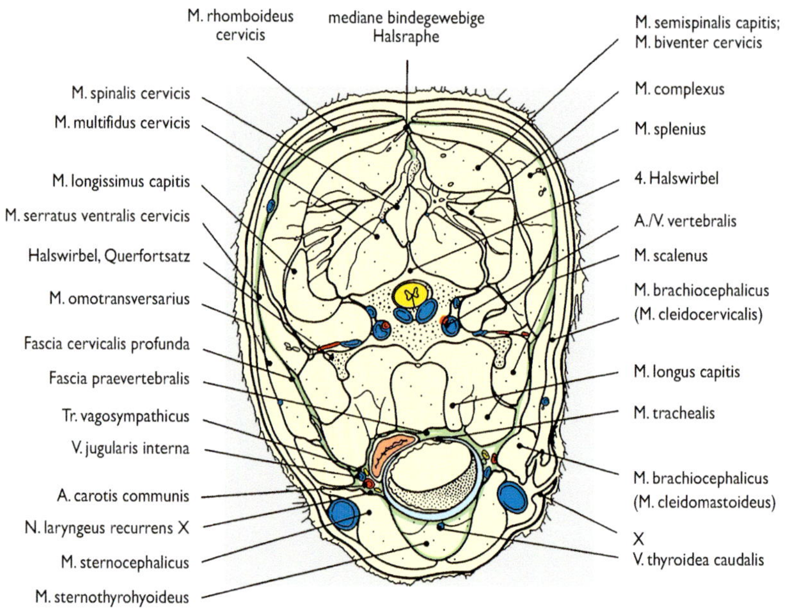

Abb. 3.39 Transversalschnitt (4) durch den 4. Halswirbel: kaudale Ansicht. Der am Punkt „X“ in dieser Präparation angezeigte Schaden entstand durch das Verfahren für die Kanülierung der A. carotis communis dextra zur Konservierung und die darauffolgende Latexinjektion in das arterielle System.

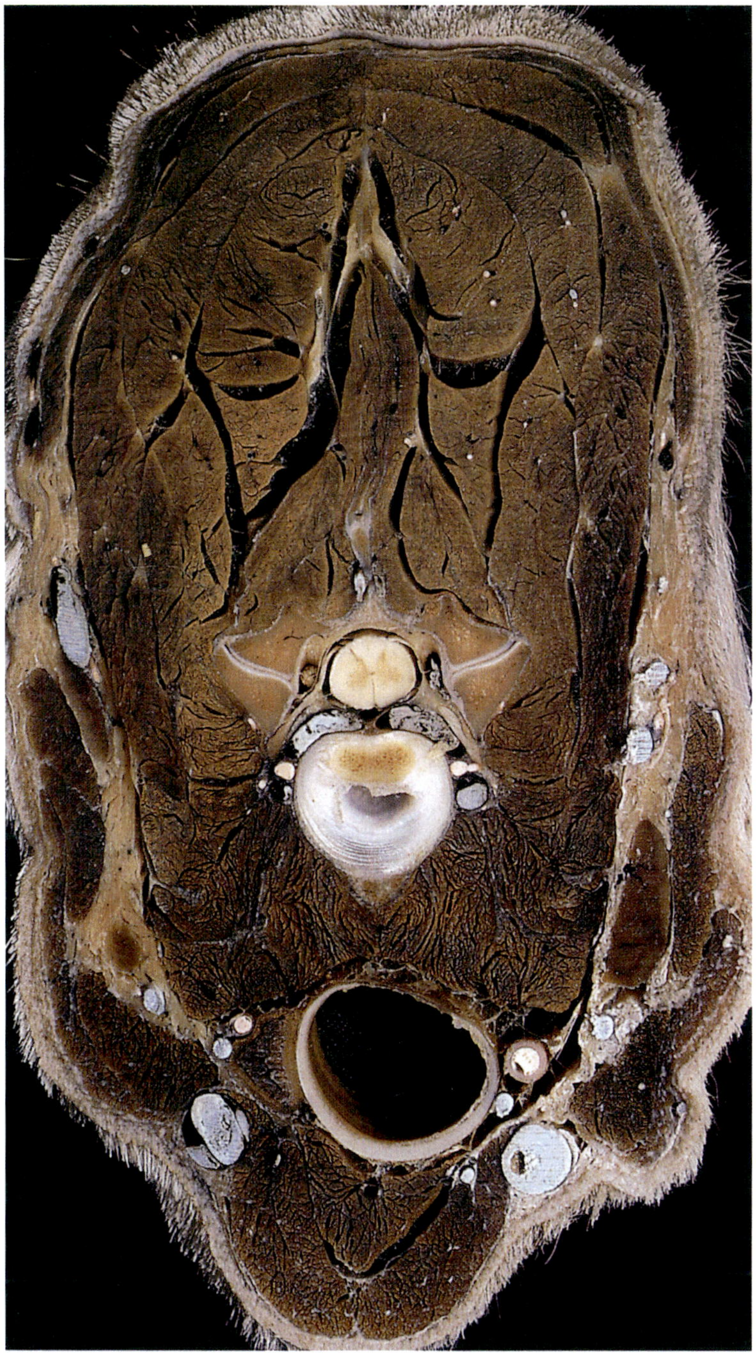

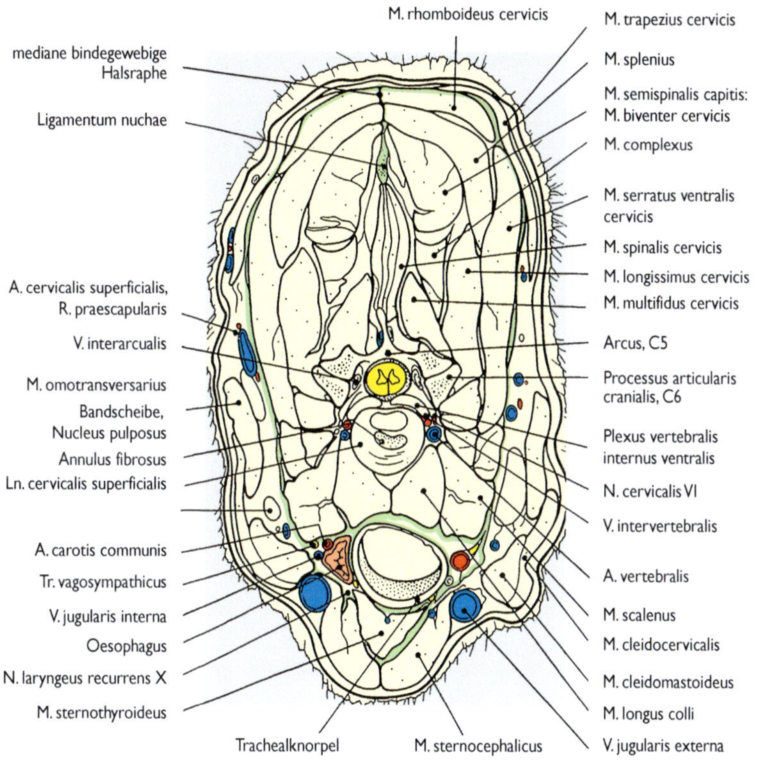

Abb. 3.40 Transversalschnitt (5) durch die Bandscheibe zwischen dem 5. und 6. Halswirbel: kaudale Ansicht. Der vergrößerte Umfang der A. carotis communis dextra in diesem Schnitt ist dem Druck der für die Injektion verwendeten Plastikkanüle innerhalb der Arterie geschuldet. Ein vollständig umschließendes Blatt der Fascia profunda erstreckt sich entlang jeder Seite herunter, von der medianen bindegewebigen Halsraphe unter die Mm. cleidocervicalis, omotransversarius, cleidomastoideus und sternocephalicus, um dann auf der ventralen Mittellinie zusammenzutreffen. Ein zweites kräftiges Blatt zieht auf der Oberfläche des M. splenius unter die Halsteile der Mm. trapezius, rhomboideus und serratus ventralis abwärts. Die Fascia praevertebralis trifft ventral der Mm. longus colli und capitis auf die lateralen Blätter.

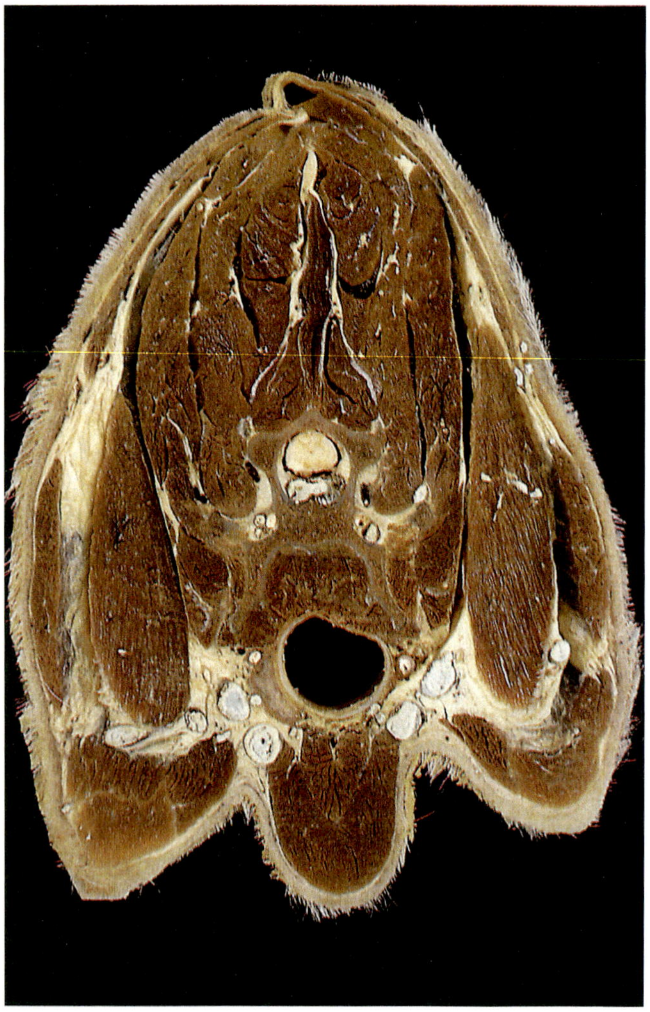

Abb. 3.41 Transversalschnitt (6) durch den 6. Halswirbel und die Fossa jugularis: kaudale Ansicht. In dieser Präparation ist die Fossa jugularis zum Halsansatz hin dargestellt. Sie ist eine tiefe Kerbe, die medial vom M. sternocephalicus und lateral vom M. brachiocephalicus begrenzt wird (siehe Abb. 3.9). Die venösen Hauptabflüsse am Hals und der Schulter laufen in der Fossa zusammen, d.h. Vv. jugularis interna und externa, thyroidea caudalis, cervicalis superficialis und omobrachialis.

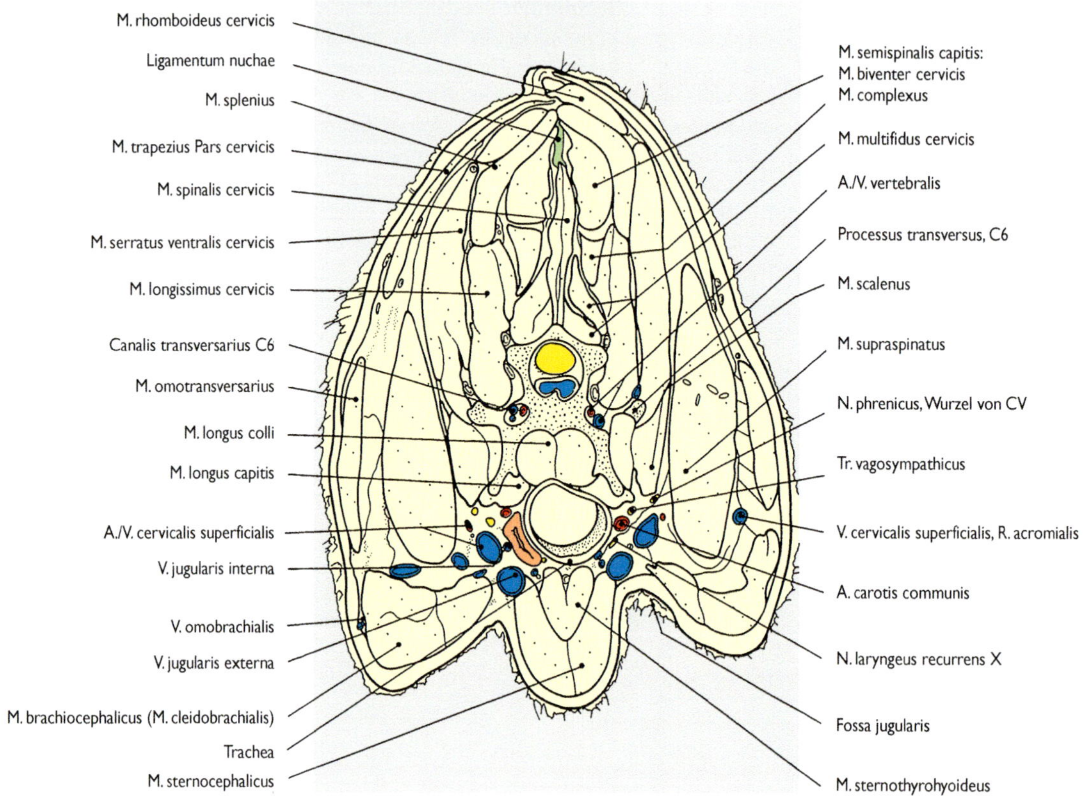

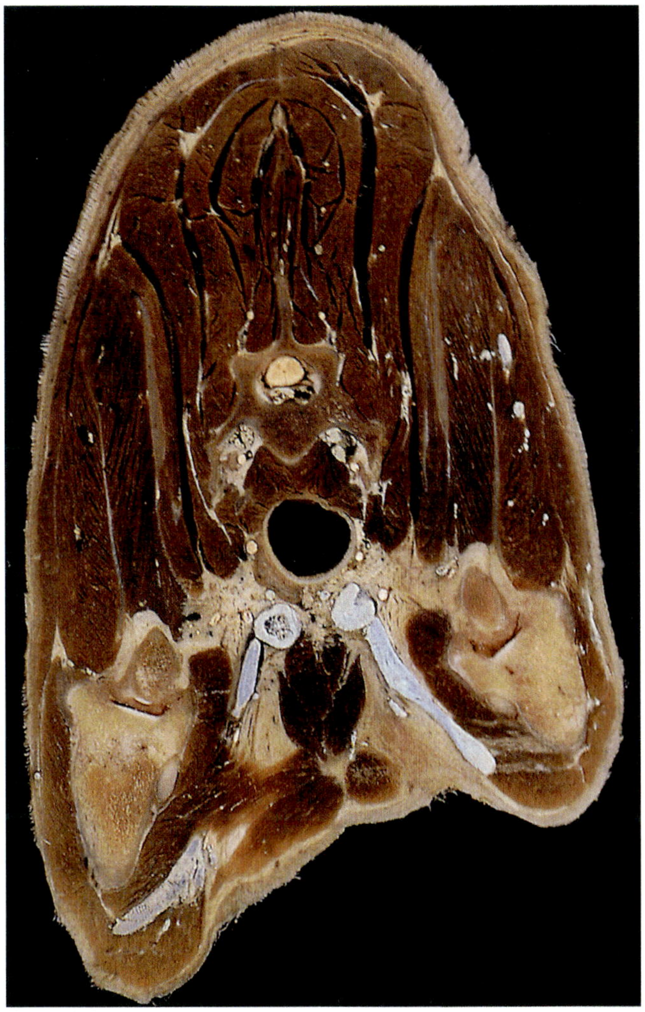

Abb. 3.42 Transversalschnitt (7) durch 7. Halswirbel und das Schultergelenk: kaudale Ansicht. Linksseitig zeigt der M. pectoralis die ventrale Begrenzung der Fossa jugularis an, während rechtsseitig die Gliedmaße leicht zurückgezogen wurde, so dass die V. cephalica an ihrem Eintritt in die Fossa (siehe Abb. 3.29 und 3.30) zu sehen ist. Die A. + V. vertebralis sind ventral der Processus transversales auf ihrem Weg zum Canalis transversarius des C6 (siehe auch Abb. 3.24-3.26) zu sehen.

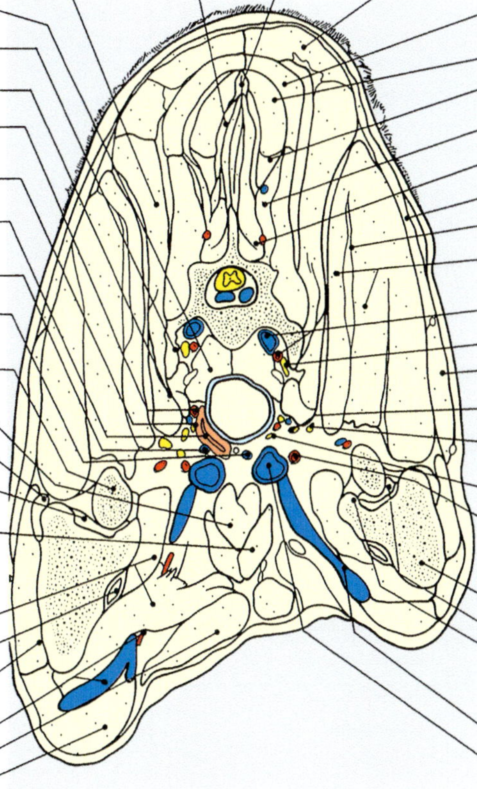

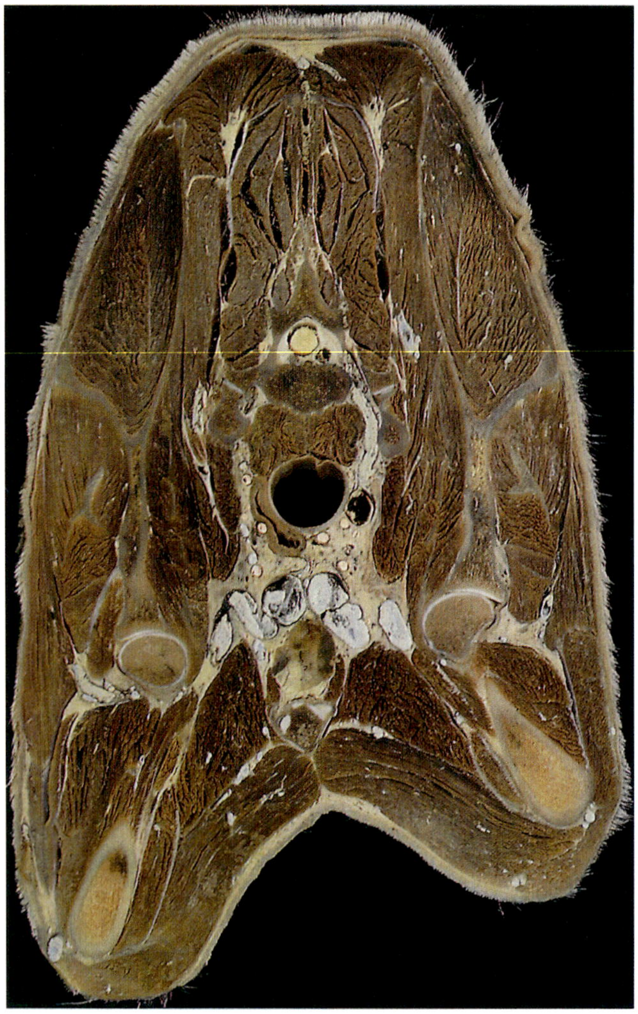

Abb. 3.43 Transversalschnitt (8) durch 1. Brustwirbel und die Apertura thoracis: kaudale Ansicht. Dieser Querschnitt durch die Apertura ergänzt die vorher in den Abb. 3.23-3.25 gezeigten lateralen Ansichten. Auf jeder Seite der Apertura erstrecken sich die Mm. scaleni ventral vom ersten Rippenkopf und die Mm. sternothyrohyoidei erstrecken sich dorsal des Manubrium sterni.

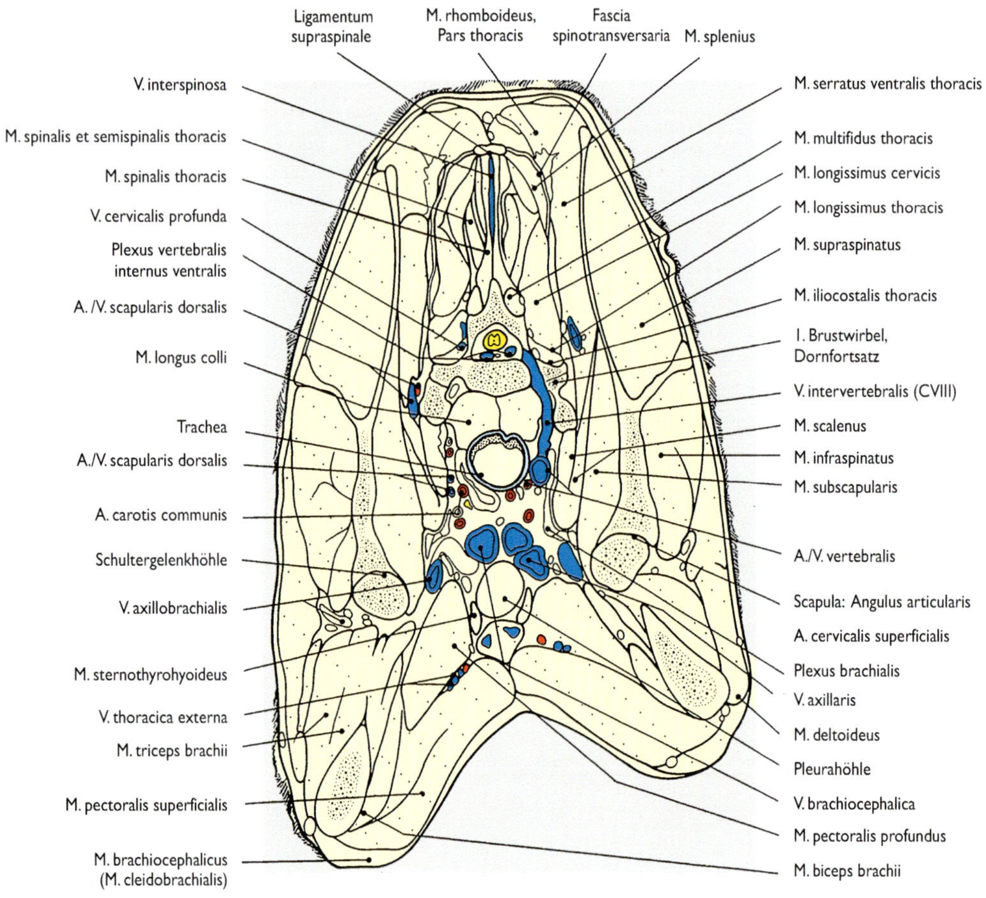

4. DIE SCHULTERGLIEDMASSE

Wie in den vorangegangenen zwei Kapiteln beschrieben, kann jeder Teil der Gliedmaße von einem Oberflächentrauma mit Blutergüssen und Blutungen betroffen sein, die Reinigung, Desinfektion und Débridement erfordern. Glücklicherweise liegen die meisten wichtigen Strukturen auf der medialen Seite der Gliedmaße und sind daher in den meisten Fällen vor solchen Verletzungen geschützt.

Es existiert keine knöcherne Verbindung der Schulter mit dem primären Wirbelsäukenskelett, so dass die Schulter zu weit vom Körper abduziert werden kann, was zu einem Trauma des Plexus brachialis und Schäden an den Axillargefäßen führen kann. Dies kann passieren, wenn unerfahrene Personen Hunde an den Vorderbeinen hochheben, ohne den Körper abzustützen. Bei einer vollständigen Lähmung des Plexus brachialis kommt es zu einem Verlust der Hautsensibilität in der seitlichen Schulterregion. Im Falle einer Radialparalyse tritt der Sensibiltätsverlust nur über dem kranialen Unterarm und dem Handrücken auf. Ganz offensichtlich resultiert daraus auch ein Verlust der motorischen Innervation der Extensoren von Ellenbogen, Karpus und Phalangen. Die Radialislähmung zeigt sich durch ein Nachziehen der Gliedmaße, wobei die Oberseite der Pfote in Kontakt mit dem Boden ist. Dies führt zu einer schweren Funktionsstörung, da der Hund weder das Ellenbogengelenk noch die untere Gliedmaße stabilisieren kann. Der N. radialis kann nicht nur im Plexus brachialis geschädigt werden, sondern auch an der Stelle, an der er nach seiner spiralförmigen Passage in der Oberarmrinne an die Oberfläche tritt. Er kann hier durch eine Fraktur oder bei deren Behandlung geschädigt werden. Die Mm. supraspinatus und infraspinatus können bei einer Schädigung des N. suprascapularis atrophieren. Die Spina scapulae tritt dann deutlich hervor. Bei Arbeitshunden gibt es Erkrankungen, die mit einer Kontraktur des M. infraspinatus (mit begleitender Atrophie) einhergehen, möglicherweise sekundär infolge eines Traumas. Betroffene Hunde schwingen ihre Beine in einer bogenförmigen Kreisbewegung. Hier ist die chirurgische Korrektur durch eine Tenotomie erforderlich. Viele knöcherne Orientierungspunkte sind an der Vordergliedmaße tastbar, insbesondere der Dorsalrand der Skapula, das Tuberculum majus humeri, die Tuberositas deltoidea, das Olekranon, die mediale Oberfläche des Radius und das Os carpi accessorium, die Spina scapulae und das Acromion.

Die Skapula kann einem Trauma ausgesetzt sein, das zur Fraktur des Collum scapulae oder des Processus acromialis führt. Das Tuberculum majus humeri und das Acromion sind tastbar und werden zur Überprüfung der normalen Schultergelenksposition herangezogen. Das Schultergelenk ist häufig von einer *Osteochondritis dissecans* (OCD) betroffen, bei der entzündliche Veränderungen auf die zugrundeliegende Osteochondrose, eine degenerative Erkrankung des Knorpels, folgen. Knorpelfragmente können sich ablösen und Schmerzen im Gelenk verursachen. In manchen Fällen verkeilen sie sich unter der Sehne des M. subscapularis oder innerhalb der Sehnenscheide des M. biceps. Diese Bruchstücke stammen oft vom kaudalen Bereich des Caput humeri. Sie können sich auch in einer großen kaudalen Gelenkaussackung befinden, wo sie oftmals keine Schmerzen verursachen. Festsitzende Knorpelstücke können auch eine Lahmheit verursachen. Für die Operation einer OCD der Schulter wird in der Regel ein kaudolateraler Zugang vorgezogen. Hierbei wird eine gebogene Inzision ausgehend vom Mittelpunkt der Skapula begonnen, über das Acromion hinweg fortgesetzt und bis zum Ende des ersten Drittels des Humerus geführt. Die Partes acromialis und scapularis des M. deltoideus werden daraufhin jeweils entsprechend kranial und kaudal verlagert, gefolgt von kranialer Retraktion des M. teres minor und innerer Rotation der Gliedmaße.

Das Corpus humeri ist S-förmig, wodurch die chirurgische Versorgung von Frakturen kompliziert ist, da sich intramedulläre Pins nur schwer einsetzen lassen. In der Regel sollte der verwendete Pin so groß wie möglich sein, um den Humerusschaft auszufüllen. Allerdings muss in diesem Fall ein kleinerer Pin verwendet werden, damit er die gewundene Markhöhle passieren kann. Frakturen des Corpus humeri treten in der Regel im mittleren Drittel oder distal auf, wobei etwa ein Drittel dieser Frakturen auch die distale Gelenkoberfläche einbezieht. Das liegt an der massiven Dicke des proximalen Knochens und daran, dass er nach distal schmaler wird, d. h. unter Druck tritt die Fraktur in den schwächeren Abschnitten auf. Außerdem handelt es sich in der Regel um Spiralfrakturen. Humerusfrakturen sind in der Regel mit einem hängenden Ellenbogen verbunden, wobei die Pfote auf ihrer dorsalen Fläche liegt. Bei Jungtieren sind die Frakturen eher vom Salter-Harris-Typ, während beim älteren Hund häufiger eine „Y"-Fraktur des distalen Humerus auftritt. Es existieren keine Strukturen, die durch das Foramen supracondylare (mit Bindegewebe bedeckt) ziehen, während bei der Katze die A. brachialis und der N. medianus durch dieses Foramen ziehen. Die Furche unmittelbar medial des Tuberculum majus kann für die Einführung eines intramedullären Stifts genutzt werden, der nach distal getrieben werden kann, um einen Bruch des Humeruskörpers zu immobilisieren. Bei Springer Spaniels treten aufgrund von Verknöcherungsstörungen in diesem Bereich auch laterale oder mediale Kondylusfrakturen auf.

Im Wesentlichen gibt es drei Bereiche, in denen der Humerus mit intramedullären Pins versehen werden kann. Proximale Frakturen werden versorgt, indem der Kaudalrand des M. cleidobrachialis vom Kranialrand des M. triceps (Caput laterale) abgetrennt wird. Bei einer Fraktur in der Mitte des Schaftes wird der Zugang durch das Abtrennen des Kaudalrands des M. cleidobrachialis vom Kranialrand des M. brachialis hergestellt. Der Zugang zu einer distalen Fraktur wird durch einen Schnitt zwischen dem Kaudalrand des M. brachialis und dem Kranialrand des M. triceps hergestellt. Das ist der Punkt, an dem der N. radialis dem Risiko eines Traumas ausgesetzt ist. Intramedulläre Stifte werden nur selten alleine verwendet, sondern häufig in Kombination mit einem externen Fixateur oder Zerklagedraht verwendet. Der Stift wird in der Regel normograd eingeführt, wober er seitlich des Kamms des Tuberculum majus eingeführt und im medialen Kondylus verankert wird.

Am Ellenbogengelenk können mehrere wichtige klinische Erkrankungen auftreten. Der Processus anconaeus der Ulna passt in die Fossa olecrani des Humerus. Daher kann das Gelenk nur dislozieren, wenn es vollständig gebeugt ist oder eine Fraktur des Epicondylus humeri vorliegt (wird chirurgisch durch den Einsatz von Schrauben versorgt). Das geschieht meist bei Unfällen, die ein Trauma verursachen. Er kann bei vollständiger Beugung des Gelenks auch reponiert werden. Gelegentlich hat der Processus anconaeus ein eigenes Ossifikationszentrum, getrennt von dem des Olekranon. In diesem Fall löst sich der Processus anconaeus infolge von Trauma oder Stürzen oder vereinigt sich nicht mit der Ulna und wird dann durch den M. triceps abgerissen. Möglicherweise muss er chirurgisch entfernt werden. Die kaudolaterale Arthrotomie des Ellenbogens wird durchgeführt, um einen abgerissenen Processus anconaeus zu entfernen. Eine gebogene Inzision wird über dem distalen Drittel des Humerus begonnen und bis zum proximalen Drittel des Radius geführt. Die Mm. pronator teres und flexor carpi radialis werden dann voneinander getrennt, um die Gelenkkapsel freizulegen.

Eine mediale Arthrotomie des Ellenbogengelenks wird duchgeführt, um eine Osteochondritis des Ellenbogengelenks zu behandeln, nicht jedoch die zugrundeliegende Osteochondrose. Sie kann auch zum Entfernen eines fragmentierten Processus coronoideus eingesetzt werden, der alternativ durch Schrauben wieder fixiert werden kann. Davon sind hauptsächlich große Hunderassen wie Bernhardiner betroffen. Eine Inzision erfolgt über dem medialen Epicondylus humeri.

Am Processus styloideus ulnae kann es beim Hund leicht zu einer Fraktur kommen. Klinisch ist es wichtig, die Ossa sesamoidea als normales Merkmal zu interpretieren und nicht als Knochenfragmente, und zu bedenken, dass es auf der Höhe des Metakarpophalangealgelenks ein dorsales Sesamoid gibt. Das Os carpi accessorium hat zwei Ossifikationszentren und kann deshalb anfällig für eine Dislokation sein. Es ist wichtig, diese Frakturen zu behandeln, da sie zu einer Instabilität des Karpus führen, die ohne eine Behandlung nicht beseitigt würde. Frakturen des akzessorischen Handwurzelknochens werden häufig bei Grehyounds, die in Rennen laufen, gesehen. Hyperextensionsverletzungen des Karpus sind bei mittelgroßen und großen Hunderassen relativ häufig und erfordern eine Arthrodese des Handwurzelgelenkes.

Grundsätzlich können alle Muskelbäuche der Vordergliedmaßenmuskeln rupturieren, insbesondere bei Arbeitshunden oder Rennhunden wie z.B. Greyhounds. Sie heilen unter Bildung einer großen Menge Narbengewebe. Bei Hunden können auch sehnige Stützstrukturen reißen. Zum Beispiel kann das Retinaculum flexorum reißen, das den M. flexor digitorum profundus im Canalis carpalis in seiner Position hält. Klinisch ist zu beachten, dass alle Extensoren des Karpus und der Phalangen vom Epicondylus lateralis humeri entspringen und alle Flexoren vom Epicondylus medialis humeri.

Die andere bedeutende Stelle für mögliche Schäden an der Vordergliedmaße befindet sich im Sulcus intertubercularis proximal am Humerus, wo eine Bursitis entstehen kann. Die Sehnenscheide des M. biceps gleitet durch diese Rinne und wird durch das Ligamentum transversum humeri in ihrer Prosition gehalten.

Die V. cephalica ist in der klinischen Praxis von erheblicher Bedeutung für Blutabnahmen, die Verabreichung von unterstützenden medikamentösen Therapien (intravenöser Infusionen) und zur intravenösen Anästhesie und Euthanasie. Die V. cephalica befindet sich auch in direkter Nachbarschaft der medialen und lateralen Äste des Ramus superficialis n. radialis.

Die zur Vordergliedmaße gehörigen Lymphknoten sind der Ln. cervicalis superficialis, der den Großteil des Abflusses aus den Fuß-, Karpal-, lateralen Humerus- und Schulterregionen übernimmt, und der Ln. axillaris, der die Axelregion und Teile der lateralen Brustwand drainiert. Keiner der beiden ist normalerweise tastbar und der Ln. cervicalis superficialis ist der bei Weitem wichtigste Lymphknoten.

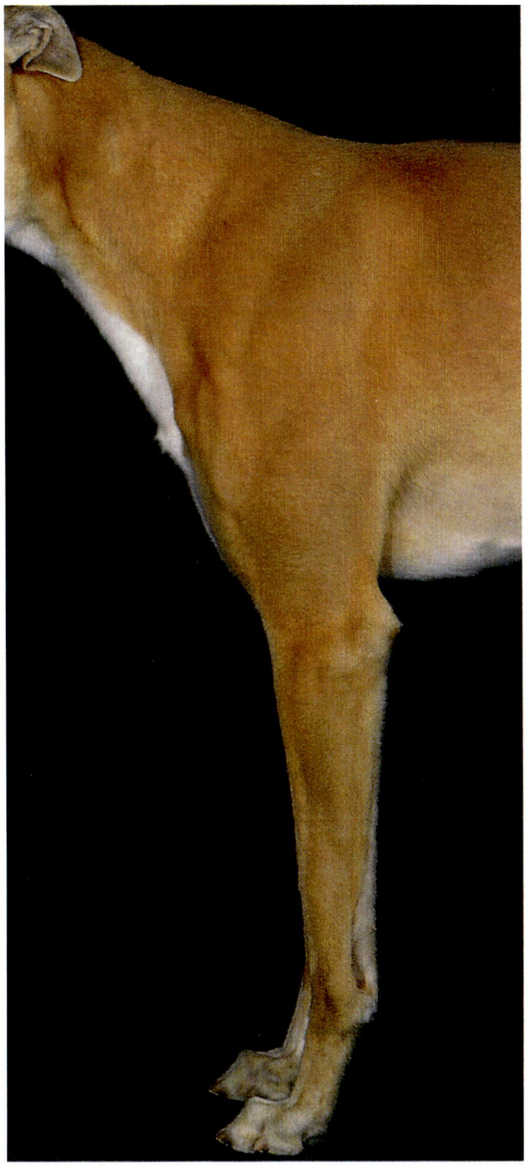

Abb. 4.1 Oberflächenmerkmale von Hals und Vordergliedmaße: linke laterale Ansicht. Die tastbaren knöchernen Vorsprünge des Halses und der Vordergliedmaße sind dargestellt. Zusätzlich kann die Trachea an der Halsunterseite eindeutig palpiert werden. Zu den Weichgewebstrukturen, die man ertasten kann, gehören der Ln. mandibularis am kranialen Halsende und der Ln. cervicalis superficialis vor der Skapula am kaudalen Ende. Der Puls kann an der A. carotis communis im Hals, aber auch an der A. brachialis/mediana in der Ellenbogengrube auf der Beugeseite des Ellenbogengelenks gefühlt werden. Die V. jugularis externa kann durch Druck in der Fossa jugularis gestaut werden. Auch die V. cephalica kann im Antebrachium durch Druck unmittelbar distal des Ellenbogengelenks gestaut werden. Abb. 4.1A unten zeigt die wesentlichen topografischen Regionen, die für beschreibende Zwecke genannt werden. Die Abgrenzung der Regionen im Nacken ist etwas willkürlich, da es keine klar erkennbaren Merkmale als Grundlage gibt. Die vier wesentlichen topographischen Regionen der Vordergliedmaße basieren auf inneren osteologischen Bestandteilen; die ihnen untergeordneten topographischen Regionen stehen zu den darunterliegenden Gelenken in Beziehung.

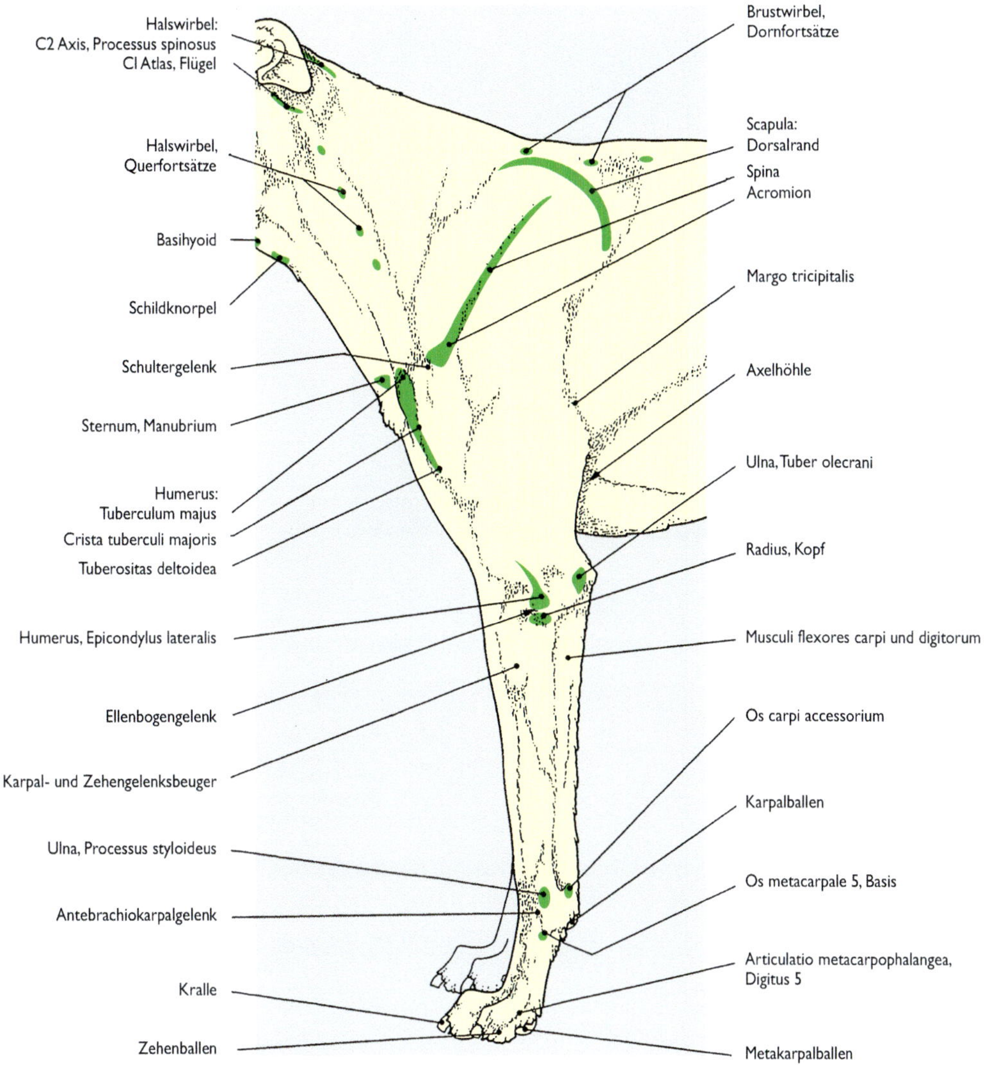

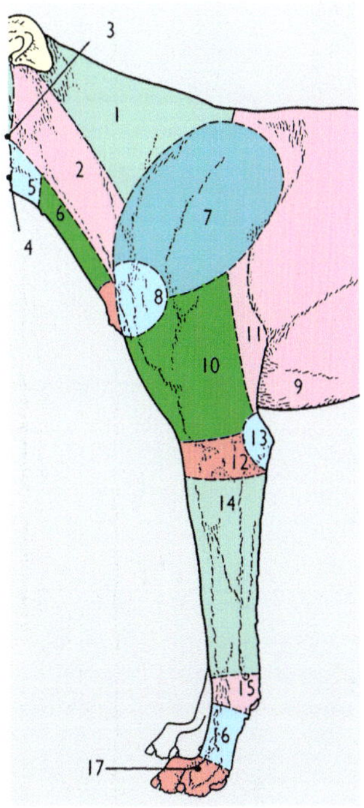

Abb. 4.1A Topographische Regionen von Hals und Vordergliedmaße: linke laterale Ansicht. **1** Dorsale Halsregion. **2** Laterale Halsregion. **3** Parotisregion. **4** Pharynxregion. **5** Larynxregion. **6** Trachealregion. **7** Scapularegion. **8** Schultergelenksregion. **9** Axillaregion. **10** Brachialregion. **11** Tricipitalregion. **12** Cubitalregion. **13** Olecranonregion. **14** Antebrachialregion. **15** Carpalregion. **16** Metacarpalregion. **17** Phalangeal-(Digital-)region.

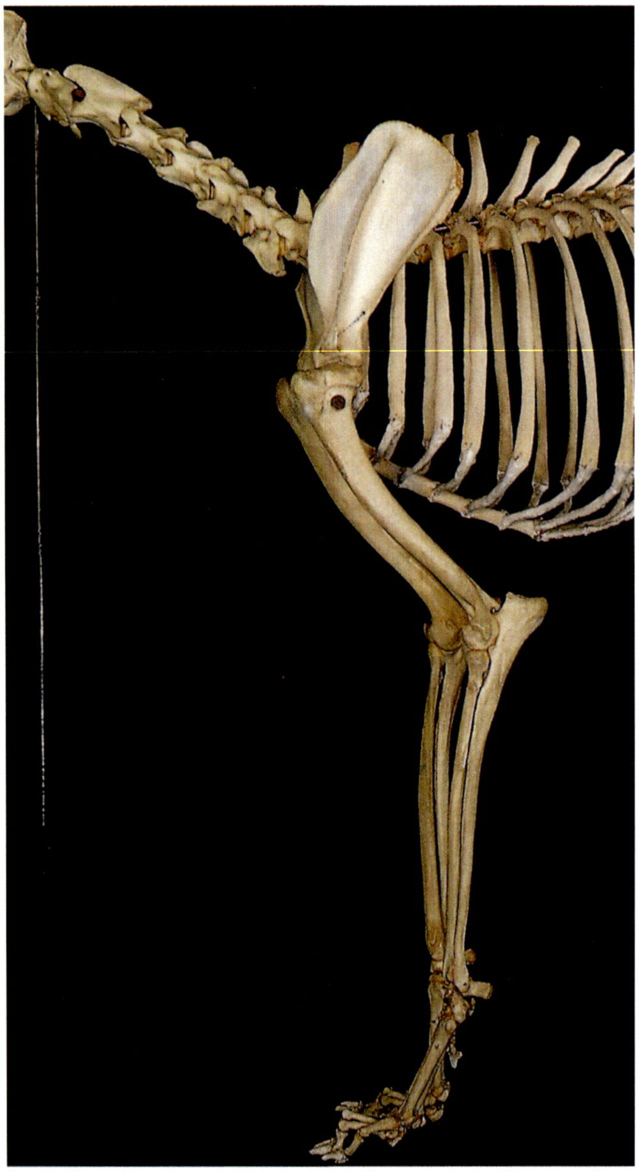

Abb. 4.2 Skelett von Hals und Vordergliedmaße: linke laterale Ansicht. Die palpierbaren, in der Oberflächenansicht abgebildeten knöchernen Merkmale sind in der dazugehörigen Zeichnung grün dargestellt. Zusätzliche Knochenbereiche sind durch die darüberliegende Muskulatur hindurch in der Tiefe palpierbar. Diese umfassen den Kranialrand der Skapula, den Schaft des Humerus proximal des Ellenbogengelenks, das distale Ende sowohl des Radius als auch der Ulna oberhalb des Karpus und einen großen Teil der Knochen des Karpus, Metakarpus und der Phalangen in der Vorderpfote. Benachbarte Knochen der Wirbelsäule und des Brustkorbs sind in der Abbildung eingeschlossen, um die ungefähre Lage des Skeletts der Vordergliedmaße im Verhältnis zum Rumpf in der normalen Standposition darzustellen. Die Lage des Tuber olecrani („Ellenbogenspitze") relativ zur Brust ist wichtig, da sie als Orientierungspunkt für die Feststellung der Lage der inneren Organe dienen kann. Es ist zu beachten, dass alle Merkmale des dritten bis siebten Halswirbels sogar bei schlanken Hunden nur schwer zu palpieren sind.

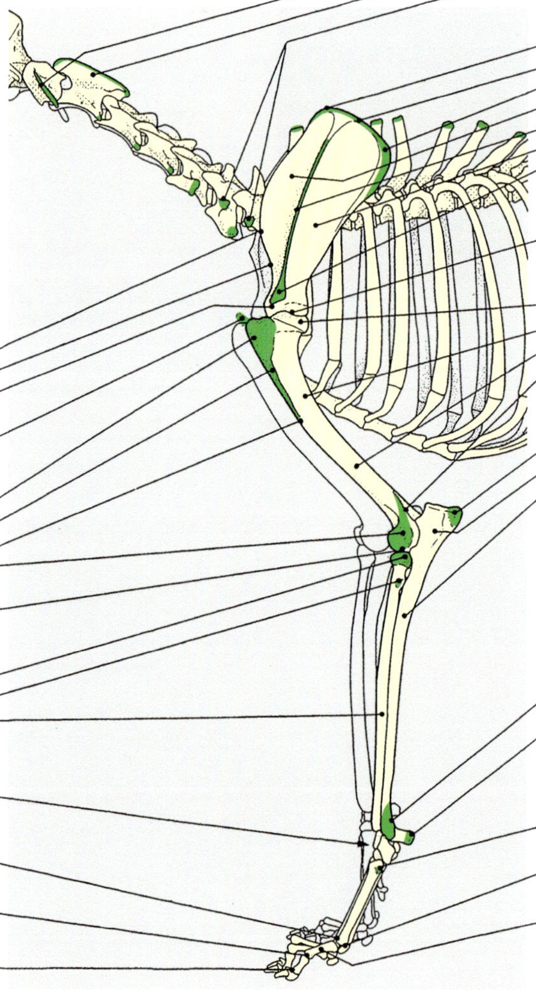

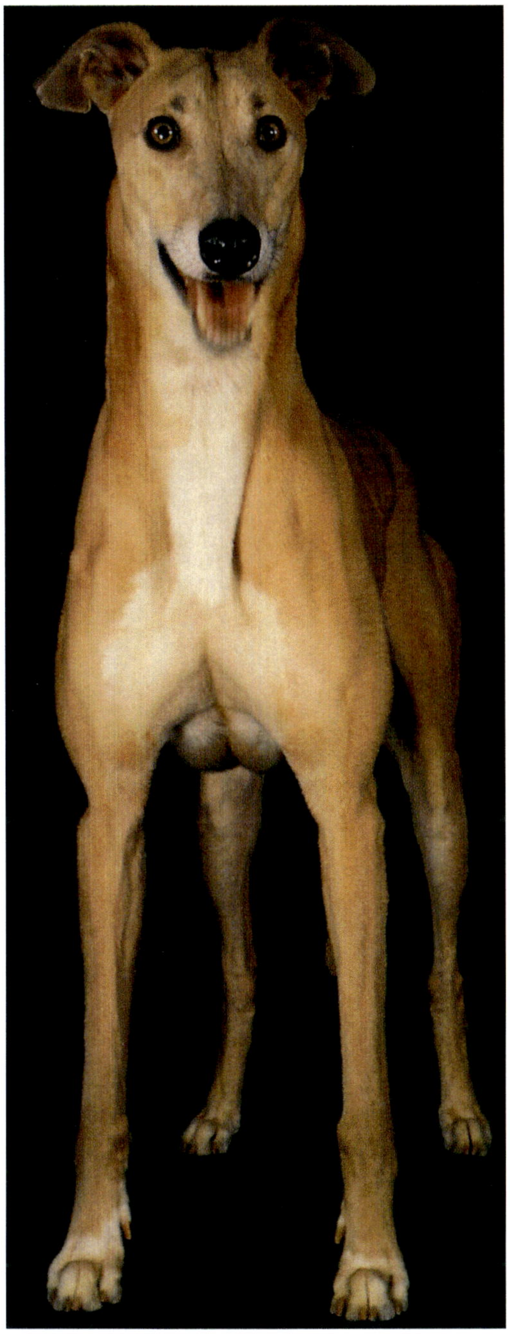

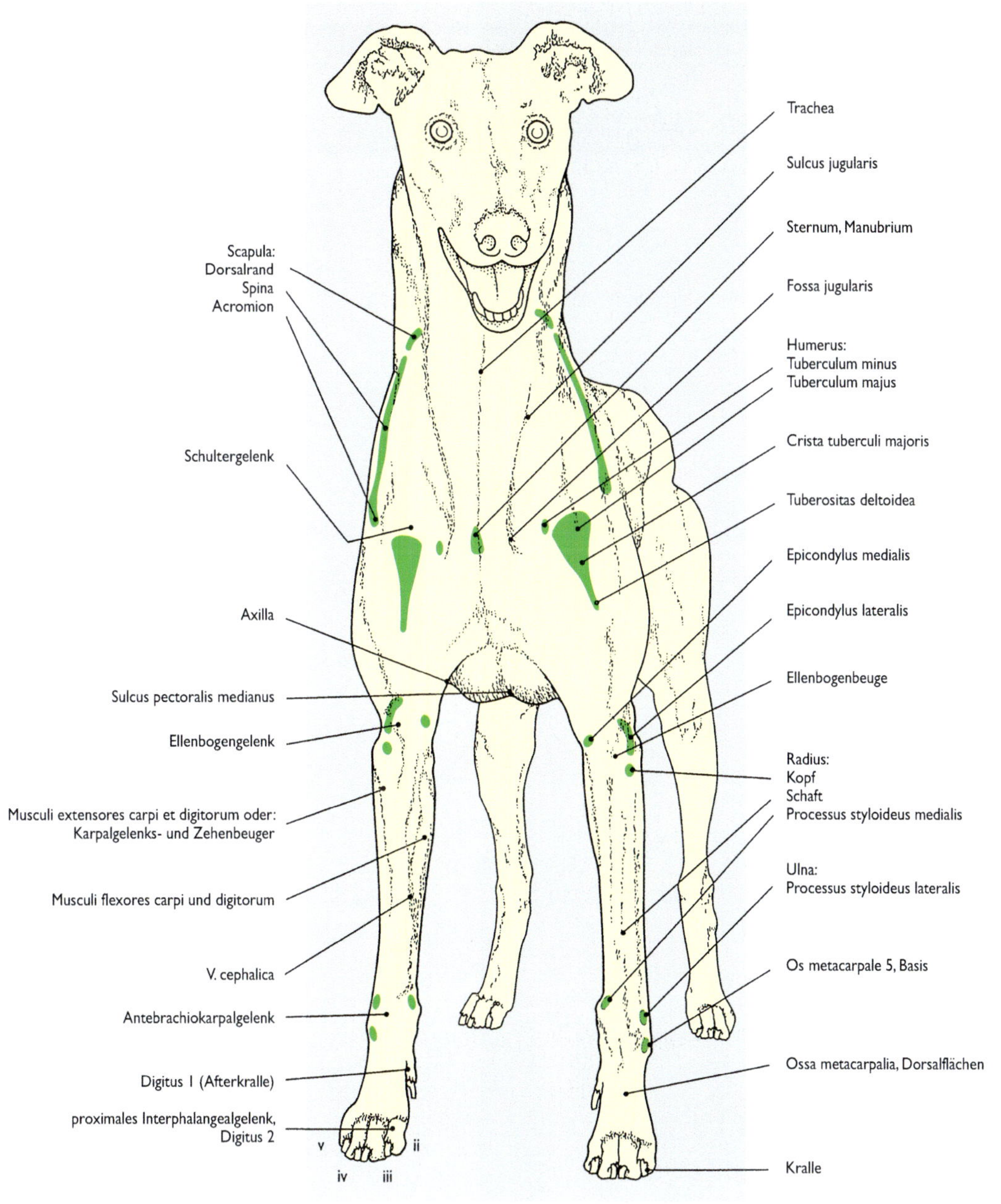

Abb. 4.3 Oberflächenmerkmale der Vordergliedmaße: kraniale Ansicht. Die bereits in der seitlichen Ansicht der Gliedmaße dargestellten wichtigen knöchernen Merkmale werden als Bezugspunkte erneut gezeigt und sind in der Zeichnung angegeben. Zusätzlich werden knöcherne Vorsprünge gezeigt, die auf der Medialfläche der Gliedmaße palpierbar sind. Die dreieckige Fossa jugularis ist eine sichtbare Vertiefung am Halsansatz, lateral des Manubrium sterni. Durch sorgfältiges Palpieren in der Fossa kann die erste Rippe dort identifiziert werden, wo sie den Thoraxeingang begrenzt. Eine weitere dreieckige Vertiefung, die Ellenbogenbeuge, ist kranial des Ellenbogengelenks sichtbar und palpierbar. Der N. medianus und der Puls der A. brachialis/mediana können hier ertastet werden.

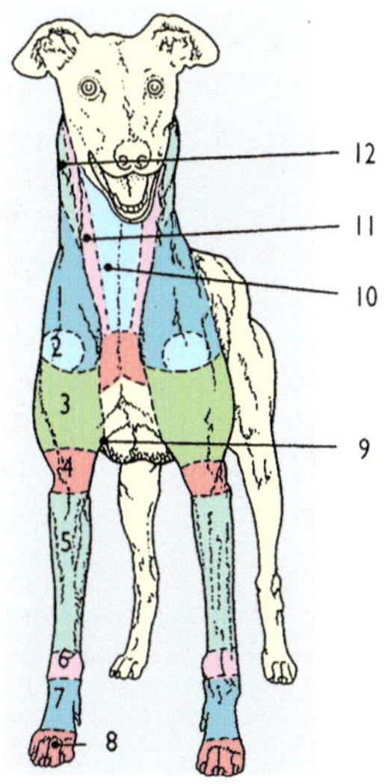

Abb. 4.3A Topographische Regionen der Vordergliedmaße: kraniale Ansicht. **1** Scapularegion. **2** Schultergelenksregion. **3** Brachialregion. **4** Cubitalregion. **5** Antebrachialregion. **6** Carpalregion. **7** Metacarpalregion. **8** Phalangeal-(Digital-)region. **9** Axillaregion. **10** Ventrale Halsregion. **11** Laterale Halsregion. **12** Dorsale Halsregion.

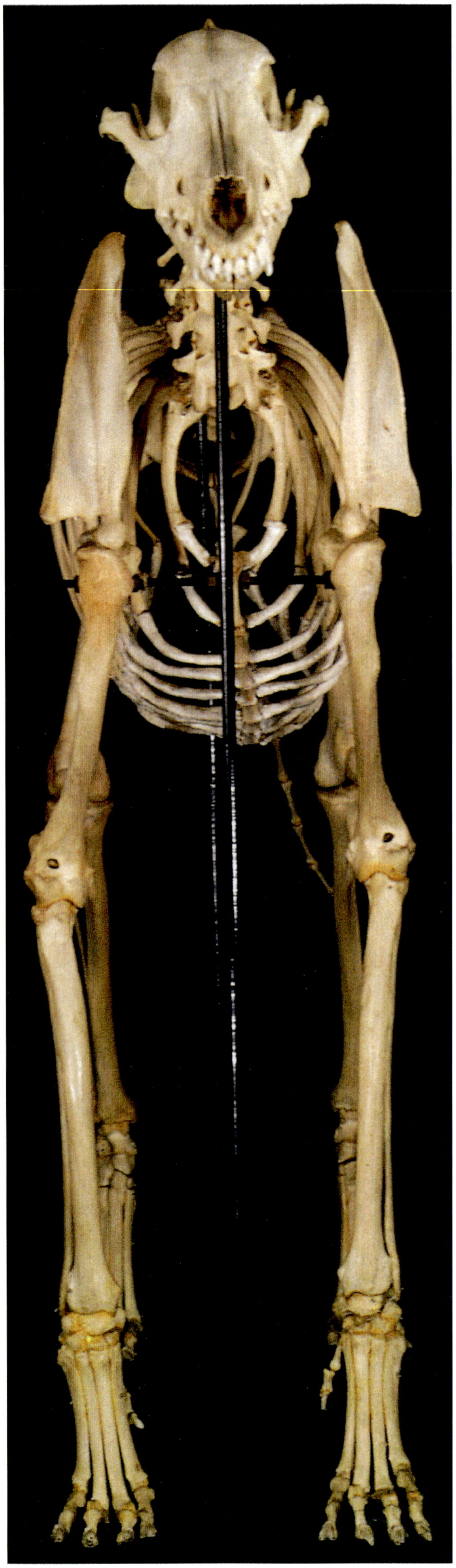

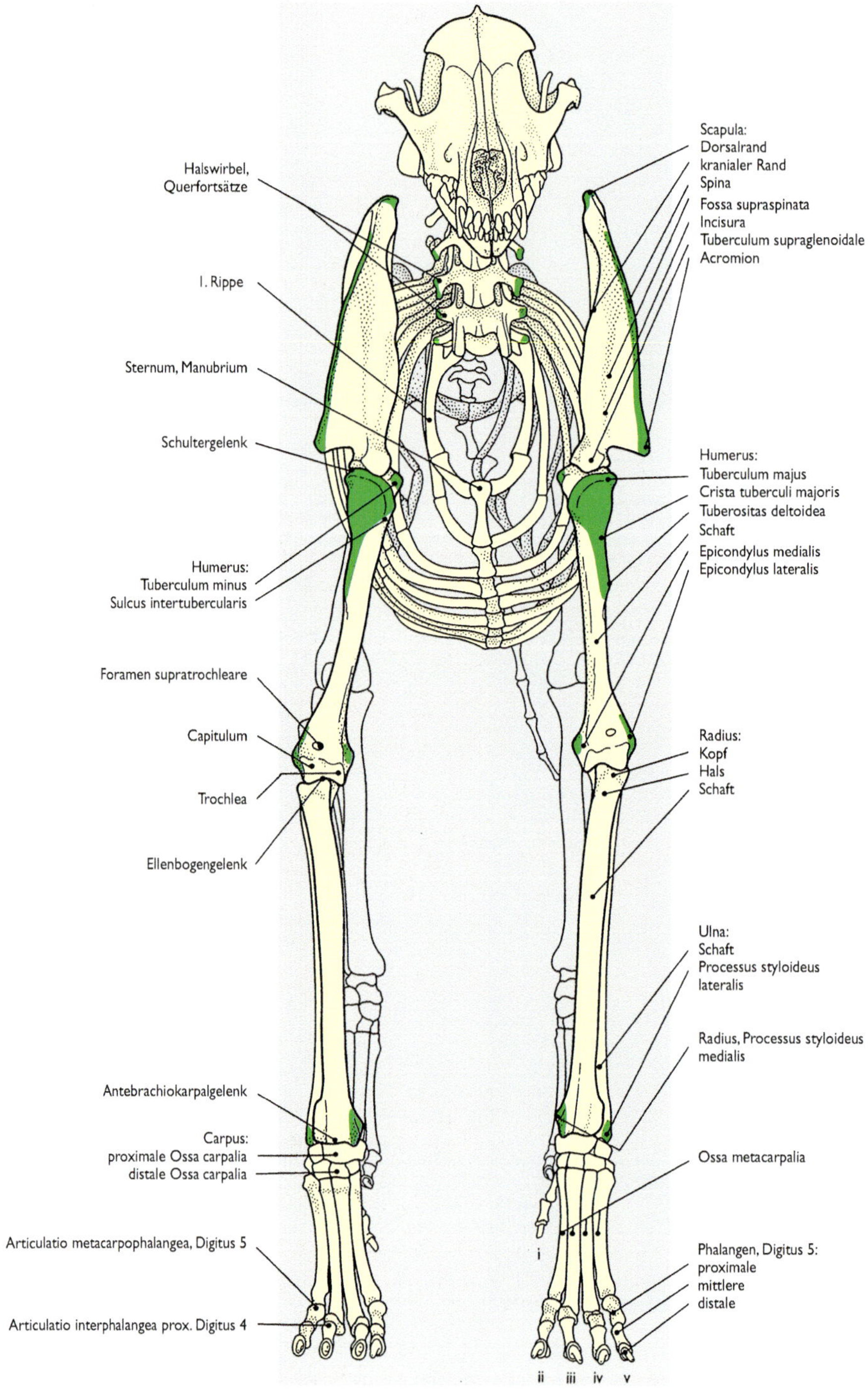

Abb. 4.4 Skelett der Vordergliedmaße: kraniale Ansicht. Die wichtigen knöchernen Merkmale in der Oberflächenansicht sind in diesem Bild farbig dargestellt und in der dazugehörigen Zeichnung abgebildet. Die vollständige Abwesenheit einer knöchernen Verbindung zwischen Vordergliedmaßen- und Rumpfskelett ist nun offensichtlich. Das Schlüsselbein, das bei vielen Säugetieren das untere Ende der Skapula mit dem Bereich des Manubrium sterni verbindet, liegt beim Hund nur in Form einer sehnigen Linie innerhalb des M. brachiocephalicus vor. Das komplett aus Muskeln bestehende Gelenk zwischen Vordergliedmaße und Rumpf basiert auf dem tiefliegenden und daher nicht palpierbaren M. serratus ventralis, der von den Rippen und Halswirbeln zum oberen Ende der Skapula verläuft. Dieser wichtige lasttragende Muskel wird von weiteren Muskeln wie den Mm. pectorales, brachiocephalicus, latissimus dorsi, trapezius und rhomboideus unterstützt. Einige dieser Muskeln sind in der Schulterregion und an der Brust palpierbar.

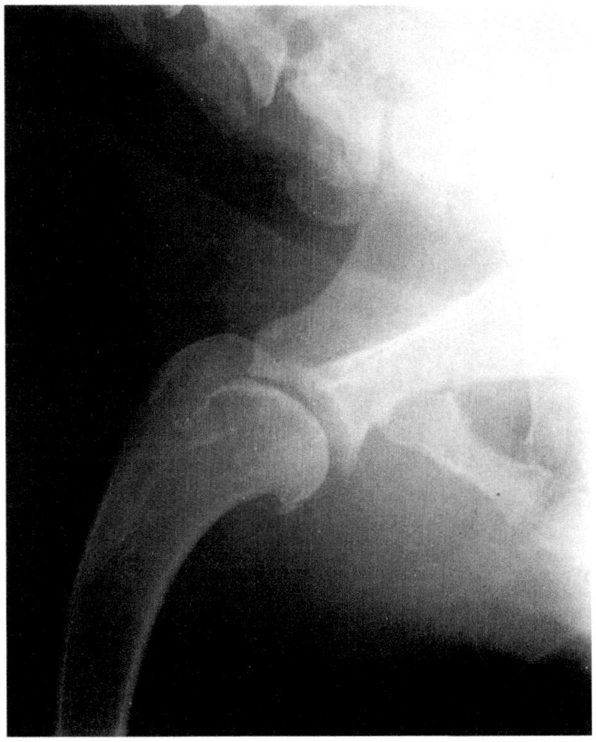

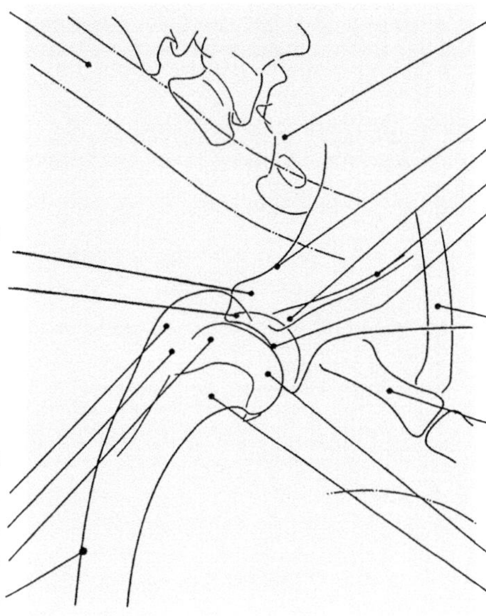

Abb. 4.5 Röntgenbild des Schultergelenks: linke laterale Ansicht. Die wesentlichen osteologischen Merkmale des Schultergelenks sind in diesem Röntgenbild dargestellt. Die relativ flache Fossa glenoidalis des Schulterblatts steht im Gegensatz zu der wesentlich größeren Gelenkfläche des Oberarmkopfes. Die Tiefe der Cavitas glenoidalis wird in gewissem Maße verstärkt durch eine sie umgebende faserknorpelige (strahlendurchlässige) „Lippe". Dennoch macht die gesamte Gelenkfläche der Cavitas glenoidalis immer noch nur etwa die Hälfte der Oberfläche des Humeruskopfes aus.

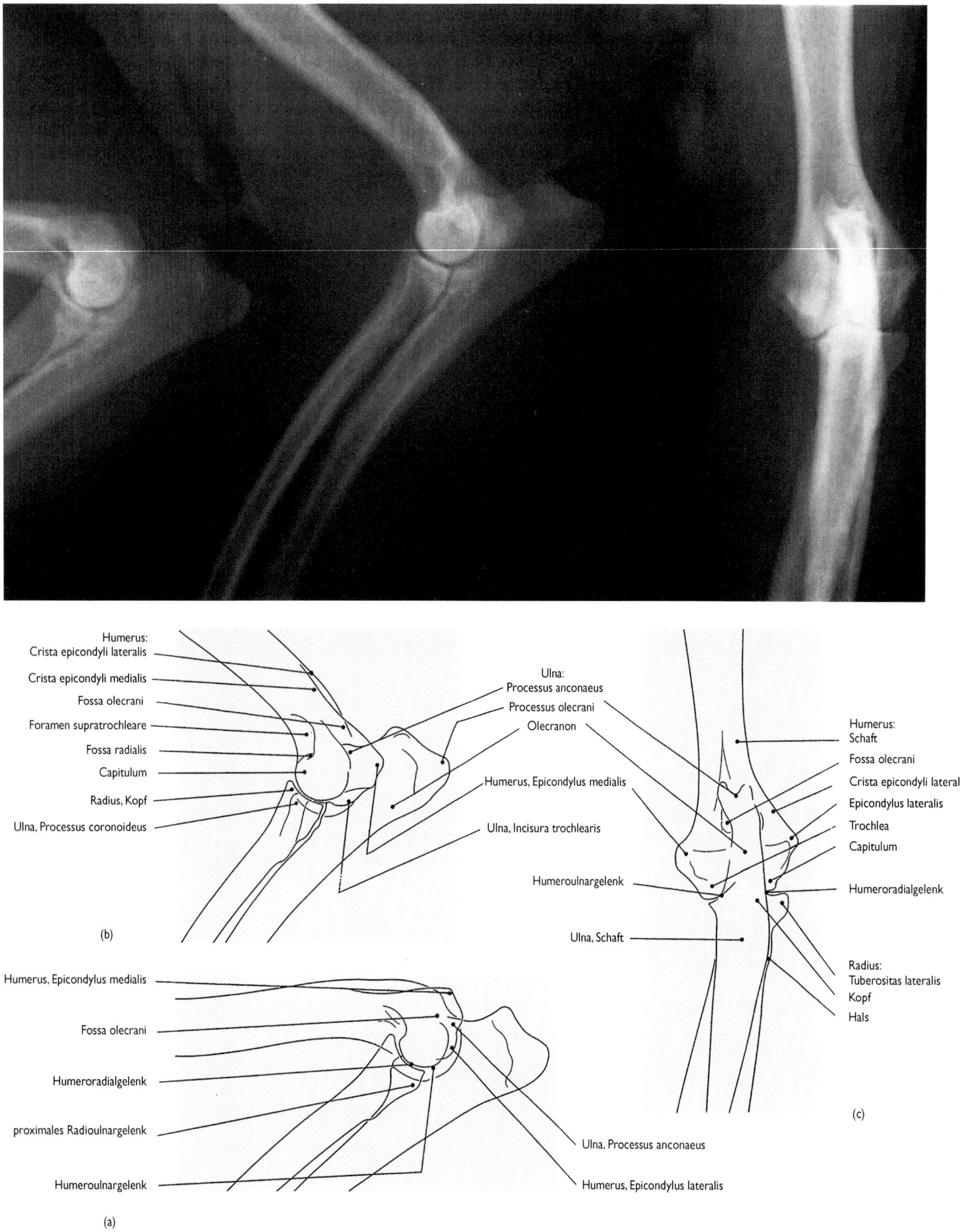

Abb. 4.6 Röntgenbilder des Ellenbogengelenks: kraniokaudale und laterale Ansichten. Die wesentlichen osteologischen Merkmale des Ellenbogengelenks sind dargestellt. Die Trochlea des Condylus humeri liegt eng an der tiefen Incisura trochlearis der Ulna an und ermöglicht so ihre sehr stabile scharnierähnliche Bewegung. In der Streckung (b) liegt der Processus anconaeus olecrani in der Fossa olecrani und stabilisiert das Gelenk; in der Beugung (a) ist der Processus zurückverlagert und die Stabilität ist verringert. Wird eine Pfote angehoben und der Ellenbogen gebeugt, entsteht eine gewisse Rotation am proximalen Radioulnargelenk, die als begrenzte Pronation und Supination der Pfote erkennbar ist. In der kraniokaudalen Ansicht (c) sind die beiden wesentlichen Anteile des Ellenbogengelenks erkennbar – das Humeroradialgelenk, ein gewichtsübertragender Bestandteil zwischen Unterarm und Arm, und das Humeroulnargelenk, das eher für Beweglichkeit und Stabilität sorgt.

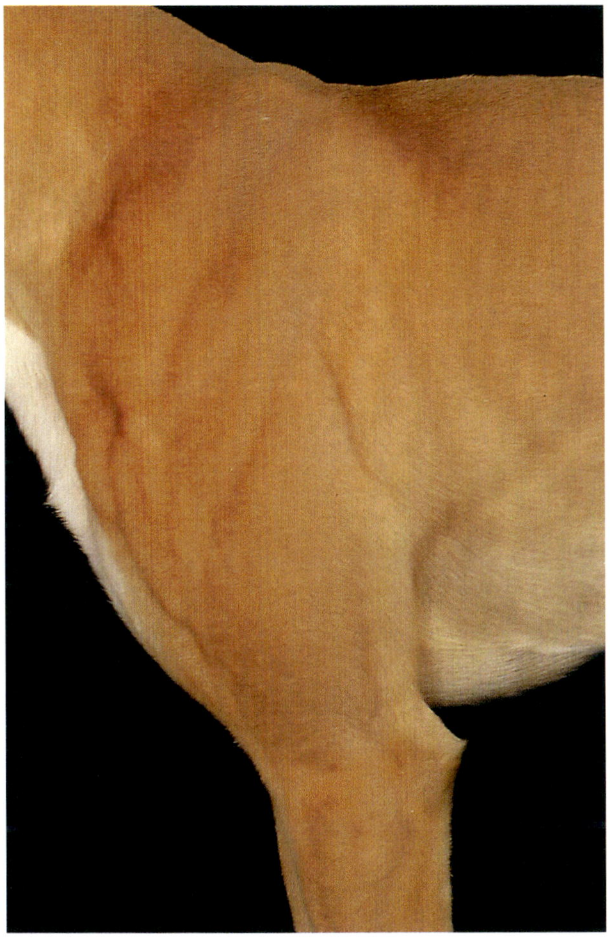

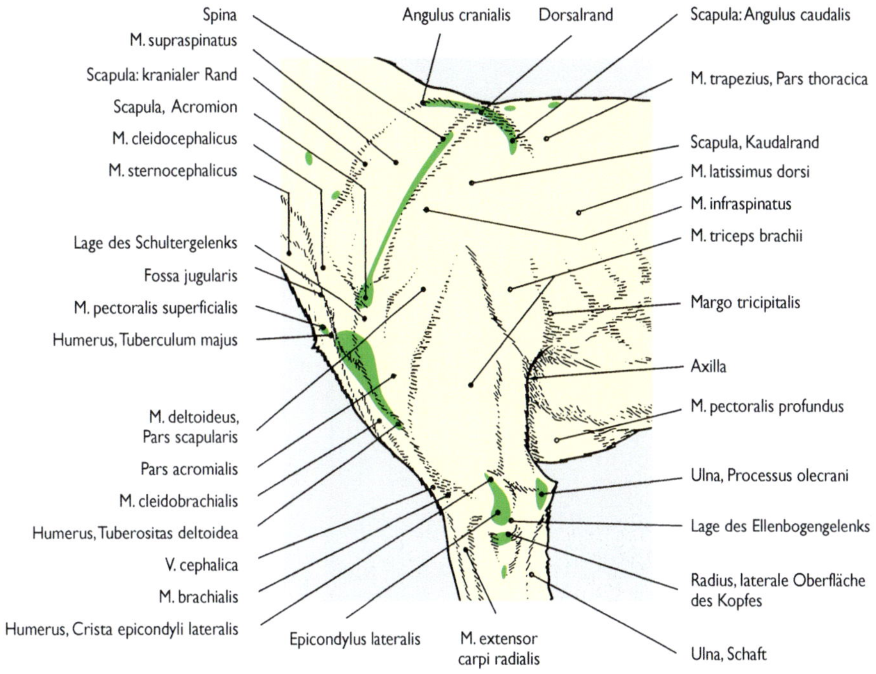

Abb. 4.7 Oberflächenmerkmale von Schulter und Arm: linke laterale Ansicht. Palpierbare und sichtbare Merkmale sind gekennzeichnet.

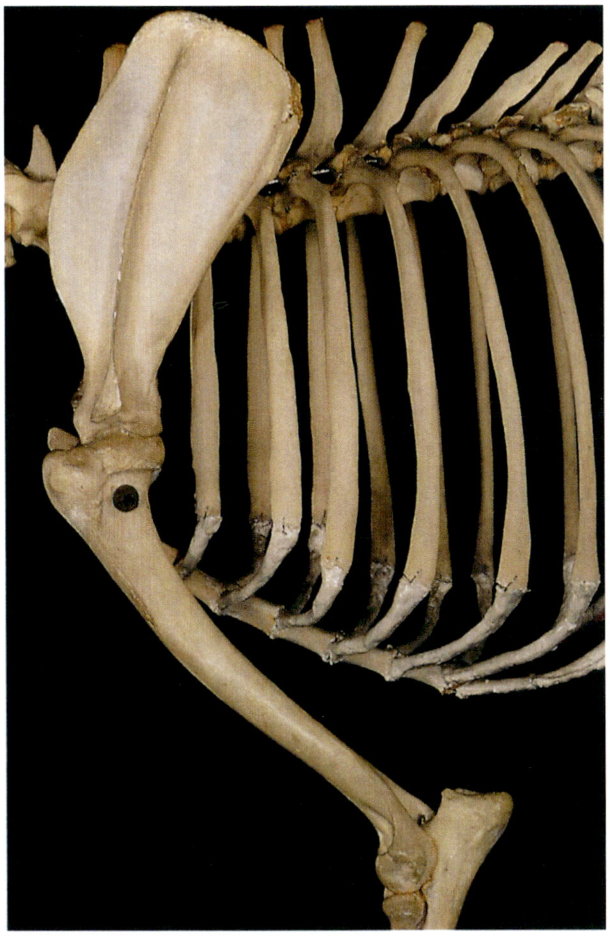

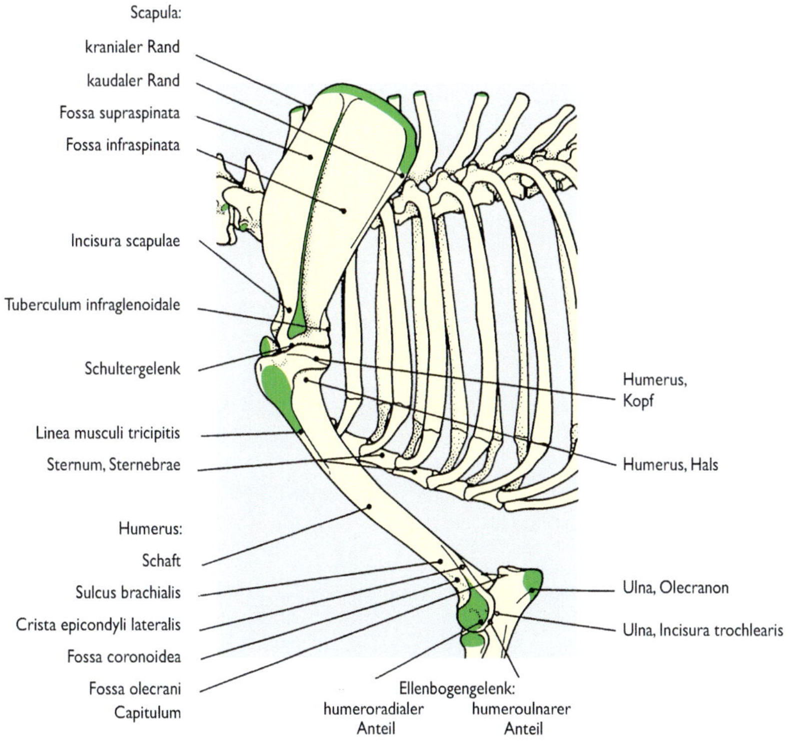

Abb. 4.8 Skelett von Schulter und Arm: linke laterale Ansicht. Die grün dargestellten Merkmale entsprechen den in der vorherigen Abbildung gezeigten palpierbaren knöchernen Merkmalen (Abb. 4.7).

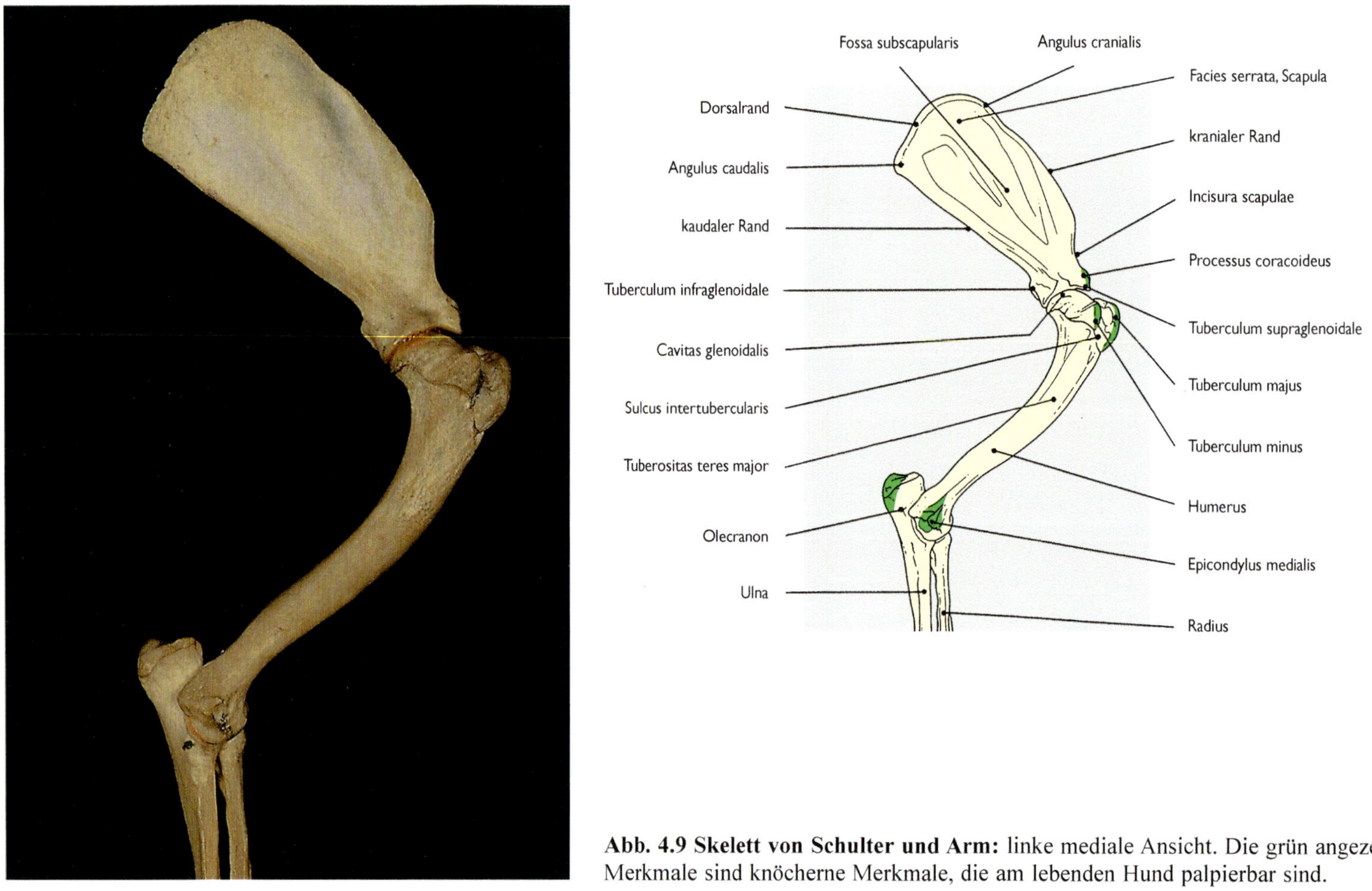

Abb. 4.9 Skelett von Schulter und Arm: linke mediale Ansicht. Die grün angezeigten Merkmale sind knöcherne Merkmale, die am lebenden Hund palpierbar sind.

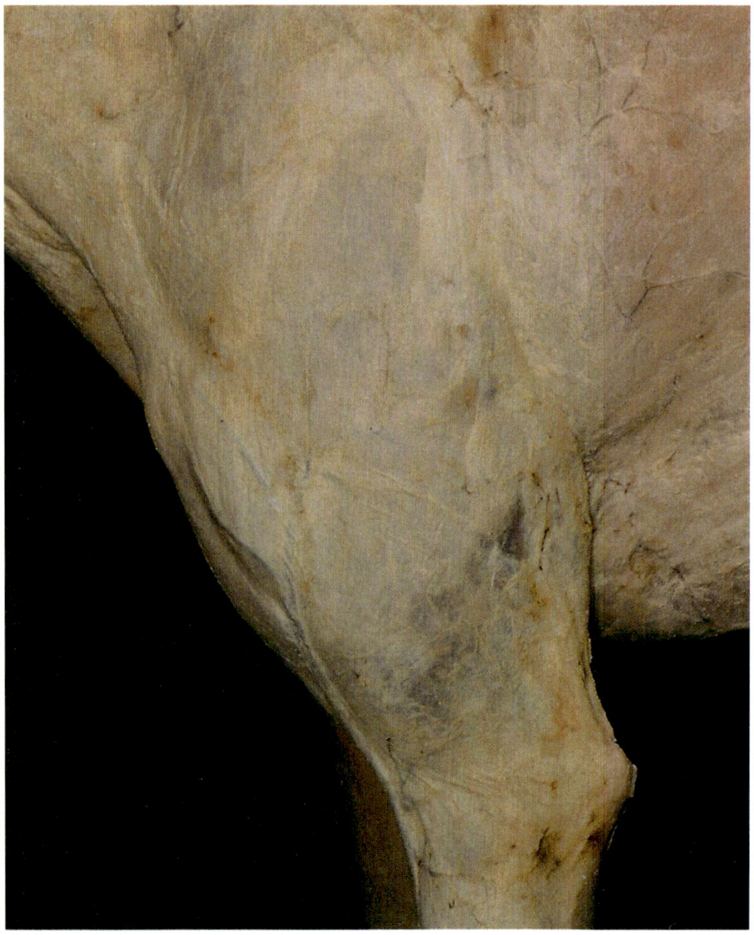

Abb. 4.10 Oberflächliche Faszie von Schulter und Arm: linke laterale Ansicht. Nur die Haut wurde entfernt. Die oberflächliche Arm- und Schulterfaszie setzt sich kranial kontinuierlich in die Fascia cervicalis und kaudal in die Fascia trunci fort. Diese Faszie enthält unzählige kleine Blutgefäße und Nerven. Die tiefe Faszie der lateralen Schulter und des Arms (Fascia omobrachialis lateralis), die auch mit der des Halses und Rumpfes zusammenhängt, hat stabile Ansätze an der Spina scapulae und der Crista tuberculi majoris. Die Fascia omobrachialis lateralis und die Fascia omobrachialis medialis hängen mit der Fascia antebrachii zusammen, die die Oberarmmuskulatur als eng anliegender Faszienschlauch umgibt.

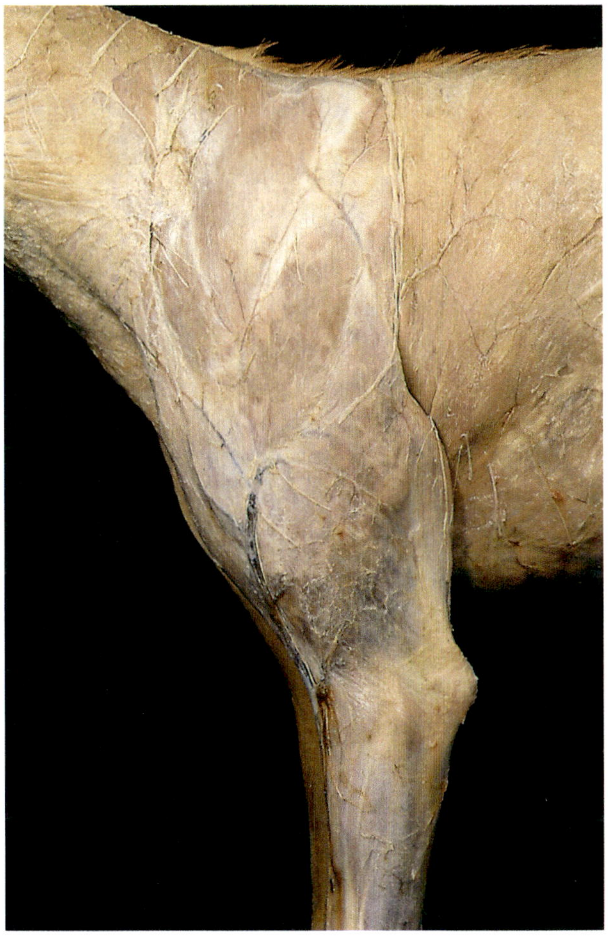

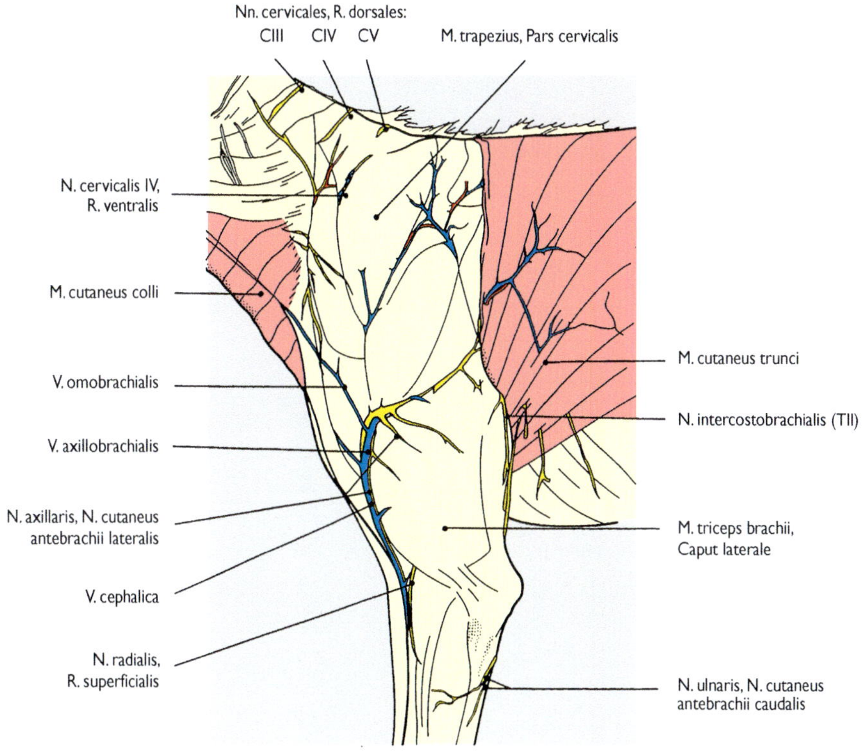

Abb. 4.11 Oberflächenstrukturen von Schulter und Arm: linke laterale Ansicht. Durch teilweises Entfernen der oberflächlichen Faszie wurden die Hautmuskeln des Halses und des Rumpfes sowie die oberflächlichen Nerven und Blutgefäße freigelegt. Auf der Vordergliedmaße gibt es keine Hautmuskulatur.

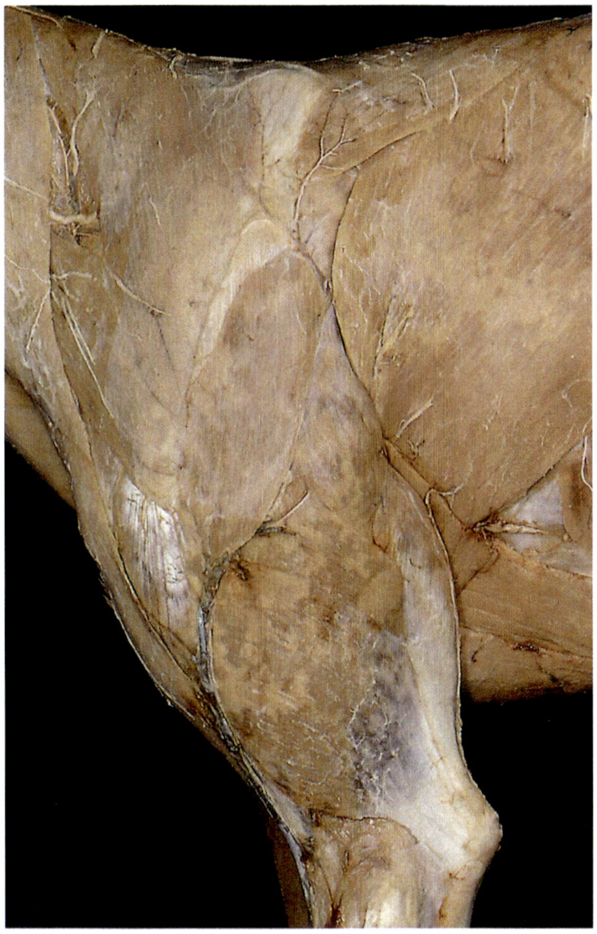

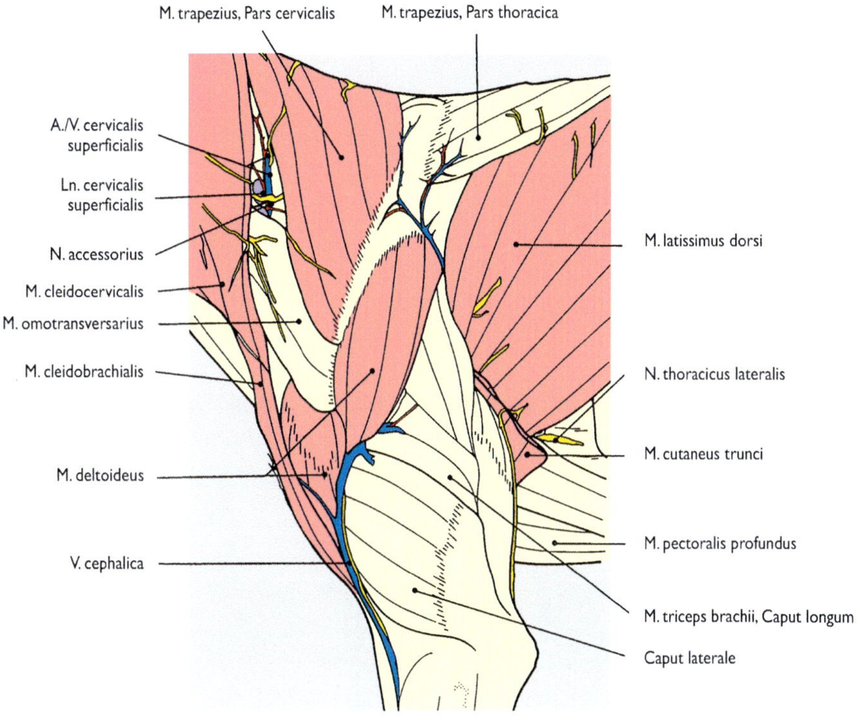

Abb. 4.12 Oberflächliche Muskeln von Schulter und Arm: linke laterale Ansicht. Die Faszie und der M. cutaneus trunci wurden entfernt. Viele der extrinsischen Muskeln, die die Vordergliedmaße mit dem Rumpf verbinden, sind sichtbar.

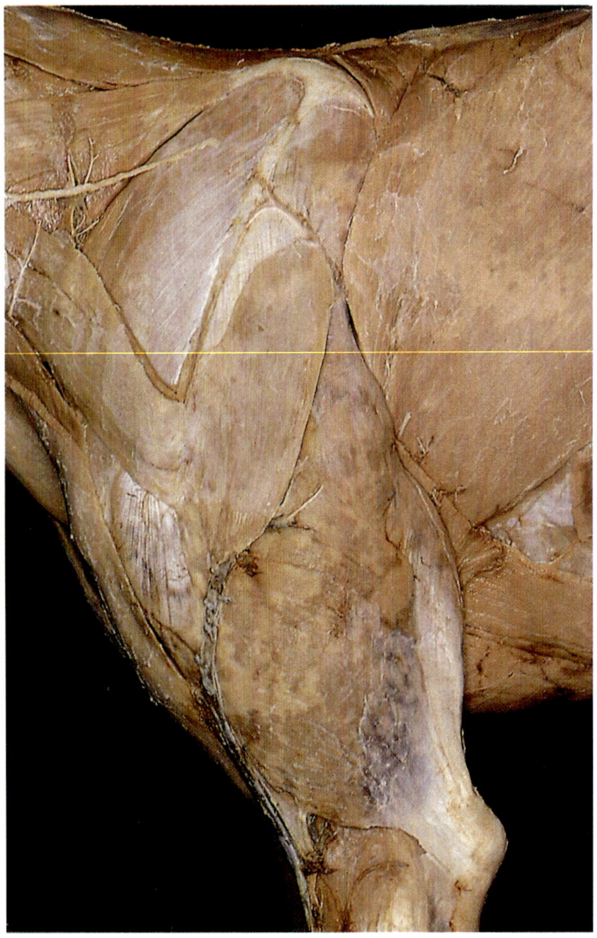

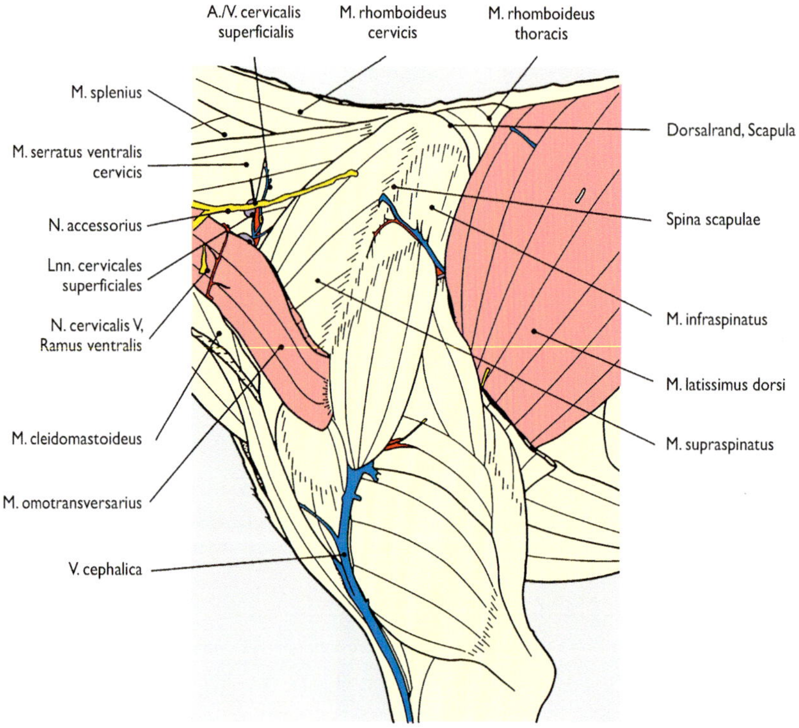

Abb. 4.13 Schulter und Arm nach Entfernen der Mm. trapezius und cleidocervicalis: linke laterale Ansicht. Der Ramus dorsalis des N. accessorius wurde nach dem Entfernen des M. trapezius, den er innerviert, in seiner Position belassen.

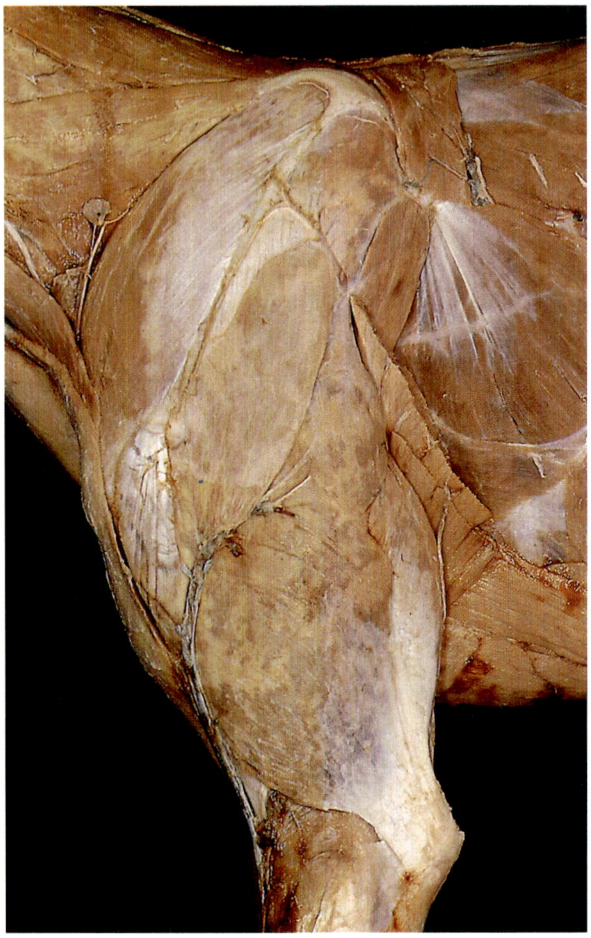

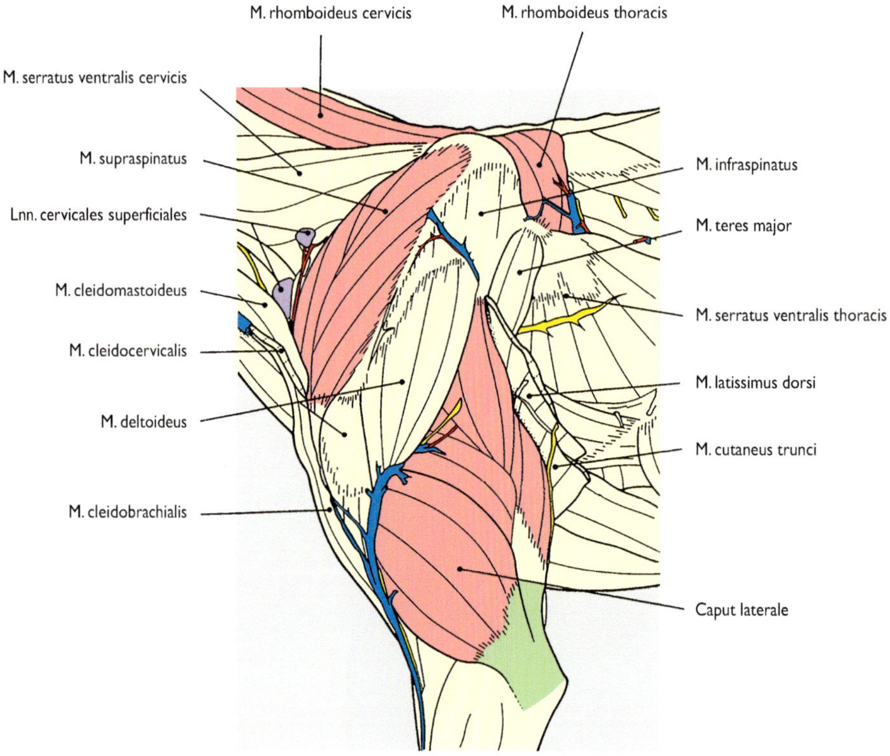

Abb. 4.14 Schulter und Arm nach Entfernen der Mm. latissimus dorsi und omotransversarius: linke laterale Ansicht. Die oberflächlichen zervikalen Lymphknoten sind nun unmittelbar kranial des M. supraspinatus freigelegt.

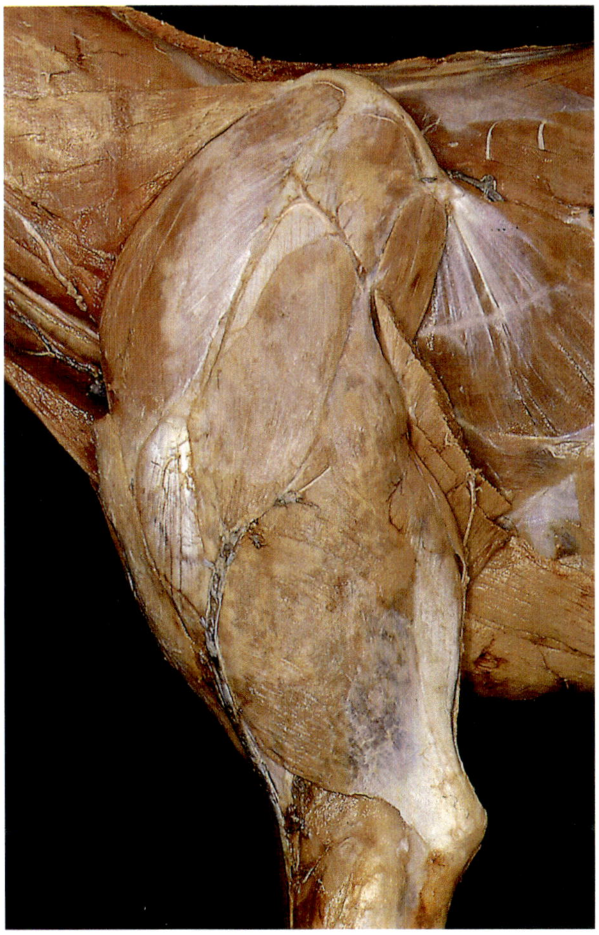

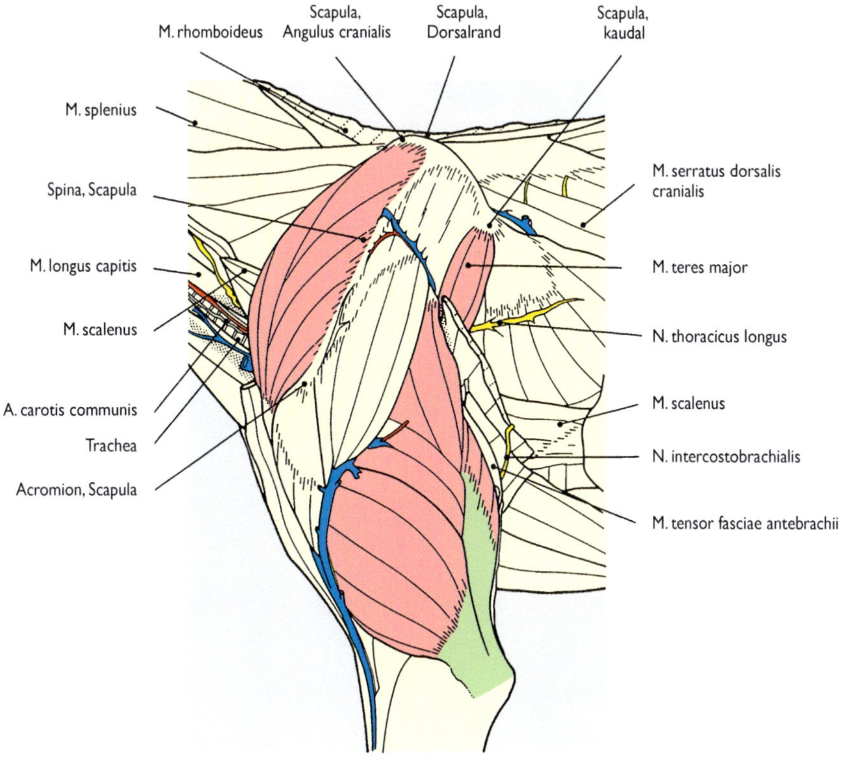

Abb. 4.15 Schulter und Arm nach Entfernen der Mm. rhomboideus und cleidomastoideus: linke laterale Ansicht. Die Grenze zwischen Hals und Vordergliedmaße ist nun deutlich sichtbar.

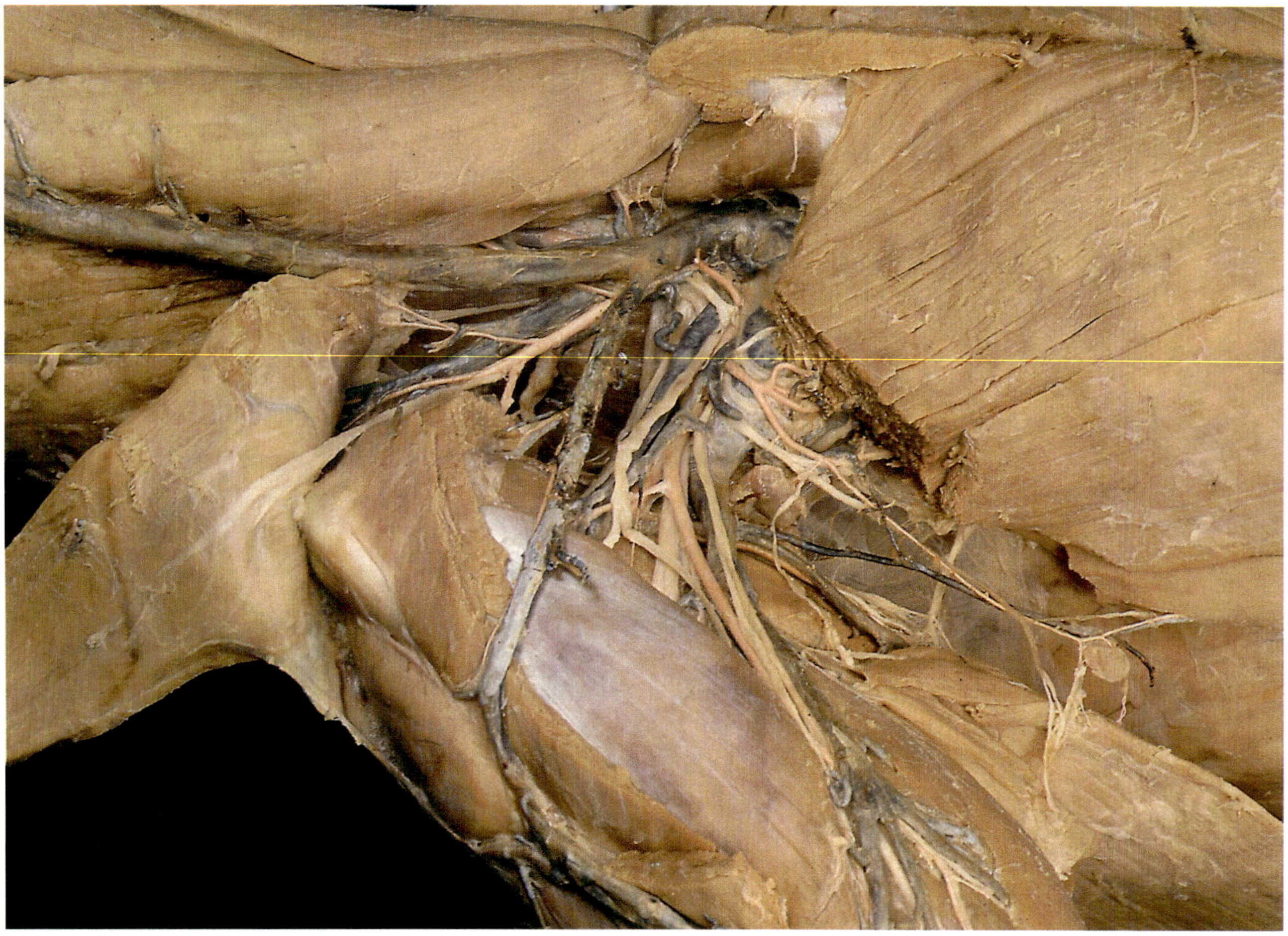

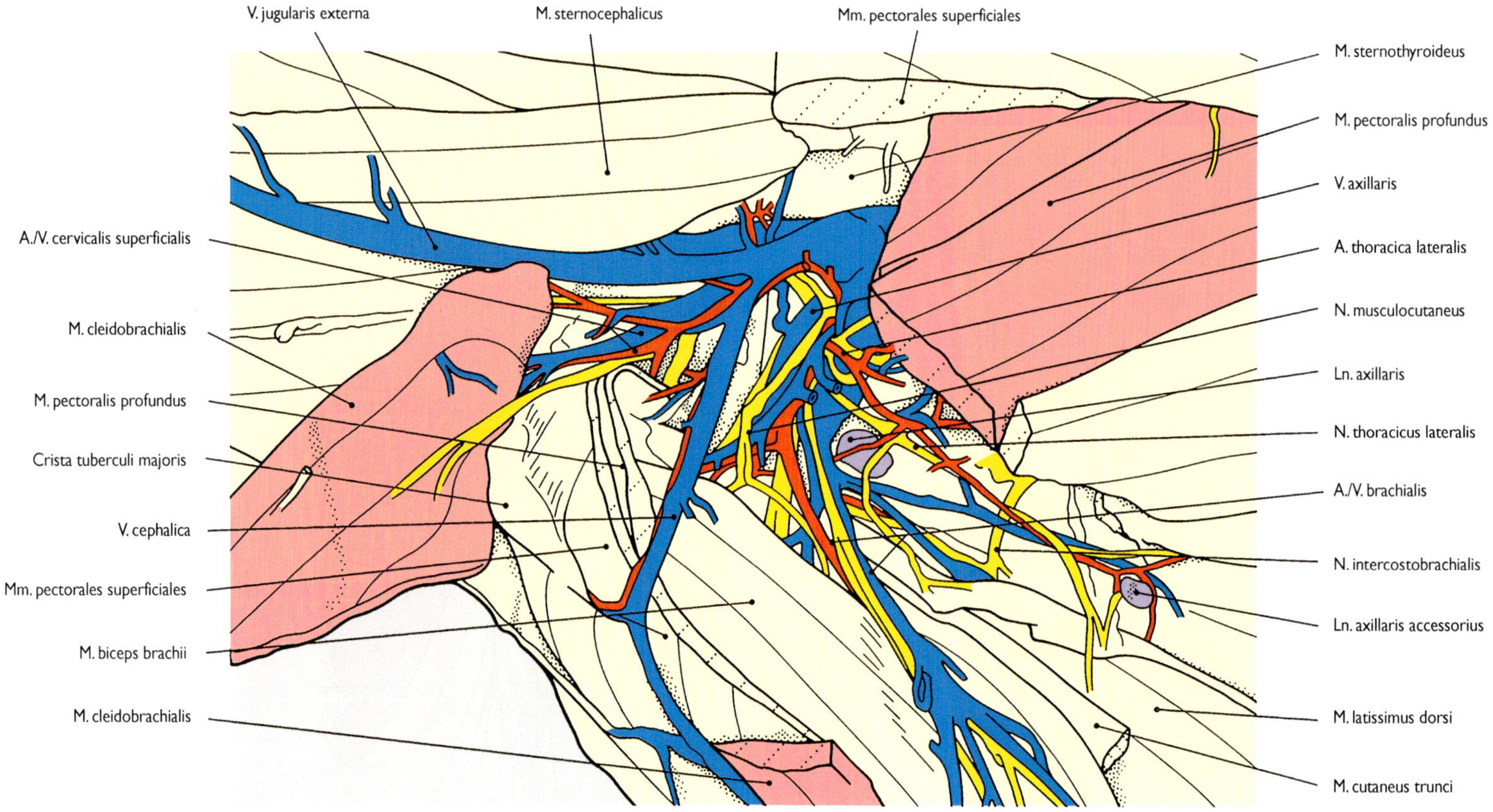

Abb. 4.26 Strukturen der rechten Achselgegend: ventrale Ansicht. Ein Teil des M. pectoralis profundus wurde entfernt und der M. cleidobrachialis wurde durchtrennt und zurückgeklappt. Beachten Sie, dass auf den Abb. 4.26-4.30 die Fotografien der Präparation im Vergleich zu den Abb. 4.24 und 4.25 um 90° gedreht wurden; d. h. der Kopf befindet sich auf diesen Abbildungen auf der linken Seite.

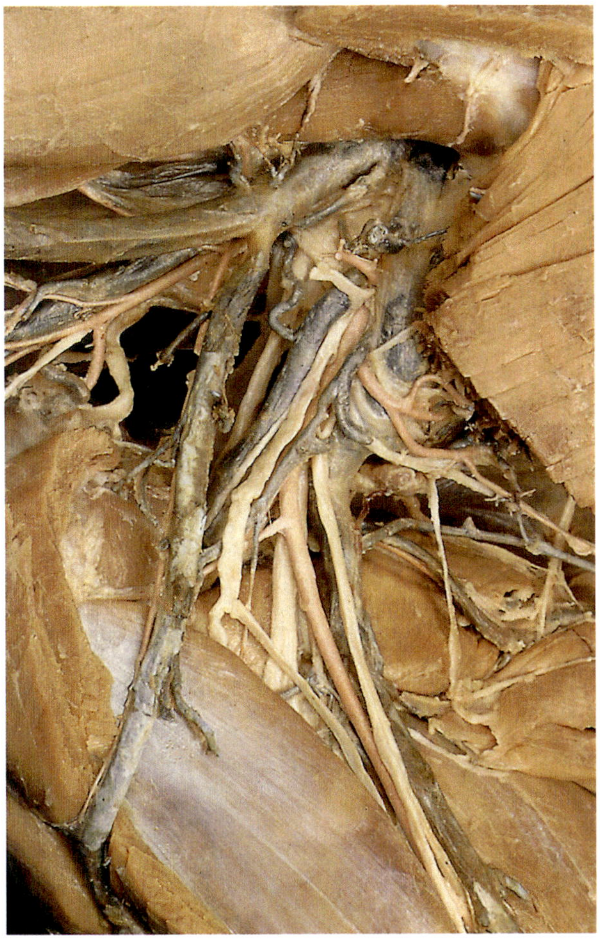

Abb. 4.27 Strukturen der rechten Achselgegend: ventrale Ansicht. Dies ist eine detailliertere Ansicht eines Teils der Präparation, die in der vorangegangenen Abbildung dargestellt ist (Abb. 4.26). Viele Nerven des Plexus brachialis können identifiziert werden.

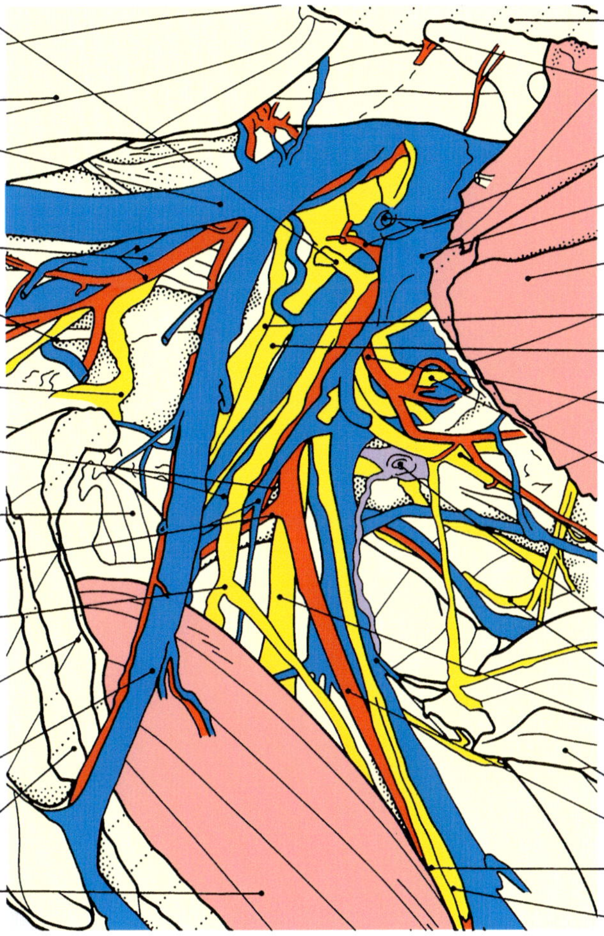

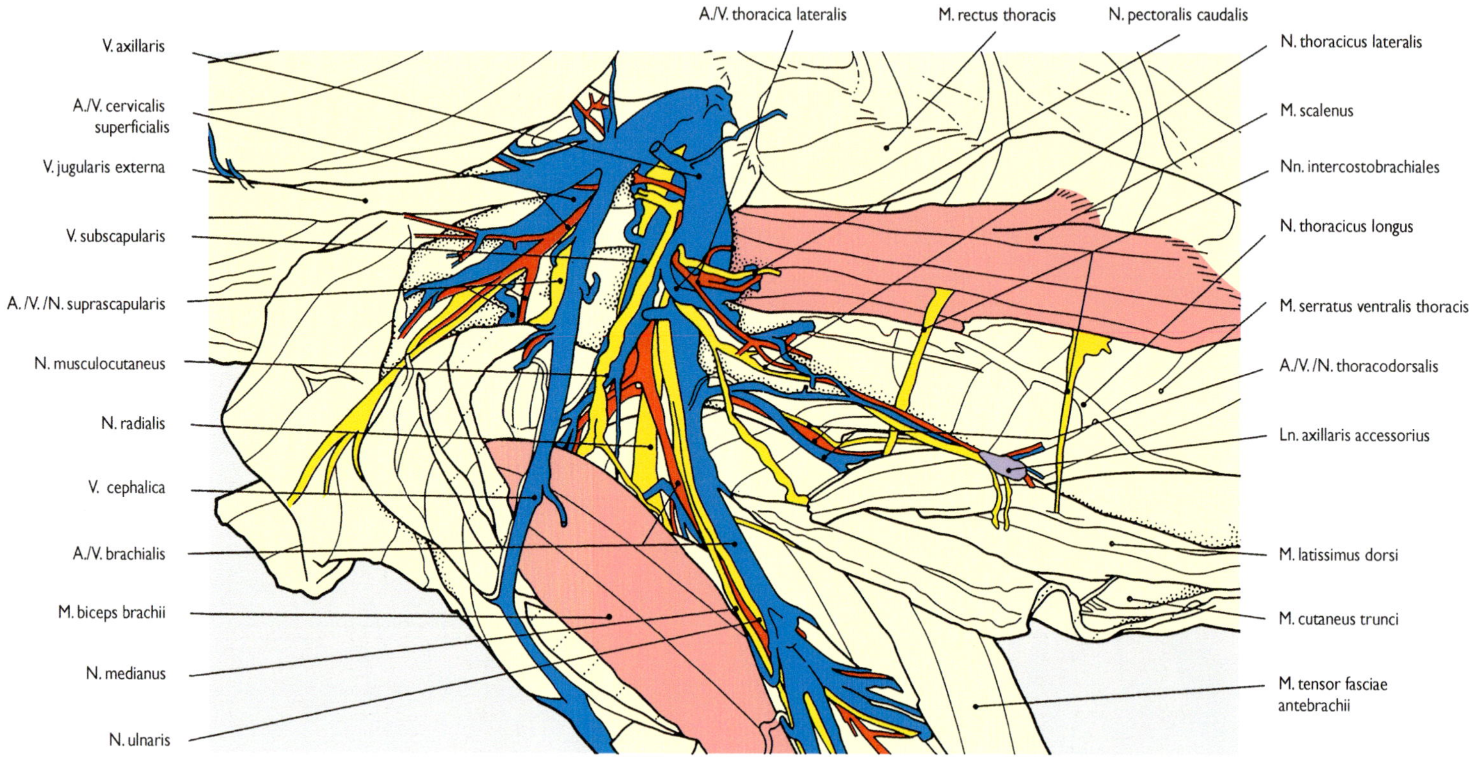

Abb. 4.28 Strukturen der rechten Achselgegend nach Entfernen des M. pectoralis profundus: ventrale Ansicht.

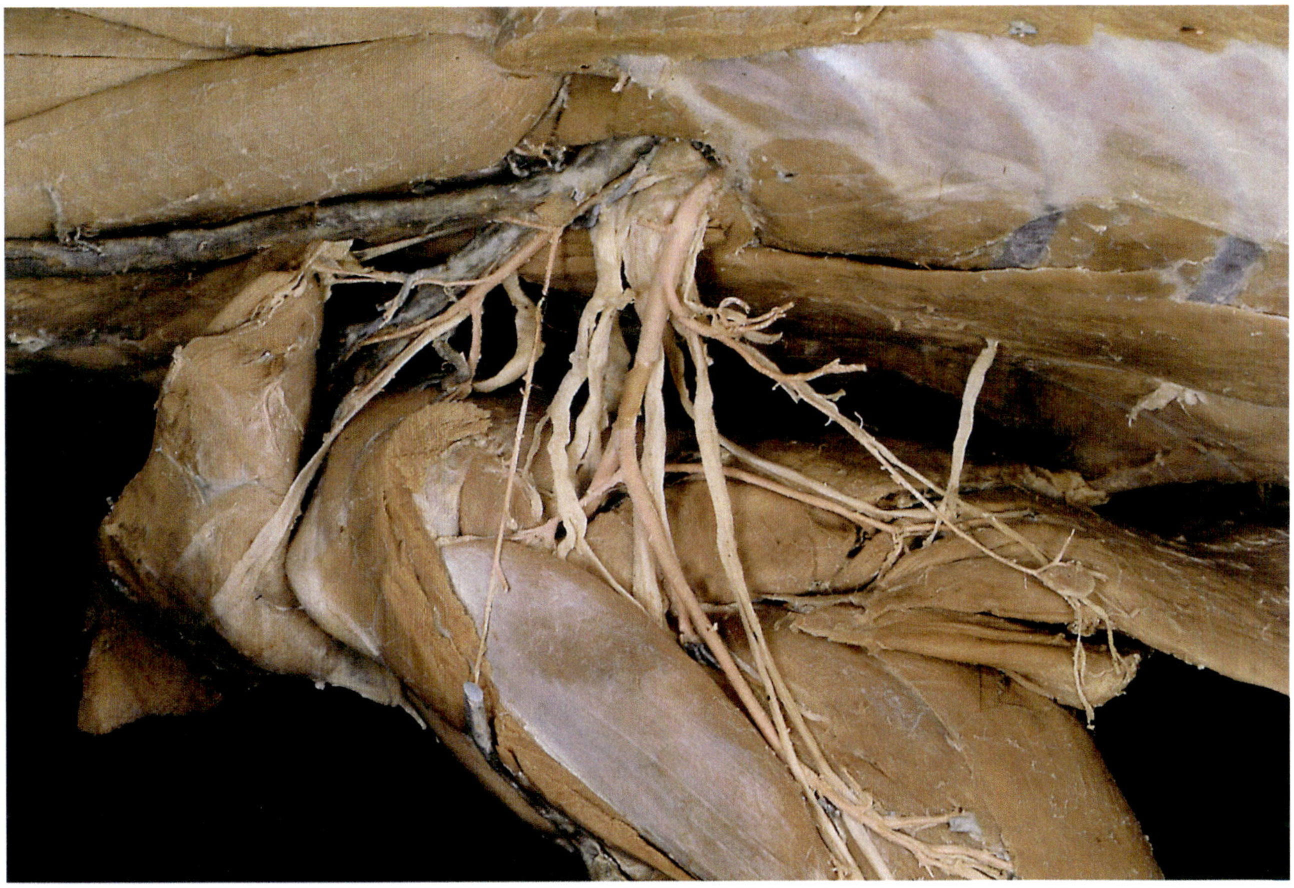

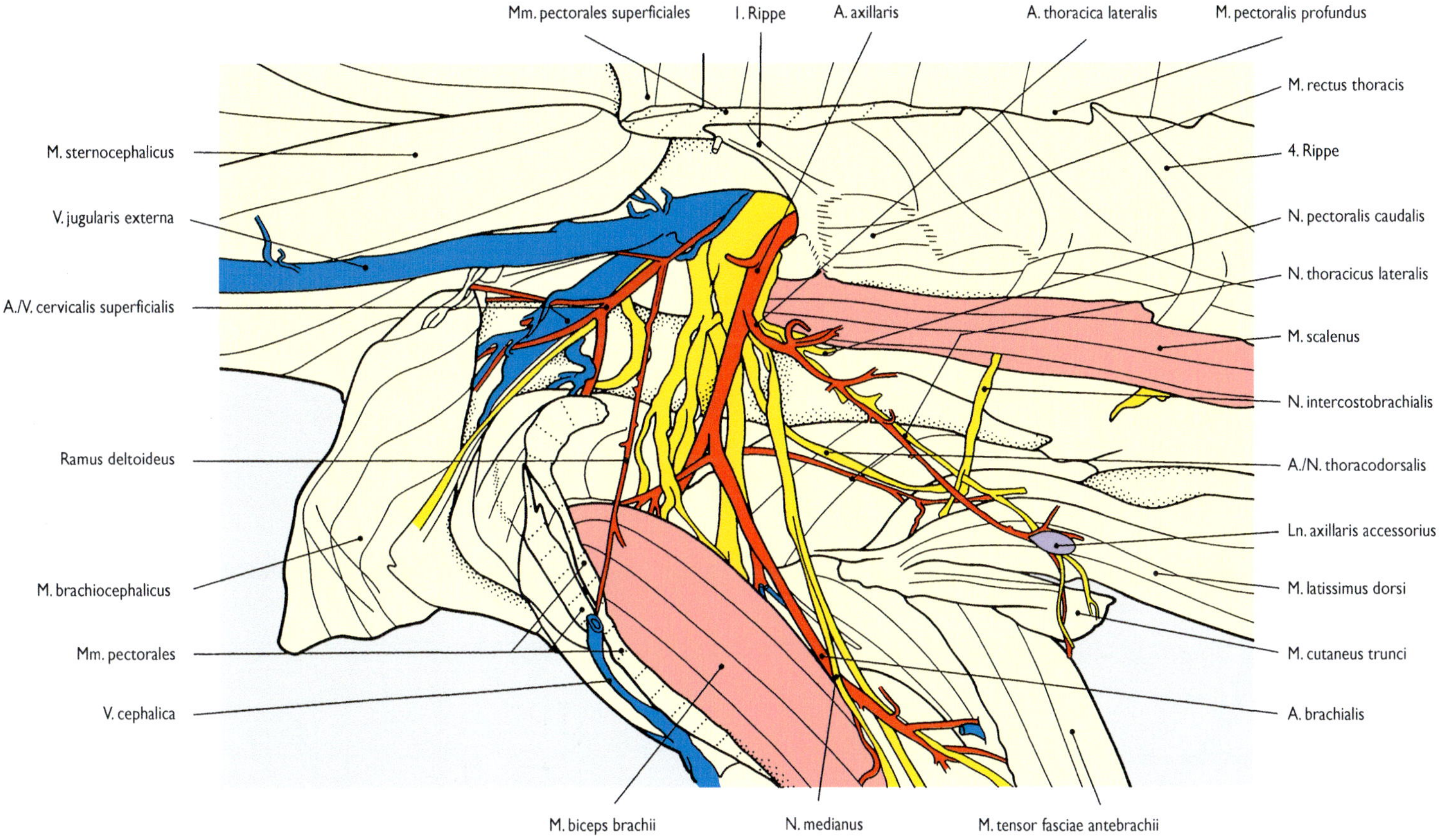

Abb. 4.29 Strukturen der rechten Achselgegend nach Entfernen von Venen: ventrale Ansicht. Arterien und Nerven des Plexus brachialis sind nun nach dem Entfernen der V. axillaris und ihrer Äste sowie dem teilweisen Entfernen der V. cephalica deutlicher erkennbar.

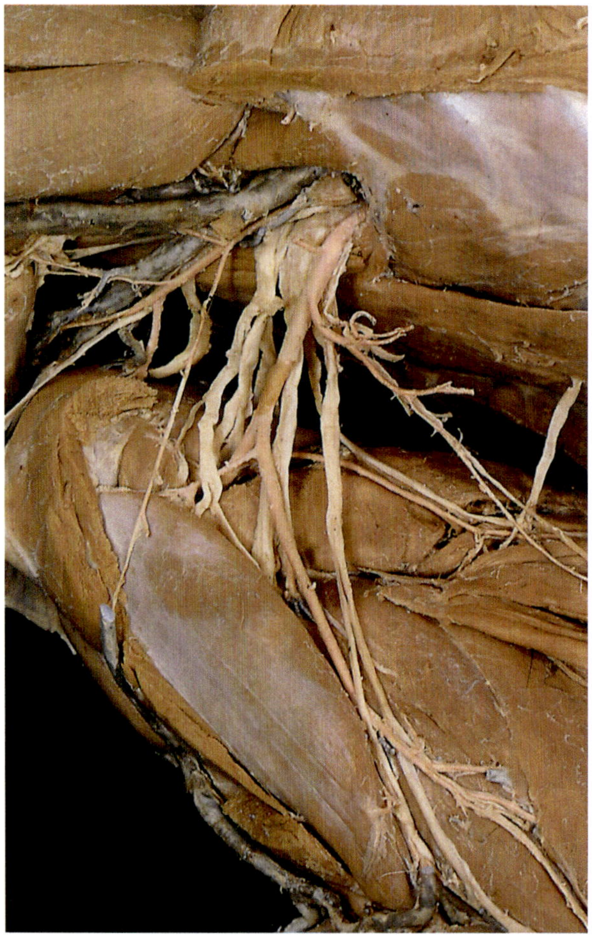

Abb. 4.30 Strukturen der rechten Achselgegend nach Entfernen von Venen: ventrale Ansicht. Dies ist eine detailliertere Ansicht der in der vorangegangenen Abbildung (Abb. 4.29) gezeigten Präparation.

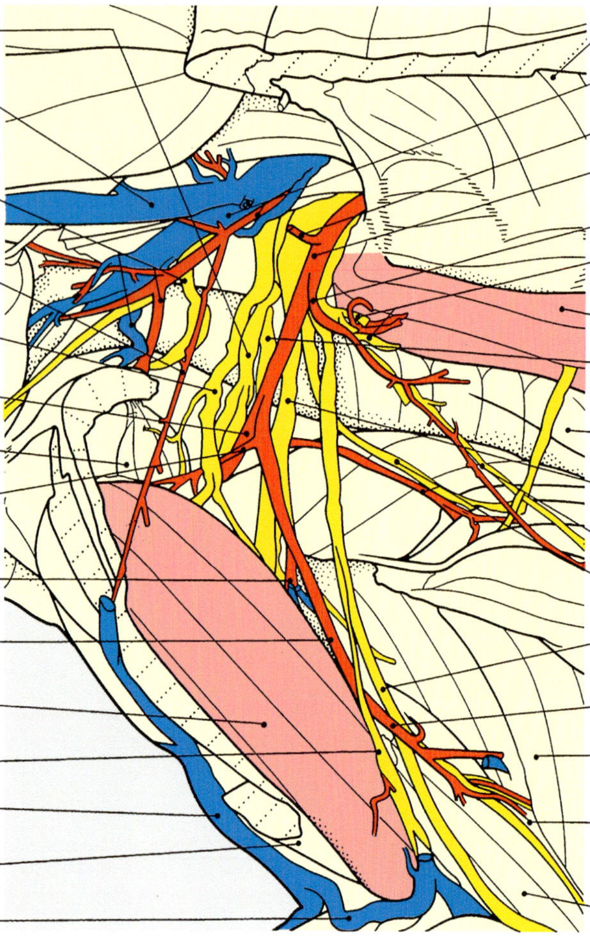

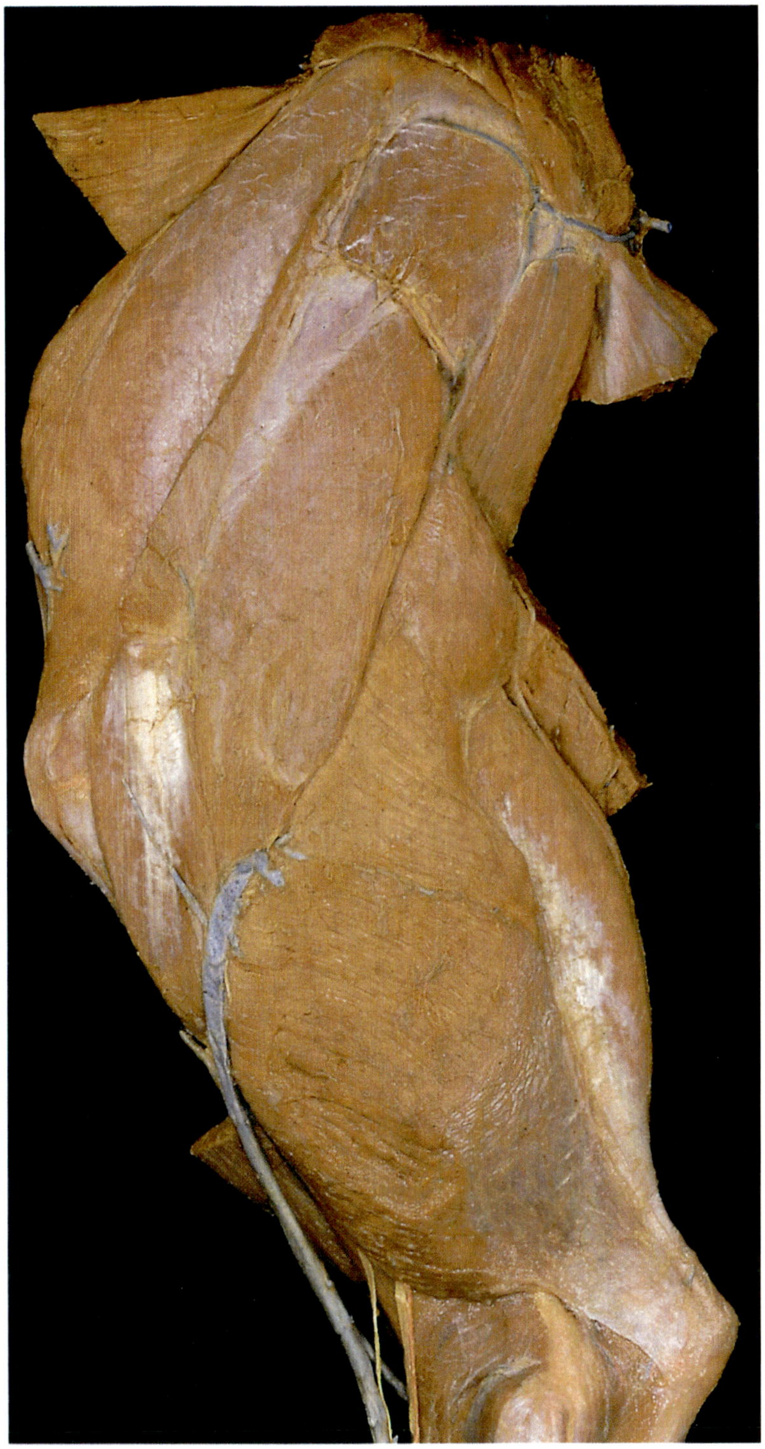

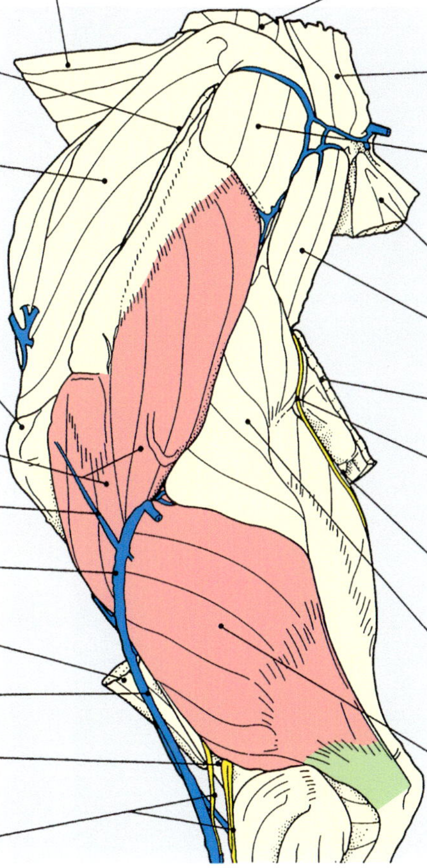

Abb. 4.31 Schulter und Oberarm der abgetrennten Vordergliedmaße: linke laterale Ansicht. Viele Muskeln, die durchtrennt wurden, um die Vordergliedmaße vom Rumpf abzulösen, sind sichtbar (einschließlich der Mm. serratus ventralis, trapezius, rhomboideus, latissimus dorsi und cleidobrachialis).

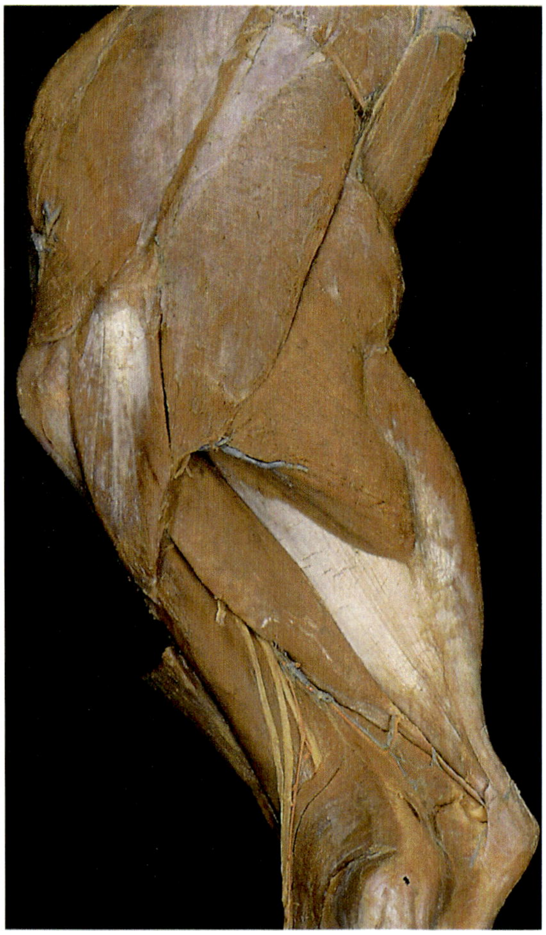

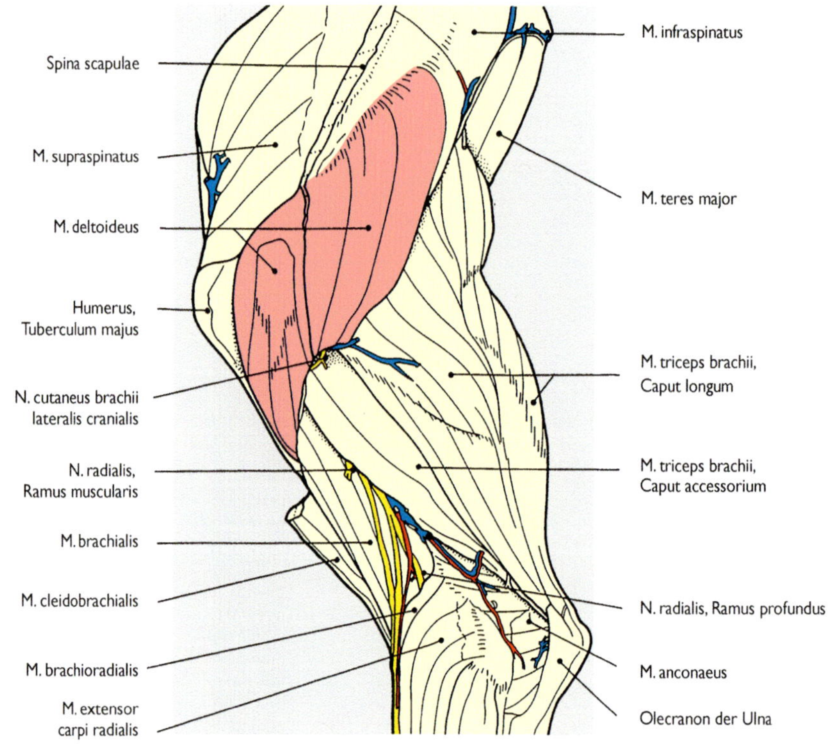

Abb. 4.32 Schulter und Arm nach Entfernen des Caput laterale tricipitis brachii: linke laterale Ansicht. Der durchtrennte Ast des N. radialis, der den lateralen Kopf des M. triceps brachii versorgt, ist sichtbar. Die Mm. latissimus dorsi und serratus ventralis wurden ebenfalls entfernt.

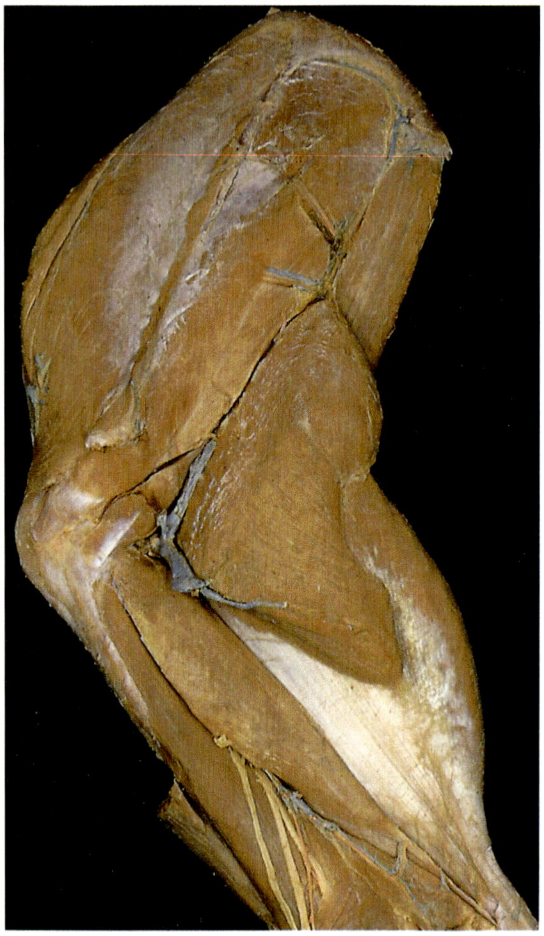

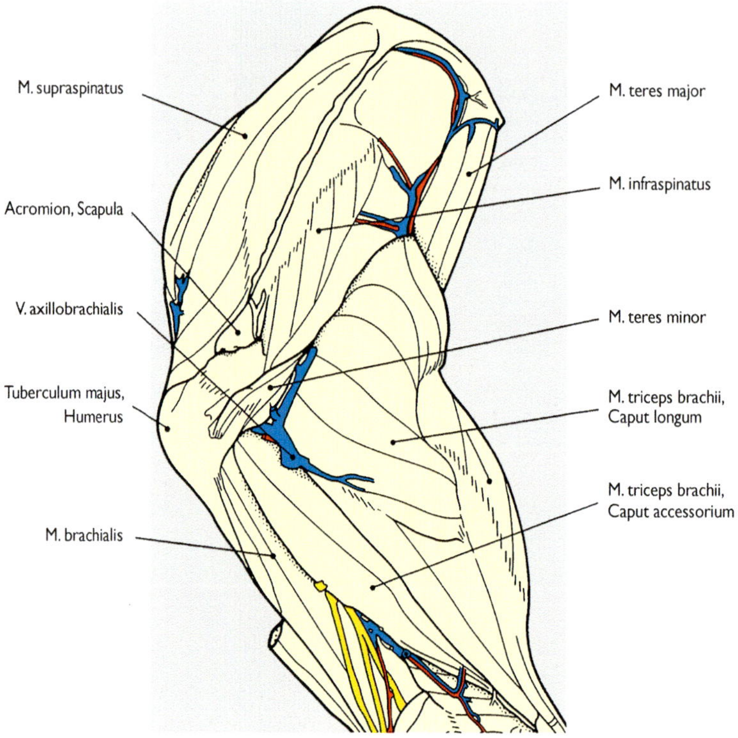

Abb. 4.33 Schulter und Arm nach Entfernen des M. deltoideus: linke laterale Ansicht. Die Mm. infraspinatus und teres minor sind nun freigelegt. Die Mm. rhomboidei wurden auch entfernt.

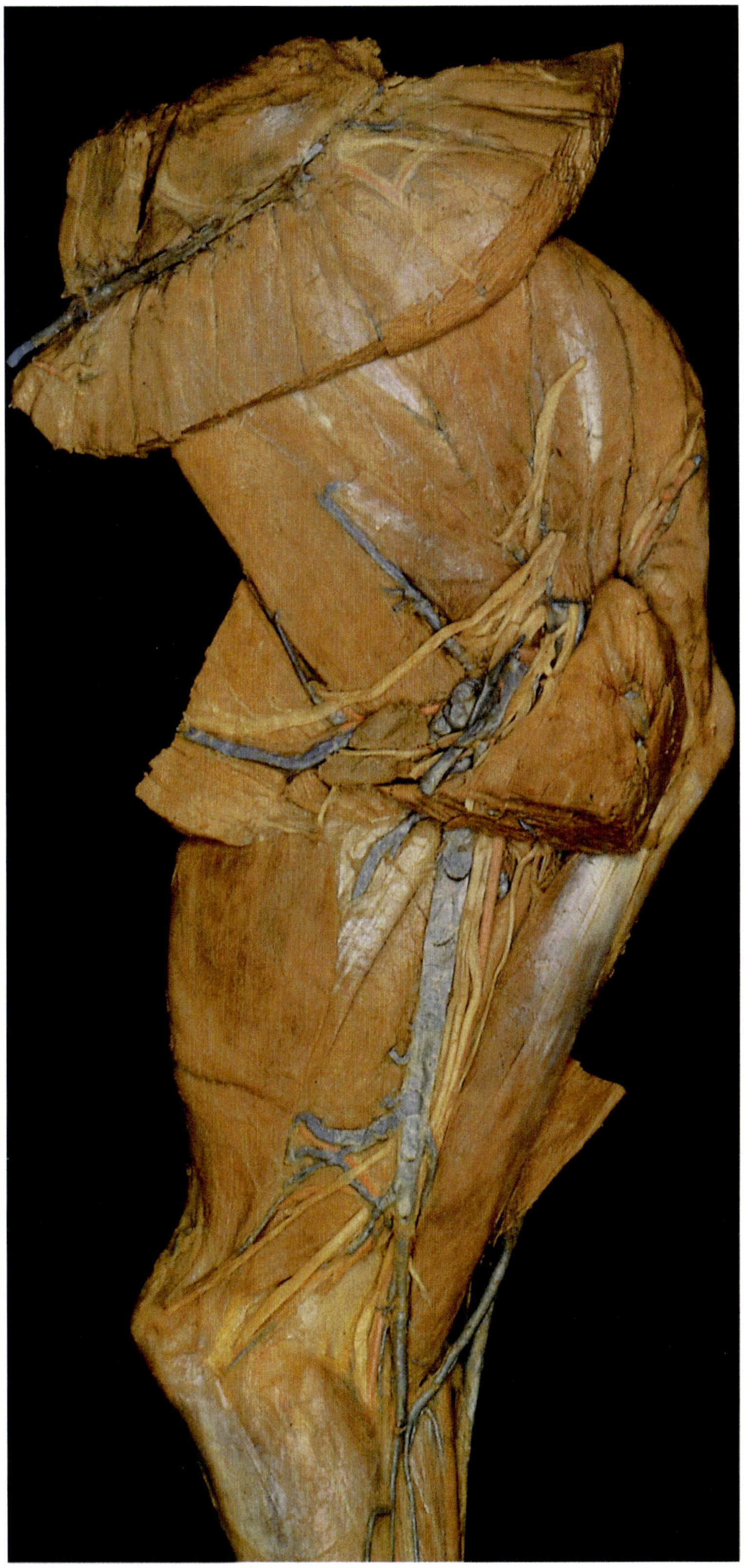

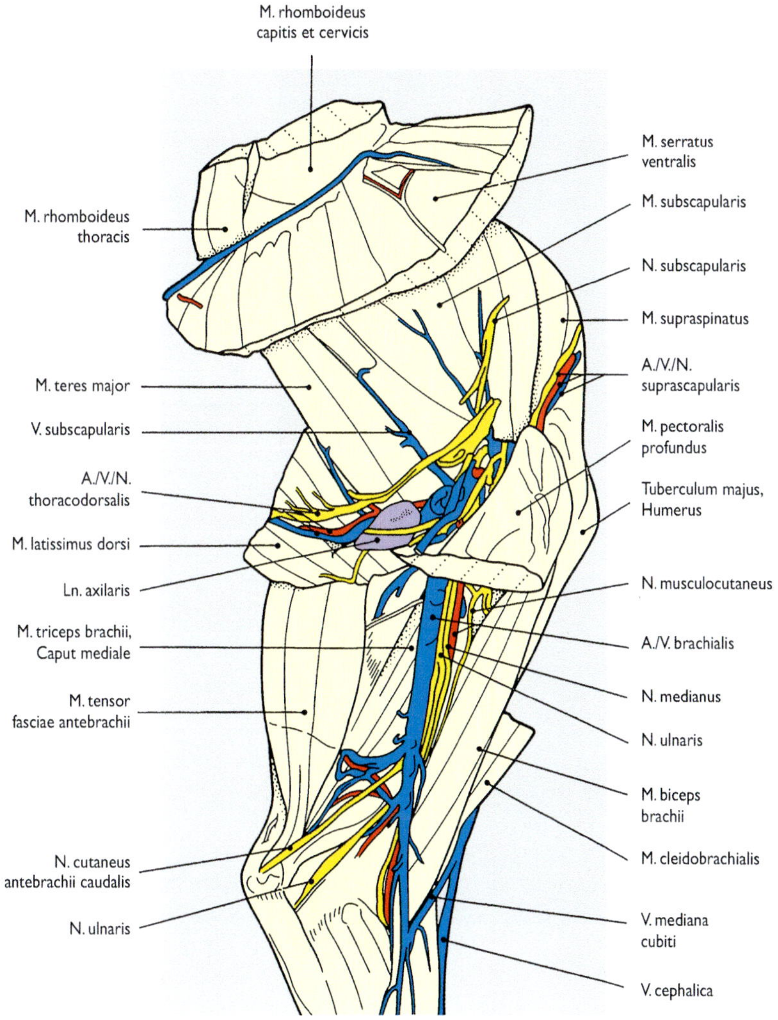

Abb. 4.34 Linke Schulter und Arm: mediale Ansicht. Viele Muskeln, die zur Ablösung der Vordergliedmaße vom Rumpf durchtrennt wurden, können gesehen werden (dazu gehören die Mm. rhomboideus, serratus ventralis, latissimus dorsi, cleidobrachialis und pectorales profundi).

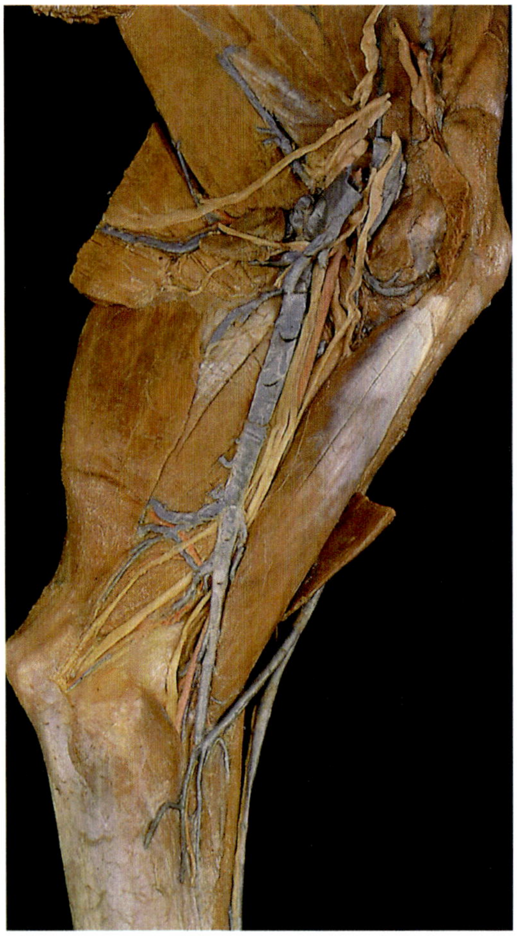

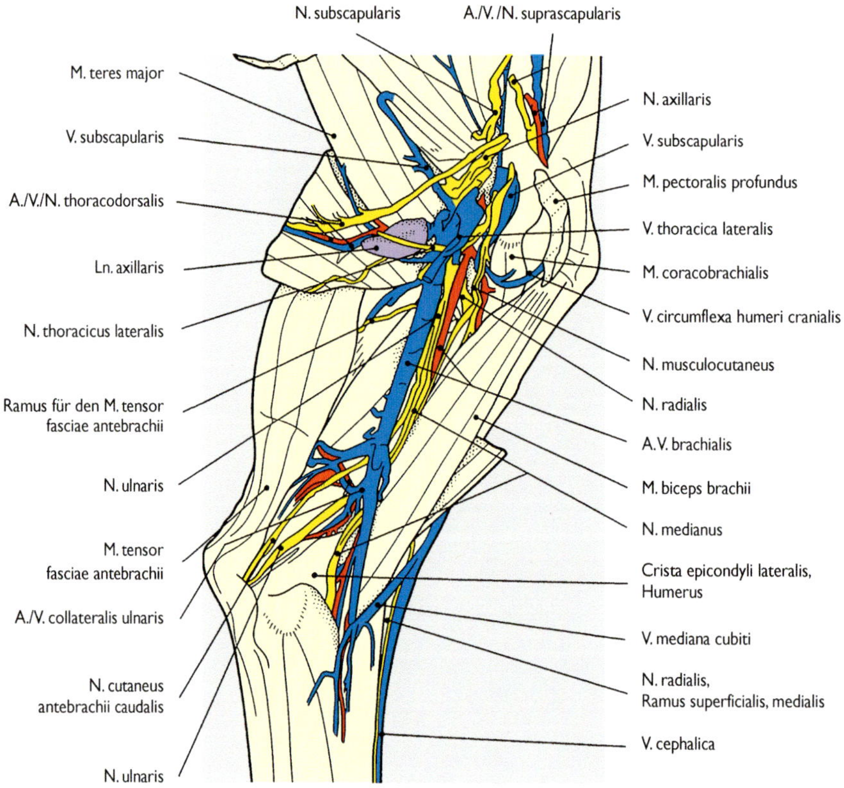

Abb. 4.35 Linke Schulter und Arm: mediale Ansicht. Weitere Anteile des M. pectoralis profundus wurden entfernt.

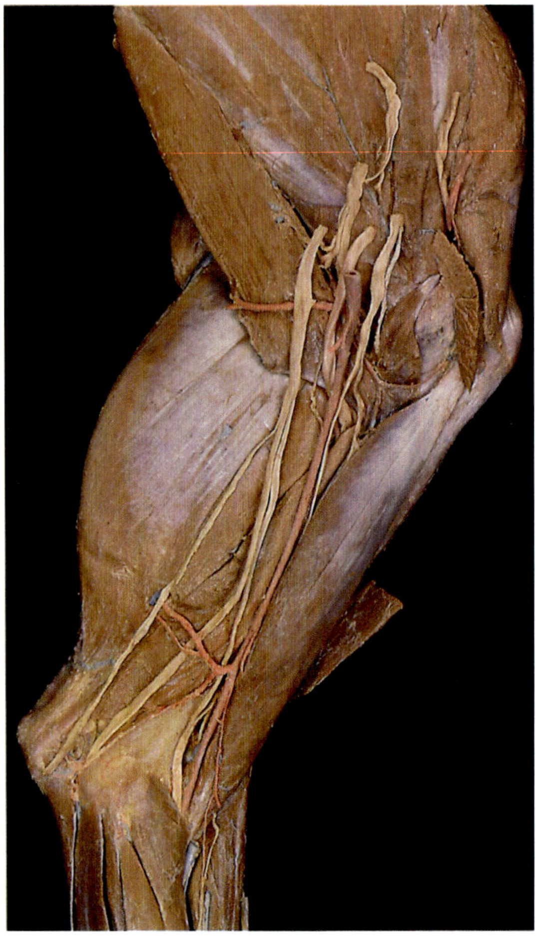

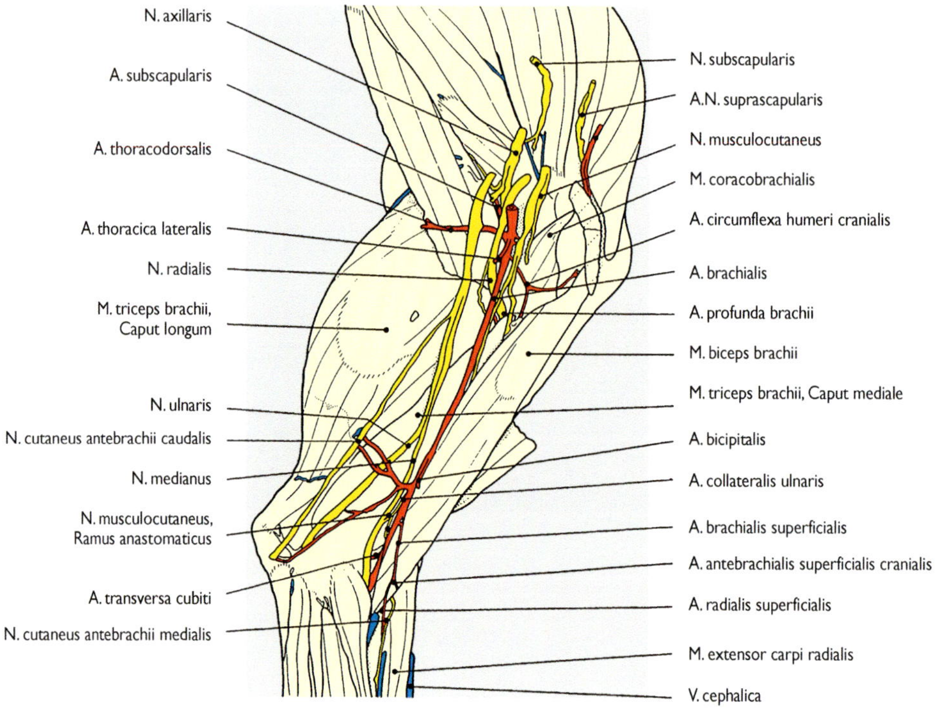

Abb. 4.36 Linke Schulter und Arm nach Entfernen von Venen: mediale Ansicht. Venen wurden entfernt, um die Arterien und Nerven der medialen Schulter und des medialen Arms deutlicher zu zeigen.

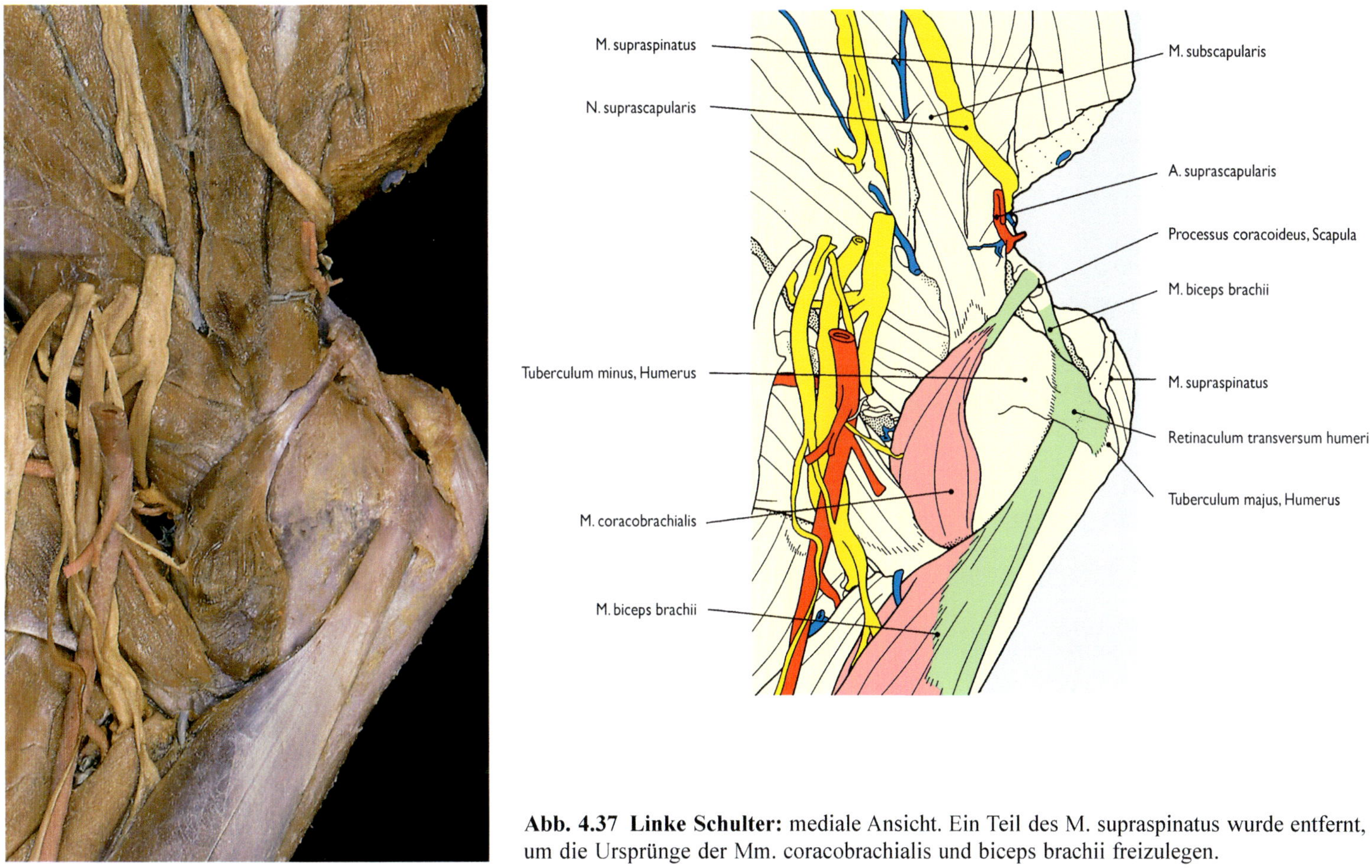

Abb. 4.37 Linke Schulter: mediale Ansicht. Ein Teil des M. supraspinatus wurde entfernt, um die Ursprünge der Mm. coracobrachialis und biceps brachii freizulegen.

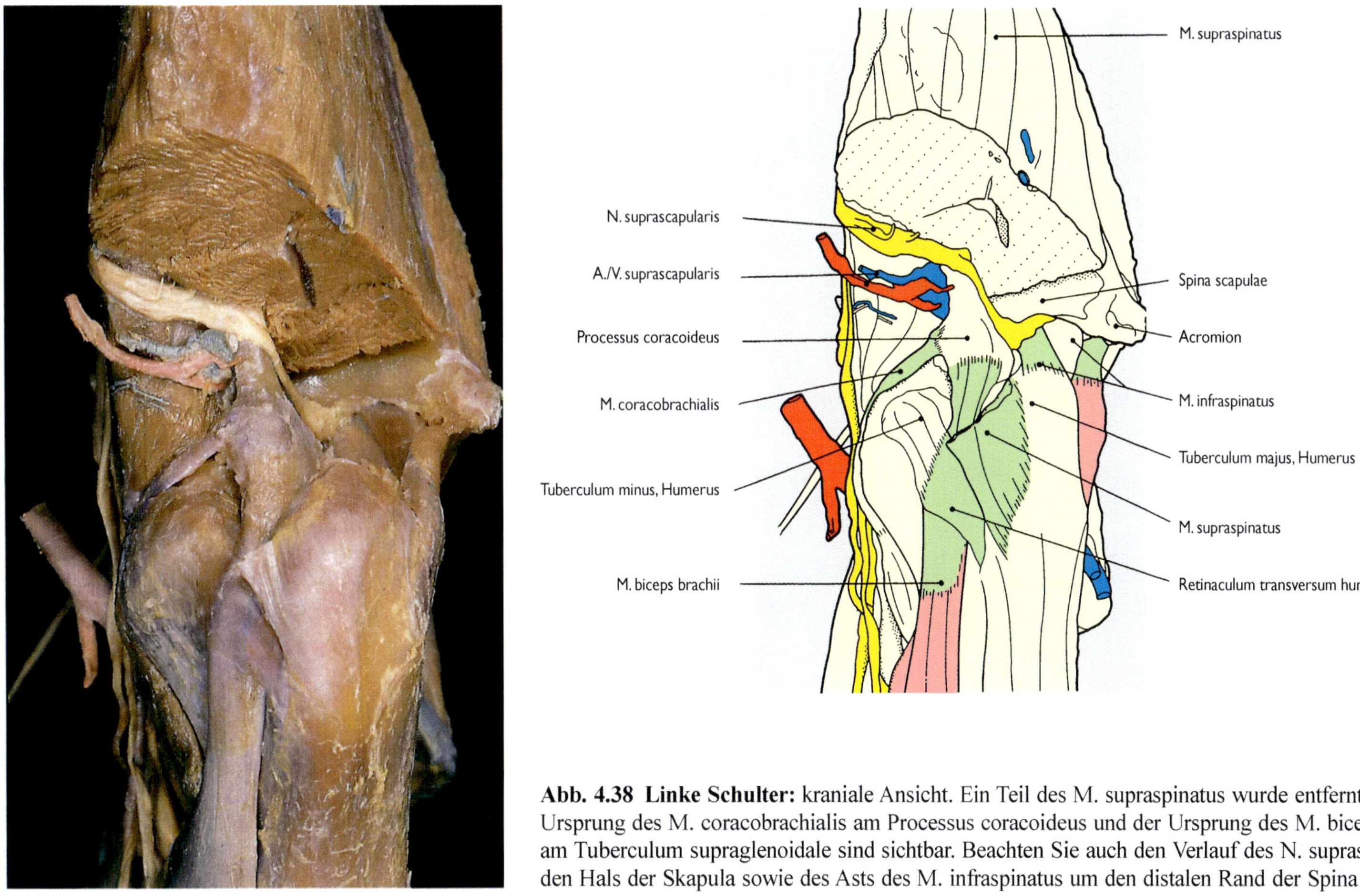

Abb. 4.38 Linke Schulter: kraniale Ansicht. Ein Teil des M. supraspinatus wurde entfernt. Der Ursprung des M. coracobrachialis am Processus coracoideus und der Ursprung des M. biceps brachii am Tuberculum supraglenoidale sind sichtbar. Beachten Sie auch den Verlauf des N. suprascapularis um den Hals der Skapula sowie des Asts des M. infraspinatus um den distalen Rand der Spina scapulae.

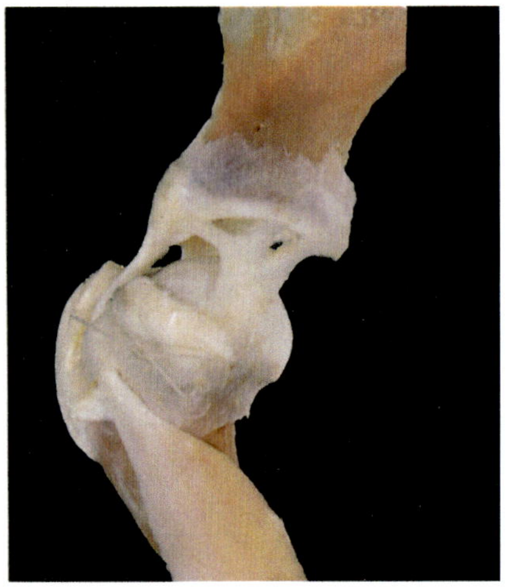

Abb. 4.39 Linkes Schultergelenk: mediale Ansicht.

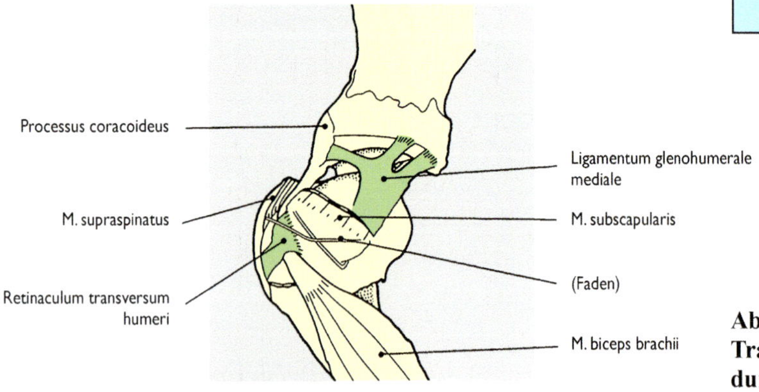

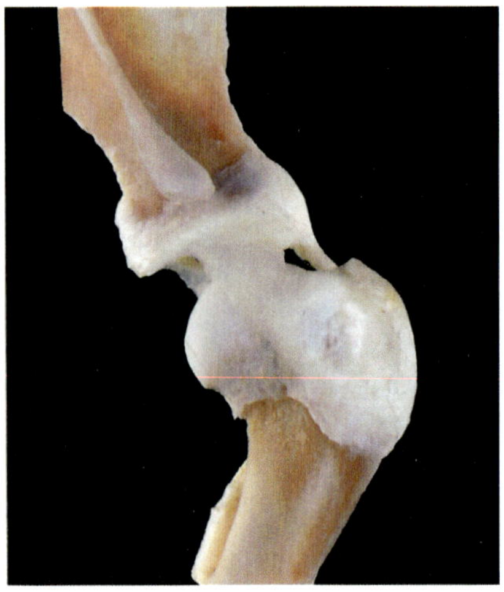

Abb. 4.40 Linkes Schultergelenk: laterale Ansicht. Das laterale und das mediale Ligamentum glenohumerale sind schwach ausgeprägt. Das Gelenk wird von Muskeln stabilisiert, die als aktive Kollateralbänder fungieren.

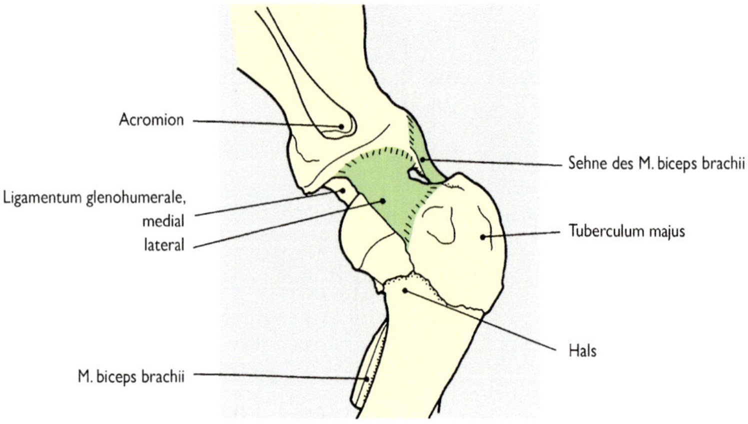

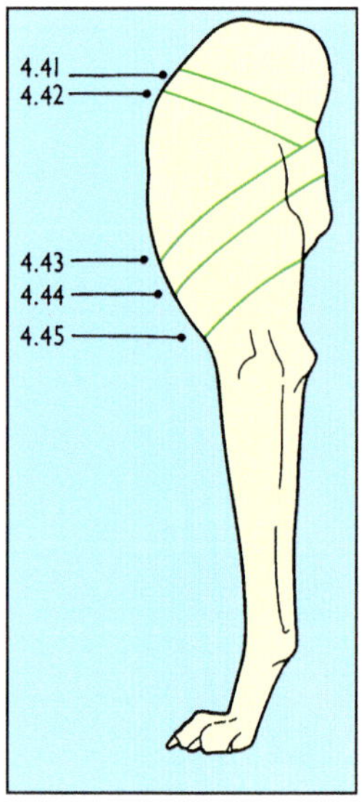

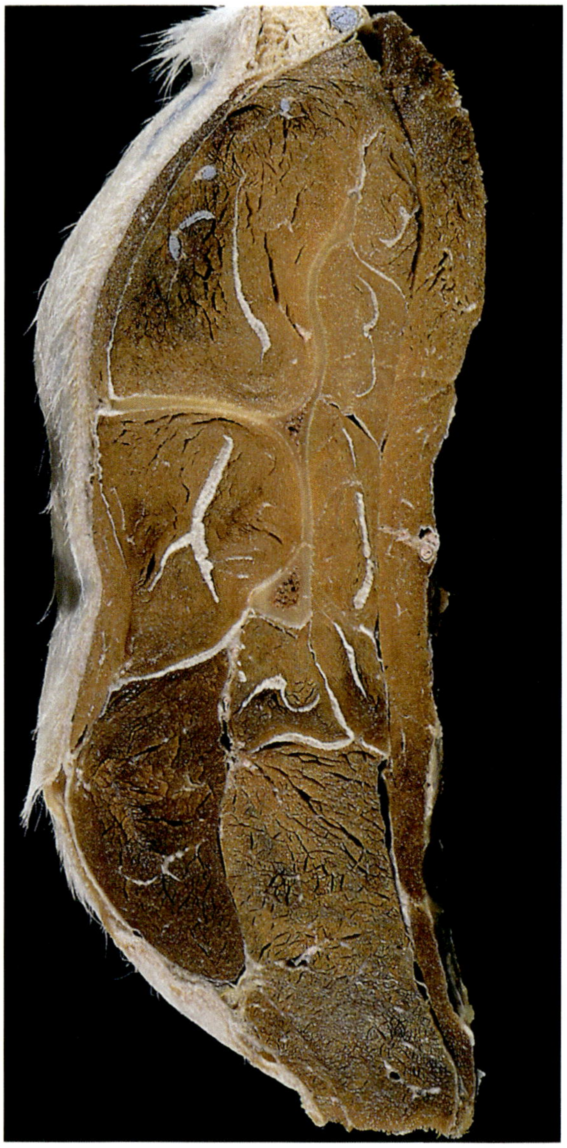

Abb. 4.41-4.45 Transversalschnitte durch die linken Skapula- und Oberarmregionen auf der Höhe, die in der obenstehenden Zeichnung angegeben ist: Ansicht der proximalen Oberfläche der Schnitte.

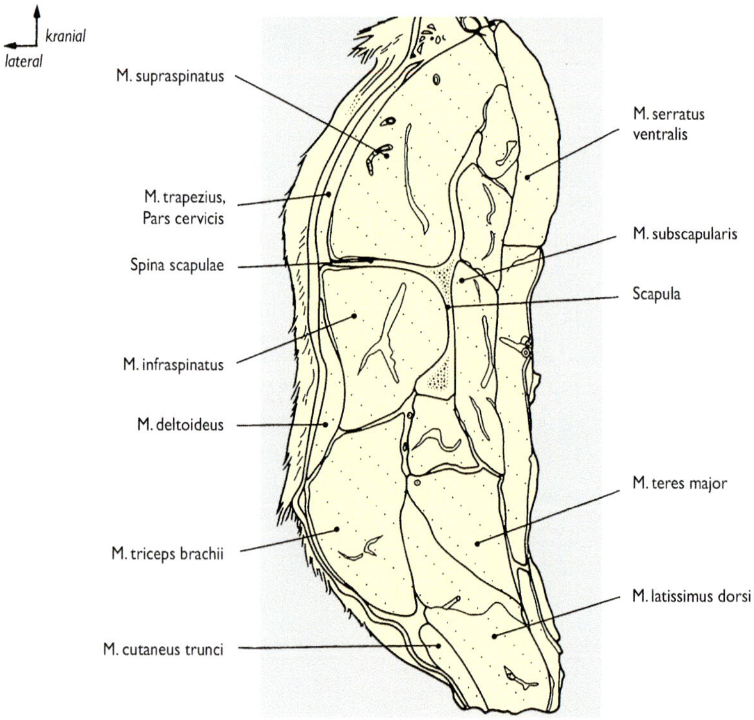

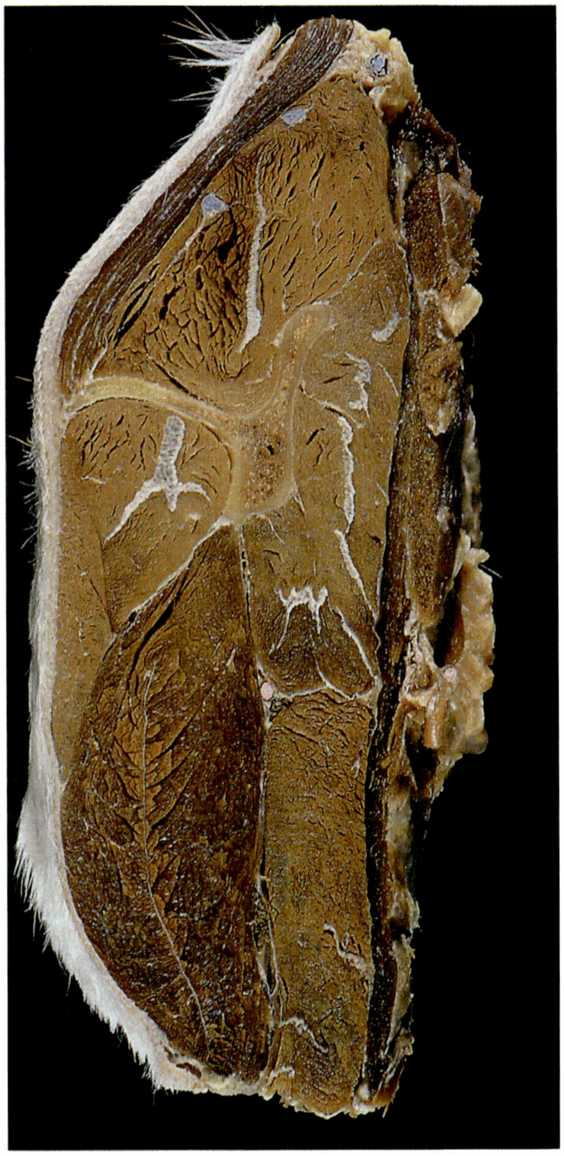

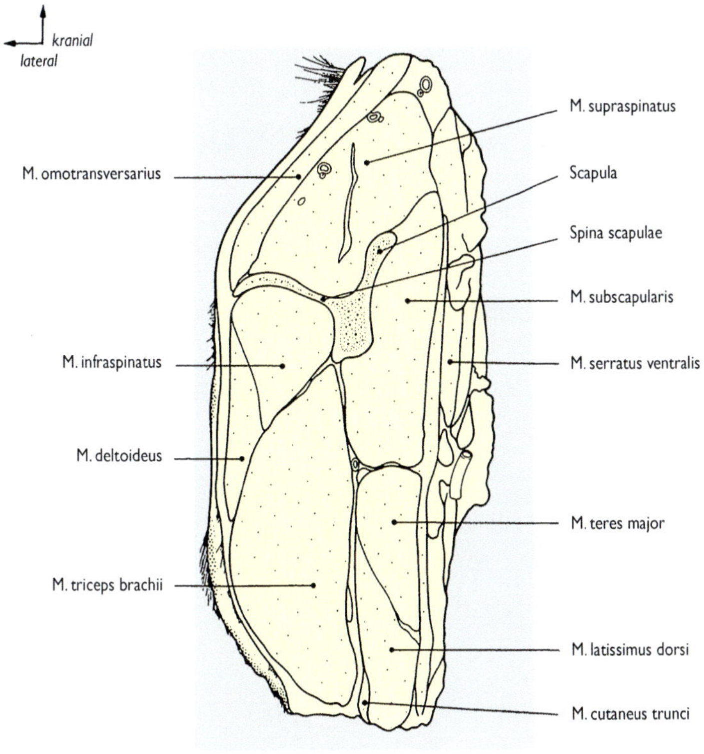

Abb. 4.42

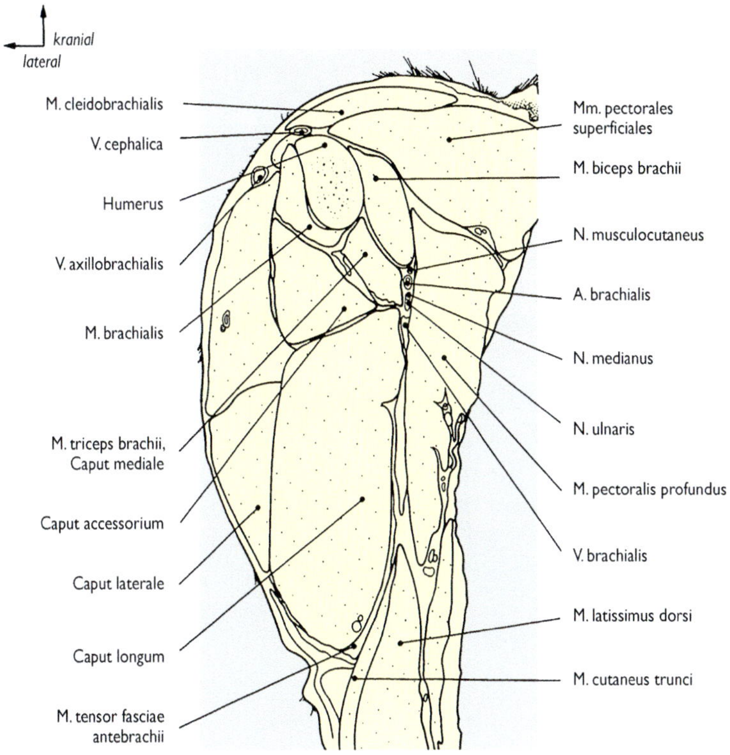

Abb. 4.43

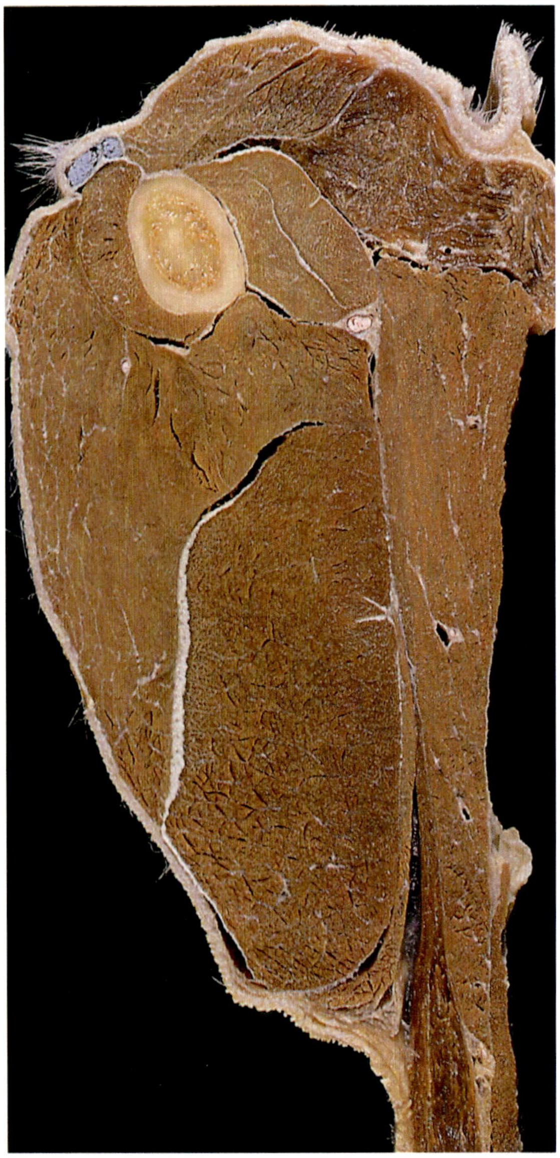

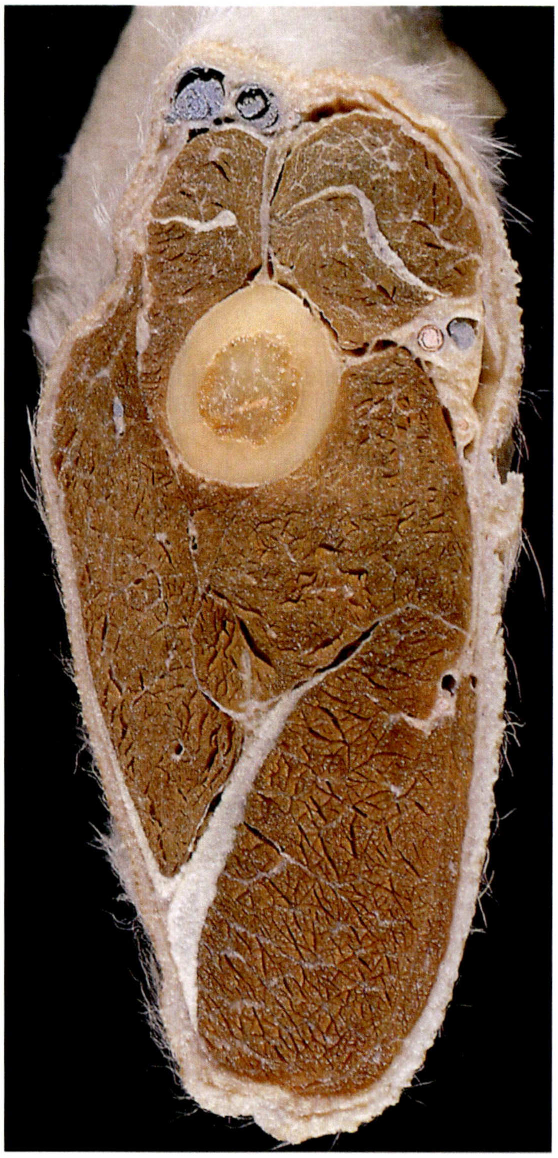

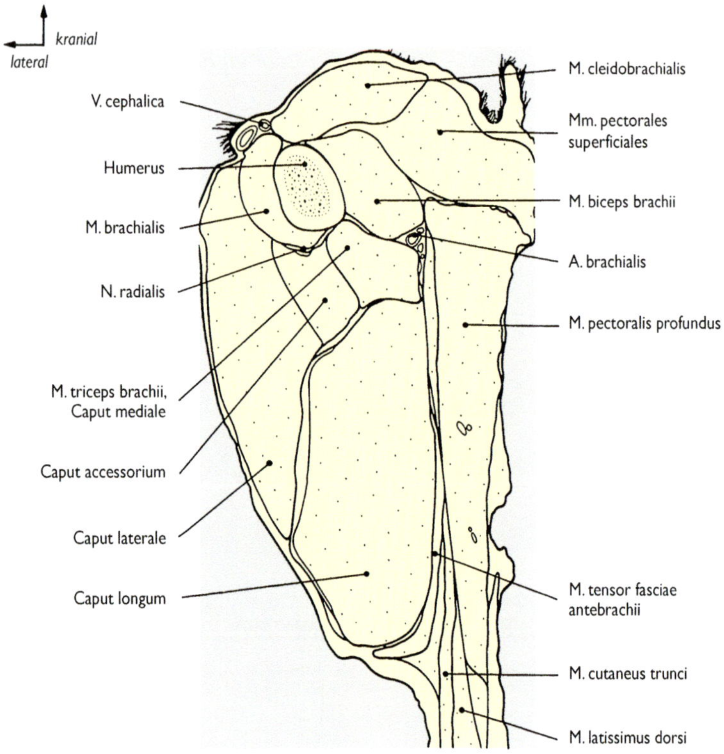

Abb. 4.44

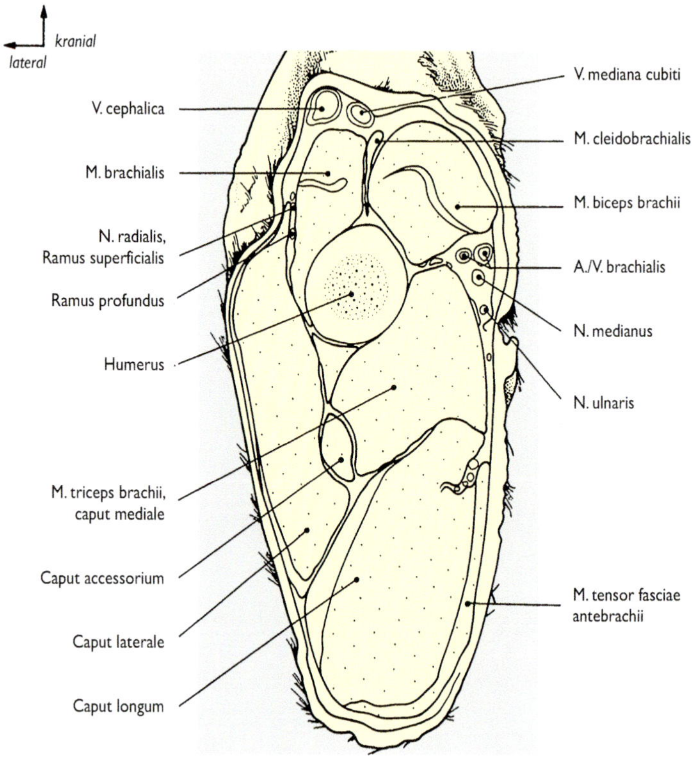

Abb. 4.45

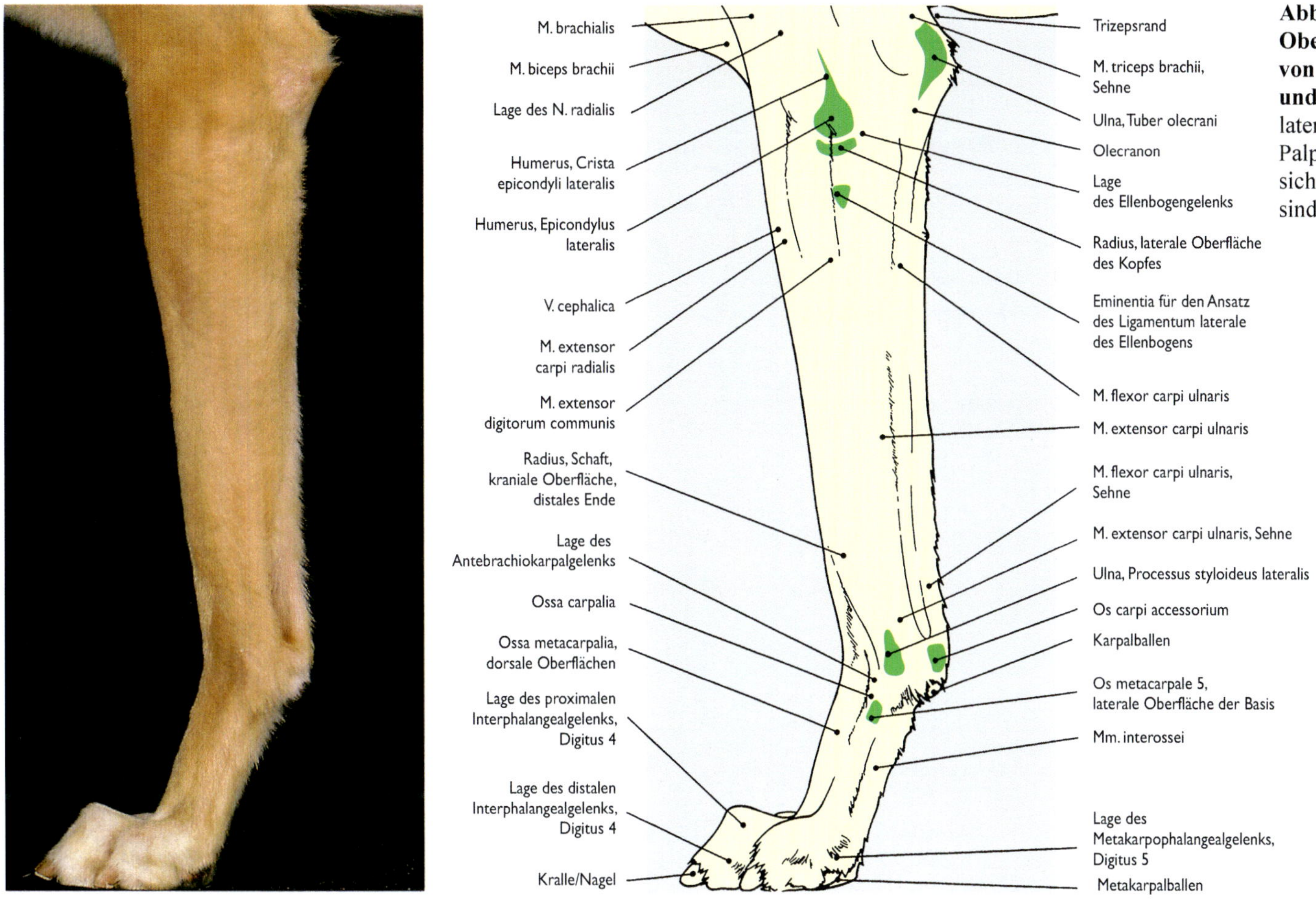

Abb. 4.46 Oberflächenmerkmale von Antebrachium und Manus: linke laterale Ansicht. Palpierbare und sichtbare Merkmale sind gekennzeichnet.

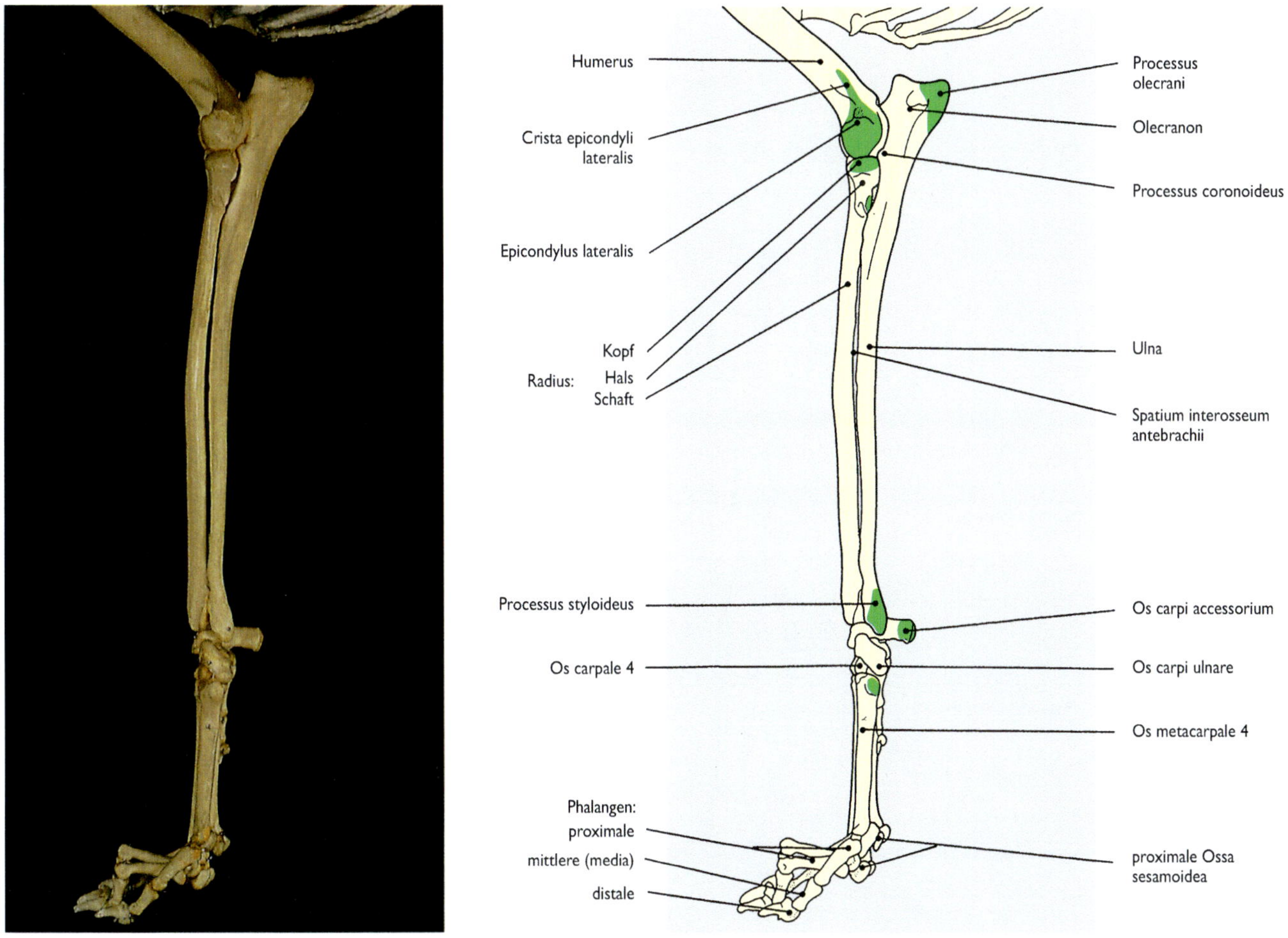

Abb. 4.47 Skelett von Antebrachium und Manus: linke laterale Ansicht. Die grün gekennzeichneten Merkmale entsprechen den palpierbaren knöchernen Merkmalen, die in der vorangegangenen Abbildung dargestellt sind (Abb. 4.46).

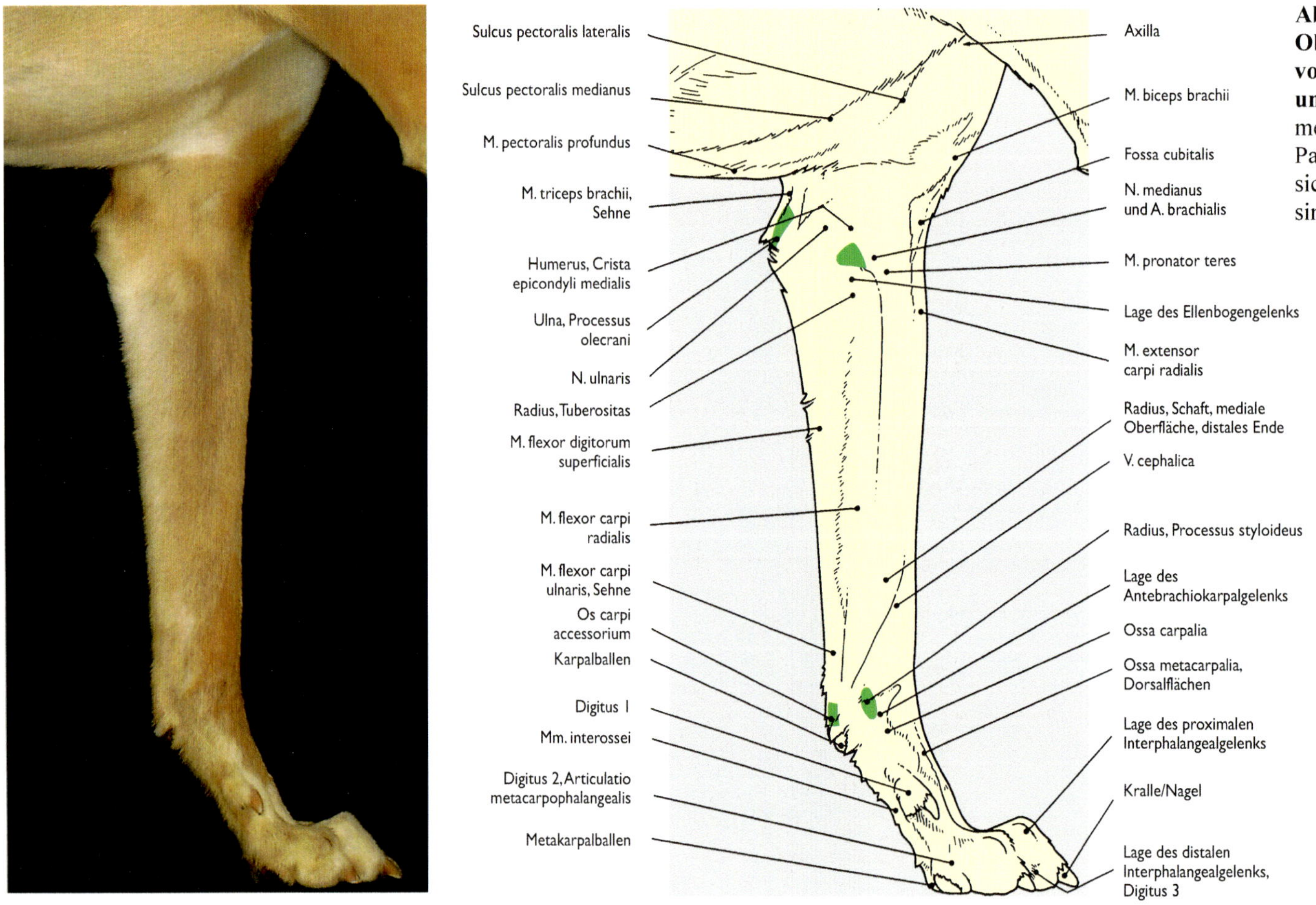

Abb. 4.48 Oberflächenmerkmale von Antebrachium und Manus: linke mediale Ansicht. Palpierbare und sichtbare Merkmale sind gekennzeichnet.

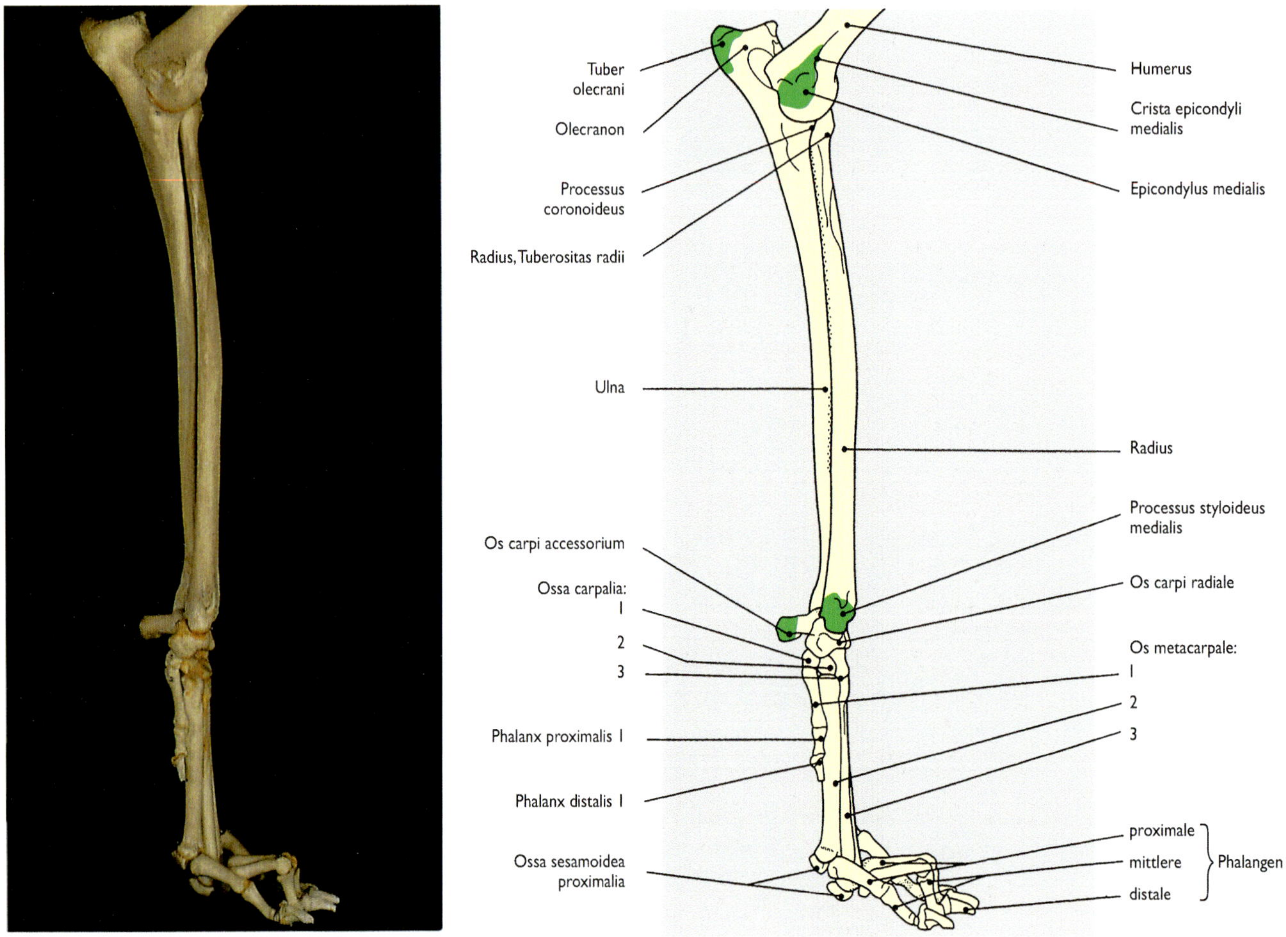

Abb. 4.49 Skelett von Antebrachium und Manus: linke mediale Ansicht. Die grün gekennzeichneten Merkmale entsprechen den in der vorangegangenen Abbildung (Abb. 4.48) dargestellten palpierbaren knöchernen Merkmalen.

Abb. 4.50 Oberflächliche Faszie von Antebrachium und Manus: linke laterale Ansicht. Die oberflächliche Faszie des Antebrachiums ist dünner und weniger beweglich als die proximalere oberflächliche Faszie. Sie enthält viele Hautgefäße und -nerven. Die tiefe Fascia antebrachii liegt eng an den Muskeln an (weniger eng über den Flexoren) und gibt zwischen den Muskeln Septen an den Radius und die Ulna ab. Medial ist die Fascia antebrachii am stärksten ausgeprägt. Am Karpus wird die Fascia antebrachii zur Fascia manus. Diese Faszie bildet eine Scheide um alle Sehnen und setzt an allen Ballen und hervorstehenden Knochen an.

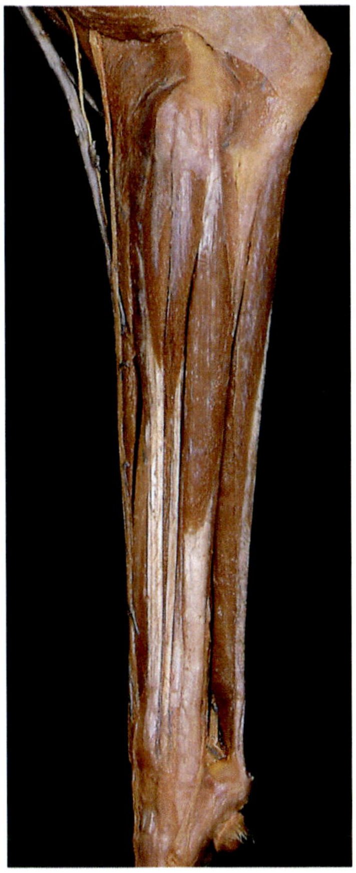

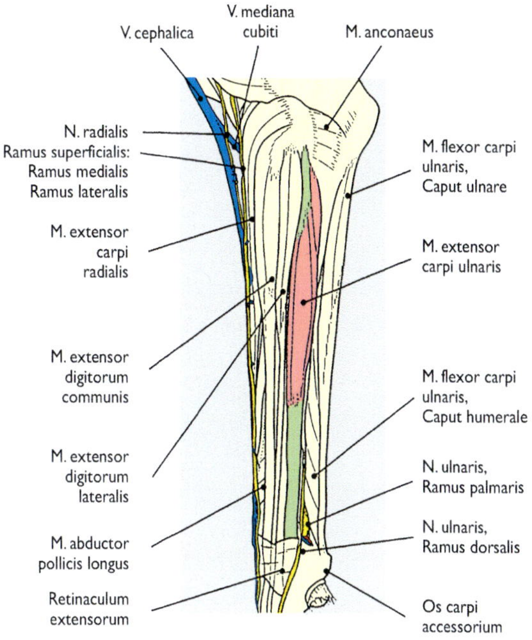

Abb. 4.51 Antebrachium: linke laterale Ansicht. Nur die Faszie wurde entfernt, wobei das Retinaculum extensorum an seinem Ort verbleibt.

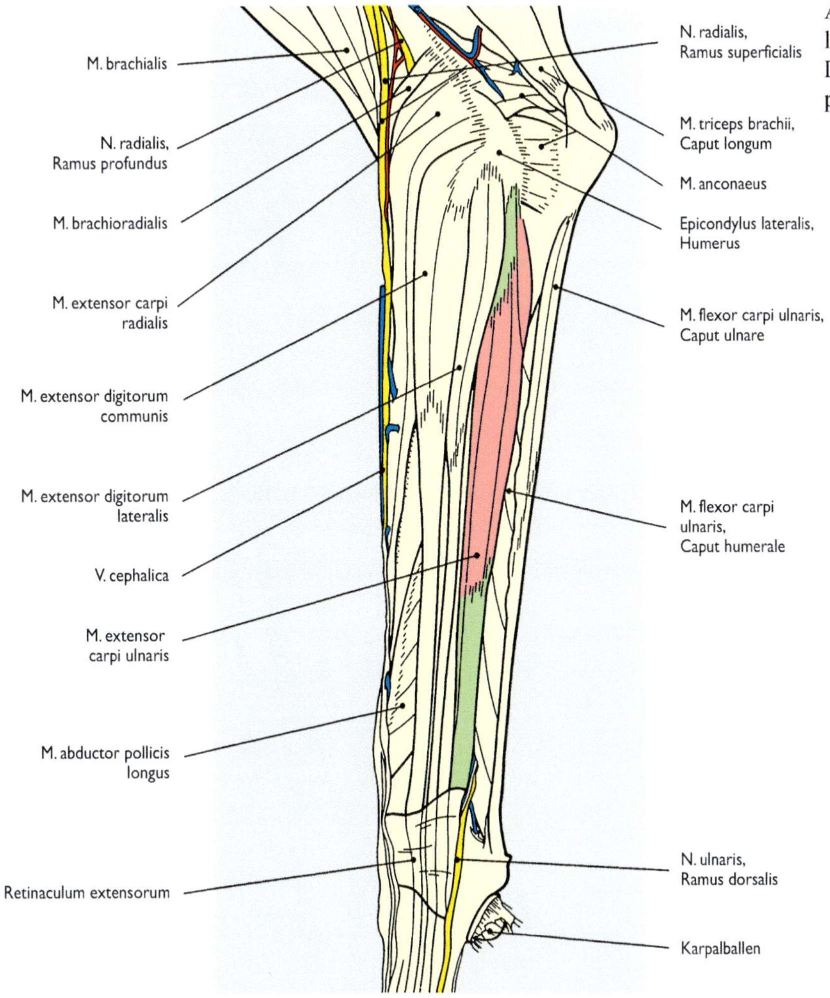

Abb. 4.52 Antebrachium: linke laterale Ansicht. Die V. cephalica wurde proximal entfernt.

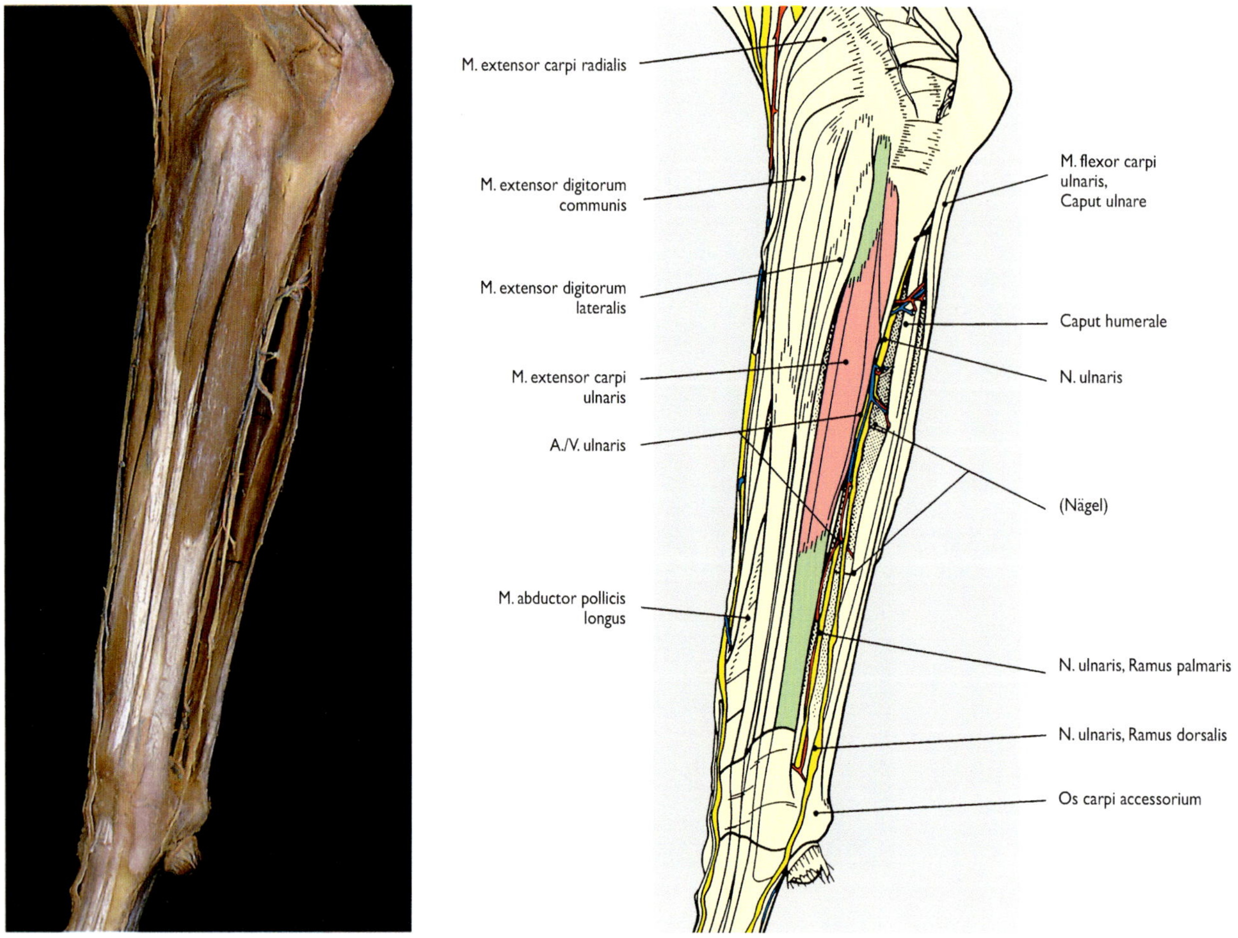

Abb. 4.53 Antebrachium mit dargestelltem N. ulnaris: linke laterale Ansicht. Der M. flexor carpi ulnaris wurde vom M. ulnaris lateralis getrennt, um den N. ulnaris freizulegen.

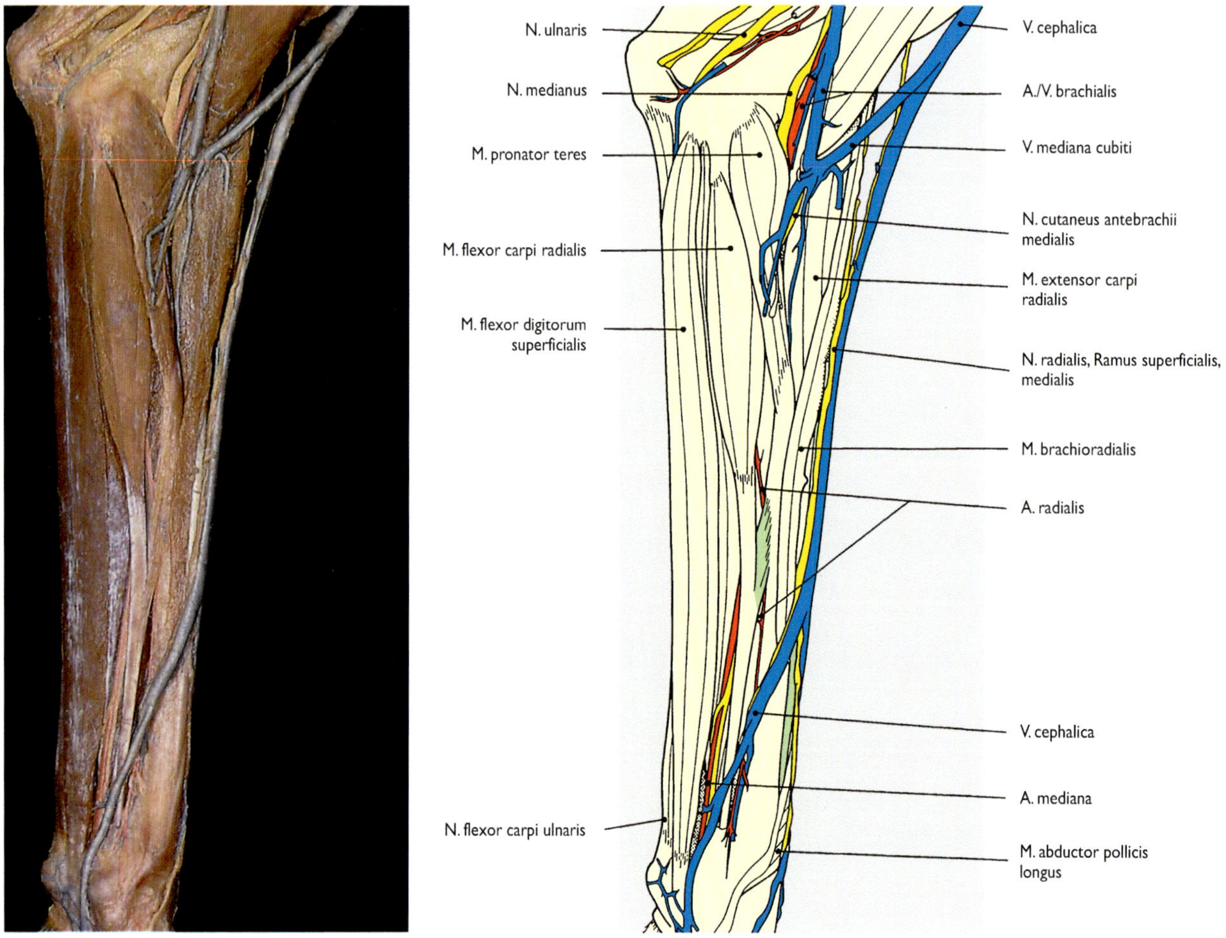

Abb. 4.54 Antebrachium: linke mediale Ansicht. Nur die Faszie wurde entfernt.

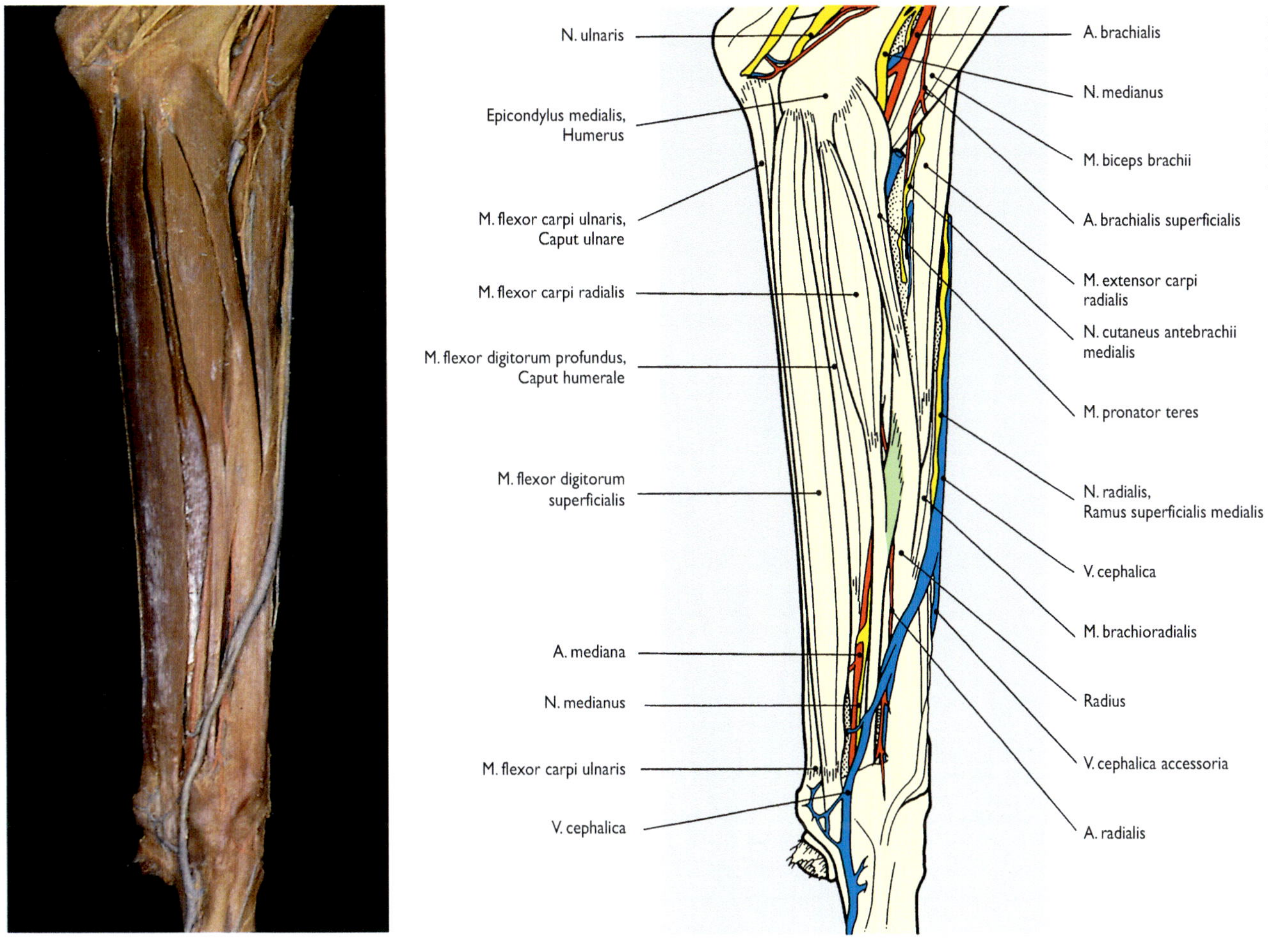

Abb. 4.55 Antebrachium nach Entfernen der oberflächlichen Venen: linke mediale Ansicht. Die proximalen Vv. cephalica, mediana und mediana cubiti wurden entfernt.

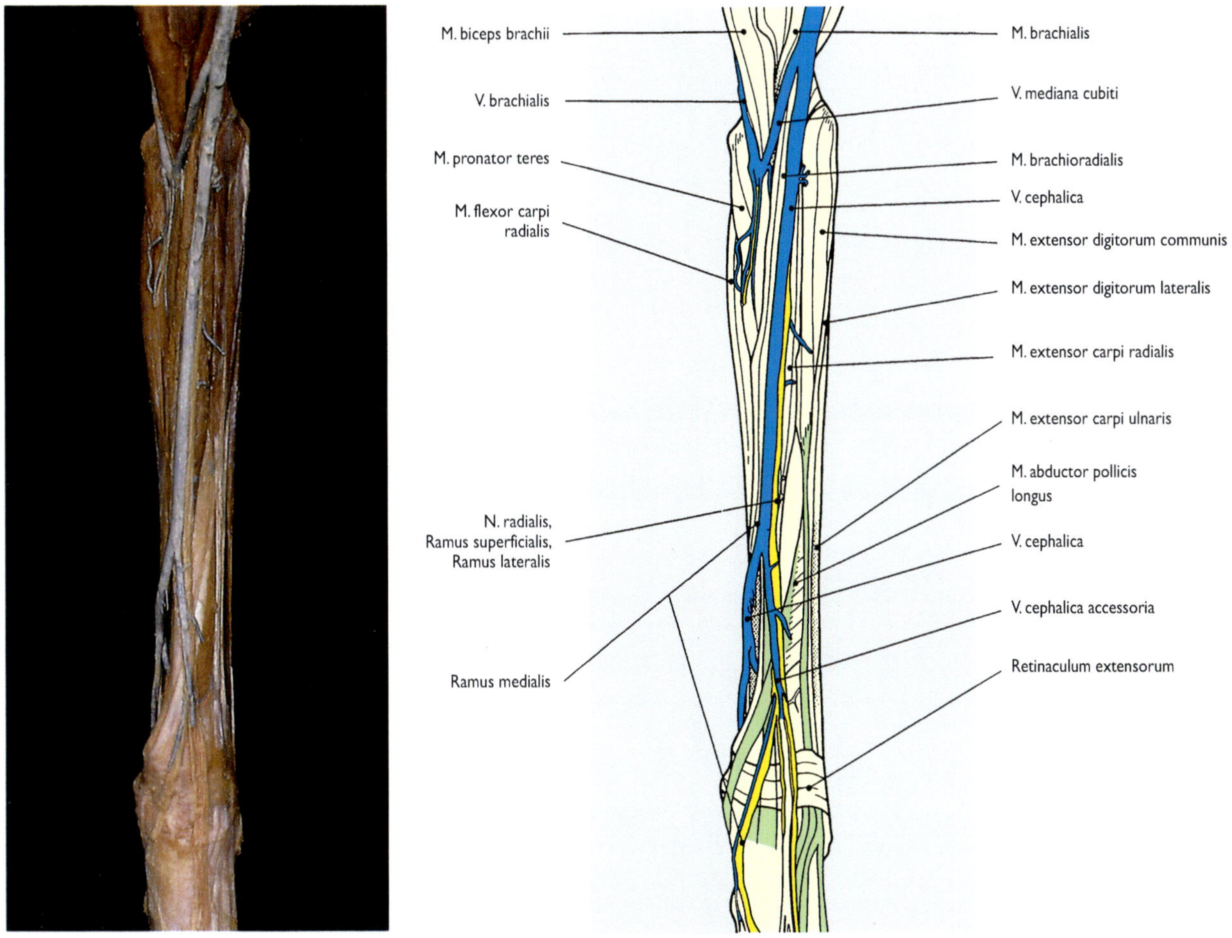

Abb. 4.56 Linkes Antebrachium: kraniale Ansicht. Nur die Faszie wurde entfernt.

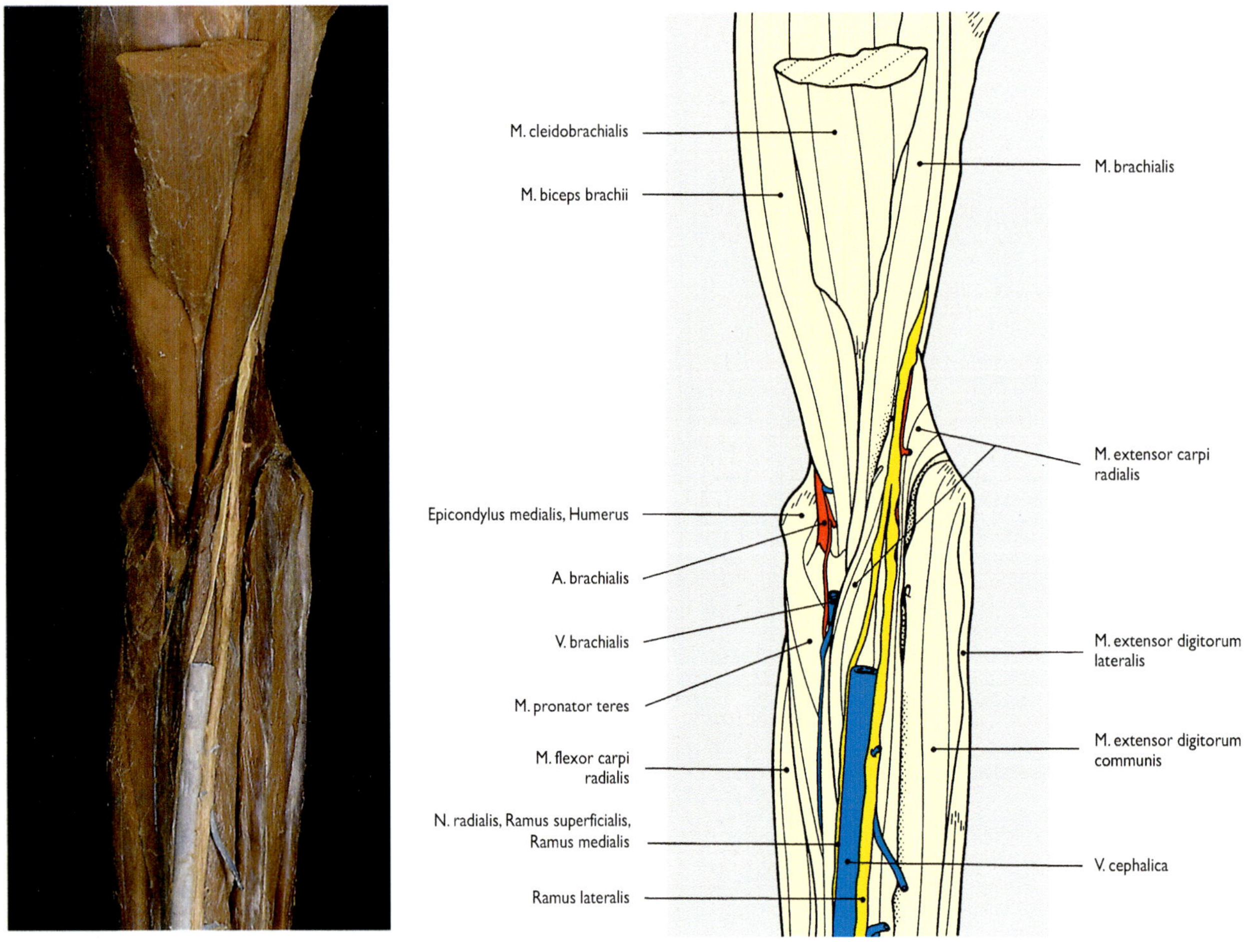

Abb. 4.57 Linker Ellenbogen nach Entfernung von Venen: kraniale Ansicht. Der Verlauf der lateralen und medialen Äste des N. radialis superficialis ist deutlich sichtbar.

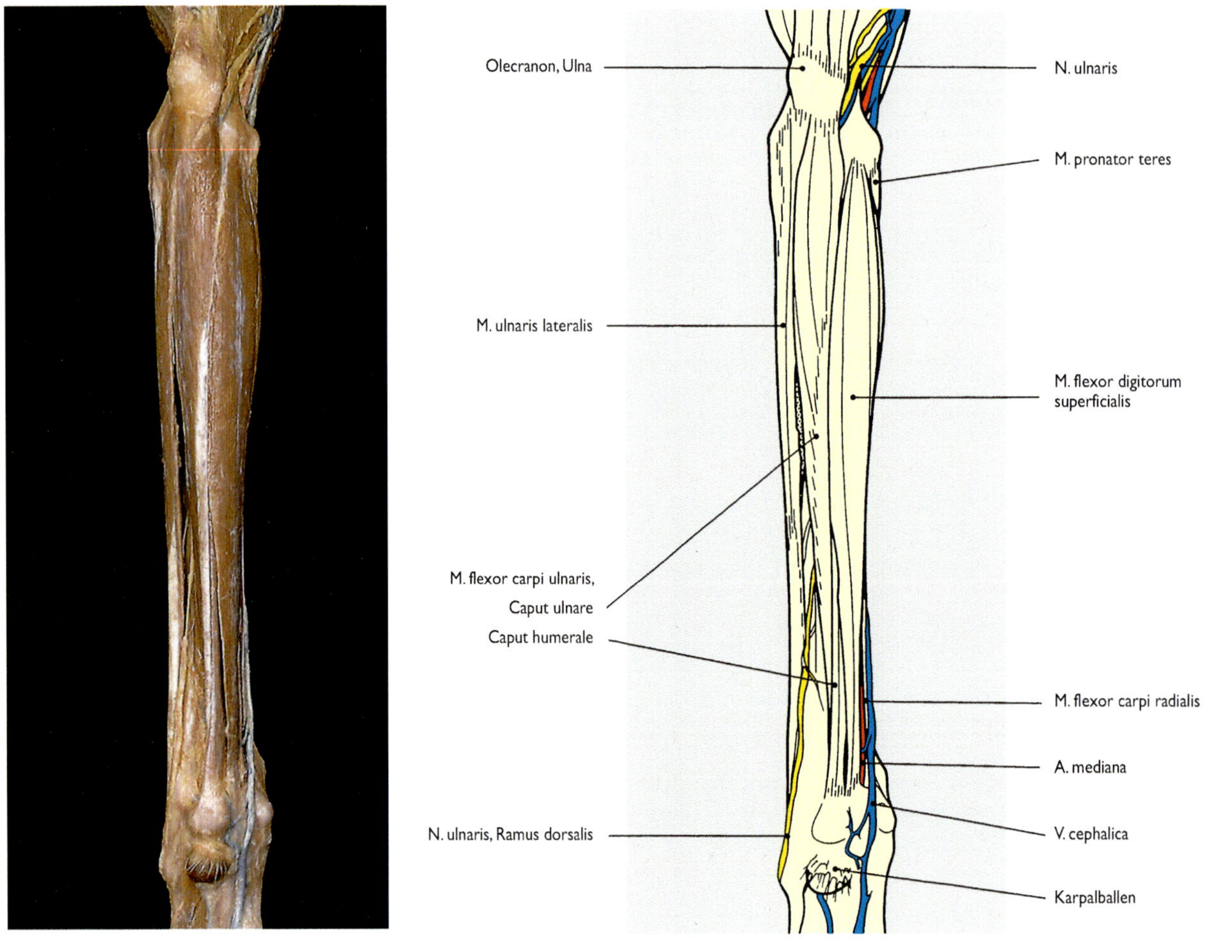

Abb. 4.58 Linkes Antebrachium: kaudale Ansicht. Nur die Faszie wurde entfernt.

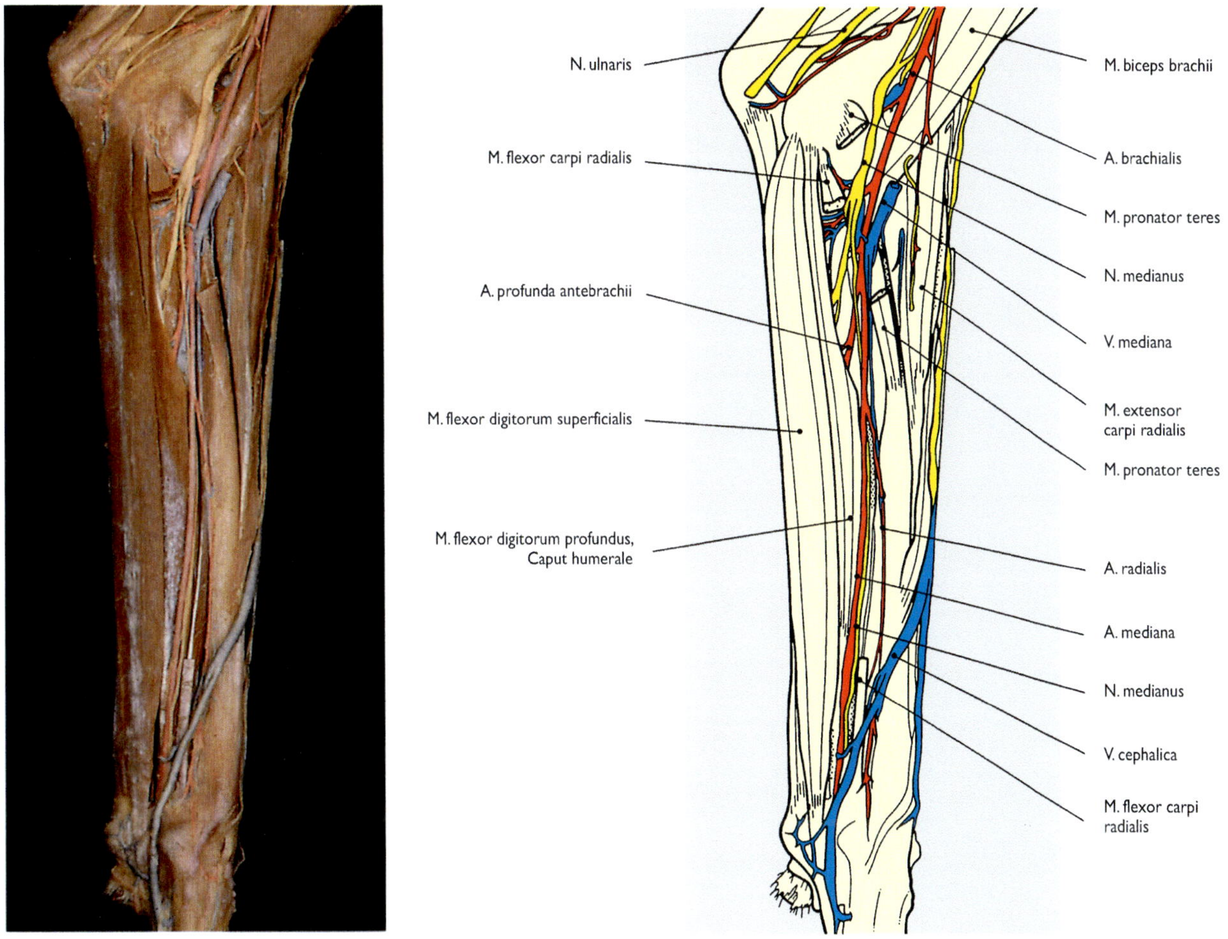

Abb. 4.59 Antebrachium nach Entfernung der Mm. pronator teres und flexor carpi radialis: linke mediale Ansichten. Der Verlauf der A. und V. mediana wie auch des N. medianus in der Tiefe unterhalb des M. pronator teres ist erkennbar.

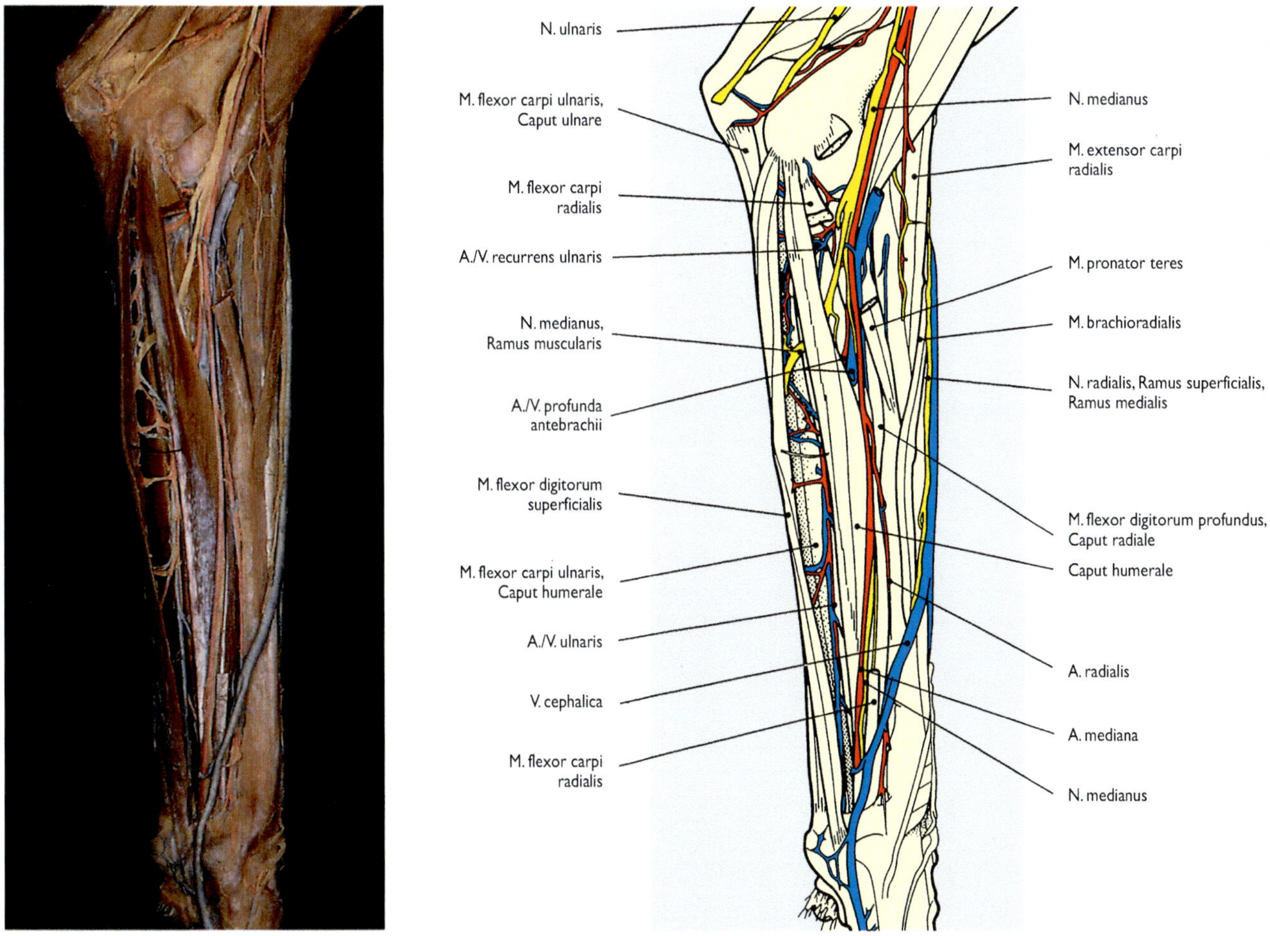

Abb. 4.60 Antebrachium mit dargestellten Ulnagefäßen: linke mediale Ansicht. Die Mm. flexores digitorum superficialis und profundus wurden voneinander getrennt, um die Gefäße der Ulna freizulegen (die mit den tiefen Antebrachialgefäßen anastomosieren).

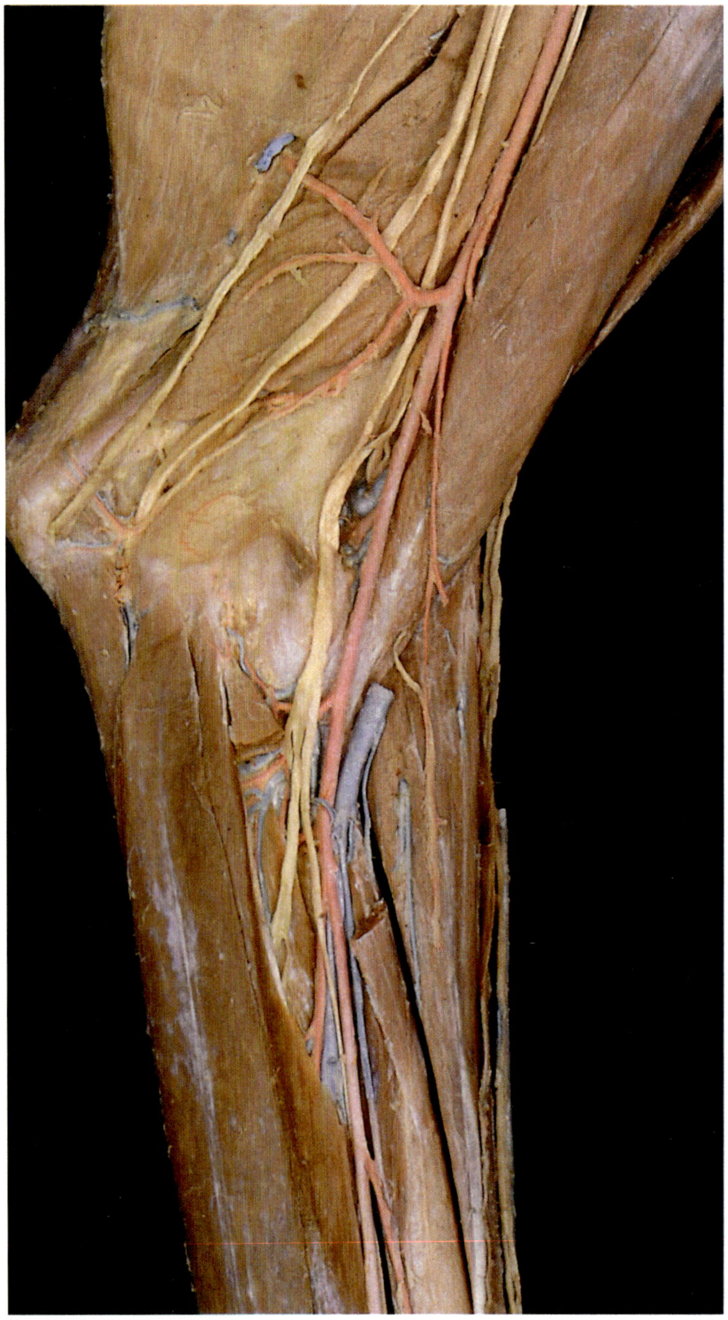

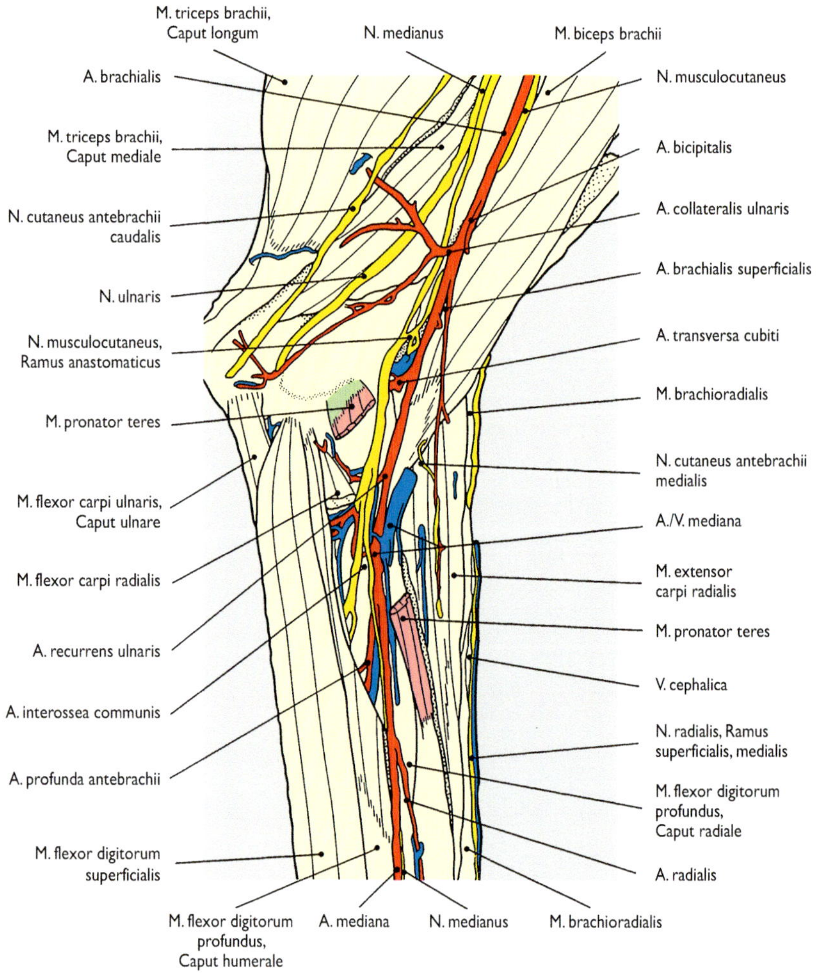

Abb. 4.61 Ellenbogen nach Entfernung der Mm. pronator teres und flexor carpi radialis: linke mediale Ansicht. Dies ist eine detailliertere Ansicht eines Teils der Präparation, die in der vorangegangenen Abbildung gezeigt wurde (Abb. 4.60). Die Verbindung zwischen den Nn. musculocutaneus und medianus unmittelbar über dem Ellenbogen, wie auch alle wesentlichen Äste der Aa. brachialis und mediana in diesem Abschnitt sind zu sehen. Der Großteil der Vv. mediana und cephalica wurde entfernt.

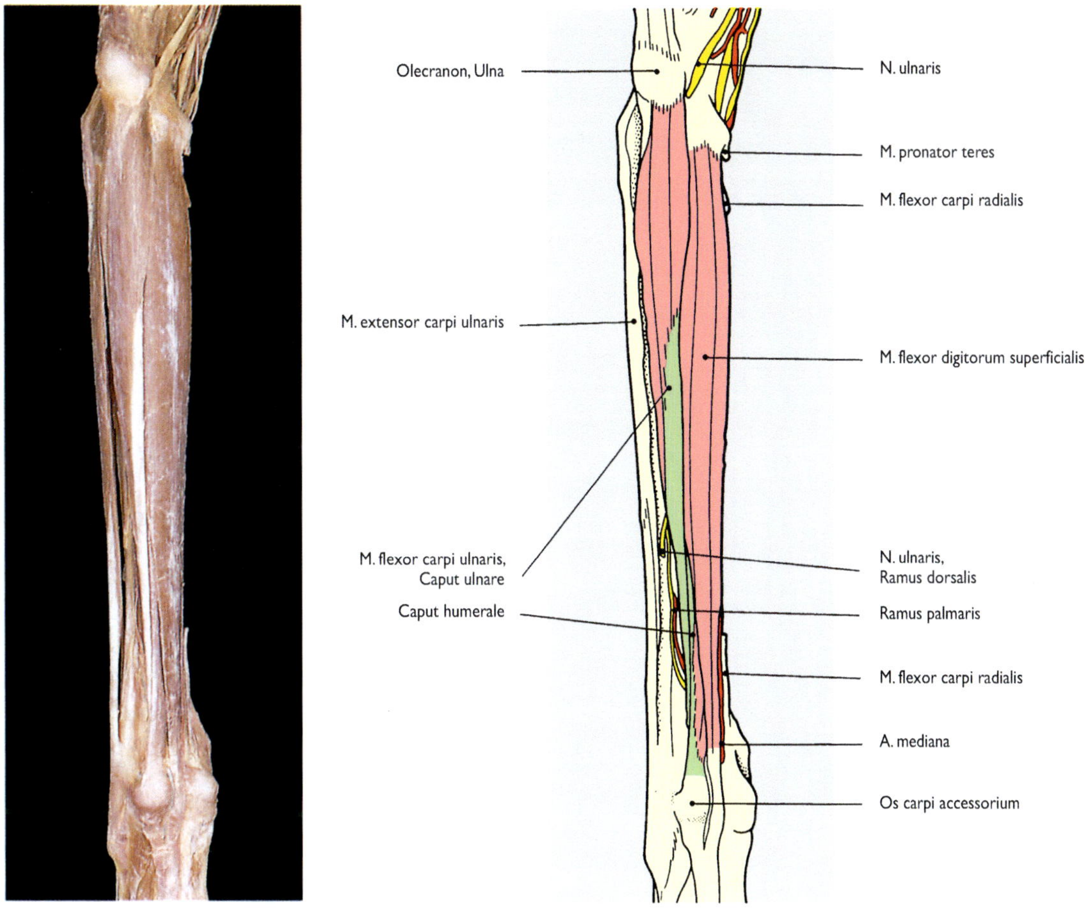

Abb. 4.62 Linkes Antebrachium nach Entfernung der V. cephalica: kaudale Ansicht. Die Mm. pronator teres und flexor carpi radialis wie auch der Karpalballen und der dorsale Ast des N. ulnaris wurden ebenfalls entfernt.

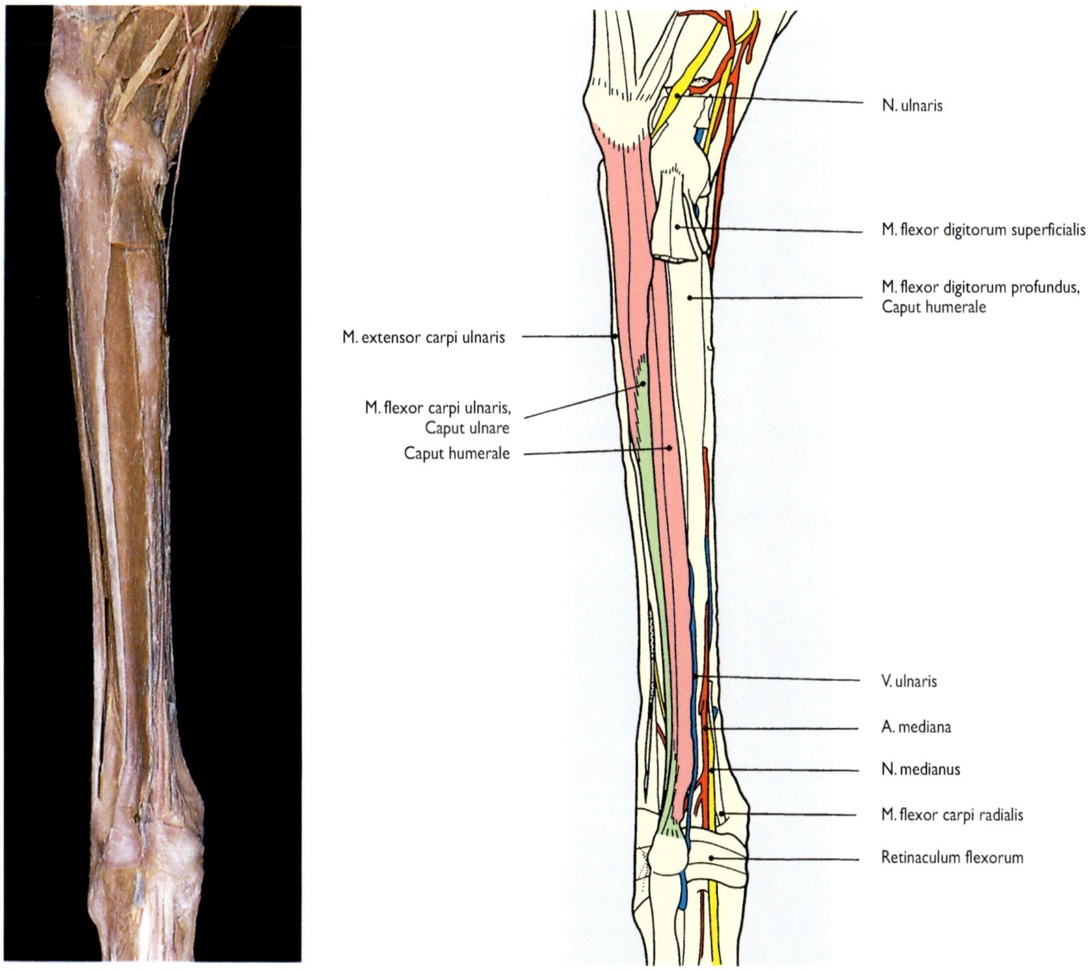

Abb. 4.63 Linkes Antebrachium nach Entfernung des M. flexor digitorum superficialis: kaudale Ansicht. Beachten Sie, dass das Retinaculum flexorum in der Tiefe des M. flexor digitorum superficialis liegt.

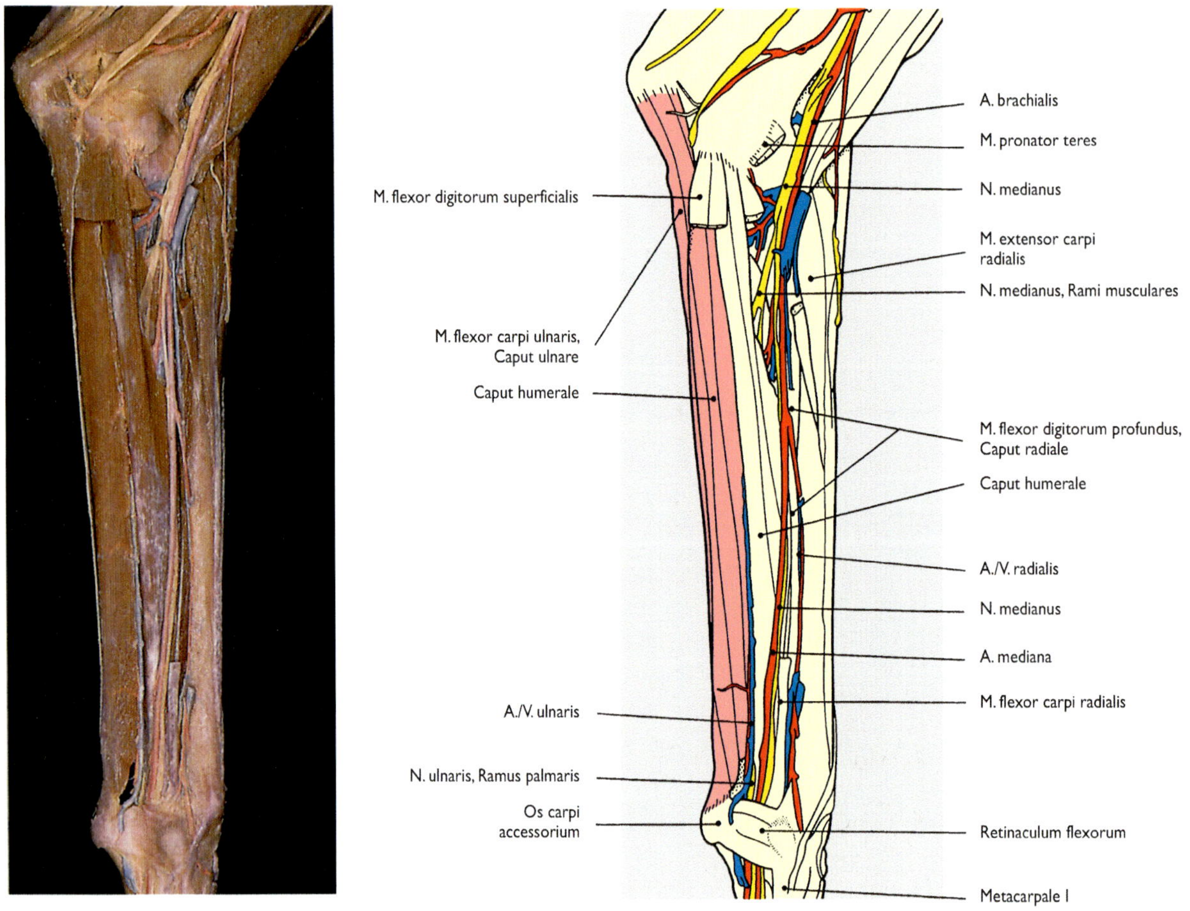

Abb. 4.64 Antebrachium nach Entfernung des M. flexor digitorum superficialis: linke mediale Ansicht.

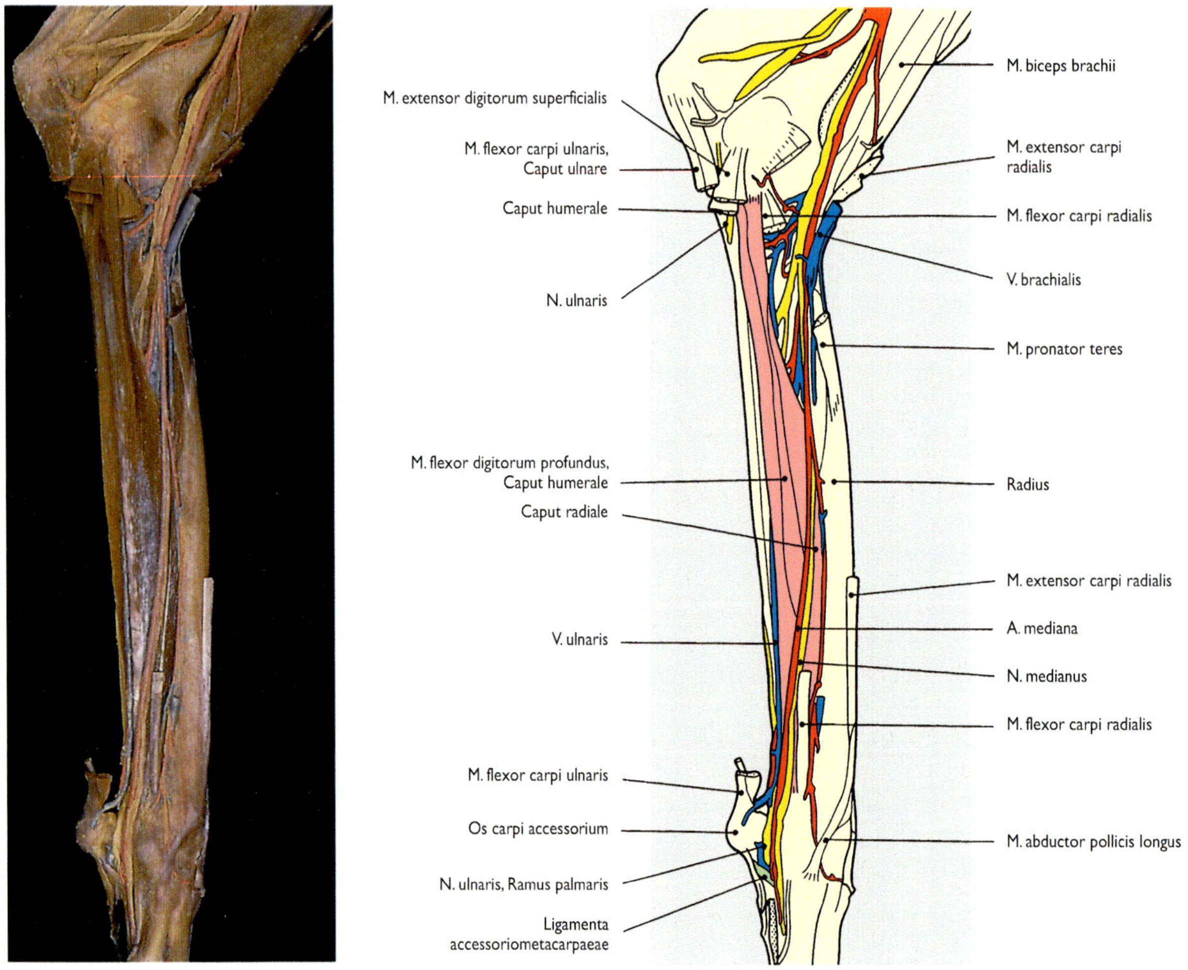

Abb. 4.65 Antebrachium nach Entfernung des M. flexor carpi ulnae: linke mediale Ansicht. Das Retinaculum flexorum wie auch der M. extensor carpi radialis wurden ebenfalls entfernt.

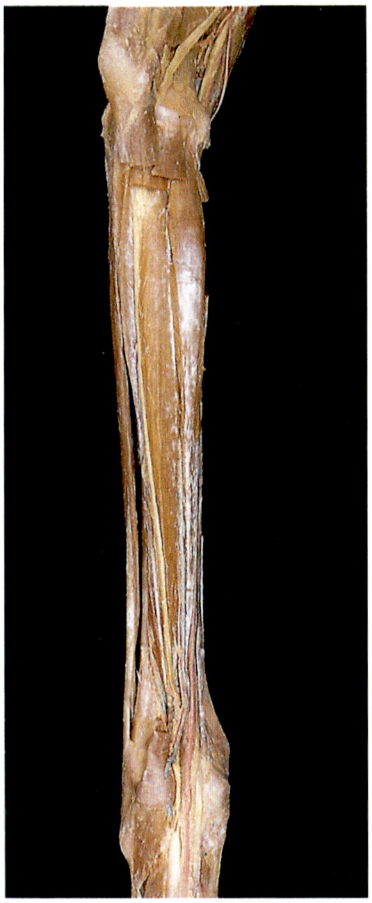

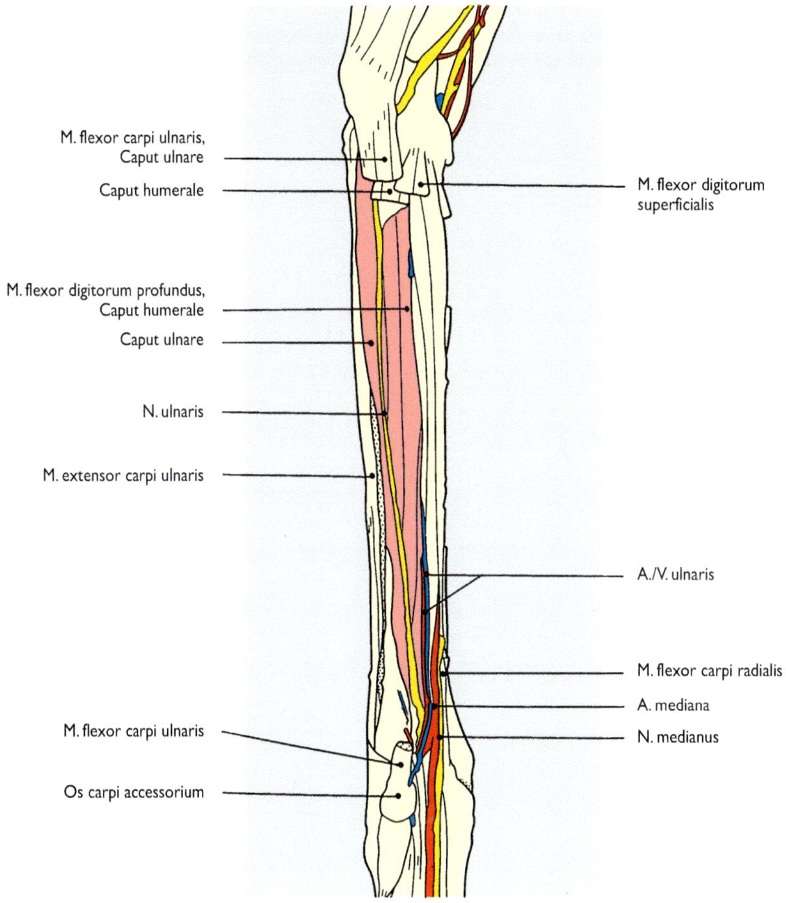

Abb. 4.66 Linkes Antebrachium nach Entfernung des M. flexor carpi ulnaris: kaudale Ansicht. Die Entfernung des Retinaculum flexorum legt die A. mediana sowie den N. medianus und den N. ulnaris bei ihrer Passage durch den Canalis carpi frei.

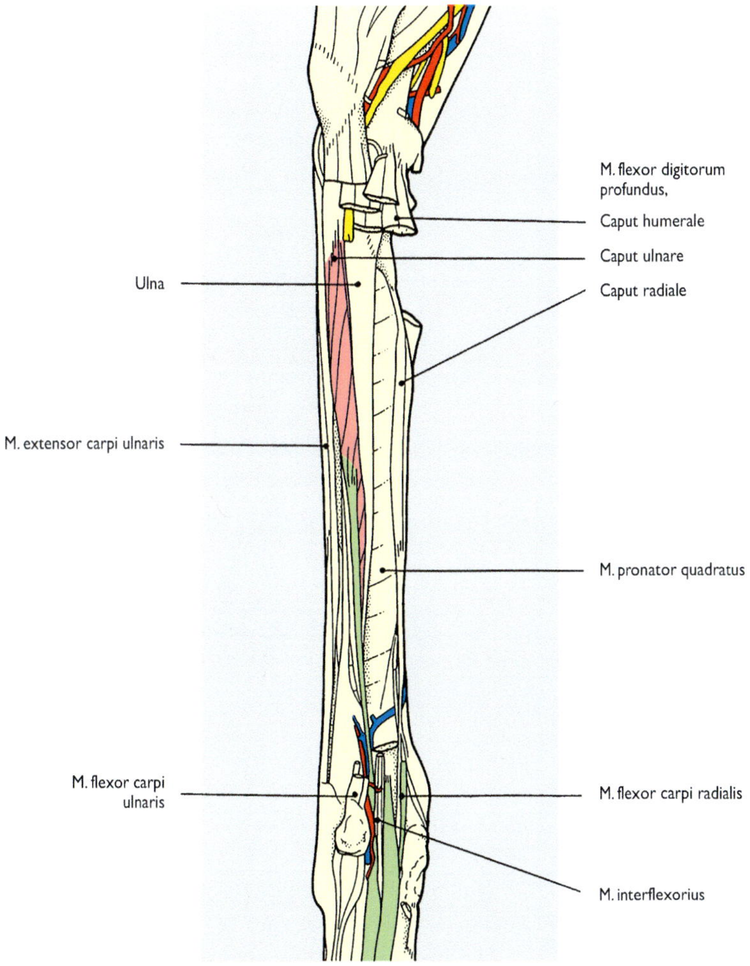

Abb. 4.67 Linkes Antebrachium nach Entfernung des Caput humerale des M. flexor digitorum profundus: kaudale Ansicht. Die Capita radiale und ulnare des M. flexor digitorum profundus wie auch der M. pronator quadratus zwischen Radius und Ulna sind deutlich erkennbar.

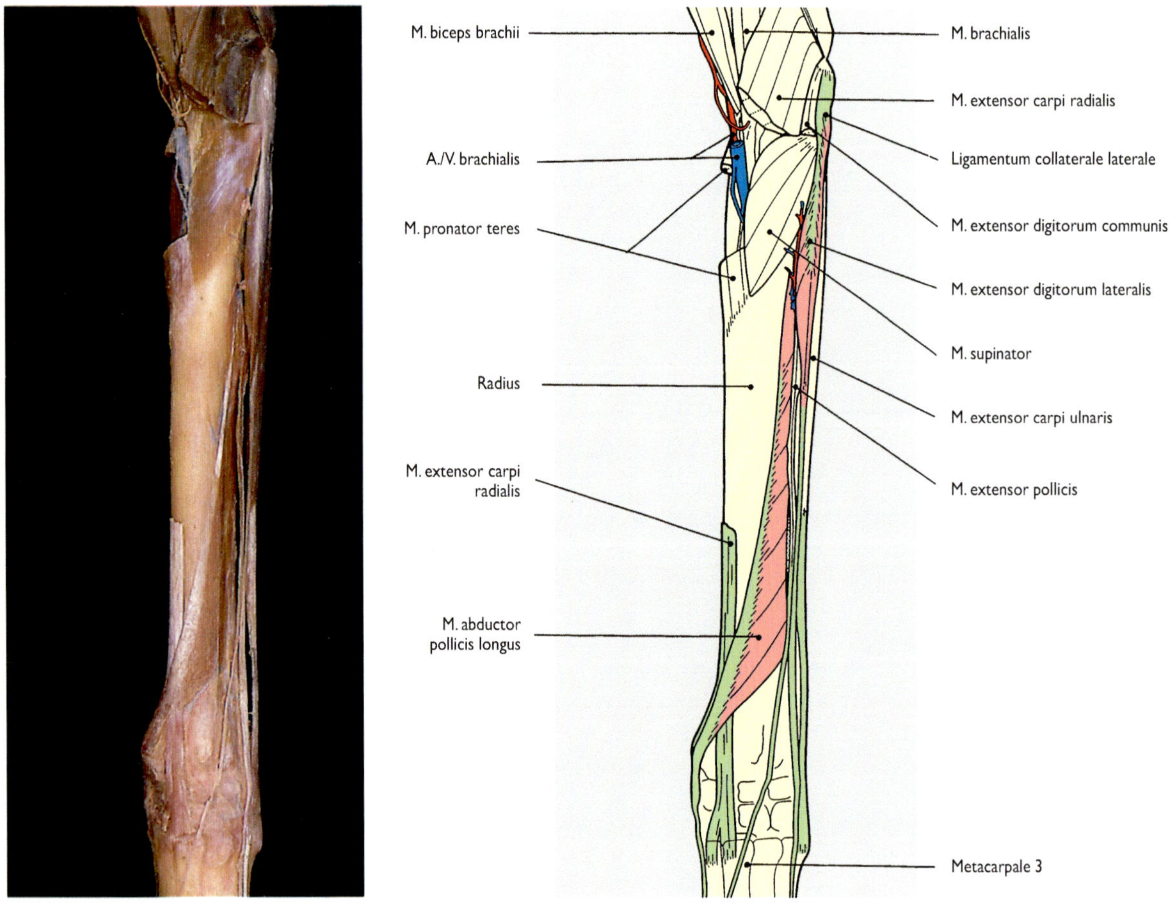

Abb. 4.68 Linkes Antebrachium nach Entfernung des M. extensor carpi radialis: kraniale Ansicht.

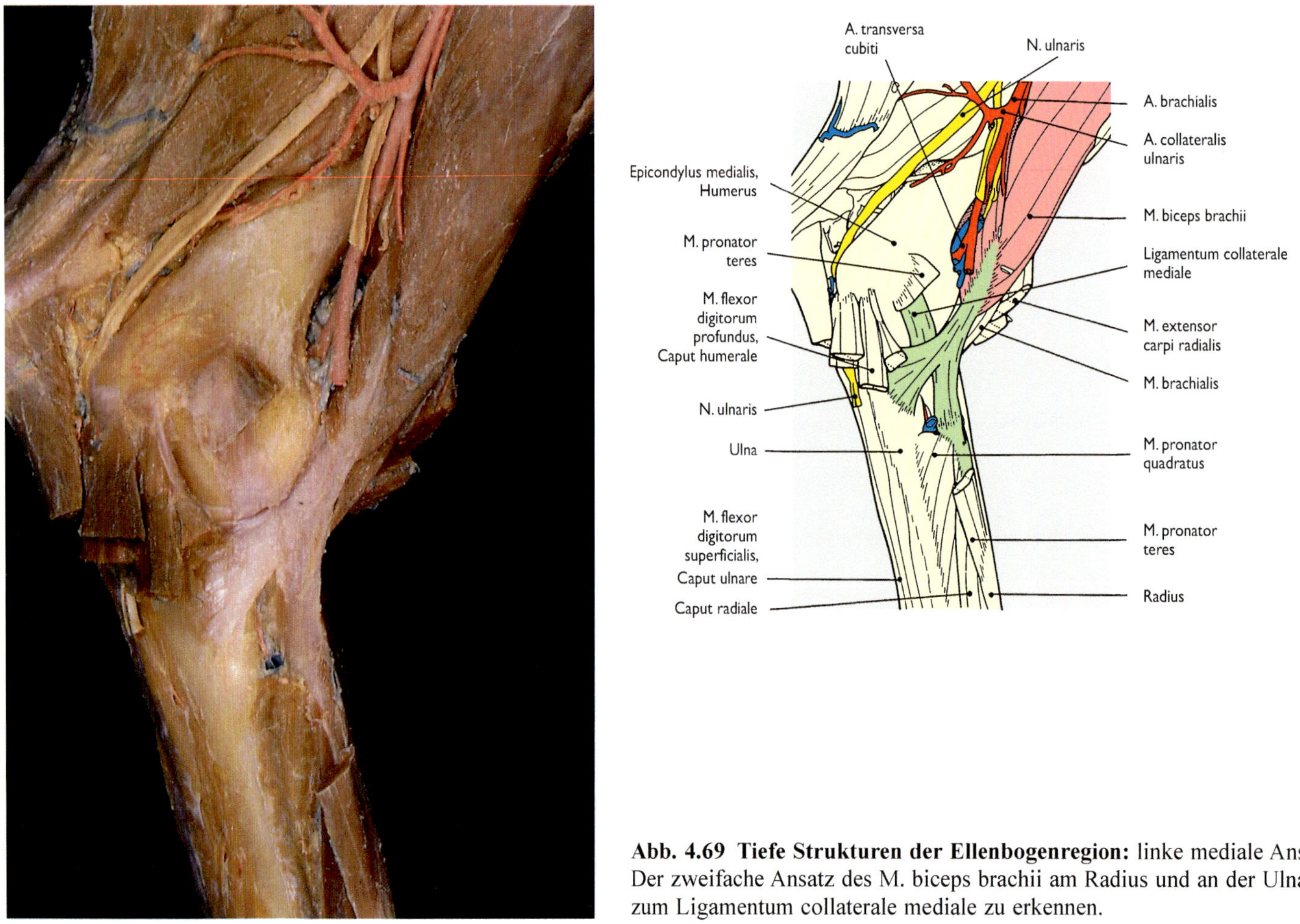

Abb. 4.69 Tiefe Strukturen der Ellenbogenregion: linke mediale Ansicht.
Der zweifache Ansatz des M. biceps brachii am Radius und an der Ulna ist zusätzlich zum Ligamentum collaterale mediale zu erkennen.

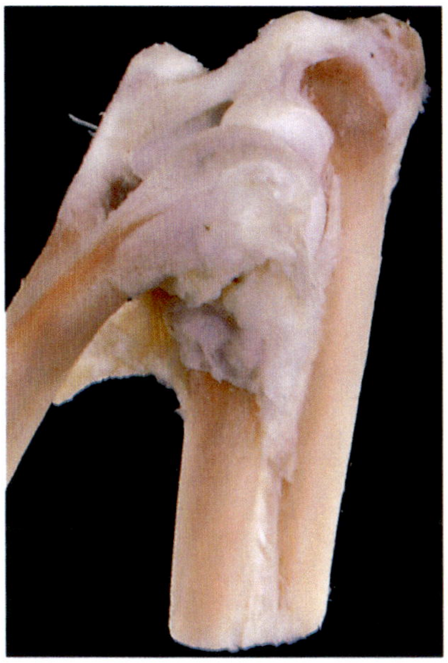

Abb. 4.70 Linkes Ellenbogengelenk: laterale Ansicht. Das Ligamentum olecrani wirkt einer Überbeugung entgegen.

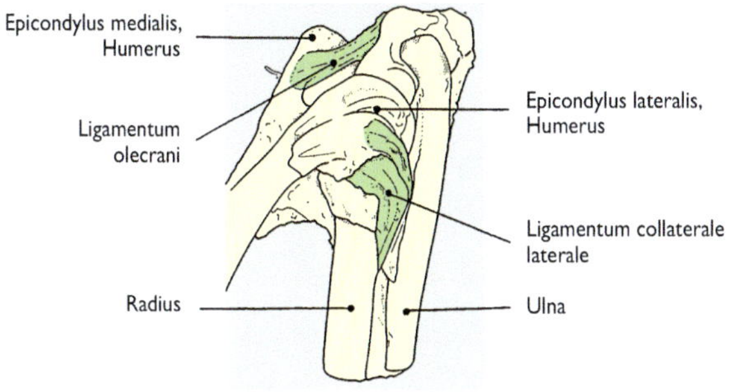

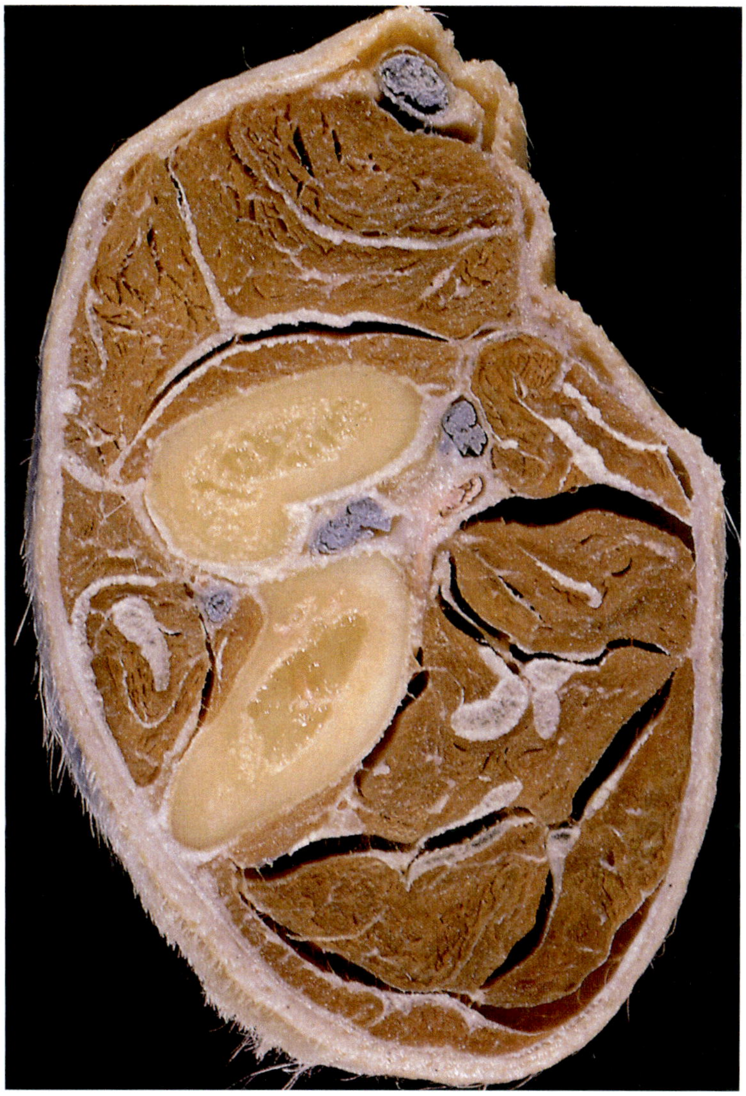

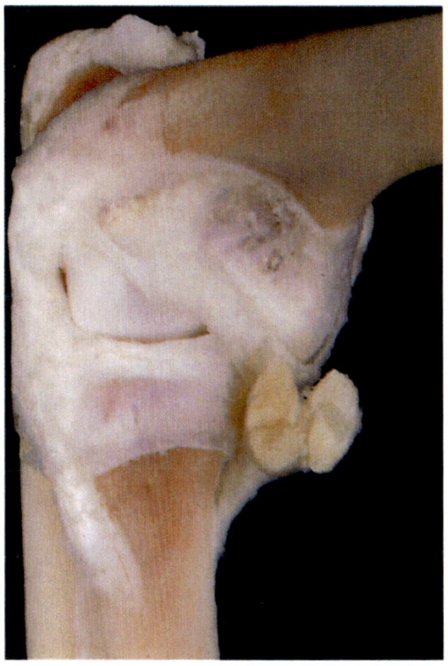

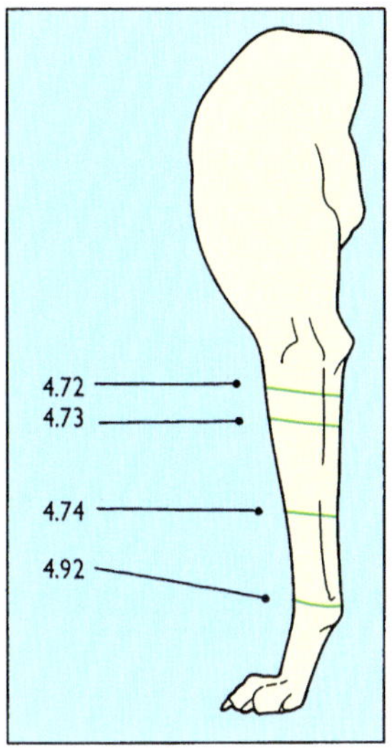

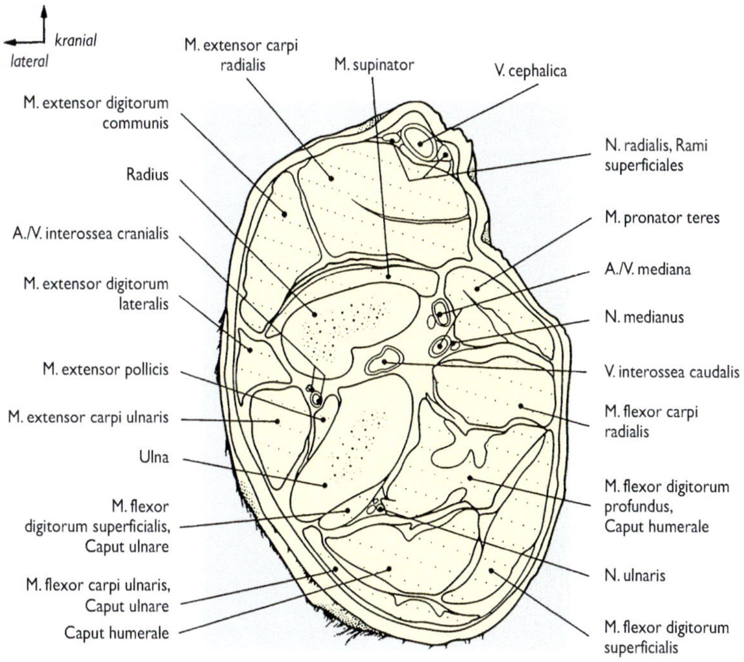

Abb. 4.72-4.74 Transversalschnitte durch das linke Antebrachium auf den in der dazugehörigen Zeichnung markierten Ebenen: Ansicht der proximalen Oberfläche der Schnitte.

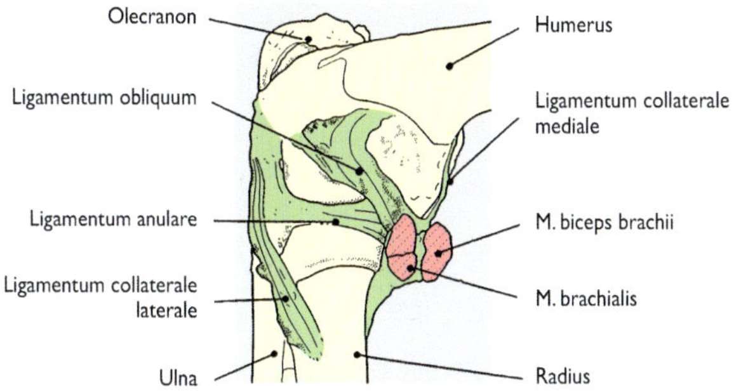

Abb. 4.71 Rechtes Ellenbogengelenk: kraniale Ansicht. Das Ligamentum anulare umschließt das Caput radii und das Ligamentum obliquum wirkt einer Überstreckung entgegen.

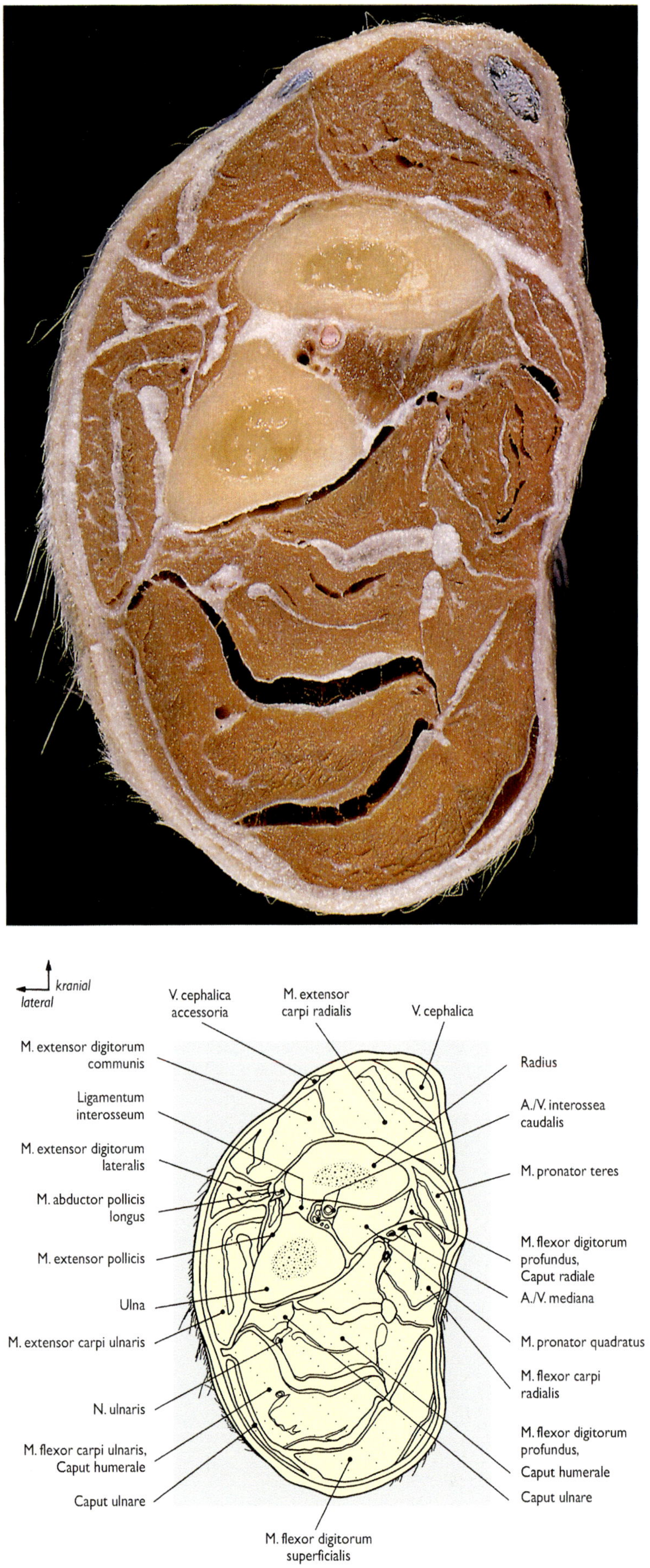

Abb. 4.73

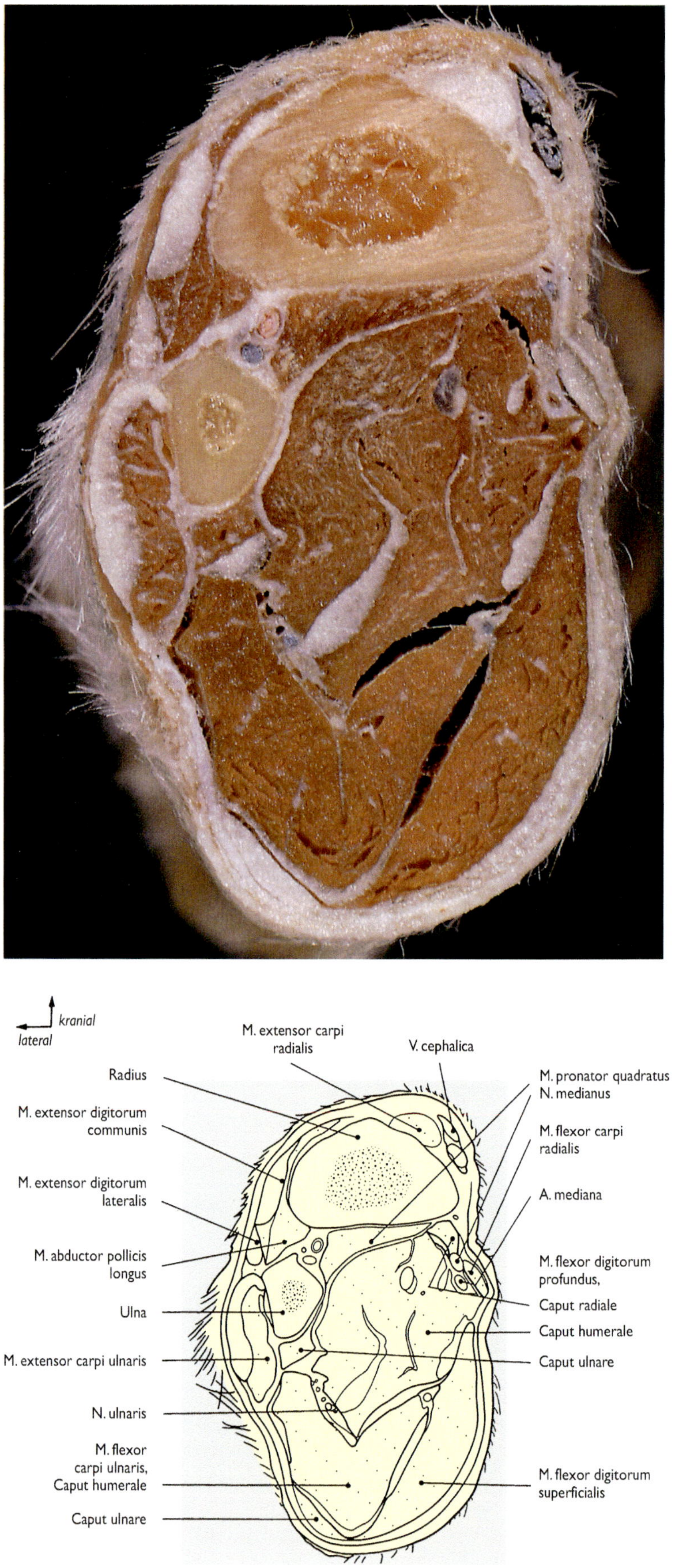

Abb. 4.74

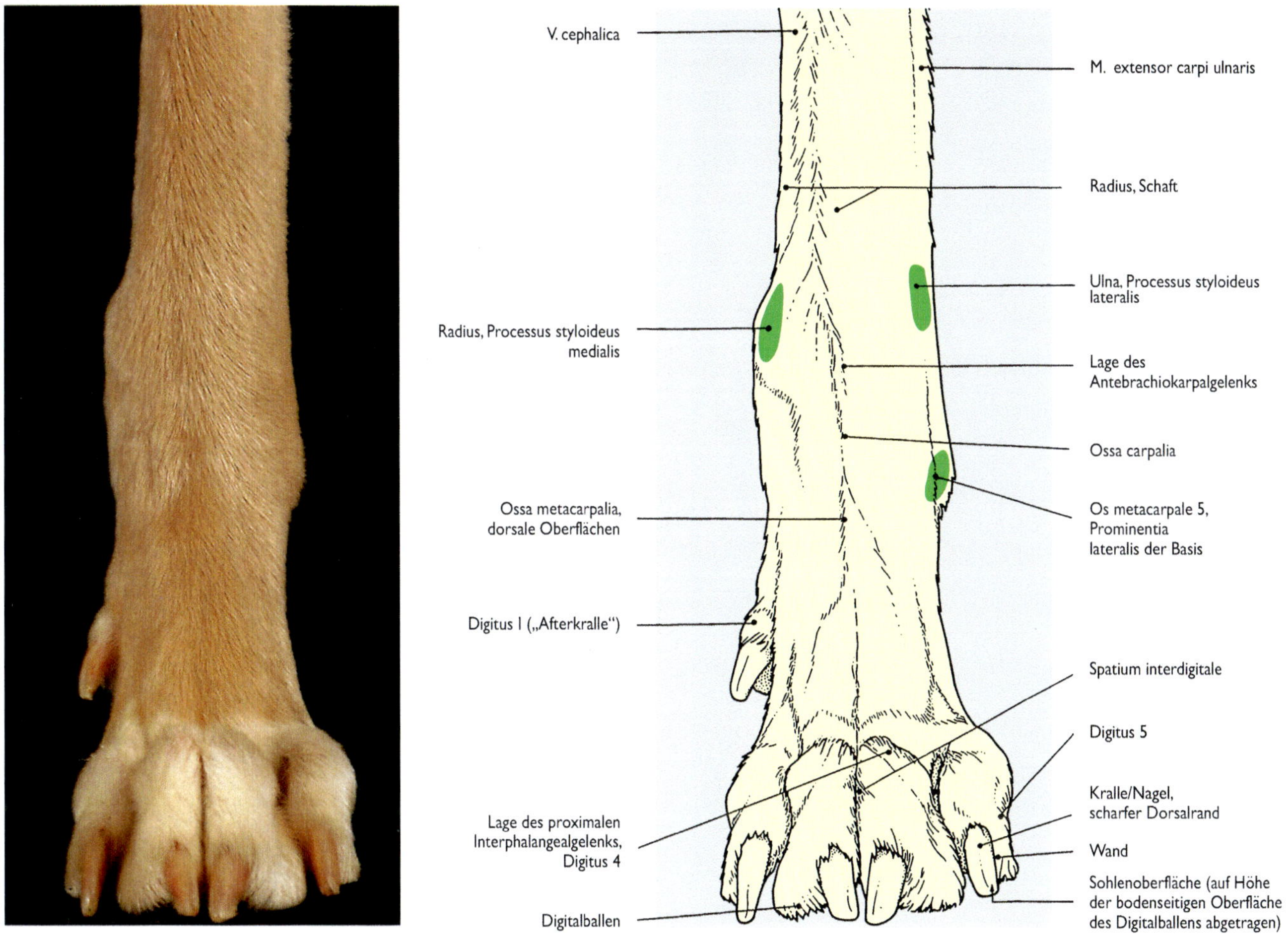

Abb. 4.75 Oberflächenmerkmale von linkem Karpus und Manus: dorsale Ansicht. Palpierbare und sichtbare Merkmale sind bezeichnet.

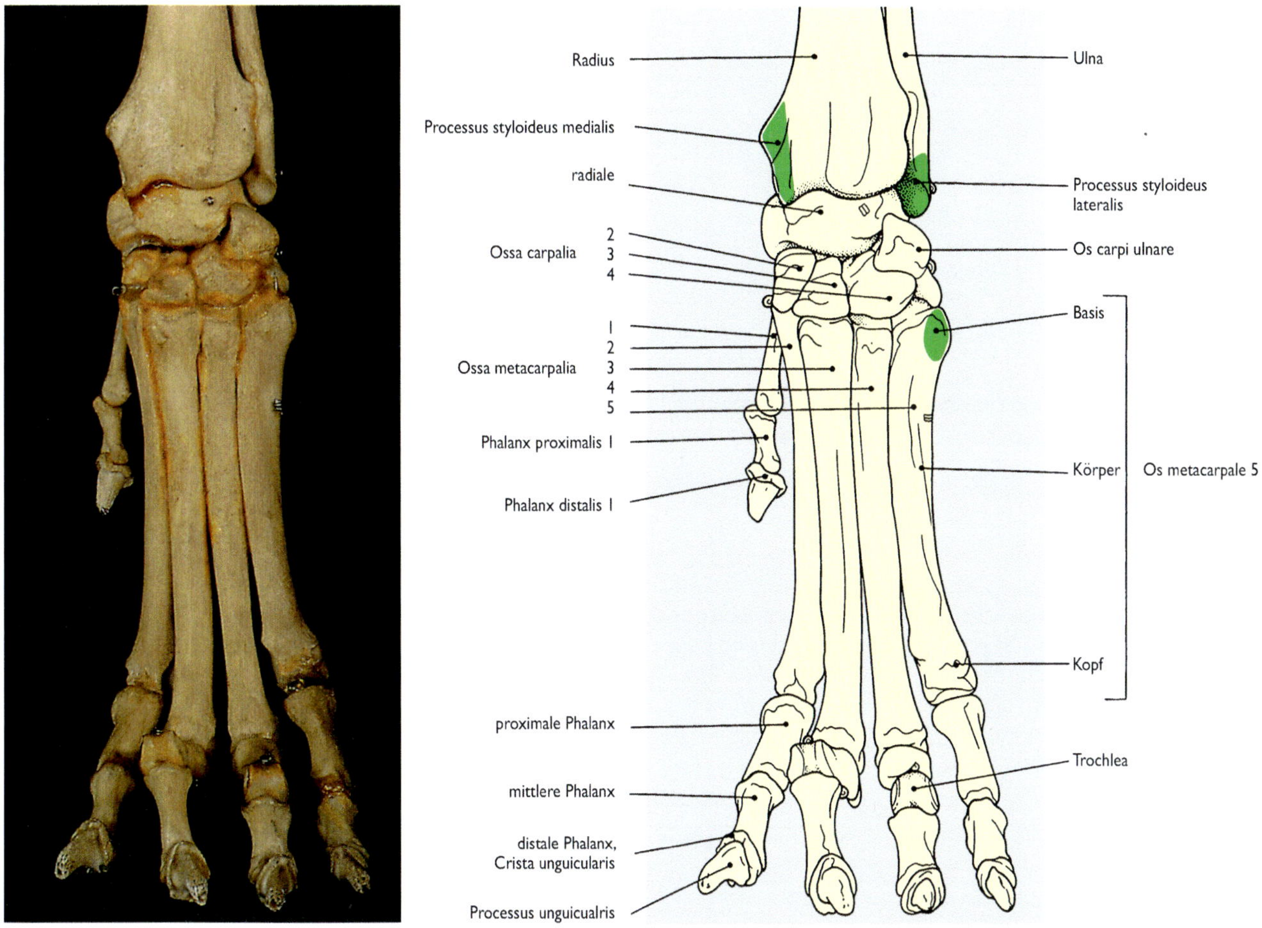

Abb. 4.76 Skelett von linkem Karpus und Manus: dorsale Ansicht. Die grün markierten Merkmale entsprechen den in der vorangegangenen Abbildung (Abb. 4.75) dargestellten palpierbaren knöchernen Merkmalen.

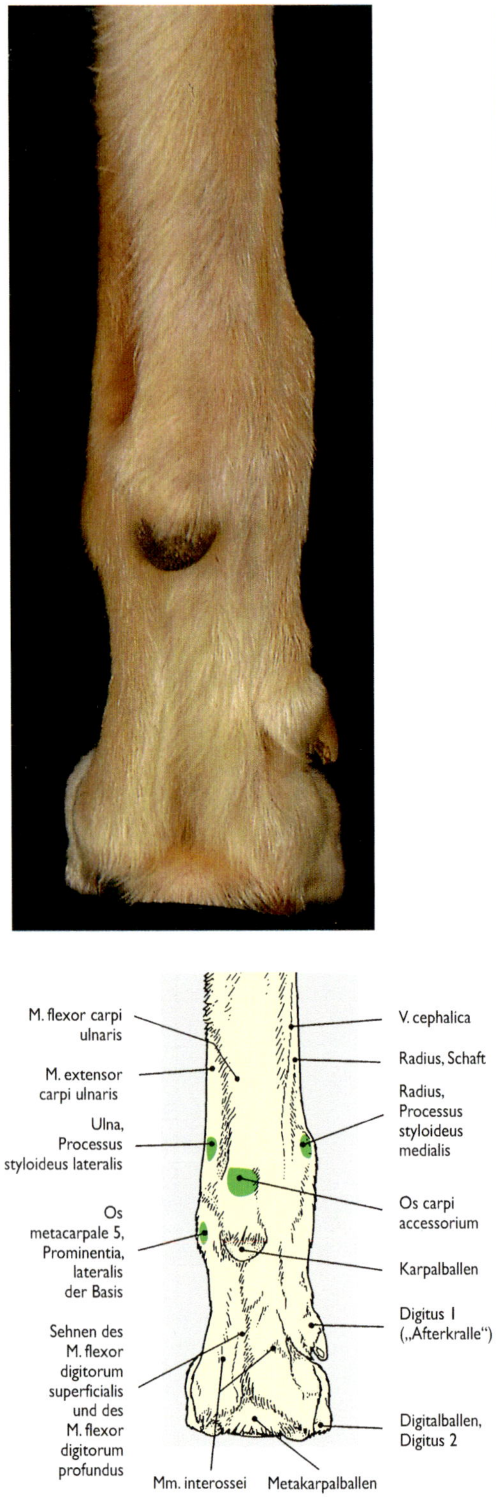

Abb. 4.77 Oberflächenmerkmale von linkem Karpus und Manus: palmare Ansicht. Palpierbare und sichtbare Merkmale sind bezeichnet.

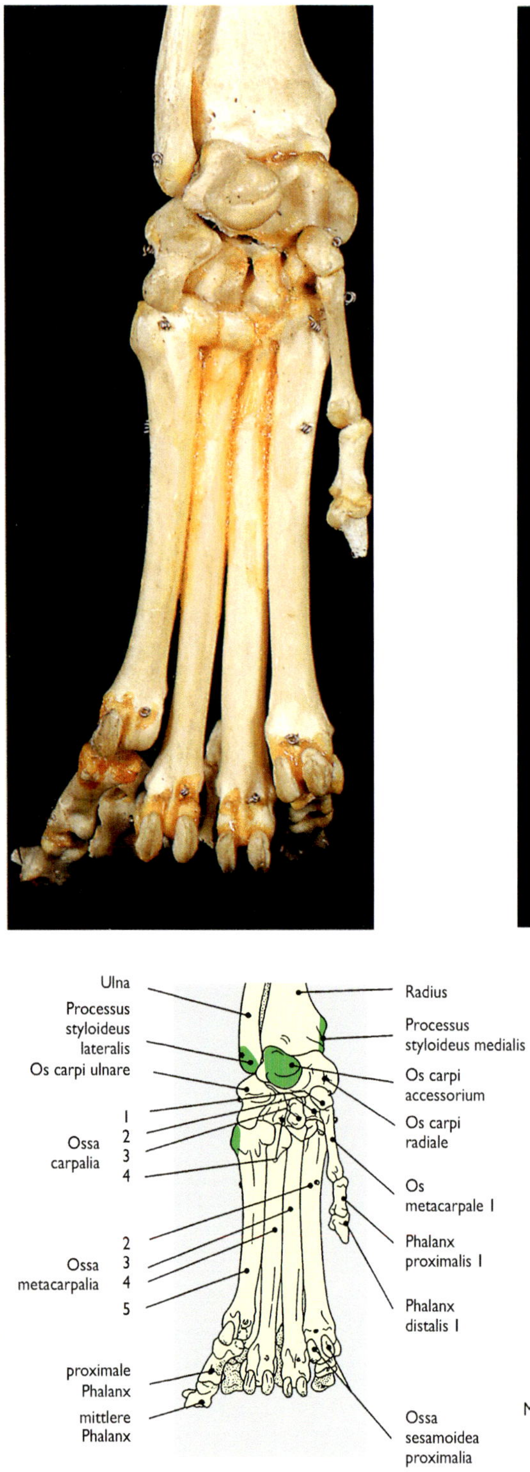

Abb. 4.78 Skelett von linkem Karpus und Manus: palmare Ansicht. Die grün markierten Merkmale entsprechen den in der vorangegangenen Abbildung (Abb. 4.77) dargestellten palpierbaren knöchernen Merkmalen.

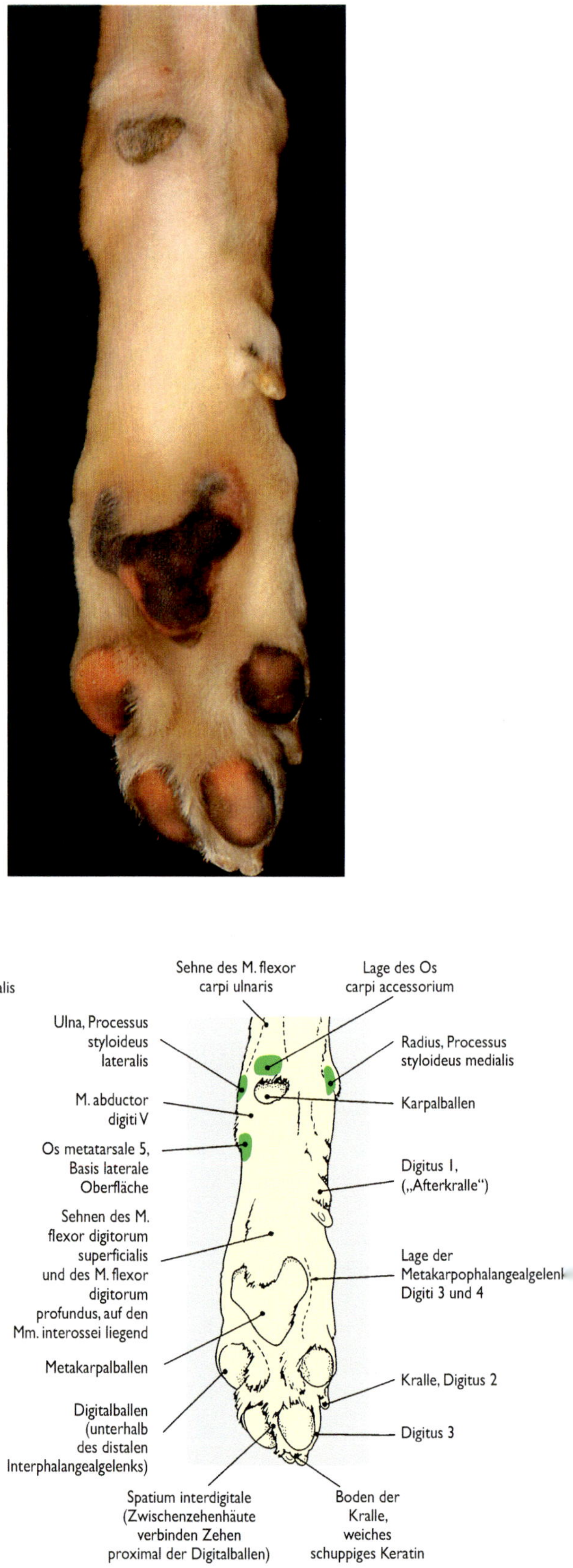

Abb. 4.79 Oberflächenmerkmale von linkem Karpus und Manus (Manus vom Boden abgehoben): palmare Ansicht. Palpierbare und sichtbare Merkmale sind bezeichnet.

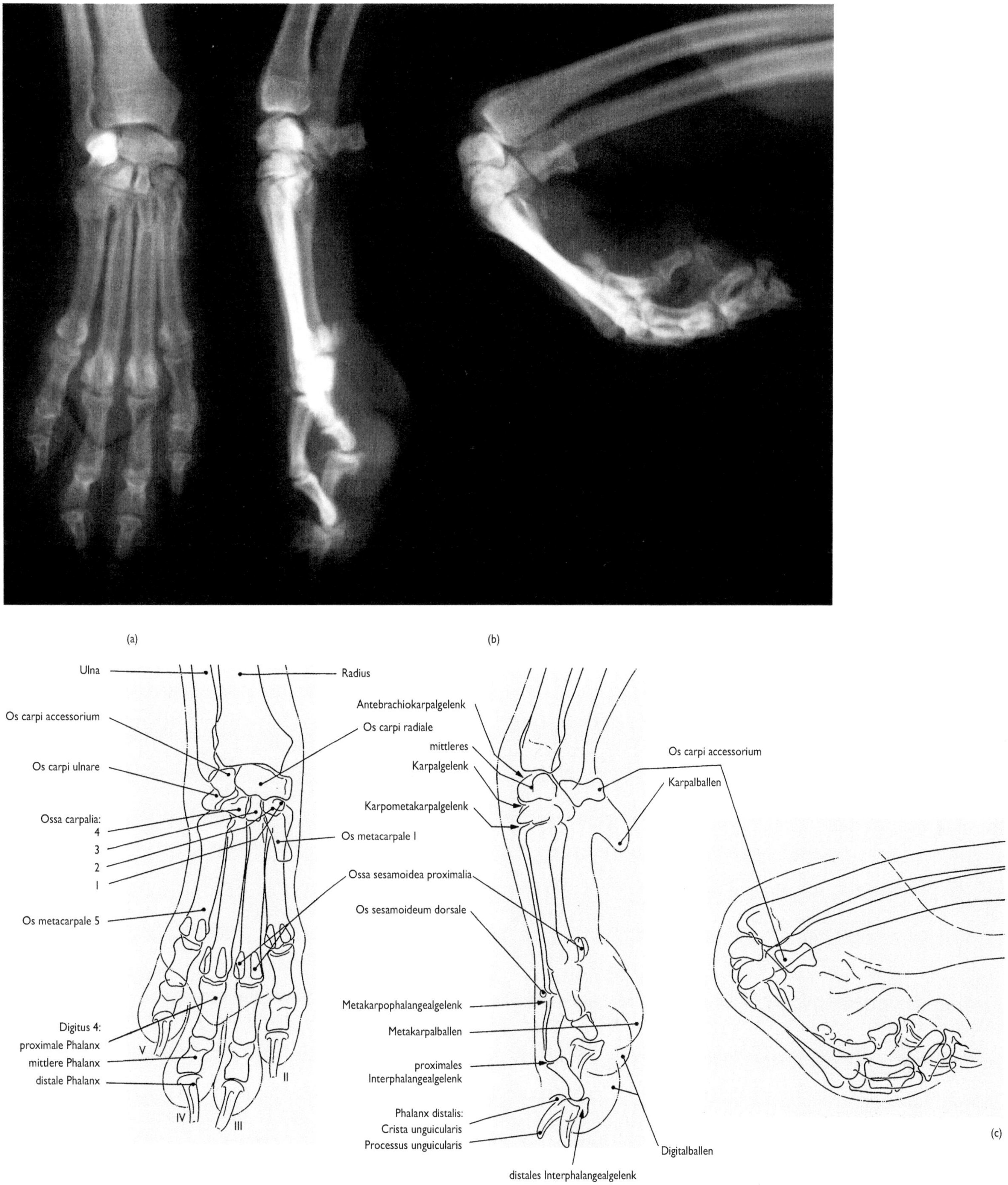

Abb. 4.80 Röntgenbilder von Karpus und Vorderpfote: dorsopalmare und laterale Ansichten. Die wichtigen osteologischen Merkmale der Manus sind am umfassendsten in der dorsopalmaren Ansicht (a) dargestellt. Nur das hervortretende Os carpi accessorium ist eher verdeckt, da es auf der Aufnahme vom Os carpi ulnare überlagert wird. Eine dorsopalmare Ansicht zeigt auch die Verteilung der Ossa sesamoidea, besonders der paarigen hinter jedem Metakarpophalangealgelenk. Die laterale Ansicht (b) bietet ein anschaulicheres Bild der Anordnung der Karpal- und Vorderpfotengelenke und (c) zeigt die „Ebenen", auf denen Bewegung im Karpus stattfindet. Hauptsächlich findet sie am Antebrachiokarpalgelenk statt, weniger am mittleren Karpalgelenk und nicht nennenswert an den Karpometakarpalgelenken. Auch die Beziehung der metakarpalen und phalangealen Ballen zu den darunterliegenden Gelenken sowie die dorsalen Ossa sesamoidea der Metakarpophalangealgelenke werden deutlich gezeigt. In normaler stehender Haltung sind diese Gelenke überstreckt und das Körpergewicht wird auf die unter ihnen liegenden Metakarpalballen übertragen. Wenn die Pfote angehoben wird, ergibt sich an diesen Gelenken eine beträchtliche Beugung.

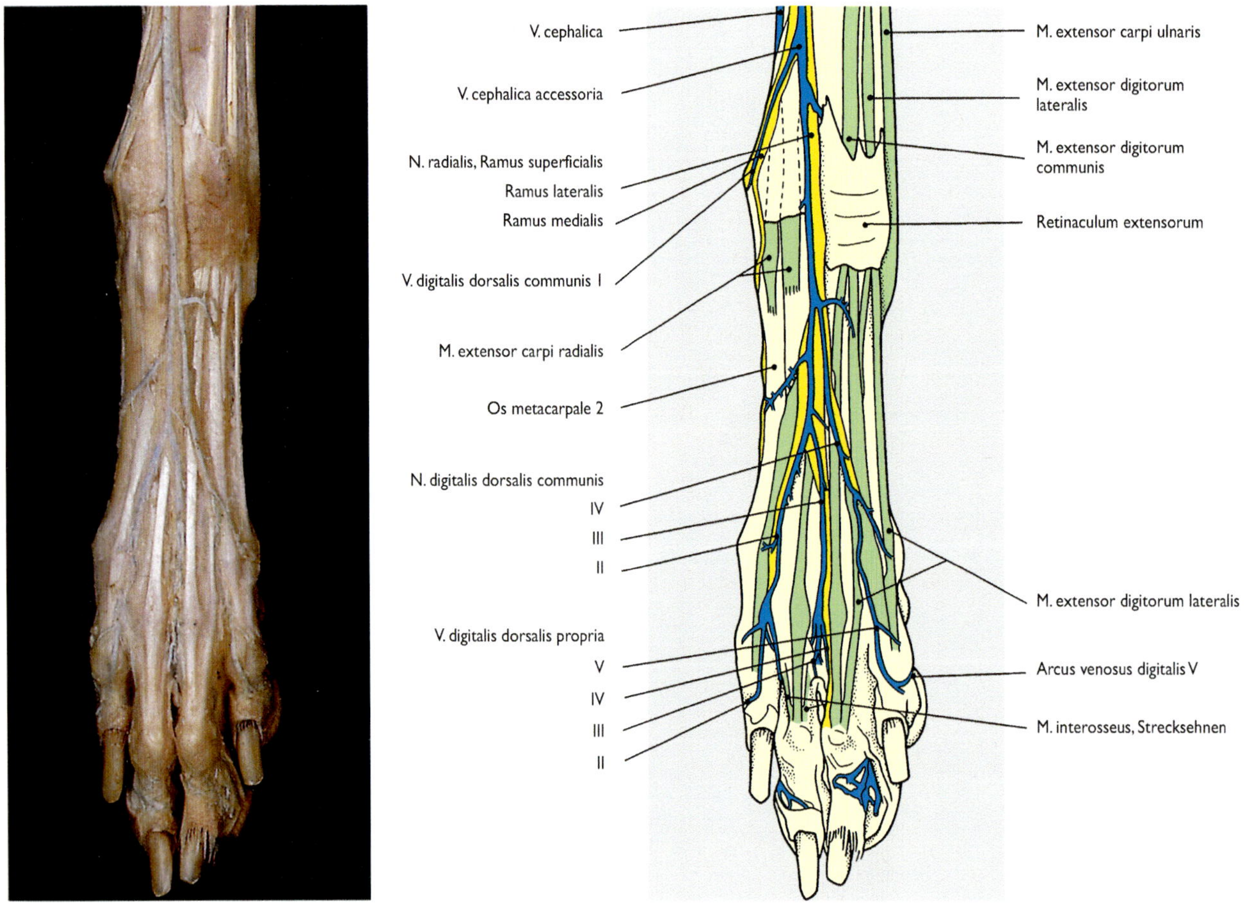

Abb. 4.81 Linke Manus: dorsale Ansicht. Nur die Faszie wurde entfernt, wobei das Retinaculum extensorum an seinem Ort verbleibt. Die in dieser Präparation und in der nächsten Abbildung verwendete Manus wurde mit vom Boden angehobener Pfote fixiert (weswegen die Zehen an den Metakarpophalangealgelenken nicht überstreckt sind).

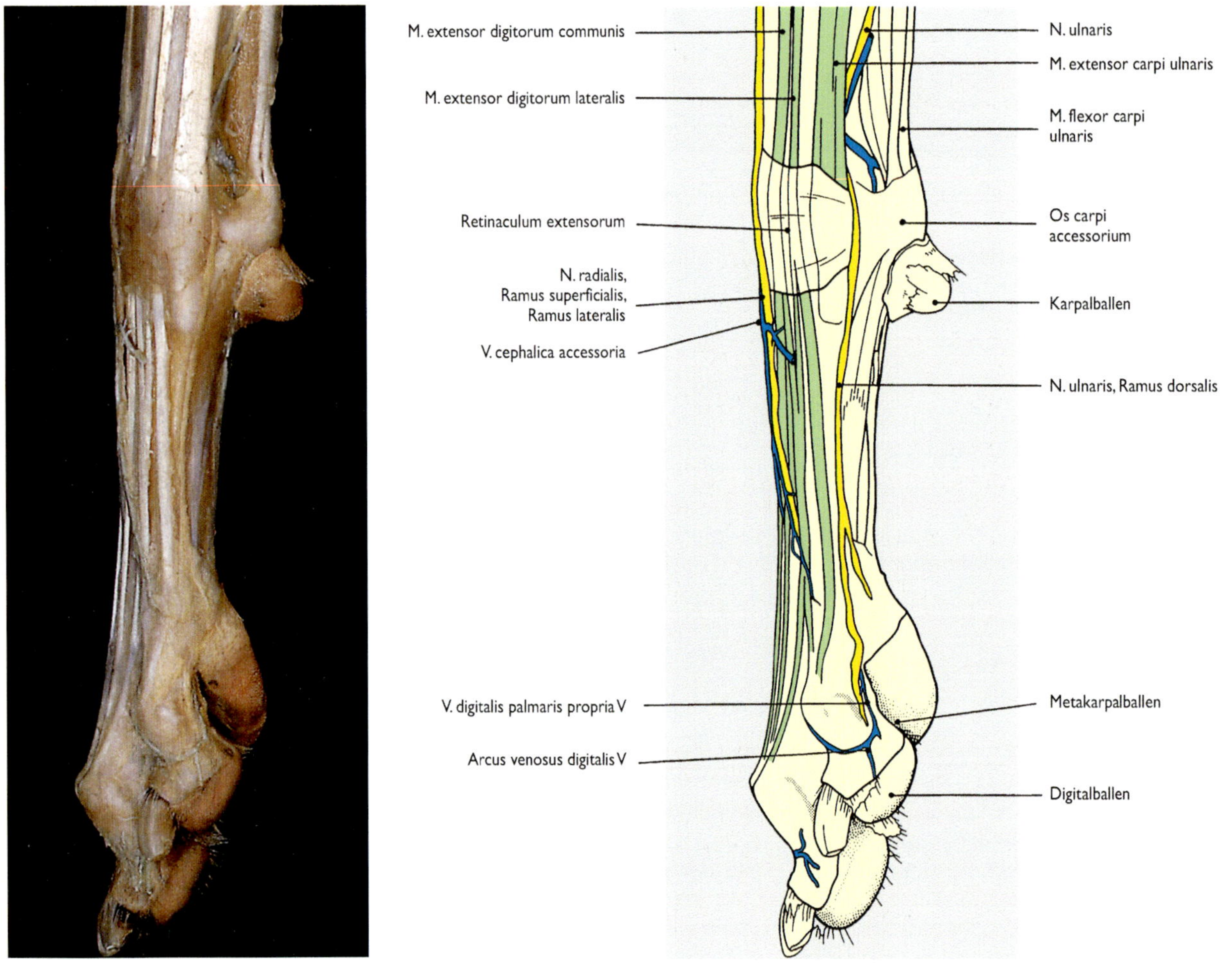

Abb. 4.82 Linke Manus: laterale Ansicht. Nur die Faszie wurde entfernt.

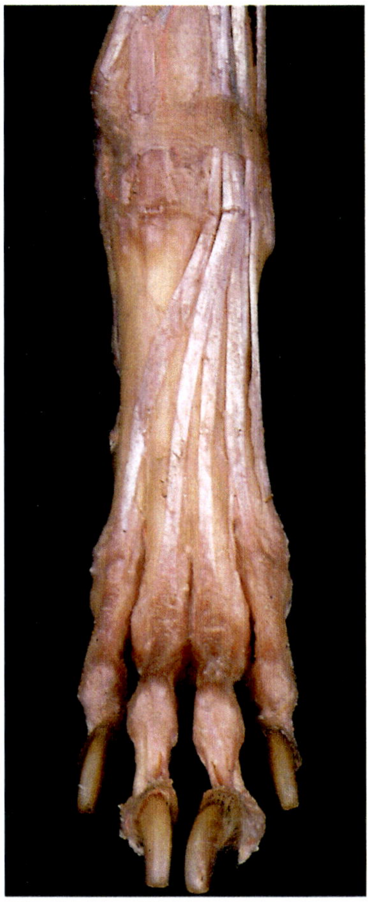

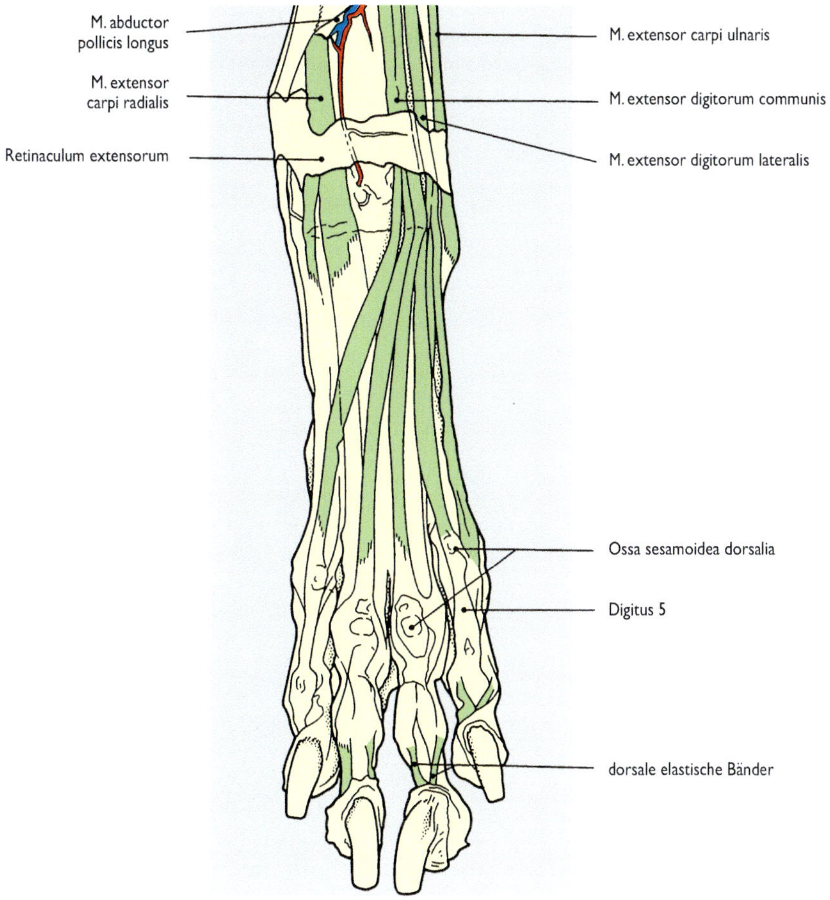

Abb. 4.83 Linke Manus nach Entfernung der V. cephalica accessoria und der Nn. radiales superficiales: dorsale Ansicht.

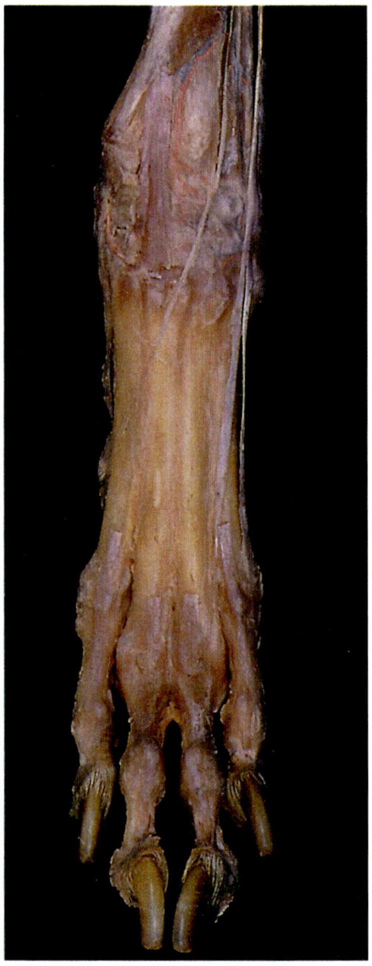

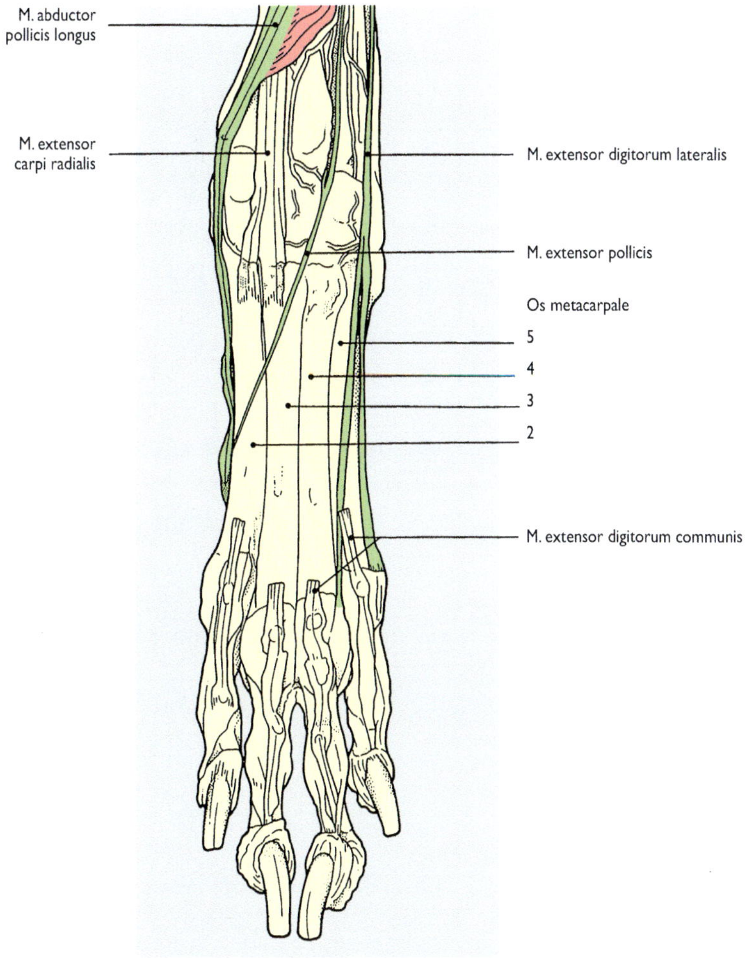

Abb. 4.84 Linke Manus nach Entfernung der Sehnen des M. extensor digitorum communis: dorsale Ansicht. Der M. extensor digitorum lateralis würde normalerweise eher an der Phalanx 3 sowie an den Phalangen 4 und 5 inserieren.

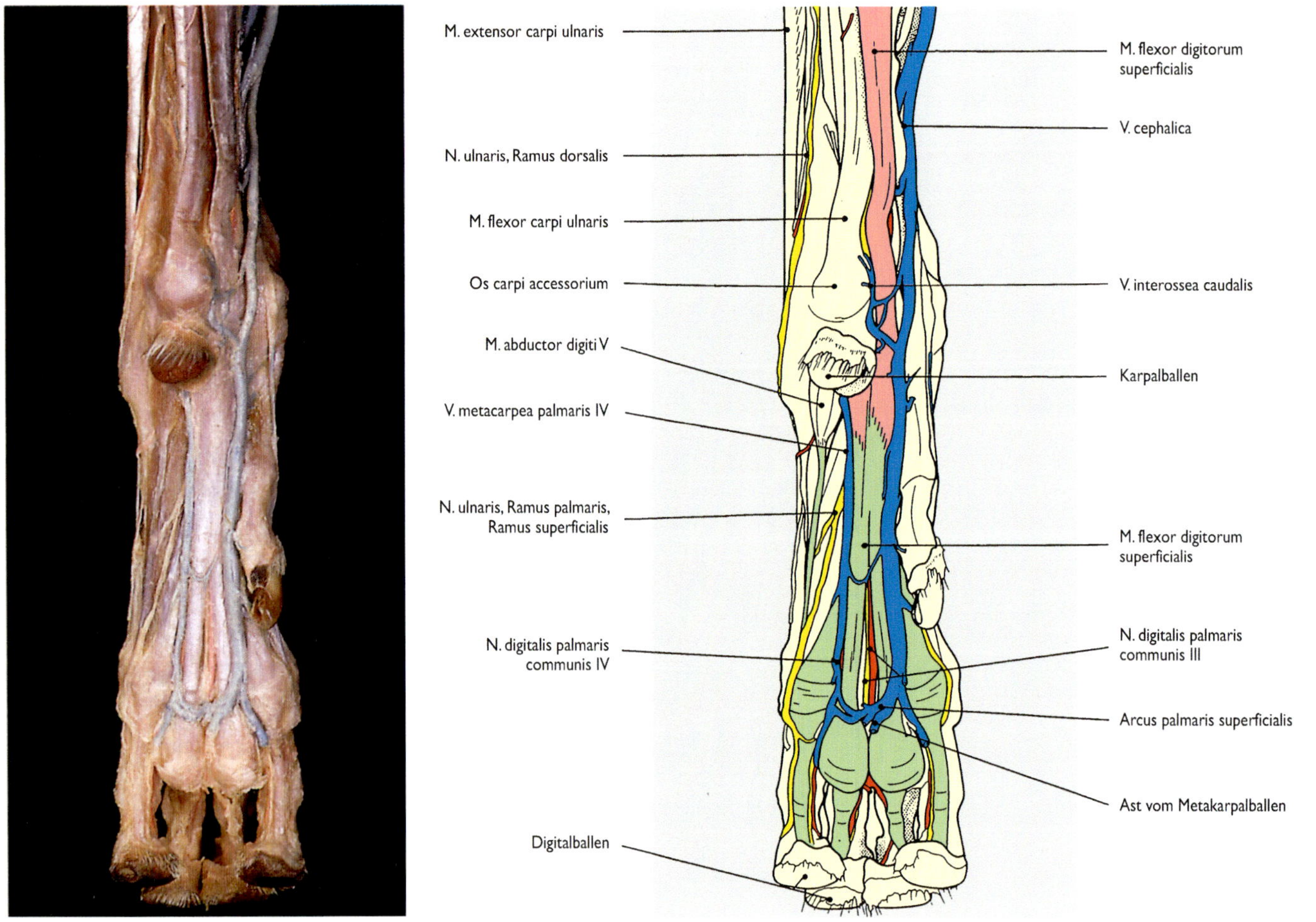

Abb. 4.85 Linke Manus: palmare Ansicht. Nur die Faszie und der Metakarpalballen wurden entfernt.

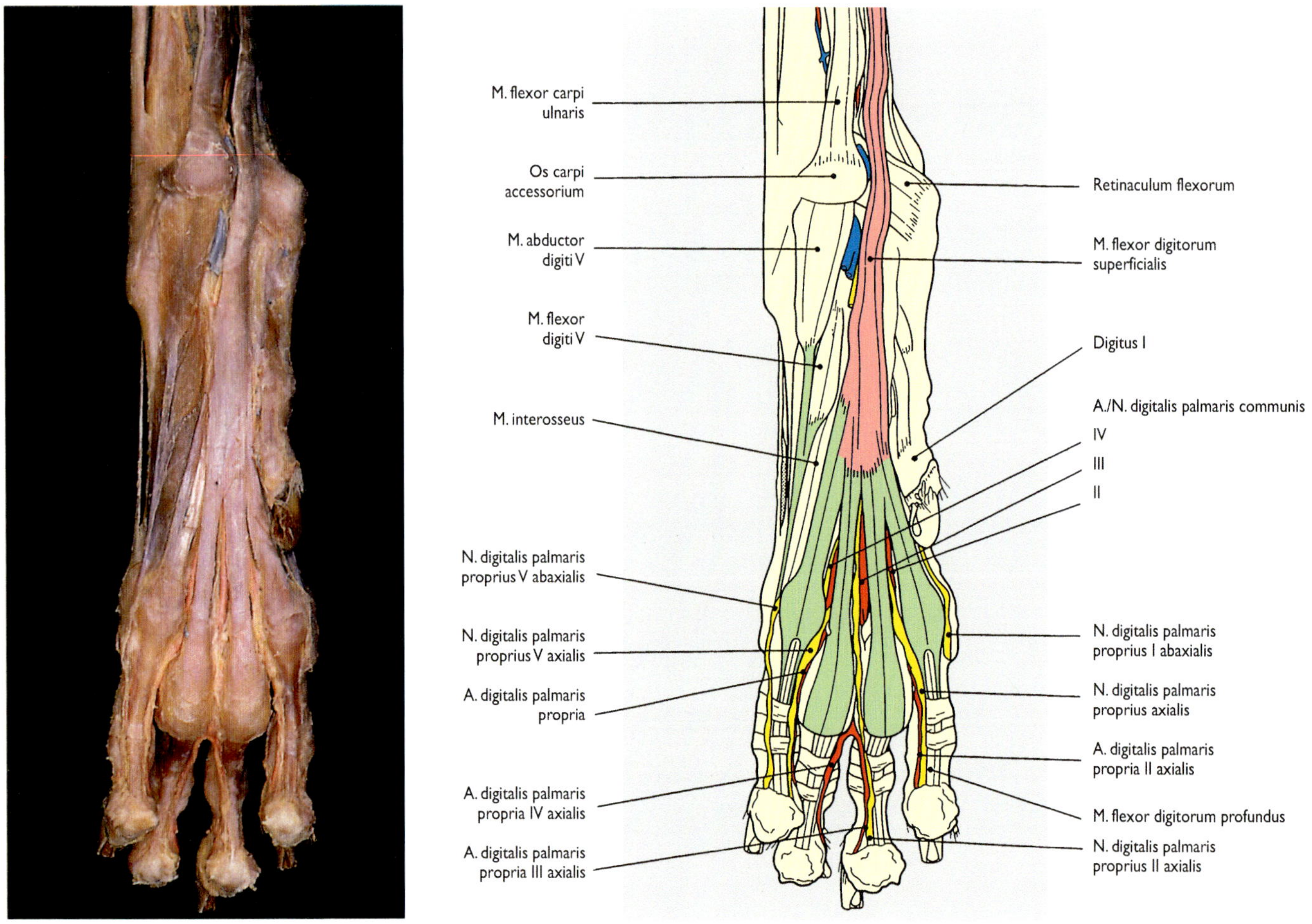

Abb. 4.86 Linke Manus nach der Entfernung der V. cephalica: palmare Ansicht.

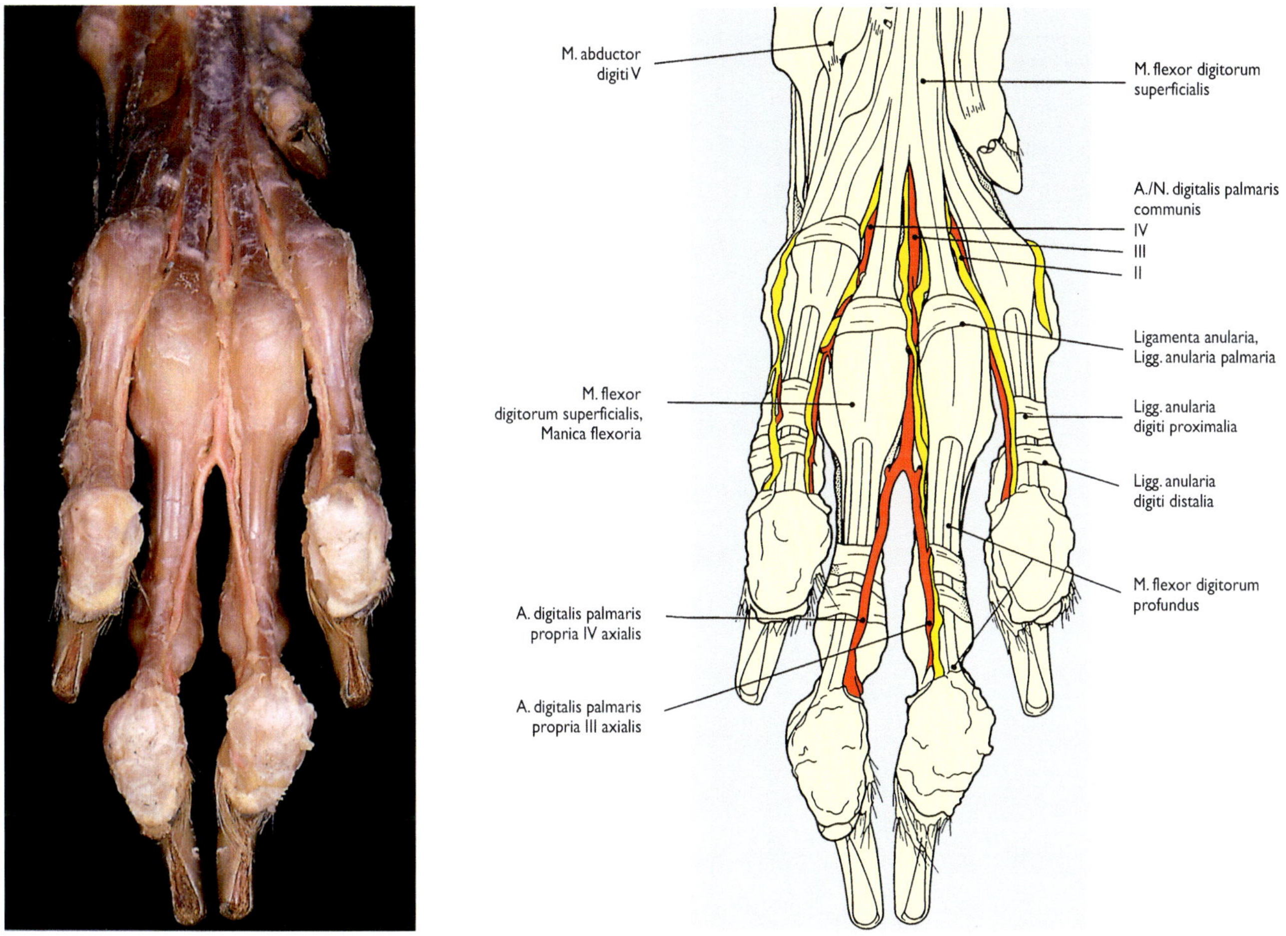

Abb. 4.87 Linke Phalangen: palmare Ansicht. Eine detaillierte Ansicht der in der vorangegangenen Abbildung (Abb. 4.86) dargestellten Präparation.

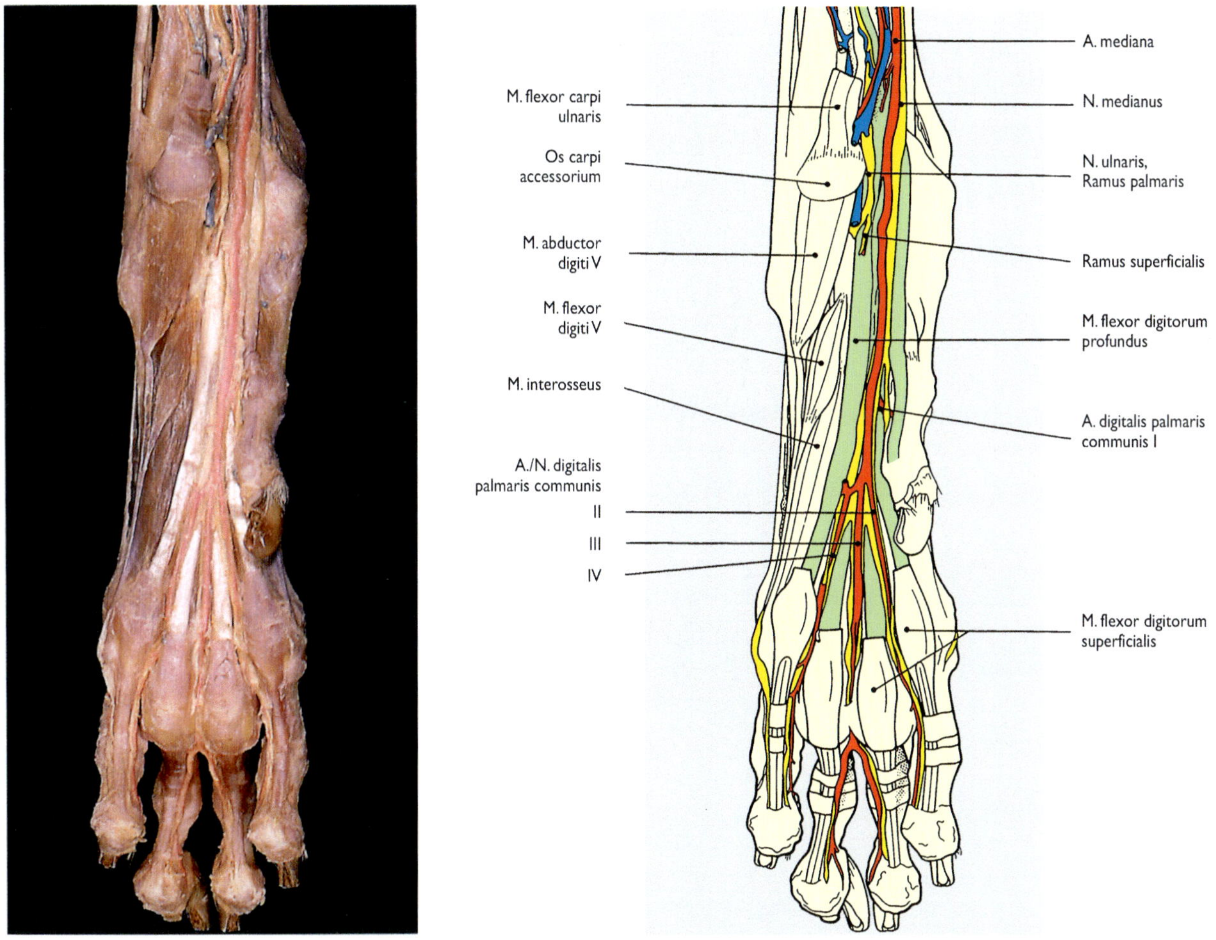

Abb. 4.88 Linke Manus nach Entfernung der Sehnen des M. flexor digitorum superficialis: palmare Ansicht. Auch das Retinaculum flexorum unter dem M. flexor digitorum superficialis wurde entfernt.

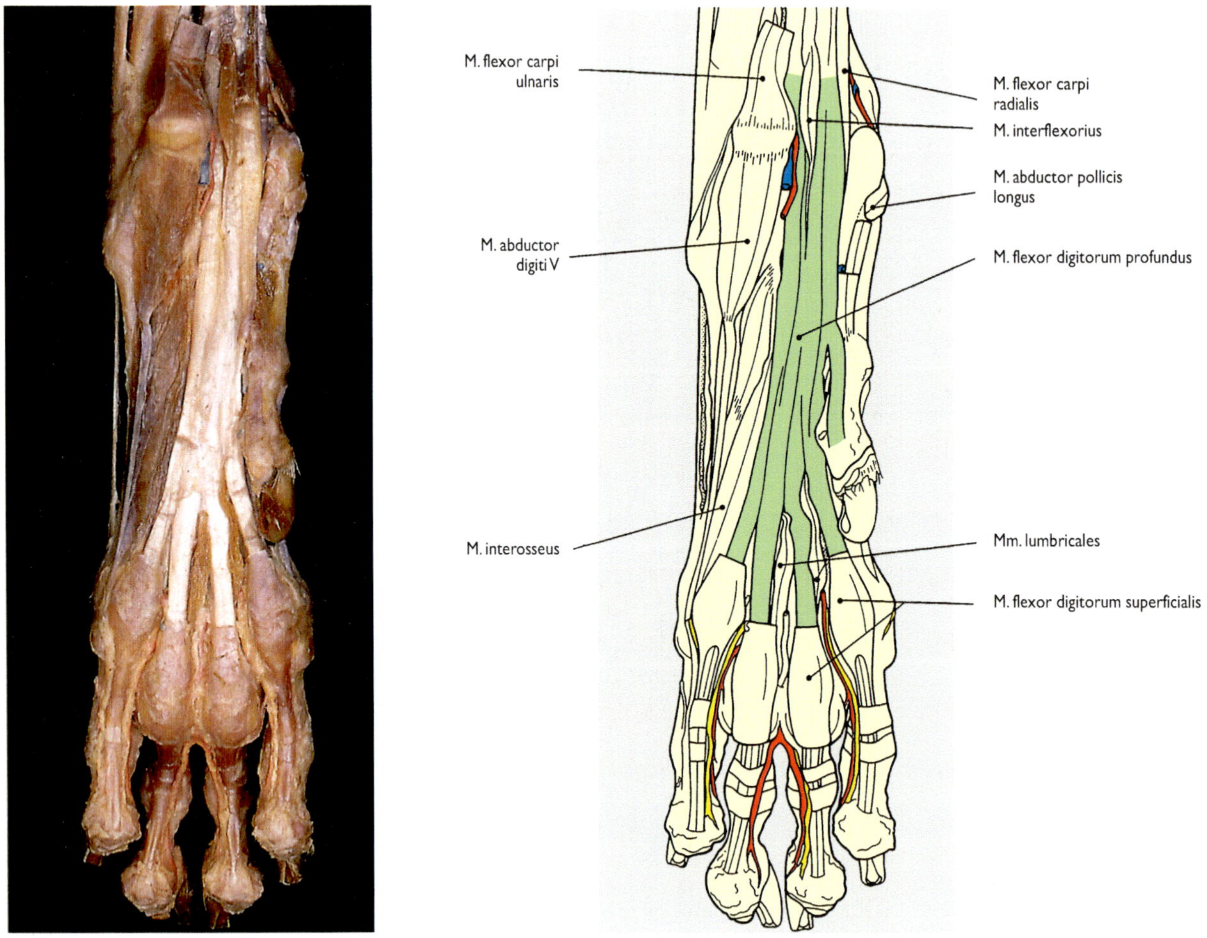

Abb. 4.89 Linke Manus nach Entfernung der A. mediana und des N. medianus: palmare Ansicht.

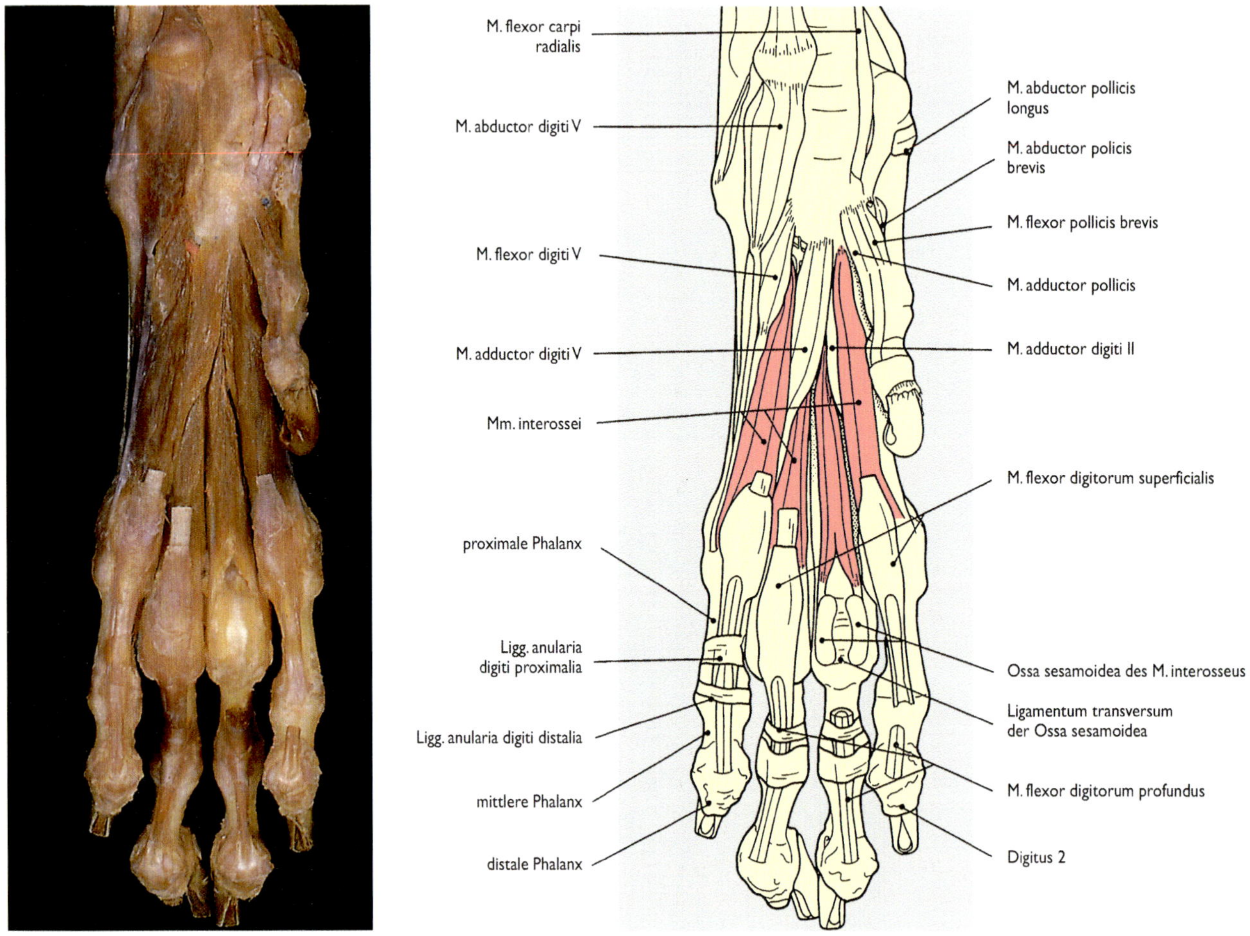

Abb. 4.90 Linke Manus nach Entfernung der Sehnen des M. flexor digitorum profundus: palmare Ansicht.

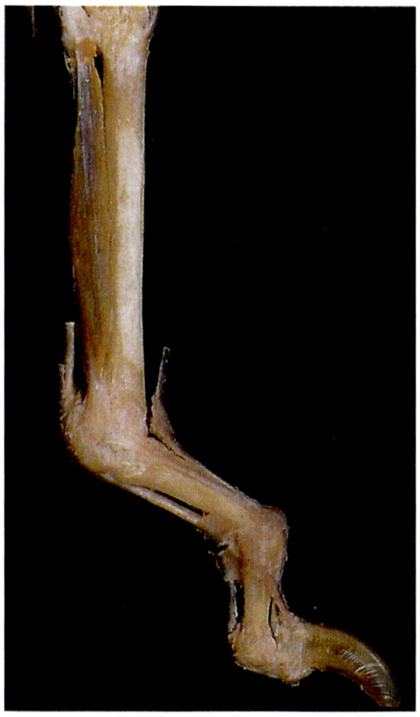

Abb. 4.91 Abgetrennte 4. Phalanx: mediale Ansicht.

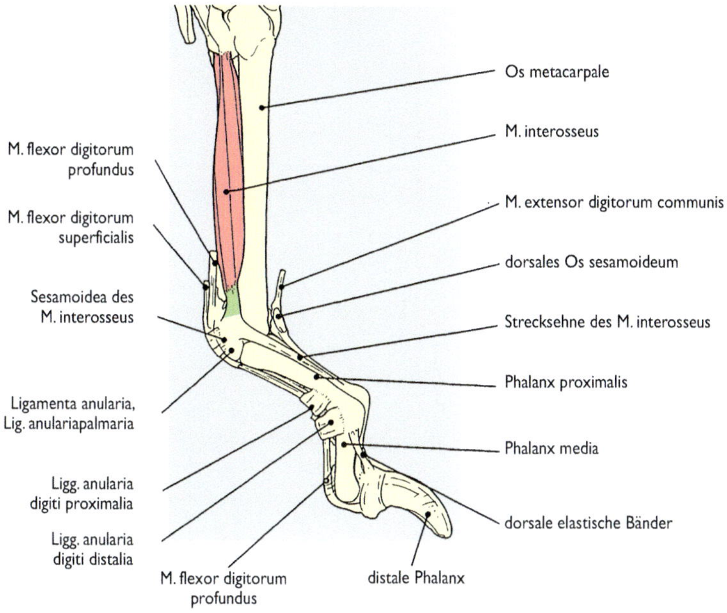

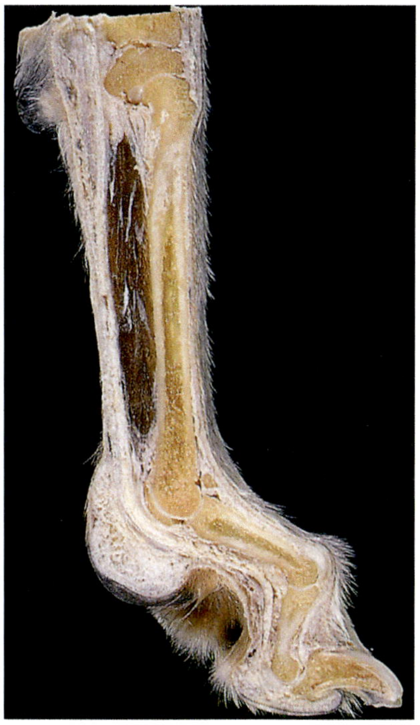

Abb. 4.93 Longitudinalschnitt durch den 3. Metacarpus und Phalanx. Transversalschnitte des Metapodium und der Phalangen sind im Kapitel 7 illustriert.

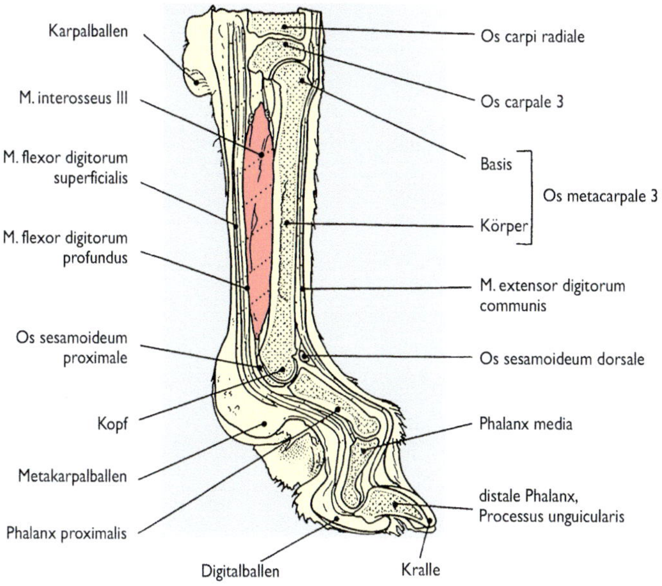

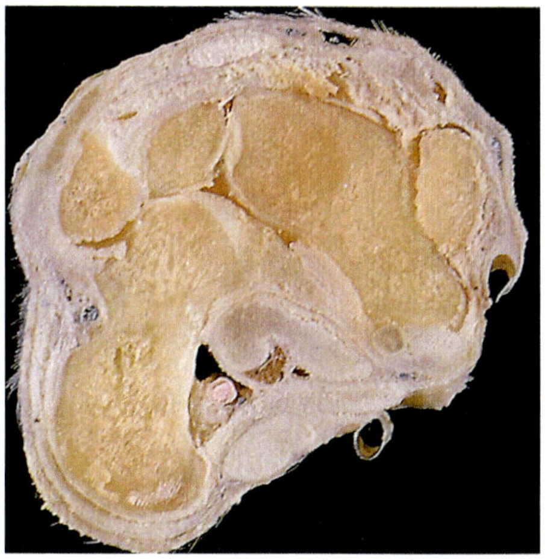

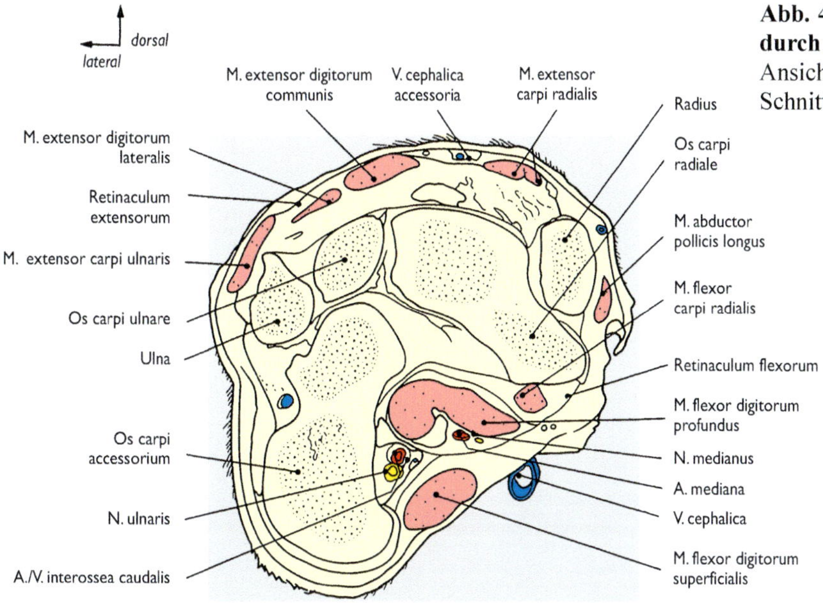

Abb. 4.92 Transversalschnitt durch den linken Karpus: Ansicht der proximalen Schnittfläche.

5. DER THORAX

Die Brusthöhle ist von klinischer Bedeutung wegen vieler Probleme, die Herz, Lunge und Trachea sowie Ösophagus und Zwerchfell betreffen können. Ihre Abschnitte umfassen die Regio praesternalis, sternalis, cardiaca und costalis.

Die Brusthöhle kann mittels Palpation (allerdings nur beschränkt), Auskultation und Perkussion untersucht werden. Beim Hund können dafür die Vordergliedmaßen nach vorn verlagert werden.

Das Herz befindet sich auf Höhe des 3. bis 5. Interkostalraumes und gelegentlich erstreckt es sich kaudal bis in den 7. Interkostalraum. Die Incisura cardiaca der Lunge ist ein wichtiger Bereich für die effektive auskultatorische und echokardiographische Untersuchung des Herzens. Das Herz ist hier direkt und ohne Überlagerung durch Lungengewebe zugänglich. Auf der rechten Seite ist sie stärker ausgeprägt. Das Herz reicht nach dorsal bis zu einer Horizontalebene, die auf Höhe der Mitte der ersten Rippe liegt. Bedingt durch die enormen Unterschiede zwischen den verschiedenen Rassen gibt es bei Hunden eine große Spannbreite unterschiedlicher Herzformen und -größen. Hunde mit tiefem Brustkorb haben ein langes, schmales und aufrechtstehendes Herz; bei Hunden mit tonnenförmigem Brustkorb ist es meist kugelförmig. Beim stehenden Hund liegt das Herz auf Höhe des Olekranons im Bereich der 5. Rippe – daher muss die Vordergliedmaße nach vorn verlagert werden. Es erstreckt sich in der Regel über 2,5 bis 3,5 Interkostalräume und seine Höhe entspricht ca. zwei Dritteln der Länge der Brusthöhle. In der Breite nimmt das Herz ebenfalls zwei Drittel der Brusthöhle ein, die Herzspitze ist dabei nach links über die Medianebene verlagert. Der Vertebral Heart Score ist das beste Maß für die Beurteilung der Herzgröße und beträgt normalerweise 10,5-12,5. Der Herzspitzenstoß findet sich links und rechts im 4. bis 5. Interkostalraum nahe der Mitralklappe. Die linke Atrioventrikularklappe (Mitralis, Mitralklappe) ist auf der linken Seite im 5. Interkostalraum auf Höhe des kostochondralen Gelenks am besten hörbar, die Aortenklappen links im 4. Interkostalraum auf Höhe der Schulter und die Pulmonalklappen links im 3. Interkostalraum oberhalb des kostochondralen Gelenks. Auf der rechten Seite ist die rechte Atrioventrikularklappe (Trikuspidalis, Trikuspidalklappe) am besten im 4. Interkostalraum auf Höhe des kostochondralen Gelenks hörbar. Der Recessus costomediastinalis erstreckt sich links und rechts vom 4. bis zum 6. Interkostalraum.

Die Linksherzvergrößerung spielt bei Hunden eine wichtige Rolle. Dabei kann eine Dorsalverlagerung der Trachea festgestellt werden, die kaudale Herzkontur erscheint gerade. Das linke Atrium ist vergrößert und die kaudale Herztaille geht verloren. Bei einer Rechtsherzvergrößerung zeigt sich ebenfalls eine Dorsalverlagerung der Trachea, eine breite Auflagefläche auf dem Sternum, eine abgerundete kraniale Herzkontur, der Verlust der kranialen Herztaille und eine Dorsalverlagerung der kranialen Herzgefäße. Eine Kardiomyopathie mit einer Vergrößerung des Herzens zeigt sich bei Herzmuskelerkrankungen, Myokarditis und im Zusammenhang mit *Angiostrongylus*, dem Herzwurm des Hundes. Sie tritt besonders häufig bei großen Hunderassen wie dem Dobermann auf.

Bei Hunden kann eine Vielzahl von angeborenen und erworbenen Herzproblemen auftreten, aber das würde den Rahmen dieser kurzen Einführung sprengen. Es sei an dieser Stelle nur erwähnt, dass der persistierende *Ductus arteriosus* und der persistierende rechte Aortenbogen chirurgisch behandelt werden können. Die Thorakotomie wird später besprochen, aber prinzipiell erfolgt die chirurgische Eröffnung links im 4. oder 5. Interkostalraum. Während des Eingriffs muss darauf geachtet werden, den N. laryngeus recurrens und den Ductus thoracicus zu schonen. Ein persistierender Ductus führt zu einem Links-Rechts-Shunt mit einer permanenten Überlastung des linken Ventrikels, wodurch Dyspnoe (Atemnot), Kurzatmigkeit und andere Probleme entstehen, die nur durch einen chirurgischen Verschluss behandelt werden können. Interessanterweise können auch Symptome einer Oesophagusstriktur auftreten, da der Oesophagus durch den Ductus partiell verengt wird, was zu einem ausgedehnten Oesophagusdivertikel, einer Vergrößerung des linken Atriums und Ventrikels und in der Folge zu Herzversagen führen kann.

Der Großteil der Oesophagusstrikturen tritt vermutlich im Zusammenhang mit einem persistierenden rechtsseitigen Aortenbogen auf.

An der Herzbasis liegt die Aorta links vom Oesophagus, so dass sich ein Zugang von rechts am besten eignet. Im kaudalen Mediastinalspalt liegt der Oesophagus links und die Aorta verläuft jetzt dorsal, so dass der korrekte chirurgische Zugang zum Oesophagus linksseitig ist. In jedem Falle muss darauf geachtet werden, die Vagusnerven zu umgehen.

Auch chirurgische Eingriffe am Oesophagus erfordern eine transthorakale Oesophagotomie. Eine Obstruktion wird mittels einer Magensonde ausfindig gemacht. Dann erfolgt für die Thorakotomie der Zugang im entsprechenden Interkostalraum. Heutzutage werden Fremdkörper im Oesophagus in den meisten Fällen mit einem flexiblen Gastroskop ausfindig gemacht und meist mit starren Endoskopen entfernt.

Die Thorakotomie kann für jeden intrathorakalen chirurgischen Eingriff angewendet werden. Sie müssen den M. latissimus dorsi durchtrennen, achten Sie also auf den N. thoracodorsalis. Dies kann auf mehrere Arten erfolgen. Normalerweise erfolgt der Zugang von lateral zwischen den Rippen. Dies bietet eine gute Sicht und Verschlussmöglichkeit. Von der Inzision aus ist etwa ein Drittel der Thoraxhälfte einsehbar. Die Inzisionen werden im gleichen Abstand zu den Wirbeln ausgeführt, um Blutgefäße und Nerven zu schonen. Heutzutage wird bei einer medianen Sternotomie keine höhere Inzidenz postoperativer Komplikationen festgestellt als bei interkostalen Methoden. Bei der medianen Sternotomie bleibt das Manubrium sterni oder der Processus xiphoideus intakt, um nach dem chirurgischen Verschluss die Stabilisierung des Brustkorbs zu gewährleisten.

Gelegentlich wird der Eingriff auch transkostal vorgenommen. Die letzte Methode umfasst die transsternale Inzision entlang der Mittellinie. Diese Methode eignet sich zur Behandlung einer Zwerchfellruptur bei der eine Einklemmung oder Adhäsion abdominaler Organe in der Brusthöhle zu erwarten ist. Für den Zugang durch den Brustkorb ist die komplette Entfernung einer Rippe möglich. Die kraniale Thorakotomie erfordert eine Inzision durch den M. scalenus, die kaudale Thorakotomie durch die Mm. obliquus externus abdominis und serratus ventralis. Eine Hiatushernie des Oesophagus wird ebenfalls durch eine linksseitige Thorakotomie oder durch eine mediane Zöliotomie (Laparatomie) behoben. Die pulmonale Lobektomie zur Entfernung eines Lungenflügels wird in der Regel bei Tumoren, einem Pneumothorax oder Emphysem, der Torsion eines Lungenlappens oder einer Infektion aufgrund eines Fremdkörpers durchgeführt und kann entweder links oder rechts im 5. Interkostalraum oder über eine mediane Sternotomie ausgeführt werden. Bei einer thorakolumbalen Bandscheibenprotrusion kann eine Inzision über dem Interkostalmuskel vorgenommen werden, der dann durchtrennt wird, und es können weitere Inzisionen an der Wirbelsäule durchgeführt werden.

Thorakoskopische Techniken, die minimale postoperative Komplikationen nach sich ziehen, werden heutzutage immer häufiger eingesetzt, um Brusthöhlenorgane zu untersuchen.

Eine Thorakozentese oder Punktion des Brustkorbs wird durchgeführt, um Flüssigkeit (Transsudat, Exsudat, Blut, Eiter oder Lymphe) oder, bei Vorliegen eines Pneumothorax, Luft aus der Brusthöhle zu entfernen. Es ist entscheidend, sicherzugehen, dass sich die Hautwunde und die Punktionsstelle in der Interkostalregion nicht überlagern. Sollte das doch der Fall sein, besteht die Gefahr, einen Pneumothorax zu verursachen.

Dyspnoe oder Atemnot ist ein wichtiges Krankheitsbild und wird auf mehrere Arten untersucht. Das Atemmuster wird untersucht, die Schleimhautfarbe wird festgestellt und die Brusthöhle wird auskultiert und perkutiert. Radiographie, Thorakozentese, Fluoroskopie und andere Techniken können zur Unterstützung der Diagnosestellung angewendet werden, einschließlich der bronchoalveolären Lavage, bei der sterile Flüssigkeit in die Lunge eingebracht und zur Analyse wieder entnommen wird. Der Einsatz von Ultraschallverfahren ist bei Herzerkrankungen grundsätzlich sinnvoll und mit der Dopplertechnik können sie von sehr großem Nutzen sein. Husten tritt bei ähnlichen Krankheitsbildern auf und kann im Larynx, Pharynx, der Trachea oder den Hauptbronchien entstehen. Dies wird mit einer ähnlichen Palette von Untersuchungstechniken abgeklärt.

Thorakale Atemgeräusche können aus den Bronchien, dem Lungenparenchym oder der Pleura stammen. Auskultation dieser Geräusche kann auf pathologische Vorgänge hinweisen.

In der Praxis bildet der kaudale Rand des Caput longum des Trizeps die kraniale Begrenzung der Lunge. Der dorsale Rand verläuft lateral, vom Tuber coxae entlang der Iliocostallinie. Der kaudale Rand erstreckt sich vom Olekranon bis zum 11. Interkostalraum.

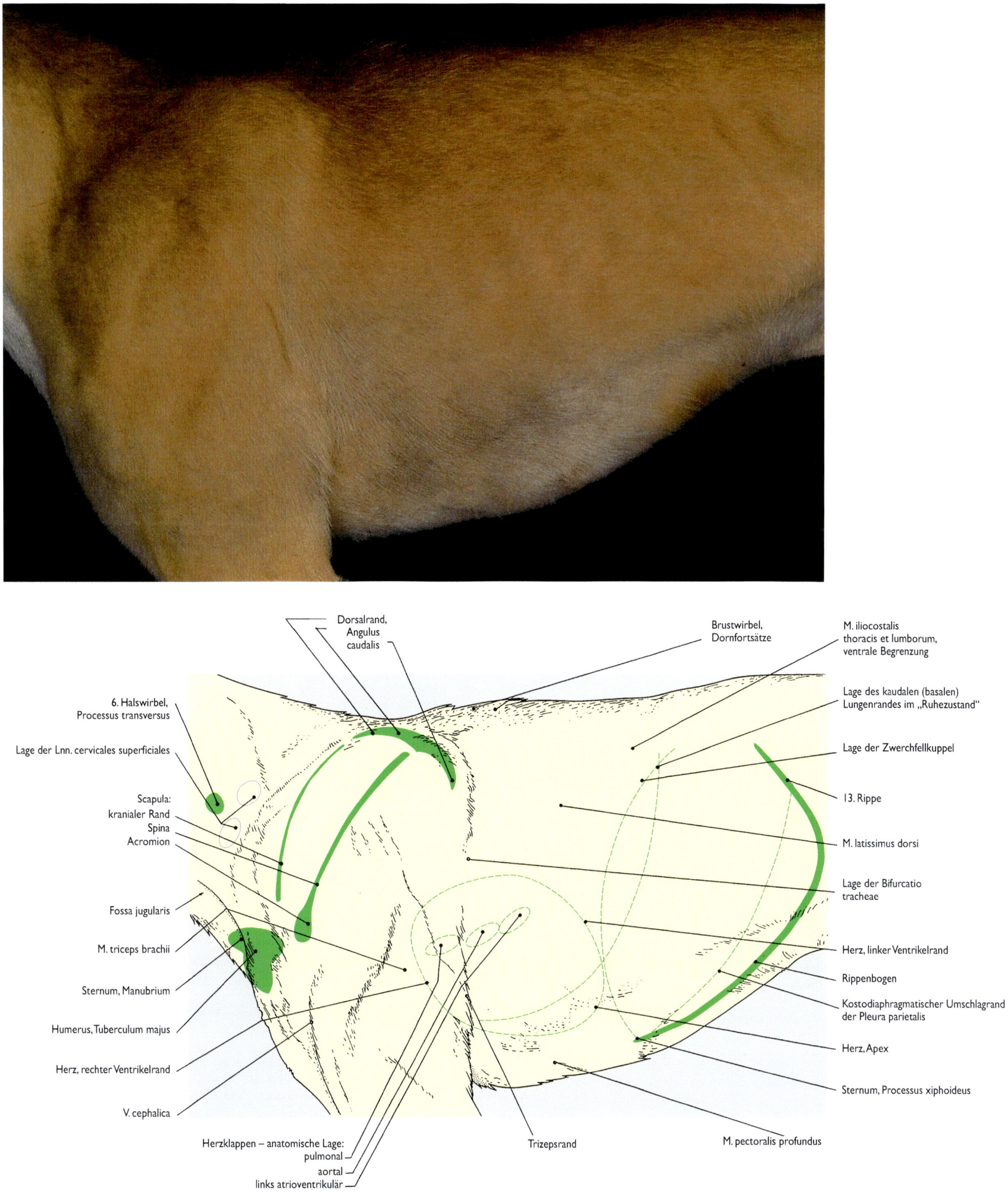

Abb. 5.1 Oberflächenmerkmale der Schulter und der Brustwand: linke laterale Ansicht. Die palpierbaren knöchernen „Orientierungspunkte“ und die Muskeln, deren Konturen während der Palpation klar erkennbar sind, sind bezeichnet. Bei normaler stehender Haltung bedecken das Schulterblatt und die dazugehörigen Muskeln die 1. bis 4. Rippe vollständig. Die gestrichelten grünen Linien zeigen die Lage der Strukturen so an, wie sie in den folgenden Präparationen zu sehen sind. Es ist wichtig, zu beachten, dass es sich hier nicht um die normalen Positionen in einem lebenden Tier handelt (siehe Abb. 1.3). Beim lebenden Tier liegt das Herz weiter kranial und die Zwerchfellkuppel kann sich bis zur 6. Rippe erstrecken.

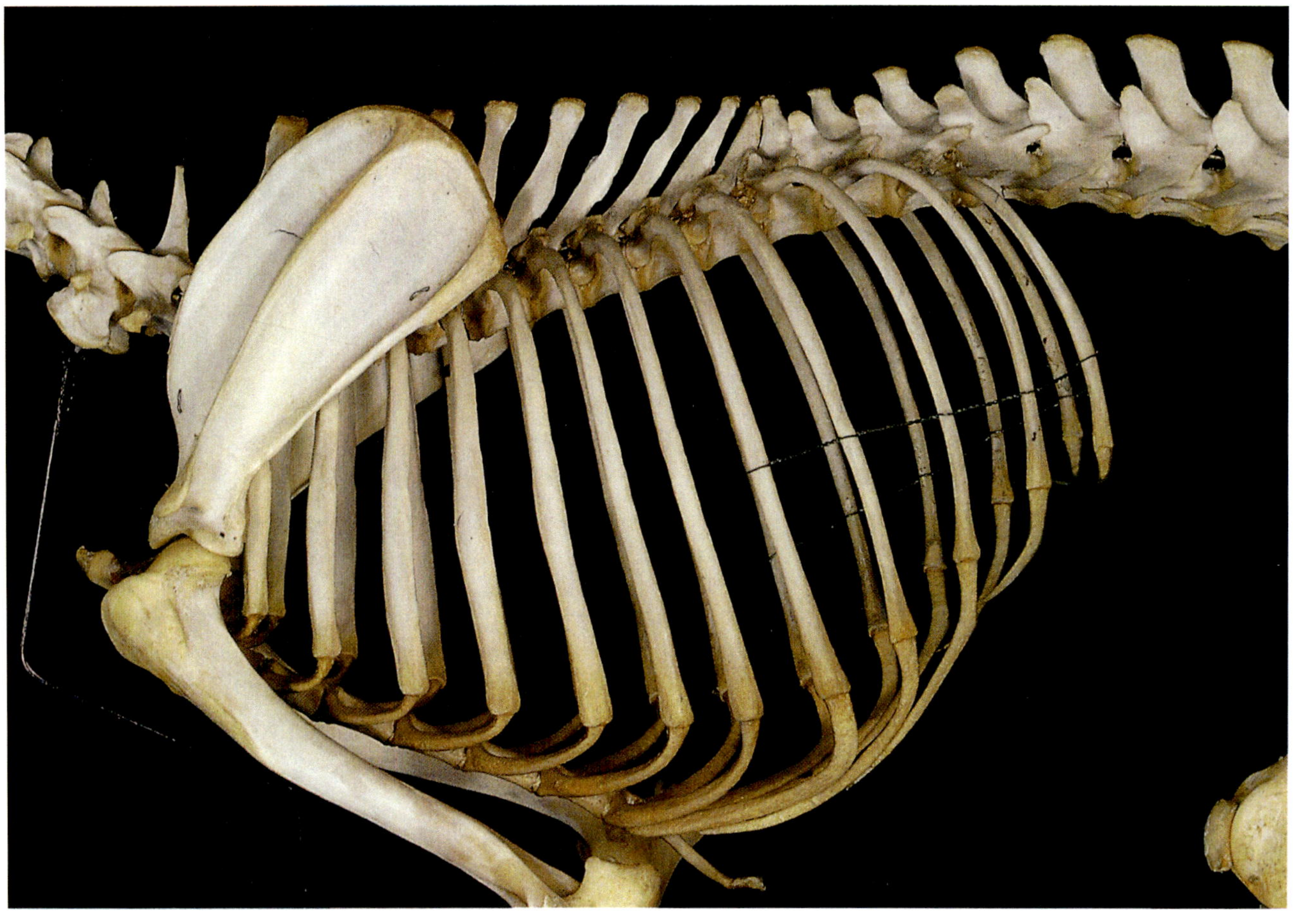

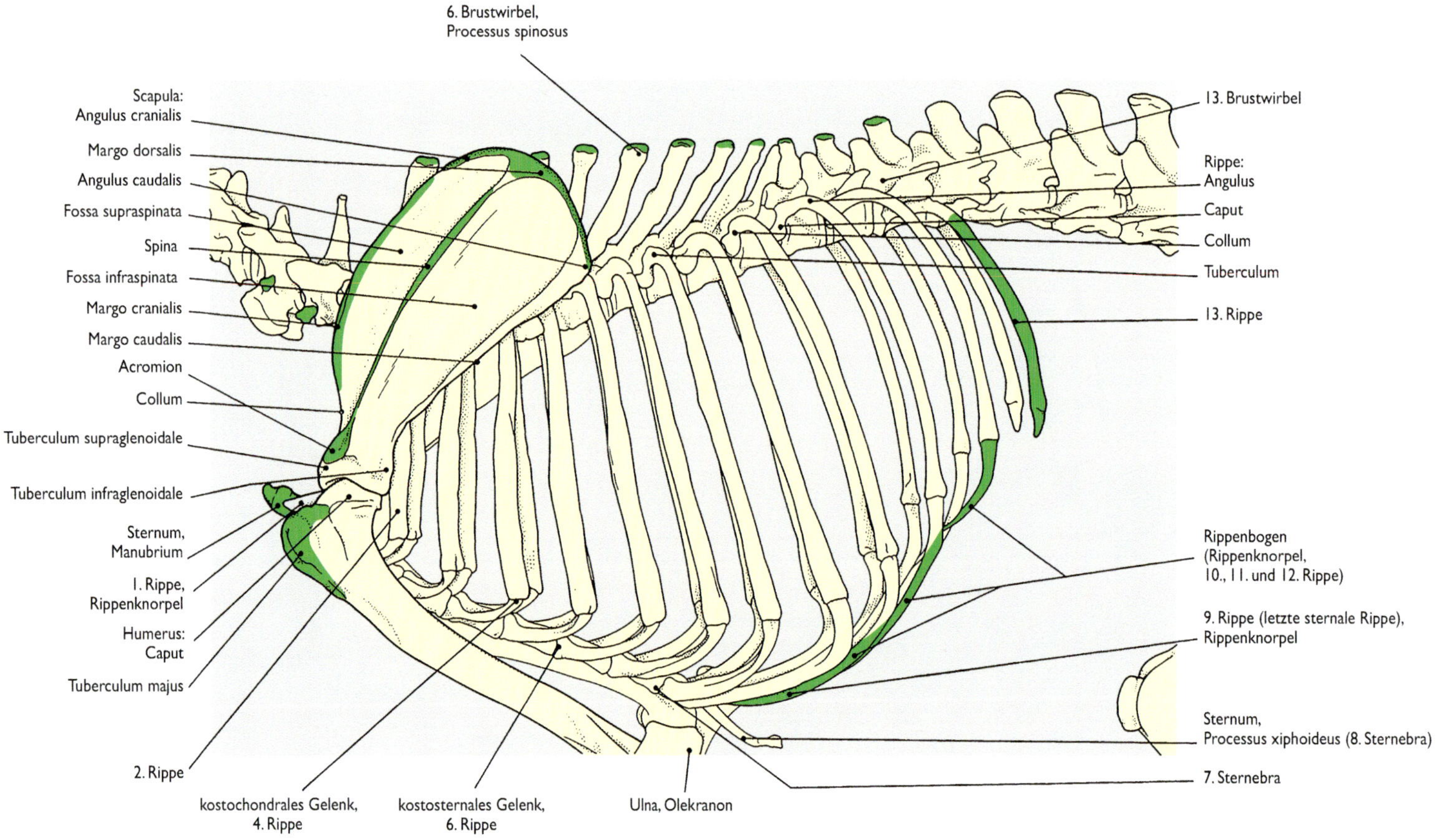

Abb. 5.2 Skelett von Schulter und Thorax: linke laterale Ansicht. Palpierbare, in der Oberflächenansicht abgebildete, knöcherne Strukturen sind grün dargestellt. Außerdem sind die weiter kaudal lokalisierten Rippen und die gesamte Länge des Sternum innerhalb des Sulcus pectoralis medianus palpierbar. Kaudal der kleinen Apertura thoracis cranialis (Brustkorbeingang), zwischen dem ersten Rippenpaar, entfernen sich das Sternum und die Wirbelsäule voneinander, die Rippen verlängern sich (bis zur 9. Rippe) und ihre Wölbung nach außen nimmt zu.

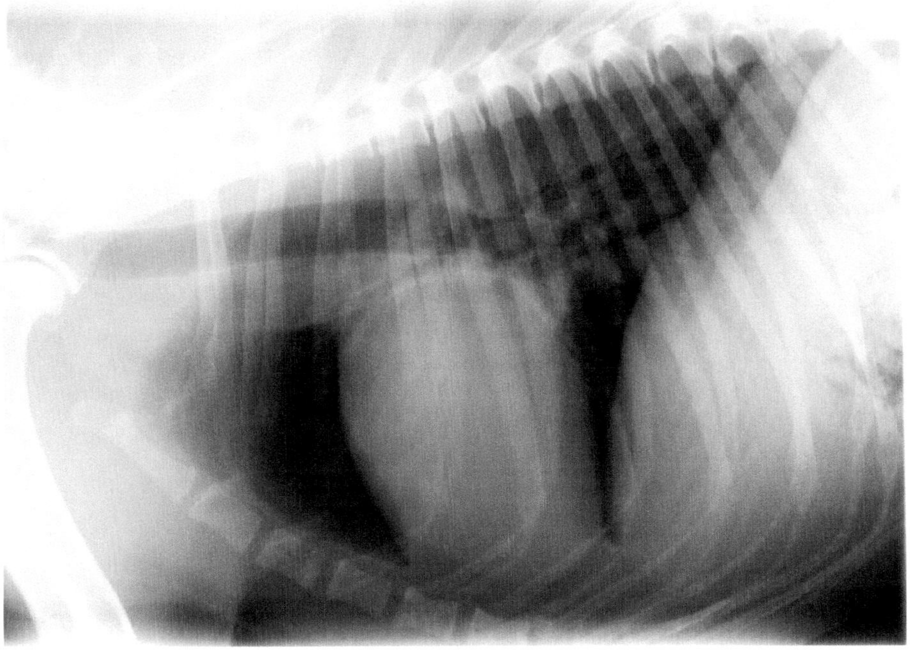

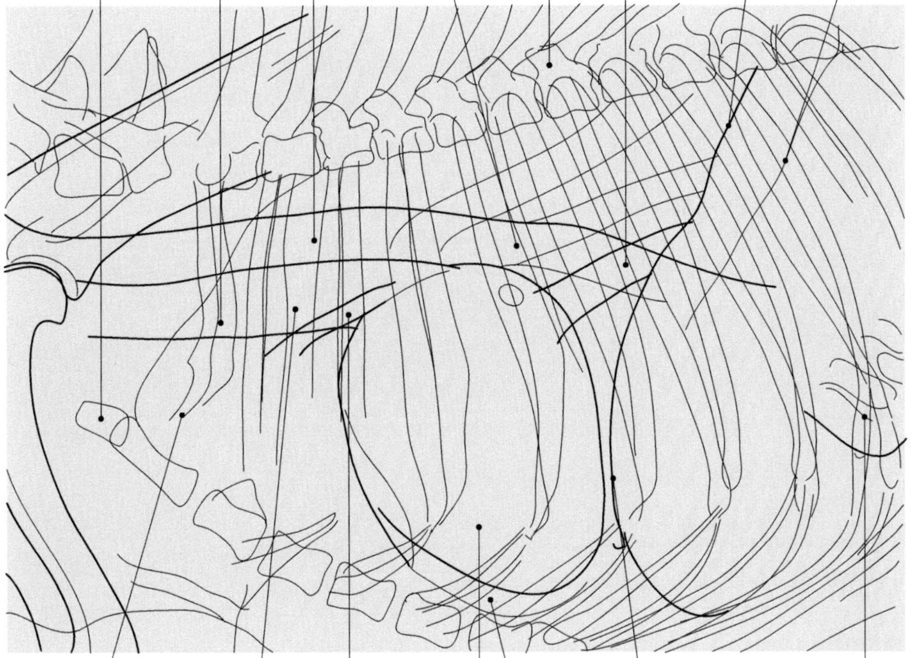

Abb. 5.3 Röntgenbild des Brustkorbs: laterale Ansicht. Die Luft in ihrem Lumen hebt die Trachea optisch hervor. Das Herz ist deutlich zu erkennen. Die Lungen werden durch die darin enthaltene Luft sichtbar. Der Großteil der weiteren Strukturen sind Weichteile, die nicht klar voneinander abgrenzbar sind. Die Lage, Form und Beziehung der Strukturen zueinander können je nach Rasse, Ernährungszustand und Atmungsphase deutlich voneinander abweichen.

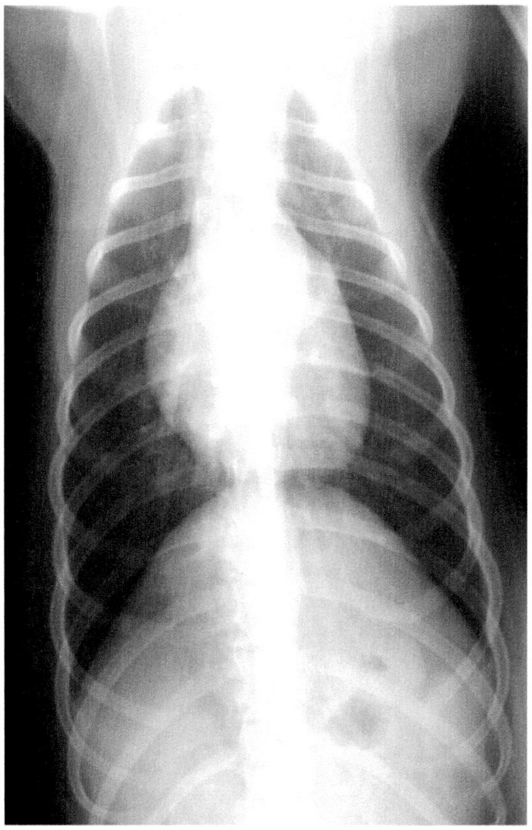

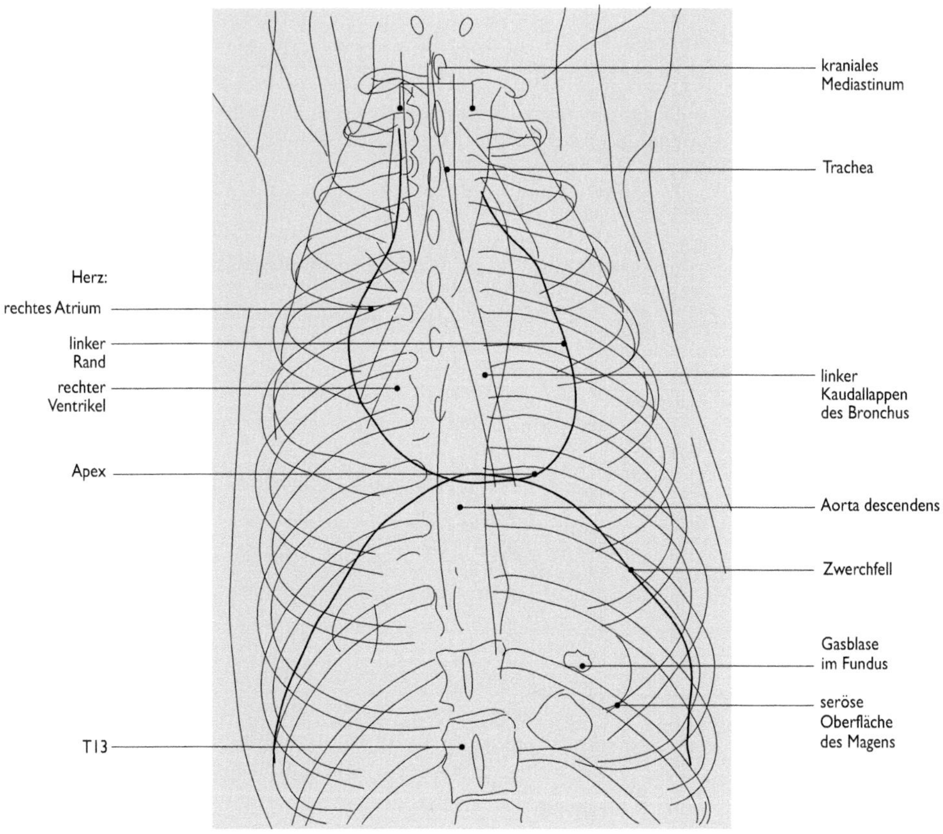

Abb. 5.4 Röntgenbild des Brustkorbs: dorsoventrale Ansicht. Nur die Lungen und das Herz sind in dieser Ansicht gut zu sehen, da sich weitere Strukturen mit der Wirbelsäule und dem Sternum überlagern.

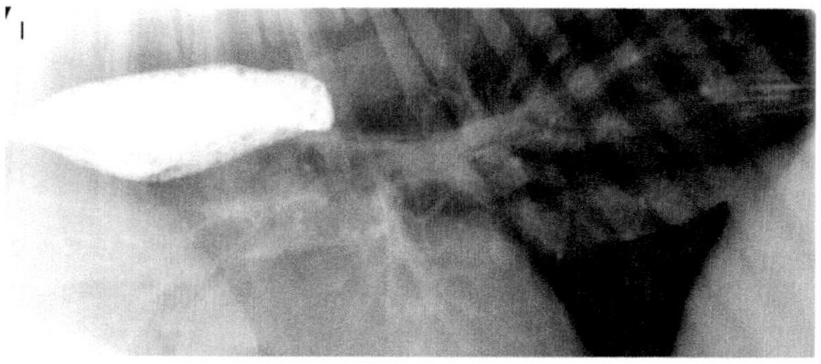

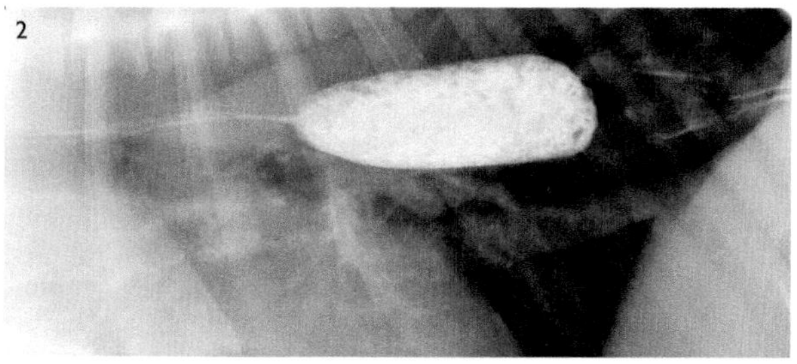

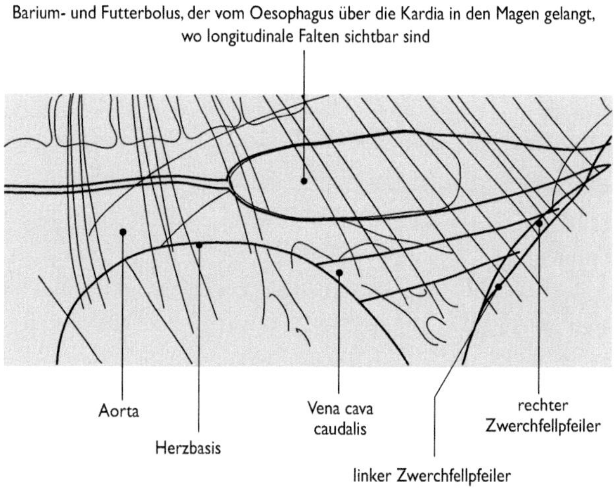

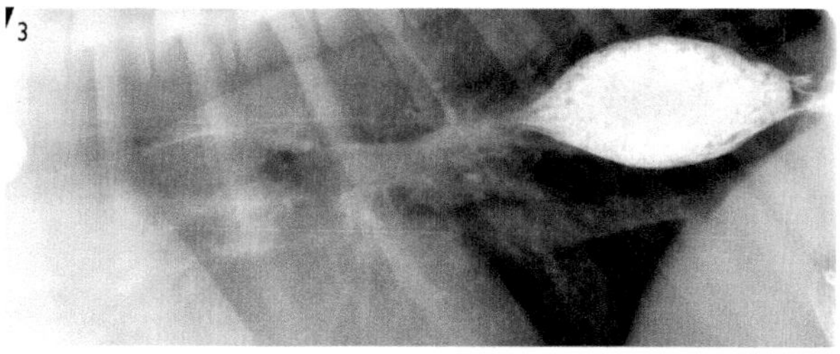

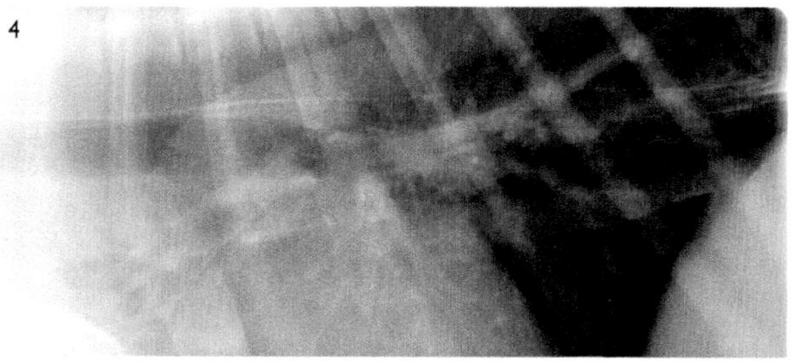

Abb. 5.5 Röntgenbild des Bruskorbs: laterale Ansicht, unmittelbar nach oraler Gabe von mit Hundefutter vermischtem Barium. (1), (2) und (3) Ein mit Kontrastmittel vermischter Futterbolus ist im Oesophagus zu sehen. Die longitudinalen Schleimhautfalten sind im distalen Oesophagus zu erkennen. (4) Schlieren von im Oesophagus verbliebenem Barium heben seinen Verlauf und die Schleimhautfalten hervor.

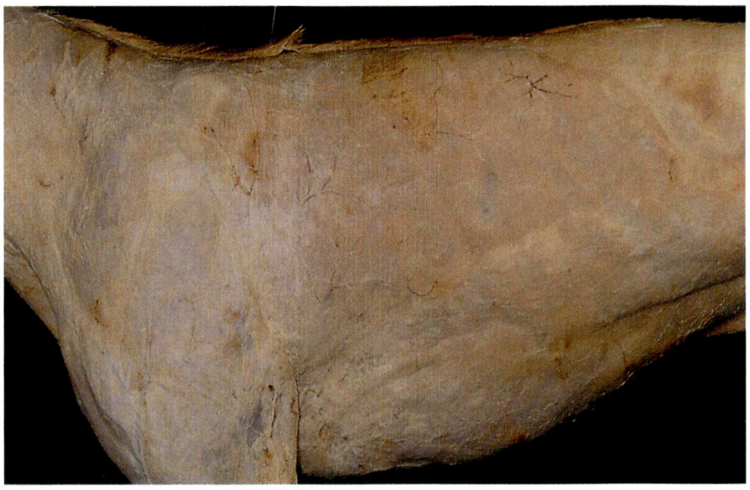

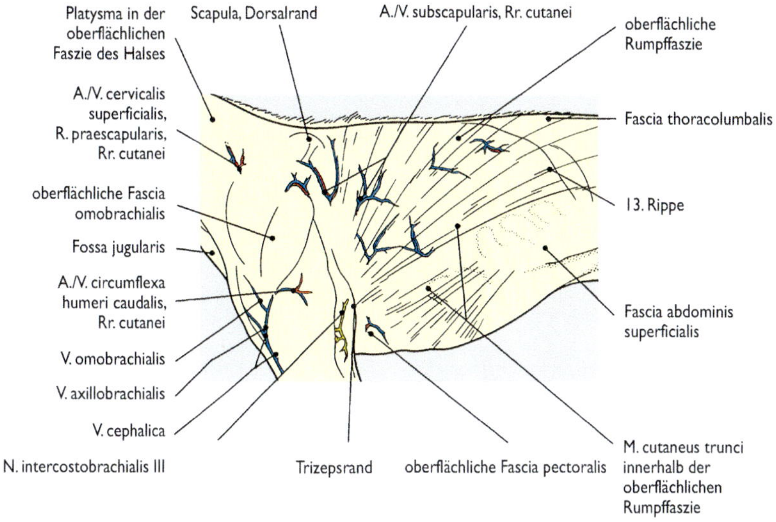

Abb. 5.6 Oberflächliche Faszie der Schulter und Brustwand: linke laterale Ansicht. Die oberflächliche Faszie ist nicht mit dem Skelett verbunden und kann unterschiedliche Mengen von Fettgewebe enthalten. Der Hautmuskel des Rumpfes ist sichtbar in die Faszie eingebettet.

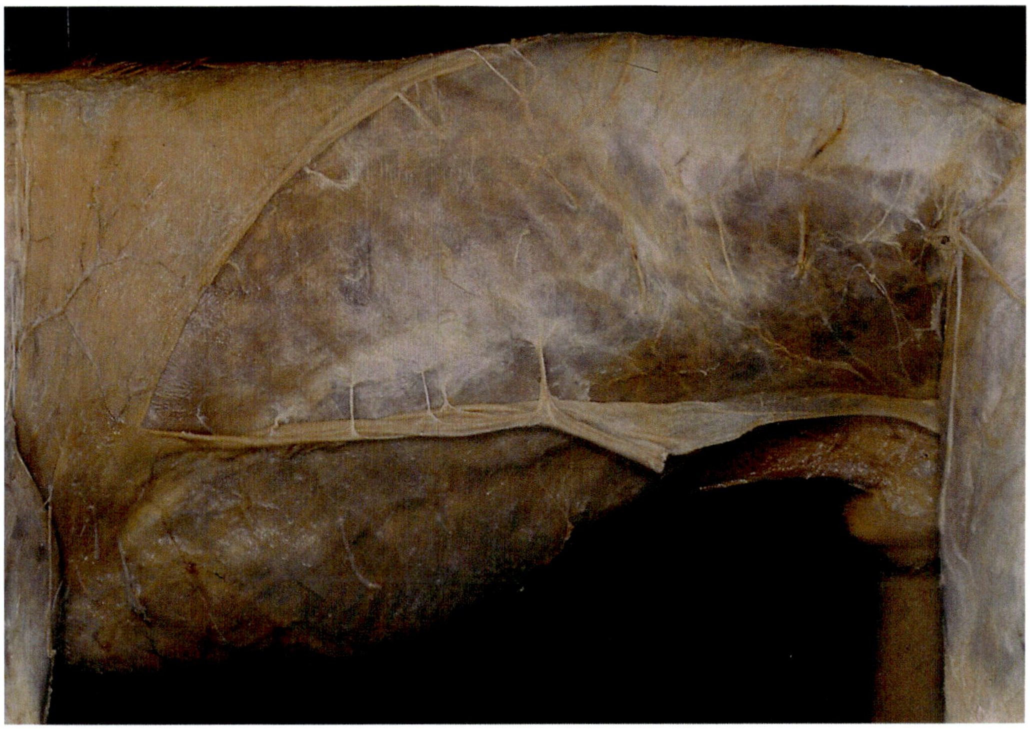

Abb. 5.7 Hautmuskel des Rumpfes und Hautnerven: linke laterale Ansicht. Durch partielle Entfernung der oberflächlichen Faszie wurde der Hautmuskel freigelegt. Er wurde durchtrennt und nach ventral geklappt, wodurch zwei Reihen lateraler Hautnerven mit ihren dazugehörigen kleinen Hautgefäßen, welche ihren Ursprung in den Interkostalgefäßen haben, dargestellt wurden.

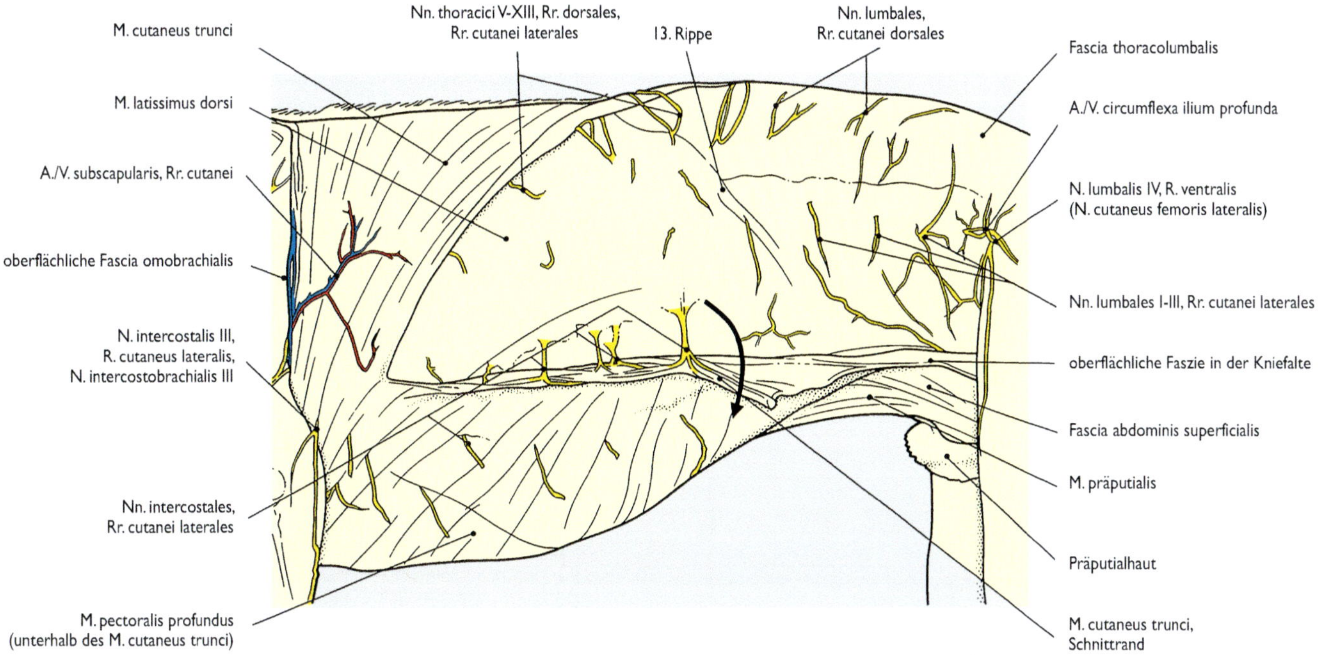

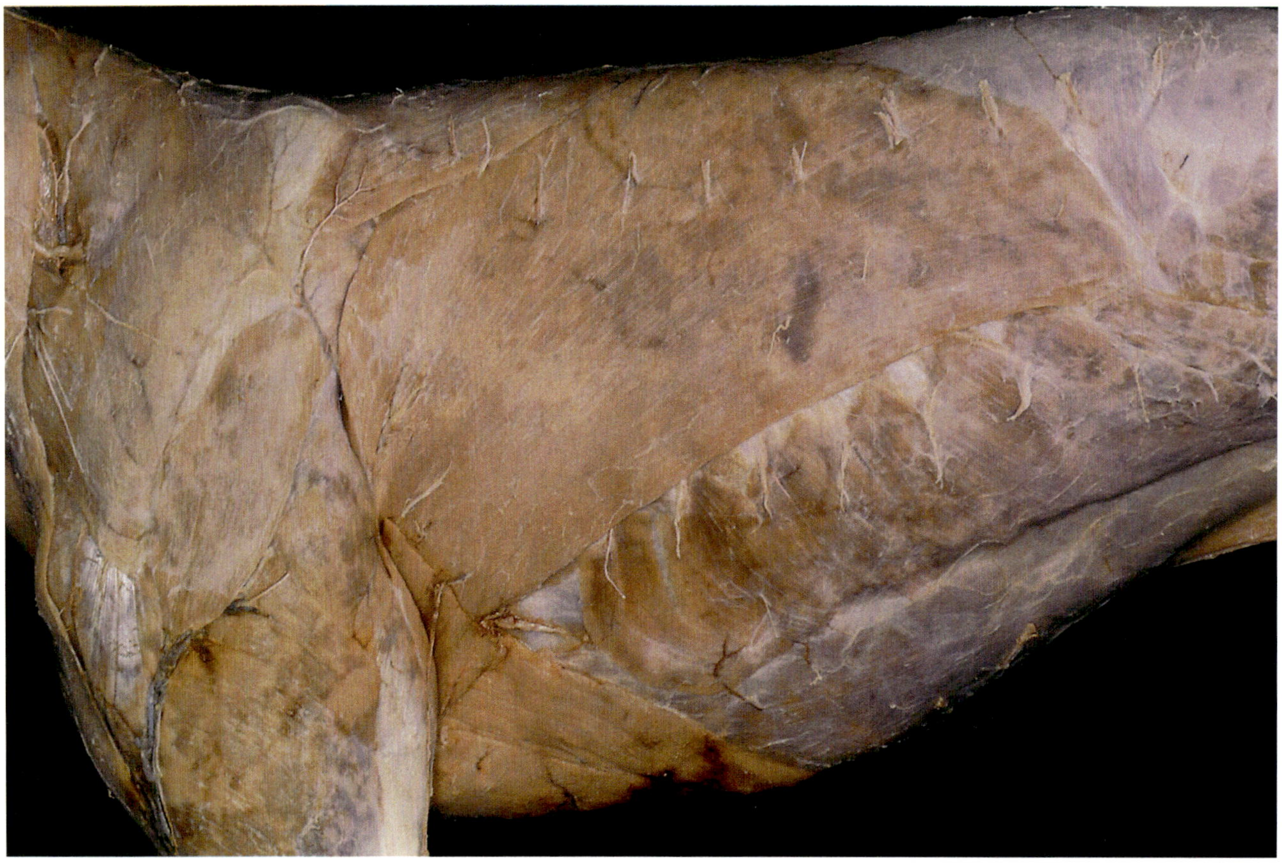

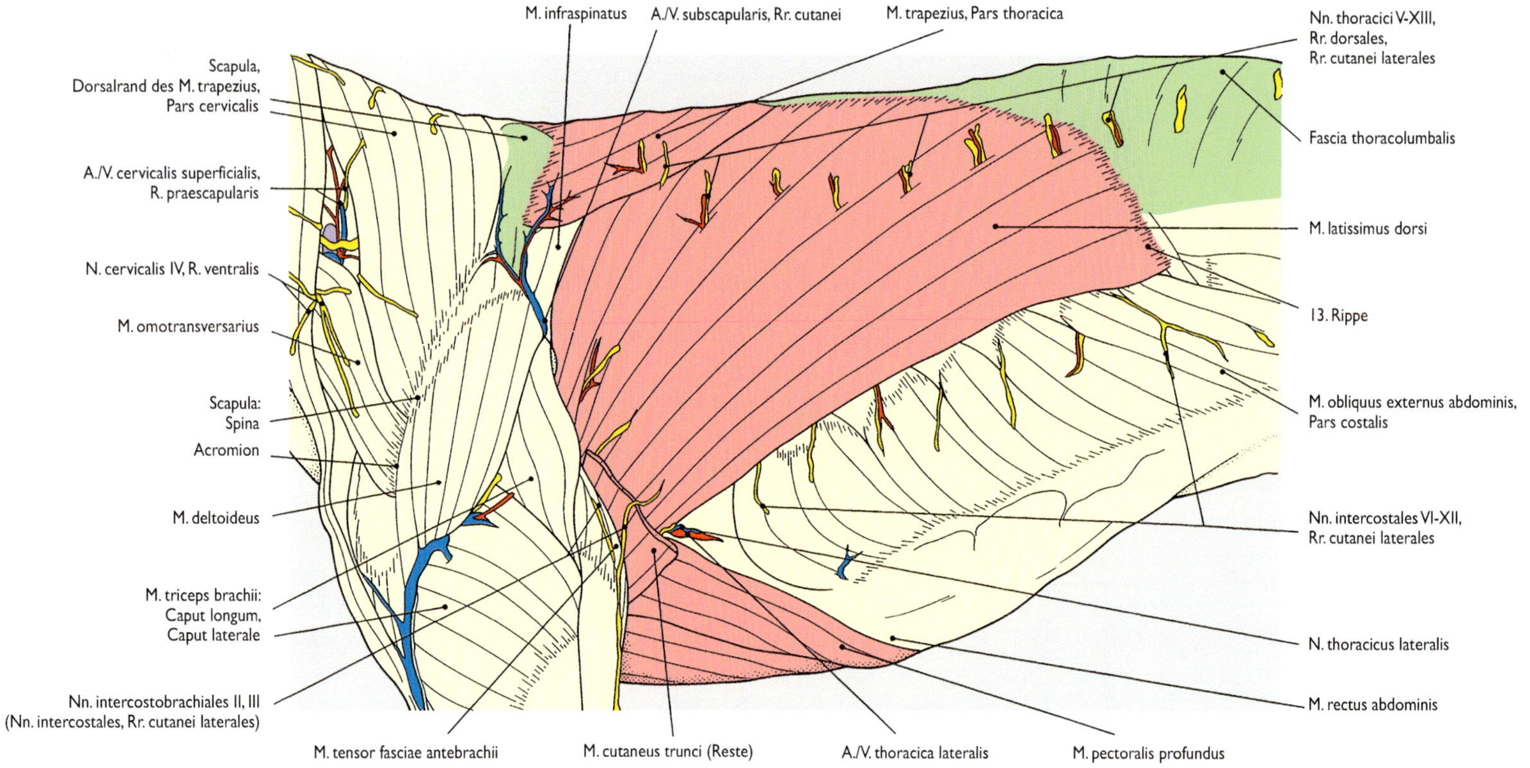

Abb. 5.8 Oberflächliche Strukturen von Schulter und Brustwand (1) Hautnerven: linke laterale Ansicht. Die oberflächliche Faszie und der Großteil des Hautmuskels wurden entfernt. A. und V. thoracica lateralis und der N. thoracicus lateralis treten zwischen den divergierenden Mm. pectoralis und latissimus dorsi an die Oberfläche. Die Muskeln erstrecken sich von der Achselhöhle nach kaudal auf den Brustkorb.

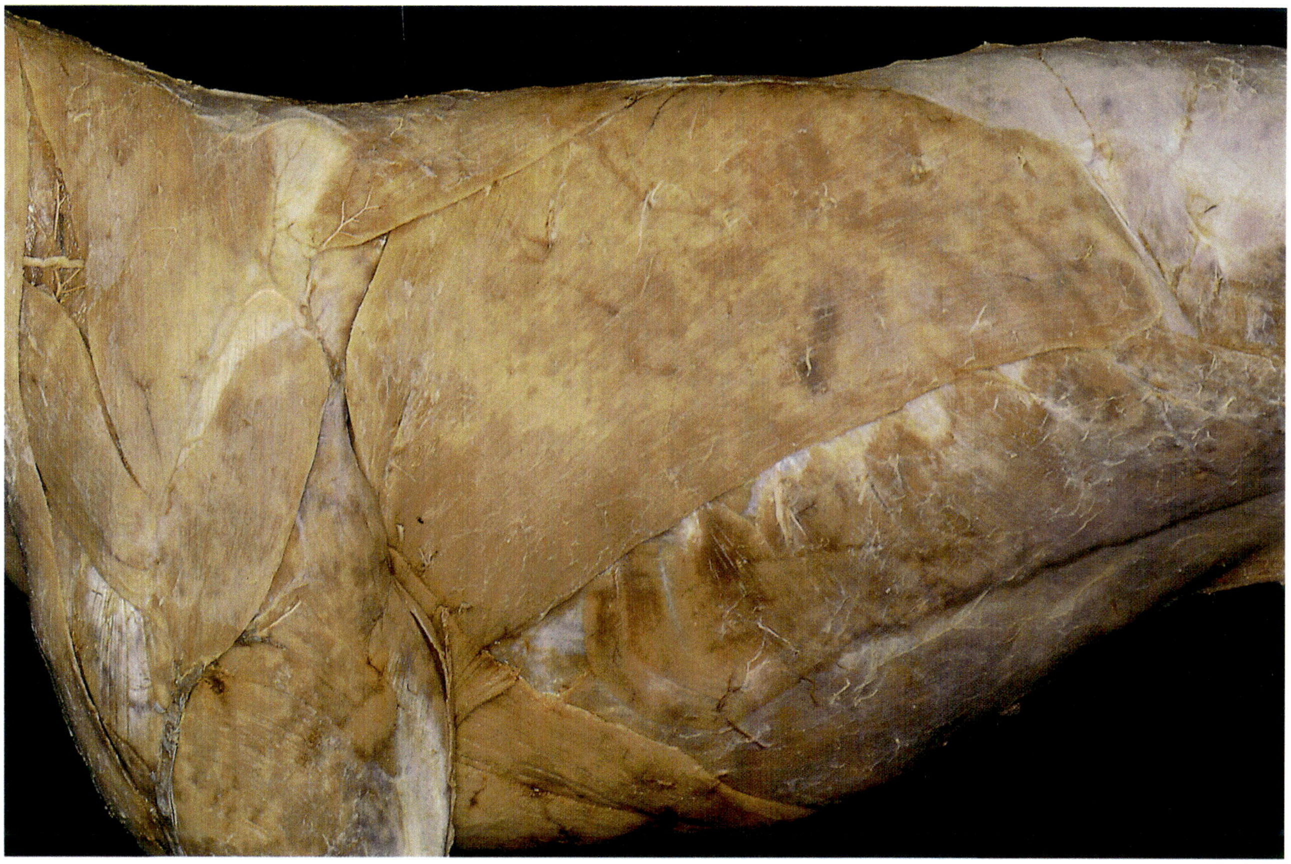

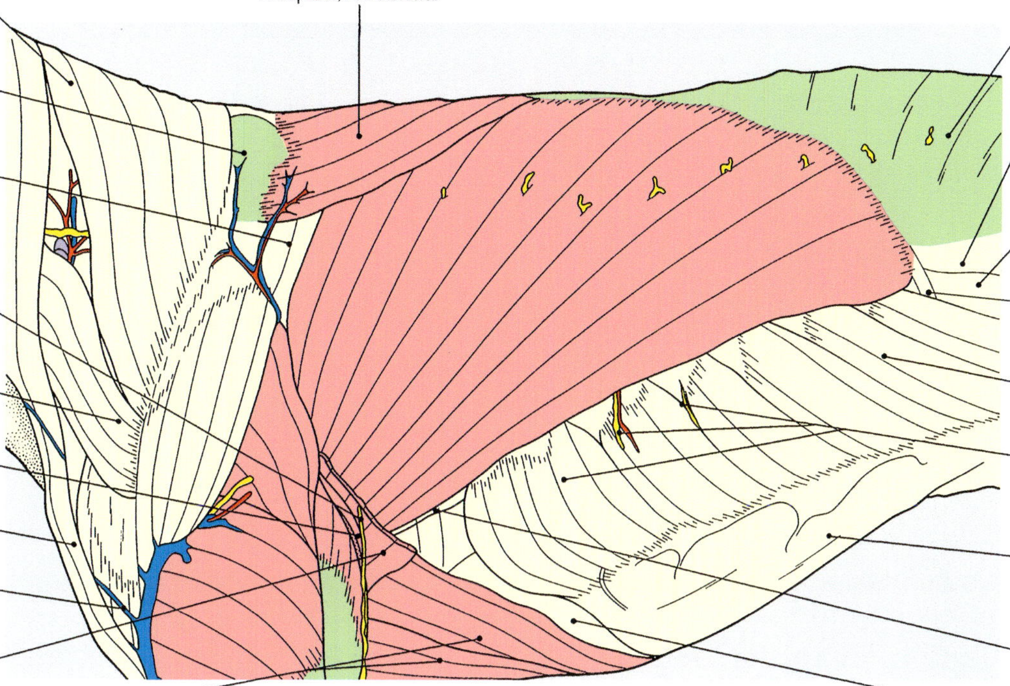

Abb. 5.9 Oberflächliche Strukturen von Schulter und Brustwand (2) extrinsische Vordergliedmaßenmuskeln: linke laterale Ansicht. Extrinsische Muskeln der Vordergliedmaße wurden nach Entfernung der oberflächlichen Faszie und Kürzung der lateralen Hautnerven freigelegt. Der Trizepsrand, die Grundlage für die kaudale Begrenzung des Oberarms, ist deutlich sichtbar. Die Fascia thoracica profunda führt unterhalb der Mm. latissimus dorsi und pectoralis medial zum Oberarm und bildet die mediale Auskleidung der Achselhöhle (siehe Abb. 3.43 und 5.82).

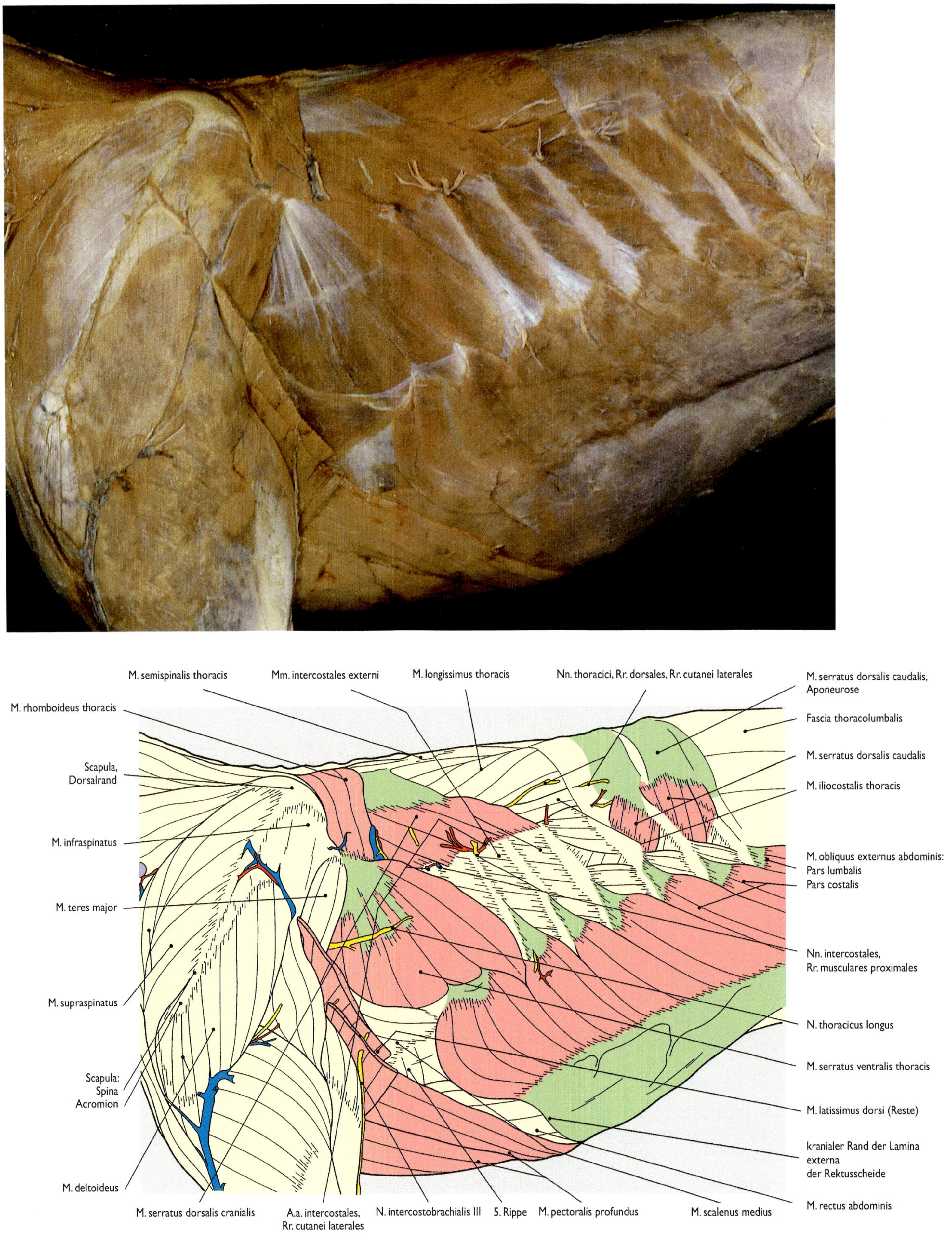

Abb. 5.10 Brustwand (1) nach Entfernung des M. latissimus dorsi: linke laterale Ansicht. Die Mm. latissimus dorsi und trapezius wurden entfernt, um mit der Freilegung der Brustwand zu beginnen. Dadurch wurde der gesamte Ursprung des M. obliquus externus abdominis am Thorax von der 13. Rippe bis kranial zur 6. Rippe dargestellt. Weiterhin sichtbar sind die kaudalen Ansätze des M. serratus ventralis thoracis von der 5. bis zur 8. Rippe und die Pars thoracis m. rhomboidei am dorsalen Ende der Scapula, einschließlich ihrer Lagebeziehung zum Angulus caudalis und zur Facies medialis. Die tiefe thorakolumbale Faszie, die die epaxiale Muskulatur bedeckt, wurde teilweise entfernt, um die Bereiche der Faszie abzugrenzen, die auch als aponeurotische Ansätze der Mm. serrati dorsalis cranialis und caudalis dienen.

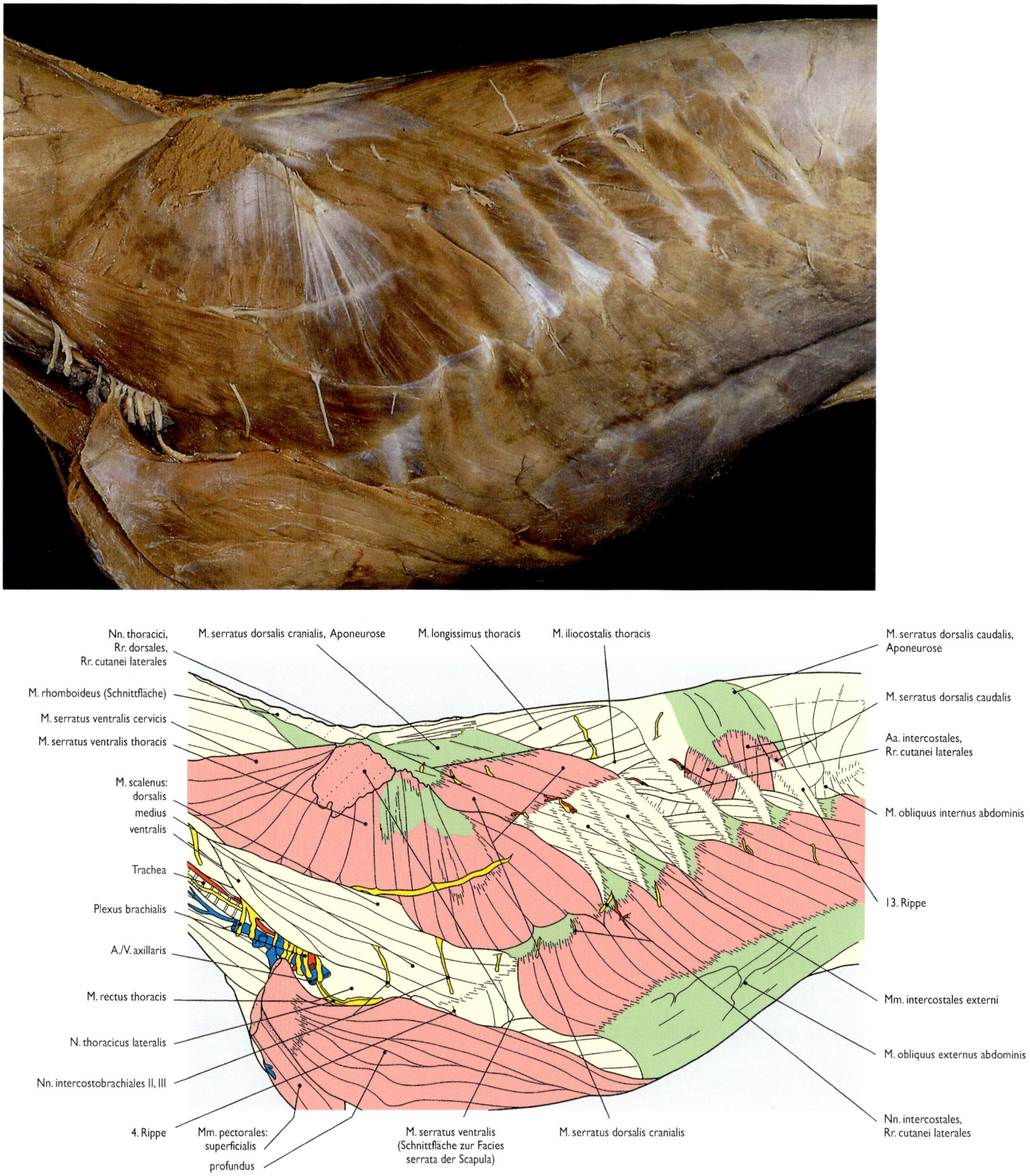

Abb. 5.11 Brustwand (2) nach Absetzen der Vordergliedmaße: linke laterale Ansicht. Das Absetzen der Vordergliedmaße erfolgte durch Durchtrennung des M. rhomboideus im Bereich der Ligamenta supraspinale und nuchae sowie der sehnigen dorsomedianen Raphe des Halses. Weiterhin wurden der M. serratus ventralis an der Facies serrata der Scapula sowie die Mm. pectorales superficialis und profundus von ihren Ansätzen am Humerus abgelöst. Die Axillargefäße und Nerven, die aus dem Plexus brachialis entspringen, wurden ebenfalls durchtrennt.

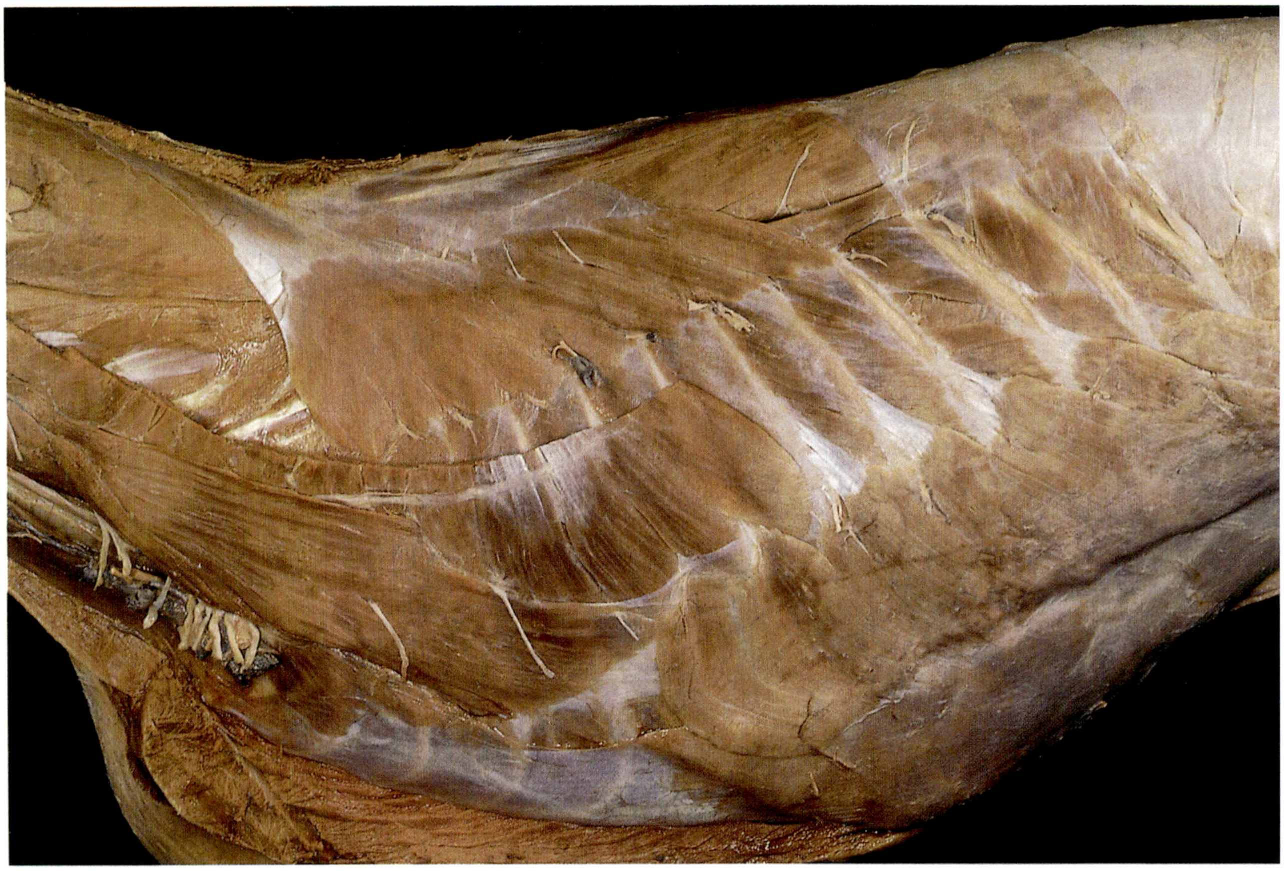

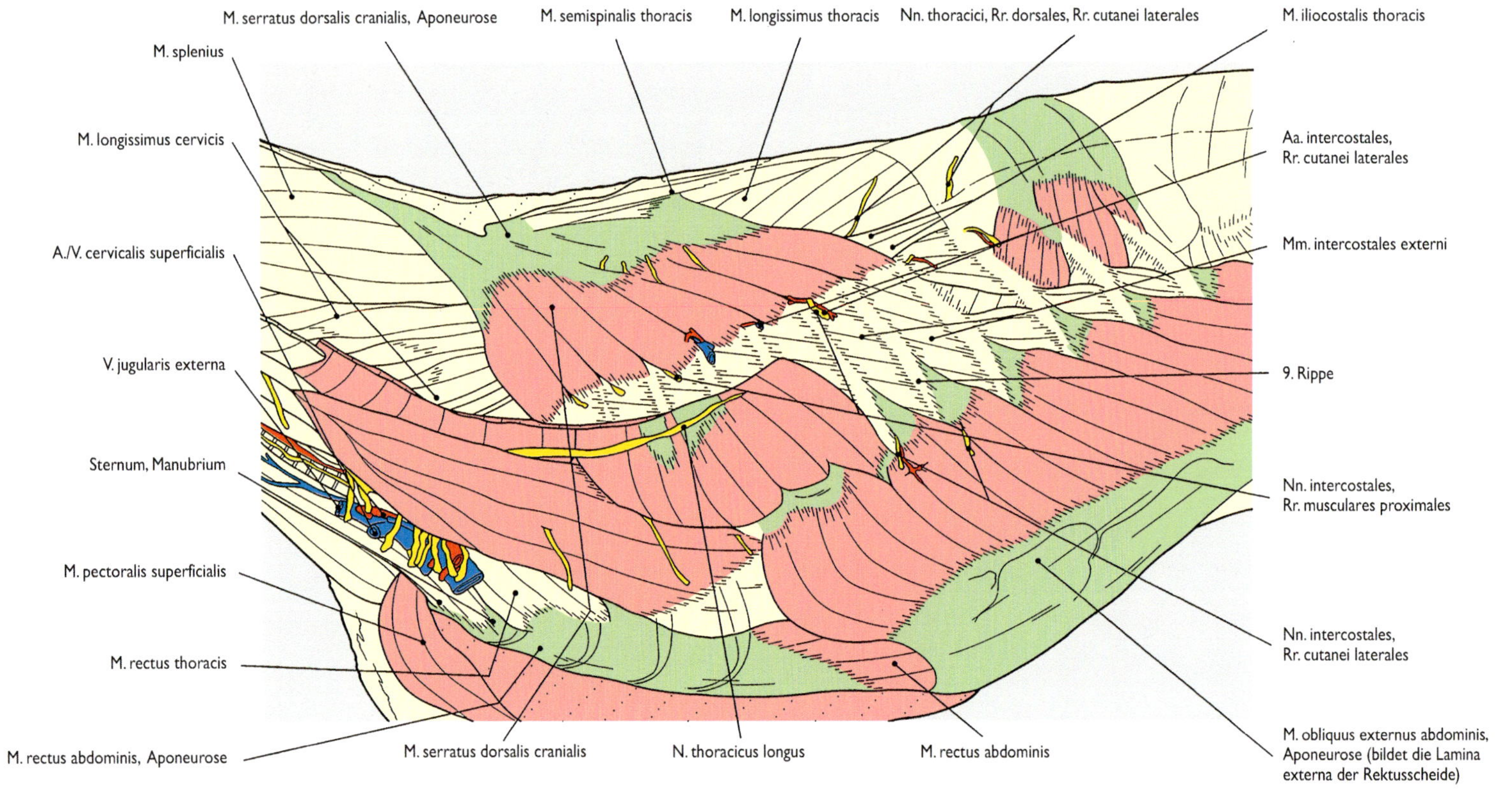

Abb. 5.12 Brustwand (3) Mm. serratus dorsalis und scalenus: linke laterale Ansicht. Der M. serratus ventralis wurde entfernt (abgesehen von seinem ventralen Ansatz an den Rippen), wodurch der M. serratus dorsalis cranialis freigelegt wurde. Die linksseitige Pektoralismuskulatur wurde entfernt. Freigelegt wurden dadurch die mediale Oberfläche der rechten Mm. pectorales, die ventral des Sternums an die linken Mm. pectorales heranreicht, der kleine M. rectus thoracis, die Ursprungsaponeurose des M. rectus abdominis und das Manubrium sterni.

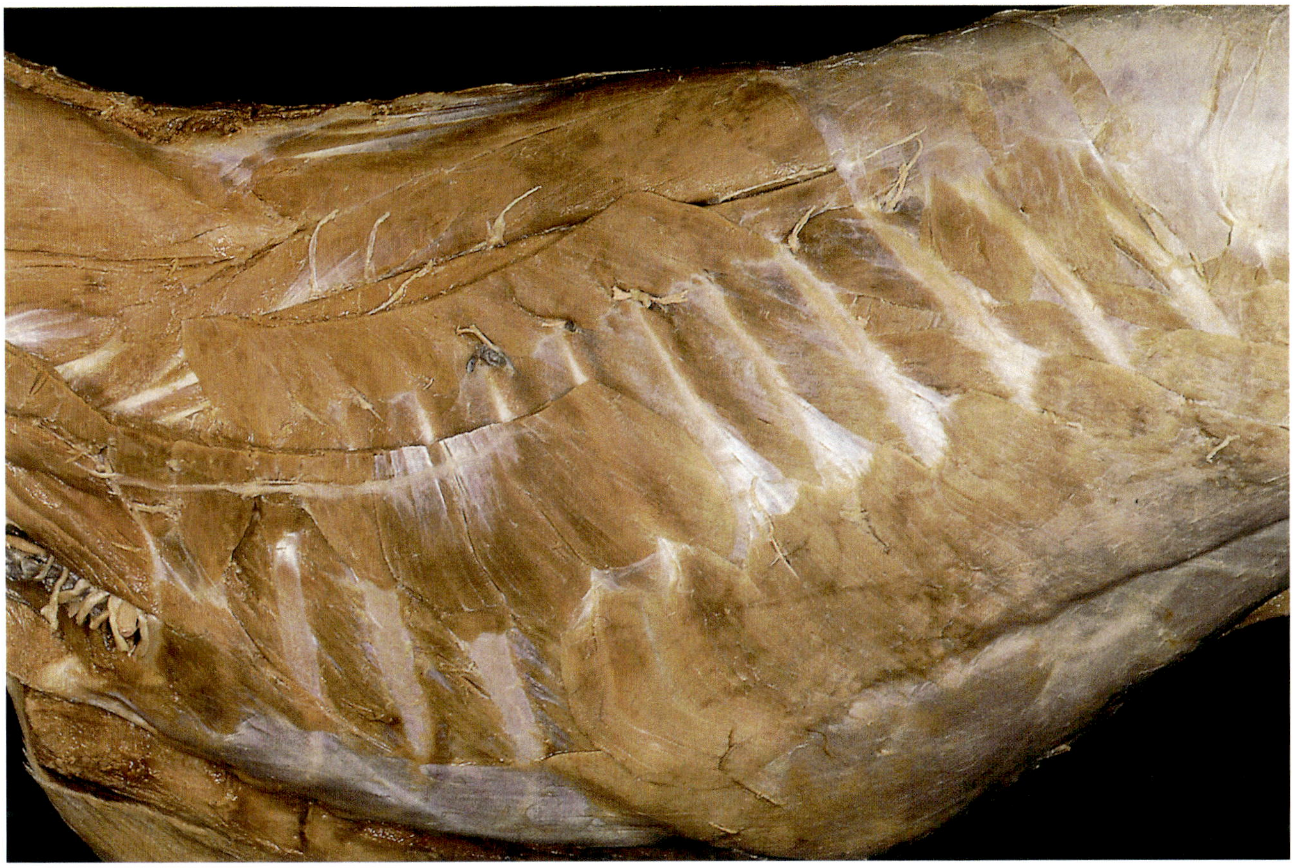

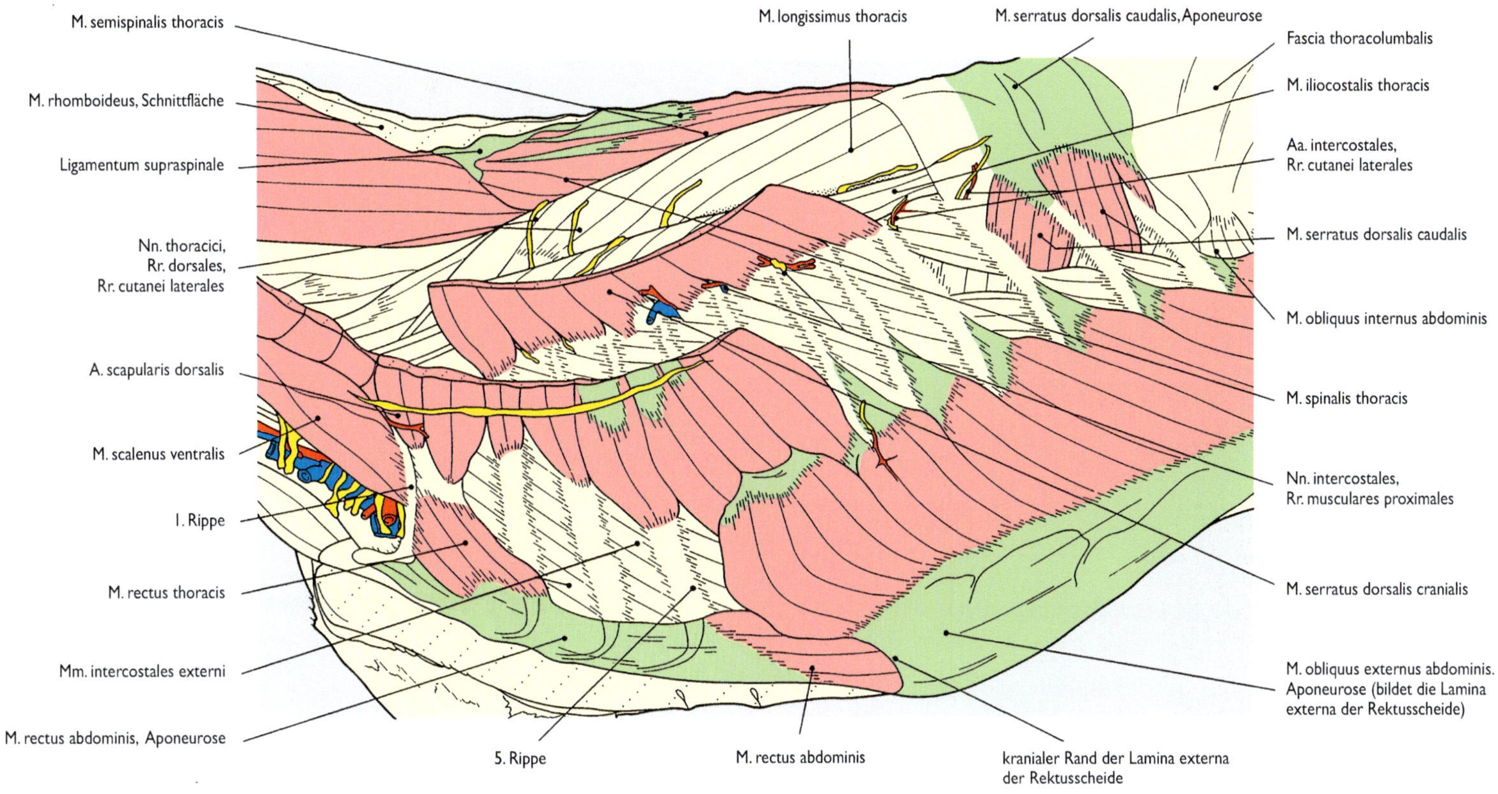

Abb. 5.13 Brustwand (4) M. obliquus externus abdominis: linke laterale Ansicht. Die Fascia thoracolumbalis wurde entfernt und der Ursprung des M. splenius (siehe auch Kapitel 3), das Ligamentum supraspinale und die Mm. spinalis und semispinalis thoracis freigelegt. Anteile des M. scalenus (dorsalis und medius), die sich nach kaudal auf die 2.-6. Rippe erstrecken, wurden entfernt. Nur der Ansatz an der 1. Rippe ist verblieben. Dadurch wurden die 1. Rippe, Teile der 2.-5. Rippe und die äußere Interkostalmuskulatur in den entsprechenden Interkostalräumen freigelegt.

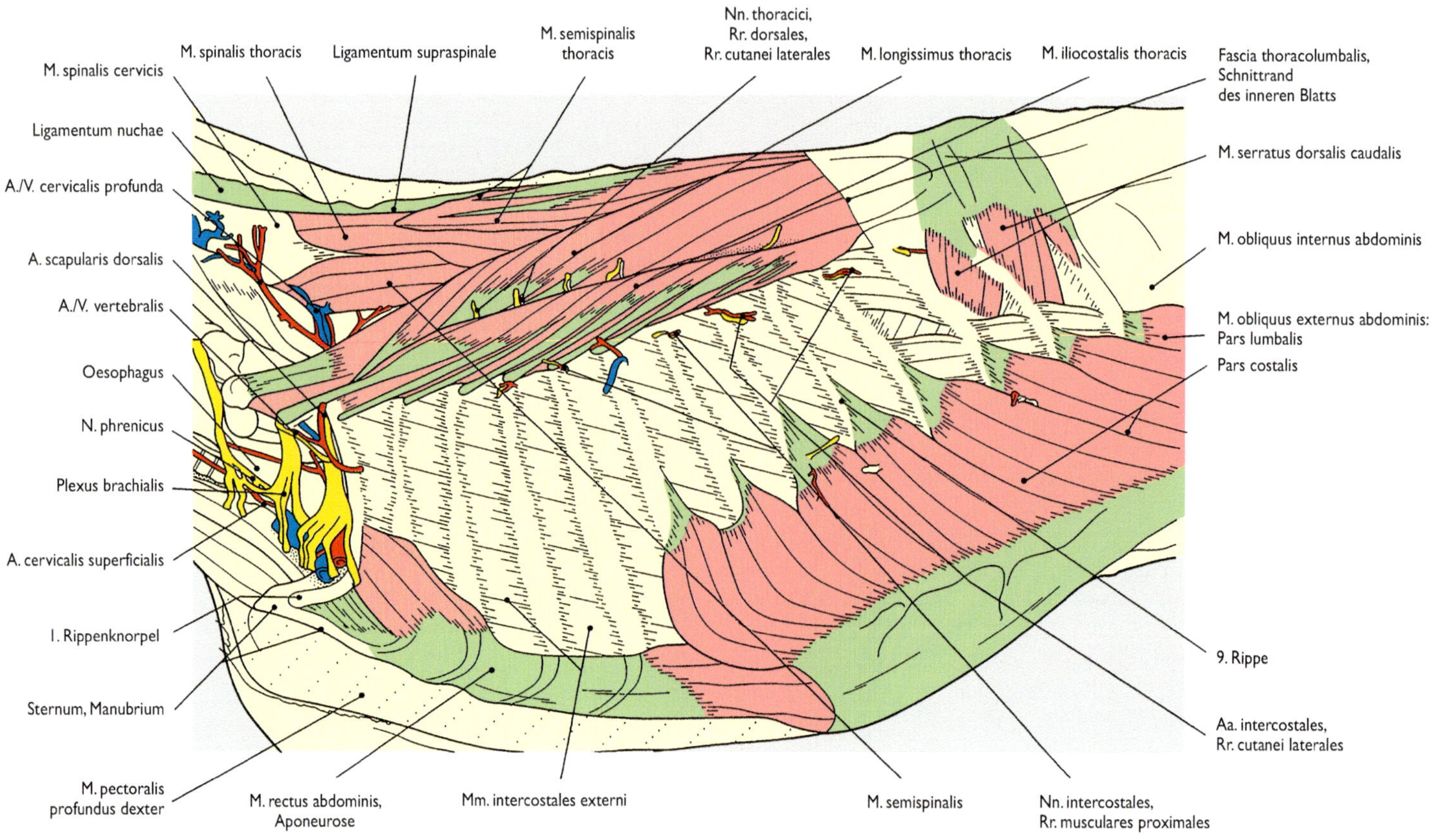

Abb. 5.14 Brustwand (5) Mm. longissimus und iliocostalis thoracis: linke laterale Ansicht. Reste des M. serratus ventralis und des M. serratus dorsalis cranialis samt dem an der 1. Rippe ansetzenden Anteil des M. scalenus wurden entfernt. Die gesamte Ausdehnung des Brustkorbs ist nun erkennbar, da alle 13 Rippen, zumindest teilweise, freiliegen. Die Mm. splenius und semispinalis capitis wurden gemeinsam mit einem großen Teil des M. longissimus cervicis vom Hals entfernt (siehe Kapitel 3). Dadurch sind die Mm. spinalis thoracis und semispinalis thoracis freigelegt. Der M. longissimus thoracis erstreckt sich kranial bis zum 6. Halswirbel, der M. iliocostalis thoracis bis zum 7. Halswirbel.

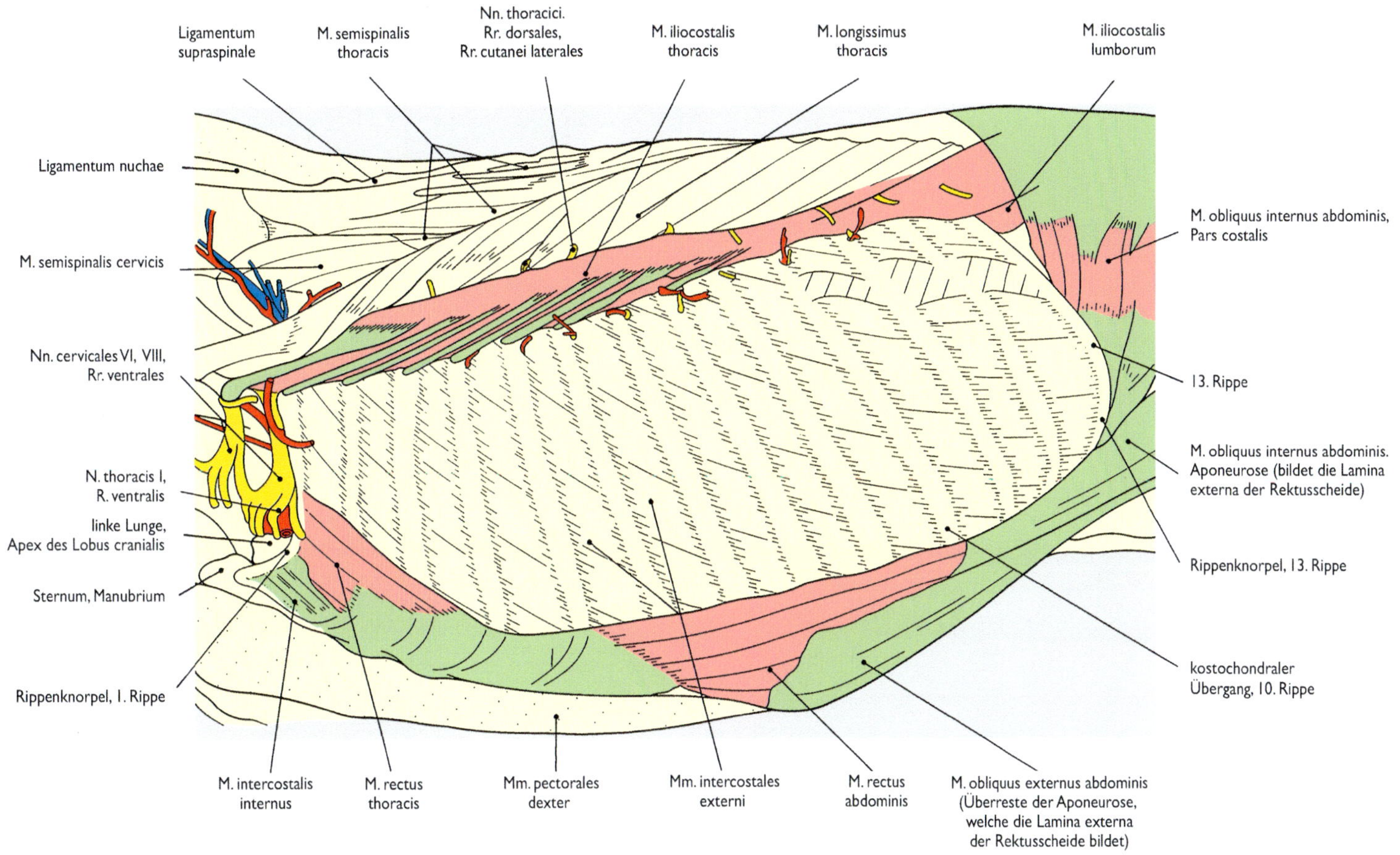

Abb. 5.15 Brustwand (6) M. rectus abdominis und Rektusscheide: linke laterale Ansicht. Die Rippenansätze des M. obliquus externus abdominis wurden entfernt, mit Ausnahme des Abschnitts der ventralen Aponeurose, der zur Lamina externa der Rektusscheide beiträgt, die eng an der Oberfläche des geraden Bauchmuskels anliegt. Kaudal ist der zur Rektusscheide gehörige Abschnitt der Aponeurose des M. obliquus internus abdominis intakt geblieben. Der M. rectus abdominis ist nun entlang der gesamten Länge des Brustkorbs freigelegt.

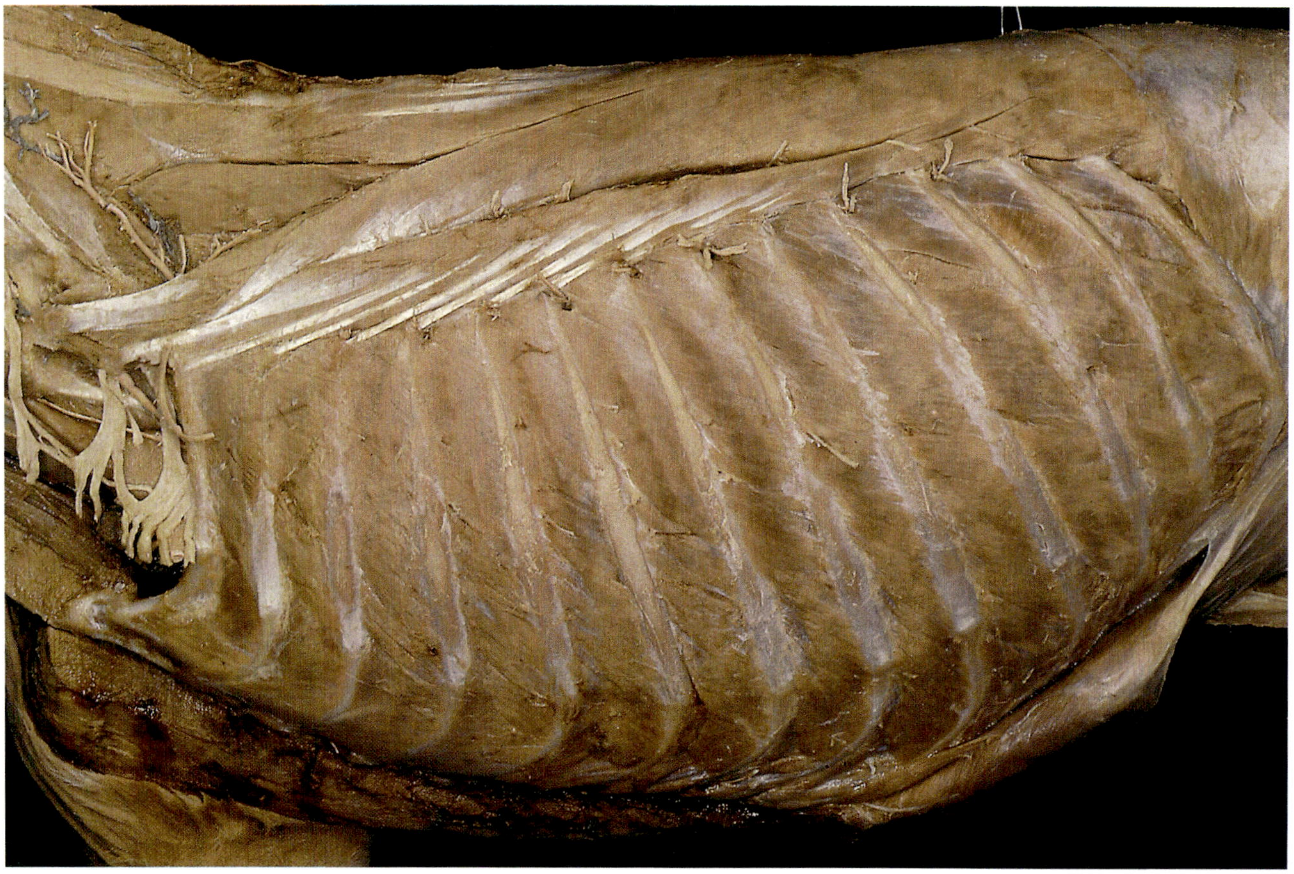

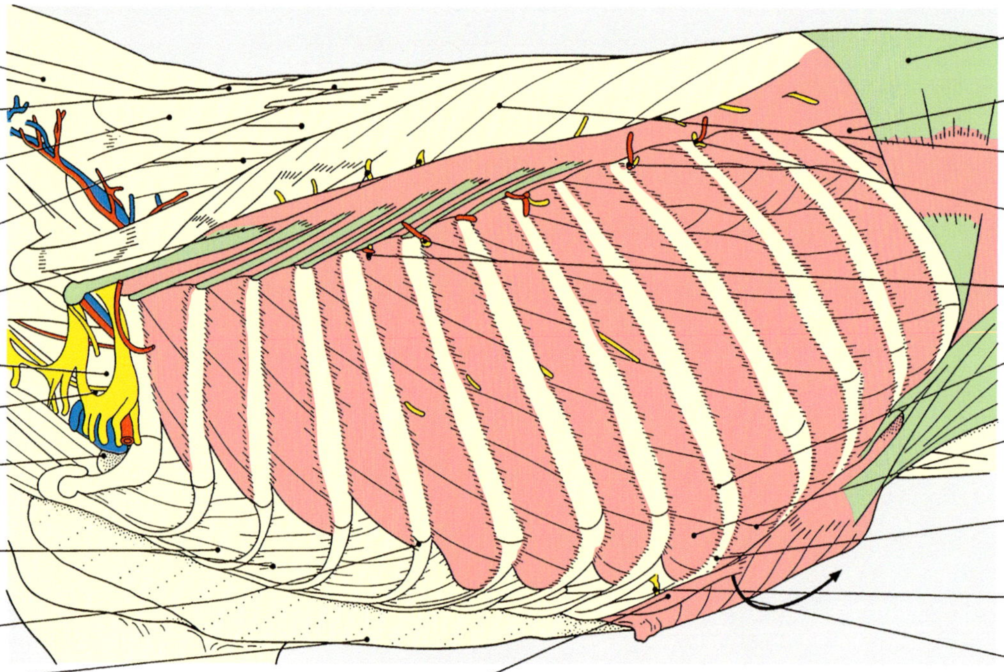

Abb. 5.16 Brustwand (1) Mm. intercostales externi: linke laterale Ansicht. Der M. rectus thoracis wurde entfernt und der M. rectus abdominis zurückgeklappt, jedoch verhindert sein fleischiger Ansatz am sternalen Anteil des 9. Rippenknorpels ein vollständiges Zurückklappen des Muskels. Die gesamte Brustwand ist nun freigelegt, wobei die Mm. intercostales externi den Großteil der Interkostalräume ausfüllen.

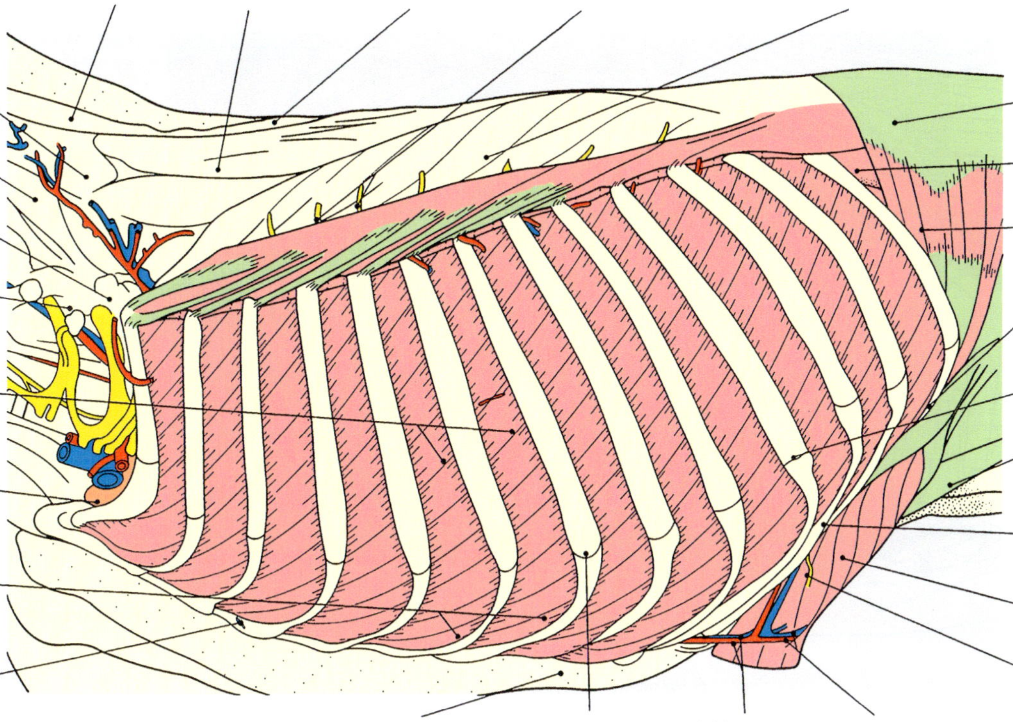

Abb. 5.17 Brustwand (2) Mm. intercostales interni: linke laterale Ansicht. Der M. rectus abdominis ist nach Ablösen seines fleischigen Ansatzes nun vollständig weggeklappt (siehe Abb. 5.16). Dadurch wurden der Rippenbogen, die Fortführung der Rektusscheide und die A. und V. epigastrica cranialis freigelegt. Die Mm. intercostales externi wurden ebenfalls aus allen Interkostal- und den kaudalen Interchondralräumen entfernt, wodurch die Mm. intercostales interni freigelegt wurden.

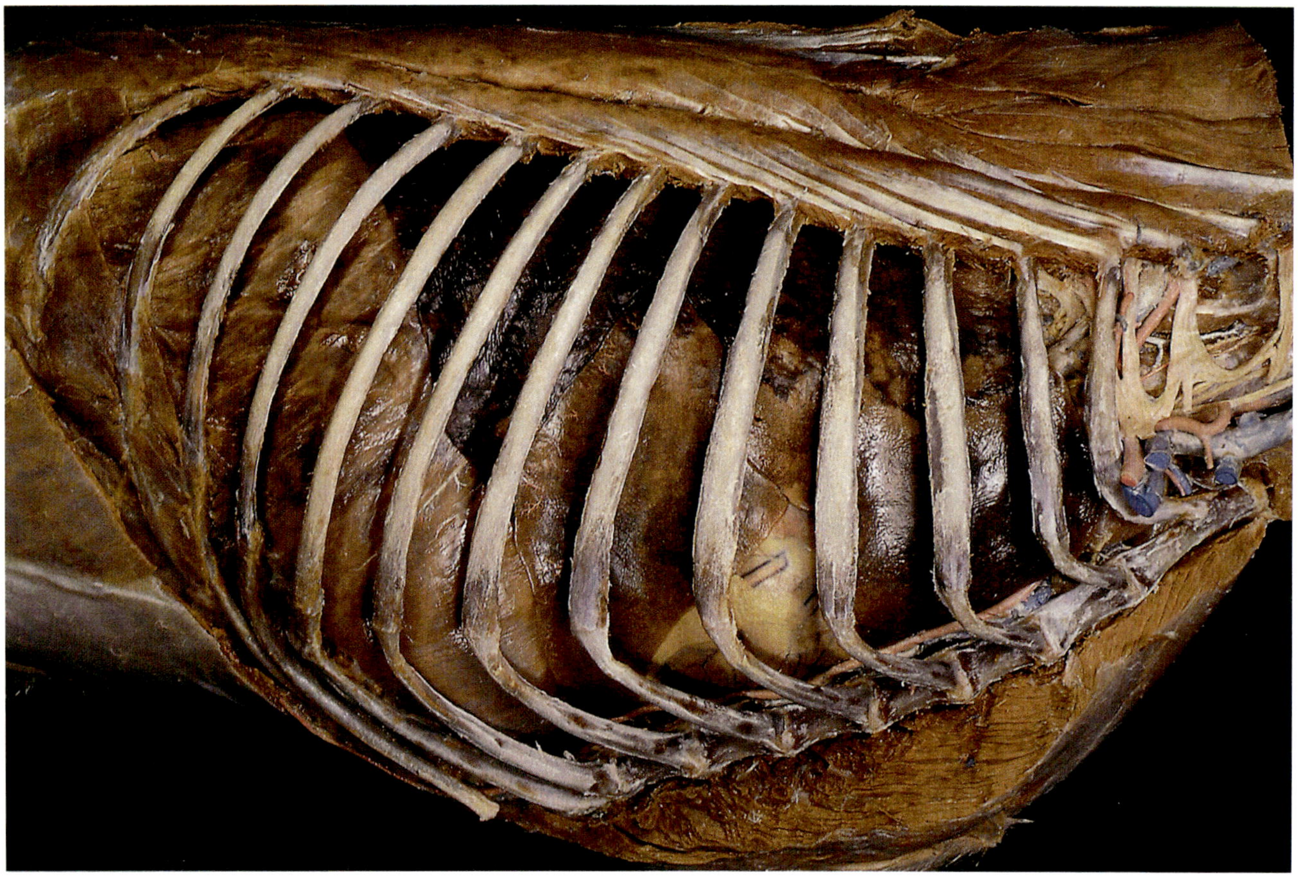

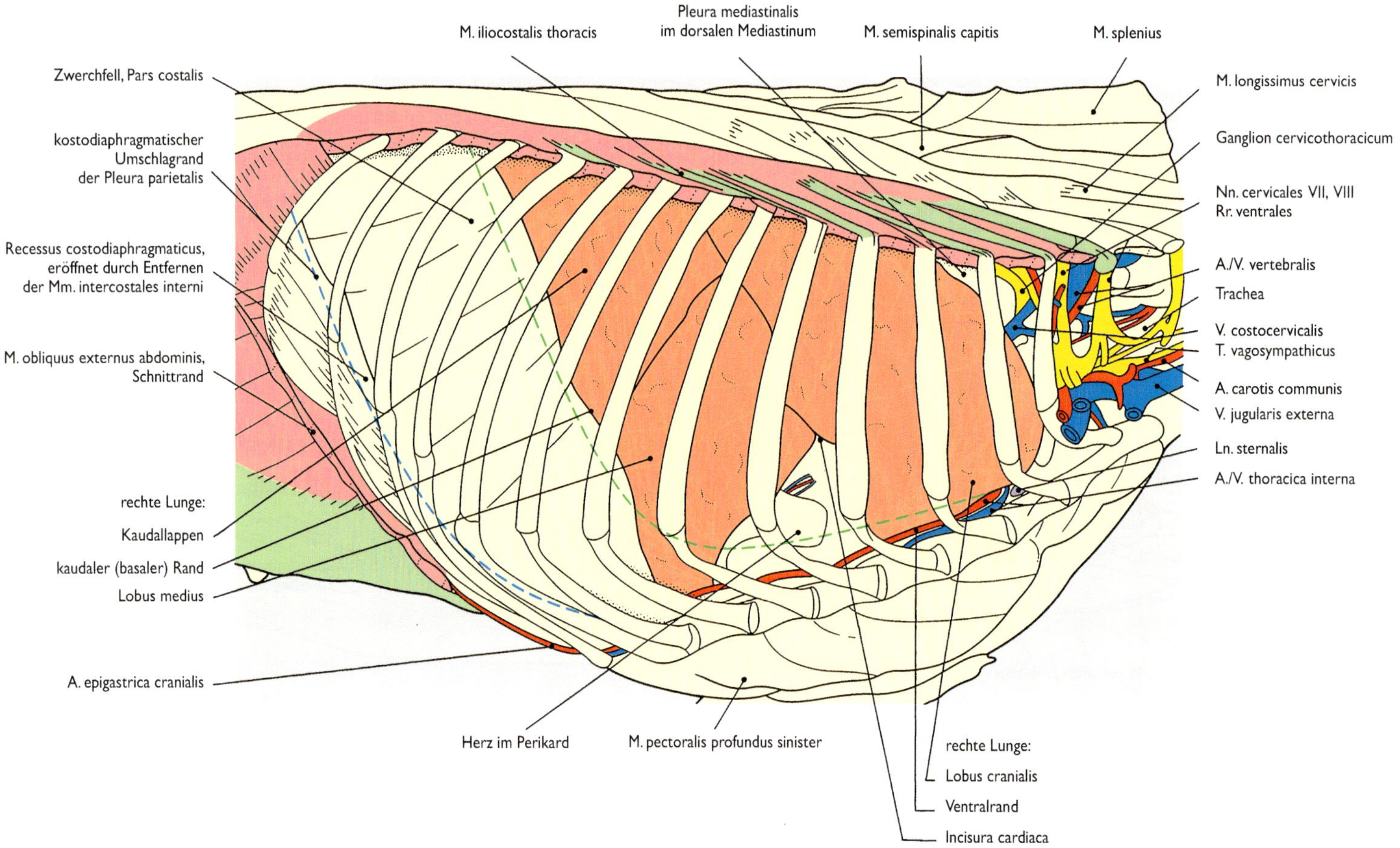

Abb. 5.20 Brustkorb (5) Topographie der Brsuthöhle: rechte laterale Ansicht. Die Lunge wurde in annähernd normaler „Ruheposition“ fixiert. Ihr äußerer Umriss stimmt weitgehend mit der durch die gestrichelte grüne Linie auf der Zeichnung vorgegebenen Ausdehnung überein. Diese Linie verläuft kranioventral vom oberen Ende des vorletzten Interkostalraums am lateralen Rand des M. iliocostalis und parallel zum kostodiaphragmatischen pleuralen Umschlagrand (gestrichelte blaue Linie) bis zum kostochondralen Gelenk der 6. Rippe, von wo aus sie sich parallel zum Sternum nach kranial fortsetzt.

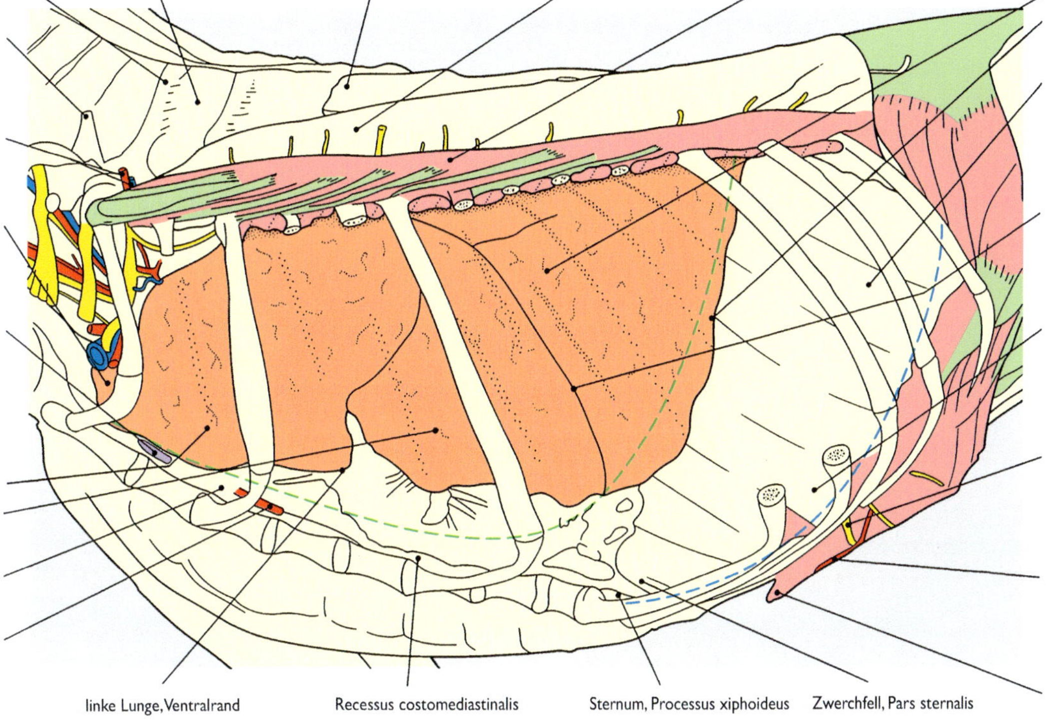

Abb. 5.21 Organe der Brusthöhle *in situ*: linke laterale Ansicht. Die 1., 3., und 6. Rippe wurden an ihrem Ort belassen, um die Beziehung der Organe zu den jeweiligen Rippen darzustellen. Die Lungenflügel wurden bei diesem Präparat durch die Fixierung ausgehärtet und erscheinen deshalb nicht „wasserdurchtränkt" (anders als in Abb. 5.19). Sie zeigen daher einen „normaleren" äußeren Umriss. Der kostodiaphragmatische Umschlagrand der Pleura ist hier und auf der dazugehörigen Zeichnung durch die gestrichelte blaue Linie angezeigt. Er folgt dem Ansatz des Zwerchfells am Brustkorb von der Mitte der 13. Rippe entlang des distalen Anteils der 12. Rippe, dem kostochondralen Gelenk der 11. Rippe und den Rippenknorpeln der 10. und 9. Rippe.

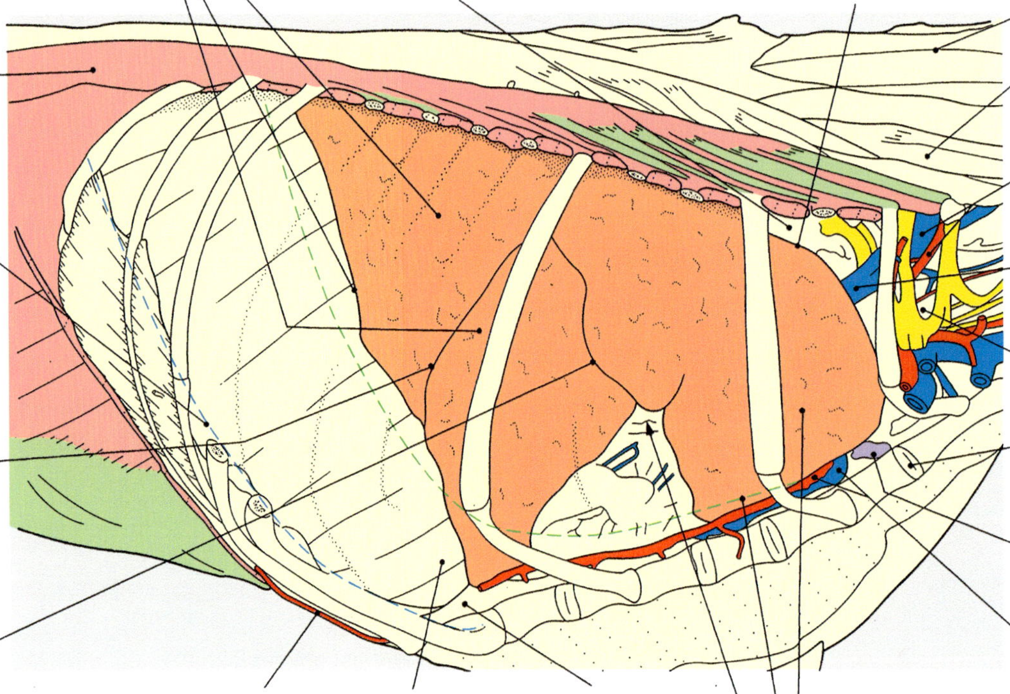

Abb. 5.22 Organe der Brusthöhle *in situ*: rechte laterale Ansicht. Durch Entfernen der 4. und 5. Rippe wurde die Incisura cardiaca am Ventralrand der Lunge zwischen Lobis cranialis und Lobus medius freigelegt. Durch die Incisura ist das von Fettgewebe durchzogene Perikard auf der Herzoberfläche sichtbar. Die kraniale Ausdehnung der Pleurahöhle ist in keiner der Präparationen gut zu erkennen – sie wird auf jeder Seite durch eine Pleuratasche auf Höhe der Apertura thoracis cranialis medial der 1. Rippe repräsentiert.

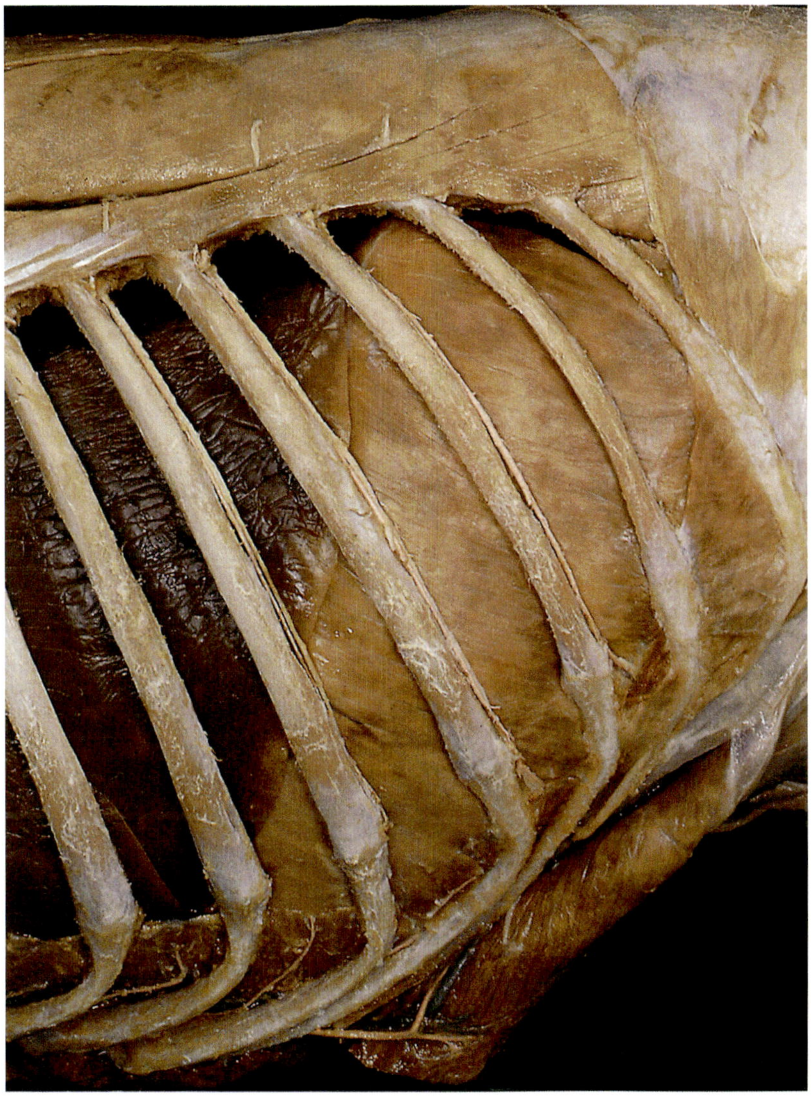

Abb. 5.23 Kaudale Rippen, Rippenbogen, interkostale Arterien und Nerven: linke laterale Ansicht. Dies ist eine vergrößerte Ansicht des kaudalen Bereichs aus Abb. 5.18. Die Aa. und Nn. intercostales sind nach Entfernen der Fascia endothoracica im 9., 10. und 11. Interkostalraum sichtbar. Fortlaufende Äste der Nn. intercostales des 10. und 11. Zwischenraums treten dorsal des Rippenbogens zwischen Fasern des Zwerchfells und M. transversus abdominis hervor. Einige der Mm. intercostales interni verbleiben zwischen den Rippen kaudal des kostodiaphragmatischen Umschlagrandes der Pleura.

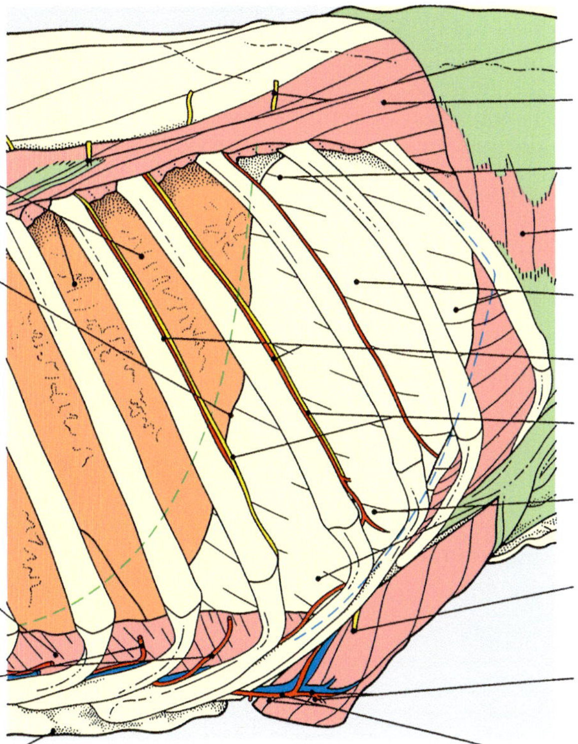

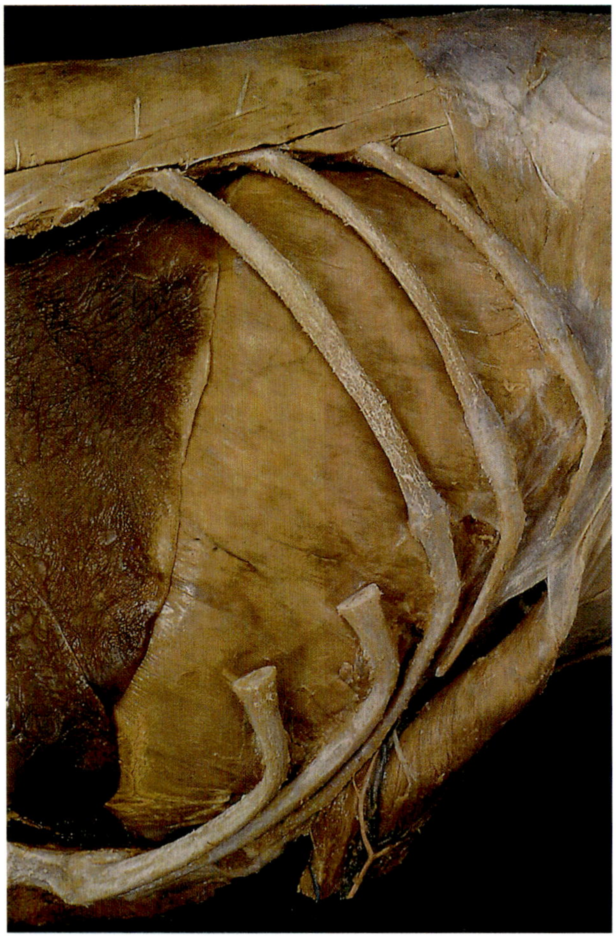

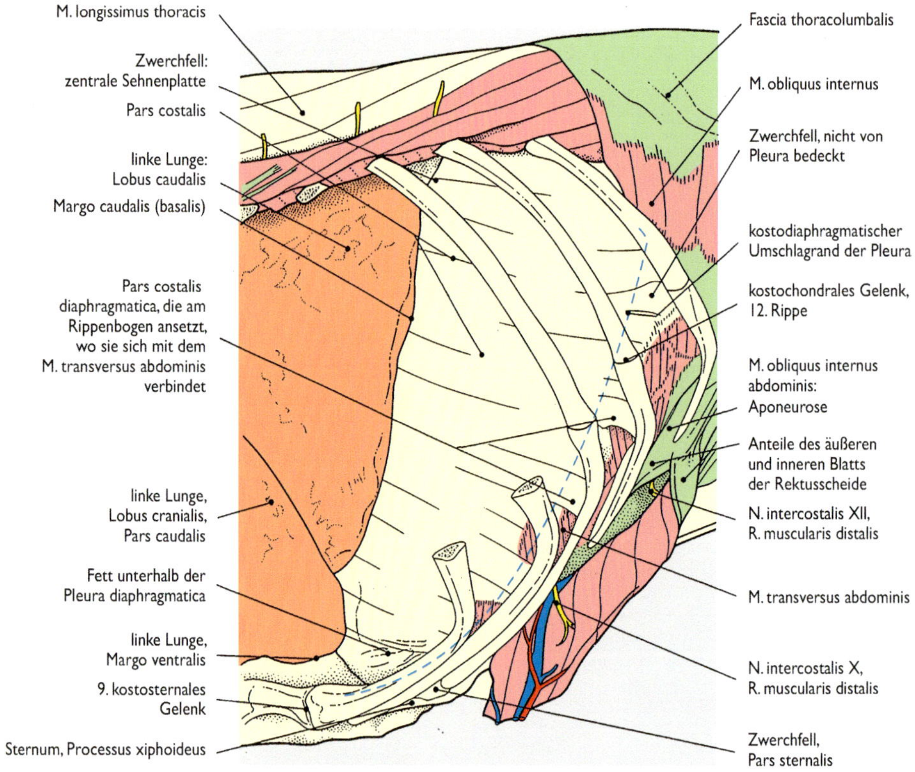

Abb. 5.24 Kaudale Rippen, Rippenbogen und Zwerchfell: linke laterale Ansicht. Die kaudal des kostodiaphragmatischen Umschlagrandes der Pleura verbliebenen Anteile der Mm. intercostales interni wurden aus dem 11. und 12. Interchondralraum entfernt, wodurch der Rippenbogen und der gesamte Ansatz der Pars costalis des Zwerchfells freigelegt wurden.

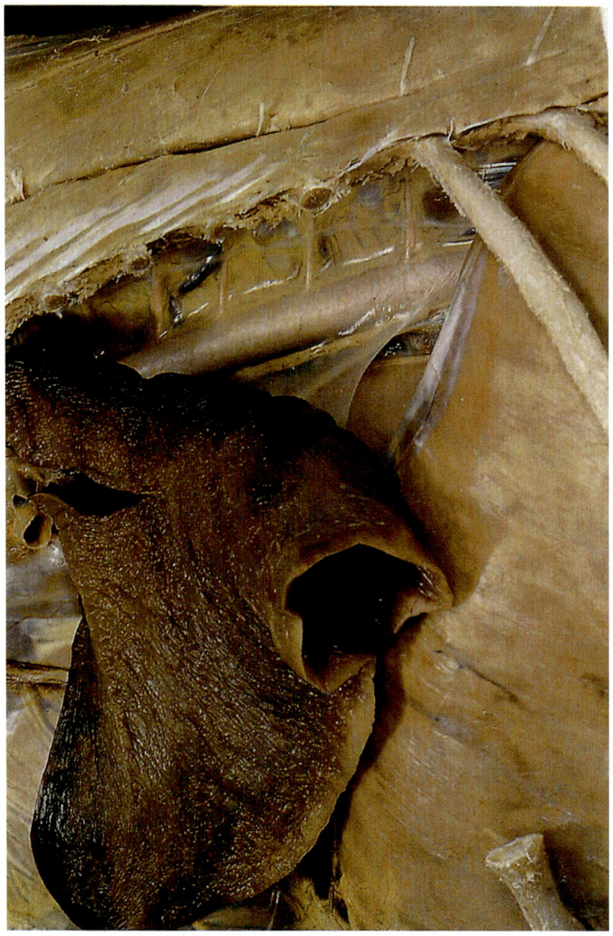

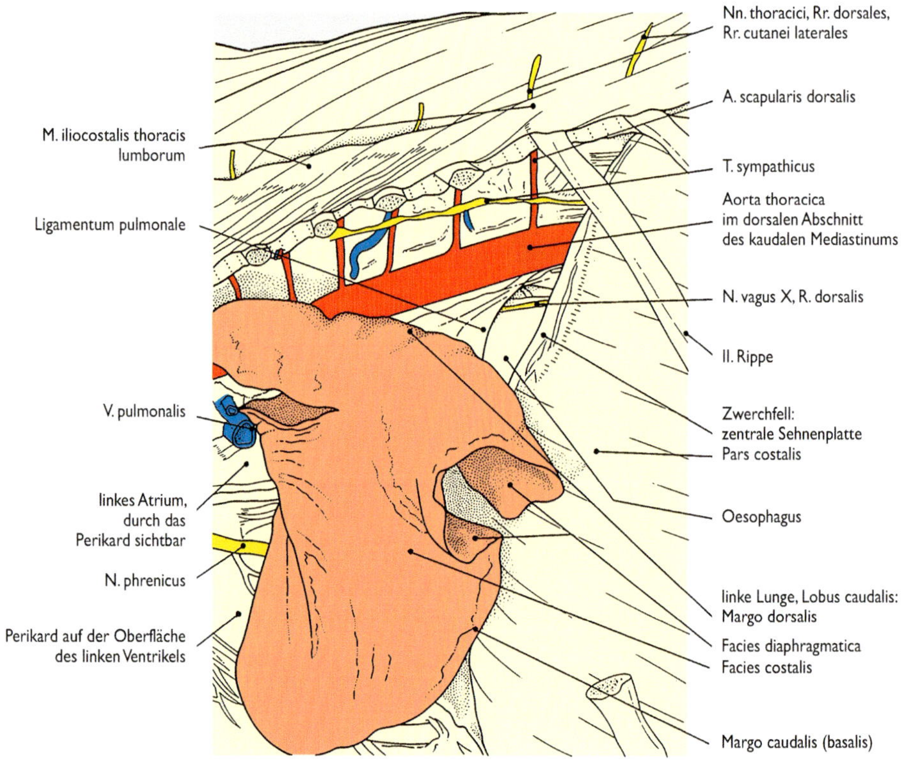

Abb. 5.25 Ligamentum pulmonale und Lobus caudalis der linken Lunge: linke laterale Ansicht. Der Lobus caudalis wurde soweit wie möglich nach ventral gezogen, ohne dabei das Ligamentum pulmonale einzureißen.

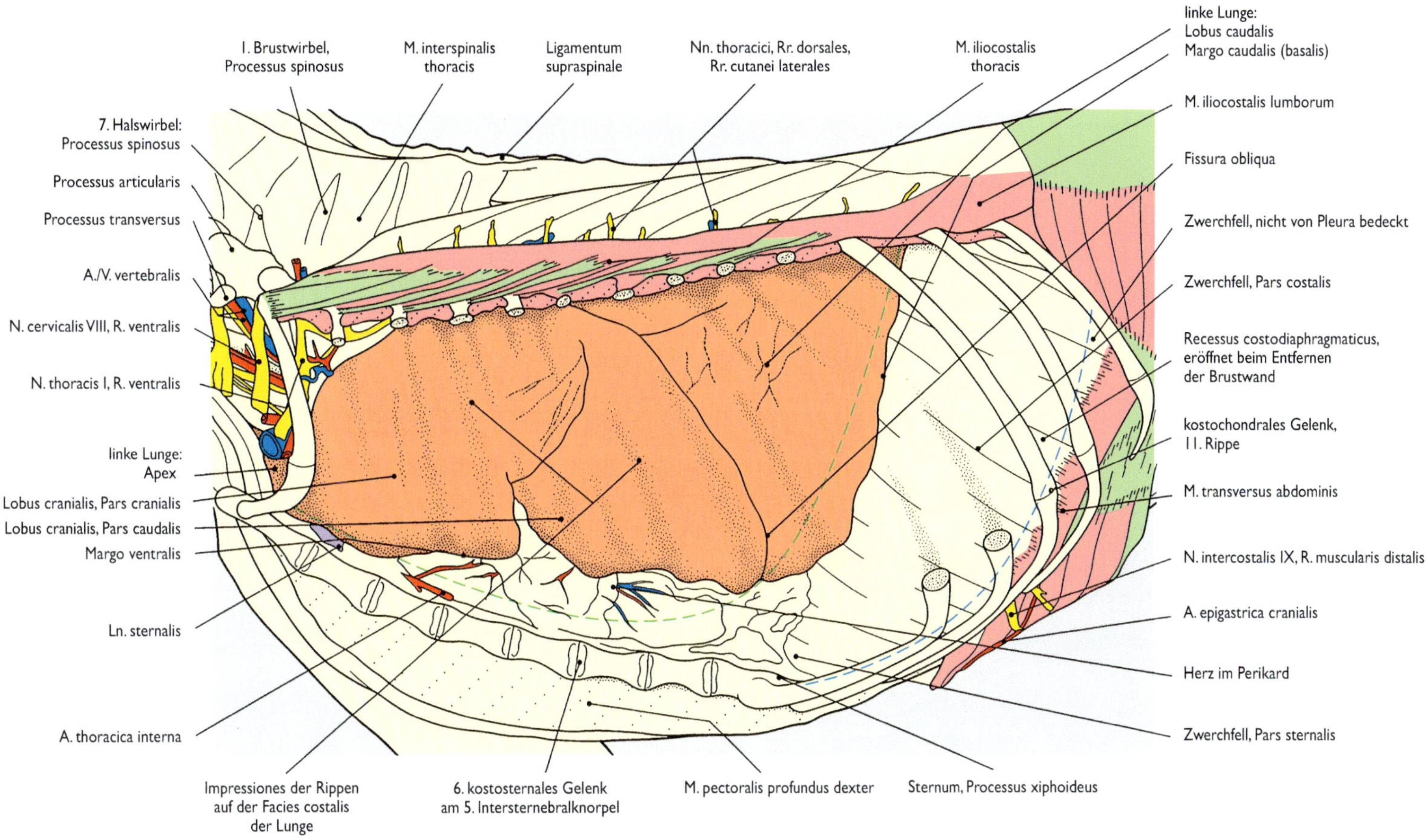

Abb. 5.26 Linke Lunge nach Entfernen der Rippen: linke laterale Ansicht. Die 2. bis 10. Rippe wurden entfernt, wodurch die Facies costalis der Lunge freigelegt wurde. Die Rippen haben Impressiones auf der Lungenoberfläche hinterlassen (bei der Fixierung ausgehärtet). Die Unterteilung der Lunge in einen kranialen und kaudalen Lappen wird nun deutlich, wobei sich der große Lobus cranialis nur unvollständig in einen kranialen und kaudalen Anteil aufspaltet. Die Spitze des Lobus cranialis ist dargestellt, wie sie durch die Apertura thoracis cranialis, ventral der Axillargefäße, bis in den Hals hineinragt (siehe auch Abb. 5.32 und 5.35). Kranial der 3. Rippe ist der Dorsalrand in seinem kranioventralen Verlauf in Richtung auf die Apex pulmonis sichtbar.

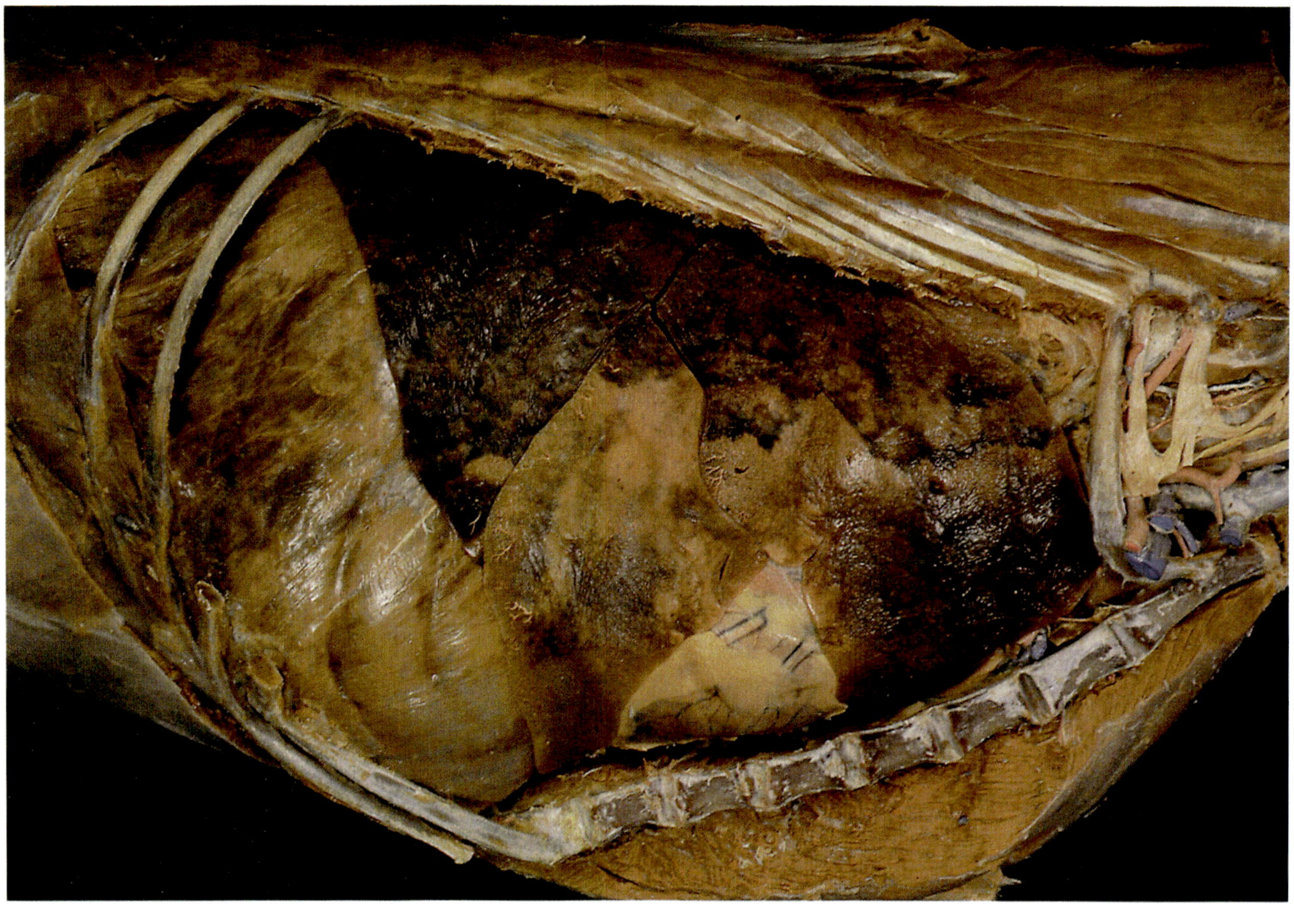

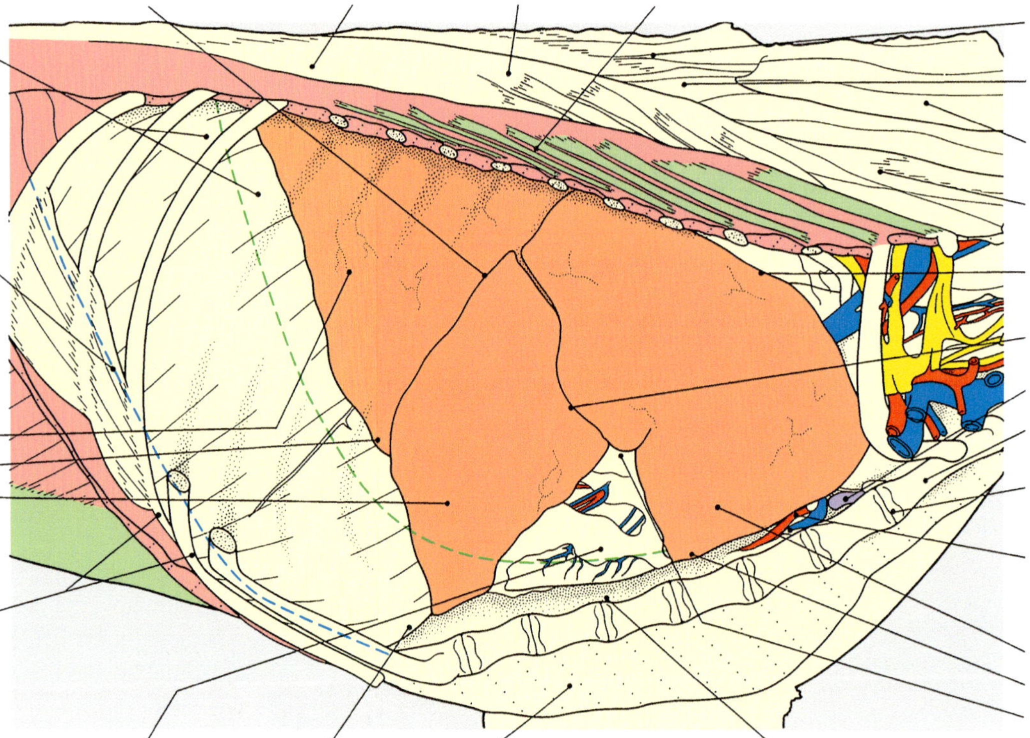

Abb. 5.27 Rechte Lunge nach Entfernen der Rippen: rechte laterale Ansicht. Auf dieser rechtsseitigen Ansicht der Lunge sind drei Lappen erkennbar. Der vierte Lappen, der Lobus accessorius, wird erst nach Entfernen dieser Lappen (siehe Abb. 5.29) oder in der linksseitigen Ansicht sichtbar, da er links der V. cava caudalis im Recessus mediastinalis der rechten Pleurahöhle liegt (siehe Abb. 5.31 und 5.86).

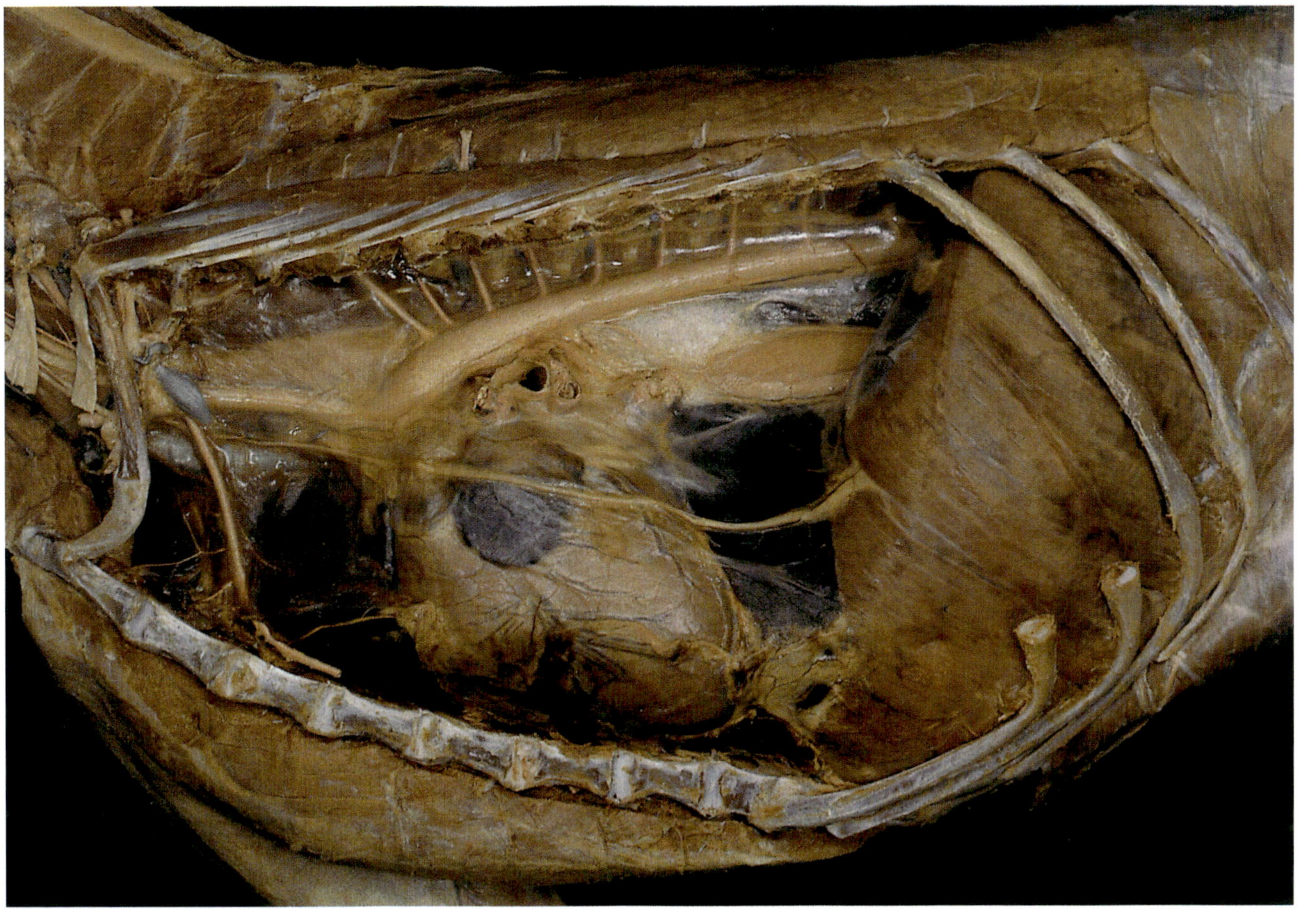

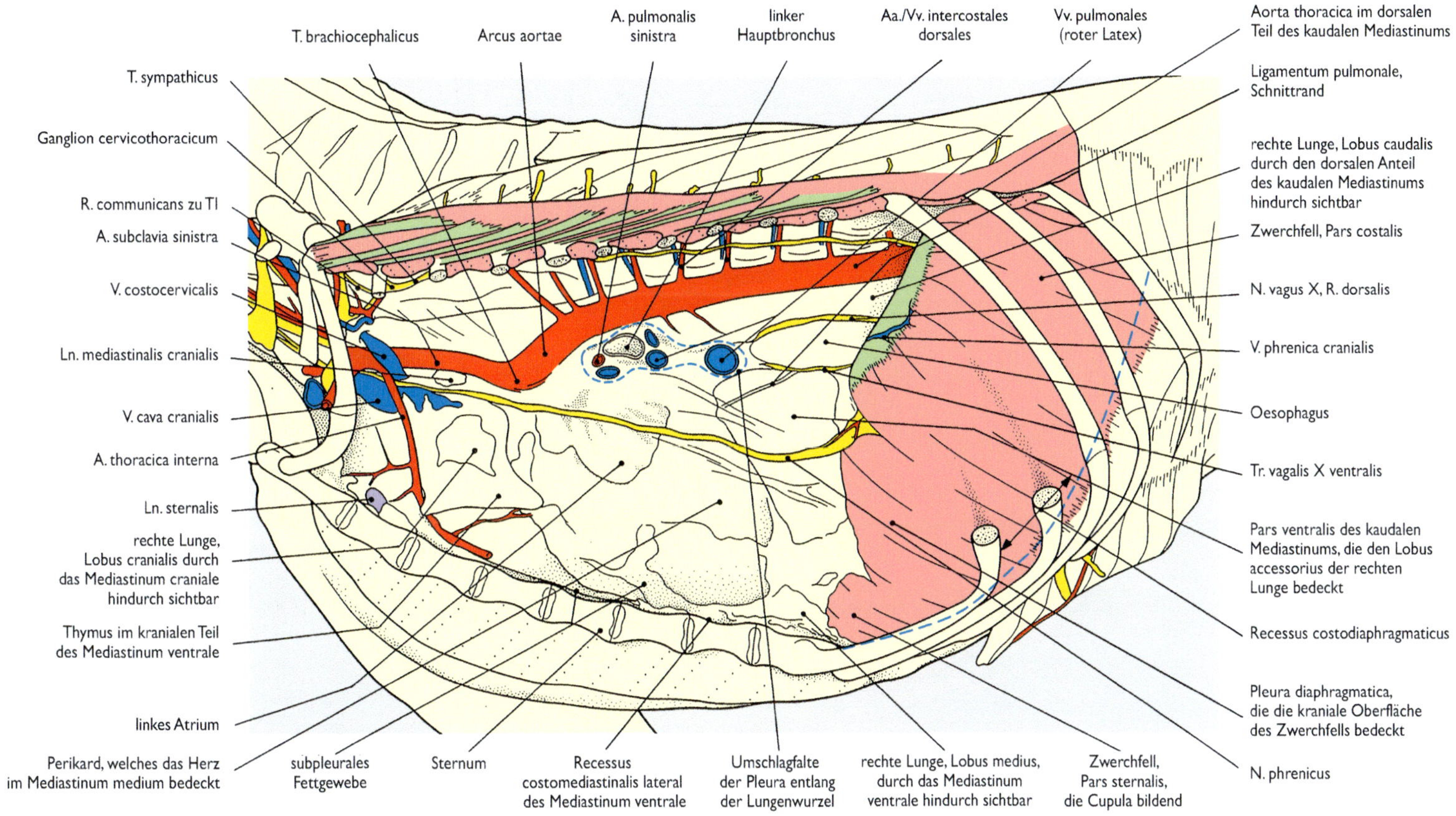

Abb. 5.28 Mediastinum nach Absetzen der linken Lunge: linke laterale Ansicht. Die Lunge wurde an ihrem Hilus abgesetzt und die Lungenwurzel freigelegt. Das Mediastinum, das die linke und rechte Pleurahöhle voneinander trennt, ist zu sehen. Ein Blatt der Pleura mediastinalis bedeckt gemeinsam mit einigen darunterliegenden Fettdepots viele Details des mediastinalen „Inhalts“. Die Anordnung des Mediastinums in der Brusthöhle wird durch zwei Faktoren verkompliziert – die V. cava caudalis in ihrer Mediastinalfalte (Plica venae cavae) und den Lobus accessorius der rechten Lunge, der das Mediastinum aus seiner Lage entlang der Mittellinie „verdrängt“.

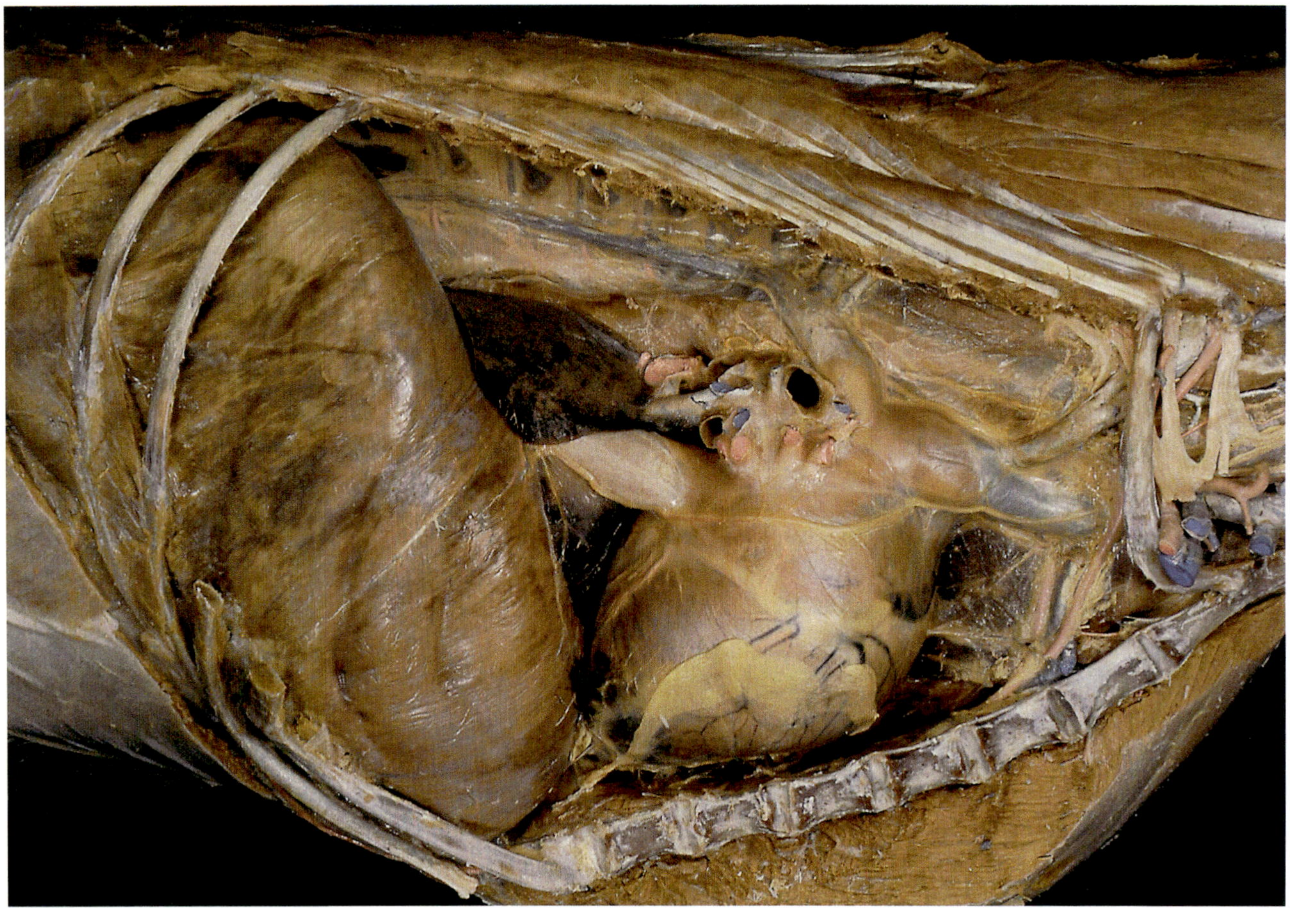

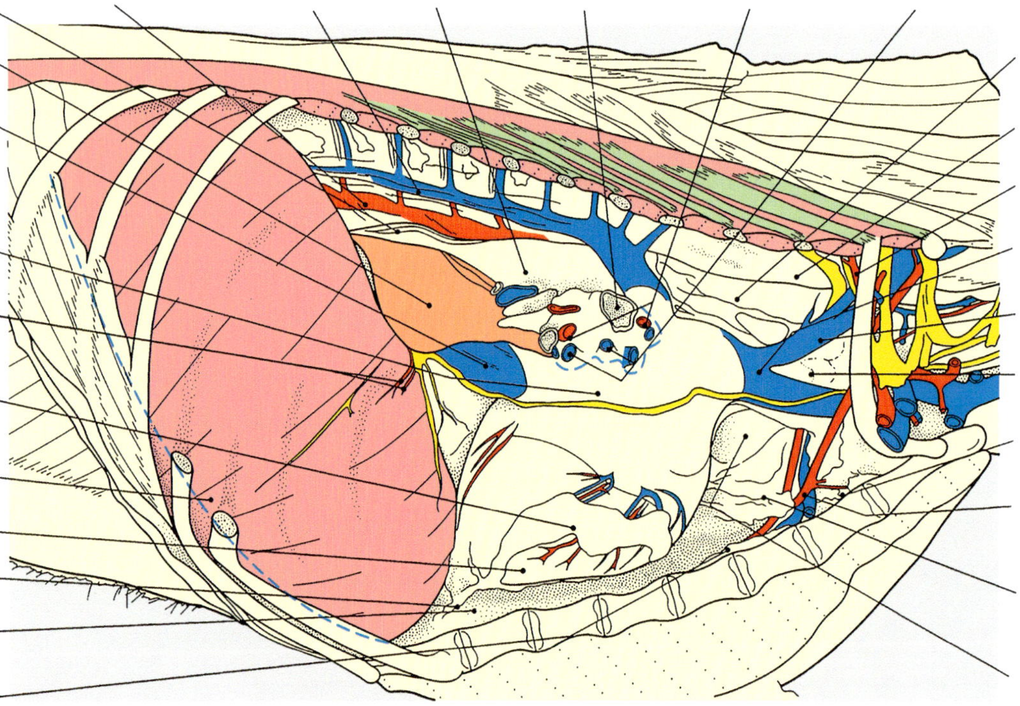

Abb. 5.29 Mediastinum nach Entfernung des kranialen, mittleren und kaudalen Lappens der rechten Lunge: rechte laterale Ansicht. Der kraniale, mittlere und kaudale Lappen der Lunge wurden entfernt, während der Lobus accessorius in seiner Lage verbleibt, in der er stellenweise die Lungenwurzel überdeckt (siehe Abb. 5.86 und 5.92). Beachten Sie, wie extrem schmal und fragil das ventrale Mediastinum an der Stelle ist, wo es ventral auf das Sternum trifft.

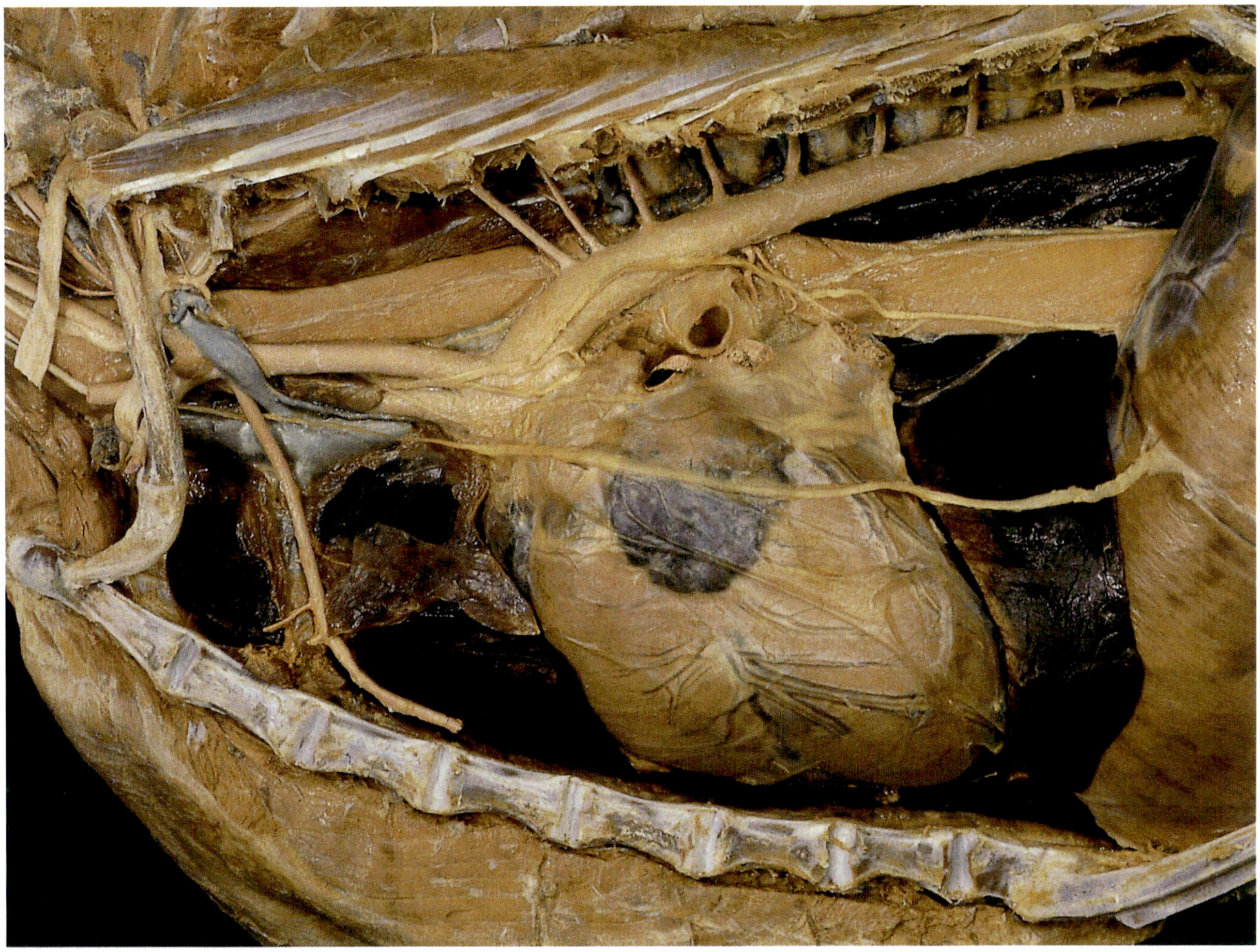

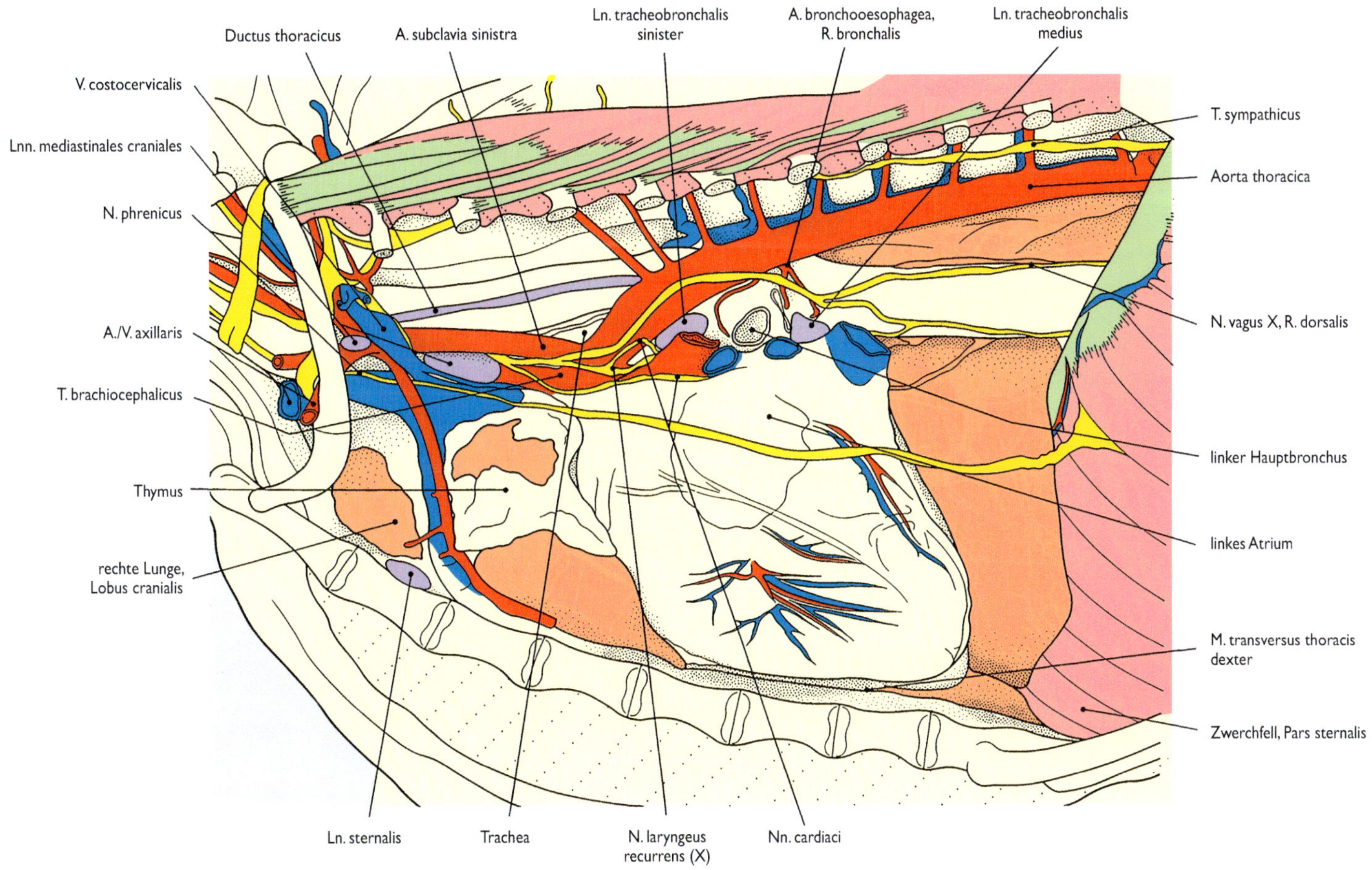

Abb. 5.30 Gefäße und Nerven im Mediastinum: linke laterale Ansicht. Die Pleura mediastinalis und die darunterliegenden Fettdepots wurden entfernt. Das schmale Mediastinum, das aus den Pleurablättern und dem zwischen den Pleurablättern liegenden Bindegewebe besteht, wurde entfernt, wodurch die rechte Pleurahöhle eröffnet wurde. Der kraniale und kaudale Lappen sowie der Lobus accessorius der rechten Lunge wurden freigelegt. Die Präparation der Lungenwurzel und der Herzbasis legt die Lnn. tracheobronchiales, den N. vagus (X) samt seiner Recurrens- und Herzäste sowie vagale Fasern zum Oesophagus frei.Das Perikard bleibt entlang des N. phrenicus erhalten.

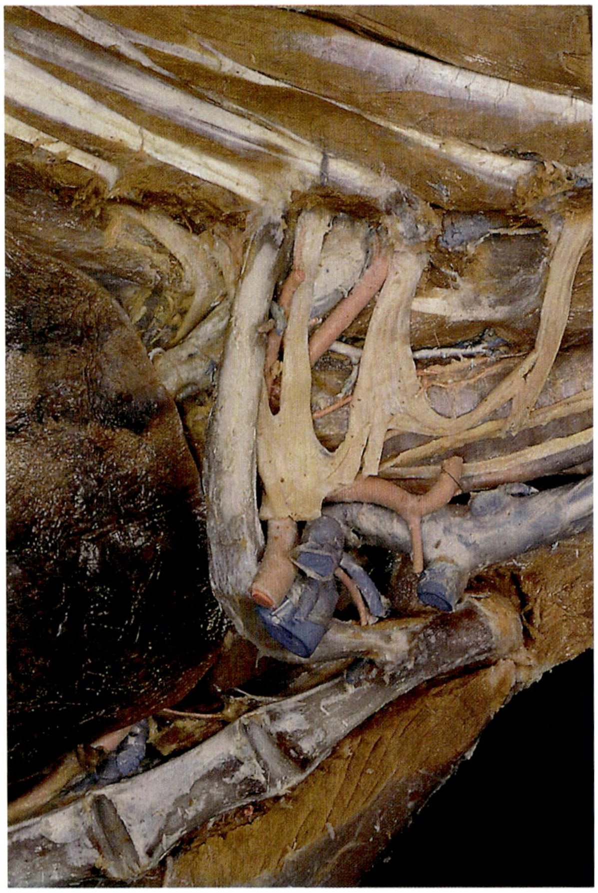

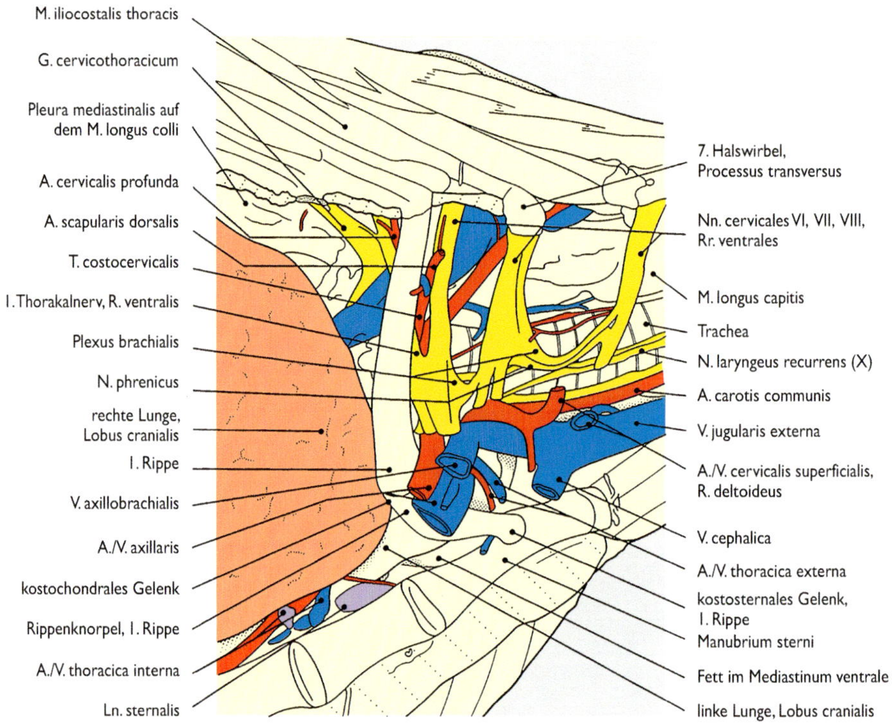

Abb. 5.34 Apertura thoracis cranialis und Apex pulmonis dexter: rechte laterale Ansicht. Dies ist eine vergrößerte Ansicht des kranialen Bereichs der Präparation in Abb. 5.27. Die rechte Lungenspitze zieht nicht durch die Apertura thoracis cranialis hindurch - vergleichen Sie dies mit der linken Lunge in Abb. 5.32. Die Einmündung der V. cephalica in die V. jugularis externa und die Vereinigung der V. axillobrachialis mit der V. axillaris sind jeweils deutlich erkennbar.

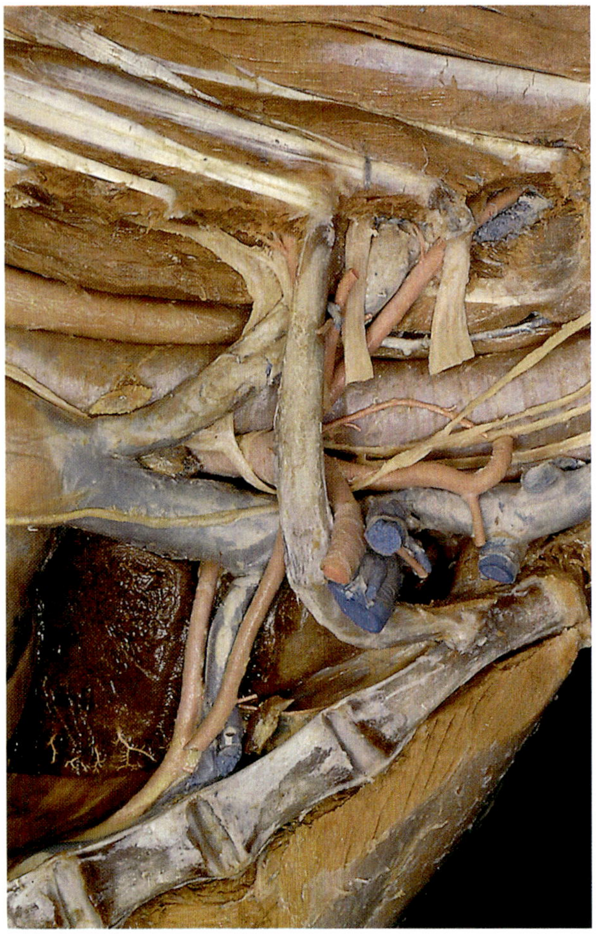

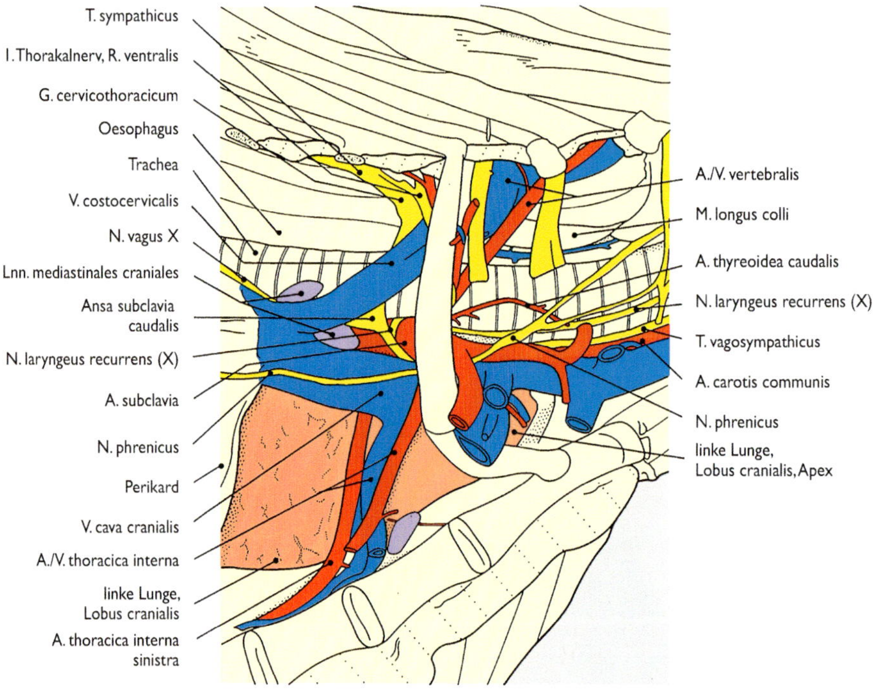

Abb. 5.35 Apertura thoracis cranialis nach Entfernung der rechten Lunge: rechte laterale Ansicht. Dies ist eine vergrößerte Ansicht des kranialen Bereichs der Präparation in Abb. 5.31. Durch die Entfernung der Lunge wurden Blutgefäße und Nerven bei ihrer Passage durch die Apertura thoracis cranialis freigelegt. Beachten Sie die V. costocervicalis, die an ihrer Einmündungsstelle in die V. cava cranialis von zwei Lnn. mediastinales craniales flankiert wird. Die teilweise Entfernung des Plexus brachialis legt den N. laryngeus recurrens, den N. phrenicus und den Truncus vagosympathicus bei ihrem Verlauf durch die Apertura frei.

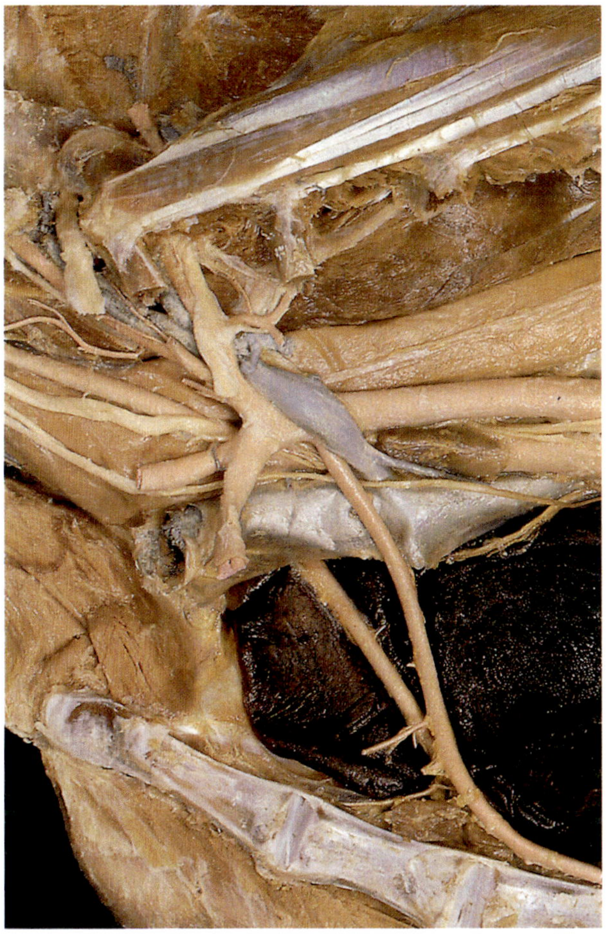

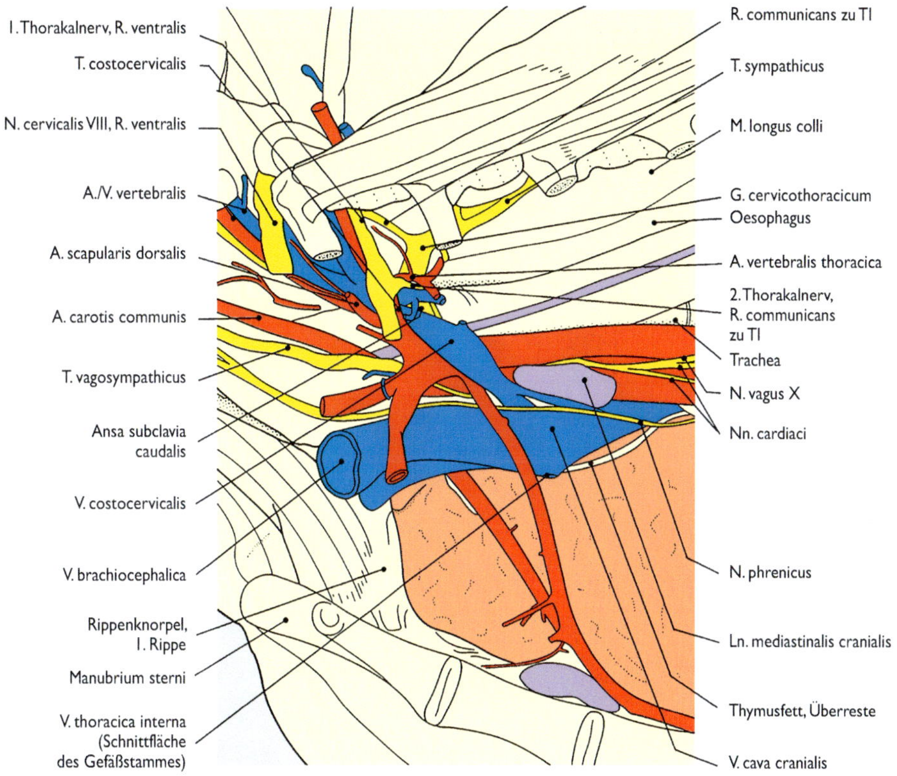

Abb. 5.36 Gefäße und Nerven im kranialen Mediastinum: linke laterale Ansicht (1). Die 1. Rippe wurde entfernt. Die medial von ihr lokalisierten Strukturen wurden freigelegt und die ventralen Äste der Spinalnerven, die den Plexus brachialis bilden, wurden entfernt. Überreste des Thymus sowie die mediastinale Pleura wurden im kranialen Mediastinum entfernt.

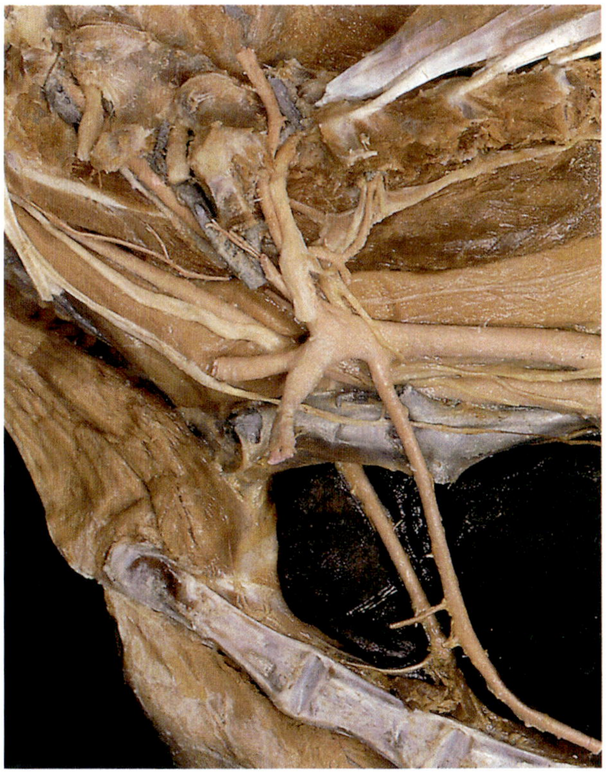

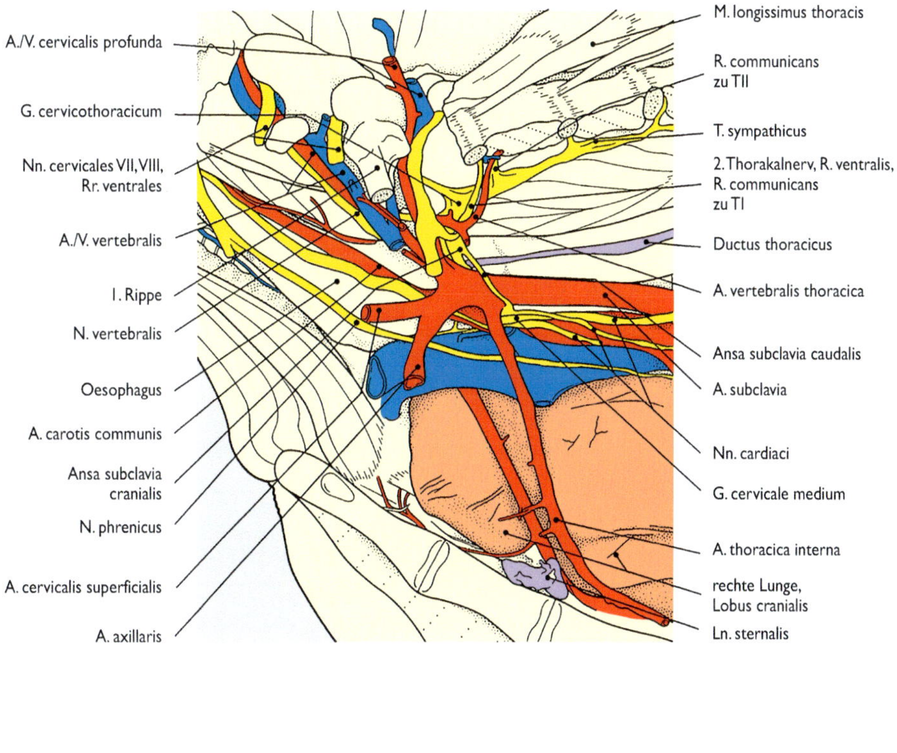

Abb. 5.37 Gefäße und Nerven im kranialen Mediastinum: linke laterale Ansicht (2). Die Ansa subclavia und das Ganglion cervicale medium des Sympathicus wurden nach Entfernung der V. costocervicalis und des Ln. mediastinalis cranialis freigelegt. Der M. iliocostalis thoracis und der kraniale Abschnitt des M. longissimus thoracis am oberen Ende der 1. Rippe wurden entfernt. Dadurch freigelegt wurden die tiefen Blutgefäße des Halses, die Austrittsstelle des 1. Thorakalnerven, die verbliebenen Äste der V. subclavia sinistra und der Grenzstrang des Sympathicus, der sich kaudal des Ganglion cervicothoracicum erstreckt.

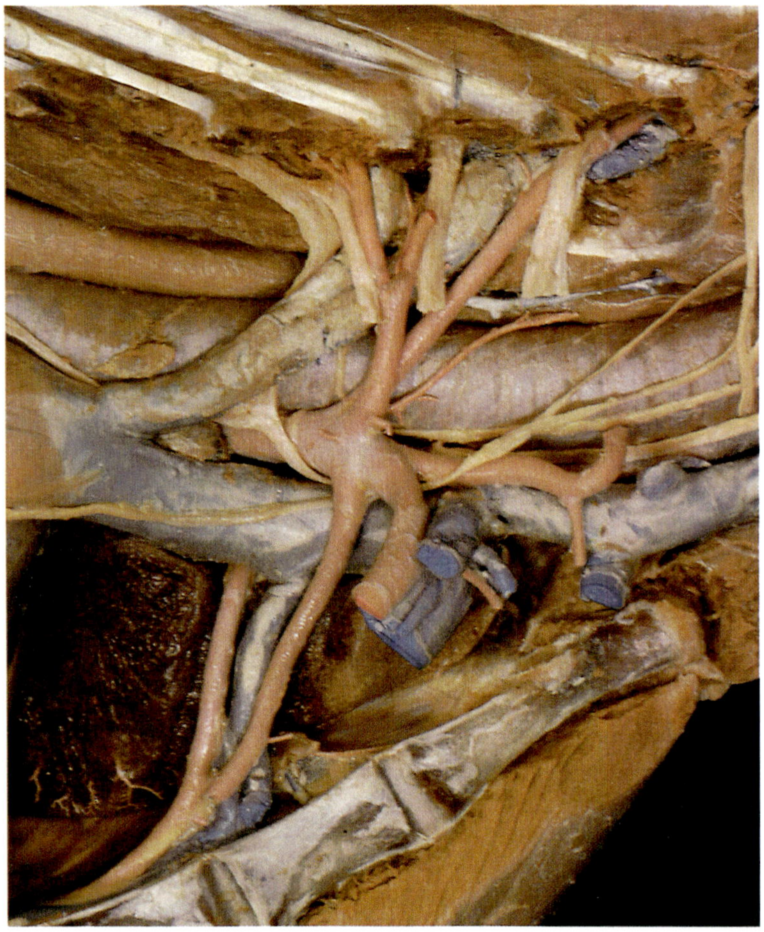

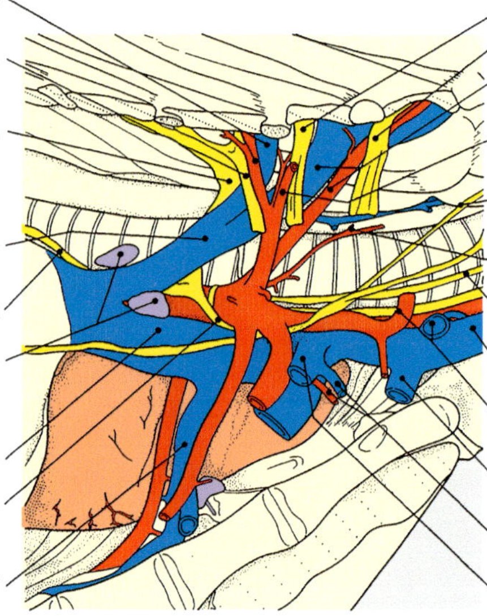

Abb. 5.38 Gefäße und Nerven im kranialen Mediastinum: rechte laterale Ansicht (1). Durch Entfernung der 1. Rippe wurden die Anfangsaufzweigung der A. subclavia und der Verlauf des N phrenicus dargestellt. Der N. laryngeus recurrens (Vagus X) ist in seinem kranialen Abschnitt entlang der Trachea deutlich zu erkennen.

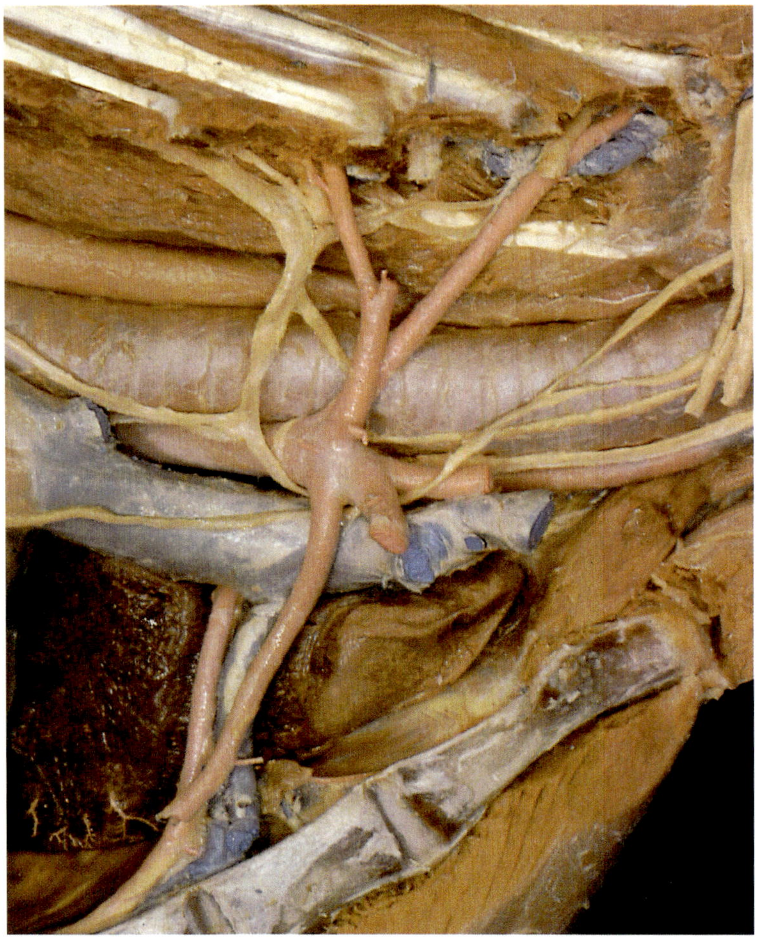

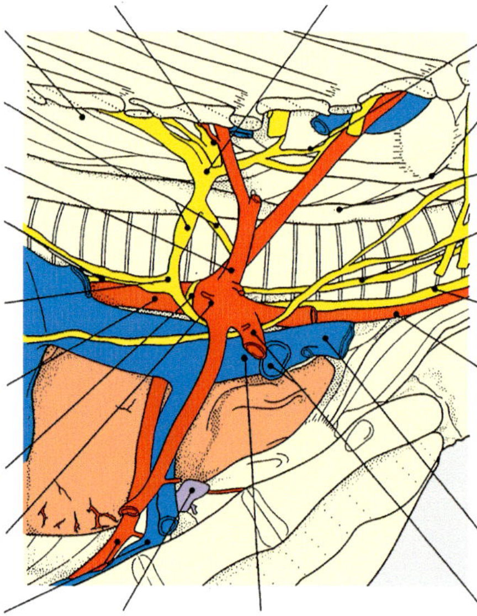

Abb. 5.39 Gefäße und Nerven im kranialen Mediastinum: rechte laterale Ansicht (2). Die Ansa subclavia, der Ursprung des N. laryngeus recurrens und die Bildung des N. vertebralis aus vereinigten Rami communicantes des Ganglion cervicothoracicum sind nach Entfernung der V. costocervicalis und der Lnn. mediastinales craniales sowie nach weiterer Kürzung der ventralen Äste der Spinalnerven deutlich zu erkennen. Diese Ansicht verdeutlicht die Ausdehnung der Apex pulmonis sinister.

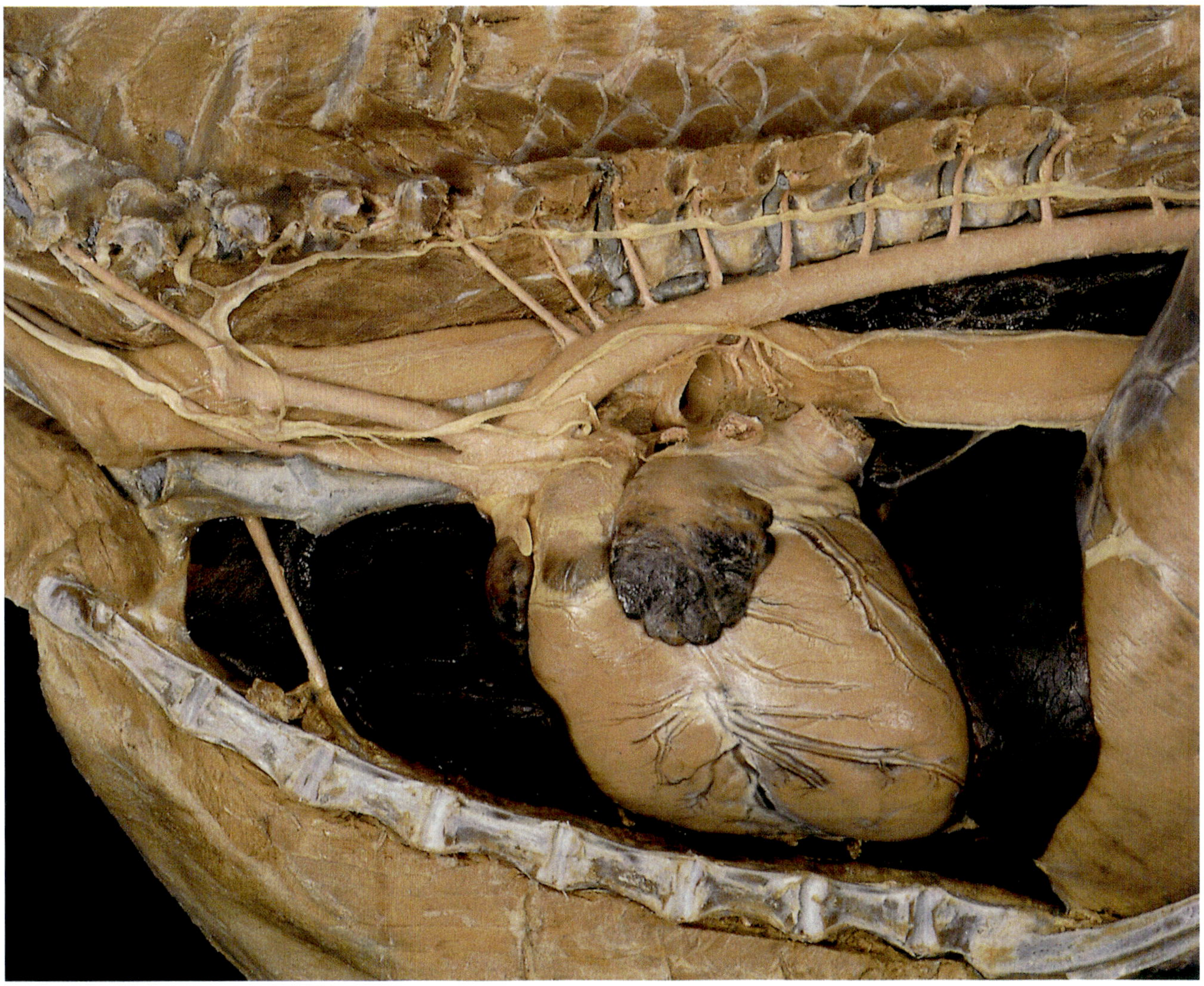

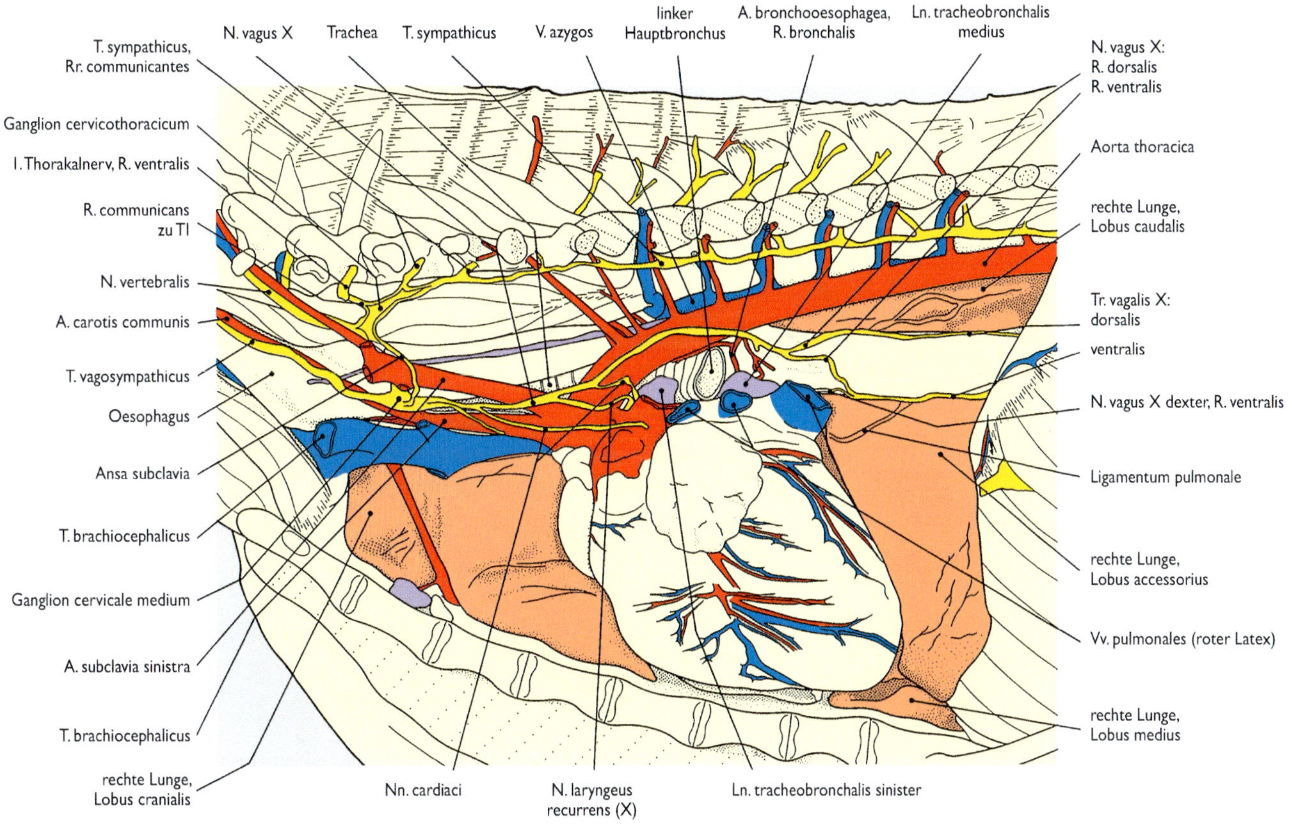

Abb. 5.40 Vegetative Nerven der Brusthöhle: linke laterale Ansicht. Das Ganglion cervicale medium und das Ganglion cervicothoracicum, verbunden durch die Ansa subclavia, wurden durch Entfernung der A. subclavia (abgesehen von ihrem vertebralen Ast) freigelegt. Durch Absetzen der Mm. iliocostalis und longissimus thoracis sowie der oberen Rippenenden wurde der thorakale Grenzstrangabschnitt des Sympathicus mit den Rami communicantes freigelegt. Die Aufteilung des N. vagus kaudal des Herzens in dorsale und ventrale Äste, die entlang des Oesophagus verlaufen, sowie die Vereinigung des ventralen Asts mit dem der rechten Seite zur Bildung des Truncus vagalis ventralis sind abgebildet. Die dorsalen Vagusäste vereinigen sich dicht am Zwerchfell. Der Ursprung des N. laryngeus recurrens aus dem N. vagus ist sichtbar. Nach kurzem Verlauf windet er sich medial um das Ligamentum arteriosum.

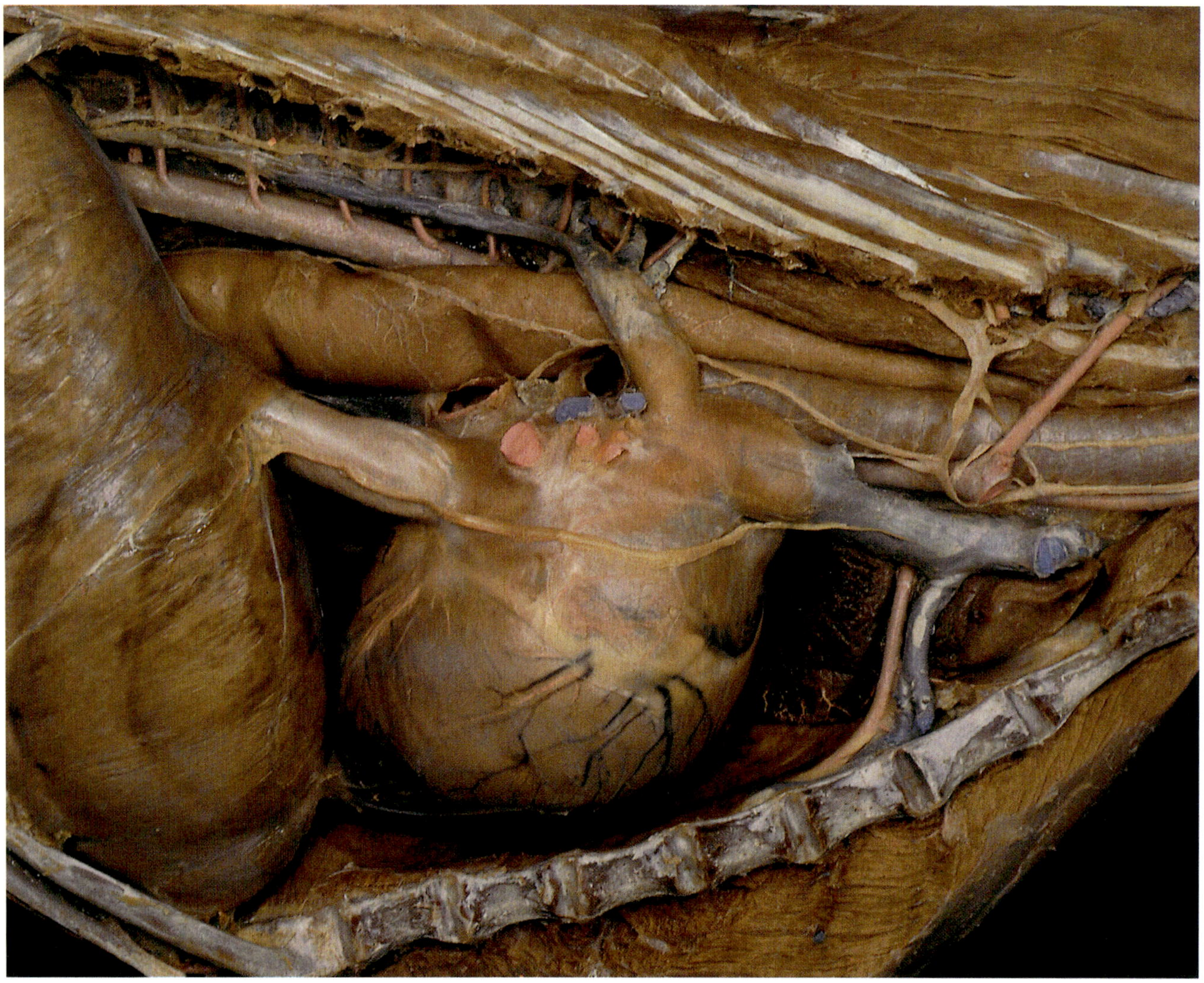

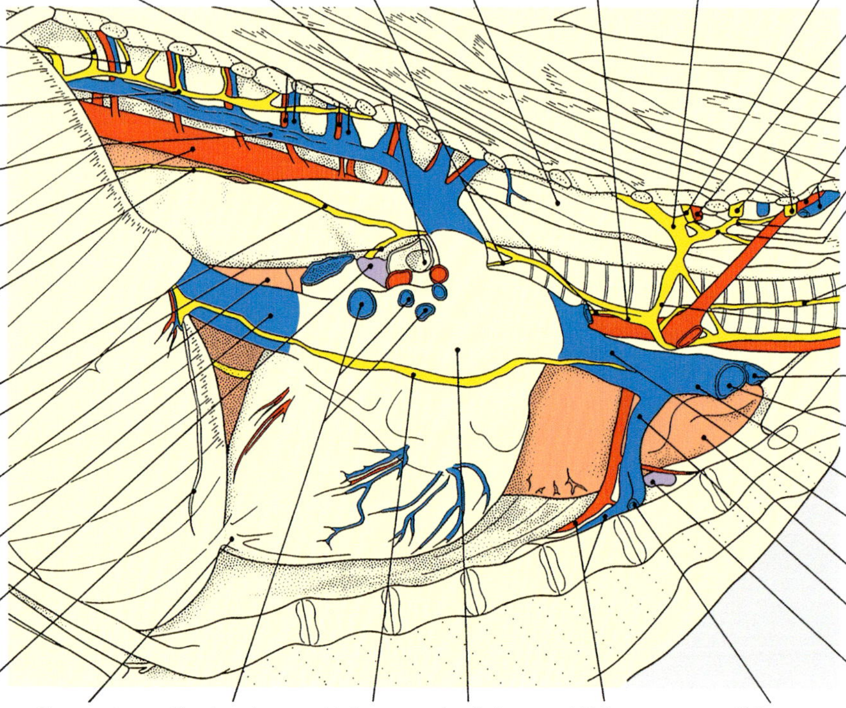

Abb. 5.41 Vegetative Nerven der Brusthöhle: rechte laterale Ansicht. Durch Entfernung der A. subclavia (abgesehen von ihrem vertebralen Ast) wurden das Ganglion cervicale medium und das Ganglion cervicothoracicum sowie die sie verbindende Ansa dargestellt. Der N. laryngeus recurrens dexter ist ebenfalls in dem Bereich zu sehen, wo er sich von dorsokranial um die A. subclavia schlingt. Rami cardiaci kommen vom N. vagus (X); seine Aufteilung in dorsale und ventrale Äste ist kaudal vom Herzen entlang des Oesophagus zu erkennen. Der Oesophagus und die V. cava caudalis wurden nach Entfernung des Lobus accessorius der rechten Lunge weiter freigelegt.

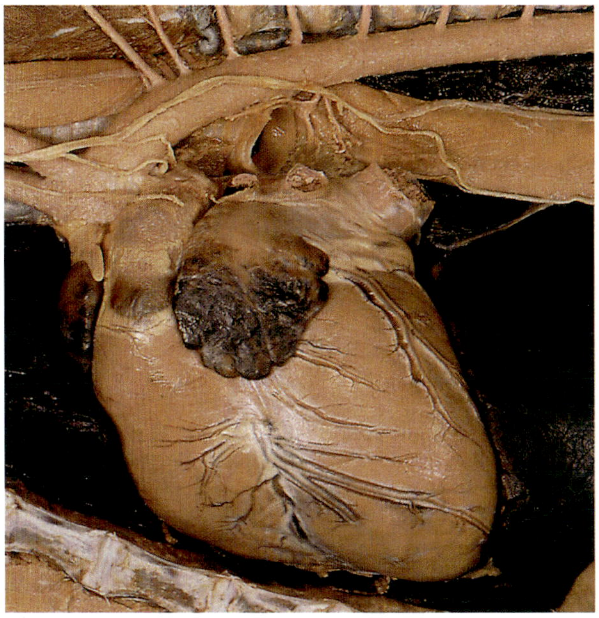

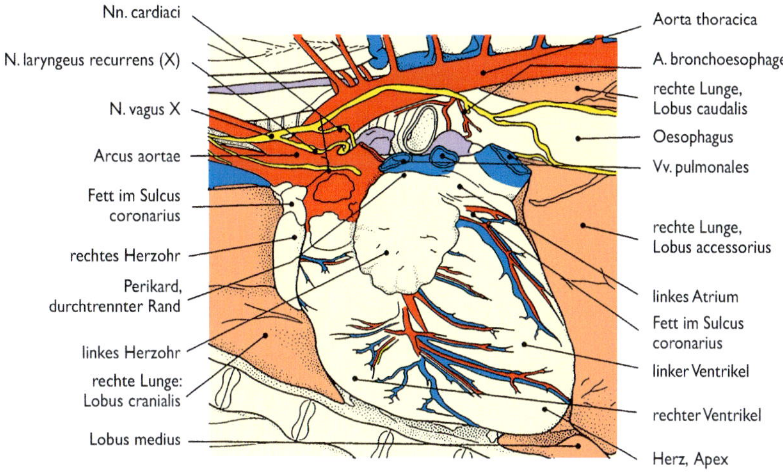

Abb. 5.42 Herz (1) Oberfläche nach Entfernung des Perikards: linke laterale Ansicht. Das Perikard wurde von der linken Seite des Herzens entfernt, indem es an seinem Ansatz an der Herzbasis abgetrennt wurde. Dadurch wird das auf der Oberfläche des Atriums liegende Epikard sichtbar. Beide Vorhöfe sind sichtbar.

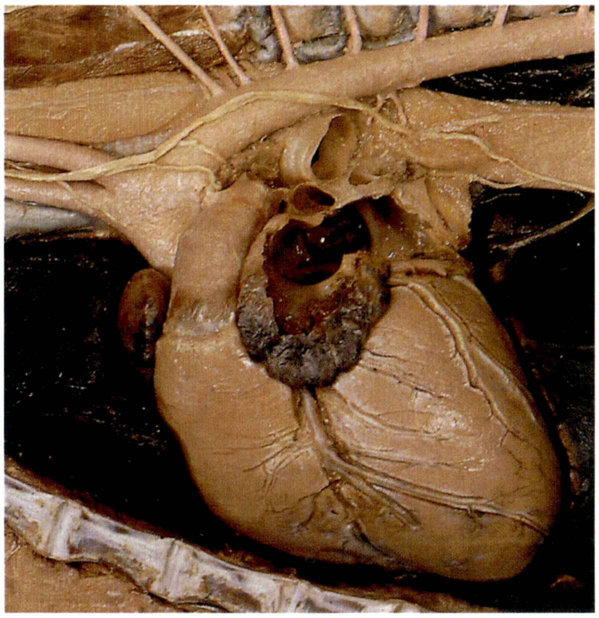

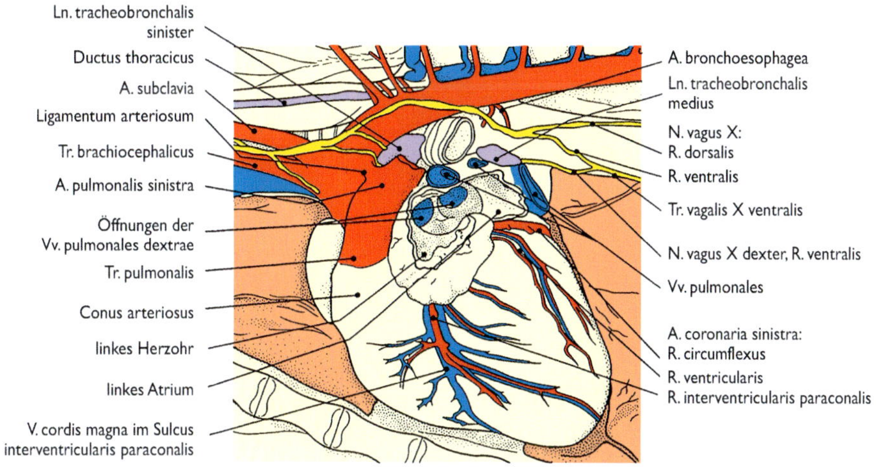

Abb. 5.43 Herz (2) Koronargefäße und Innenraum des linken Atriums: linke laterale Ansicht. Das Epikard wurde gemeinsam mit subepikardialem Fettgewebe entfernt, wodurch die Äste der A. coronaria sinistra und die V. cardiaca magna freigelegt wurden. Auch die laterale Wand des linken Atriums wurde teilweise entfernt, so dass der Eintritt der linken und rechten Pulmonalvenen dargestellt ist.

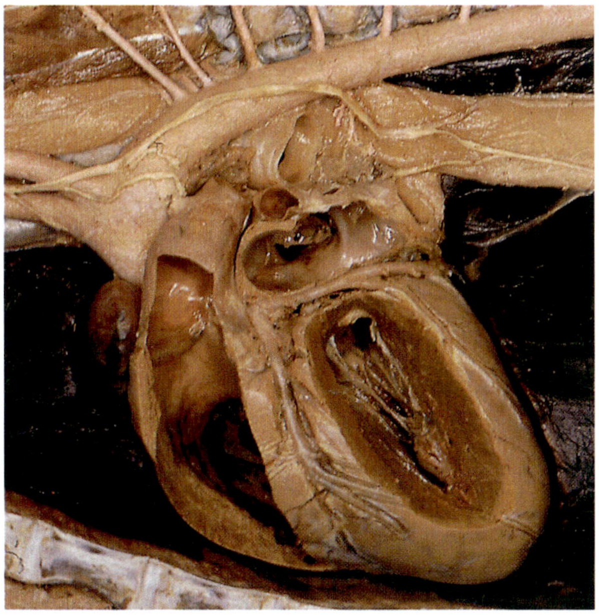

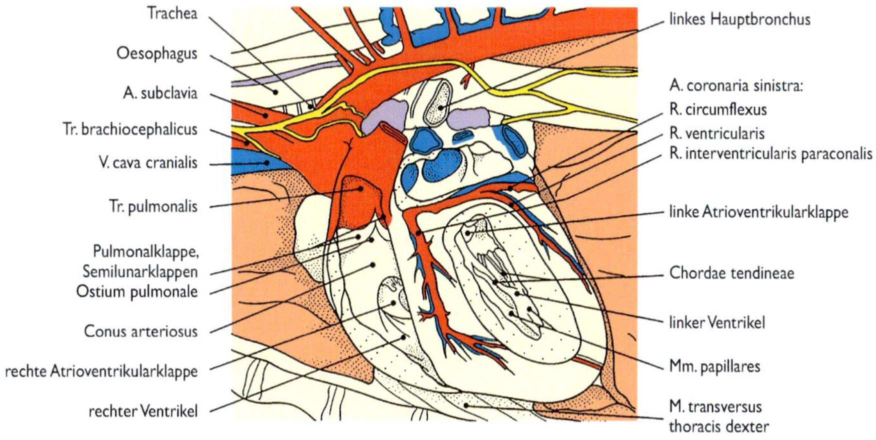

Abb. 5.44 Herz (3) A. coronaria sinistra und Innenraum der Herzkammern: linke laterale Ansicht. Beide Ventrikel wurden eröffnet. Im rechten Ventrikel sind die Ostia der Vv. atrioventricularis und pulmonalis mit ihren jeweiligen Klappen sichtbar. Im linken Ventrikel ist die Atrioventrikularklappe erkennbar, aber das Ostium aorticum und die Aortenklappen sind noch durch das Septum interventriculare verdeckt.

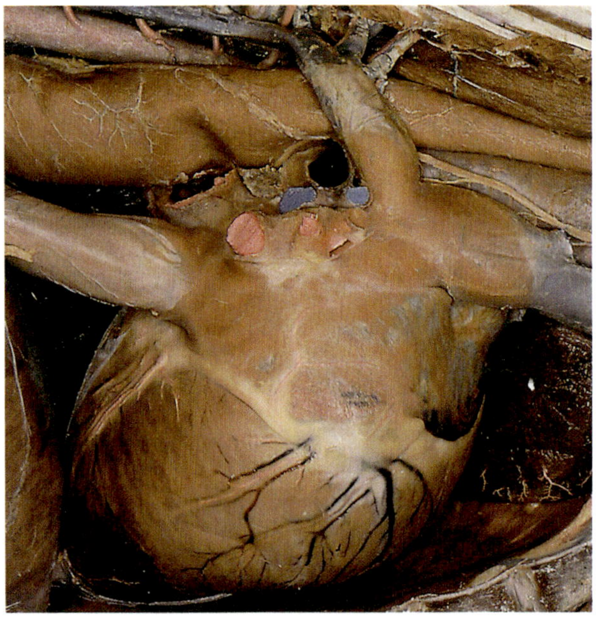

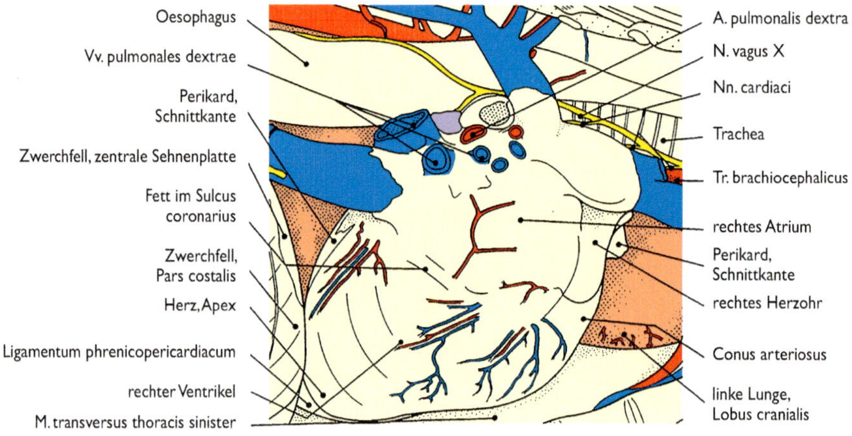

Abb. 5.45 Herz (4) Oberfläche nach Entfernung des Perikards: rechte laterale Ansicht. Das Perikard wurde von der atrialen Oberfläche des Herzens mittels eines Schnitts durch seinen Ansatz an der Herzbasis entfernt. Die Abgrenzung des atrialen Myokards ist deutlich erkennbar auf den Vv. cavae und azygos an ihrem Eintritt in das Herz.

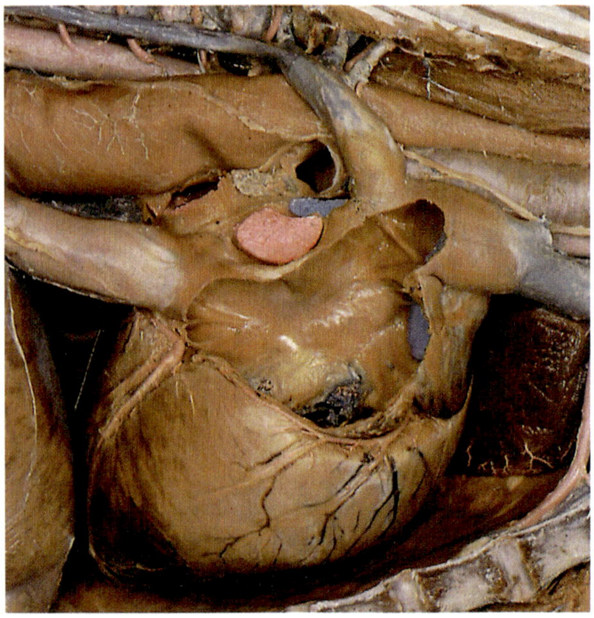

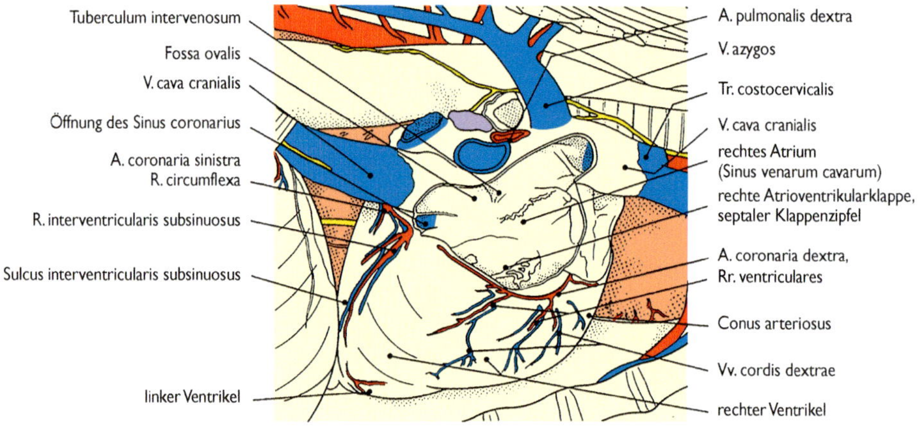

Abb. 5.46 Herz (5) Koronargefäße und Innenraum rechtes Atrium: rechte laterale Ansicht. Das Epikard wurde vom Sulcus coronarius und Sulcus interventricularis entfernt und das darunterliegende Fettgewebe präpariert, so dass die A. coronaria dextra und der Ramus interventricularis der A. coronaria sinistra dargestellt sind.

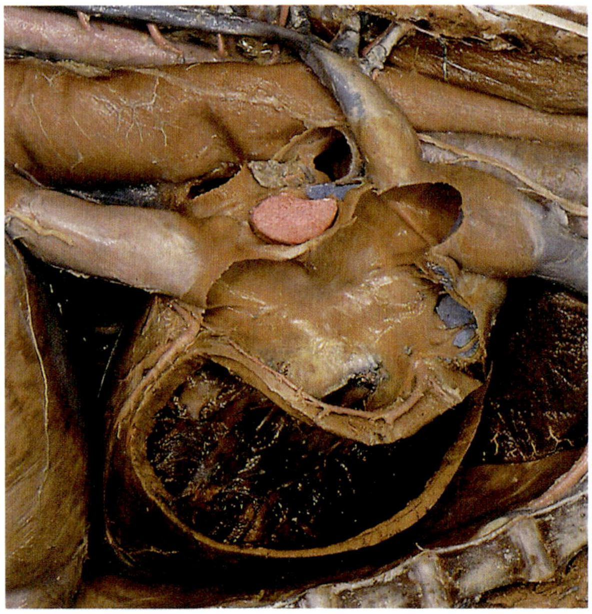

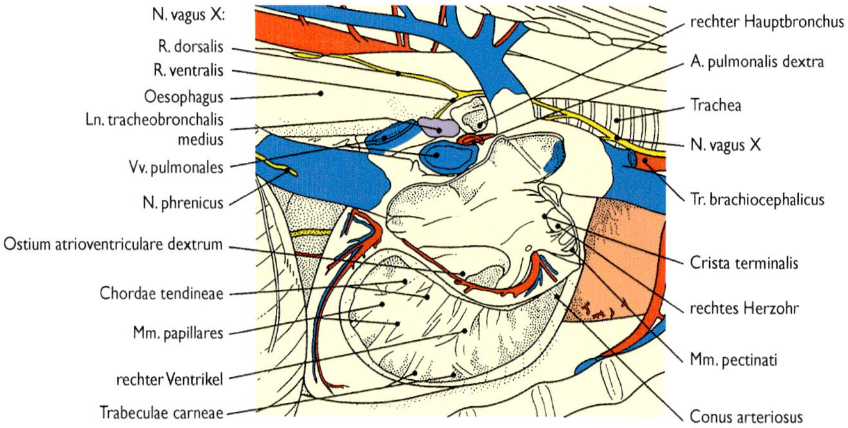

Abb. 5.47 Herz (6) Aa. coronariae und Innenraum des rechten Ventrikels: rechte laterale Ansicht. Der rechter Ventrikel wurde eröffnet. Die rechte Atrioventrikularklappe ist mit ihren Chordae tendineae und Mm. papillares abgebildet, die Klappenzipfel sind jedoch undeutlich erkennbar (siehe Abb. 5.56).

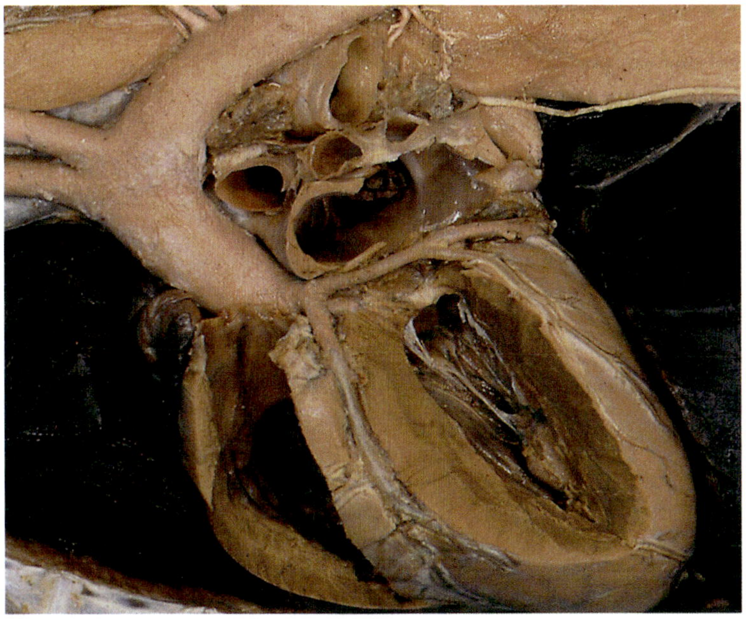

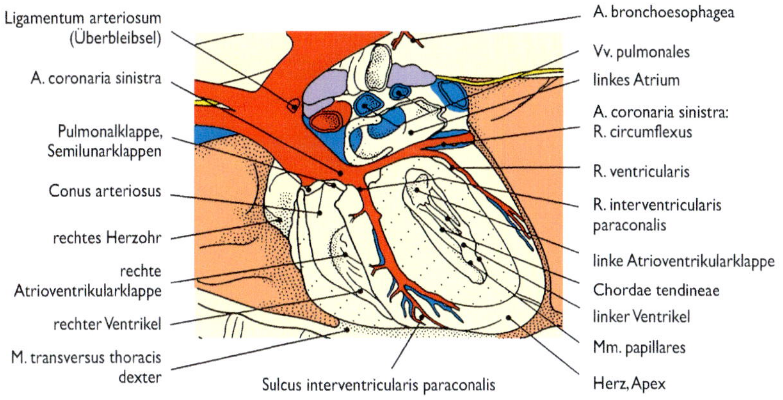

Abb. 5.48 Herz (7) A. coronaria sinistra und Aortenbogen nach Entfernung des Truncus pulmonalis: linke laterale Ansicht. Der Truncus pulmonalis wurde entfernt, wodurch die Basis der Aorta (der aufsteigende Anteil) an ihrem Austritt aus dem linken Ventrikel freigelegt wurde.

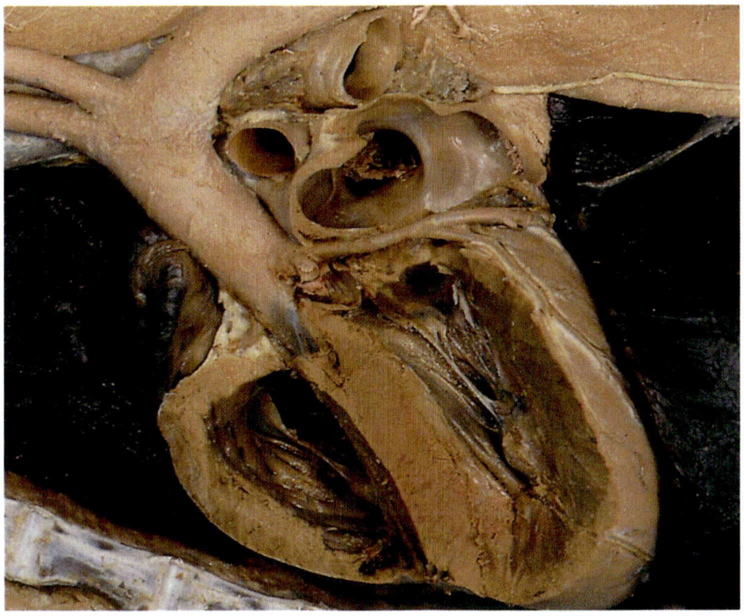

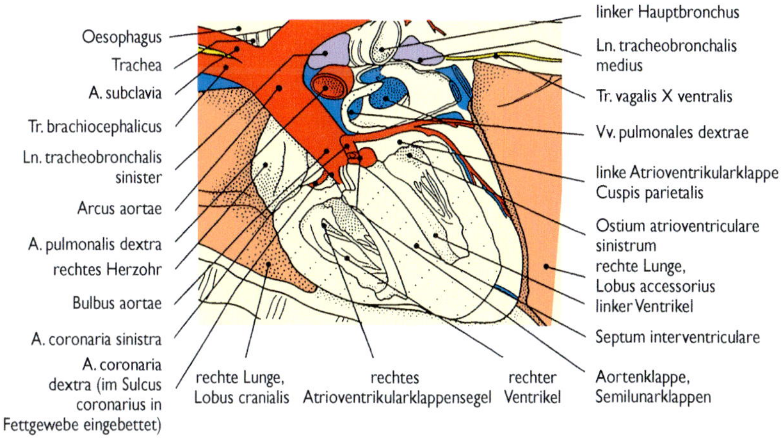

Abb. 5.49 Herz (8) Aortenklappe: linke laterale Ansicht. Der Ramus interventricularis paraconalis der A. coronaria sinistra wurde mit Teilen des Septum interventriculare und Anteilen des Muskels an der Basis des linken Ventrikels entfernt. Die linke Atrioventrikularklappe wird zusätzlich zu der linken Semilunartasche der Aortenklappe freigelegt.

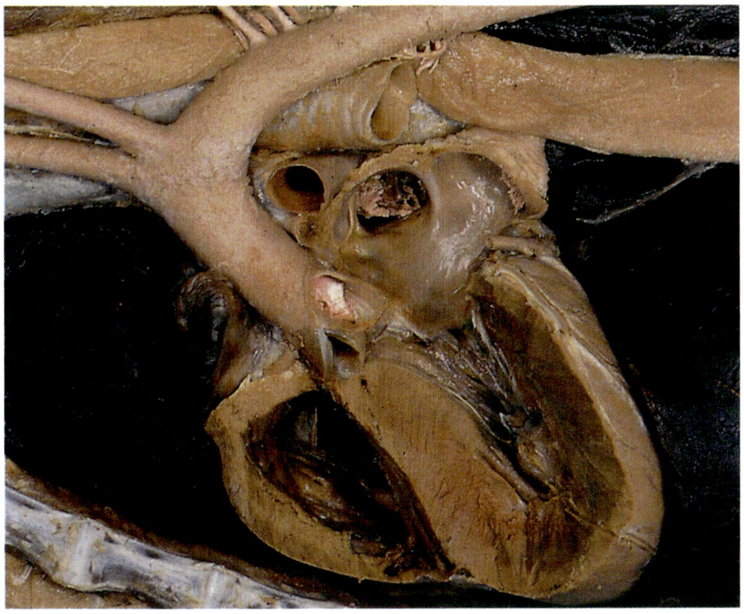

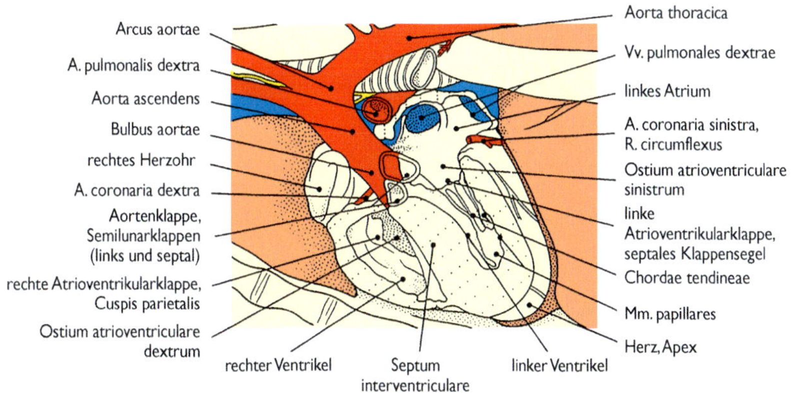

Abb. 5.50 Herz (9) linke Atrioventrikularklappe und Aortenklappe: linke laterale Ansicht. Der Ramus circumflexus der A. coronaria sinistra wurde entfernt, um die Basis des linken Ventrikels vollständig herausschneiden zu können und dabei das linke Ostium atrioventriculare zu eröffnen. Die linke Atrioventrikularklappe mit ihrem septalen Klappensegel und den Chordae tendineae ist abgebildet.

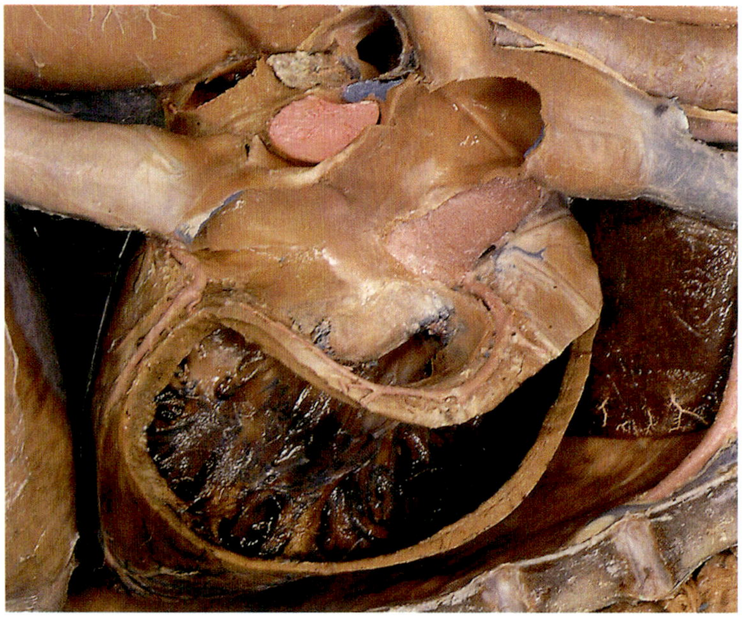

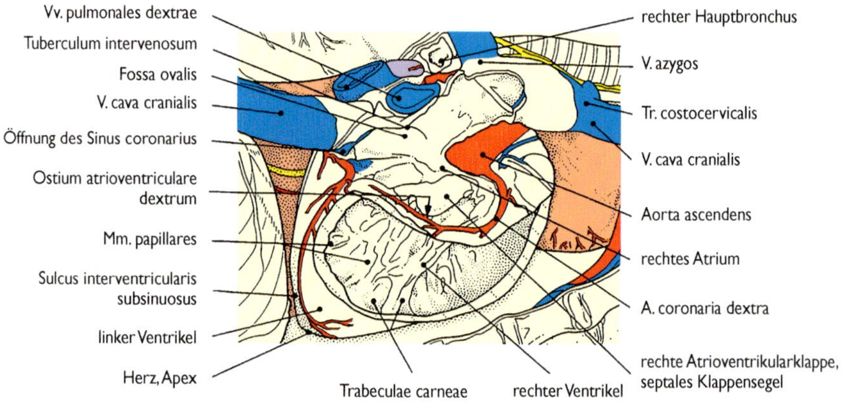

Abb. 5.51 Herz (10) A. coronaria dextra: rechte laterale Ansicht. Die Überreste des Herzohrs wurden entfernt und es verbleibt nur noch der Sinus venarum cavarum des rechten Atriums. Die Basis der Aorta und der Ursprung der A. coronaria dextra aus ihr sind abgebildet.

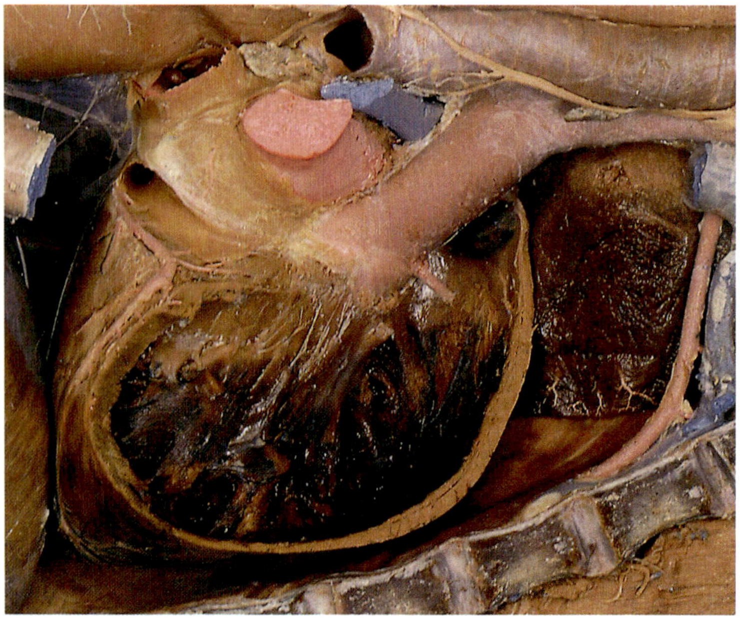

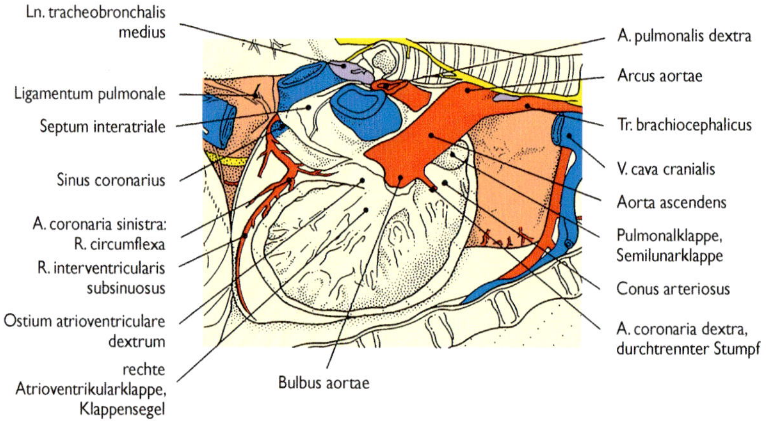

Abb. 5.52 Herz (11) rechte Atrioventrikularklappe und Pulmonalklappe: rechte laterale Ansicht. Der Sinus venarum cavarum des rechten Atriums und die Venae cavae cranialis et caudalis wurden entfernt, wodurch die gesamte Aorta ascendens freigelegt wurde. Die Entfernung des Ramus circumflexus der A. coronaria dextra ermöglichte das Herausschneiden der Basis des rechten Ventrikels und die Eröffnung sowohl des Ostium atrioventriculare dextrum als auch des Ostium pulmonale und die Darstellung ihrer Klappen.

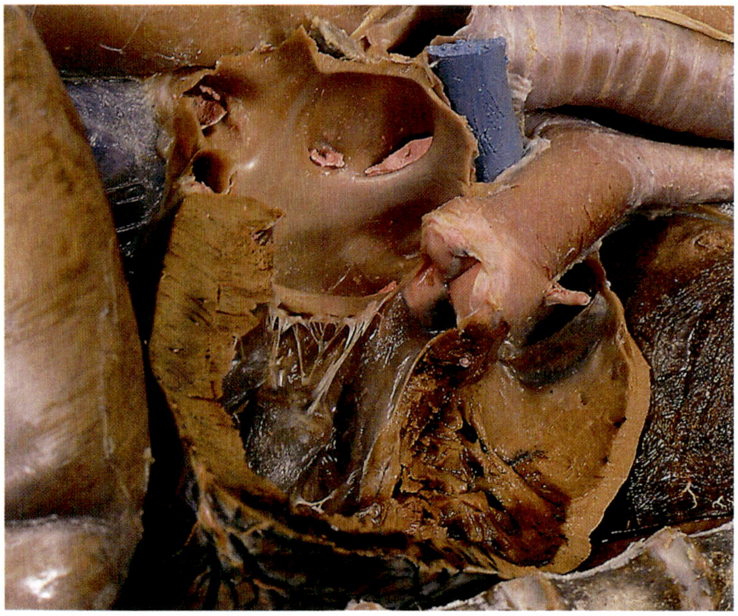

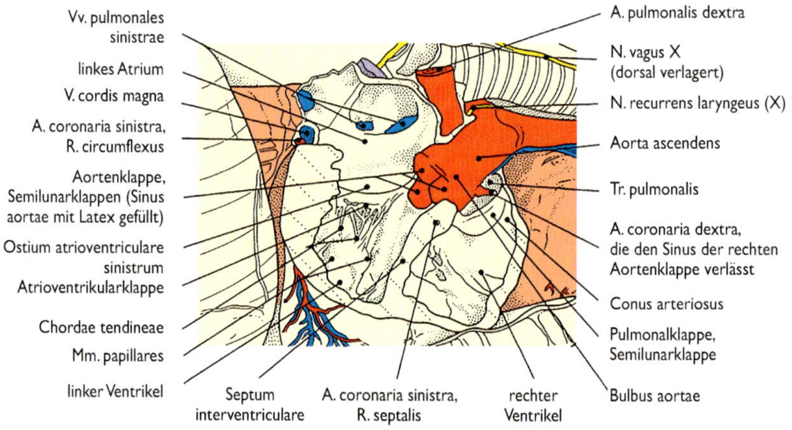

Abb. 5.53 Herz (12) linke Atrioventrikularklappe, Aortenklappe und Pulmonalklappe: Das Septum interventriculare ist unter Eröffnung des linken Ventrikels partiell entfernt. Auch die Überreste des rechten Atriums und des Septum interatriale wurden unter Eröffnung des linken Atriums entfernt. Das linke Ostium atrioventriculare, eines der Klappensegel, seine Chordae tendineae und die drei Taschen der Aortenklappe sind klar erkennbar dargestellt.

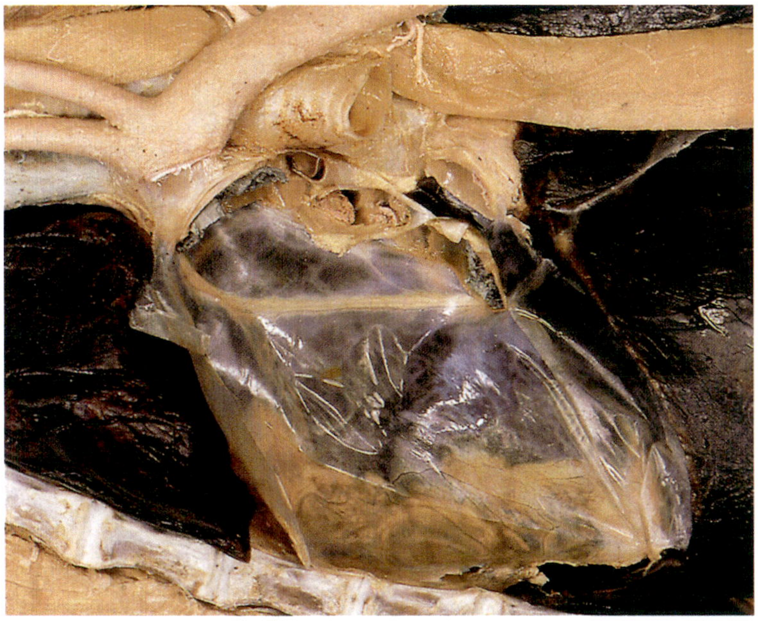

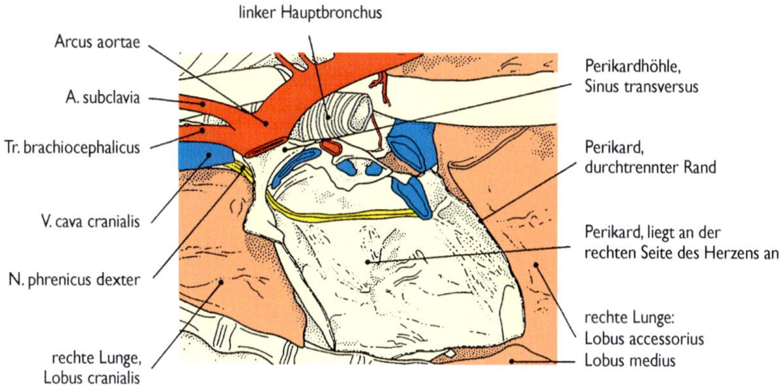

Abb. 5.54 Perikard nach Entfernung des Herzens: mediale Ansicht der rechten Seite. Die Überreste des Herzens wurden durch einen Schnitt durch den Arcus aorticus, die Vena cava cranialis und caudalis und die rechten Pulmonalvenen entfernt. Die Schnitte wurden so nah wie möglich am Herzen geführt, damit das Perikard in seiner Position an der medialen Oberfläche der rechten Lunge verbleibt.

Abb. 5.55 Rechte Lunge *in situ* nach Entfernung des Herzens und der großen Gefäße: mediale Ansicht. Die mediale Fläche der rechten Lunge wurde von den Eingeweiden befreit (mit Ausnahme der Trachea und des Ösophagus). Beachten Sie den Eintritt dieser Strukturen in die „Wurzel" der Lunge und die Abdrücke (Impressionen), die Strukturen wie das Herz und die A. und V. thoracica interna in der Lunge hinterlassen haben (zum Vergleich mit Abb. 5.27). Der Lobus accessorius der rechten Lunge ist nun deutlich sichtbar abgebildet. Die Vena cava caudalis ist am kranialen Rand sichtbar.

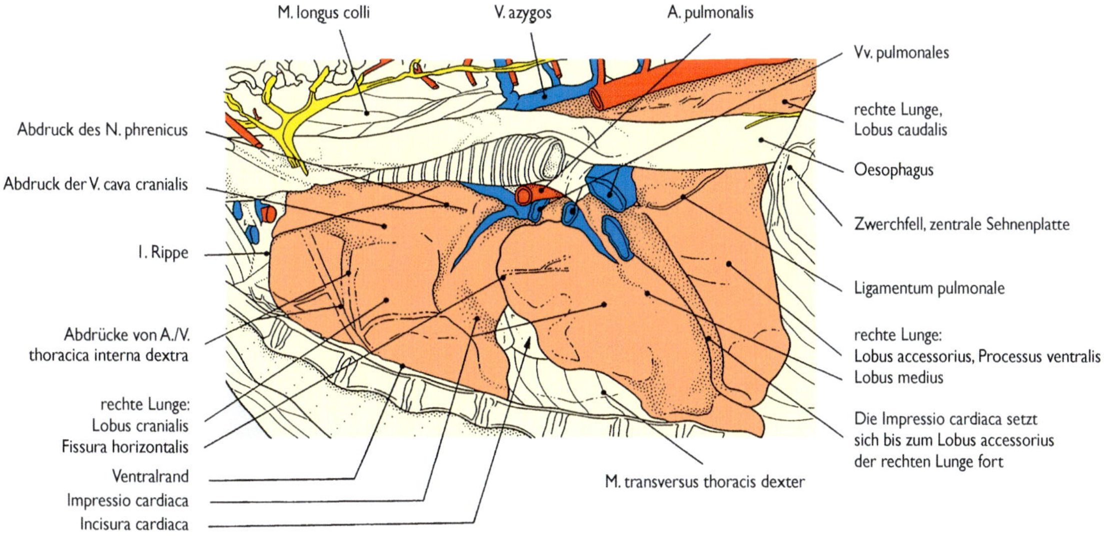

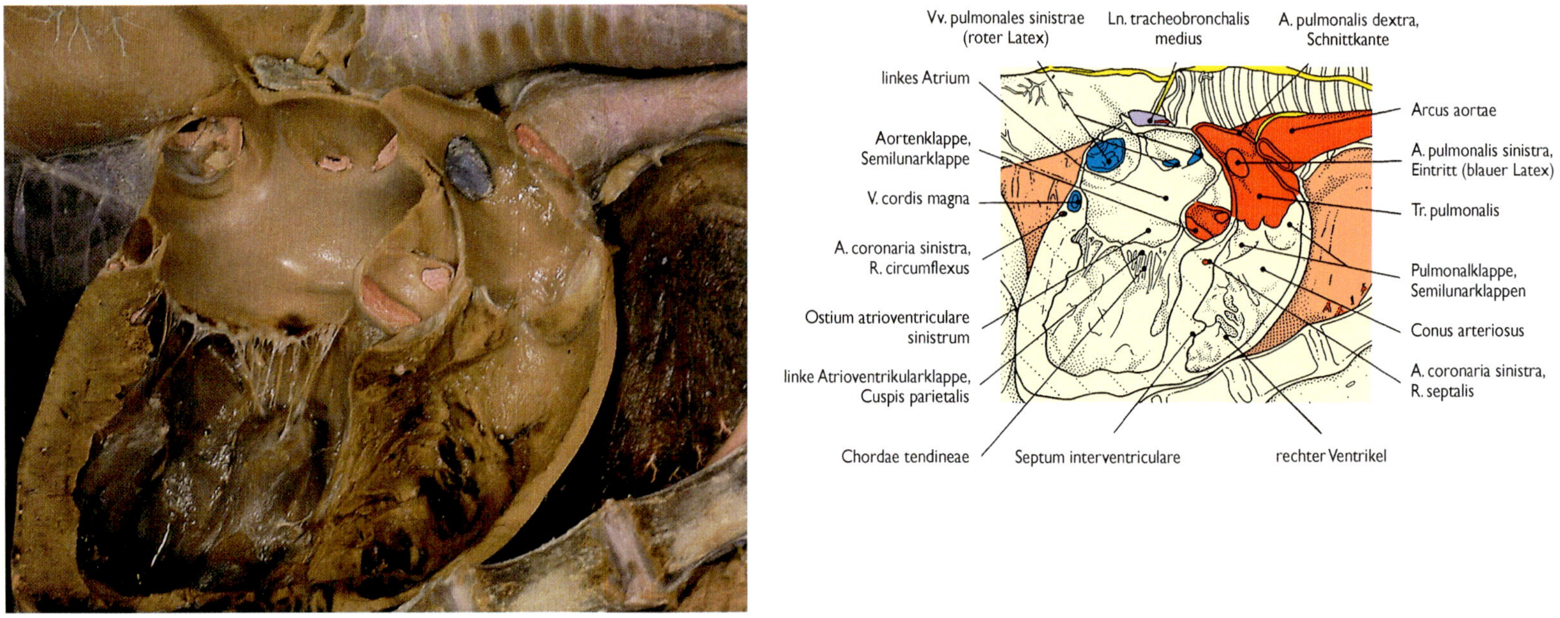

Abb. 5.56 Herz (13) linke Atrioventrikularklappe, Aortenklappe und Pulmonalklappe: rechte laterale Ansicht. Die Basis der Aorta, die Aortenklappe und der aufsteigende Anteil wurden entfernt, wodurch die Pulmonalklappe und der Conus arteriosus vollständig freigelegt wurden. Die Eröffnung des Truncus pulmonalis legt den Ursprung der A. pulmonalis sinistra frei. An der Basis der Aorta ist die Öffnung der A. coronaria sinistra im Sinus aortae der linken Semilunartasche der Klappe dargestellt.

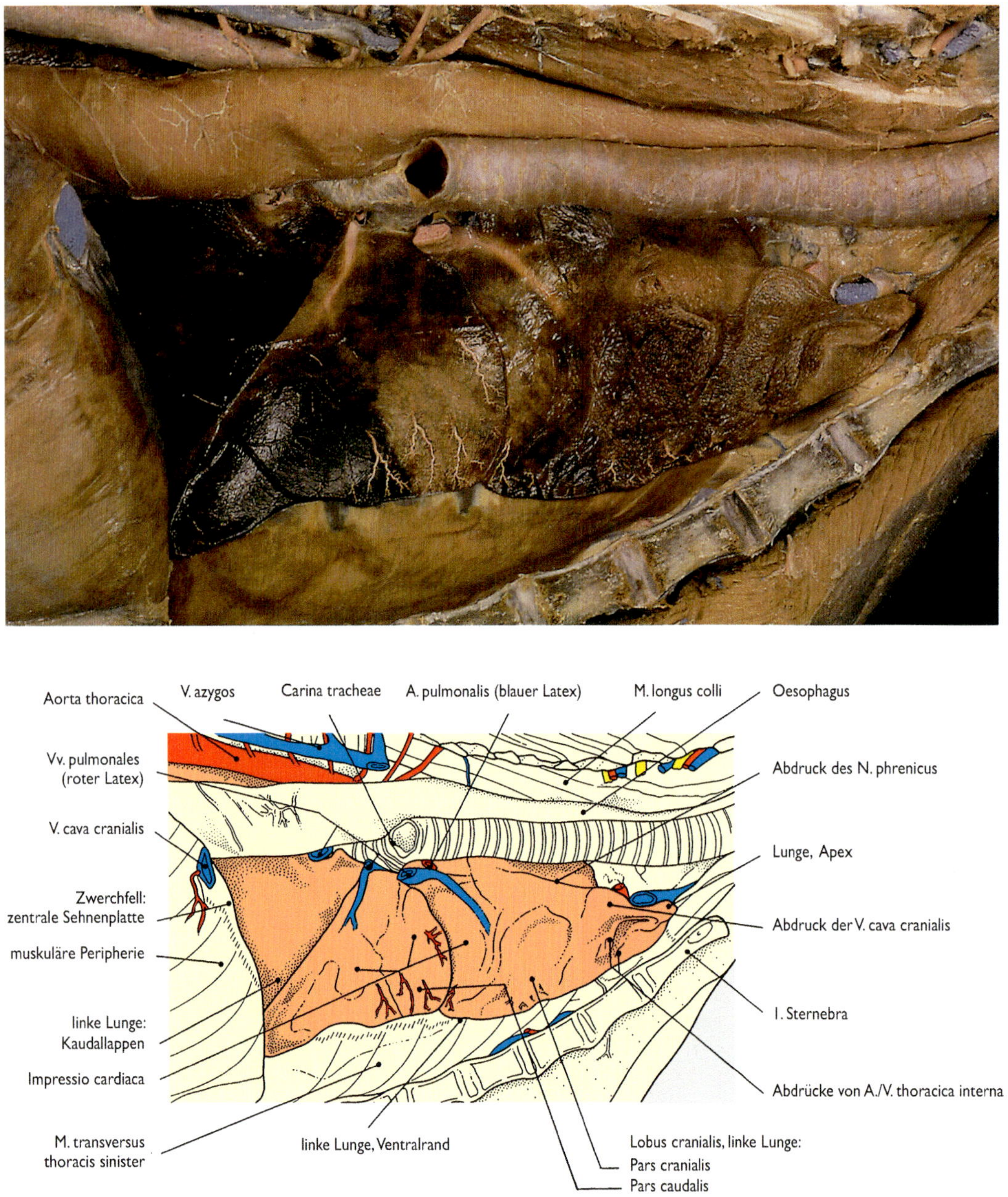

Abb. 5.57 Linke Lunge *in situ* nach Entfernung des Herzens und der großen Gefäße: mediale Ansicht. Die mediale Oberfläche der linken Lunge wurde von Eingeweiden befreit (mit Ausnahme der Trachea und des Ösophagus). Diese Strukturen, die die Wurzel der Lunge bilden, sind offensichtlich, ebenso die Abdrücke des Herzens und der A. und V. thoracica interna in der Lunge (zum Vergleich mit Abb. 5.28). Der scharfe, hervorstehende Apex des Lobus cranialis der Lunge steht im scharfen Kontrast zum tiefen und stumpf abgerundeten Apex des rechten (siehe Abb. 5.55).

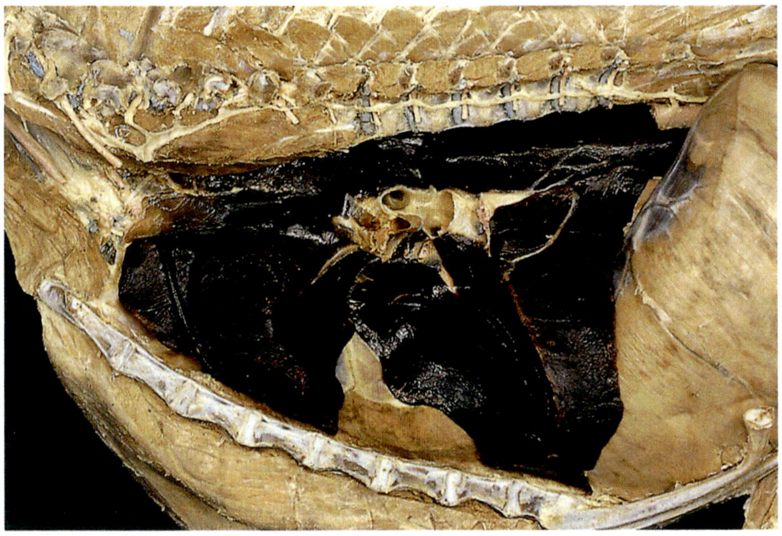

Abb. 5.58 Rechte Lunge in situ nach Entfernung des Mediastinums und seines Inhalts: mediale Ansicht. Die verbleibenden mediastinalen Strukturen, Trachea, Ösophagus und Aorta sind entfernt worden und die rechte Lunge bleibt in ihrer Lage in der Brust erhalten. Diese mediale Ansicht der *in situ* ausgehärteten Lunge zeigt die oberflächlichen Abdrücke, die die Beziehungen zu nicht mehr vorhandenen mediastinalen Strukturen anzeigen. Die Lungenwurzel (die Strukturen, die zwischen dem Mediastinum und dem Lungenhilus passieren) ist vollständig dargestellt, wobei der Hauptbronchus am weitesten dorsal in der Wurzel liegt und die Pulmonalvenen am weitesten ventral liegen.

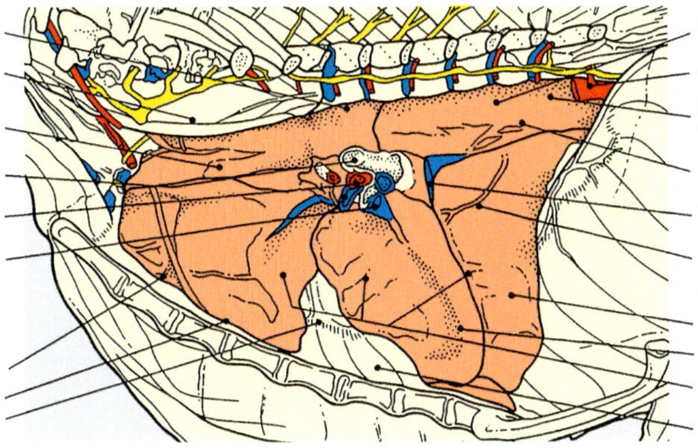

Abb. 5.59 Brustkorb (6) M. transversus thoracis und Fascia endothoracica der rechten Seite: mediale Ansicht. Die rechte Lunge wurde entfernt, wobei die gesamte Brusthöhle von Eingeweiden befreit wurde. Die mediale Oberfläche der Brustwand ist dargestellt, bedeckt von einem glänzenden parietalen Pleurablatt mit darunterliegender Fascia endothoracica. Durch die Pleura und die Faszie hindurch sind die Mm. intercostales interni sichtbar, die die Interkostalräume ausfüllen. Der M. transversus thoracis erstreckt sich am Boden des Thorax von der 3. Rippe in kaudaler Richtung. Nahe dem kaudalen Rand der Rippe liegen die Interkostalgefäße und Nerven, eingebettet in einer geringen Menge Fettgewebe (vgl. Abb. 5.18 and 5.23).

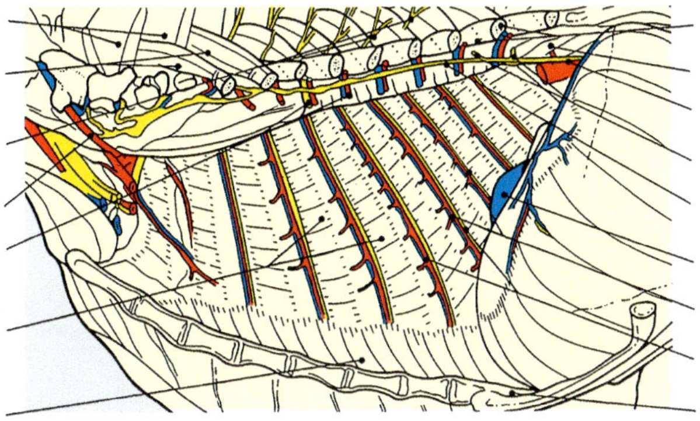

Abb. 5.60 Linke Lunge *in situ* nach Entfernung des Mediastinums und seines Inhalts: mediale Ansicht. Die verbliebenen mediastinalen Strukturen wurden entfernt und die mediale Oberfläche der linken Lunge ist in ihrer Lage sichtbar. Im Vergleich mit der entsprechenden Ansicht der rechten Lunge (Abb. 5.58) hebt sich der spitze Apex der linken Lunge vom stumpf abgerundeten Apex der rechten Lunge ab. Außerdem hat die im ventralen Rand der rechten Lunge vorhandene ausgeprägte Incisura cardiaca kein Gegenstück in der linken Lunge.

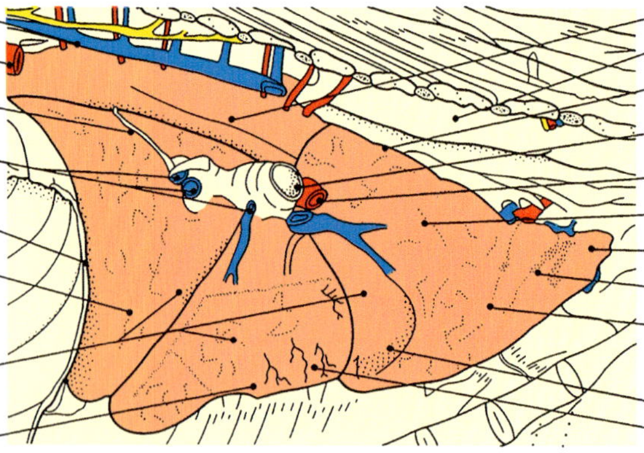

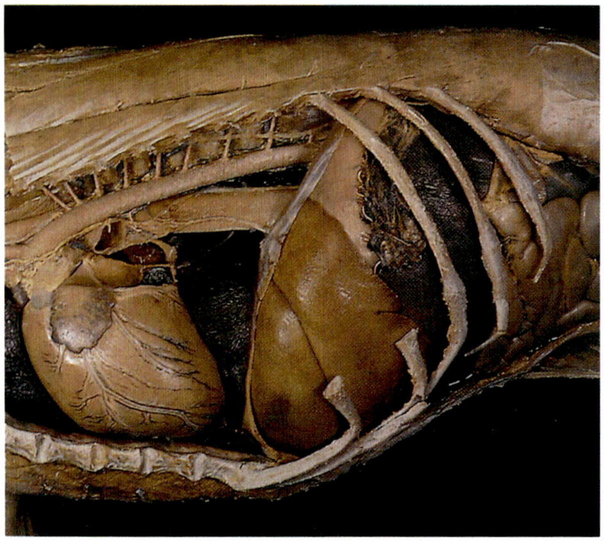

Abb. 5.61 Lobus accessorius der rechten Lunge und Leber nach Entfernung des Zwerchfells: linke laterale Ansicht. In dieser Präparation wurden die linke Lunge und die linke Hälfte des Zwerchfells entfernt, während die kaudalen Rippen und der Rippenbogen intakt belassen werden. Die Lage der kostodiaphragmatischen Line des Pleuraumschlags ist in der Zeichnung durch die gestrichelte blaue Linie angezeigt. Dies ist die tatsächliche kaudale Ausdehnung der Pleurahöhle. Die enge Lagebeziehung des abdominalen Inhalts zu den Lobi caudalis und accessorius der rechten Lunge und zum Herz ist deutlich erkennbar dargestellt (vgl. Abb. 5.92). Beachte: In dieser Präparation war eine persistierende Vena cava cranialis sinistra vorhanden. Sie wurde entfernt, aber ihr Verlauf um den linken Sulcus coronarius ist immer noch erkennbar und die Stelle, an der sie in einen vergrößerten Sinus coronarius mündet, ist deutlich sichtbar dargestellt.

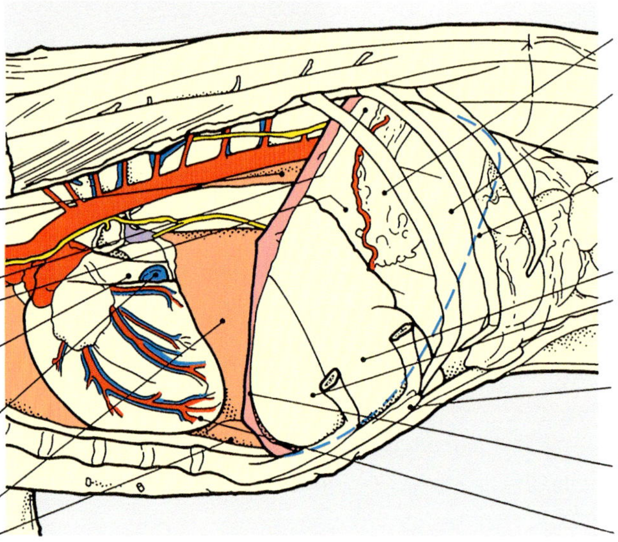

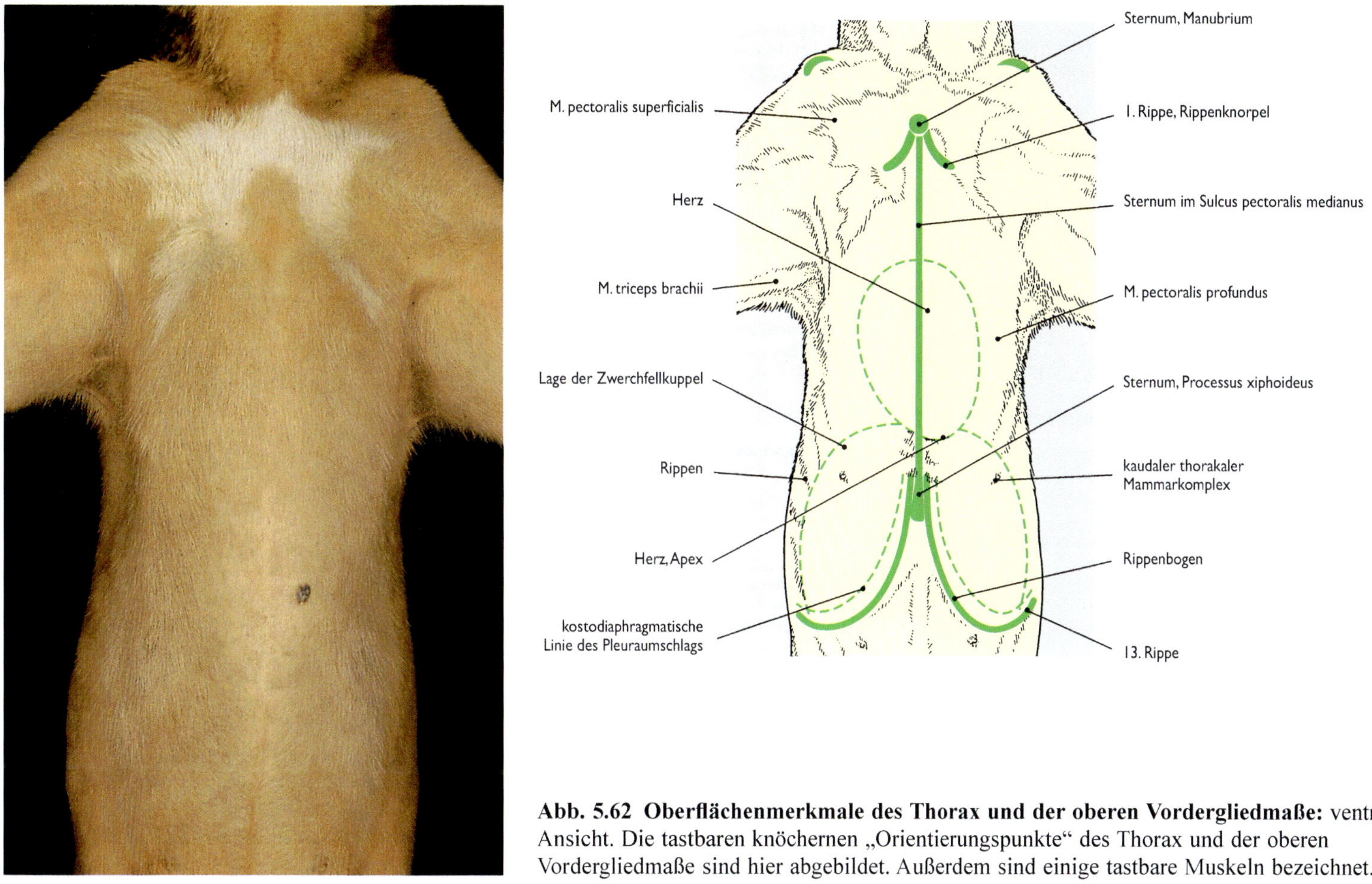

Abb. 5.62 Oberflächenmerkmale des Thorax und der oberen Vordergliedmaße: ventrale Ansicht. Die tastbaren knöchernen „Orientierungspunkte" des Thorax und der oberen Vordergliedmaße sind hier abgebildet. Außerdem sind einige tastbare Muskeln bezeichnet.

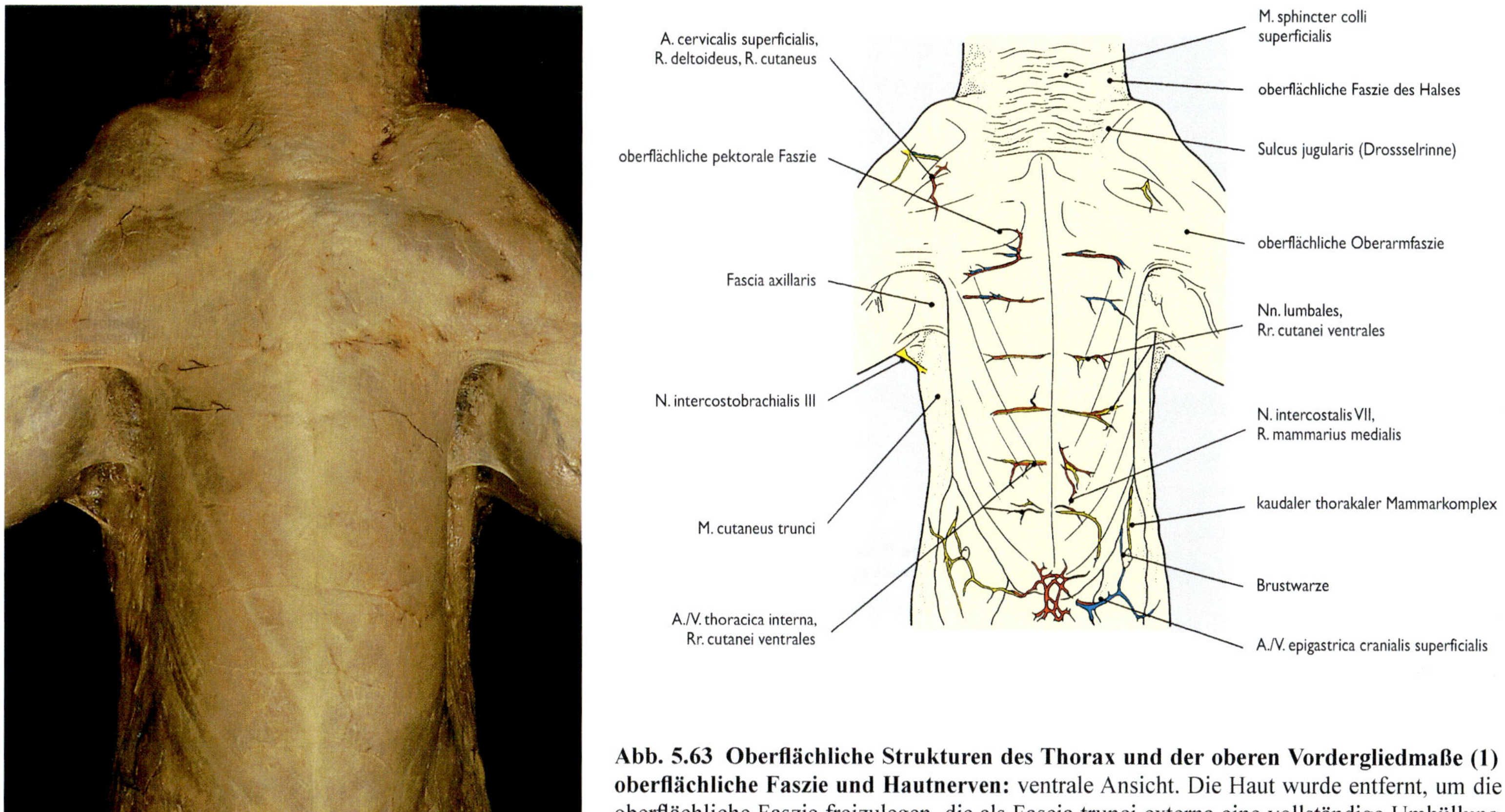

Abb. 5.63 Oberflächliche Strukturen des Thorax und der oberen Vordergliedmaße (1) oberflächliche Faszie und Hautnerven: ventrale Ansicht. Die Haut wurde entfernt, um die oberflächliche Faszie freizulegen, die als Fascia trunci externa eine vollständige Umhüllung des Rumpfes bildet. Sie wird kranial fortgeführt in die oberflächliche Halsfaszie und kaudal über das Abdomen, dort enthält sie in ihrem oberflächlichen Blatt (Fascia superficialis) die Mammarkomplexe und die Hautmuskulatur des Rumpfes (siehe Abb. 5.7).

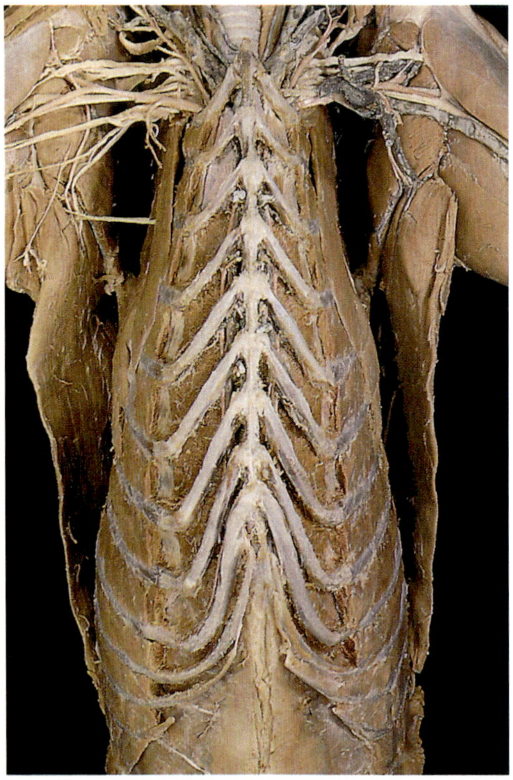

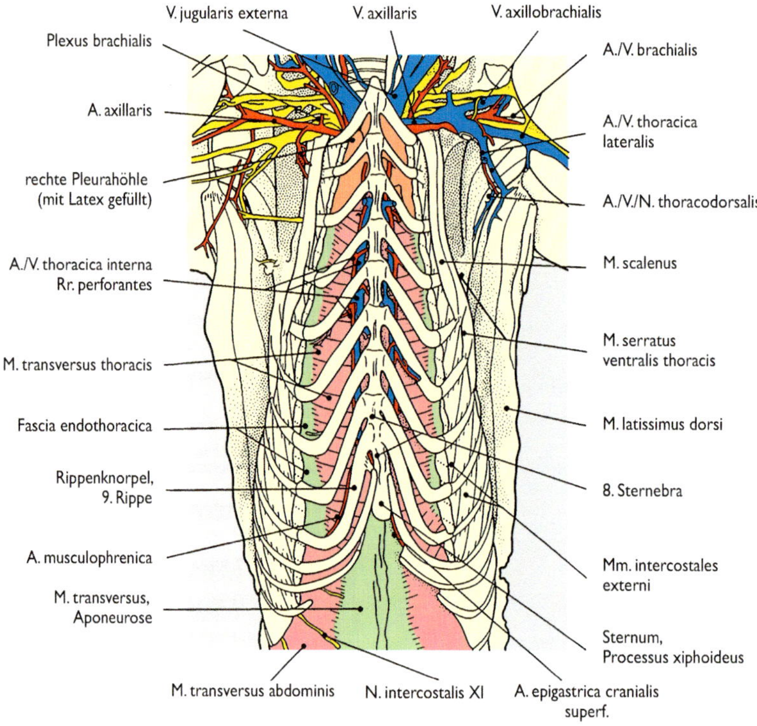

Abb. 5.68 Brustkorb, M. transversus thoracis und interne Thorakalgefäße: ventrale Ansicht. Brustmuskulatur wurde auf der linken Seite entfernt und zwischen den Knorpeln liegende Teile der Mm. intercostales interni wurden auf beiden Seiten bis zur 10. Rippe aus den Interchondralräumen entfernt. Mm. transversi thoracici und interne Thorakalgefäße, die das Sternum flankieren, sind kaudal des 2. Interkostalraums freigelegt. In den Interchondralräumen 1 und 2 wurde unter Freilegung der kranialen Ausdehnung der Pleurahöhlen die Fascia endothoracica entfernt.

Abb. 5.69 Brustkorb, M. transversus thoracis und interne Thorakalgefäße: rechte laterale Ansicht. Eine laterale Ansicht der vorangegangenen Präparation zeigt perforierende und ventrale Interkostaläste der internen Thorakalgefäße in mehreren Interchondralräumen. Lateral des lateralen Randes des M. transversus thoracis ist die Fascia endothoracica verdickt und besonders markant ausgeprägt.

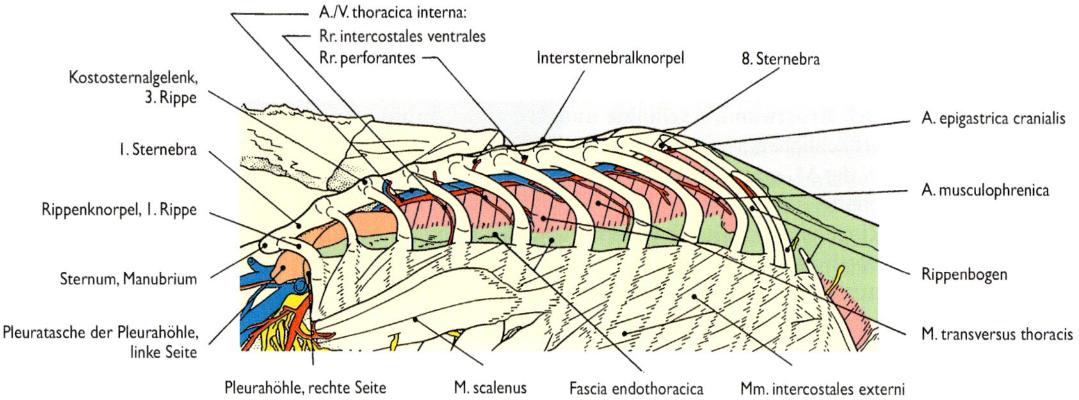

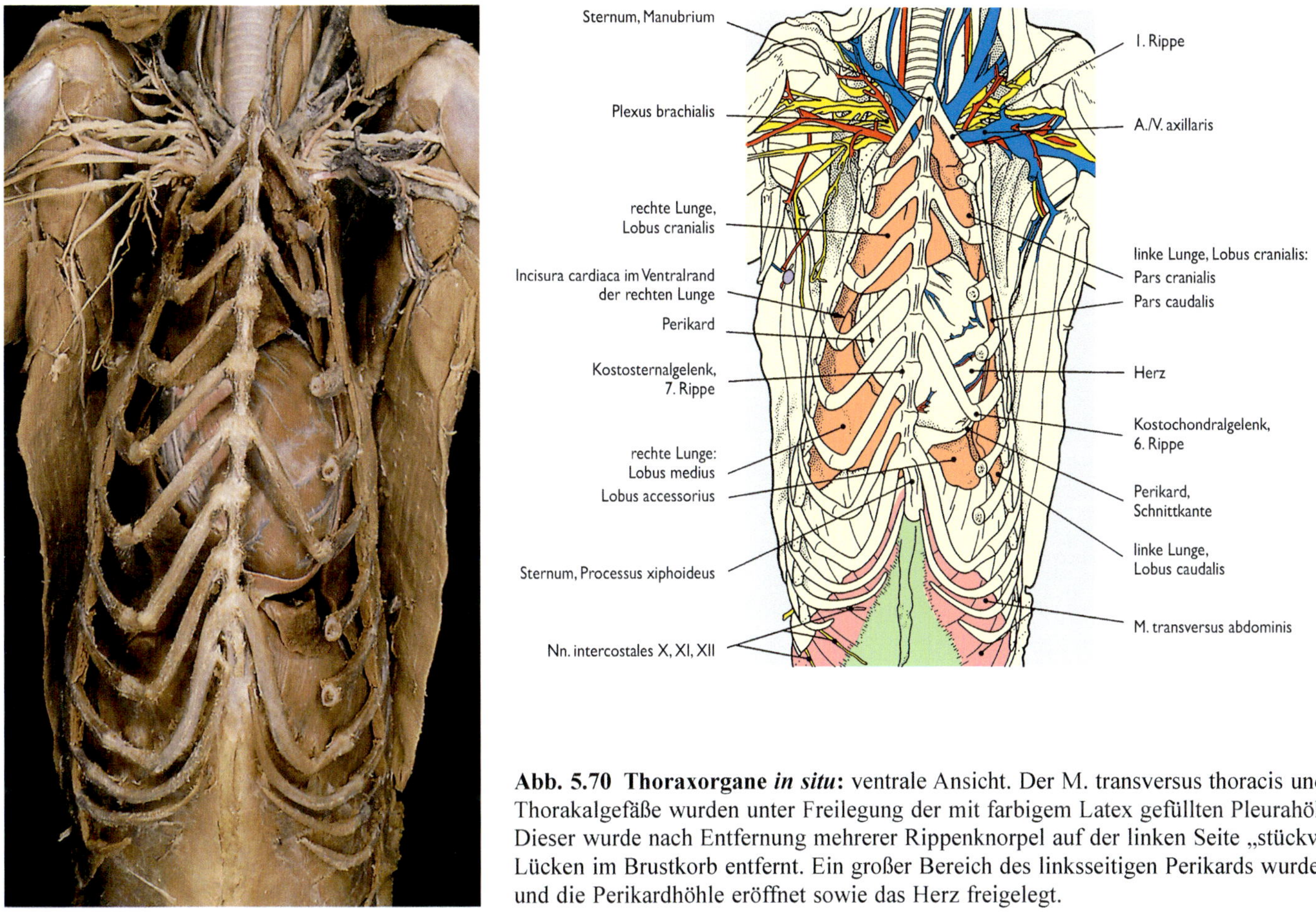

Abb. 5.70 Thoraxorgane *in situ*: ventrale Ansicht. Der M. transversus thoracis und interne Thorakalgefäße wurden unter Freilegung der mit farbigem Latex gefüllten Pleurahöhlen entfernt. Dieser wurde nach Entfernung mehrerer Rippenknorpel auf der linken Seite „stückweise" durch Lücken im Brustkorb entfernt. Ein großer Bereich des linksseitigen Perikards wurde entfernt und die Perikardhöhle eröffnet sowie das Herz freigelegt.

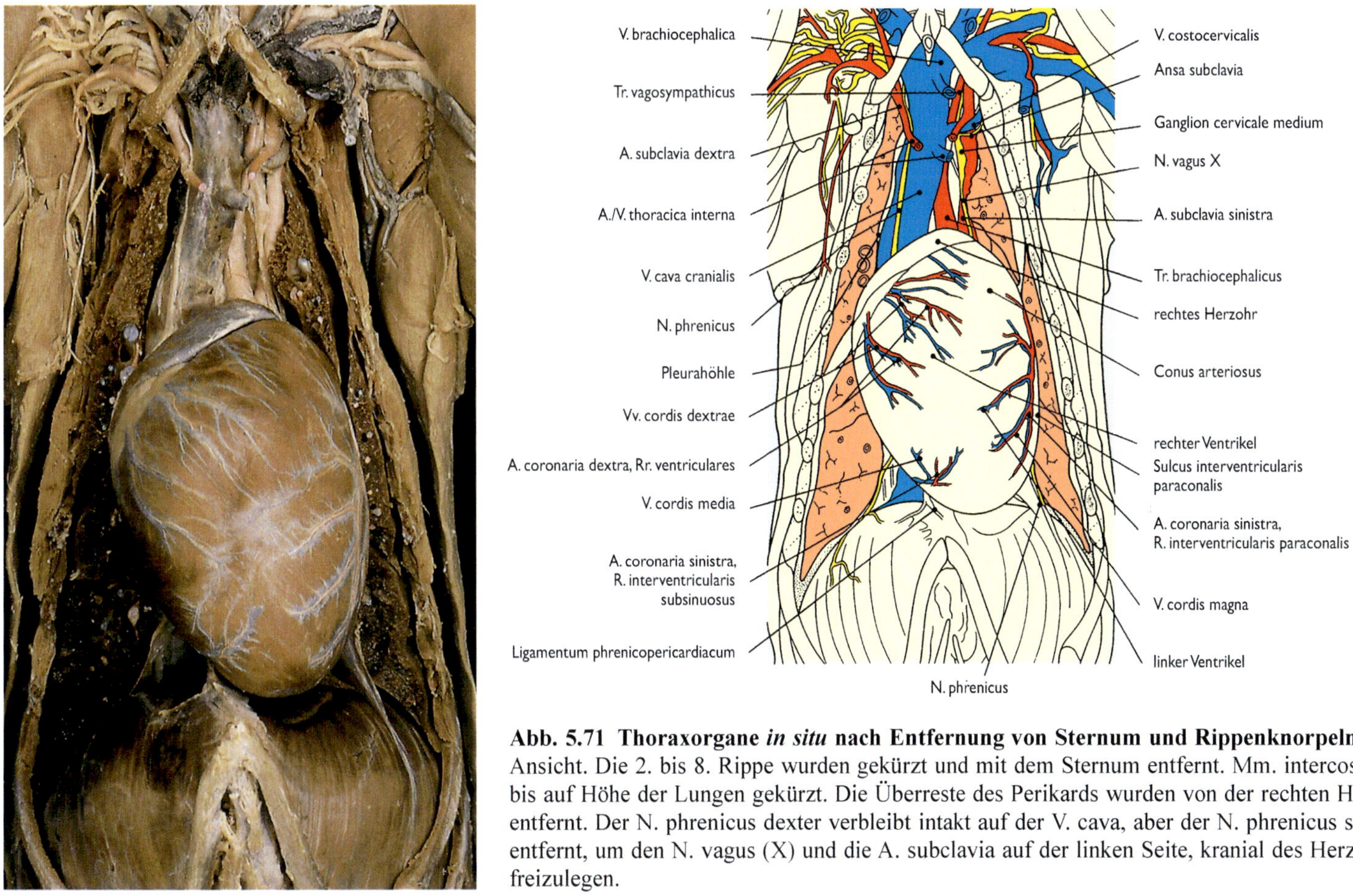

Abb. 5.71 Thoraxorgane *in situ* nach Entfernung von Sternum und Rippenknorpeln: ventrale Ansicht. Die 2. bis 8. Rippe wurden gekürzt und mit dem Sternum entfernt. Mm. intercostales wurden bis auf Höhe der Lungen gekürzt. Die Überreste des Perikards wurden von der rechten Herzseite entfernt. Der N. phrenicus dexter verbleibt intakt auf der V. cava, aber der N. phrenicus sinister wurde entfernt, um den N. vagus (X) und die A. subclavia auf der linken Seite, kranial des Herzens, freizulegen.

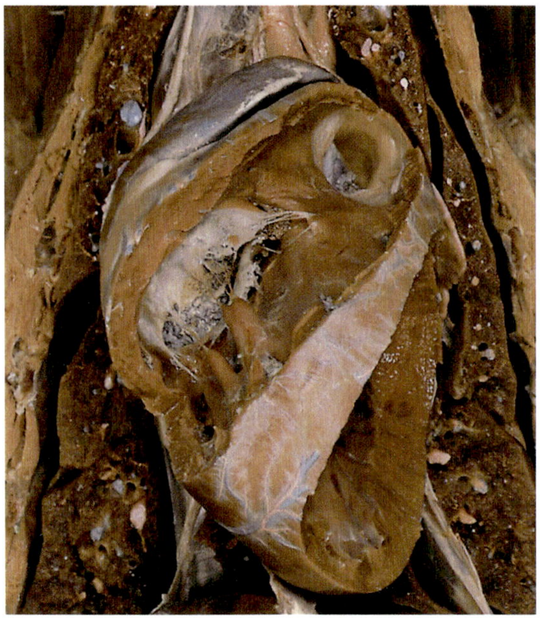

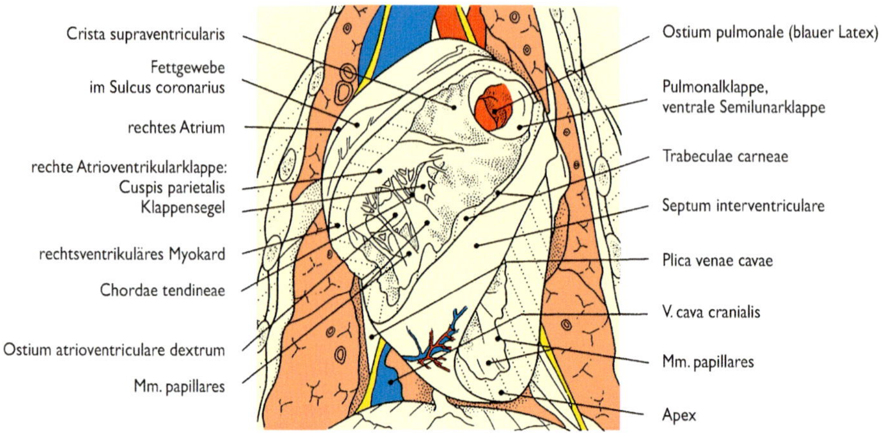

Abb. 5.72 Herz (1) Innenraum der Ventrikel: ventrale Ansicht. Beide Ventrikel wurden eröffnet und die blaue Latexmasse, die den rechten Ventrikel ausfüllte, Stück für Stück entfernt. Die relative Lage und Dicke der Wände sind dargestellt. Beachten Sie die Pulmonal- und rechten Atrioventrikularklappen im rechten Ventrikel, insbesondere die Segel und deren Chordae tendineae. Eine deutlichere Darstellung der relativen Lage der Herzklappen ist untenstehend und in den Abb. 5.53 und 5.56 abgebildet.

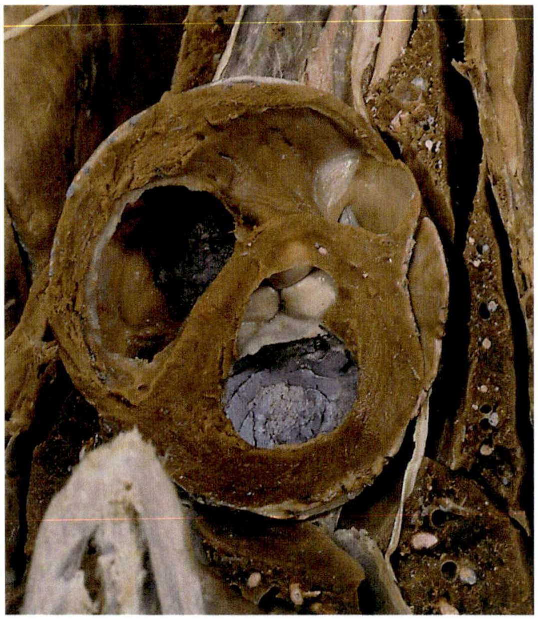

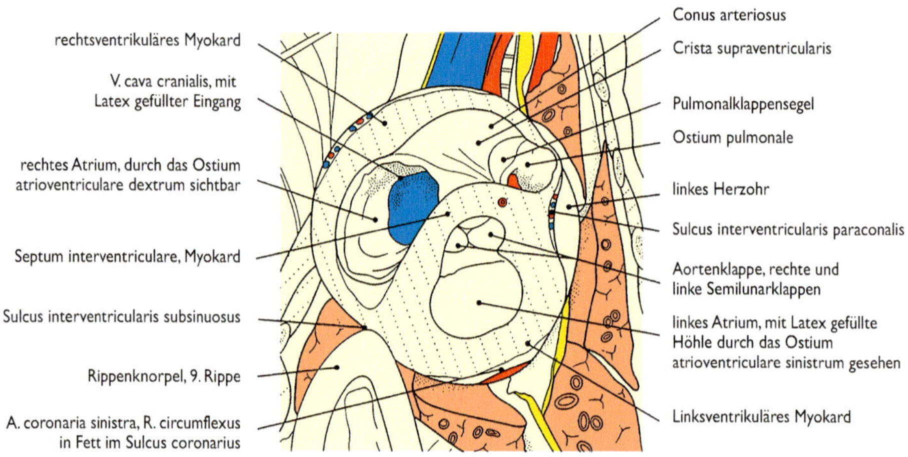

Abb. 5.73 Herz (2) Basis nach Entfernung der Ventrikel: linke kaudoventrale Ansicht. Nahezu die gesamte Muskulatur des Ventrikels wurde gemeinsam mit den Segeln der Atrioventrikularklappen entfernt, um eine Einsicht in die Herzbasis zu ermöglichen. Die relativen Positionen der vier Klappenöffnungen sind ebenso dargestellt wie die jeweiligen Formen der Ventrikel. Ein großer Teil des blauen Latex, mit dem das rechte Atrium ausgefüllt war, wurde entfernt, wobei das linke Atrium noch ausgefüllt ist.

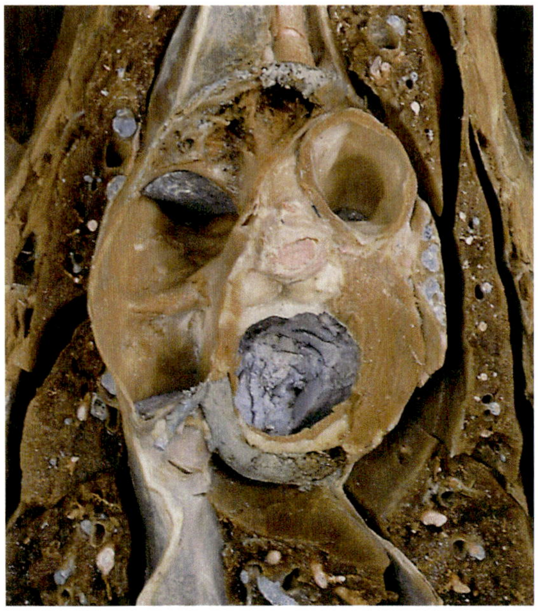

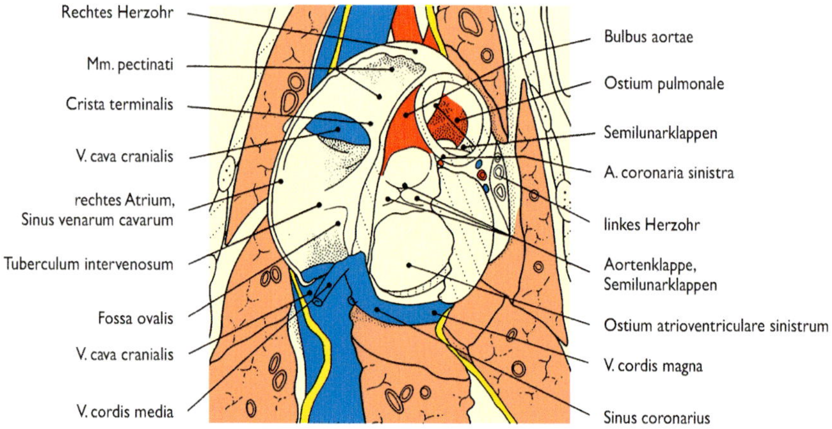

Abb. 5.74 Herz (3) Innenräume Atrium, Aorten- und Pulmonalklappe: ventrale Ansicht. Die Überreste des ventrikulären Muskels wurden gemeinsam mit Teilen der Wand des Atrium entfernt, um eine klare Sicht in das Innere des Sinus venarum cavarum des rechten Atrium und Herzohrs zu ermöglichen. Die Lage des Tuberculum intervenosum in Bezug zu den Öffnungen der Vv. cavae ist deutlich sichtbar (siehe auch Abb. 5.47).

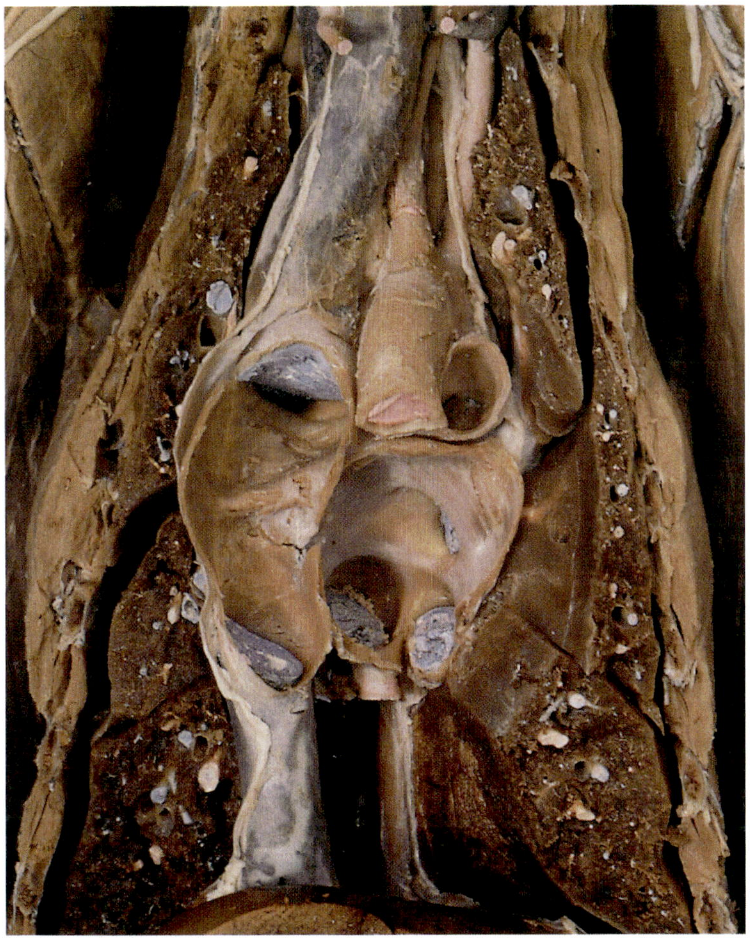

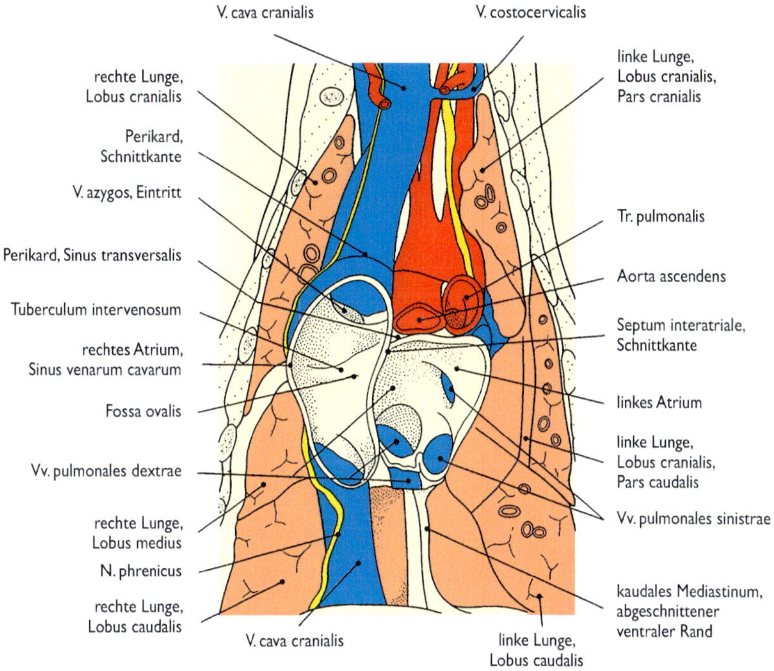

Abb. 5.75 Herz (4) Atria und große Gefäße: ventrale Ansicht. Das linke und rechte Herzohr wurde gemeinsam mit dem Ursprung der Aorta und des Truncus pulmonalis entfernt. Nun verbleibt vom rechten Atrium nur noch das Dach des Sinus venarum cavarum mit den eintretenden Venae cavae. Mehrere Lungenvenen treten in das linke Atrium ein, das kranial durch den Aortenbogen begrenzt wird, der den Truncus pulmonalis umrundet. Der Ansatz des Perikards an den großen Gefäßen ist mittels einer markanten Linie dargestellt, die die V. cava cranialis und den Aortenbogen kreuzt. Der Sinus transversus der Perikardhöhle ist zwischen den großen Gefäßen und dem linken Atrium zu sehen.

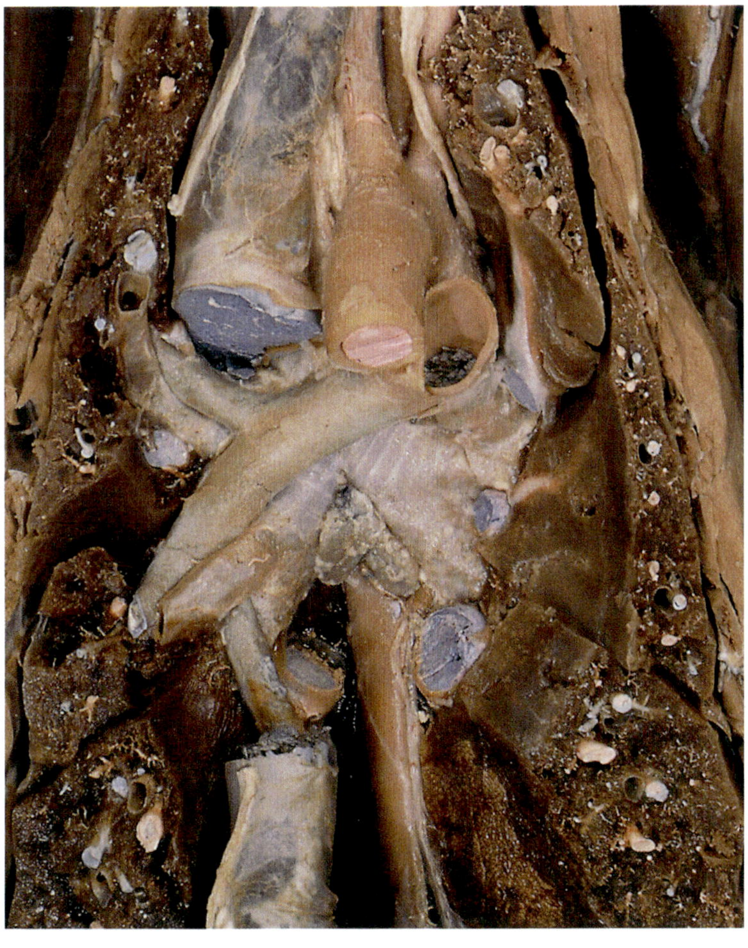

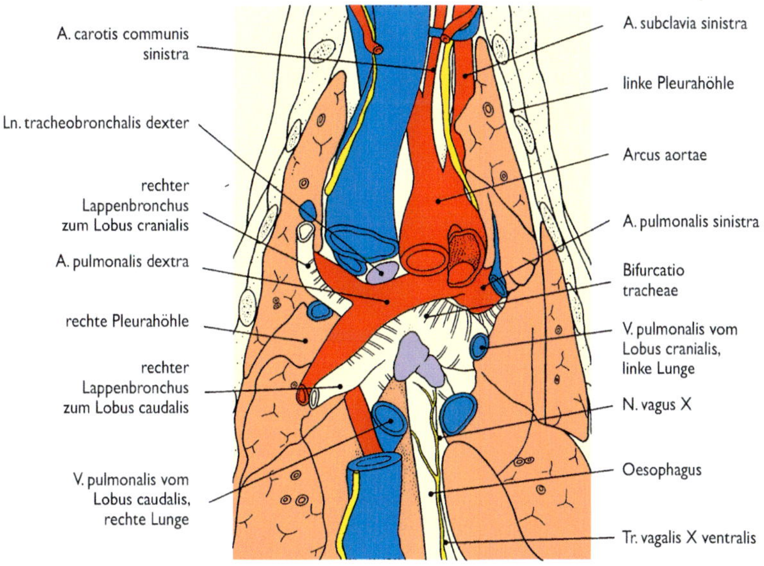

Abb. 5.76 Pulmonalgefäße und Lungenwurzeln: ventrale Ansicht. Die Überreste der Atria wurden entfernt: der rechte mittels eines Schnitts durch die Vv. cavae; der linke, indem die Vv. pulmonales durchtrennt wurden. Freigelegt sind die Lungenwurzeln. Rechte und linke A. pulmonalis entspringen aus dem Truncus pulmonalis, die markante rechte Arterie kreuzt die Herzbasis dorsal, kaudal des Aortenbogens.

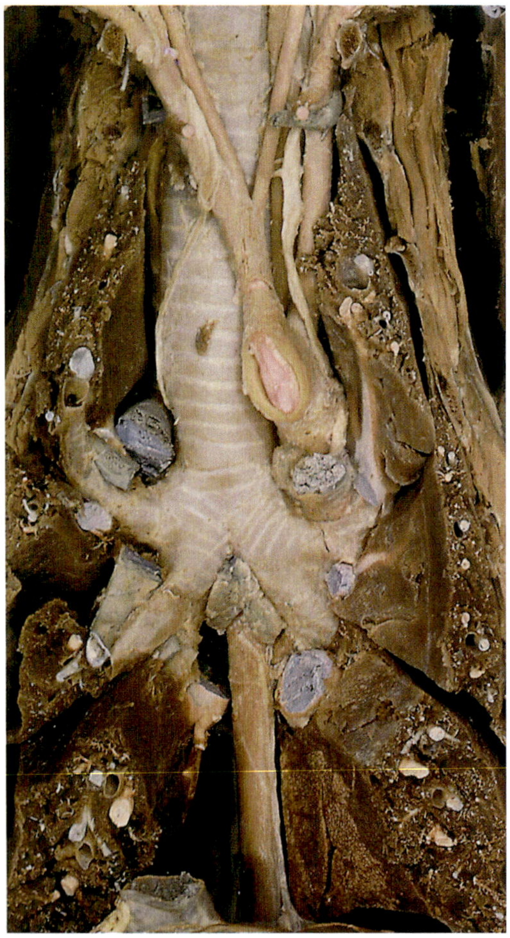

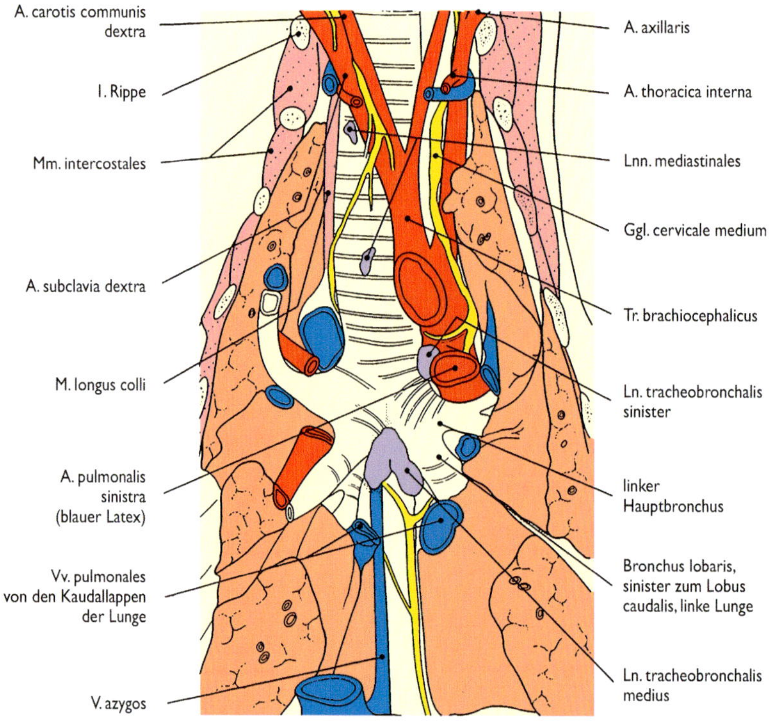

Abb. 5.77 Bifurcatio tracheae und Lnn. tracheobronchiales: ventrale Ansicht. Die Vv. cavae, die A. pulmonalis dextra und der aufsteigende Teil des Aortenbogens sind entfernt worden. Beachten Sie die Trachea, ihre Bifurkation und die anfängliche Verzweigung der beiden Hauptbronchien in die Äste der Lungenlappen. Der linke und rechte N. vagus im kranialen Teil des Mediastinums verschwinden jeweils dorsal der Lungenwurzeln. Die Vereinigung der ventralen Vagusäste bildet auf dem Ösophagus einen ventralen Truncus, kaudal des Ln. tracheobronchialis medius. Der linke Ln. tracheobronchialis ist zwischen der Trachea und dem Truncus pulmonalis sichtbar.

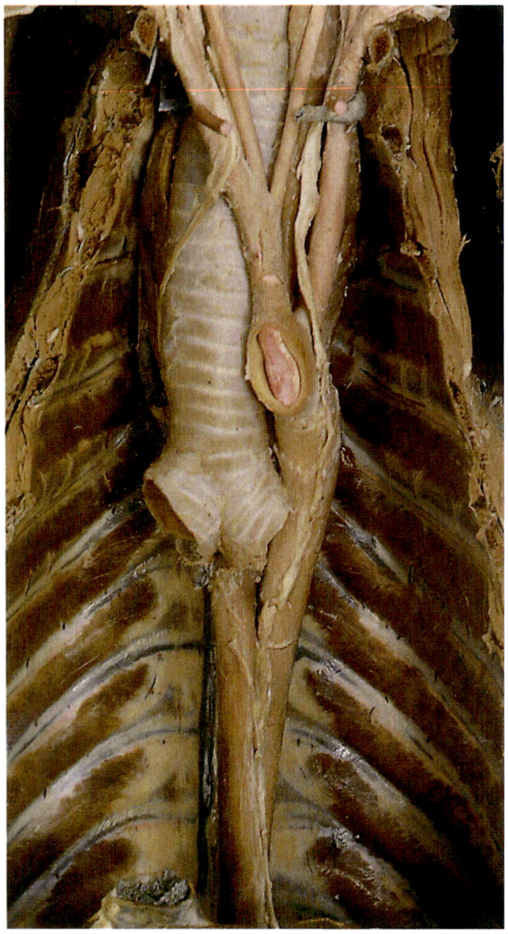

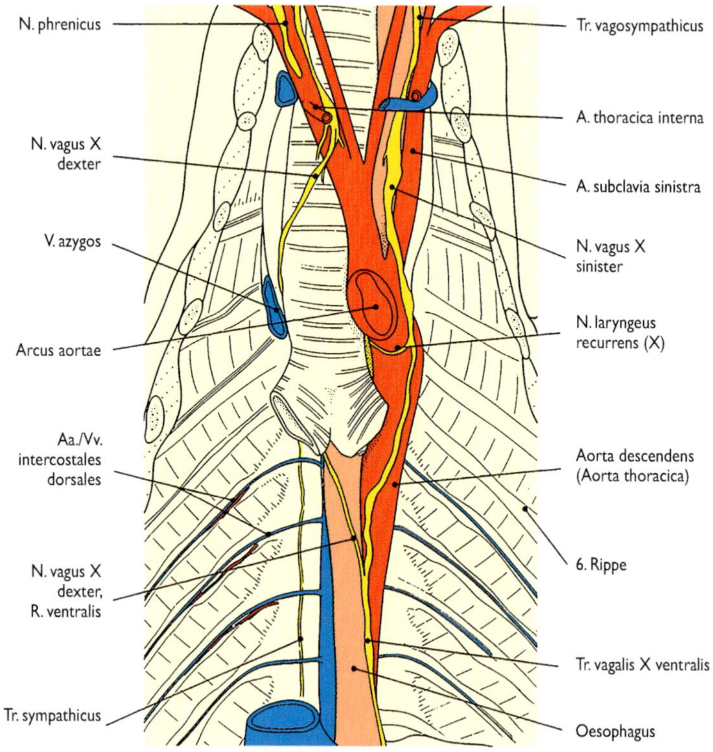

Abb. 5.78 Organe dorsales Mediastinum: ventrale Ansicht. Die Hauptbronchien wurden durchtrennt, wodurch die Überreste der Lunge entfernt werden konnten. Noch vorhanden sind nur die Strukturen, die die dorsalen Anteile des Mediastinums besetzen. Der Ösophagus, mit dazugehörigem ventralen Truncus vagalis, Aorta descendens und V. azygos laufen entlang der Mittellinie kaudal der Bifurcatio tracheae zusammen.

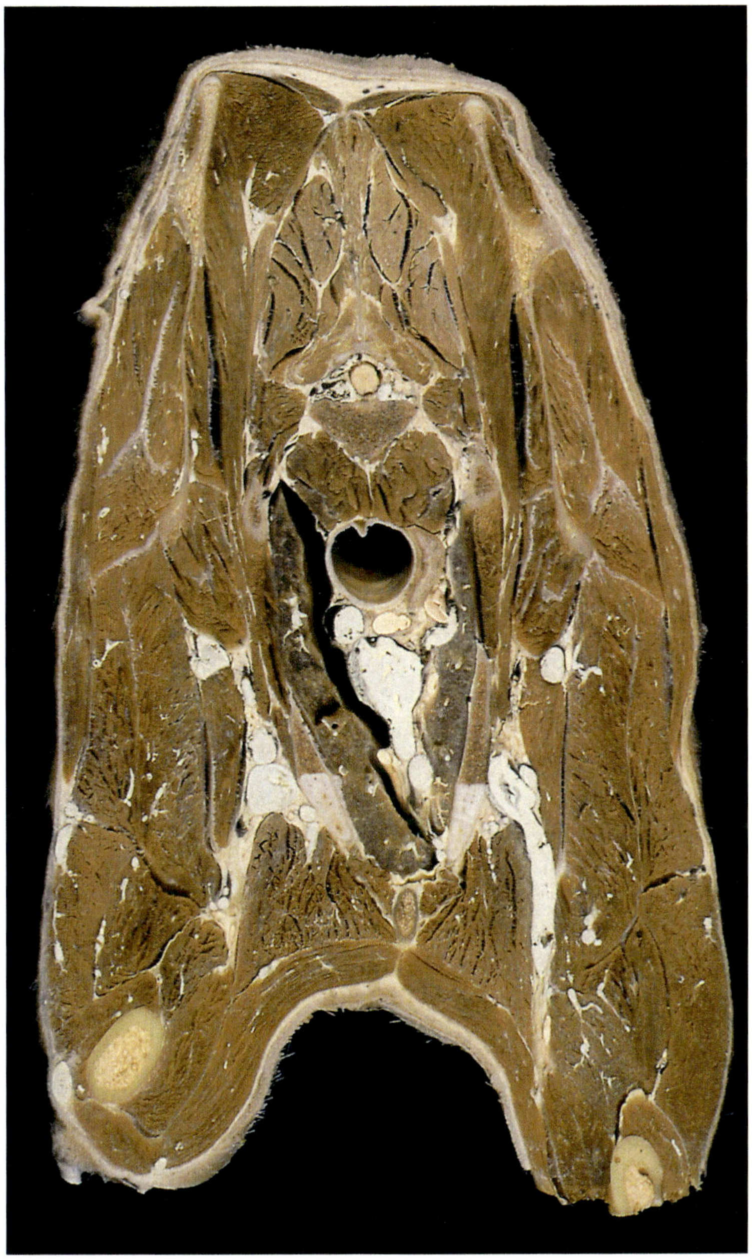

Abb. 5.79 Transversalschnitt (1) durch den 2. Brustwirbel und das kraniale Mediastinum: kraniale Ansicht. Dieser Transversalschnitt und die folgenden acht Schnitte werden aus der kranialen Perspektive gezeigt. Die dazugehörige Zeichnung des Thorax zeigt annähernd die Ebenen, in denen die Schnitte vorgenommen wurden. Die Folge ist eine direkte Fortsetzung der Präparationen, die im Kapitel Hals dargestellt sind (Abb. 3.36-3.43), von denen die letzte durch den 1. Brustwirbel an der Apertura thoracis cranialis führte. Die jeweilige dorsale und ventrale Begrenzung der Axelhöhle ist durch die mit 1 und 2 bezeichneten Punkte dargestellt.

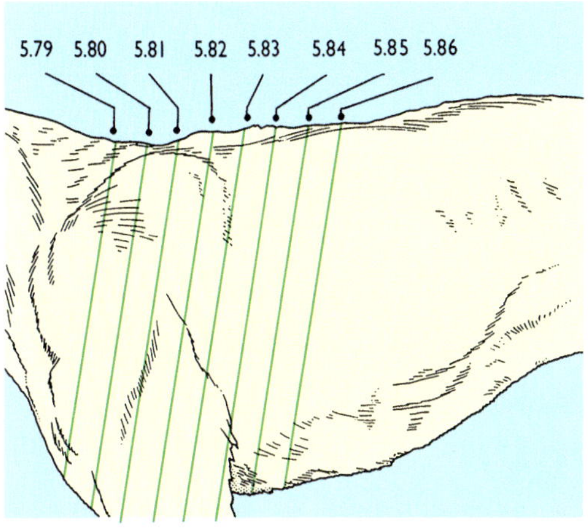

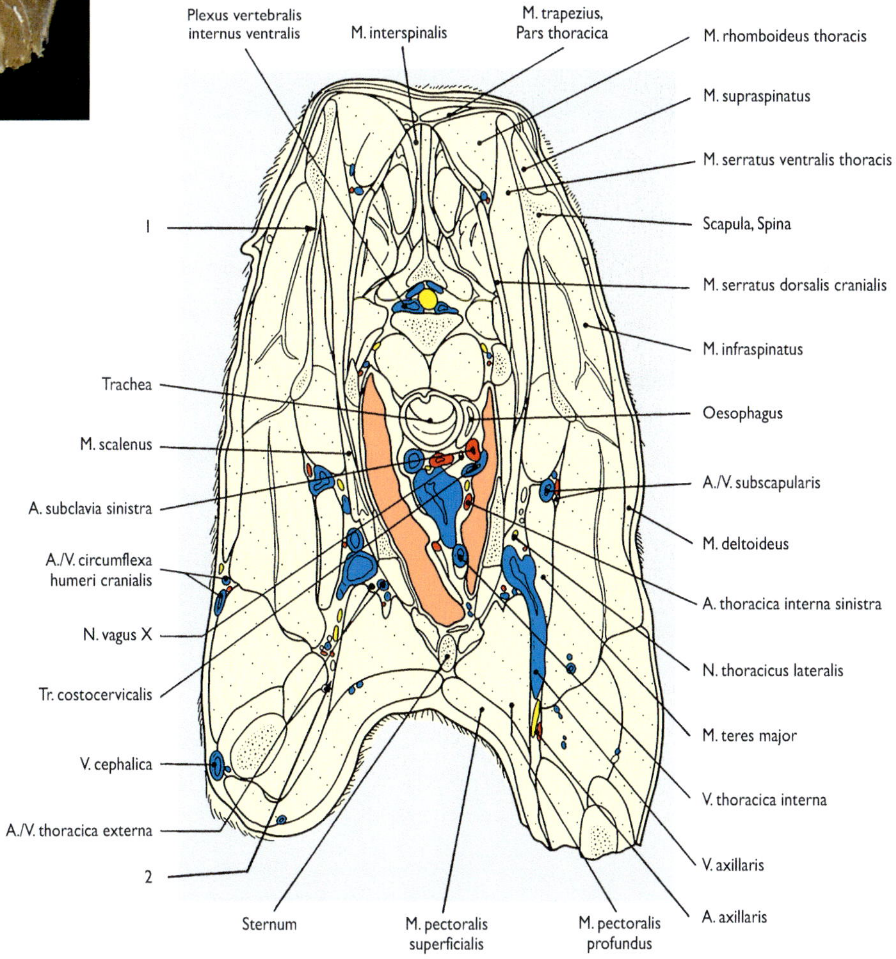

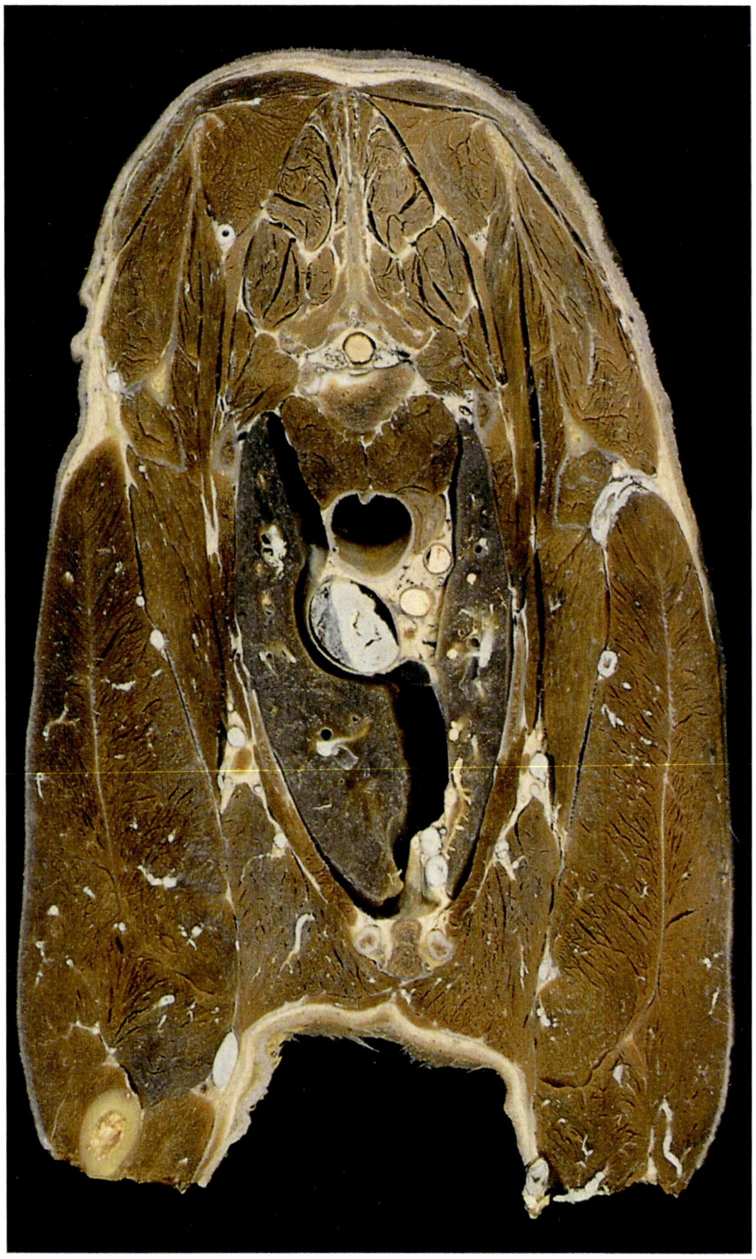

Abb. 5.80 Transversalschnitt (2) durch den 4. Brustwirbel und das kraniale Mediastinum: kraniale Ansicht. Diese ersten beiden Schnitte durch das kraniale (präkardiale) Mediastinum zeigen auf jeder Seite der mediastinalen Scheidewand, die mehr oder weniger entlang der Mittellinie verläuft, die kranialen Lappen beider Lungenhälften. Zu den sichtbaren mediastinalen Strukturen gehören: Trachea und Ösophagus, V. cava cranialis, Truncus brachiocephalicus und A. subclavia dextra. Die jeweilige dorsale und ventrale Begrenzung der Axelhöhle ist durch die mit 1 und 2 bezeichneten Punkte dargestellt.

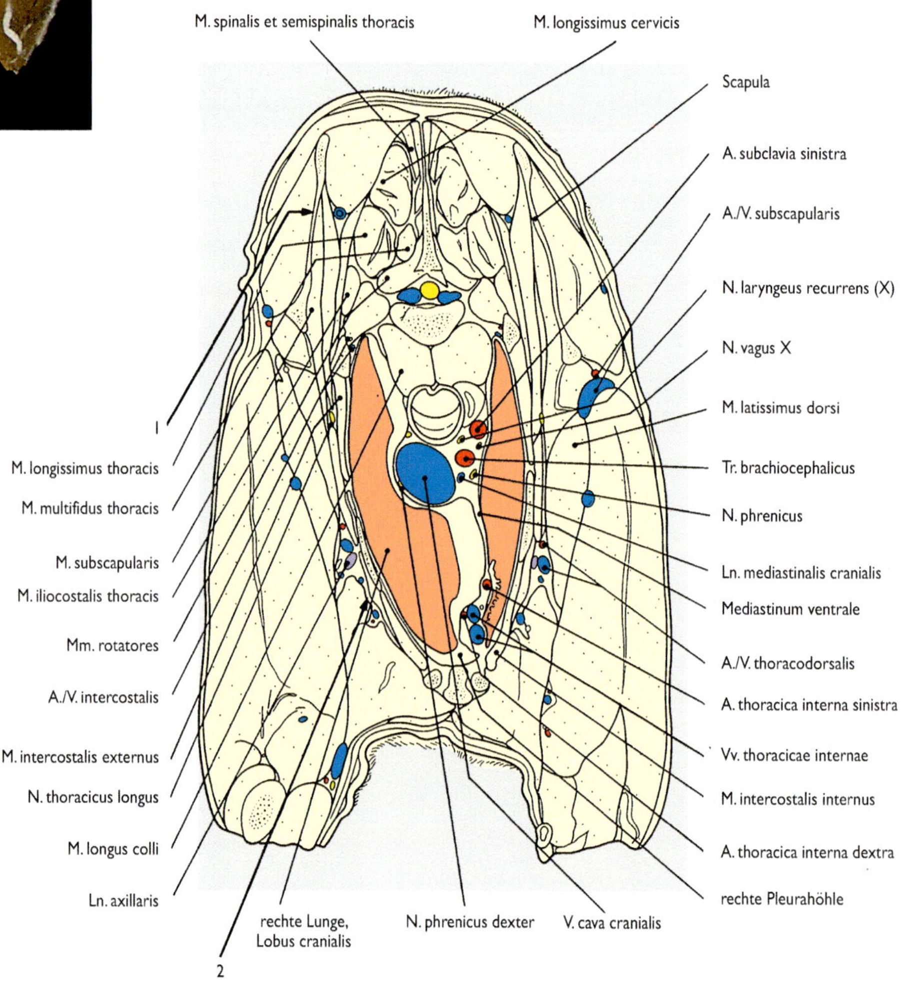

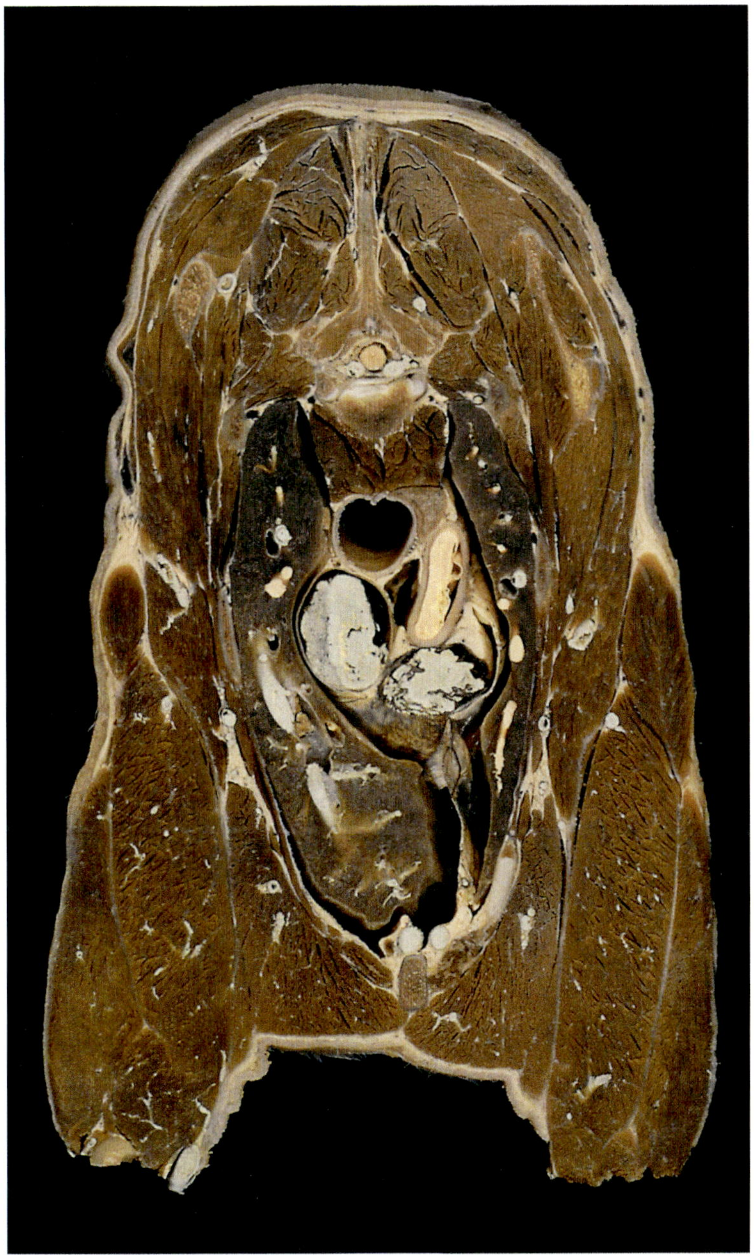

Abb. 5.81 Transversalschnitt (3) durch den 5. Brustwirbel und den Aortenbogen: kraniale Ansicht. Das ventrale Mediastinum wird durch den deutlich größeren Lobus cranialis der rechten Lungenhälfte auf die linke Seite geschoben. Die internen Thoraxgefäße haben den Boden des Thorax erreicht. Auf dieser Ebene des 2. Rippenknorpels ist allerdings der M. transversus thoracis noch nicht vorhanden (siehe Abb. 5.61 und 5.69). Die 2., 3. und 4. Rippe tauchen auf der linken Seite auf.

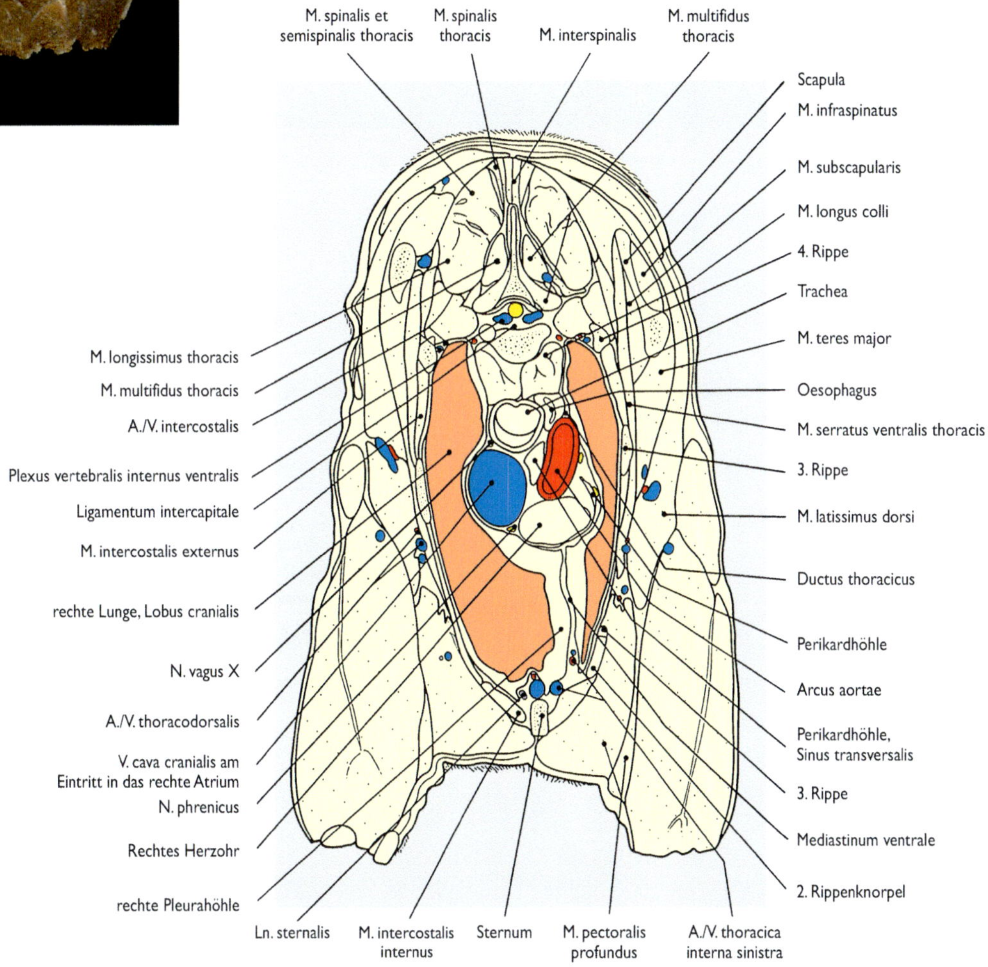

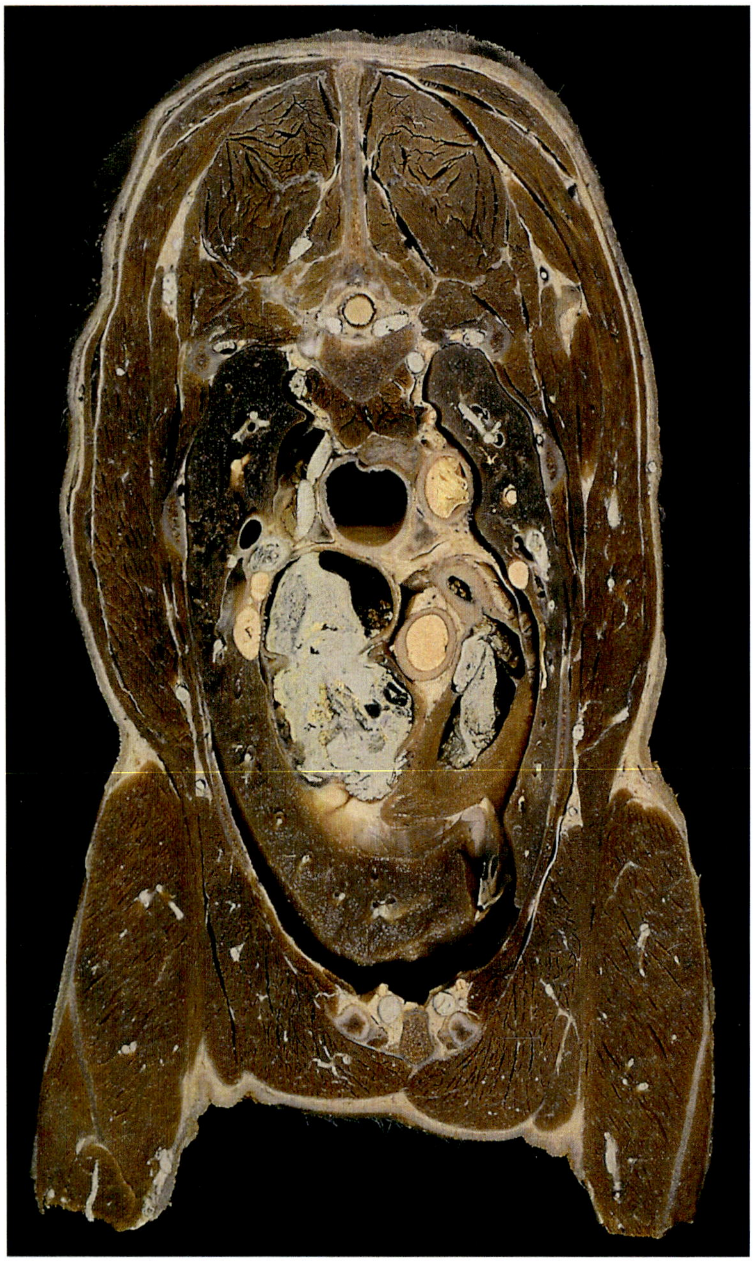

Abb. 5.82 Transversalschnitt (4) durch den 6. Brustwirbel und die Herzbasis: kraniale Ansicht. Rechtes Atrium und Herzohr sind eröffnet, wie auch der Conus arteriosus des rechten Ventrikels und der von ihm wegführende Anfangsteil des Truncus pulmonalis. Innerhalb der Lunge wurde eine Vielzahl von Gefäßen durchtrennt, die die größeren Verzweigungen der Pulmonalgefäße repräsentieren – blauer Latex füllt Äste der A. pulmonalis, pinkfarbener füllt die der Vv. pulmonales, abweichend von den Farben, die in den Illustrationen für Arterien (rot) und Venen (blau) verwendet wurden.

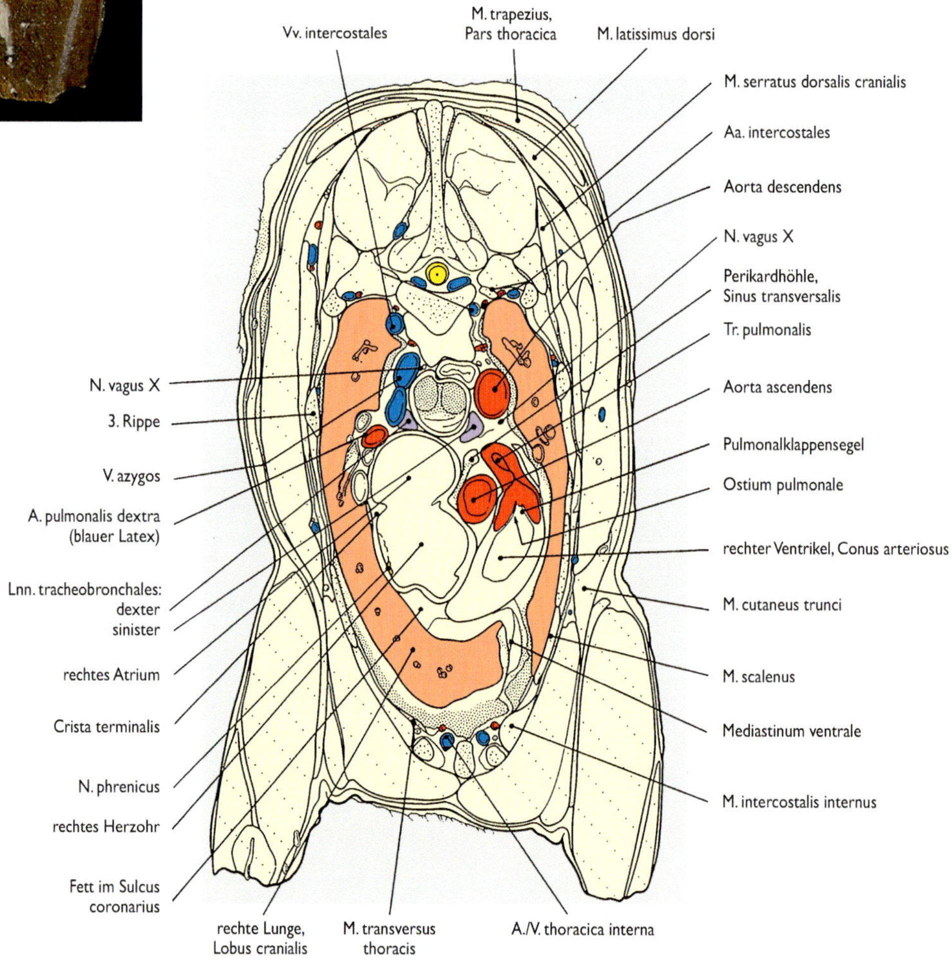

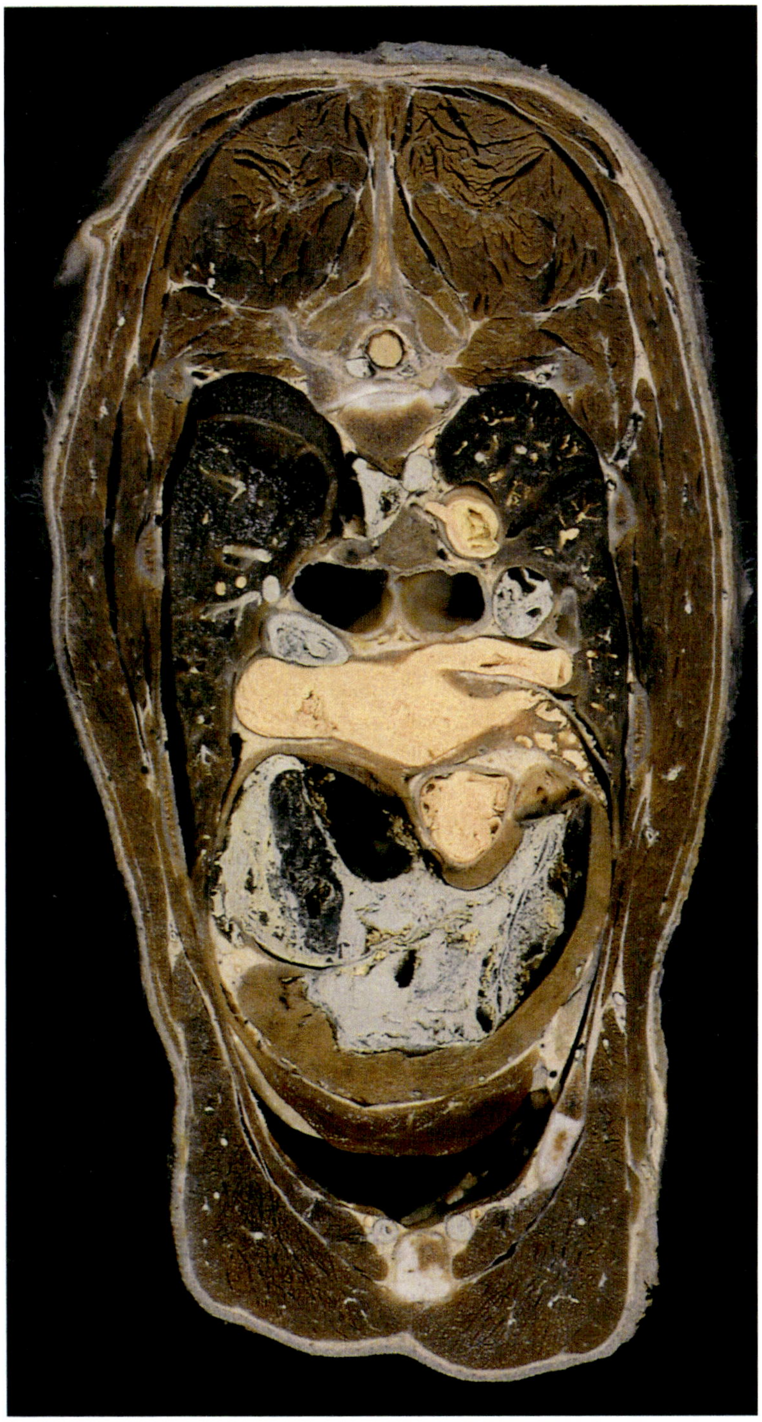

Abb. 5.83 Transversalschnitt (5) durch den 7. Brustwirbel und die Bifurcatio tracheae: kraniale Ansicht. Der Bulbus aortae an der Basis des aufsteigenden Anteils wird vom rechten Atrium und dem Conus arteriosus des rechten Ventrikels flankiert. Beachte das Ostium atrioventriculare dextrum, das in der Mitte des durchtrennten Herzens in den rechten Ventrikel führt, und die Basis des Truncus pulmonalis mit einer einzigen verbliebenen Pulmonalklappentasche, die vom rechten Ventrikel zur linken Herzseite führt. Dieser Schnitt führt auf beiden Seiten durch die Lungenwurzel.

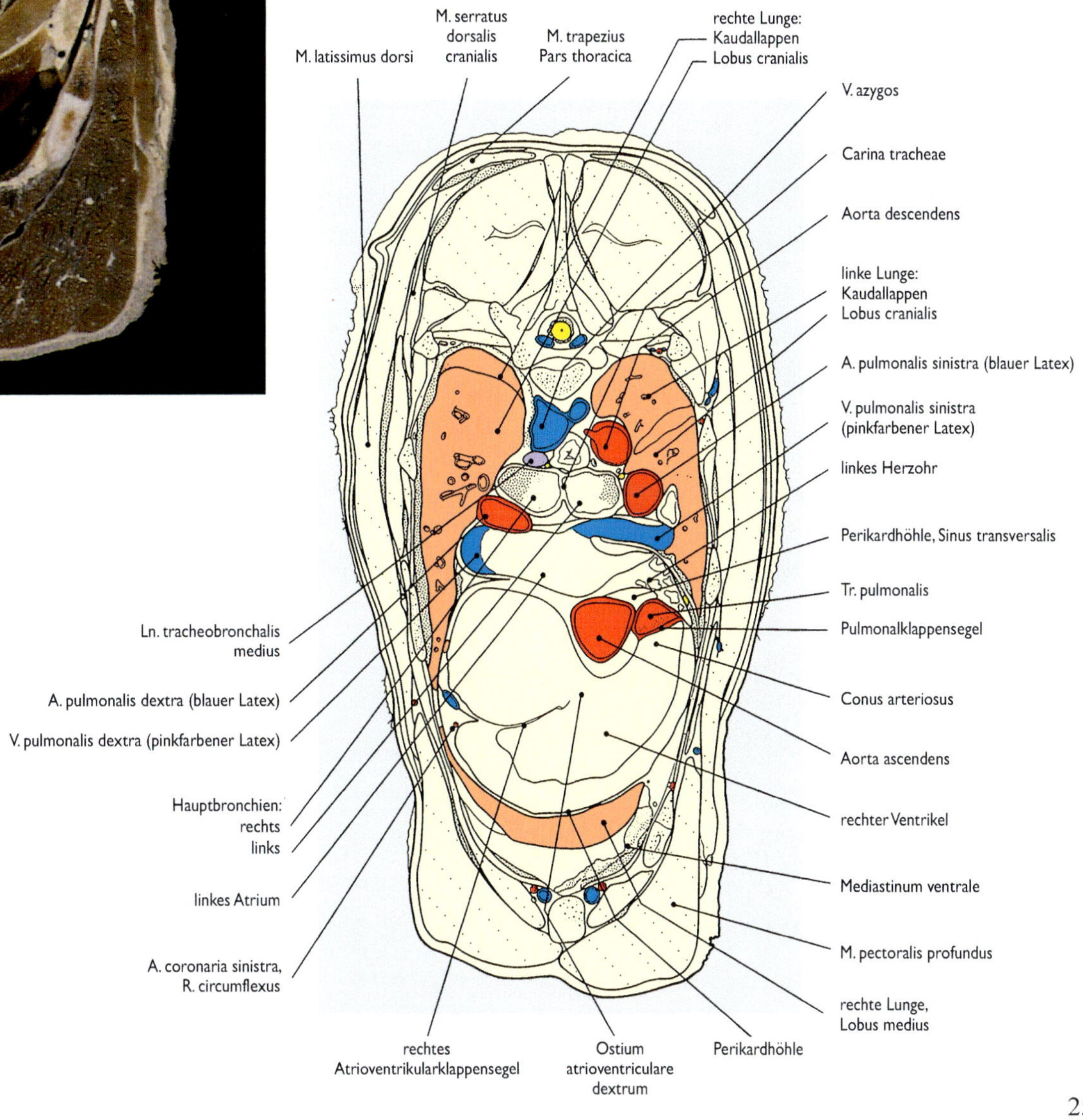

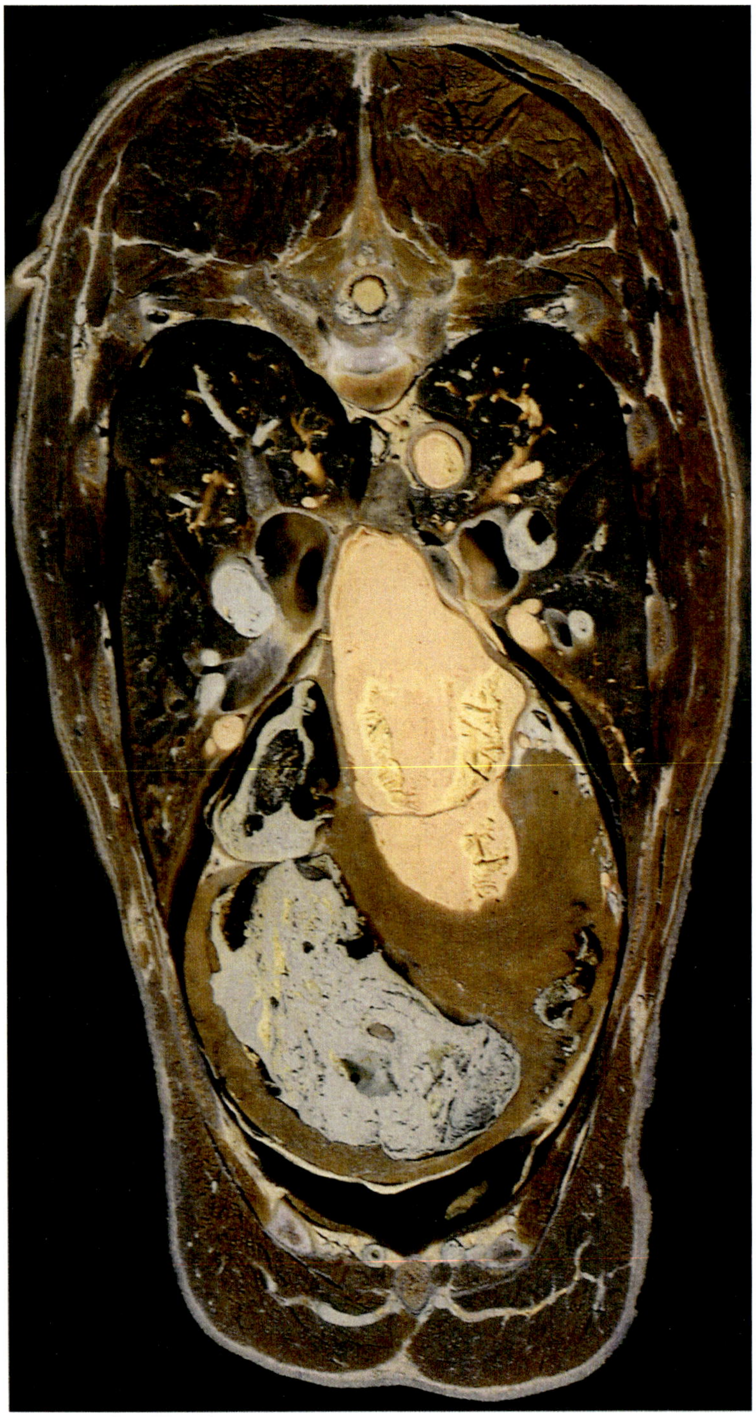

Abb. 5.84 Transversalschnitt (6) durch den 8. Brustwirbel und das linke Atrium: kraniale Ansicht. Dieser Schnitt führt am Eintritt der V. cava caudalis in das rechte Atrium. Das linke Atrium, gefüllt mit pinkfarbenem Latex, liegt in der dorsalen zentralen Herzregion und wird auf jeder Seite von den auseinanderlaufenden Hauptbronchien sowie auf seiner linken Seite vom Ln. tracheobronchialis medius flankiert. Linker und rechter Ventrikel wurden durchtrennt und die linke Atrioventrikularklappe kommt in der Mitte der Präparation zum Vorschein. Die Perikardhöhle umschließt das Herz fast vollständig.

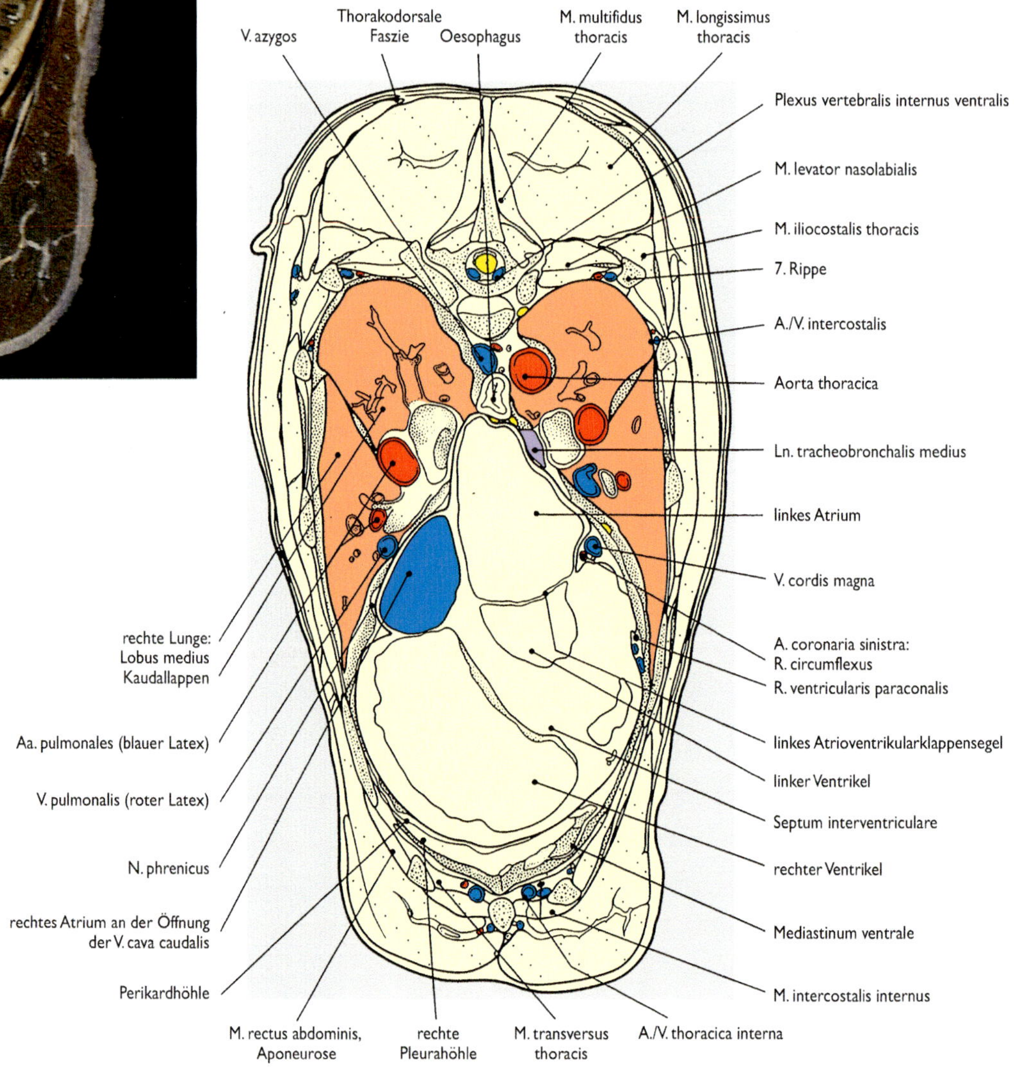

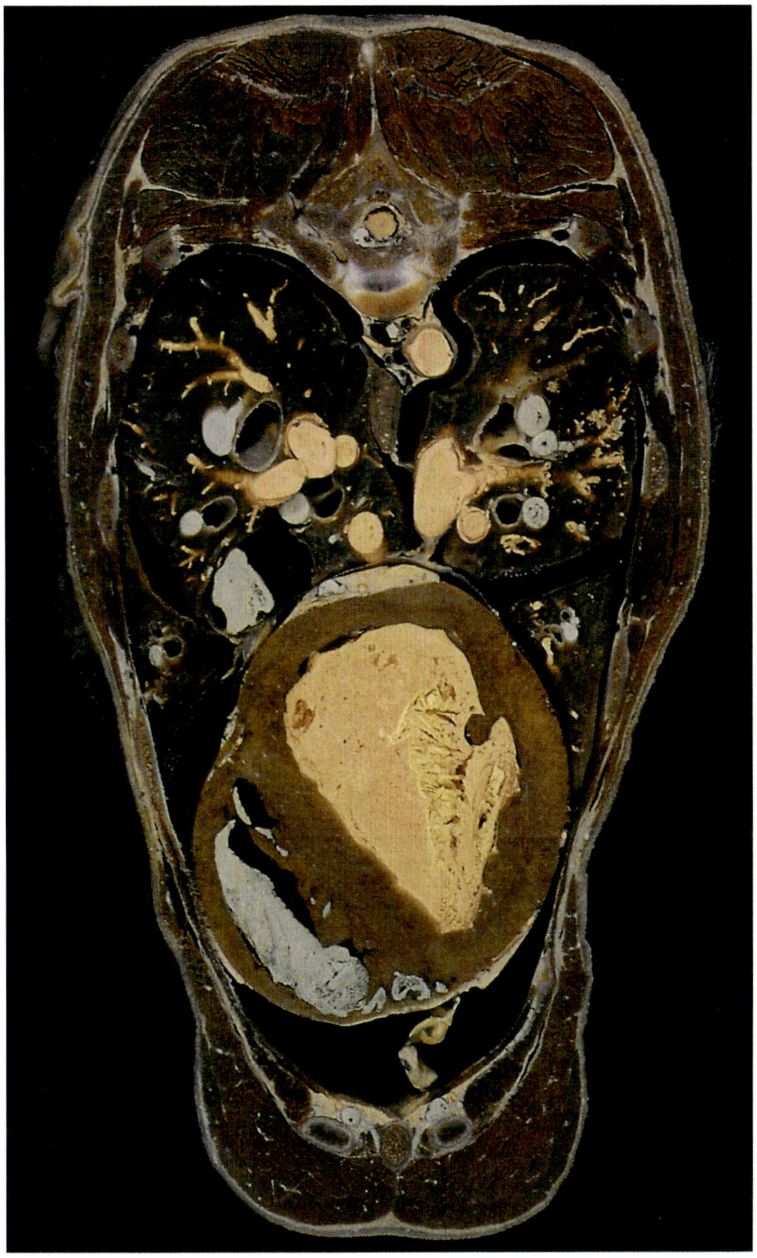

Abb. 5.85 Transversalschnitt (7) durch den 9. Brustwirbel, den Lobus accessorius der rechten Lunge und V. cava caudalis: kraniale Ansicht. Der Lobus accessorius der rechten Lungenhälfte ist begrenzt durch den dünneren Anteil des kaudalen Mediastinums und der V. cava caudalis, die in ihrer eigenen Pleurafalte (Plica) liegt. Ligamenta pulmonalia der beiden kaudalen Lungenlappen sind sichtbar – rechts der V. azygos benachbart und links ventral des Ösophagus.

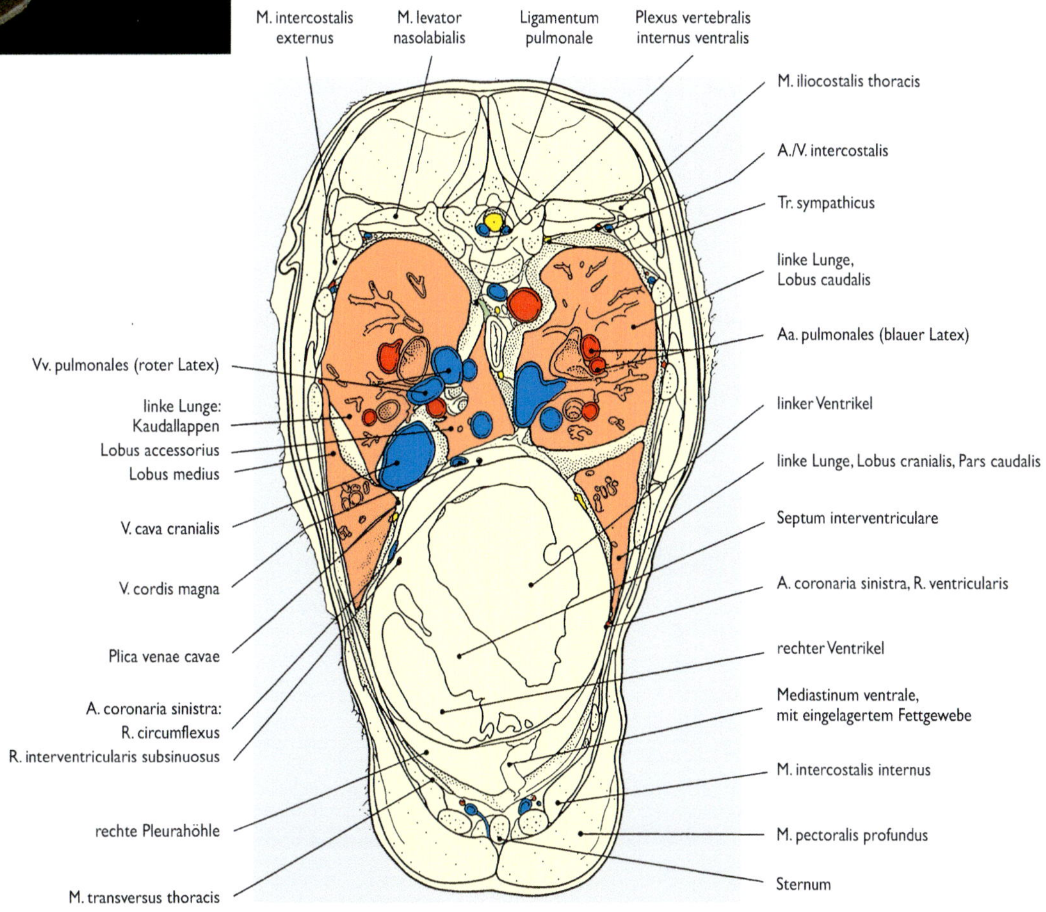

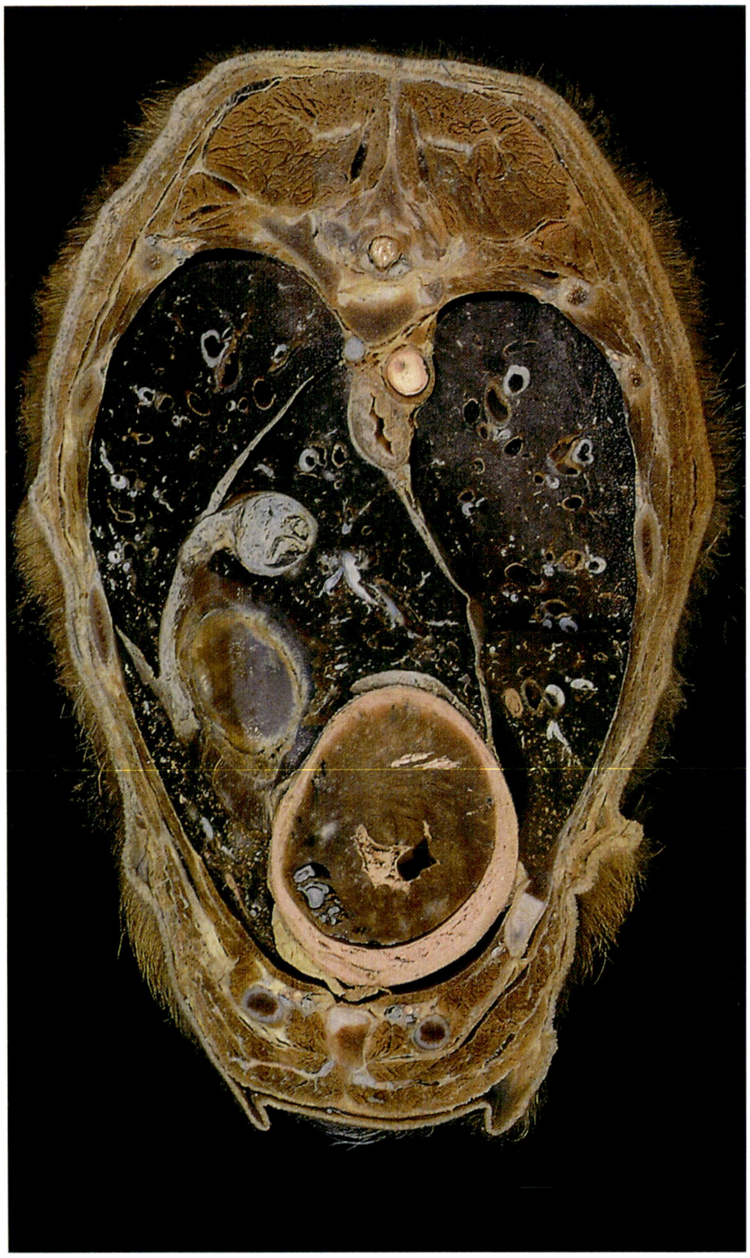

Abb. 5.86 Transversalschnitt (8) durch den 9. Brustwirbel, den Lobus accessorius der rechten Lunge, die V. cava caudalis und das Zwerchfell: kraniale Ansicht. Das Zwerchfell wird in diesem Schnitt gerade sichtbar. Seine kranialste Ausdehnung wurde während der Präparation dort „abrasiert", wo es lateral des Lobus accessorius der Lunge zum Vorschein kam. Der kleine herausgenommene Anteil des Zwerchfells wurde an seinen Ort zurückverlagert. Die V. cava caudalis wird unmittelbar dorsal desjenigen Zwerchfellbereichs durchtrennt, der den Lobus accessorius der rechten Lunge eindrückt. Ihre tragende mediastinale Pleurafalte schlägt sich auf der Oberfläche des Zwerchfells um und ist auf der peripheren Muskulatur sichtbar, die sich ventral bis zum Perikard hin erstreckt. Das Mediastinum ist ventral vom Ösophagus sehr dünn.

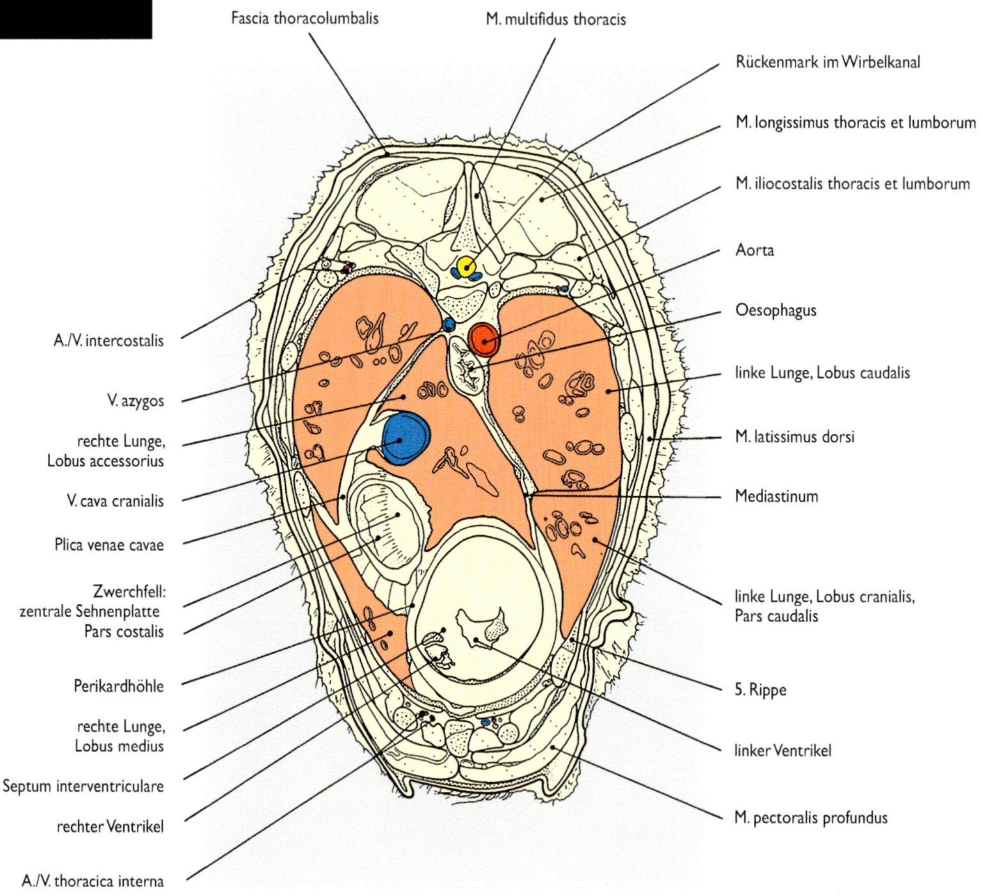

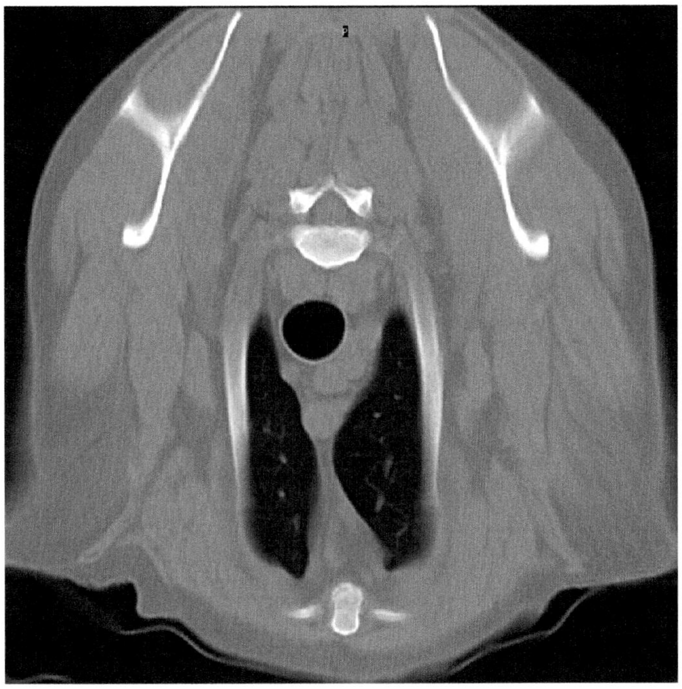

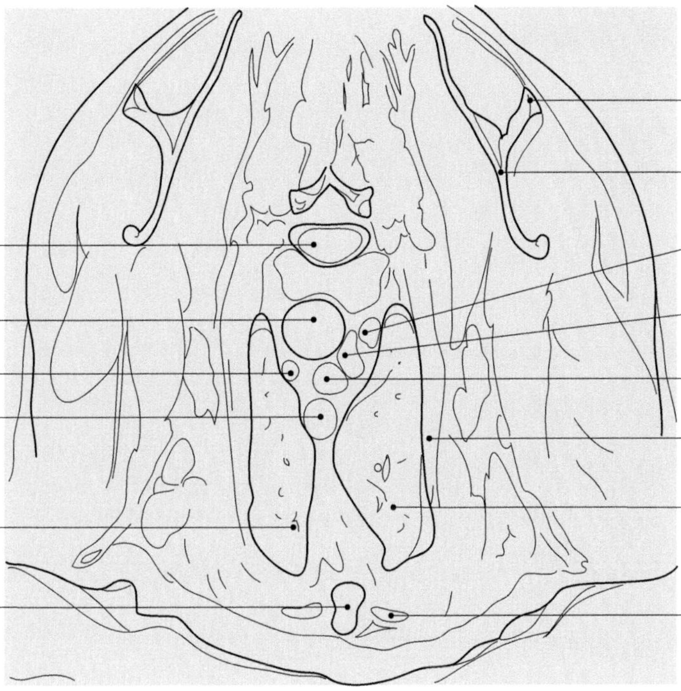

Abb. 5.87 Computertomographie Thorax: Transversalebene, auf Höhe des 2. Interkostalraums.

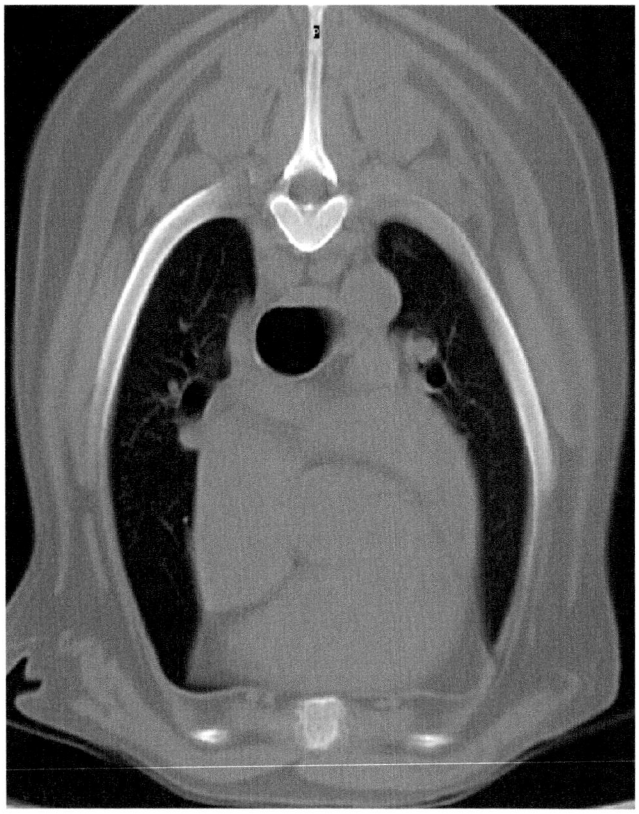

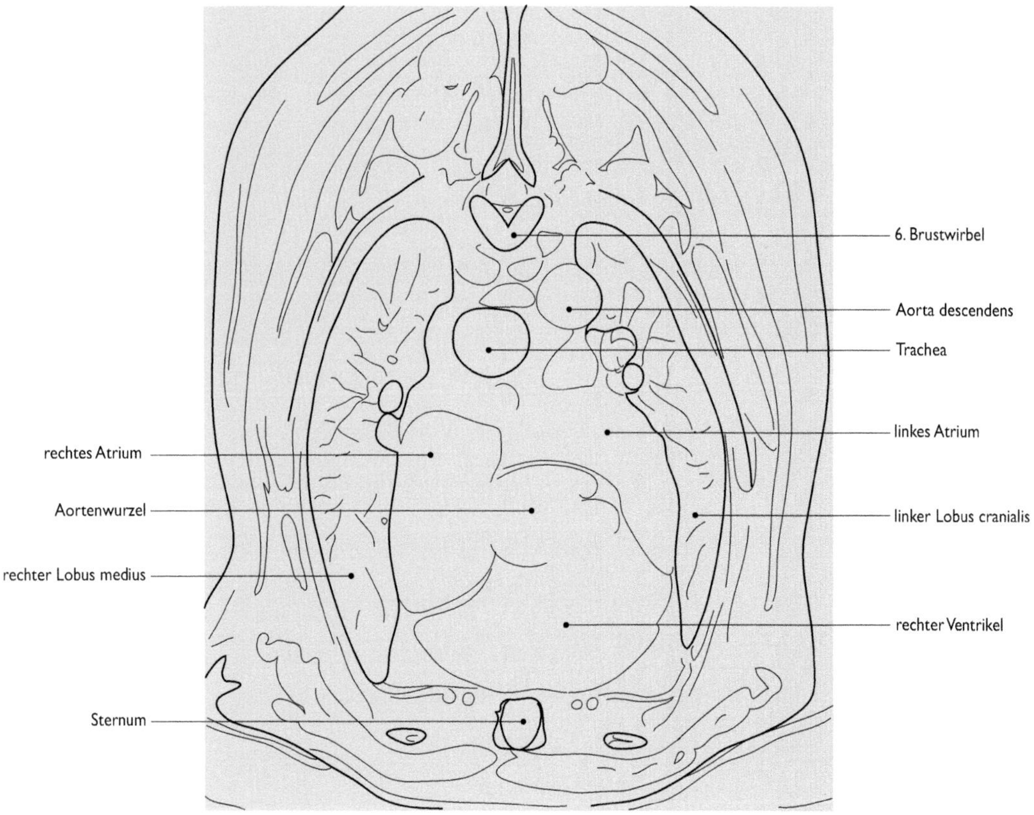

Abb. 5.88 Computertomografie Thorax: Transversalebene, auf Höhe der Herzbasis.

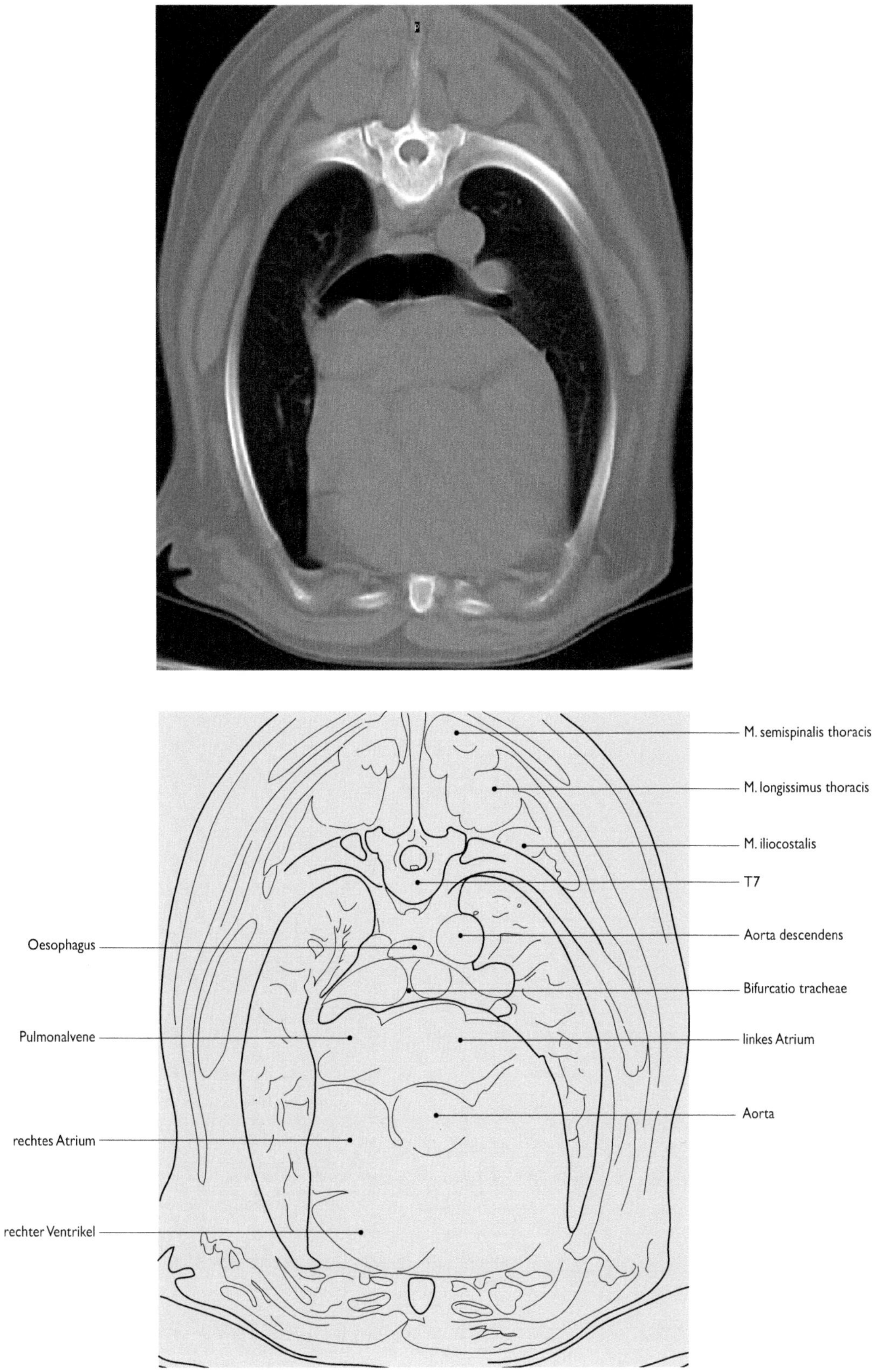

Abb. 5.89 Computertomografie Thorax: Transversalebene, auf Höhe der kaudalen mediastinalen Umschlagfalte.

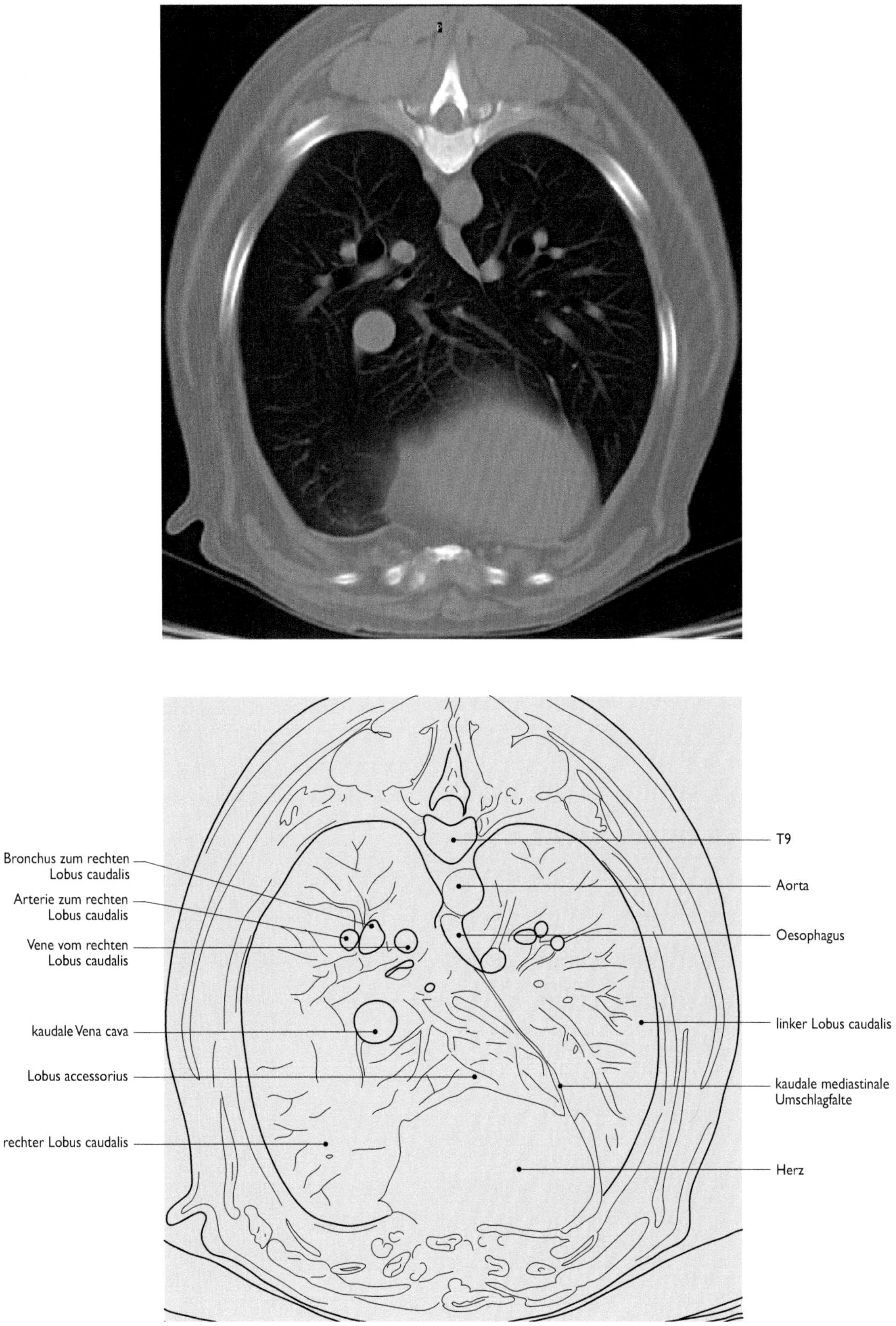

Abb. 5.90 Computertomografie Thorax: Transversalebene, auf Höhe der kaudalen mediastinalen Umschlagfalte.

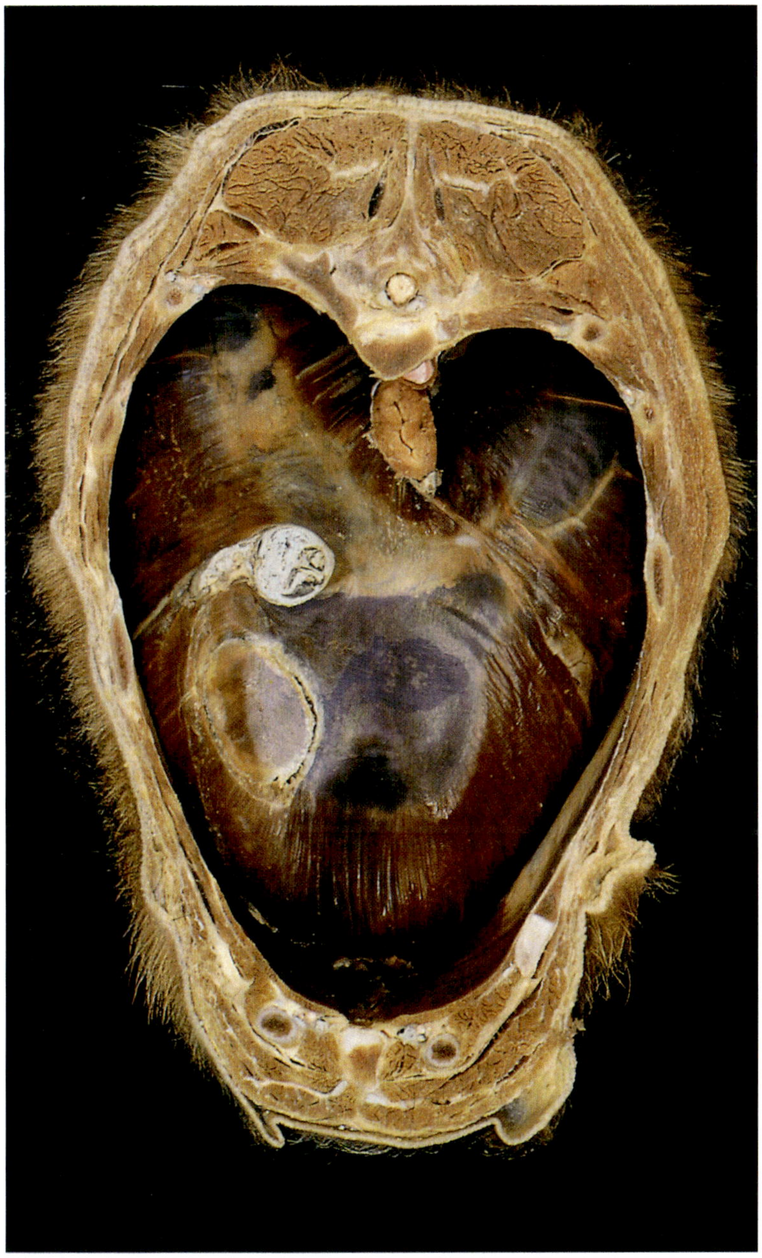

Abb. 5.91 Zwerchfell: kraniale Ansicht. Die Lungenlappen, das Herz und die Überreste des Perikards wurden entfernt. Die kraniale Zwerchfelloberfläche ist nun freigelegt und zeigt die Form und Ausdehnung der Zentralsehne, die Lage des Mediastinum und der Plica venae cavae und die relative Lage der Zwerchfellöffnungen. Die Crura der Pars lumbalis umgeben die Aorta und den Ösophagus, obwohl die zwei dadurch entstandenen Hiatus in der kaudalen Ansicht deutlicher gezeigt werden (siehe Kapitel 6).

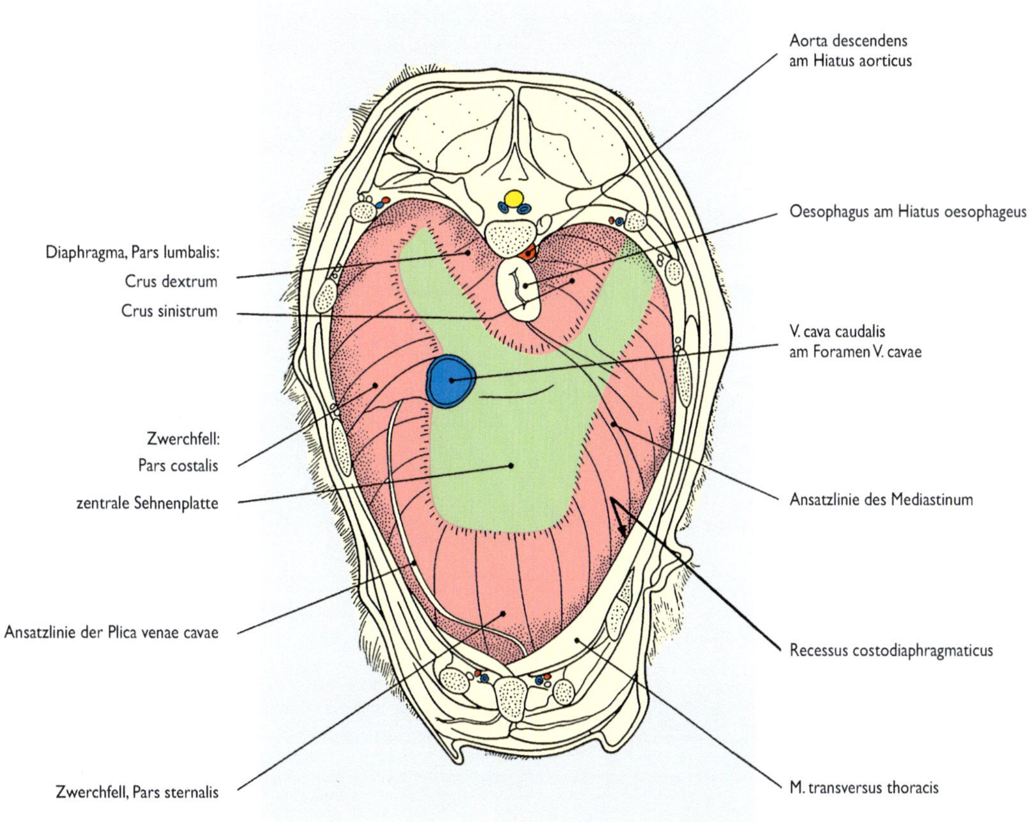

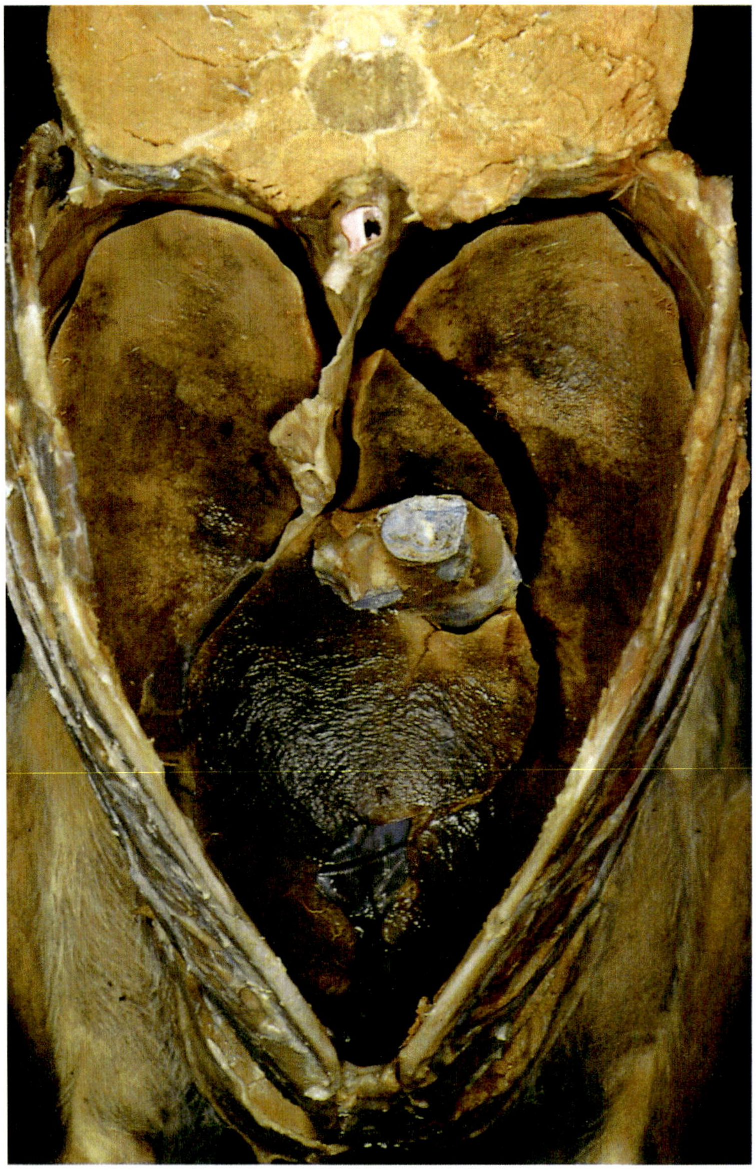

Abb. 5.92 Lungen *in situ* nach Entfernung des Zwerchfells: kaudale Ansicht. Die diaphragmatischen Oberflächen der Kaudallappen beider Lungenhälften und der Lobus accessorius der rechten Lungenhälfte sind nach Entfernung des Zwerchfells freigelegt.

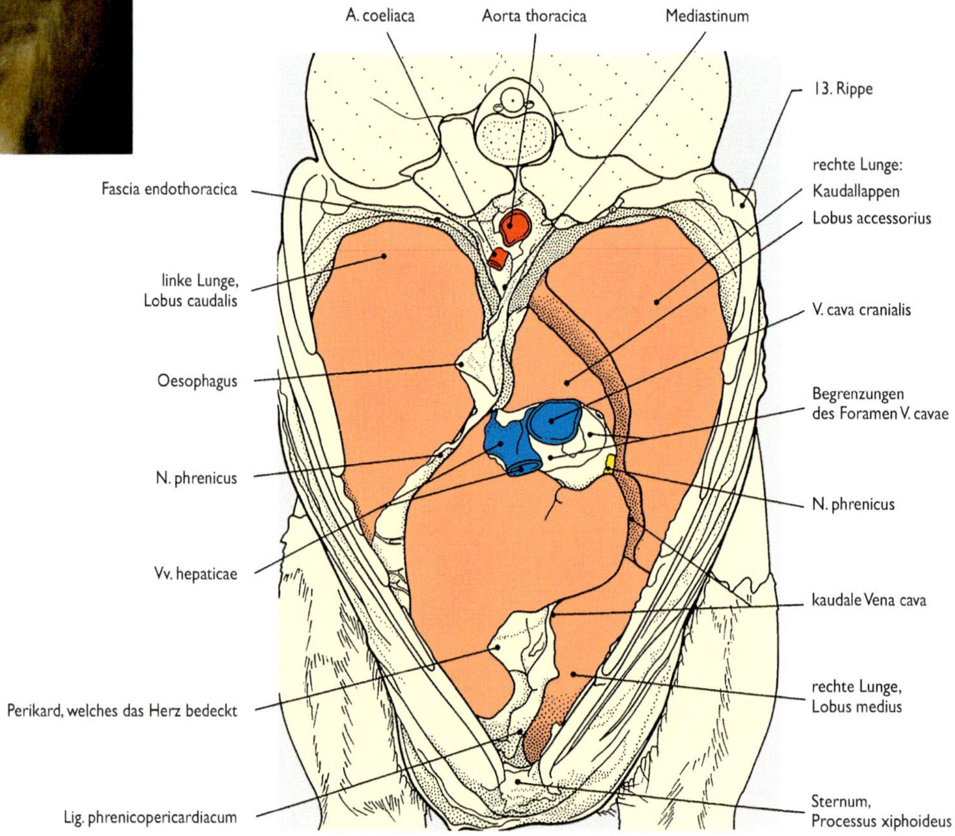

6. DAS ABDOMEN

Das Abdomen weist hinsichtlich Symmetrie, Größe und Form rassetypische Unterschiede auf. Die Milchdrüsen sind charakteristisch für die Hündin. Im Rahmen einer Trächtigkeit kann sich ihre Topographie verändern. Bei der trächtigen Hündin können Geburtsstörungen unter Umständen einen Kaiserschnitt erforderlich machen. Dieser wird durch Laparotomie entsprechend der weiter unten beschriebenen Vorgehensweise durchgeführt.

Das Abdomen gliedert sich im Wesentlichen in drei Abschnitte; Regio abdominis cranialis, media und caudalis, mit den Regiones hypochchondriaca und xiphoidea. Es wird durch das Zwerchfell, die Iliokostallinie und den Beckenrand begrenzt. Die Bauchhöhle beherbergt zahlreiche Organe, bei denen viele unterschiedliche Erkrankungen auftreten können, die gegebenenfalls chirurgische Eingriffe erfordern. Diese werden meist mittels Laparotomie entlang der Mittellinie vom Xiphosternum bis zum Nabel durchgeführt. Häufig wird der Schnitt allerdings noch kaudal des Nabels fortgeführt, sogar bei Rüden, wo dann der Penis zur Seite verlagert werden muss, um den Schnitt entsprechend auszuführen. Dieser wird in der *Linea alba* (weißen Linie) geführt und kann, sobald die Haut durchtrennt ist, blutungsarm ausgeführt werden, da dort die Aponeurosen der ventralen Bauchmuskulatur aufeinandertreffen. Das Gewebe oder Organ, an dem der Eingriff vorgenommen wird, kann nach der Eröffnung, ohne Schäden an anderen Strukturen zu verursachen, nach außen verlagert und feucht gehalten werden. Darüber hinaus besteht dieser Bereich aus einem robusten Gewebe, das sich gut für eine Wundnaht eignet.

Eine explorative Laparotomie wird durchgeführt, um unter Sichtkontrolle eine eindeutige Diagnose zu stellen. Zudem kann dieser Zugang auch im Zusammenhang mit chirurgischen Eingriffen genutzt werden wie: Ovariohysterektomie (Kastration) der Hündin und bei einer Pyometra (bei der sich der Uterus mit eiterähnlichem Material füllt), die in den meisten Fällen bei nulliparen, älteren Hündinnen und in der Regel in der Nachbrunst auftritt. Diese Indikation erfordert in den meisten Fällen eine vollständige chirugische Entfernung. Ovarialzysten und -tumoren werden auf ähnliche Weise reseziert. Der Zugang eignet sich weiterhin zur Entfernung intestinaler Neoplasien; Enterotomien zur Entfernung von Fremdkörpern wie Knochen, Angelhaken oder Gummibällen; Enterektomie bei Darminvagination (Darmabschnitte stülpen sich ineinander) mit nachfolgender End-zu-End-Anastomose des Darms nach Entfernung nekrotischer Anteile. Auch bei einer Magendilatation und -torsion kann dieser Zugang genutzt werden. Dafür muss eine Nadeldekompression durchgeführt werden, so dass das Gas entweichen kann. Durch eine stabil liegende Magensonde können Gas und Flüssigkeit entweichen. Anschließend wird der reponierte Magen durch chirurgische Nähte in seiner Position fixiert. Diese ventrale mediane Laparotomie eignet sich auch als Zugang für die Durchführung einer partiellen Magenresektion im Falle von Tumoren und für Operationen am Pylorus, insbesondere bei einer Pylorusstenose. Ebenfalls können eine Milztorsion durch den Zugang über eine ventro-mediane Inzision behoben und Milztumore entfernt werden. Auch ermöglicht dieser Zugang eine gute Freilegung der Nieren sowie eine gute Möglichkeit zur Behandlung einer Zwerchfellruptur.

Die mediane Laparotomie kann unter Umständen auch im Rahmen einer Portographie für Injektionen in die Darmvenen genutzt werden, um so den Blutfluss durch die Leber sichtbar zu machen.

Portosystemische Shunts sind beim Hund keine Seltenheit und erfordern eine Diagnosestellung durch Katheterisierung der A. coeliaca oder der A. mesenterica cranialis über die Mesenterialgefäße. Die chirurgische Korrektur des Shunts ist die einzige spezifische Behandlungsmethode. Strukturen im Oberbauch (Nieren, thorakolumbale Wirbel) können auch durch eine Flankenlaparotomie dargestellt werden. Dabei wird die Bauchmuskulatur in Faserrichtung durchtrennt. Das Blutungspotential ist jedoch wesentlich höher, da die Schnitte durch drei verschiedene Muskelschichten geführt werden (M. obliquus externus abdominis, M. obliquus internus abdominis und M. transversus). Die Freilegung gelingt nicht so gut wie bei einem geraden Schnitt entlang der Medianen. Ein weiteres Problem ergibt sich daraus, dass die ventralen Äste der Spinalnerven, die das ventrale Abdomen sowie die Gesäuge- und Inguinalregion innervieren über den M. transversus verlaufen, geschont werden sollten.

Heutzutage nutzen viele Chirurgen routinemäßig laparoskopische Techniken zur Kastration der Hündin. Einige Leute haben insbesondere in früheren Zeiten immer empfohlen, Hündinnen von der rechten Flanke aus zu kastrieren, da das linke Ligamentum ovarii länger ist als das rechte und daher das linke Ovar für die Ligatur leichter nach außen durch die Bauchwand verlagert werden kann. Die laterale thorakolumbale Fensterung über dem großen M. iliocostalis ist eine weitere Möglichkeit, um Bandscheibenprobleme zu operieren. Das Urogenitalsystem wird im Zusammenhang mit dem Becken besprochen, die Milchdrüsen sind jedoch ein wichtiges Merkmal des Abdomens. Häufig sind sie von gutartigen oder bösartigen Tumoren betroffen, die eine chirurgische Entfernung einzelner Drüsen oder manchmal auch beider Gesäugeleisten erfordern. Jede weist eine gute segmentale Blutversorgung auf, was sorgfältige Ligaturen erfordert. Es ist wichtig, im Fall einer Metastasierung von Tumoren oder der Ausbreitung von Infektionen den Lymphabfluss zu beachten, da die kranialen Milchdrüsen zu den Lnn. axillares (möglicherweise palpierbar) und sternales (im Thorax) ableiten – die kaudalen abdominalen Milchdrüsen leiten die Lymphe sowohl zu den kranialen als auch nach kaudal zu den inguinalen Milchdrüsen weiter. Die Lymphe der inguinalen Drüsen fließt zu den Lnn. inguinales (mammarii), die palpierbar sein können.

Auch die Laparoskopie mittels eines Fibroskops zur Untersuchung des Bauchhöhleninhalts kann durch eine ventrale Mittellinien-Inzision durchgeführt werden. Eine Abdominozentese, die Entnahme von Flüssigkeit aus der Peritonealhöhle, kann an einer 1 bis 2 cm kaudal des Nabels gelegenen Stelle vorgenommen werden. Bei jüngeren Tieren kann es notwendig sein, eine Nabelhernie zu behandeln. In diesen Fällen kann das falciforme Fettgewebe oder sogar der Dünndarm im Bereich der Nabelregion vorfallen, was zu eingeklemmten Hernien führen kann.

Die Leberbiopsie gehört ebenfalls zu den diagnostischen Techniken am Abdomen. Hierbei wird der Zugang von der linken Seite des Abdomens genutzt, um Schäden an der rechtsseitig lokalisierten Gallenblase, den großen Gefäßen und Gallengängen im Hilusbereich der Leber zu vermeiden, d.h. der Hund wird in rechter Seitenlage im nüchternen Zustand gelagert, da ein gefüllter Magen den Eingriff erschwert. Für die ausschließliche Entnahme von Leberzellen kann eine Feinnadelbiopsie im 10. Interkostalraum rechtsseitig auf Höhe des kostochondralen Gelenks durchgeführt werden. Heutzutage nutzen viele Chirurgen dafür eher Ultraschall oder ein Laparoskop.

Der letzte Bereich, in dem ein chirurgischer Eingriff notwendig werden kann, ist die Inguinalregion, mit Schnittführung über dem Inguinalkanal, um entweder eine Inguinalhernie zu behandeln oder einen nicht abgestiegenen Hoden in einem Bereich zwischen dem inneren Leistenring und dem kaudalen Nierenpol aufzufinden, wo er in der Embryonalentwicklung entsteht, bevor er in das Skrotum absteigt.

Der Processus vaginalis des Rüden stülpt sich in der Inguinalregion durch den tiefen und oberflächlichen Leistenring; 80% der Hündinnen weisen ebenfalls einen Processus vaginalis auf. Das Ligamentum teres uteri passiert den Inguinalkanal und liegt innerhalb des Processus vaginalis, wobei der Kanal selbst mit Bindegewebe gefüllt ist.

Bei der „unbedeckten“ Kastration des Hundes wird ein Schnitt durch das Parietalblatt der Tunica vaginalis geführt und so der potentielle Raum der Peritonealhöhle eröffnet.

Chirurgische Eingriffe an der Blase zur Entfernung von Blasensteinen oder Ablagerungen werden auch mittels eines Zugangs entlang der kaudalen Mittellinie durchgeführt. Durch diese Schnittführung wird die dorsale Blasenwand mit den Eintrittsstellen der Ureteren umgangen. Auch eine Entfernung von Nieren- oder Harnleitersteinen kann erforderlich werden.

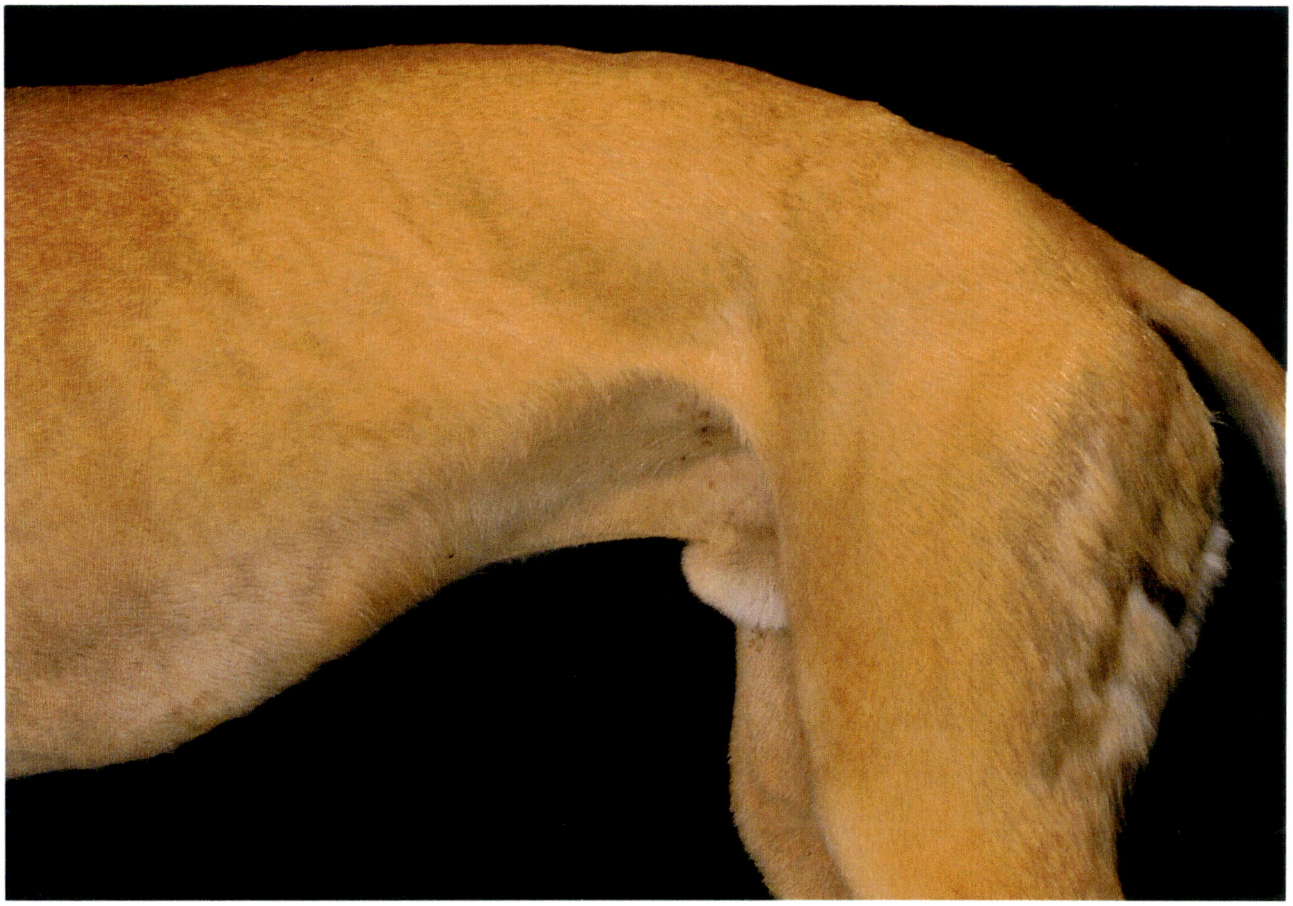

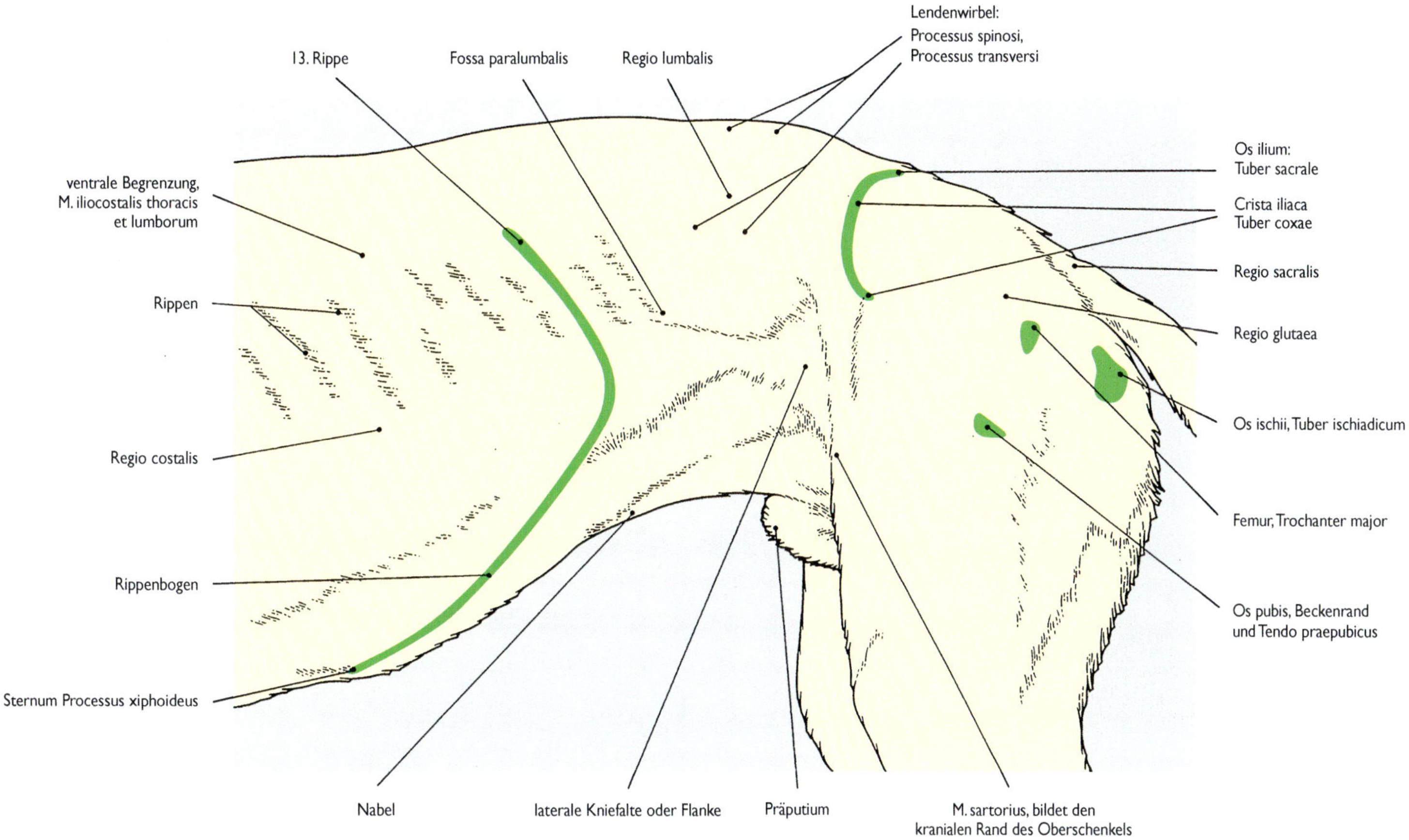

Abb. 6.1 Oberflächenmerkmale des Abdomens und der Hüfte: linke laterale Ansicht. Die knöchernen „Orientierungspunkte“, die entlang der Begrenzungen des Abdomens palpierbar sind, werden in dieser Abbildung gezeigt. In der normalen stehenden Haltung verdecken das Femur und die es bedeckenden Oberschenkelmuskeln das hintere Ende der Bauchhöhle. Der kaudale Rand des Abdomens ist dorsolateral durch den Tuber coxae und ventral durch das Os pubis begrenzt. Das Ligamentum inguinale, das den kaudalen Rand der muskulären Bauchwand begrenzt, ist zwischen diesen zwei Punkten in der Leistenfalte palpierbar (siehe auch Abb. 6.67 des Abdomens in ventraler Ansicht).

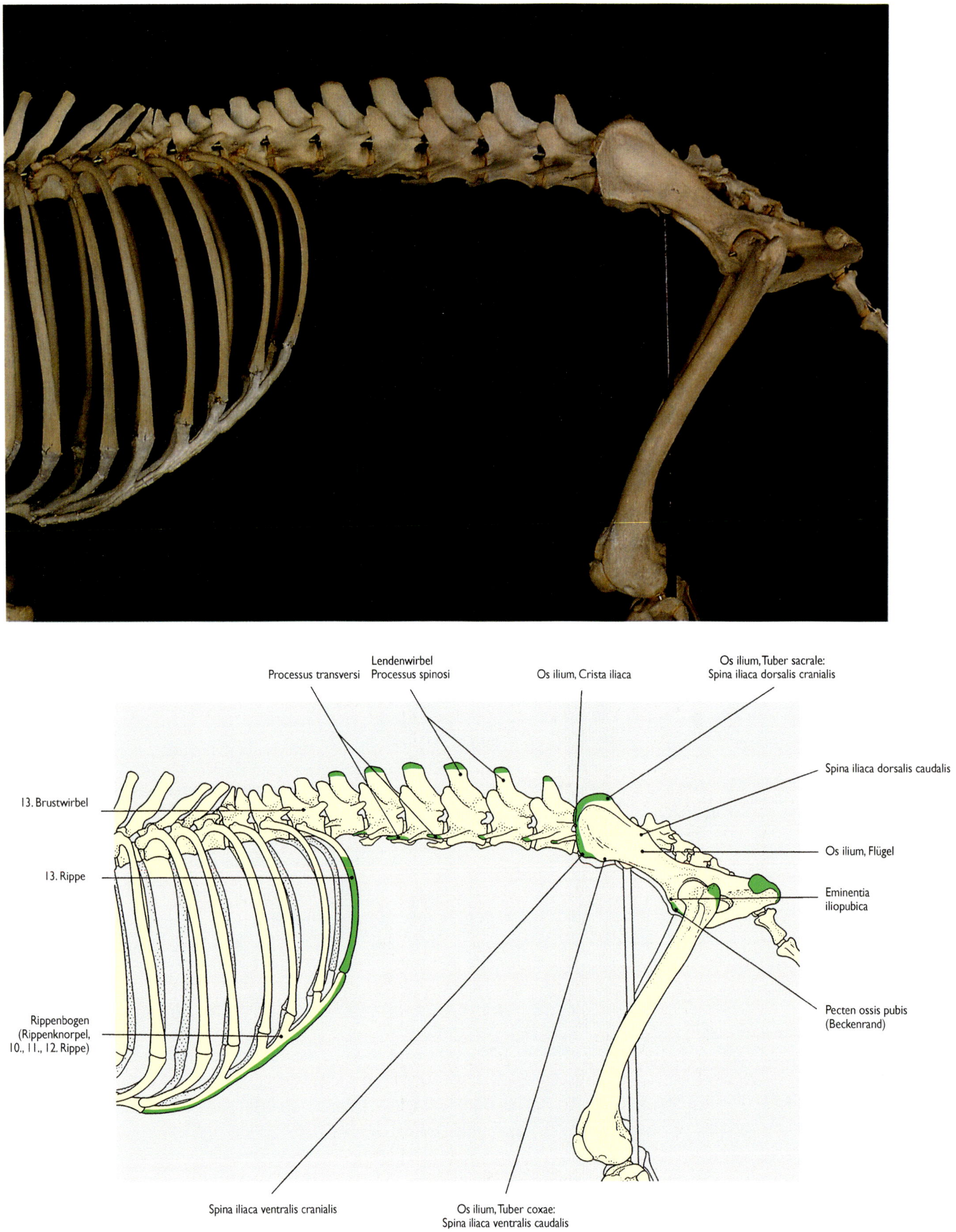

Abb. 6.2 Das Skelett in Beziehung zum Abdomen: linke laterale Ansicht. Die in Abb. 6.1. dargestellten palpierbaren Knochenpunkte, die das Abdomen begrenzen, sind in grün dargestellt. Es ist zu beachten, dass kaudal der großen Apertura thoracis caudalis (begrenzt durch den Cartilago xiphoidea des Sternums, die Rippenbögen und freien Rippen) die Bauchwand nur aus Muskeln besteht. Der deutlich eingegrenzte Beckeneingang, oberhalb begrenzt durch das Os sacrum und von beiden Seiten durch die Hüftbeine, markiert zugleich die kaudale Begrenzung des Abdomens.

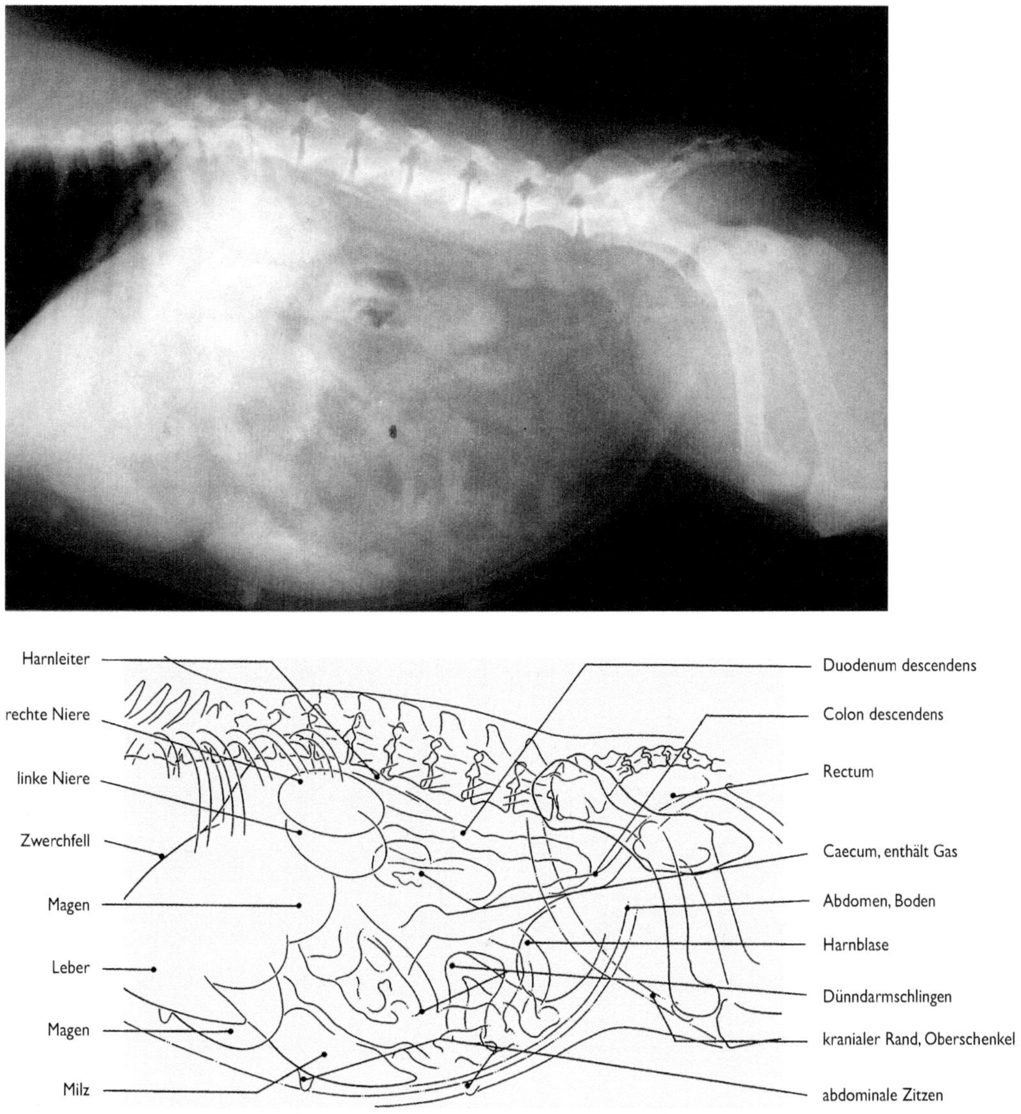

Abb. 6.3 Röntgenbild des Abdomens: linke laterale Ansicht. Die üblichen Merkmale des Bauchraums und seines Inhalts sind auf diesem Bild dargestellt. Die Lage und das Erscheinungsbild der Eingeweide variieren beträchtlich je nach Menge des vorhandenen Fettgewebes. Das Tier auf diesem Röntgenbild war adipös und durch den Kontrast, den das Fettgewebe liefert, werden die Weichteile zu einem gewissen Grad deutlicher dargestellt.

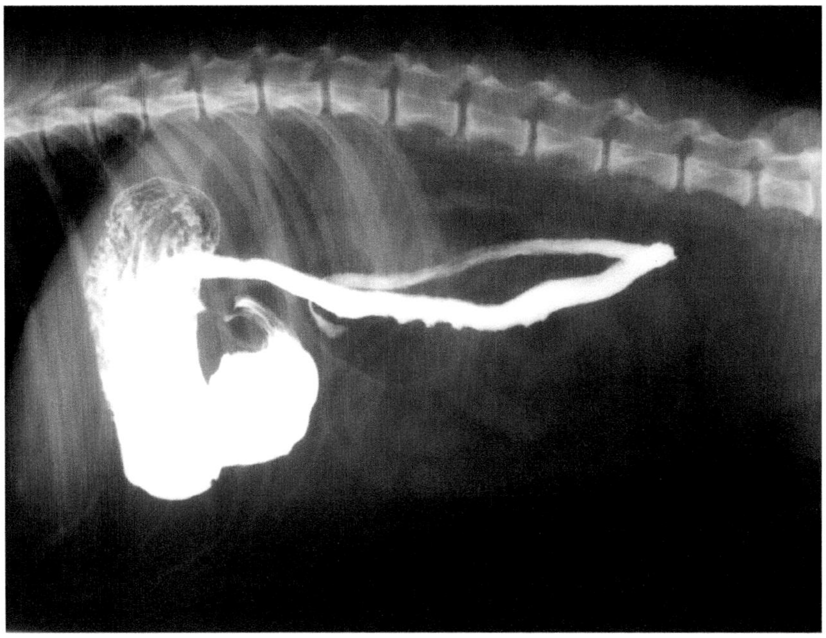

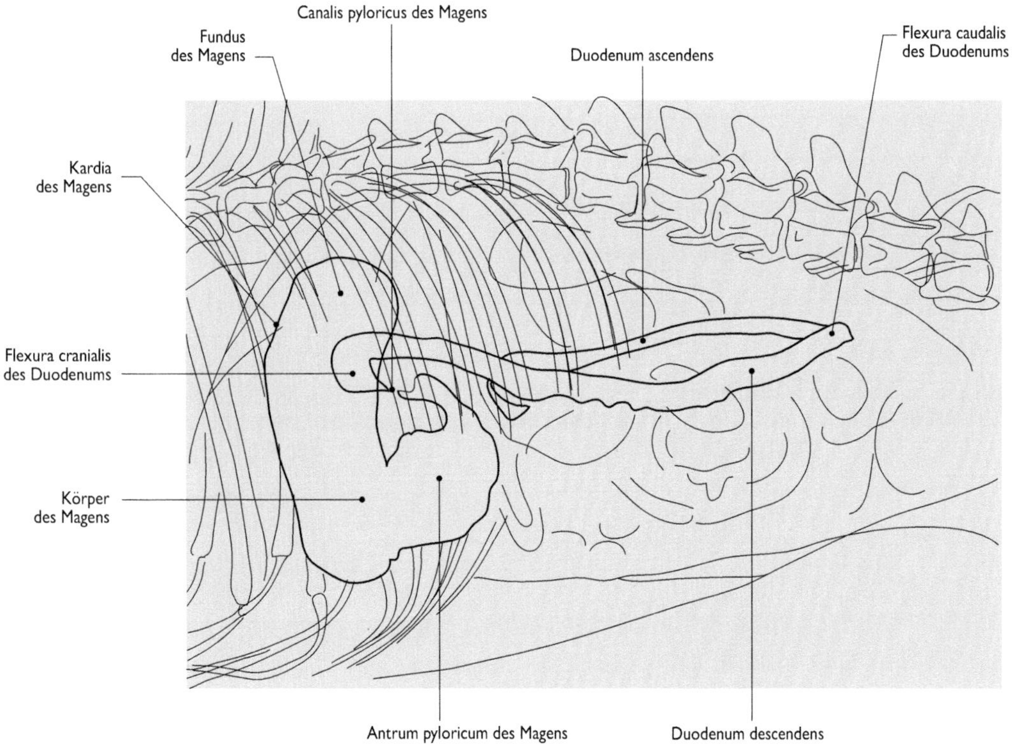

Abb. 6.4 Röntgenbild des Abdomens: laterale Ansicht, 20 Minuten nach oraler Bariumgabe. Barium ist sichtbar und hebt den Magen und den Zwölffingerdarm hervor. Magenfalten sind im Fundus ventriculi erkennbar. Unregelmäßigkeiten auf der ventralen Seite des Duodenum descendens sind auf Bereiche mit Schleimhautverdünnungen oberhalb von submukösem lymphatischem Gewebe zurückzuführen.

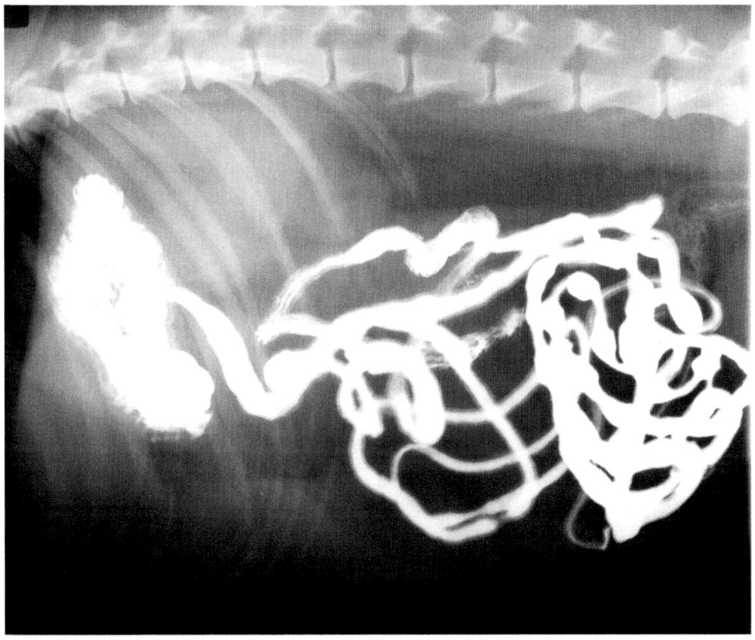

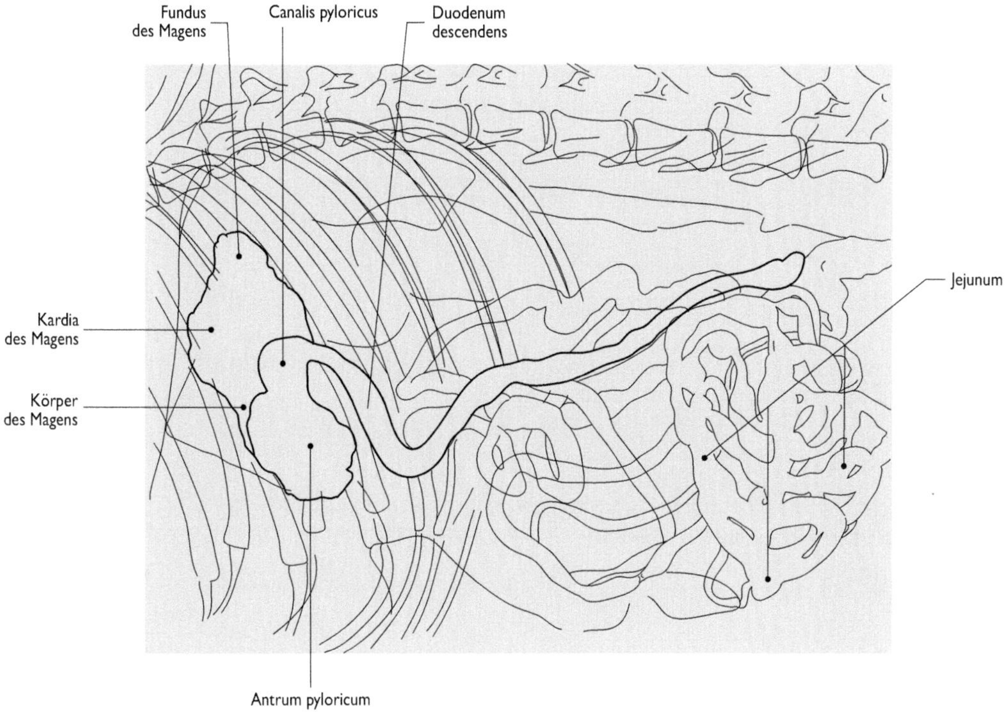

Abb. 6.5 Röntgenaufnahme des Abdomens: laterale Ansicht, 45 Minuten nach oraler Bariumgabe. Barium ist sichtbar und hebt den Magen und den Dünndarm hervor. Der Dünndarm befindet sich in der Mitte des Bauchraums.

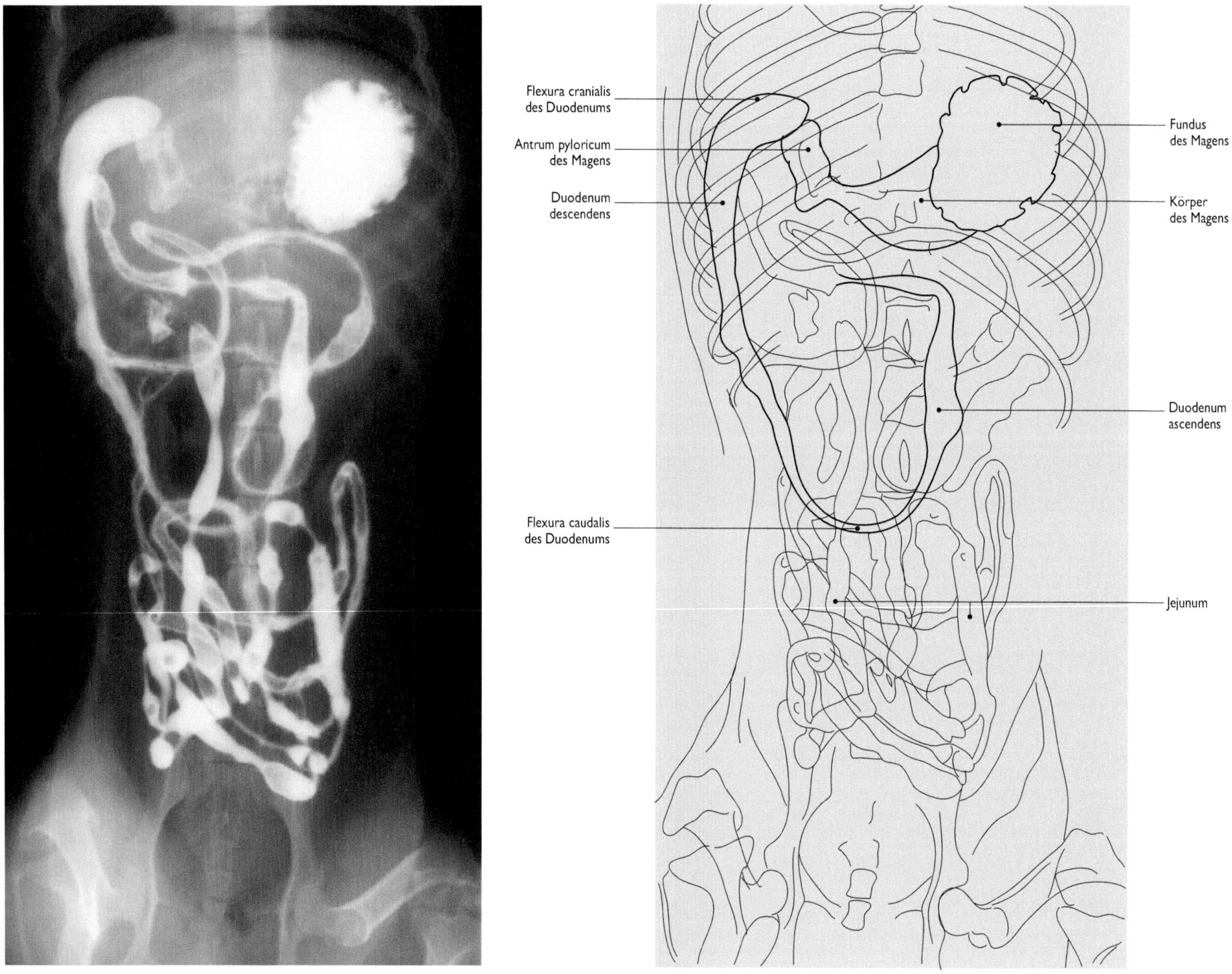

Abb. 6.6 Röntgenaufnahme des Abdomens: ventrodorsale Ansicht, 45 Minuten nach oraler Bariumgabe. Barium ist sichtbar und hebt den Magen und den Dünndarm hervor. Der Dünndarm befindet sich in der Mitte des Bauchraums.

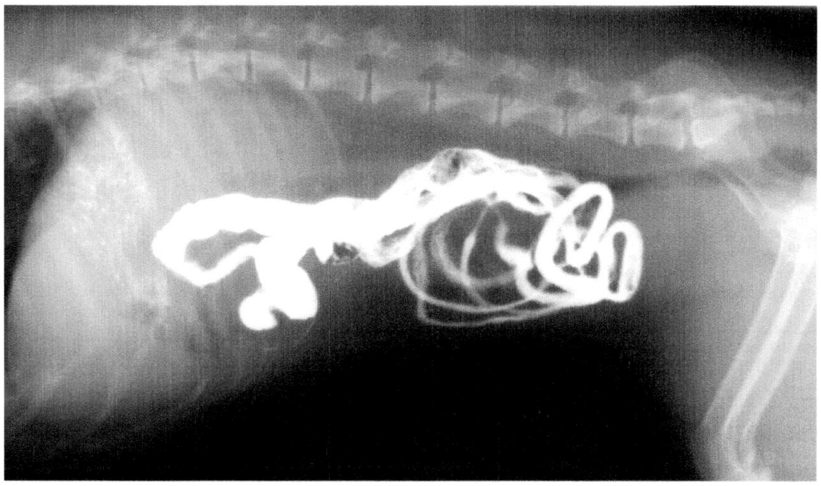

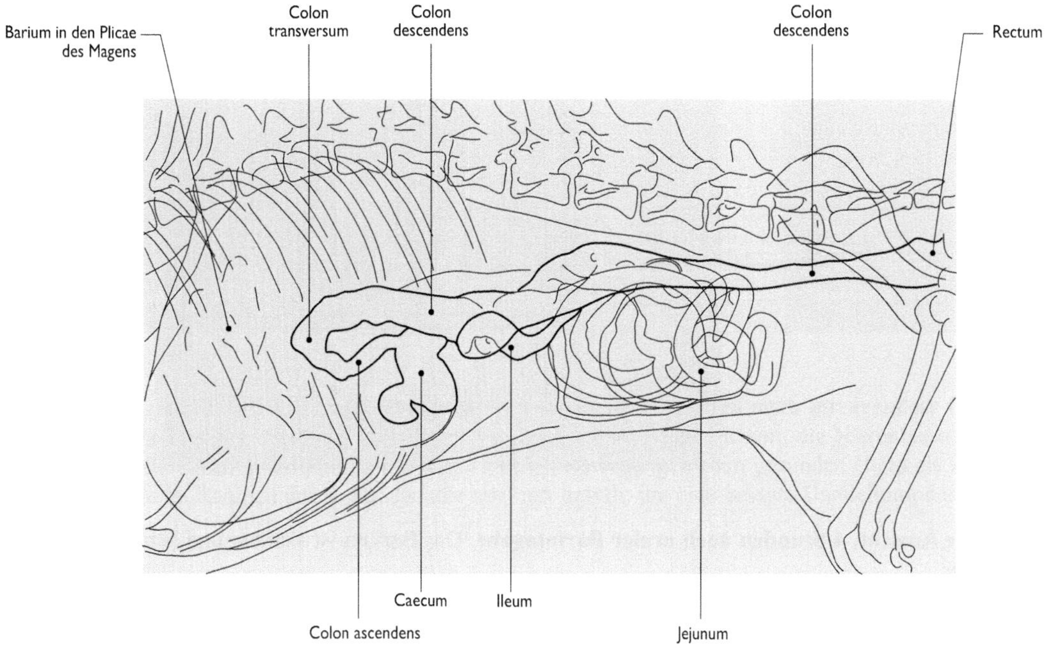

Abb. 6.7 Röntgenbild des Abdomens: laterale Ansicht, 4 Stunden nach oraler Bariumgabe. Das Barium ist sichtbar und hebt Abschnitte von Jejunum und Ileum sowie von Caecum und Colon hervor.

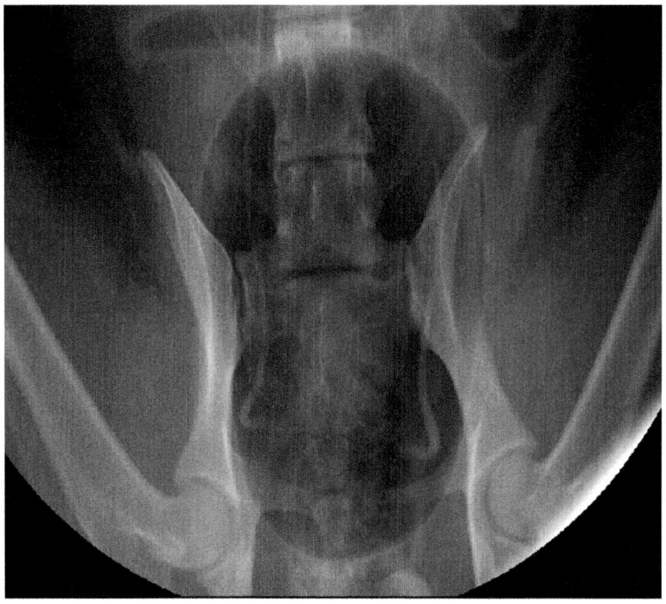

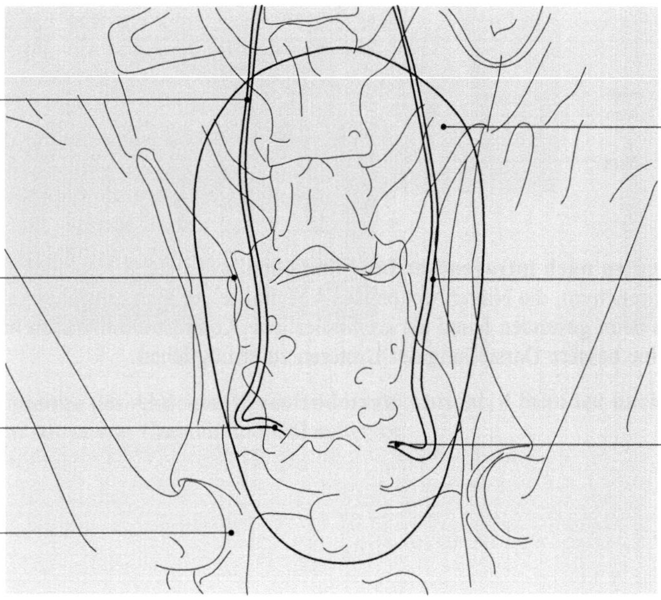

Abb. 6.10 Röntgenaufnahme des Abdomens: ventrodorsale Ansicht, 15 Minuten nach intravenöser Injektion eines wasserlöslichen jodhaltigen Kontrastmittels. Die Blase wurde mit Luft gefüllt, um die Übergänge der Ureteren in die Harnblase hervorzuheben.

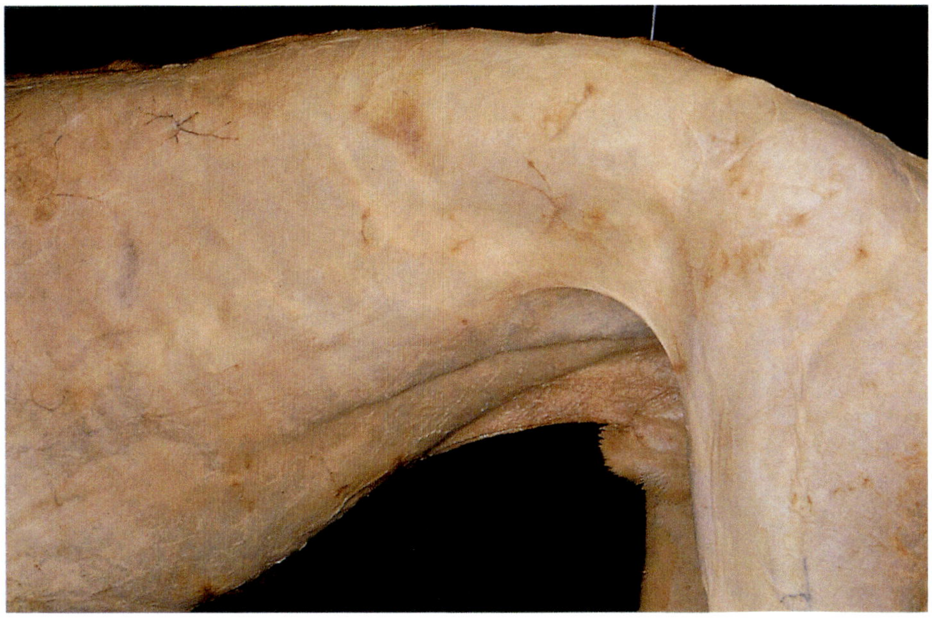

Abb. 6.11 Oberflächliche Faszie des Abdomens und der Hüfte: linke laterale Ansicht. Die Haut wurde entfernt, wodurch die oberflächliche Faszie zum Vorschein kommt. Bei ihr handelt es sich um eine dicke subkutane Hülle, die aus lockerem Bindegewebe besteht, das reich an elastischen Fasern ist und in der Regel wechselnde Mengen Fettgewebe enthält. Der M. cutaneus trunci, der in der oberflächlichen Faszie liegt, zieht nach kranioventral und läuft in der Achsel zusammen. Er fehlt unter der Haut im Bereich der Hinterbacken und des Oberschenkels.

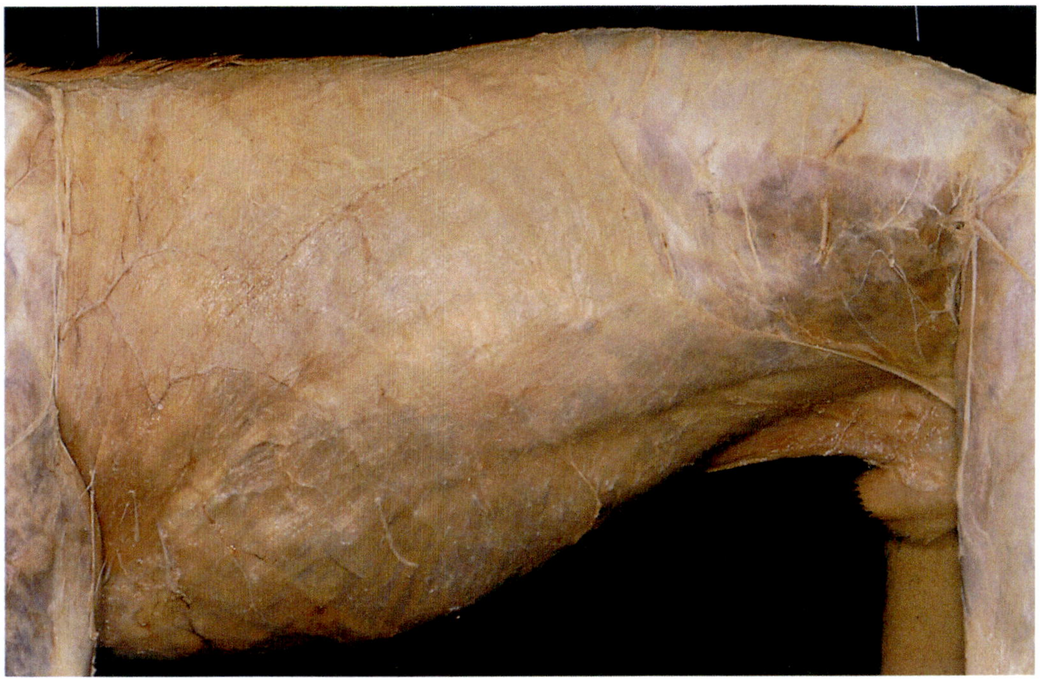

Abb. 6.12 M. cutaneus trunci sowie Hautnerven des Abdomens und des kranialen Oberschenkels: linke laterale Ansicht. Die oberflächliche Faszie wurde teilweise entfernt, um den M. cutaneus trunci freizulegen. Er wurde durchtrennt und teilweise im kaudodorsalen Bereich des Abdomens und der Lende entfernt, wodurch zwei laterale Reihen von Hautnerven mit den dazugehörigen Hautgefäßen freigelegt wurden.

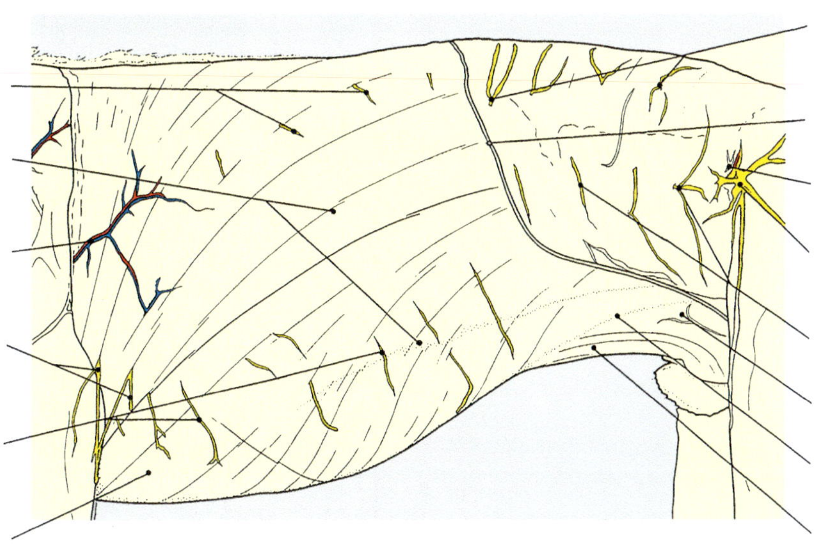

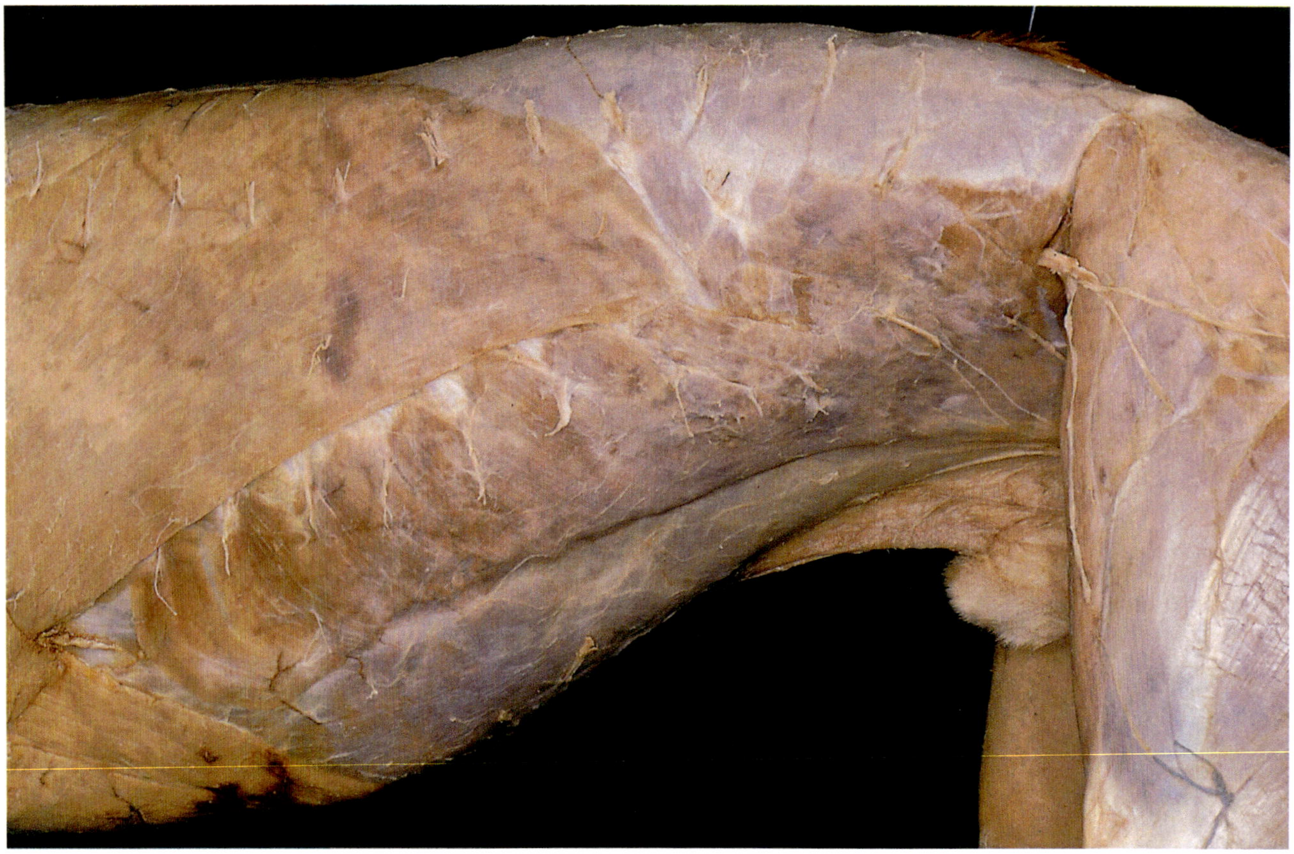

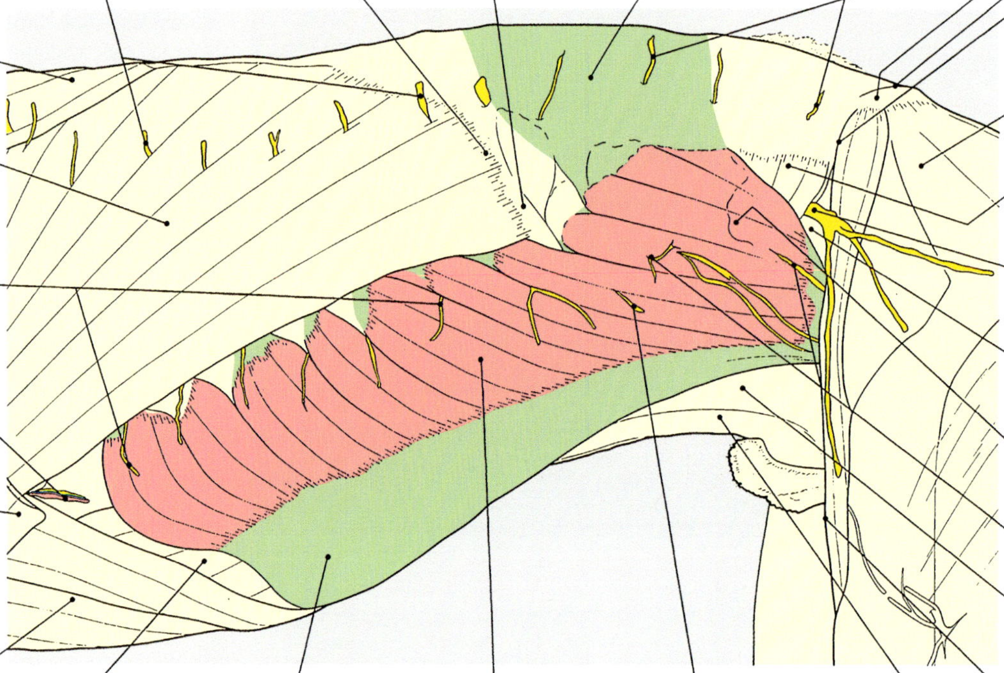

Abb. 6.13 Oberflächliche Strukturen des Abdomens – Hautnerven: linke laterale Ansicht. Die verbliebene oberflächliche Faszie wurde gemeinsam mit dem Großteil des M. cutaneus vom Rumpf entfernt. Auf der Unterseite der Bauchwand sind die Glans penis und das sie umgebende Präputium an einer Hautfalte aufgehängt. Diese Falte wurde auf der linken Seite entfernt, wodurch der kaudal in das Präputium einstrahlende M. praeputialis ebenso wie die präputialen Anteile der äußeren Pudendalgefäße, die sich von der Inguinalregion nach kranial ausdehnen, freigelegt wurden (siehe auch Abb. 6.14, 6.46 und 6.101).

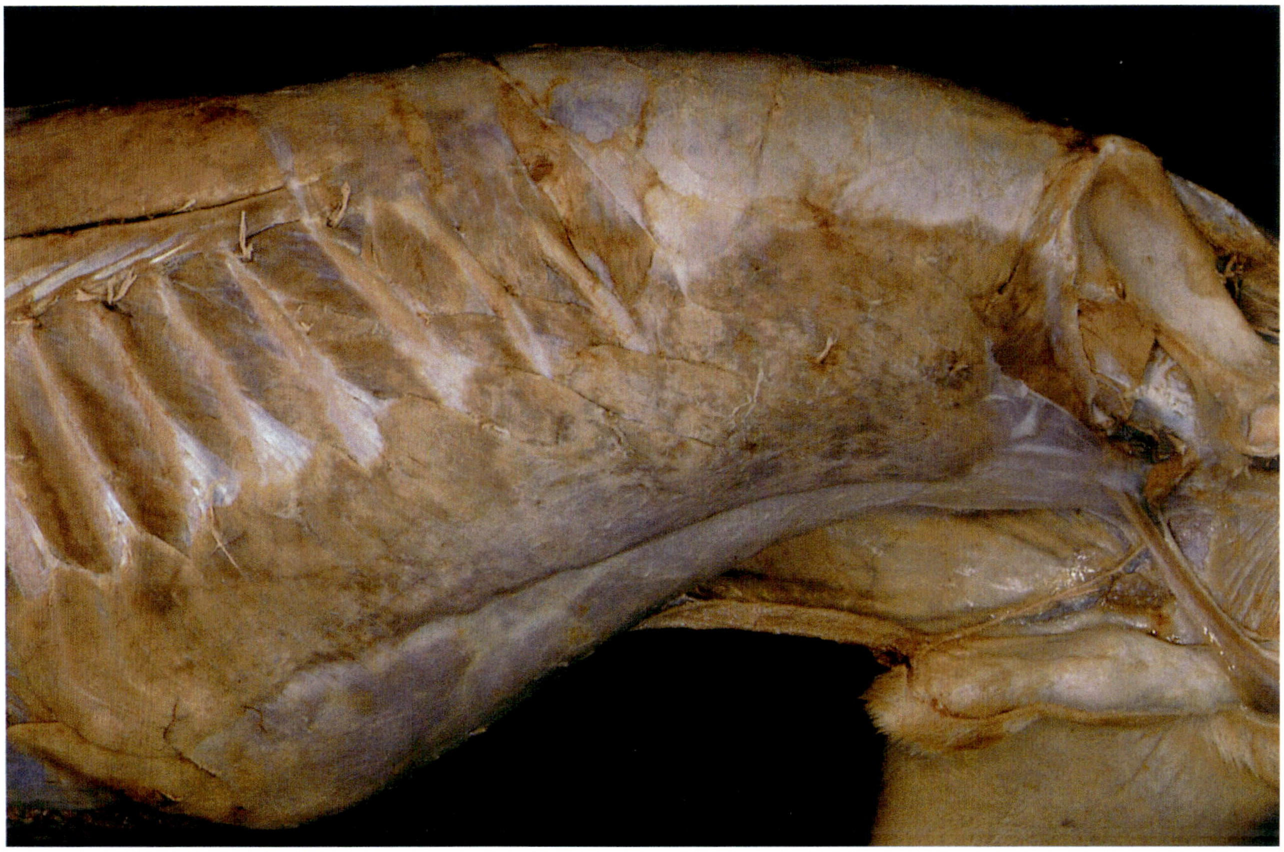

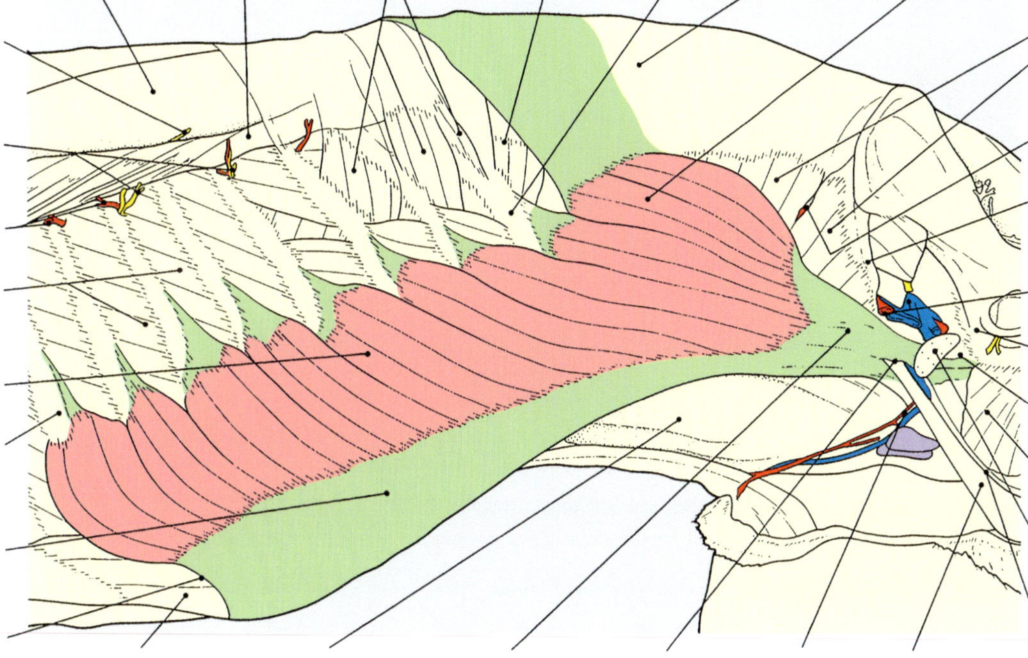

Abb. 6.14 Bauchwand (1). M. obliquus externus abdominis nach Absetzen der Hintergliedmaße: linke laterale Ansicht. Durch Entfernung der linken Hintergliedmaße wird die gesamte Ausdehnung der muskulären Bauchwand sichtbar. Die Mm. latissimus dorsi und pectoralis wurden vom Thorax entfernt, wodurch der Ursprung des M. obliquus externus freigelegt ist. Die kaudale Begrenzung der muskulären Bauchwand, das Ligamentum inguinale, ist auf der Oberfläche des M. iliopsoas sichtbar. Ventral bildet die Aponeurose des M. obliquus externus abdominis den Hauptanteil der Lamina externa der Rektusscheide (siehe auch Abb. 6.69-6.71).

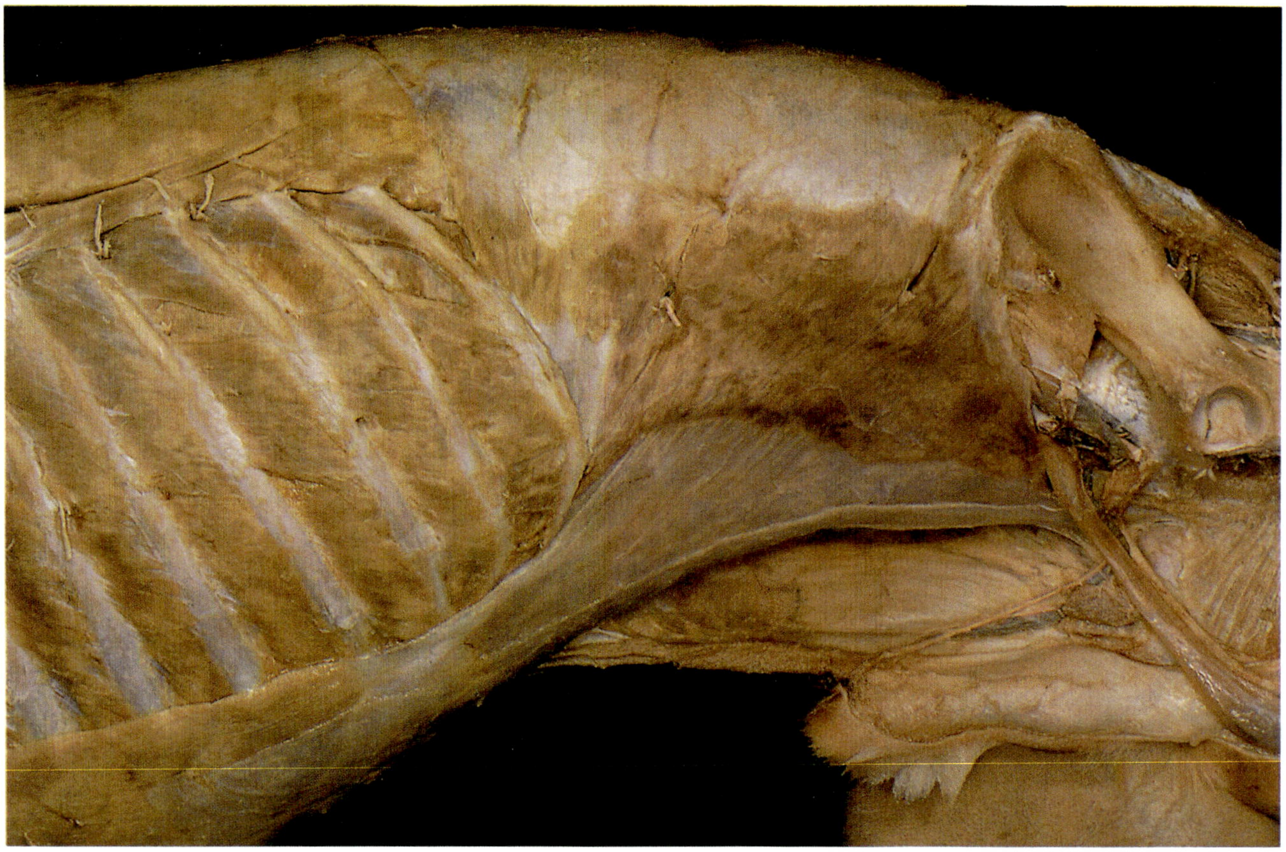

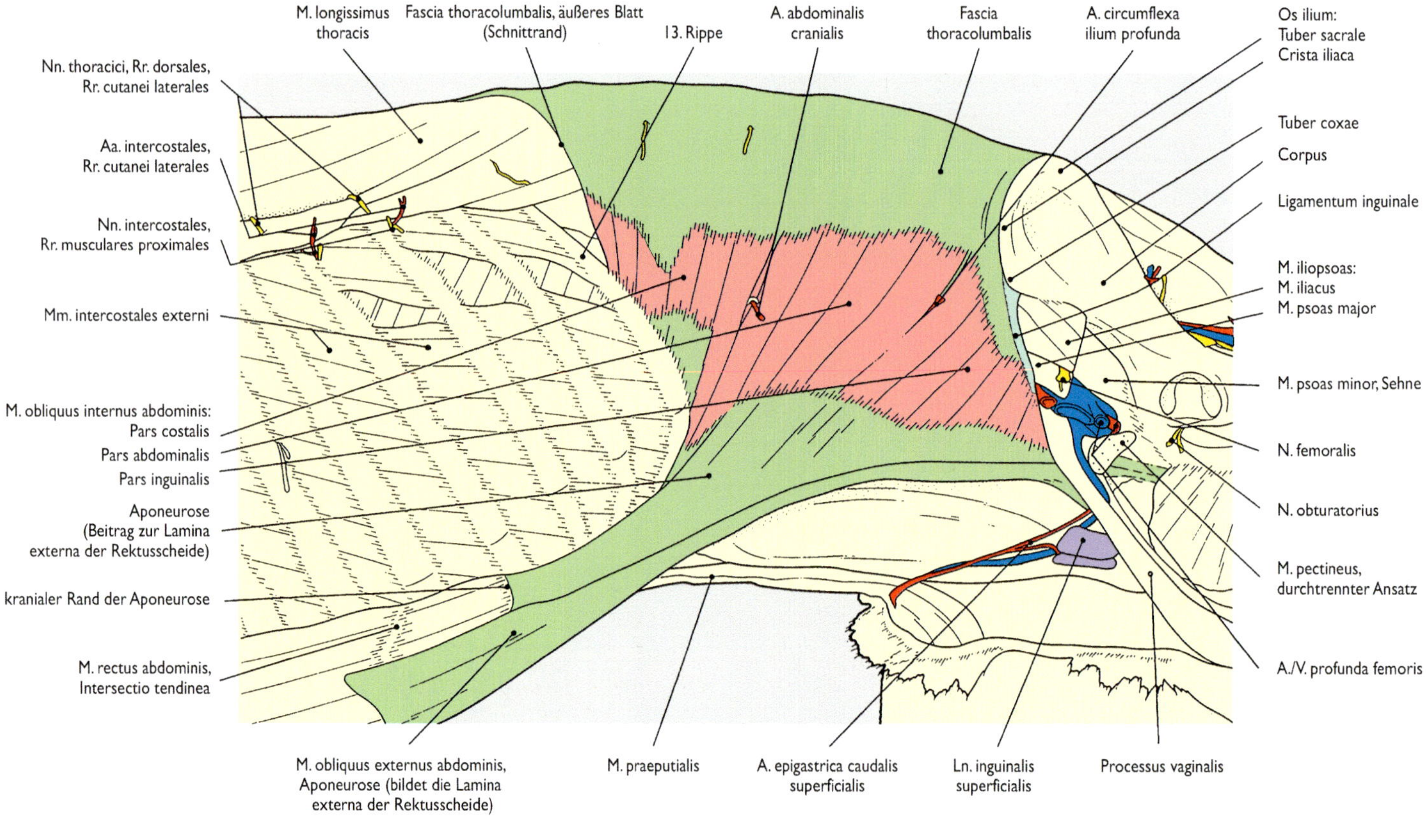

Abb. 6.15 Bauchwand (2). M. obliquus internus abdominis: linke laterale Ansicht. Der M. obliquus externus wurde außer in dem Bereich, wo er die Lamina externa der Rektusscheide bildet, entfernt. Hier ist er nicht von der darunterliegenden Aponeurose des M. obliquus internus zu trennen (siehe auch Abb. 6.69-6.71). Die Beckensehne des M. obliquus externus wurde ebenfalls entfernt, so dass der Leistenkanal an seiner kranialen und kaudalen Seite vollständig eröffnet ist. Nach kranial ist die Beteiligung der Aponeurose des M. obliquus internus abdominis an der Bildung des tiefen und oberflächlichen Blattes der Rektusscheide zu erkennen. Diese Beziehung kommt in den folgenden Abbildungen und in Abb. 5.16-5.19 deutlich zum Ausdruck.

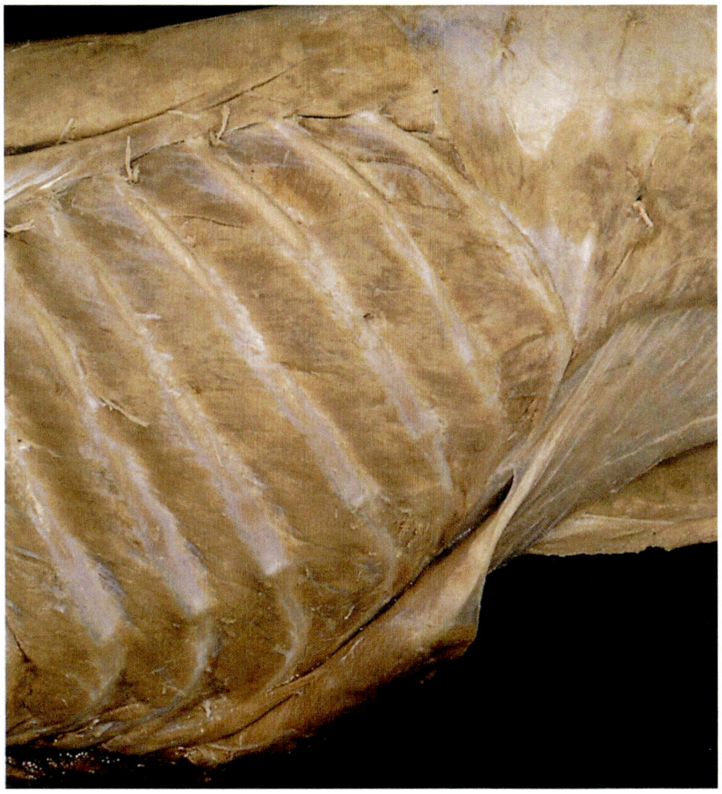

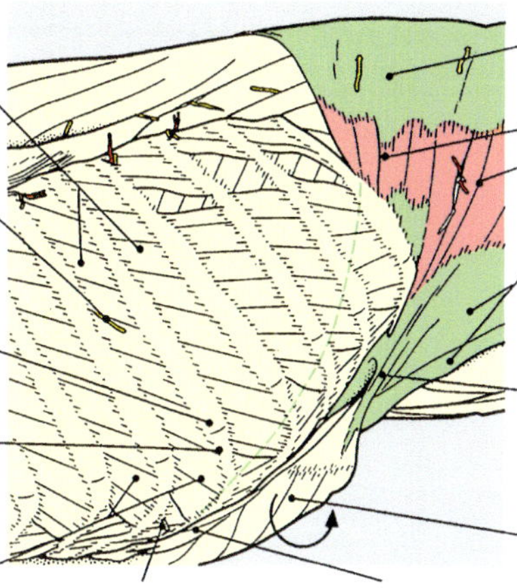

Abb. 6.16 Bauchwand (3). M. obliquus internus abdominis und Rektusscheide: linke laterale Ansicht (1). Nach Zurückklappen des kranialen Anteils des M. rectus abdominis vom Thorax liegen die Rippenknorpel und der fleischige Ursprung des M. rectus abdominis am Knorpel der 9. Rippe frei. Der kostodiaphragmatische Umschlagrand der Pleura (gestrichelte Linie) markiert die maximale Ausdehnung der Brusthöhle nach kaudal, so dass eine Penetration kaudal dieser Linie in das Abdomen führt.

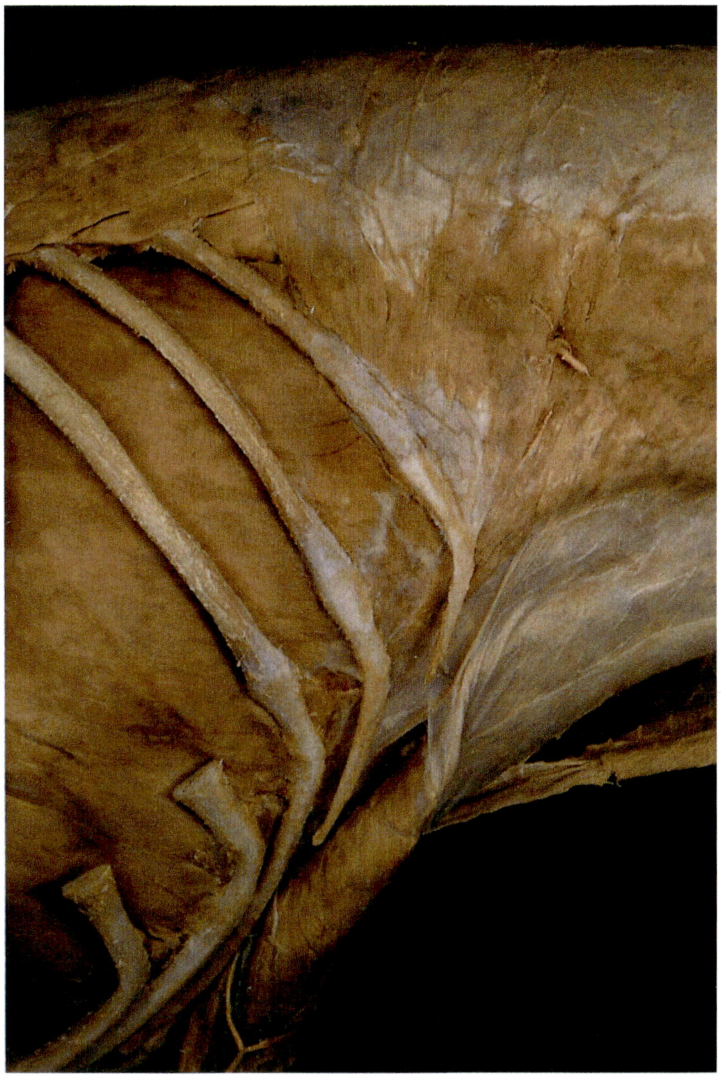

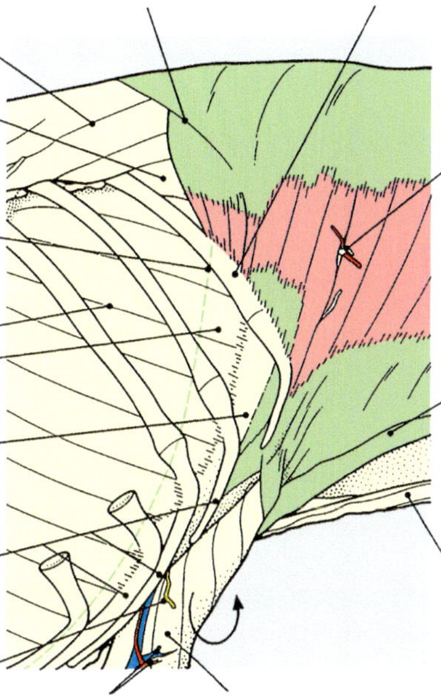

Abb. 6.17 Bauchwand (4). M. obliquus internus abdominis und Rektusscheide: linke laterale Ansicht (2). Nach Absetzen seines fleischigen Ansatzes am Knorpel der 9. Rippe konnte der M. rectus weiter verlagert werden. Der Rippenbogen ist jetzt zu erkennen, und die Interkostalmuskulatur wurde vollständig aus den Interkostal-/Interchondralräumen entfernt. Kaudal des kostodiaphragmatischen Umschlagrandes der Pleura (gestrichelte Linie) setzt der Zwerchfellmuskel an den inneren Oberflächen der Rippenknorpel an, mit Ausnahme der 13. Rippe, deren Knorpel frei bleibt.

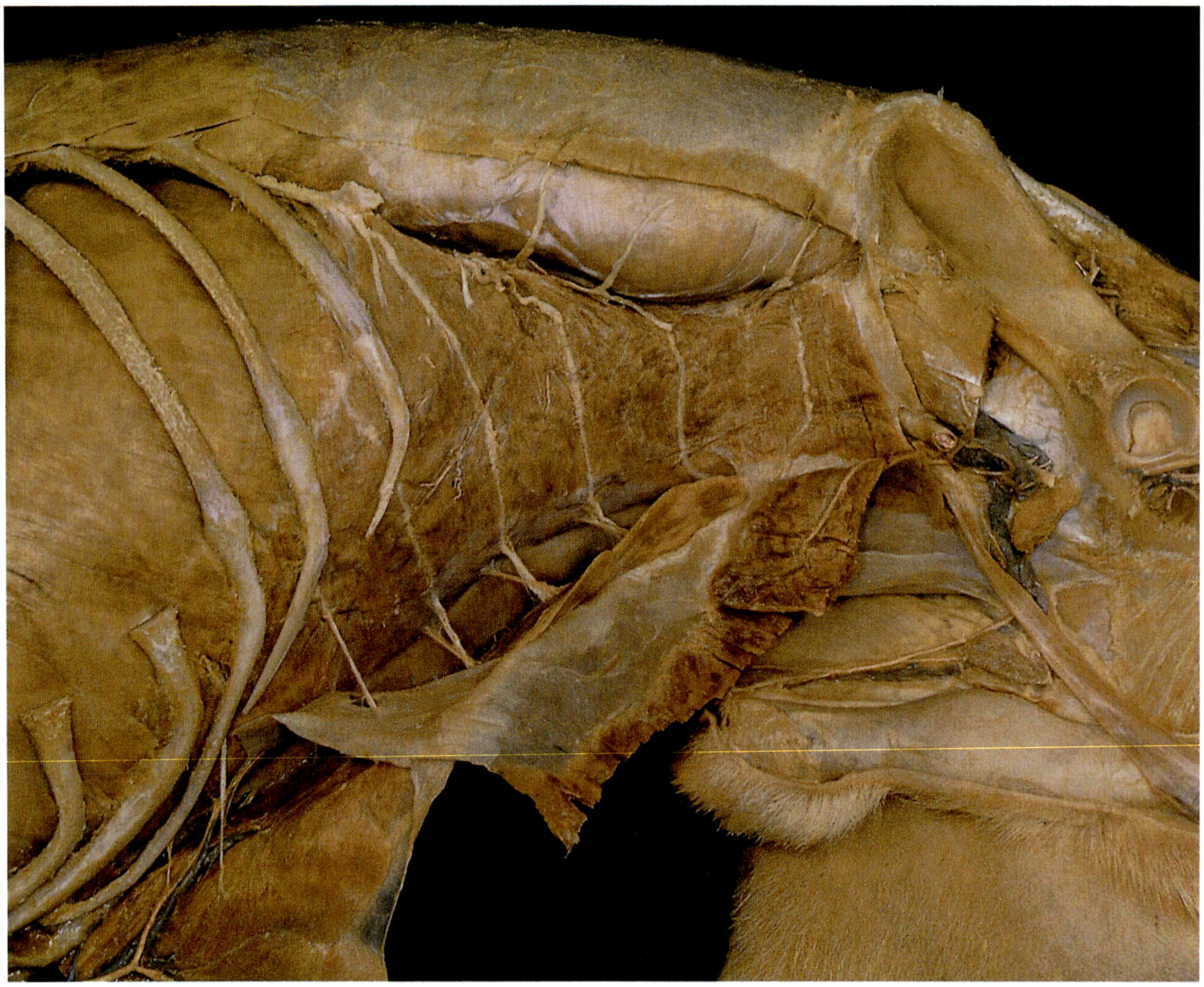

Abb. 6.18 Bauchwand (5). M. transversus abdominis und Nerven der Bauchwand: linke laterale Ansicht. Der M. obliquus internus wurde dicht an seinem Ursprung an der Fascia thoracolumbalis und seiner Verbindung mit dem Ligamentum inguinale in Längsrichtung durchtrennt. Der Muskel ist nach ventral geklappt und hängt an der ventrolateralen Seite des Abdomens herab. Auch der M. rectus abdominis wurde von der Aponeurose des M. transversus abdominis gelöst, wodurch die von dorsal eintretenden Nerven gestreckt wurden. Im oberen Teil der Bauchwand ist kaudal der 13. Rippe eine rudimentäre 14. Rippe sichtbar. Diese zusätzliche Rippe ist nur knorpelig ausgebildet und hat sowohl am M. obliquus internus als auch am M. transversus abdominis faszial-bindegewebige Ansätze.

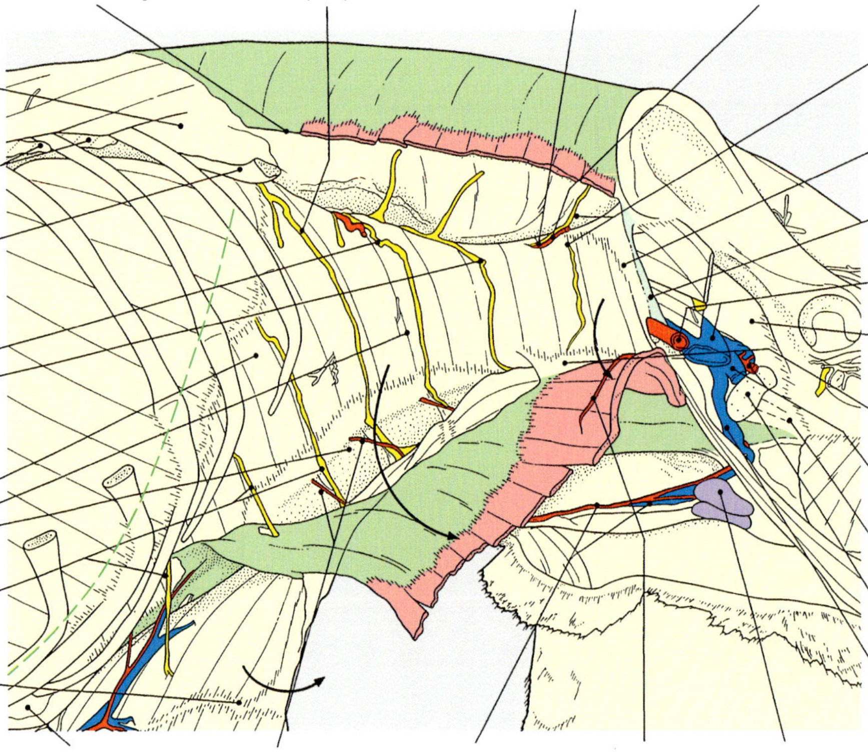

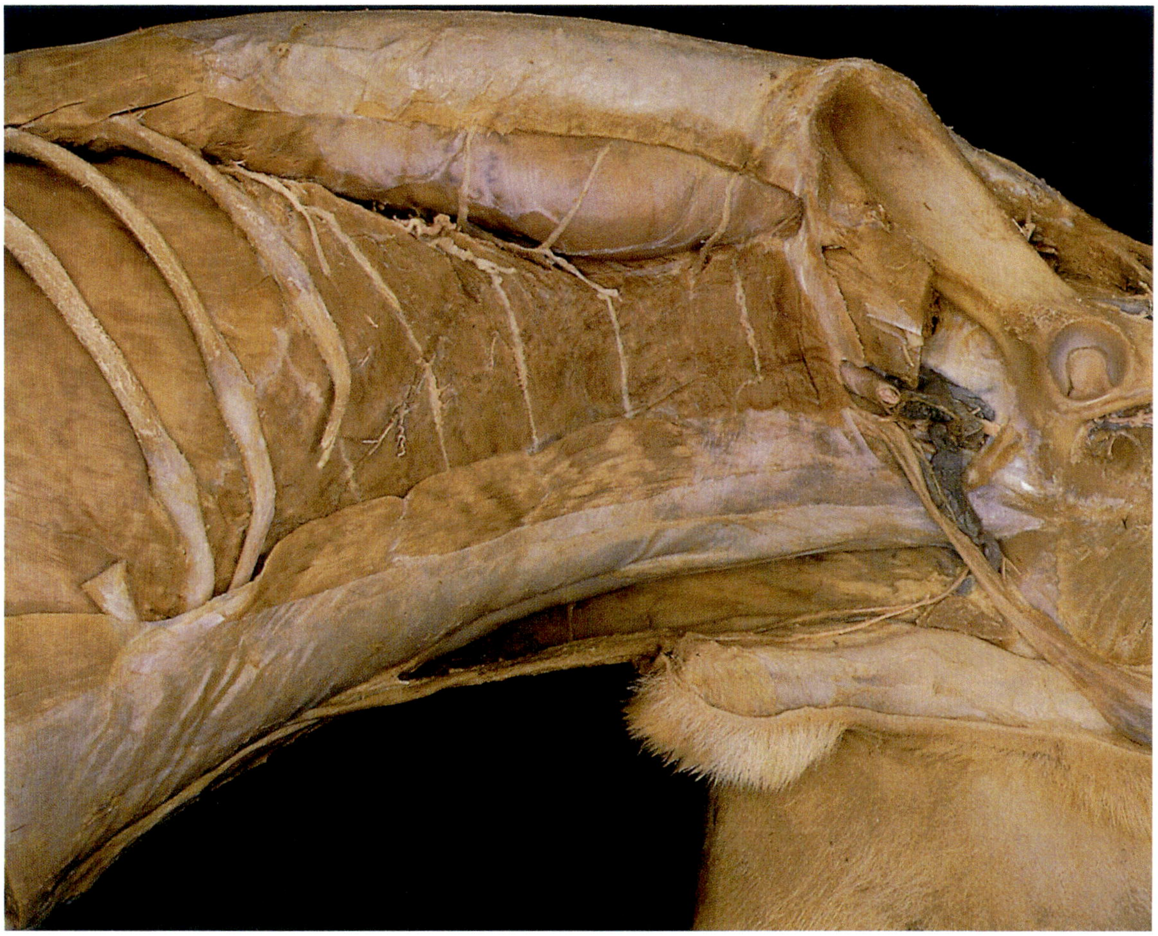

Abb. 6.19 Bauchwand (6). M. rectus abdominis und Rektusscheide, Lamina externa: linke laterale Ansicht.
Der M. obliquus internus wurde nahezu vollständig entfernt. Nur der ventrale Anteil seiner Aponeurose verbleibt auf der Oberfläche des M. rectus abdominis, wo er gemeinsam mit der Aponeurose des M. obliquus externus das äußere Blatt der Rektusscheide bildet. Beide sind median in der Linea alba untrennbar miteinander verbunden. Die rudimentäre 14. Rippe wurde entfernt und die in den oberen Abschnitt der Bauchwand eintretenden Nerven sind auf der Oberfläche des M. transversus zu erkennen (siehe auch Abb. 6.72).

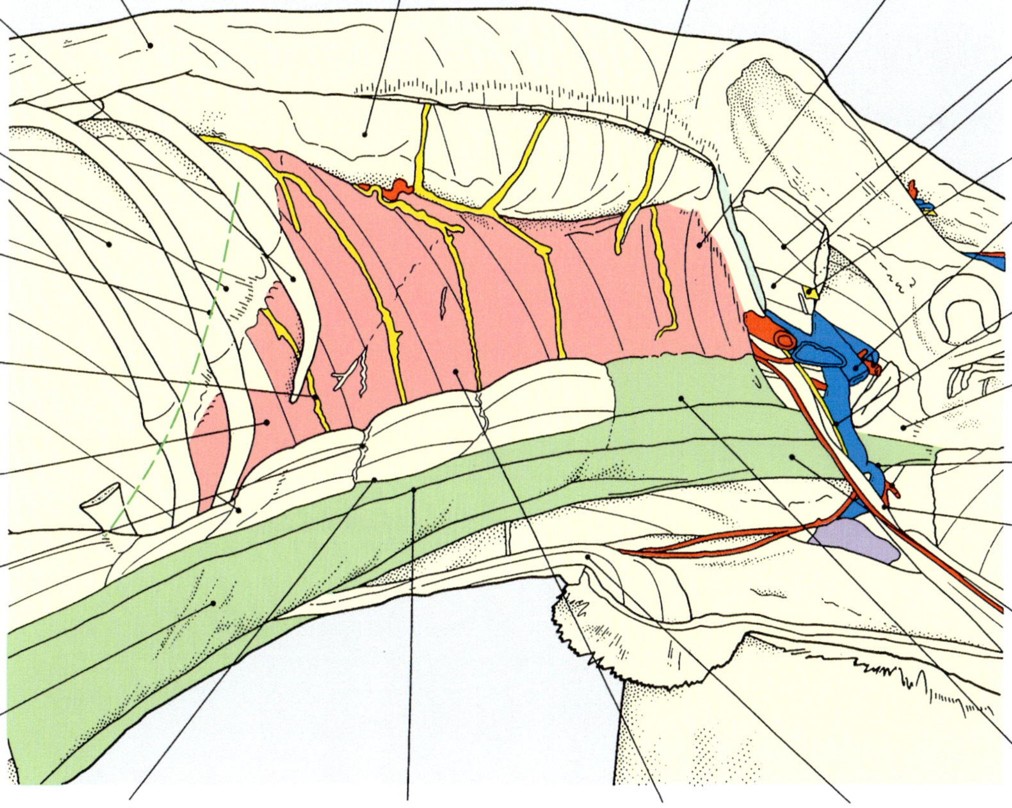

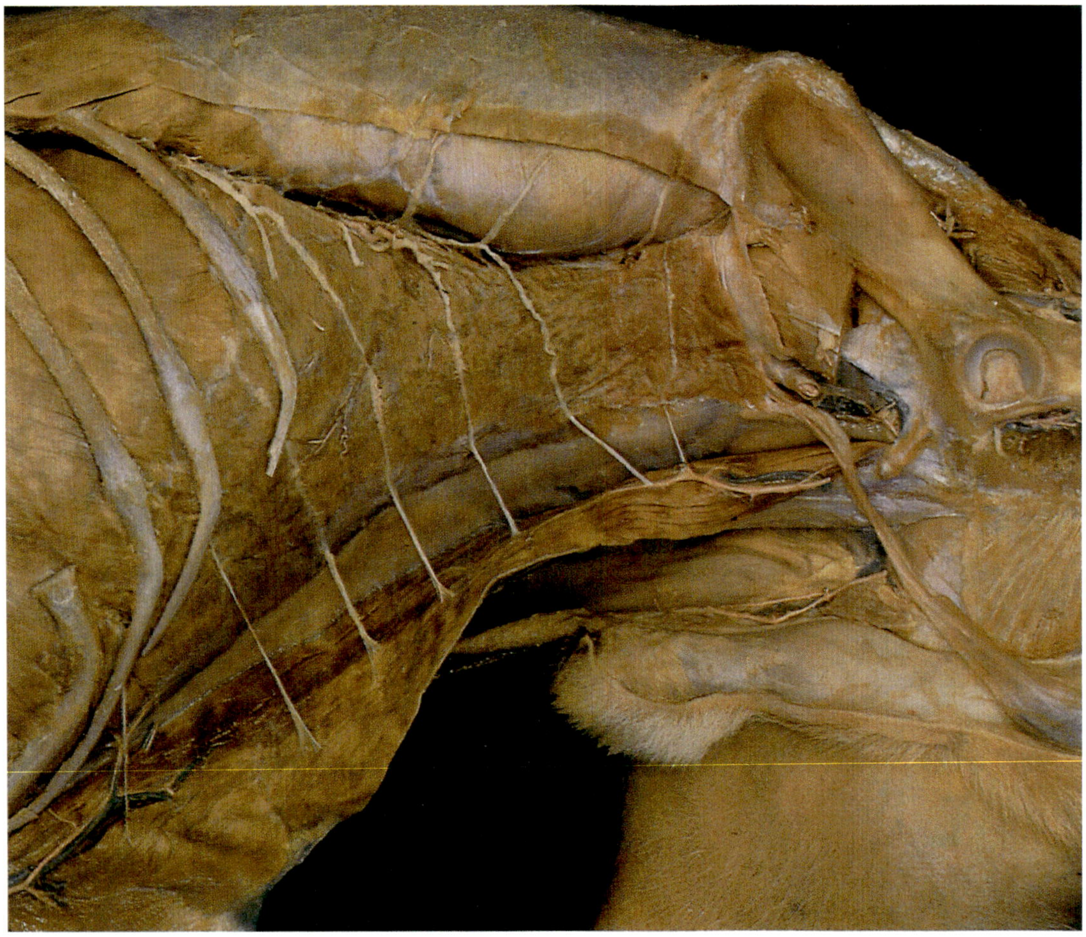

Abb. 6.20 Bauchwand (7). M. rectus abdominis und Rektusscheide, Lamina interna: linke laterale Ansicht. Die Durchtrennung des kaudalen Anteils der Aponeurose des M. transversus abdominis an der Stelle, wo er die Lamina externa der Rektusscheide bildet, ermöglichte es, den M. rectus abdominis vom darunterliegenden M. transversus und seiner Aponeurose zu lösen und nach ventral zu klappen. Die dorsale Oberfläche des M. rectus abdominis ist freigelegt. In Reihen angeordnete Endaufzweigungen der Bauchwandnerven treten in ihn ein. Die Lamina externa der Rektusscheide wird hier durch die Aponeurose des M. transversus repräsentiert. Kaudal der Aufzweigung des N. iliohypogastricus caudalis besteht sie jedoch ausschließlich aus der Fascia transversalis (siehe auch Abb. 6.72 und 6.101).

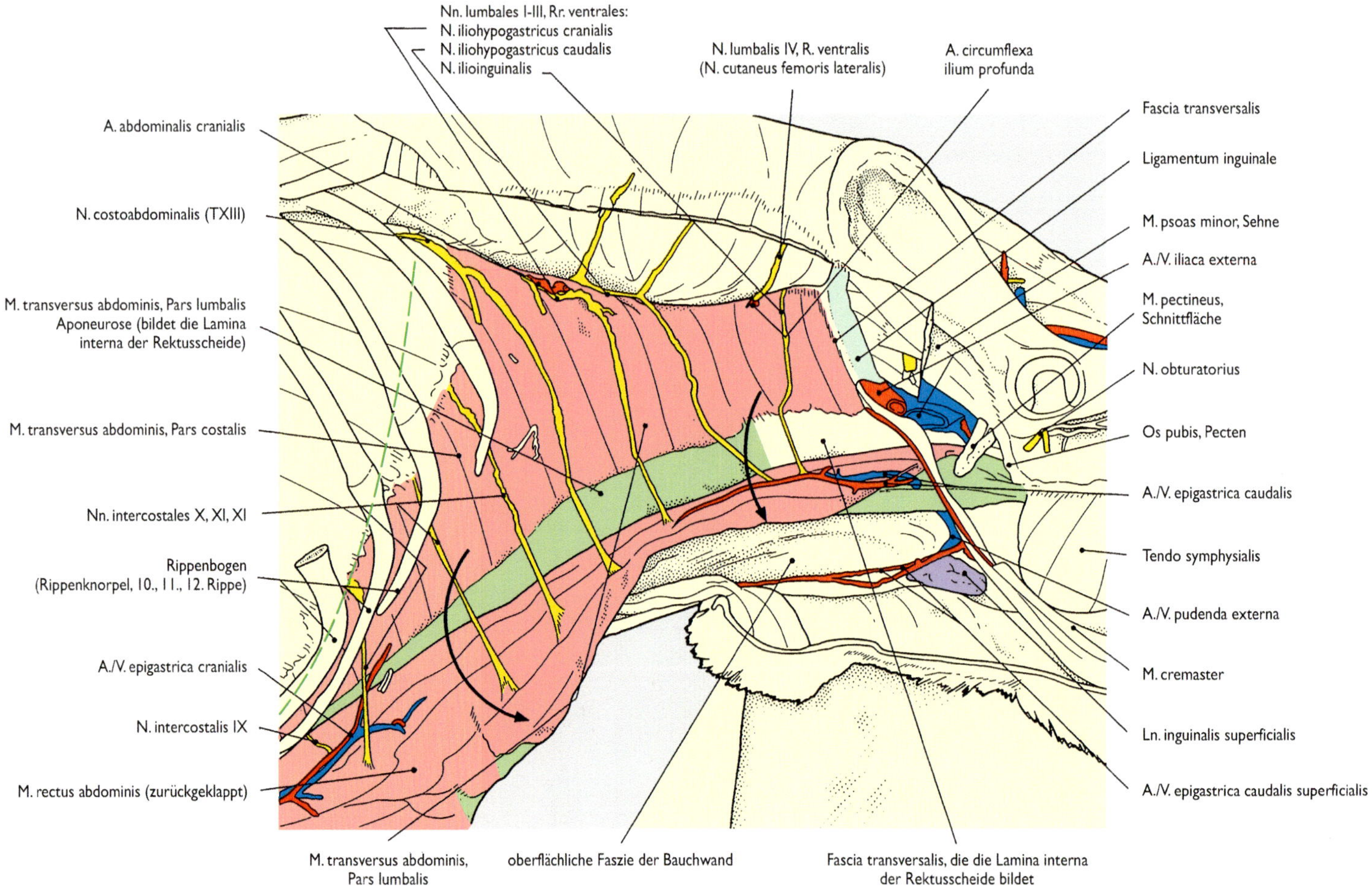

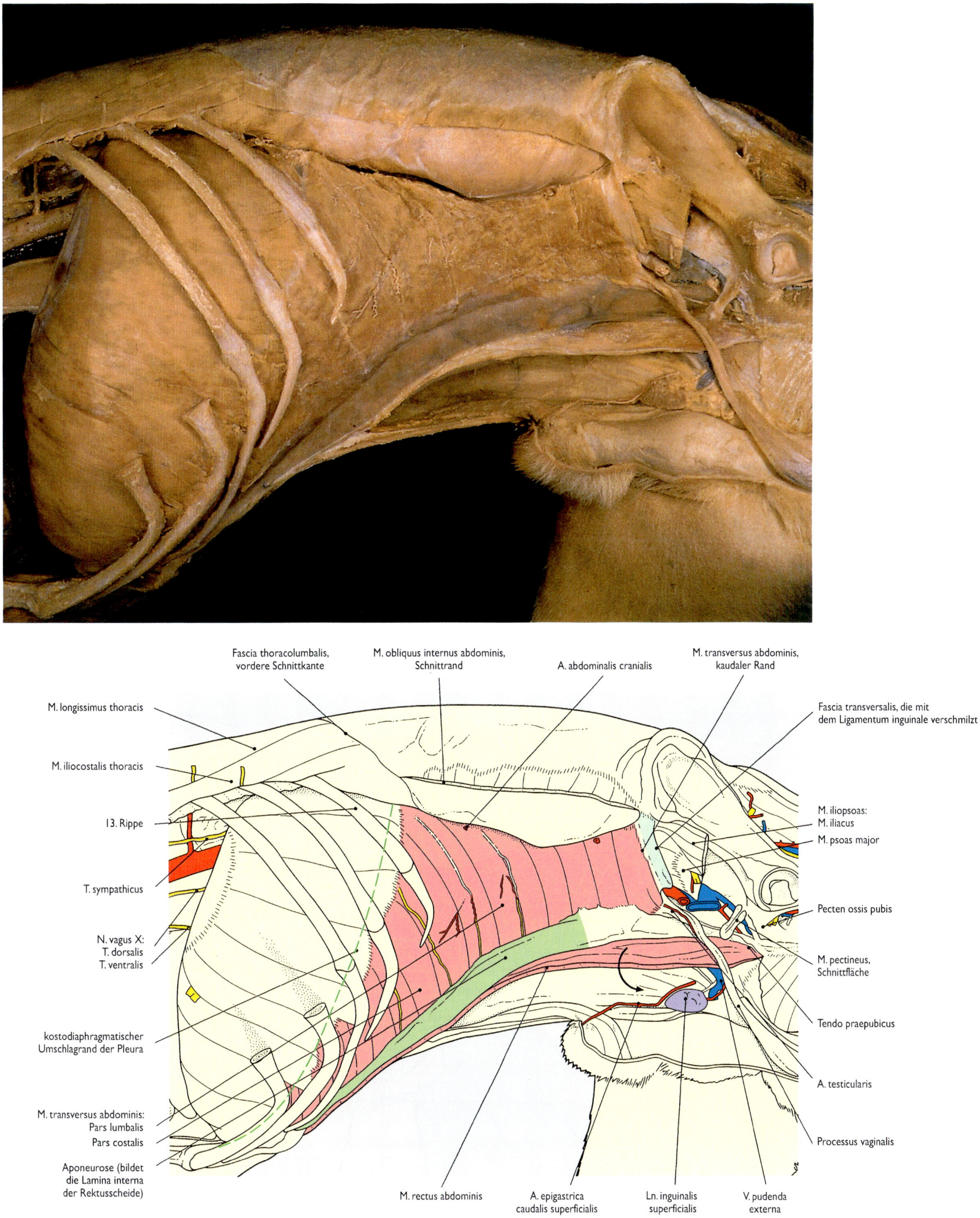

Abb. 6.21 Bauchwand (8). M. transversus abdominis und Zwerchfell: linke laterale Ansicht. Der M. transversus abdominis ist nach Entfernung des M. rectus abdominis und der Nerven der Bauchwand vollständig freigelegt. Die Pars costalis ist zu sehen, wie sie entlang der inneren Oberfläche des Rippenbogens entspringt und sich unmittelbar kaudal des kostodiaphragmatischen Umschlagrandes der Pleura mit den Zwerchfellfasern vereinigt. Die Pars lumbalis tritt unter dem M. iliocostalis lumborum hervor. Die ausgedehnte Aponeurose bildet ventral die Lamina interna der Rektusscheide und erstreckt sich bis zur Linea alba (siehe auch Abb. 6.70, 6.72). Der kaudale Rand des M. transversus reicht nicht bis zum kaudalen Ende der Bauchwand.

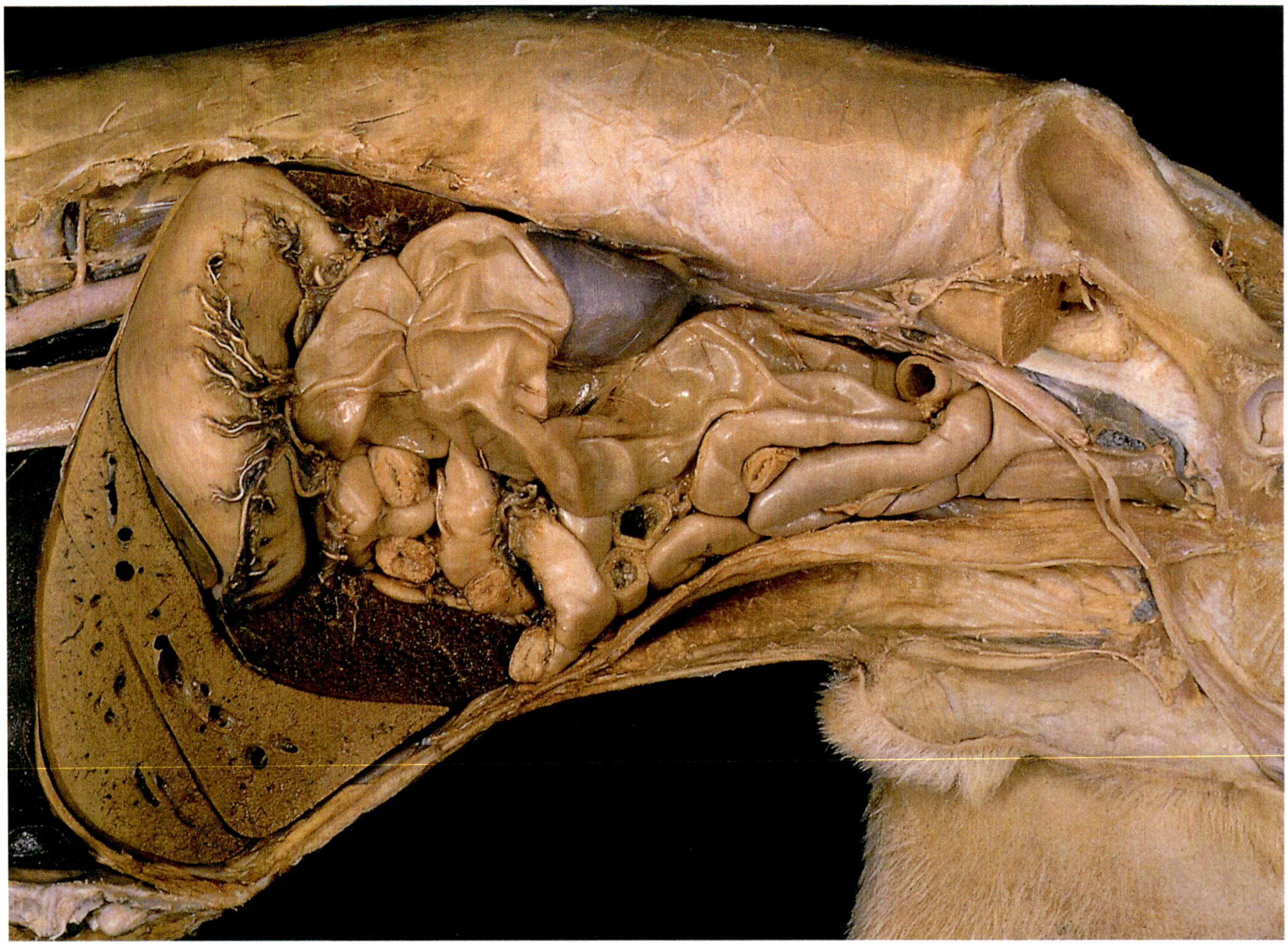

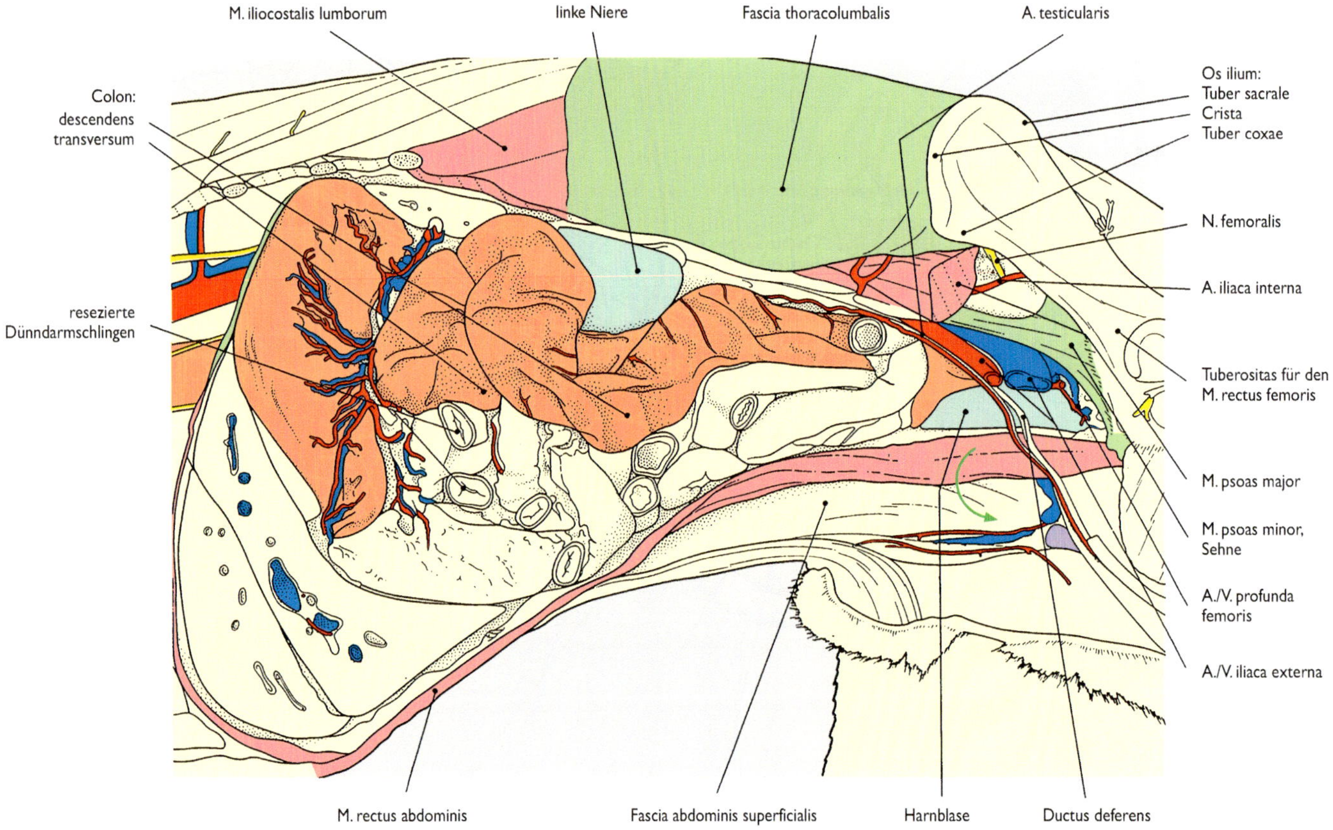

Abb. 6.26 Colon descendens: linke laterale Ansicht (1). Das Colon transversum und ein Großteil des Colon descendens wurden durch Entfernung der tiefen Schicht des Omentum majus und einiger Jejunumschlingen freigelegt. Das Colon ist in diesem Präparat leicht vergrößert und erscheint ausgebuchtet. Für ein „normaleres" Erscheinungsbild siehe Abb. 6.61 aus der rechten medialen Ansicht und Abb. 6.80 und 6.82 aus der ventralen Ansicht. Dorsal des Colons wurde die linke Niere durch Entfernung des perirenalen Fettgewebes weiter freigelegt. Im kaudalen Abdomen wurde der Iliacus-Anteil des M. iliopsoas entfernt und der M. psoas major wurde bis auf Höhe des Tuber coxae gekürzt.

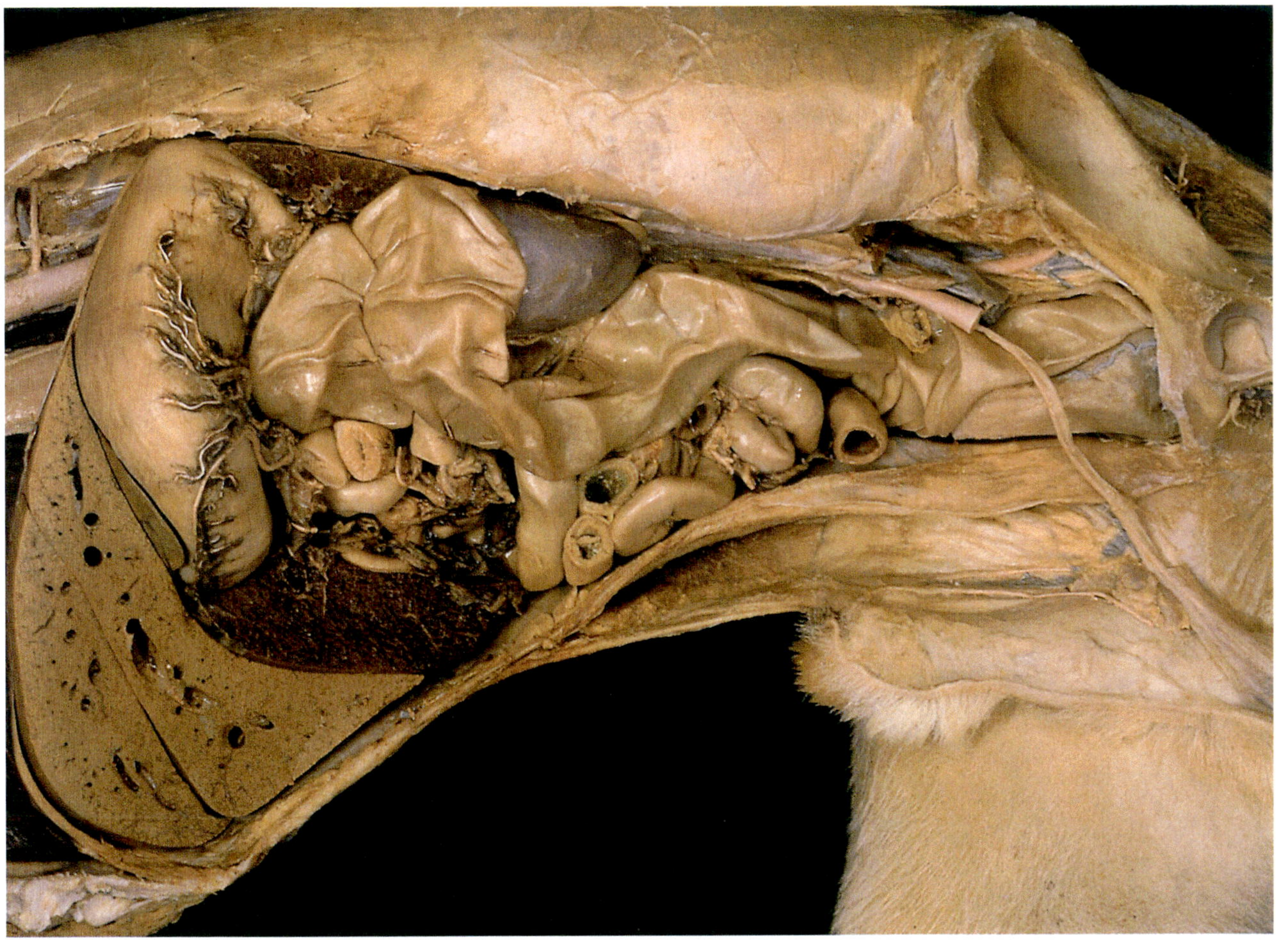

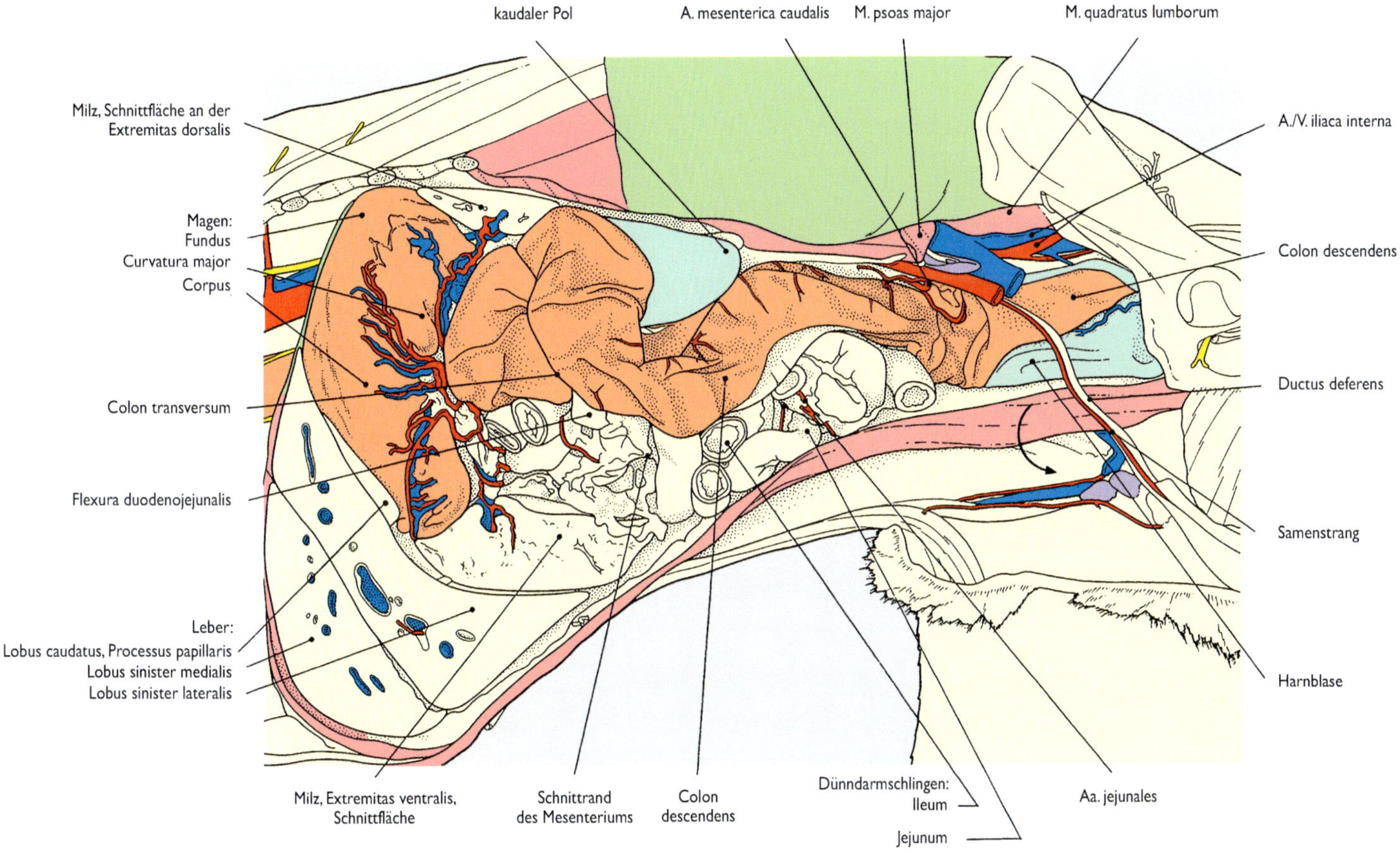

Abb. 6.27 Colon descendens: linke laterale Ansicht (2). Weitere Jejunumschlingen wurden aus dem ventralen Abdomen entfernt; die Schnittränder sind deutlich sichtbar. Das Jejunum wurde nahe seines Ursprungs auf Höhe der Flexura duodenojejunalis durchtrennt, die unmittelbar ventral vom Anfangsabschnitt des Colon descendens sichtbar ist. Kaudal wurde durch die Entfernung eines weiteren Anteils des M. psoas major und der abgeflachten Sehne des M. psoas minor der am weitesten kaudal lokalisierte Abschnitt des Colon descendens beim Eintritt in das Becken freigelegt. Durch Entfernung des M. iliopsoas wurden auch die inneren und äußeren Iliakalgefäße, ein Ln. iliacus medialis und der M. quadratus lumborum freigelegt.

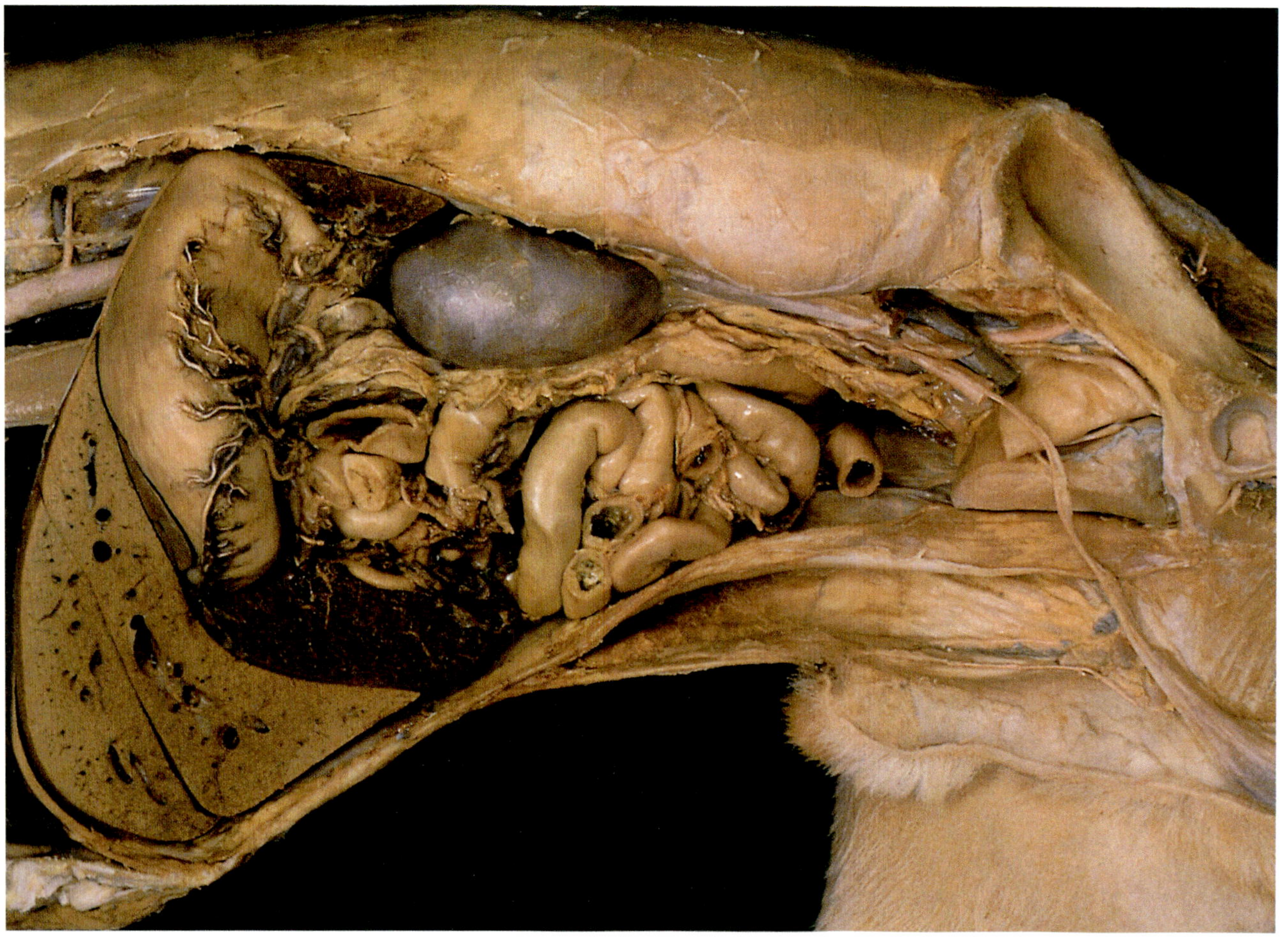

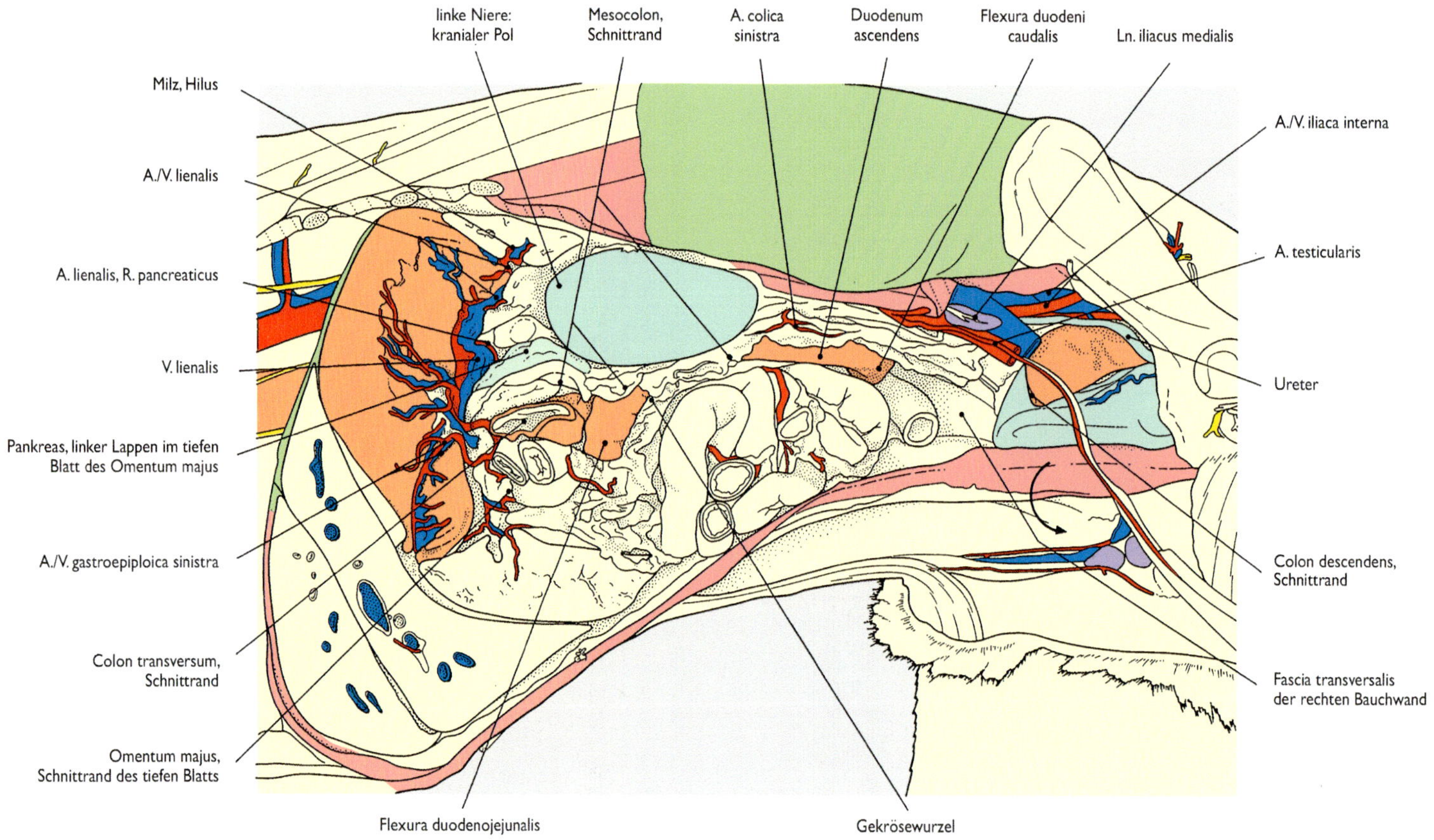

Abb. 6.28 Linke Niere und Mesocolon: linke laterale Ansicht. Das Colon descendens wurde, abgesehen von seinem Endabschnitt dorsal der Blase, entfernt. Kranial ist die Schnittkante des Colon transversum unmittelbar kranial der Flexura duodenojejunalis deutlich sichtbar (seine Lage kommt im Präparat in Abb. 6.97 zur Geltung). Kaudal vom Colon transversum sind unterhalb der Niere das fettreiche Mesocolon und seine Schnittkante sichtbar. Medial der Flexura duodenojejunalis und kaudal vom Colon transversum ist die Gekrösewurzel freigelegt. Die Lagebeziehung der Strukturen zur Wurzel wird in der Ansicht von ventral (Abb. 6.80, 6.81) und im Schnitt (Abb. 6.98, 6.99) besonders deutlich.

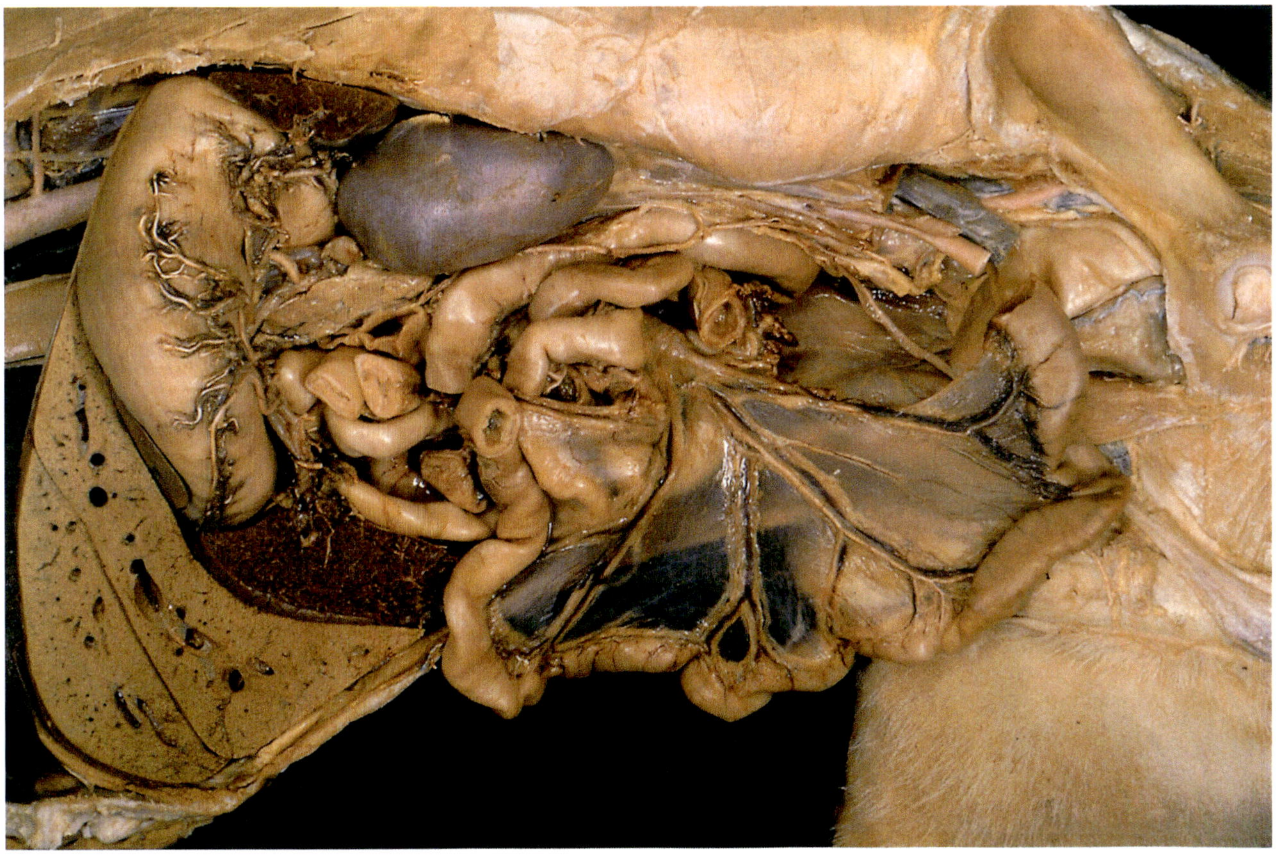

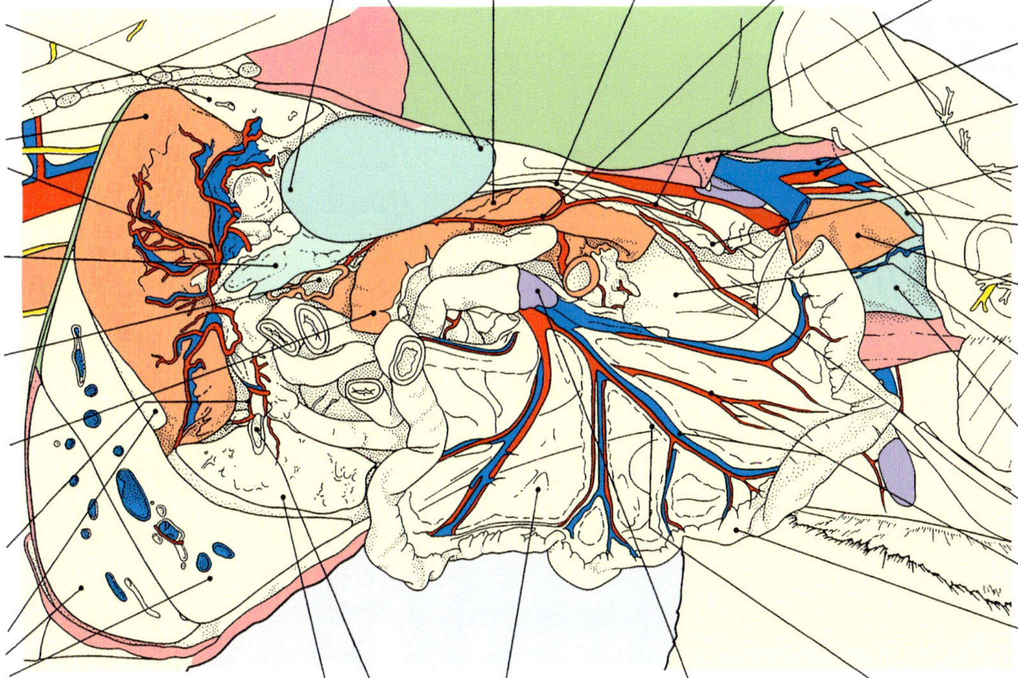

Abb. 6.29 Blut- und Lymphgefäße des Gekröses: linke laterale Ansicht. Das Mesocolon wurde unterhalb der linken Niere entfernt, um das Duodenum ascendens von der Flexura duodeni caudalis bis zur Flexura duodenojejunalis freizulegen. Einige der verbliebenen Jejunumschlingen wurden aus der Bauchhöhle nach außen verlagert, um sie auszubreiten und das große fächerförmige Gekröse zu zeigen. Aa. und Vv. jejunales verlaufen parallel zu luminalen, mit milchig-trübem Inhalt gefüllten Strukturen, bei denen es sich um afferente Lymphgefäße handelt. Alle Gefäße laufen in der Mesenterialwurzel, erkennbar als markanter „Gewebeknoten", zusammen, der durch eine Anzahl von kranialen mesenterialen Lymphknoten beträchtlich verdickt ist.

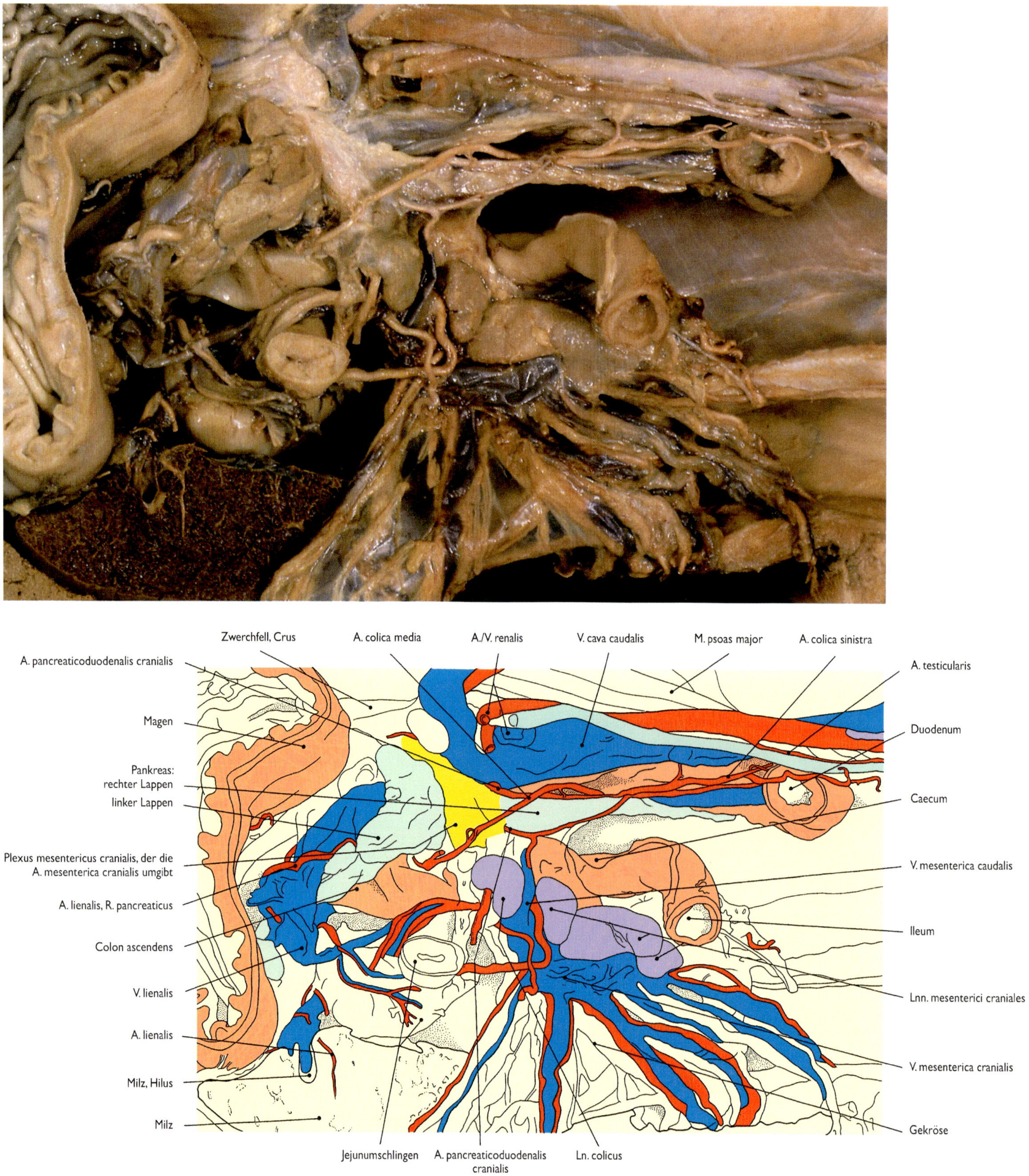

Abb. 6.32 Mesenteriale Lymphknoten und die Gekrösewurzel: linke laterale Ansicht (3). Diese Abbildung ist ein vergrößerter Auschnitt aus Abb. 6.31. Die A. mesenterica cranialis ist noch immer durch den sie umgebenden Plexus autonomer Nerven verdeckt. Kranial der Gekrösewurzel liegt das Pankreas dorsal des verbliebenen Colon-Abschnitts; kaudal davon und mit Blick auf die rechte Bauchseite liegen der rechte Pankreaslappen und das Duodenum descendens dorsal des Caecums und des Endabschnitts des Ileums (siehe auch Abb. 6.80, 6.81). Dorsal der Lymphknoten wurde die A. colica media nach vorheriger Entfernung des Colon descendens und des Mesocolon in ihrer Lage belassen (siehe Abb. 6.28, 6.29).

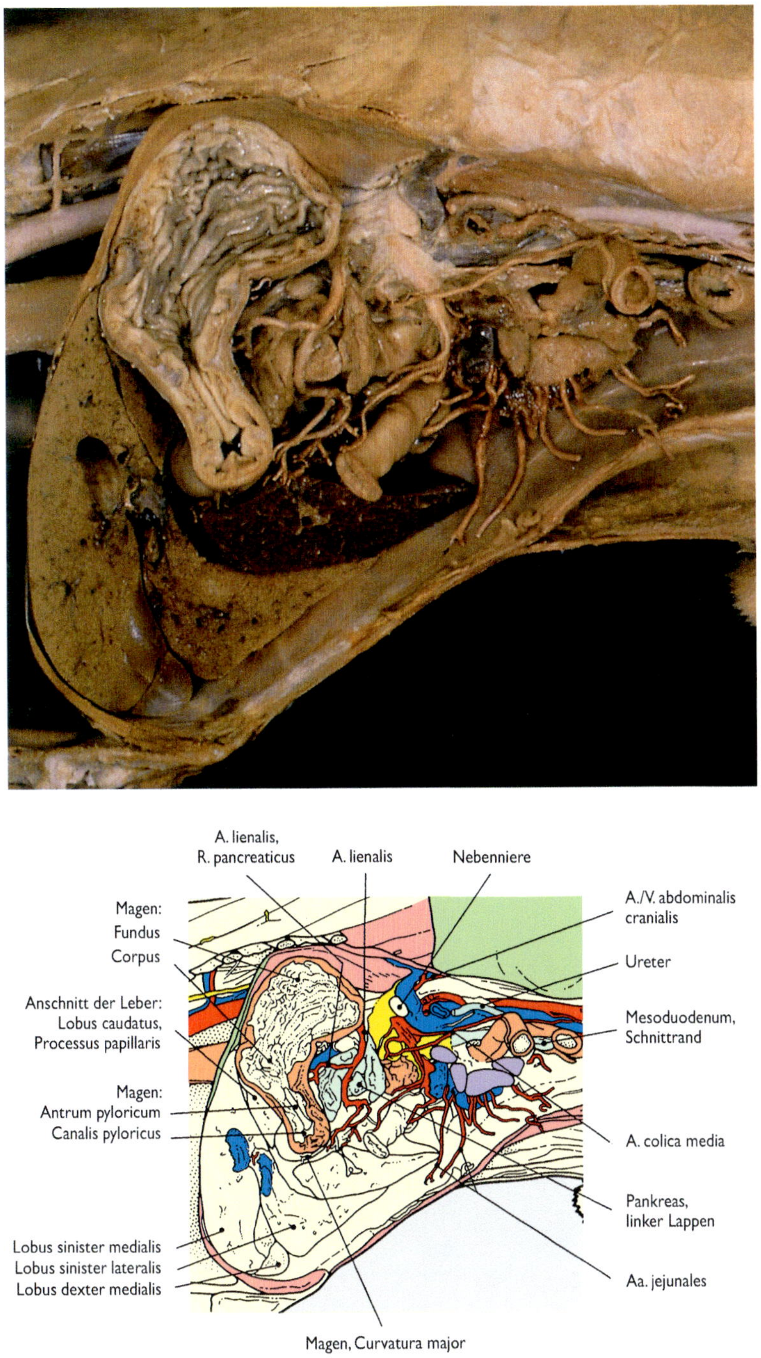

Abb. 6.33 A. mesenterica cranialis sowie Plexus coeliacomesentericus: linke laterale Ansicht (1). Das weitere Ablösen von Geweben aus Bereichen der Gekrösewurzel, insbesondere kranial der Wurzel, erforderte die partielle Entfernung des linken Pankreaslappens. Der Pylorus wurde eröffnet, um den Canalis pyloricus zu zeigen, während weitere Schnitte durch die Leber den rechten medialen Lappen freigelegt haben. Nach Entfernung eines Großteils des verbliebenen fächerförmigen Gekröses und der Lnn. mesenterici wurden das Caecum und der Endabschnitt des Ileums in eine „für sie eher typische" Position nahe der dorsalen Bauchwand zurückverlagert.

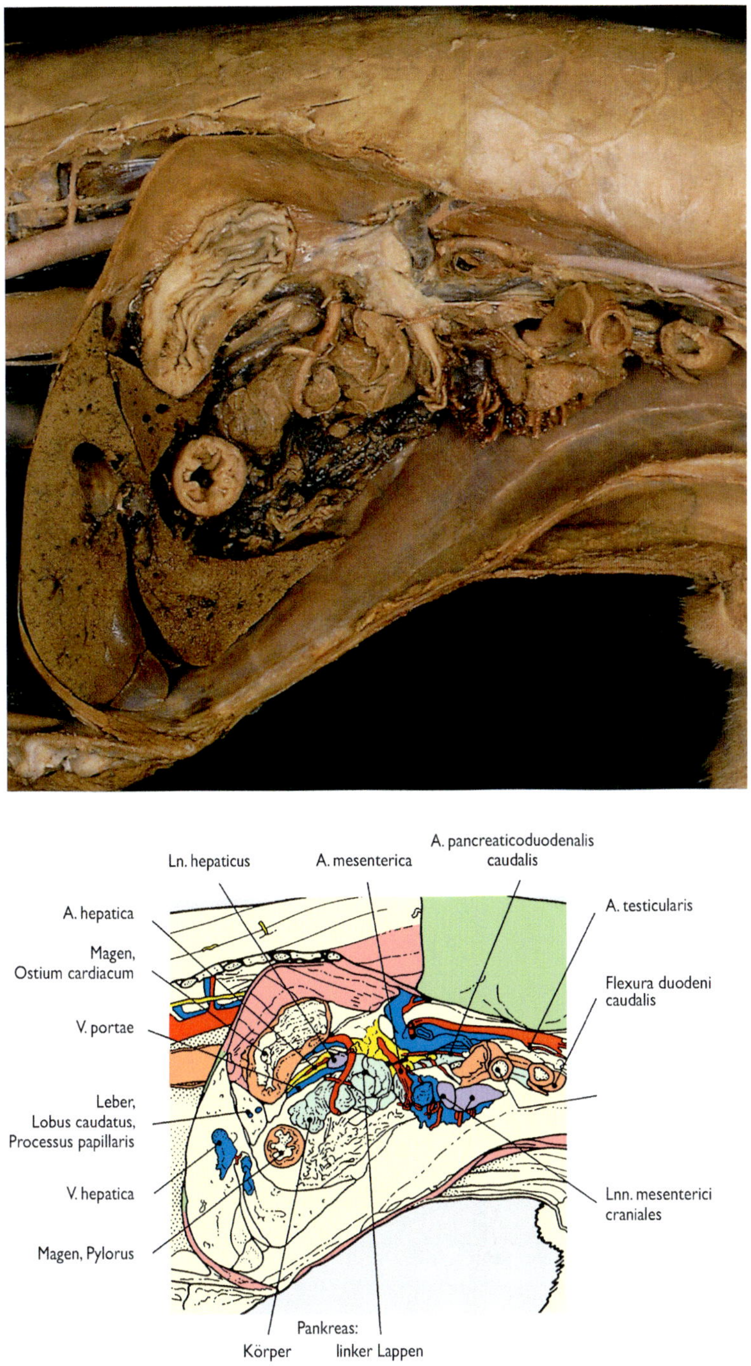

Abb. 6.34 A. mesenterica cranialis sowie Plexus coeliacomesentericus: linke laterale Ansicht (2). Ein weiterer beträchtlicher Teil des Fundus und praktisch der gesamte Magenkörper wurden entfernt, so dass Kardia und Pylorus voneinander isoliert sind. Ein Rest des Processus papillaris der Leber befindet sich zwischen diesen beiden Strukturen in dem Bereich, wo sich ursprünglich die Curvatura ventriculi minor befand. Weiteres Pankreasgewebe wurde kaudal des Magens entfernt, ebenso wurde der Rest der Extremitas ventralis der Milz gemeinsam mit dem Ligamentum gastrolienale entfernt.

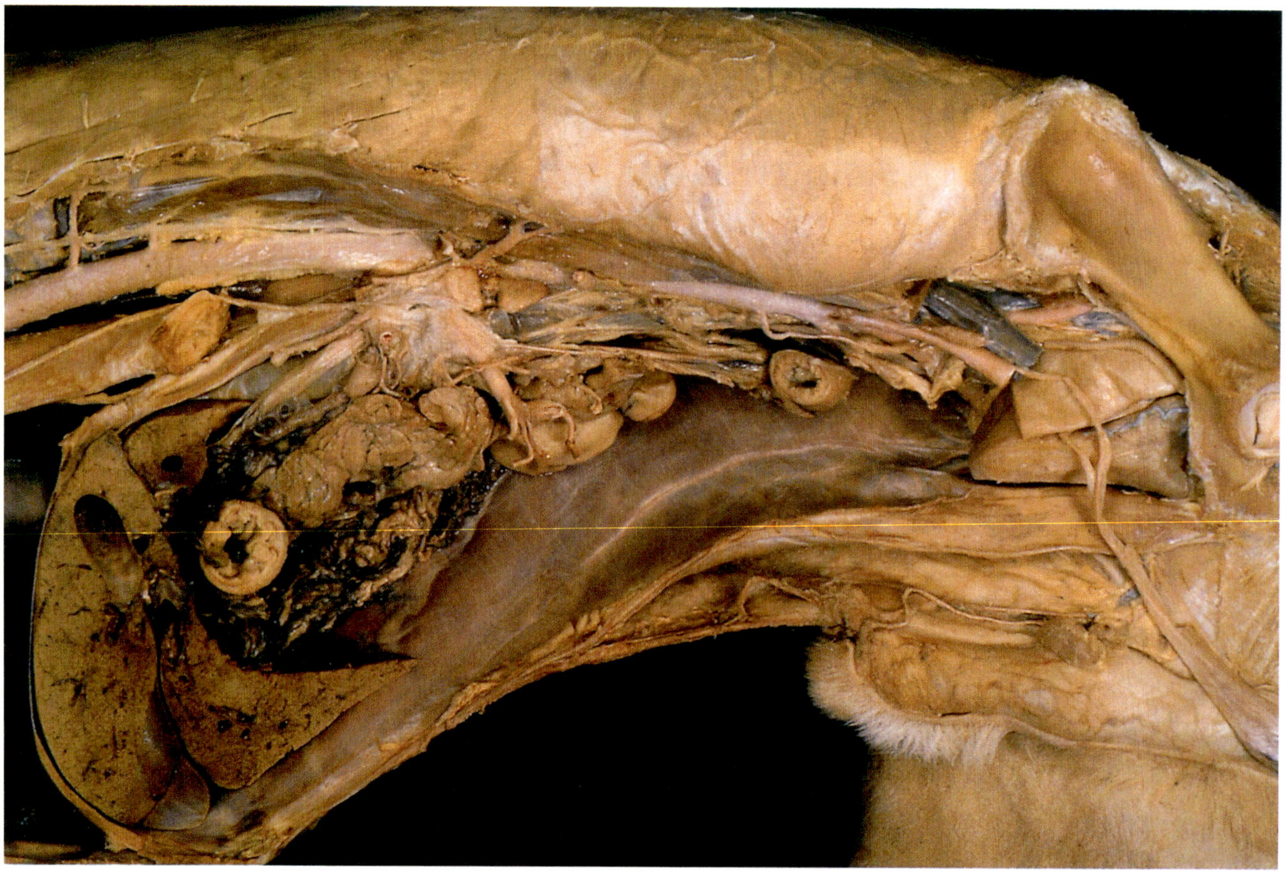

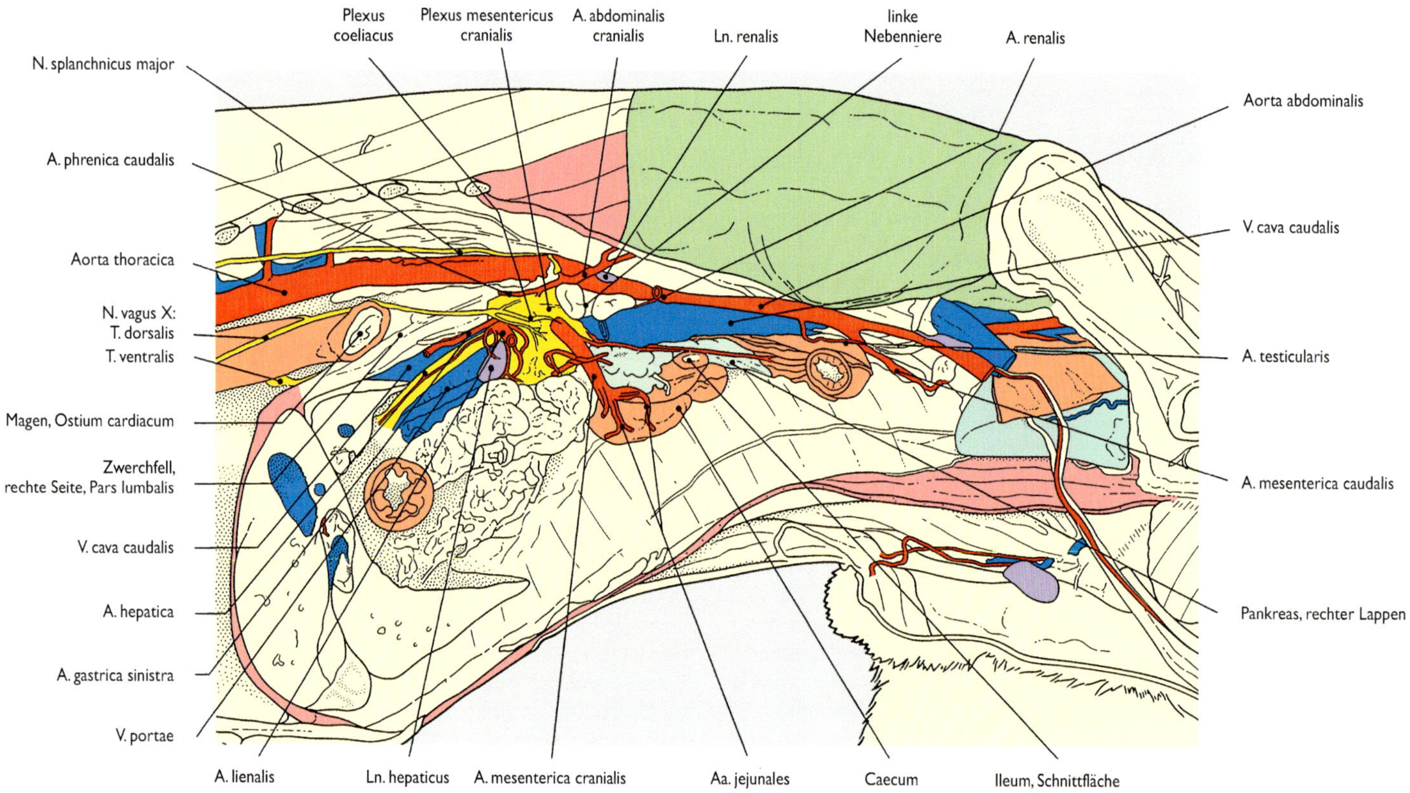

Abb. 6.35 Autonome Nervenversorgung der Baucheingeweide: linke laterale Ansicht (1). Fundus und Corpus des Magens wurden abgesetzt, so dass nur noch die Kardia und der Pylorus am Präparat verbleiben. Die A. gastrica sinistra wurde durchtrennt. Die Partes costalis und lumbalis des Zwerchfells wurden entfernt, wobei das linke Crus lumbale dorsal der Nebenniere und kranial der A. abdominalis cranialis durchtrennt wurde. Sowohl der Hiatus oesophageus wie auch der Hiatus aorticus wurden dabei zerstört (siehe auch Abb. 6.63, 6.64, 6.86, 6.87 und 6.91). Die V. abdominalis cranialis wurde entfernt und die A. phrenica caudalis ist sichtbar, wie sie kranial von der Arteria phrenicoabdominalis dorsal zur Nebenniere verläuft (siehe auch Abb. 6.87).

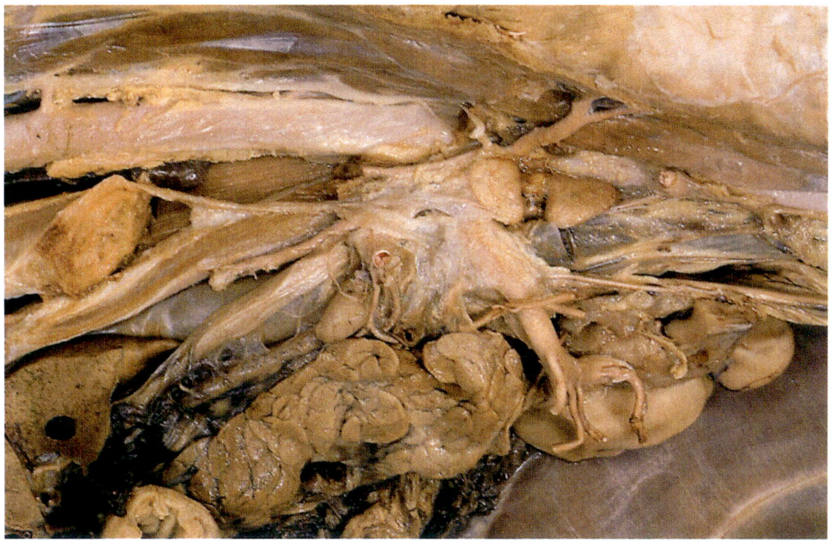

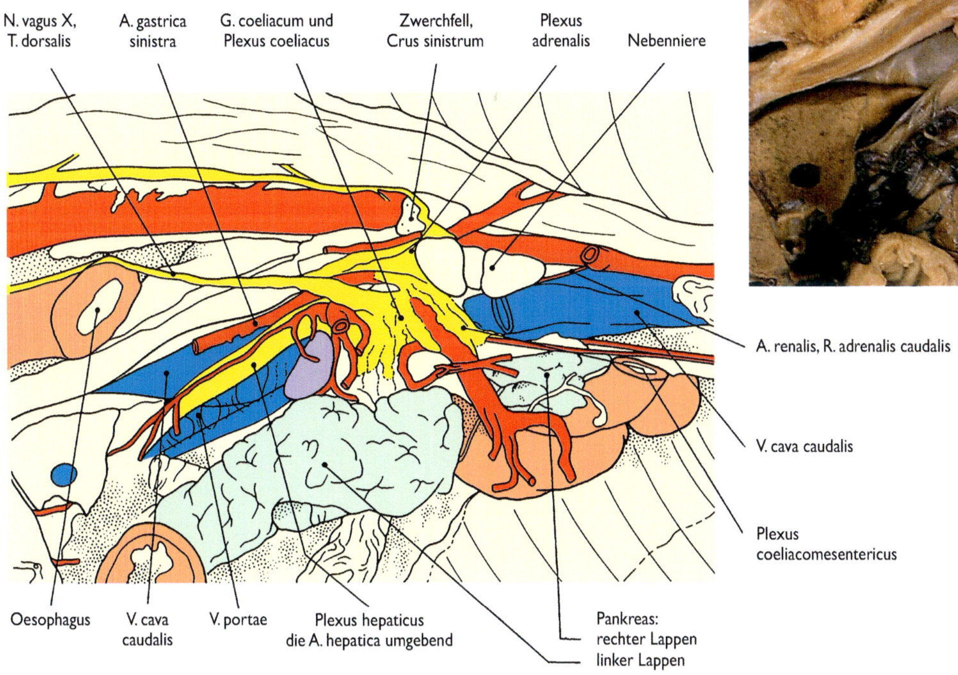

Abb. 6.36 Autonome Nervenversorgung der Baucheingeweide: linke laterale Ansicht (2). Diese Abbildung ist ein vergrößerter Ausschnitt der Präparation aus Abb. 6.35. Die beiden aus der A. coeliaca entspringenden Äste, die A. lienalis und die A. gastrica sinistra wurden im Rahmen der Entfernung von Milz und Magen durchtrennt; ein Plexus hepaticus autonomer Nerven umringt das zur Leber ziehende Gefäß.

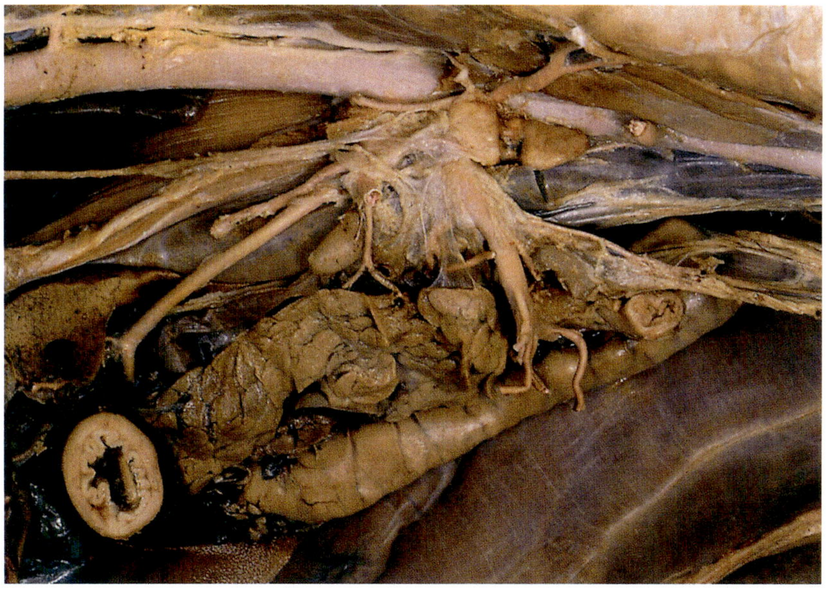

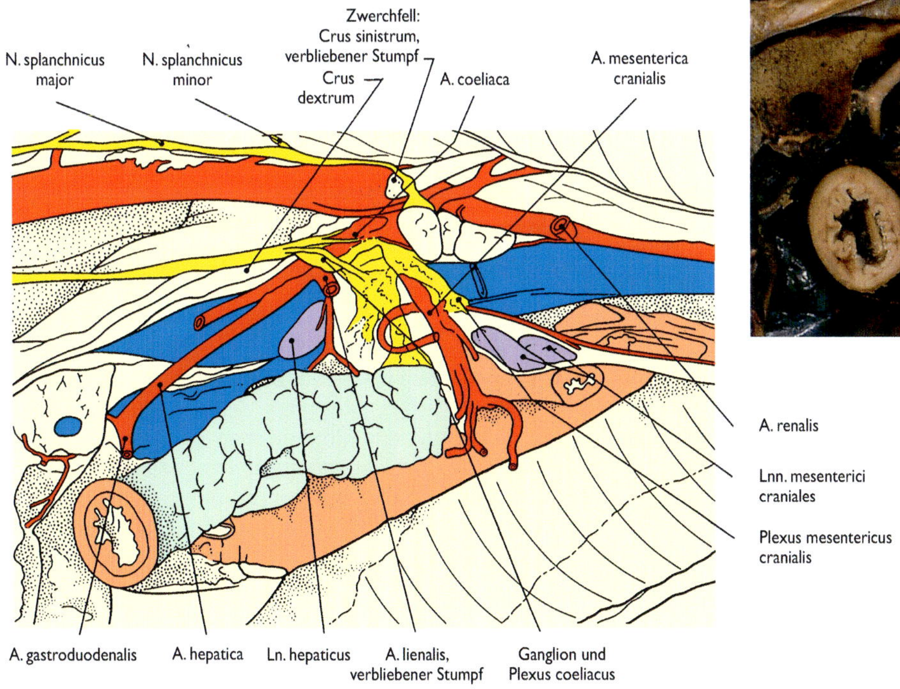

Abb. 6.37 Aa. coeliaca und mesenterica cranialis: linke laterale Ansicht. Durch die Entfernung von Mesenterialgewebe und Faszie um den Plexus coeliacomesentericus wurde ein Großteil des Geflechts autonomer Fasern entfernt, wodurch die Aa. coeliaca und mesenterica cranialis freigelegt wurden. Die Nn. splanchnici ziehen gemeinsam lateroventral um den Stumpf des Crus sinistrum des Zwerchfells und verschwinden unter der Nebenniere auf ihrem Weg zum Plexus coeliacomesentericus. Vergleichen Sie diese Abbildung mit Abb. 6.62 von der rechten Seite.

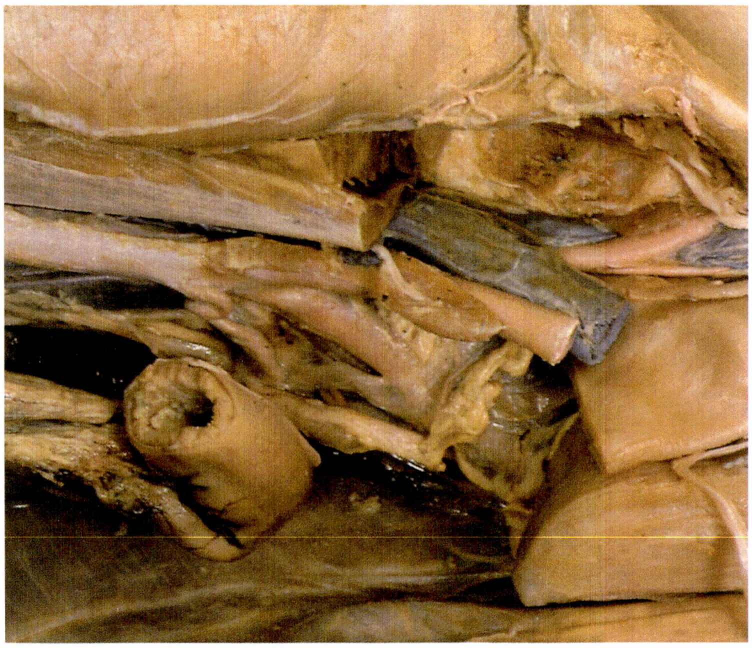

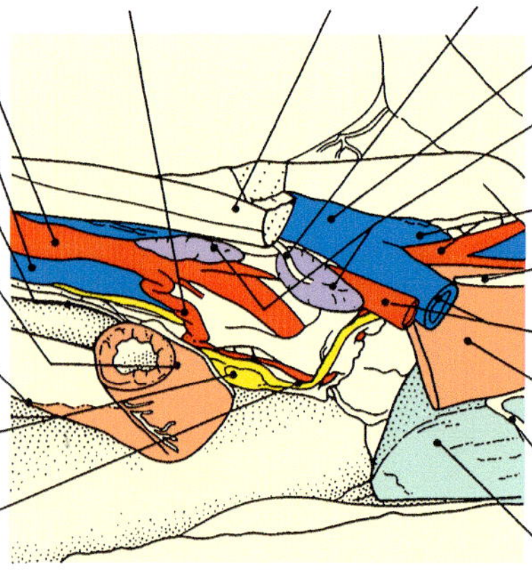

Abb. 6.38 A. mesenterica caudalis: linke laterale Ansicht. Dies ist eine vergrößerte Ansicht des kaudalen Abdomens nach Entfernung weiterer Anteile des M. iliopsoas. Auf ihrem etwas gewundenen Verlauf wird der Durchmesser der A. mesenterica caudalis durch einen sie umschließenden Plexus mesentericus caudalis vergrößert, in dem ein Ganglion mesentericum caudale deutlich erkennbar ist.

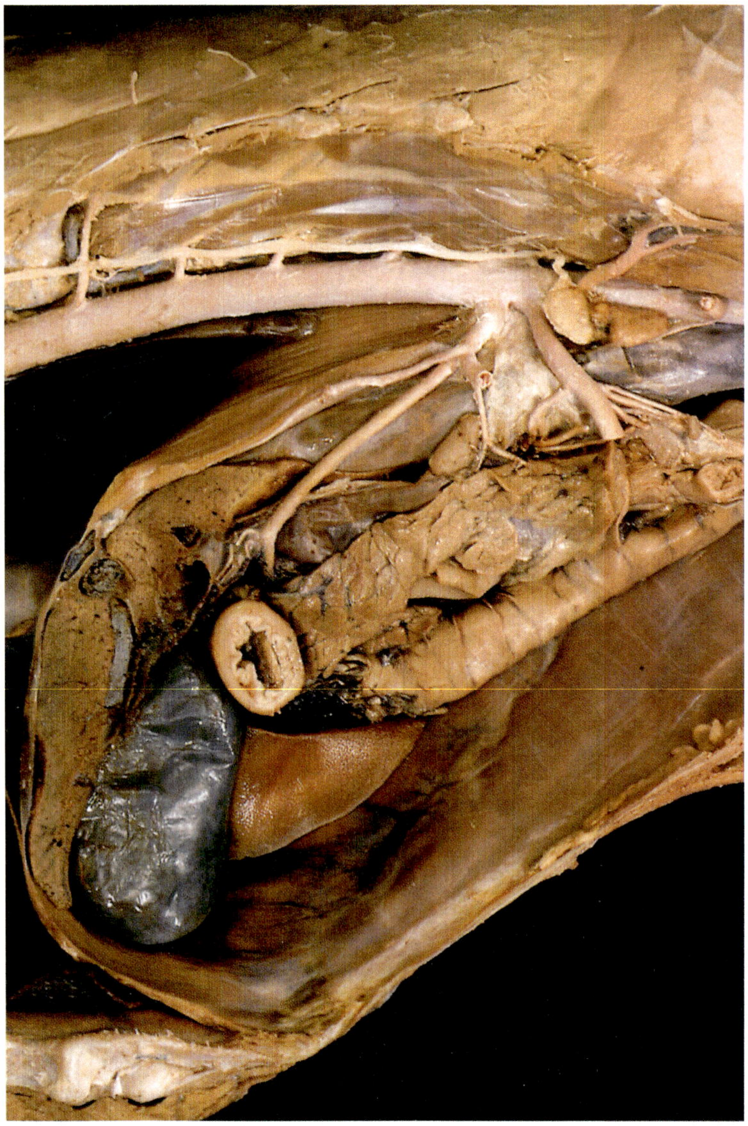

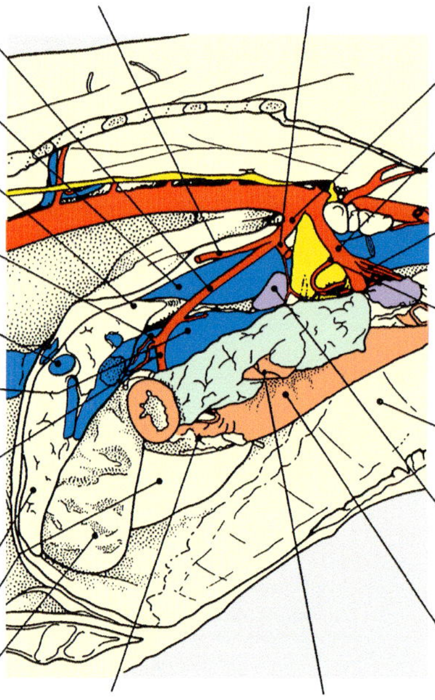

Abb. 6.39 A. hepatica, V. portae hepatis und Gallenblase: linke laterale Ansicht. Durch weiteres Ablösen von Gewebe wurde die A. coeliaca an ihrem Ursprung aus der Aorta freigelegt und ihre drei Äste sind deutlich dargestellt. Der Ösophagus und die Kardia des Magens wurden entfernt und weiteres Zwerchfell- und Lebergewebe abpräpariert. Im angeschnittenen Lebergewebe, nahe dem Zwerchfell mit seinem Foramen venae cavae, sind große Lebervenen zu erkennen. Vergleichen Sie diese Abbildung mit Abb. 6.63 von der rechten Seite.

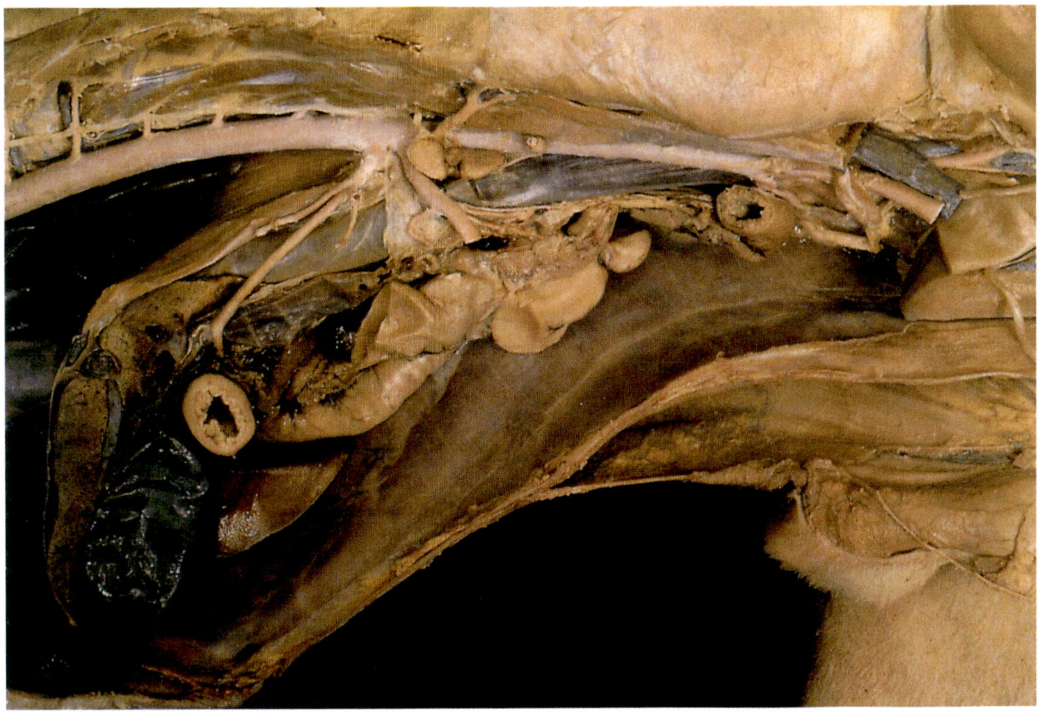

Abb. 6.40 Ileum, Caecum und Colon ascendens: mediale Ansicht der rechten Seite. Der linke Pankreaslappen wurde entfernt, um aus der medialen Perspektive Strukturen freizulegen, die auf der rechten Seite des Abdomens liegen. Unmittelbar rechts der A. mesenterica cranialis sind das Colon ascendens, das Caecum und der Endabschnitt des Ileums zusammen mit mehreren Lnn. colici freigelegt. Weiter rechts ist der rechte Pankreaslappen mit dem Duodenum descendens erkennbar (siehe auch Abb. 6.80, 6.81 aus der ventralen Ansicht und Abb. 6.98 im Schnittpräparat). Vergleichen Sie diese Abbildung mit Abb. 6.55 aus der rechten lateralen Perspektive.

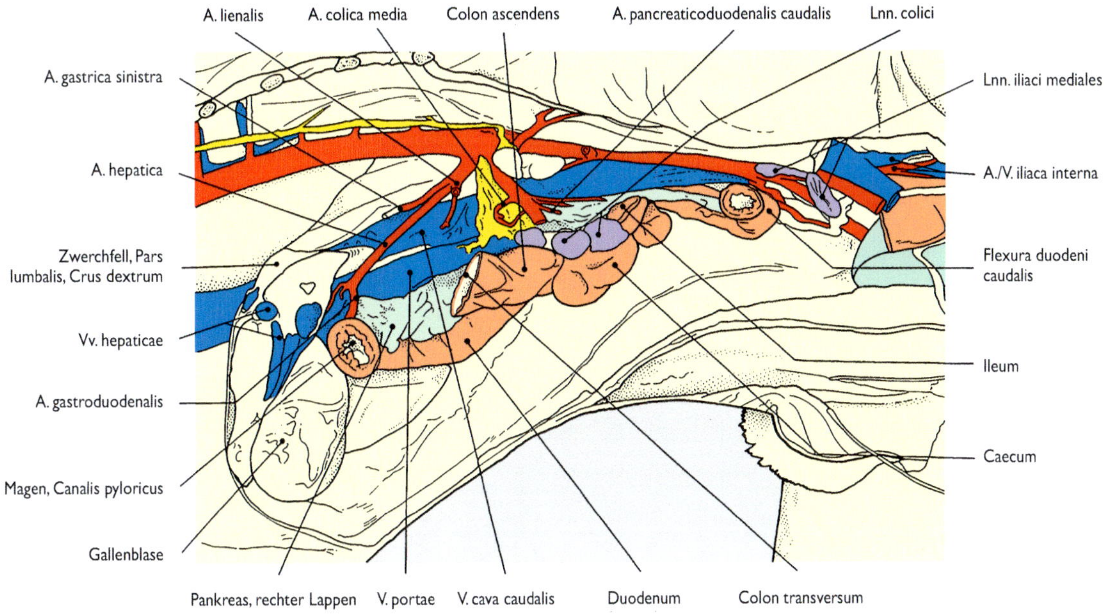

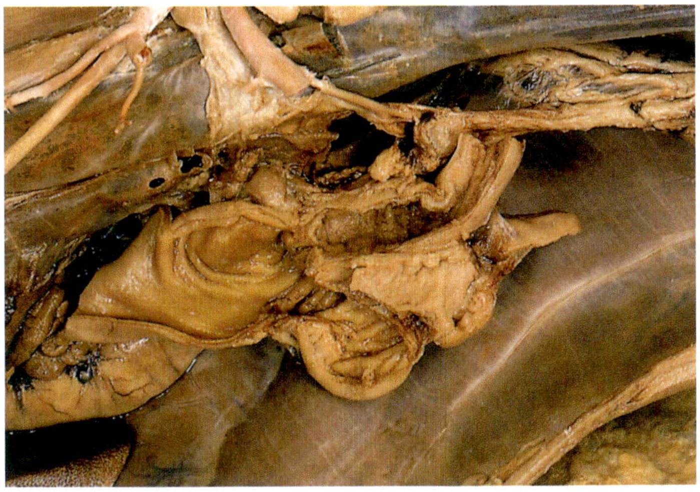

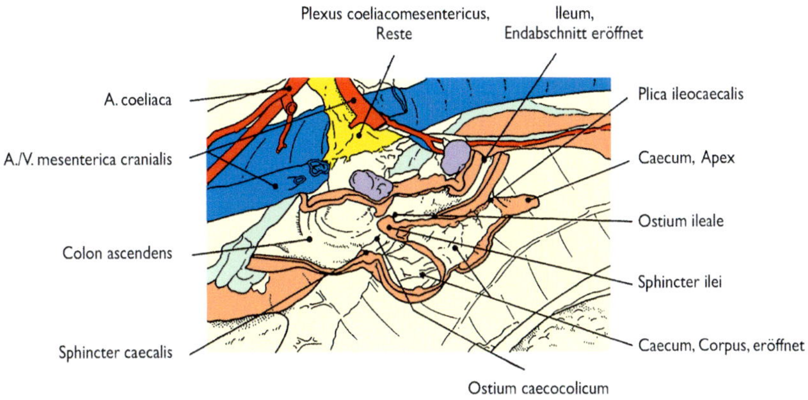

Abb. 6.41 Eröffnetes Caecum, um das Ostium caecocolicum und das Ostium ileale zu zeigen: mediale Ansicht der rechten Seite. Das Colon ascendens und der Endabschnitt des Ileums wurden eröffnet. Das Ostium ileale ist im Zentrum der Abbildung zu erkennen. Das Caecum wurde ebenfalls eröffnet und das Ostium caecocolicum liegt unmittelbar ventral vom Ostium ileale. Vergleichen Sie diese Abbildung mit Abb. 6.56 und 6.57 vom Caecum, das von der rechten Seite eröffnet ist.

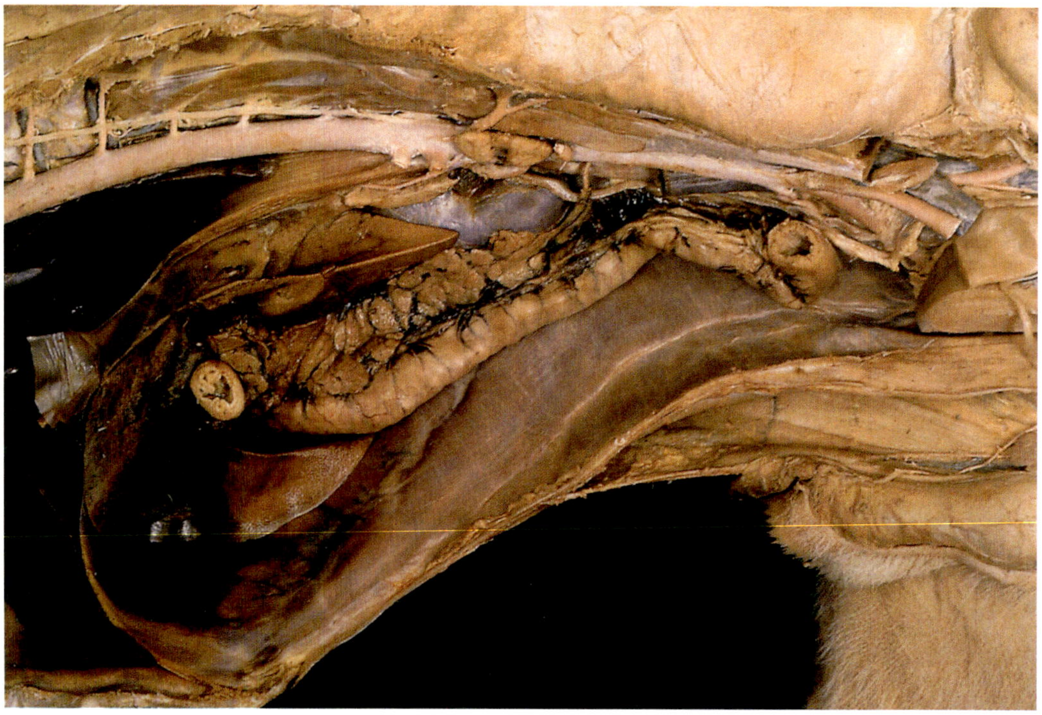

Abb. 6.42 Duodenum descendens, rechter Pankreaslappen und rechte Niere: mediale Ansicht. Reste von Colon, Caecum und Ileum sowie ihre dazugehörigen Lymphknoten wurden entfernt; die Aa. coeliaca und mesenterica cranialis wurden bis hin zur Aorta abpräpariert, und ein Großteil der V. portae wurde entfernt. Vergleichen Sie diese Abbildung mit Abb. 6.51 aus der rechten lateralen Perspektive. Praktisch die gesamte V. cava caudalis mit Ausnahme ihres Abschnitts, der sich unmittelbar am Foramen venae cavae befindet, wurde entfernt. Hier ist ein Teil der rechten Wand der Hohlvene am Präparat verblieben und der Eintritt einer Lebervene aus dem rechten Leberlappen ist zu sehen.

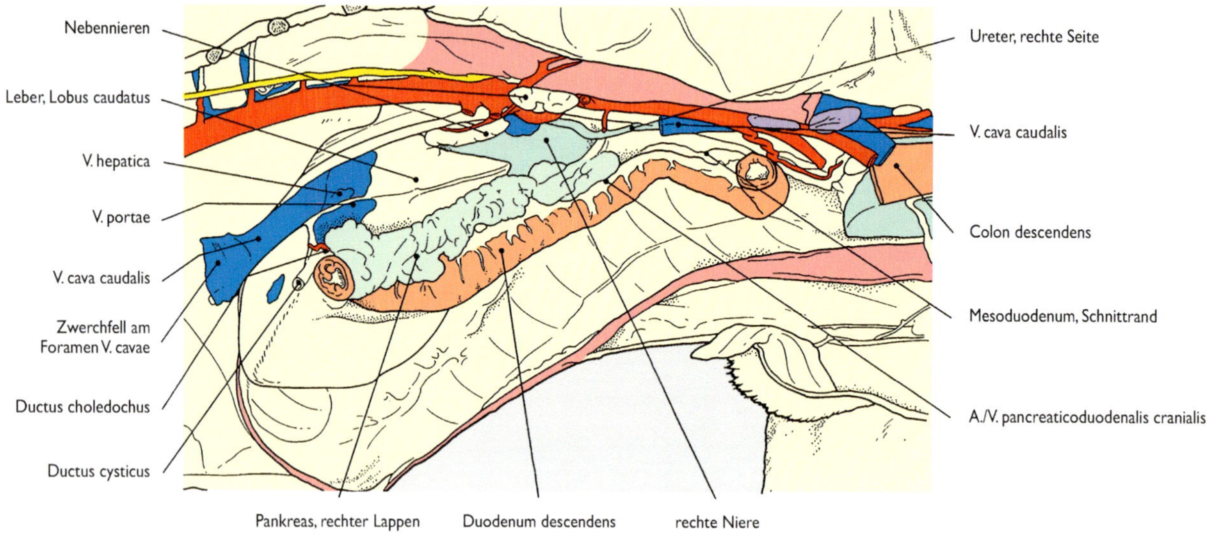

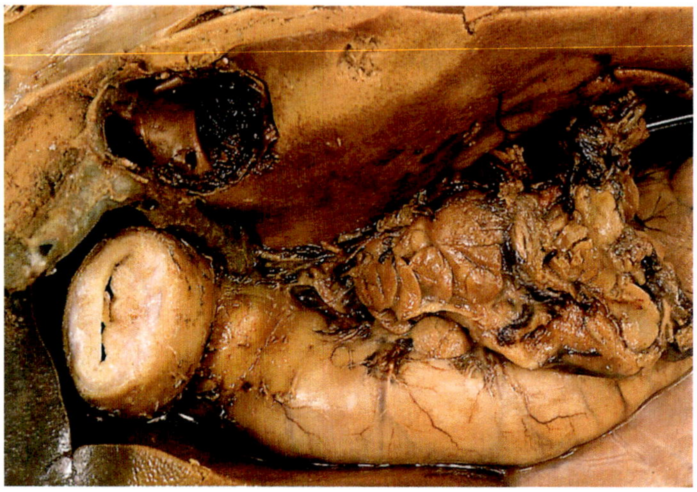

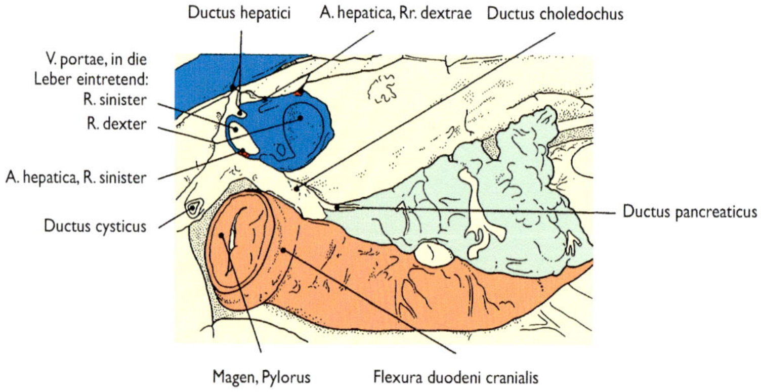

Abb. 6.43 Ductus choledochus und Leberpforte: mediale Ansicht. Dies ist eine vergrößerte Ansicht des Ductus choledochus und der Leberpforte. Der Ductus cysticus und der Ductus hepaticus sind ebenfalls freipräpariert und ein Ausführungsgang des Pankreas verbindet sich mit dem Ductus choledochus. Die zwei Haupttäste der V. portae sind dargestellt, wie sie in die Leber eintreten, und auch drei Äste der Aa. hepaticae propriae sind im Anschnitt in der Peripherie der Pforte sichtbar (siehe auch Abb. 6.95 im Präparat).

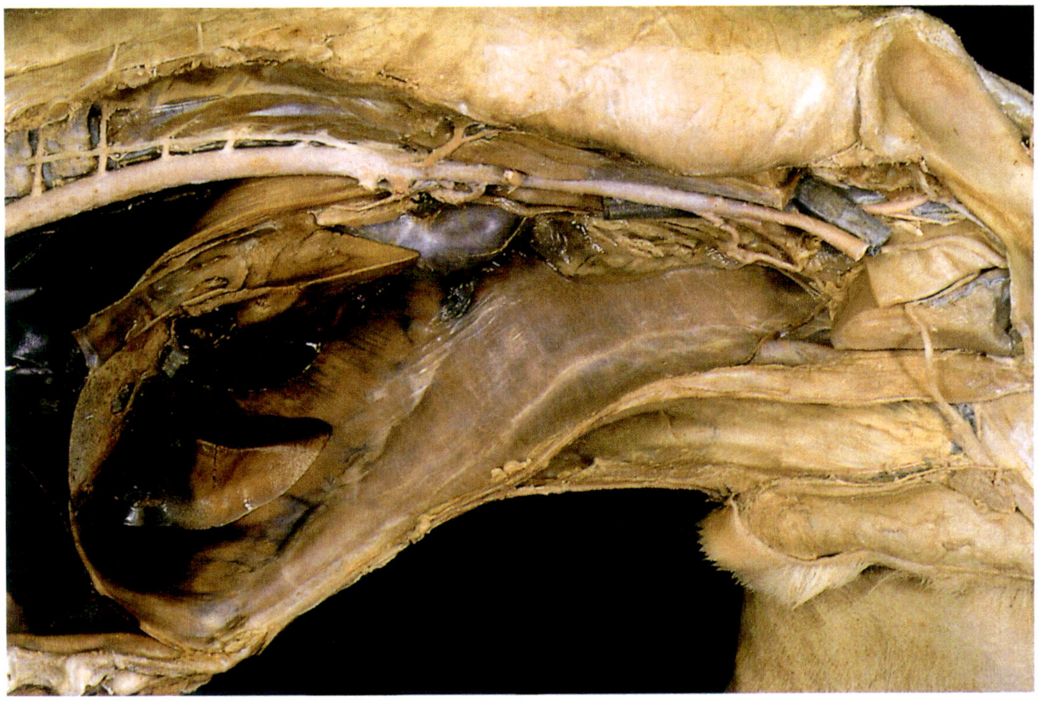

Abb. 6.44 Rechte Niere und Lobus caudatus der Leber: mediale Ansicht. Durch Entfernung des Duodenum descendens und des Lobus pancreaticus dexter wurden die rechte Niere und der Lobus caudatus der Leber freigelegt, der den kranialen Pol der Niere bedeckt. Vergleichen Sie diese Abbildung mit Abb. 6.50 aus der rechten lateralen Perspektive (siehe auch Abb. 6.84, 6.88 und 6.97). Die Zwerchfellmuskulatur wird von der inneren Rumpffaszie bedeckt, die das glänzende Peritoneum stützt, das sich innen auf die Bauchwand fortsetzt.

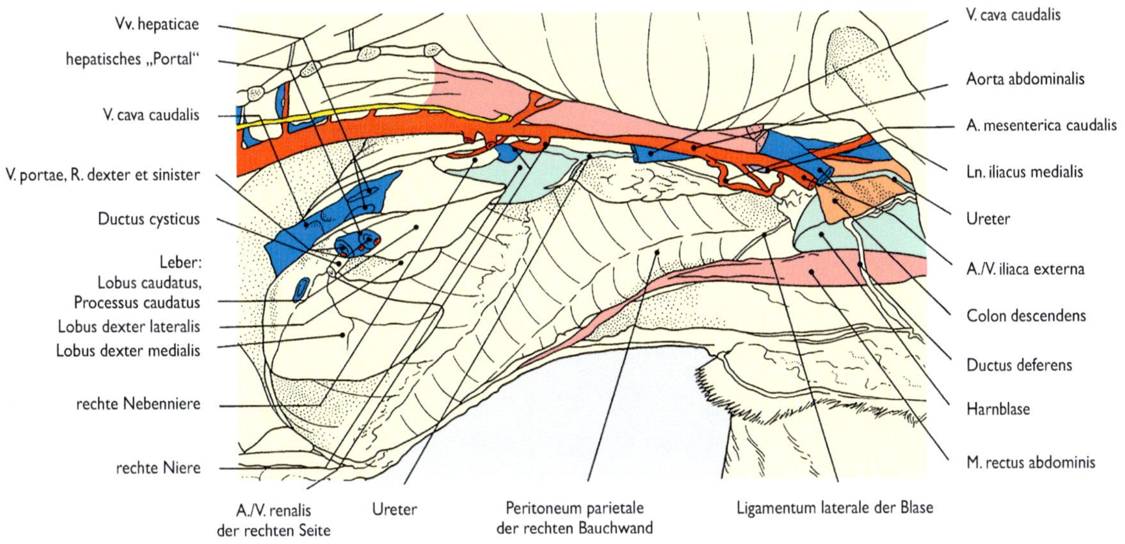

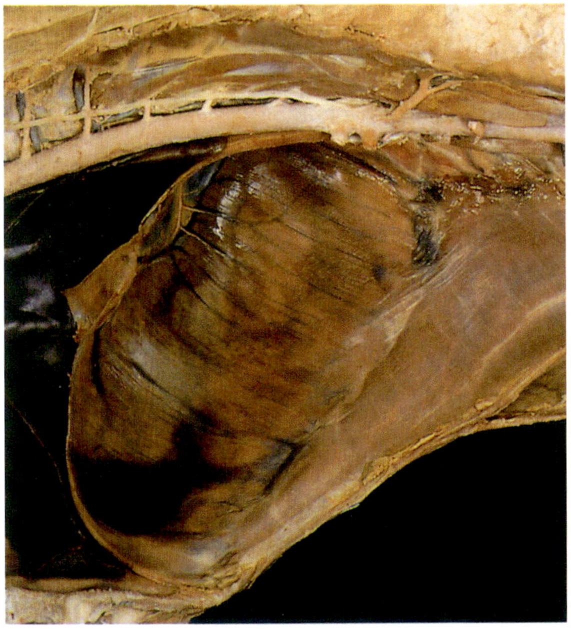

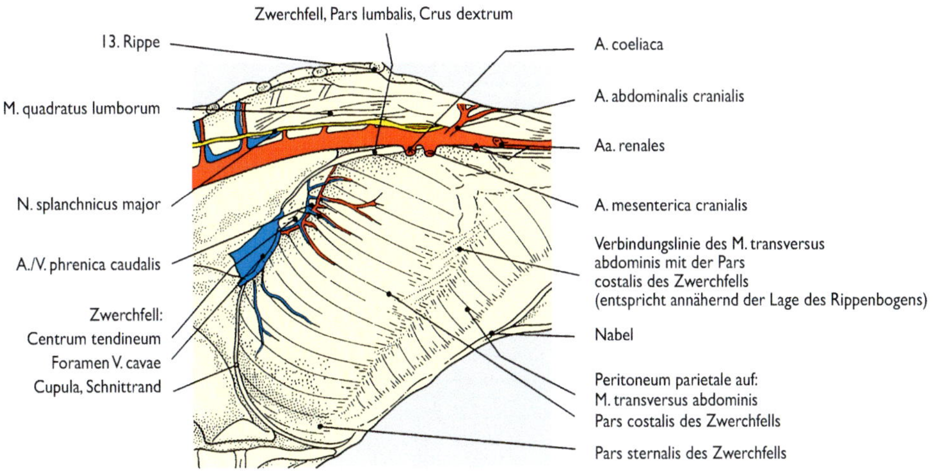

Abb. 6.45 Bauchwand und Zwerchfell der rechten Körperhälfte: mediale Ansicht. Nach Entfernung der kranialen Baucheingeweide wurde das Peritoneum parietale, das die Bauchhöhle auskleidet, freigelegt. Die „Linie“, an der die kostalen und sternalen Anteile der Zwerchfellmuskulatur mit dem M. transversus abdominis ineinandergreifen, ist deutlich zu sehen und markiert die ungefähre Lage des Rippenbogens (siehe auch Abb. 6.21, 6.22 aus lateraler Ansicht).

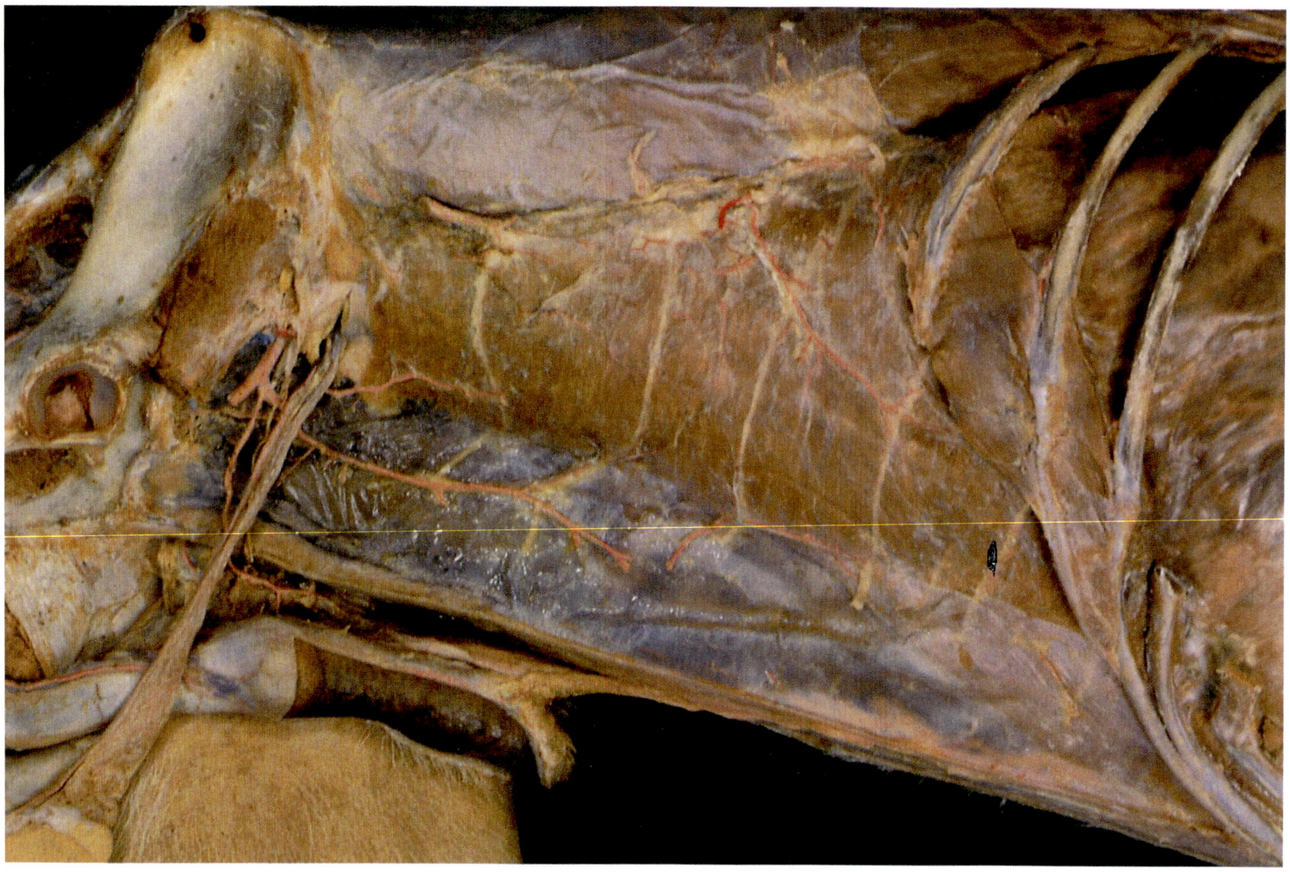

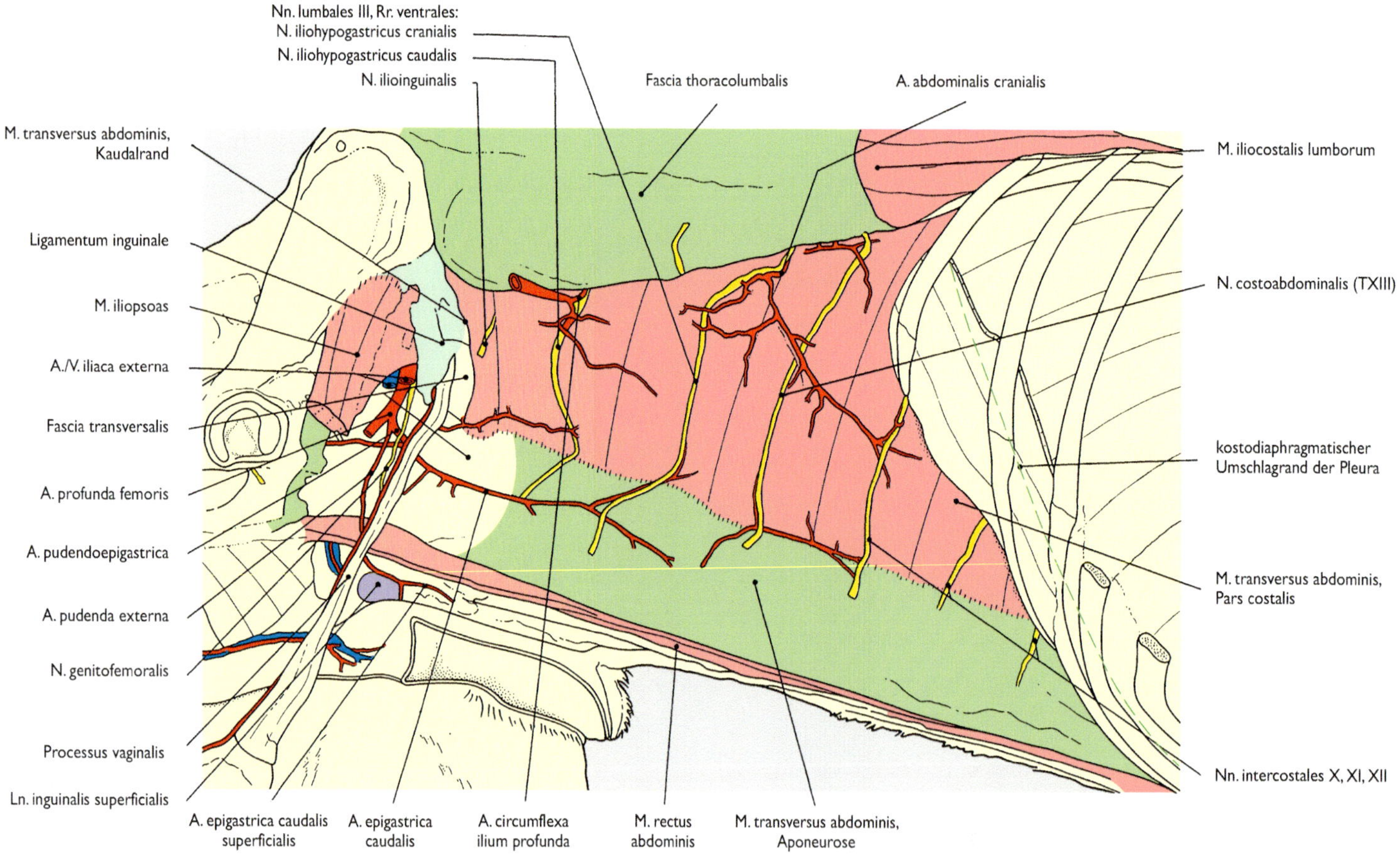

Abb. 6.46 M. transversus abdominis, Nerven und Arterien der Bauchwand: rechte laterale Ansicht. Diese Ansicht der rechten Bauchwand ist bzgl. der meisten Aspekte mit der bereits in Abb. 6.20 gezeigten Ansicht der linken Seite vergleichbar. Die rechte Hintergliedmaße wurde in ähnlicher Weise wie die linke abgesetzt, und die Mm. obliqui und rectus abdominis wurden entfernt, um den M. transversus abdominis mit den auf seiner Oberfläche verlaufenden Nerven der Bauchwand zu zeigen. Im Unterschied zu Abb. 6.21 zeigt dieses Präparat deutlich den Truncus pudendoepigastricus, aus dem die Aa. epigastrica caudalis und pudenda externa entspringen.

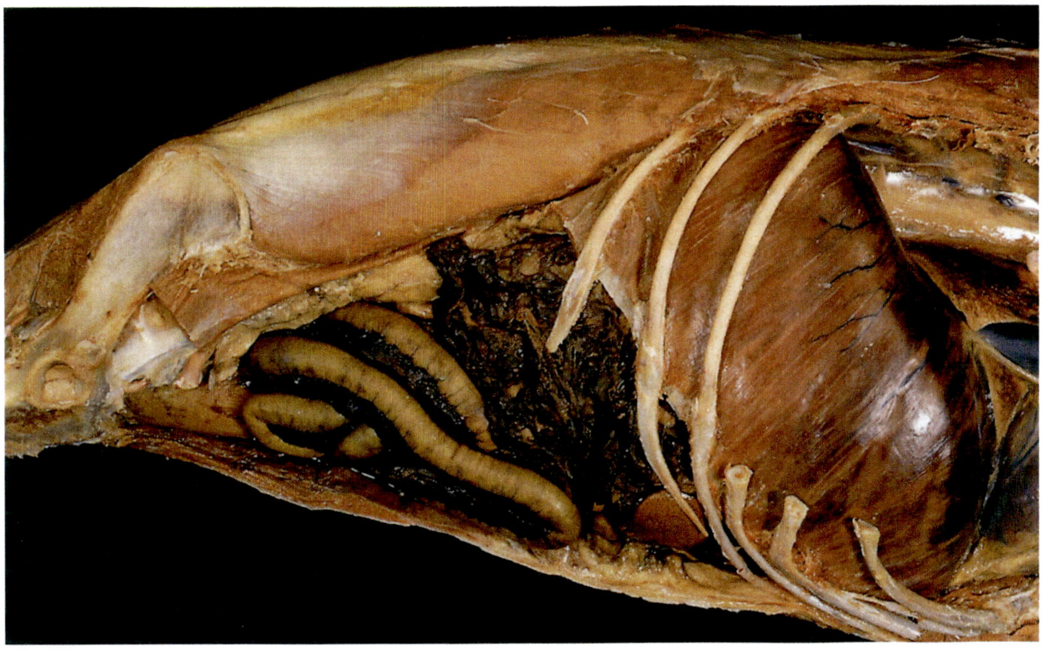

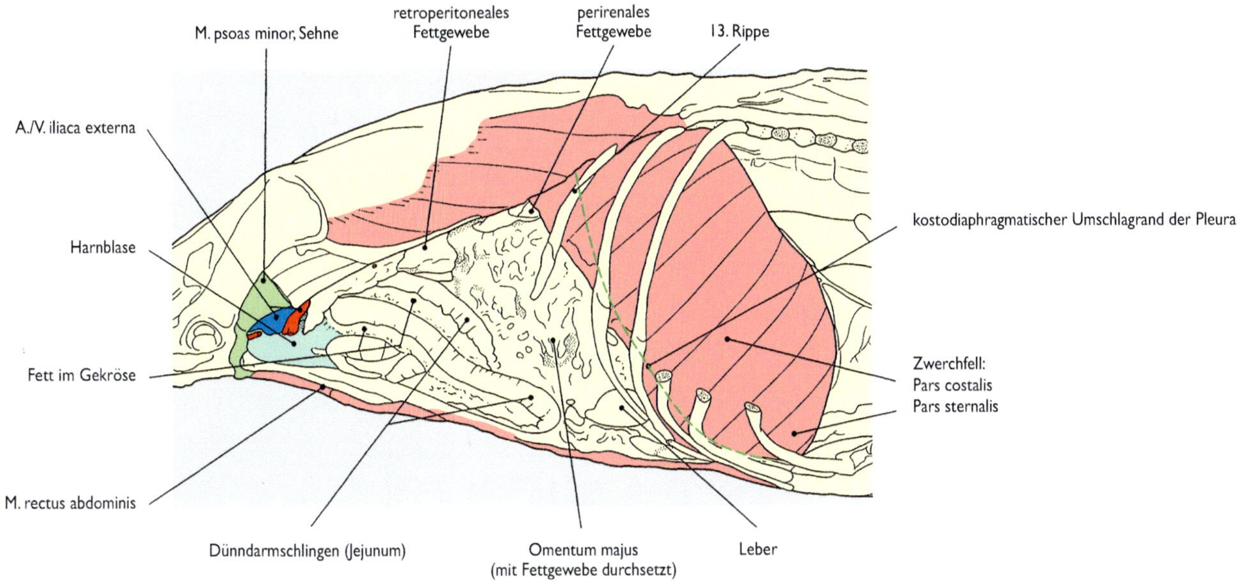

Abb. 6.47 Baucheingeweide *in situ* nach Entfernung der Bauchwand: rechte laterale Ansicht (1). Die Bauchwand wurde entfernt, um die Organe der Bauchhöhle zu zeigen. Diese Ansicht sollte mit Abb. 6.23, welche die linke Seitenansicht zeigt, verglichen werden. Auf der rechten Seite sind größere Abschnitte vom Omentum majus (in schwarz) als auf der linken Seite zu erkennen. Es erstreckt sich nach kaudal zwischen Bauchwand und Darm. In den meisten Fällen würde es den Darm bis zur Harnblase komplett bedecken (siehe auch die Ansicht von ventral; Abb. 6.73).

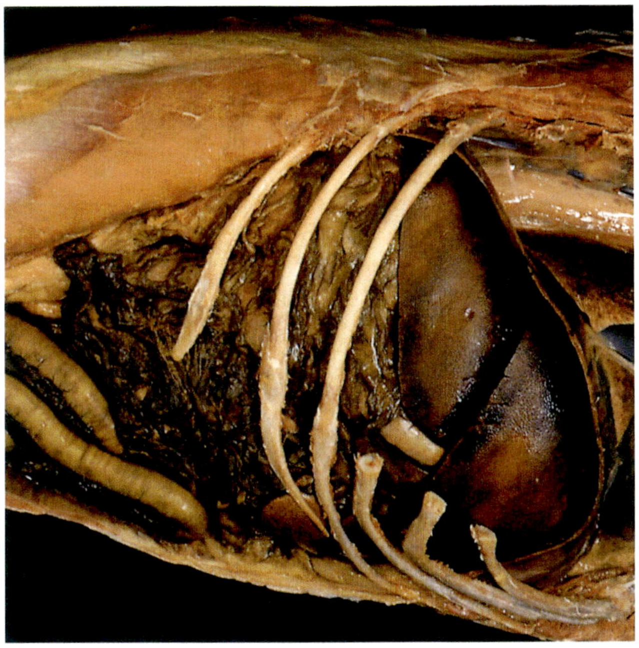

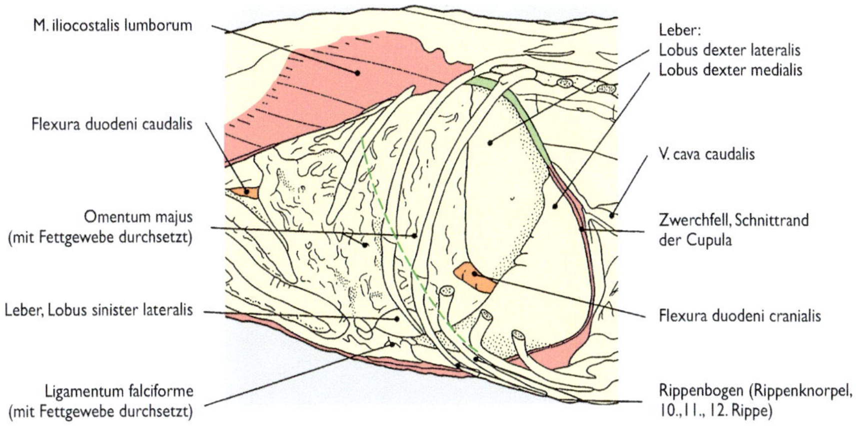

Abb. 6.48 Eingeweide des kranialen Abdomens nach Entfernung des Zwerchfells: rechte laterale Ansicht. Die rechte Zwerchfellhälfte wurde entfernt, wobei die kaudalen drei Rippen und der Rippenbogen erhalten wurden. Die Ansatzlinie des Zwerchfells entlang der Rippen wird durch die gestrichelte Linie angezeigt.

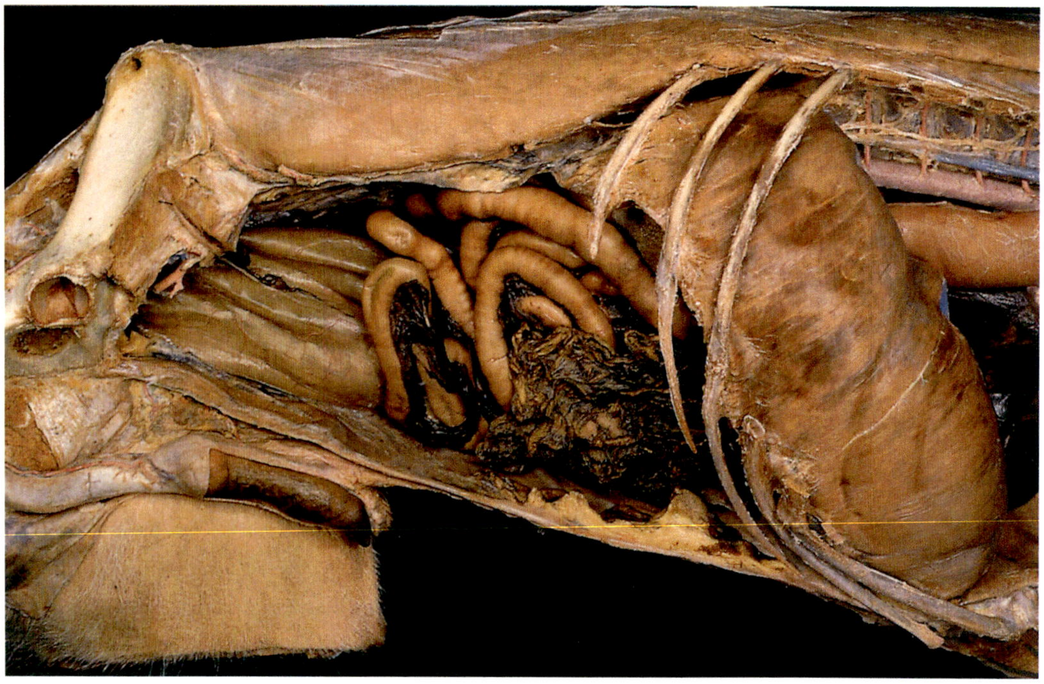

Abb. 6.49 Baucheingeweide *in situ* nach Entfernung des Zwerchfells: rechte laterale Ansicht (2). Dieses zusätzliche Präparat wurde hinzugezogen, um zu verdeutlichen, wie weit sich die Harnblase ausdehnen kann. Vergleichen Sie es mit Abb. 6.47, in der eine relativ kleine Harnblase gezeigt wird. Im vorliegenden Präparat nimmt die dilatierte Blase praktisch das gesamte kaudale Drittel der Bauchhöhle ein.

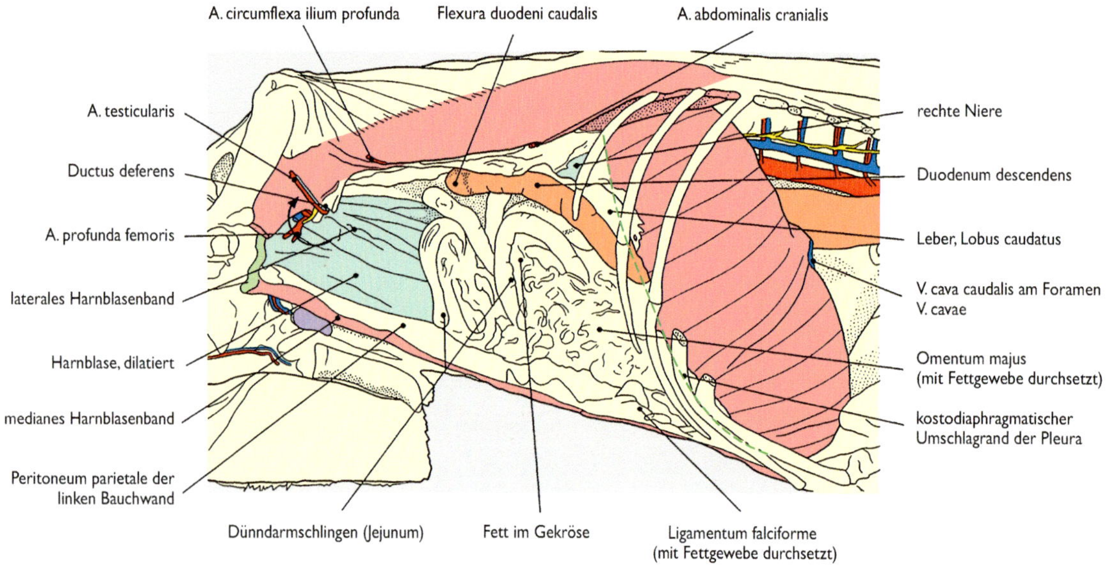

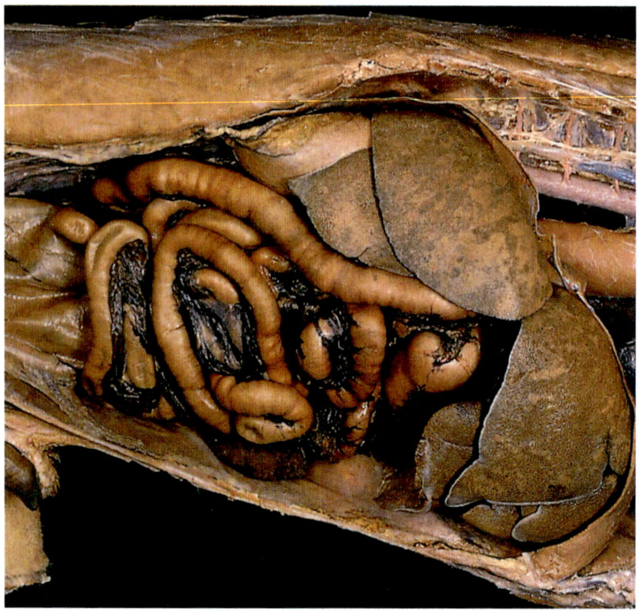

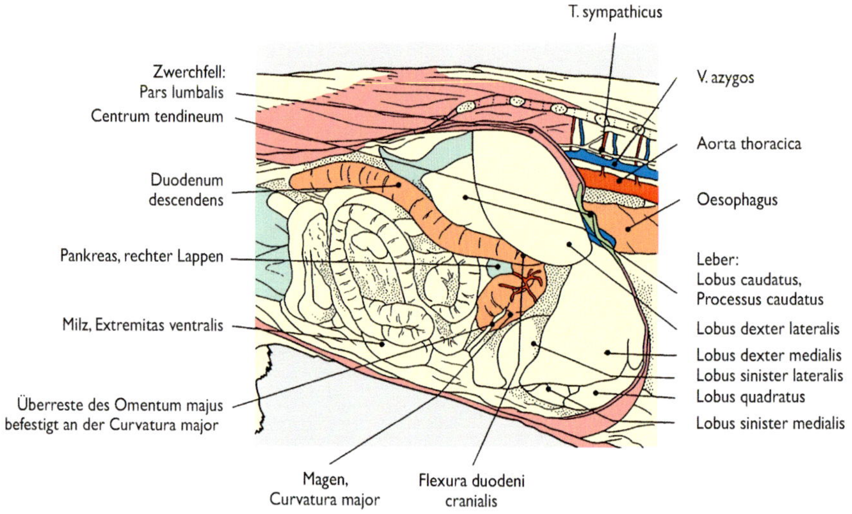

Abb. 6.50 Eingeweide des kranialen Abdomens nach Entfernung von Zwerchfell und Rippen: rechte laterale Ansicht. Die rechte Zwerchfellhälfte, die kaudalen Rippen und der Rippenbogen wurden entfernt und das Omentum majus wurde abgesetzt.

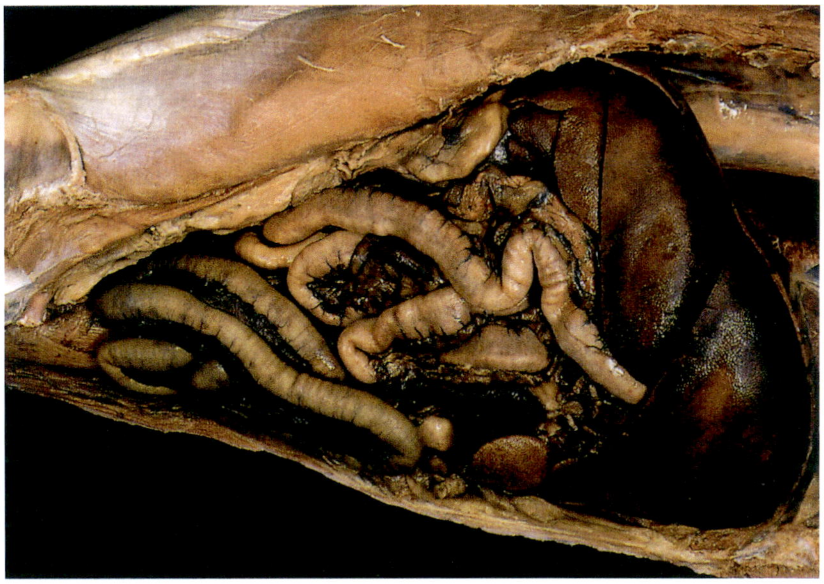

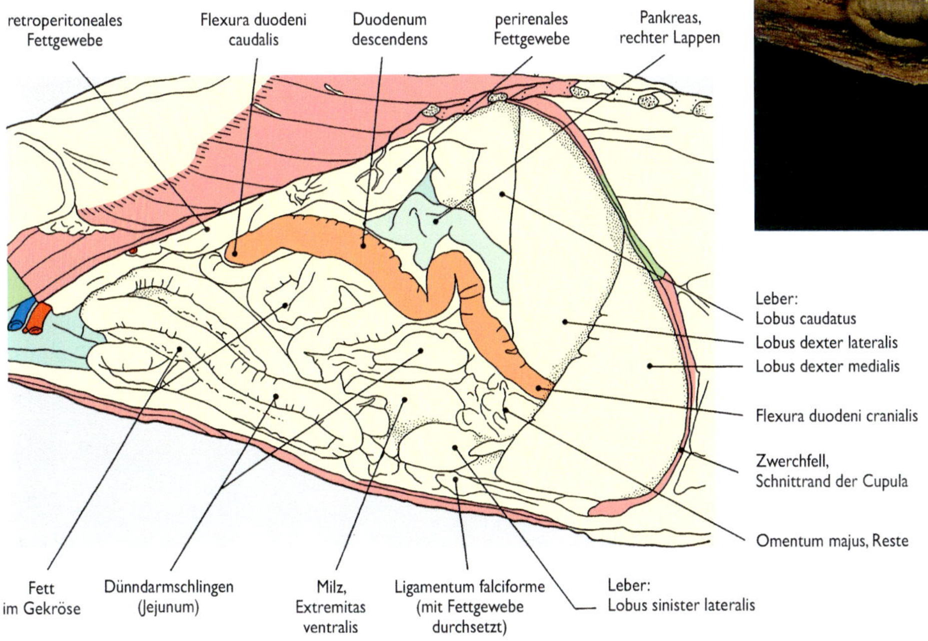

Abb. 6.51 Baucheingeweide nach Entfernung des Omentum majus: rechte laterale Ansicht. Das Omentum majus wurde entfernt. Diese Ansicht des Abdomens ist vergleichbar mit der Darstellung in Abb. 6.50. Zusätzliche Fettgewebedepots sind im Gekröse und als durchgehender Strang in retroperitonealer Lage am Dach der Bauchhöhle sichtbar.

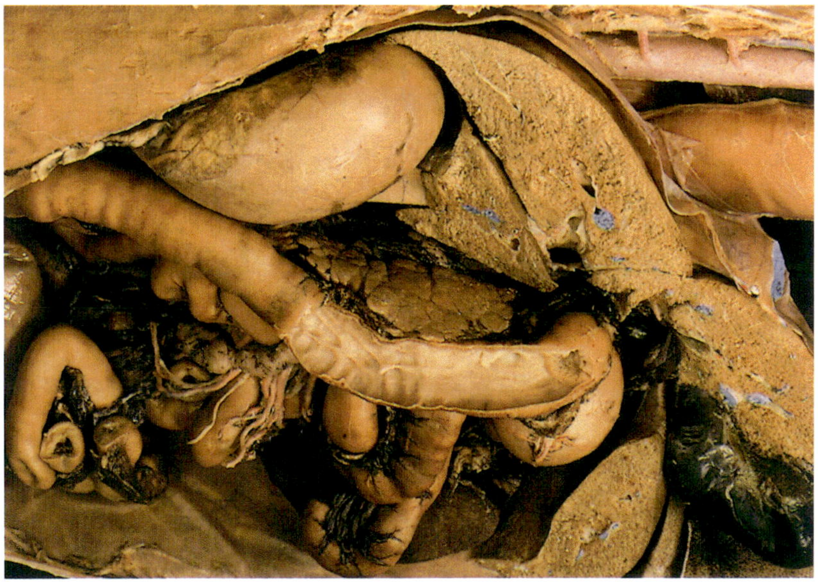

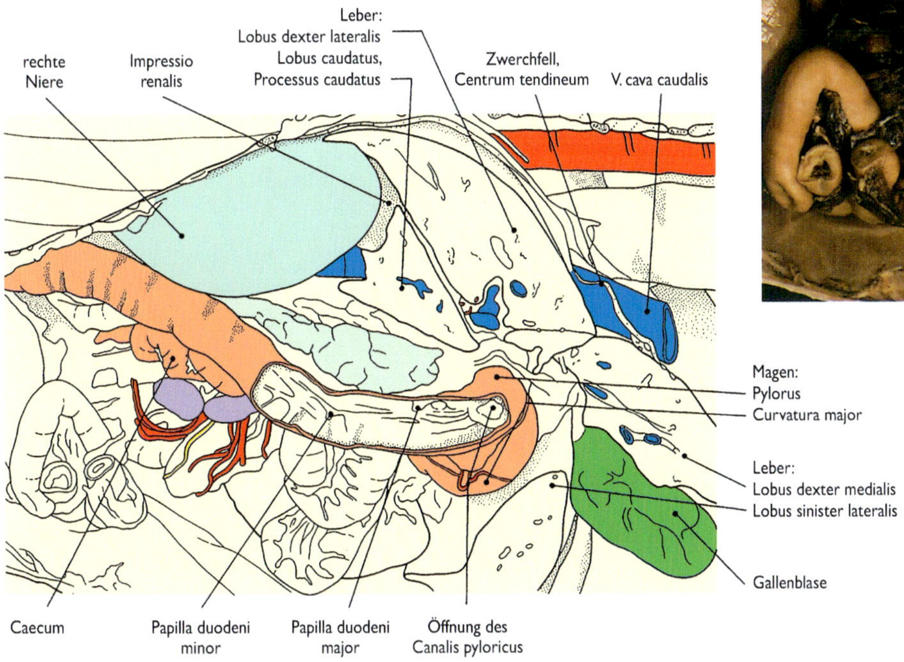

Abb. 6.52 Ductus choledochus und Papillae duodenales des Duodenum descendens: rechte laterale Ansicht. Die Leber wurde reseziert, um den Anfangsteil des Duodenum descendens freizulegen. Ein Abschnitt der rechten lateralen Wand des Duodenums wurde entfernt und seine Schleimhautauskleidung abpräpariert. Die Öffnung des Canalis pyloricus ist sichtbar und die Papillae duodeni major und minor liegen frei. Durch Entfernung des rechten lateralen und Teilen des rechten medialen Leberlappens wurden die Gallenblase und ihr Ductus cysticus freigelegt.

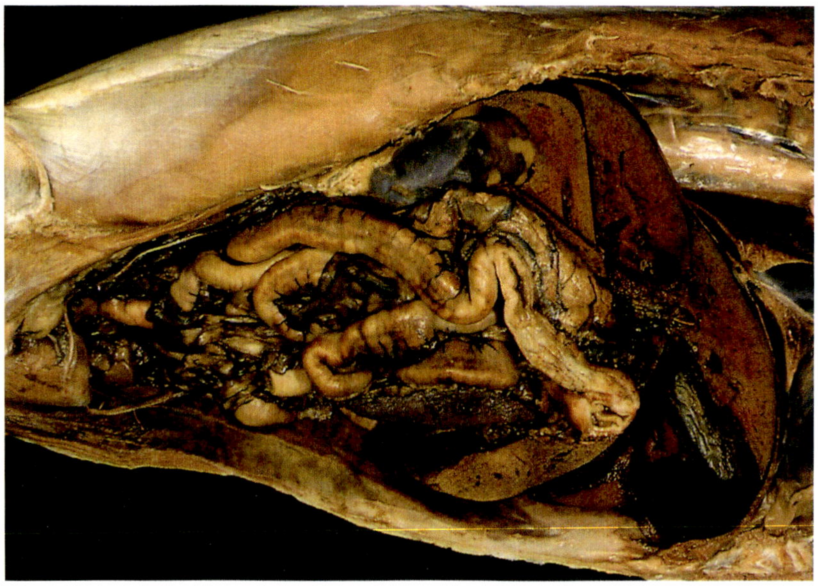

Abb. 6.53 Duodenum descendens, rechter Pankreaslappen und rechte Niere: rechte laterale Ansicht. Durch Entfernung großer Teile des rechten lateralen und medialen Leberlappens wurden die Gallenblase, der Ductus cysticus und der Ductus choledochus freigelegt. Ein weiterer Teil des Processus caudatus des Lobus caudatus der Leber wurde entfernt. Dadurch wurde der kraniale Pol der rechten Niere freigelegt, die in der Fossa renalis liegt (siehe auch Abb. 6.88, 6.96).

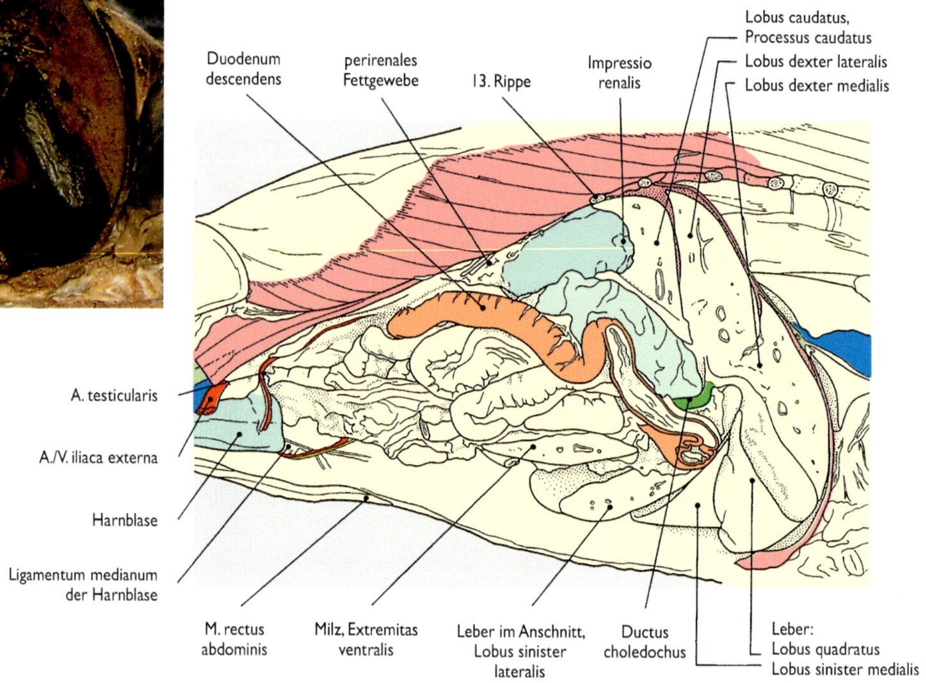

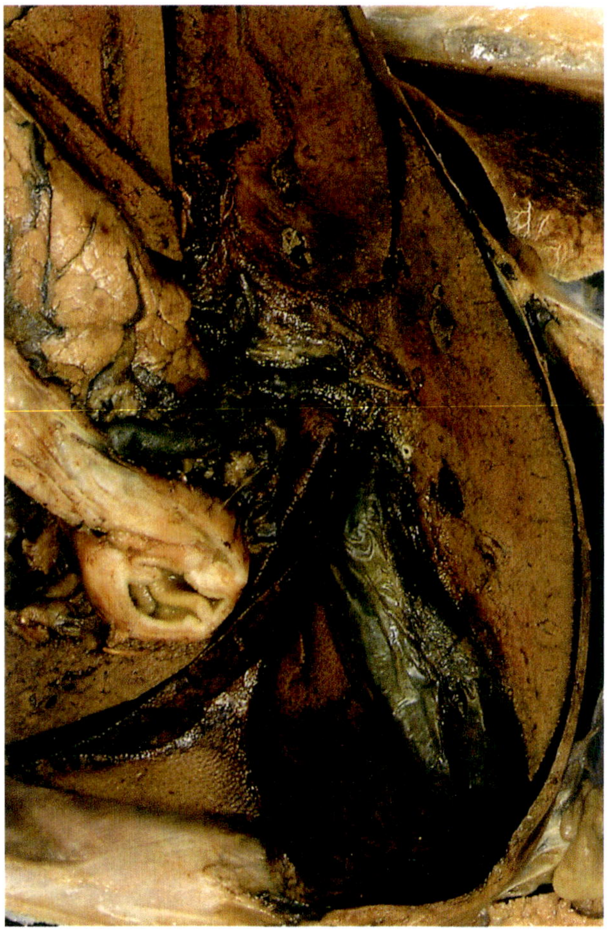

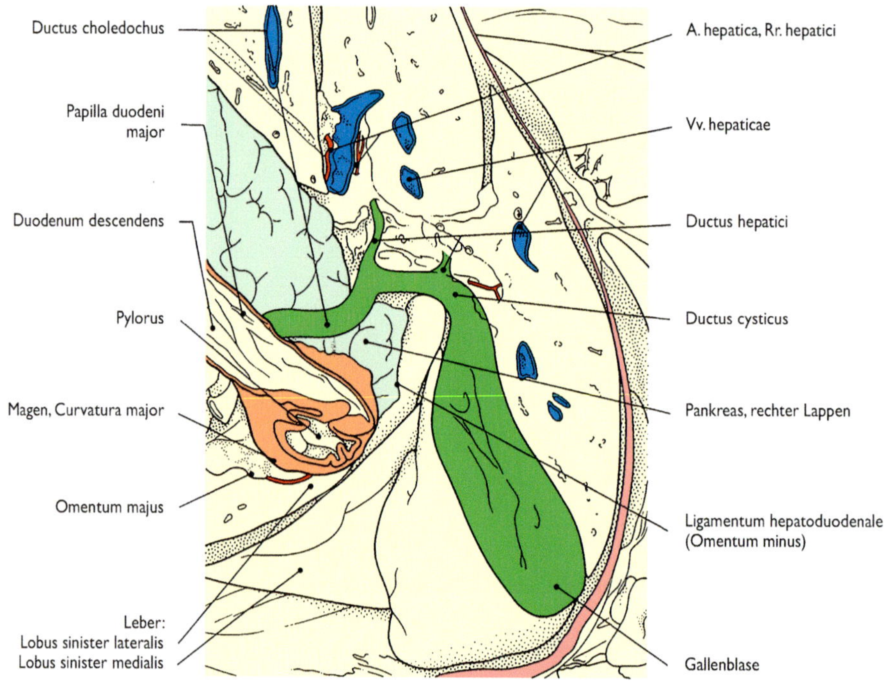

Abb. 6.54 Gallenblase, Ductus cysticus, Ductus hepaticus und Ductus choledochus: rechte laterale Ansicht. Dies ist ein vergrößerter Ausschnitt der Präparation von Abb. 6.53. Er ist vergleichbar mit der Präparation in Abb. 6.52. Auf der Schnittfläche der Leber sind große Lebervenen sowie zwei Äste der A. hepatica dorsal im rechten lateralen Lappen zu sehen.

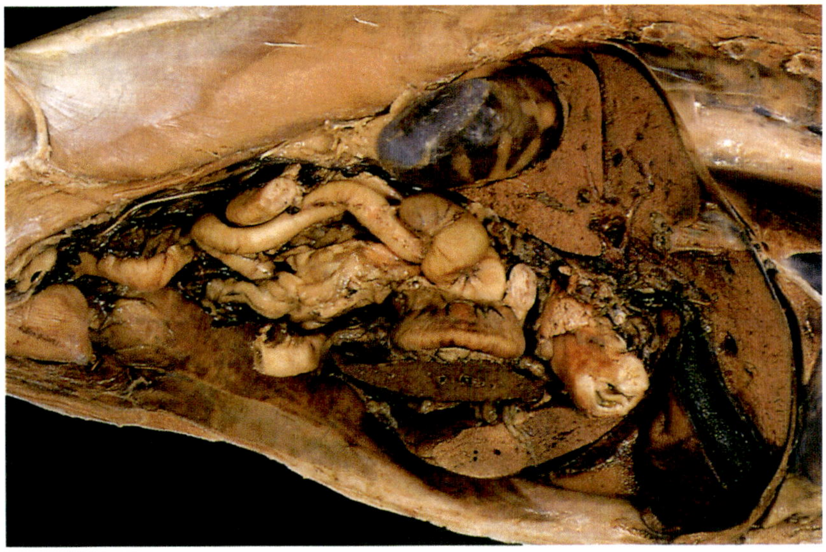

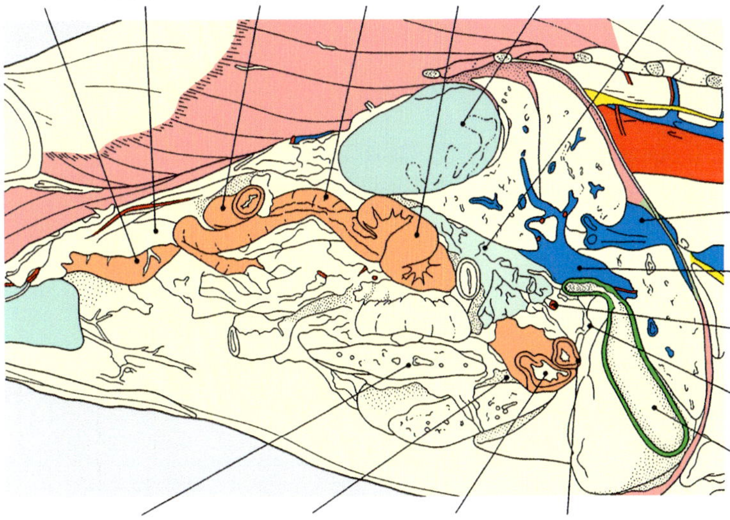

Abb. 6.55 Ileum, Caecum und Colon ascendens: rechte laterale Ansicht. Das Duodenum descendens und der rechte Pankreaslappen wurden entfernt, wodurch das Caecum und das Ileum freigelegt wurden, die ventral des Schnittrandes des Mesoduodenums nach kaudal ziehen. Weiter kaudal wurden einige Jejunumschlingen entfernt. Das Colon descendens und das Mesocolon liegen kraniodorsal der Harnbase. Die Milz wurde im Bereich der Extremitas ventralis durchschnitten. Das Ligamentum gastrolienale ist zu erkennen.

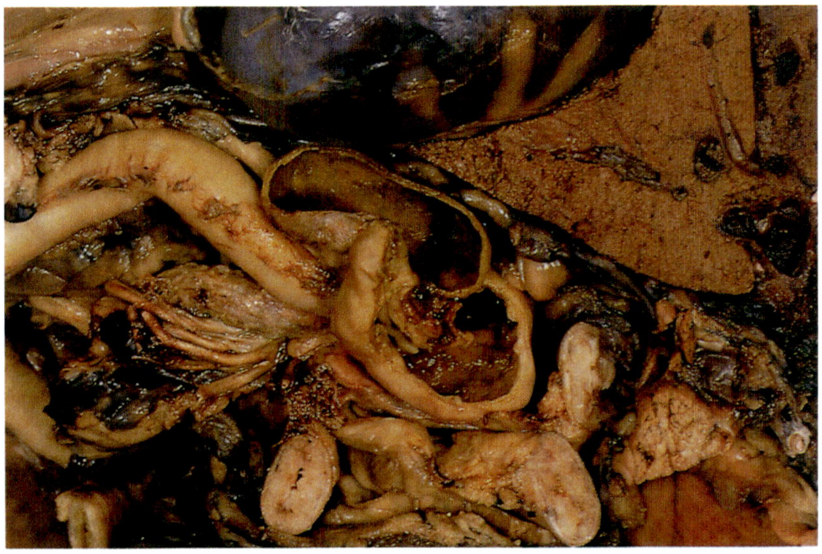

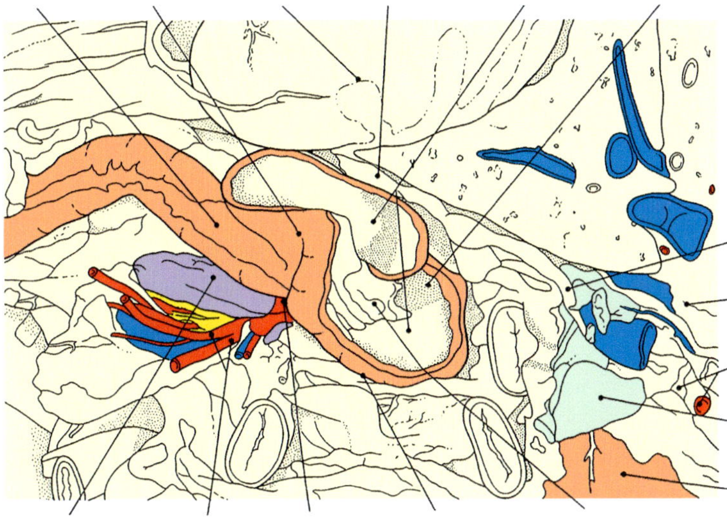

Abb. 6.56 Caecum eröffnet, um die Ostia caecocolicum und ileale darzustellen: rechte laterale Ansicht (1). Die rechte laterale Wand des Caecums wurde entfernt, um die Ostia ileale und caecocolicum zu zeigen (siehe auch Abb. 6.41 des Ileums, Caecums und Colons, eröffnet von der linken Seite).

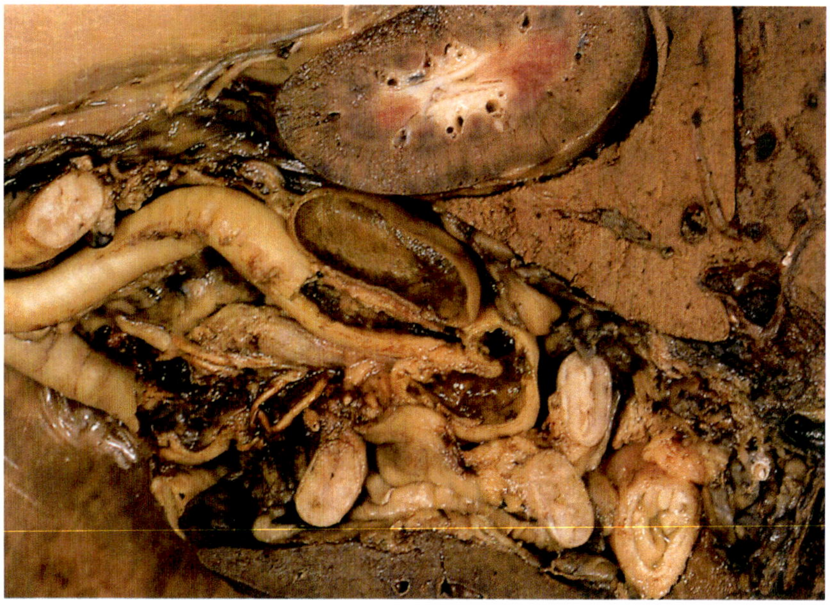

Abb. 6.57 Caecum eröffnet, um die Ostia caecocolicum und ileale darzustellen: rechte laterale Ansicht (2). Weitere Teile der Wand des Caecums wurden entfernt, so dass der Endabschnitt des Ileums freigelegt und eröffnet ist, um so das Ostium ileale besser darzustellen.

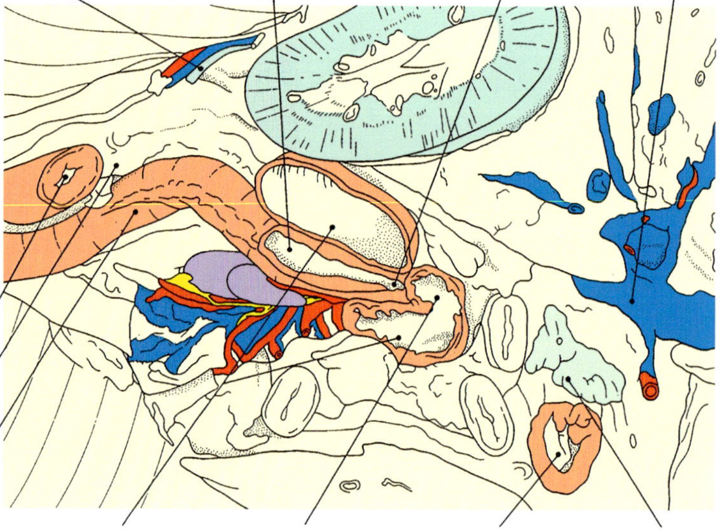

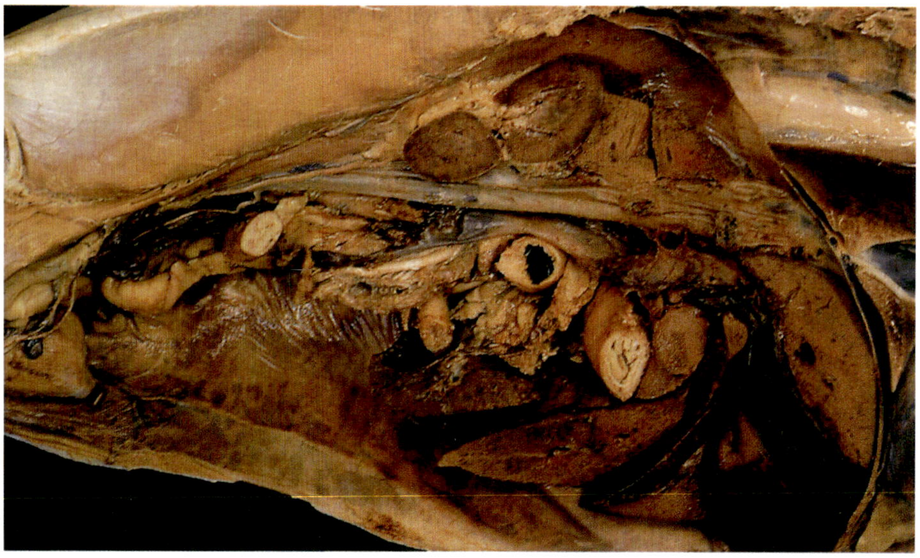

Abb. 6.58 Vena cava caudalis und V. portae hepatis: rechte laterale Ansicht. Die verbliebenen Jejunumschlingen sowie das Ileum und Caecum, die rechts von der Gekrösewurzel lokalisiert sind, wurden entfernt. Aufgrund der Entfernung von reichlich Lebergewebe wurde die V. cava caudalis bis unmittelbar zum Zwerchfell freigelegt. Der Pylorus wurde durchtrennt und die Flexura duodeni cranialis gemeinsam mit dem Omentum minus entfernt, wodurch der Processus papillaris des Lobus caudatus der Leber im Bereich der Curvatura minor freigelegt wurde (siehe auch Leber in kaudaler Ansicht, Abb. 6.92, und im Schnitt in Abb. 6.95).

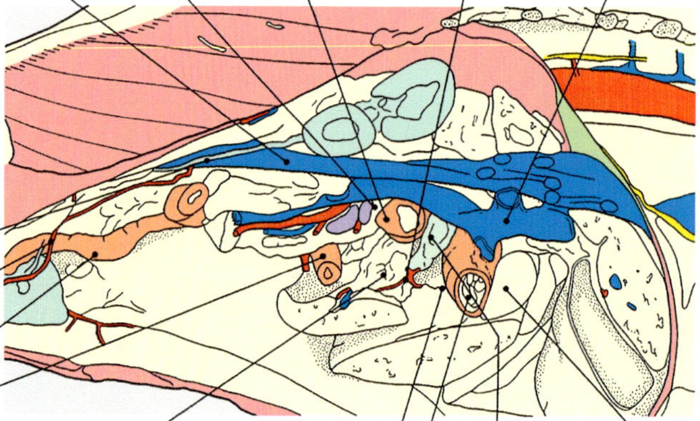

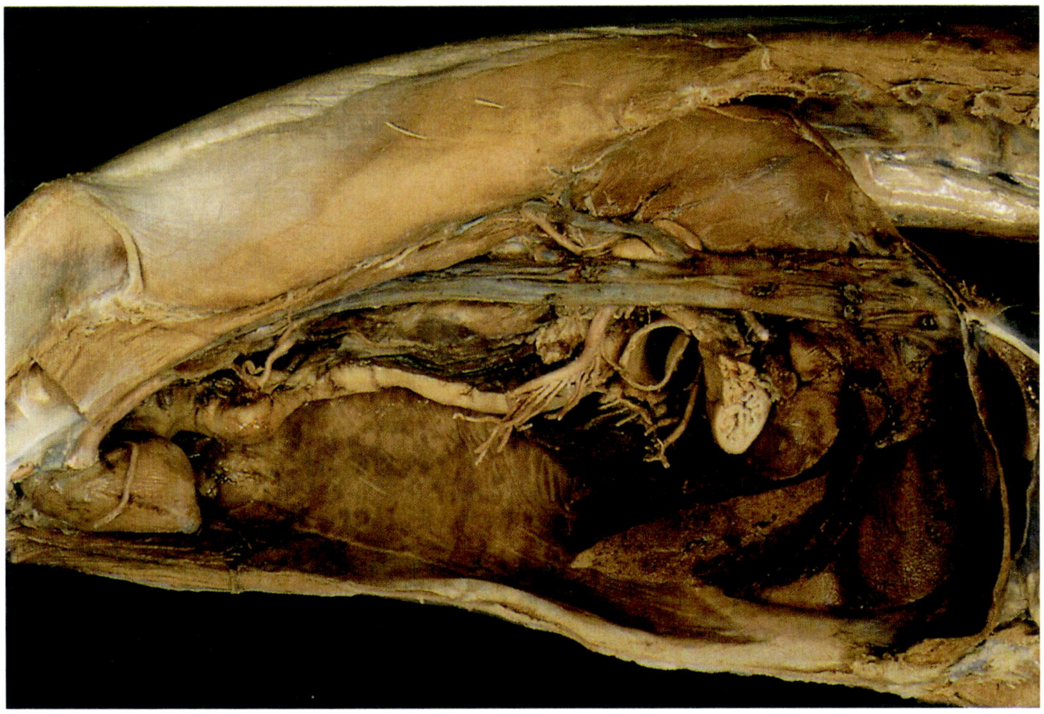

Abb. 6.59 Vena cava caudalis, Aa. mesenterica cranialis und caudalis sowie Colon descendens: rechte laterale Ansicht. Das Duodenum ascendens wurde entfernt. Das Colon descendens und das Mesocolon wurden auf der linken Seite freigelegt. Durch Entfernung von Gewebe und Lymphknoten im Bereich der Gekrösewurzel wurde die A. mesenterica cranialis kaudal des Colon transversum freipräpariert. Die V. portae hepatis und Lebergewebe oberhalb der V. cava caudalis wurden entfernt. Nach weiterem Entfernen von Milzgewebe liegen die Äste der A. lienalis frei: Einige treten an der Extremitas dorsalis in den Hilus ein; unmittelbar kaudal des Magens zieht ein größerer Ast entlang der Extremitas ventralis zum Hilus. Reste der rechten Niere und des rechten Ureters wurden entfernt. Dadurch wurden die Nebenniere und die kranialen Gefäße der Bauchhöhle sowie einige autonome Nn. splanchnici, die über den Arcus lumbocostalis verlaufen, freigelegt.

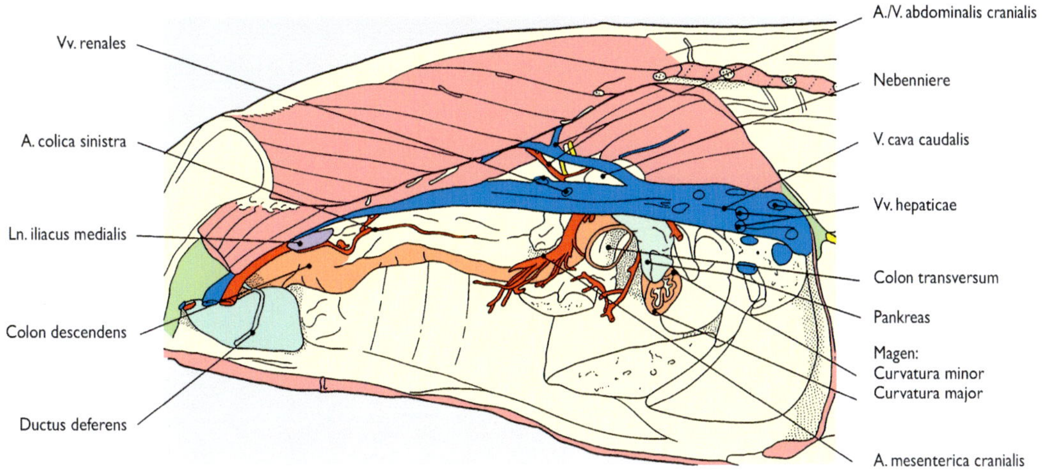

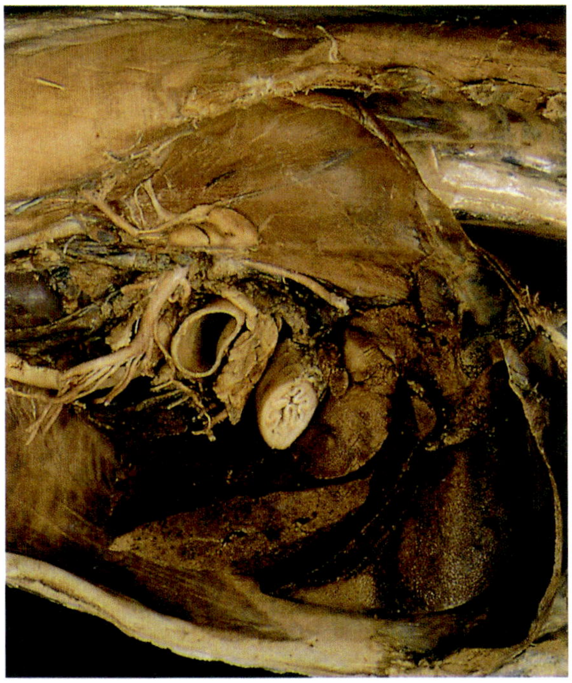

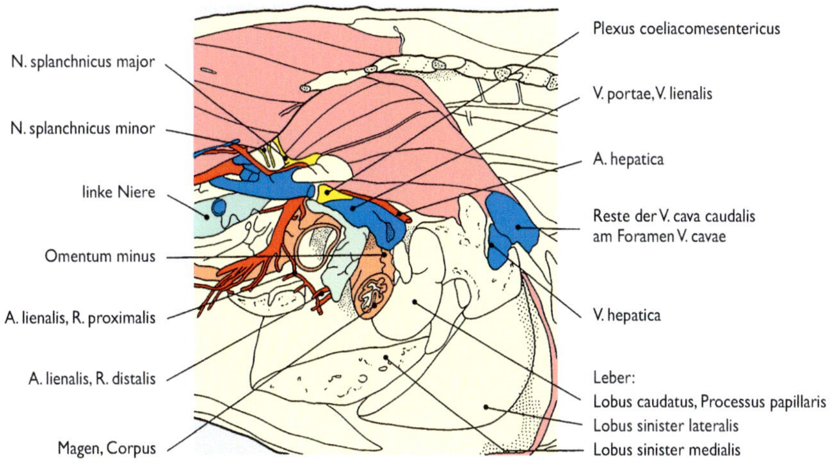

Abb. 6.60 Nn. splanchnici und Nebenniere der rechten Seite: rechte laterale Ansicht. Durch die Entfernung der V. cava caudalis und der V. abdominalis cranialis ist nur noch wenig von der A. mesenterica cranialis zu sehen, auch weil die große V. renalis sinistra in ihrer Position belassen wurde. Die A. hepatica wurde weiter freipräpariert und die Reste der V. cava caudalis markieren die Lage des Foramen venae cavae im Zwerchfell.

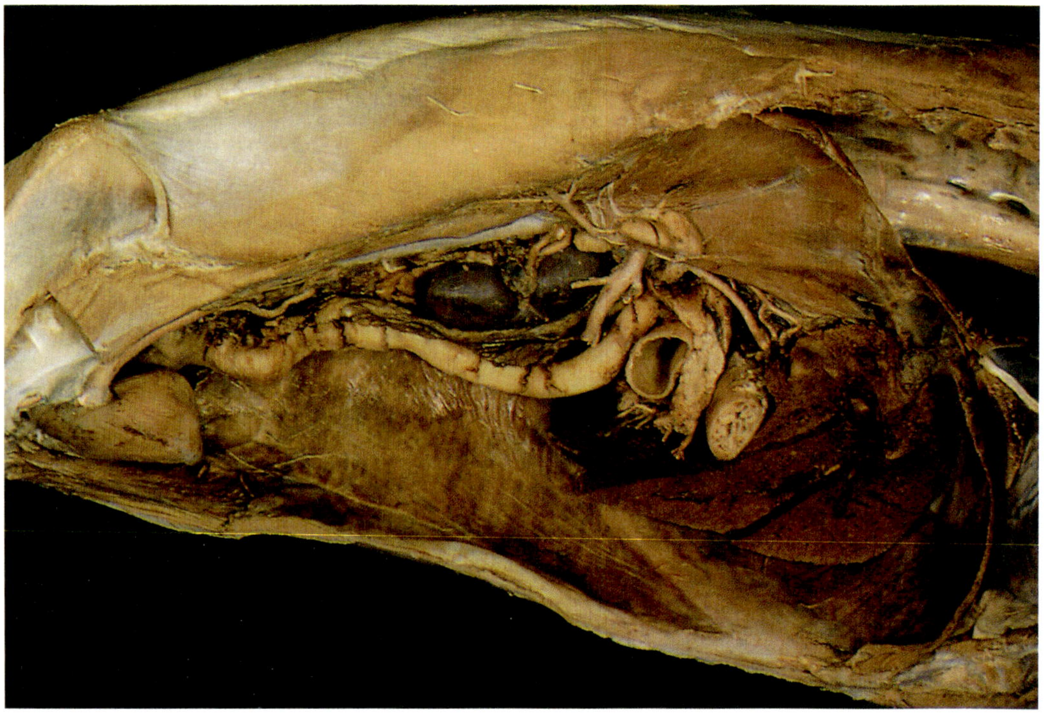

Abb. 6.61 Nebennieren, linke Niere und Colon descendens: mediale Ansicht. Durch Entfernung der V. renalis sinistra und des perirenalen Fettgewebes wurden die linke Niere und Nebenniere freigelegt. Durch Kürzung der A. mesenterica cranialis liegt das Colon descendens in seiner gesamten Länge frei. In diesem Präparat weist das Colon nicht das abnorm sackartige Erscheinungsbild auf, das im Präparat von der linken Seite zu sehen ist (siehe auch Abb. 6.26, 6.27 aus der linken lateralen Perspektive). Durch die Entfernung eines großen Teils der Pfortader und des Omentum minus im Bereich des Processus papillaris der Leber und der Curvatura gastrica minor wurde die A. gastrica sinistra dargestellt.

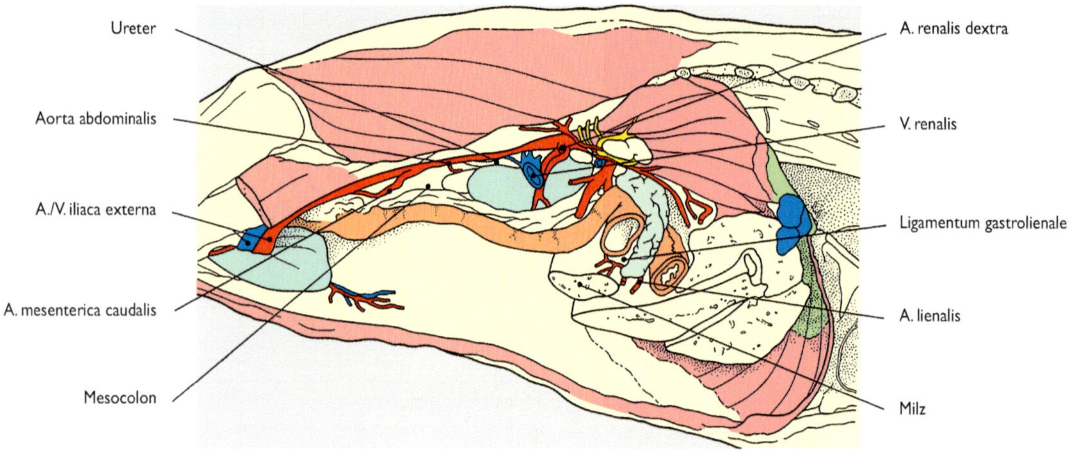

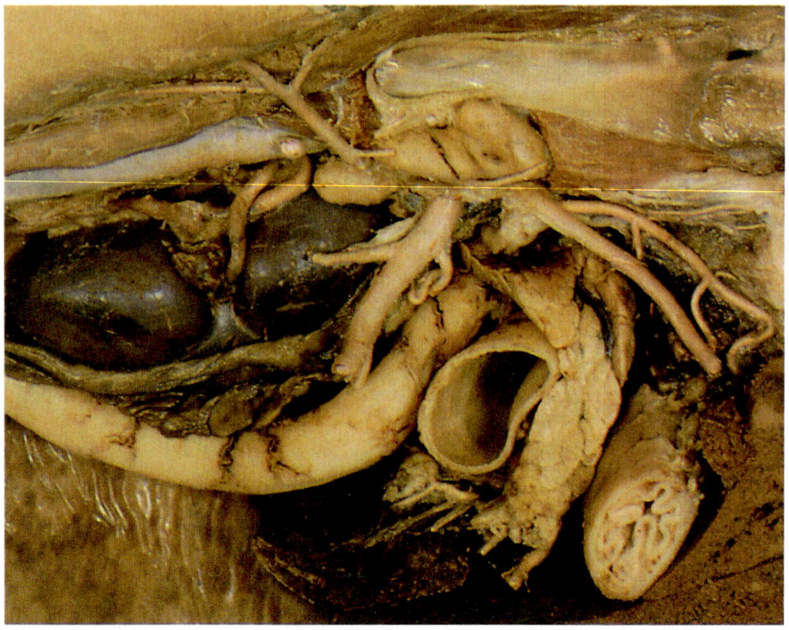

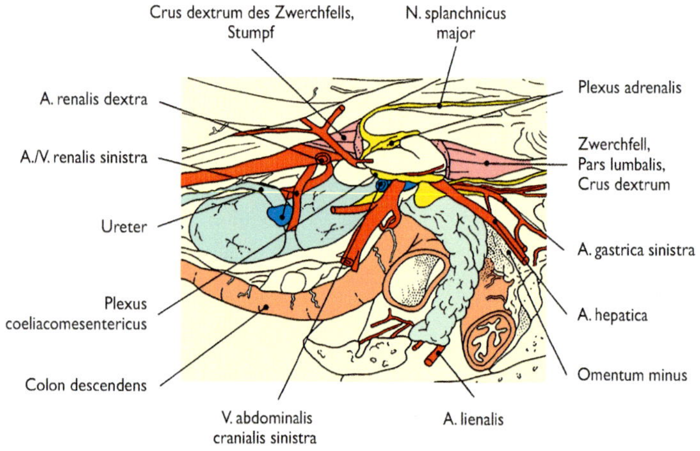

Abb. 6.62 N. splanchnici und Äste der Aorta im kranialen Abdomen: rechte laterale Ansicht. Die Pars costalis des Zwerchfells und demzufolge auch der Arcus lumbocostalis wurden entfernt. Ein Teil des Crus dextrum des Zwerchfells wurde unterhalb der Nebenniere abgesetzt. Die Stumpfenden sind kranial und kaudal der Nebenniere in ihrer ursprünglichen Position verblieben. Die Verbindung der N. splanchnici mit dem Plexus adrenalis ist oberhalb der Nebenniere zu erkennen.

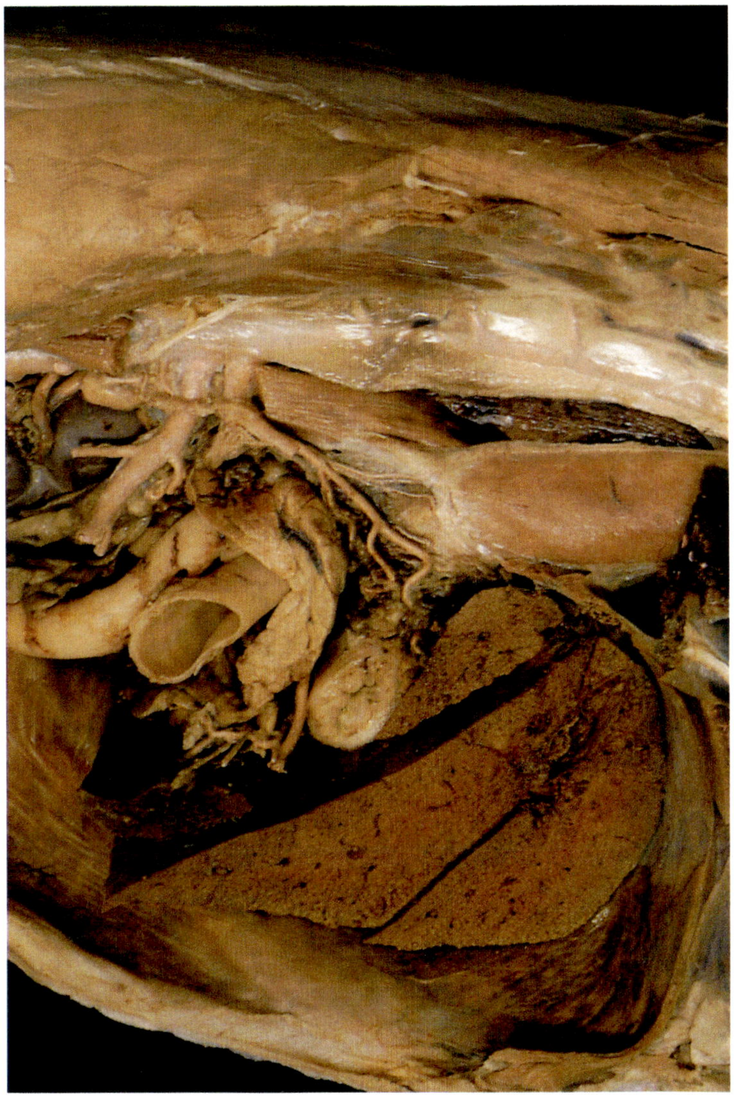

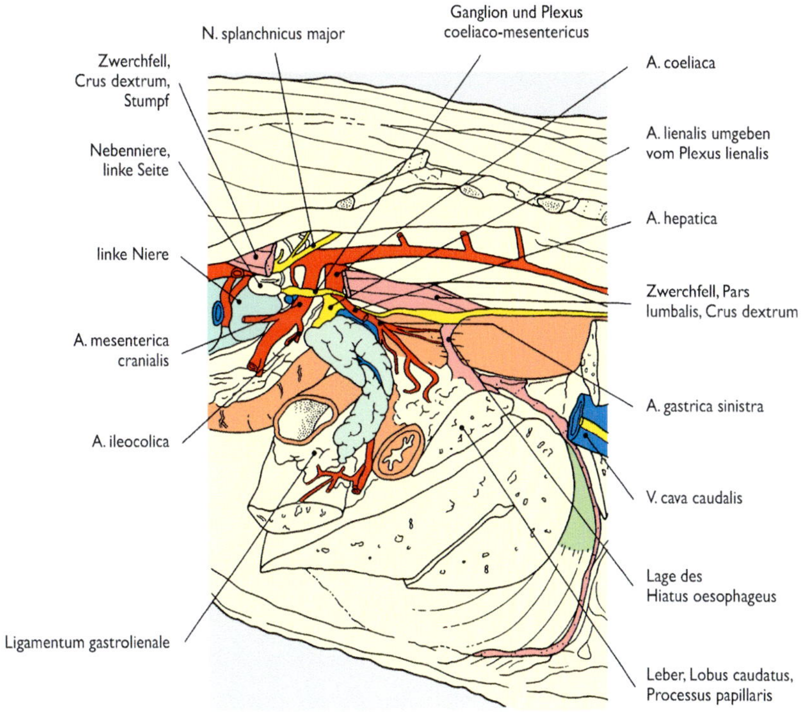

Abb. 6.63 Plexus coeliacomesentericus und Aufzweigungen der Aa. mesenterica cranialis und coeliaca: rechte laterale Ansicht. Die rechte Nebenniere und die A. abdominalis cranialis wurden entfernt. Die Nn. splanchnici wurden geringgradig nach ventral verlagert. Die autonomen Arterienplexus sind entfernt worden, während der Plexus der Milz noch vorhanden ist, so dass das entsprechende Gefäß wesentlich größer aussieht als die anderen. Weitere Teile der rechten Pars lumbalis des Zwerchfells wurden abgesetzt, um so den Hiatus oesophageus zu eröffnen. Zudem wurde ein Großteil des Omentum minus von der Curvatura minor des Magens abpräpariert.

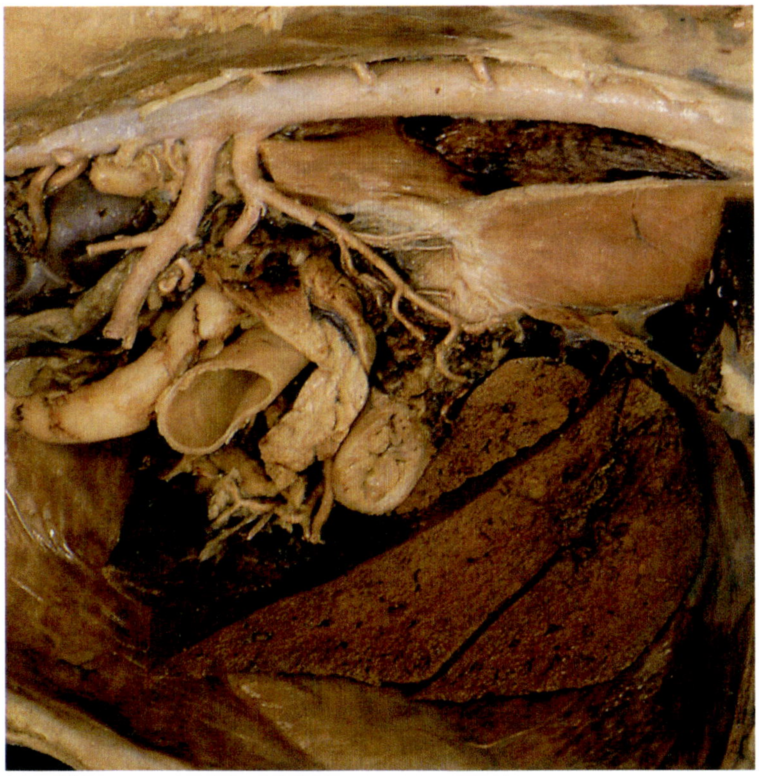

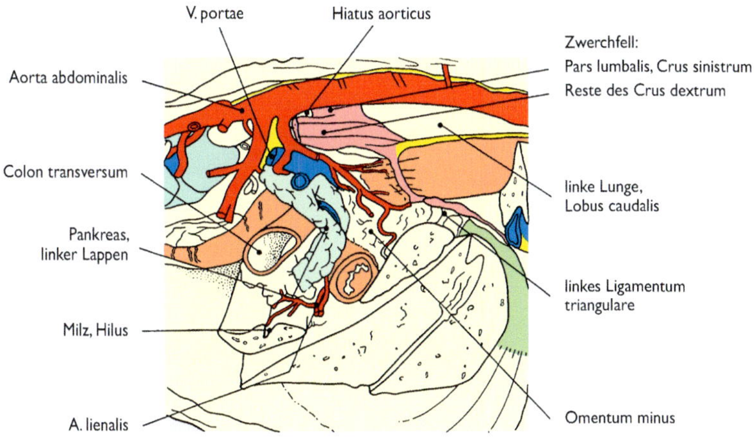

Abb. 6.64 Linker Lappen des Pankreas und Colon transversum: mediale Ansicht. Der verbliebene kaudale Teil des Crus dextrum des Zwerchfells wurde entfernt, wie auch die Nn. splanchnici und die autonomen Nervenplexus, welche die Wurzeln der Aa. mesenterica cranialis und coeliaca umgeben. Die Aorta descendens wurde vom umgebenden Fett-, Faszien- und Pleuragewebe befreit und so in ihrer gesamten Ausdehnung dargestellt. Der Hiatus aorticus ist kranial der A. coeliaca zu erkennen (siehe auch Abb. 6.86, 6.96, 6.97).

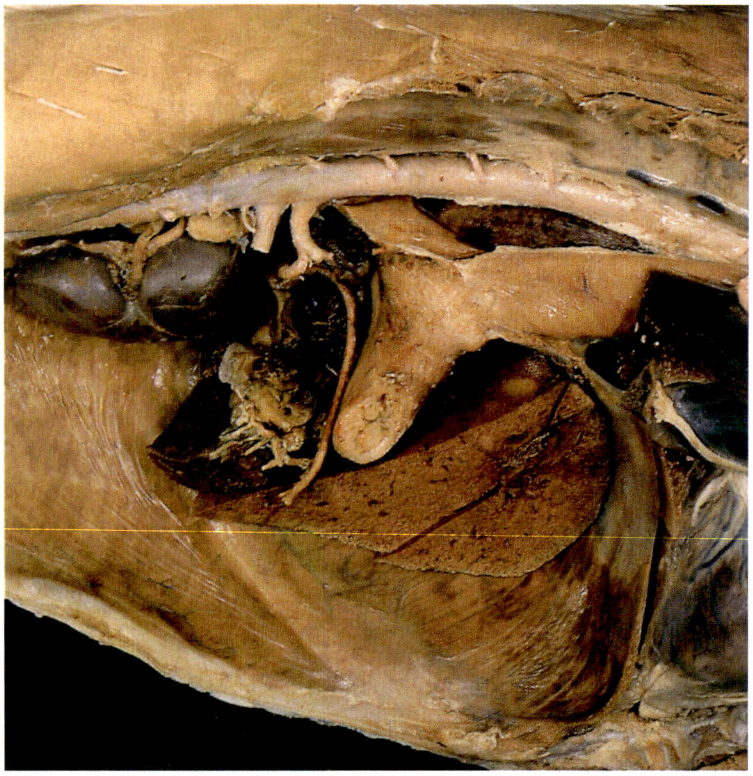

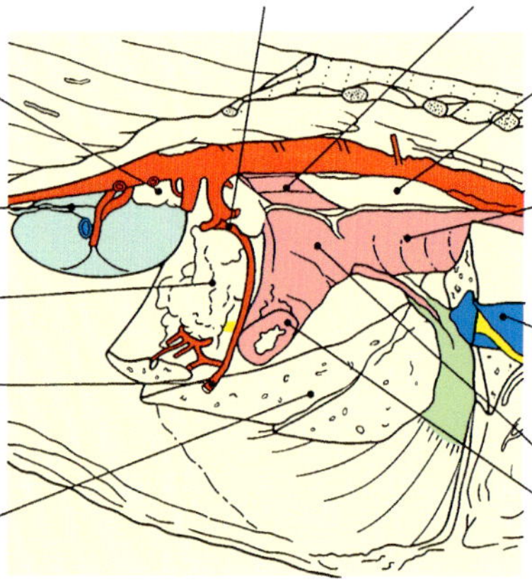

Abb. 6.65 Ösophagus, Kardia und Extremitas dorsalis der Milz: mediale Ansicht der linken Seite. Die Reste der rechten Zwerchfellhälfte wurden entfernt und die Aa. coeliaca und mesenterica cranialis bis auf Stümpfe an der Aorta gekürzt. Omentum minus und Processus papillaris des Lobus caudatus der Leber sind vollständig entfernt, wodurch die Kardia und Reste des Corpus ventriculi freigelegt wurden. Durch die Entfernung des Crus sinistrum wurde der Hiatus oesophageus des Zwerchfells zerstört, so dass die Eintrittsstelle des Ösophagus in das Abdomen freiliegt. Weiter kaudal wurden die Reste des Colon entfernt und die linke Niere vollständig freigelegt.

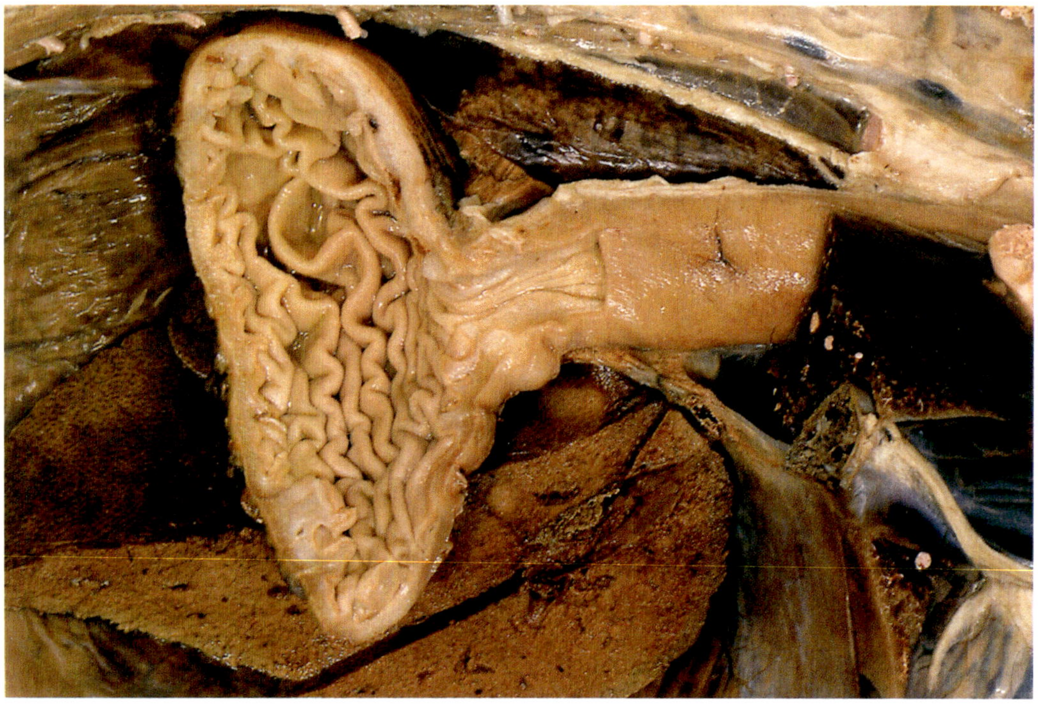

Abb. 6.66 Innere Oberfächen des Ösophagus, der Kardia und des Fundus des Magens: mediale Ansicht. Praktisch alle Eingeweide, außer dem Fundus und der Kardia des Magens, wurden aus dem kranialen Bereich des Abdomens entfernt. Das Innere des Fundus weist zahlreiche Plicae gastricae auf.

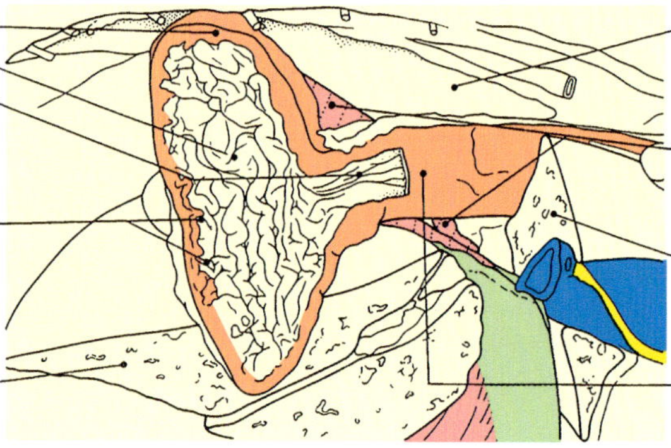

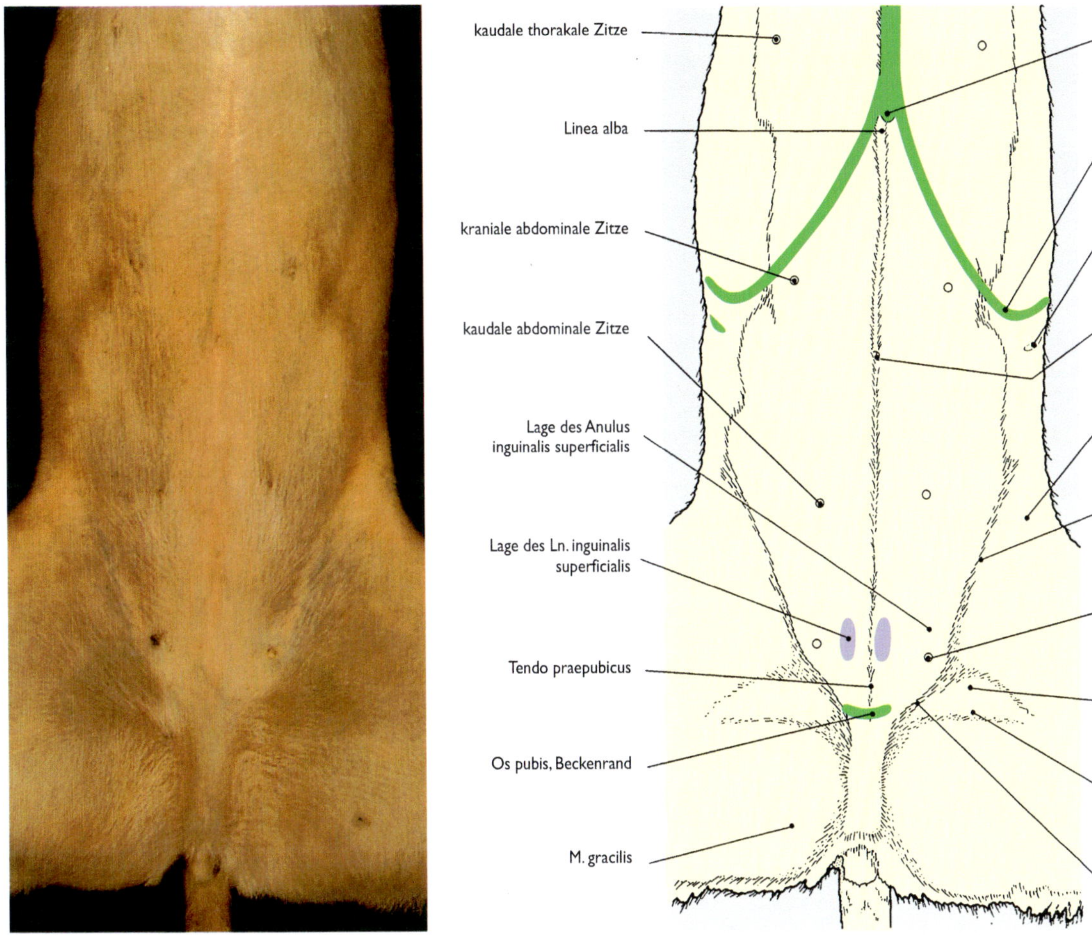

Abb. 6.67 Oberflächenmerkmale des Abdomens und der Innenseite der Oberschenkel der Hündin: ventrale Ansicht. Die knöchernen „Orientierungspunkte“, die an der kranialen und kaudalen Grenze des Abdomens palpierbar sind, werden in dieser Abbildung gezeigt. Zusätzlich sind einige „weiche“ Strukturen in der Regio inguinalis und dem Trigonum femorale deutlich palpierbar. An der A. femoralis kann der Puls gemessen werden.

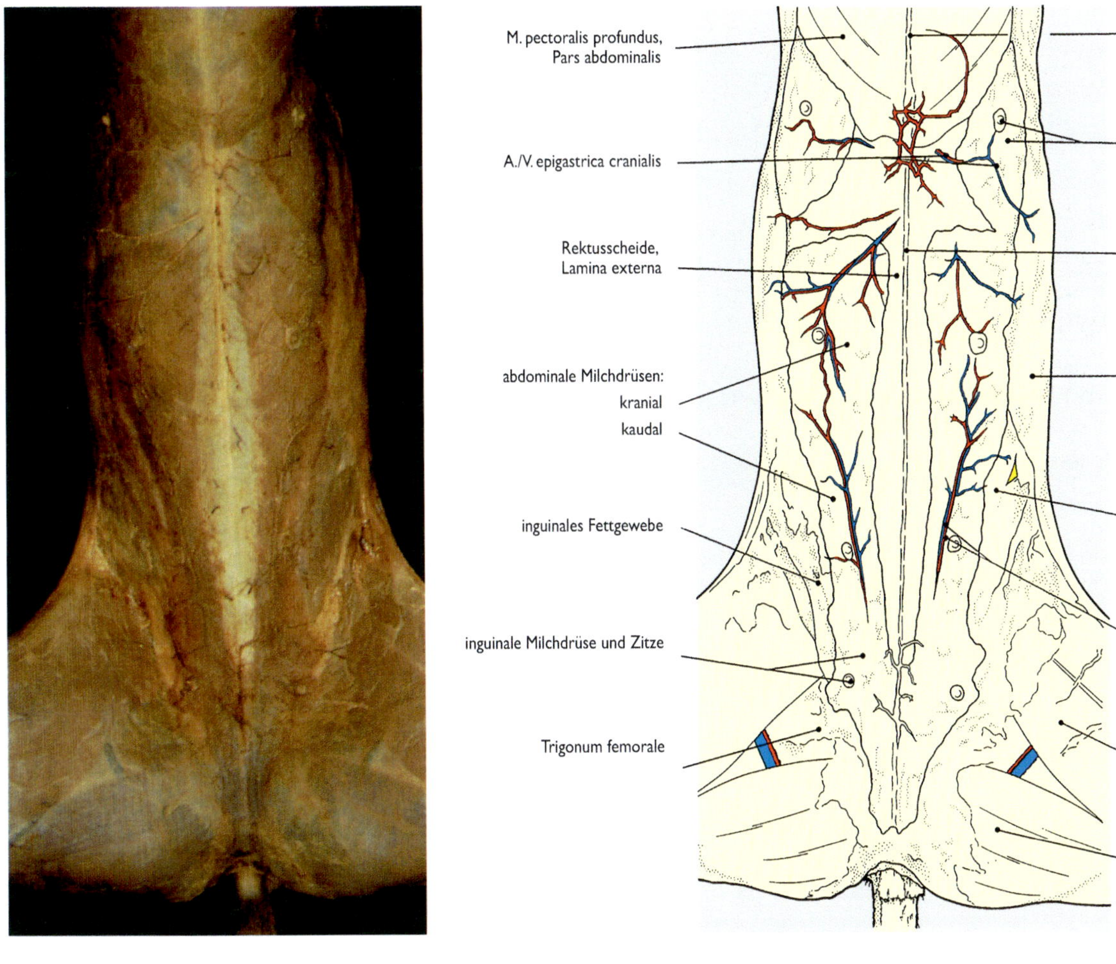

Abb. 6.68 Oberflächliche abdominale Faszie und Gesäuge der Hündin: ventrale Ansicht. Durch Entfernung der Haut wurde die oberflächliche Faszie freigelegt, die bei dieser Hündin gut entwickelte Milchdrüsen enthält, die einen Großteil der ventralen Bauchwand einnehmen.

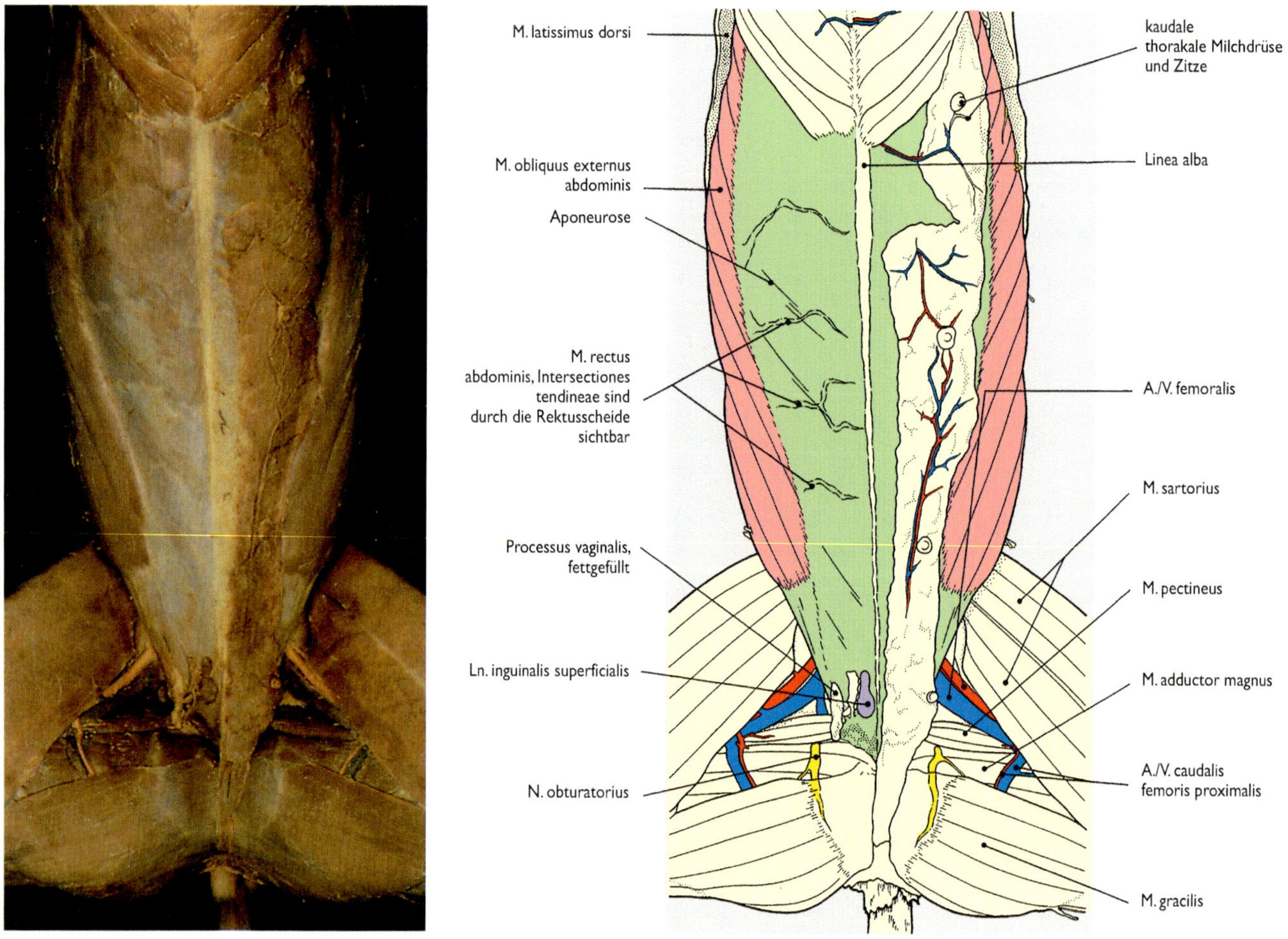

Abb. 6.69 Bauchwand der Hündin (1). M. obliquus externus abdominis: ventrale Ansicht. Die oberflächliche Faszie und der Hautmuskel wurden auf beiden Seiten die Milchdrüsen nur auf der rechten Seite des Abdomens, entfernt. Fett- und Fasziengewebe in der Leiste und dem Trigonum femorale wurden ebenfalls abpräpariert.

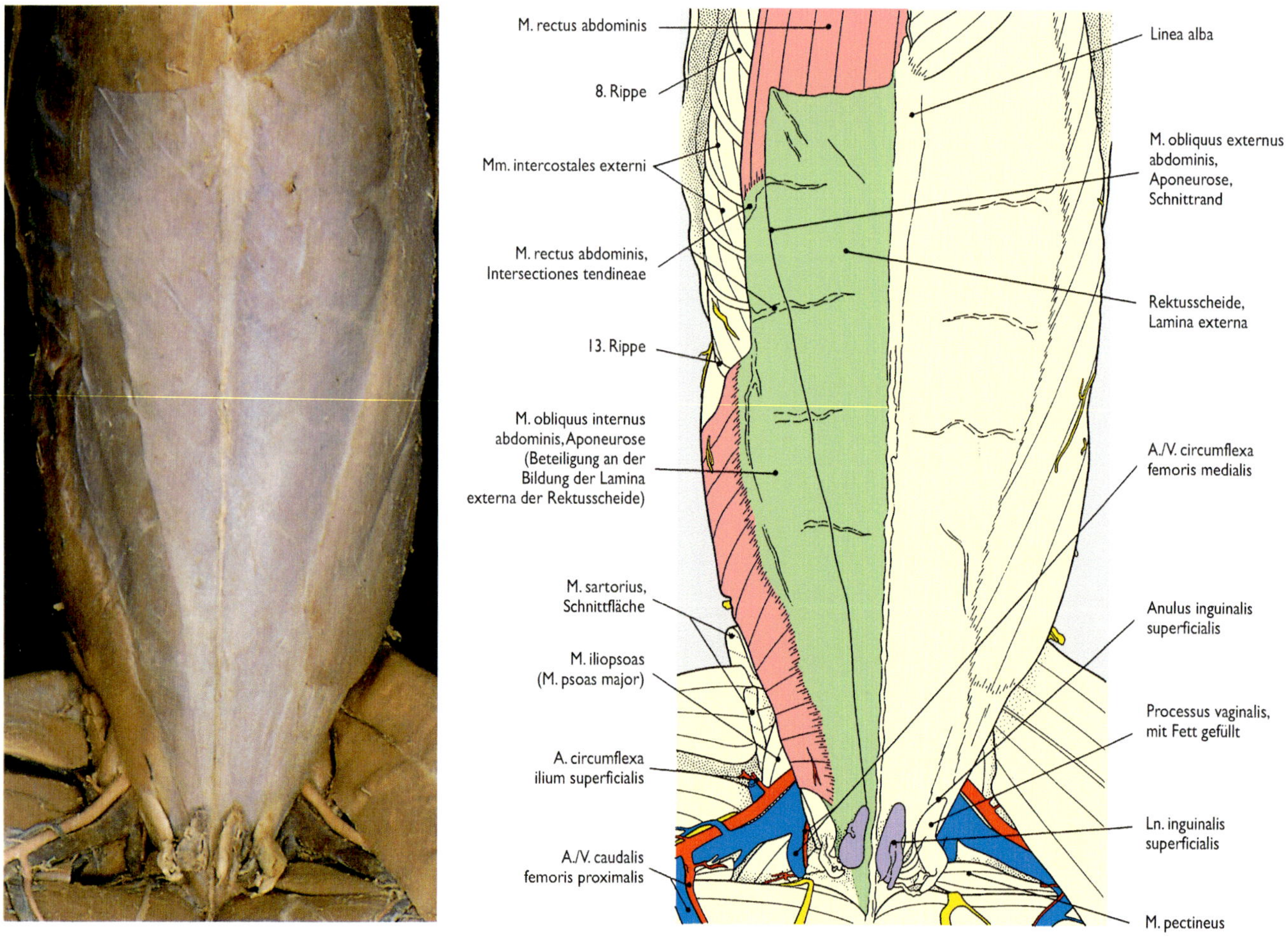

Abb. 6.70 Bauchwand der Hündin (2). M. obliquus internus abdominis und Rektusscheide: ventrale Ansicht. Von der gesamten Bauchwand wurden die Faszie, der Hautmuskel und das Drüsengewebe abpräpariert. Auf der rechten Körperseite wurde der M. obliquus externus bis auf den ventralen Abschnitt seiner Aponeurose, die an der Linea alba ansetzt, entfernt (siehe auch Abb. 6.15). Bei der Entfernung der Aponeurose des M. obliquus externus abdominis wurde der Großteil der ventralen und lateralen Wand des Canalis inguinalis entfernt, so dass der mit Fettgewebe angefüllte Processus vaginalis kaudal des hinteren Randes des M. obliquus internus abominis sehr deutlich zum Vorschein kommt.

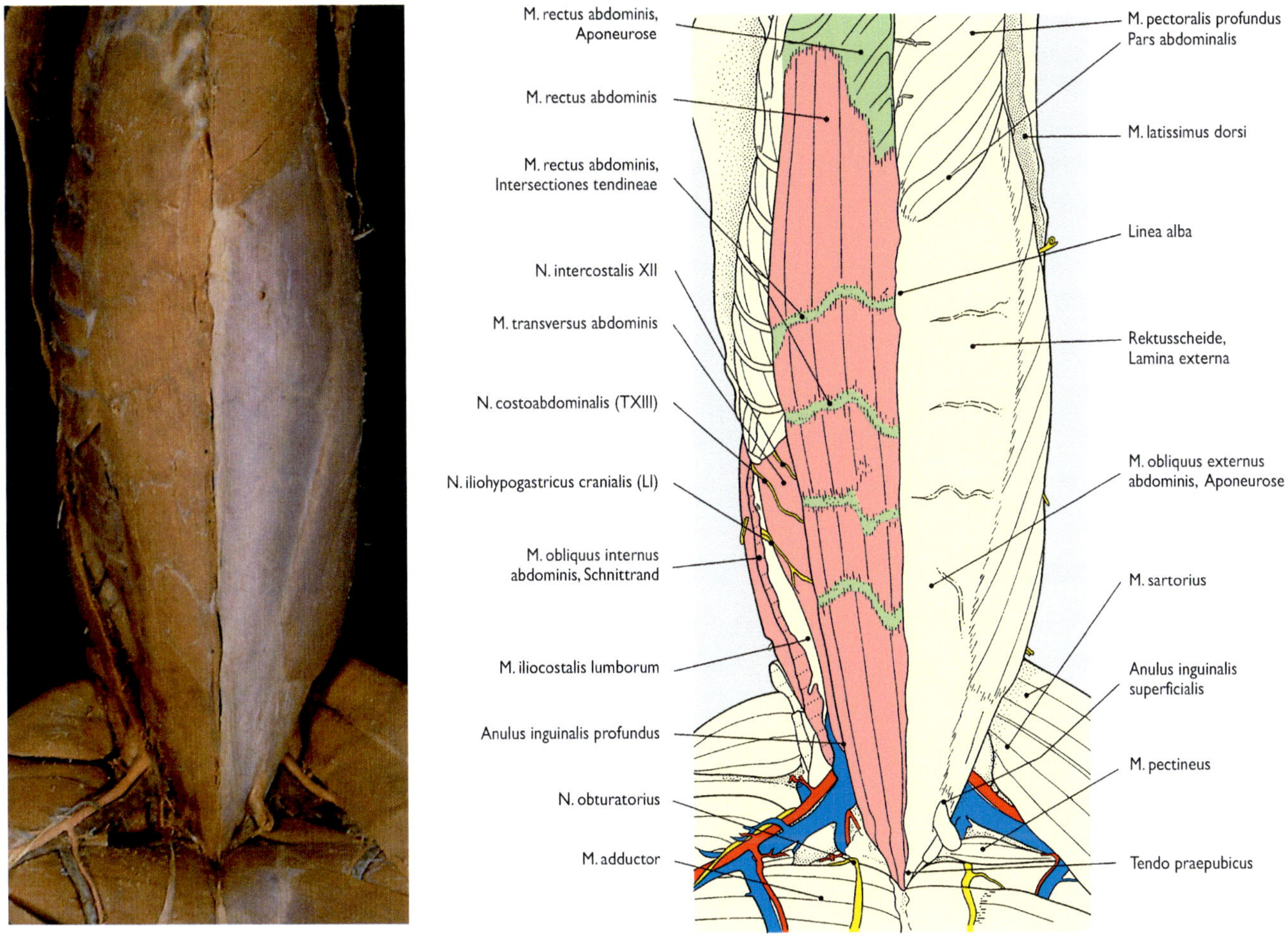

Abb. 6.71 Bauchwand der Hündin (3). Mm. rectus abdominis und transversus abdominis: ventrale Ansicht. Der M. obliquus internus abominis wurde gemeinsam mit der Lamina externa der Rektusscheide auf der rechten Körperseite abpräpariert. Während der Processus vaginalis entfernt wurde, bildet der Kaudalrand des M. transversus die kraniale Begrenzung des Canalis inguinalis und markiert die ungefähre Lage des Anulus inguinalis profundus. Für eine Betrachtung der Strukturen des Canalis inguinalis siehe Kapitel 8.

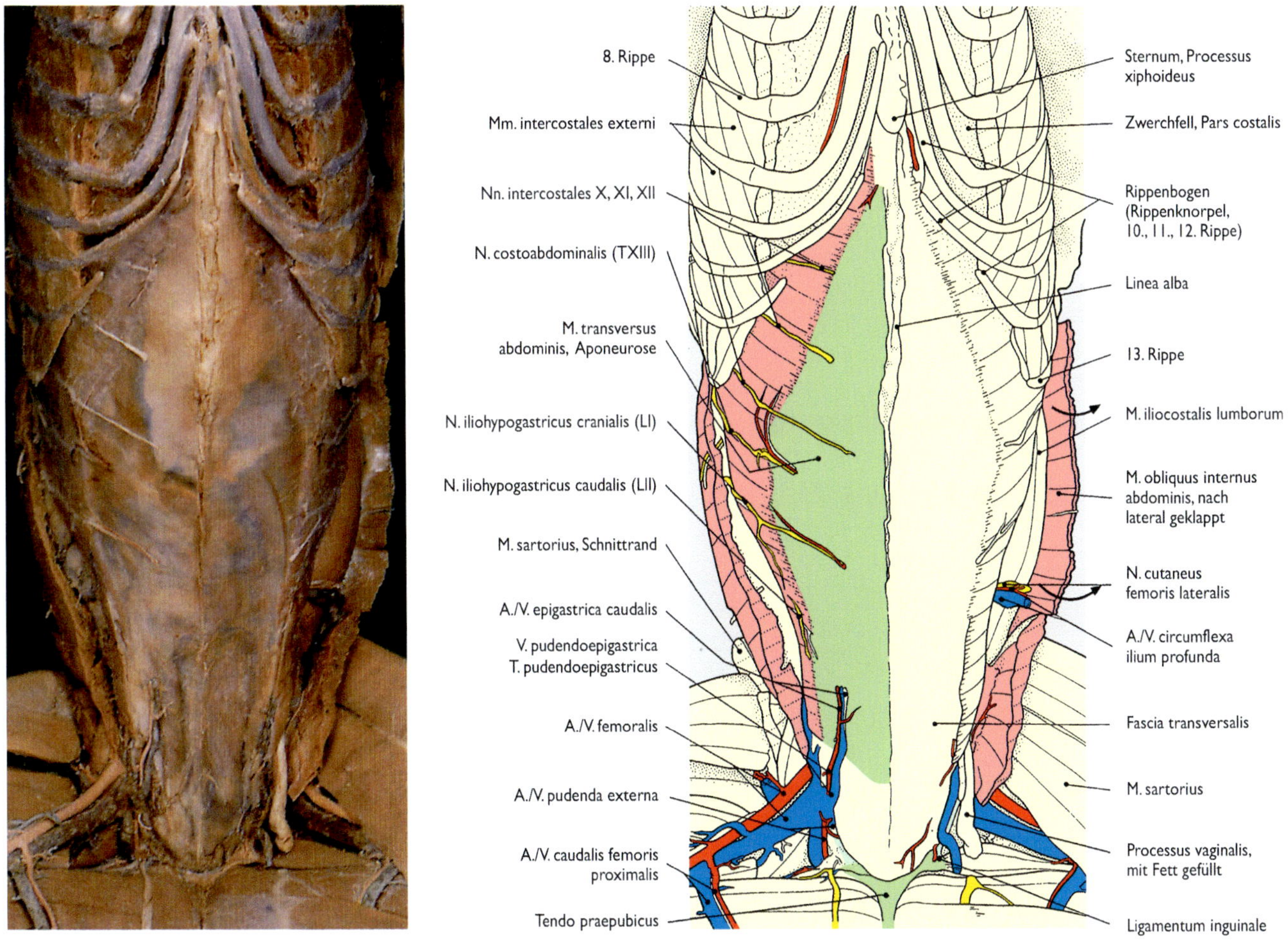

Abb. 6.72 Bauchwand der Hündin (4). Mm. transversi abdominis und Nerven der Bauchwand: ventrale Ansicht. Durch Entfernung der schiefen und geraden Bauchmuskeln auf beiden Seiten der Bauchwand wurden die Mm. transversi abdominis und die Linea alba freigelegt (siehe auch Abb. 6.21). Der Anulus inguinalis profundus, der Processus vaginalis und das Ligamentum inguinale sind auf der linken Körperseite deutlicher zu sehen. Auf der rechten Körperseite sind dagegen die pudendo-epigastrischen Gefäße und ihre Endaufzweigungen nach Entfernung des M. rectus abdominis gut zu erkennen (siehe auch Abb. 6.46).

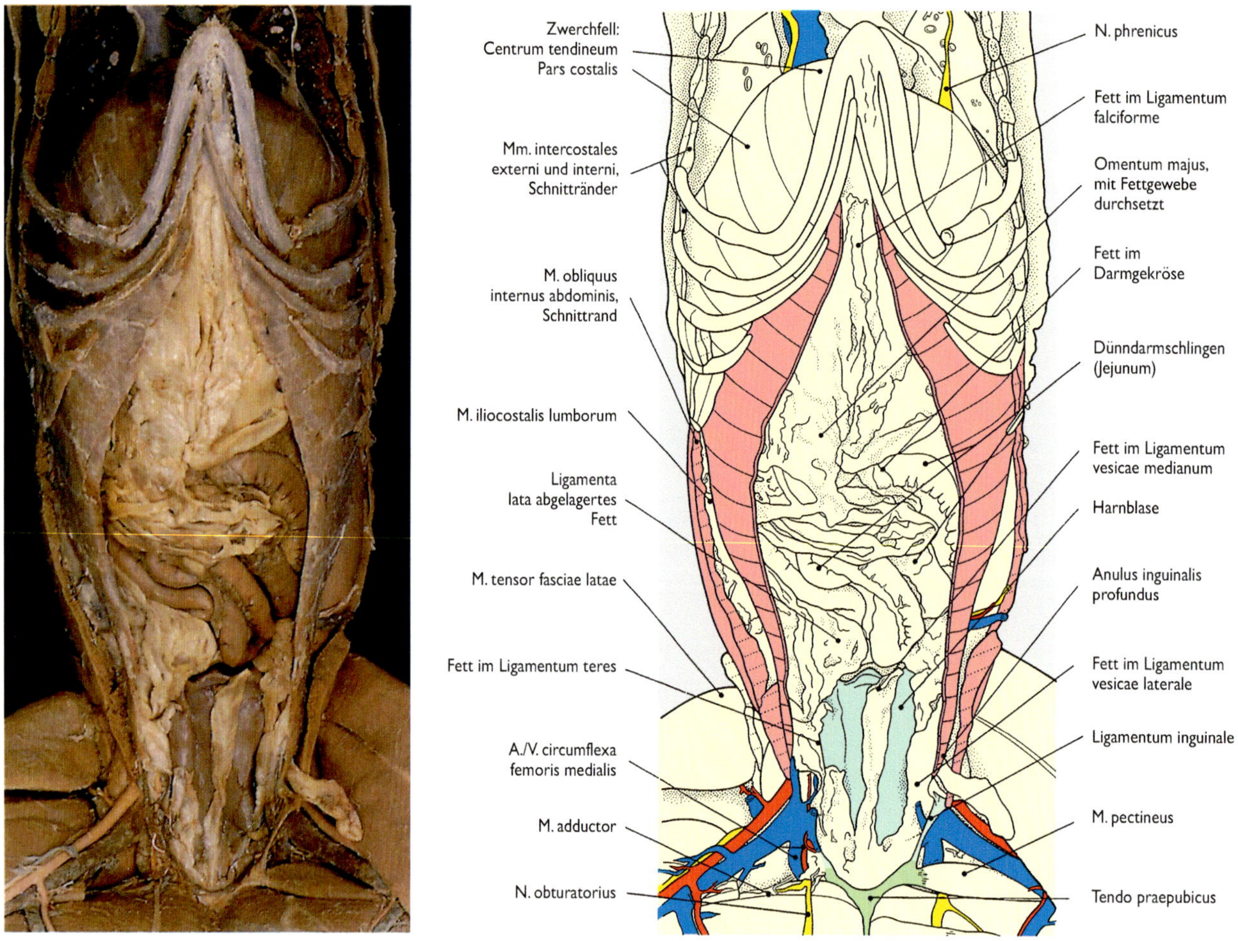

Abb. 6.73 Baucheingeweide der Hündin *in situ* nach Entfernung der Aponeurosen der Mm. transversi abdominis: ventrale Ansicht. Durch die Entfernung der Aponeurosen beider Mm. transversi wurde die Bauchhöhle eröffnet. Große Mengen an subperitonealem Fettgewebe sind im Ligamentum falciforme, dem Ligamentum vesicae medianum und den Ligamenta vesicae laterales, im Omentum majus, im Gekröse des Darms und den Ligamenta lata vorhanden (siehe auch Abb. 6.23, 6.47).

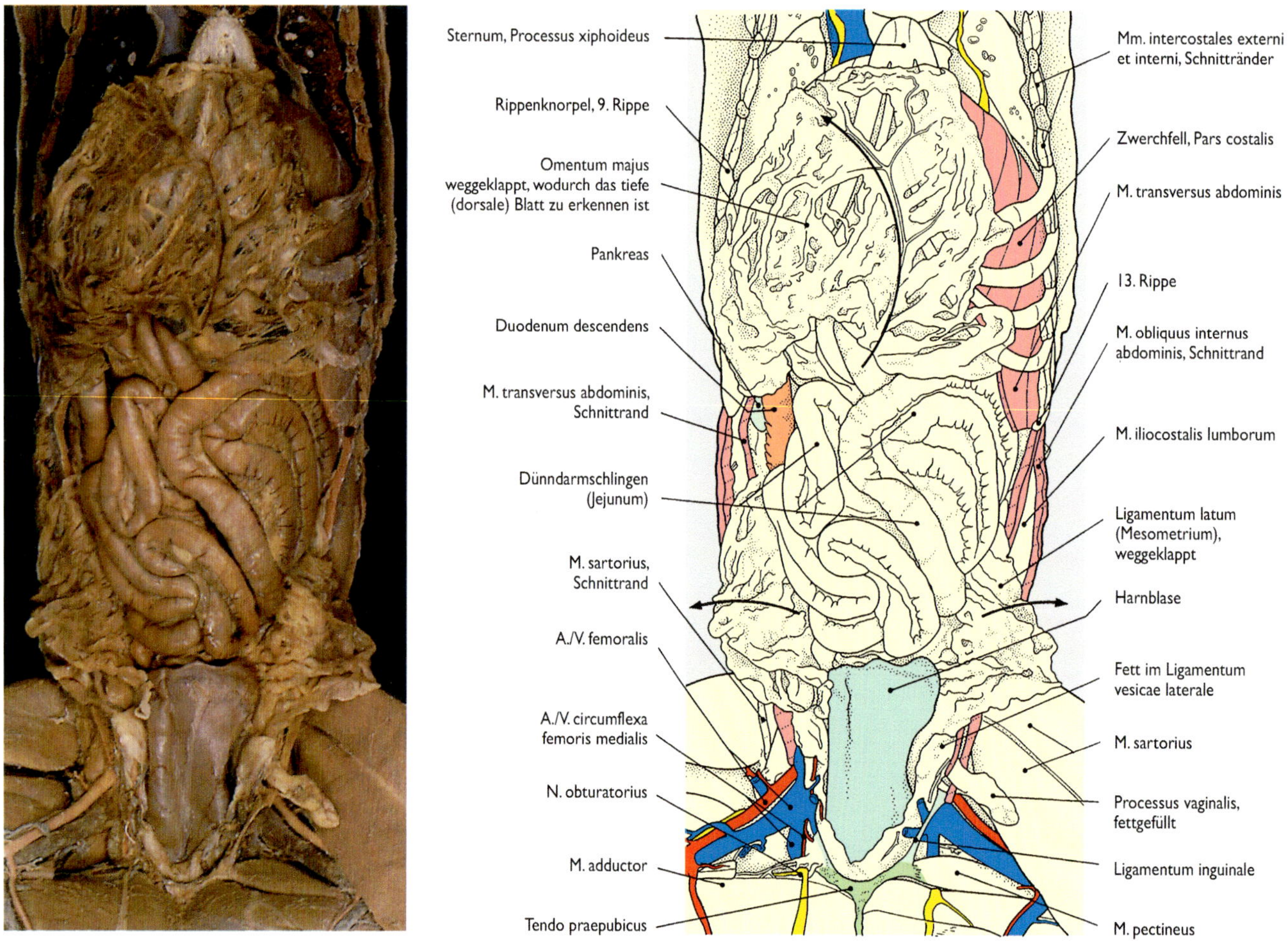

Abb. 6.74 Baucheingeweide der Hündin nach Verlagerung des Omentum majus und der Ligamenta lata: ventrale Ansicht. Die Mm. transversi abdominis wurden entfernt und das Omentum majus wurde soweit wie möglich nach kranial geklappt. Die Ligamenta lata wurden nach lateral verlagert und das Ligamentum vesicae medianum wurde von der Harnblase abpräpariert.

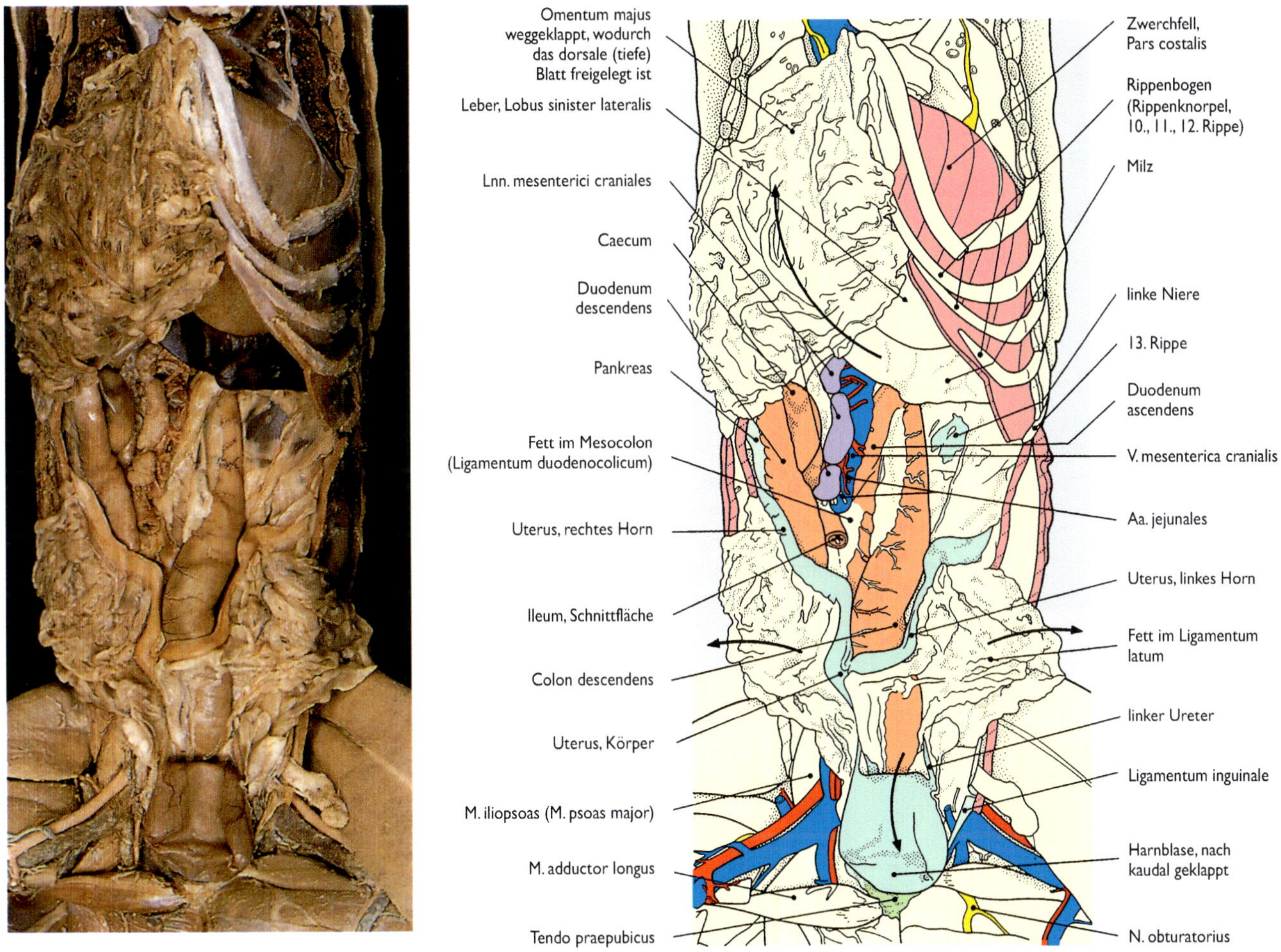

Abb. 6.75 Baucheingeweide der Hündin nach Entfernung des Jejunums und Zurückklappen der Blase: ventrale Ansicht. Das Jejunum und das von Fettgewebe durchzogene Darmgekröse wurden entfernt, indem das Ileum nahe seinem Übergang in den Dickdarm, das Jejunum nahe der Flexura duodenojejunalis und das Gekröse nahe der Gekrösewurzel abgesetzt wurden. Ein Teil des in der Gekrösewurzel enthaltenen Fettgewebes wurde entfernt und die Harnblase nach kaudal geklappt.

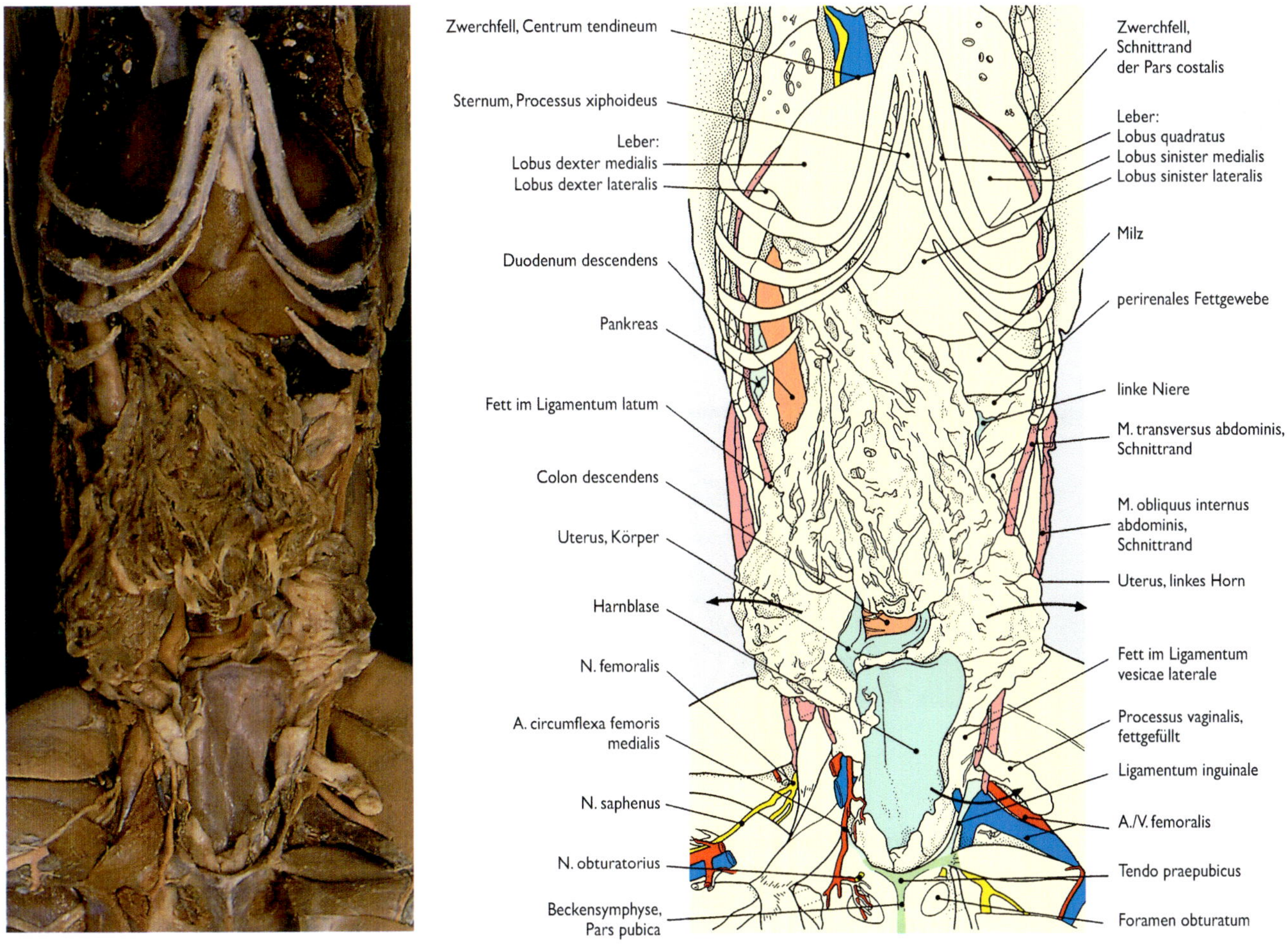

Abb. 6.76 Leber, Milz und Omentum majus der Hündin nach Entfernung des Zwerchfells: ventrale Ansicht. Der ventrale Teil des Zwerchfells wurde durch einen Horizontalschnitt durch das Centrum tendineum und die muskuläre Peripherie entfernt, wodurch die Facies diaphragmatica der Leber sowie die noch vorhandenen Rippenbögen und die kaudalen Rippen freigelegt wurden (siehe auch Abb. 6.24, 6.48). Die Leber erstreckt sich zwischen dem linken und dem rechten Rippenbogen bis in die Regio xiphoidea (siehe auch Abb. 6.67).

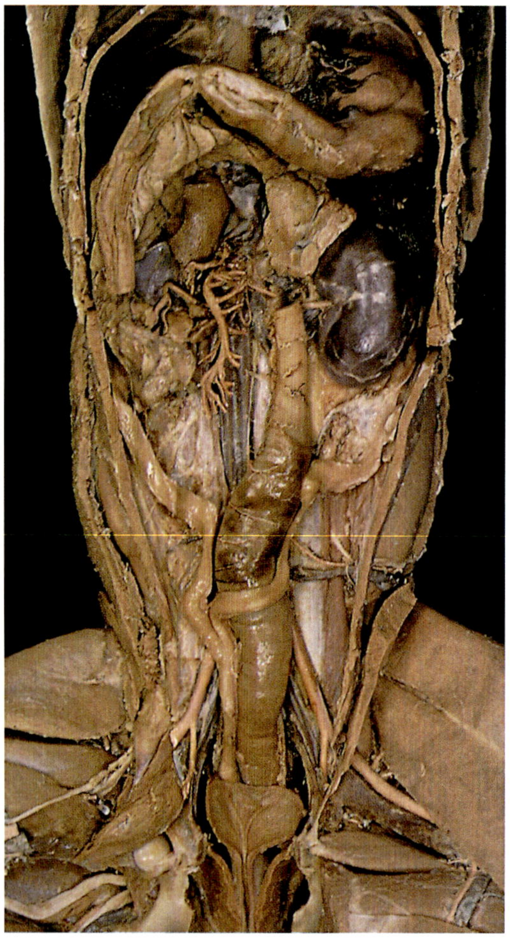
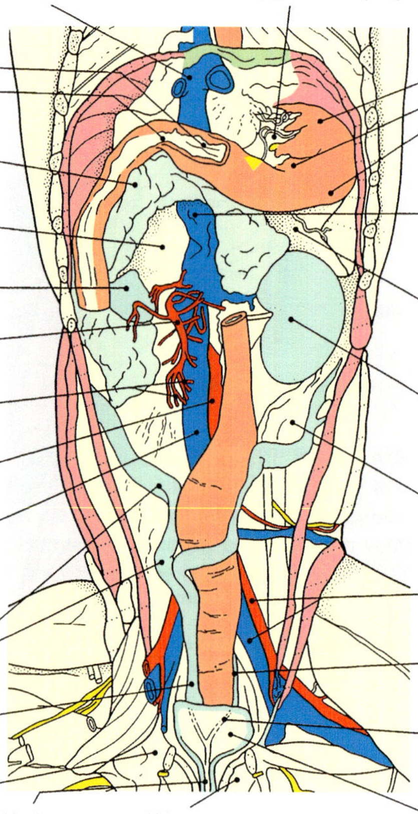

Abb. 6.82 Colon descendens und Uterus der Hündin: ventrale Ansicht. Durch das Absetzen des Caecums und eines Großteils des Duodenums und Colons wurde das Pankreas freigelegt, während durch die Entfernung der Lnn. mesenterici die A. mesenterica cranialis zum Vorschein kommt. Die Harnblase wurde eröffnet und gekürzt sowie Fettgewebe aus dem Dach der Bauchhöhle entfernt, um die Uterushörner und den Uteruskörper freizulegen. Nach Entfernung der Ossa pubis ist die Urethra zu erkennen.

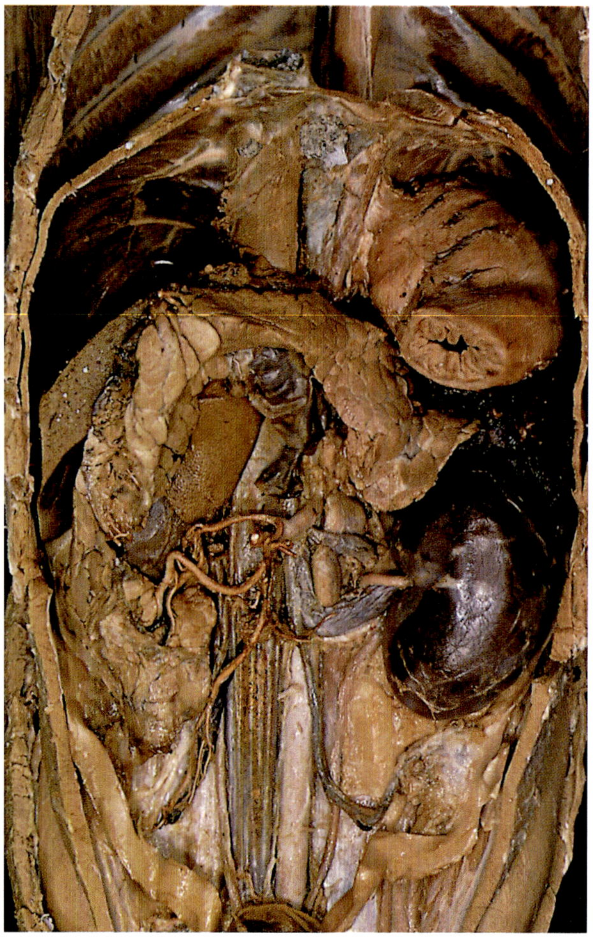
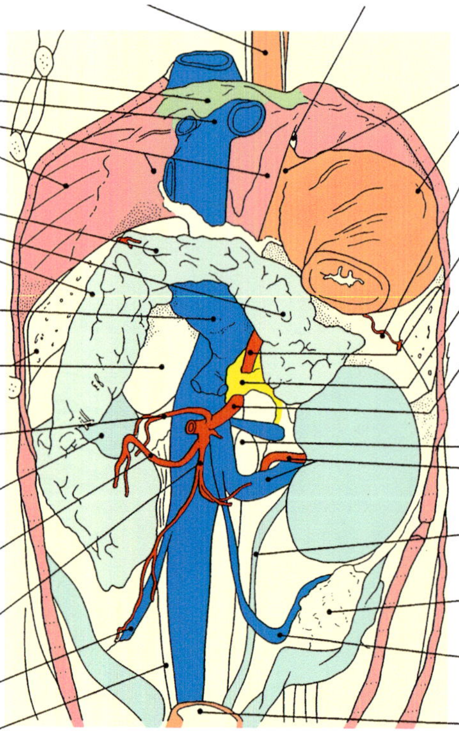

Abb. 6.83 Pankreas der Hündin: ventrale Ansicht. Durch Entfernung des Colon descendens, des verbliebenen Teils des Duodenums, des Pylorus und eines Teils des Corpus ventriculi wurde das gesamte Pankreas freigelegt (siehe auch Abb. 6.88, 6.89). Auch die V. portae hepatis sowie die A. mesenterica cranialis mit einem kaudalen pankreato-duodenalen Ast sind deutlicher zu erkennen.

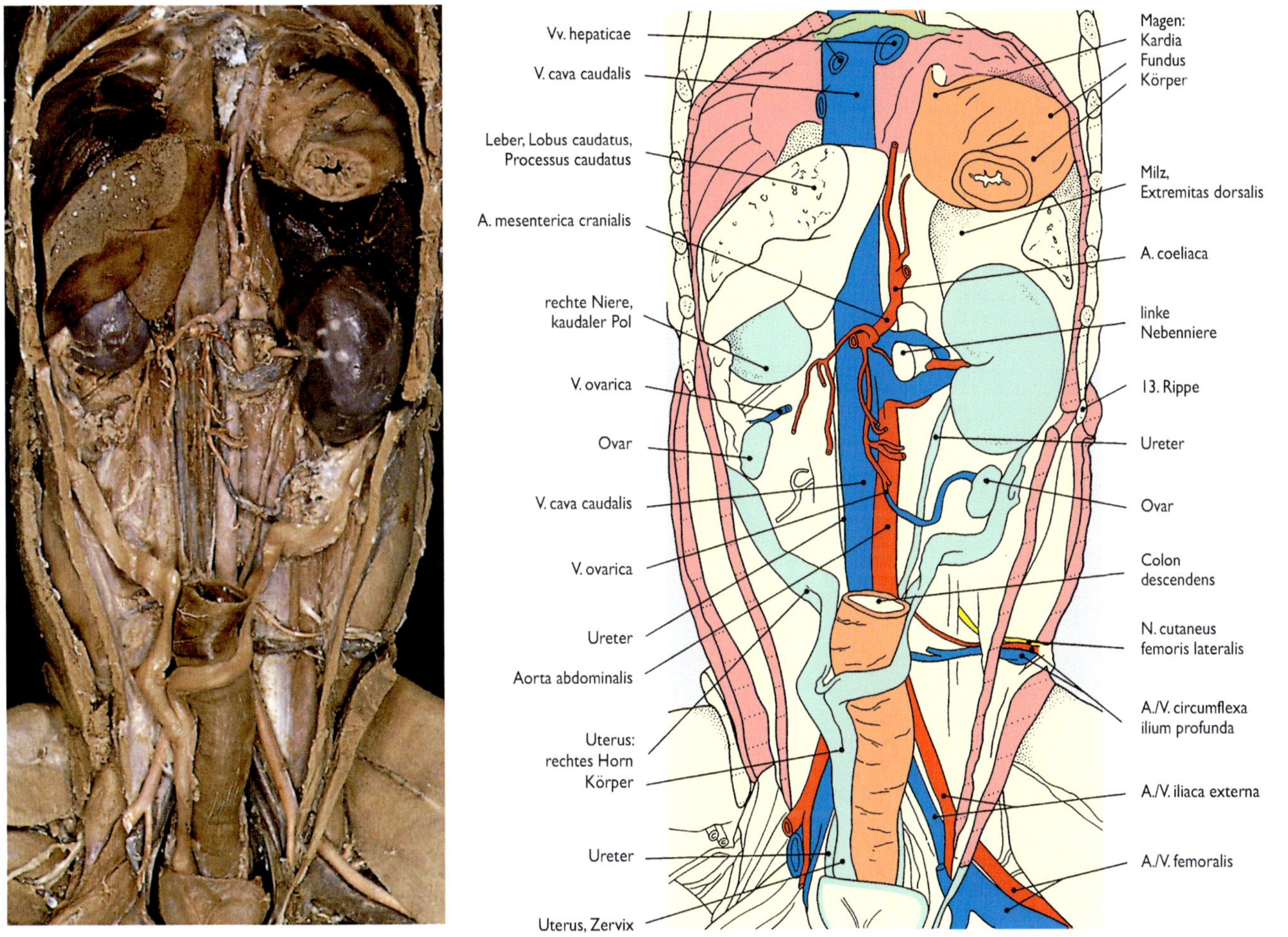

Abb. 6.84 Uterus der Hündin: ventrale Ansicht. Das Pankreas und die V. portae hepatis wurden entfernt und es wurde versucht, die dorsale Wand der Bauchhöhle von dem hier lokalisierten retroperitonealen Fettgewebe zu befreien. Details werden durch die Fettpolster in und um die Bursa ovarica sowie das Ovar verdeckt. Die Uterushörner und der Uteruskörper sind zu sehen. Die leichte Verdickung vor dem abgetrennten Rand der Harnblase kennzeichnet die Lage der Zervix.

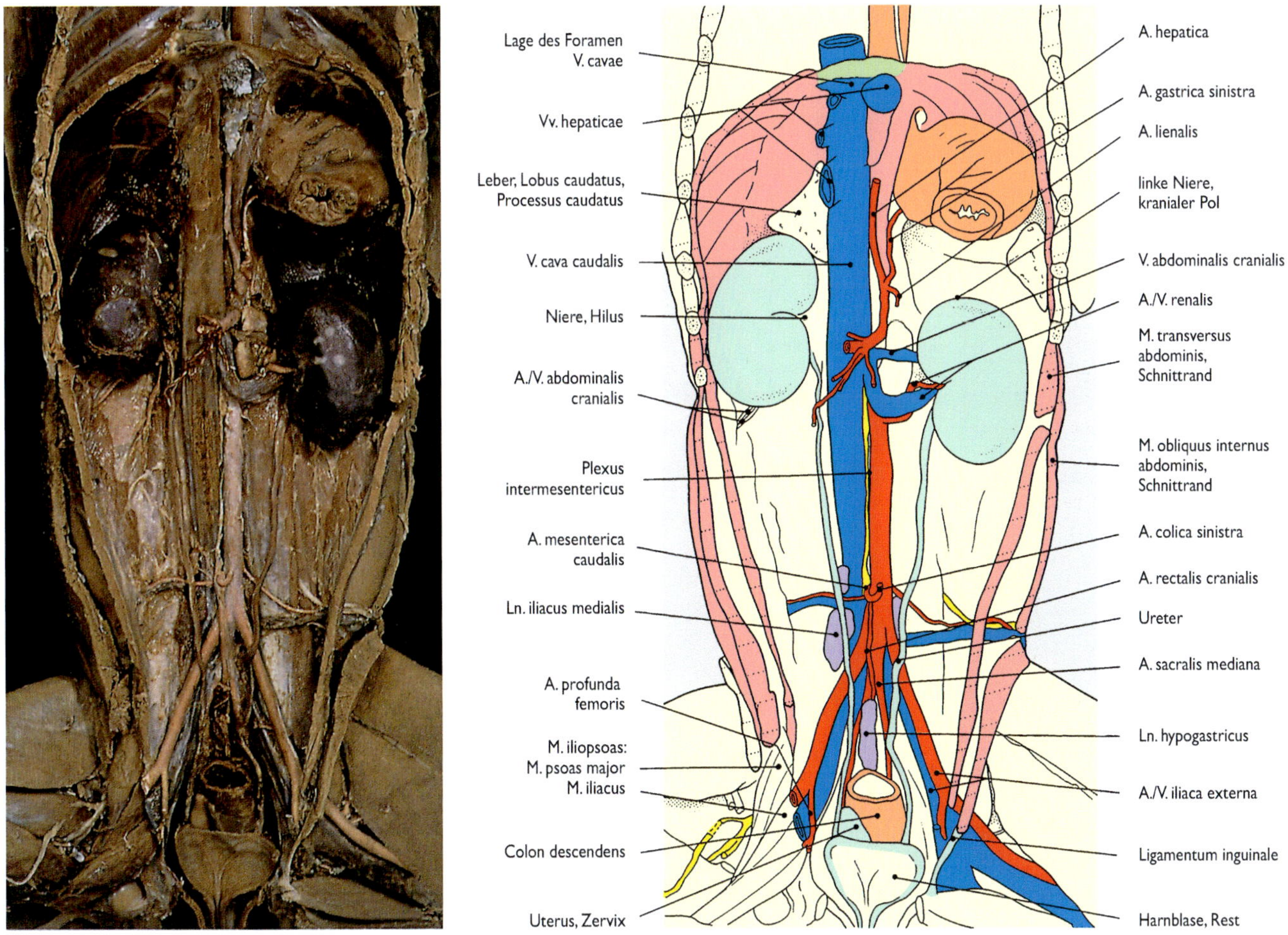

Abb. 6.85 Nieren, Ureter und Blutgefäße am Dach der Bauchhöhle der Hündin: ventrale Ansicht. Durch Entfernung praktisch des gesamten Lobus caudatus der Leber wurde die rechte Niere und die gesamte Ausdehnung der V. cava caudalis dargestellt. Nach Absetzen eines Großteils des Colon descendens, der Ovarien und des Uterus sind die Ureteren, die Aorta abdominalis sowie die A. und V. iliaca hochdorsal zu erkennen.

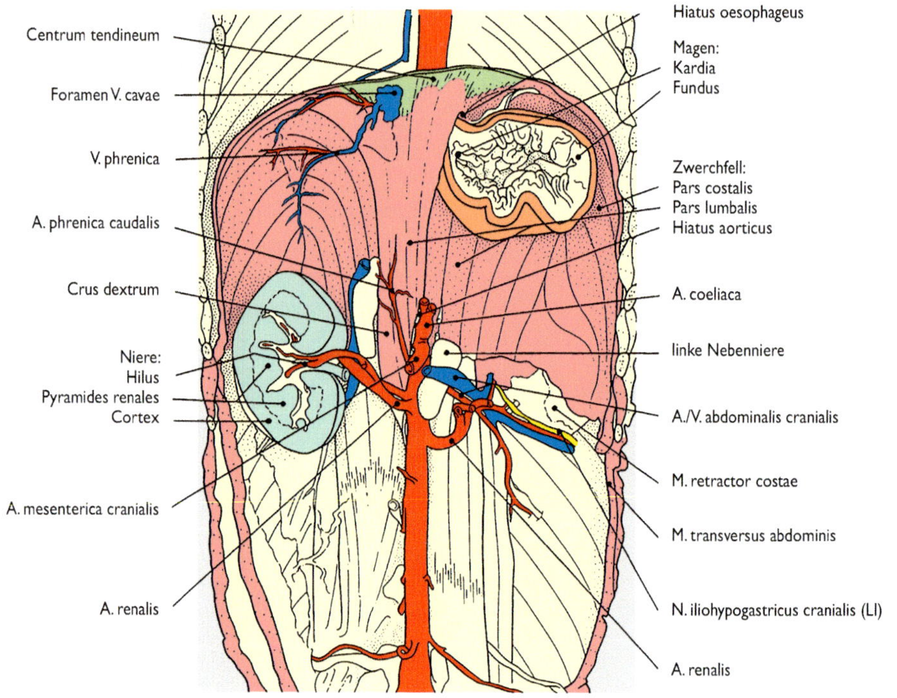

Abb. 6.86 Nebennieren und Zwerchfellpfeiler der Hündin: ventrale Ansicht. Die Vena cava caudalis wurde entfernt und die Aa. coeliaca und mesenterica cranialis wurden bis auf kurze Stümpfe abpräpariert. Die linke Niere wurde entfernt, während die rechte horizontal durchgeschnitten wurde. Der Großteil der Reste des Magens wurde ebenfalls entfernt, nur Teile des Fundus und der Kardia sind am Präparat verblieben.

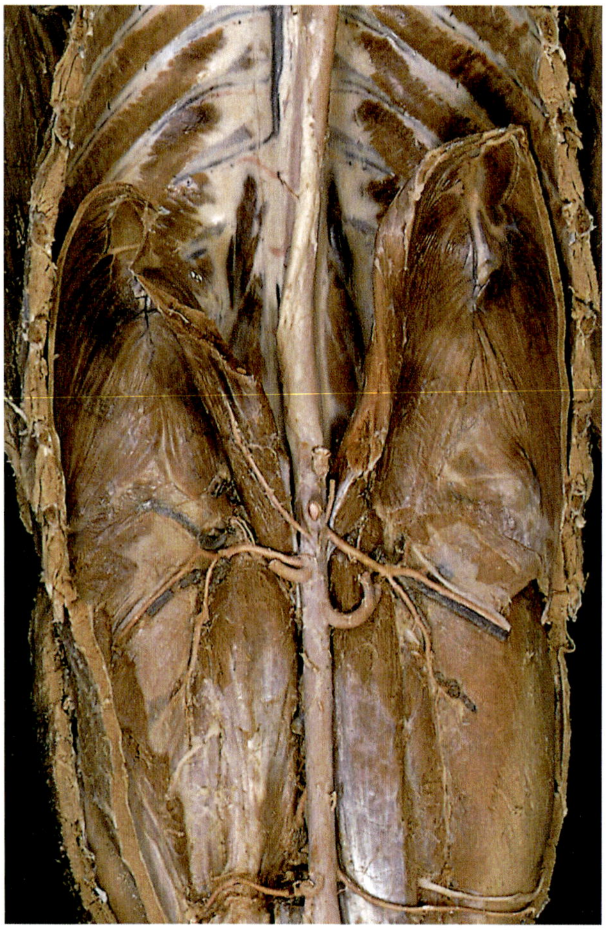

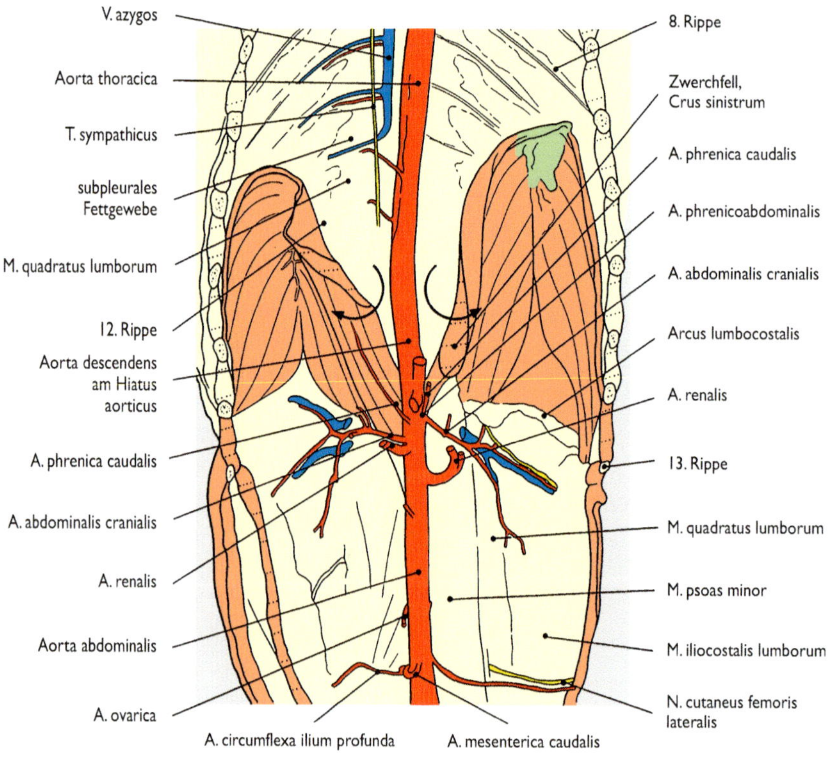

Abb. 6.87 Aorta descendens und Zwerchfellpfeiler der Hündin: ventrale Ansicht. Der Rest der rechten Niere, beide Nebennieren sowie Magen und Ösophagus wurden entfernt. Das Zwerchfell wurde durchtrennt. Daher konnten die Partes lumbales nach lateral geklappt und der Hiatus aorticus eröffnet werden.

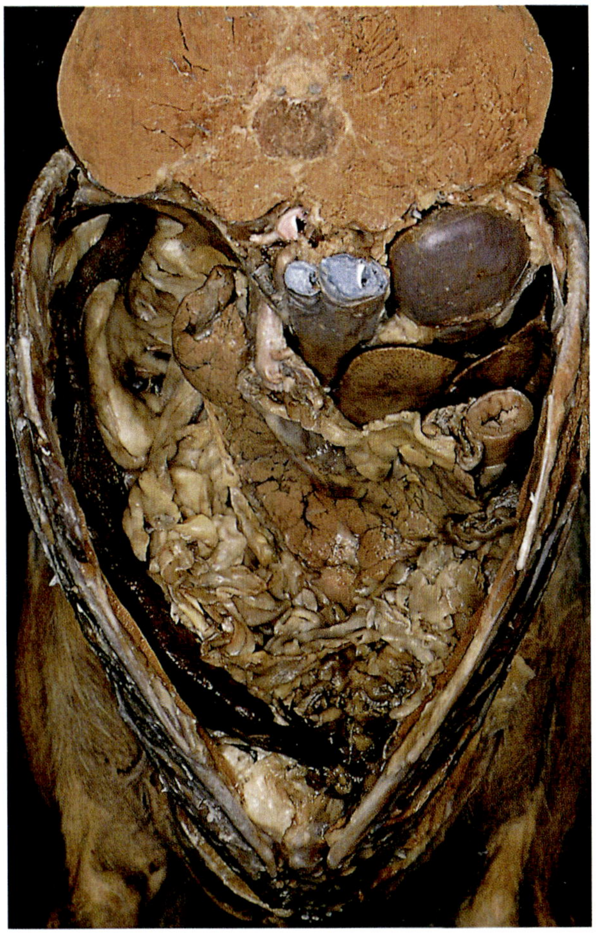

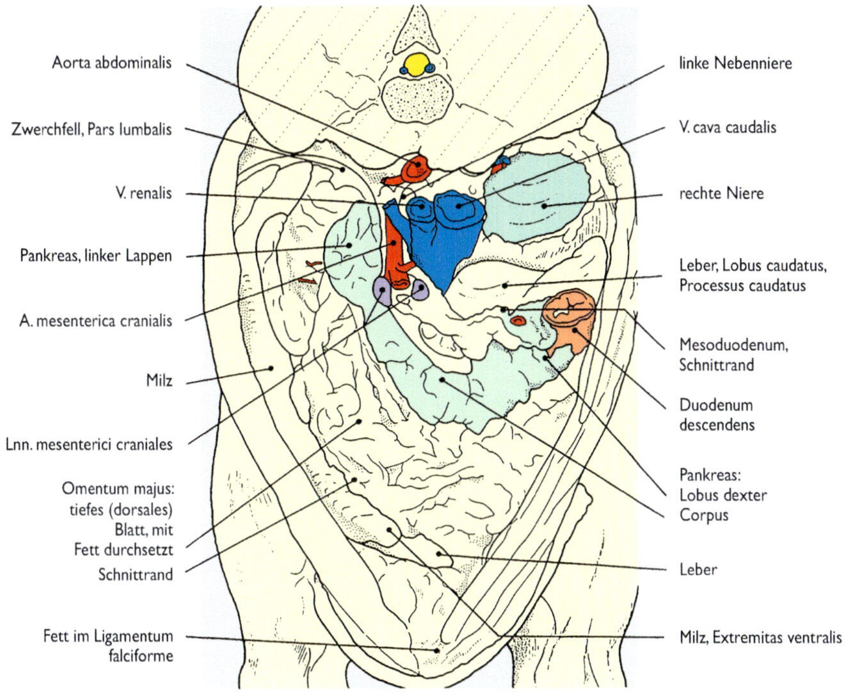

Abb. 6.88 Eingeweide des kranialen Abdomens (1). Nach einem Schnitt durch den Körper und Entfernung des Darms: kaudale Ansicht. Der in diesem Bild gezeigte Querschnitt befindet sich auf Höhe des 2. Lendenwirbels. Der Darm wurde nach Durchtrennung des Duodenum descendens und des Mesoduodenum entnommen. Zusätzlich wurde auch ein Teil des rechten Pankreaslappens entfernt. Weitere sichtbare Strukturen, die durchtrennt wurden, umfassen die Aorta, die V. cava caudalis, die V. portae hepatis, die A. mesenterica cranialis und das Omentum majus.

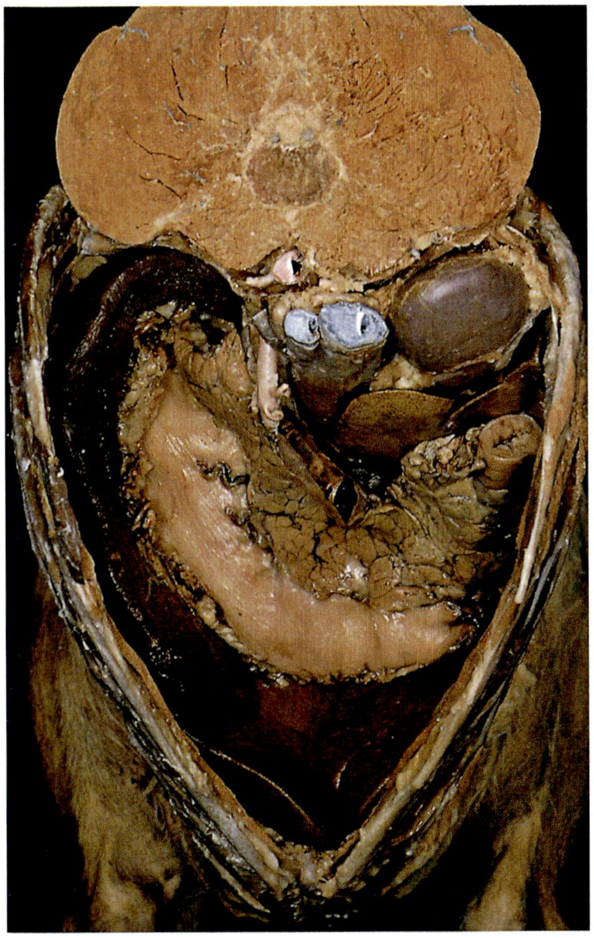

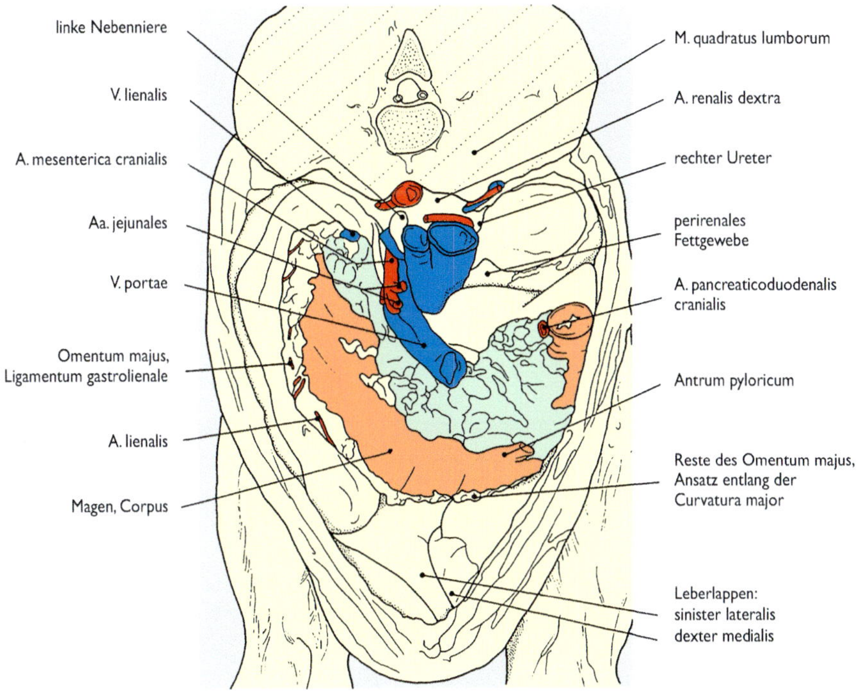

Abb. 6.89 Eingeweide des kranialen Abdomens (2). Pankreas, Magen und Milz: kaudale Ansicht. Das oberflächliche und tiefe Blatt des Omentum majus wurden entfernt sowie Gewebe um die A. mesenterica cranialis und die V. portae hepatis herum abpräpariert. Die Milz liegt ausschließlich in der linken Körperhälfte und besitzt im Vergleich zu anderen Präparaten eine „eher normale" Größe (siehe auch Abb. 6.25, 6.77, 6.96, 6.97).

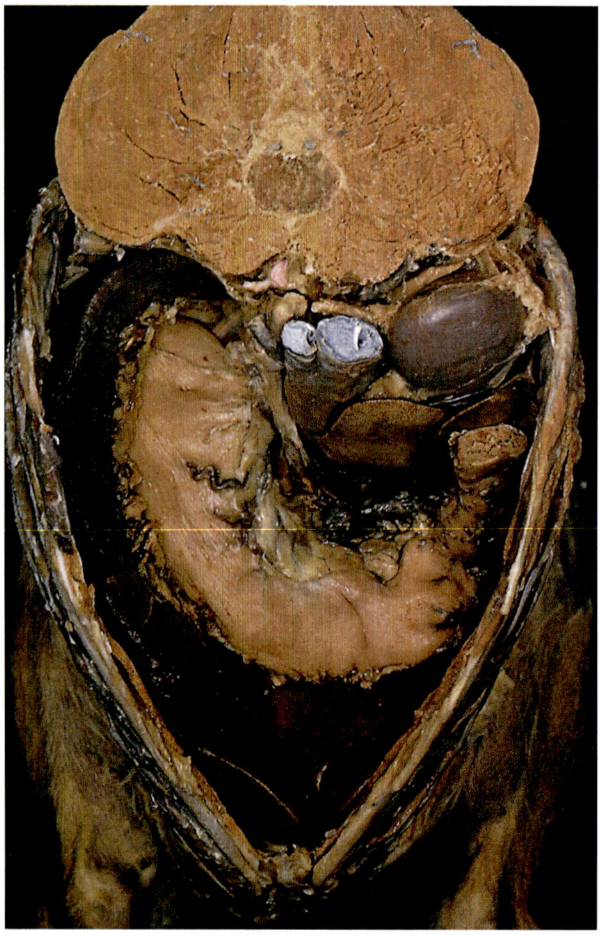

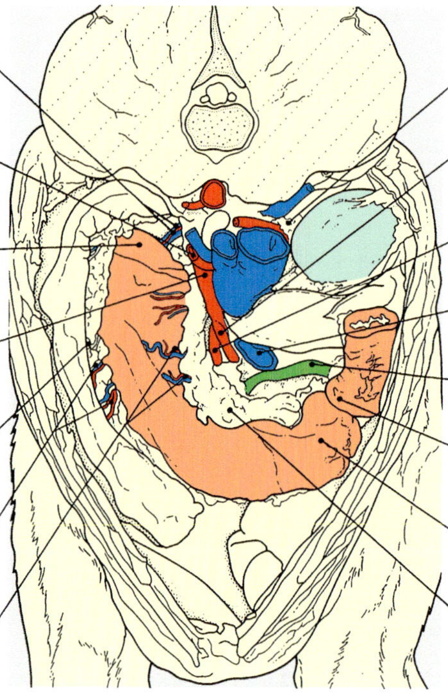

Abb. 6.90 Eingeweide des kranialen Abdomens (3). Magen, Milz und rechte Niere: kaudale Ansicht. Das Pankreas wurde entfernt, wodurch die Facies visceralis des Magens vom Fundus auf der linken bis zur Flexura duodeni cranialis auf der rechten Seite freigelegt ist. Die Lage des Magens und seine Lagebeziehungen sind von ventral in den Abb. 6.79-6.82 und im Schnitt in den Abb. 6.94, 6.95 dargestellt.

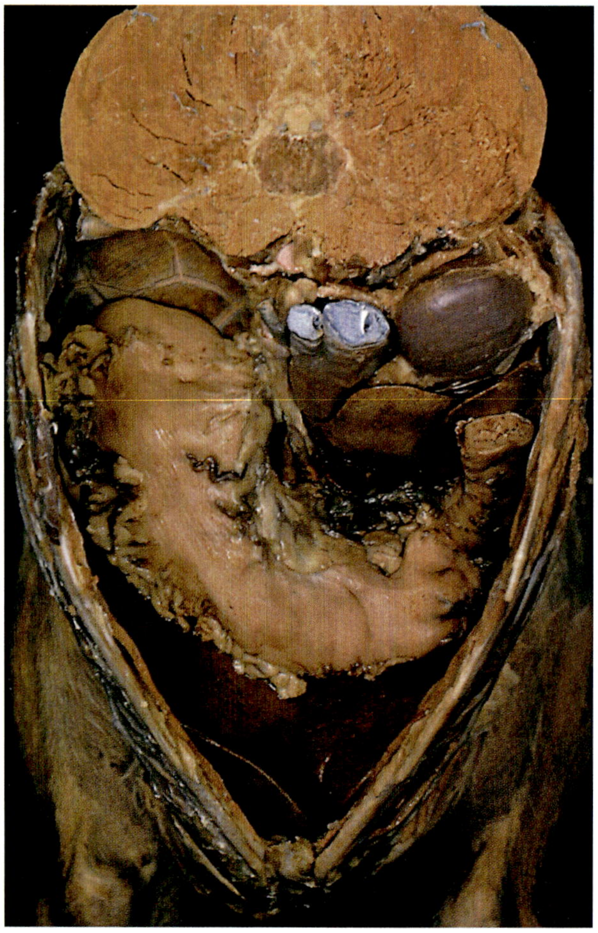

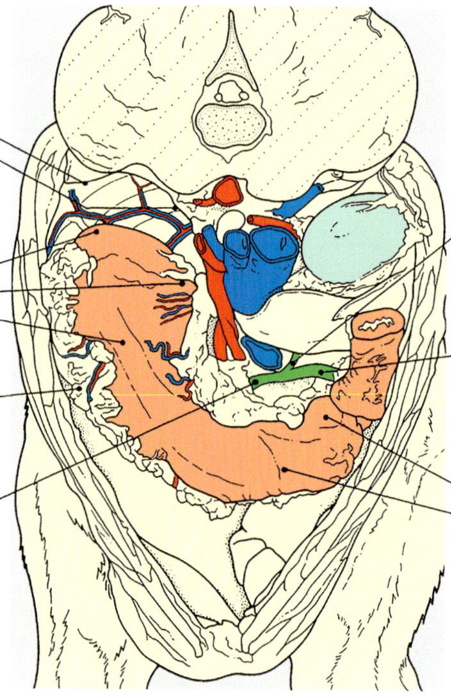

Abb. 6.91 Eingeweide des kranialen Abdomens (4). Magen und Leber: kaudale Ansicht. Die Milz wurde entnommen und das Omentum minus zum Teil entfernt. Dadurch wurde der Magen in Beziehung zur Facies visceralis der Leber vollständig *in situ* freigelegt. Ein Rest des Ligamentum gastrolienale ist noch an der Curvatura major des Fundus und Corpus ventriculi vorhanden; die Kardia liegt links der A. coeliaca.

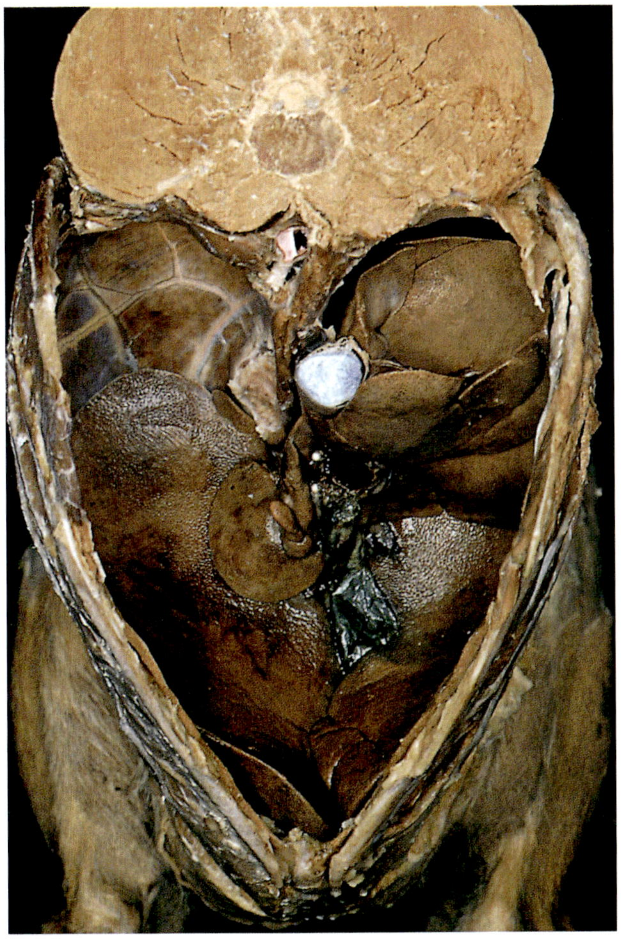

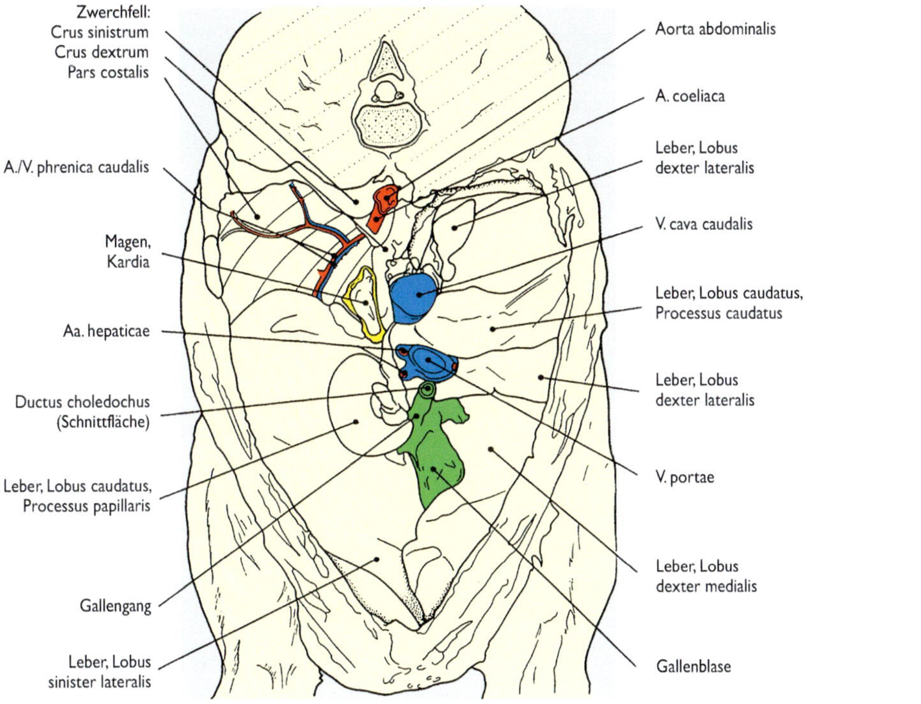

Abb. 6.92 Leber und Zwerchfell: kaudale Ansicht. Der Magen wurde an der Kardia abgesetzt und entnommen. Reste des Omentum minus wurden aus dem Bereich der Leberpforte entfernt. Die rechte Niere wurde aus ihrer Grube im Lobus caudatus der Leber entfernt. Durch Kürzung der V. cava caudalis wurden die Vv. renales entfernt und durch das Absetzen der Arteria coeliaca wurden auch deren Äste entfernt. Der Ductus choledochus wurde nahe der Pforte durchtrennt.

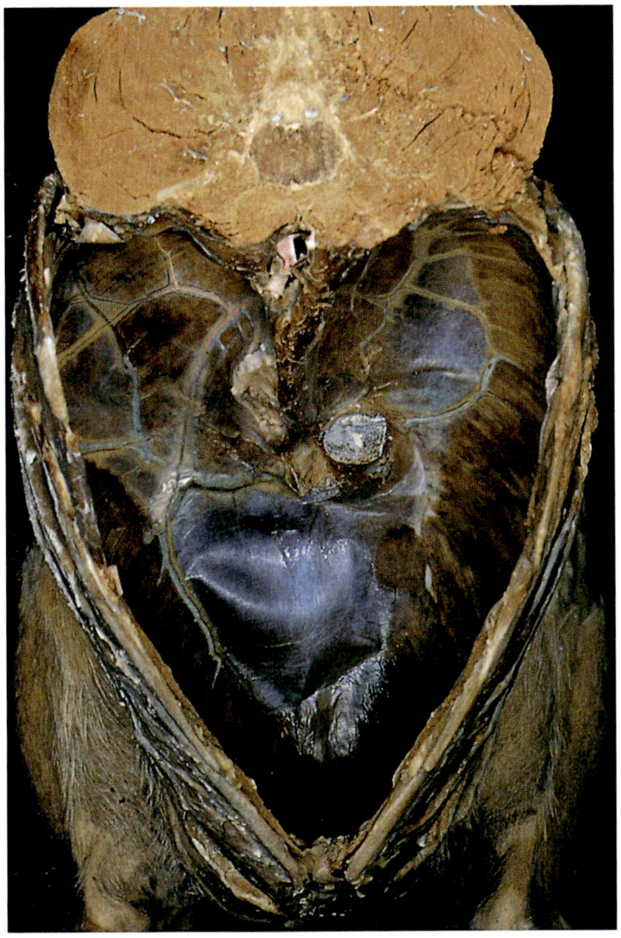

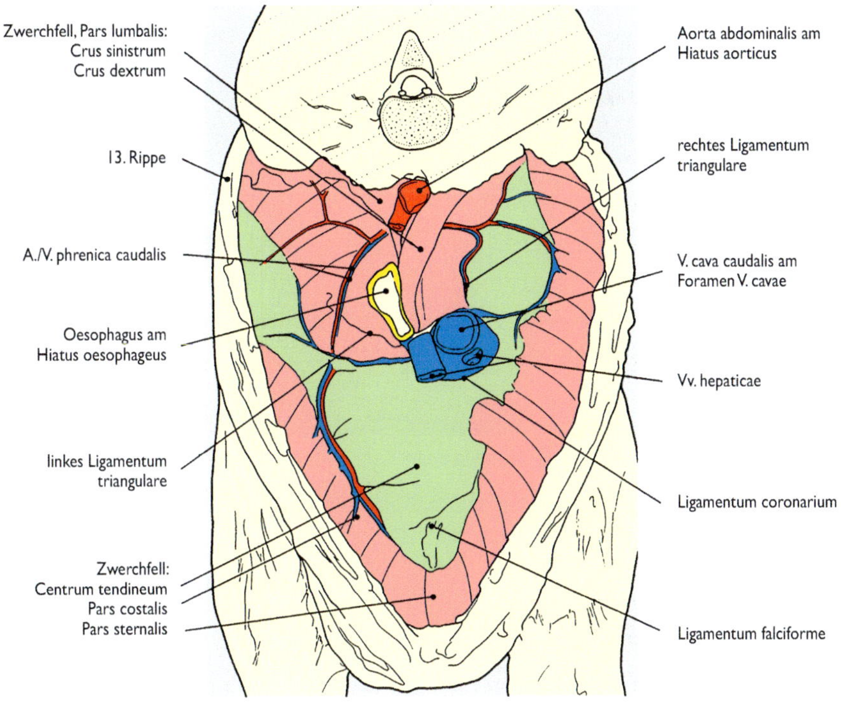

Abb. 6.93 Zwerchfell: kaudale Ansicht. Die Leber wurde entfernt und die V. cava caudalis weiter gekürzt, um die Kardia des Magens und die kaudale Oberfläche des Zwerchfells freizulegen (siehe auch Abb. 5.91 für eine kraniale Ansicht). Das Foramen V. cavae im Centrum tendineum ist von Resten des Ligamentum coronarium umgeben. Die Ligamenta triangularia sind auf beiden Seiten des zentralen Sehnenspiegels sichtbar.

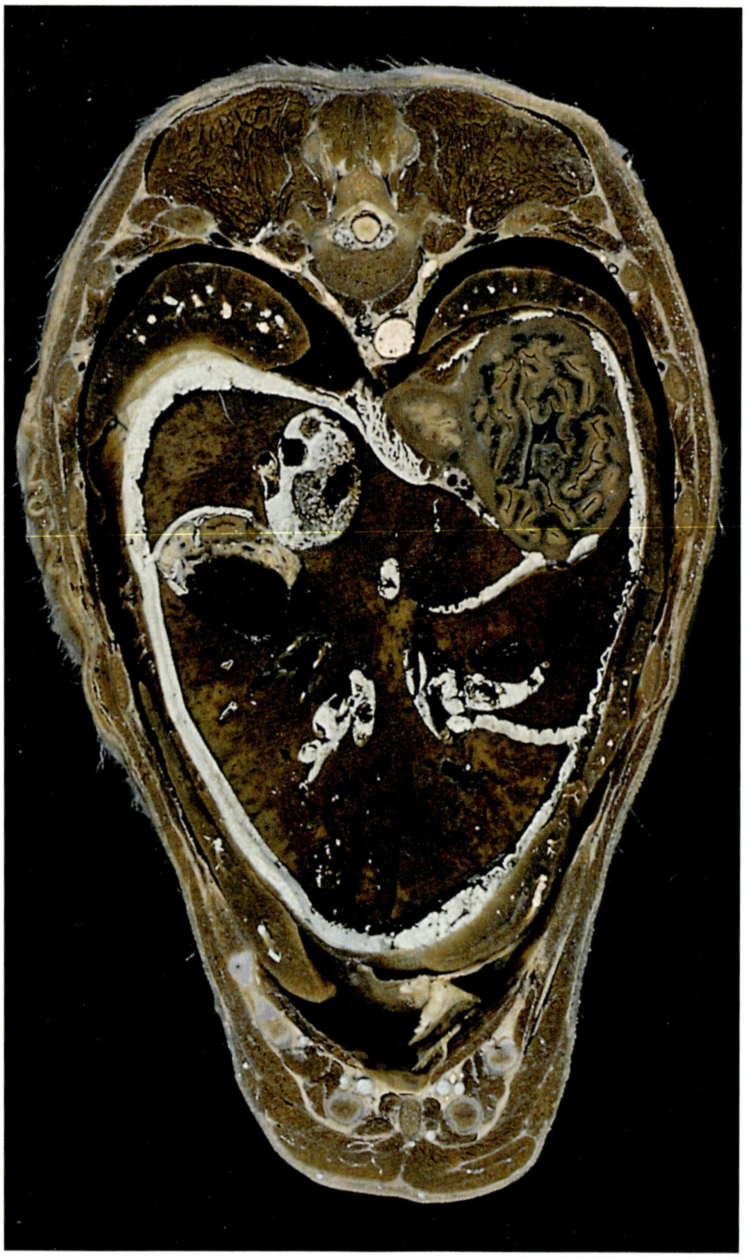

Abb. 6.94 Transversalschnitt (1). Durch Leber und Zwerchfell am Hiatus oesophageus: kraniale Ansicht. Dieser und die folgenden sieben Schnitte durch das Abdomen entsprechen nahezu den Ebenen, die in der entsprechenden Skizze eingezeichnet sind, und werden aus der kranialen Perspektive gezeigt. Sie sind eine Fortsetzung von Transversalschnittserien durch den Thorax (Kapitel 5) und werden bis in das Becken fortgesetzt (Kapitel 7). In diesem ersten Schnitt ist der Hiatus oesophageus des Zwerchfells sichtbar, wobei die Crura diaphragmatica die Kardia des Magens flankieren. Der Fundus des Magens wölbt sich auf der linken Seite hervor (siehe auch Abb. 6.81, 6.91). Der am weitesten kranial lokalisierte Abschnitt der Leber, welcher der viszeralen Oberfläche des Zwerchfells anliegt, ist angeschnitten und auf dieser Höhe nur unvollständig in Lappen unterteilt.

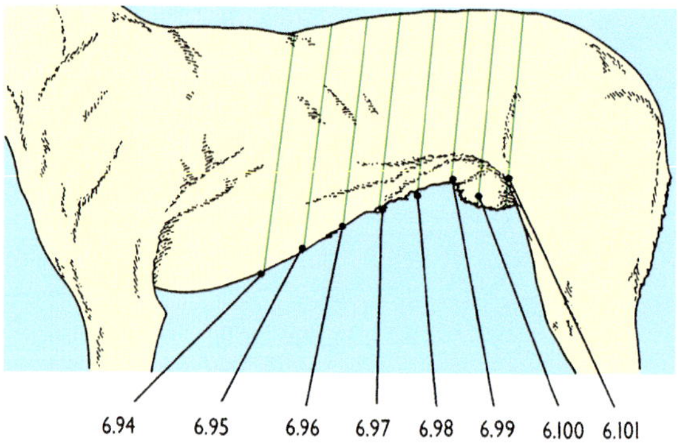

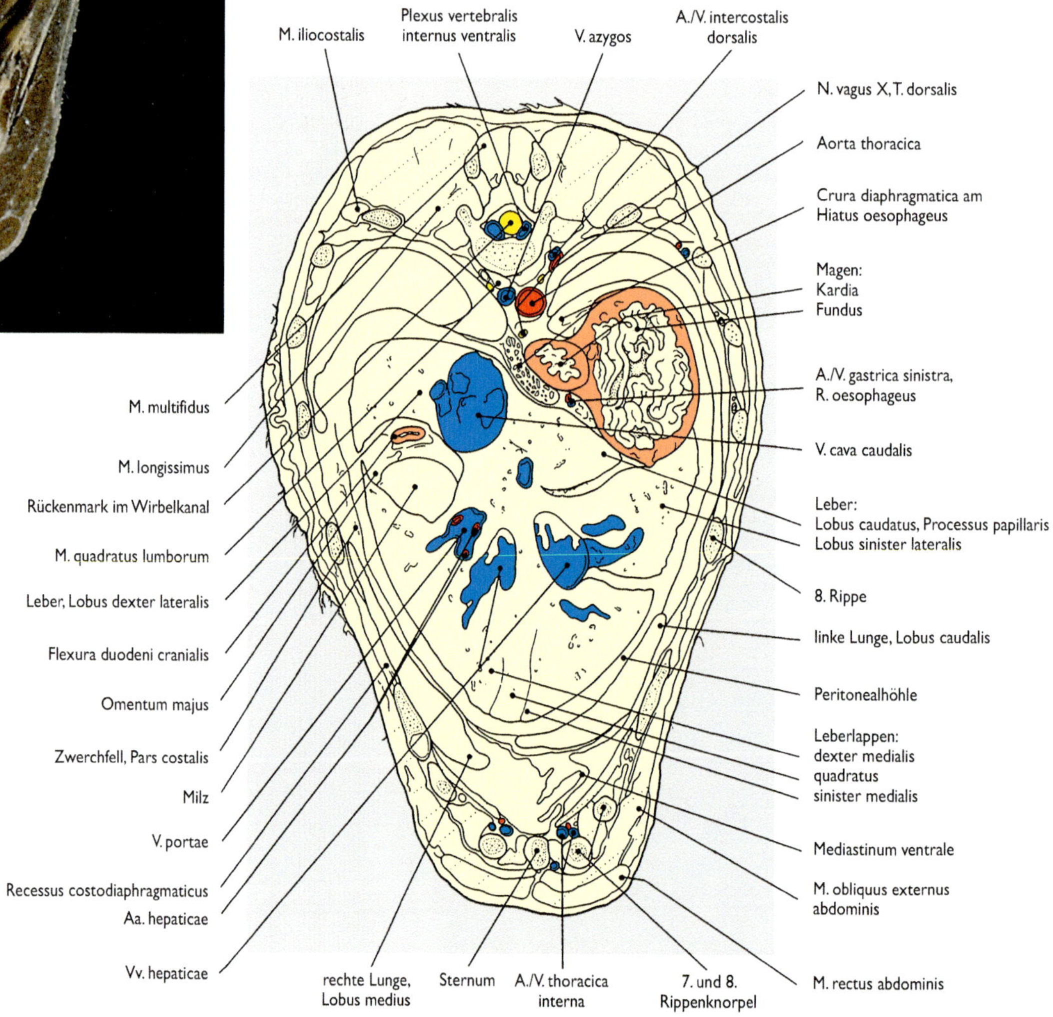

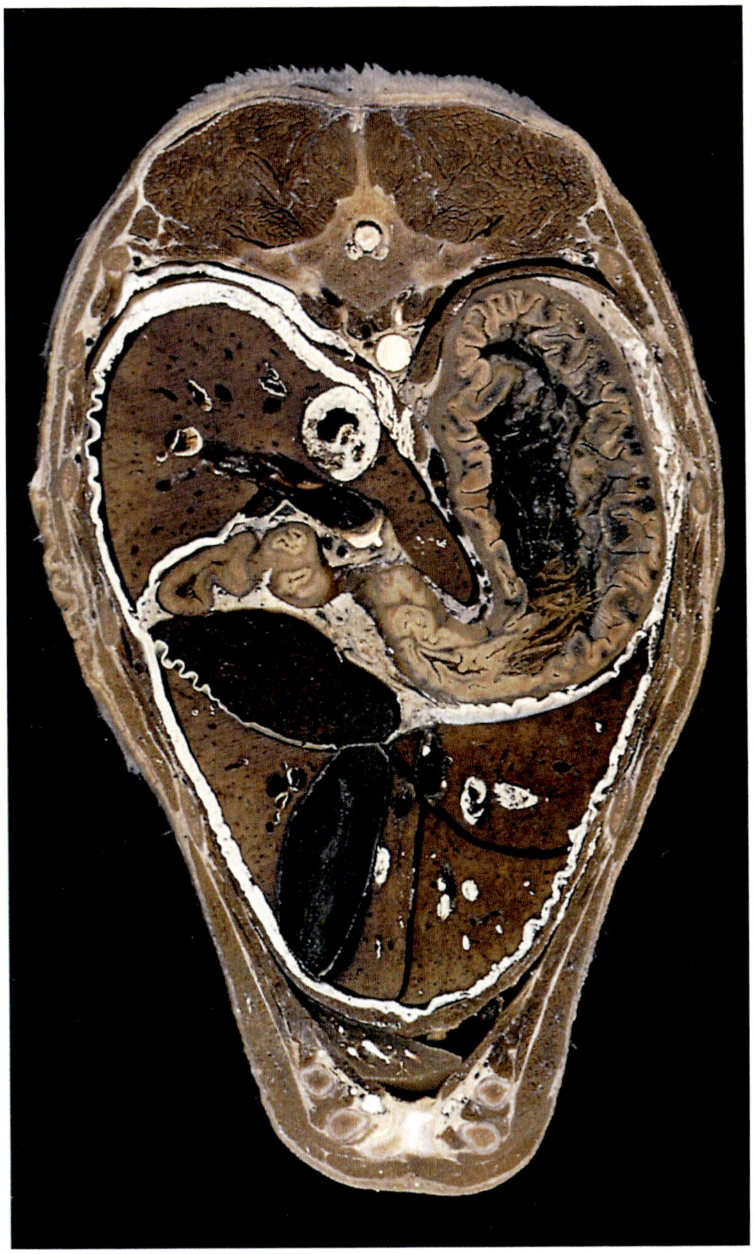

Abb. 6.95 Transversalschnitt (2). Durch Leber, Gallenblase, Magen und Flexura duodeni cranialis: kraniale Ansicht. Dieser Schnitt führt durch Magen und Leber. Er zeigt die beinahe transversale Ausrichtung der Längsachse des Magens mit dem Fundus auf der linken Seite und dem Pylorus auf der rechten (siehe auch Abb. 6.80, 6.91). Die Leberlappen sind deutlich voneinander getrennt und die große Gallenblase ist angeschnitten. Die angeschnittene Extremitas ventralis der Milz liegt ebenfalls auf der rechten Körperseite, eine untypische Lage, die durch eine Schwellung der Milz in Folge einer Barbituratanästhesie bedingt ist (siehe auch Abb. 6.25, 6.51, 6.77, 6.96). Die Partes costales des Zwerchfells sind angeschnitten und die Recessus costodiaphragmaticus eröffnet. Etwas Lungengewebe (rechte Lunge, kaudaler Lappen) ist noch vorhanden und das ventrale Mediastinum ist intakt.

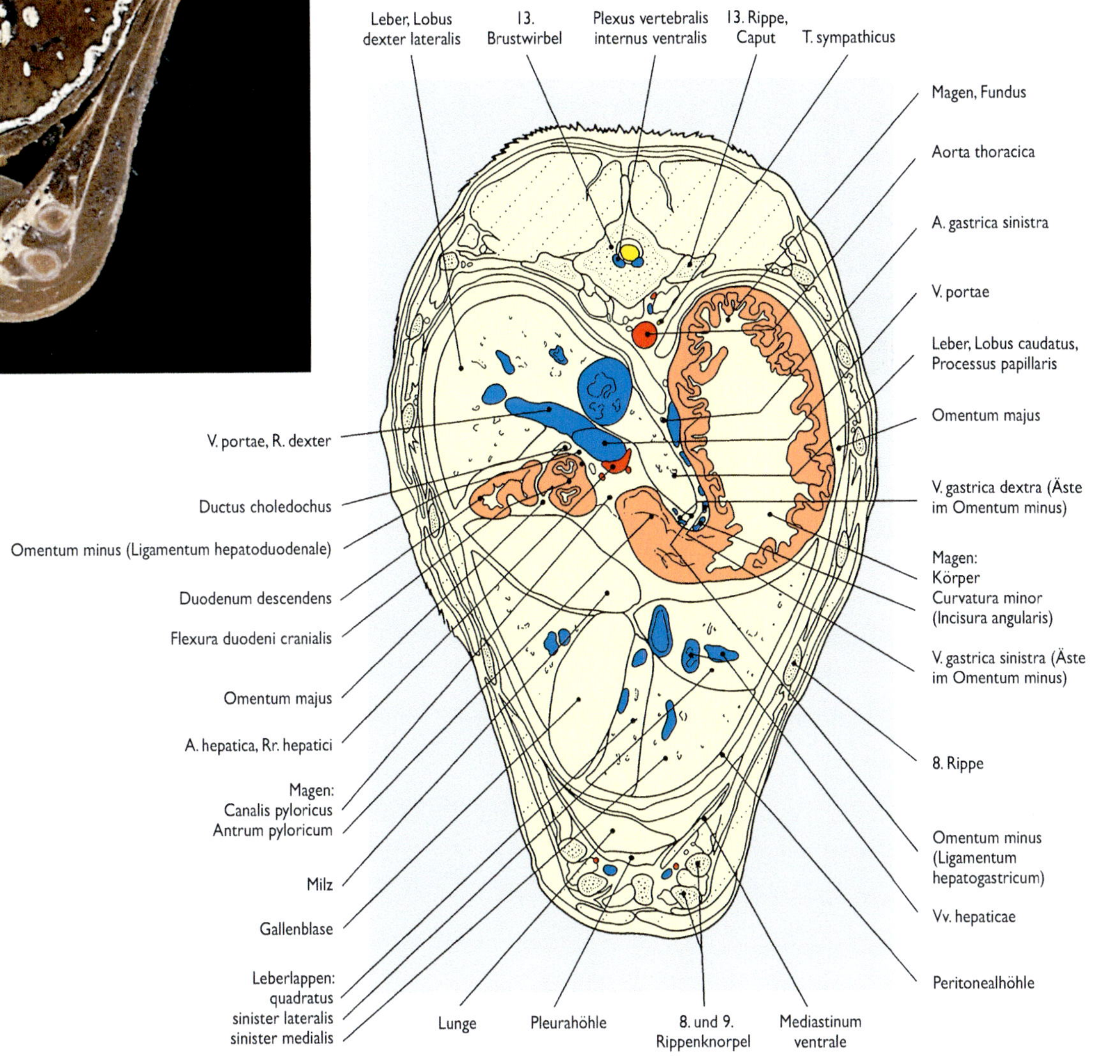

Abb. 6.96 Transversalschnitt (3). Durch die Milz, rechte Niere und den Hiatus aorticus des Zwerchfells: kraniale Ansicht. In diesem Präparat nimmt die enorm vergrößerte Milz wesentlich mehr Raum ein als es normalerweise der Fall ist. Üblicherweise beschränkt sich ihre Lage auf die linke Körperseite, nur ihre Extremitas ventralis hat Kontakt zur Körperwand nahe der ventralen Mittellinie (siehe auch Abb. 6.90). Ventral des Jejunums liegt das Omentum majus, das die Jejunumschlingen von der Milz trennt. Der linke und rechte Pankreaslappen wurden durchtrennt und das Duodenum descendens nimmt seine charakteristische Lage in der rechten Flanke ein. Die Zwerchfellpfeiler sind an der Stelle abgesetzt, wo sie die Aorta descendens annähernd auf Höhe des Hiatus aorticus flankieren.

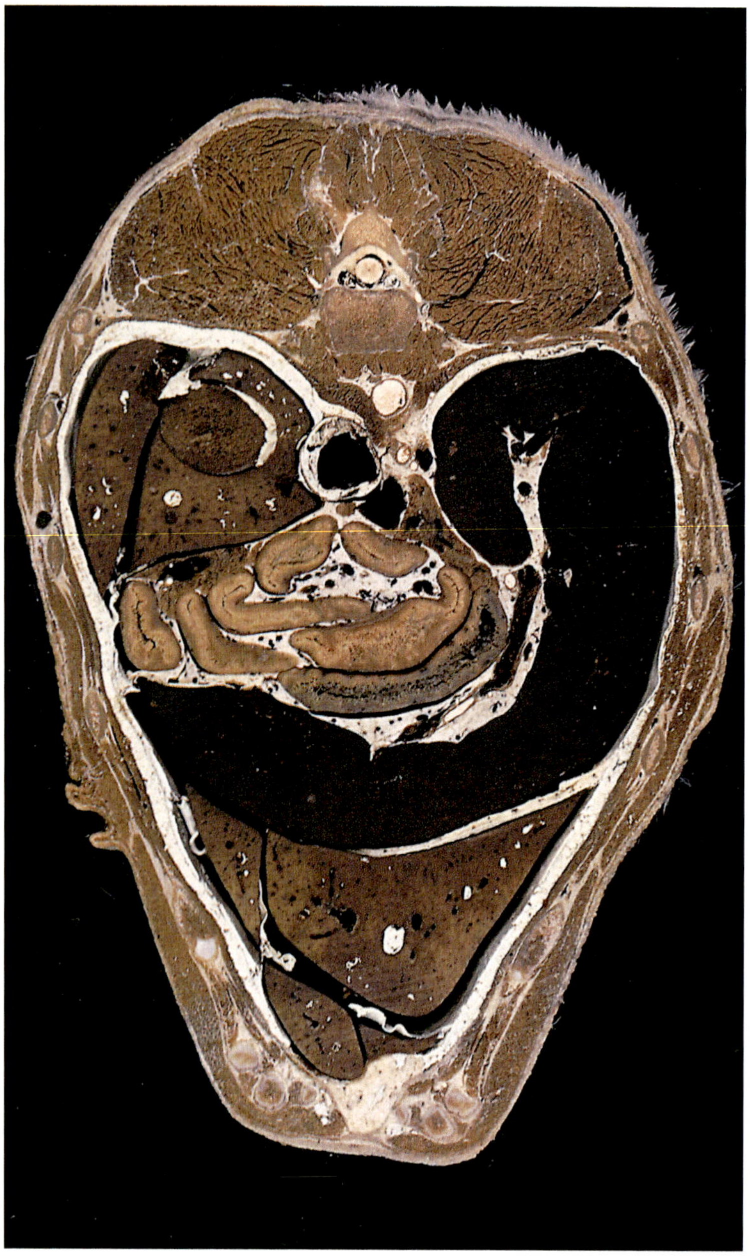

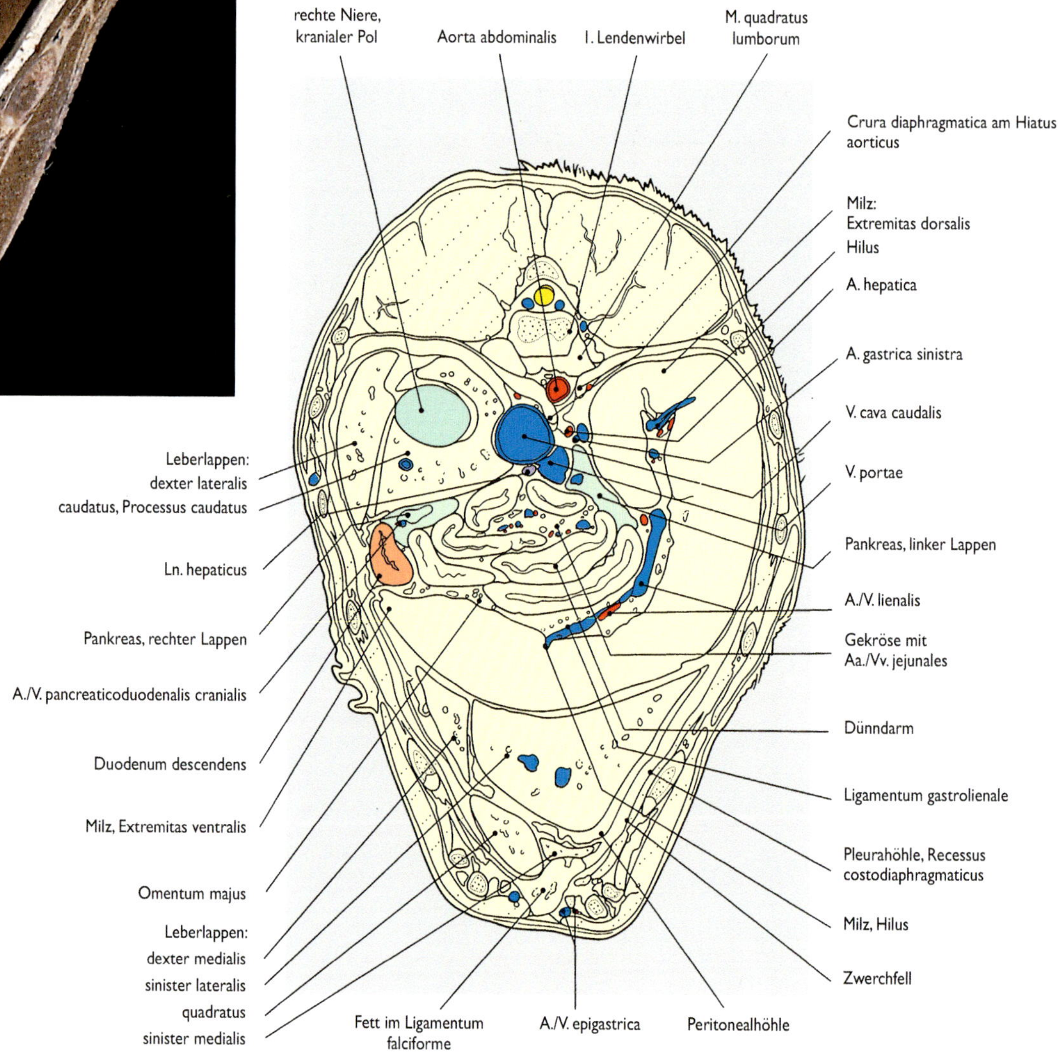

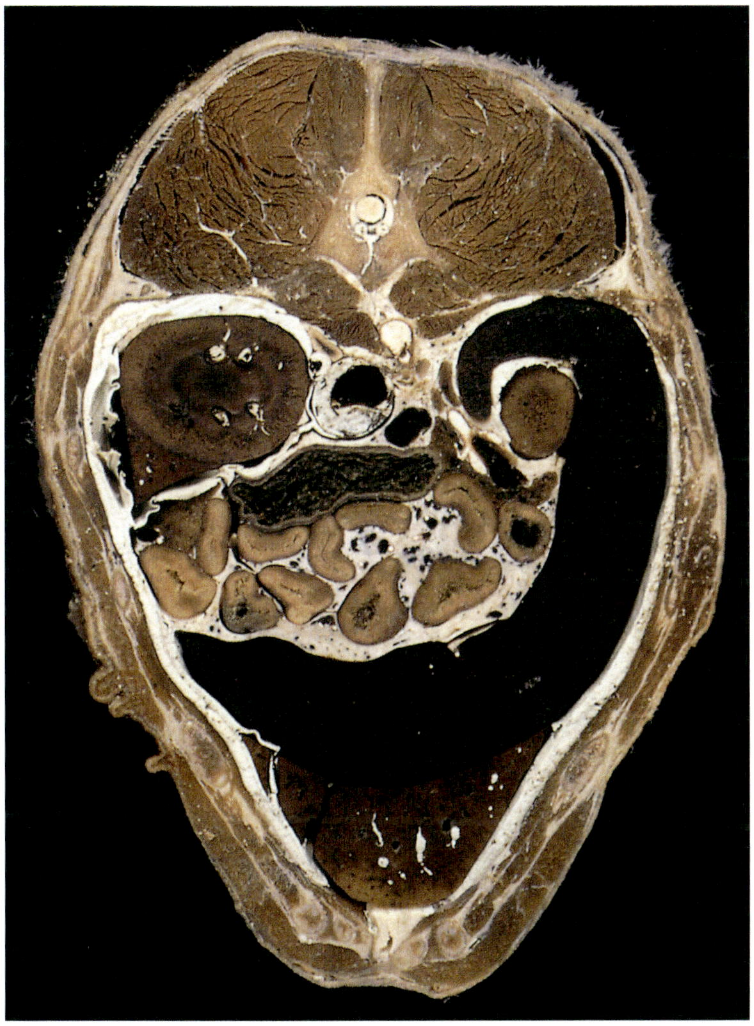

Abb. 6.97 Transversalschnitt (4). Durch Milz, Nieren und Colon transversum: kraniale Ansicht. Dieses Schnittpräparat enthält noch die stark vergrößerte Milz und einige Reste der Leber. Medial der Extremitas dorsalis der Milz sind die A. coeliaca sowie die Ganglien des Plexus coeliacomesentericus sichtbar (siehe auch Abb. 6.36, 6.62). Ventral der V. cava caudalis und der V. portae hepatis wurde das Colon transversum auf seinem Weg von rechts nach links durchtrennt, auf dem es sich von kranial um die Gekrösewurzel „schlingt" (siehe auch Abb. 6.59, 6.81). Das Gekröse der Jejunumschlingen ist von Fettgewebe durchzogen und enthält zahlreiche Jejunalgefäße. Das Omentum majus liegt ventral des Jejunums und seine Aufteilung in ein oberflächliches und tiefes Blatt ist zu sehen. Daher ist die Bursa omentalis sichtbar.

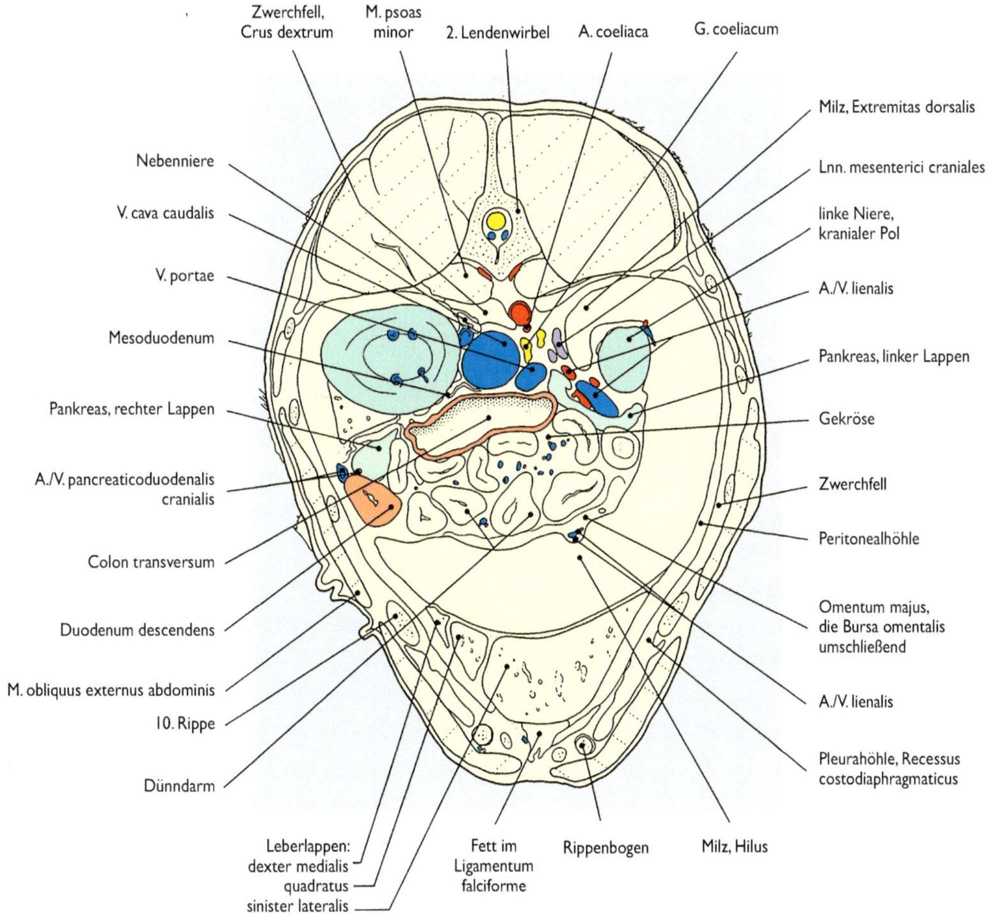

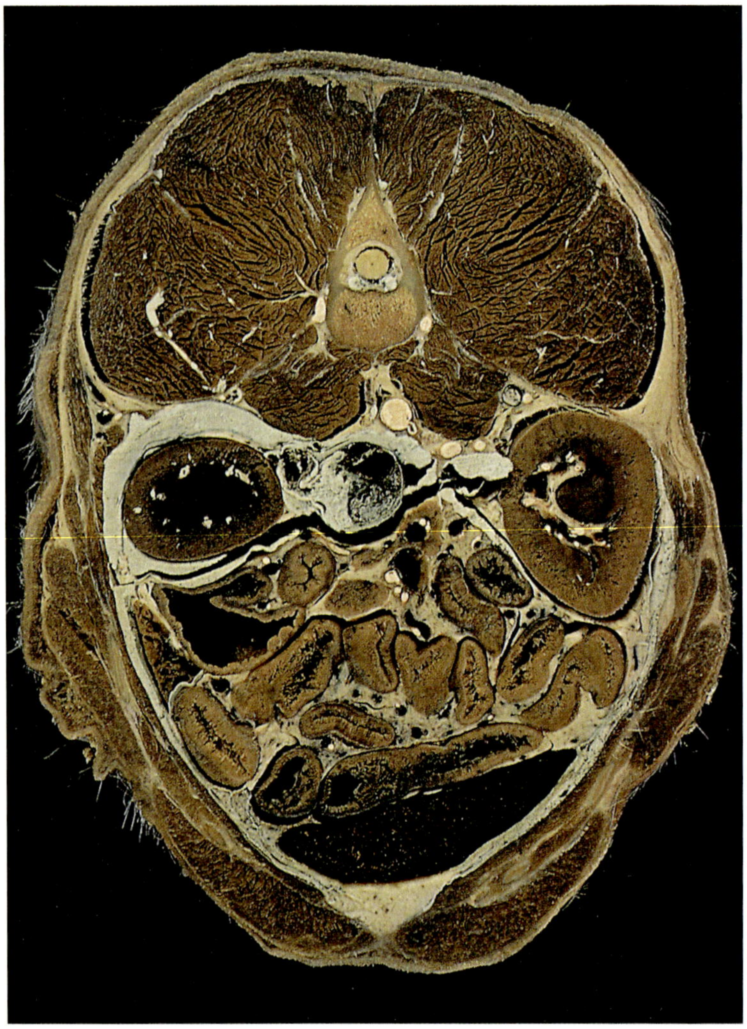

Abb. 6.98 Transversalschnitt (5). Durch Caecum und Gekrösewurzel: kraniale Ansicht. Dieser Schnitt liegt auf Höhe des kranialen Teils der Gekrösewurzel und führt durch die Lnn. mesenterici sowie die A. und V. mesenterica cranialis. Rechts der Wurzel liegen das Ileum, Caecum und Colon ascendens und in der rechten Flanke das Duodenum descendens und der rechte Pankreaslappen. Links der Wurzel liegen das Duodenum ascendens und das Colon descendens (siehe auch Abb. 6.80, 6.81). In diesem Präparat ist wie in allen Schnitten des Abdomens und Beckens der blaue Latex zu erkennen, der während der Injektion durch eine der Venen der Bauchwand ausgetreten ist und die Peritonealhöhle weitgehend infiltriert hat. In den bislang gezeigten Präparaten (Abb. 6.94-6.97) mag dies hilfreich für die Markierung und Identifizierung der Baucheingeweide gewesen sein. In diesem und den weiter kaudal gelegenen Abschnitten des Abdomens und des Beckens hat sich jedoch so viel blauer Latex angesammelt, dass die Verhältnisse bis zu einem gewissen Grad verzerrt und die Identifizierung der Venen undeutlich wird.

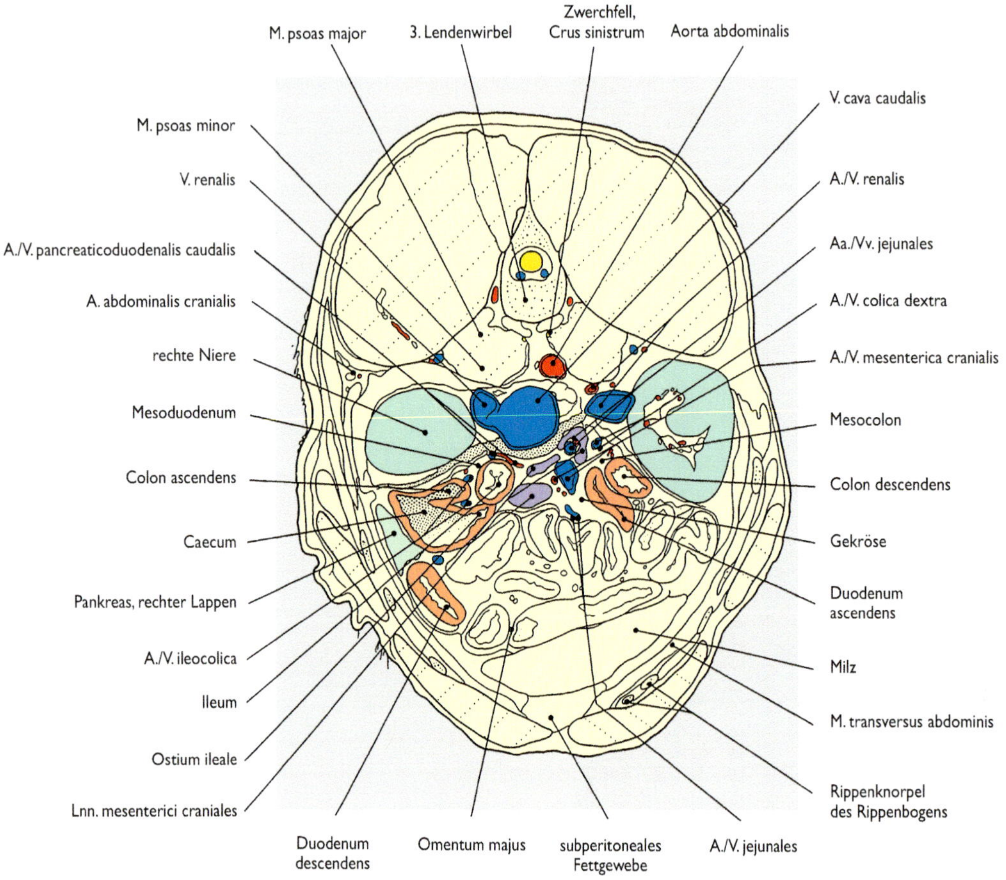

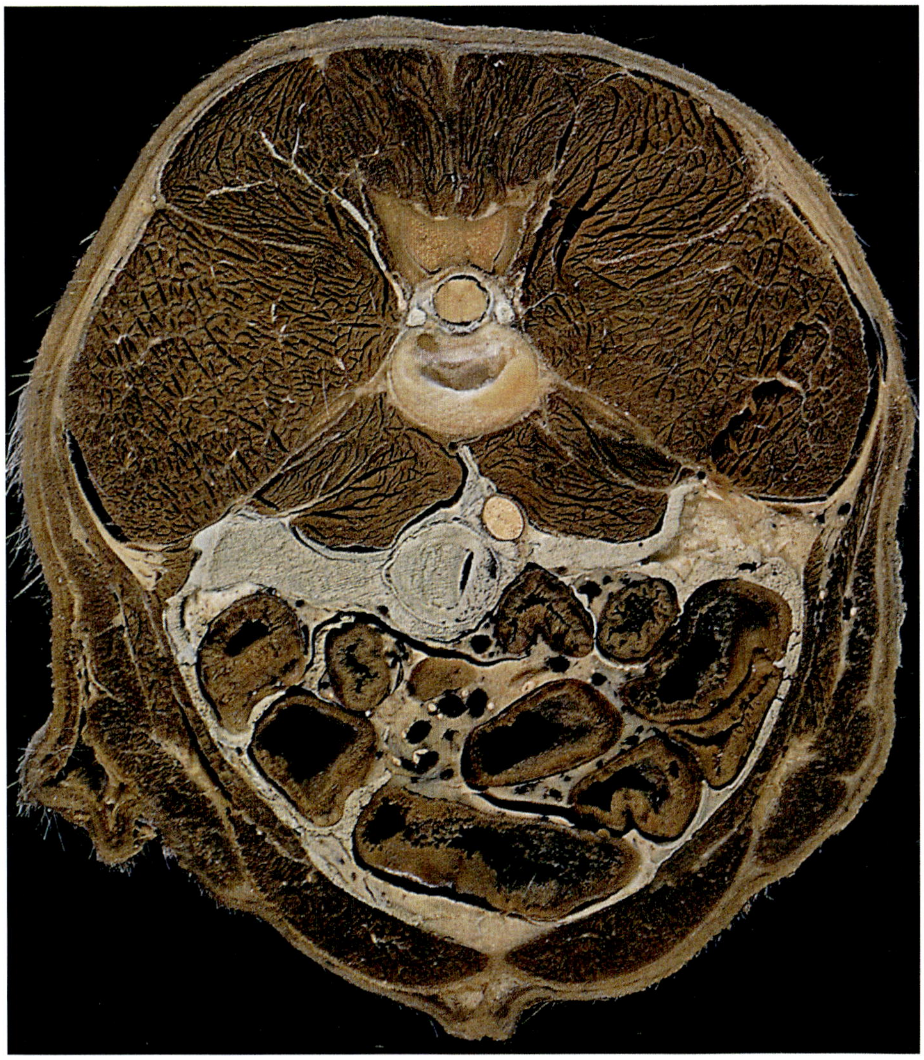

Abb. 6.99 Transversalschnitt (6). Durch die Duodenalschleife, das Jejunum, Ileum und Colon descendens auf Höhe des 4. Lendenwirbels: kraniale Ansicht. Dieser Schnitt verläuft unmittelbar kaudal der Gekrösewurzel. Daher liegt das Duodenum ascendens auf der linken Seite nahe der Medianen und das Ileum auf der rechten Seite. Weiter lateral liegt das Colon descendens auf der linken und das Duodenum descendens auf der rechten Seite (siehe auch Abb. 6.80, 6.81 in der ventralen Ansicht). Dieser Schnitt verläuft durch die Bandscheibe zwischen dem 3. und 4. Lendenwirbel (siehe auch Kapitel 9). Die innere Lendenmuskulatur (Mm. quadratus und psoas) hat in dieser Ebene beträchtliche Ausmaße erreicht. Die Aorta abdominalis und die V. cava caudalis sind bis zu einem bestimmten Grad in die Einziehung zwischen den Muskelblöcken der linken und rechten Seite eingesunken. Leider hat der überschüssige blaue Latex diese Beziehung in gewissem Maße verändert.

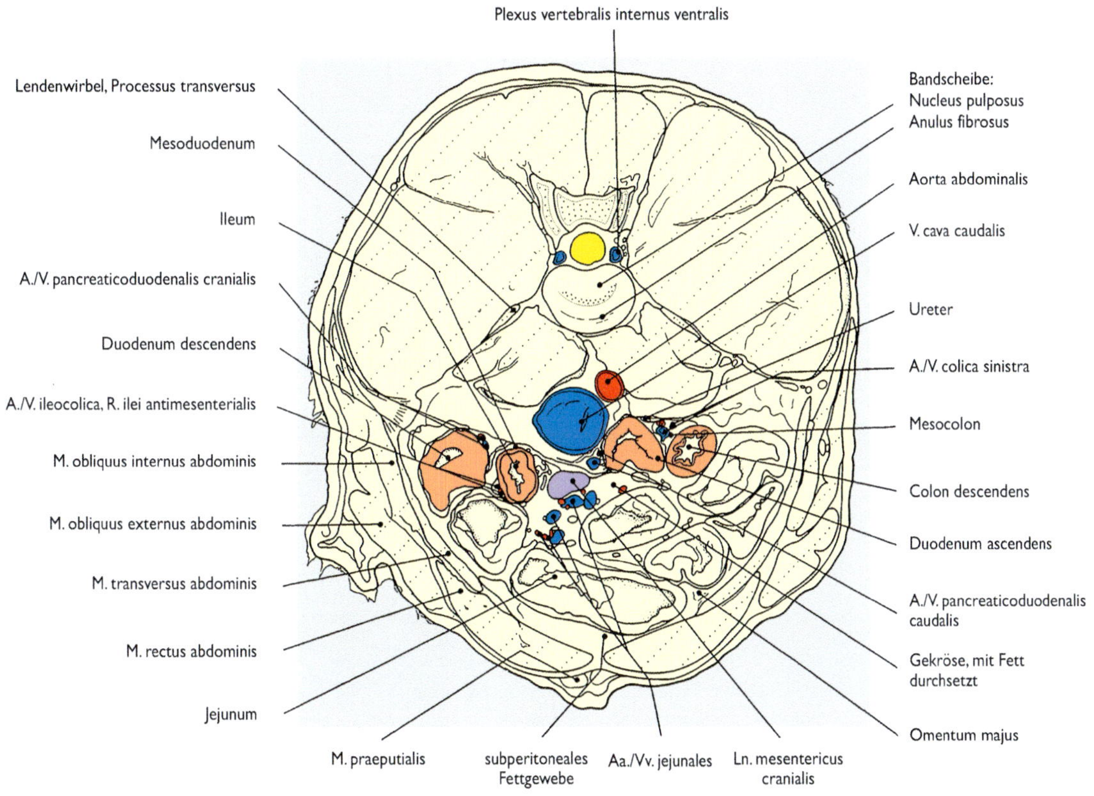

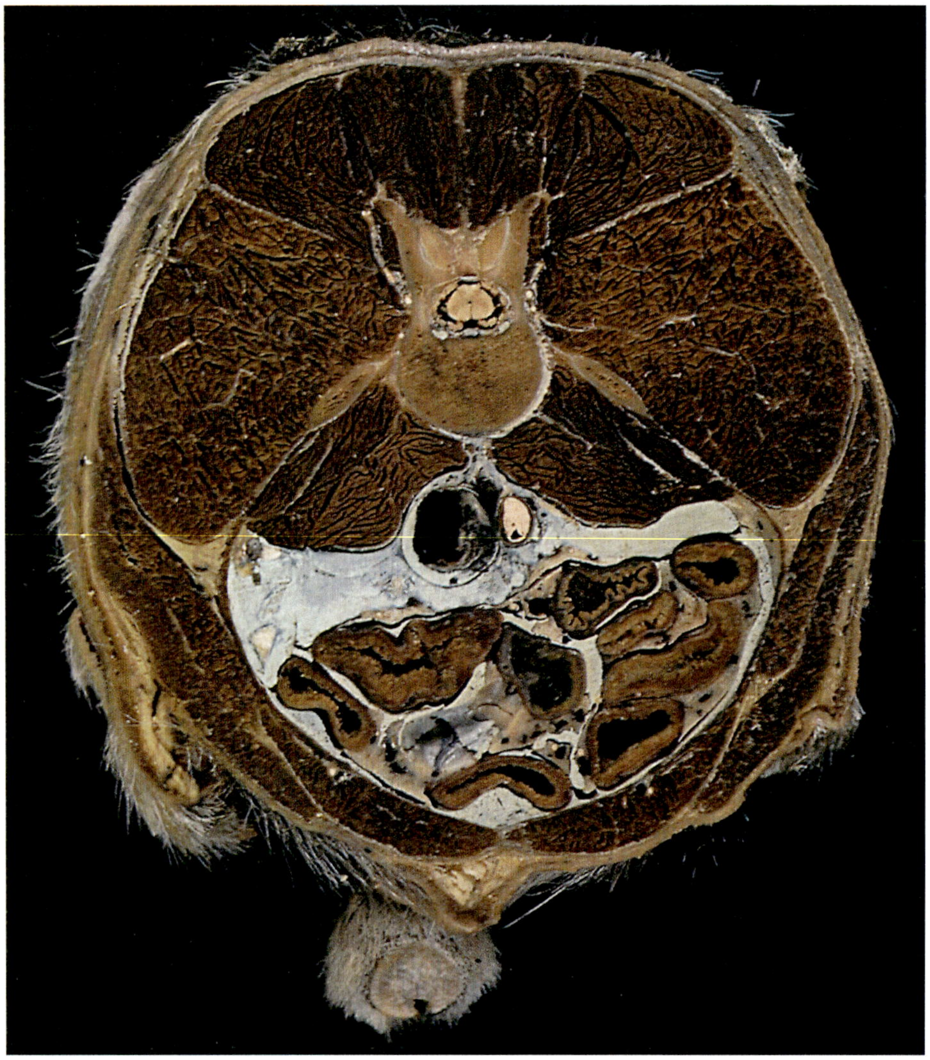

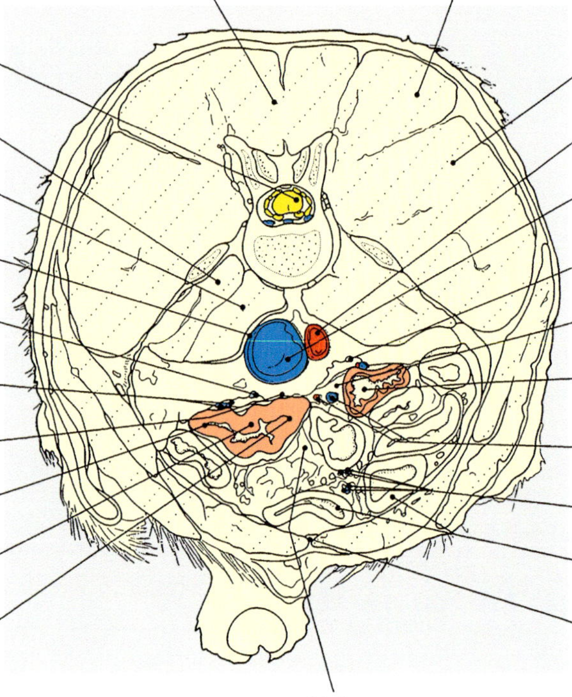

Abb. 6.100 Transversalschnitt (7). Durch die Flexura duodeni caudalis und das Colon descendens auf Höhe des 5. Lendenwirbels: kraniale Ansicht. Dieser Schnitt verläuft durch das kaudale Ende der Flexura duodeni caudalis. Blutgefäße der Hoden und der Ureteren sind auf beiden Seiten im Bereich der dorsalen Bauchwand freigelegt. Der blaue Latex ist jedoch in die Bauchhöhle eingedrungen und hat diese Strukturen aus ihrer ursprünglichen Lage, die im lebenden Tier einen engen Kontakt zur inneren Lendenmuskulatur aufweist, verdrängt. Die Aorta abdominalis und V. cava caudalis liegen zwar „isoliert" innerhalb dieser Latexmasse, aber dennoch deutlich in der Einziehung zwischen den Muskelblöcken der Lendenmuskulatur. Leider konnten Spuren der Cisterna chyli im Bereich der dorsalen Bauchwand weder in diesem noch in einem der vorangegangenen Schnitte durch das Abdomen eindeutig identifiziert werden.

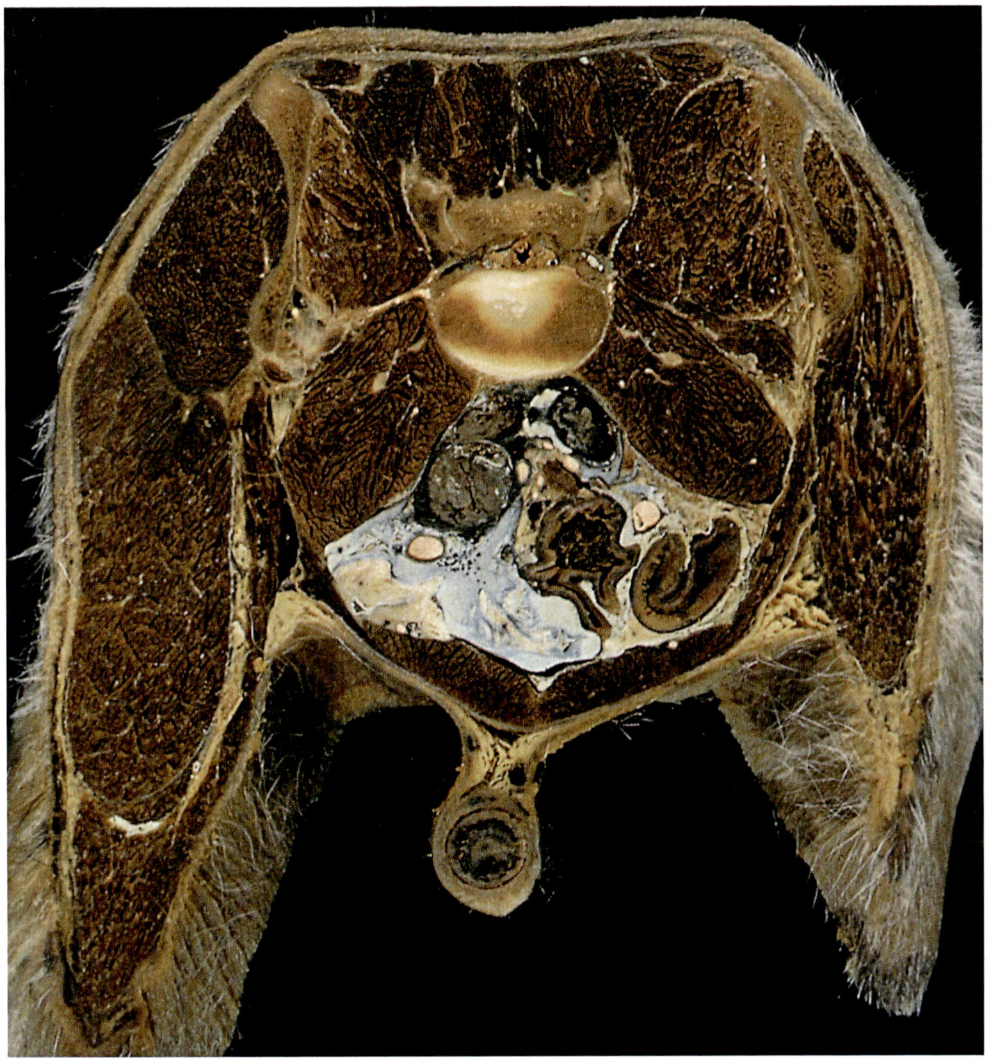

Abb. 6.101 Transversalschnitt (8). Durch den 7. Lendenwirbel, die Alae ossis ilii und die Aa. iliacae externae: kraniale Ansicht. Dieser Schnitt verläuft durch das kaudale Ende des Abdomens. Das Colon descendens ist durchschnitten, wenn auch etwas verzerrt durch die blaue Latexmasse, welche die rechte Seite der Bauchhöhle einnimmt. Auf der linken Seite ist eine letzte Jejunumschlinge in ihrer Position verblieben. An der dorsalen Bauchwand sind die äußeren und inneren Iliakalgefäße und ein einzelner Ln. hypogastricus dorsal des Colon descendens zu sehen. Beide Ureteren sind zu erkennen, wobei der linke durch den ausgetretenen Latex beträchtlich verlagert wurde. Im Bereich der Bauchwand treten die Mm. recti abdominis deutlich hervor, an deren Innenseiten sich kaudale epigastrische Gefäßen befinden (siehe auch Abb. 6.20, 6.46). Oberflächliche epigastrische Gefäße sind in der Fascia abdominis superficialis dorsal des Penis sichtbar. Der Schnitt durch den Penis liegt auf Höhe des kranialen Abschnitts des Peniskörpers und zeigt die Pars longa glandis, die das Os penis umgibt. Das durchschnittene Präputium umgibt das Cavum praeputiale.

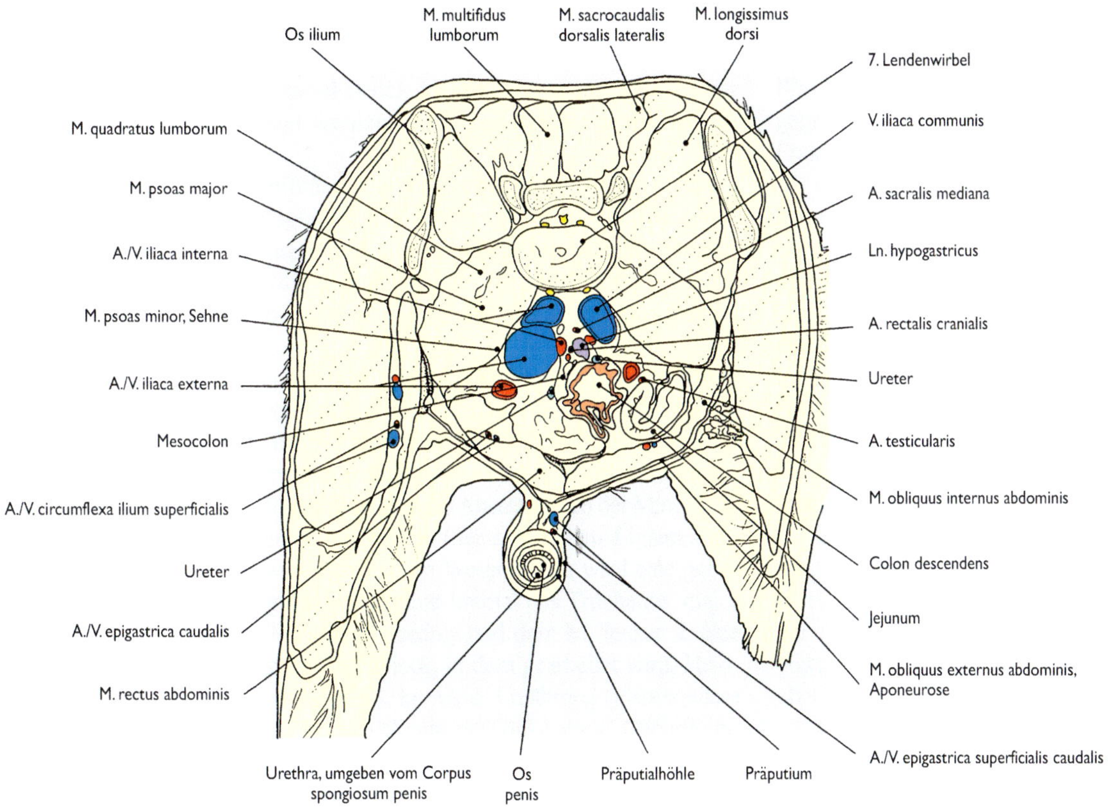

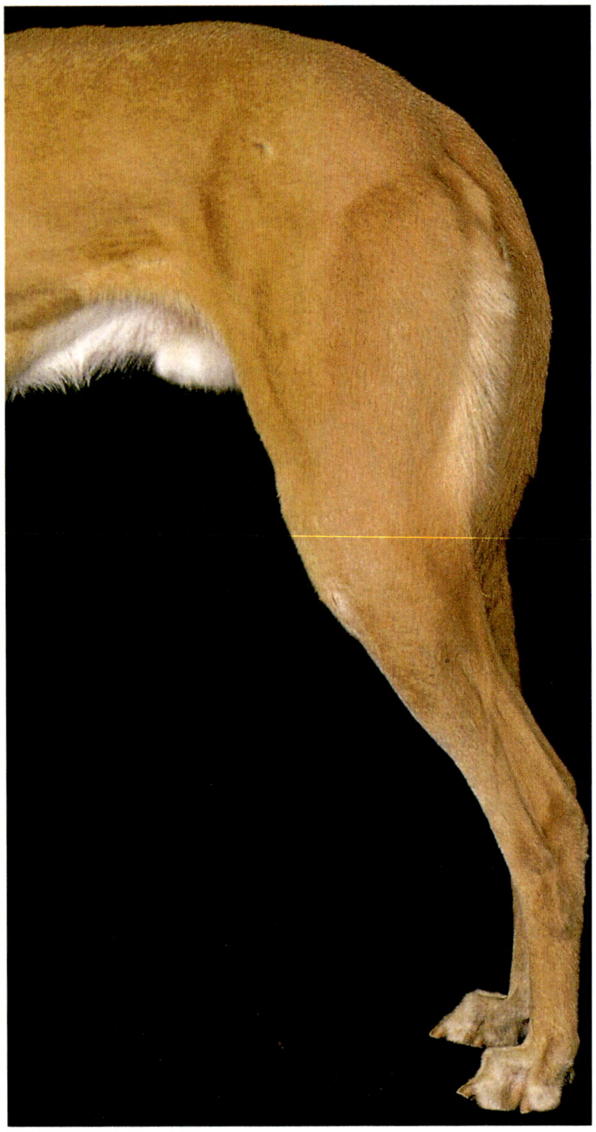

Abb. 7.1 Oberflächenmerkmale der Beckengliedmaße: linke laterale Ansicht. Die tastbaren knöchernen Vorsprünge der Beckengliedmaße werden auf dieser Abbildung gezeigt. Zusätzlich werden mehrere Muskeln, die leicht palpierbar und/oder deren Umrisse deutlich erkennbar sind, dargestellt. Obwohl das Hüftgelenk von der Oberfläche aus nicht tastbar ist, zeigt der lateral des Hüftgelenks gelegene Trochanter major ossis femoris dessen Lage an. Im unteren Beinabschnitt bildet der Tendo calcaneus communis einen klar definierten Strang, der auf dem Tuber calcanei („Fersenbeinhöcker") endet. Seine drei Anteile – die Sehne des M. gastrocnemius, die Sehne des M. flexor digitorum superficialis und der Tendo accessorius der langen Sitzbeinmuskeln – können bei erhobener Pfote abgegrenzt werden, wenn die Spannung aus der Sehne genommen wird. Abb. 7.1A zeigt die topografischen Hauptregionen der Beckengliedmaße auf der Basis der inneren Skelettanteile: Die untergeordneten topographischen Regionen stehen in Bezug zu den darunterliegenden Gelenken zwischen den Segmenten.

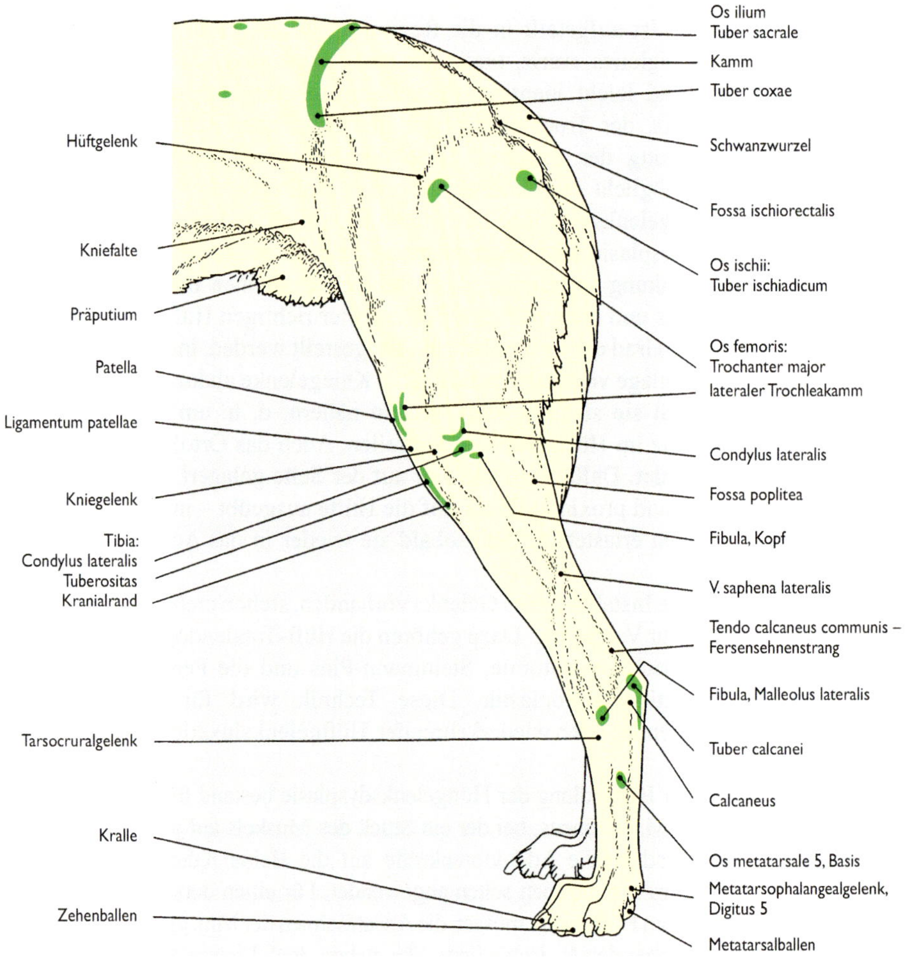

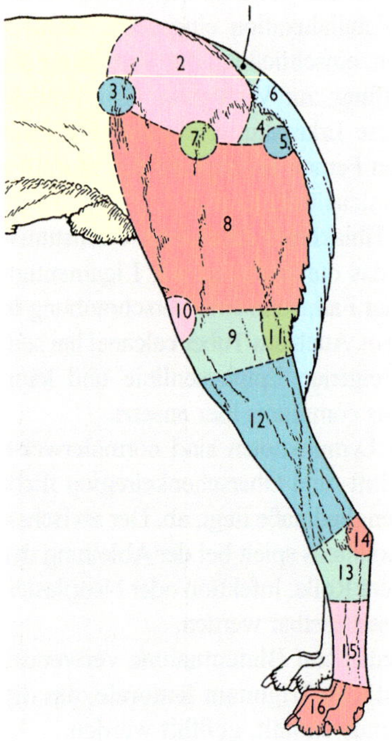

Abb. 7.1A Topographische Regionen der Beckengliedmaße: linke laterale Ansicht. **1-6** Regiones pelvis. **1** Regio sacralis. **2** Regio glutaea. **3** Regio tuberis coxae. **4** Fossa ischiorectalis. **5** Regio tuberis ischiadici. **6** Regio caudalis. **7** Regio articulationis coxae. **8** Regio femoris. **9** Regio genus (Kniegelenk). **10** Regio patellaris. **11** Regio poplitea. **12** Regio cruris. **13** Regio tarsi. **14** Regio calcanea. **15** Regio metatarsi. **16** Regio phalangis (digiti).

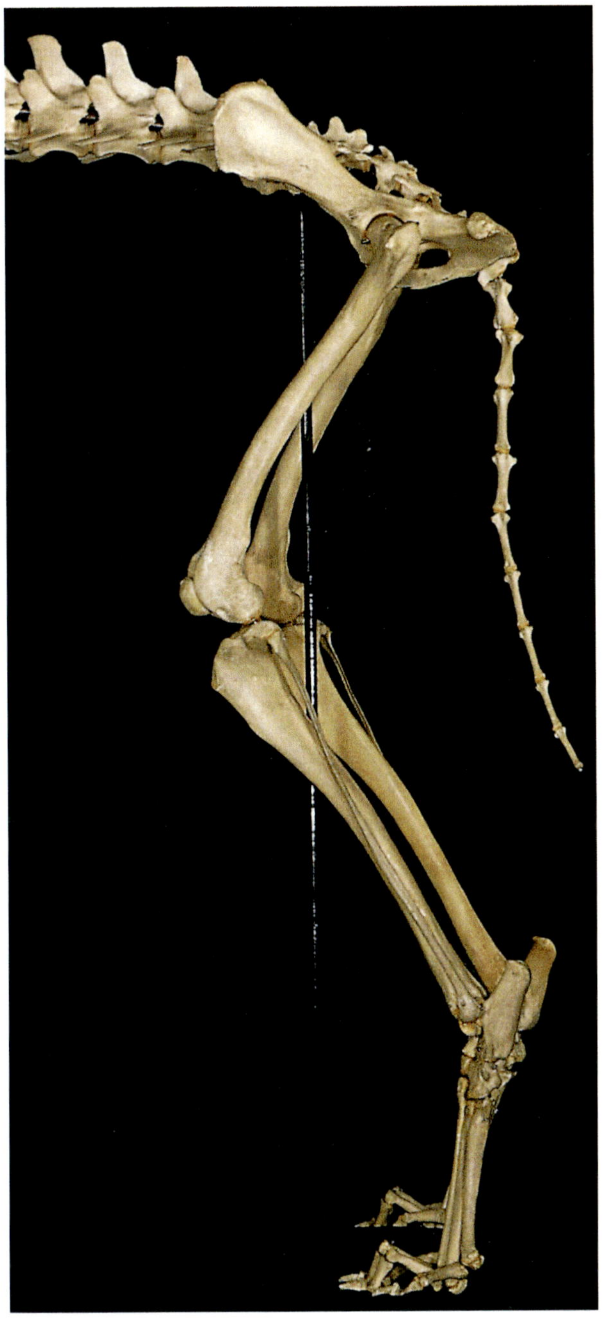

Abb. 7.2 Skelett der Beckenliedmaße: linke laterale Ansicht. Die tastbaren Knochenpunkte, die in der Oberflächenansicht in Abb. 7.1 gezeigt werden, werden in der Zeichnung farbig dargestellt. Die der Wirbelsäule benachbarten Knochen sind im Bild dargestellt, um die topografischen Beziehungen zwischen beiden in normaler stehender Haltung zu zeigen.
Im Gegensatz zur Schultergliedmaße gibt es eine feste knöcherne Verbindung zwischen Beckengliedmaße und Rumpf – die linken und rechten Beckenknochen sind zu einem Beckengürtel vereint, der mit der Wirbelsäule durch starke, kaudomedial des jeweiligen Tuber sacrale gelegene Sakroiliakalgelenke verbunden ist. Jeder Beckenknochen hat aus der Frühentwicklung vier Anteile, die frühzeitig (im Alter von 2-3 Monaten) miteinander verschmelzen. Die drei offensichtlichen Anteile (Os ilium, Os ischii, Os pubis) haben jeweils palpierbare Merkmale, die hier gezeigt werden. Der vierte Anteil (Os acetabulare) ist klein und liegt in der Fossa acetabuli des Hüftgelenks.

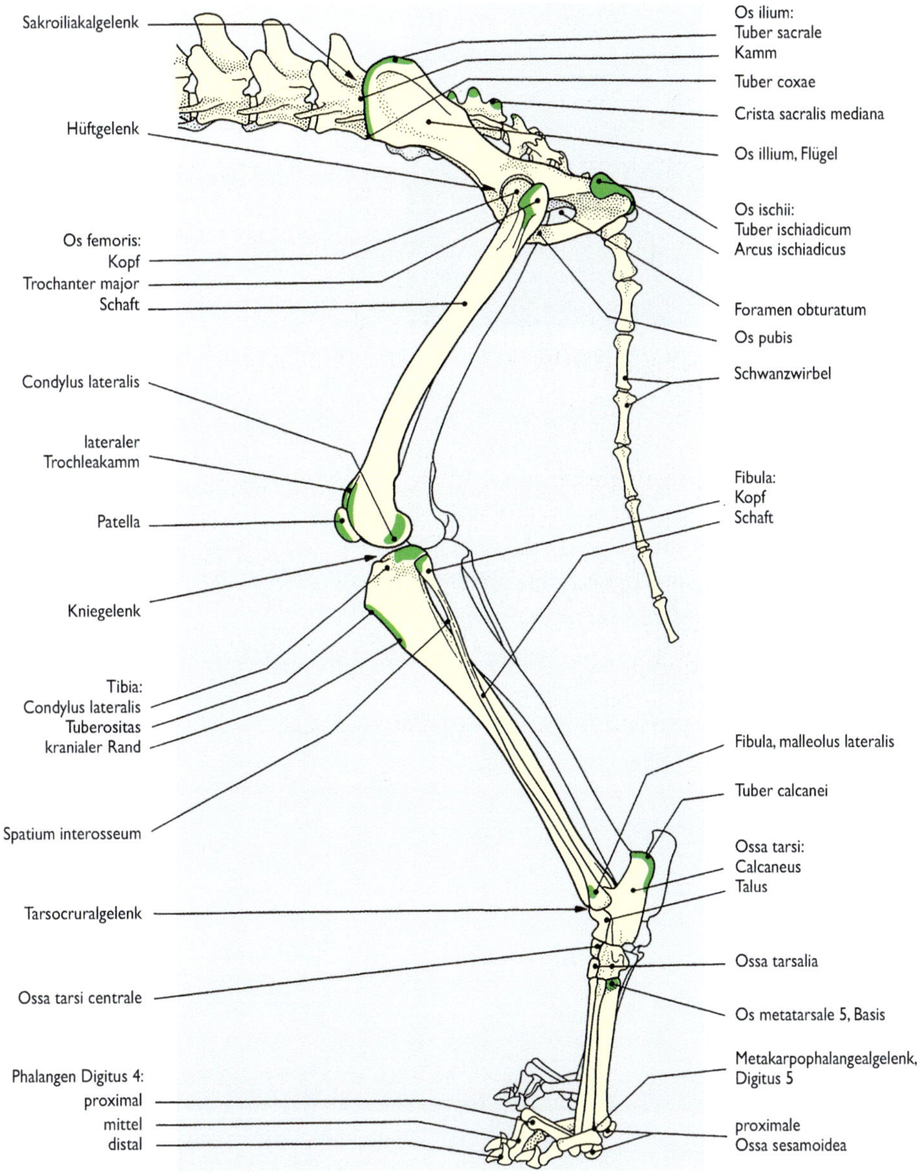

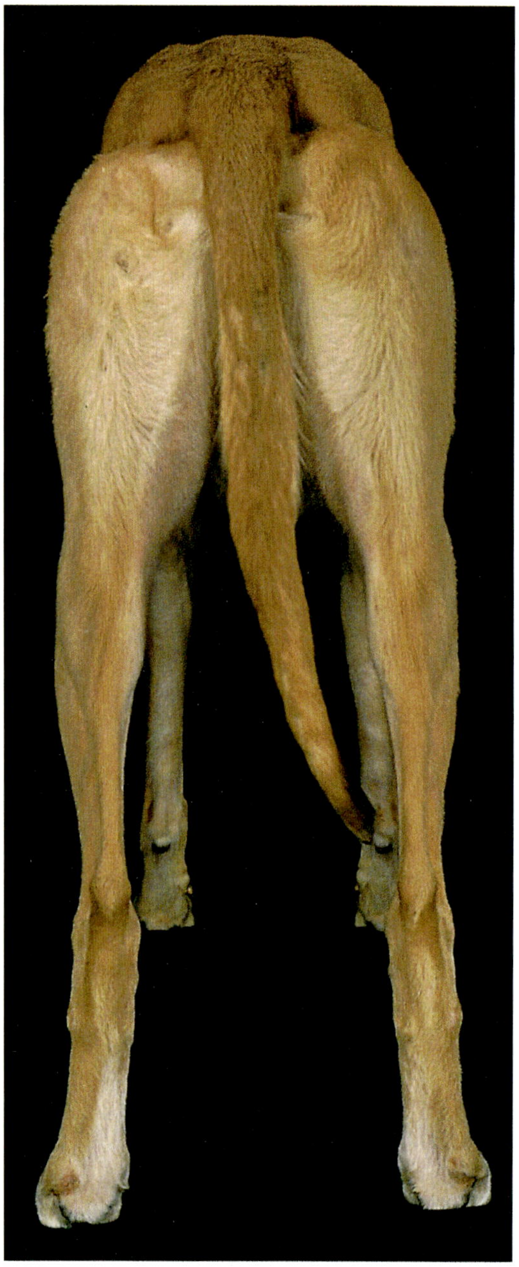

Abb. 7.3 Oberflächenmerkmale der Beckengliedmaße: kaudale Ansicht. Die bereits in der lateralen Ansicht der Gliedmaße vermerkten palpierbaren Hauptmerkmale und topographischen Regionen werden als Referenzpunkte erneut gezeigt und sind in der Zeichnung angegeben. Ein oder zwei weitere medial an der Gliedmaße tastbare knöcherne Vorsprünge sind ebenfalls dargestellt. Die Fossa ischiorectalis ist eine deutlich erkennbare und palpierbare Vertiefung lateral der Schwanzwurzel. Entlang des Analkanals gelegen, ist sie normalerweise mit Fettgewebe gepolstert und wäre dann nicht so leicht erkennbar wie hier bei dem Greyhound. Eine zweite, deutlich erkennbare und tastbare Vertiefung, die Fossa poplitea, befindet sich kaudal des Kniegelenks zwischen den auseinanderstrebenden unteren Enden der hinteren Oberschenkelmuskeln. Der große Ln. popliteus kann in der Kniekehle ertastet werden. Abb. 7.3A zeigt die topographischen Hauptregionen der Beckengliedmaße.

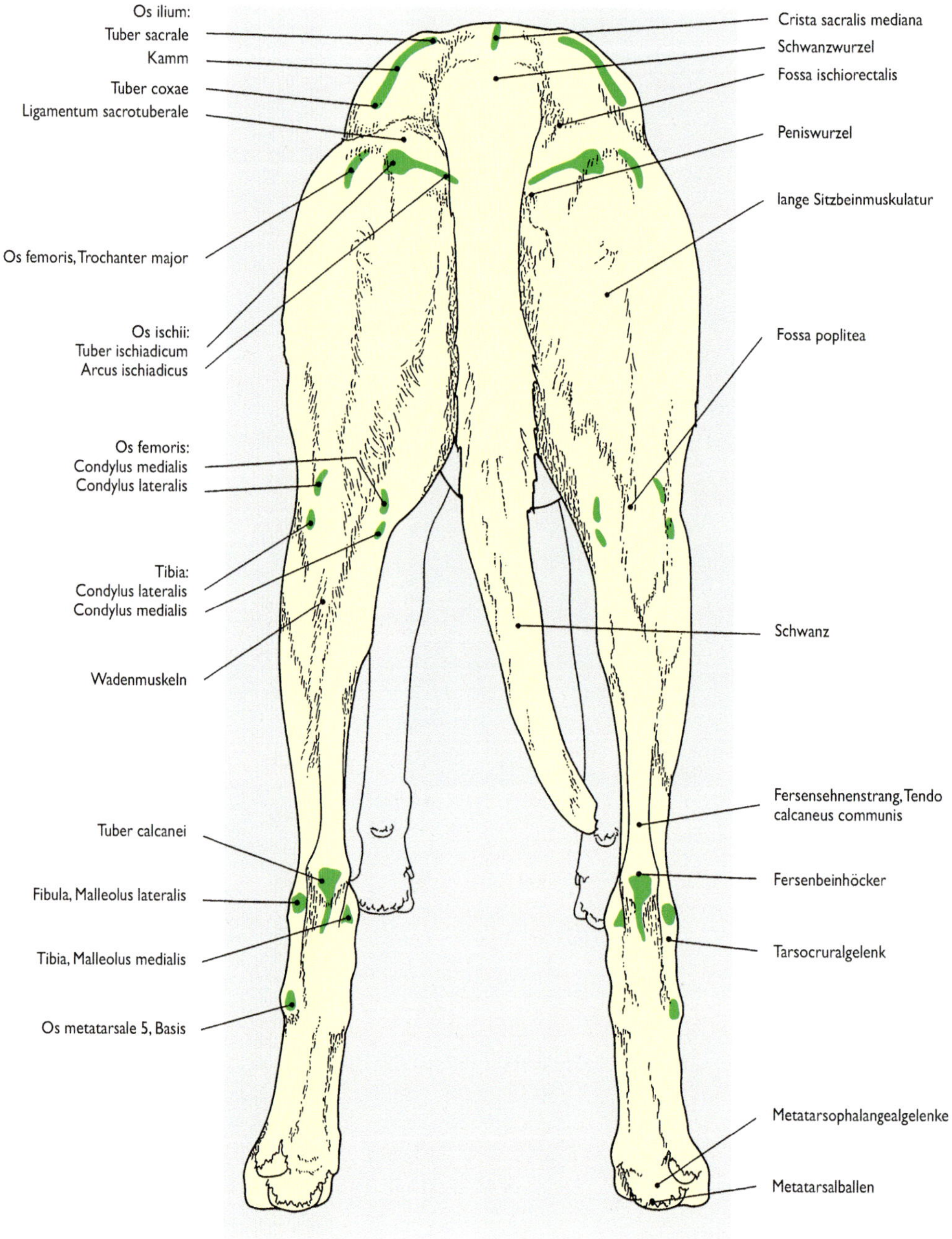

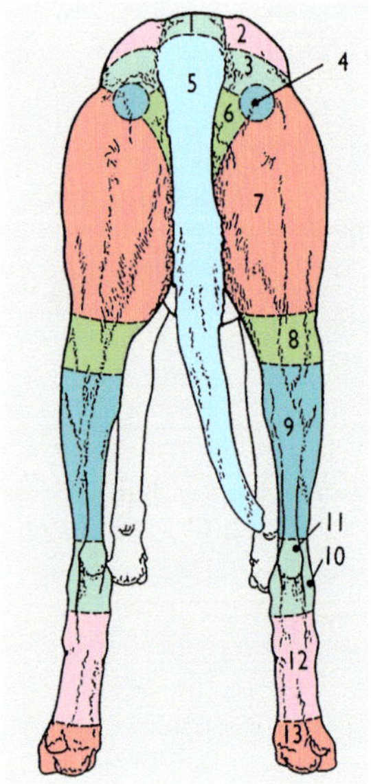

Abb. 7.3A Topographische Regionen der Beckengliedmaße: kaudale Ansicht. **1-6** Regiones pelvis. **1** Regio sacralis. **2** Regio glutaea. **3** Fossa ischiorectalis. **4** Regio tuberis ischiadici. **5** Regio caudalis. **6** Regio perinealis. **7** Regio femoralis. **8** Regio poplitea. **9** Regio cruris. **10** Regio tarsi. **11** Regio calcanea. **12** Regio metatarsi. **13** Regio phalangis (digiti).

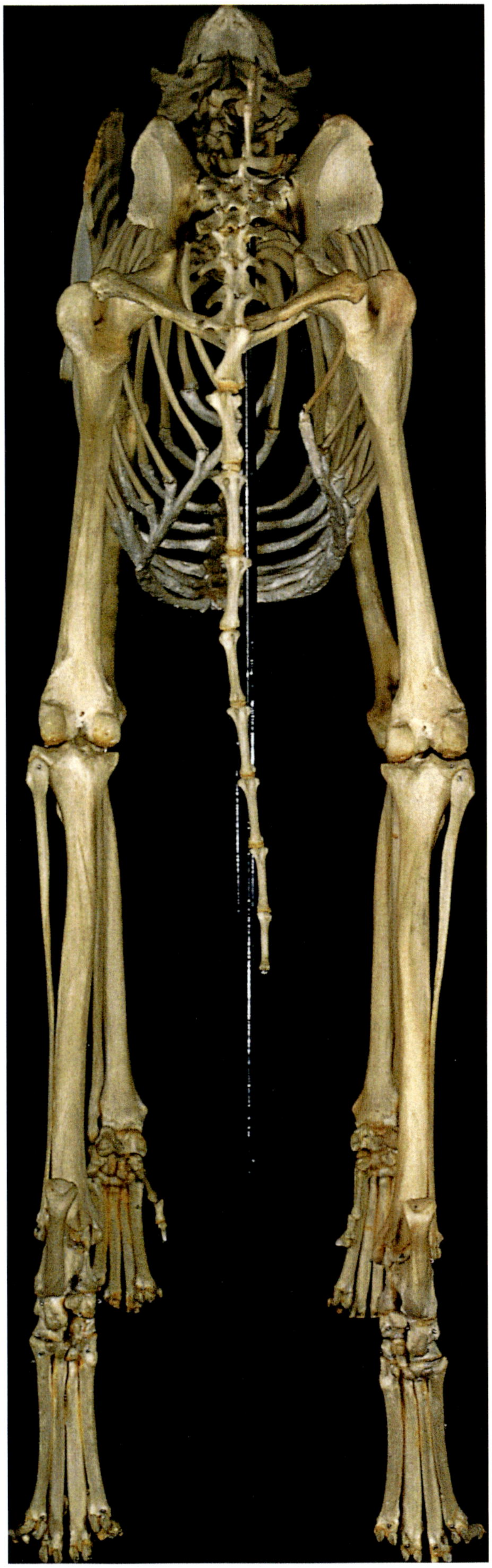

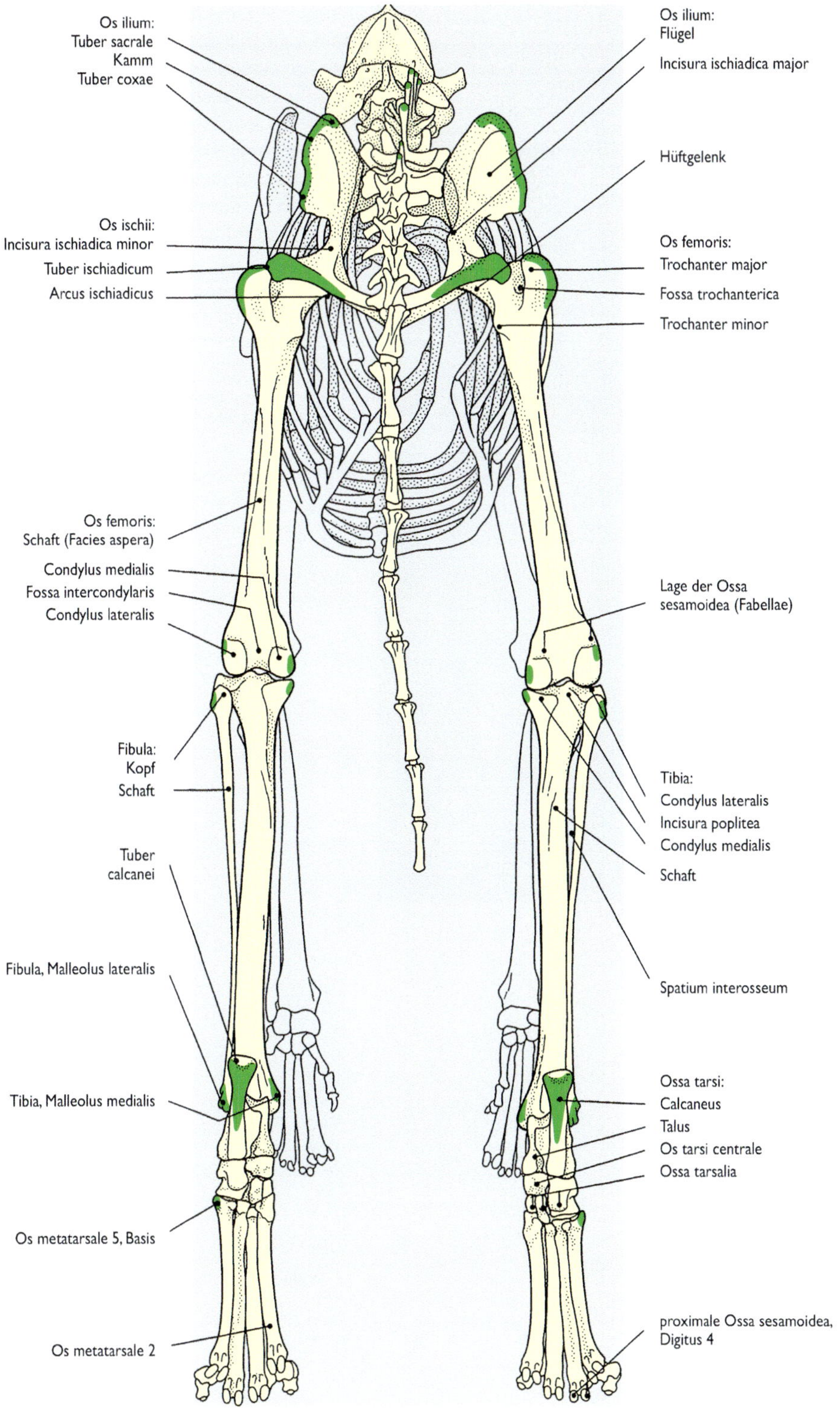

Abb. 7.4 Skelett der Beckengliedmaße: kaudale Ansicht. Tastbare, in der Oberflächenansicht abgebildete, knöcherne Strukturen sind in der Zeichnung farbig dargestellt. In dieser Skelettpräparation sind die Fabellae – die Sesambeine in den Sehnen des M. gastrocnemius kaudal des Kniegelenks – nicht mehr vorhanden. Die Lage, die sie innegehabt hätten, ist durch glatte Gelenkfacetten auf der kaudodorsalen Oberfläche der hervortretenden Condyli femoris angezeigt und sie sind in der Abb. 7.10 deutlich radiographisch dargestellt. In der Regio cruris liegen die Tibia und sehr reduzierte Fibula nebeneinander, eine Anordnung, die im starken Kontrast zu der Situation in der Schultergliedmaße steht, bei der die gleich stark ausgebildeten Radius und Ulna einander kreuzen. Der begrenzte Grad an Mobilität, der durch diese Anordnung in der Schultergliedmaße der Vorderpfote zur Verfügung steht, fehlt bei der Hinterpfote komplett.

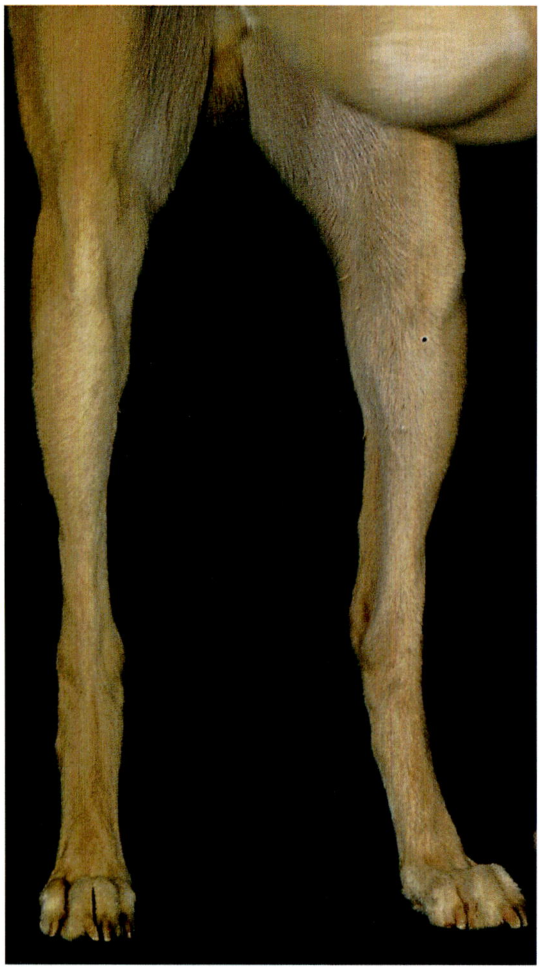

Abb. 7.5 Oberflächenmerkmale der Beckengliedmaße: kraniale Ansicht. Die in den lateralen und kaudalen Ansichten bereits festgestellten tastbaren knöchernen Hauptmerkmale werden als Bezugspunkte erneut gezeigt und sind in der Zeichnung dargestellt. Darüber hinaus liegt ein Großteil der medialen Oberfläche der Tibia vom Condylus medialis tibiae an ihrem proximalen Ende bis zum Malleolus medialis an ihrem distalen Ende subkutan. Die Lage des Tarsocruralgelenks ist erkennbar, da die Ränder und Vertiefungen der Trochlea tali entlang der Sehnen der Tarsalgelenksbeuger und Zehenstrecker tastbar sind. Etwas weiter distal kann der Puls der A. pedis dorsalis an der Basis der Regio metatarsi zur medialen Seite hin ertastet werden. Abb. 7.5A zeigt die topographischen Hauptregionen der Beckengliedmaße.

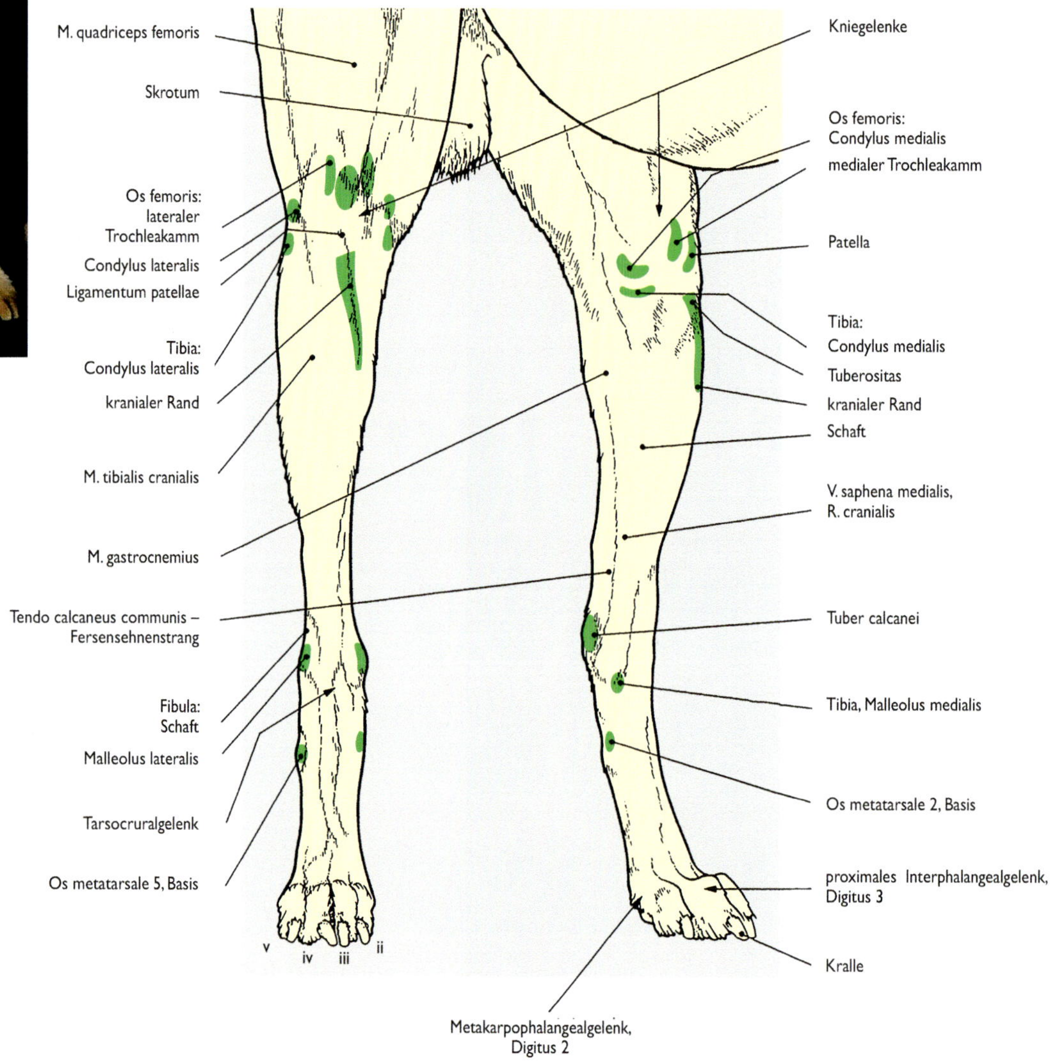

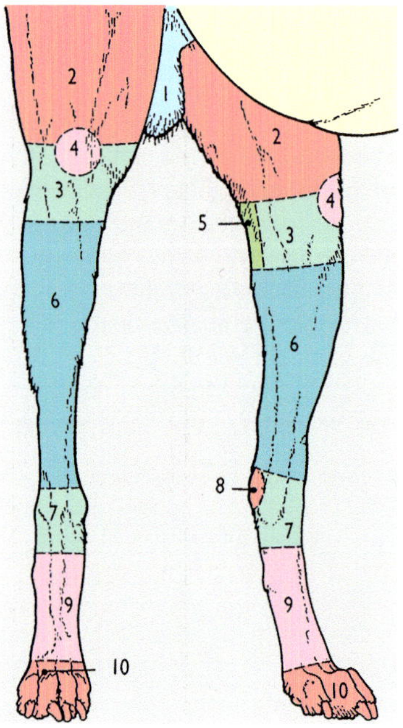

Abb. 7.5A Topographische Regionen der Beckengliedmaße: kraniale Ansicht. **1** Regio perinealis (Skrotum). **2** Regio femoris. **3** Regio genus (Kniegelenk). **4** Regio patellaris. **5** Regio poplitea. **6** Regio cruris. **7** Regio tarsi. **8** Regio calcanea. **9** Regio metatarsi. **10** Regio phalangis (digiti).

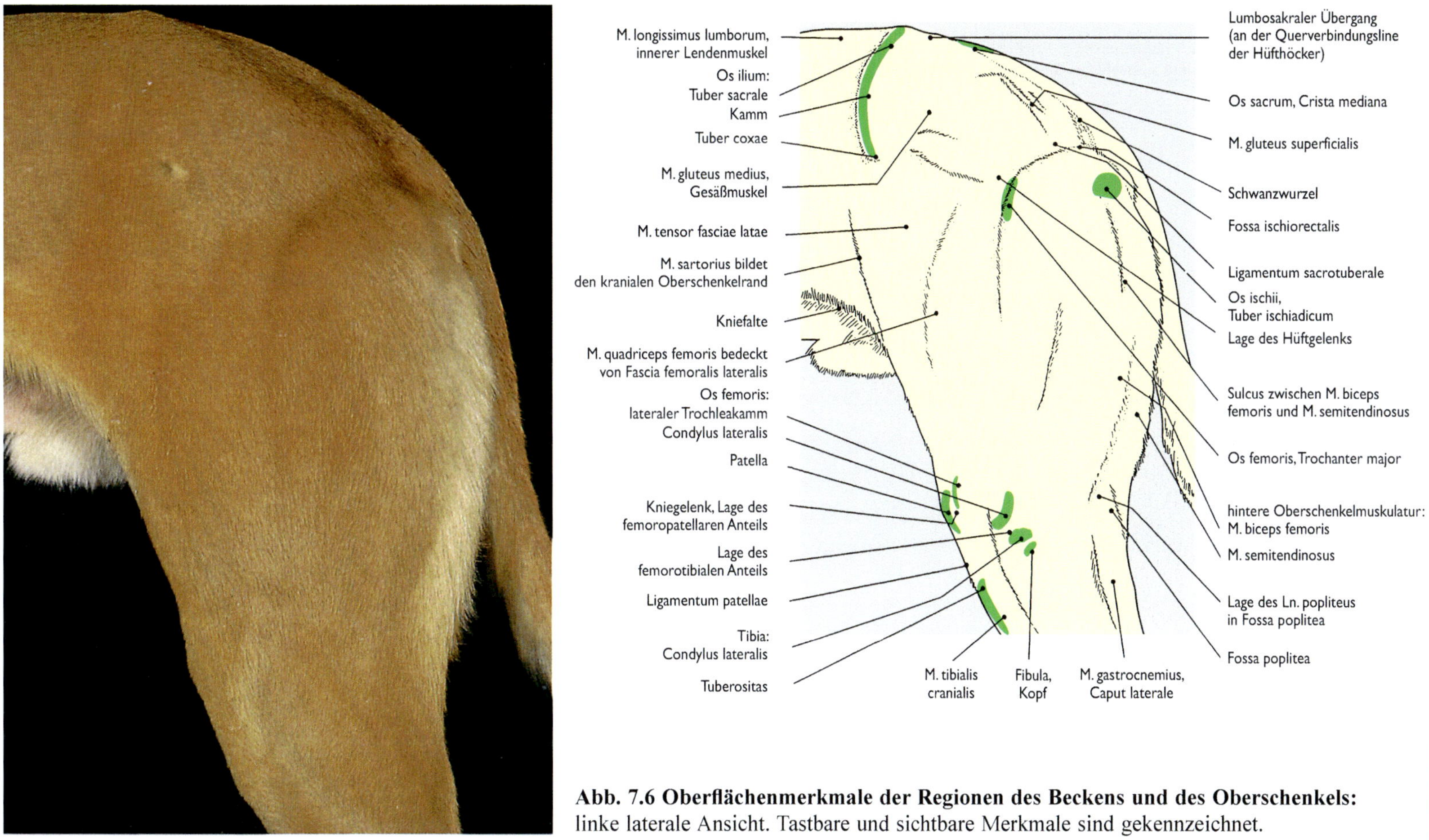

Abb. 7.6 Oberflächenmerkmale der Regionen des Beckens und des Oberschenkels: linke laterale Ansicht. Tastbare und sichtbare Merkmale sind gekennzeichnet.

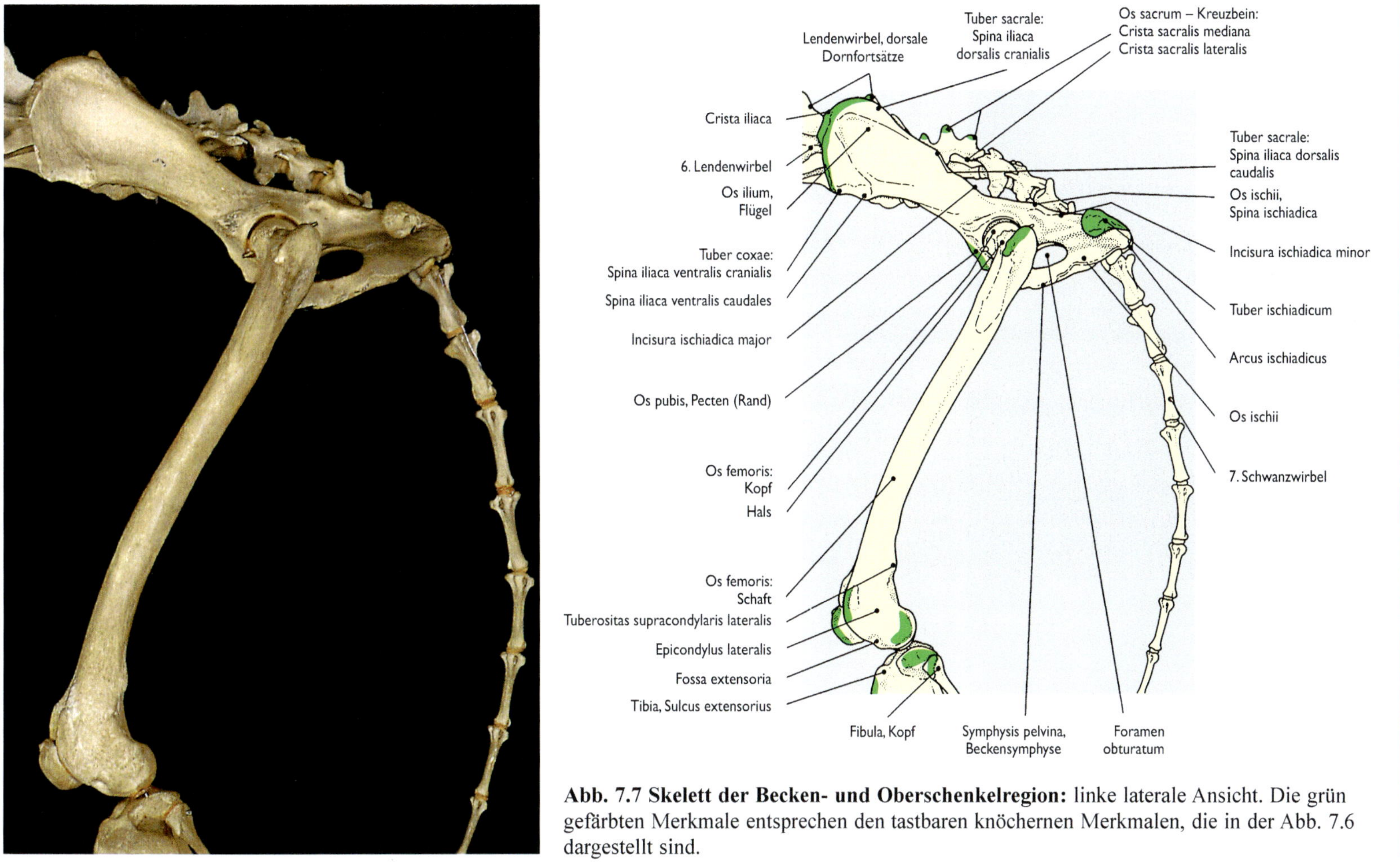

Abb. 7.7 Skelett der Becken- und Oberschenkelregion: linke laterale Ansicht. Die grün gefärbten Merkmale entsprechen den tastbaren knöchernen Merkmalen, die in der Abb. 7.6 dargestellt sind.

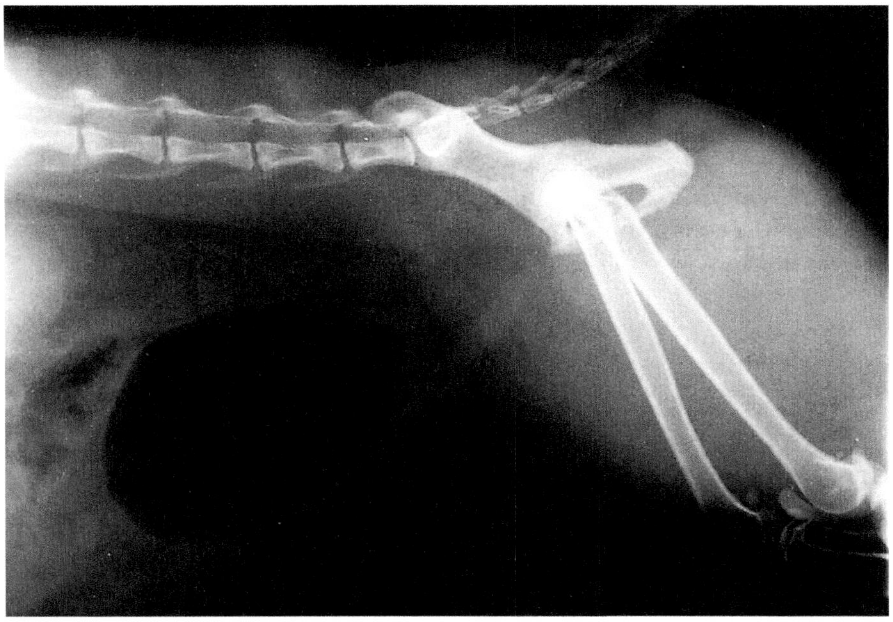

Abb. 7.8 Röntgenbilder des Beckens und Hüftgelenks: linke laterale Ansicht. Die laterale Ansicht des Hüftgelenks und Beckens ist möglicherweise anatomisch weniger aussagekräftig als die ventrodorsale Ansicht (Abb. 7.9), da die Femurköpfe und Hüftgelenke überlagert sind. Allerdings zeigt eine solche Ansicht, bei der die Beckengliedmaßen in kaudaler Richtung gezogen sind, die insgesamt beachtliche Beweglichkeit der Beckengliedmaßen. Es handelt sich insgesamt um die Beweglichkeit der kaudalen Lumbal-, Lumbosakral- und Sakroiliakalgelenke wie auch der Hüftgelenke selbst.

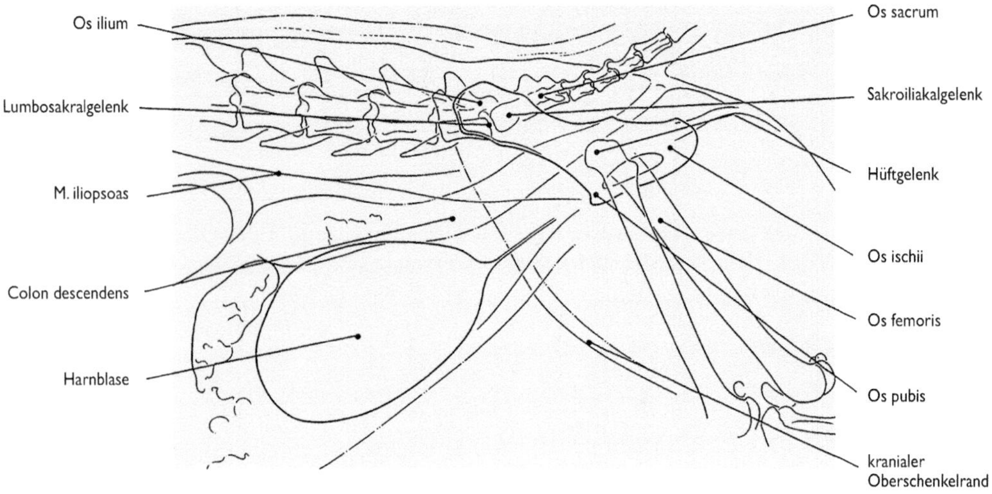

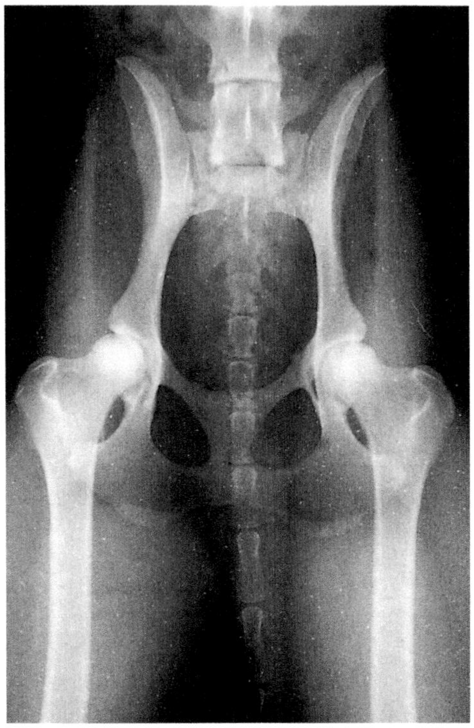

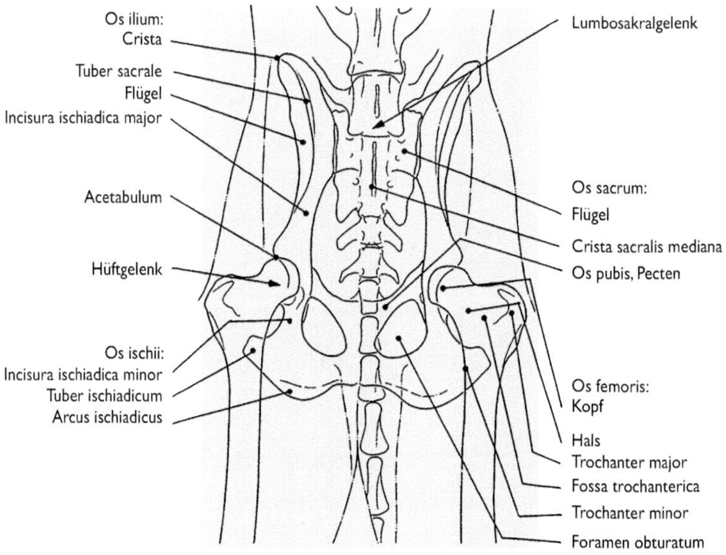

Abb. 7.9 Röntgenbild des Beckens und der Hüftgelenke: ventrodorsale Ansicht. Beim Hüftgelenk ist der Femurkopf in einer großen Fossa acetabuli stärker umschlossen als es beim Schultergelenk der Fall ist. Das Acetabulum wird durch einen faserknorpeligen Rand (strahlendurchlässig und daher nicht erkennbar) weiter vertieft. Die Beweglichkeit der Hüfte ist potentiell beachtlich; hier wurden beide Hinterbeine nach kaudal gezogen, wodurch die Hüftgelenke extrem gestreckt sind. Diese Position wird häufig für die Röntgendiagnostik der Hüftgelenksdysplasie verwendet.

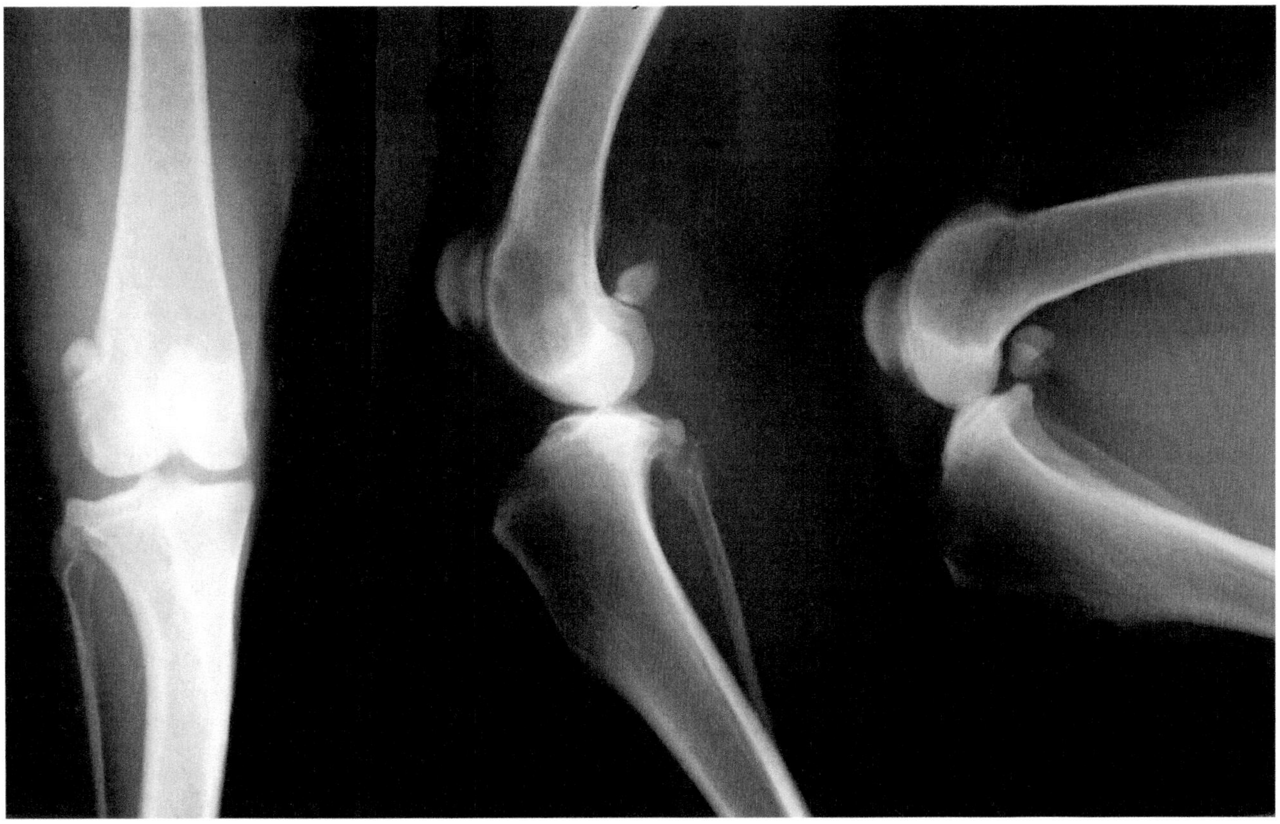

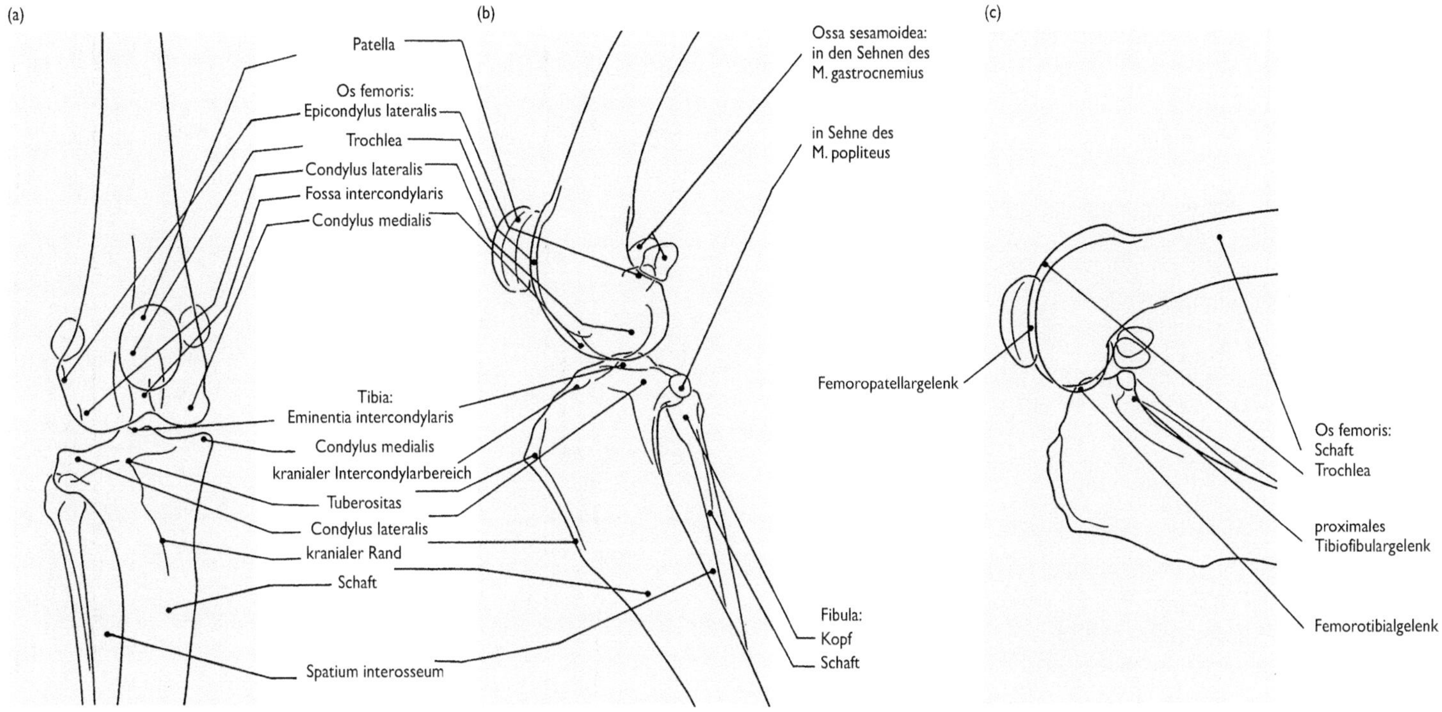

Abb. 7.10 Röntgenbild des Kniegelenks: kraniokaudale und laterale Ansicht. Die osteologischen Hauptmerkmale des Kniegelenks sind in diesen drei Röntgenbildern dargestellt. In der kraniokaudalen Ansicht (a) ist klar zu erkennen, dass es sich um ein zusammengesetztes Gelenk handelt. In der lateralen Ansicht ist das Kniegelenk gestreckt (b) und in normaler Standposition, wobei die Kontaktfläche zwischen den Condyli ossis femoris et tibiae hervorgehoben wird. Die ausgeprägte Inkongruenz der Gelenkflächen wird durch die paarigen faserknorpeligen Menisken ausgeglichen, die strahlendurchlässig sind. Die Patellarsehne ist strahlendurchlässig, obwohl sie als ein festes, beinahe knochengleiches Oberflächenmerkmal tastbar ist, genauso wie auch die Fibrocartilagines parapatellares, die auf den Lippen der Trochlea femoris aufeinandertreffen. Die paarigen Fabellae (fehlen in den Skelettabbildungen) sind am hinteren Ende des Gelenks sichtbar, wie auch das kleine Sesambein in der Ursprungssehne des M. popliteus. Kniegelenksbeugung (c) und -streckung werden durch paarige Kreuzbänder geregelt, die in der Mitte des Gelenks zwischen den Kondylen liegen. So wie die Meniskusknorpel sind auch sie strahlendurchlässig und daher nicht sichtbar.

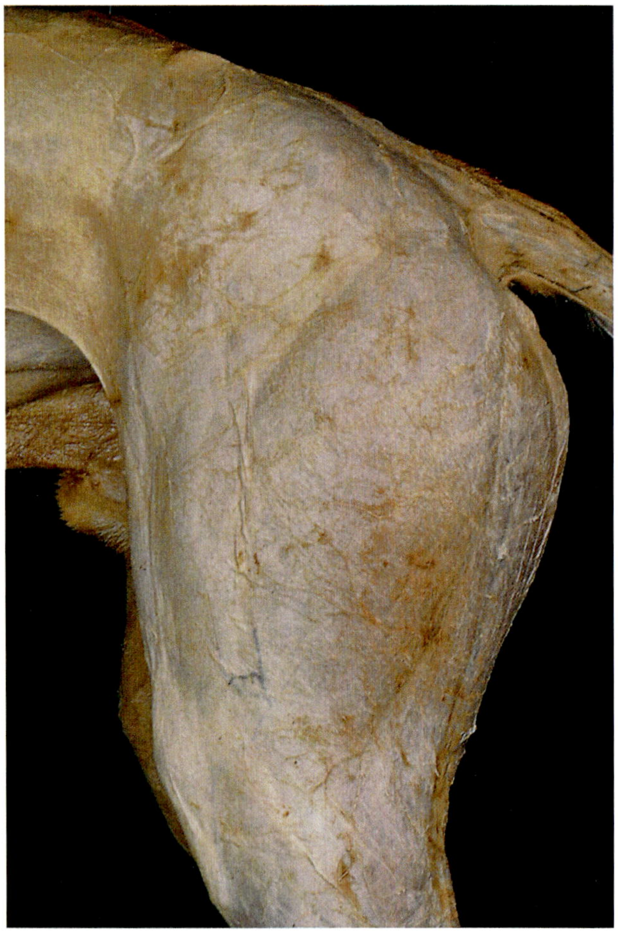

Abb. 7.11 Oberflächliche Faszie von Rumpf und Oberschenkel: linke laterale Ansicht. Nur die Haut wurde entfernt. Die oberflächliche Glutealfaszie und die oberflächliche laterale Faszie des Oberschenkels werden in der oberflächlichen Rumpffaszie und der oberflächlichen Fascia coccygea auf dem Schwanz fortgeführt. Die oberflächliche und tiefe Faszie vereinen sich über dem M. biceps femoris. Die tiefe Glutealfaszie ist dick und bildet eine feste Abdeckung des M. gluteus medius. Die Fascia glutaea setzt sich als starke Oberschenkelfaszie oder Fascia lata auf den seitlichen Oberschenkel fort. Die Aponeurose des M. tensor fasciae latae bildet über eine gewisse Strecke eine zweiblättrige Fascia lata. Die Fascia lata setzt sich in der Fascia femoris media fort. Die Fascia femoris profunda setzt am Labium laterale und mediale femoris sowie an den Condyli ossis femoris an. Die Fossa ischiorectalis enthält Fettgewebe.

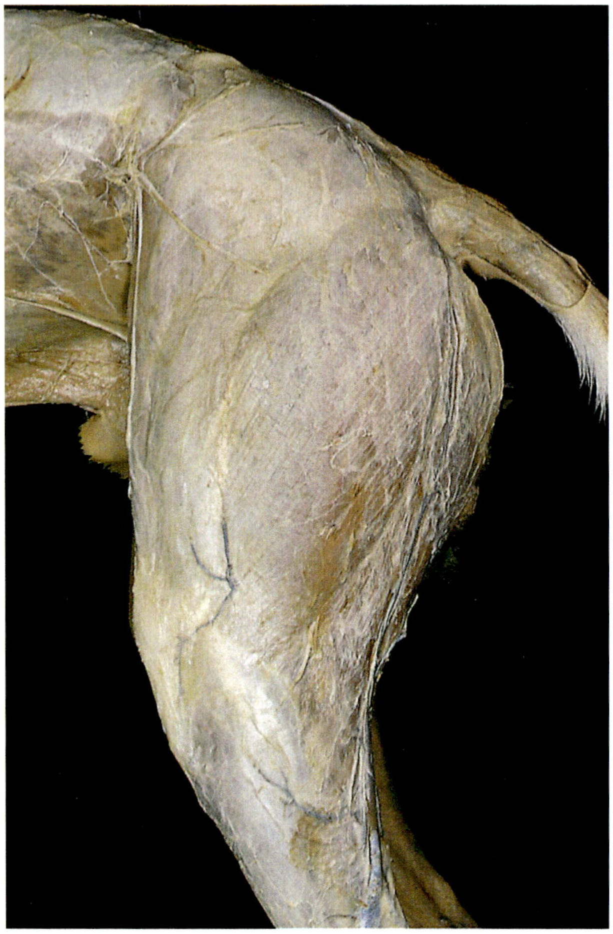

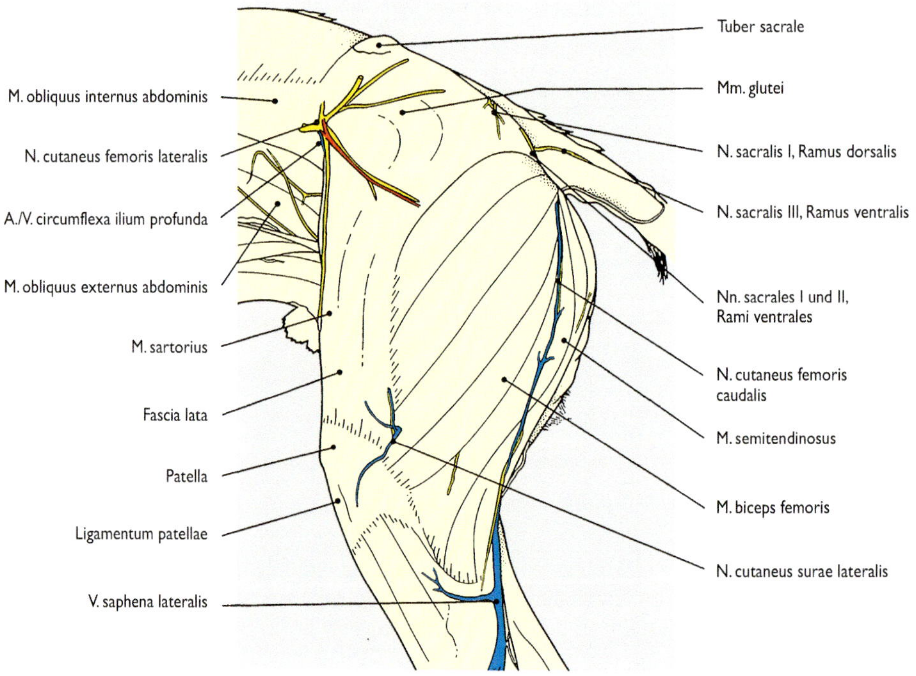

Abb. 7.12 Oberflächliche Strukturen von Rumpf und Oberschenkel: linke laterale Ansicht. Ein teilweises Entfernen der oberflächlichen Faszie hat oberflächliche Nerven und Gefäße freigelegt. Die gesamte tiefe Faszie ist intakt.

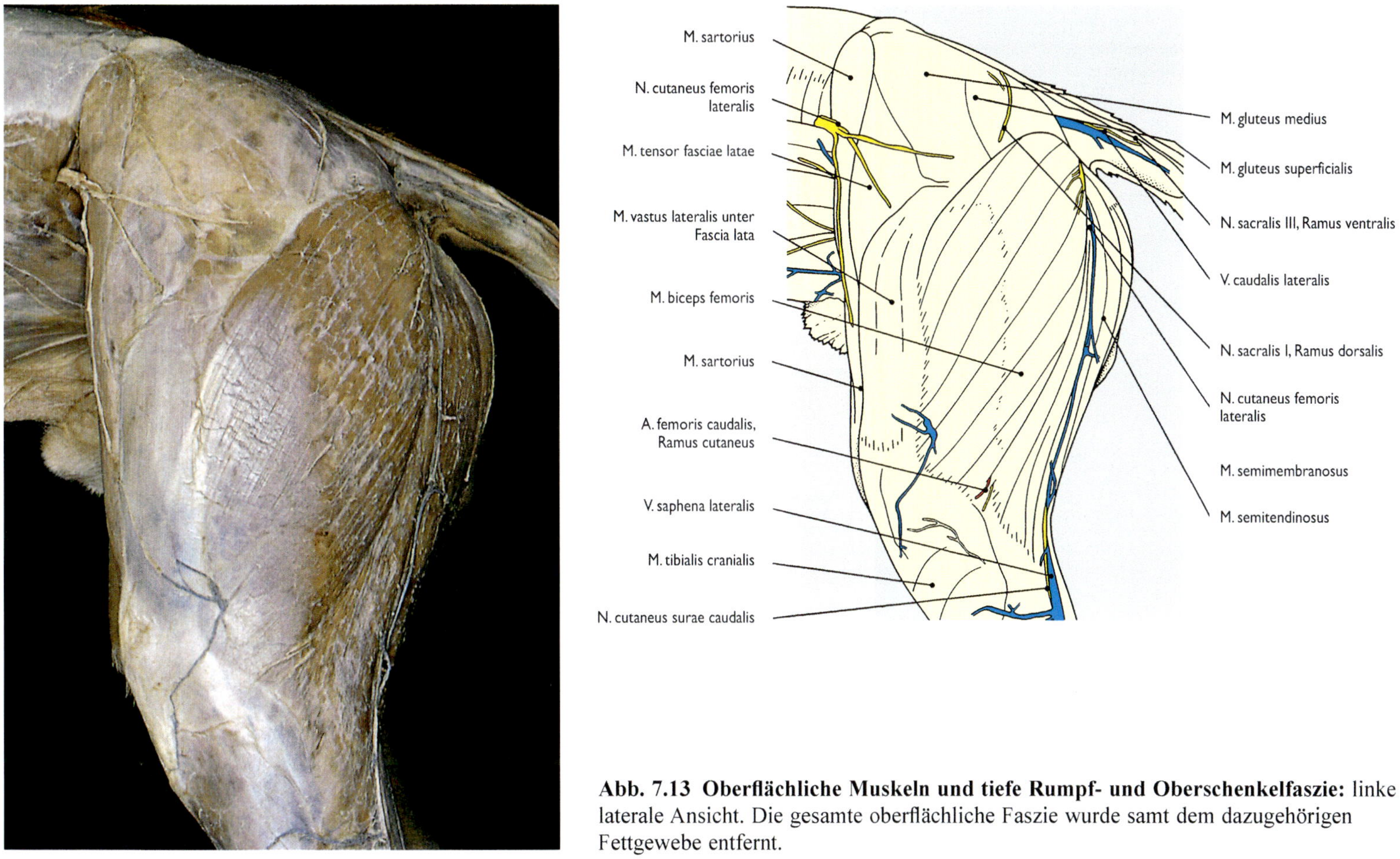

Abb. 7.13 Oberflächliche Muskeln und tiefe Rumpf- und Oberschenkelfaszie: linke laterale Ansicht. Die gesamte oberflächliche Faszie wurde samt dem dazugehörigen Fettgewebe entfernt.

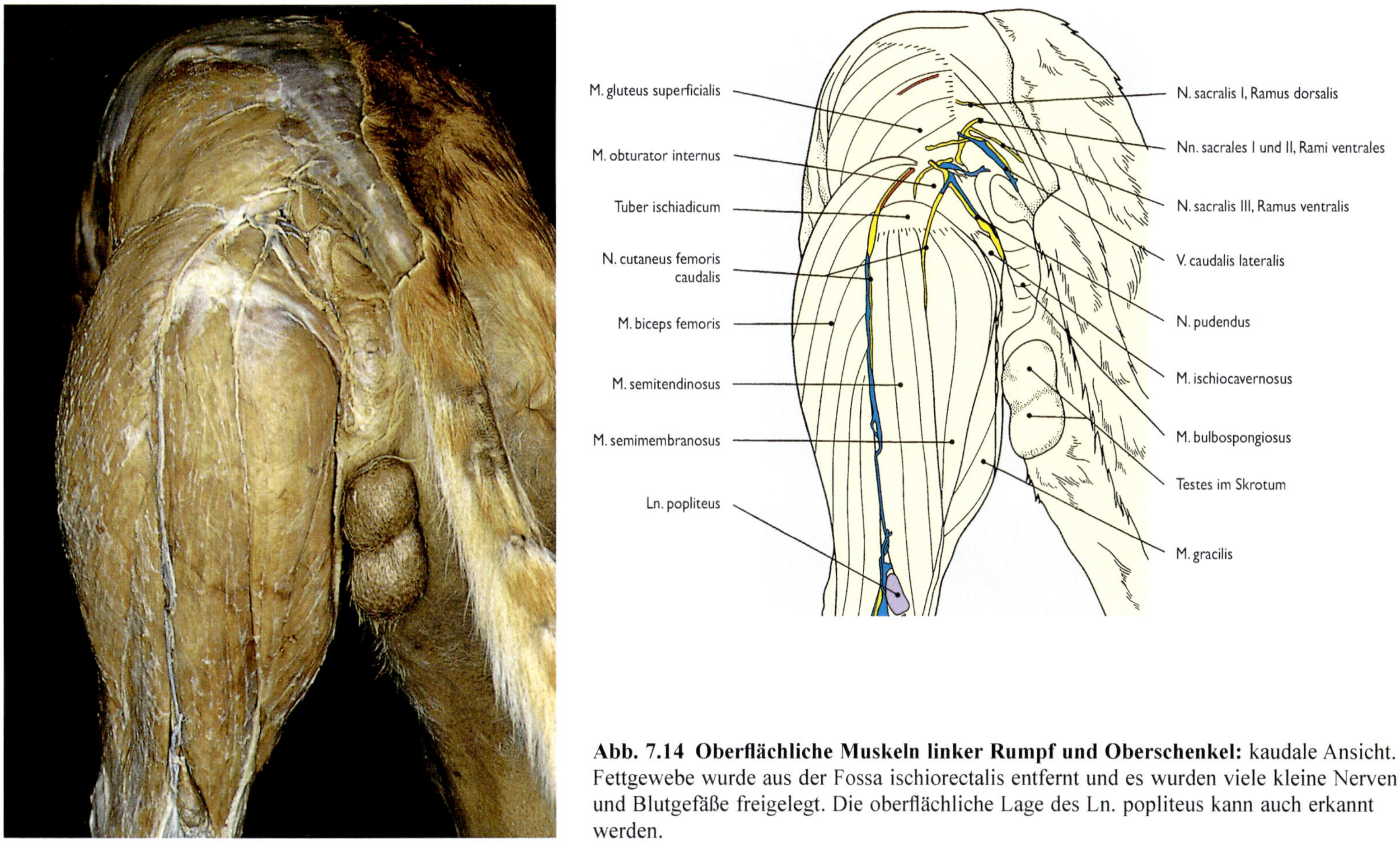

Abb. 7.14 Oberflächliche Muskeln linker Rumpf und Oberschenkel: kaudale Ansicht. Fettgewebe wurde aus der Fossa ischiorectalis entfernt und es wurden viele kleine Nerven und Blutgefäße freigelegt. Die oberflächliche Lage des Ln. popliteus kann auch erkannt werden.

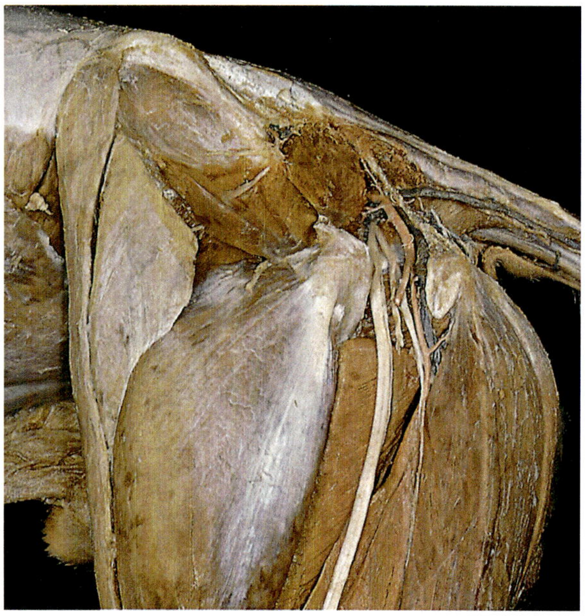

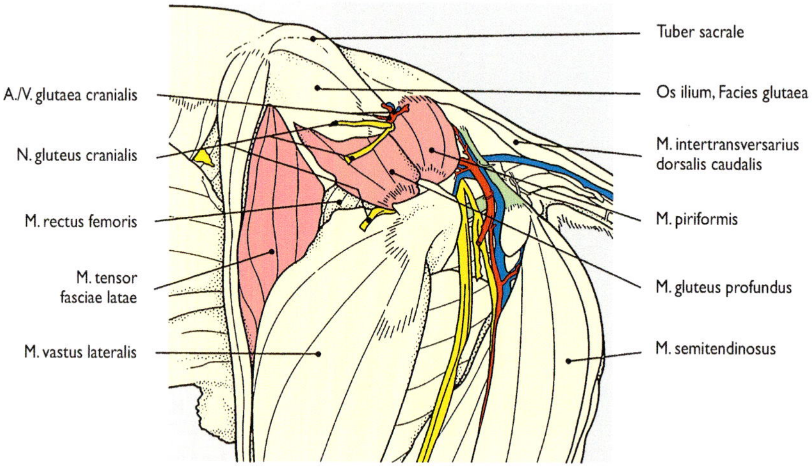

Abb. 7.18 Rumpf und proximaler Oberschenkel nach Entfernen des M. gluteus medialis: linke laterale Ansicht. Der M. gluteus profundus liegt nun frei.

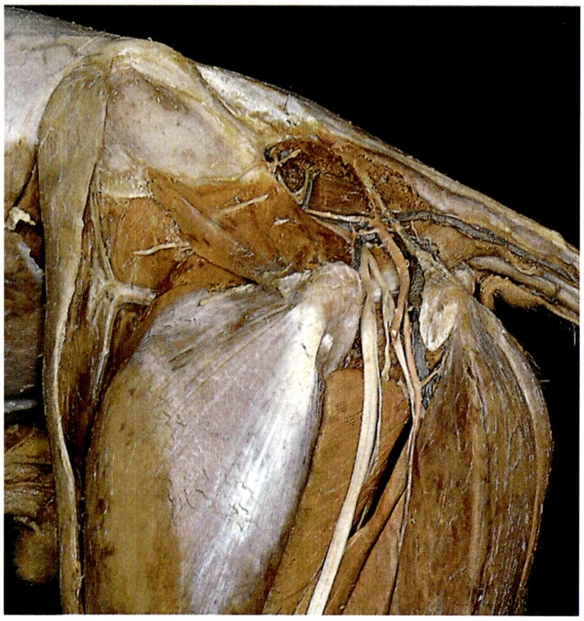

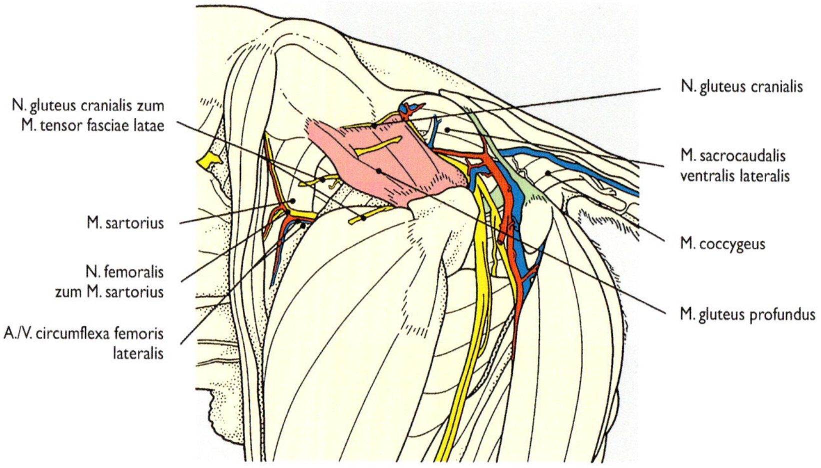

Abb. 7.19 Rumpf und proximaler Oberschenkel nach Entfernen der MM. tensor fasciae latae und piriformis: linke laterale Ansicht.

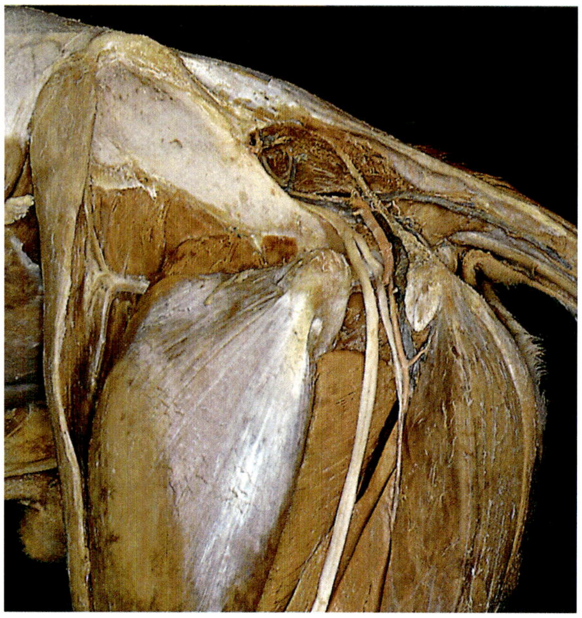

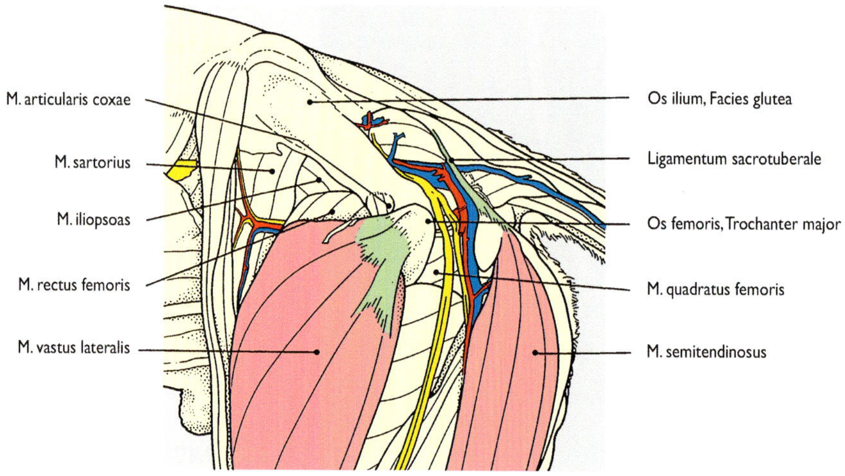

Abb. 7.20 Rumpf und proximaler Oberschenkel nach Entfernen des M. gluteus profundus: linke laterale Ansicht.

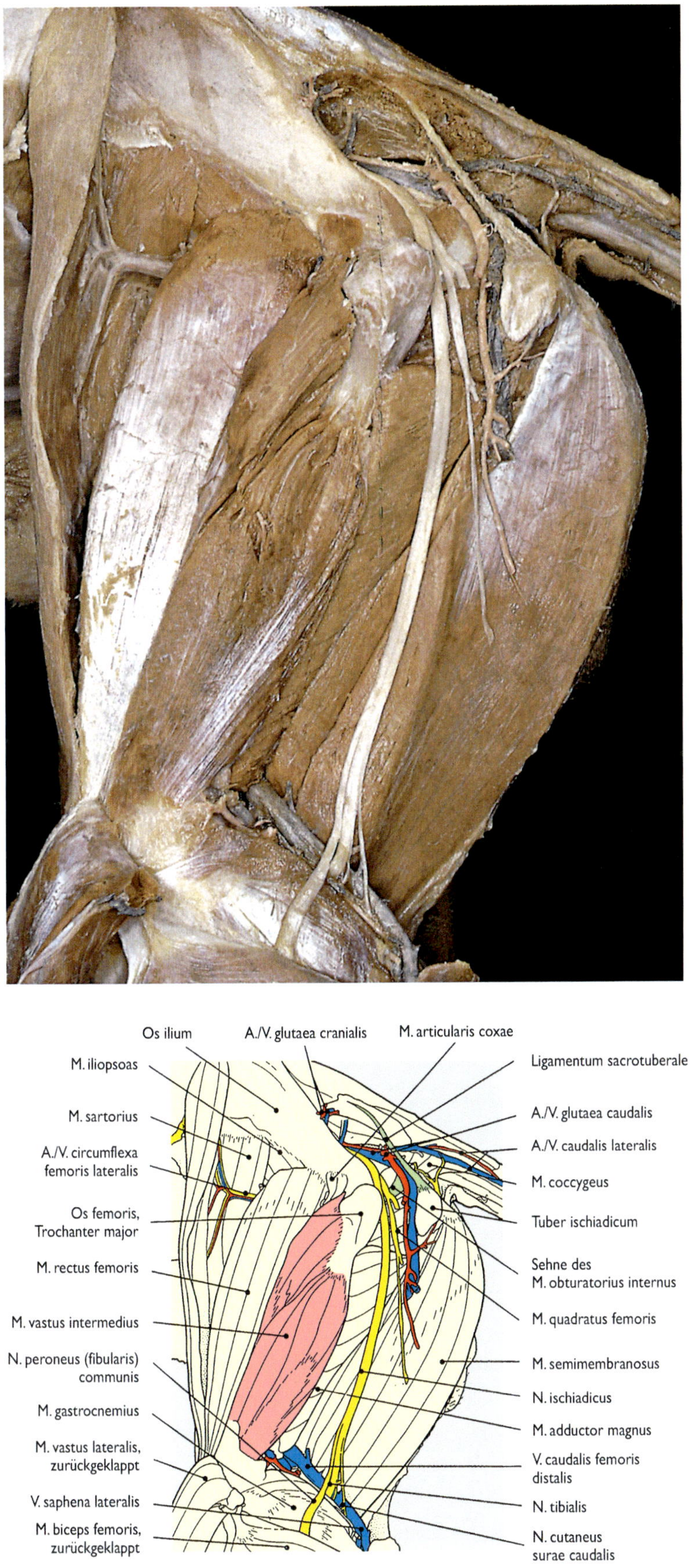

Abb. 7.21 Rumpf und Oberschenkel nach Zurückklappen der MM. vastus lateralis und semitendinosus: linke laterale Ansicht.

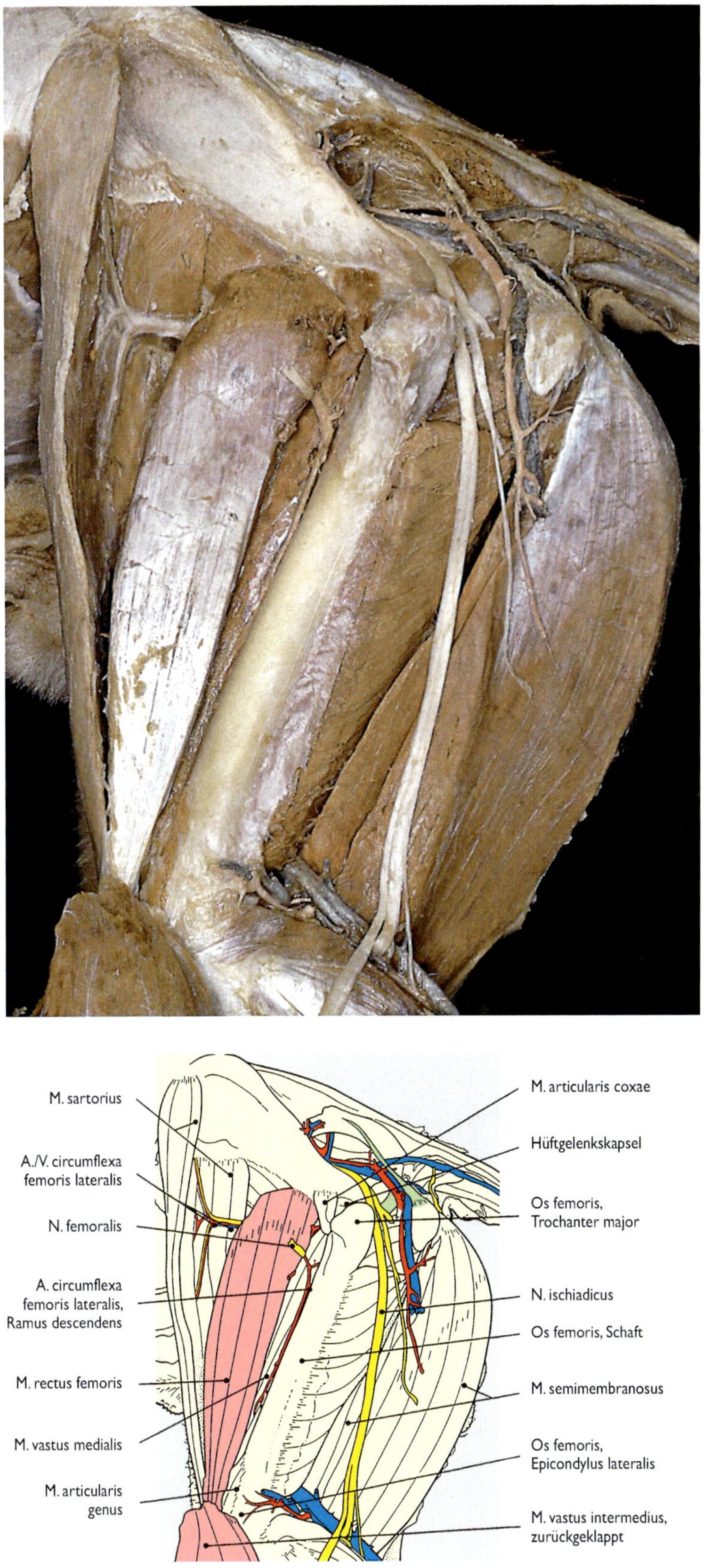

Abb. 7.22 Rumpf und Oberschenkel nach Zurückklappen des M. vastus intermedius: linke laterale Ansicht. Muskeln wurden nach distal geklappt.

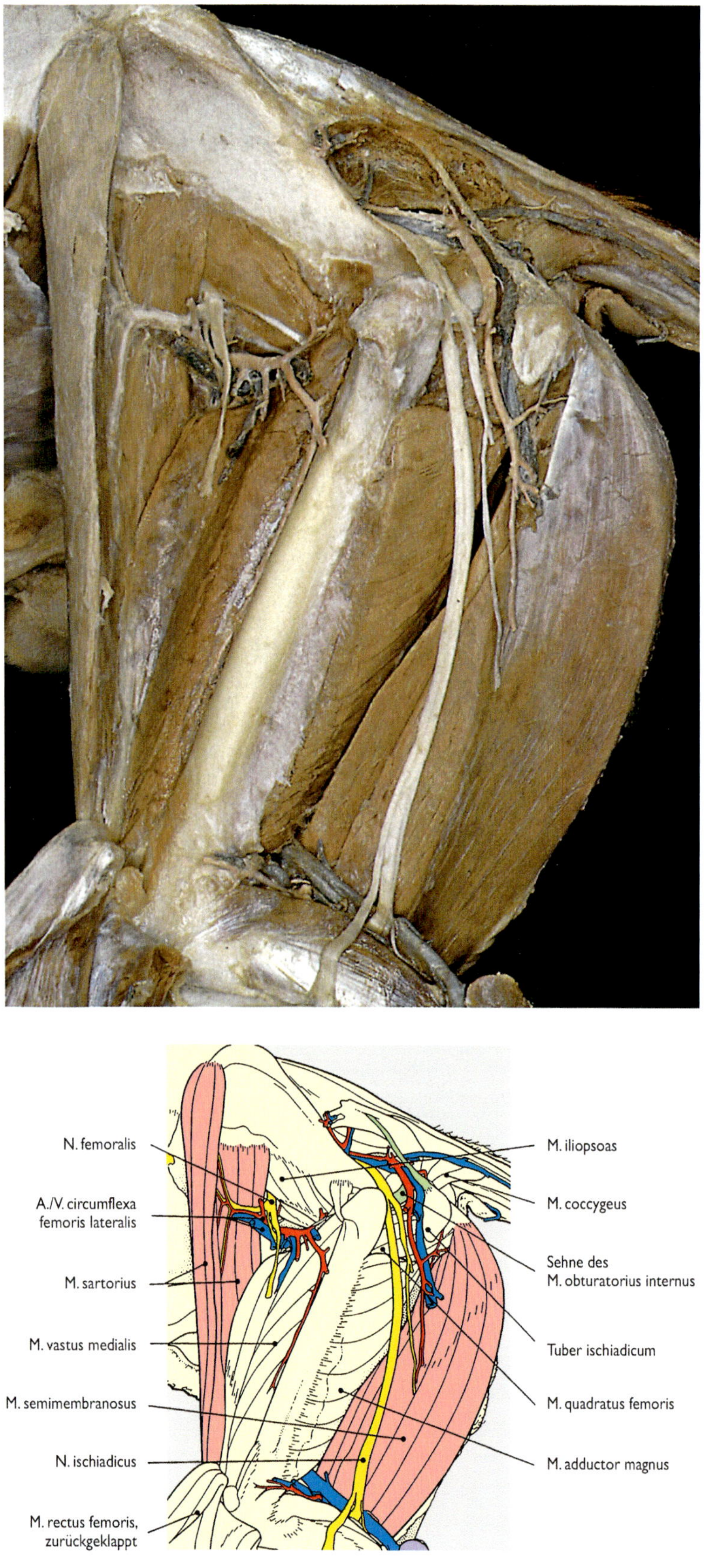

Abb. 7.23 Rumpf und Oberschenkel nach Zurückklappen des M. rectus femoris: linke laterale Ansicht.

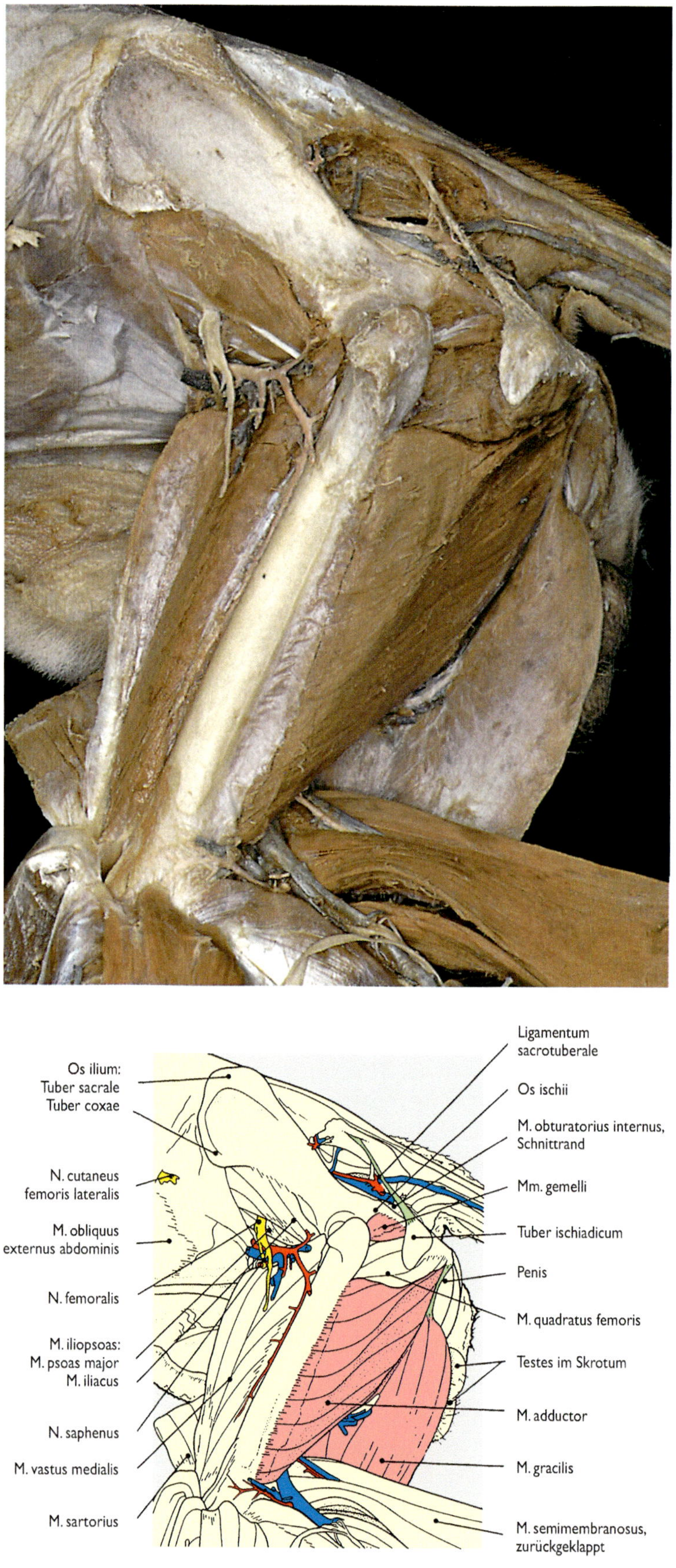

Abb. 7.24 Rumpf und Oberschenkel nach Zurückklappen der MM. sartorius und semimembranosus: linke laterale Ansicht. Der N. ischiadicus und Teile des M. obturatorius internus wurden entfernt, um den distalen Rand des Ischiums und die Mm. gemelli freizulegen. Der große M. adductor magnus ist ebenfalls sichtbar wie auch der M. gracilis, der in dieser Region der am weitesten medial gelegene Muskel ist.

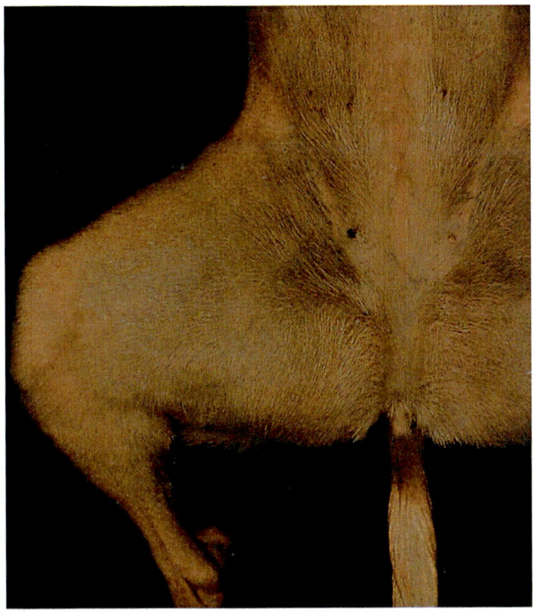

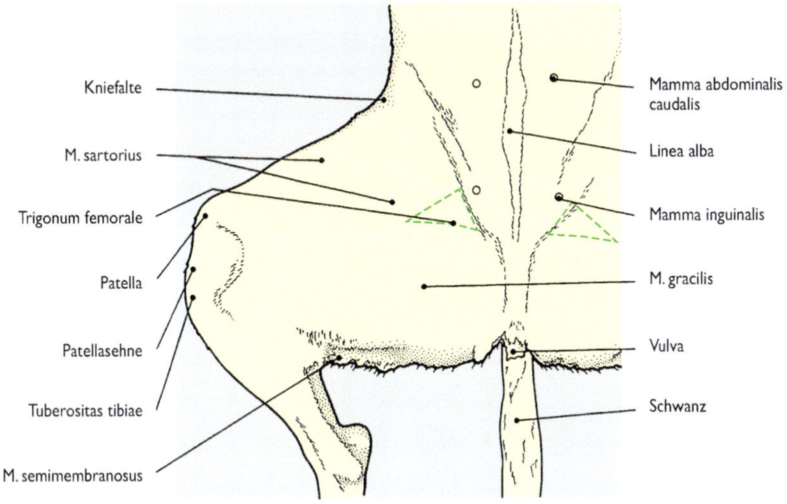

Abb. 7.25 Oberflächenmerkmale des rechten Oberschenkels: mediale Ansicht. Palpierbare und sichtbare Merkmale sind gekennzeichnet. Es ist zu beachten, dass Abb. 7.25-7.34, auf denen die mediale Ansicht des Oberschenkels dargestellt sind, erstellt wurden, während der Hund mit vollständig abduzierten Oberschenkeln und gebeugten Kniegelenken in Rückenlage fixiert war.

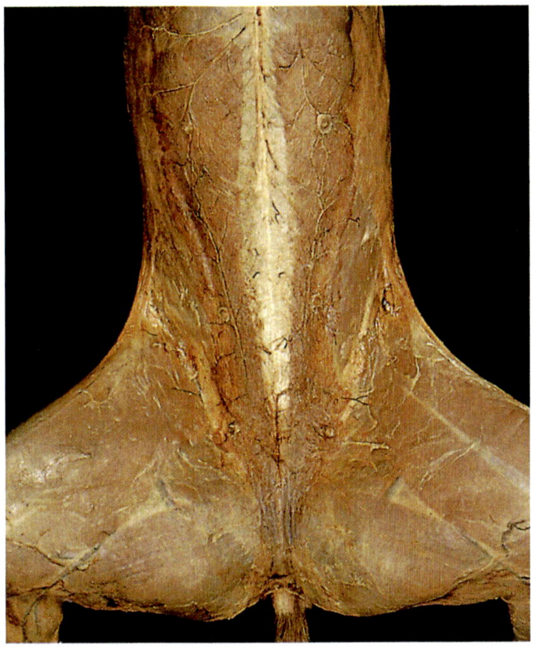

Abb. 7.26 Oberflächliche Faszie des rechten Oberschenkels: mediale Ansicht. Die oberflächliche Faszie enthält viele kleine Blutgefäße und Nerven, einschließlich der V. saphena media und der dazugehörigen Arterie und des entsprechenden Nervs. Die Fascia femoris medialis profunda vereinigt sich mit der Fascia femoris lateralis und bildet eine zylinderförmige Hülle um den Oberschenkel.

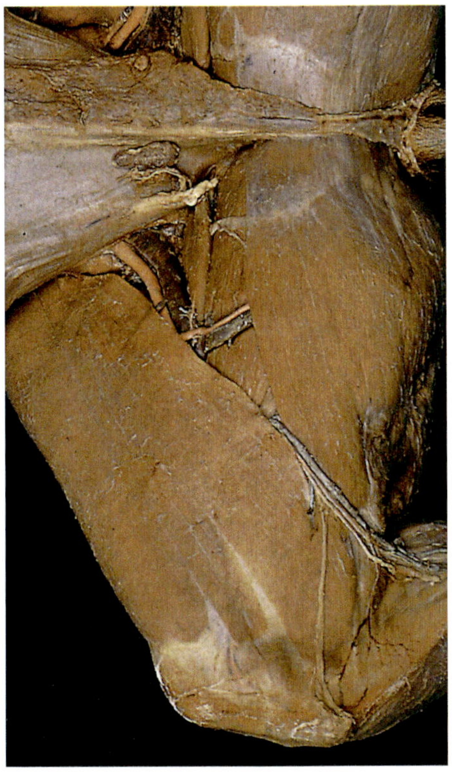

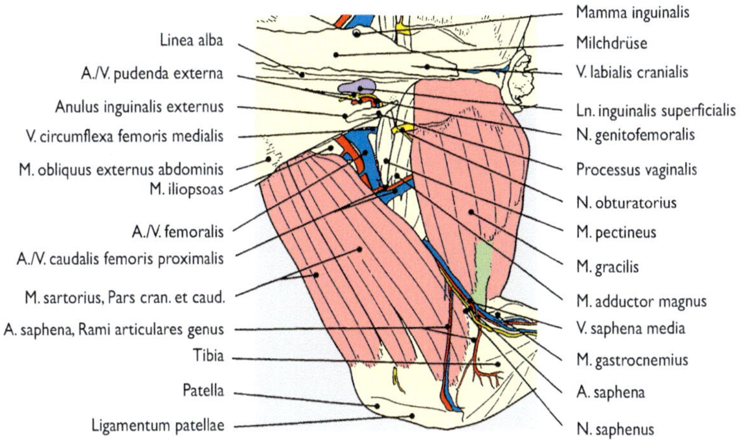

Abb. 7.27 Oberflächliche Muskeln des rechten Oberschenkels: mediale Ansicht. Die gesamte oberflächliche und tiefe Faszie wie auch das Fettgewebe aus dem Trigonum femorale wurden entfernt. Auch die Mamma auf der rechten Seite wurde entfernt. Die Begrenzungen des Trigonum femorale sind nun deutlich sichtbar. Es ist zu beachten, dass der M. sartorius in der Regel deutlicher als in diesem Präparat in einen kranialen und einen kaudalen Anteil aufgeteilt ist.

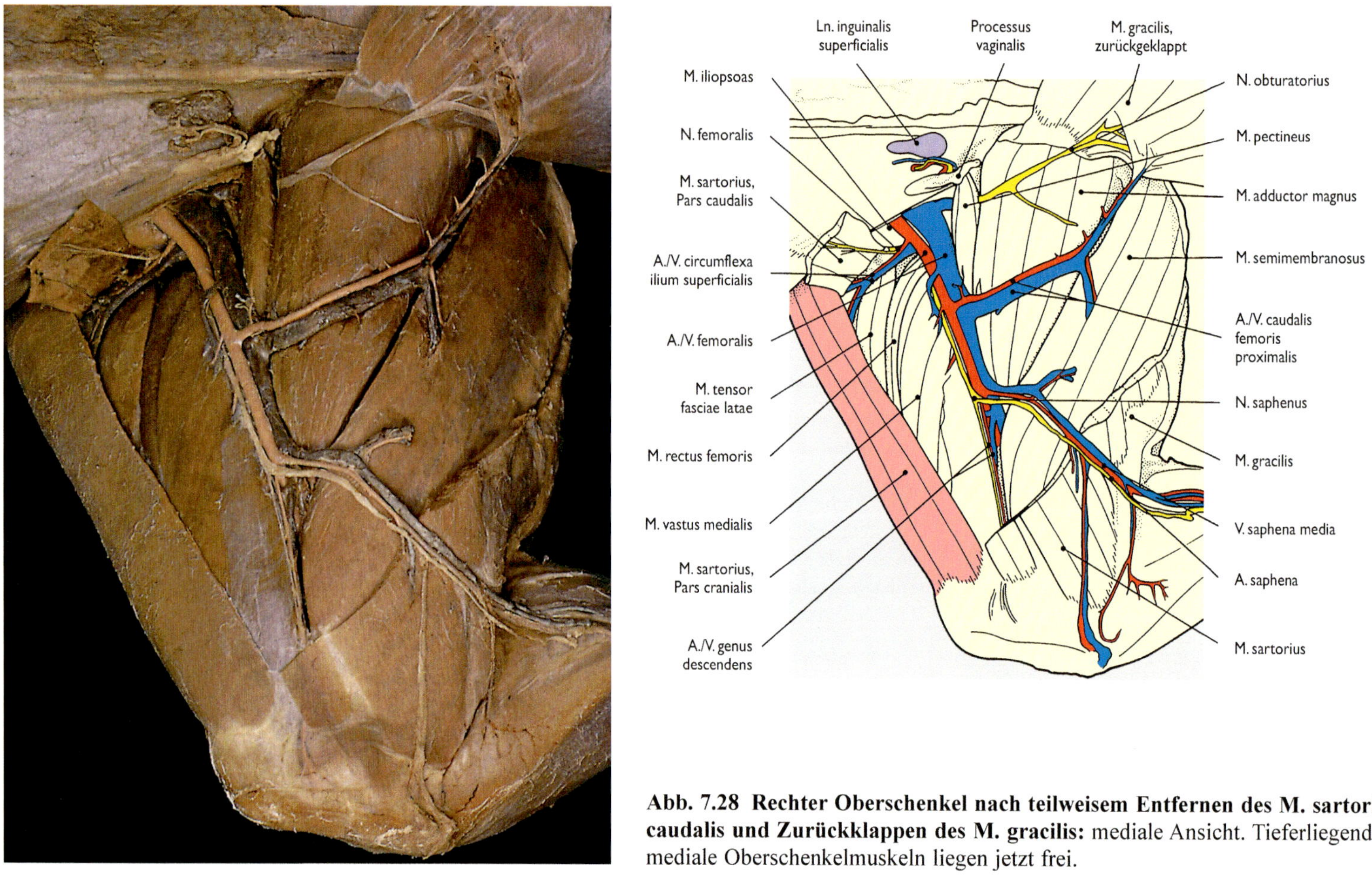

Abb. 7.28 Rechter Oberschenkel nach teilweisem Entfernen des M. sartorius caudalis und Zurückklappen des M. gracilis: mediale Ansicht. Tieferliegende mediale Oberschenkelmuskeln liegen jetzt frei.

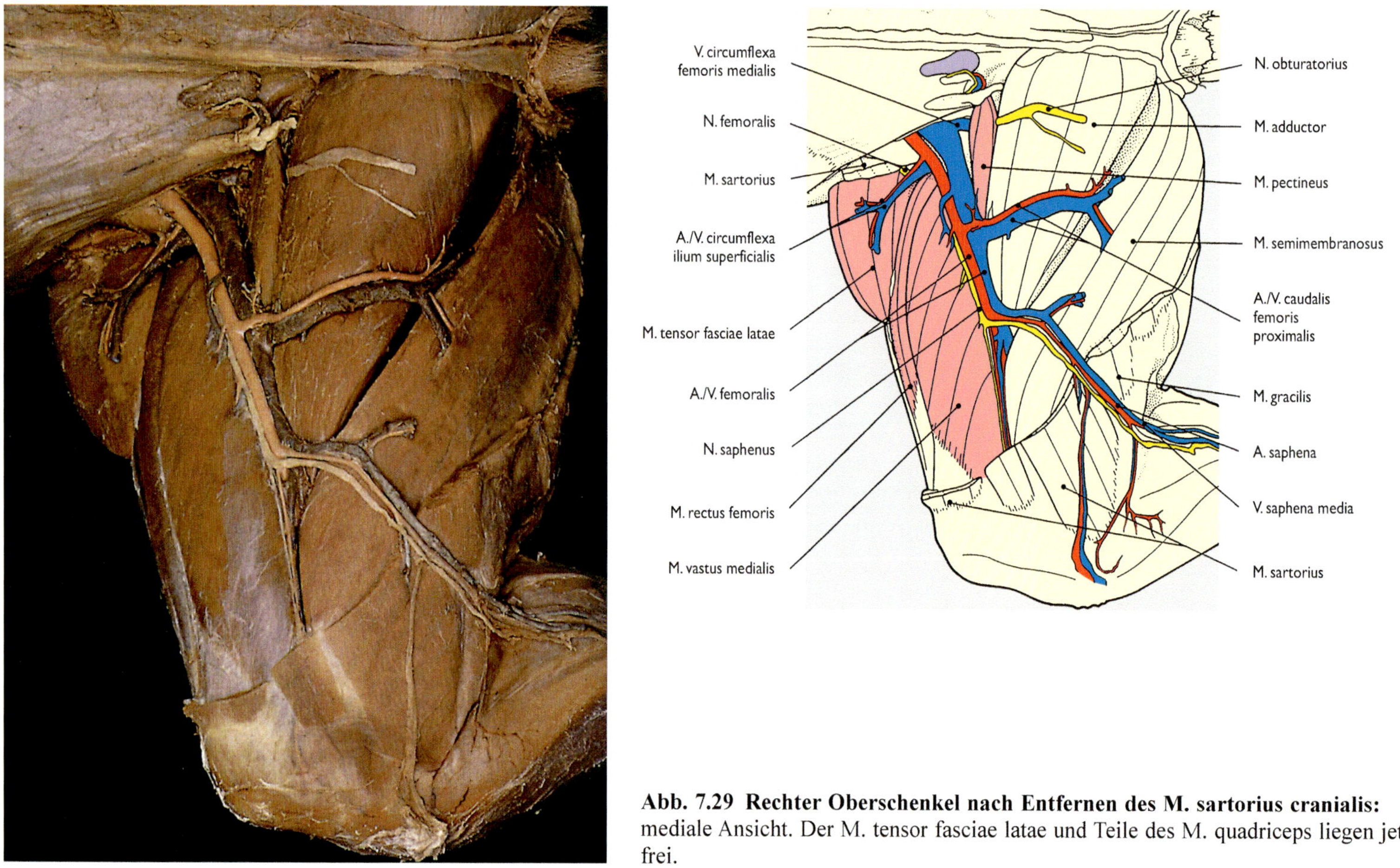

Abb. 7.29 Rechter Oberschenkel nach Entfernen des M. sartorius cranialis: mediale Ansicht. Der M. tensor fasciae latae und Teile des M. quadriceps liegen jetzt frei.

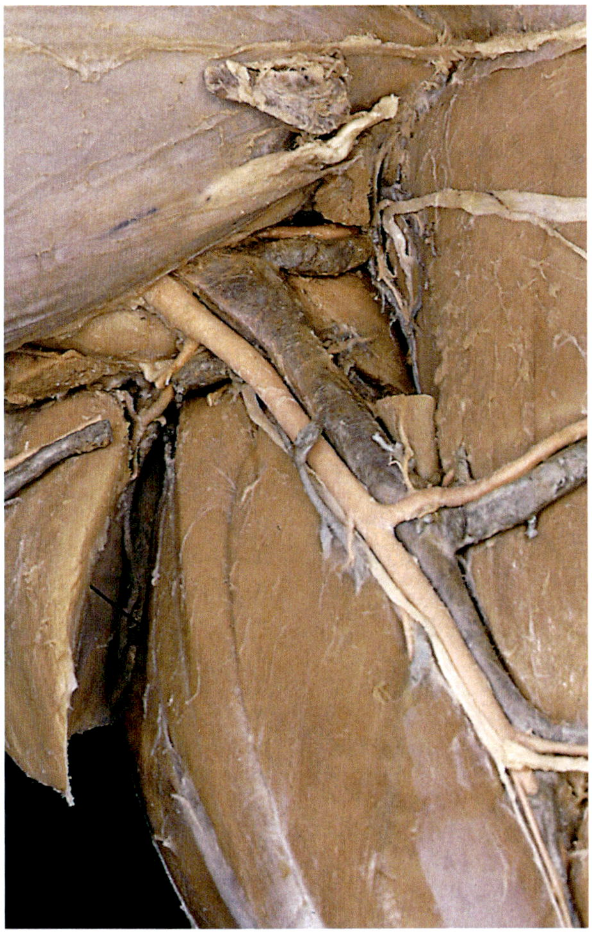

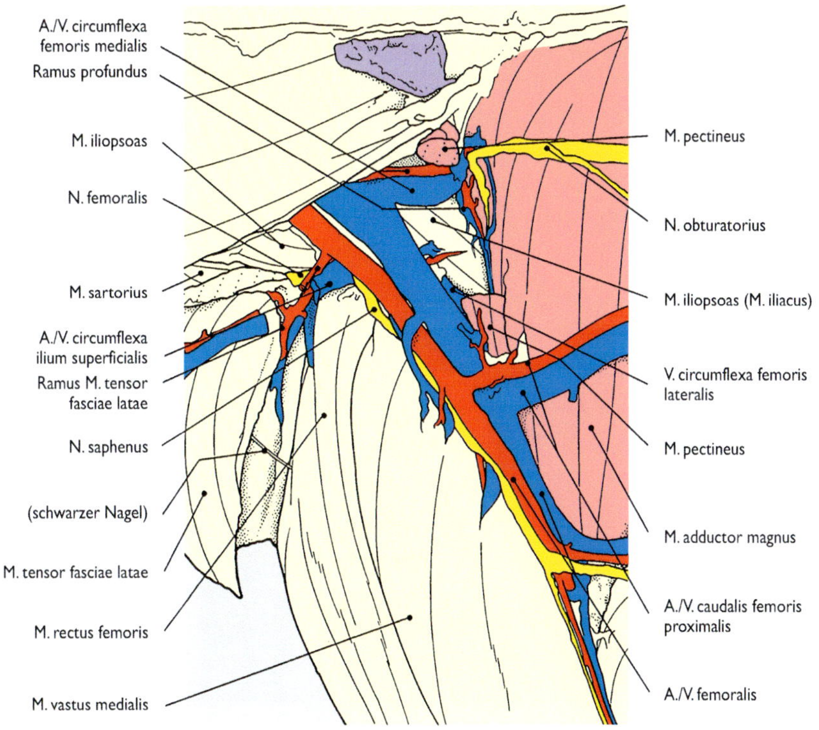

Abb. 7.30 Rechter Oberschenkel nach Entfernen des M. pectineus: mediale Ansicht. Die A. und V. circumflexa femoris medialis sind jetzt zu sehen.

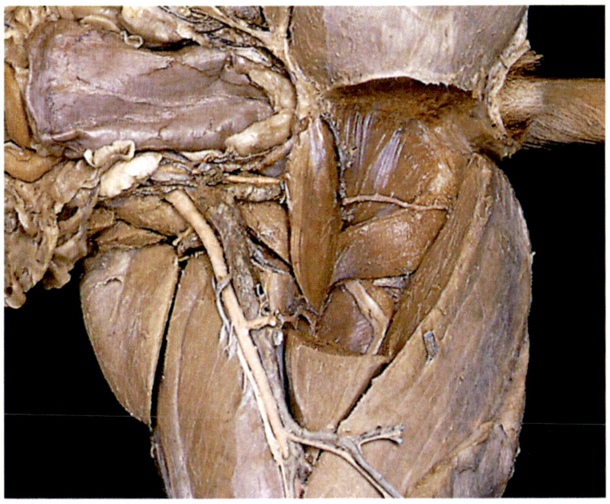

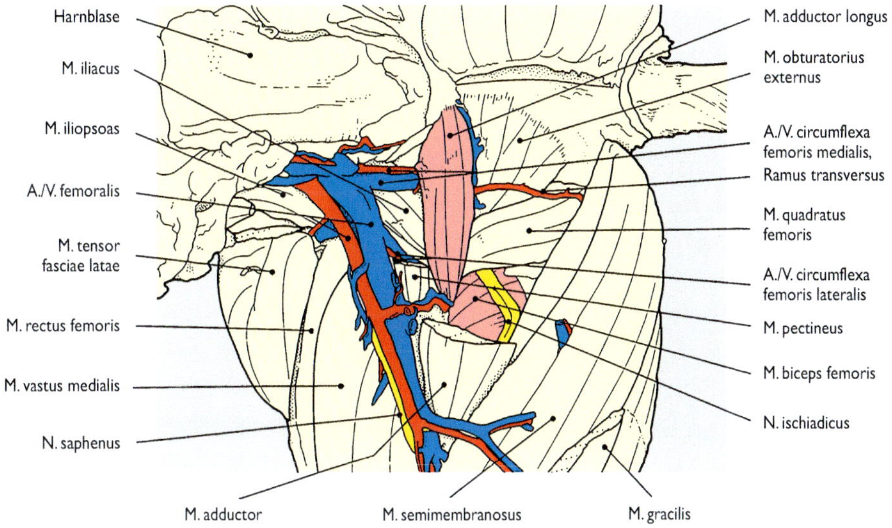

Abb. 7.31 Rechter Oberschenkel nach Entfernen des M. adductor magnus: mediale Ansicht. Auch die Bauchwand wurde entfernt. Der M. adductor longus verbleibt an seinem Ort. Beachten Sie die Lage des N. ischiadicus medial des M. biceps femoris.

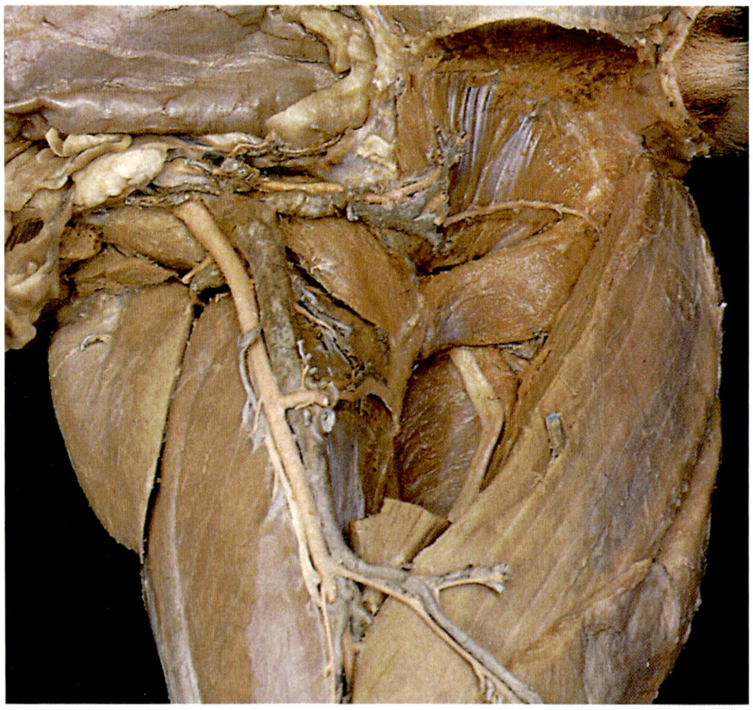

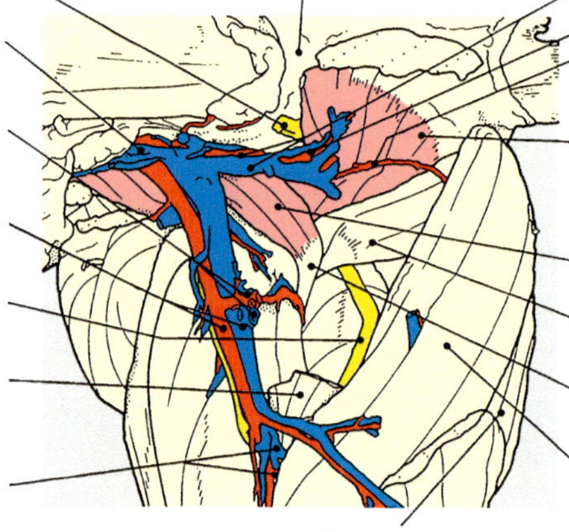

Abb. 7.32 Rechter Oberschenkel nach Entfernen des M. adductor longus: mediale Ansicht. Der Ansatz des M. iliacus des M. iliopsoas am Trochanter minor ossis femoris liegt nun frei.

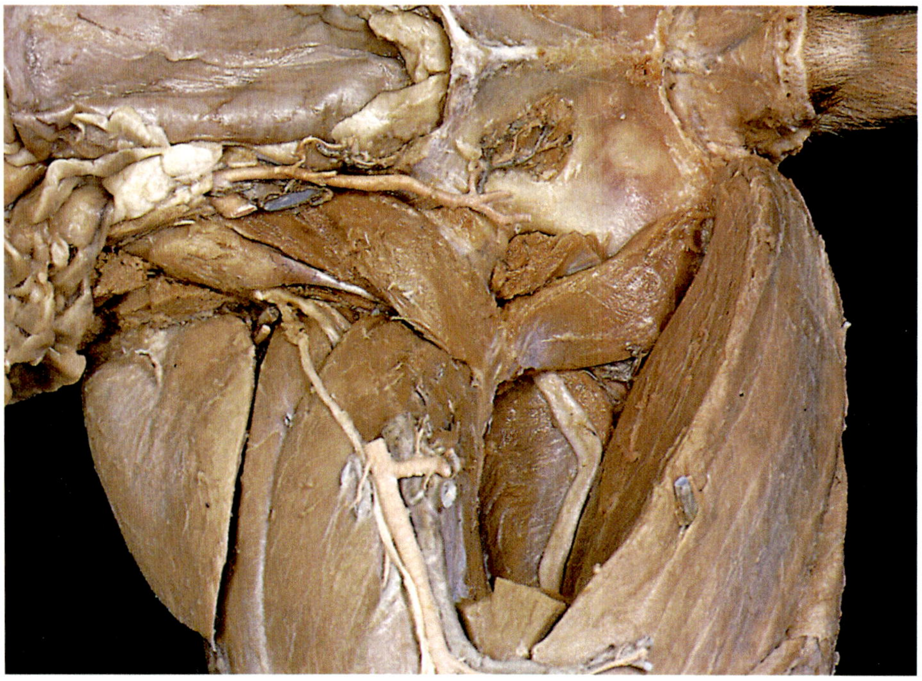

Abb. 7.33 Rechter Oberschenkel nach Entfernen des M. obturatorius externus: mediale Ansicht. Die A. und V. femoralis und die V. circumflexa femoris medialis wurden ebenfalls entfernt. Der M. obturatorius internus, der seinen Ursprung am Boden des Pelvis hat, ist durch das Foramen obturatum sichtbar.

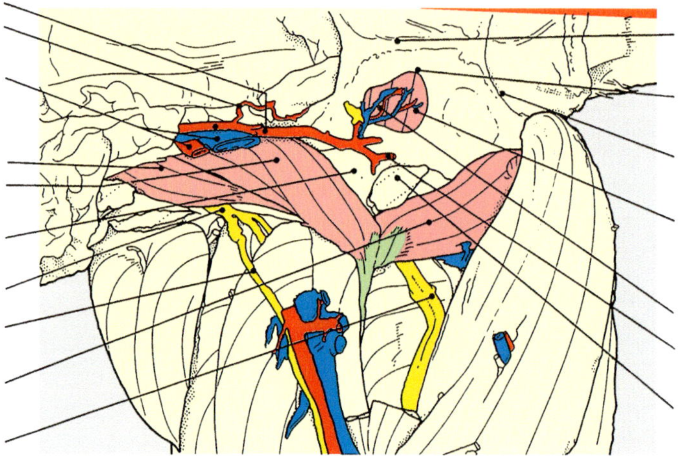

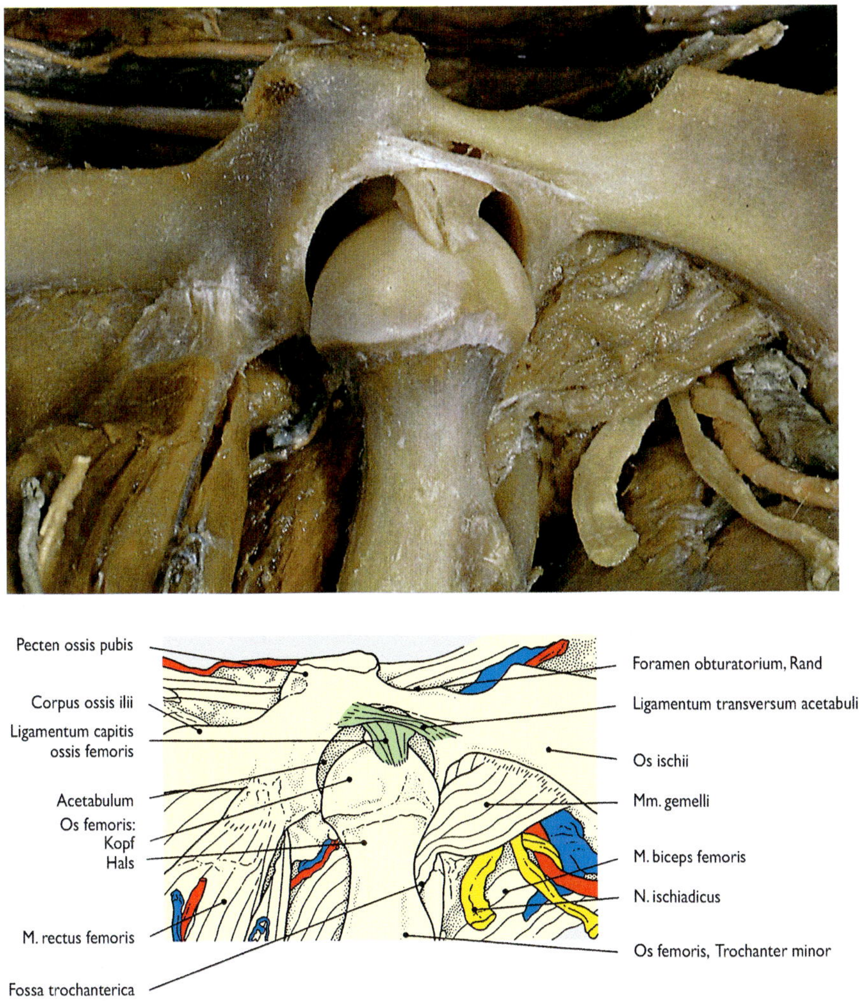

Abb. 7.34 Rechtes Hüftgelenk: ventrale Ansicht. Die Mm. iliopsoas und quadratus femoris wurden entfernt. Auch die Hüftgelenkskapsel wurde entfernt und der Femurkopf wurde leicht aus dem Acetabulum herausgezogen, um das Ligamentum capitis femoris freizulegen.

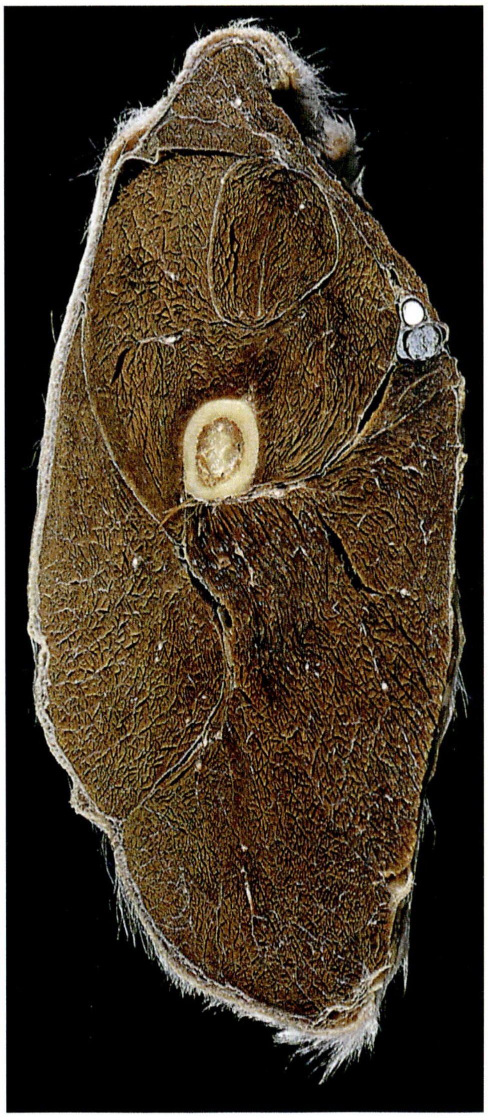

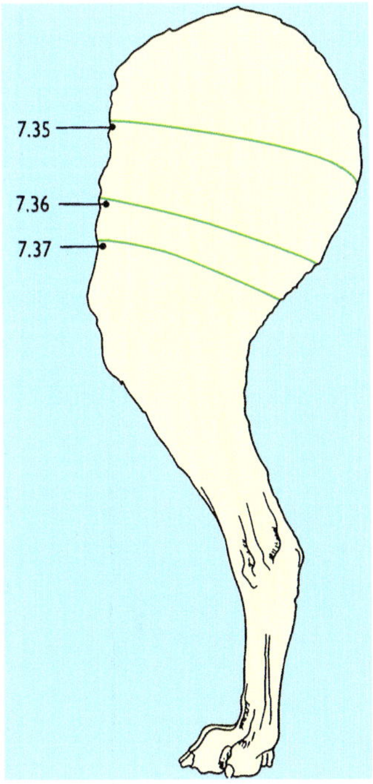

Abb. 7.35-7.37 Transversalschnitte durch den linken Oberschenkel auf den in der dazugehörigen Zeichnung markierten Ebenen: Ansicht der proximalen Schnittflächen. Beachten Sie die tiefere Lage der A. und V. femoralis im Verlauf zum Knie.

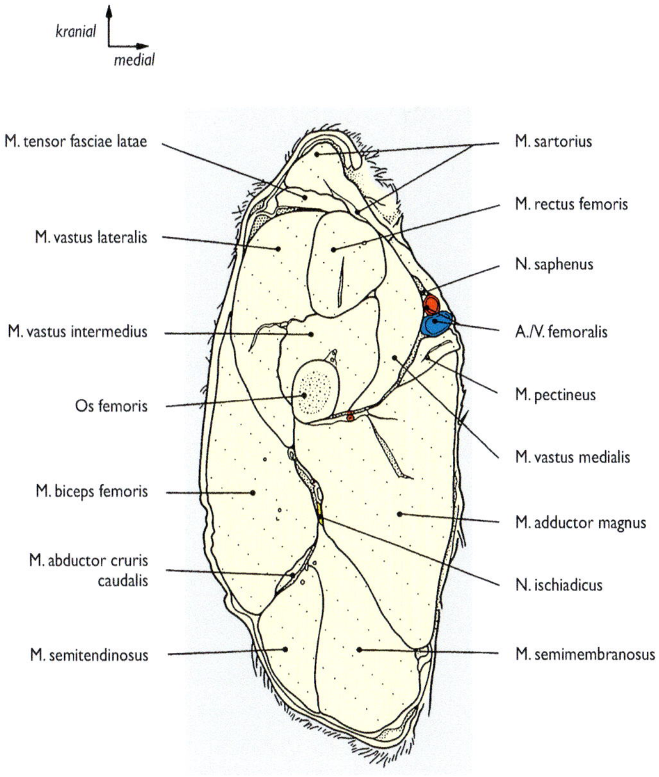

Abb. 7.35

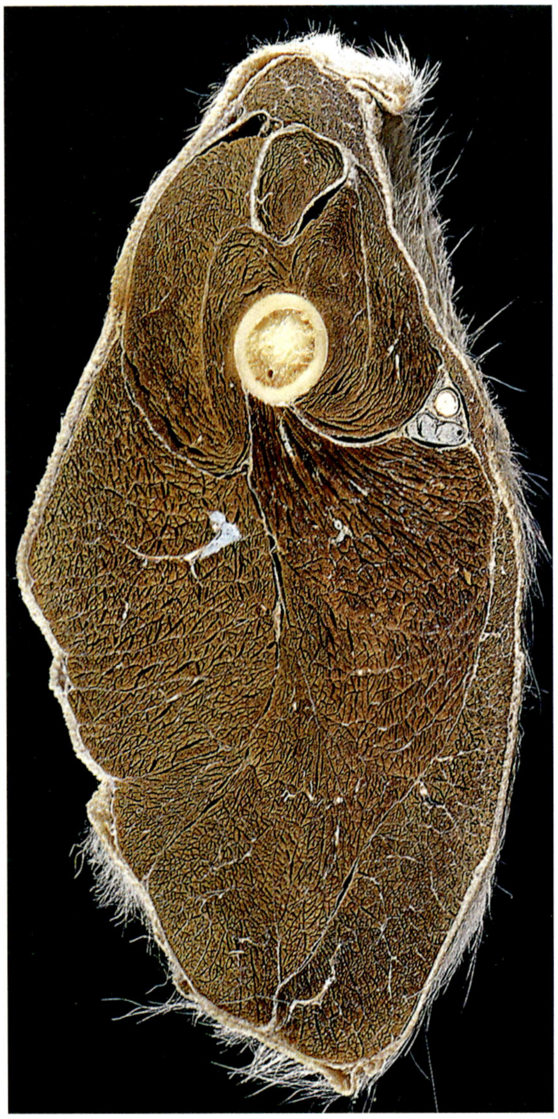

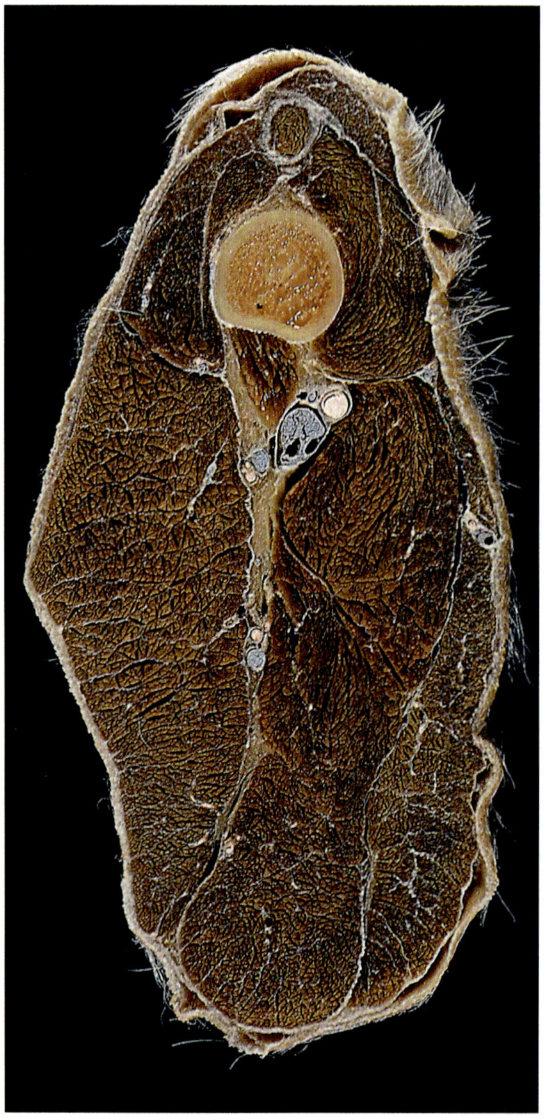

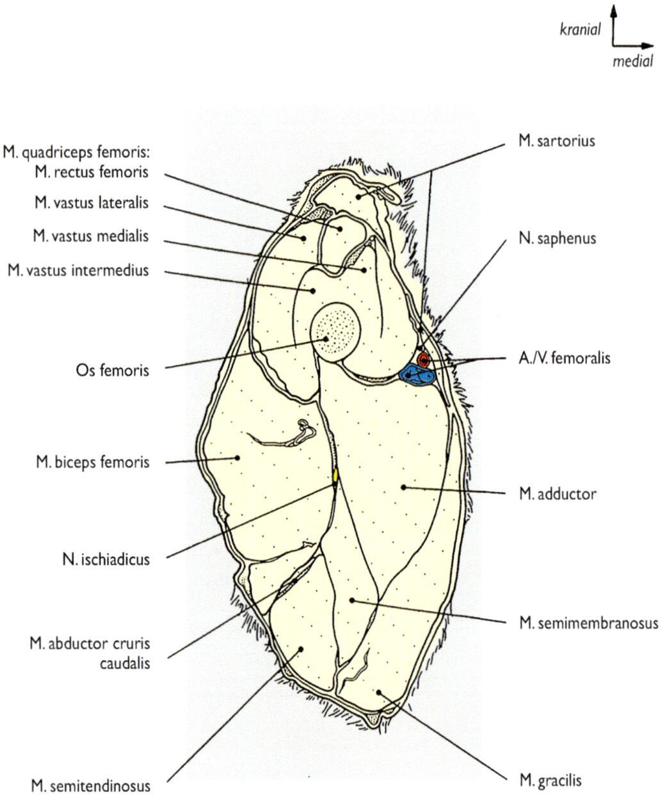

Abb. 7.36

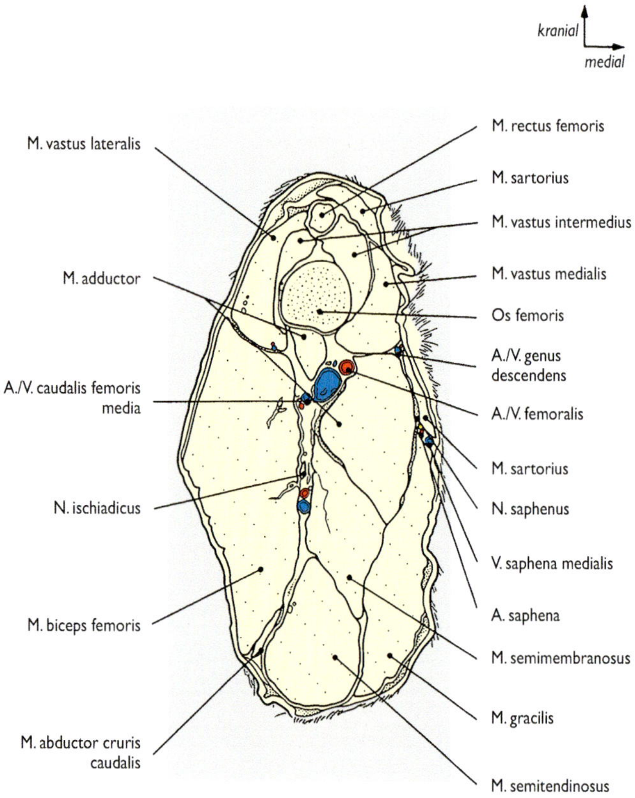

Abb. 7.37

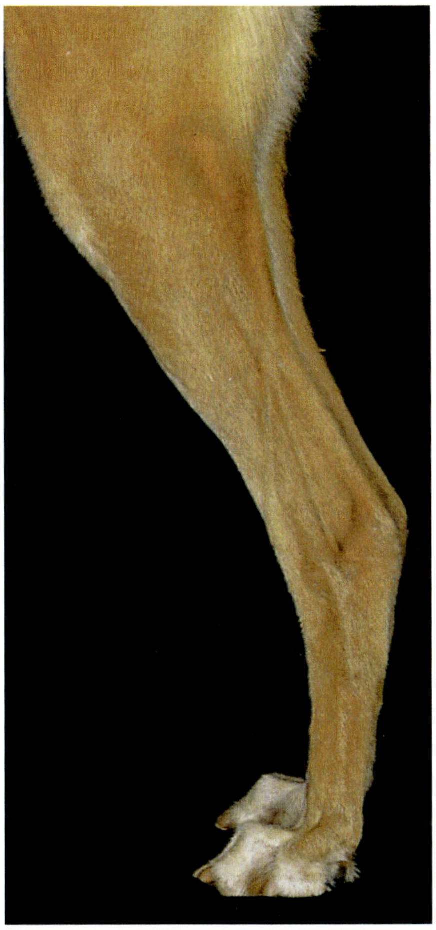

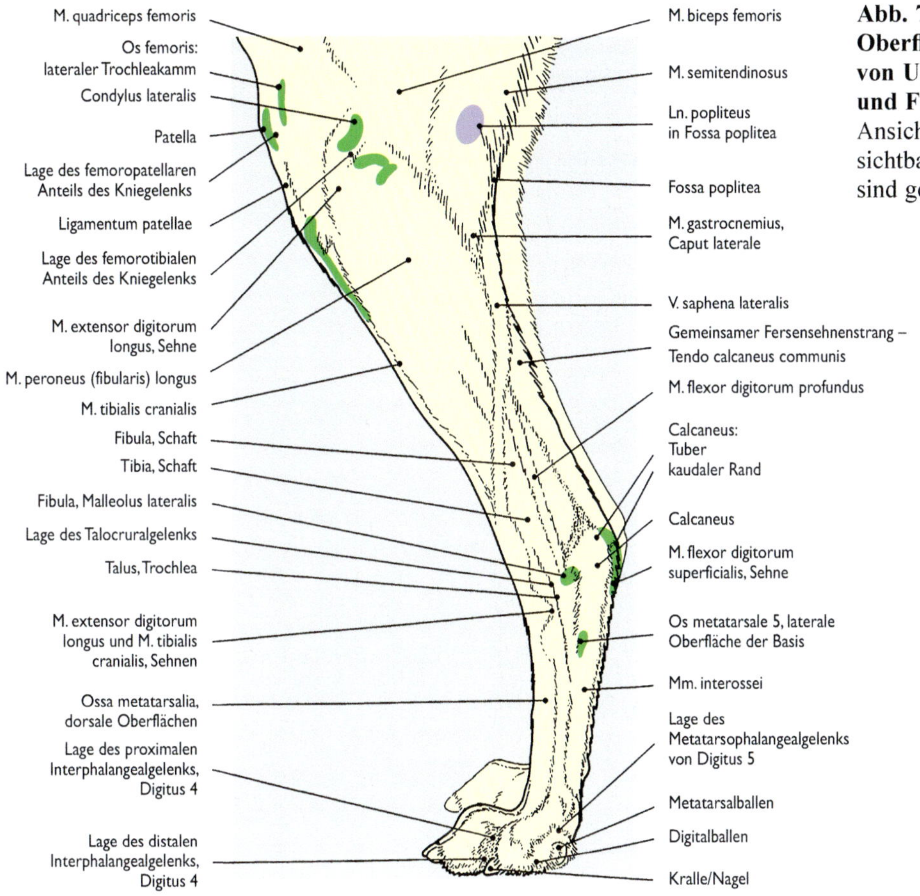

Abb. 7.38 Oberflächenmerkmale von Unterschenkel und Fuß: linke laterale Ansicht. Tastbare und sichtbare Merkmale sind gekennzeichnet.

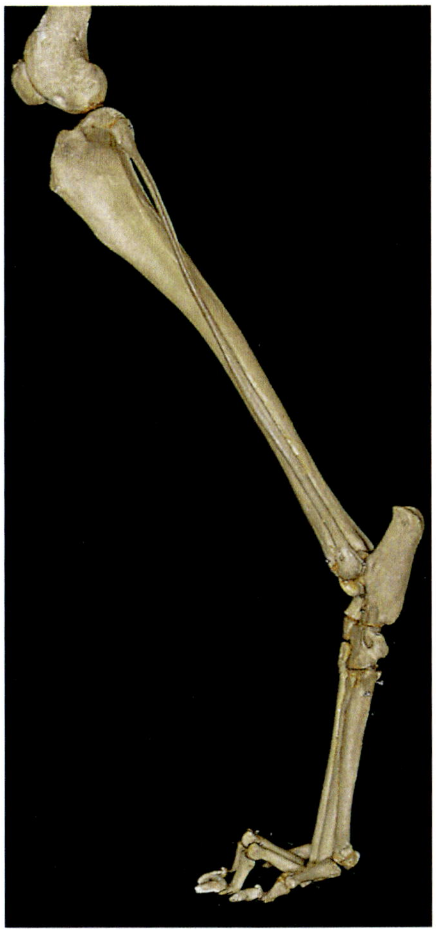

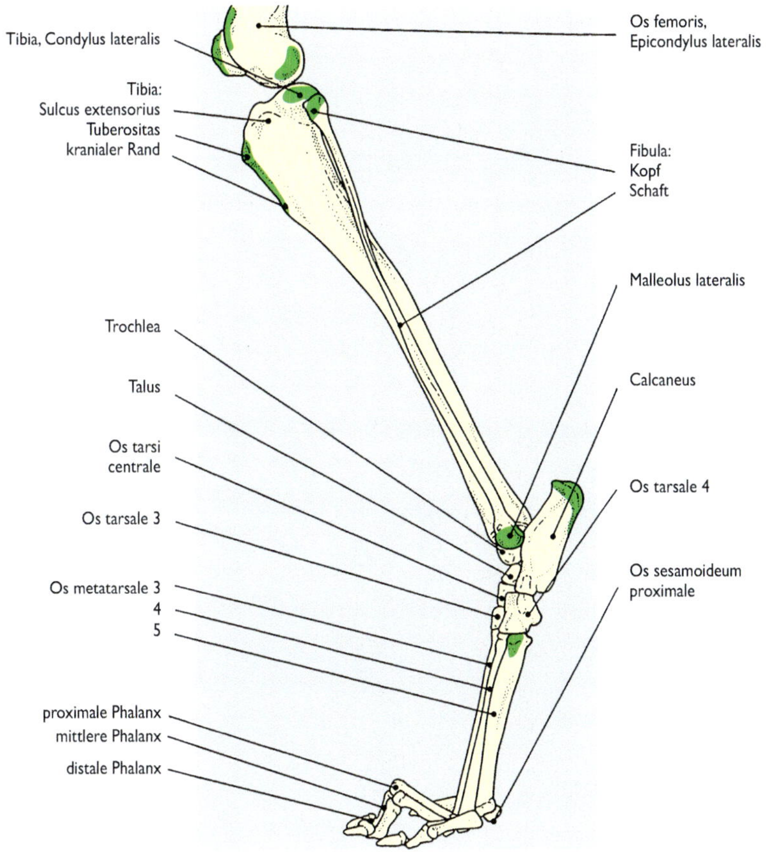

Abb. 7.39 Skelett von Unterschenkel und Fuß: linke laterale Ansicht. Die grün gefärbten Merkmale entsprechen den in Abb. 7.38 gezeigten tastbaren knöchernen Merkmalen.

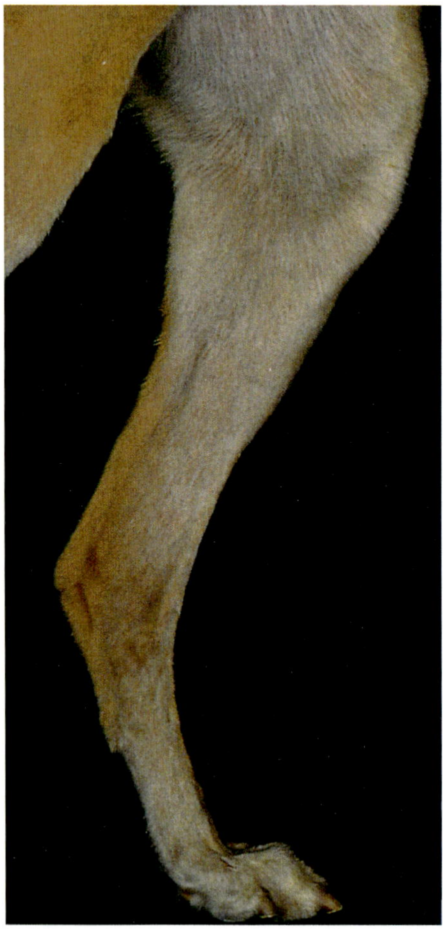

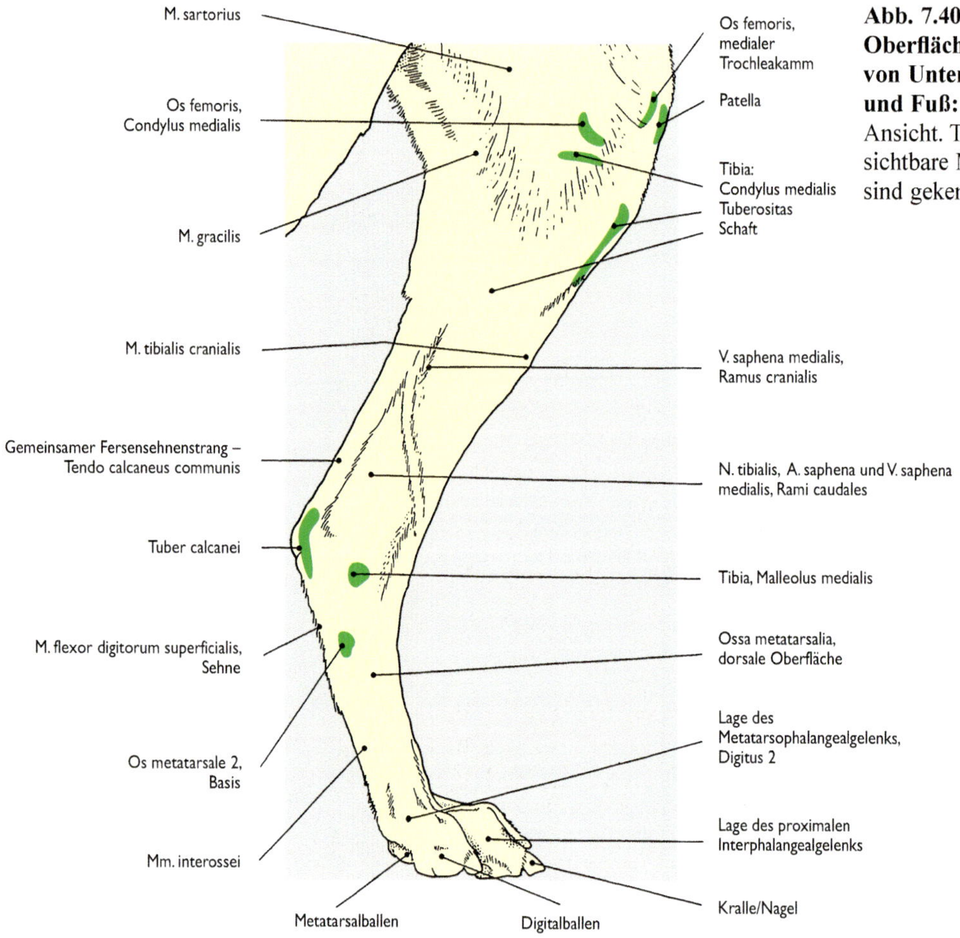

Abb. 7.40 Oberflächenmerkmale von Unterschenkel und Fuß: linke mediale Ansicht. Tastbare und sichtbare Merkmale sind gekennzeichnet.

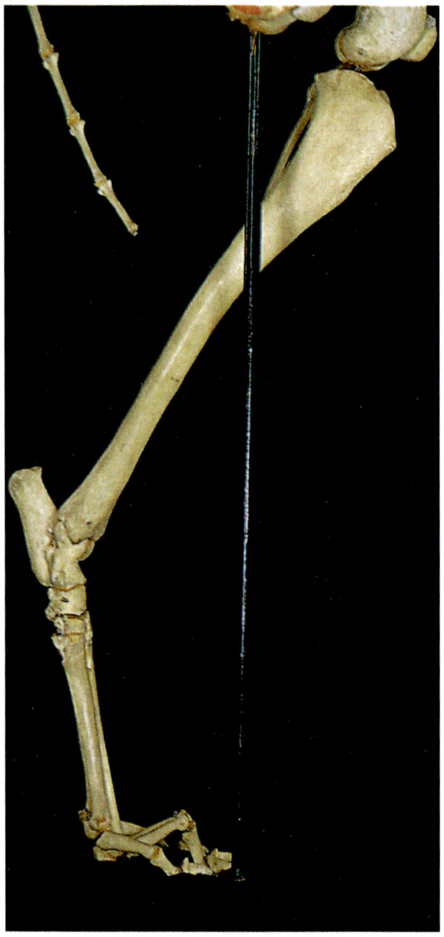

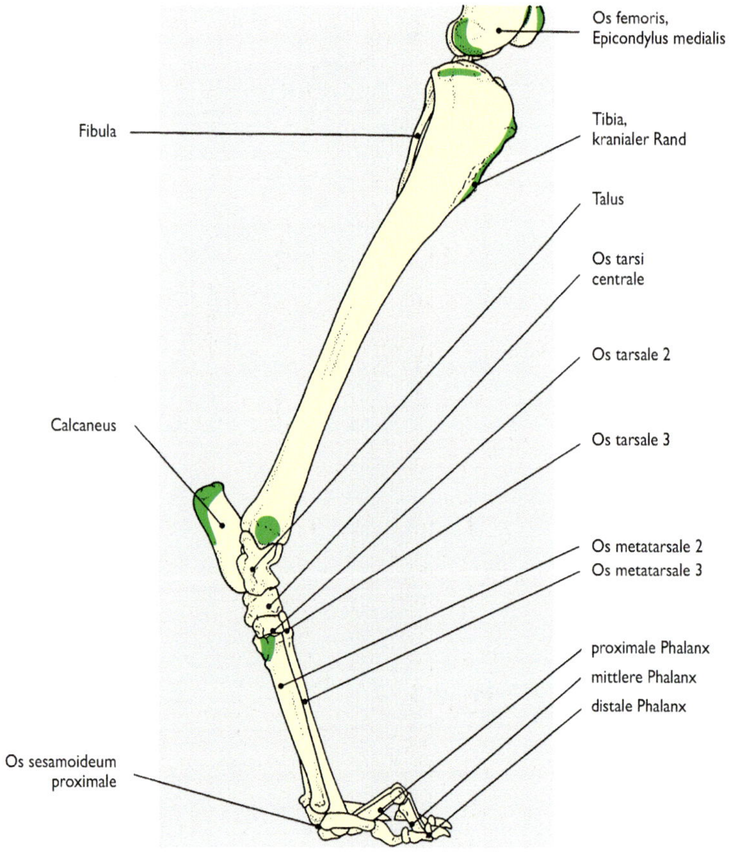

Abb. 7.41 Skelett von Unterschenkel und Fuß: linke mediale Ansicht. Die grün gefärbten Merkmale entsprechen den in Abb. 7.40 gezeigten tastbaren knöchernen Merkmalen.

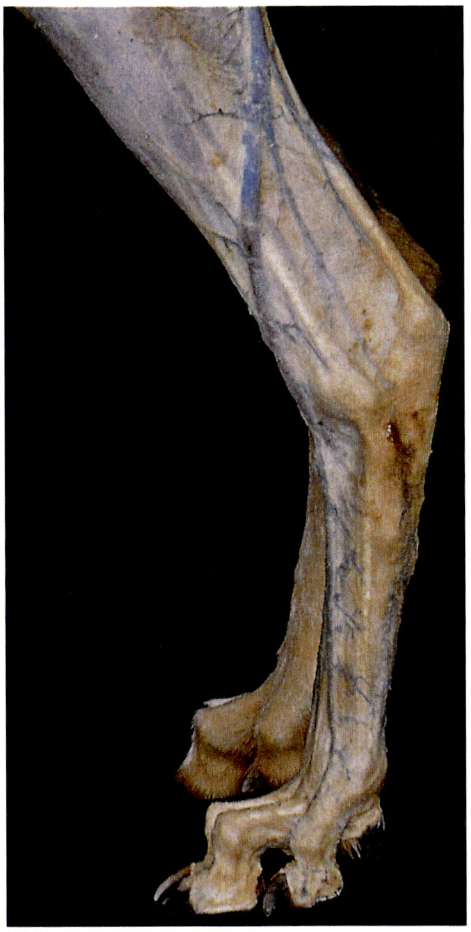

Abb. 7.42 Oberflächliche Faszie von Unterschenkel, Tarsus und Fuß: linke laterale Ansicht.
Die oberflächliche Faszie umhüllt Unterschenkel, Tarsus und Fuß und enthält viele Blutgefäße und Nerven, einschließlich der A. und V. saphena. Die tiefe Kniegelenksfaszie hängt eng mit dem Ligamentum patellae zusammen und geht proximal in die Fascia femoris und distal in die Fascia cruris über. Die Fascia cruris besteht aus zwei Blättern, wobei das tiefere Blatt Muskeln und Knochen bedeckt und teilweise den Ansatz für den M. biceps femoris bildet. Zum Fuß hin ist die tiefe Faszie eng mit dem Tuber calcanei und anderen Knochen, Sehnen und Bändern verbunden.

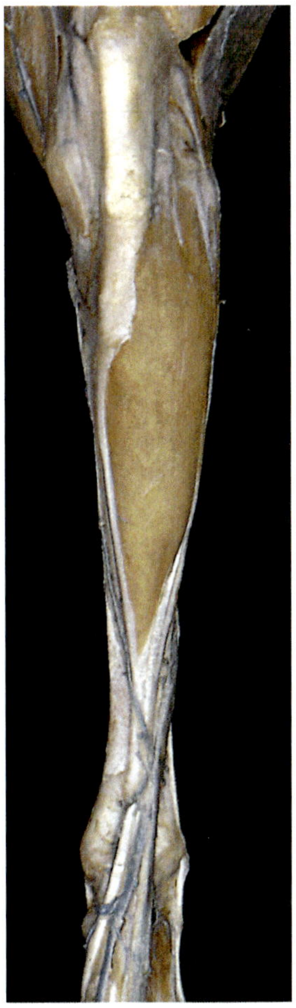

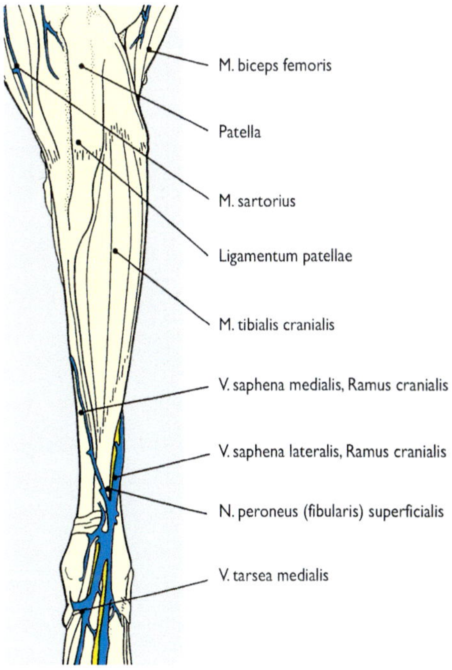

Abb. 7.43 Linkes Bein: kraniale Ansicht. Nur die Faszie wurde entfernt.

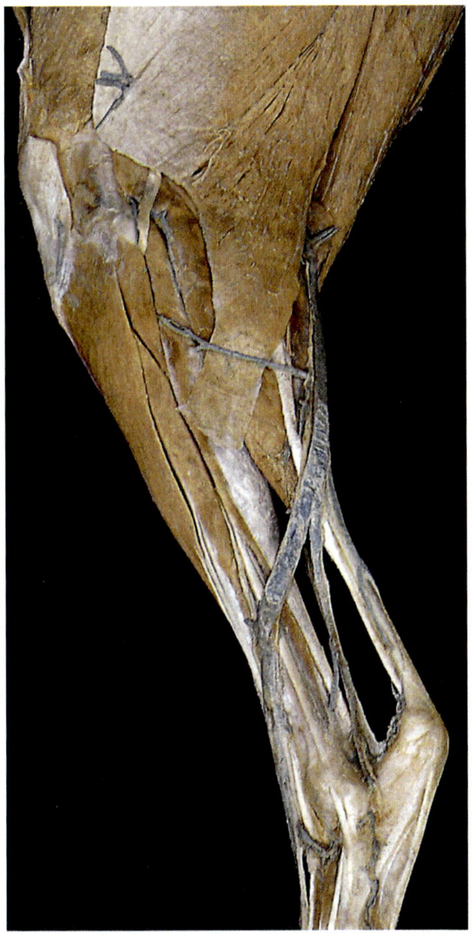

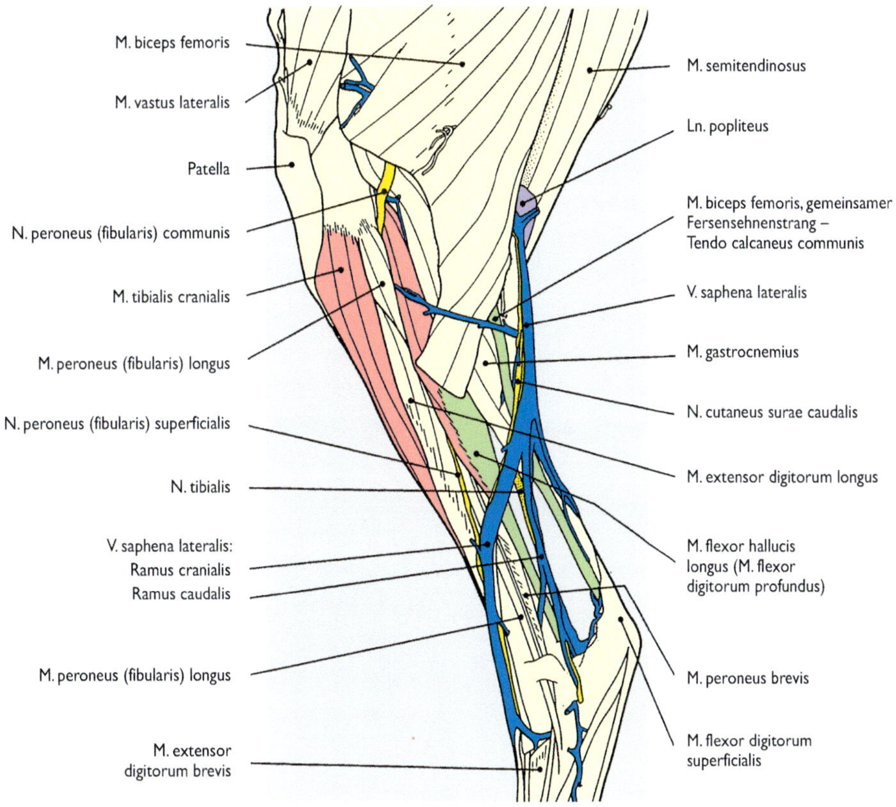

Abb. 7.44 Linkes Bein: linke laterale Ansicht. Nur die Faszie wurde entfernt.

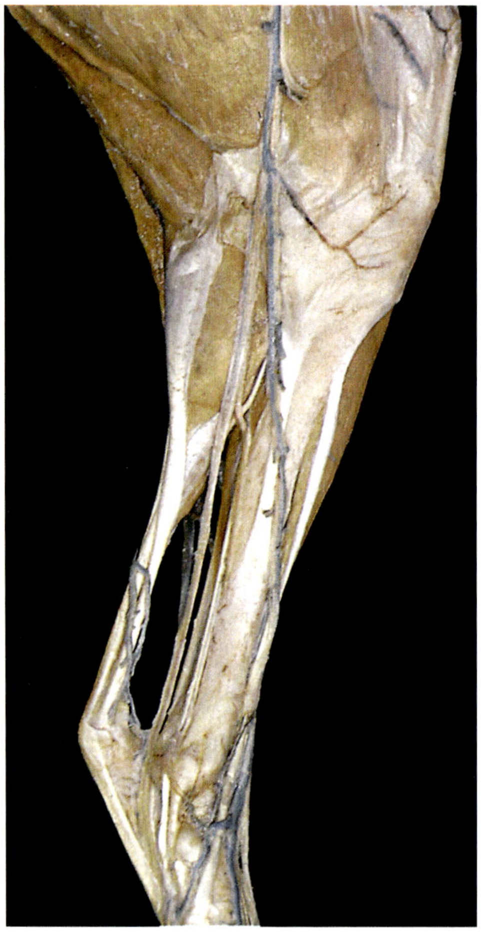

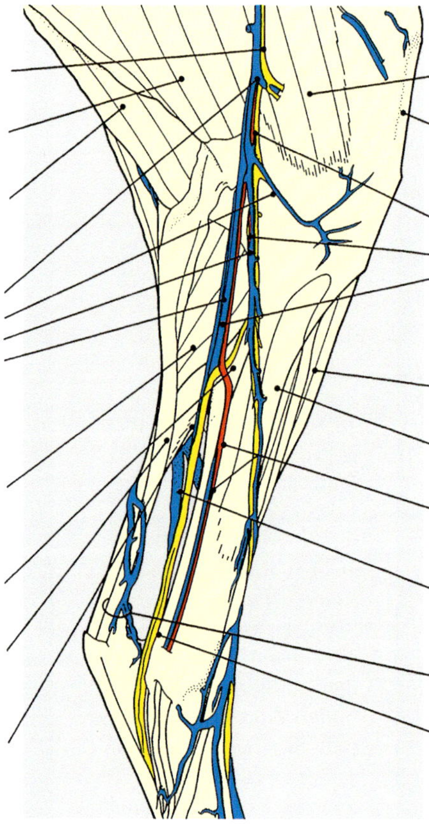

Abb. 7.45 Linkes Bein: mediale Ansicht. Nur die Faszie wurde entfernt. Der Tendo calcaneus communis besteht aus Anteilen der Mm. gastrocnemius, flexor digitorum superficialis, biceps femoris, semitendinosus und gracilis.

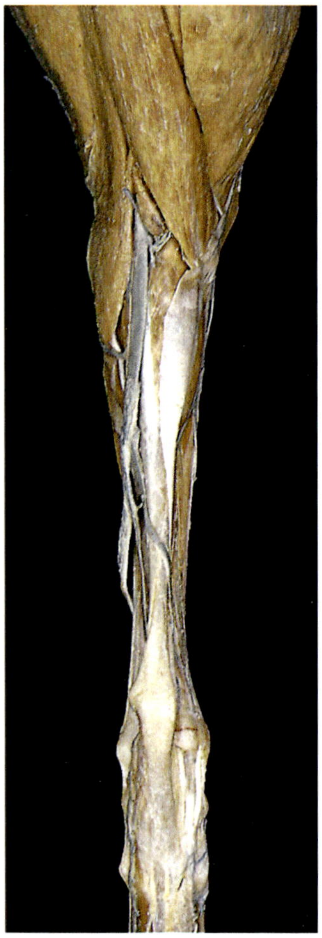

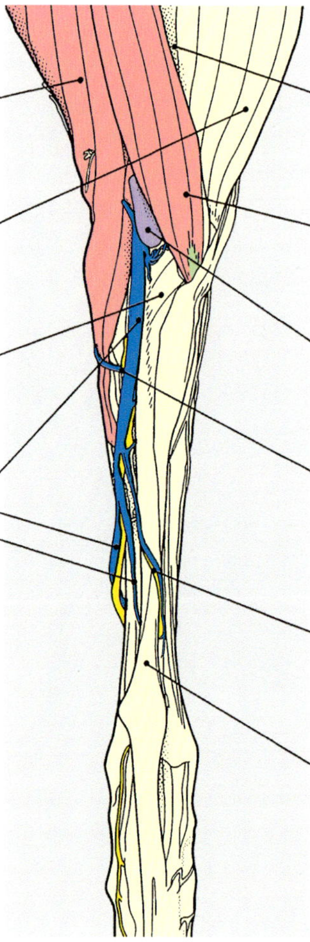

Abb. 7.46 Linker Unterschenkel: kaudale Ansicht. Beachten Sie die oberflächliche Lage des Ln. popliteus in der Fossa poplitea zwischen den Mm. biceps femoris und semitendinosus.

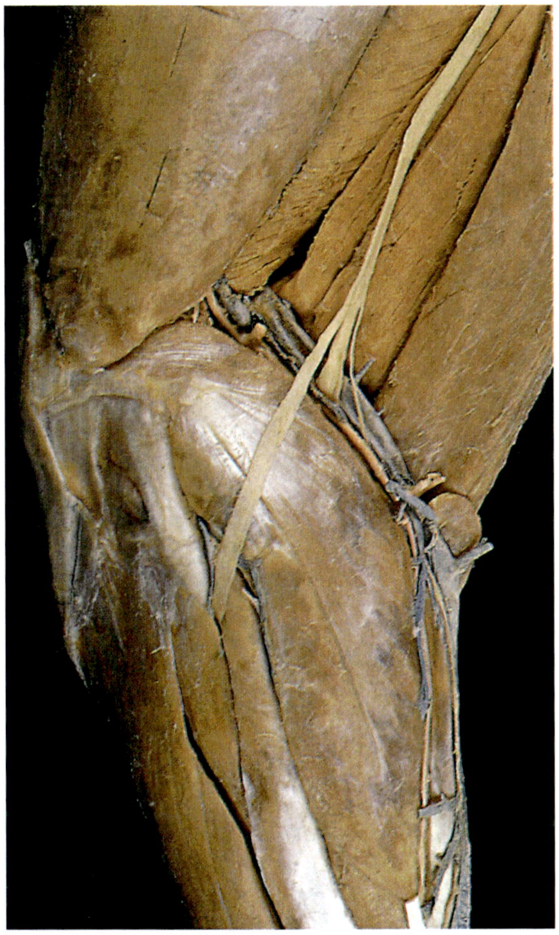

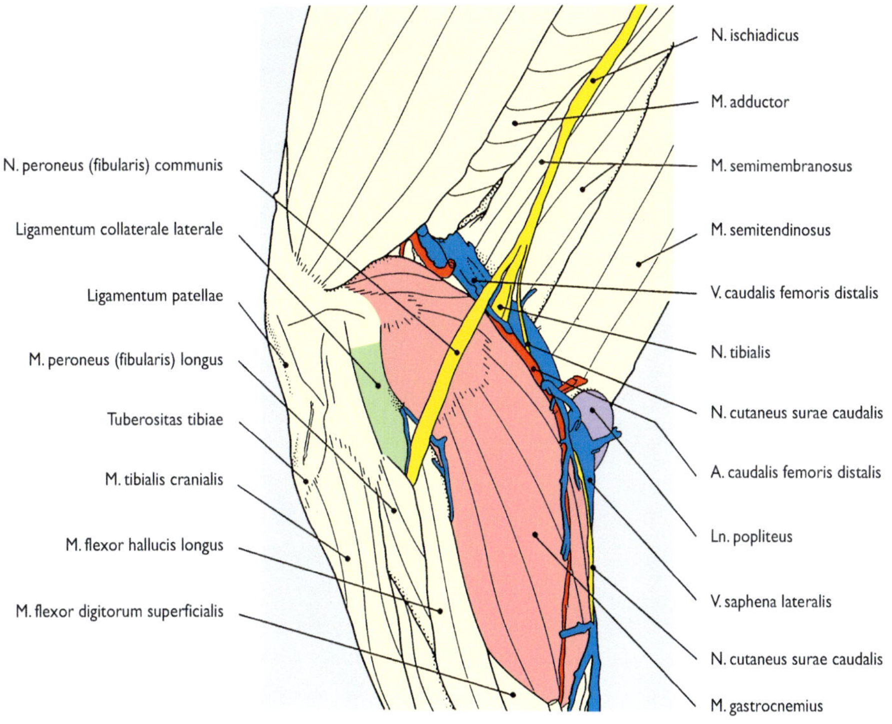

Abb. 7.47 Regio genus der linken Beckengliedmaße: laterale Ansicht. Der M. biceps femoris wurde entfernt, um den proximalen Anteil des M. gastrocnemius und die Aufteilung des N. ischiadicus freizulegen.

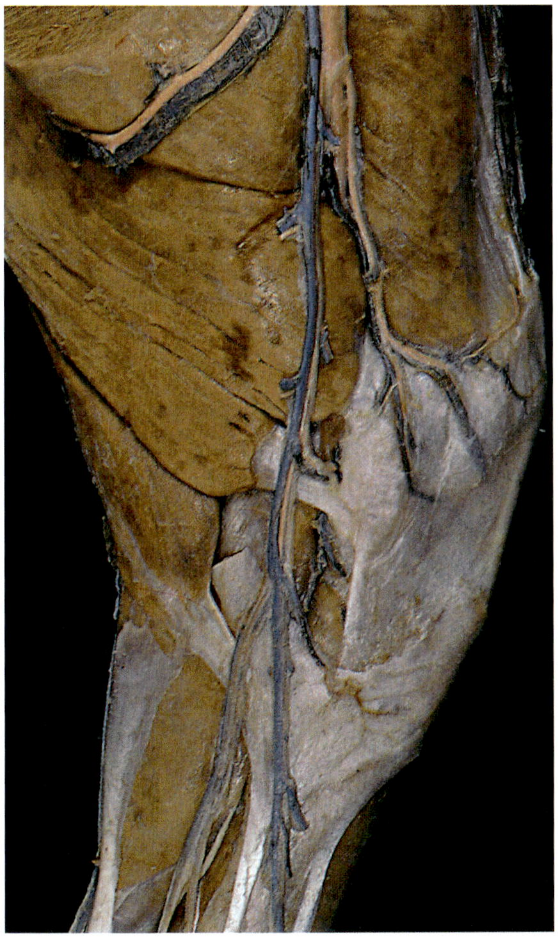

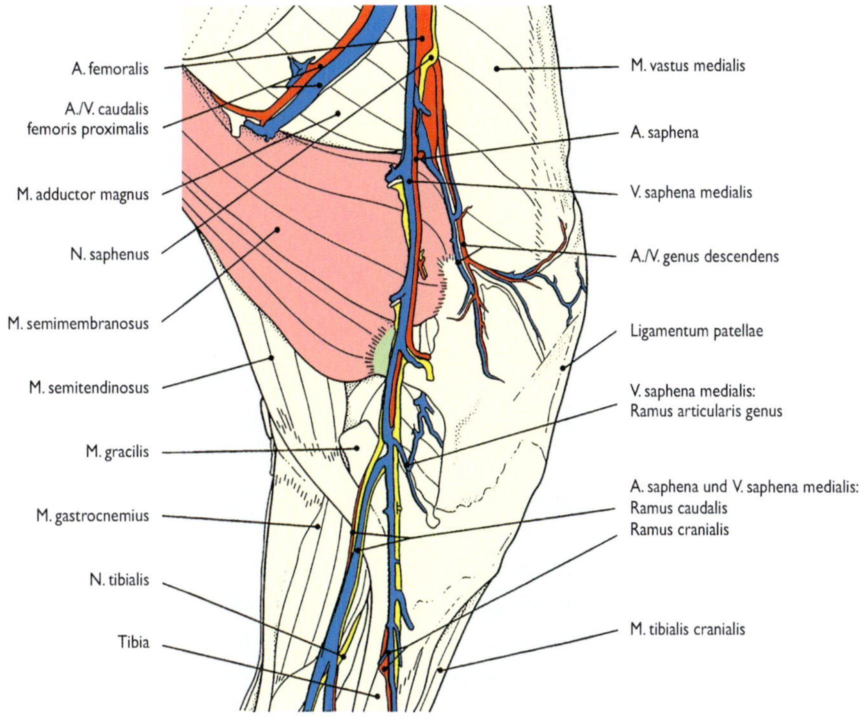

Abb. 7.48 Regio genus der linken Beckengliedmaße: mediale Ansicht. Die Mm. gracilis und sartorius wurden entfernt.

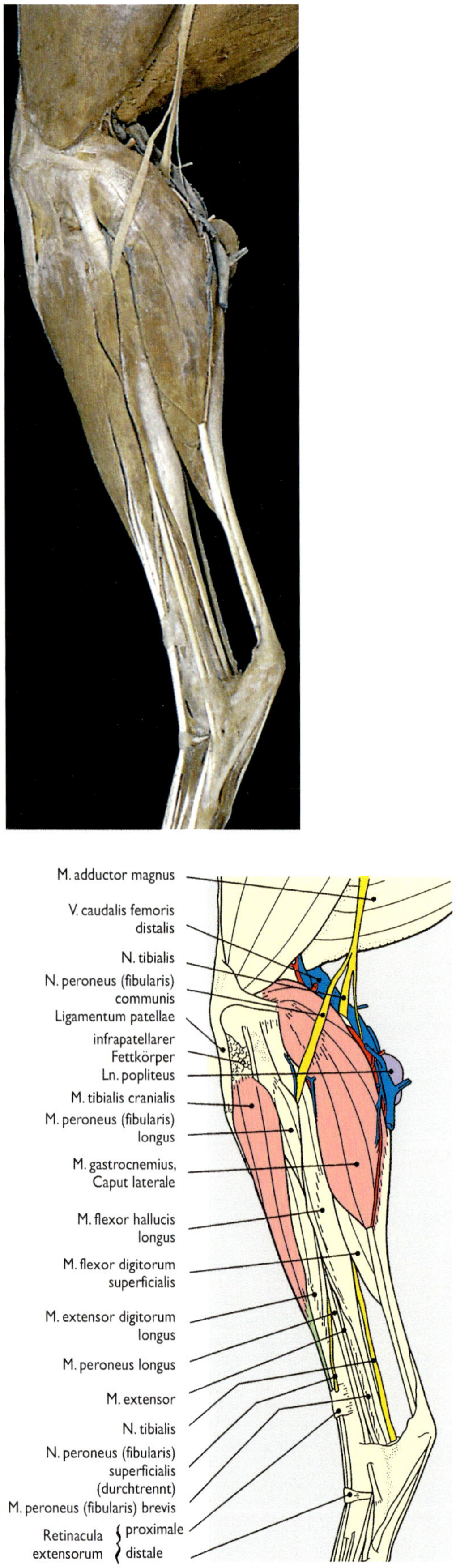

Abb. 7.49 Linker Unterschenkel nach Entfernen der V. saphena lateralis: laterale Ansicht. Auch die Mm. biceps femoris, semitendinosus und semimembranosus wurden entfernt.

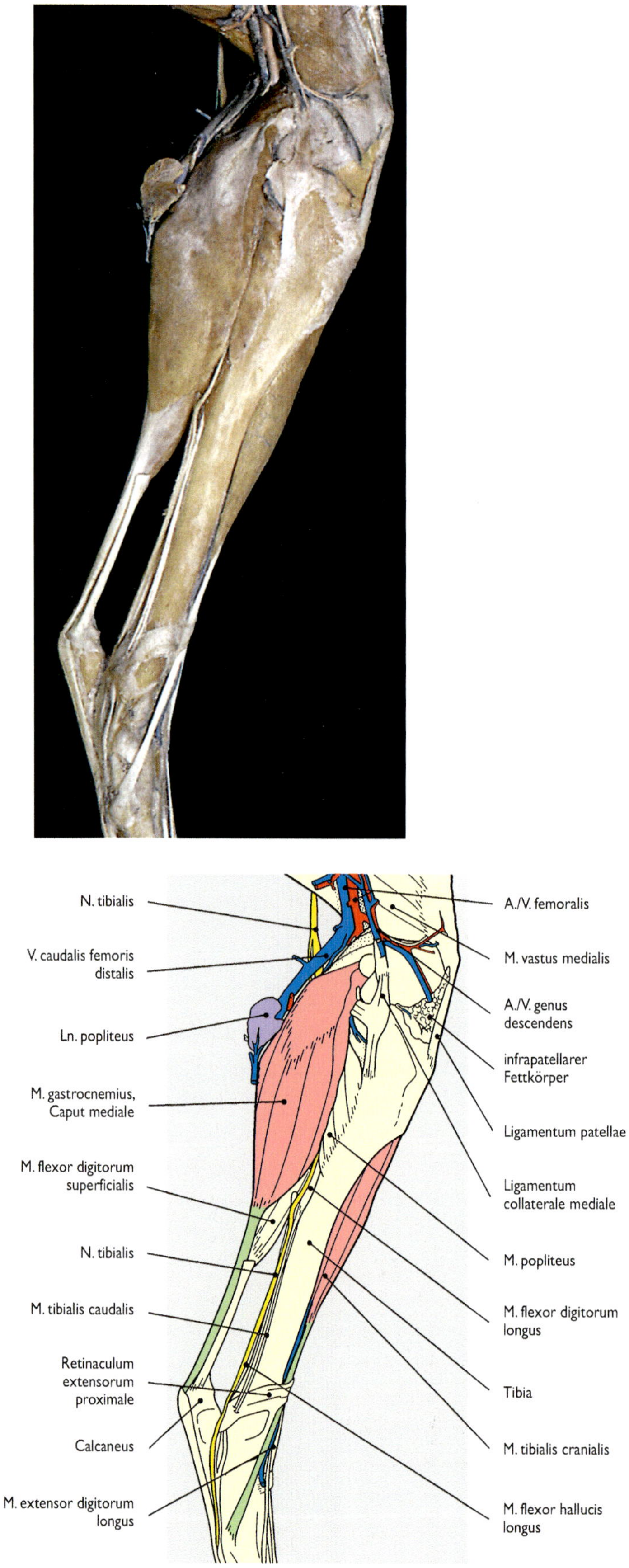

Abb. 7.50 Linker Unterschenkel nach Entfernen der A. saphena und des N. saphenus sowie der V. saphena medialis: mediale Ansicht. Auch die Mm. gracilis, sartorius, semitendinosus und semimembranosus wurden entfernt.

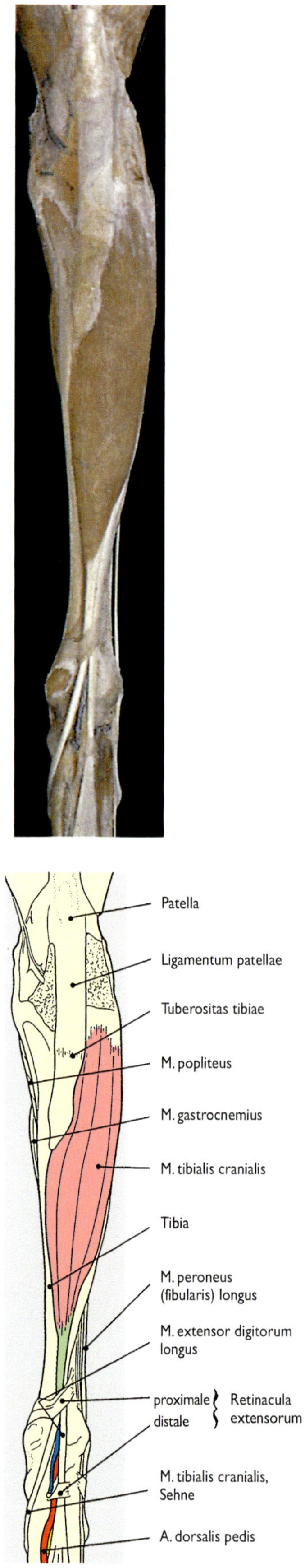

Abb. 7.51 Linker Unterschenkel nach Entfernen oberflächlicher Venen und Nerven: kraniale Ansicht.

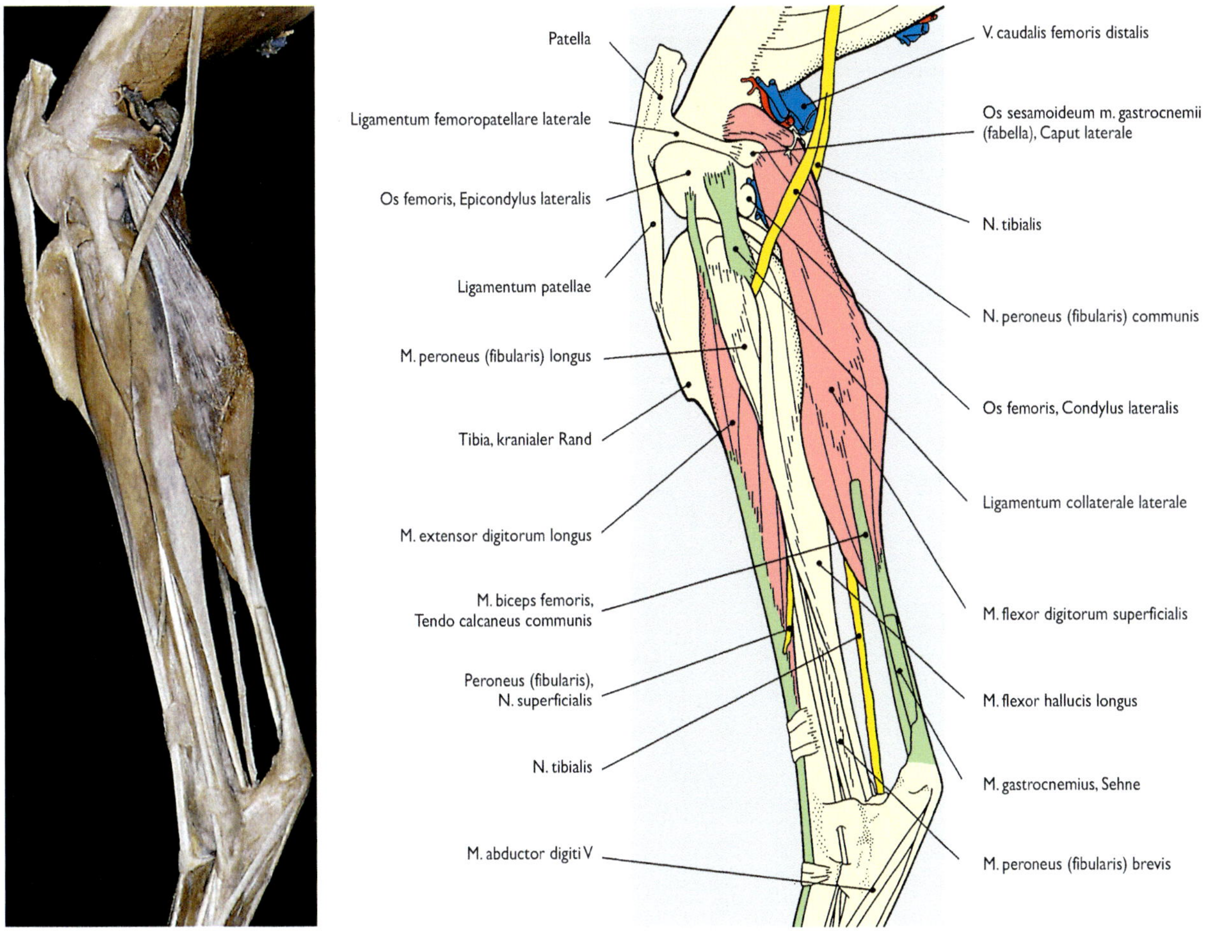

Abb. 7.52 Linker Unterschenkel nach Entfernen der Mm. tibialis cranialis und gastrocnemius: laterale Ansicht. Der infrapatellare Fettkörper und der Ln. popliteus wurden ebenfalls entfernt. Die Ausdehnung des M. extensor digitorum longus und des M. flexor digitorum superficialis liegt frei. Die nächsten drei Abbildungen stammen von demselben Präparationsstadium.

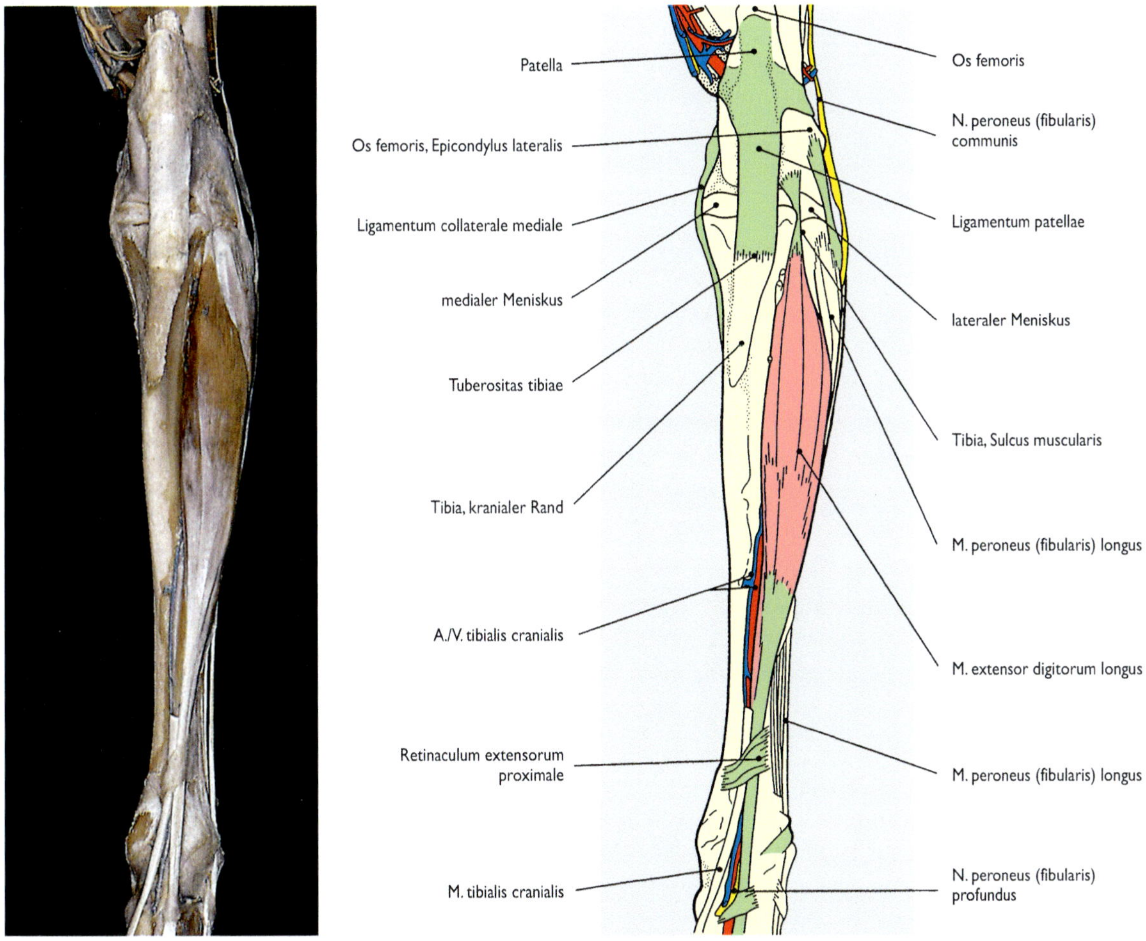

Abb. 7.53 Linker Unterschenkel nach Entfernen des M. tibialis cranialis: kraniale Ansicht.

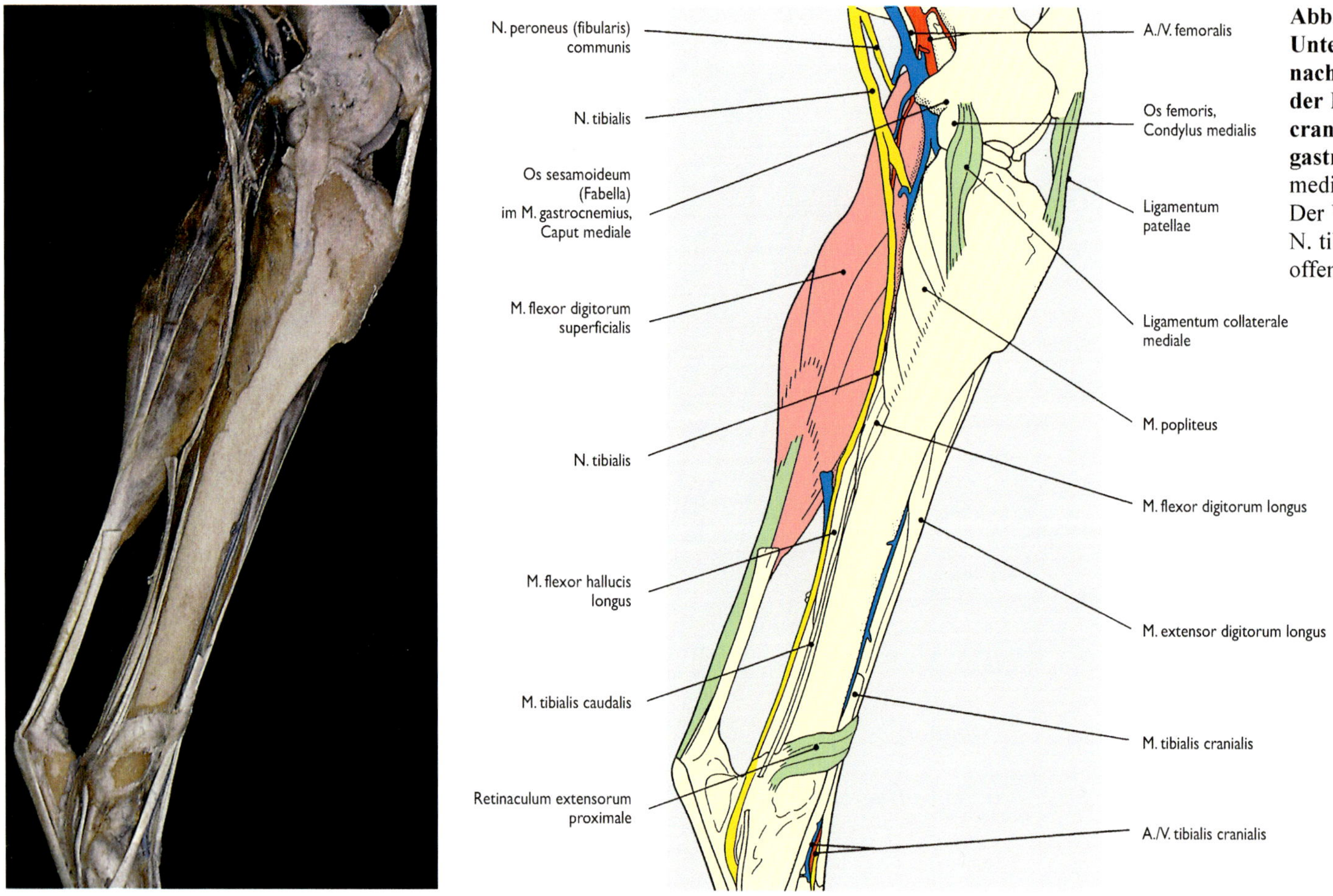

Abb. 7.54 Linker Unterschenkel nach Entfernen der Mm. tibialis cranialis und gastrocnemius: mediale Ansicht. Der Verlauf des N. tibialis ist nun offengelegt.

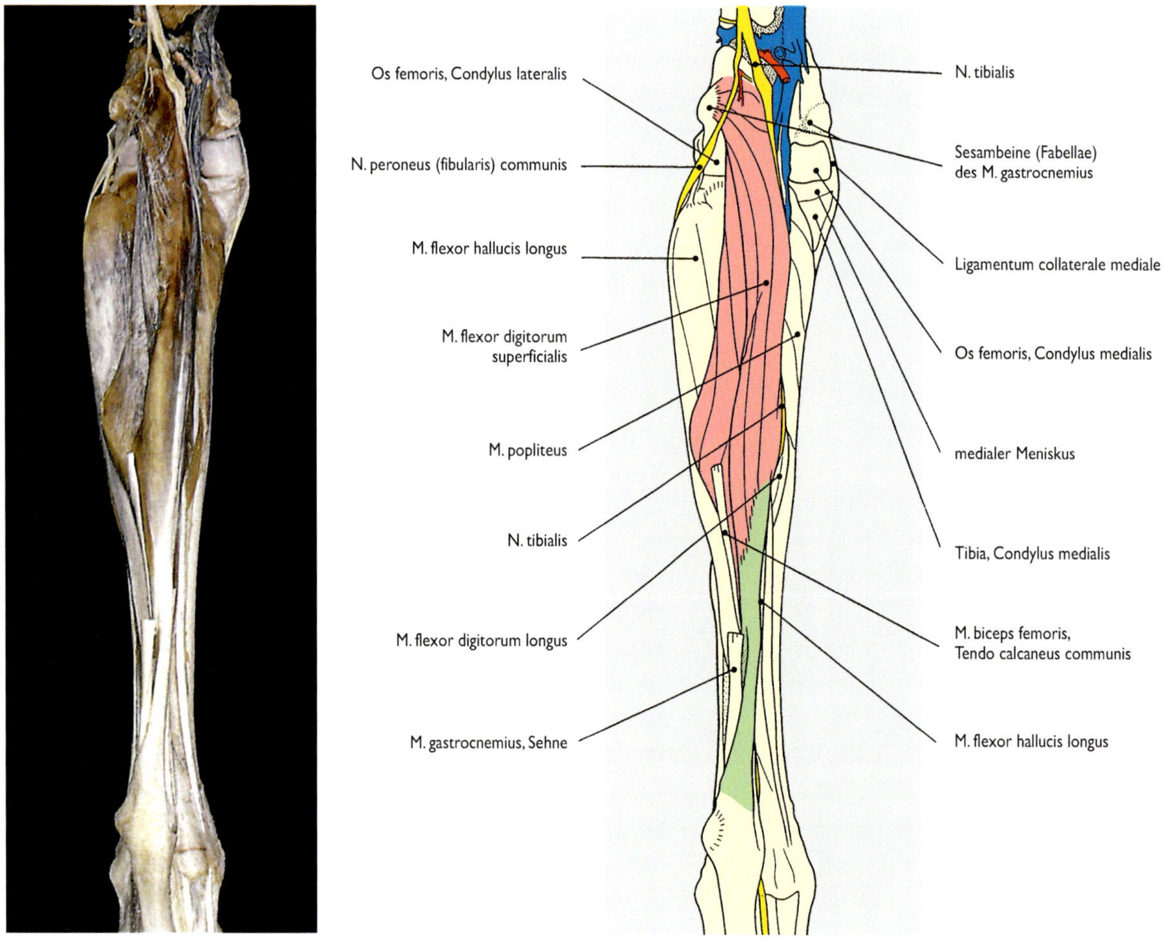

Abb. 7.55 Linker Unterschenkel nach Entfernen des M. gastrocnemius: kaudale Ansicht.

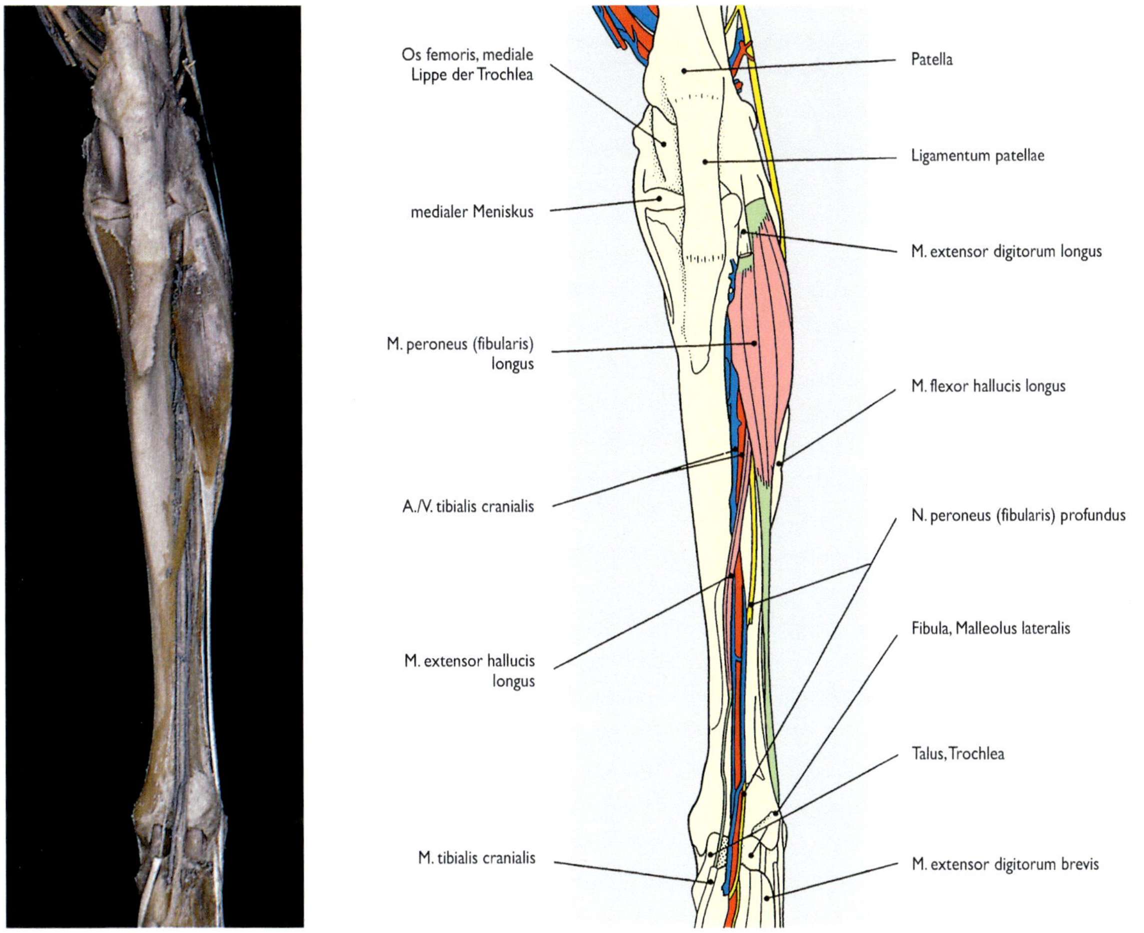

Abb. 7.56 Linker Unterschenkel nach Entfernen des M. extensor digitorum longus: kraniale Ansicht. Die A. und V. tibialis cranialis und der M. extensor hallucis liegen frei. Dieser Muskel ist ein Strecker der zweiten Zehe, wenn die erste Zehe (Hallux) fehlt.

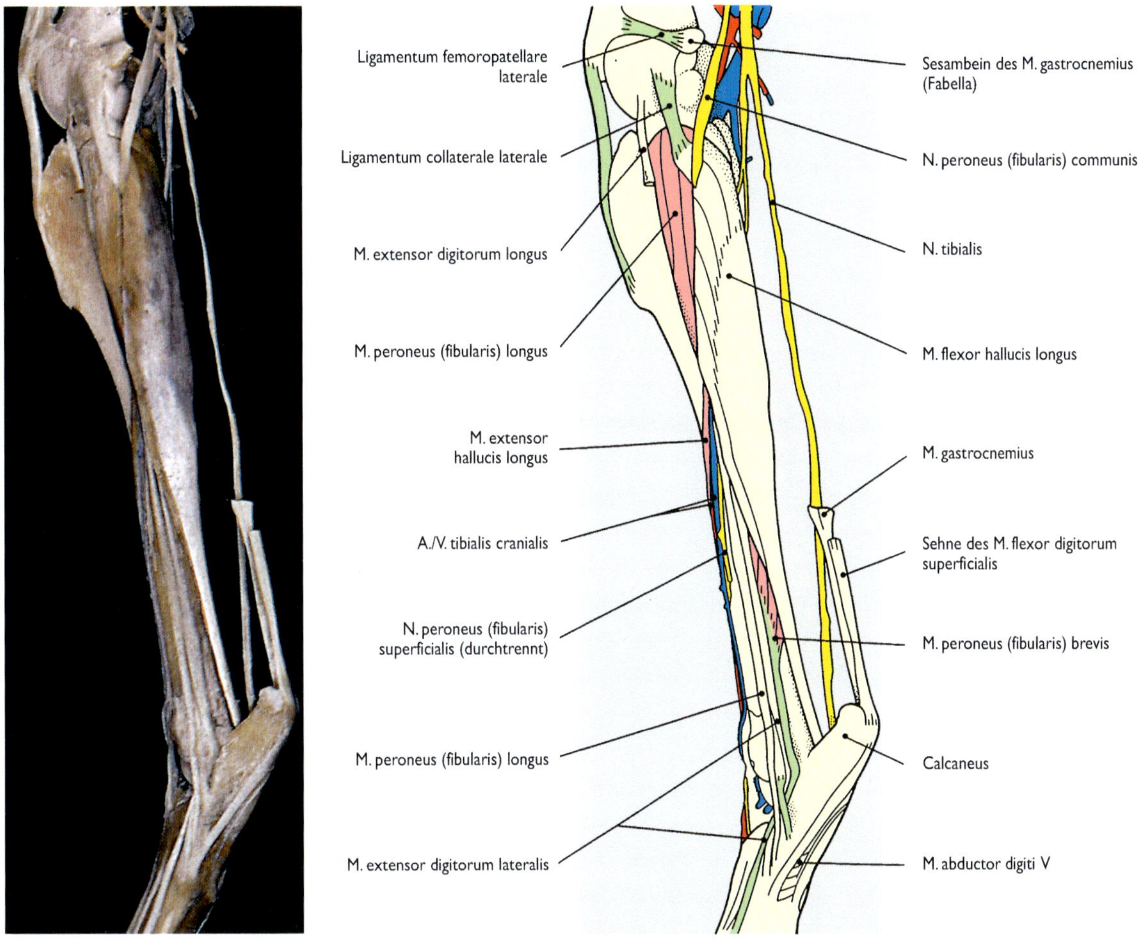

Abb. 7.57 Linker Unterschenkel nach Entfernen der Mm. extensor digitorum longus und flexor digitorum superficialis: laterale Ansicht. Die nächsten zwei Abbildungen stammen von demselben Präparationsstadium.

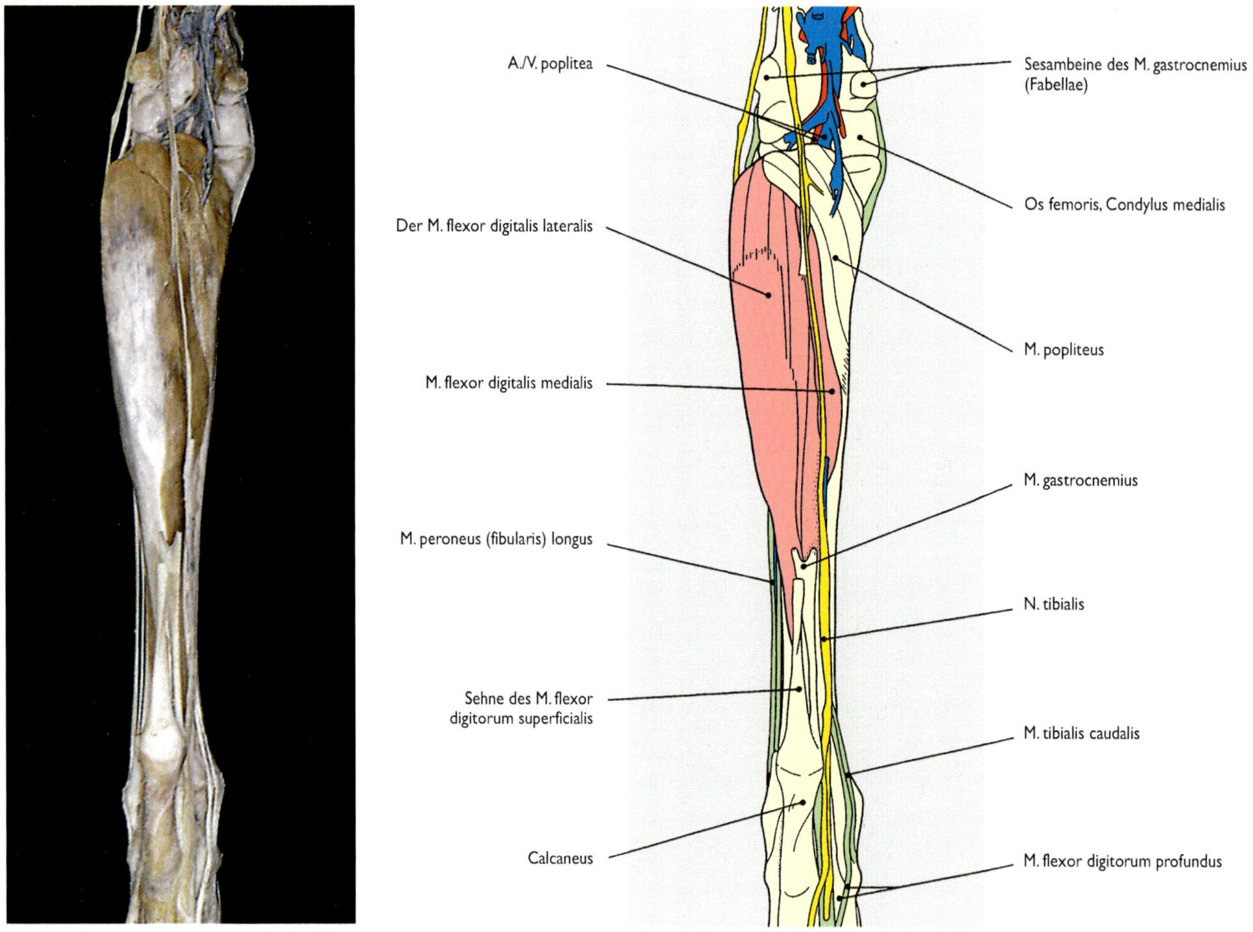

Abb. 7.58 Linker Unterschenkel nach Entfernen des M. flexor digitorum superficialis: kaudale Ansicht. Der M. flexor digitalis lateralis und M. flexor digitalis medialis bilden zusammen den M. flexor digitorum profundus.

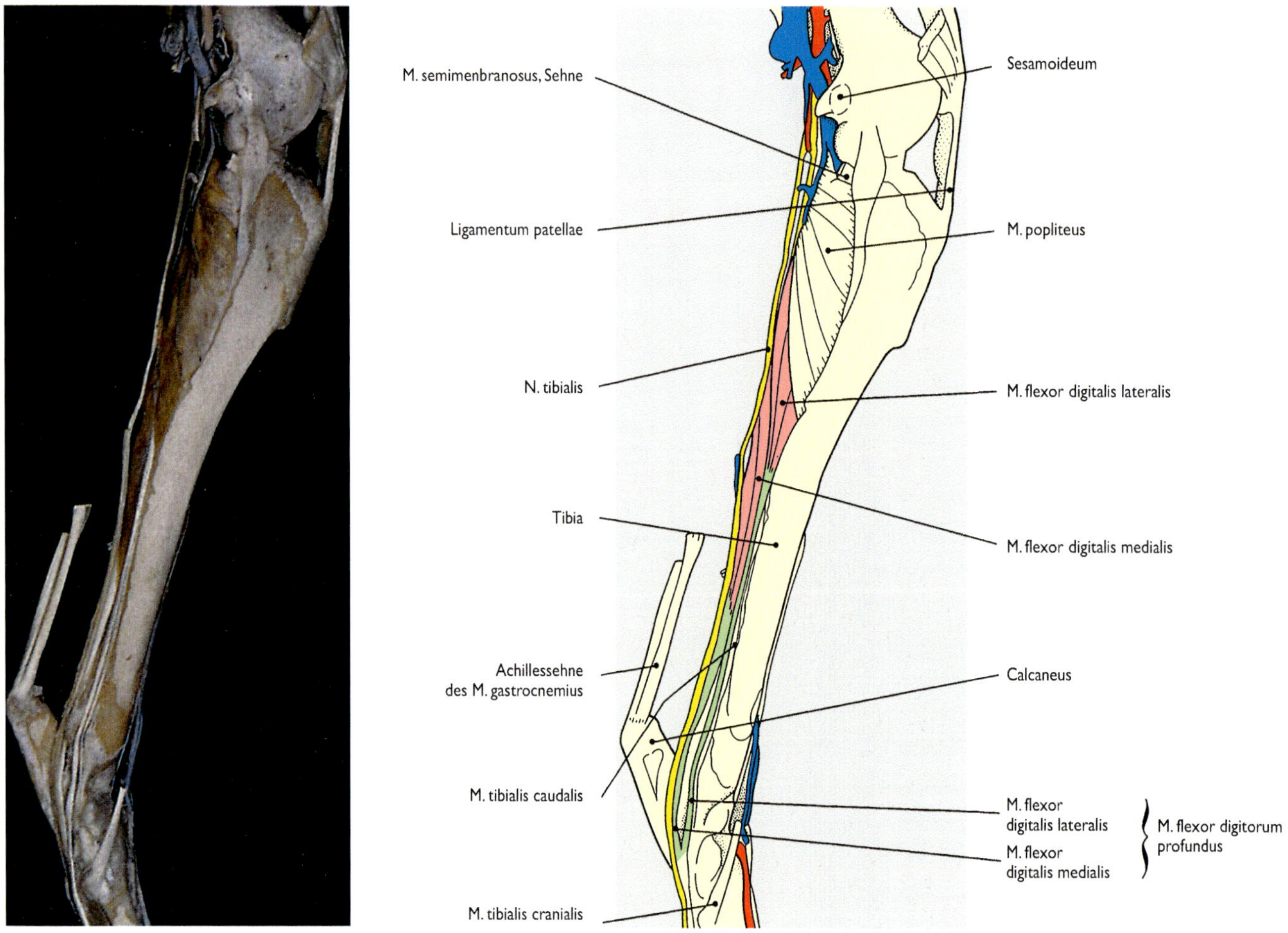

Abb. 7.59 Bein nach Entfernen des M. flexor digitorum superficialis: mediale Ansicht.

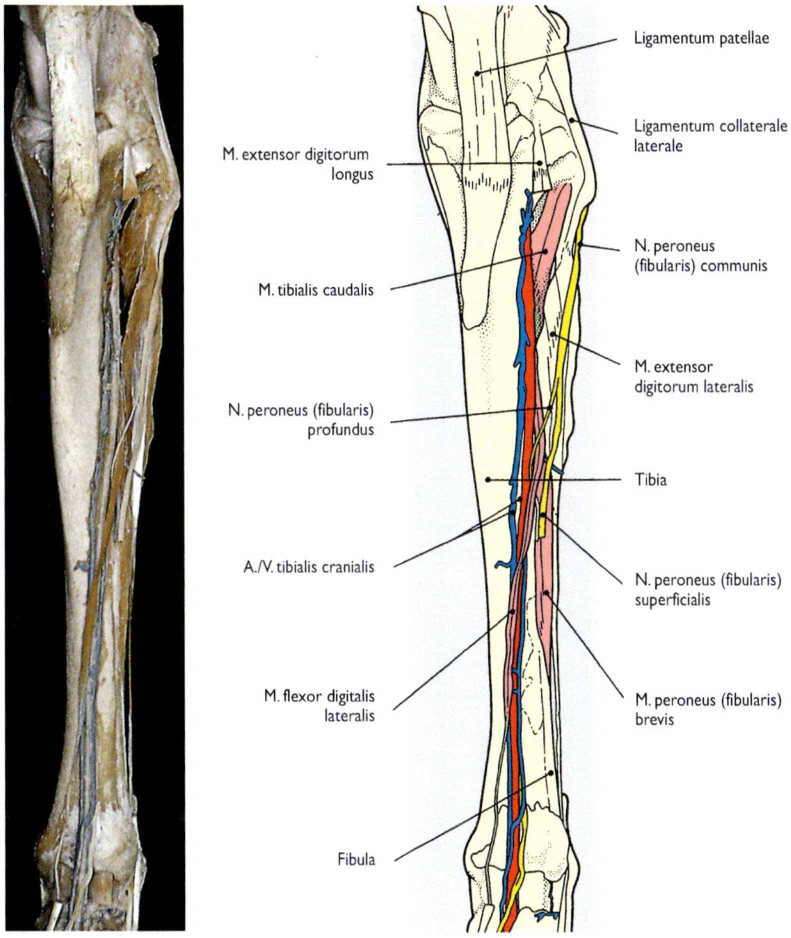

Abb. 7.60 Linker Unterschenkel nach Entfernen des M. peroneus (fibularis) longus: kraniale Ansicht. Die A. und V. tibialis cranialis sind in ihrer kranialen Position auf der Tibia sichtbar, wie sie zwischen der Tibia und der Fibula hervortreten. Die A. tibialis cranialis enthält in diesem Präparat keinen roten Latex.

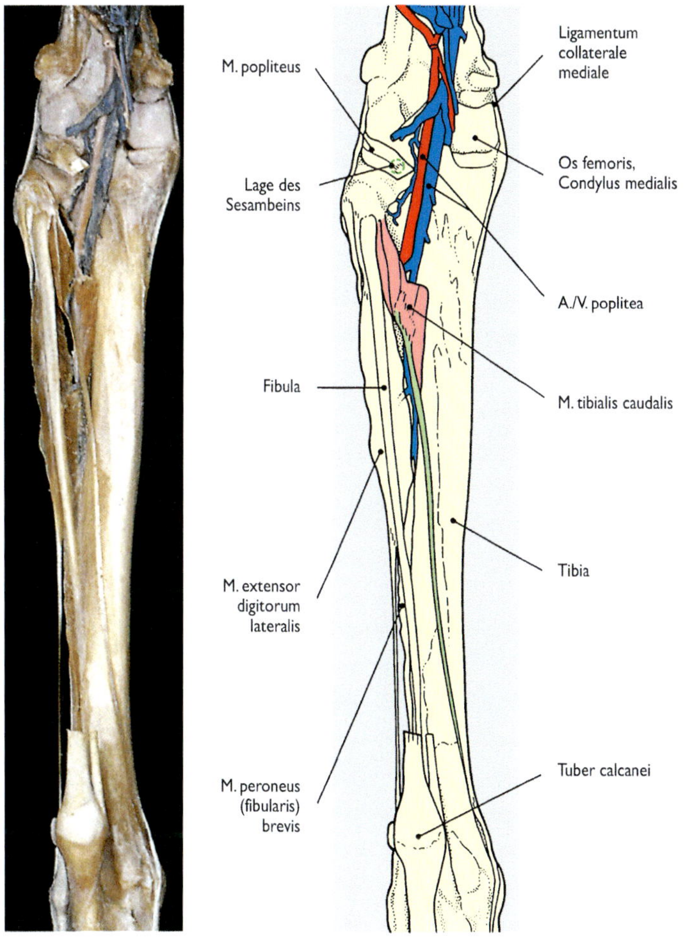

Abb. 7.61 Linker Unterschenkel nach Entfernen der Mm. flexor digitorum profundus und popliteus: kaudale Ansicht. Der kleine M. tibialis caudalis liegt frei.

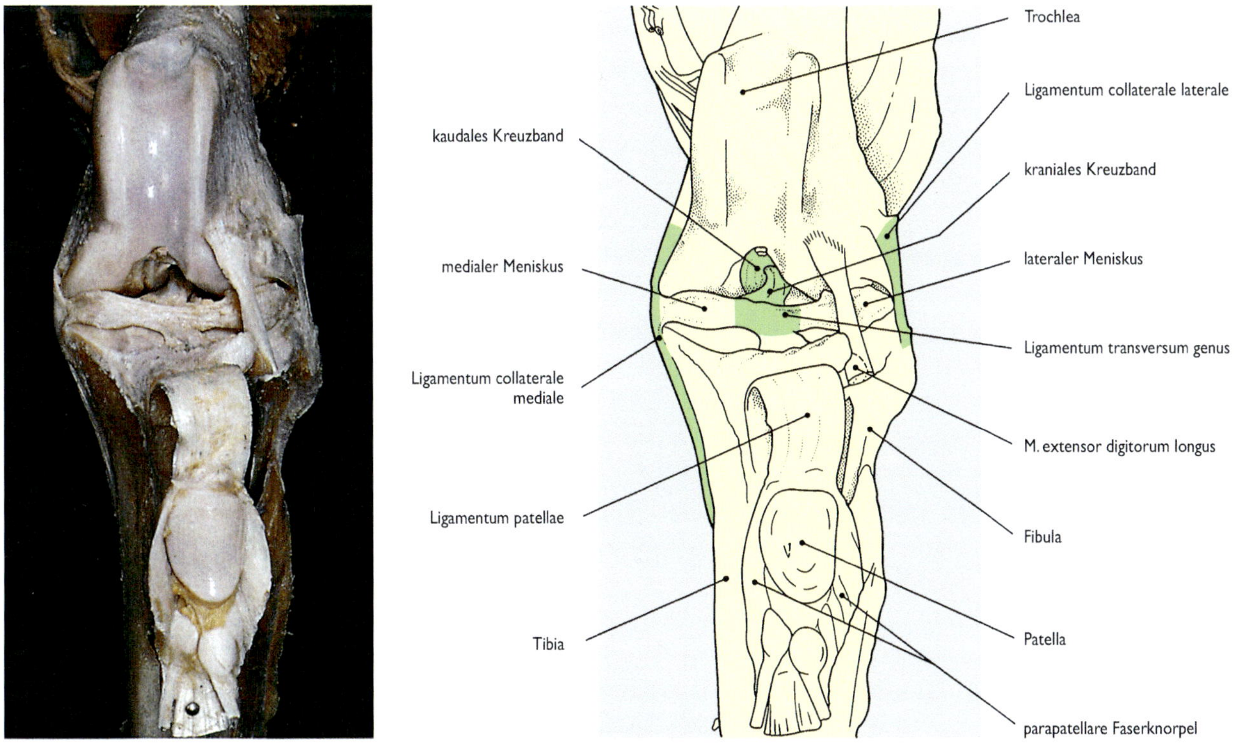

Abb. 7.62 Linkes Kniegelenk: kraniale Ansicht. Die Patella und ihr Band wurden nach distal geklappt, um die Kreuzbänder freizulegen. Das Knie ist leicht gebeugt.

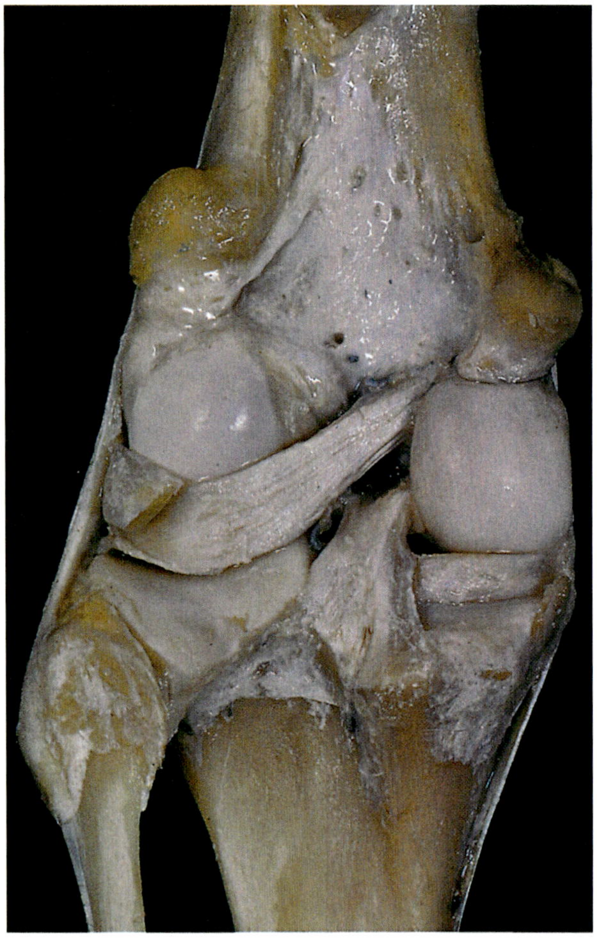

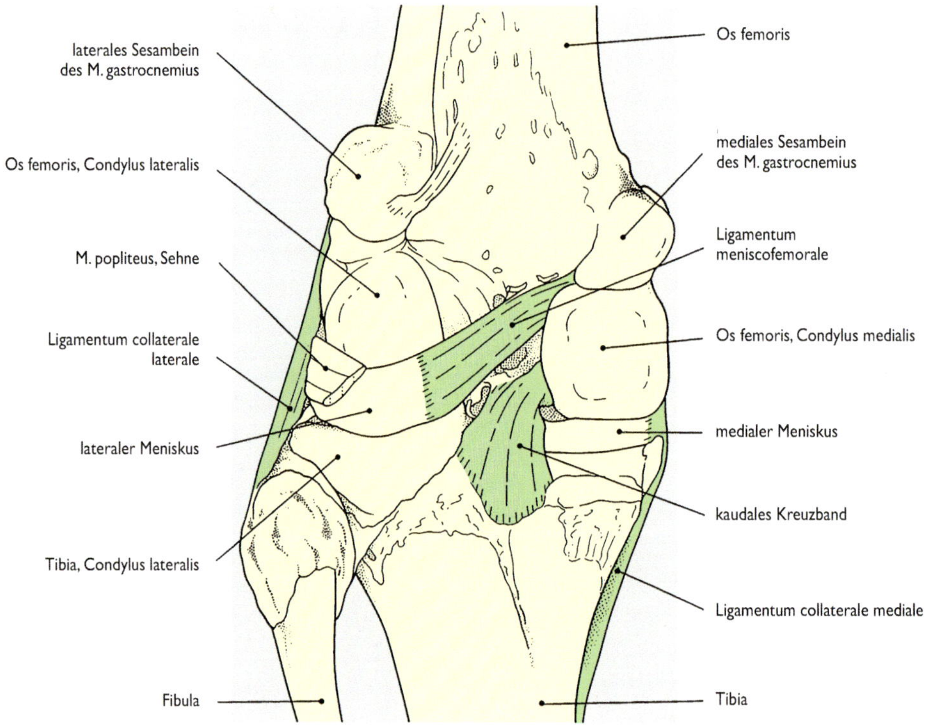

Abb. 7.63 Linkes Kniegelenk: kaudale Ansicht.

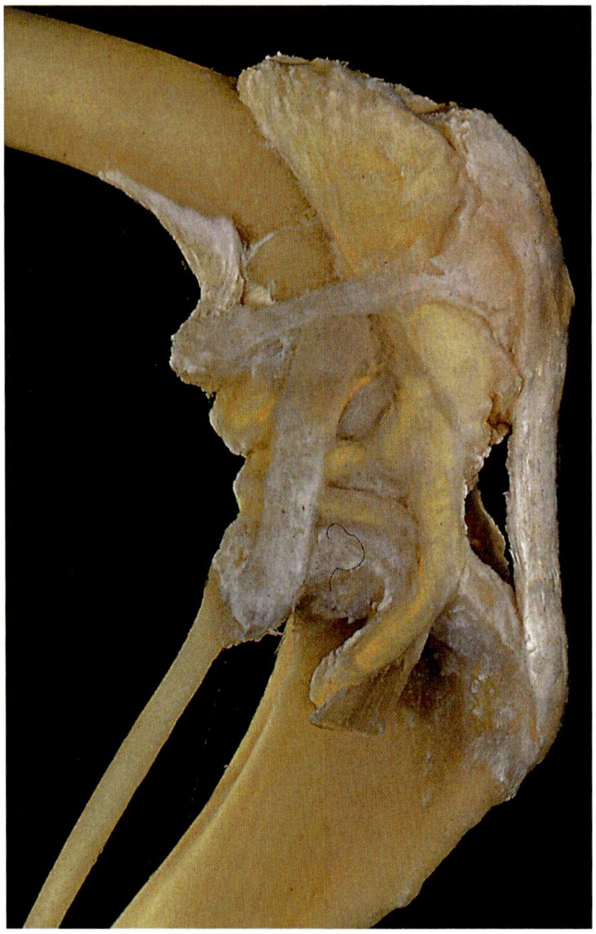

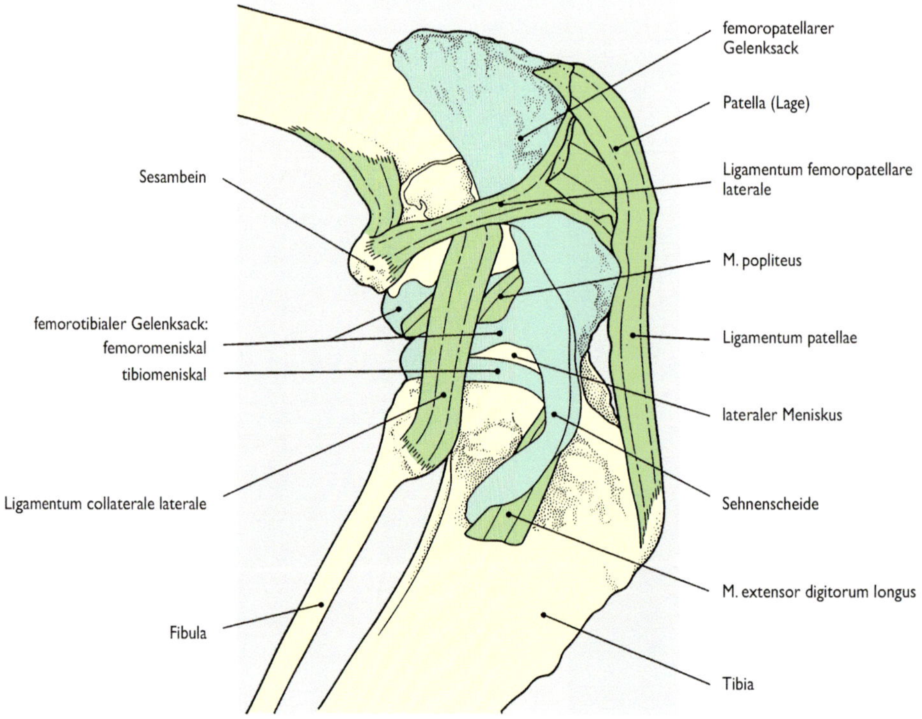

Abb. 7.64 Rechtes Kniegelenk, Gelenkhöhle mit gelbem Kunststoff injiziert: laterale Ansicht. Beachten Sie die Sehnenscheide der Sehne des M. extensor digitorum longus und die proximale Ausdehnung des femoropatellaren Gelenksackes.

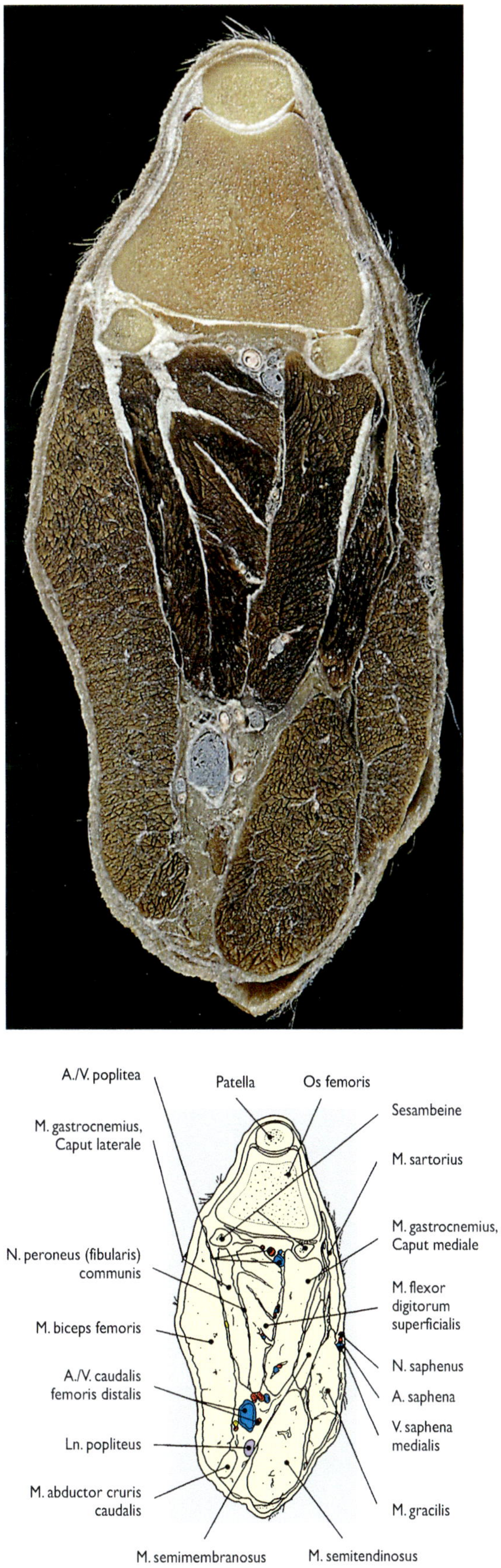

Abb. 7.65

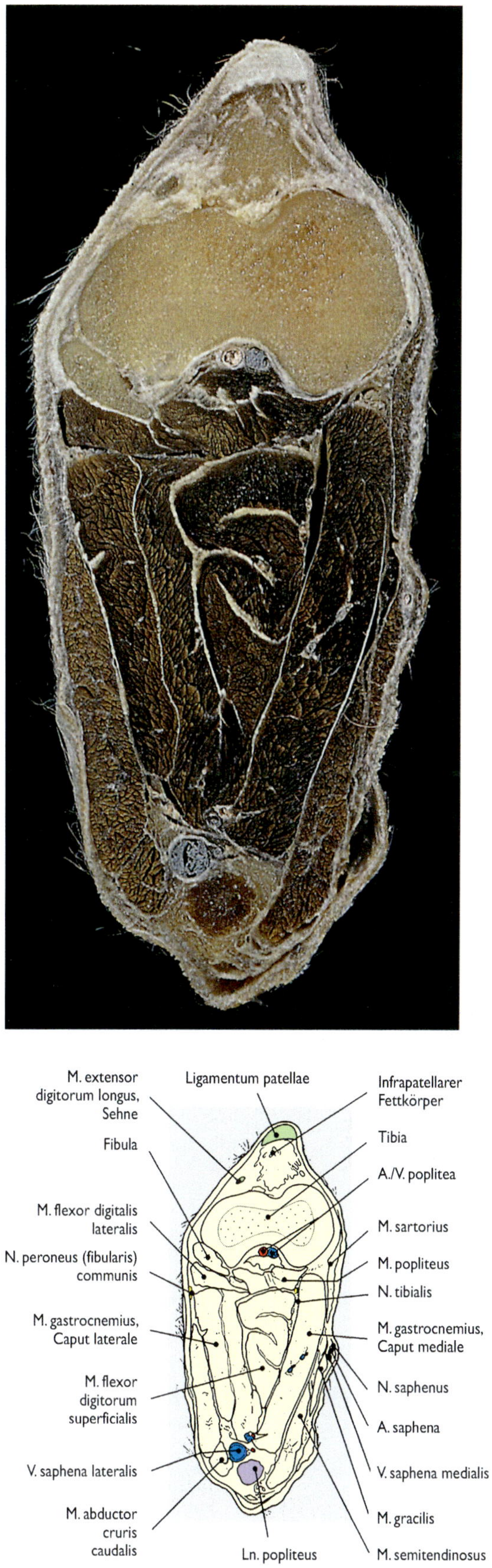

Abb. 7.66

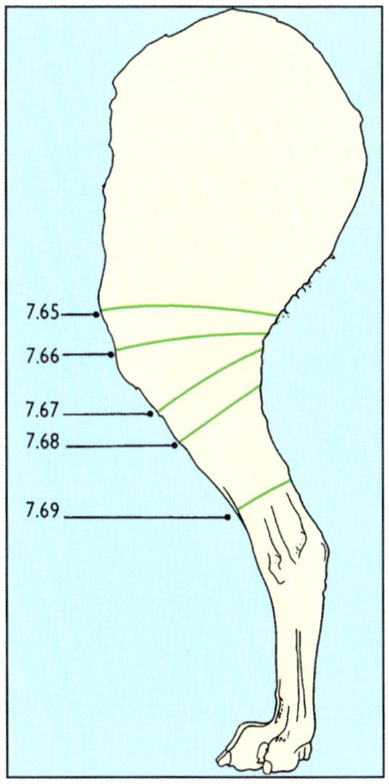

Abb. 7.65-7.69 Transversalschnitte durch die linke Regio genus und die linke Regio cruris auf den in der dazugehörigen Zeichnung markierten Ebenen: Ansicht der proximalen Schnittflächen.

Abb. 7.67

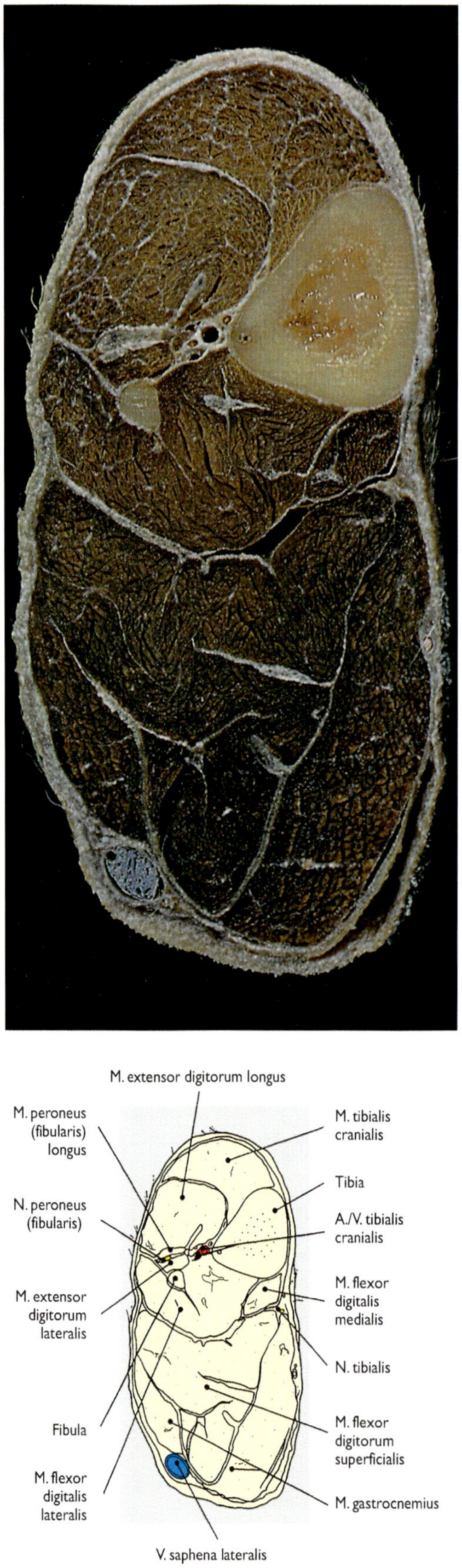

Abb. 7.68

Abb. 7.69

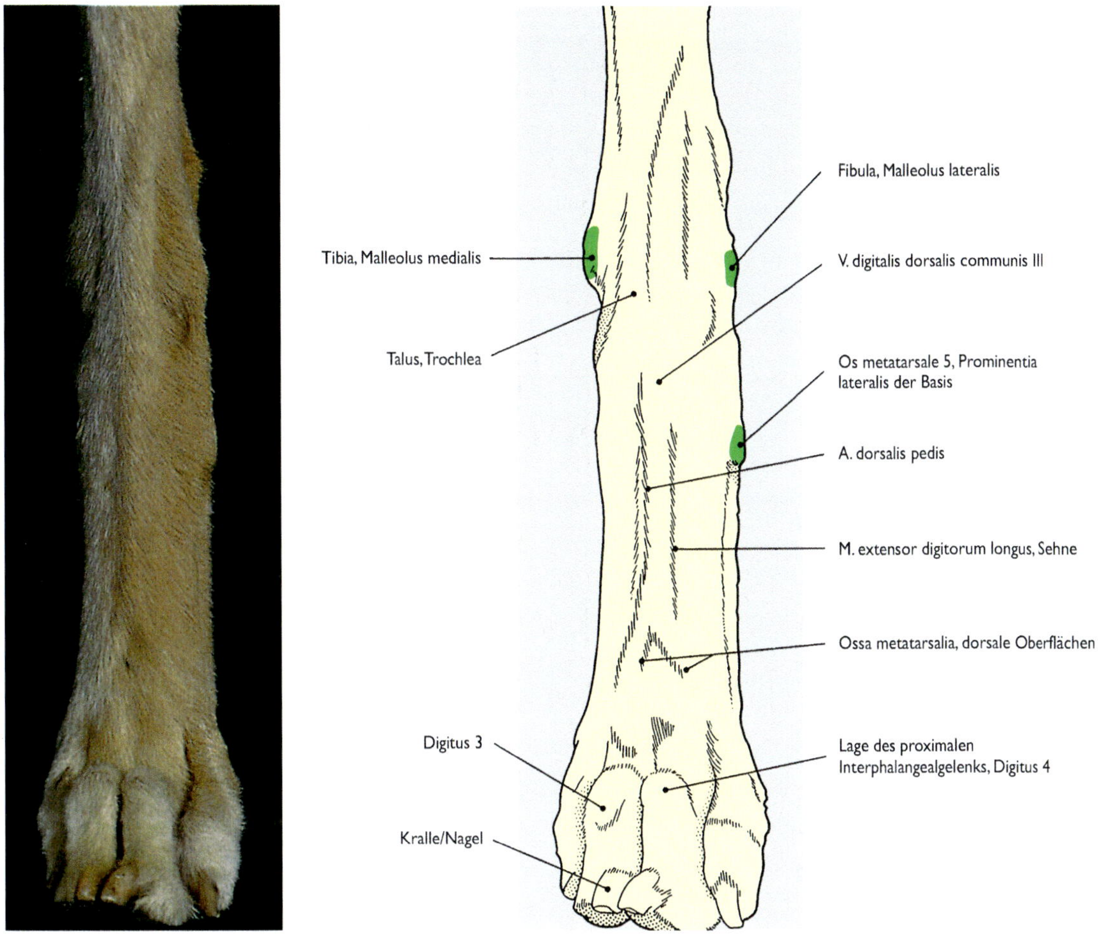

Abb. 7.70 Oberflächenmerkmale des linken Tarsus und Pes: dorsale Ansicht. Tastbare und sichtbare Merkmale sind gekennzeichnet.

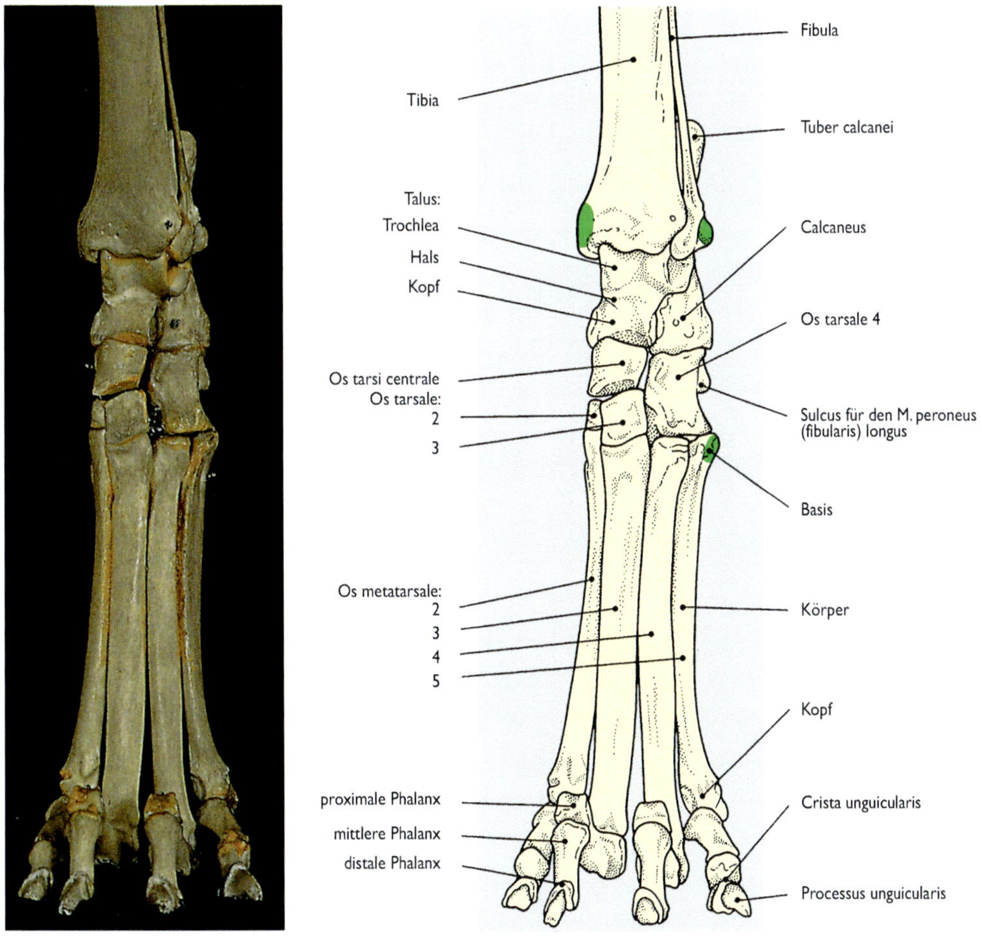

Abb. 7.71 Skelett des linken Tarsus und Pes: dorsale Ansicht. Die grün gefärbten Merkmale entsprechen den in Abb. 7.70 gezeigten tastbaren knöchernen Merkmalen.

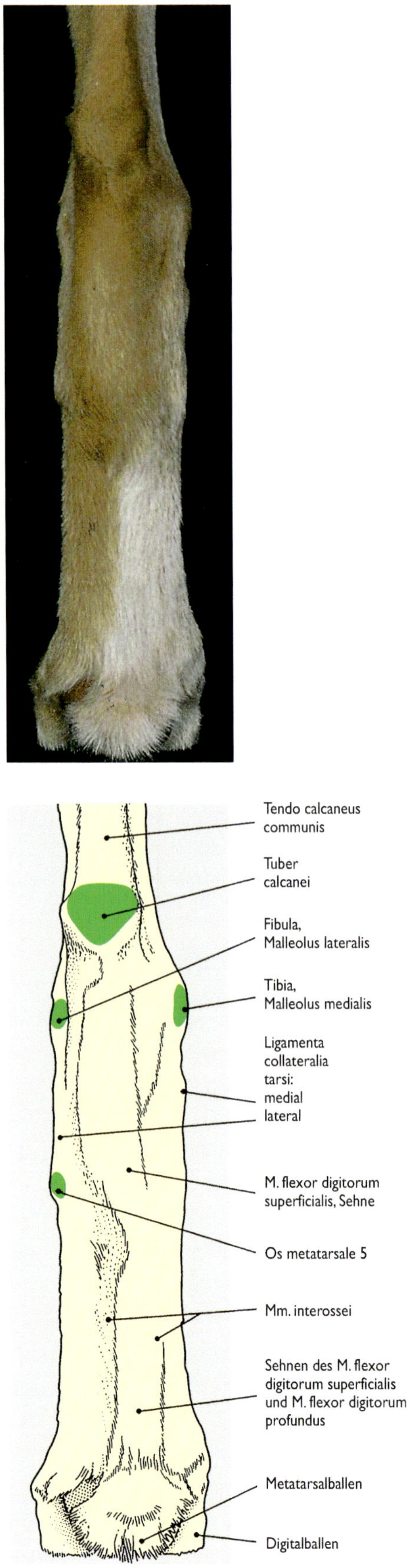

Abb. 7.72 Oberflächenmerkmale des linken Tarsus und Pes: plantare Ansicht. Tastbare und sichtbare Merkmale sind gekennzeichnet.

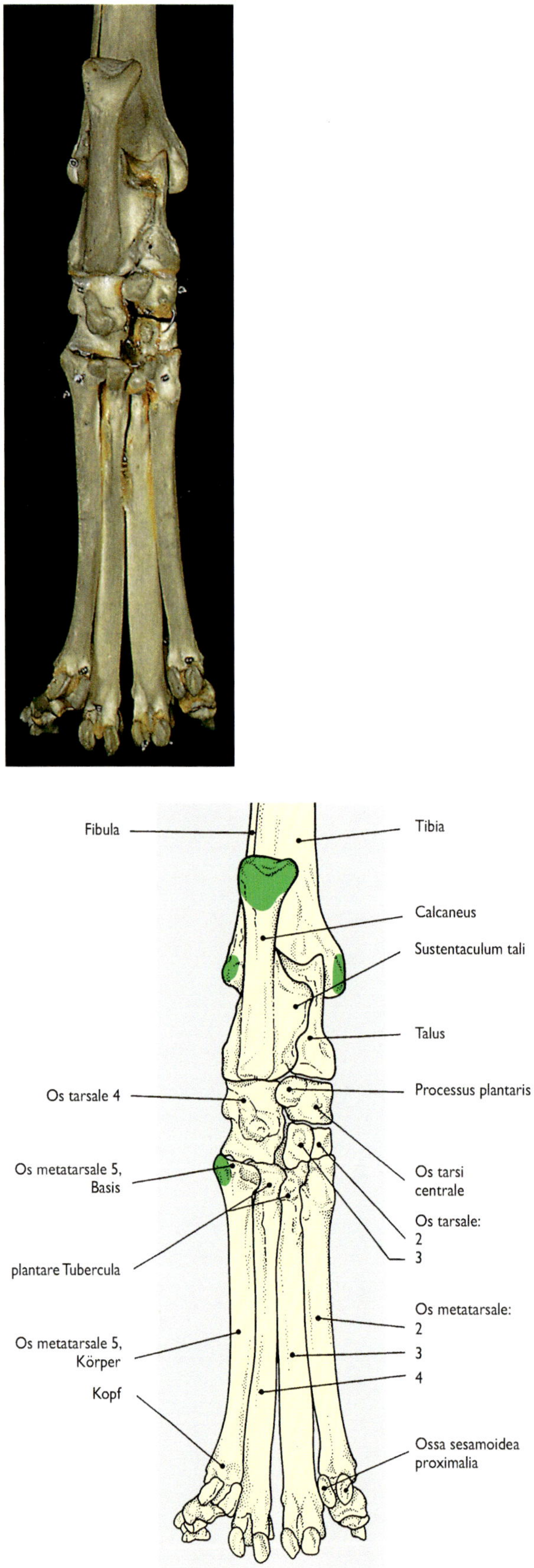

Abb. 7.73 Skelett des linken Tarsus und Pes: plantare Ansicht. Die grün gefärbten Merkmale entsprechen den in Abb. 7.72 gezeigten palpierbaren knöchernen Merkmalen.

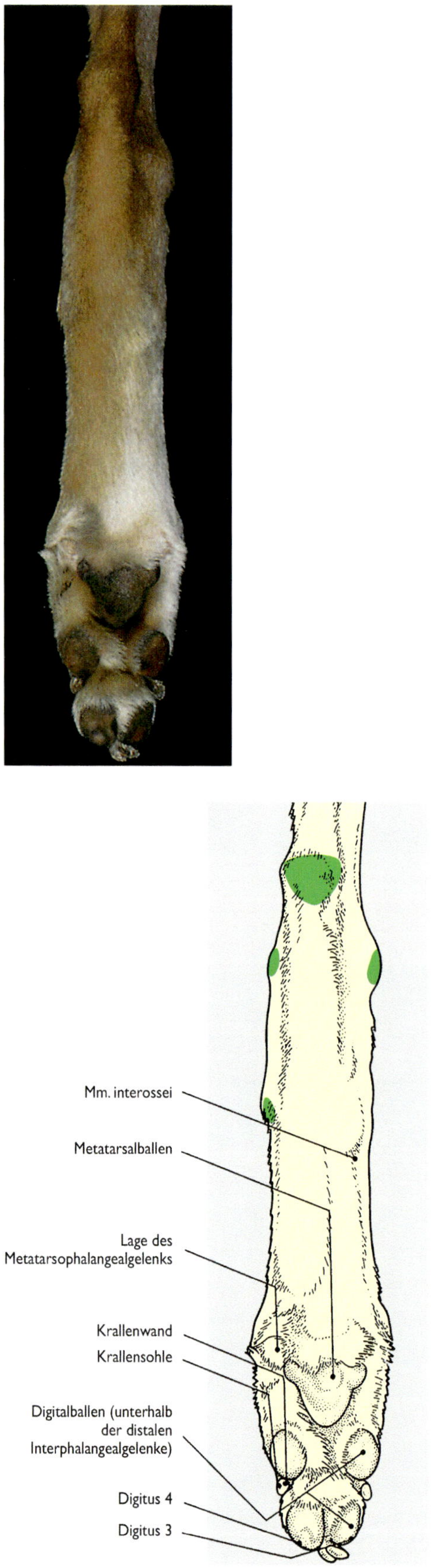

Abb. 7.74 Oberflächenmerkmale des Tarsus und Pes (Pes vom Boden abgehoben): plantare Ansicht. Palpierbare und sichtbare Merkmale sind gekennzeichnet.

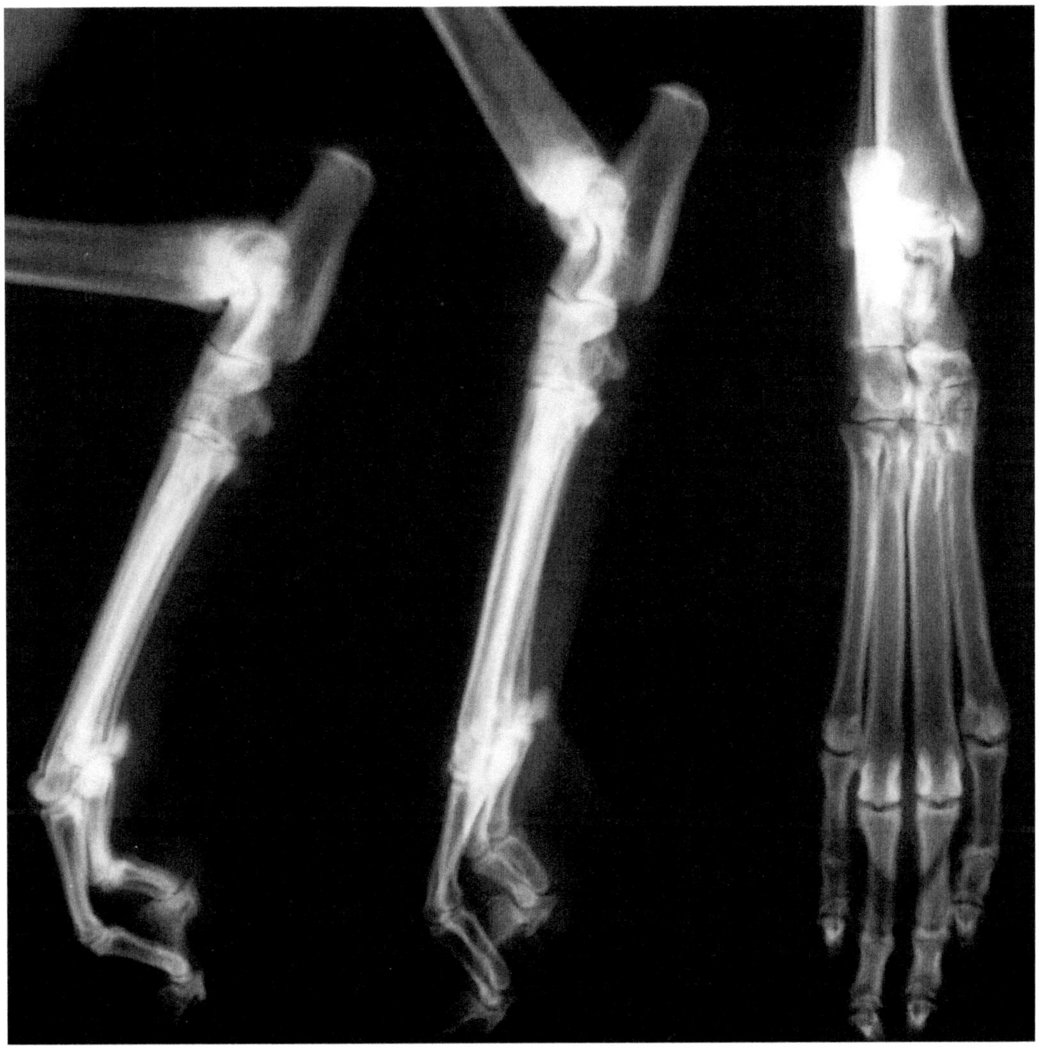

Abb. 7.75 Röntgenbilder von Tarsus und Hinterpfote: dorsoplantare und laterale Ansicht. Die osteologischen Hauptmerkmale des Pes sind in diesen drei Röntgenbildern gezeigt.
Die Osteologie der Hinterpfote unterhalb des Tarsus unterscheidet sich im Detail nicht wesentlich von der der Vorderpfote, abgesehen vom Fehlen der 1. Zehe und der längeren und etwas engeren Regio metatarsi. Die dorsoplantare Ansicht des Tarsus (c) zeigt einen zentralen Fußwurzelknochen ohne Gegenpart im Carpus der Vorderpfote. Die lateralen Ansichten (a – mit gebeugtem Tarsalgelenk; b – mit gestrecktem Tarsalgelenk) bieten ein präzises Abbild der zwischen den Fußwurzelknochen gelegenen Gelenke. Das Tarsocruralgelenk ist das wichtigste Gelenk und dasjenige, an dem praktisch die gesamte Bewegung stattfindet.
Die markante, abgerundete Oberfläche der Trochlea ist ein maßgebliches röntgenologisches Merkmal. Die Gelenkkämme und -rinnen stimmen genau überein und zeigen, warum das Gelenk in seiner Wirkung ein streng begrenztes Scharniergelenk mit wenig oder gar keiner lateralen oder medialen Bewegung ist. Weiter distal im Tarsus gelegene Gelenke, insbesondere die Tarsometatarsalgelenke, bieten nur sehr eingeschränkte Bewegungsgrade.

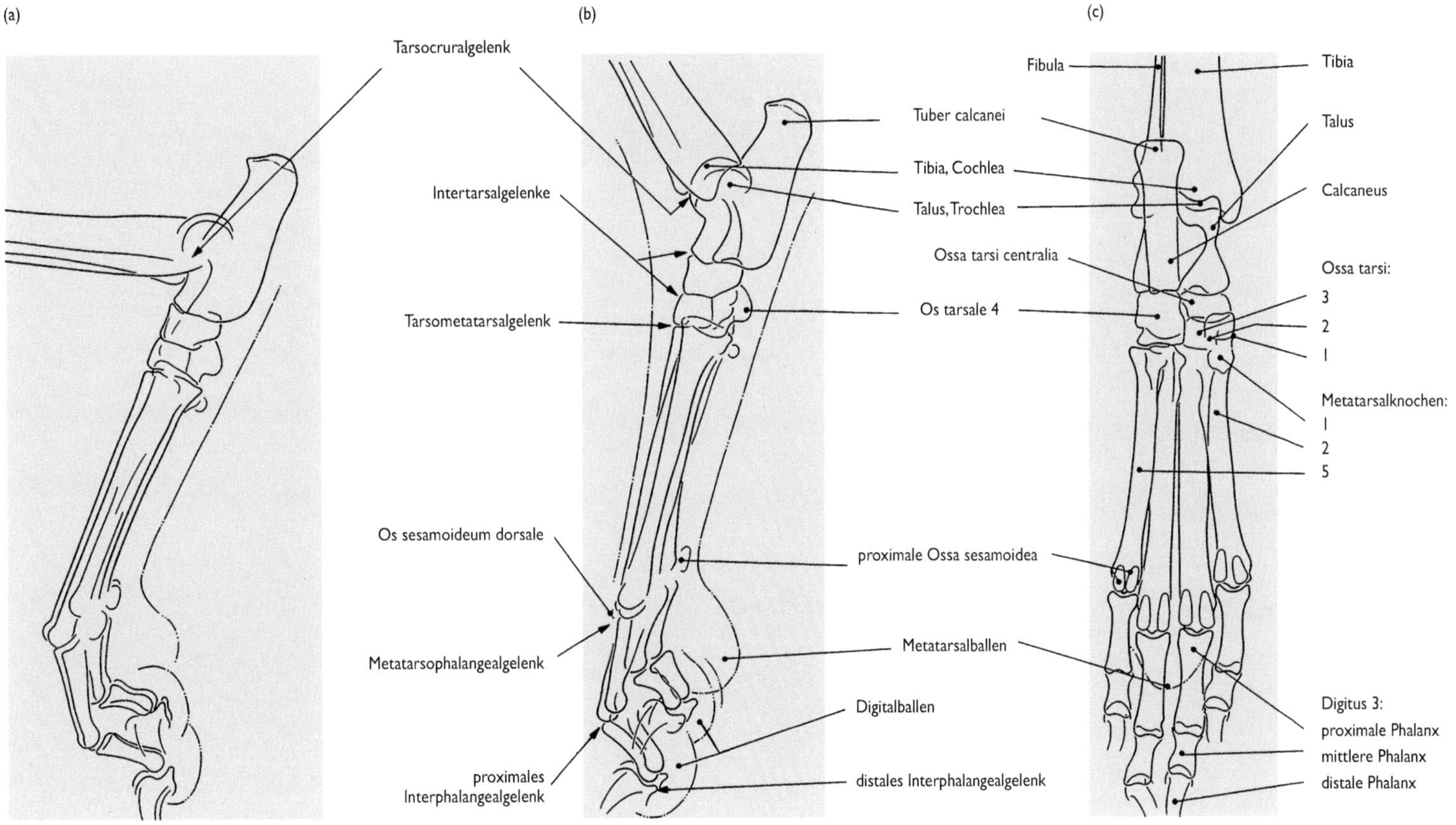

Abb. 7.76 Linker Tarsus und Pes: dorsale Ansicht. Nur die Faszie wurde entfernt.

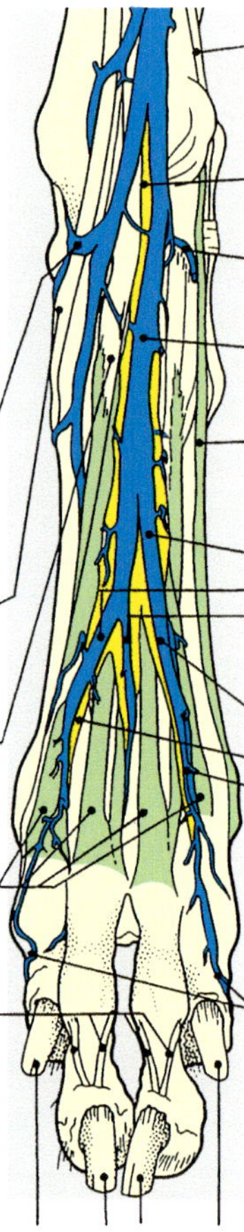

Abb. 7.77 Linker Tarsus und Pes: plantare Ansicht. Nur die Faszie wurde entfernt. Der Metatarsalballen wurde entfernt, aber die Phalangealballen verbleiben an ihrem Platz.

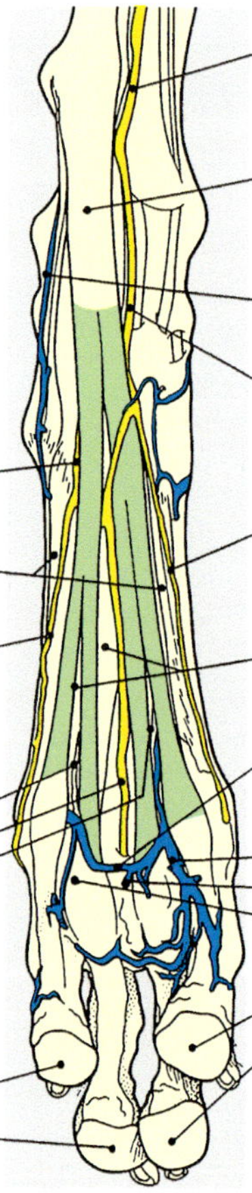

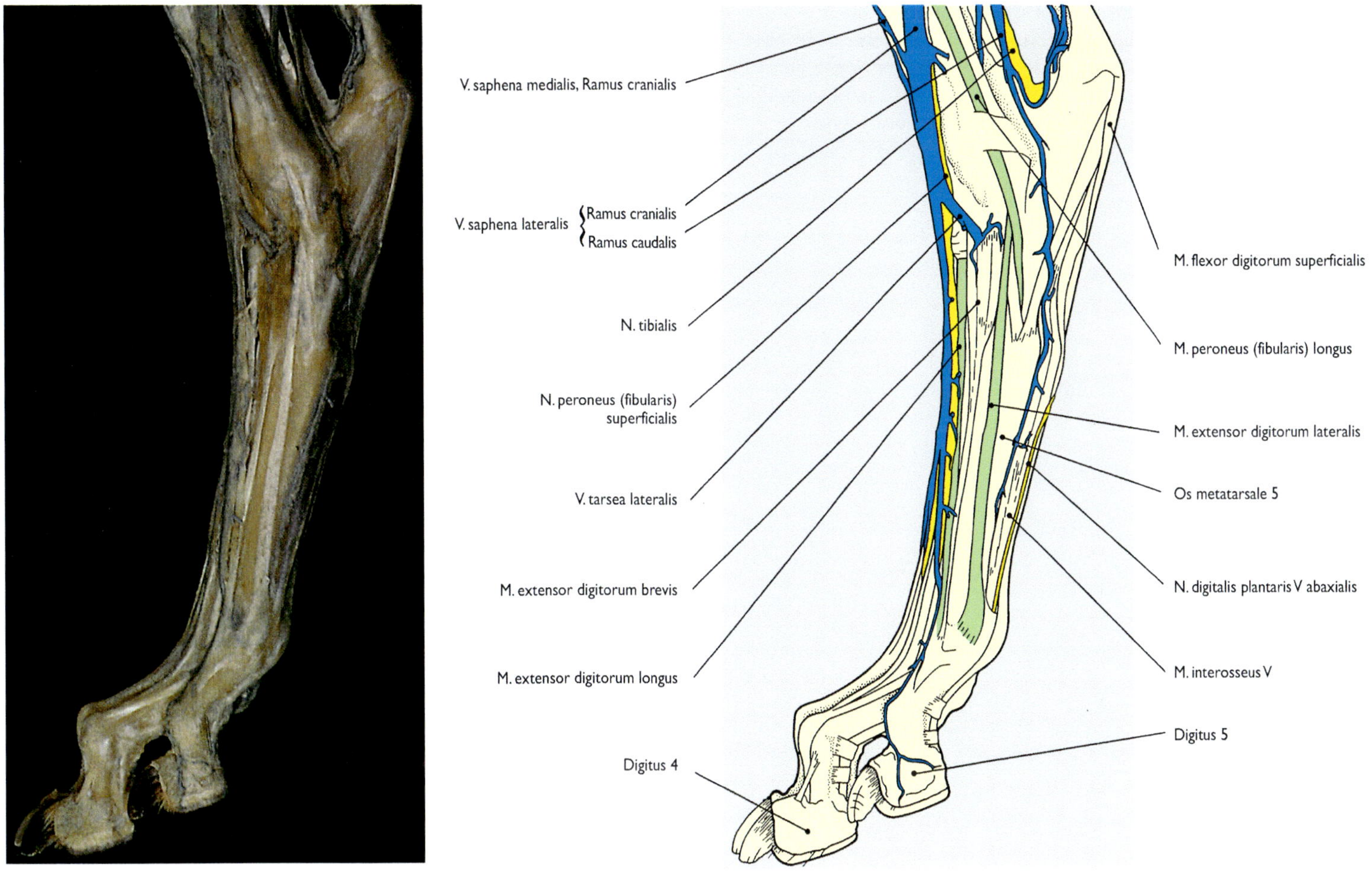

Abb. 7.78 Linker Tarsus und Pes: laterale Ansicht. Nur die Faszie wurde entfernt.

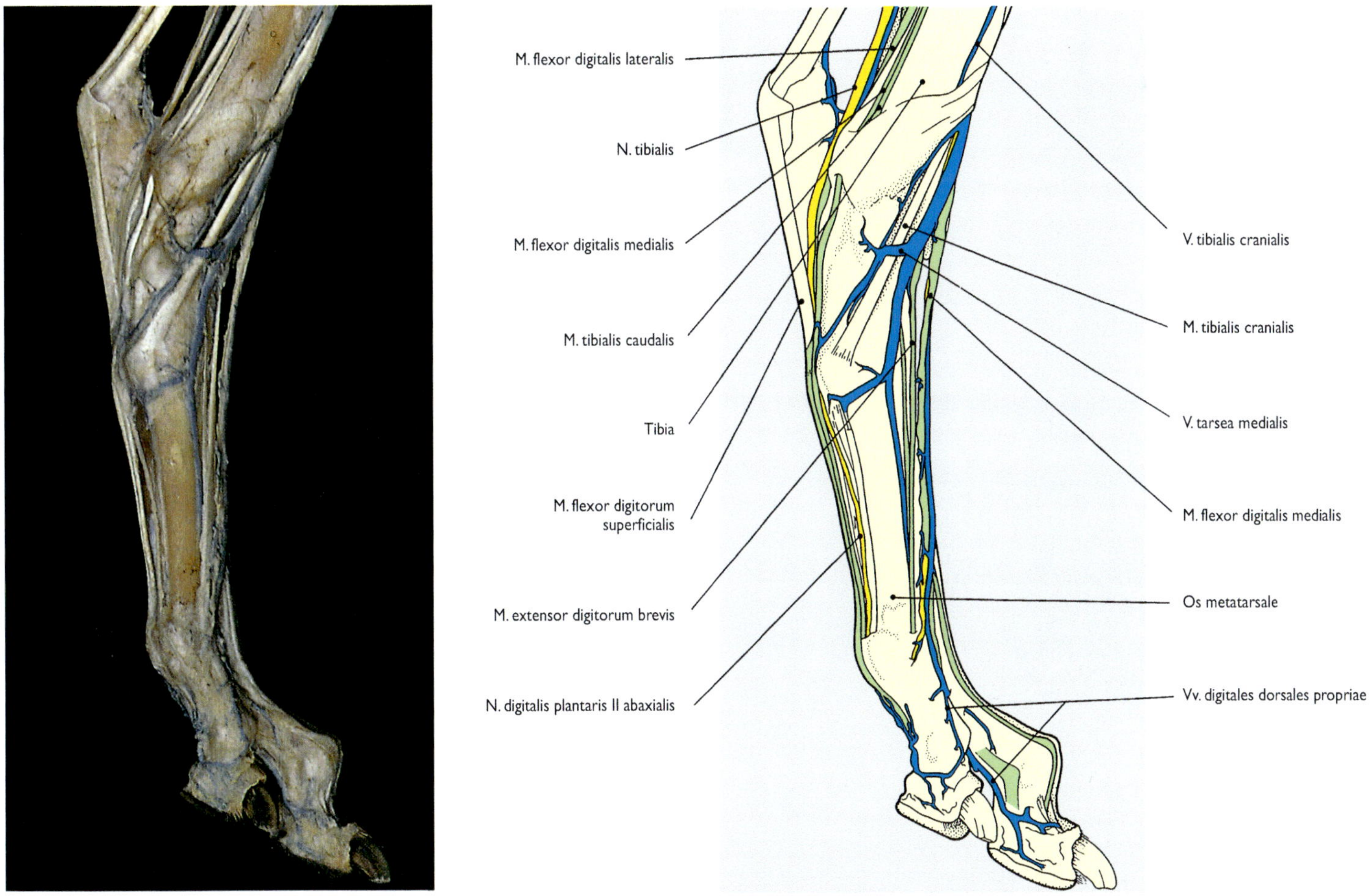

Abb. 7.79 Linker Tarsus und Pes: mediale Ansicht. Nur die Faszie wurde entfernt.

Abb. 7.80 Linker Tarsus und Pes nach Entfernen oberflächlicher Venen und Nerven: dorsale Ansicht. Die Aufteilung der Sehne des M. extensor digitorum longus auf die Phalangen sowie das Retinaculum extensorum, das die Sehne in ihrer Lage hält, sind nun zu sehen.

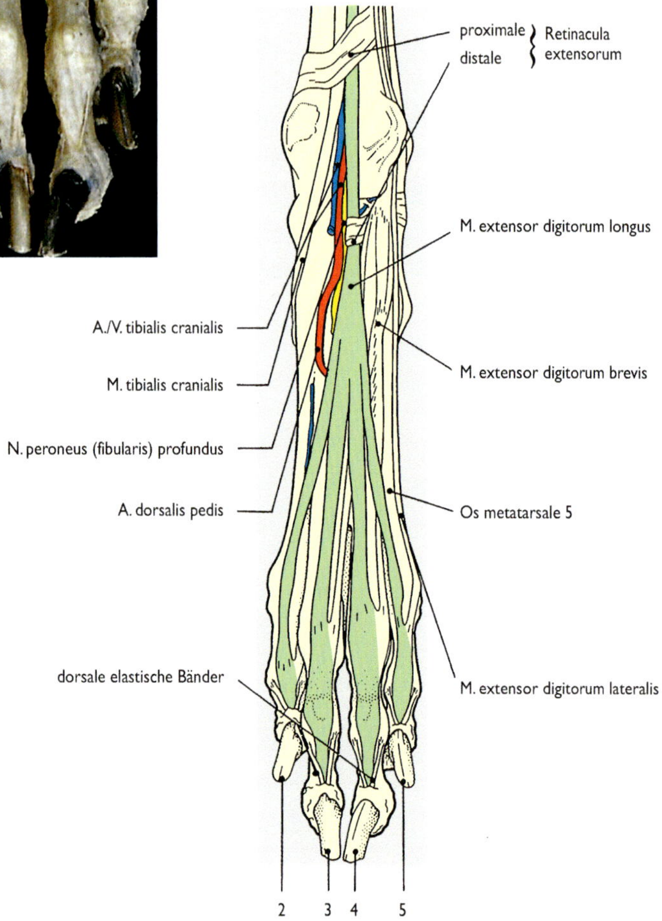

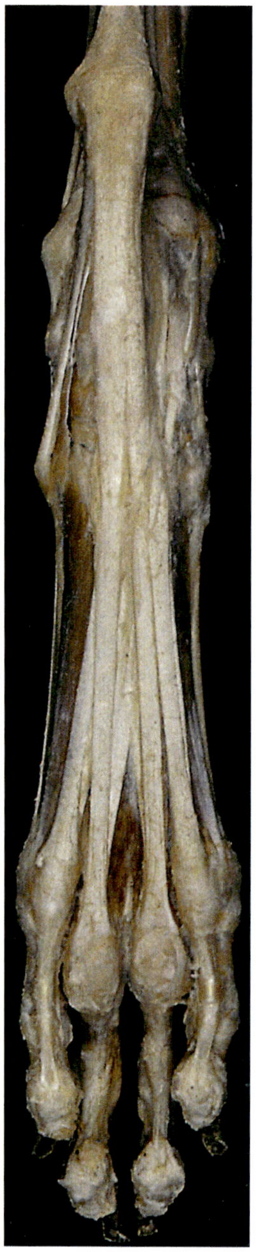

Abb. 7.81 Linker Tarsus und Pes nach Entfernen oberflächlicher Venen und Nerven: plantare Ansicht. Die Aufteilung des M. flexor digitorum superficialis auf die Phalangen wurde freigelegt. Die Phalangealballen wurden entfernt.

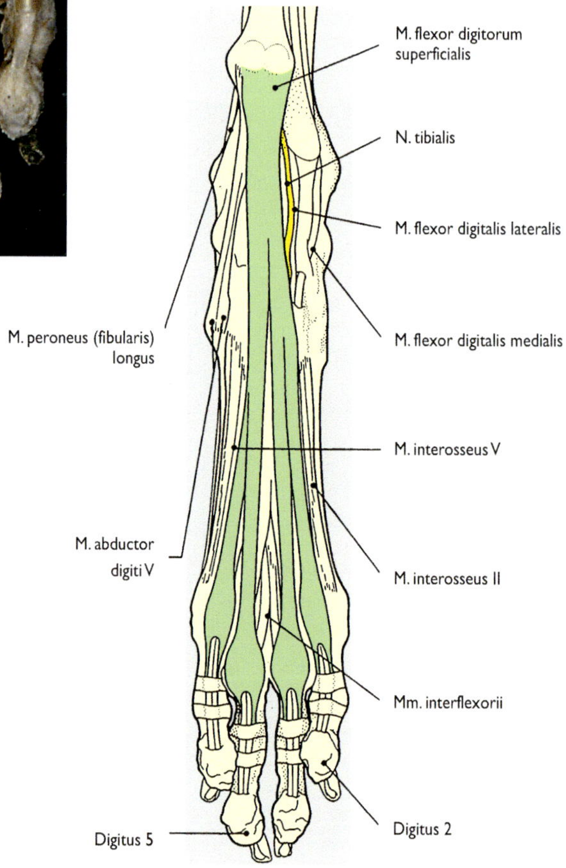

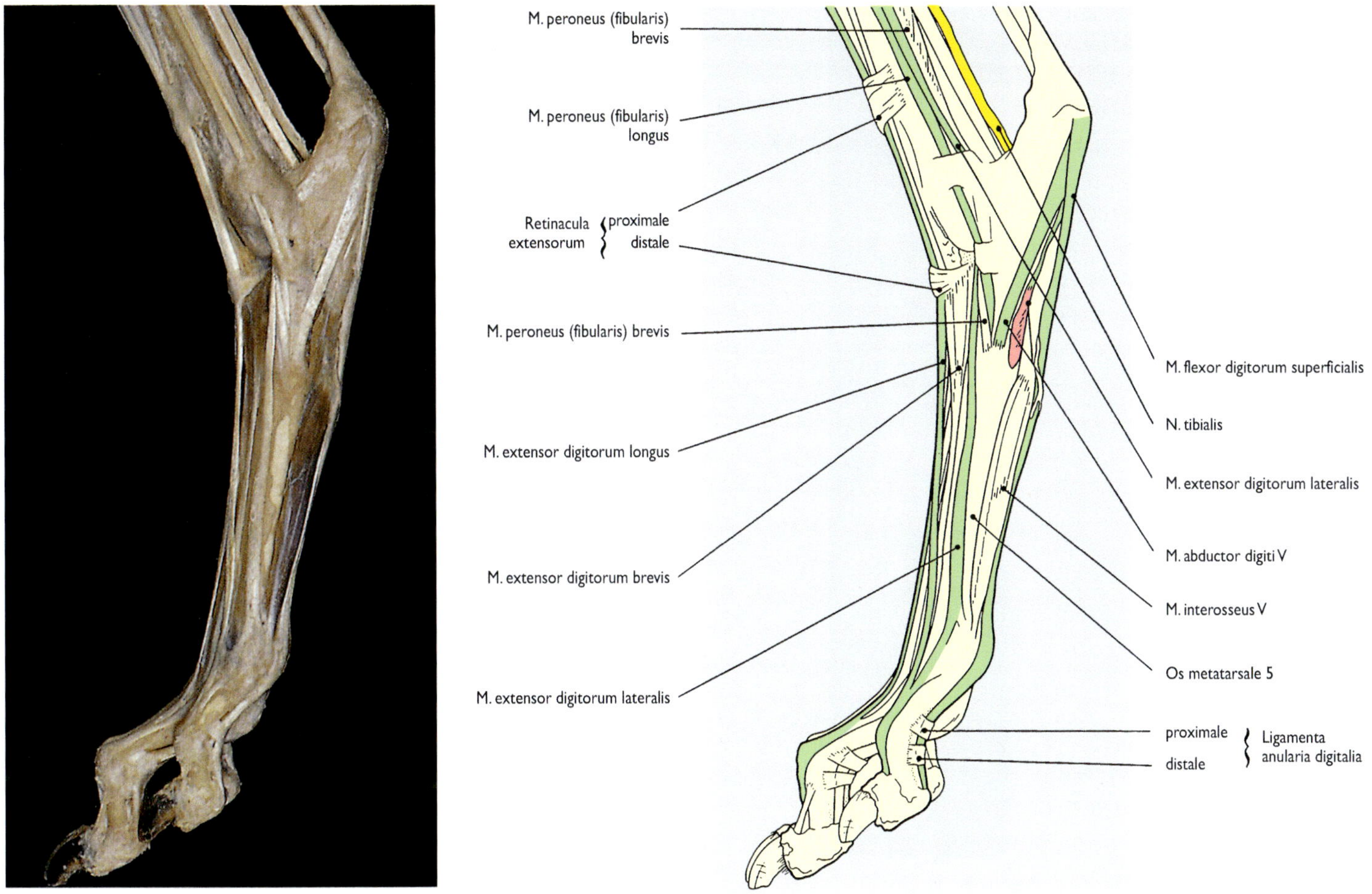

Abb. 7.82 Linker Tarsus und Pes nach Entfernen oberflächlicher Venen und Nerven: laterale Ansicht. In diesem Präparat sind einige Muskelanteile mit dem normalerweise rein knorpeligen kollagenen Abduktor der fünften Phalanx vereint.

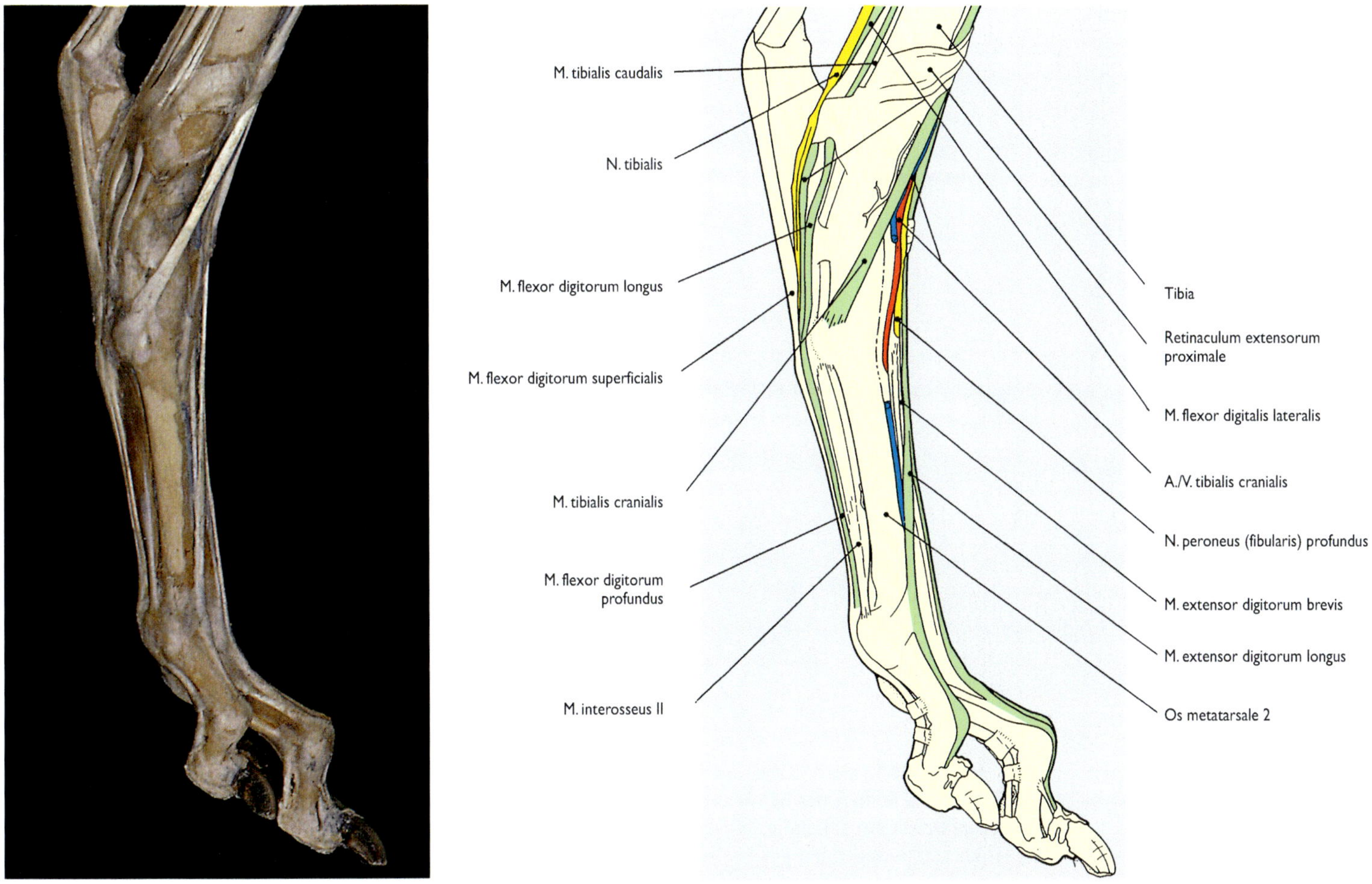

Abb. 7.83 Linker Tarsus und Pes nach Entfernen oberflächlicher Venen und Nerven: mediale Ansicht.

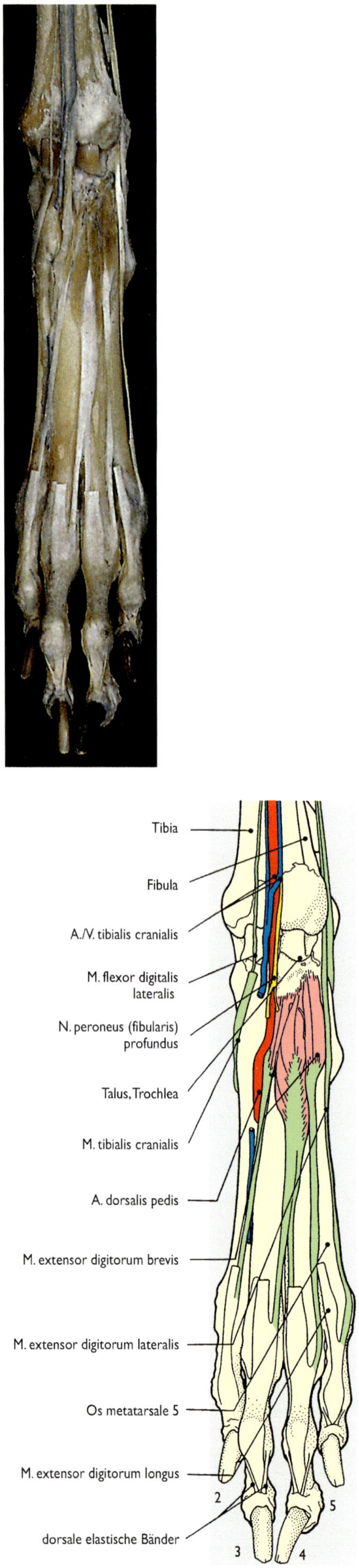

Abb. 7.84 Linker Tarsus und Pes nach Entfernen der Mm. extensor digitorum longus und tibialis cranialis: dorsale Ansicht. Der M. extensor digitorum brevis liegt frei. Beachten Sie auch die Fortsetzung der A. tibialis cranialis als A. dorsalis pedis in den Fuß hinein.

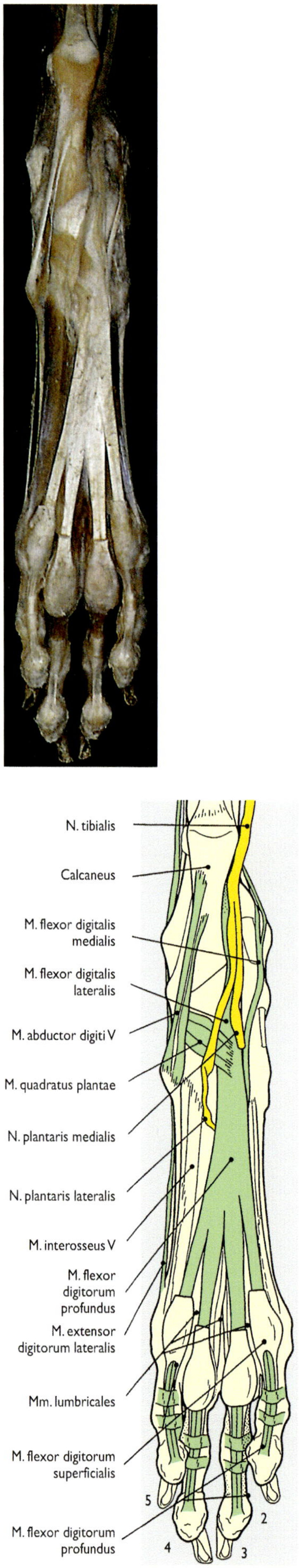

Abb. 7.85 Linker Tarsus und Pes nach Entfernen des M. flexor digitorum superficialis: plantare Ansicht. Die Sehnen des M. flexor digitorum profundus sind freigelegt. Die Nn. plantaris medialis und lateralis sind als Endigungen des N. tibialis sichtbar.

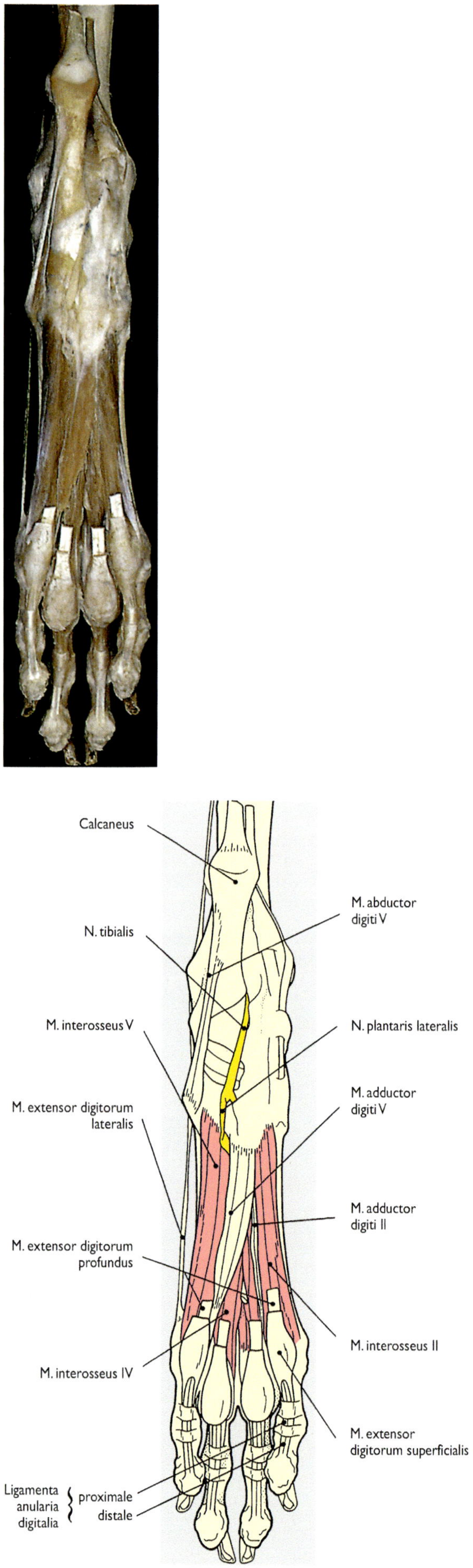

Abb. 7.86 Linker Tarsus und Pes nach Entfernen des M. flexor digitorum profundus: plantare Ansicht.

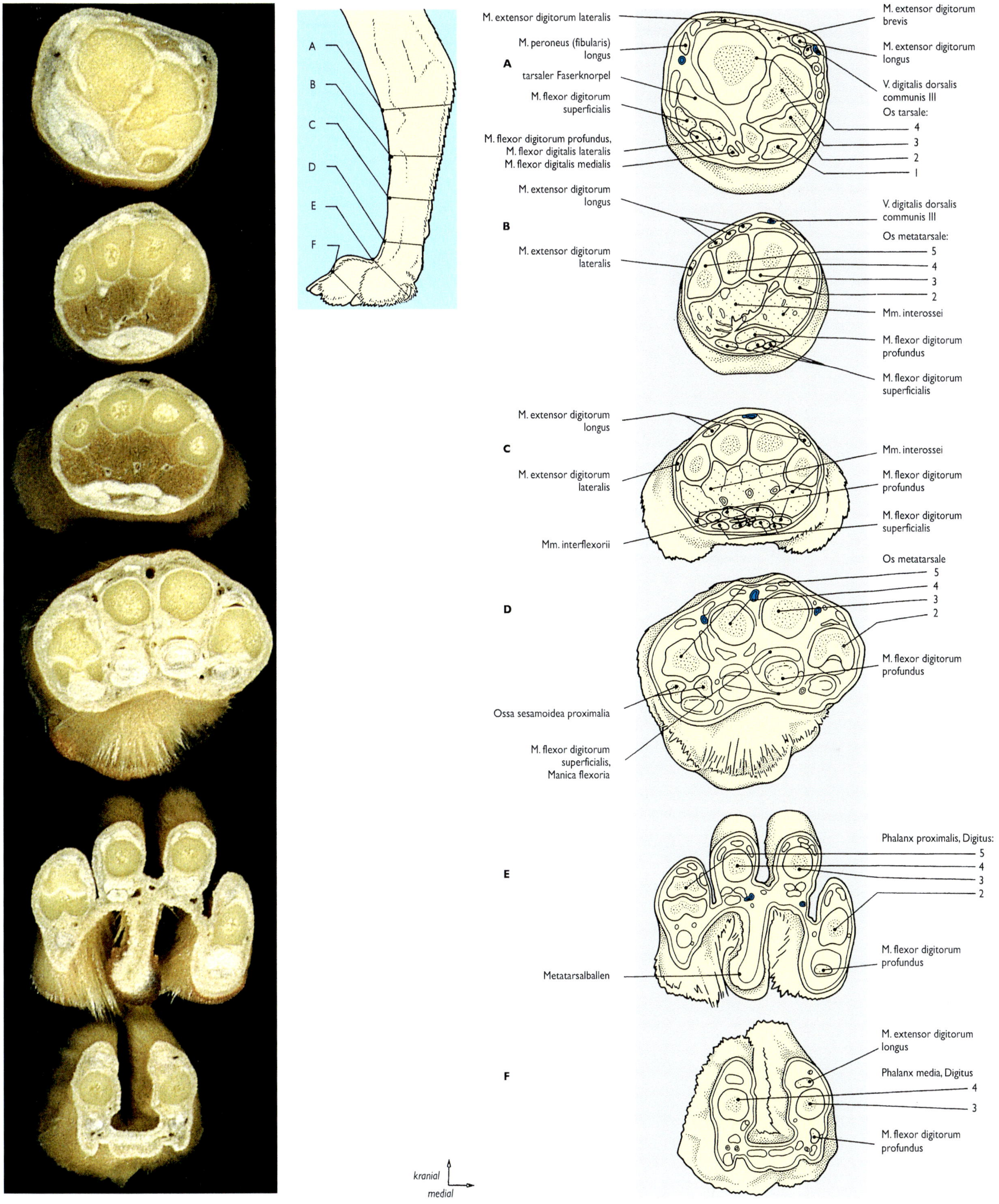

Abb. 7.87 Transversalschnitte durch den linken Tarsus und Pes auf der in der dazugehörigen Zeichnung angegebenen Ebene: Ansicht der proximalen Schnittflächen.

8. DAS BECKEN

Aus klinischer Sicht ist das Becken eine wichtige Region, da es das Rektum, die Analbeutel, die Prostata und weitere akzessorische Organe des männlichen Geschlechtsapparates, den weiblichen Reproduktionstrakt und Teile des Harntrakts beherbergt. In diesem Kapitel werden der Reproduktions- und der Harntrakt gemeinsam im Rahmen der Beckenhöhle behandelt.

In der tiermedizinischen Praxis wird mehr Zeit für die Behandlung der Analdrüsen aufgewendet als für jeden anderen kleinen Bereich des Körpers. Die Analbeutel liegen zwischen den Mm. sphincter internus und externus und werden normalerweise bei der Kotpassage oder bedarfsweise beim Markieren des Territoriums entleert. Im Beutel sammeln sich Sekrete aus Drüsen, die in seiner Wandung liegen. Sie werden über Gänge, die seitlich in den After münden, nach außen geleitet. Diese Gänge kann man kanülieren. Sie können aber auch einfach entleert werden, wenn sie gefüllt sind und Beschwerden verursachen; sie können gespült, gereinigt und mit Antibiotika/Kortisonsalbe behandelt werden, wenn sie entzündet sind; sie können vollständig entfernt werden, wenn sie eine anhaltende Problemquelle darstellen (wobei darauf zu achten ist, dass der After und die Innervation des Afters nicht beschädigt werden). Falls eine anale Furunkulose (verstopfte Ausführungsgänge) entstanden ist, muss die gesamte Analregion gesäubert, die Fisteln operativ entfernt und eine Rekonstruktion durchgeführt werden. Sie tritt vor allem bei Deutschen Schäferhunden auf und hat möglicherweise immunologische Ursachen. Von chirurgischen Eingriffen wird heute oft abgeraten und die Behandlung erfolgt weitgehend über eine Medikation (Ciclosporin u. ä.).

Zwei der drei Hernien, an denen Hunde leiden können (Leisten- und Nabelbruch), wurden bereits besprochen (bei Hunden treten auch Skrotal- und Hiatushernien des Zwerchfells auf). Die dritte, und wesentlich schwieriger zu behandelnde, ist die Perinealhernie, die klinisch als Ausbuchtung auf einer oder beiden Seiten des Anus erkennbar und durch das Rektum tastbar ist. Die Schwellung entsteht subkutan, da Bauch- und Beckenorgane (normalerweise die Harnblase) durch den intraabdominalen Druck weiter in das Becken zurückgedrängt werden. Bei älteren Hunden werden die Mm. levator ani und coccygeus, die das jeweils seitlich des Rektums liegende Diaphragma pelvis bilden, durch altersbedingte Atrophie zunehmend schwächer. Sie unterstützen die Kontraktionen während der Defäkation. Das Rektum verschiebt sich beim Versuch, Kot abzusetzen, auf die Seite des Durchbruchs. Um diesen Schaden zu beheben, wird das Ligamentum sacrotuberale als Verankerungsstelle für die Muskeln des Diaphragma pelvis (Mm. levator und coccygeus) genutzt. Dies muss jedoch mit Sorgfalt passieren, damit der N. ischiadicus bei der Operation nicht eingeklemmt wird. Die ersten Schnitte werden seitlich des Anus in vertikaler Richtung entlang des betroffenen Bereichs geführt. Vergessen Sie nicht, dass das Rektum zum Messen der Temperatur genutzt wird.

Ein rektaler Prolaps ist beim Hund glücklicherweise selten. Er wird häufig durch eine einfache Naht mit oder ohne Debridement des devitalisierten Gewebes behandelt.

Die Prostata ist normalerweise in der Beckenhöhle lokalisiert. Sie kann sich jedoch bei älteren Hunden in das Abdomen verlagern und ist dann durch einen Bauchschnitt entlang der kaudalen Mittellinie zugänglich für chirurgische Eingriffe, die jedoch problematisch sind. Sie vergrößert sich mit zunehmendem Alter unter dem Einfluss der Androgene des Hoden und dem gleichzeitigen Einfluss von Östrogenen.

Die männliche Harnröhre kann durch Steine (Harnkonkremente) im proximalen Teil des Sulcus urethralis, der an der ventralen Fläche des Os penis verläuft, verlegt sein. In diesen Fällen können die Steine relativ einfach durch eine Eröffnung der Urethra entfernt werden. Bei anhaltenden Problemen kann eine neue Öffnung für die Urethra direkt in die Haut ventral des Anus gelegt werden, wodurch die Gefahr einer Blockade im proximalen Penis entfällt.

Operationen am Penis werden gelegentlich durchgeführt, um das Problem eines infizierten Präputiums sowie einer Paraphimose oder Phimose zu beheben.

Im Falle von Traumen und Verkehrsunfällen kann eine vollständige Entfernung des Penis erforderlich sein.

Kastration ist eine weitere Routineoperation, die bei Hunden zur Verminderung von Aggressionsverhalten durchgeführt wird und die, wenn sie später im Leben vorgenommen wird, wahrscheinlich kaum Auswirkungen hat. Es handelt sich um einen relativ einfachen Eingriff. Gelegentlich ist er jedoch schwieriger, wenn er bei Hunden durchgeführt wird, um Hodentumore zu entfernen. In manchen Fällen ist eine vollständige Skrotumablation erforderlich, wenn Tumore bereits das Skrotum infiltriert haben.

Bei Hunden, bei denen ein Hoden nicht abgestiegen ist, muss dieser entfernt werden, um einer intraabdominalen Neoplasie vorzubeugen. Es kann ein para-peniler Schnitt auf der Seite des nicht abgestiegenen Hodens durchgeführt werden, in der Regel erfolgt jedoch ein Leisten- oder Mittellinienschnitt. Die para-penile Schnittführung erfordert häufig eine Ligatur der V. epigastrica superficialis. Im Anschluss wird der Penis zurückgeklappt und ein Schnitt entlang der Mittellinie durch die Linea alba durchgeführt. Sie können die Samenleiter als weiße, drahtähnliche Stränge erkennen, die divergierend vom Blasenhals ausgehen. Durch sanften Zug an diesen Strängen wird der nicht abgestiegene/werden die nicht abgestiegenen Hoden in der Regel von der Bauchhöhle oder dem Inguinalkanal aus sichtbar.

Im Falle eines Prolapses ist es bei der Hündin in seltenen Fällen erforderlich, die ventrale Wand der Vagina zu entfernen. Perivulväre Dermatitis und nekrotische Vulvitis können eine Episiotomie oder Episioplastik zur Behandlung der entzündeten Gewebe erfordern.

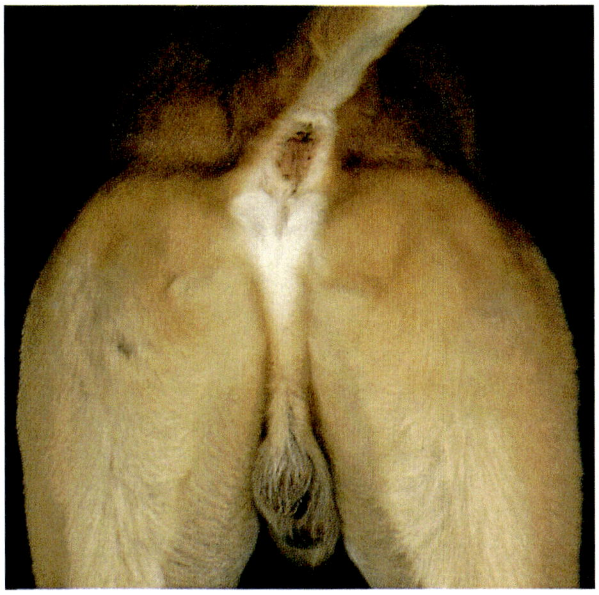

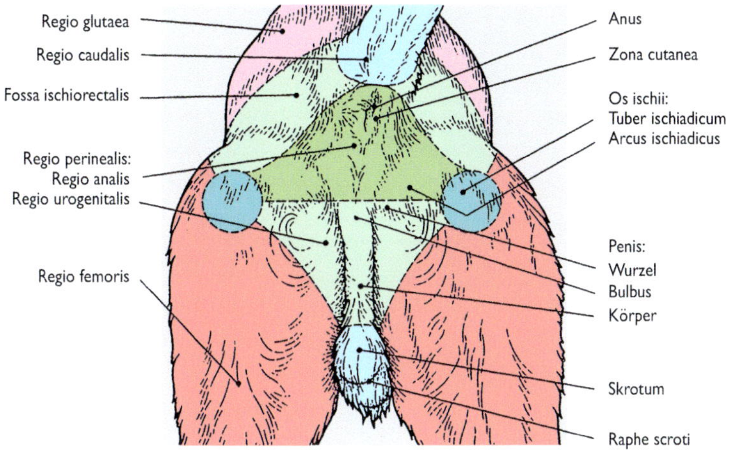

Abb. 8.1 Oberflächenmerkmale und topographische Regionen des Beckens und der Geschlechtsorgane: kaudale Ansicht. Die Regio perinealis ist bei angehobenem Schwanz dargestellt. Sie umfasst den Bereich des Perineums, das wiederum den Beckenausgang ausfüllt und abschließt. Das Perineum steht mit dem retroperitonealen Teil der Beckenhöhle in Verbindung und umfasst Muskeln und Faserstrukturen, die den Canalis analis und Endabschnitte des Urogenitaltrakts umgeben. Die oberflächliche Begrenzung bildet die Haut, die die Fossa ischiorectalis bedeckt und sich bis zum Skrotum erstreckt. Eine horizontale Linie, die die Tubera ischiadica verbindet, trennt auch das Trigonum anale vom Trigonum urogenitale.

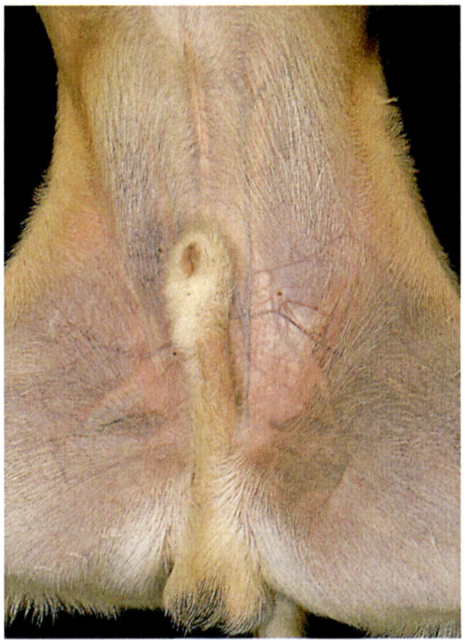

Abb. 8.2 Oberflächenmerkmale des Präputiums: ventrale Ansicht (1). Das Präputium ist dargestellt, wie es die Glans penis vollständig umgibt. Die schlauchförmige Hülle besitzt eine normale behaarte Lamina externa, die sich auf die Haut der Bauchwand und des Oberschenkels fortsetzt.

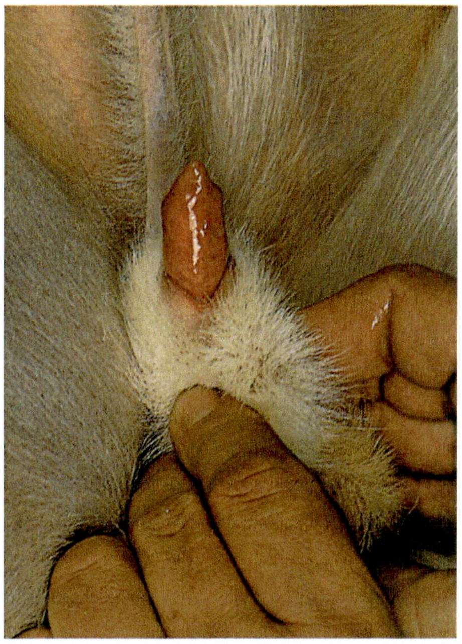

Abb. 8.3 Oberflächenmerkmale des Präputiums: ventrale Ansicht (2). Die Glans penis ragt über das Ostium praeputiale hinaus. Die Vorhaut wurde zurückgeschoben, wodurch das Cavum praeputiale freigelegt ist.

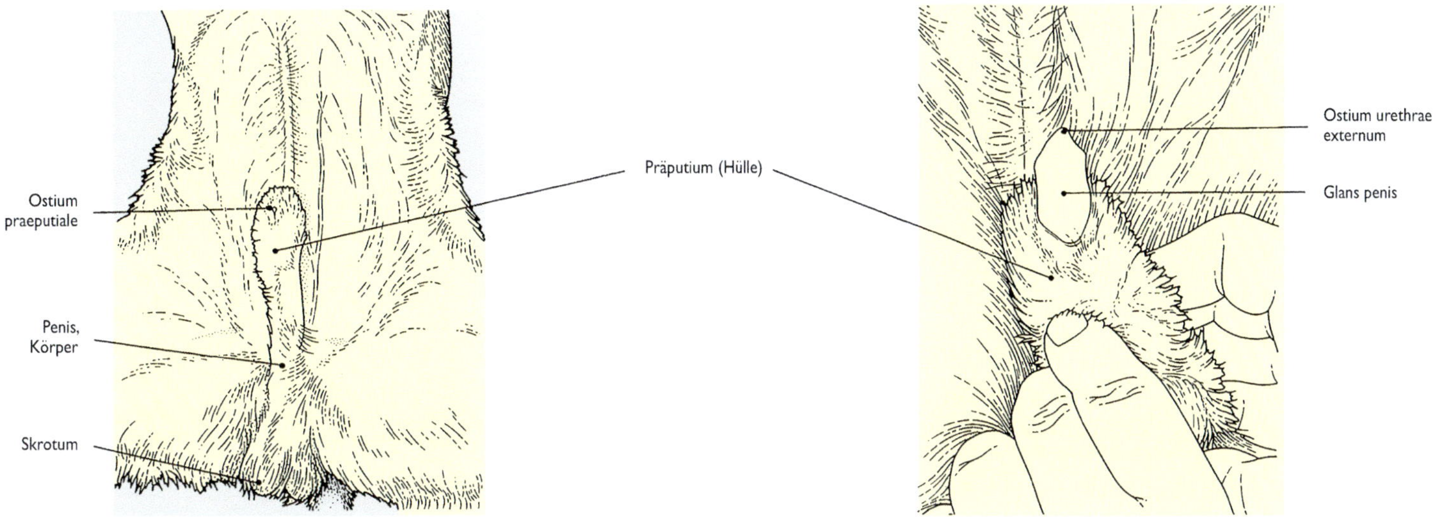

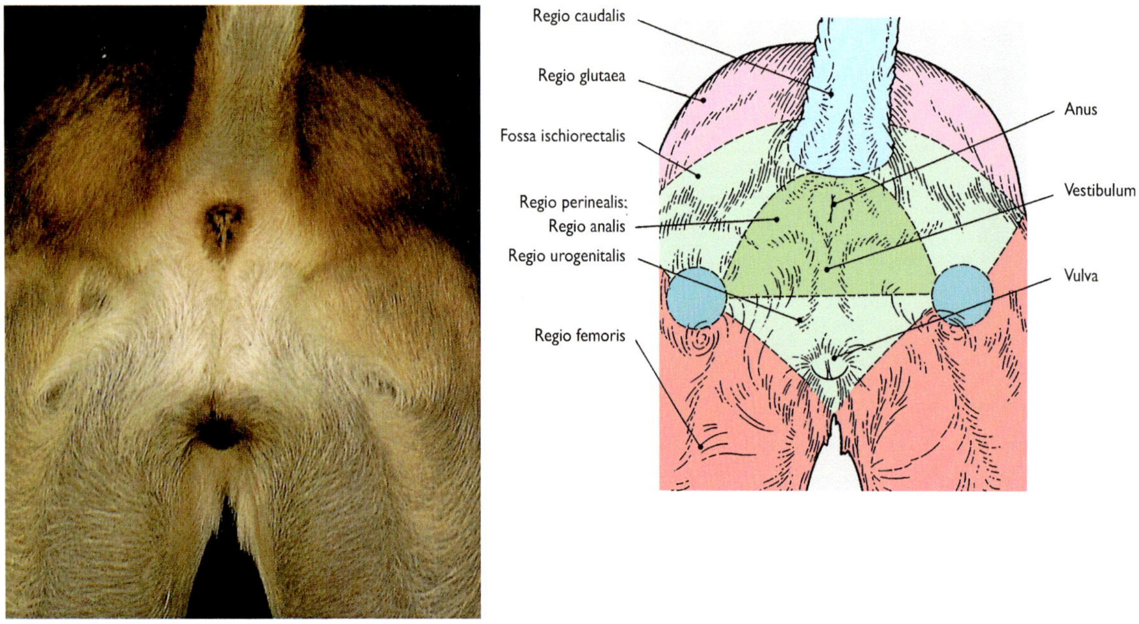

Abb. 8.4 Oberflächenmerkmale und topographische Regionen des Beckens und der Geschlechtsorgane der Hündin: kaudale Ansicht. Die Regio perinealis der Hündin ist bei angehobenem Schwanz dargestellt. Ihre prinzipielle Gliederung ist der des Rüden sehr ähnlich. Das Trigonum urogenitale (auch bekannt als Scham oder Regio pudendalis) enthält den einzigen sichtbaren Anteil der äußeren Geschlechtsorgane, die Vulva, die unterhalb des Arcus ischiadicus lokalisiert ist. Das Vestibulum, das die Vulva mit der Vagina verbindet, kann bis zu 5 cm lang sein.

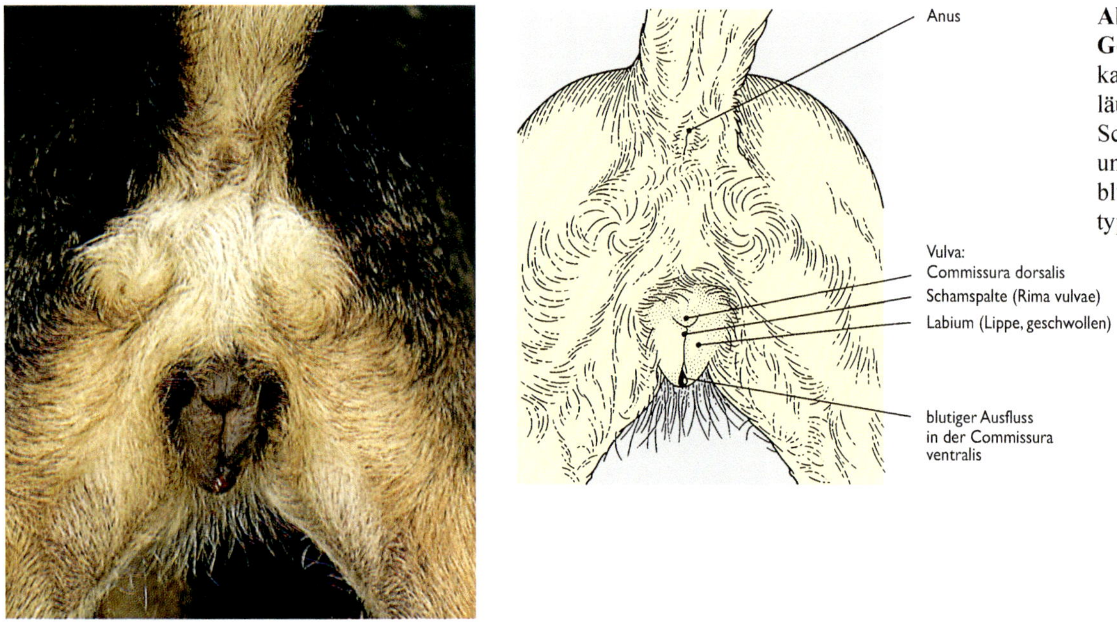

Abb. 8.5 Oberflächenmerkmale der Geschlechtsorgane der Hündin im Östrus: kaudale Ansicht. Die Geschlechtsorgane einer läufigen Hündin sind bei angehobenem Schwanz dargestellt. Die Vulva ist vergrößert und die Labien sind stark angeschwollen. Ein blutiger Ausfluss aus der Vulva ist ebenfalls typisch für die läufige Hündin.

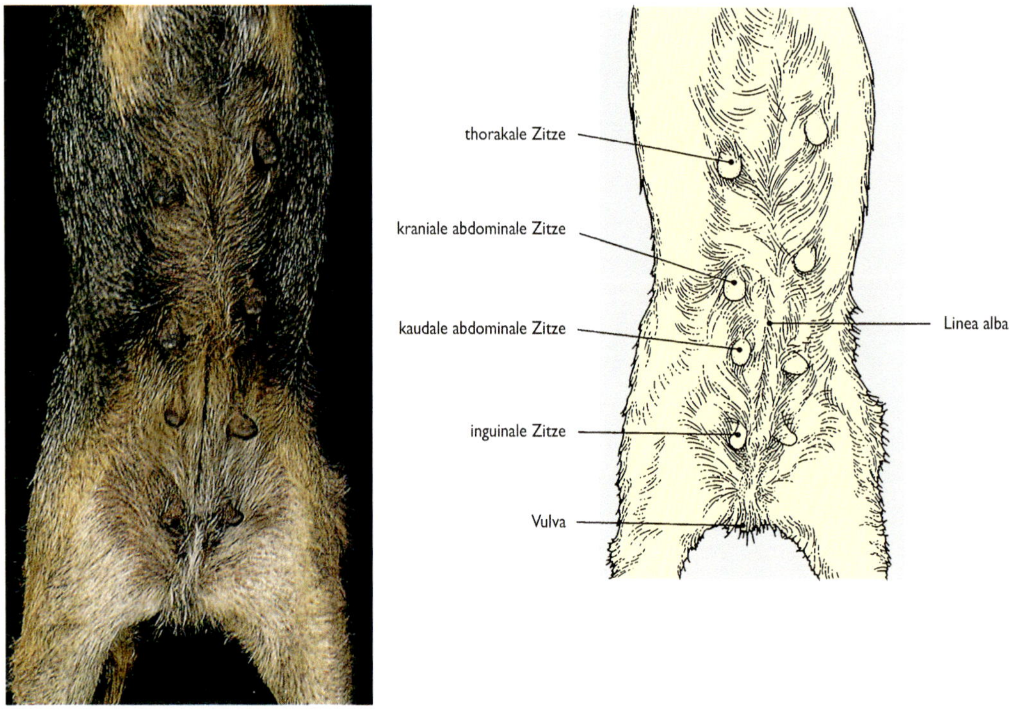

Abb. 8.6 Oberflächenmerkmale des Abdomens einer multiparen Hündin: ventrale Ansicht. Diese multipare Border Terrier-Hündin zeigt zwei Reihen von Zitzen. Bei Hündinnen, die noch nie gedeckt wurden, sind die Zitzen tendenziell schwächer ausgeprägt. Vier Zitzenpaare sind normal für diese kleinwüchsige Rasse. Jedoch treten bei den meisten Rassen fünf und sehr vereinzelt auch sechs Paare auf.

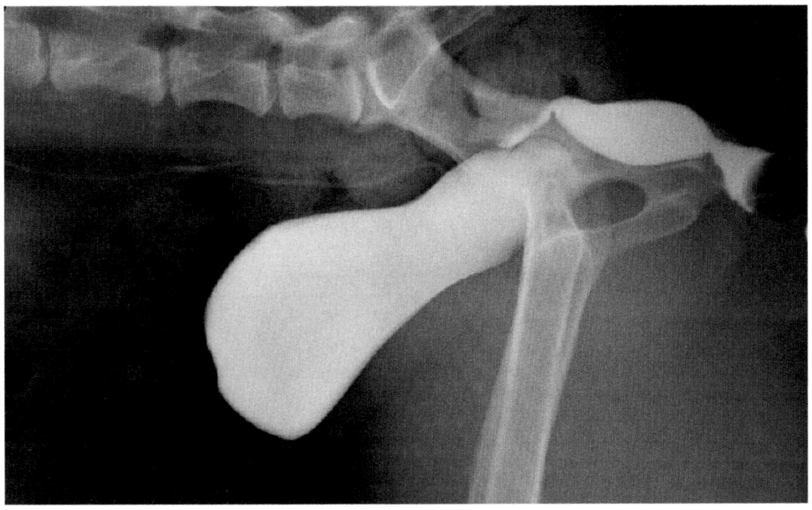

Abb. 8.7 Röntgenbild des Beckens: laterale Ansicht, Hündin. Wasserlösliches, jodhaltiges Kontrastmittel wurde in den Scheidenvorhof, die Vagina, Urethra und Blase eingebracht. Auch in den Ureteren befindet sich etwas Kontrastmittel.

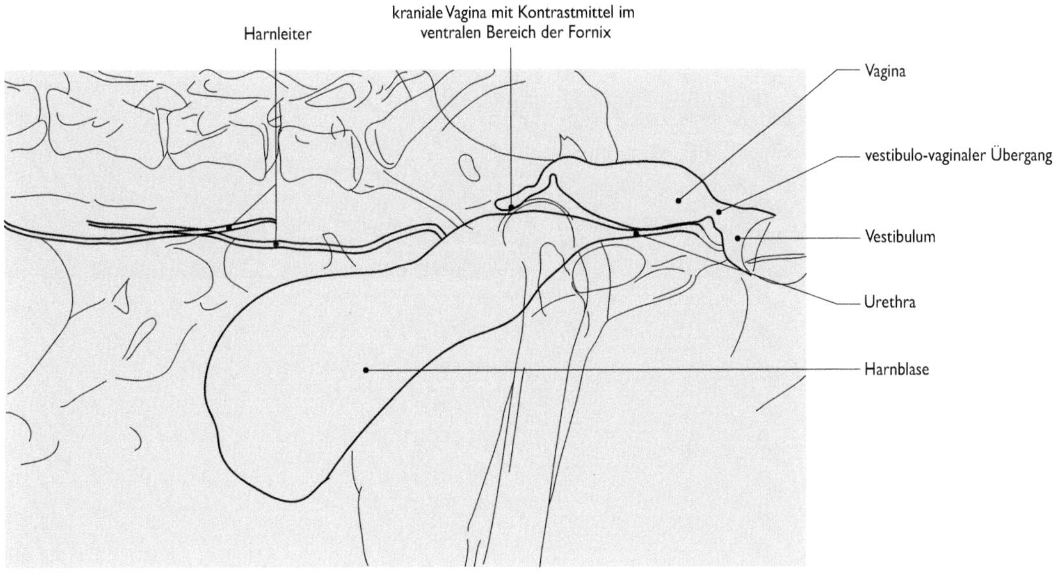

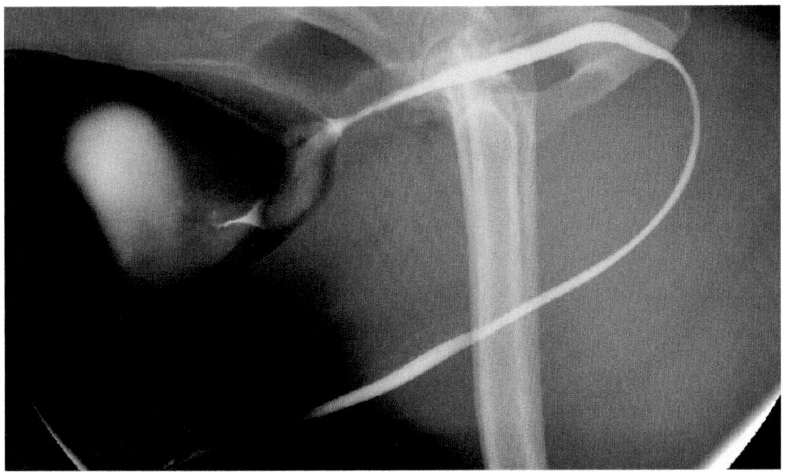

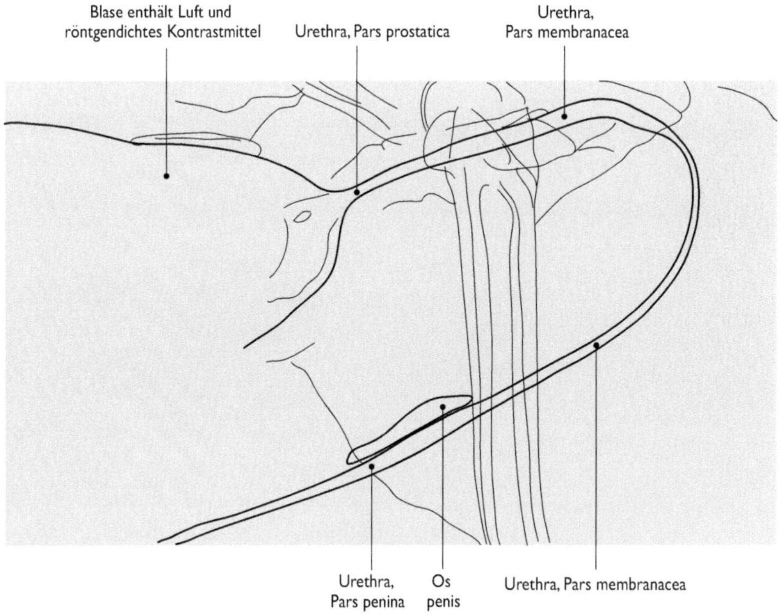

Abb. 8.8 Röntgenbild des Beckens: laterale Ansicht, Rüde. Die Urethra wurde mit wasserlöslichem, jodhaltigem Kontrastmittel hervorgehoben. Luft wurde in die Blase eingebracht.

Abb. 8.9 Beckenhöhle und Ligamentum sacrotuberale: linke dorsolaterale Ansicht. Dies ist eine etwas andere Ansicht der Abb. 7.20, bei der man durch die Incisura ischiadica major in das Becken und auf das Hüftgelenk blickt. Der Truncus lumbosacralis ist in dieser Ansicht deutlich sichtbar und verlässt das Becken, um sich als N. ischiadicus fortzusetzen. Kaudal des Ligamentum sacrotuberale bilden die Mm. coccygeus und sphincter ani externus die mediale Begrenzung der Fossa ischiorectalis (siehe Abb. 8.66). Der M. obturatorius internus, der den Boden und die laterale Wand der Fossa bildet, zieht aus dem Becken und seine Sehne ist auf den Mm. gemelli, unterhalb des N. ischiadicus, sichtbar. Unmittelbar kranial davon wurde die Hüftgelenkskapsel freigelegt und der M. articularis coxae liegt auf ihrer Oberfläche. Der M. retractor penis und der M. bulbospongiosus wurden an der Peniswurzel freigelegt (siehe Abb. 8.44).

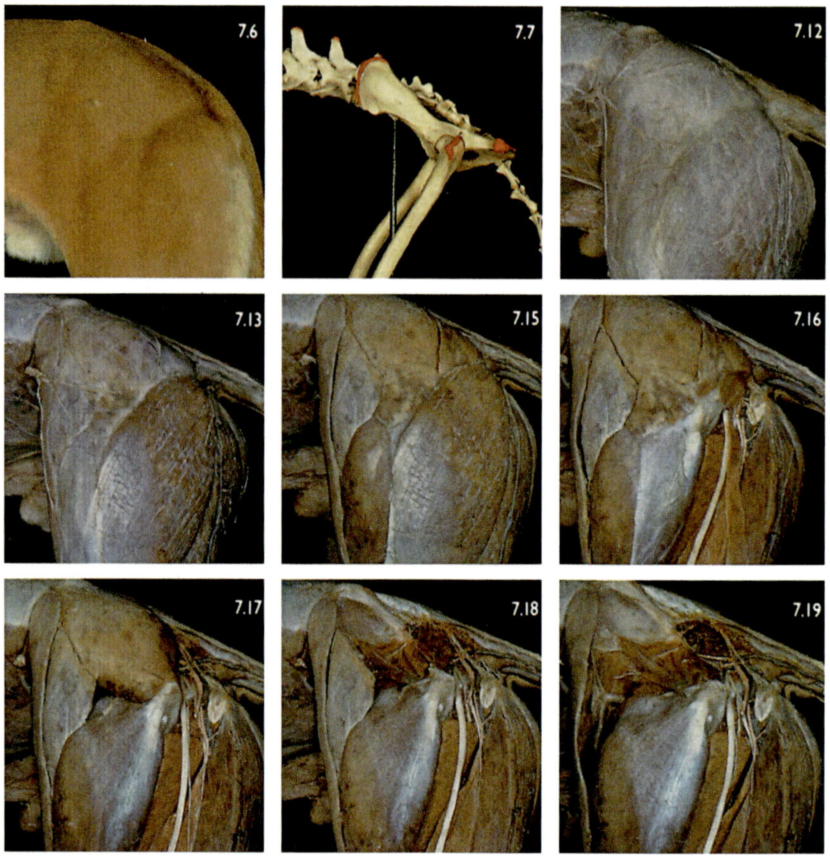

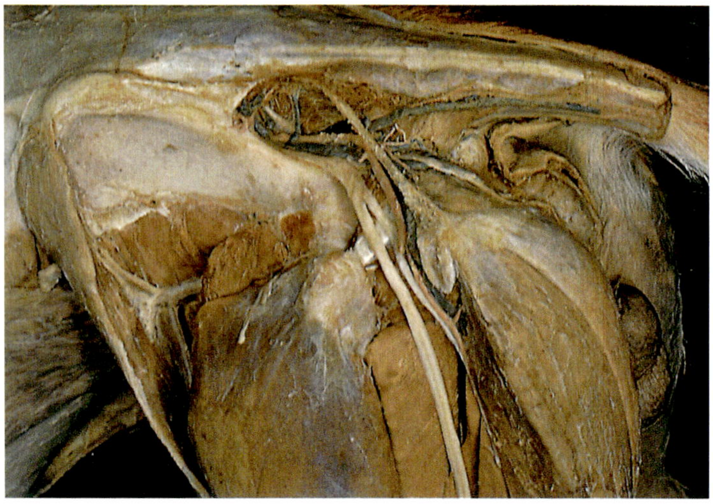

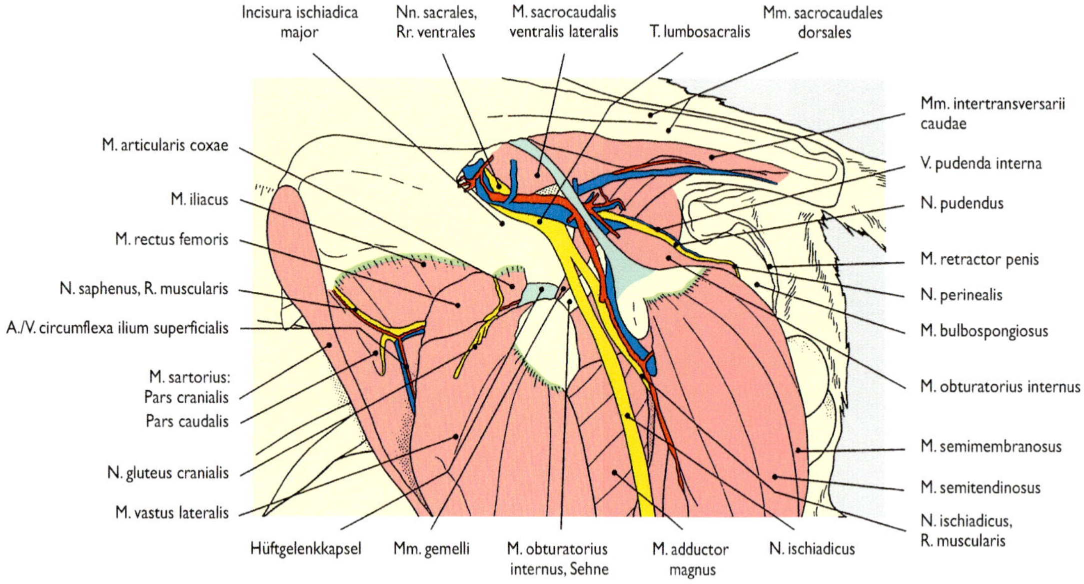

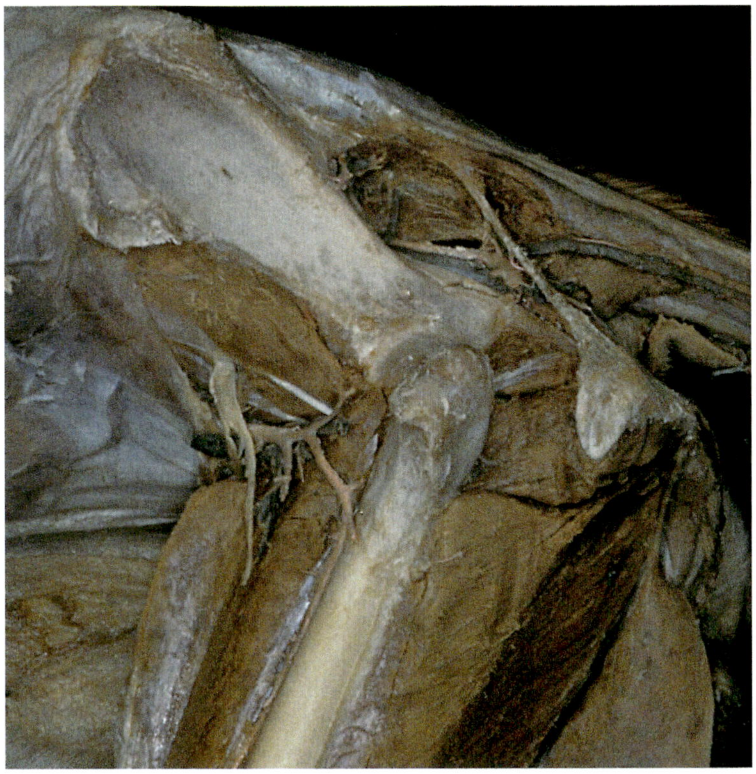

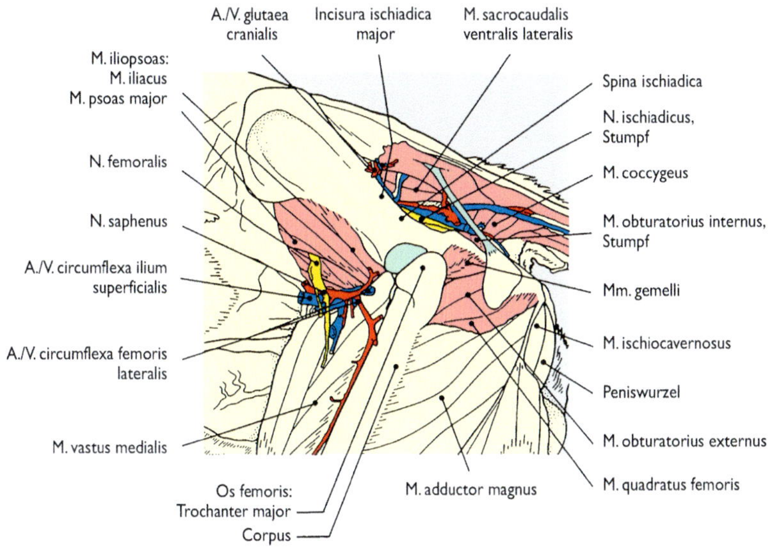

Abb. 8.10 Hüftbein, Hüftgelenk und Muskeln der kleinen Beckengesellschaft: linke laterale Ansicht (1). Die Mm. sartorius, vastus lateralis und rectus femoris wurden kranial am Oberschenkel entfernt und der M. vastus medialis und M. iliopsoas freigelegt, durch den der N. femoralis hindurch tritt. Auch die Aufzweigungen der Aa. und Vv. circumflexa ilium superficialis und circumflexa femoris lateralis im Oberschenkel liegen frei. Kaudal des Hüftgelenks wurden der N. ischiadicus, die A. und V. glutaea caudalis sowie die Mm. semimembranosus und semitendinosus abpräpariert. Die Mm. obturatorius internus und externus, gemelli und quadratus femoris sind zu erkennen, wie sie auf der kaudalen Oberfläche des Trochanter major des Os femoris in Nähe der Fossa trochanterica zusammenlaufen.

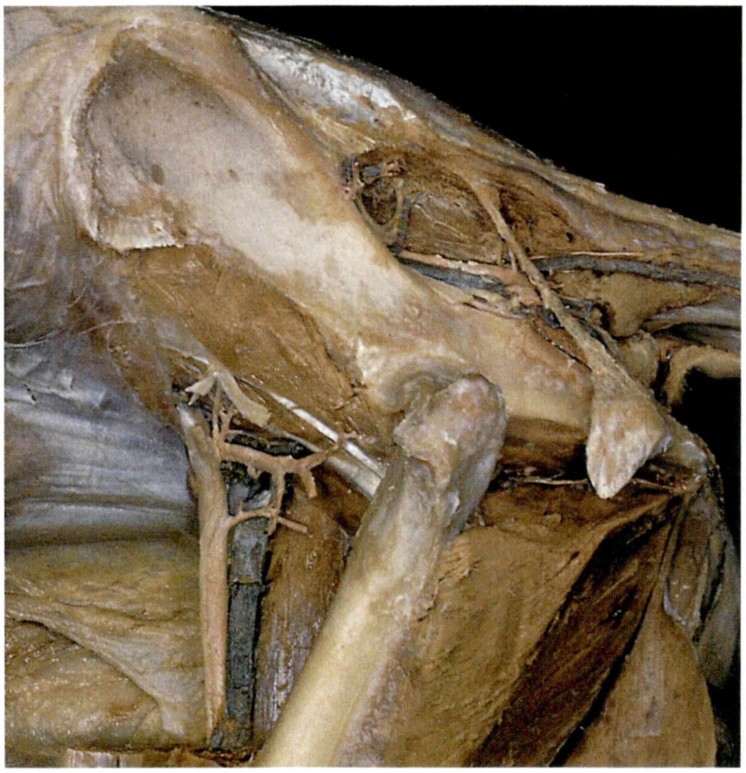

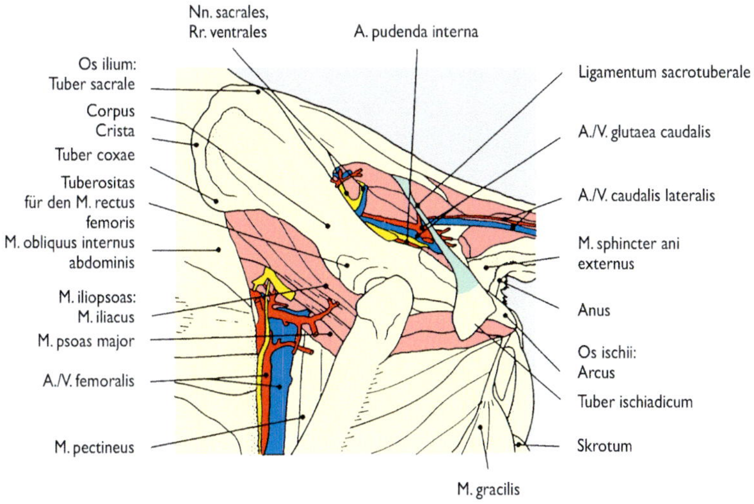

Abb. 8.11 Hüftbein, Hüftgelenk und Muskeln der kleinen Beckengesellschaft: linke laterale Ansicht (2). Durch Entfernung des M. vastus medialis an der Vorderseite des Oberschenkels wurden die Mm. iliopsoas und pectineus freigelegt. Die Femoralgefäße verlaufen kranial des M. pectineus in den Oberschenkel. Obwohl der N. femoralis größtenteils entfernt wurde, bleibt die Lage des von ihm abzweigenden N. saphenus in Bezug zu den Femoralgefäßen erhalten. Kaudal des Hüftgelenks wurde die Sehne des M. obturatorius internus gemeinsam mit den darunterliegenden Mm. gemelli entfernt. Von der kleinen Beckengesellschaft verbleiben nur noch die Mm. obturatorius externus und quadratus femoris. Absetzen der Mm. semimembranosus und semitendinosus vervollständigt die Entfernung der Hinterbackenmuskulatur und legt die Mm. adductor und gracilis an der Innenfläche des Oberschenkels sowie den M. ischiocavernosus an der Peniswurzel frei.

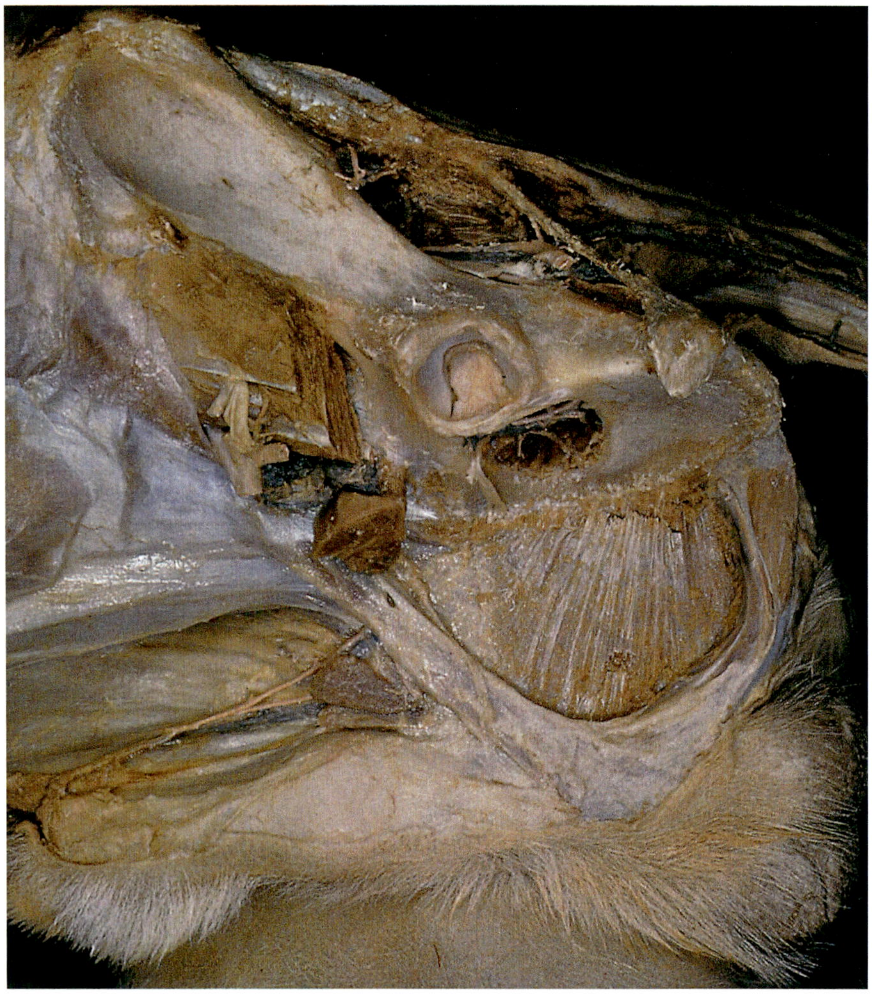

Abb. 8.12 Hüftbein, äußere Geschlechtsorgane und Regio inguinalis nach Entfernung der Hintergliedmaße: linke laterale Ansicht. Um die restliche Hintergliedmaße abzusetzen, wurden die Mm. pectineus und iliopsoas durchtrennt (deren Schnittflächen deutlich sichtbar sind); die Ansätze der Mm. adductor, gracilis, quadratus femoris und obturatorius externus am Becken wurden vollständig gelöst; das Hüftgelenk wurde nach Spaltung seiner faserigen Kapsel und Durchtrennung des Ligamentum capitis femoris exartikuliert. Die Femoralgefäße und der N. saphenus wurden ebenfalls kranial des M. pectineus durchtrennt. Die knöcherne Beckenwand und der Beckenboden sind nun freigelegt und ventral der Beckensymphyse erstreckt sich der Tendo symphysialis, aus dem der Großteil der Adduktorenmuskulatur entspringt. Der M. obturatorius internus ist durch das Foramen obturatum sichtbar und Reste des N. obturatorius und der entsprechenden Gefäße liegen frei. Die äußeren Geschlechtsorgane blieben erhalten. Allerdings wurde ein kleiner Teil der Penishaut entfernt. Der Processus vaginalis erstreckt sich kaudal auf die Seitenfläche des Penis; die Lnn. inguinales superficiales und die äußeren Pudendalgefäße liegen in der Fascia abdominalis superficialis kranial davon. Die Fascia praeputialis und die Fascia penis verschmelzen mit der Fascia abdominalis und femoralis im Bereich der Leistenfalte und an der medialen Seite des Oberschenkels.

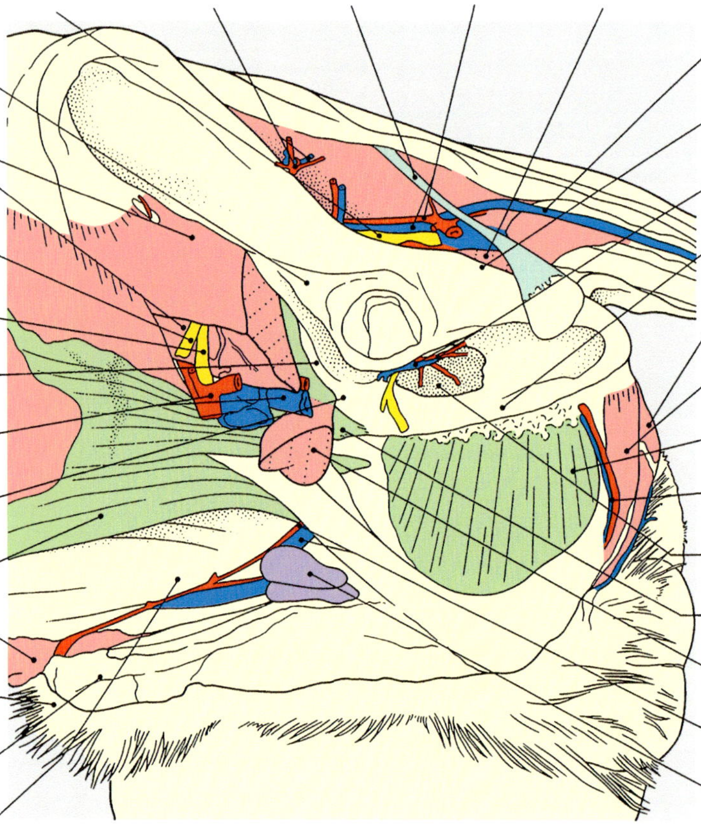

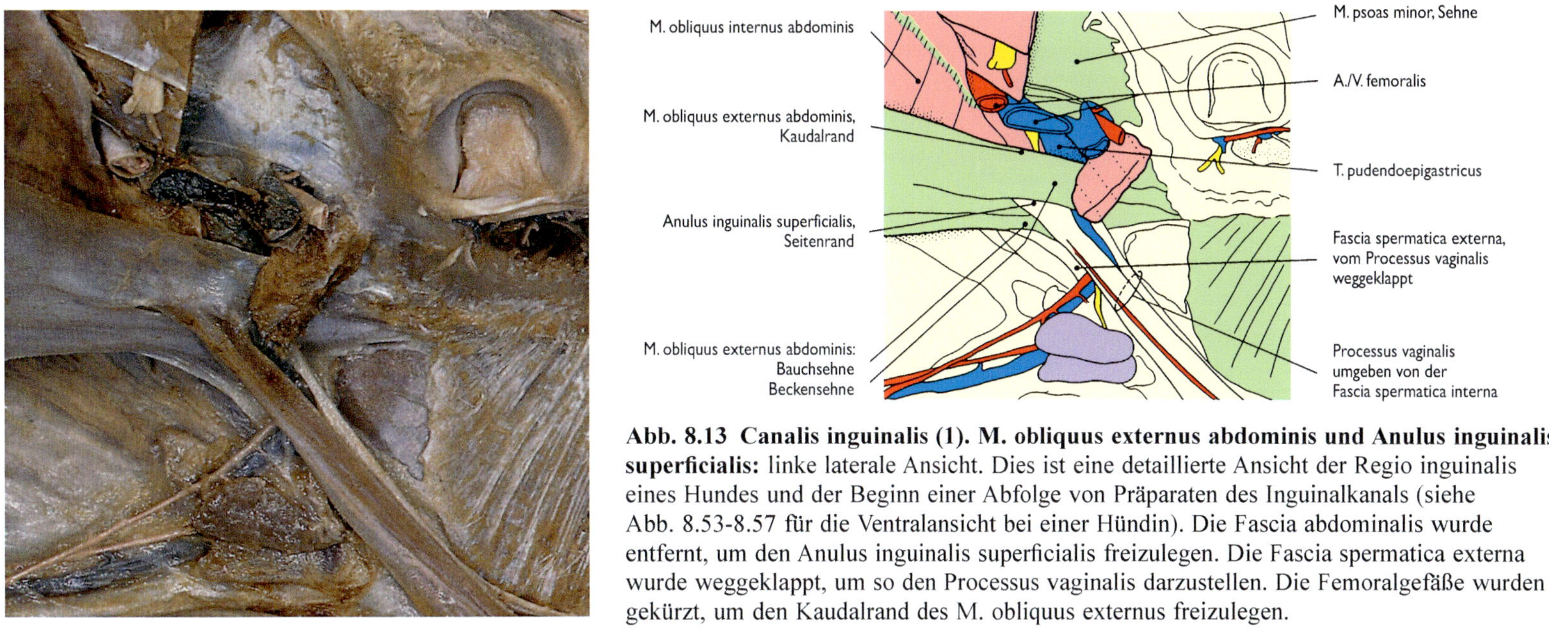

Abb. 8.13 Canalis inguinalis (1). M. obliquus externus abdominis und Anulus inguinalis superficialis: linke laterale Ansicht. Dies ist eine detaillierte Ansicht der Regio inguinalis eines Hundes und der Beginn einer Abfolge von Präparaten des Inguinalkanals (siehe Abb. 8.53-8.57 für die Ventralansicht bei einer Hündin). Die Fascia abdominalis wurde entfernt, um den Anulus inguinalis superficialis freizulegen. Die Fascia spermatica externa wurde weggeklappt, um so den Processus vaginalis darzustellen. Die Femoralgefäße wurden gekürzt, um den Kaudalrand des M. obliquus externus freizulegen.

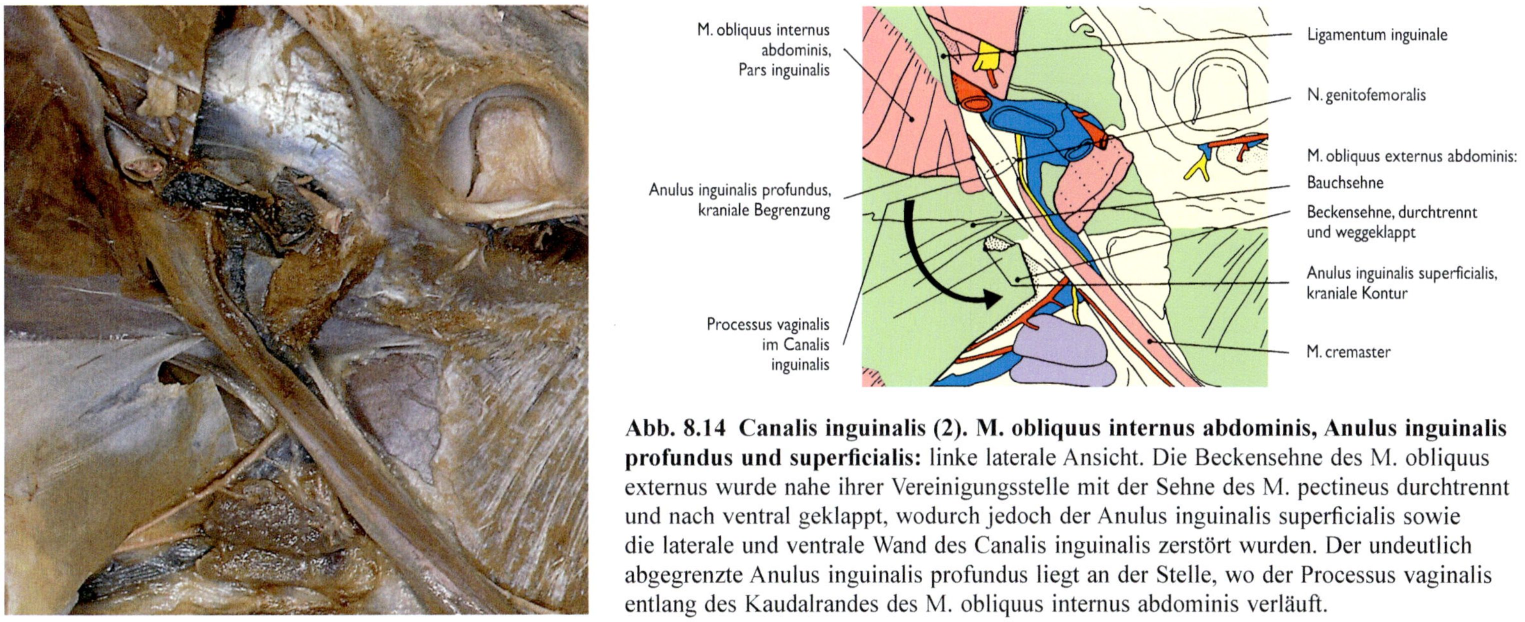

Abb. 8.14 Canalis inguinalis (2). M. obliquus internus abdominis, Anulus inguinalis profundus und superficialis: linke laterale Ansicht. Die Beckensehne des M. obliquus externus wurde nahe ihrer Vereinigungsstelle mit der Sehne des M. pectineus durchtrennt und nach ventral geklappt, wodurch jedoch der Anulus inguinalis superficialis sowie die laterale und ventrale Wand des Canalis inguinalis zerstört wurden. Der undeutlich abgegrenzte Anulus inguinalis profundus liegt an der Stelle, wo der Processus vaginalis entlang des Kaudalrandes des M. obliquus internus abdominis verläuft.

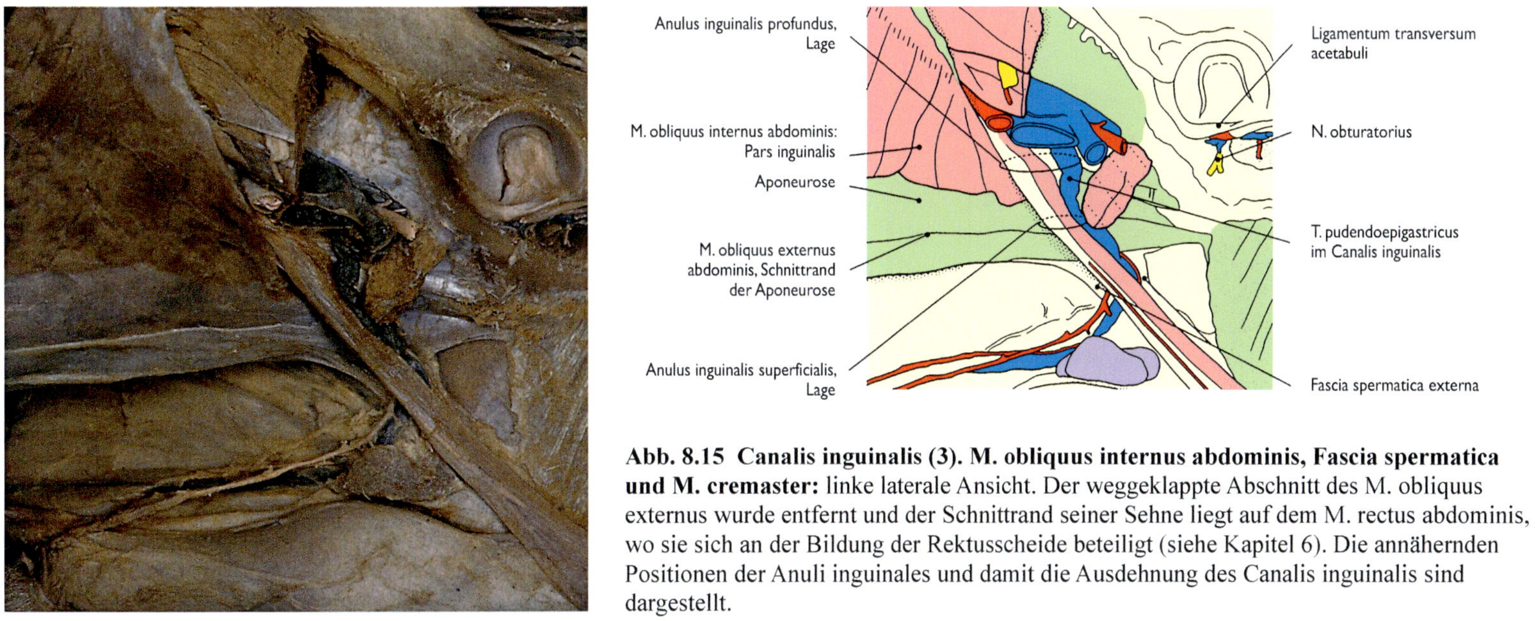

Abb. 8.15 Canalis inguinalis (3). M. obliquus internus abdominis, Fascia spermatica und M. cremaster: linke laterale Ansicht. Der weggeklappte Abschnitt des M. obliquus externus wurde entfernt und der Schnittrand seiner Sehne liegt auf dem M. rectus abdominis, wo sie sich an der Bildung der Rektusscheide beteiligt (siehe Kapitel 6). Die annähernden Positionen der Anuli inguinales und damit die Ausdehnung des Canalis inguinalis sind dargestellt.

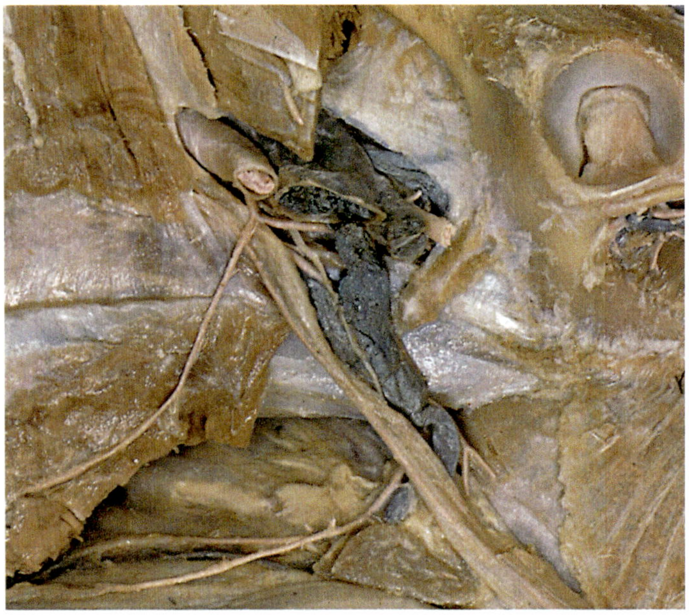

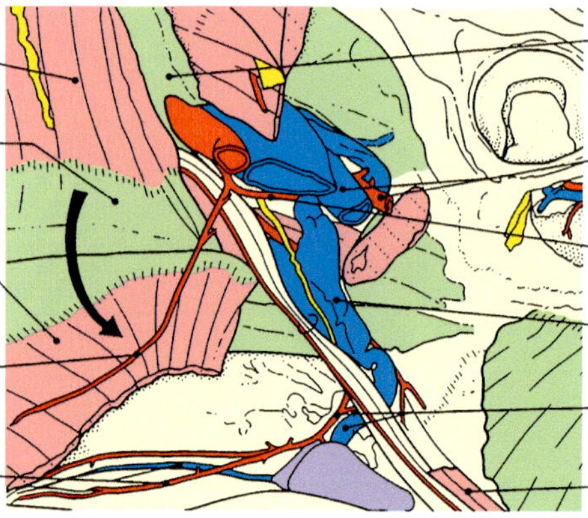

Abb. 8.16 Canalis inguinalis (4). Processus vaginalis, Truncus pudendoepigastricus und N. genitofemoralis: linke laterale Ansicht. Der M. obliquus internus wurde von seinem Ursprung am Ligamentum inguinale abpräpariert und nach ventral geklappt. Der M. cremaster, der sich vom M. obliquus internus abspaltet, wurde ebenfalls aus der Faszie entfernt, die den Processus vaginalis umgibt.

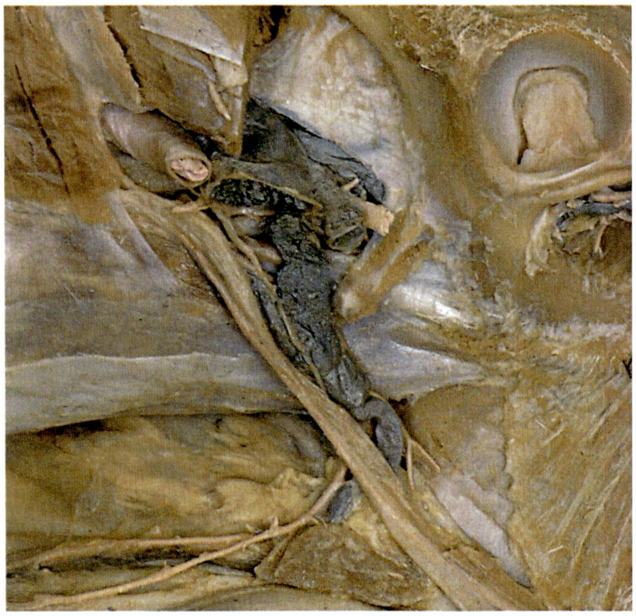

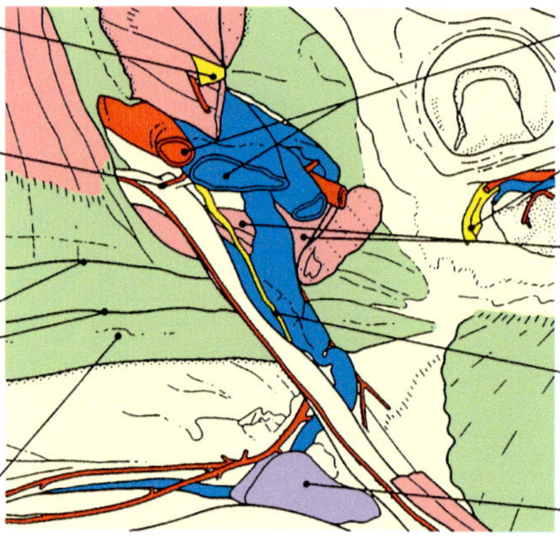

Abb. 8.17 Canalis inguinalis (5). Mm. transversus abdominis und rectus abdominis: linke laterale Ansicht. Der zurückgeklappte Teil des M. obliquus internus wurde entfernt und die Linie seines abgetrennten Sehnenrandes ist auf der Oberfläche des M. rectus abdominis parallel zu derjenigen des M. obliquus externus dort sichtbar, wo sich beide an der Bildung der Rektusscheide beteiligen. Der M. transversus abdominis trägt ebenfalls zur Lamina externa der Rektusscheide bei.

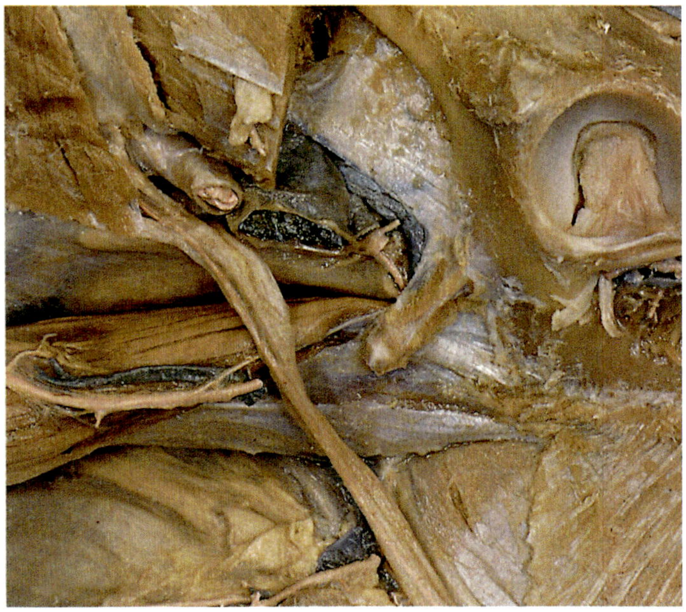

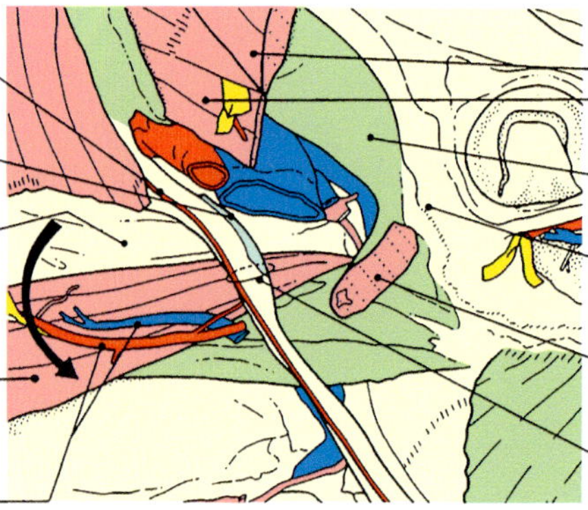

Abb. 8.18 Canalis inguinalis (6). Processus vaginalis, A. testicularis und Ductus deferens: linke laterale Ansicht. Der M. transversus abdominis wurde auf Höhe des Dorsalrandes des M. rectus abdominis durchtrennt. Dadurch konnte der M. rectus von der Bauchwand nach ventral geklappt werden, wodurch jedoch die verbliebenen Reste des Inguinalkanals komplett zerstört wurden. Die Fascia transversalis kleidet das Abdomen aus und bildet in diesem Bereich die Lamina interna der Rektusscheide (siehe Kapitel 6).

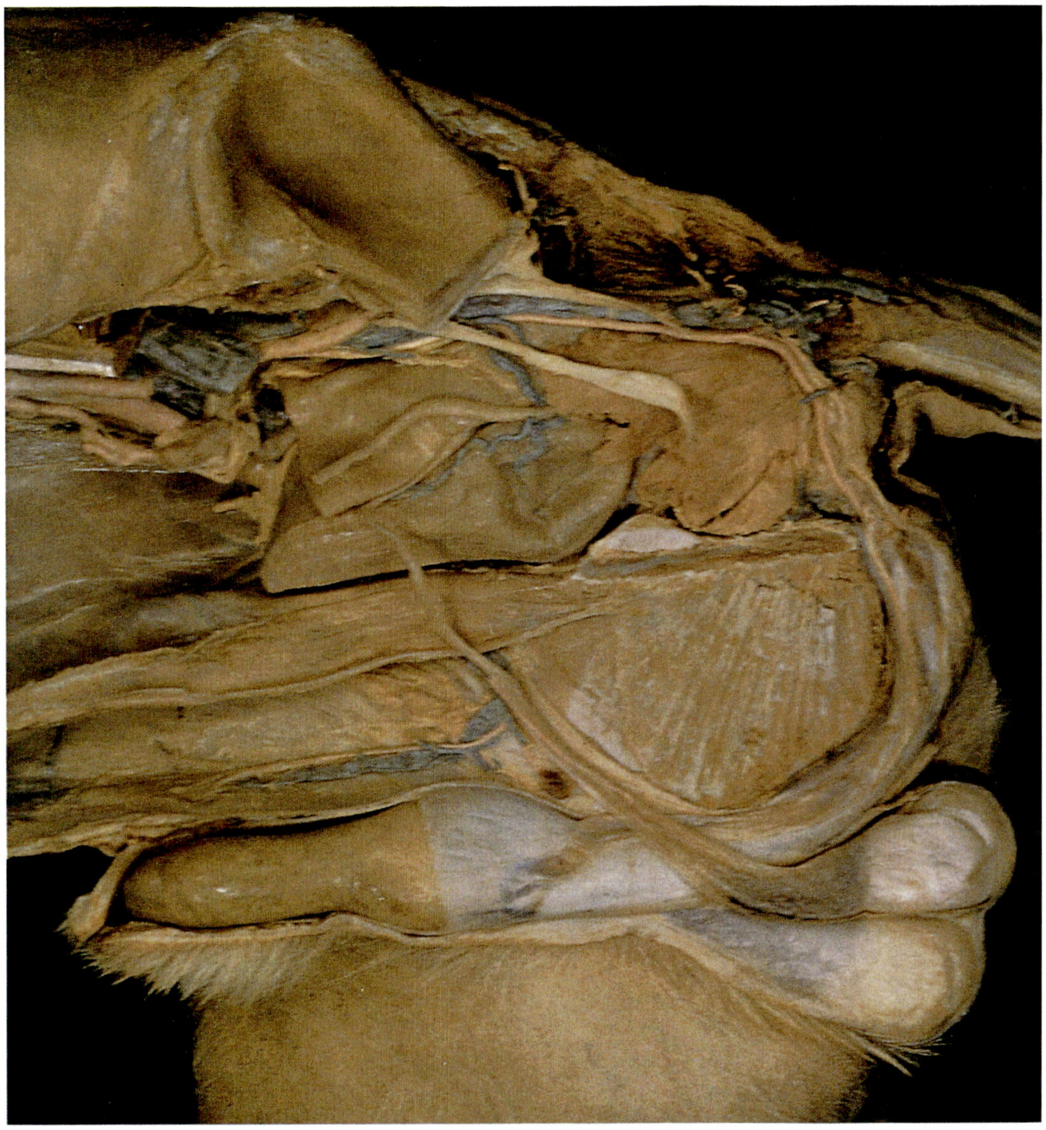

Abb. 8.19 Beckenhöhle nach Entfernung des Hüftbeins: linke laterale Ansicht. Die Bauchwand wurde entfernt und der M. iliopsoas und die äußeren Iliakalgefäße bis zur dorsalen Bauchwand gekürzt. Das linke Hüftbein wurde abgesetzt, indem die Symphysis pelvis und die Darmbeinsäule ventral des Iliosakralgelenks durchgesägt wurden. Der M. coccygeus wurde von seinem Ursprung am Becken abgetrennt. Das Crus sinistrum penis sowie der M. ischiocavernosus sinister wurden an ihren Ursprüngen im Bereich des Arcus ischiadicus durchtrennt. Der Ansatz des Ligamentum sacrotuberale am Kreuzbein wurde durchtrennt und das Band gemeinsam mit dem Hüftbein entfernt. Auch der M. obturatorius internus, der an der Oberfläche des Hüftbeins ansetzt, wurde abpräpariert. Die Beckenhöhle wurde von der linken Seite eröffnet. Der M. levator ani des Diaphragma pelvis wurde in seiner Lage belassen, nachdem sein Ursprung am Hüftbein bei dessen Entfernung durchtrennt wurde. Das Cavum praeputiale wurde durch Entfernung der linken Hälfte des Präputiums nach kaudal bis zum Fundus praeputii auf Höhe des Bulbus glandis eröffnet. Das Skrotum wurde ebenfalls eröffnet. Der linke Hoden und Nebenhoden innerhalb des Cavum vaginale sind dargestellt.

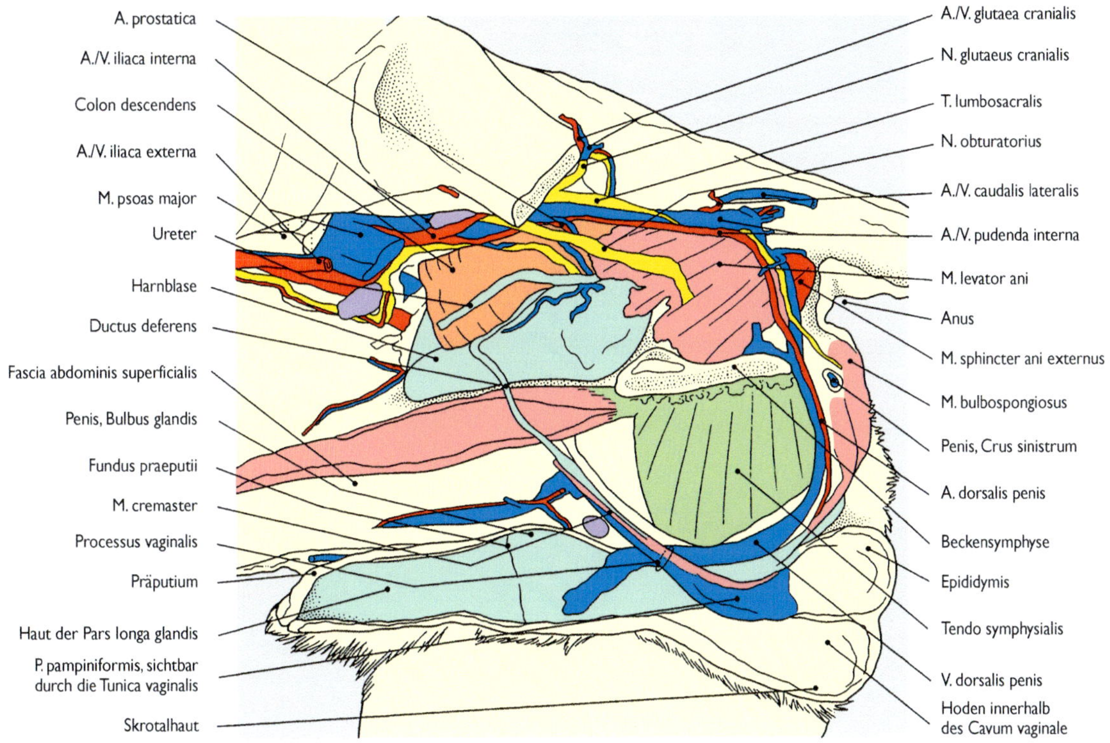

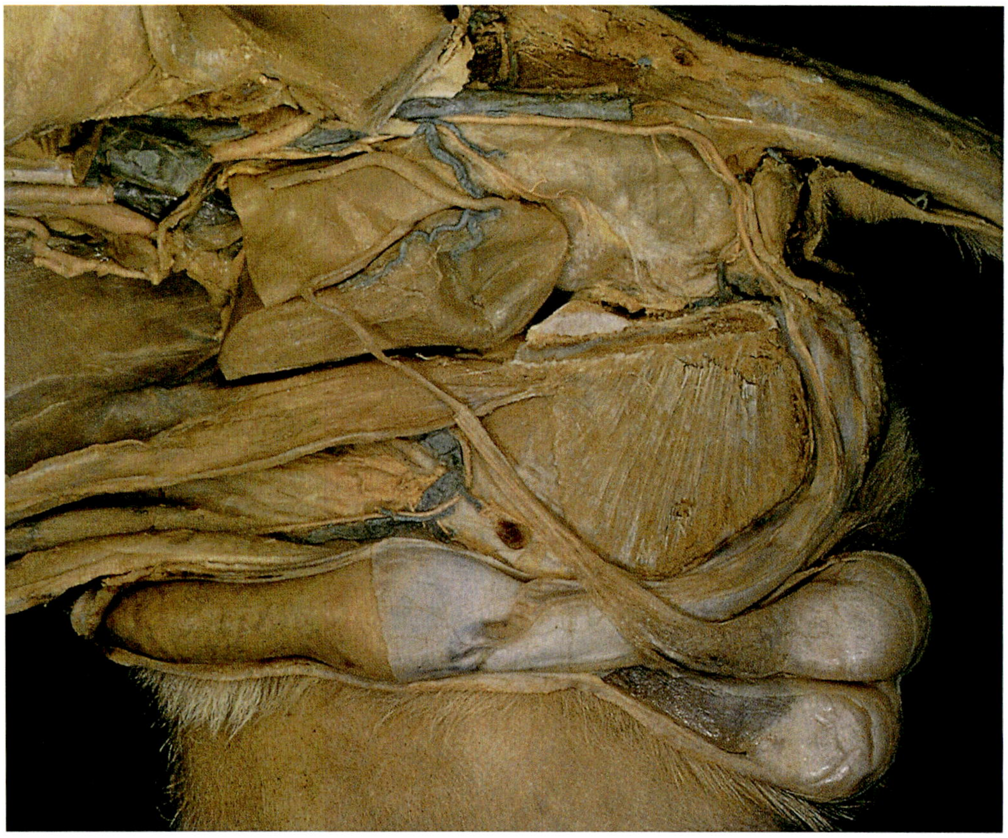

Abb. 8.20 Organe der Beckenhöhle (1) nach Entfernung des M. levator ani: linke laterale Ansicht. Die Darstellung der Organe im kranialen peritonealen Teil der Beckenhöhle beginnt mit der Entfernung des M. levator ani sowie der Kürzung des N. obturatorius und des Truncus lumbosacralis. Die lockere Fascia pelvis und perinealis verdecken noch Details im weiter kaudal lokalisierten Bereich des retroperitonealen Teils der Beckenhöhle unterhalb des Perineums. Die maßgebliche Fortsetzung der inneren Pudendalgefäße als dorsale Penisgefäße ist jetzt offensichtlich. Der Ursprung der V. dorsalis penis im Bulbus glandis ist sichtbar. Die oberflächliche Vene der Glans wurde im Präputium dorsal der Pars longa glandis durchtrennt.

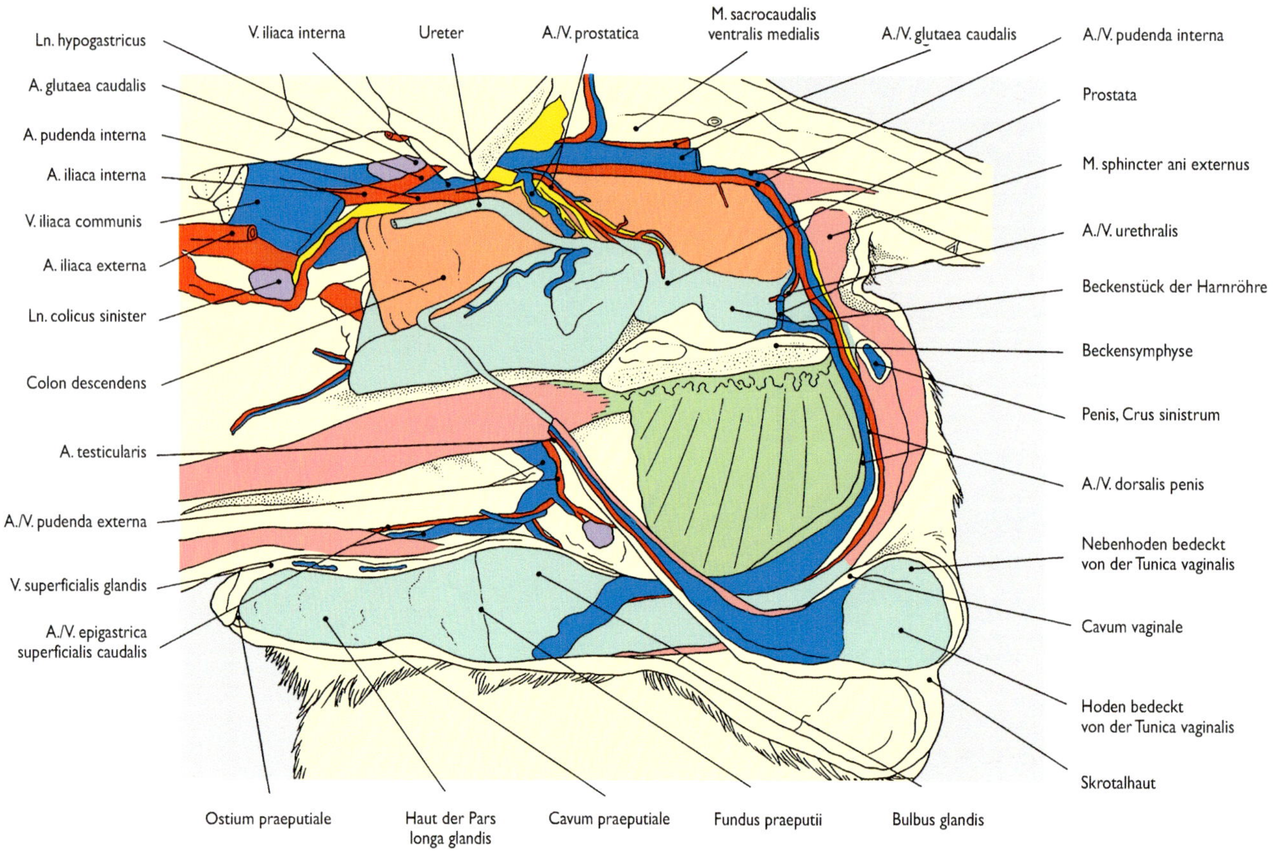

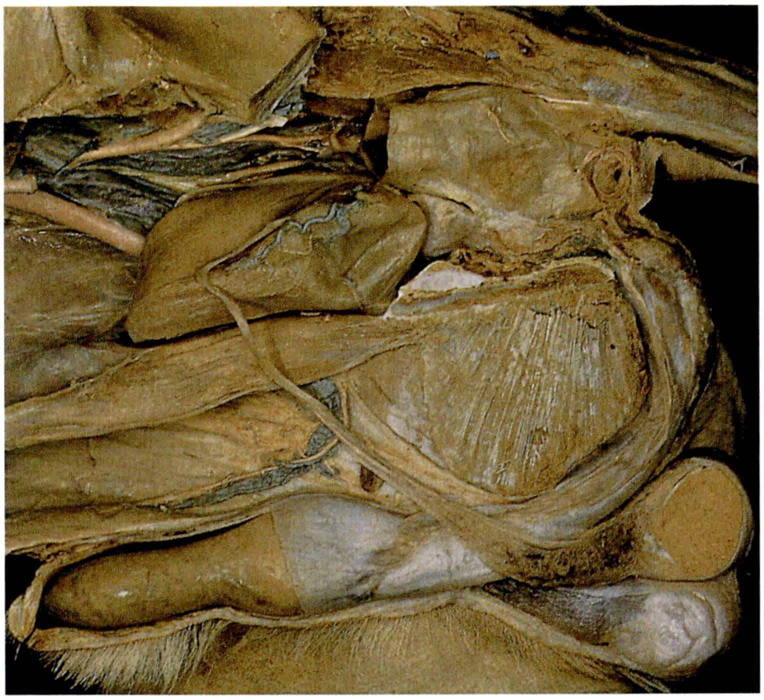

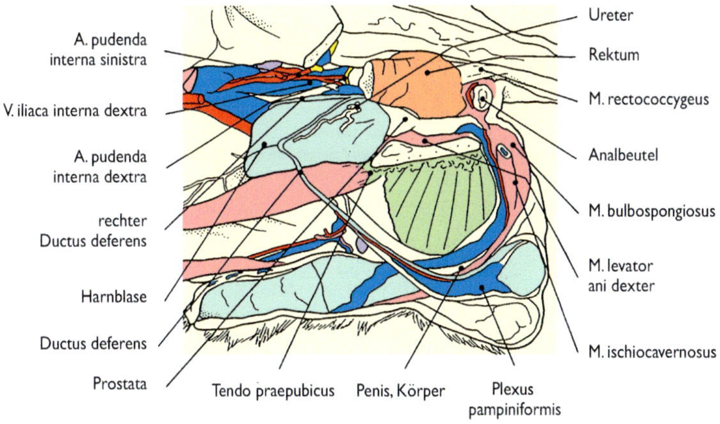

Abb. 8.21 Organe der Beckenhöhle (2). Prostata und Analbeutel nach Entfernung des M. sphincter ani externus: linke laterale Ansicht.
Die inneren Iliakalgefäße wurden gemeinsam mit einem beträchtlichen Teil der Fascia pelvis und perinealis sowie dem M. sphincter ani externus entfernt. Der Analbeutel wurde freigelegt, wobei der M. rectococcygeus dorsal davon liegt. Das Rektum wurde im kranialen Bereich der Beckenhöhle entfernt. Die enge räumliche Beziehung des rechten und linken Samenleiters zum dorsalen Bereich des Blasenhalses ist dadurch sichtbar.

Abb. 8.22 Organe der Beckenhöhle (3). Lumen von Blase, Rektum und Analkanal: linke laterale Ansicht. Jeweils die linke Hälfte der Harnblase, des Rektums und des Analkanals wurden entfernt und die inneren Oberflächen dargestellt. Im Canalis analis sind Leisten vorhanden und die Öffnung des Analbeutels der rechten Seite ist auf Höhe der Linea anocutanea zu erkennen. Im kranialen Teil der Beckenhöhle verläuft ein N. pelvinus über den M. levator ani der rechten Seite.

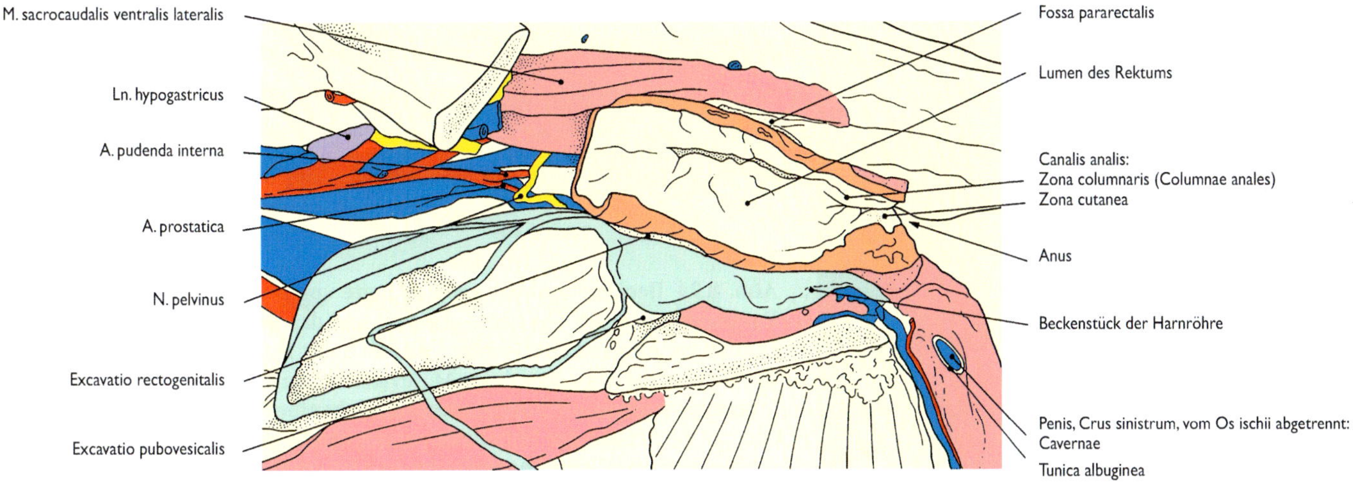

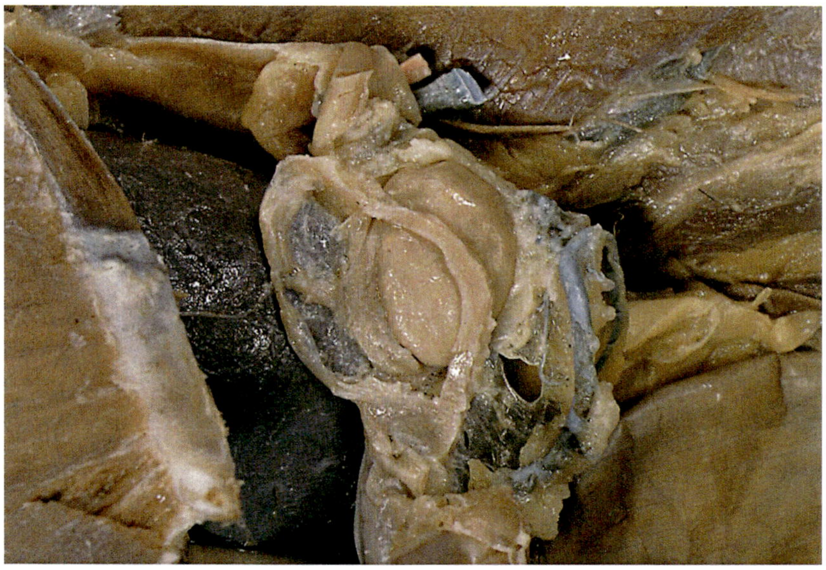

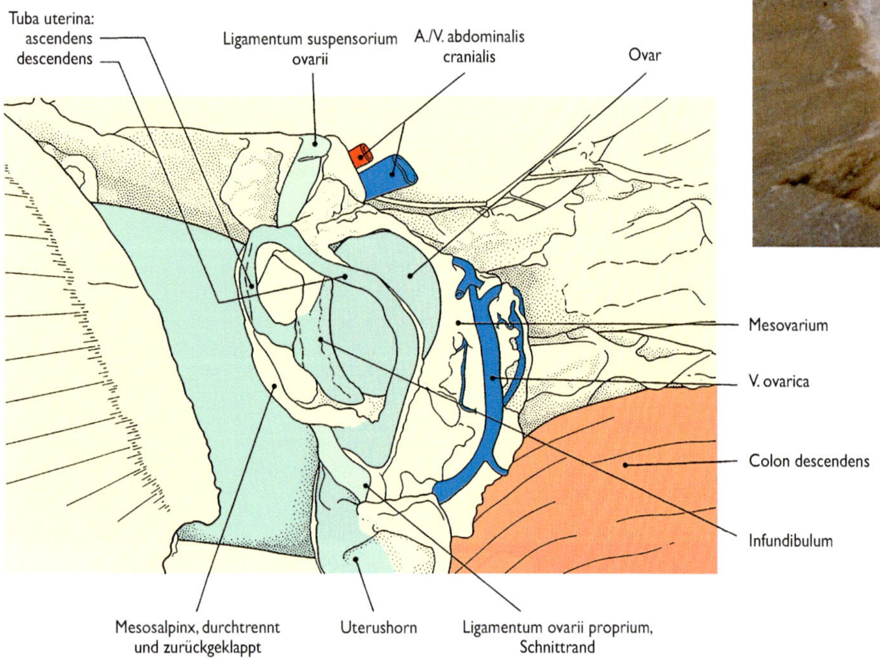

Abb. 8.32 Reproduktionstrakt der Hündin (5). Ovar, Bursa ovarica und Tuba uterina (3): linke laterale Ansicht. Die Wand der Bursa ovarica (Mesosalpinx) wurde bis auf einen kleinen Teil, der den aufsteigenden Teil des Eileiters mit dem Ligamentum ovarii proprium verbindet, entfernt. Die Tuba uterina und das Ovar sind freigelegt. Ein Teil des Mesovariums ist noch intakt und mit dem Eierstock verbunden. Er enthält Abschnitte der V. ovarica.

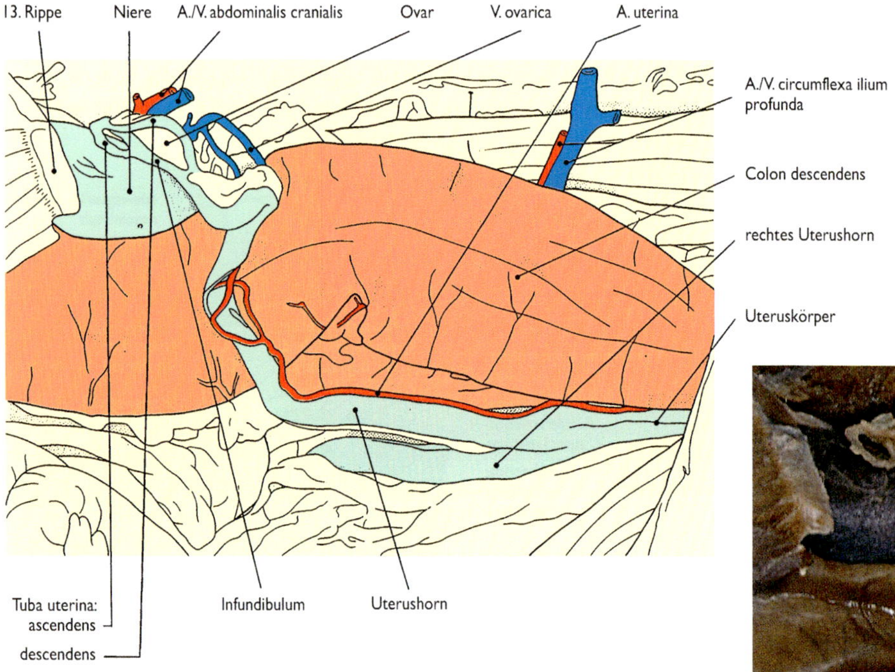

Abb. 8.33 Reproduktionstrakt der Hündin (6). Ovar und Uterus: linke laterale Ansicht. Die verbliebenen Anteile des Ligamentum latum wurden entfernt. Das Ovar und die Tuba uterina sind deutlich zu erkennen. Der Verlauf der V. ovarica ist nach Entfernung des Mesovariums dargestellt. Die A. uterina ist nach Entfernung des Mesometriums zu sehen. Beide Uterushörner sind nun sichtbar und das Corpus uteri ist ventral des Colon descendens zu erkennen.

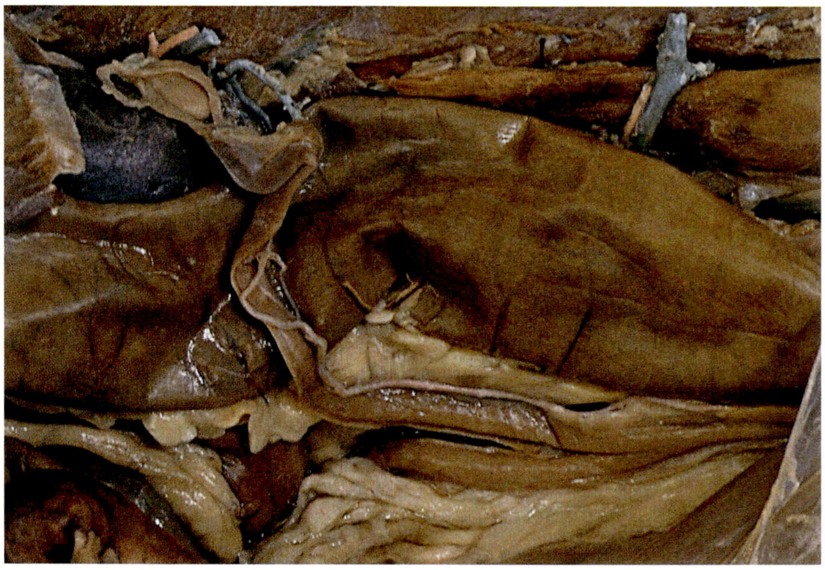

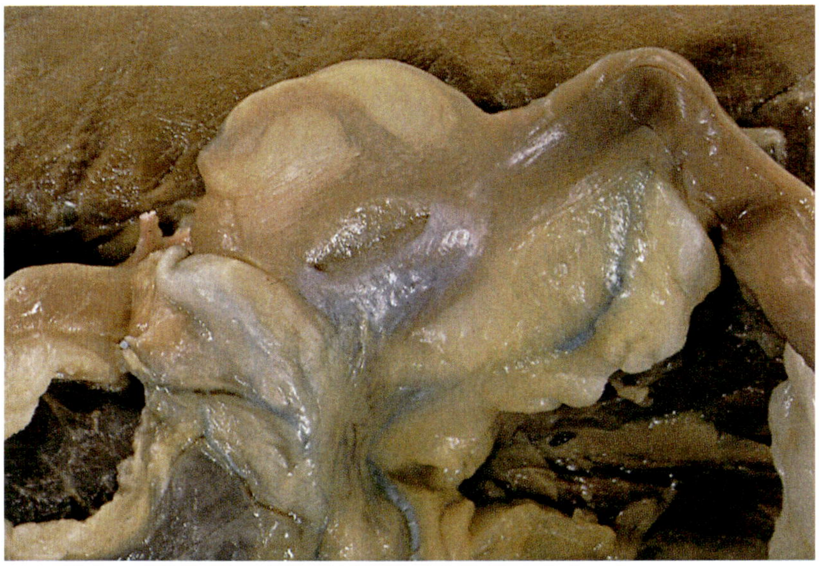

Abb. 8.34 Reproduktionstrakt der Hündin (7). Linkes Ovar und Bursa ovarica nach dorsal geklappt: linke laterale Ansicht. Das Ovar und die Bursa ovarica wurden nach dorsal geklappt, so dass die mediale Oberfläche der Bursa freiliegt. Die Öffnung der Bursa ist sichtbar und das Infundibulum mit seinen fingerartigen Fimbriae ist durch die Öffnung der Bursa hindurch sichtbar.

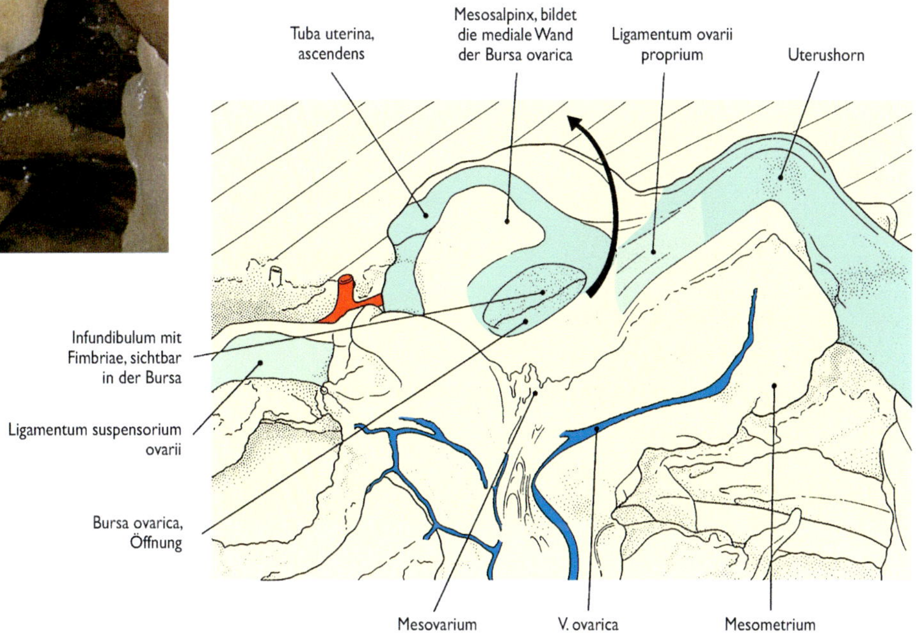

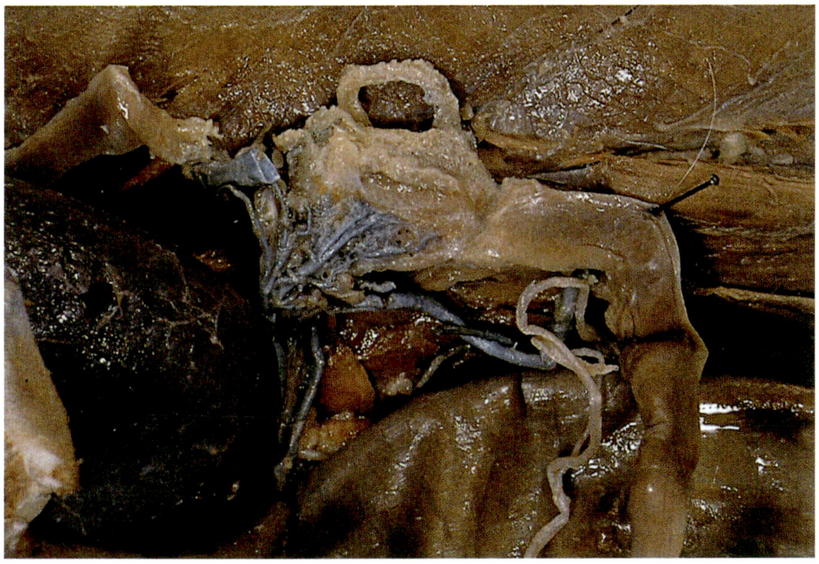

Abb. 8.35 Reproduktionstrakt der Hündin (8). Linke Bursa ovarica nach Entfernung des Ovars und Verlagerung nach dorsal: linke laterale Ansicht. Das Ovar, die Mesosalpinx und das Mesovarium wurden entfernt, wodurch die Tuba uterina vollständig freiliegt. Ebenso sind die ausgedehnten Verzweigungen der V. ovarica dargestellt. Die eher geschlängelt verlaufende A. uterina wurde in Verbindung mit dem linken Uterushorn am Präparat belassen.

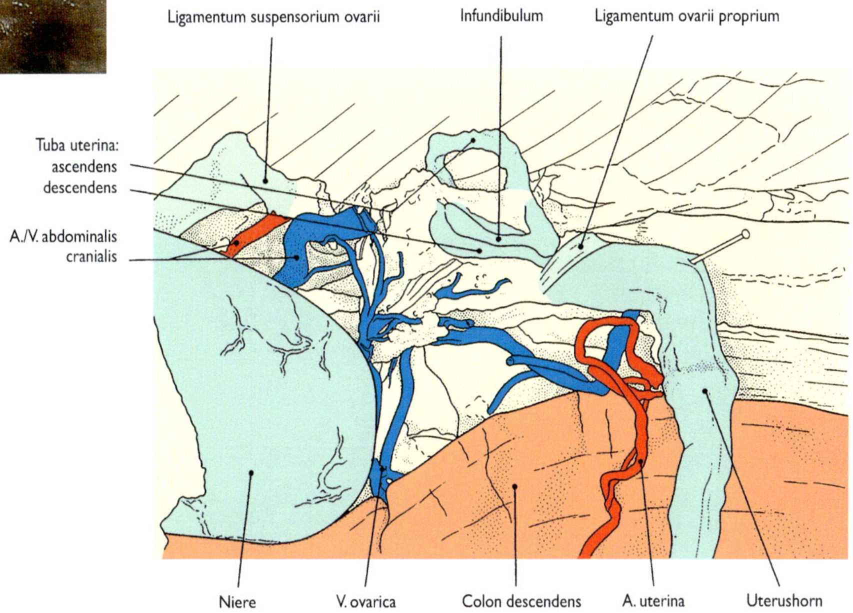

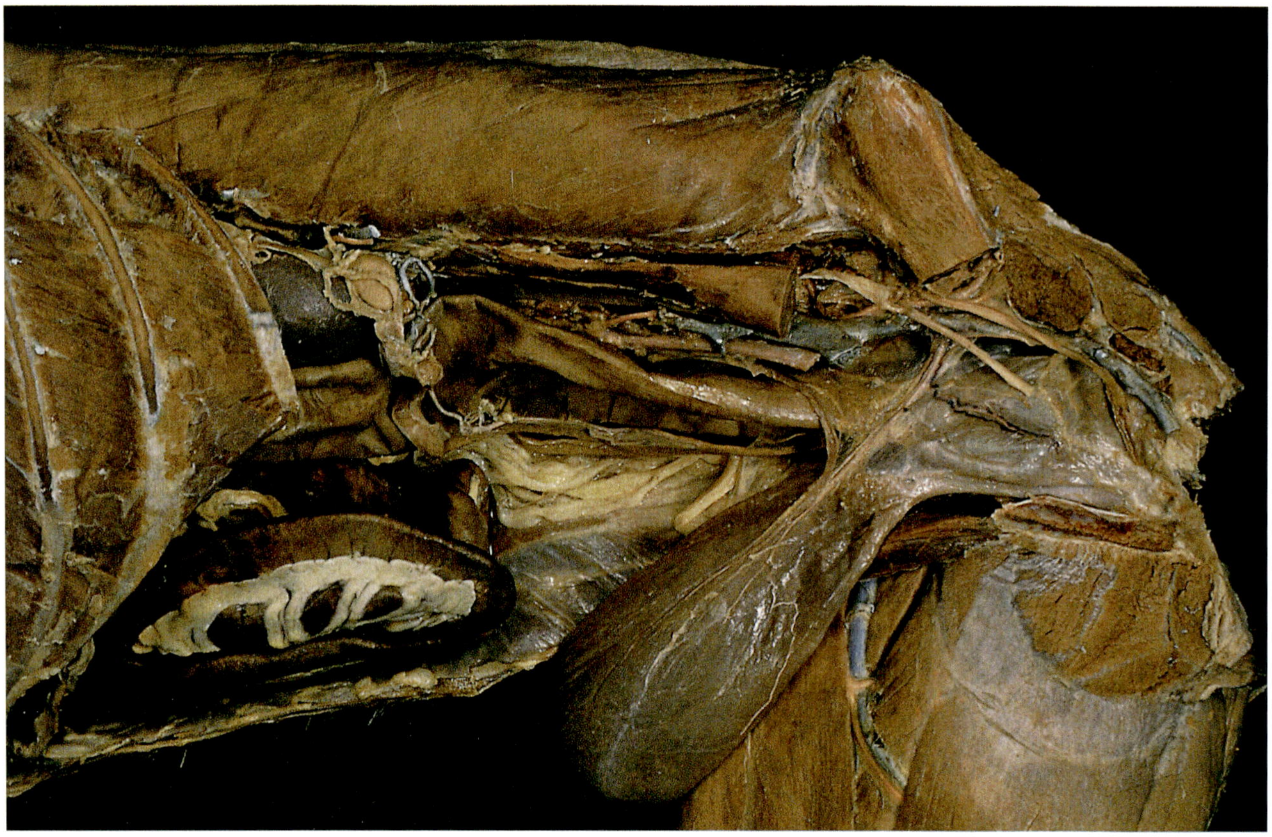

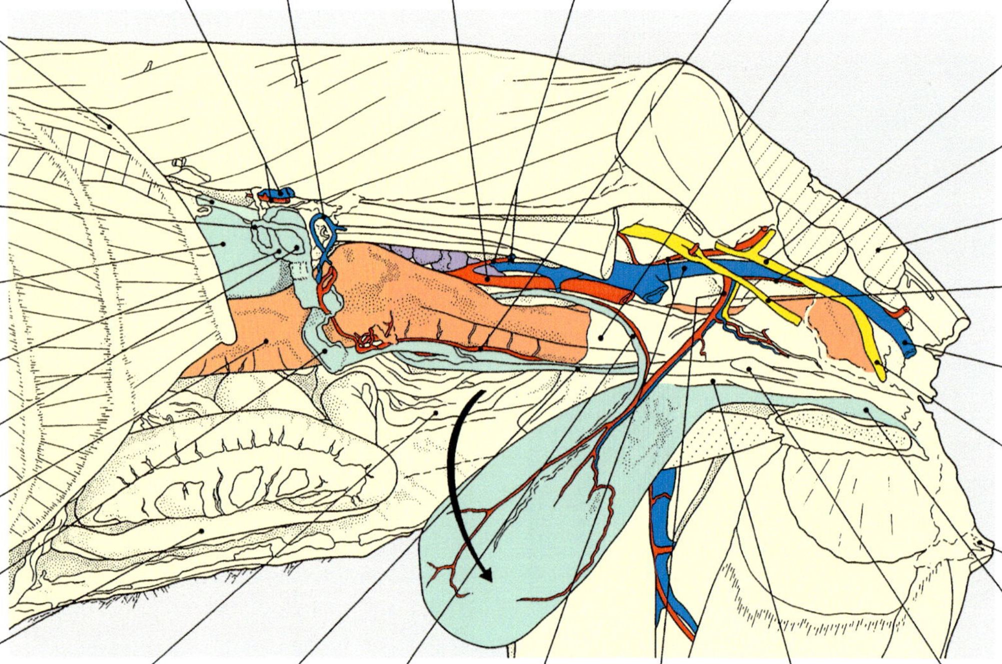

Abb. 8.36 Reproduktionstrakt der Hündin (9) im Abdomen und Becken: linke laterale Ansicht. Das Hüftbein wurde bei dieser Hündin auf dieselbe Art entfernt wie beim Rüden (Abb. 8.19). Die linke Hälfte des Diaphragma pelvis wurde entfernt und der M. iliopsoas bis zur dorsalen Bauchwand gekürzt. Die Harnblase wurde aus der Körperhöhle nach ventral verlagert. Das Präparat, das für diese und die nächsten vier Abbildungen verwendet wurde, war bereits teilweise präpariert; so war der Schwanz an der Wurzel abgetrennt und die gesamte kaudodorsale Wand des Vestibulums war entfernt.

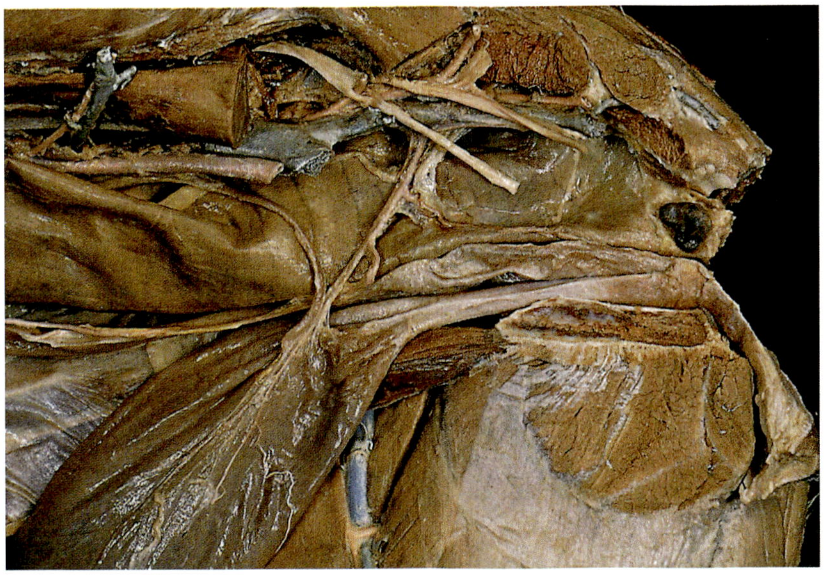

Abb. 8.37 Eingeweide der Beckenhöhle der Hündin (1). Nach Entfernung des Hüftbeins und des Diaphragma pelvis: linke laterale Ansicht. Das Ligamentum vesicae laterale, Fett- und Fasziengewebe wurden aus der Beckenhöhle entfernt, um so das Rektum, die Vagina und die Urethra freizugelegen. Der Sphincter ani externus wurde vom Canalis analis abpräpariert. Durch Eröffnung des Analbeutels kommen darin angesammelte Sekrete der Analdrüsen zum Vorschein.

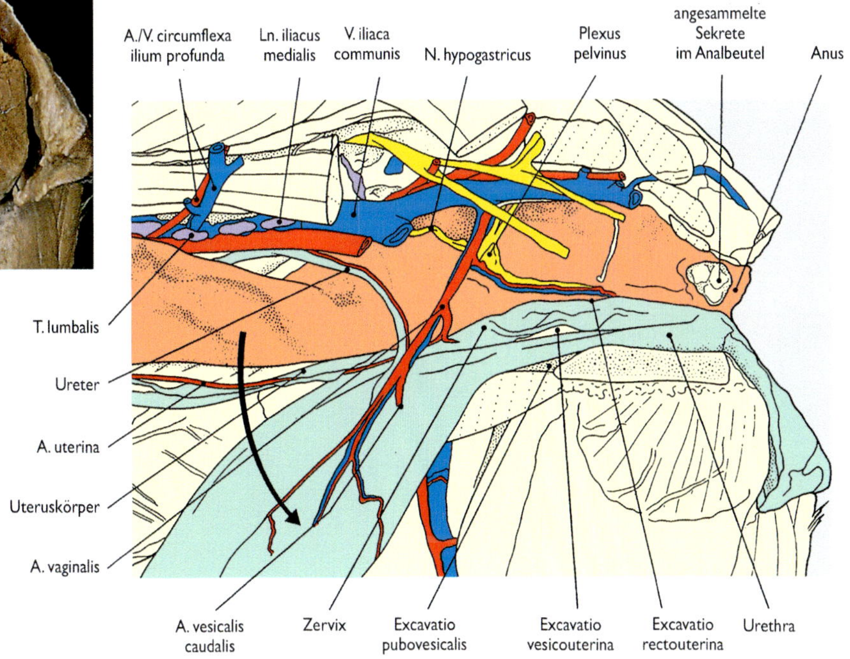

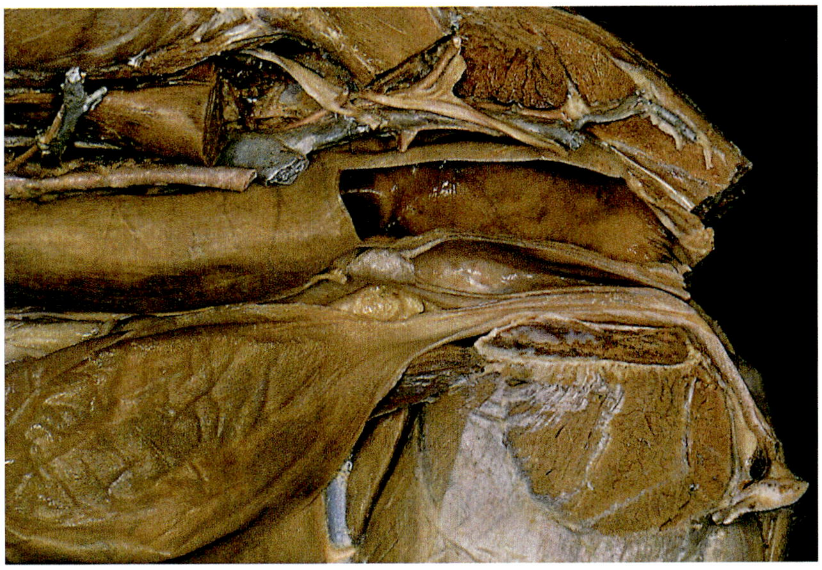

Abb. 8.38 Eingeweide der Beckenhöhle der Hündin (2). Lumen des Rektums, der Vagina und der Urethra: linke laterale Ansicht. Das Rektum und der Canalis analis, die Vagina sowie die Urethra sind median eröffnet. Durch die Entfernung der kaudalen Wand des Vestibulums „scheinen" sich die Vagina und das Ostium urethrae externum an der Oberfläche unmittelbar unter dem Anus zu öffnen.

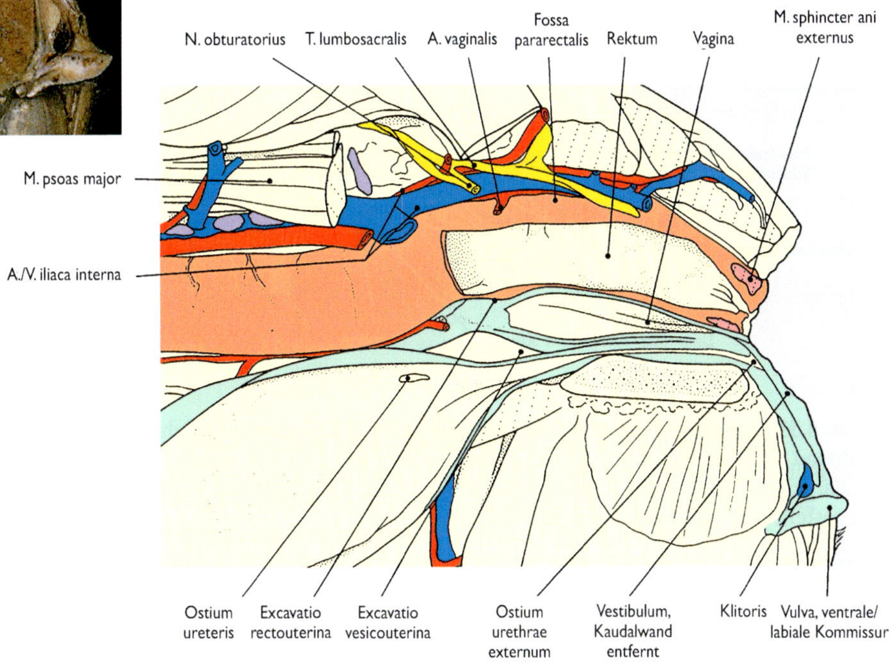

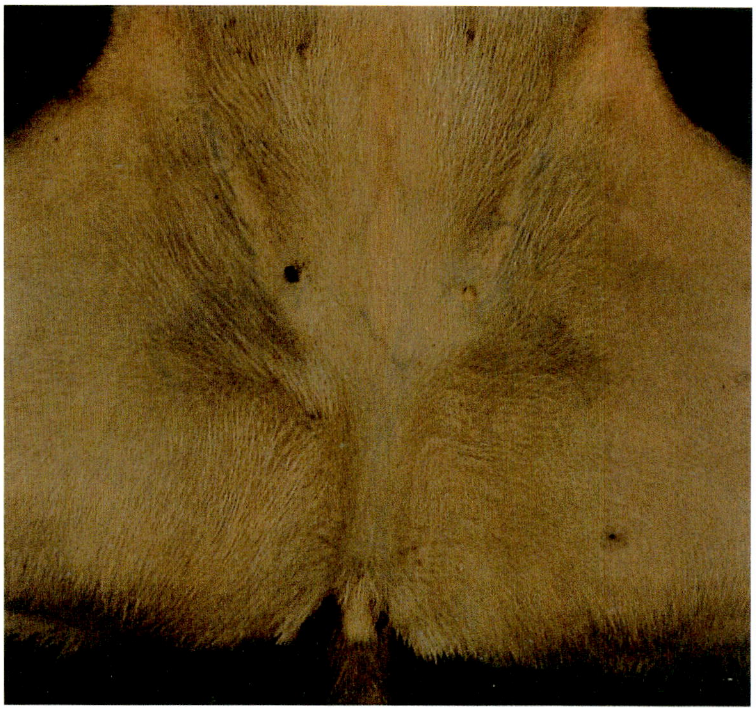

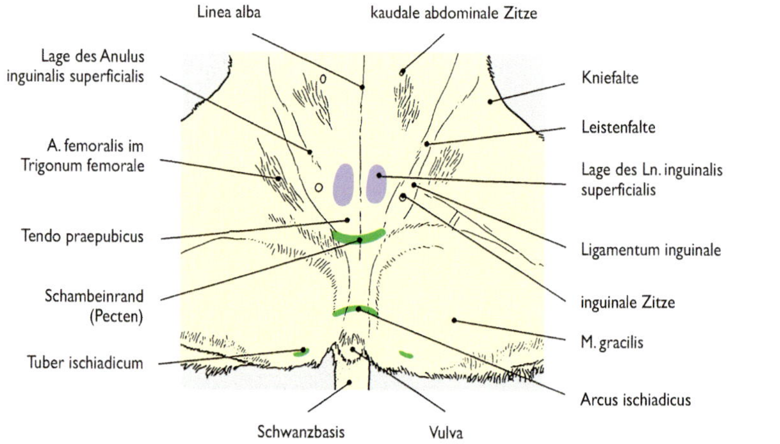

Abb. 8.49 Oberflächenmerkmale des Beckens und der Innenfläche der Oberschenkel der Hündin: ventrale Ansicht. Die wenigen Knochenpunkte, die auf der Unterseite des Beckens und der Innenseite des Oberschenkels palpiert werden können, sind in dieser Abbildung gekennzeichnet. Sie entsprechen den grün dargestellten Punkten auf den unten abgebildeten Knochen (Abb. 8.50). Die Abbildungen 7.1 und 9.1 zeigen die Oberfläche des Beckens aus der lateralen und dorsalen Ansicht sowie von hinten in den Abb.8.1 und 8.4. Sie sollten mit dieser Abbildung verglichen werden, um einen Überblick über die Oberflächenanatomie des Beckens zu erhalten.

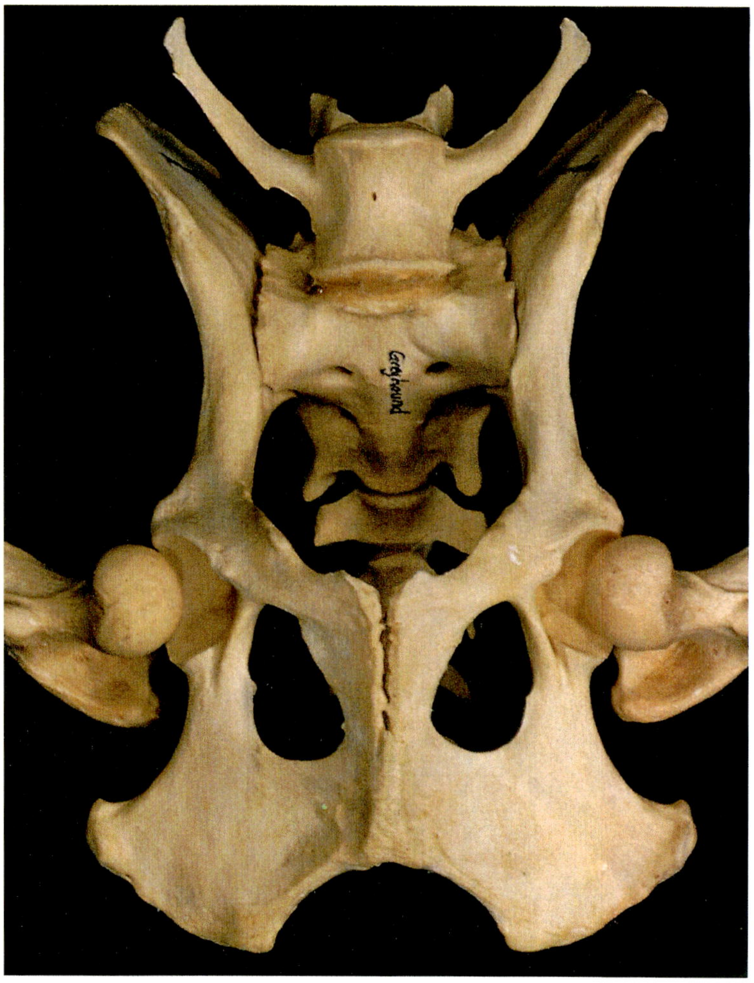

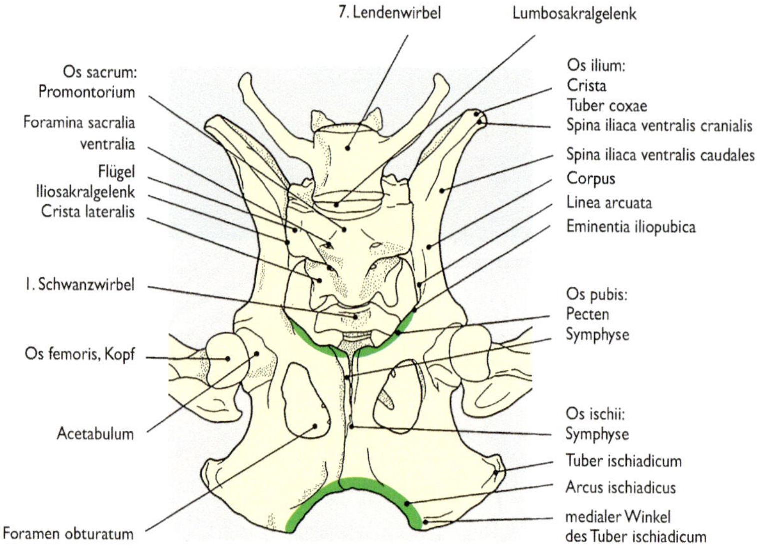

Abb. 8.50 Knöchernes Becken und Femur: ventrale Ansicht. Die wenigen palpierbaren Knochenpunkte, die in der oben gezeigten Oberflächenansicht (Abb. 8.49) abgebildet sind, wurden an diesem Skelett zur Veranschaulichung grün dargestellt. Auch das knöcherne Becken ist in Abb. 7.6 und 9.2 aus der lateralen und dorsalen Ansicht und in Abb. 7.4 aus einer kaudalen Perspektive gezeigt. Der annähernd vollständig knöchern ausgeprägte Beckenboden soll hier mit dem Dach und den Wänden verglichen werden, die im Wesentlichen aus Muskeln und Bändern bestehen.

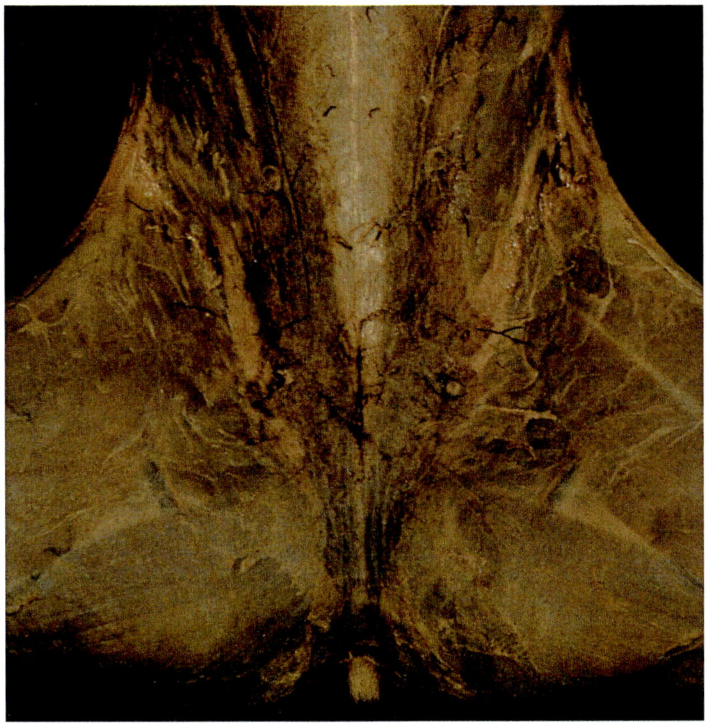

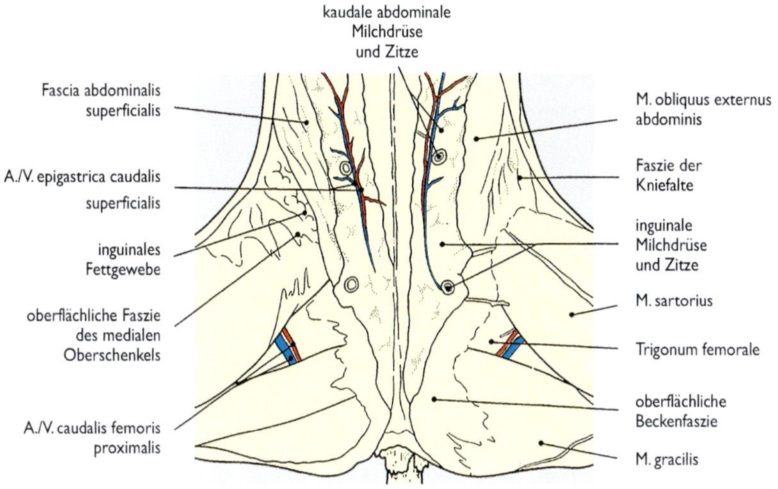

Abb. 8.51 Oberflächliche Faszie der Regio inguinalis, des Beckens und der Innenfläche der Oberschenkel der Hündin: ventrale Ansicht. Nach Entfernung der Haut ist die oberflächliche Faszie sichtbar. Hierbei handelt es sich um eine dicke, eher strukturlose subkutane Schicht, die von Fettgewebe durchzogen ist und die markanten kaudalen abdominalen und inguinalen Milchdrüsen enthält.

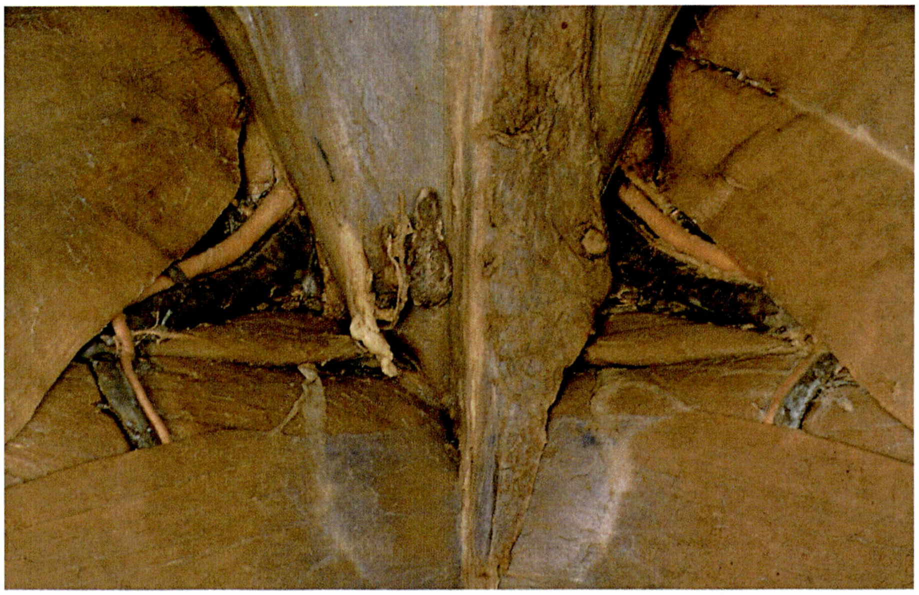

Abb. 8.52 Trigonum femorale, Processus vaginalis und Anulus inguinalis superficialis der rechten Körperseite der Hündin: ventrale Ansicht. Auf der rechten Körperseite wurden von der medialen Oberfläche des Oberschenkels das oberflächliche Fett und die Faszie entfernt sowie die Milchdrüsen von der Unterseite des Bauchs und des Beckens abpräpariert. Dadurch wurden freigelegt: die Femoralgefäße im Trigonum femorale, der kleine mit Fett gefüllte Processus vaginalis, der durch den Anulus inguinalis superficialis innerhalb der Aponeurose des M. obliquus externus hervorragt, die A. und V. epigastrica caudalis superficialis, der N. genitofemoralis und ein markanter Ln. inguinalis superficialis (vergleiche mit Abb. 8.23, die eine Ansicht des Kanals mit den entsprechenden Strukturen beim Rüden zeigt).

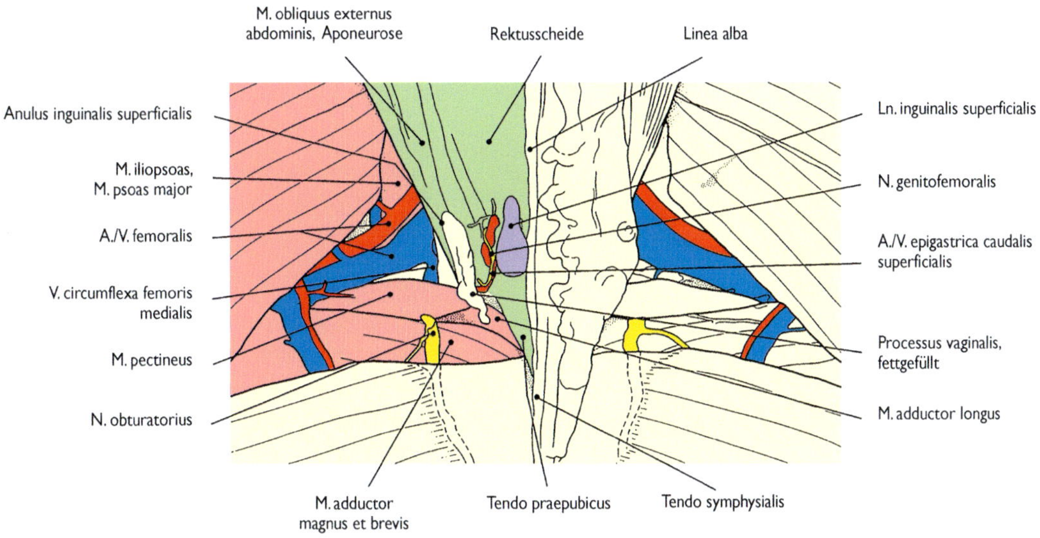

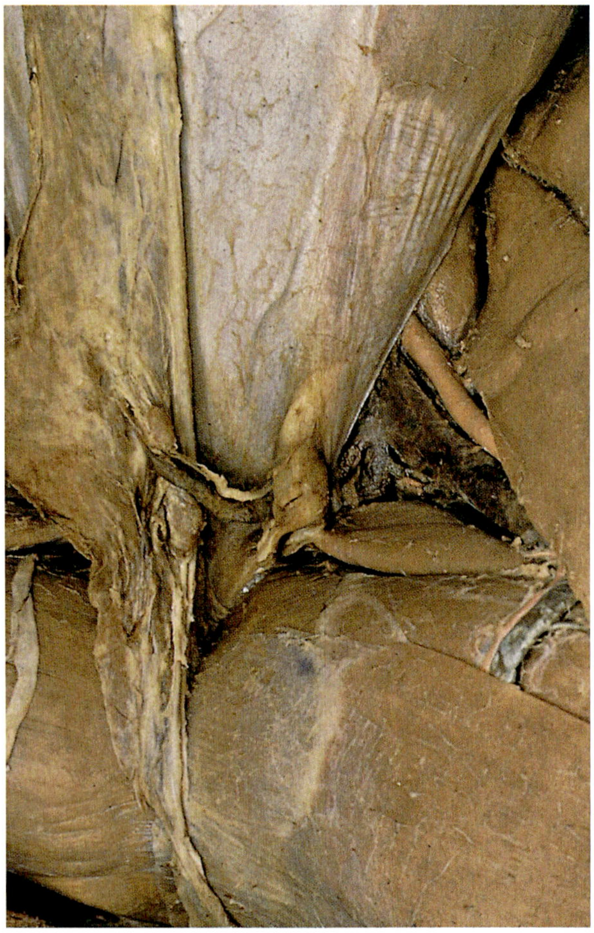

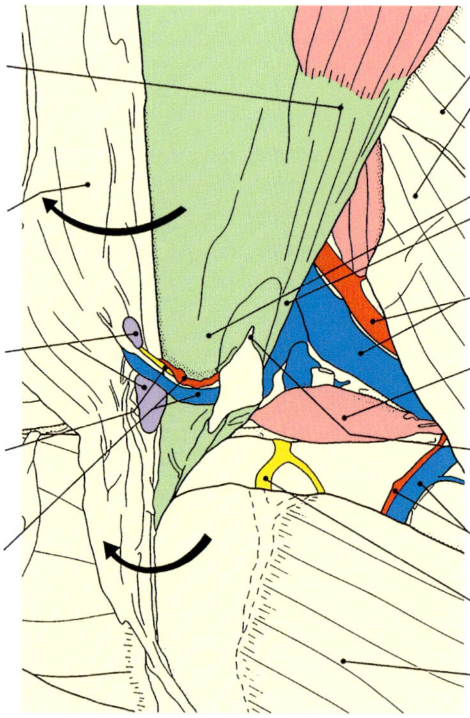

Abb. 8.53 Processus vaginalis, äußere Pudendalgefäße und Lnn. inguinales superficiales der linken Körperseite der Hündin: ventrale Ansicht. Die linke inguinale Milchdrüse wurde auf die rechte Seite geklappt, so dass sich eine ähnliche Ansicht wie in der vorherigen Abb. 8.52 ergibt, welche die rechte Seite zeigt. Allerdings sind nun zwei Lnn. inguinales superficiales zu sehen. Der mit Fettgewebe gefüllte Processus vaginalis ist auch linksseitig durch die Aponeurose des M. obliquus externus abdominis im Inguinalkanal, kranial des Anulus inguinalis superficialis, erkennbar.

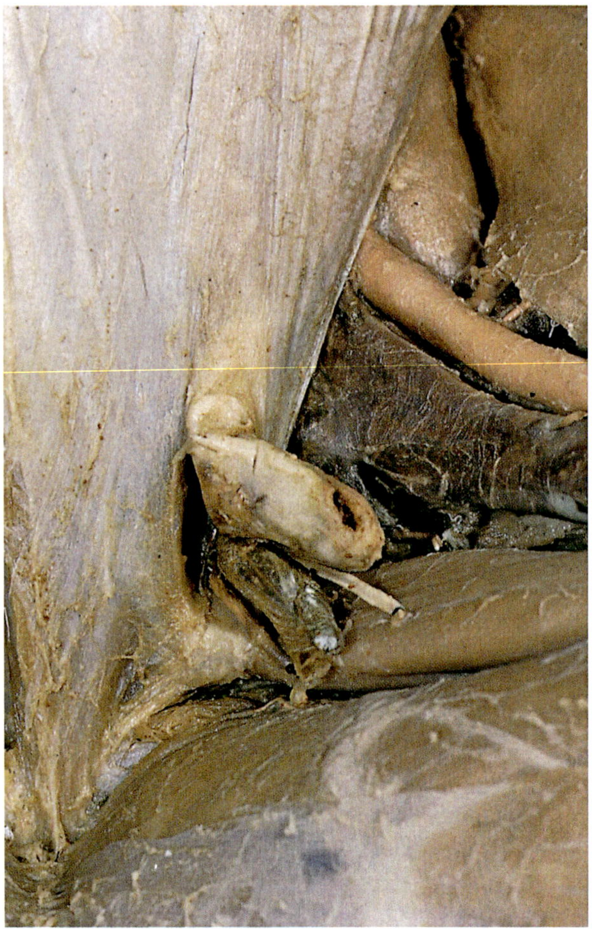

Abb. 8.54 Canalis inguinalis der linken Seite der Hündin (1). Anulus inguinalis superficialis: ventrale Ansicht. Die inguinale Milchdrüse und die Lnn. inguinales superficiales wurden entfernt und der N. genitofemoralis sowie die Pudendalgefäße wurden durchtrennt. Diese letztgenannten Strukturen und der Processus vaginalis wurden nach lateral geklappt und am M. pectineus auf der Innenseite des Oberschenkels angeheftet. Man erkennt, wie die Bauchsehne des M. obliquus externus den medialen Rand des Anulus inguinalis superficialis bildet.

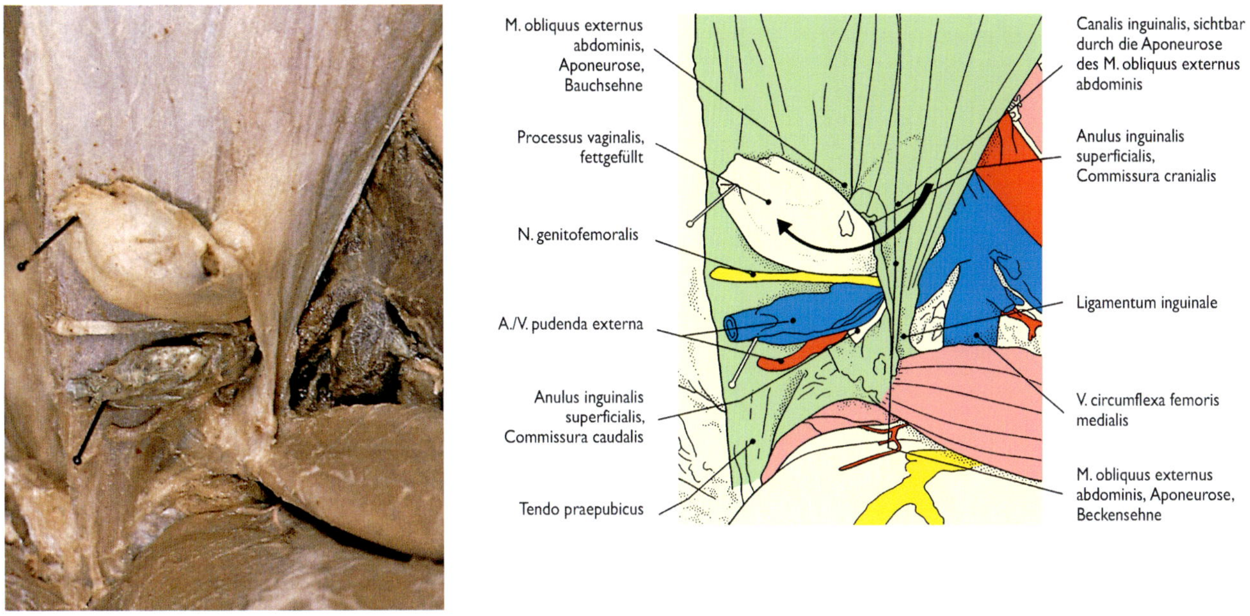

Abb. 8.55 Canalis inguinalis der linken Körperseite der Hündin (2). Beckensehne des M. obliquus abdominis externus: ventrale Ansicht. Der Processus vaginalis, die Pudendalgefäße und der N. genitofemoralis sind in dieser Abbildung nach medial verlagert, um die Beckensehne des M. obliquus externus freizulegen, die den lateralen Rand des Anulus inguinalis superficialis und einen Großteil der lateralen Wand des Inguinalkanals bildet.

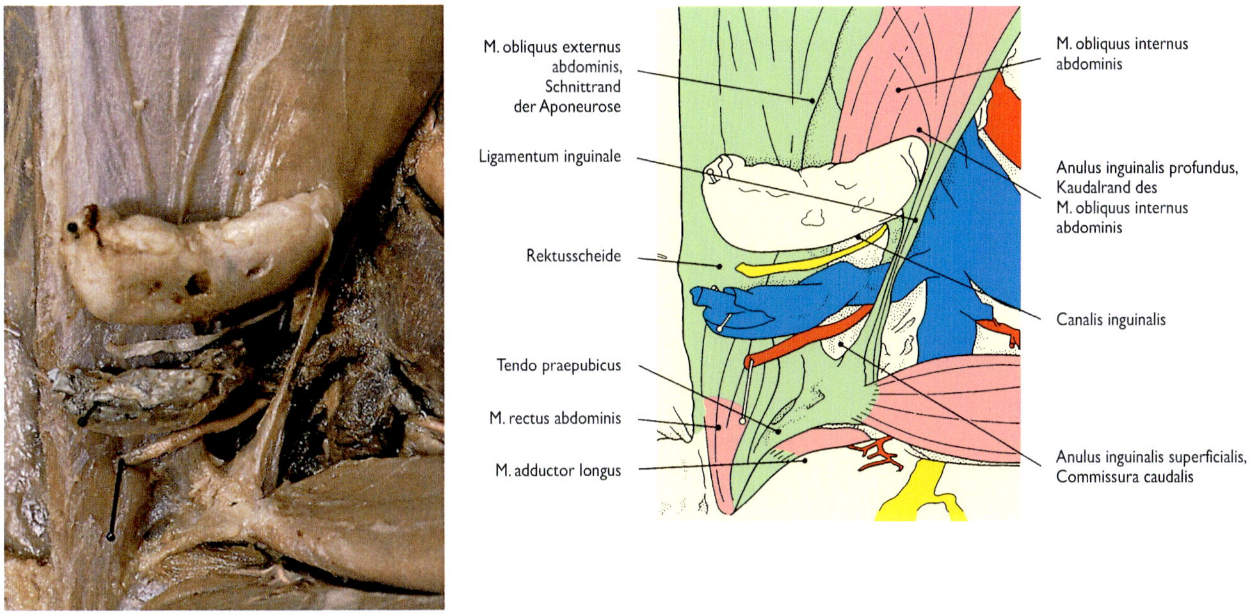

Abb. 8.56 Canalis inguinalis der linken Körperseite der Hündin (3). Ligamentum inguinale und M. obliquus internus abdominis: ventrale Ansicht. Der M. obliquus externus wurde entfernt. Dadurch wurden der Anulus inguinalis superficialis sowie die laterale und ventrale Wand des Inguinalkanals zerstört. Der Anulus inguinalis profundus ist am kaudalen Rand des M. obliquus internus zu erkennen. Das Ligamentum inguinale ist intakt.

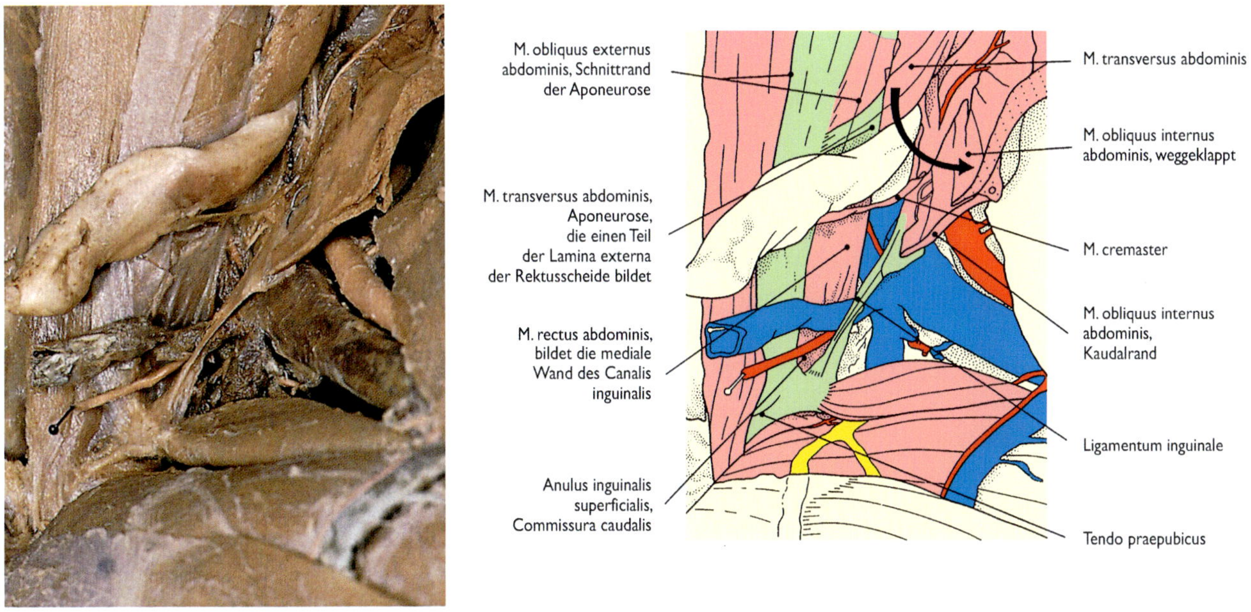

Abb. 8.57 Canalis inguinalis der linken Körperseite der Hündin (4). M. cremaster und M. rectus abdominis: ventrale Ansicht. Der M. obliquus internus abdominis wurde durchtrennt und nach lateral geklappt, wodurch zwar der Anulus inguinalis profundus zerstört wurde, jedoch der Ansatz des Muskels am Ligamentum inguinale dargestellt wurde. Ausgehend von der Innenfläche des M. obliquus internus verläuft der kleine M. cremaster durch den Canalis inguinalis.

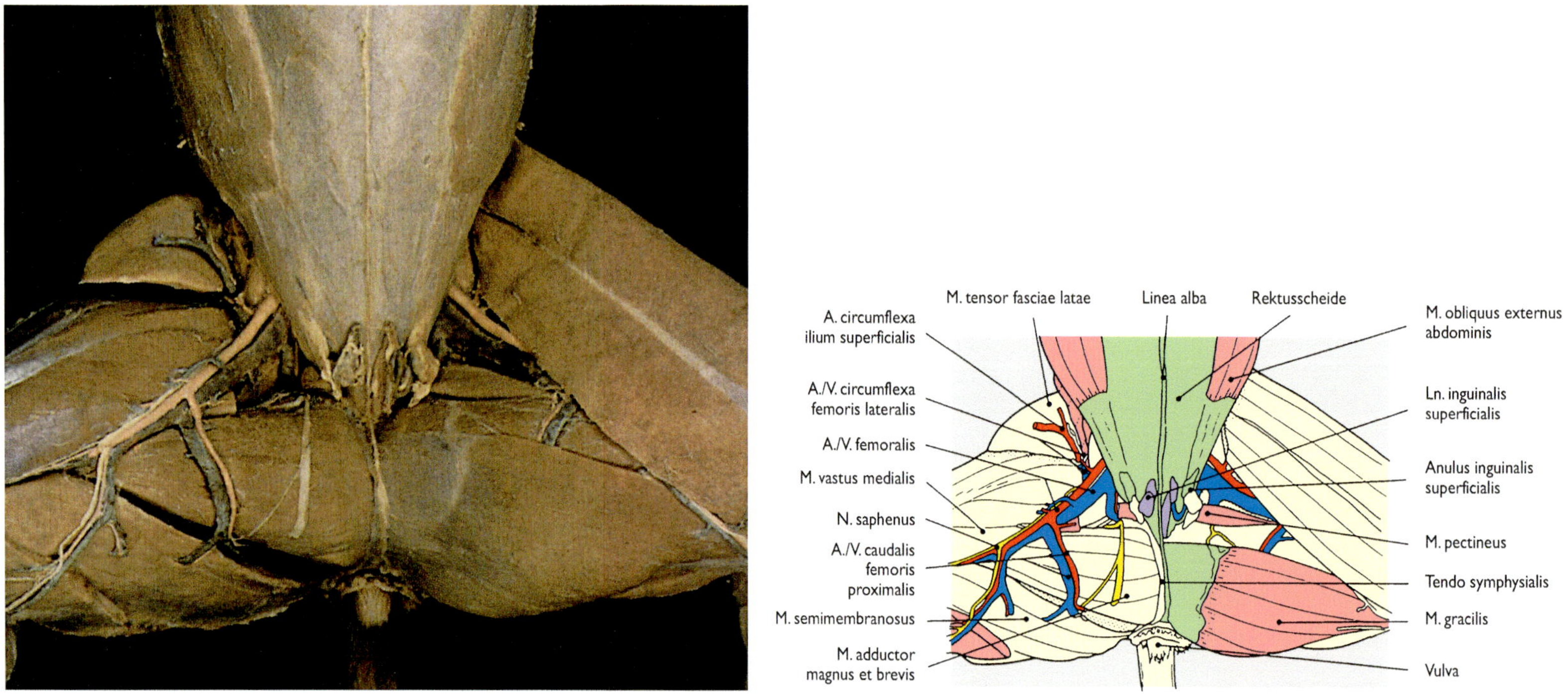

Abb. 8.58 Trigonum femorale der rechten Körperseite der Hündin nach Entfernung der Mm. sartorius, pectineus und gracilis: ventrale Ansicht. Auf beiden Körperseiten wurde jeweils das Trigonum femorale von Fettgewebe und Faszie befreit, um die Femoralgefäße darzustellen. Auf der rechten Seite wurden zudem die kranialen und kaudalen Begrenzungen des Trigonum entfernt (jeweils M. sartorius und M. pectineus). In der Folge werden die mediale und laterale A. und V. circumflexa sowie der Saphenus-Anteil des N. femoralis freigelegt. Bei der Entfernung des M. gracilis von der Innenseite des rechten Oberschenkels wurde der motorische Ast des N. obturatorius *in situ* belassen. Die proximalen kaudalen Femoralgefäße wurden freigelegt.

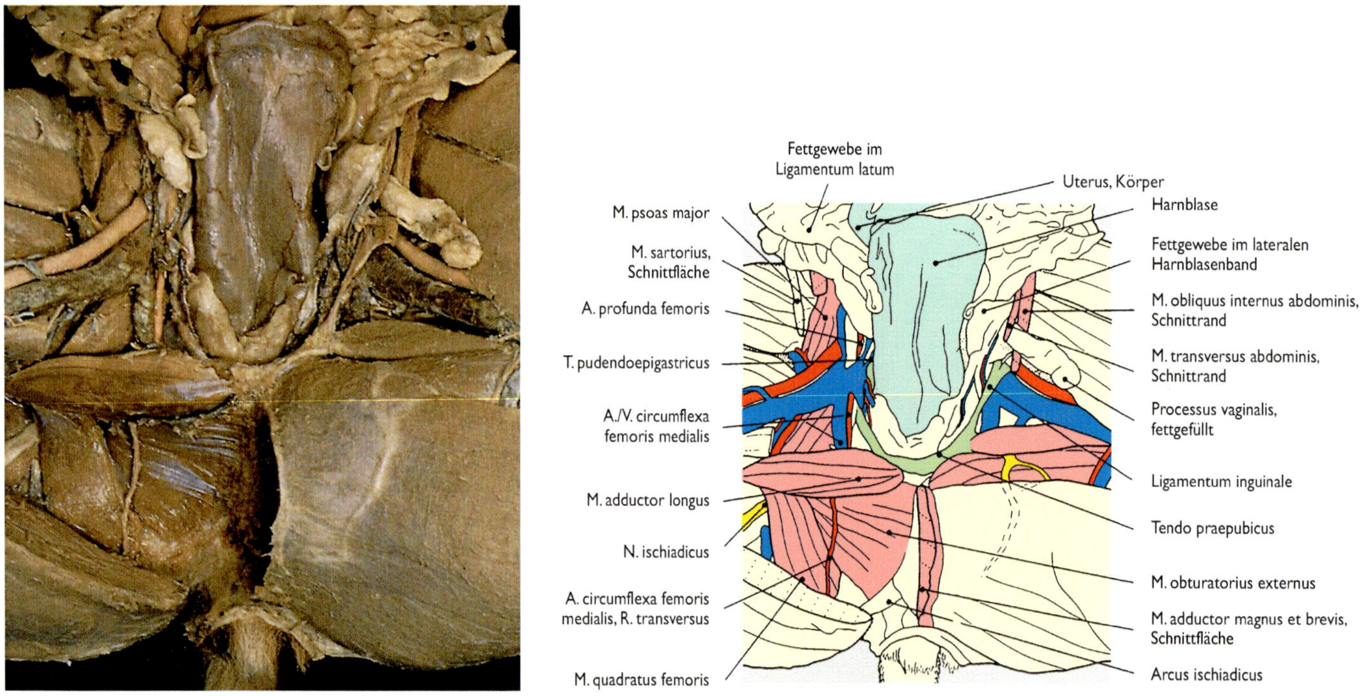

Abb. 8.59 Beckeneingang und Beckenboden der Hündin nach Entfernung der Bauchwand und des M. adductor magnus der rechten Seite: ventrale Ansicht. Die muskuläre Bauchwand wurde entfernt, wobei das Ligamentum inguinale linksseitig intakt verblieb und der Tendo praepubicus ventral dem kranialen Rand der Ossa pubica anliegt. Auf der rechten Seite ist die Fortsetzung der äußeren Iliakal- und Femoralgefäße zu erkennen.

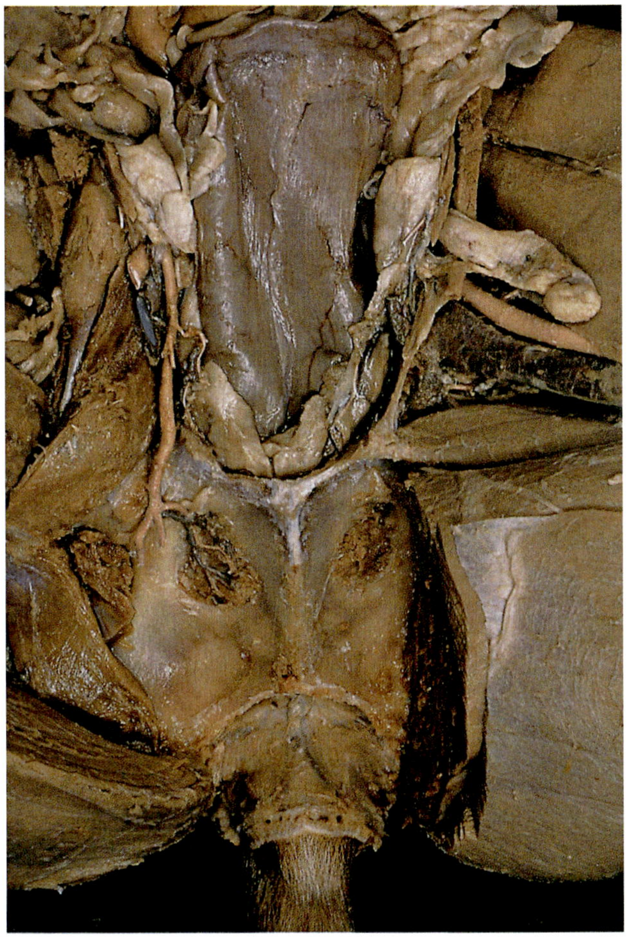

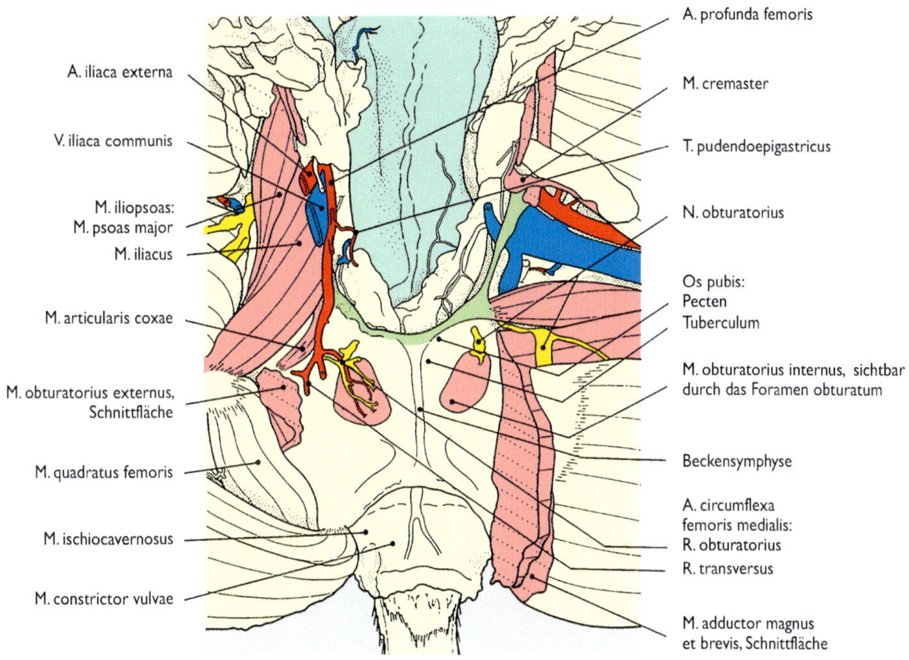

Abb. 8.60 Tendo praepubicus, Symphysis pelvis und knöcherner Beckenboden der Hündin: ventrale Ansicht. Durch Entfernung der Mm. adductor longus und obturatorius externus wurde das Hüftbein der rechten Seite freigelegt. Durch das Foramen obturatum ist der M. obturatorius internus sichtbar. Auf der linken Seite wurde ebenfalls Muskelgewebe von der Unterseite des Beckens entfernt; die gesamte Symphysis pelvis und der Arcus ischiadicus liegen nun frei. Auf der rechten Seite ermöglichte die Entfernung der Femoralgefäße die Freilegung der A. profunda femoris mit ihren pudendoepigastrischen und medialen femoralen Circumflexa-Ästen.

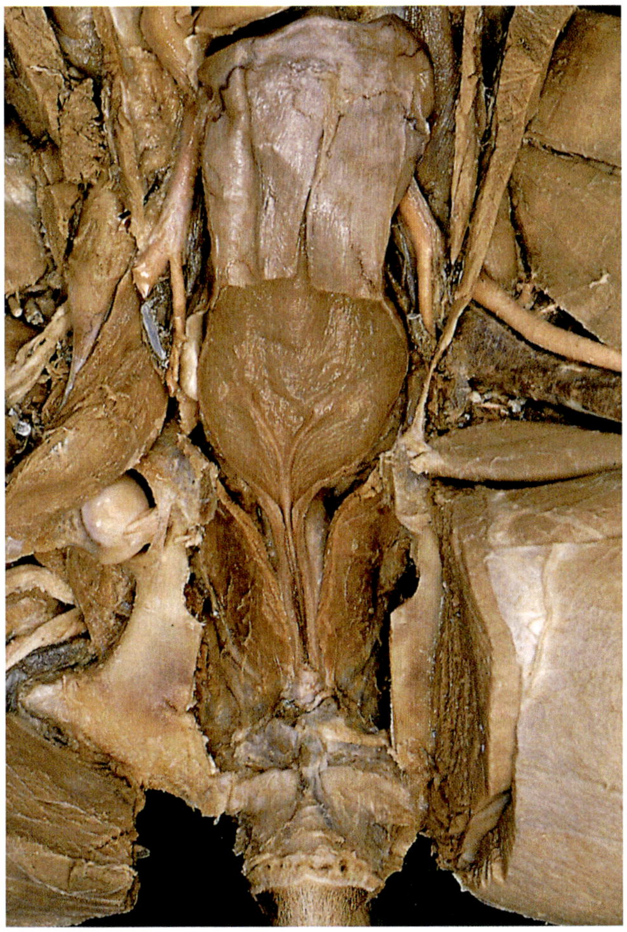

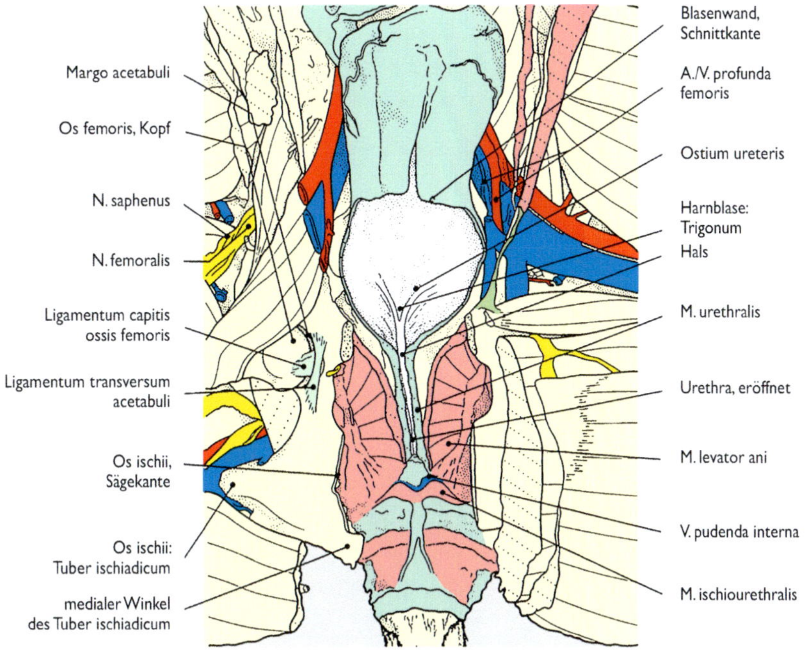

Abb. 8.61 Beckenhöhle und Diaphragma pelvis der Hündin nach Entfernung des knöchernen Beckenbodens: ventrale Ansicht. Die Ossa pubis und ischii beider Seiten wurden kranial und kaudal der Foramina obturata durchgesägt und der knöcherne Beckenboden entfernt. Die Mm. obturatorius internus und levator ani beider Seiten wurden von ihren Ansätzen abgetrennt. In dem Bereich, wo die Beckenknochen entfernt wurden, wurden die Mm. obturatorii interni lateral abpräpariert, wodurch die Mm. levatores ani freigelegt wurden. Ein Teil der ventralen Blasenwand wurde entfernt. Die Urethra, die zwischen den Mm. levatores ani lokalisiert ist, wurde ventral eröffnet. Die Öffnungen der Ureteren und das Trigonum vesicae sind in der dorsalen Wand des Blasenhalses zu sehen.

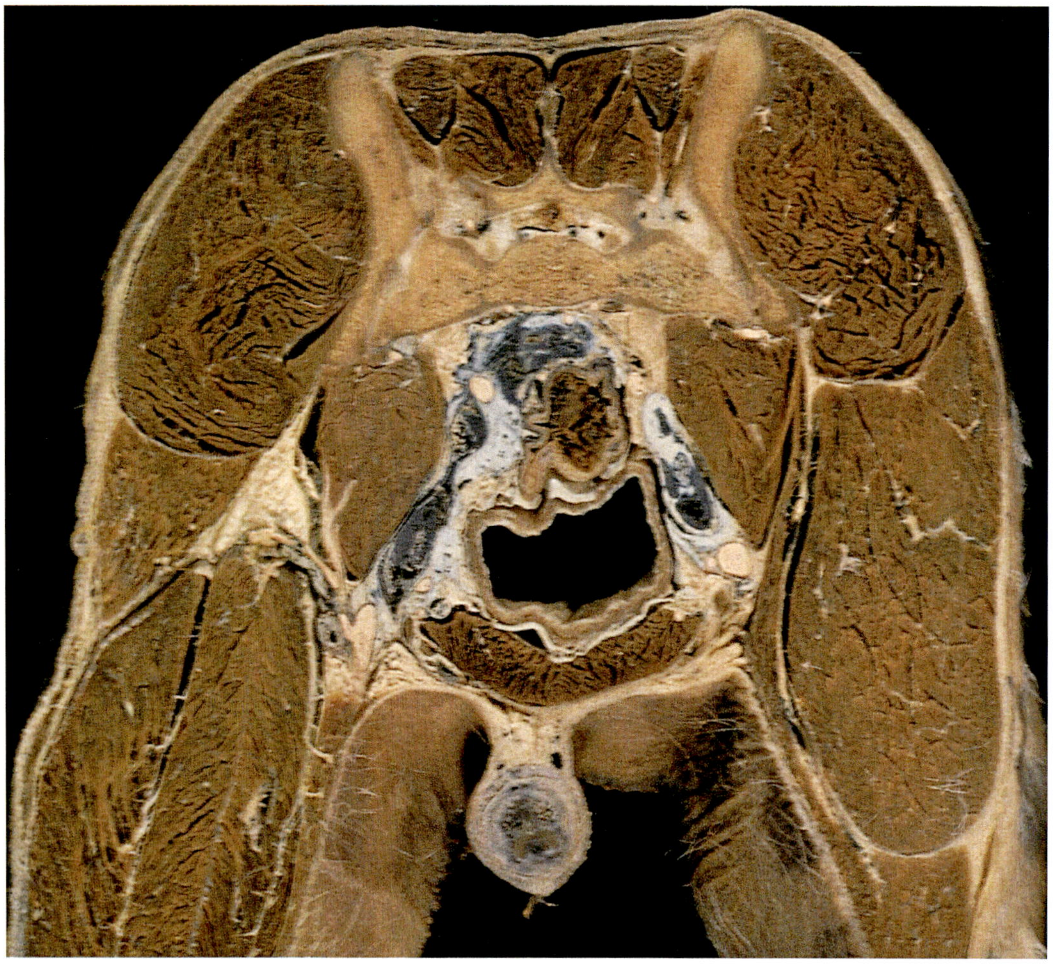

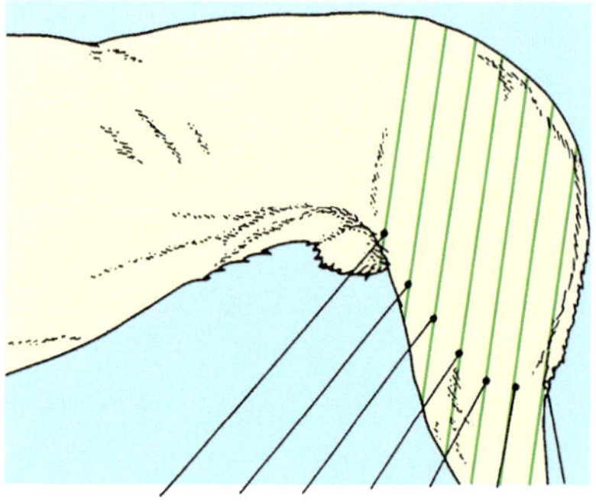

Abb. 8.62 Transversalschnitt (1) durch die Iliosakralgelenke, das Colon descendens, die Harnblase und die Lacunae vasorum: kraniale Ansicht. Diese und die folgenden sechs Schnitte wurden annähernd auf den Ebenen durchgeführt, die in der dazugehörigen Zeichnung angegeben sind. Alle werden aus der kranialen Perspektive gezeigt. Sie setzen die Serie von Transversalschnitten durch das Abdomen fort (Kapitel 6). Wegen des Schiefstands des Beckeneingangs wurde der Beckenboden erst in Schnitt drei durchtrennt.

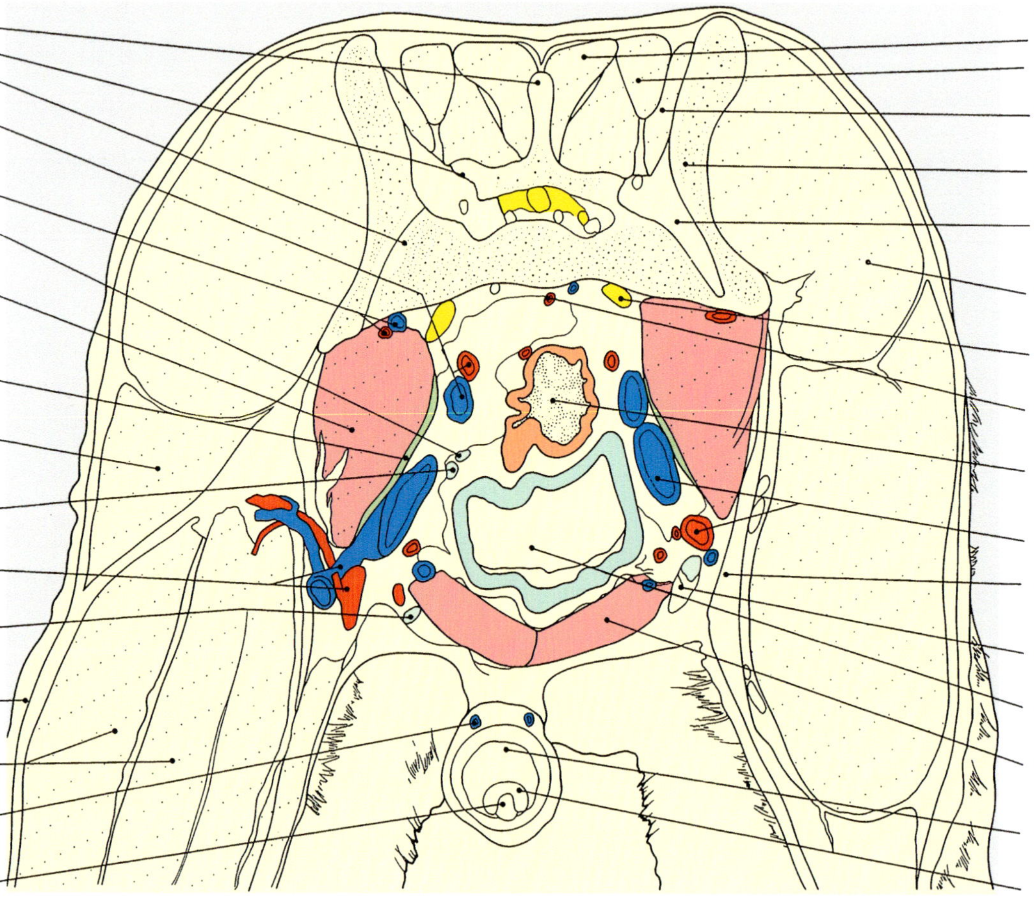

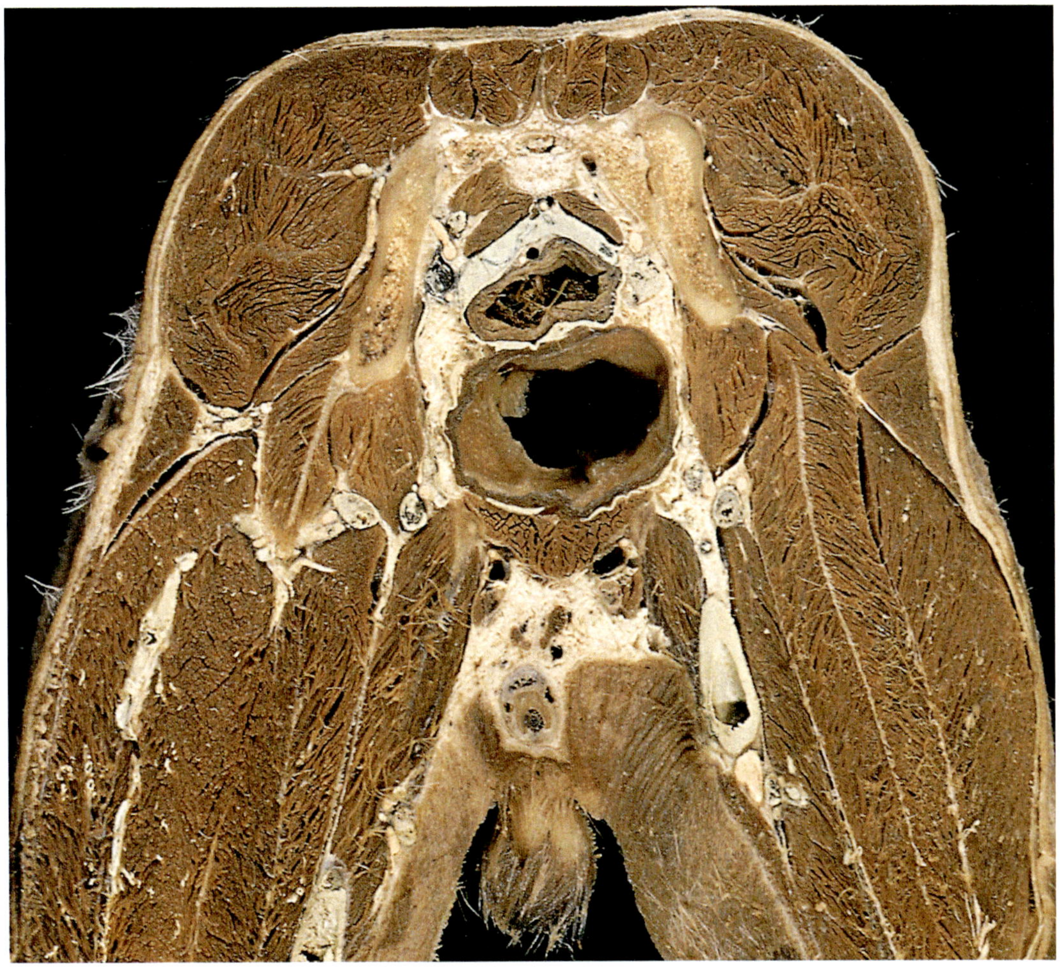

Abb. 8.63 Transversalschnitt (2) durch die Darmbeinsäulen, Harnblase, Femoralgefäße und den Penis: kraniale Ansicht. Dieser Schnitt verläuft unmittelbar kranial des Pecten ossis pubis. Er zeigt den M. pectineus auf beiden Seiten, der jeweils zum Oberschenkel zieht. Die Harnblase und das Rektum füllen die Körperhöhle in dieser Ebene aus. Die Mm. iliaci beider Seiten bilden eine wichtige Grenze nach ventral zu den Darmbeinsäulen und nach dorsal zu den Mm. recti abdominis. Ventral der geraden Bachmuskeln sind zwischen den Oberschenkeln in der Fascia superficialis beiderseits die äußeren Pudendalgefäße und die Samenstränge, umgeben von den Processus vaginales, nahe dem jeweiligen M. pectineus sichtbar. Dorsal des durchtrennten Penis sind die Lnn. inguinales superficiales zu erkennen.

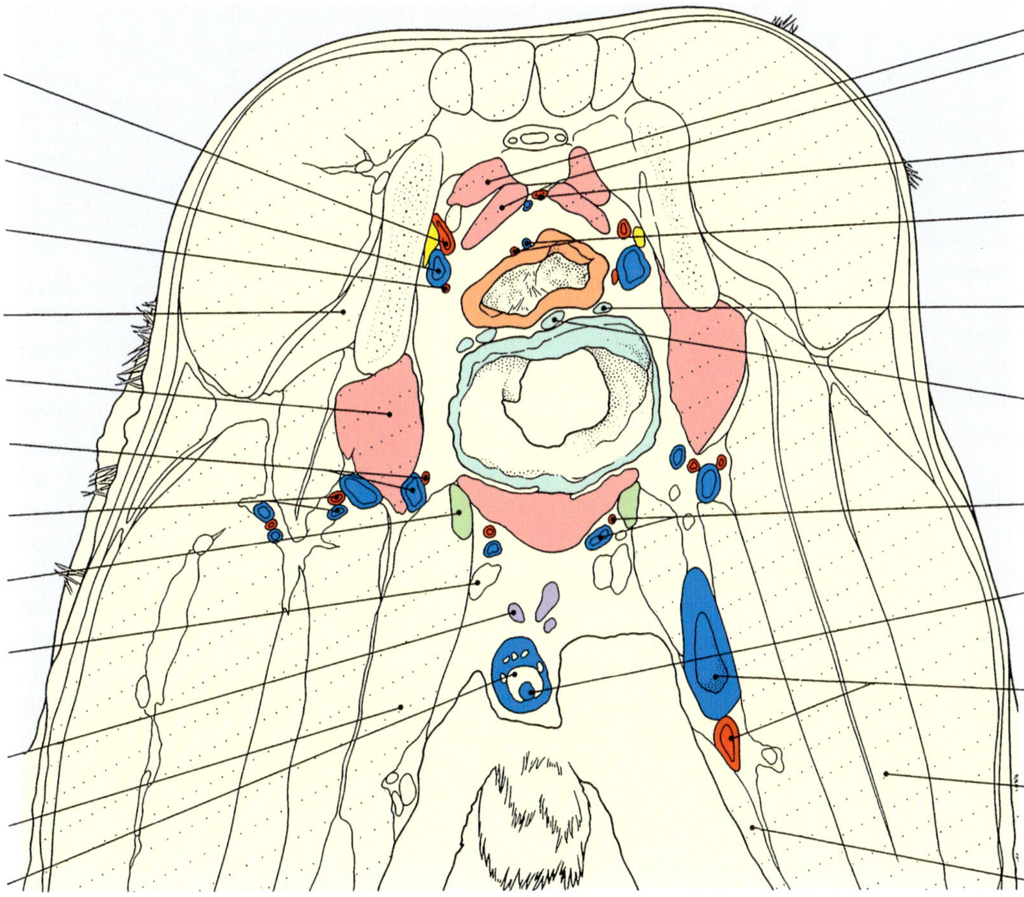

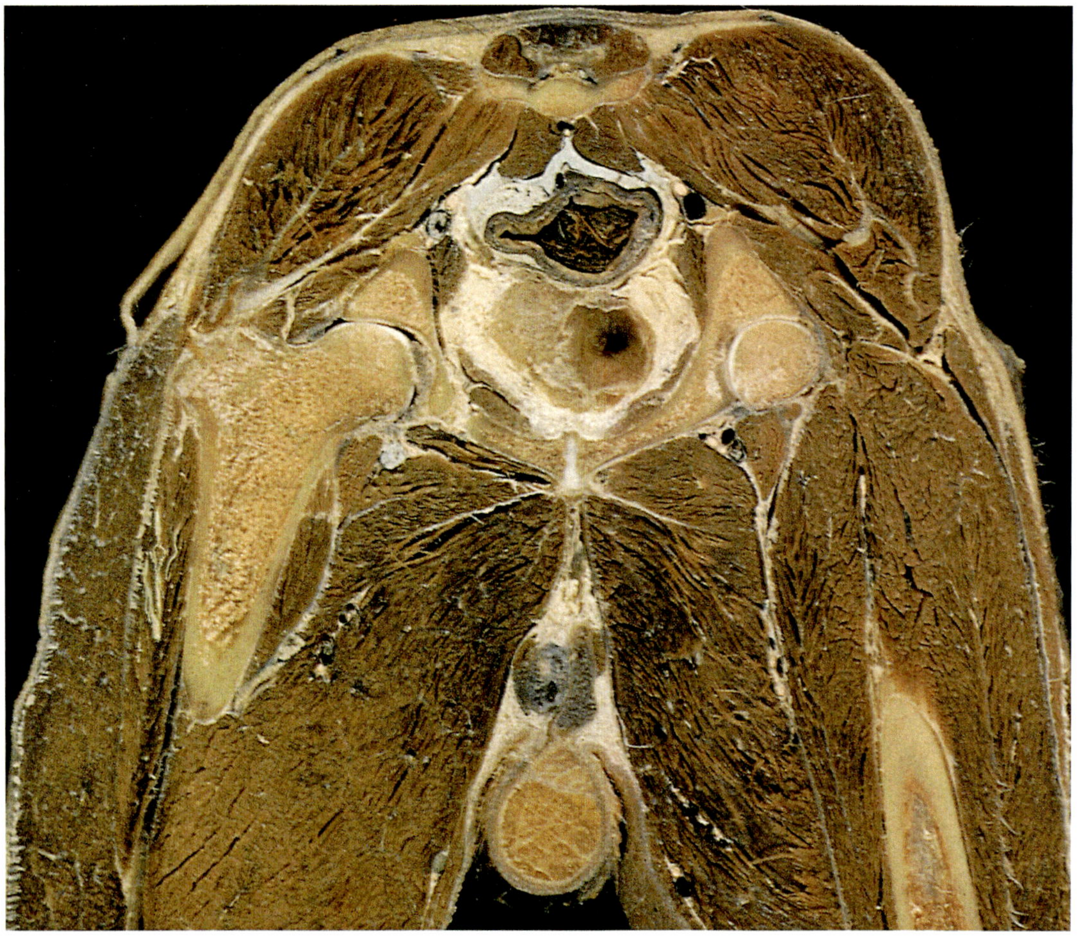

Abb. 8.64 Transversalschnitt (3) durch die Hüftgelenke, den Blasenhals, Penis und das Skrotum: kraniale Ansicht. Dieser Schnitt geht durch das gesamte Becken und durchtrennt die Ossa pubis unmittelbar kaudal des Pecten. Der Schnitt führt auch durch die Hüftgelenke. Auf der rechten Seite ist das Ligamentum capitis femoris deutlich dargestellt. In dieser Ebene wird die Beckenwand dorsolateral vom M. piriformis innerhalb der Incisura ischiadica major gebildet. Blauer Latex, der aus dem venösen System ausgetreten ist, befindet sich in all diesen Schnitten der Beckenhöhle und zeigt eindeutig die verschiedenen peritonealen „Exkavationen" zwischen den Organen der Beckenhöhle. Zwischen den Oberschenkeln flankieren die Processus vaginales mit den darin enthaltenen Samensträngen den Peniskörper.

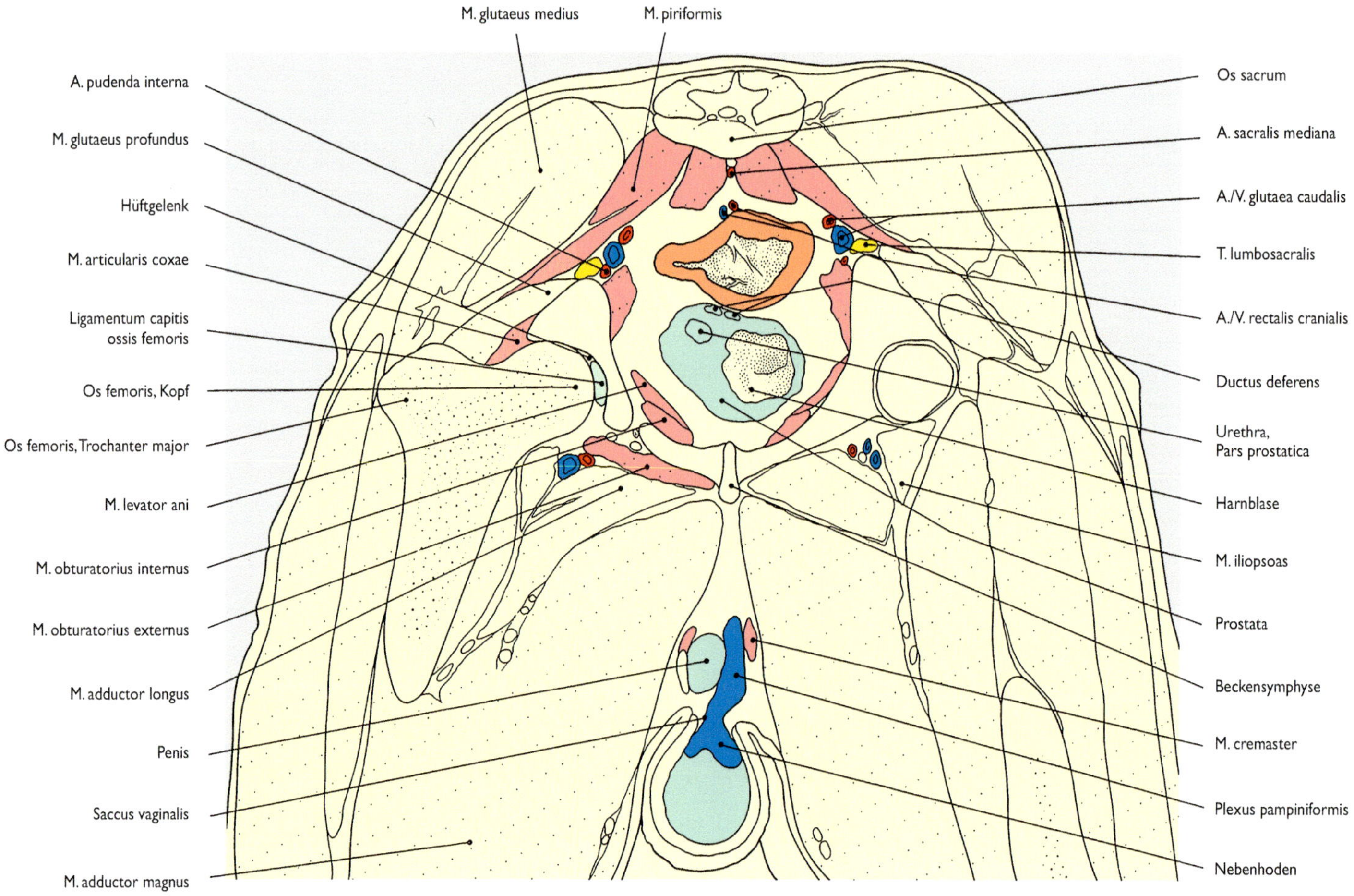

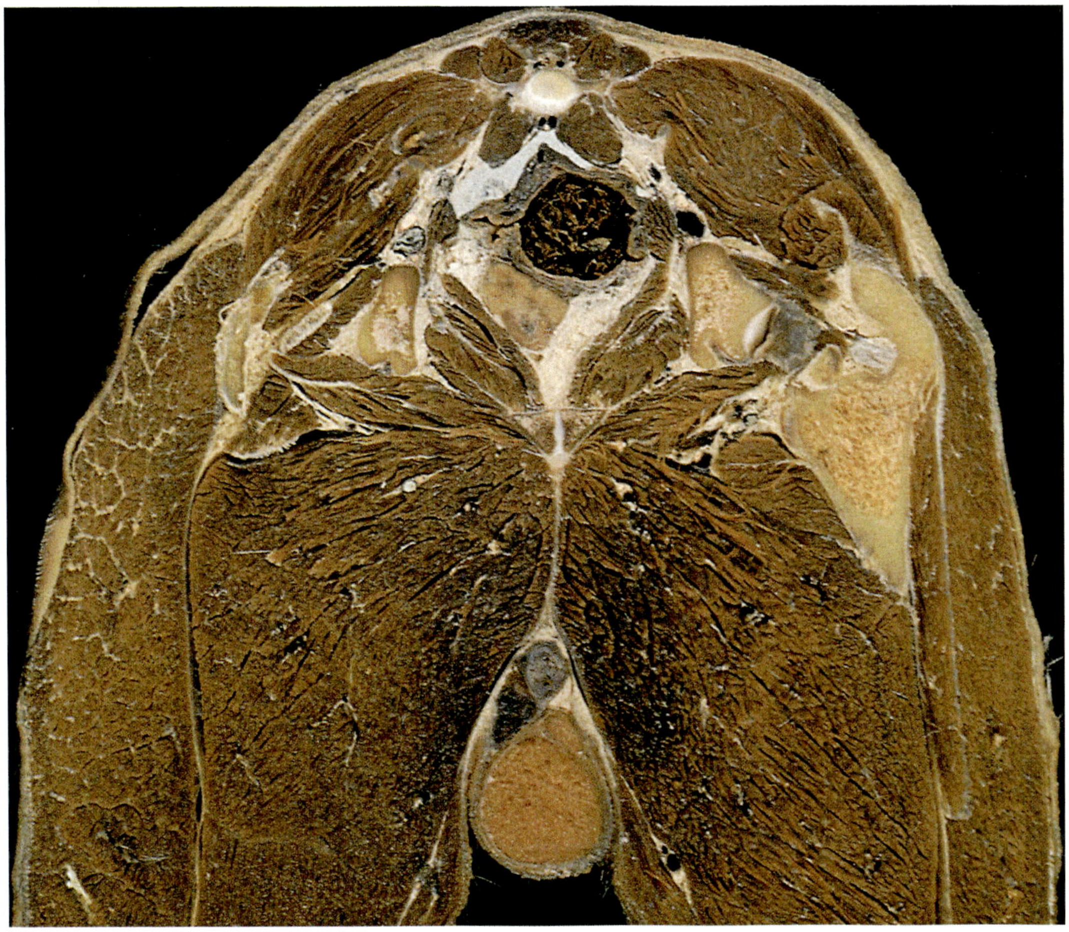

Abb. 8.65 Transversalschnitt (4) durch den 1. Schwanzwirbel, die Foramina obturata, Prostata, Penis und Skrotum: kraniale Ansicht. Dieser Schnitt führt durch die Foramina obturata des Beckenbodens; die Mm. obturatorii internus und externus sind deutlich sichtbar. In der Beckenhöhle flankiert das Diaphragma pelvis mit den Mm. levator ani und coccygeus die Beckenorgane, von denen die Prostata erkennbar ist. Sie liegt hauptsächlich auf der dorsalen Oberfläche der Urethra. Lateral des Diaphragma pelvis sind die kaudalen glutaealen Gefäße auf Höhe der Incisura ischiadica minor sichtbar. Der Tendo symphysialis erstreckt sich ventral der Symphysis pelvis und die Mm. adductores setzen an ihm an.

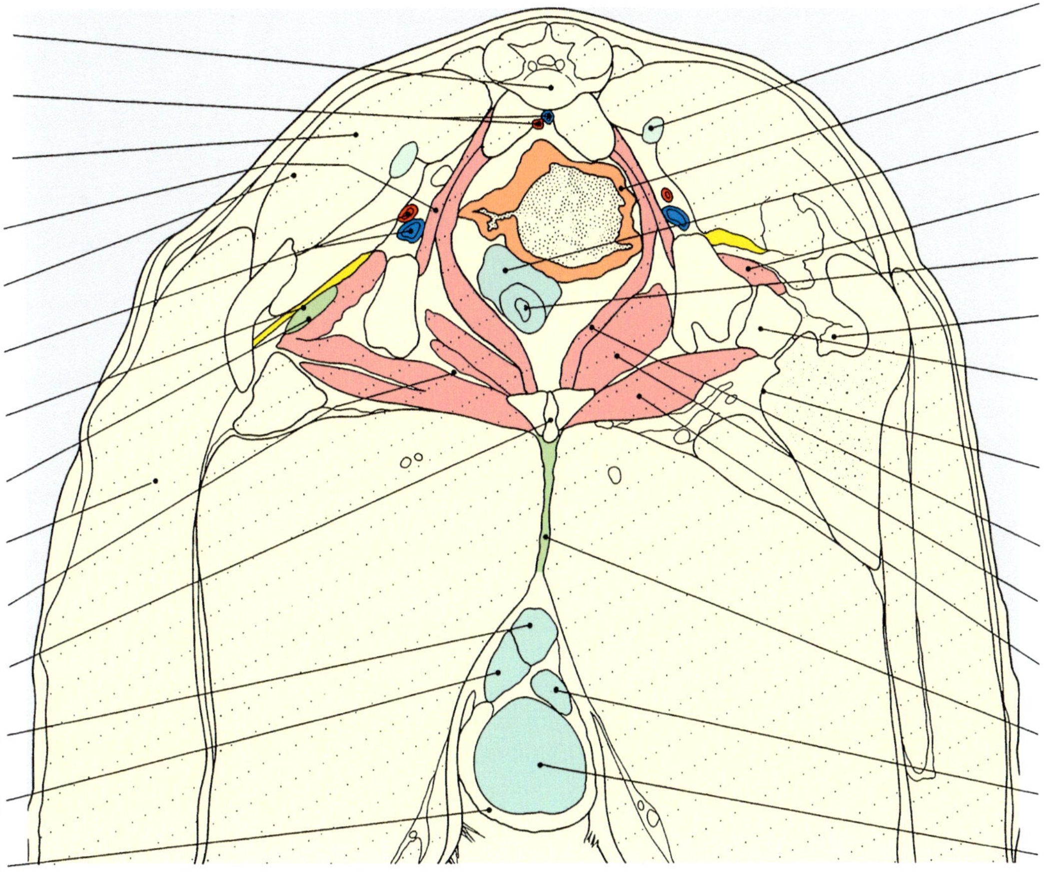

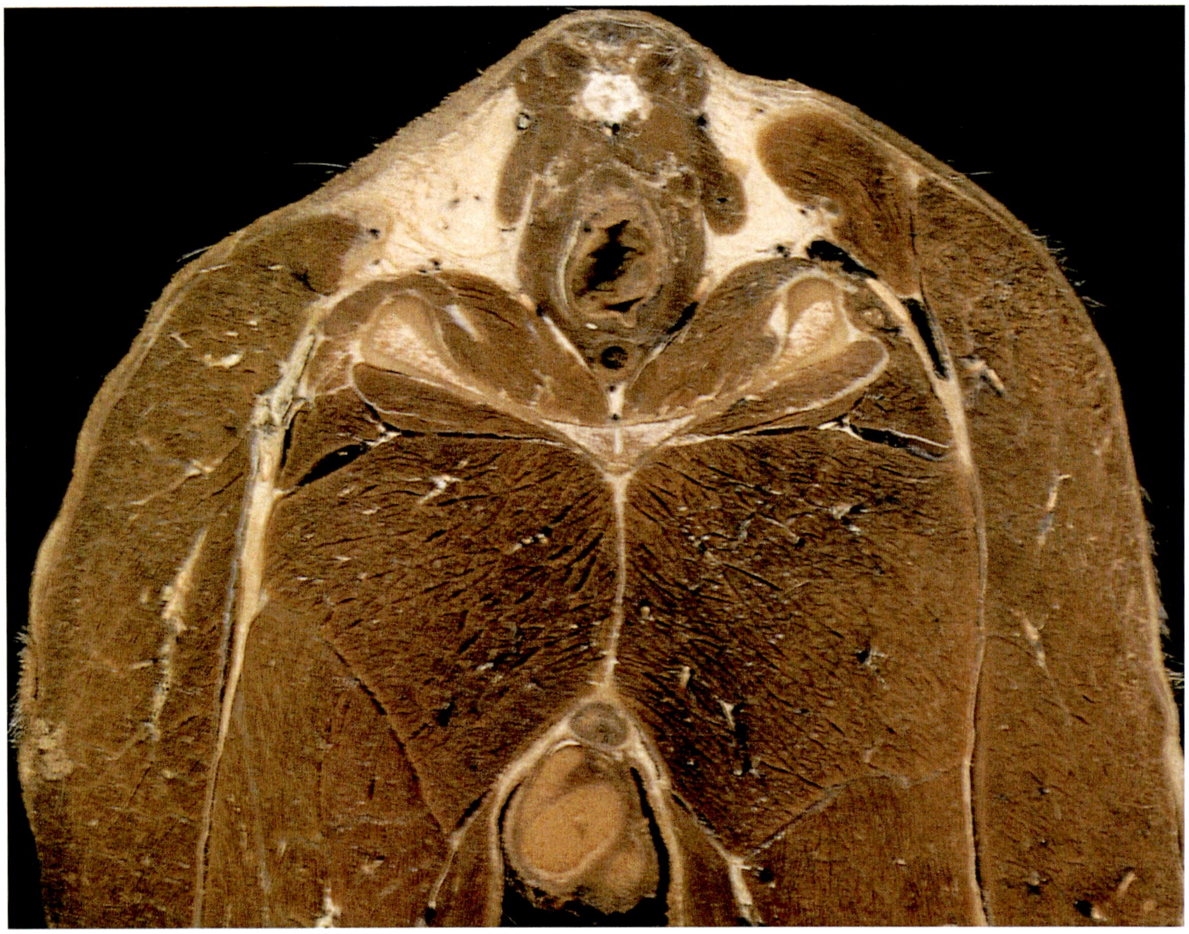

Abb. 8.66 Transversalschnitt (5) durch den Arcus ischiadicus, das Diaphragma pelvis und die Fossae ischiorectales: kraniale Ansicht. Dieser Schnitt zeigt die Bedeutung des Diaphragma pelvis für die Begrenzung des Endabschnitts des Rektums und des Analkanals. Es bildet die mediale Begrenzung der Fossa ischiorectalis, die normalerweise mit Fettgewebe gefüllt ist.

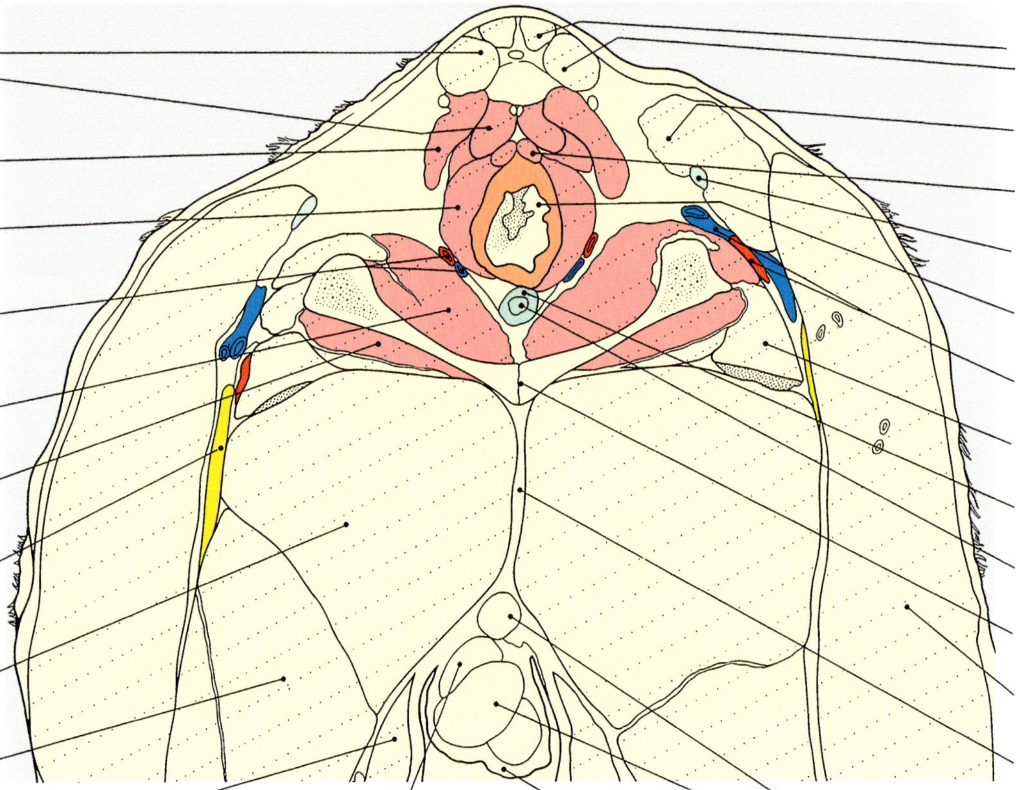

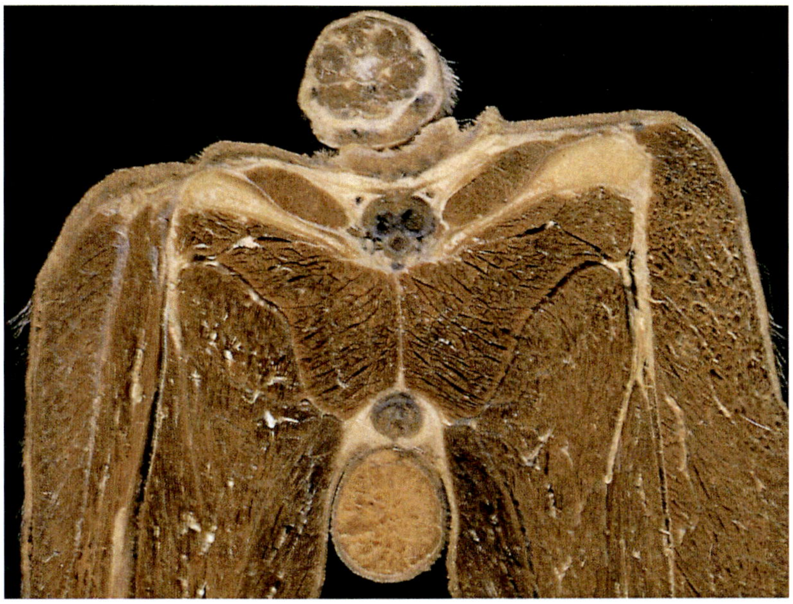

Abb. 8.67 Transversalschnitt (6) durch die Schwanzwurzel und die Tubera ischiadica: kraniale Ansicht. Dieser Schnitt führt beiderseits der Medianen durch den Arcus ischiadicus, genau an der Stelle, wo die Urethra unmittelbar proximal der Peniswurzel in den Bulbus penis eintritt.

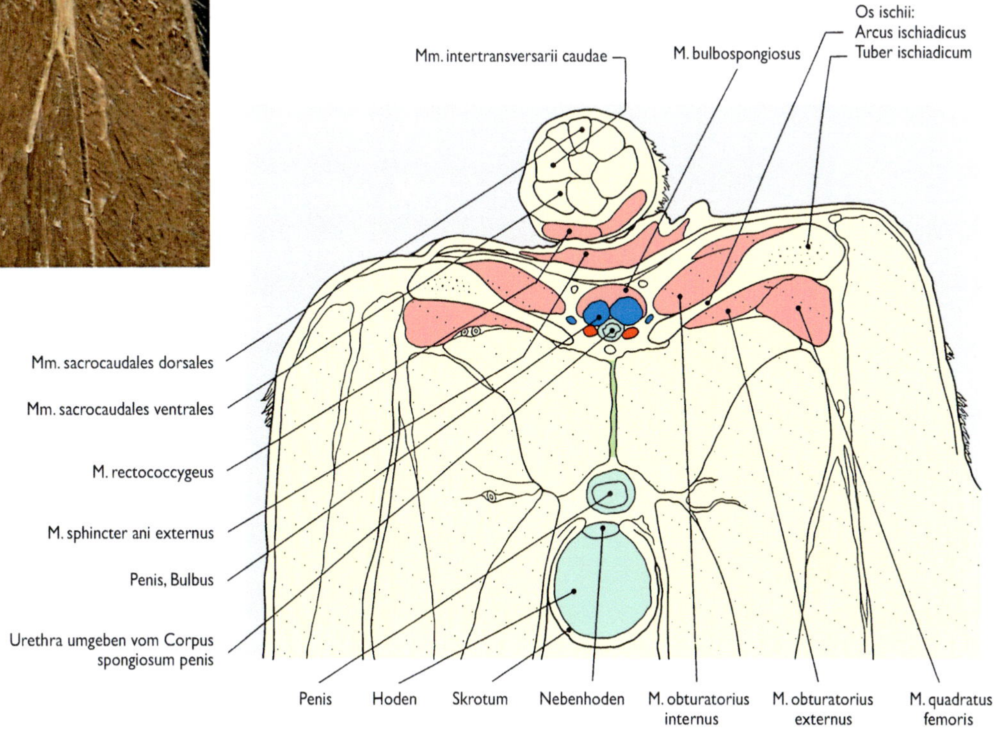

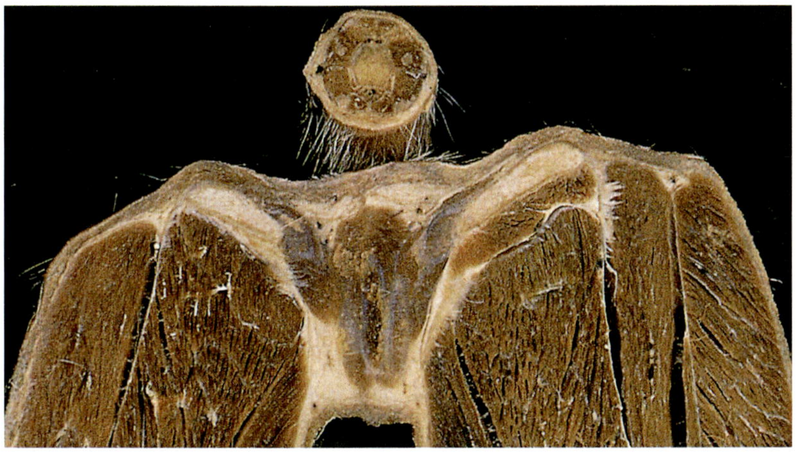

Abb. 8.68 Transversalschnitt (7) durch die Peniswurzel und die Schwanzbasis: kraniale Ansicht. Dieser Schnitt führt durch die Peniswurzel, legt die Mm. ischiocavernosus und bulbospongiosus frei und eröffnet den Bulbus penis in der Medianen.

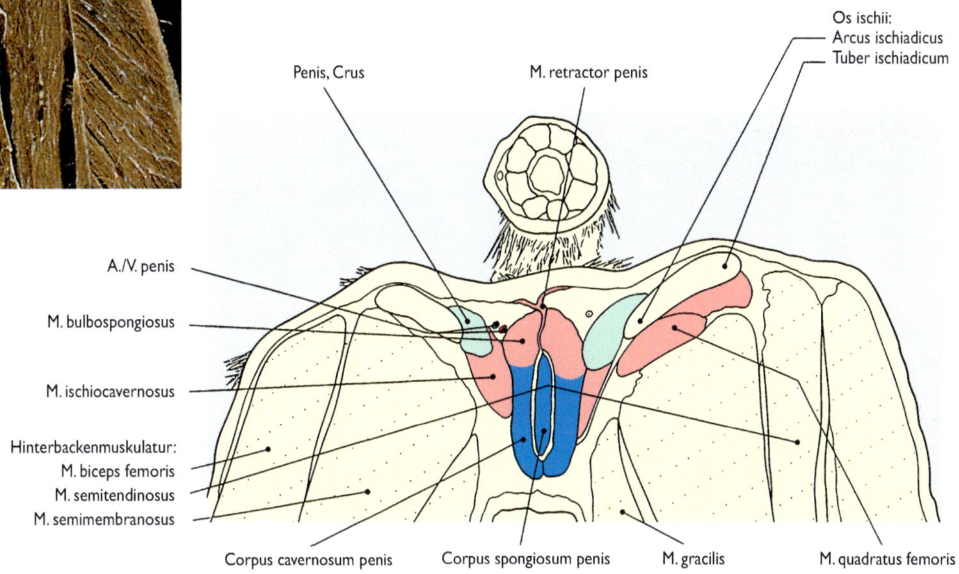

9. DIE WIRBELSÄULE

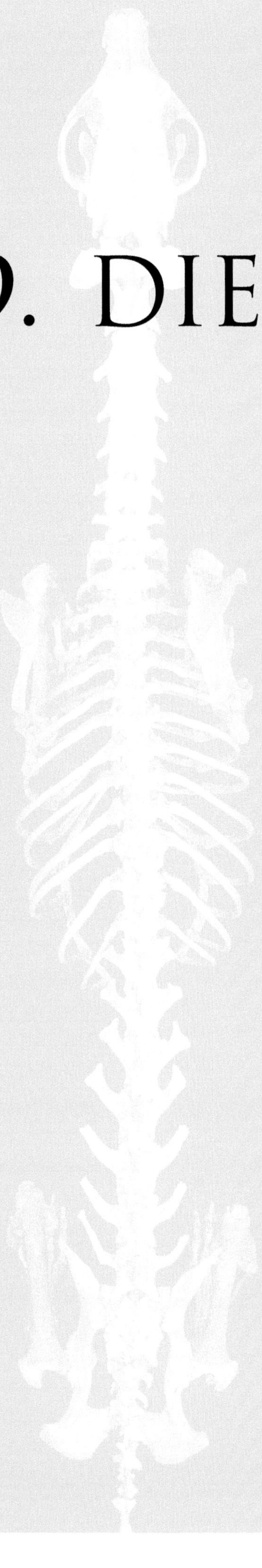

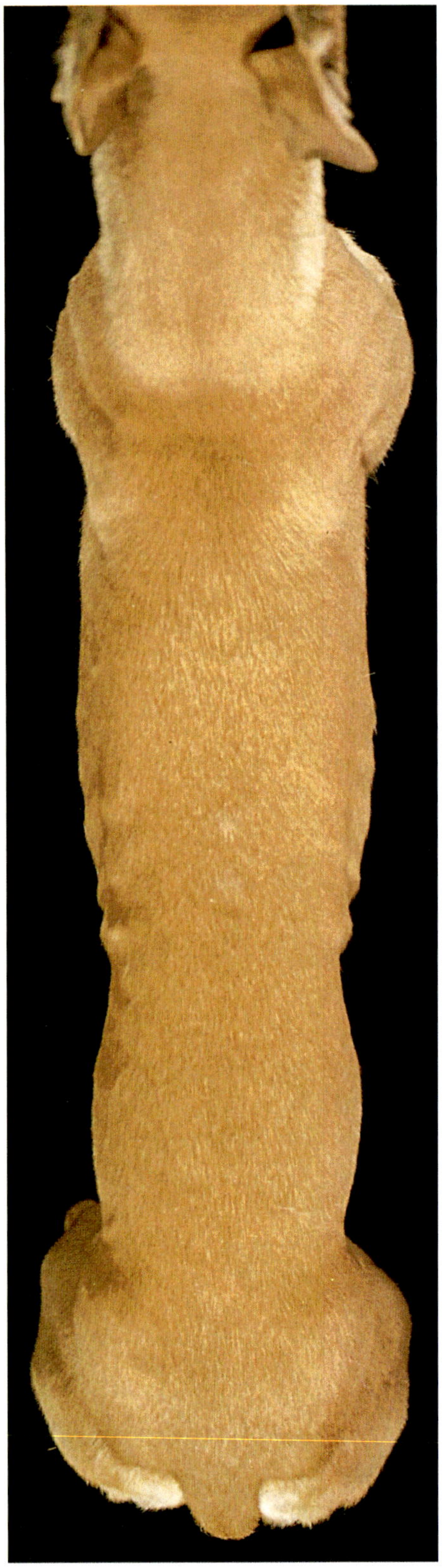

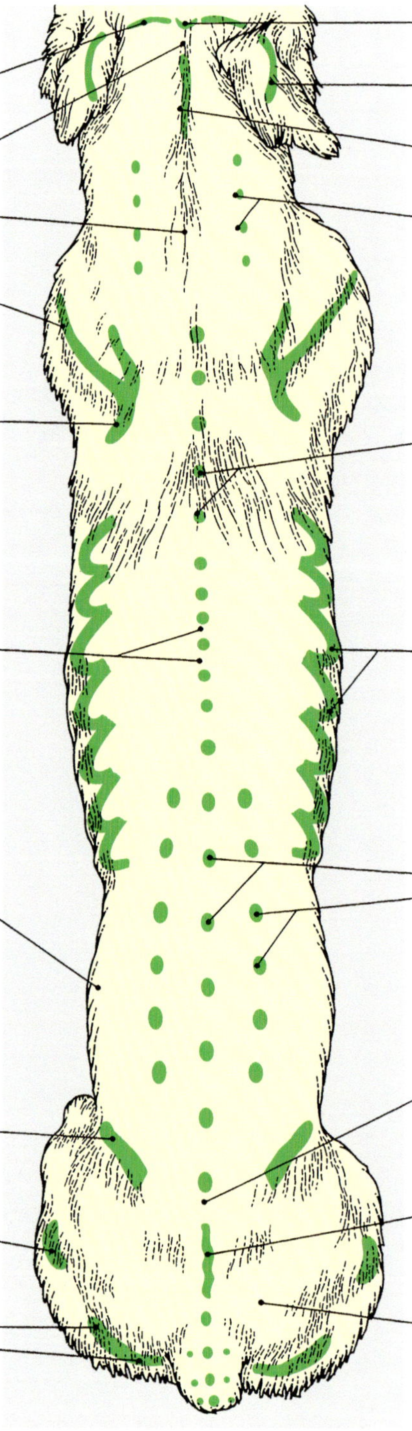

Abb. 9.1 Oberflächenmerkmale von Hals, Rumpf und Schwanz: dorsale Ansicht. Die palpierbaren knöchernen Orientierungspunkte der Wirbelsäule und der angrenzenden Knochen sind in dieser Abbildung dargestellt. Für vergleichbare laterale Ansichten siehe Abb. 3.1, 5.1, 6.1 und 7.6.

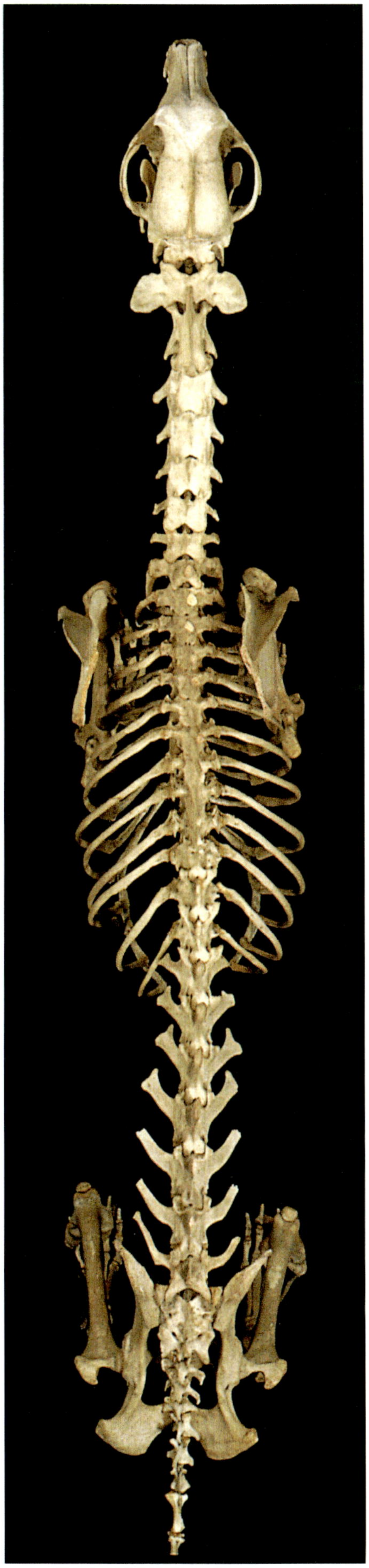

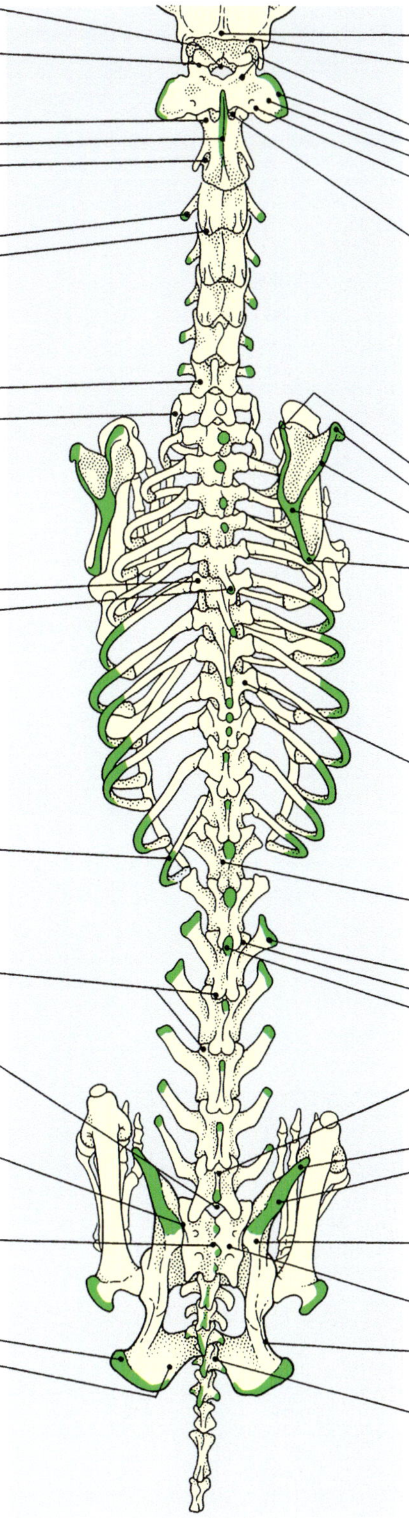

Abb. 9.2 Achsenskelett: dorsale Ansicht. Palpierbare, in der Oberflächenansicht abgebildete knöcherne Strukturen sind in grün dargestellt. Weitere knöcherne Merkmale der Wirbelsäule sind normalerweise durch die darüber liegende dorsale (epaxiale) Muskulatur nicht palpierbar, insbesondere in der Hals- und Lendenregion. Für vergleichbare laterale Skelettansichten siehe Abb. 3.2, 5.2, 6.2 und 7.7.

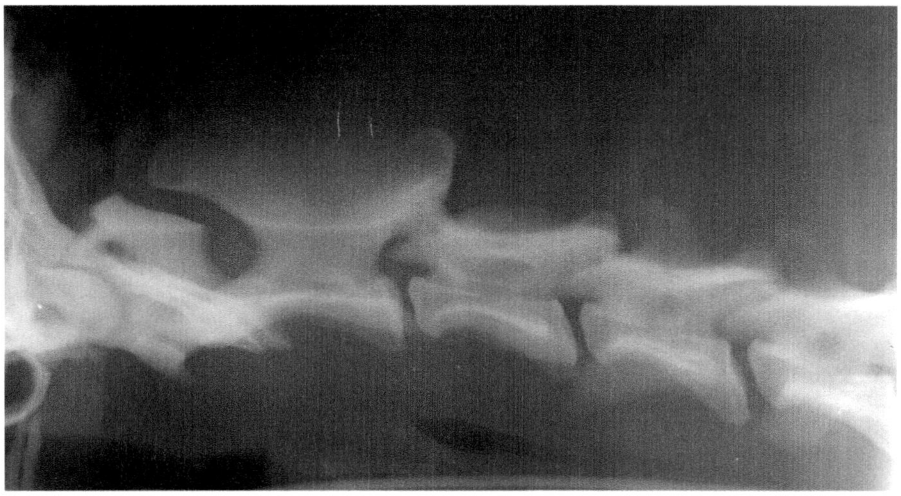

Abb. 9.3 Röntgenbild der kranialen Halswirbelsäule: laterale Ansicht. Die Bandscheibenfächer sind deutlich sichtbar.

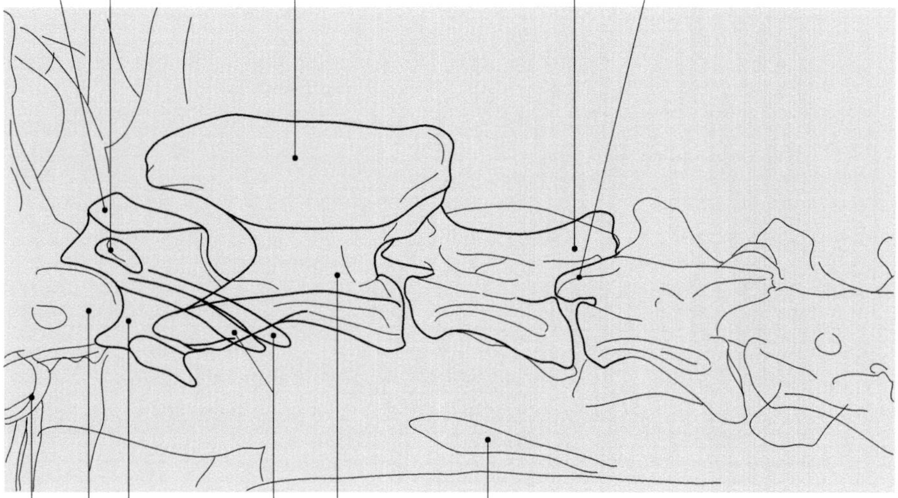

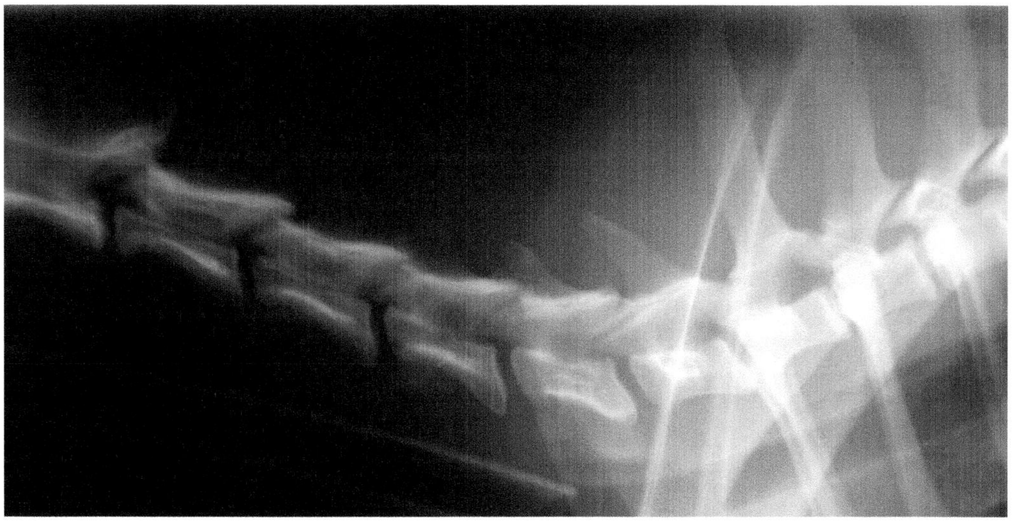

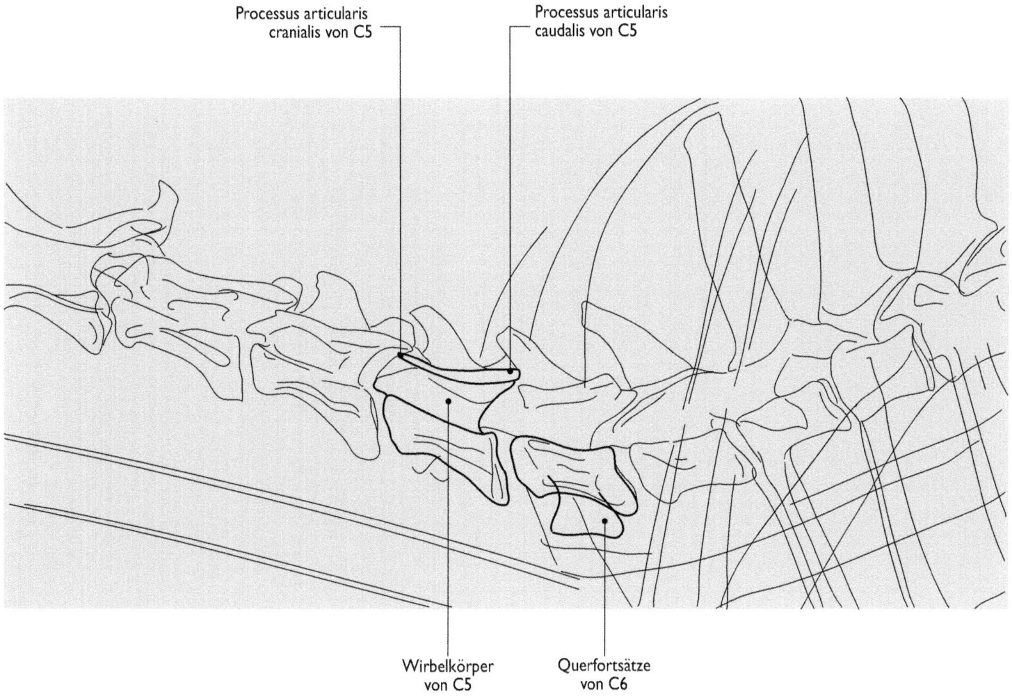

Abb. 9.4 Röntgenbild der kaudalen Halswirbelsäule: laterale Ansicht. Die großen Processus transversi des sechsten Halswirbels sind sichtbar.

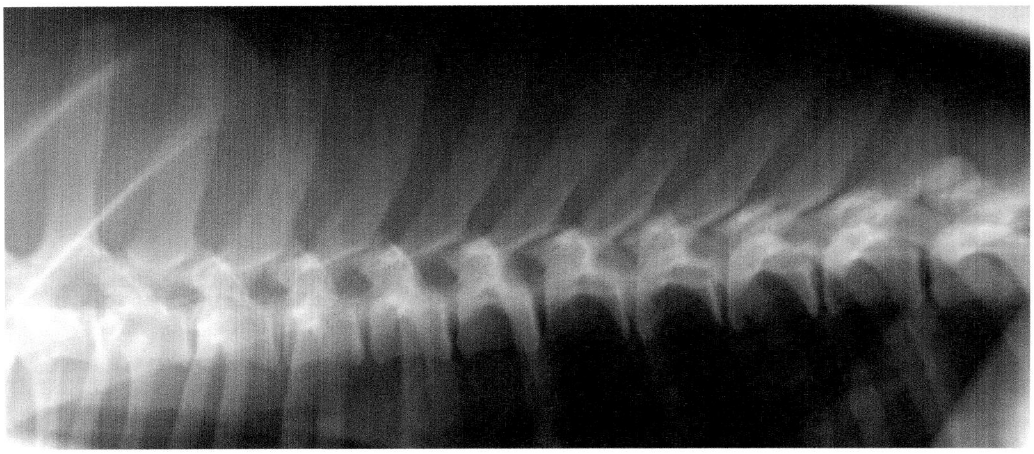

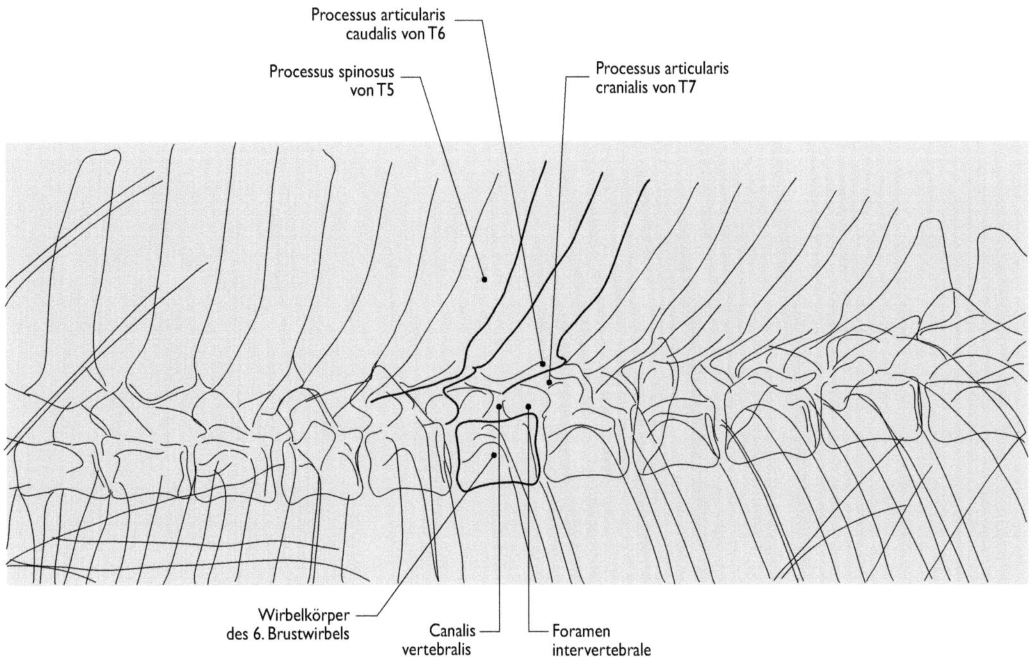

Abb. 9.5 Röntgenbild der Brustwirbelsäule: laterale Ansicht. Die synovialen Zwischenwirbelgelenke sind kranial des antiklinalen Wirbels horizontal ausgerichtet.

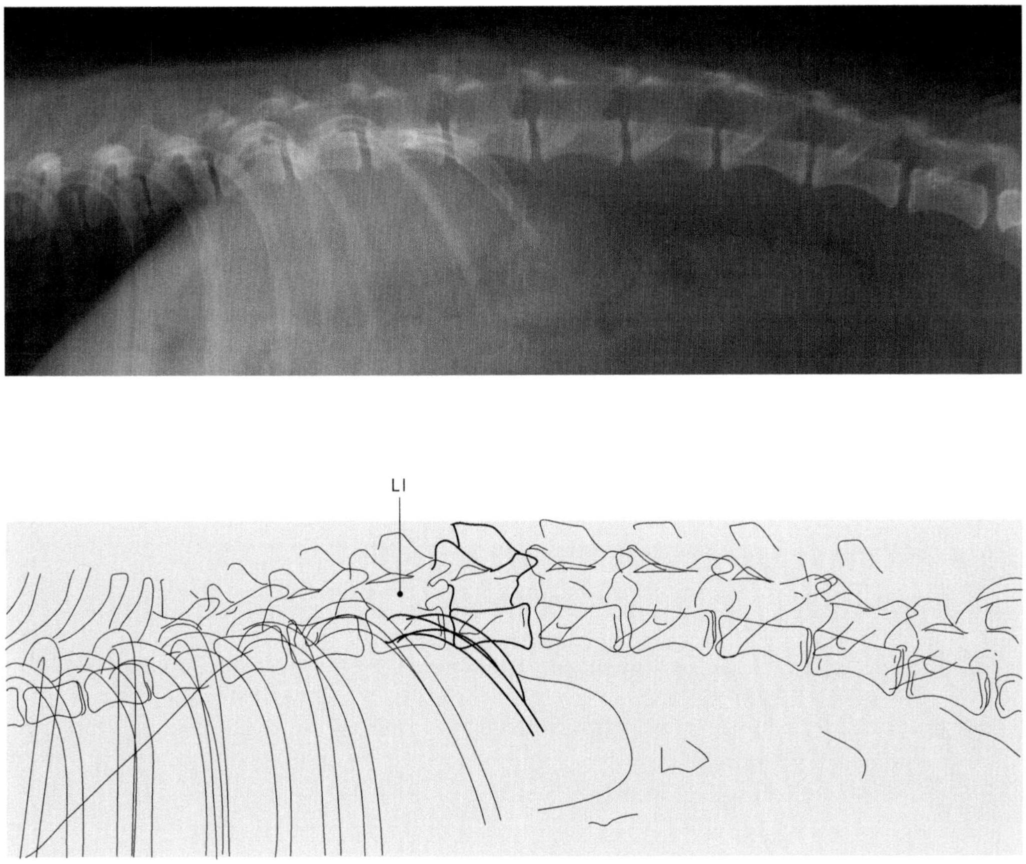

Abb. 9.6 Röntgenbild des thorakolumbalen Übergangs: laterale Ansicht, anatomische Variante. Der erste Lendenwirbel hat verlängerte und vergrößerte Processus transversi, die als rudimentäre Rippen beschrieben werden. Ein Wirbel an der Grenze eines Wirbelsäulenabschnitts kann einige Merkmale des benachbarten Abschnitts annehmen. In diesem Fall würde das als Thorakalisierung des ersten Lendenwirbels bezeichnet werden.

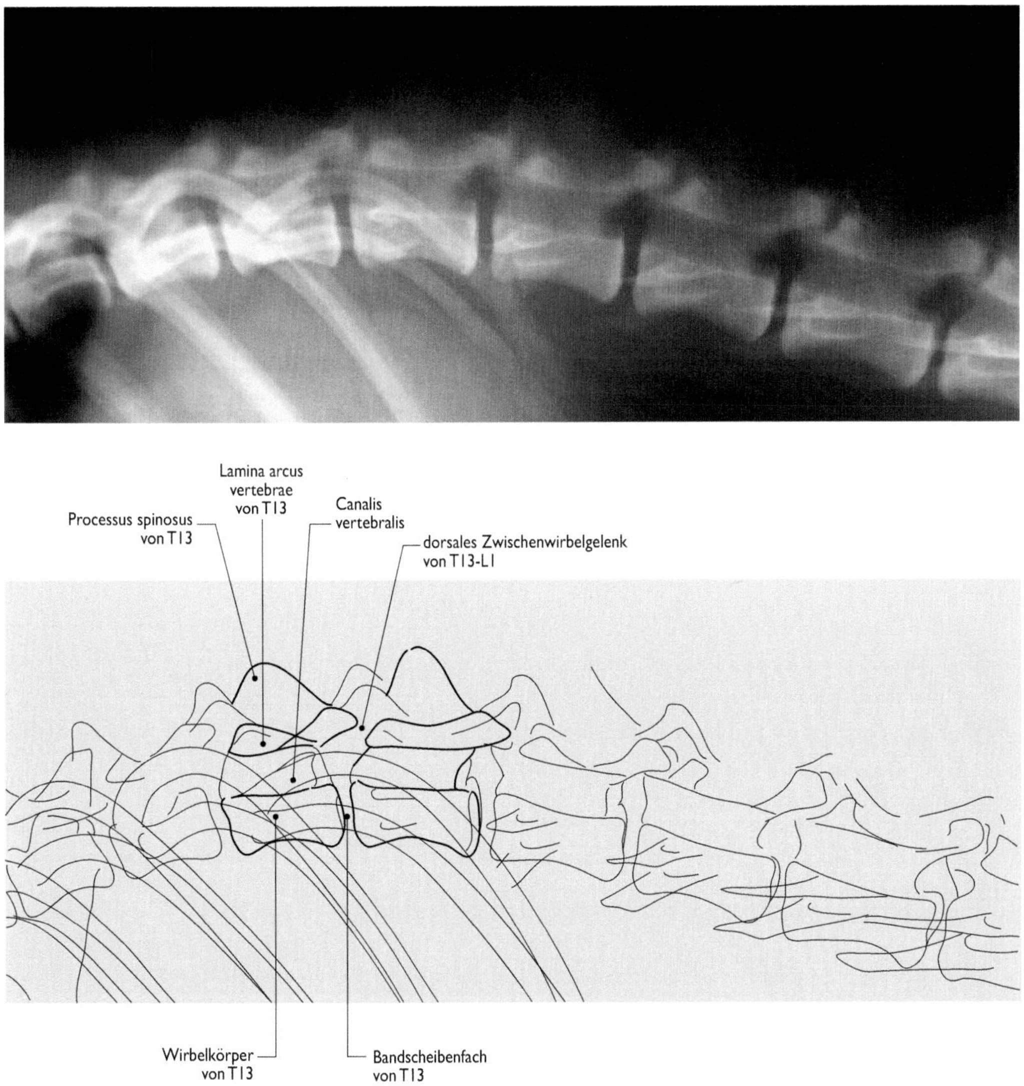

Abb. 9.7 Röntgenbild des thorakolumbalen Übergangs: laterale Ansicht. Die synovialen Zwischenwirbelgelenke sind kaudal vom antiklinalen Wirbel sagittal ausgerichtet (vergleiche mit Abb. 9.5).

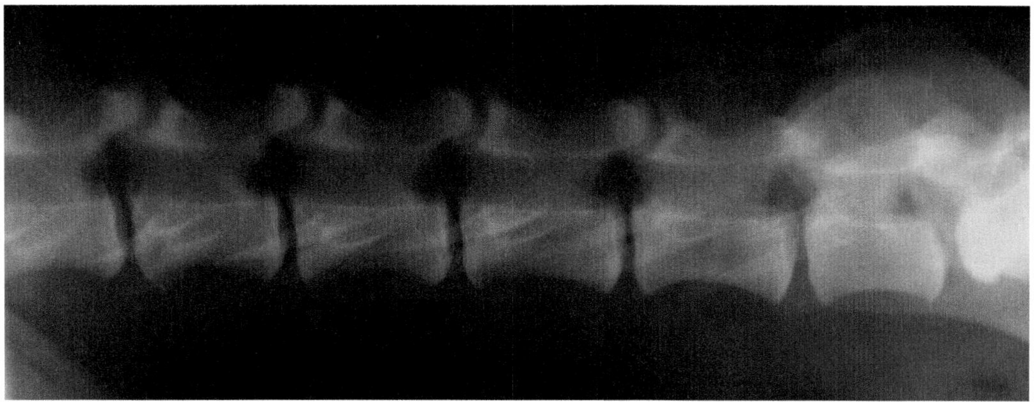

Abb. 9.8 Röntgenbild der Lendenwirbelsäule: laterale Ansicht. Die großen Foramina intervertebrales sind deutlich erkennbar.

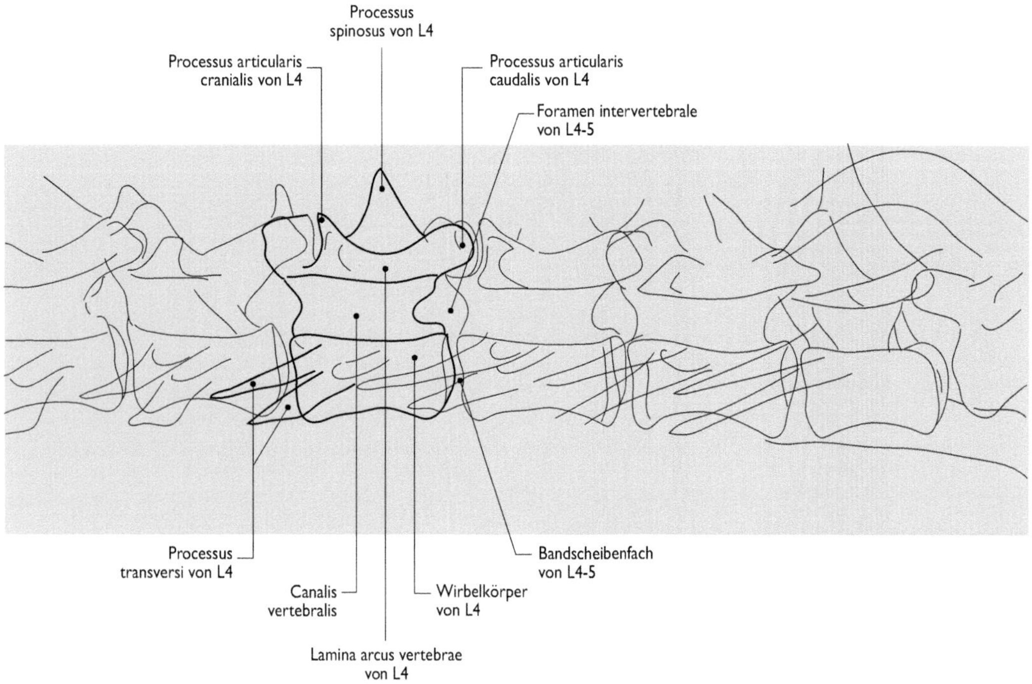

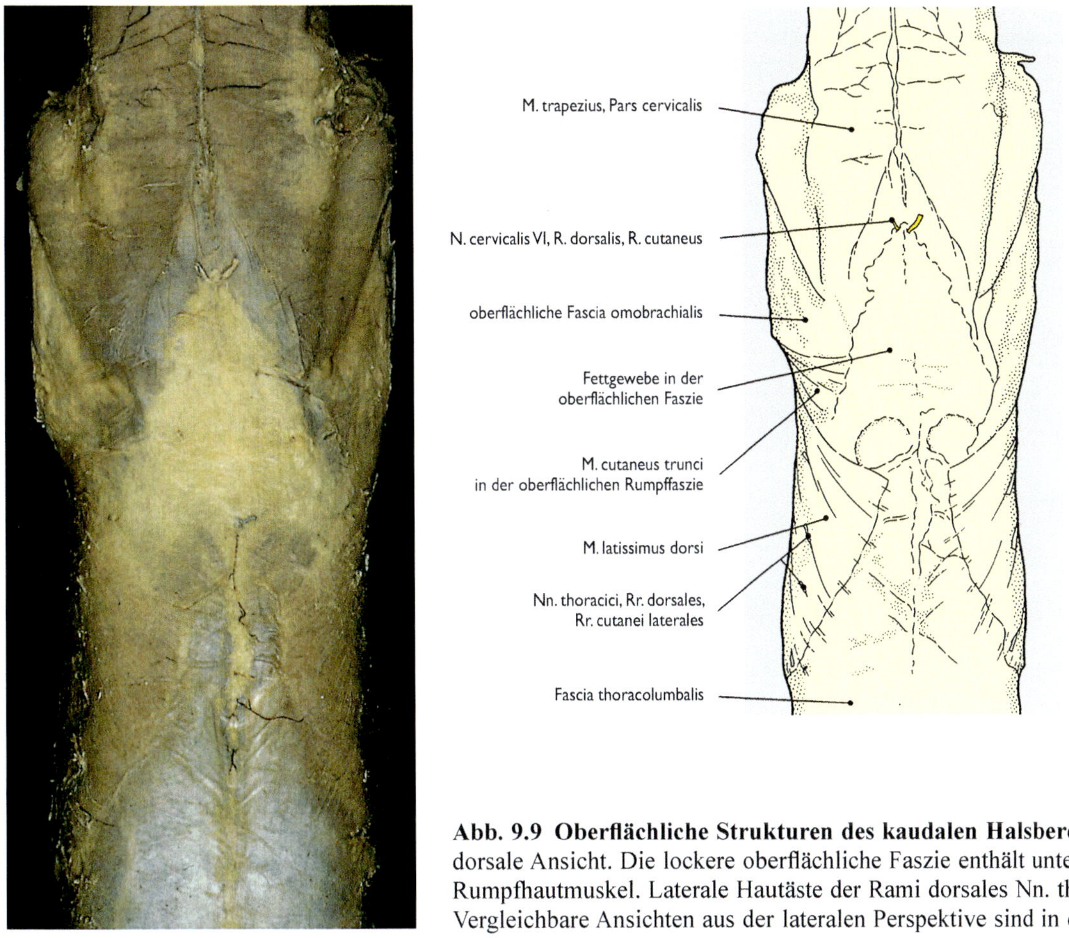

Abb. 9.9 Oberflächliche Strukturen des kaudalen Halsbereichs und der Regio vertebralis thoracis: dorsale Ansicht. Die lockere oberflächliche Faszie enthält unterschiedliche Mengen an Fettgewebe und den Rumpfhautmuskel. Laterale Hautäste der Rami dorsales Nn. thoracici sind am dorsolateralen Thorax erkennbar. Vergleichbare Ansichten aus der lateralen Perspektive sind in den Abb. 3.6 und 5.7 dargestellt.

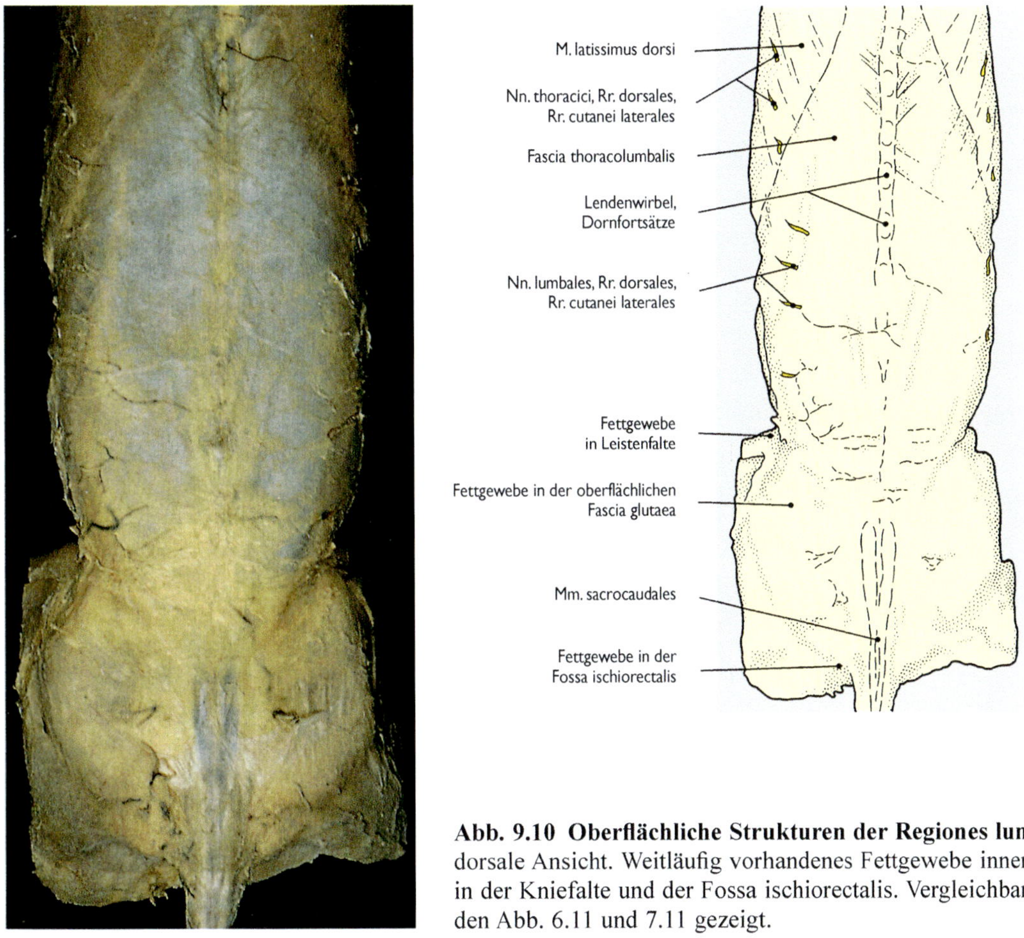

Abb. 9.10 Oberflächliche Strukturen der Regiones lumbalis und pelvis sowie der Schwanzwurzel: dorsale Ansicht. Weitläufig vorhandenes Fettgewebe innerhalb der Fascia lumbalis und der Fascia glutaea sowie in der Kniefalte und der Fossa ischiorectalis. Vergleichbare Ansichten aus der lateralen Perspektive werden in den Abb. 6.11 und 7.11 gezeigt.

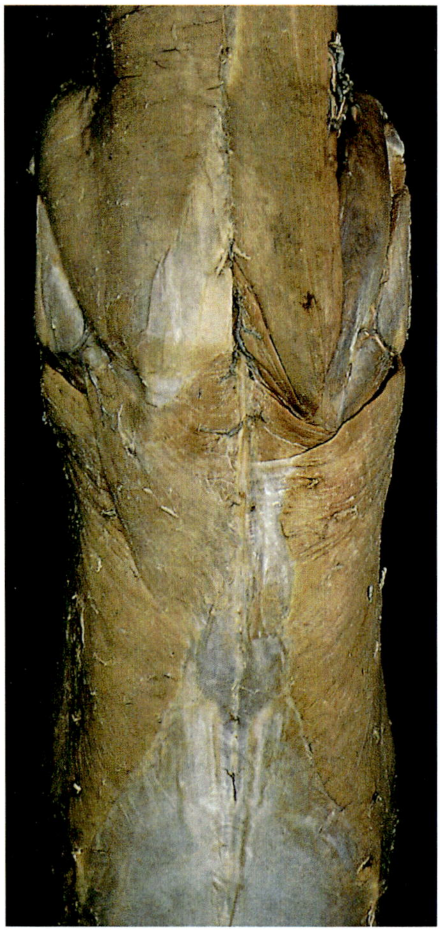

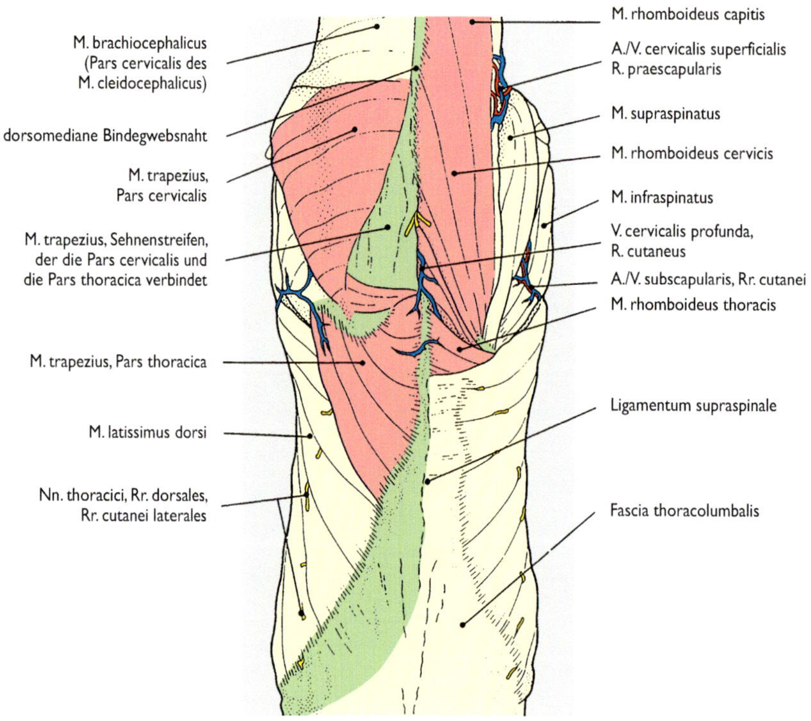

Abb. 9.11 Oberflächliche Muskeln des kaudalen Halsendes und der Regio vertebralis thoracis: dorsale Ansicht. Die oberflächliche Faszie wurde entfernt, um die oberflächlichen Schultergürtelmuskeln der linken Seite freizulegen. Diese sind nicht von der tiefen Fascia thoracolumbalis bedeckt, die sich in der Tiefe auf die Oberfläche der epaxialen Muskulatur fortsetzt. Auf der rechten Seite wurden die Pars cleidocervicalis des M. brachiocephalicus und der M. trapezius entfernt, um den M. rhomboideus in der Regio interscapularis freizulegen. Für vergleichbare Ansichten aus der lateralen Perspektive siehe Abb. 5.9 und 5.10.

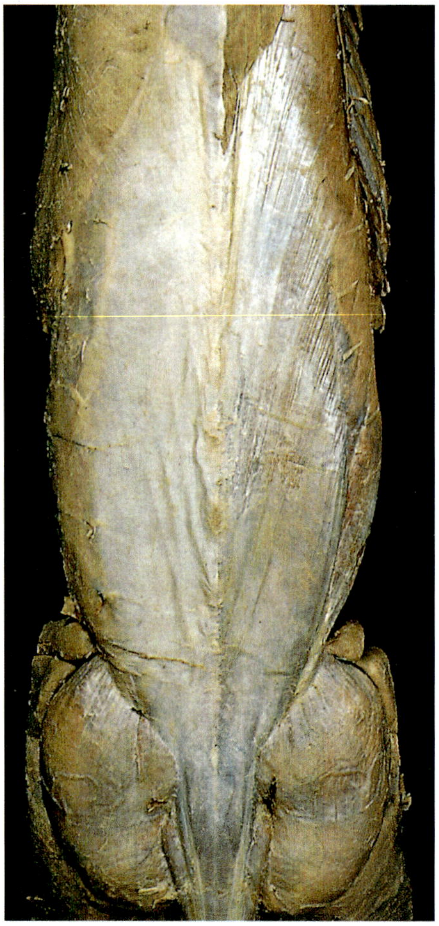

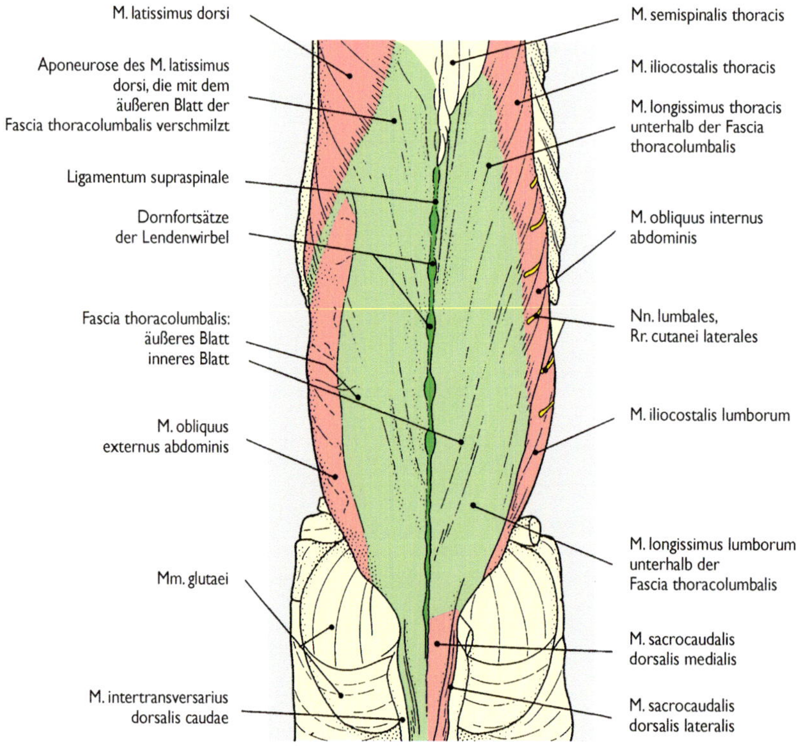

Abb. 9.12 Oberflächliche Muskeln der Regiones lumbalis und pelvis sowie der Schwanzwurzel: dorsale Ansicht. Nach Entfernen der oberflächlichen Faszie wurden die oberflächlichen Muskeln stellenweise freigelegt, während die dichte Fascia thoracolumbalis Details der darunterliegenden epaxialen Muskeln verdeckt. Auf der rechten Seite wurde das äußere Blatt der Fascia thoracolumbalis gemeinsam mit den Mm. latissimus dorsi und obliquus externus abdominis entfernt, wodurch ein eng an den Muskeln anliegendes inneres Blatt der Faszie freigelegt wurde. Für vergleichbare Ansichten aus der lateralen Perspektive siehe Abb. 6.14, 6.15 und 7.15.

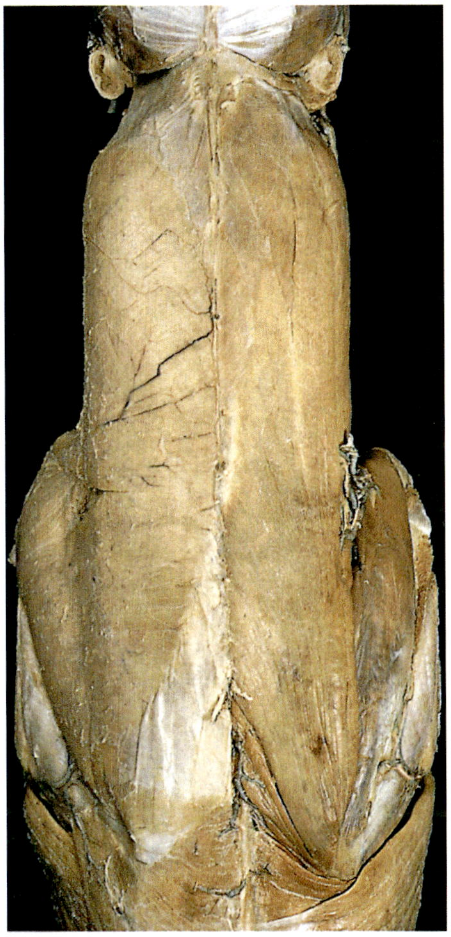

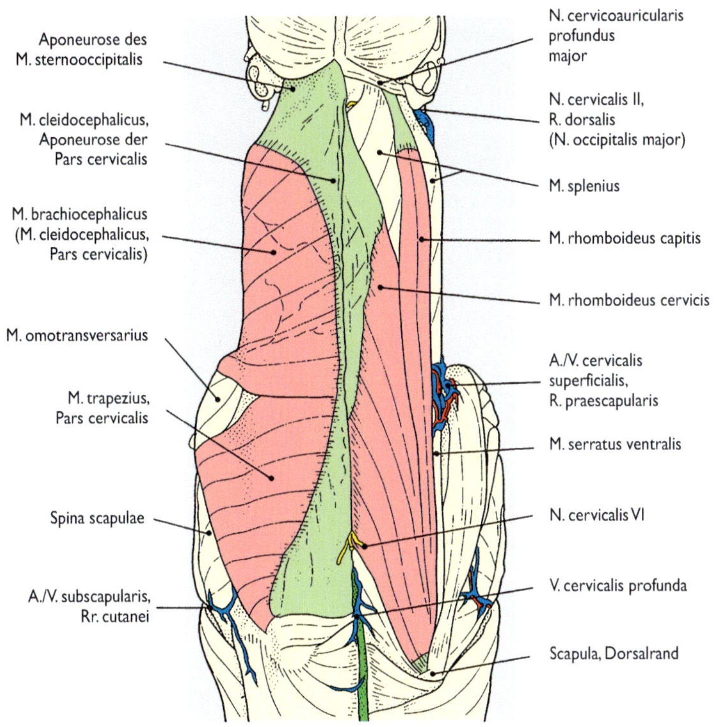

Abb. 9.13 Oberflächliche Muskeln von Hals und Regio interscapularis: dorsale Ansicht. Die oberflächliche Faszie wurde von der linken Hals- und Schulterseite präparatorisch entfernt, um die oberflächlichen Muskeln freizulegen. Im Zuge dieser Präparation wurden auch das Platysma (siehe Abb. 3.6 und 3.7) und die Muskeln der Ohrknorpel entfernt (siehe Abb. 2.41-2.45). Auf der rechten Seite wurden durch Entfernung der Pars cleidocervicalis des M. brachiocephalicus und des M. trapezius cervicalis die Partes cervicalis und capitis des M. rhomboideus freigelegt. Vergleichbare Ansichten aus einer lateralen Perspektive sind in Abb. 3.13 und 3.15 dargestellt.

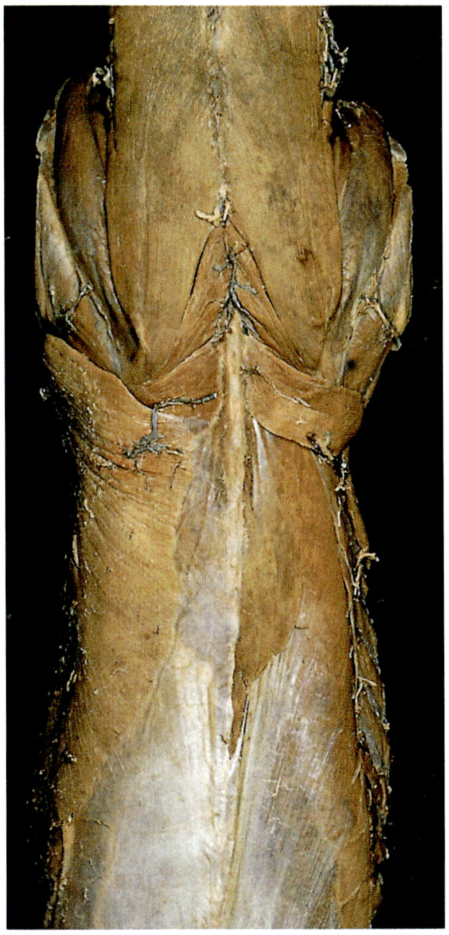

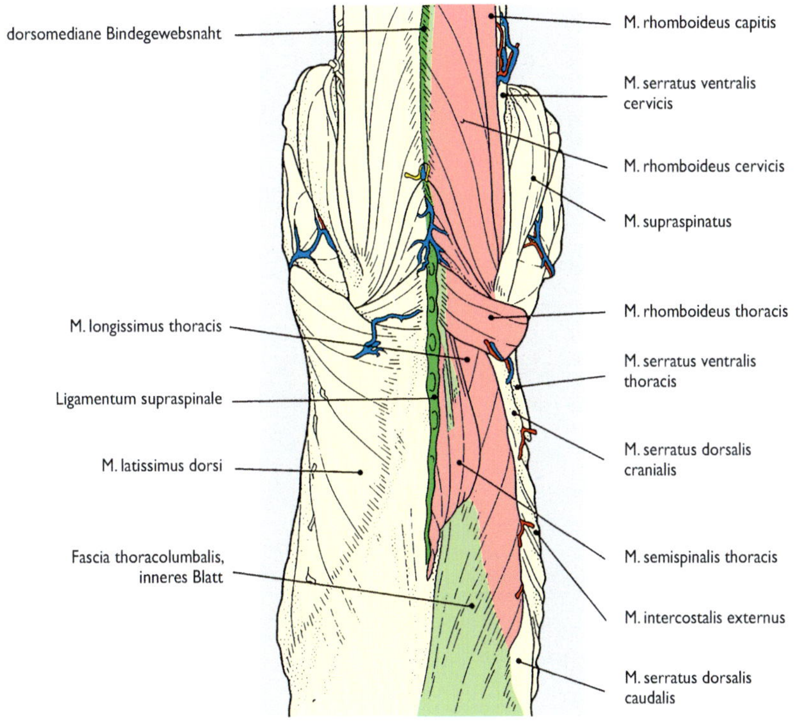

Abb. 9.14 M. rhomboideus und epaxiale Muskeln des Thorax nach Entfernung der Mm. trapezius und latissimus dorsi: dorsale Ansicht. Durch Entfernung des M. latissimus dorsi auf der rechten Seite wurde die Pars thoracis des M. rhomboideus in der Regio interscapularis vollständig freigelegt. Die Fascia thoracolumbalis setzt sich kranial auf die Oberfläche der epaxialen Muskeln unter dem thorakalen Anteil des M. rhomboideus fort; durch sie hindurch sind der zusammengesetzte M. spinalis und semispinalis sowie der M. longissimus thoracis zu erkennen. Eine vergleichbare Ansicht aus der lateralen Perspektive ist in Abb. 5.10 dargestellt. Hier wurde die tiefe Fascia thoracolumbalis zwischen den Ansätzen der Mm. serrati dorsales entfernt.

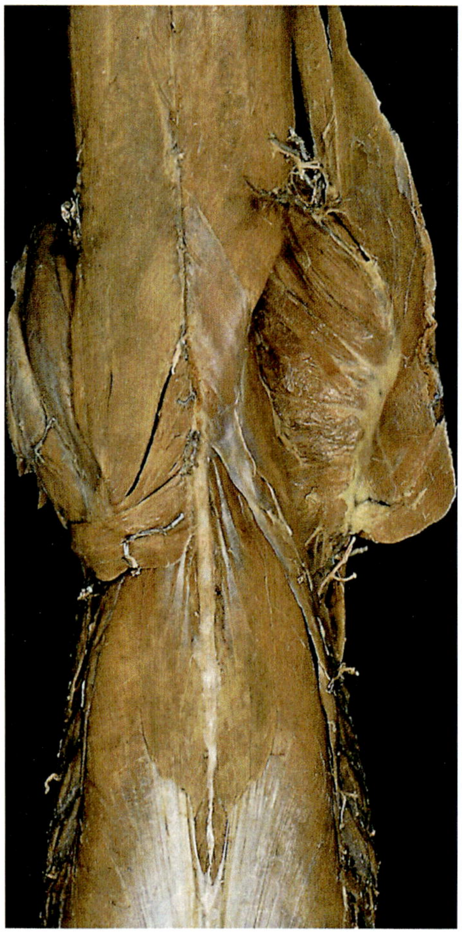

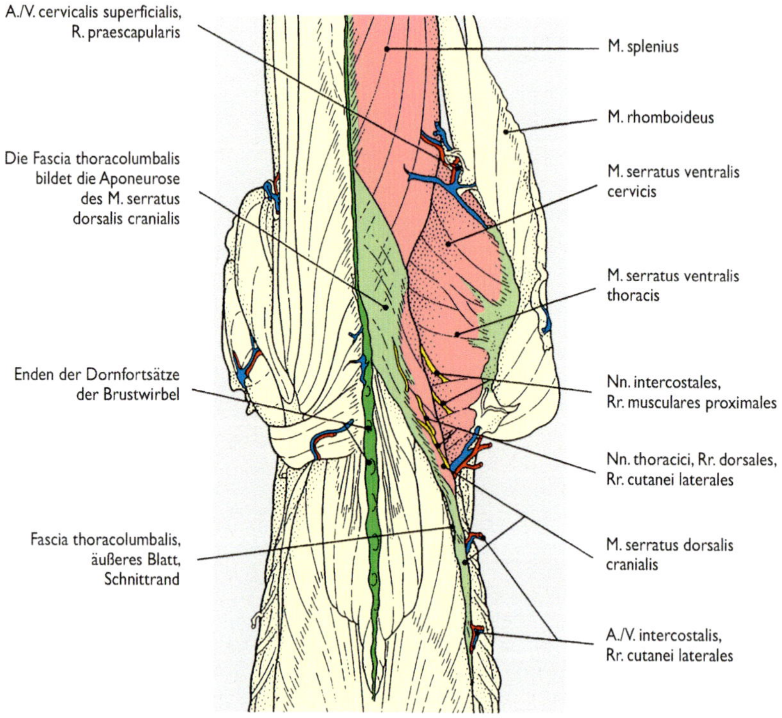

Abb. 9.15 M. serratus ventralis nach Durchtrennung des M. rhomboideus und Verlagerung der Scapula nach lateral: dorsale Ansicht. Der M. rhomboideus der rechten Seite wurde durchtrennt und das obere Ende der Scapula nach lateral gedreht, um die zervikalen und thorakalen Anteile des M. serratus ventralis freizulegen, die auf der Facies serrata der Scapula zusammenlaufen. Der M. serratus ventralis wird in Abb. 4.16 auch in der lateralen Ansicht gezeigt; die Vordergliedmaße wurde noch nicht abgesetzt. In Abb.5.11 wurde die Vordergliedmaße entfernt. Die kraniale Fortführung der Fascia thoracolumbalis wurde freigelegt, um die Ansätze der Mm. serratus dorsalis cranialis und splenius darzustellen.

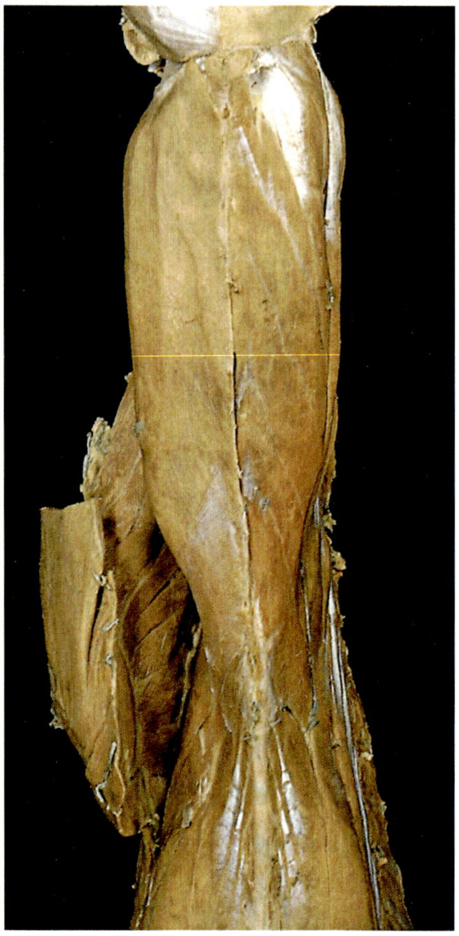

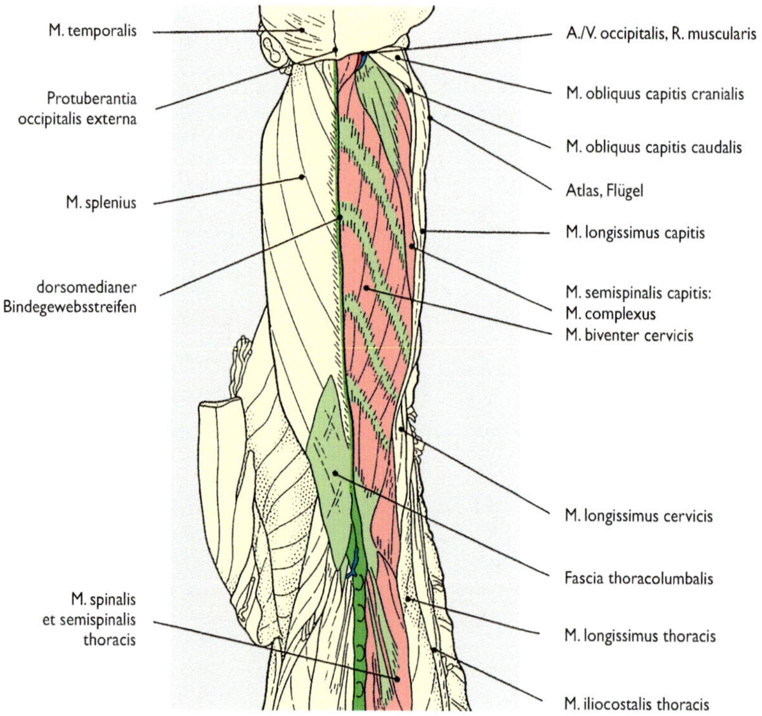

Abb. 9.16 Epaxiale Muskeln von Hals und kranialem Thoraxbereich. (1) Mm. splenius und semispinalis capitis: dorsale Ansicht. Auf der linken Seite wurde durch Durchtrennung des M. rhomboideus und Verlagerung der Scapula der gesamte M. splenius am Hals freigelegt, der aus der Fascia thoracolumbalis, im kranialen Thoraxbereich hervorgeht. Auf der rechten Seite wurde durch Entfernung des M. splenius der zusammengesetzte M. spinalis und semispinalis des Thorax sowie seine prominente zweigeteilte Fortsetzung auf den Hals als semispinaler Kopfanteil freigelegt.

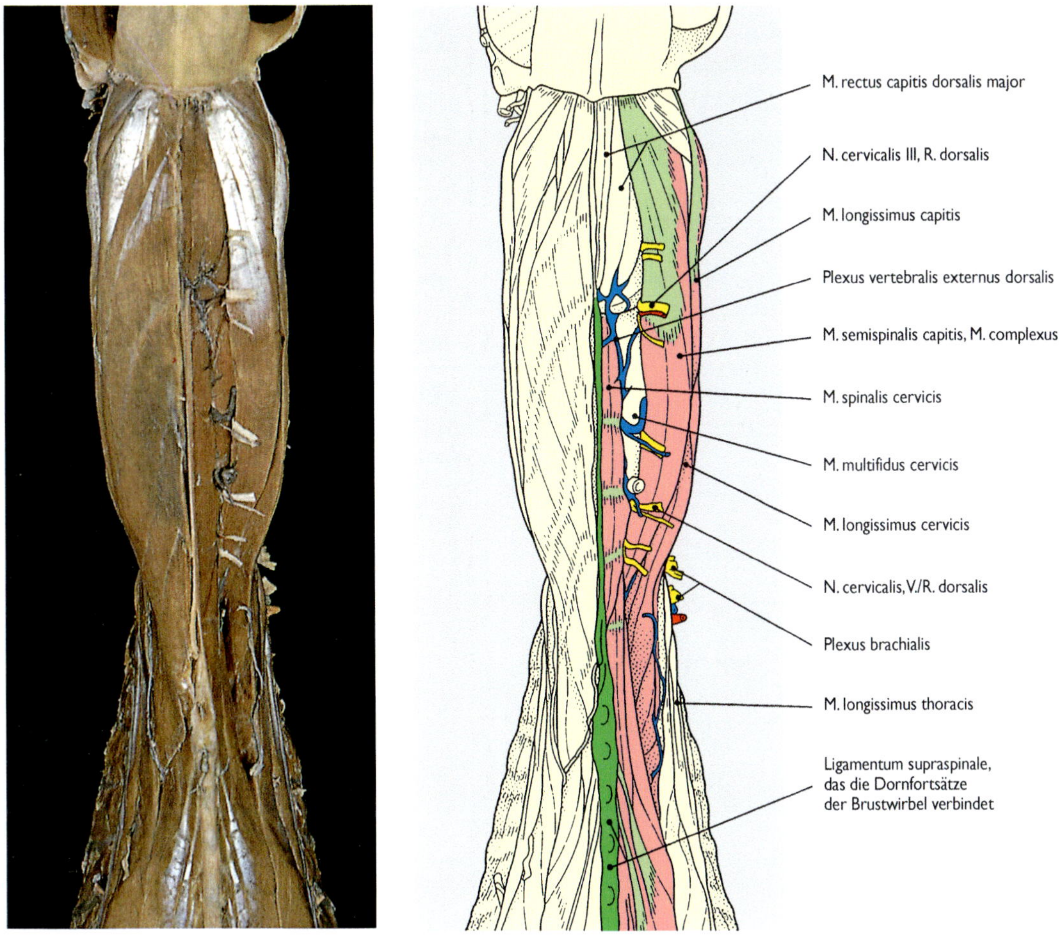

Abb. 9.17 Epaxiale Muskeln von Hals und kranialem Thoraxbereich. (2) Mm. spinalis cervicis und semispinalis capitis sowie dorsale Äste der zervikalen Spinalnerven: dorsale Ansicht. Auf der rechten Seite wurden durch Entfernen des M. biventer cervicis der darunterliegende Anteil des M. complexus und muskuläre Verzweigungen der Dorsaläste der Zervikalnerven dargestellt. Ebenso wurden die Spinalis-Anteile freigelegt, die entlang der Mittellinie an das Ligamentum nuchae angrenzen sowie die Longissimus-Anteile, welche die laterale Begrenzung bilden. Die Fortführung der Mm. longissimi auf den Thorax und den Hals ist nun deutlich zu erkennen. Eine vergleichbare Ansicht aus der lateralen Perspektive ist in Abb. 3.18 zu sehen.

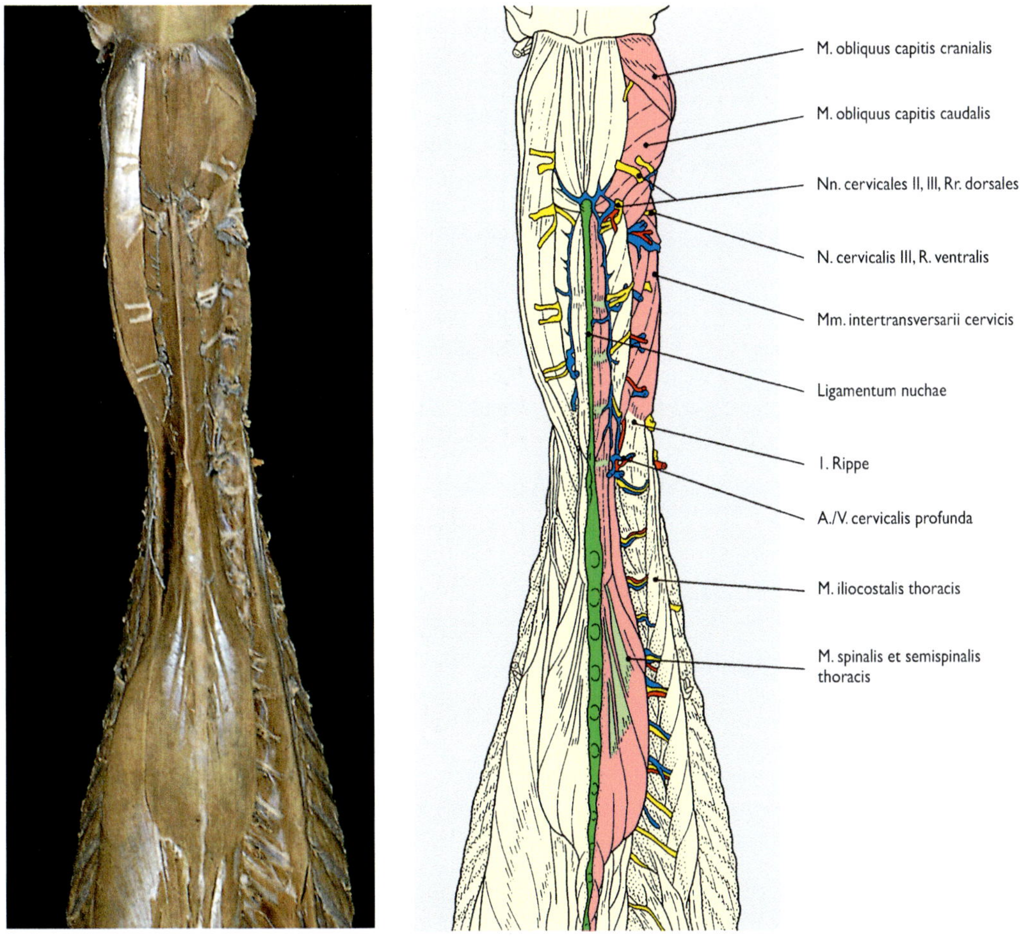

Abb. 9.18 Epaxiale Muskeln von Hals und kranialem Thoraxbereich. (3) Mm. intertransversarii, multifidi und spinalis: dorsale Ansicht. Auf der rechten Seite sind am Hals nach Entfernung der Mm. complexus und longissimus die prominenten und komplexen Mm. intertransversarii erkennbar, die sich als Mm. obliqui auf den Bereich von Atlas und Axis fortsetzen. Die Mm. intertransversarii sind in den Regiones thoracis und lumbalis kaum abzugrenzen, am Schwanz sind sie hingegen markant. Der M. rectus capitis dorsalis nahe der dorsalen Mittellinie ist die Fortsetzung der bislang noch verdeckten Mm. interspinales. Eine vergleichbare Ansicht aus lateraler Perspektive ist in Abb. 3.19 dargestellt.

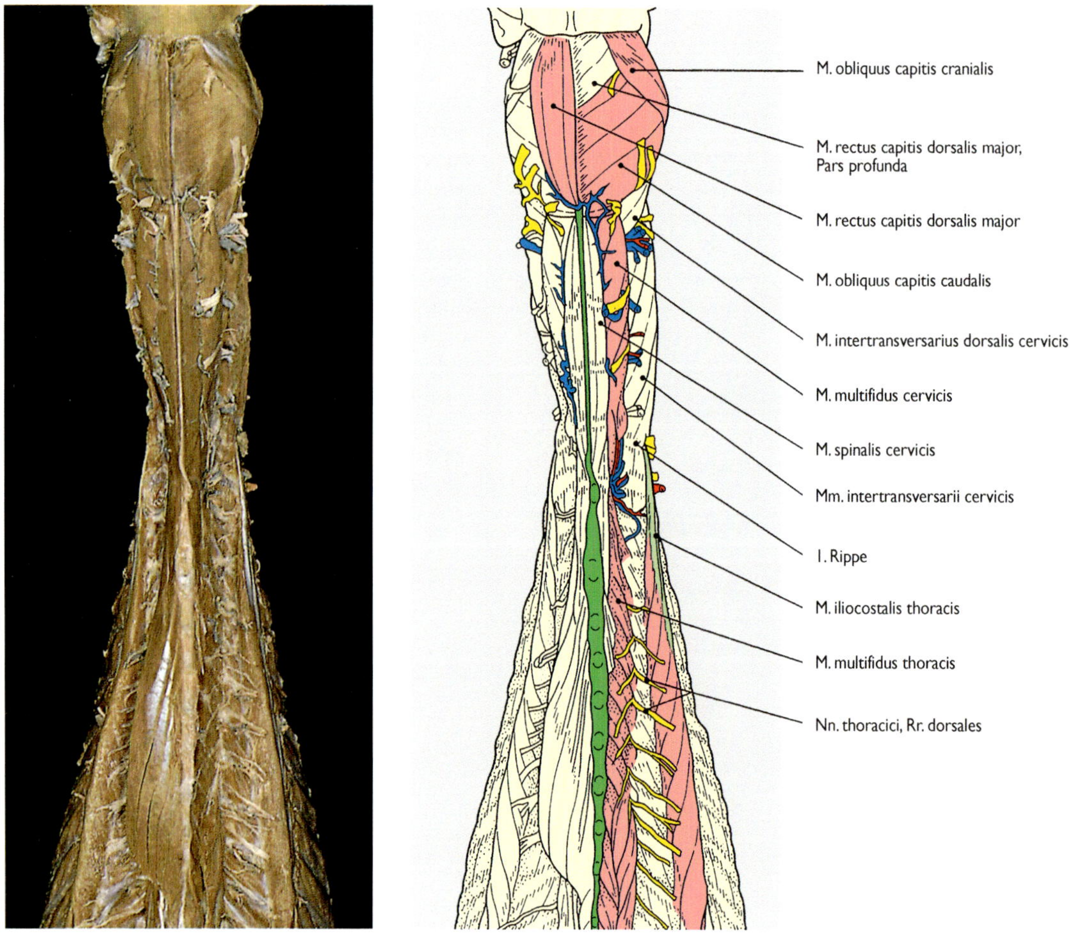

Abb. 9.19 Epaxiale Muskeln von Hals und kranialem Thoraxbereich. (4) Spezielle Muskeln der Atlantookzipitalregion: dorsale Ansicht. Der M. rectus capitis dorsalis major ist auf der linken Seite in situ dargestellt. Auf der rechten Seite wurde er entfernt, wodurch die Mm. obliqui capitis und der tiefe Anteil des M. rectus capitis dorsalis freigelegt wurden. Durch Entfernung der Spinalis- und Semispinalisanteile am Thorax wurden die Mm. multifidi thoracis und die muskulären Verzweigungen der Dorsaläste von Thorakalnerven dargestellt. Vergleichbare laterale Ansichten des Halses werden in Abb. 3.20, solche des Thorax in Abb. 5.40 dargestellt.

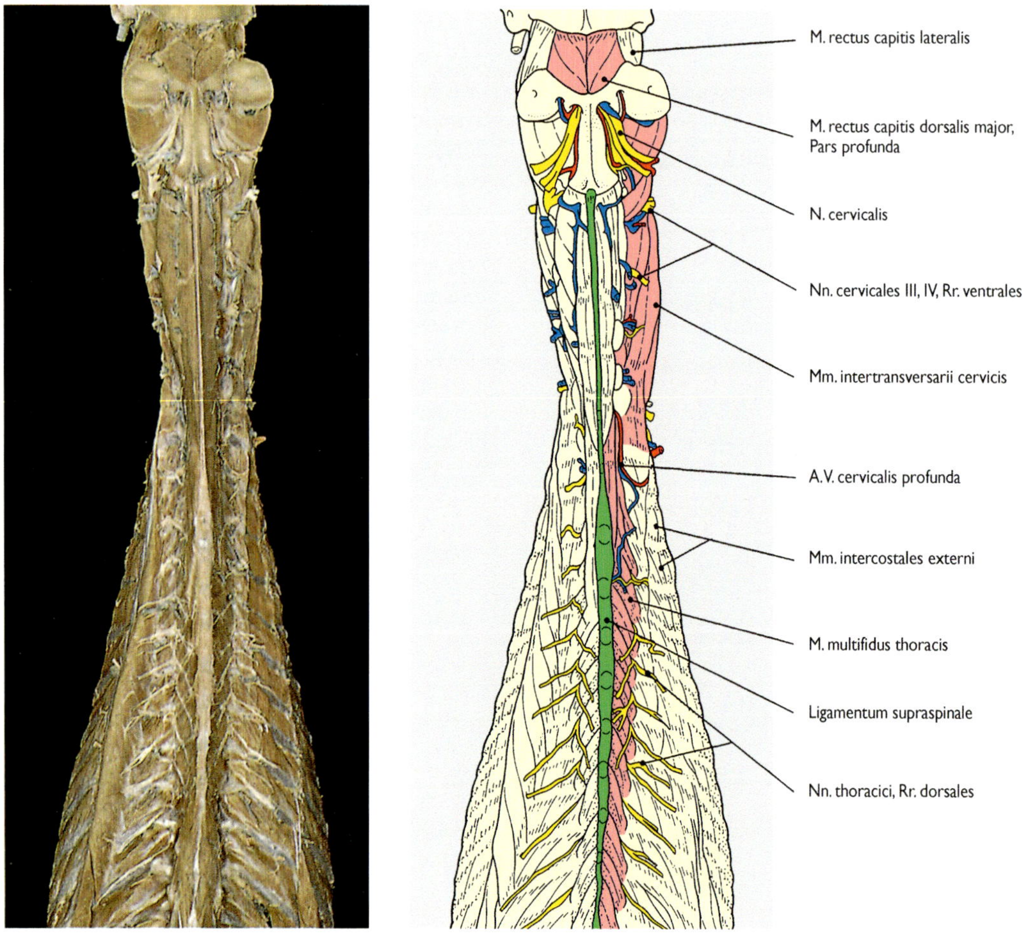

Abb. 9.20 Epaxiale Muskeln von Hals und kranialem Thoraxbereich. (5) Die Atlantookzipitalregion und das Ligamentum nuchae: dorsale Ansicht. Die Mm. obliqui und rectus capitis dorsalis wurden auf beiden Seiten entfernt, abgesehen vom tiefen Anteil des M. rectus capitis dorsalis im Bereich des Atlantookzipitalspaltes. Am Hals wurden die Mm. multifidi und einige Anteile der Mm. intertransversarii cervicis entfernt, während die mehr ventral lokalisierten Mm. intertransversarii gemeinsam mit den Stümpfen der Ventraläste der sie kreuzenden Zervikalnerven in situ verblieben sind. Vergleichbare laterale Ansichten des Halses sind in Abb. 3.21 und 3.22 dargestellt.

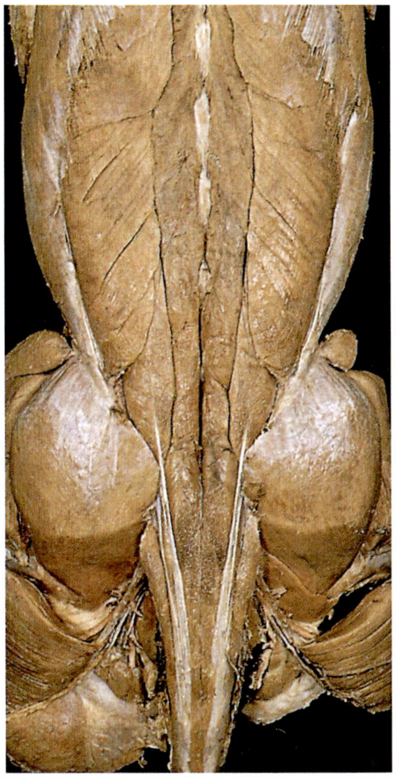

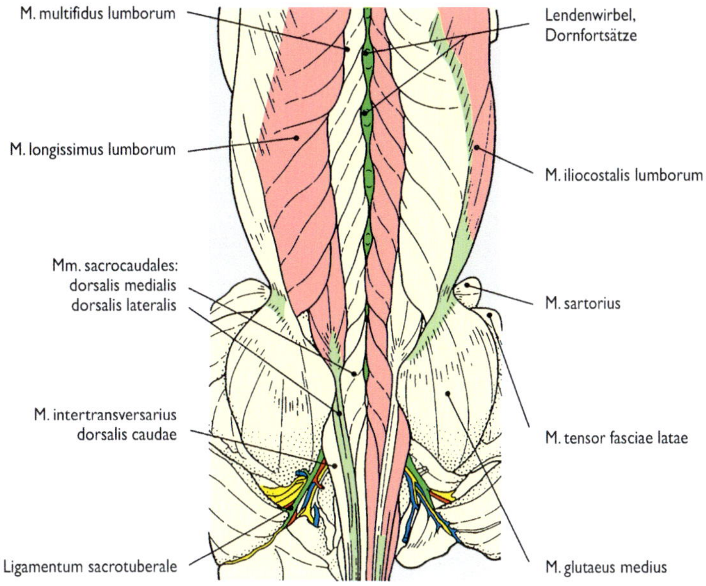

Abb. 9.21 Epaxiale Muskeln der Regiones lumbalis und sacralis und der Schwanzwurzel. (1) Nach Entfernung der tiefen Faszie: dorsale Ansicht. Durch die Entfernung der Fascia thoracolumbalis, sacralis, caudalis und glutaea sowie der Mm. glutei superficiales sind die epaxialen Muskeln freigelegt. Die Fortführung der Mm. multifidi und longissimus als Mm. sacrocaudales dorsales in den Schwanzansatz ist deutlich erkennbar. Die intertransversale Schwanzmuskulatur ist nach Entfernung der Mm. glutei superficiales sichtbar. Eine vergleichbare Ansicht des Rumpfes und der Fossa ischiorectalis aus der lateralen Perspektive ist in Abb. 7.17 zu sehen.

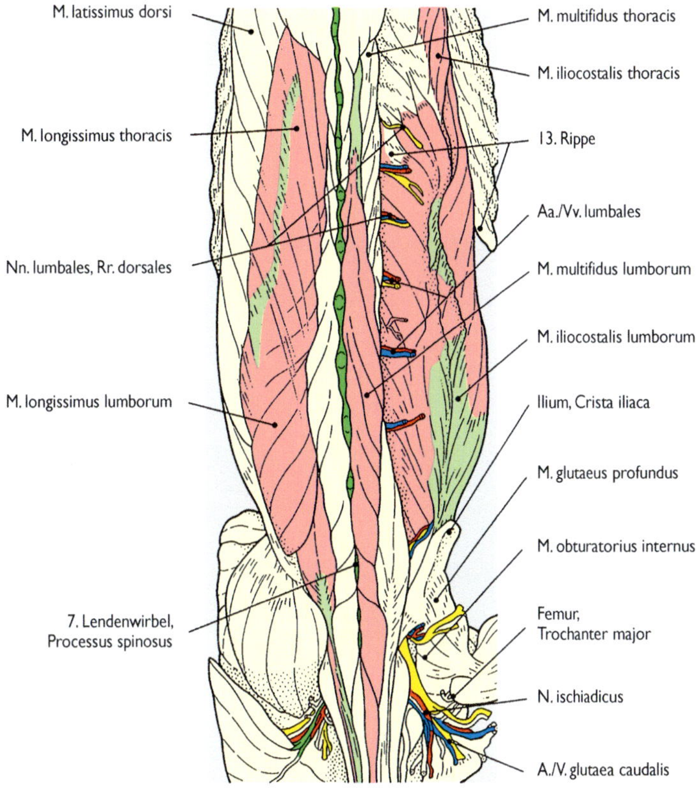

Abb. 9.22 Epaxiale Muskeln der Regiones lumbalis und sacralis und der Schwanzwurzel. (2) Nach Entfernung der Mm. longissimus und glutaeus: dorsale Ansicht. Die Mm. longissimus thoracis und lumbalis wurden auf der rechten Seite entfernt, während die muskuläre Fortsetzung in den Schwanz (M. sacrocaudalis dorsalis lateralis) am Präparat belassen wurden. Der M. iliocostalis ist lateral gemeinsam mit den Muskelzweigen der Dorsaläste der Lumbalnerven und Ästen von Lumbalgefäßen dargestellt. Die Entfernung der Mm. glutei auf der rechten Seite ermöglicht eine präzisere Abgrenzung der Schwanzwurzel. Wie den Hals zeichnen markante Mm. intertransversarii auch den Schwanz aus. Für eine vergleichbare laterale Ansicht siehe Abb. 7.19.

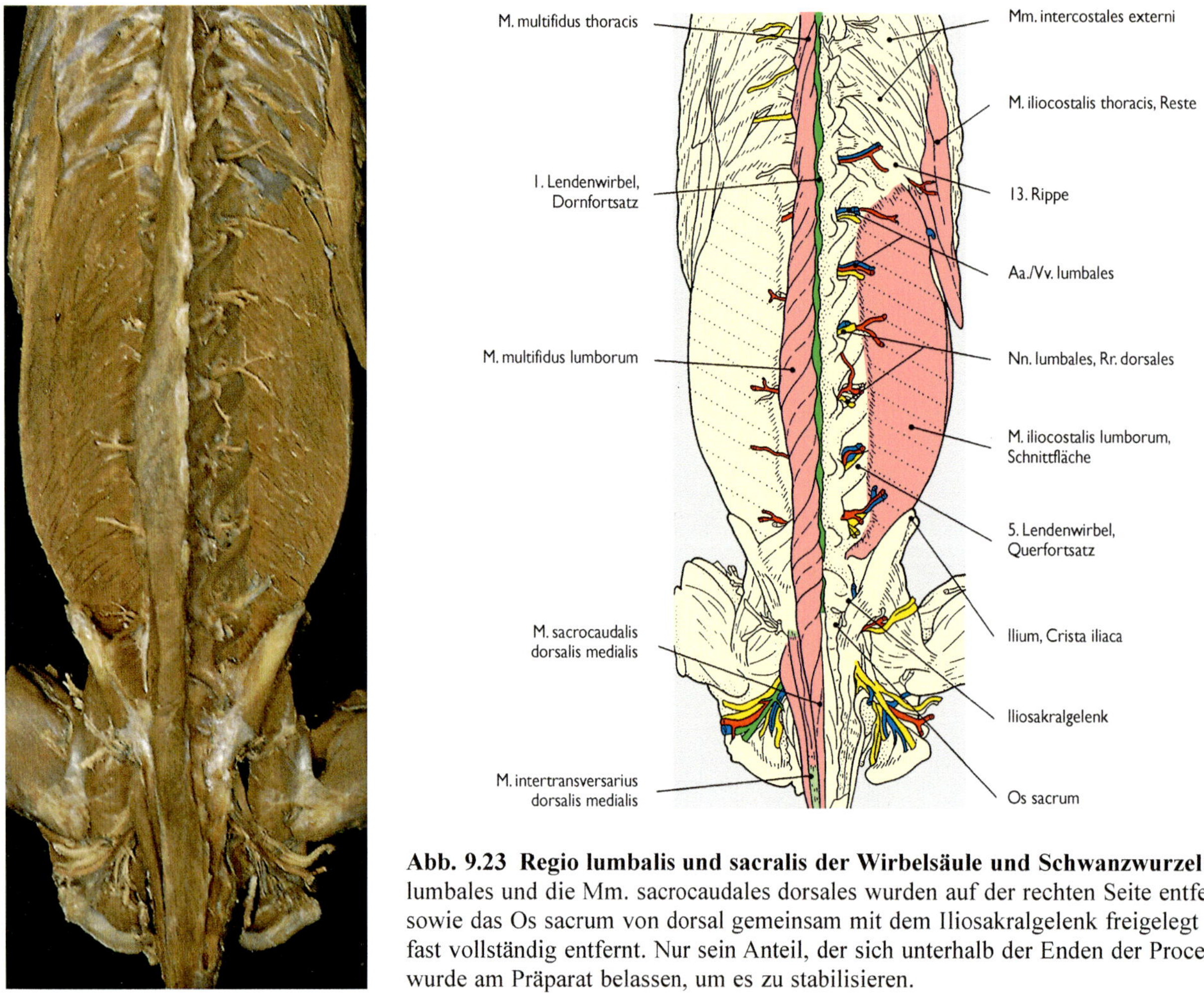

Abb. 9.23 Regio lumbalis und sacralis der Wirbelsäule und Schwanzwurzel: dorsale Ansicht. Die Mm. multifidi lumbales und die Mm. sacrocaudales dorsales wurden auf der rechten Seite entfernt, wodurch die Lendenwirbel sowie das Os sacrum von dorsal gemeinsam mit dem Iliosakralgelenk freigelegt wurden. Der M. iliocostalis wurde fast vollständig entfernt. Nur sein Anteil, der sich unterhalb der Enden der Processus transversi lumbales erstreckt, wurde am Präparat belassen, um es zu stabilisieren.

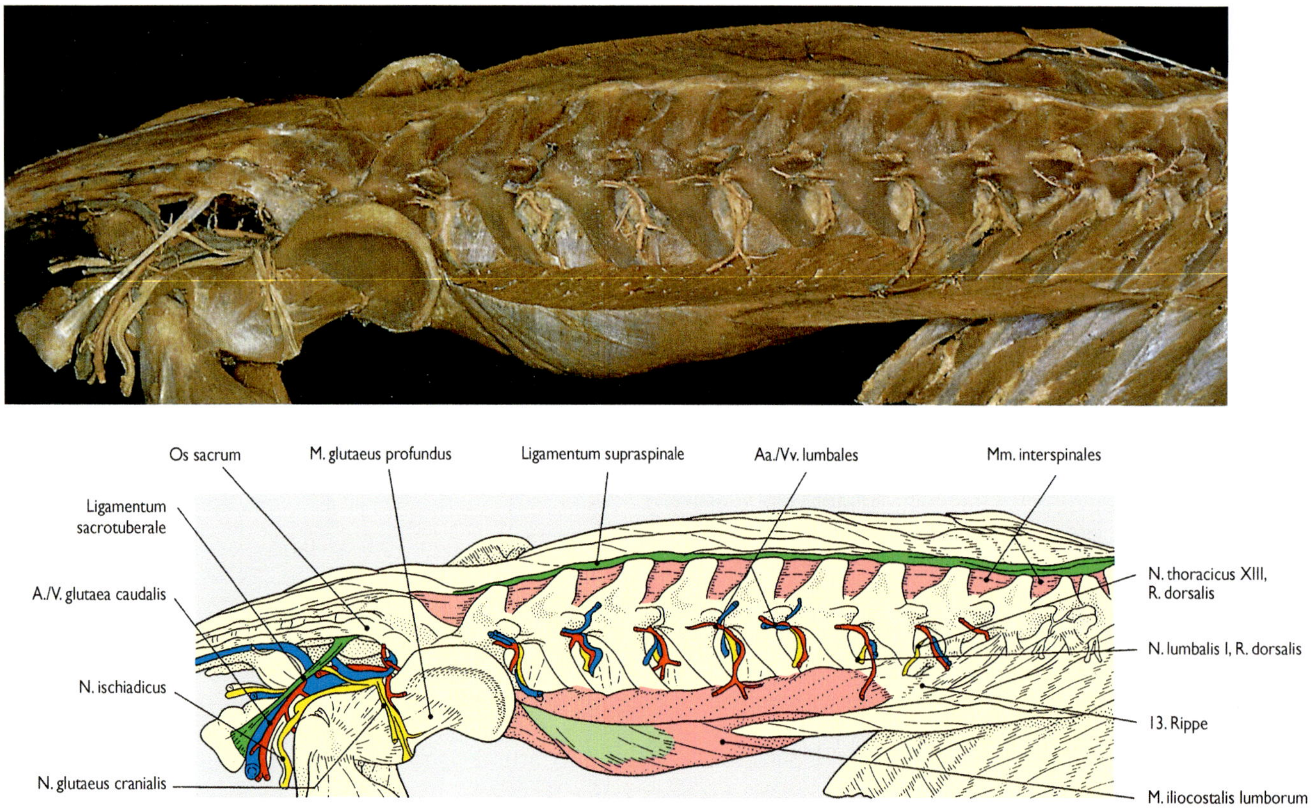

Abb. 9.24 Regiones lumbalis und sacralis der Wirbelsäule und der Schwanzwurzel: laterale Ansicht. Abb. 9.23 zeigt die laterale Ansicht der Regio lumbalis. Die epaxiale Muskulatur wurde entfernt, abgesehen von dem am weitesten ventral lokalisierten Anteil des M. iliocostalis. Die Muskeläste der Dorsaläste von Lumbalnerven, die von benachbarten Muskelästen der Lumbalgefäße begleitet werden, sind noch erkennbar.

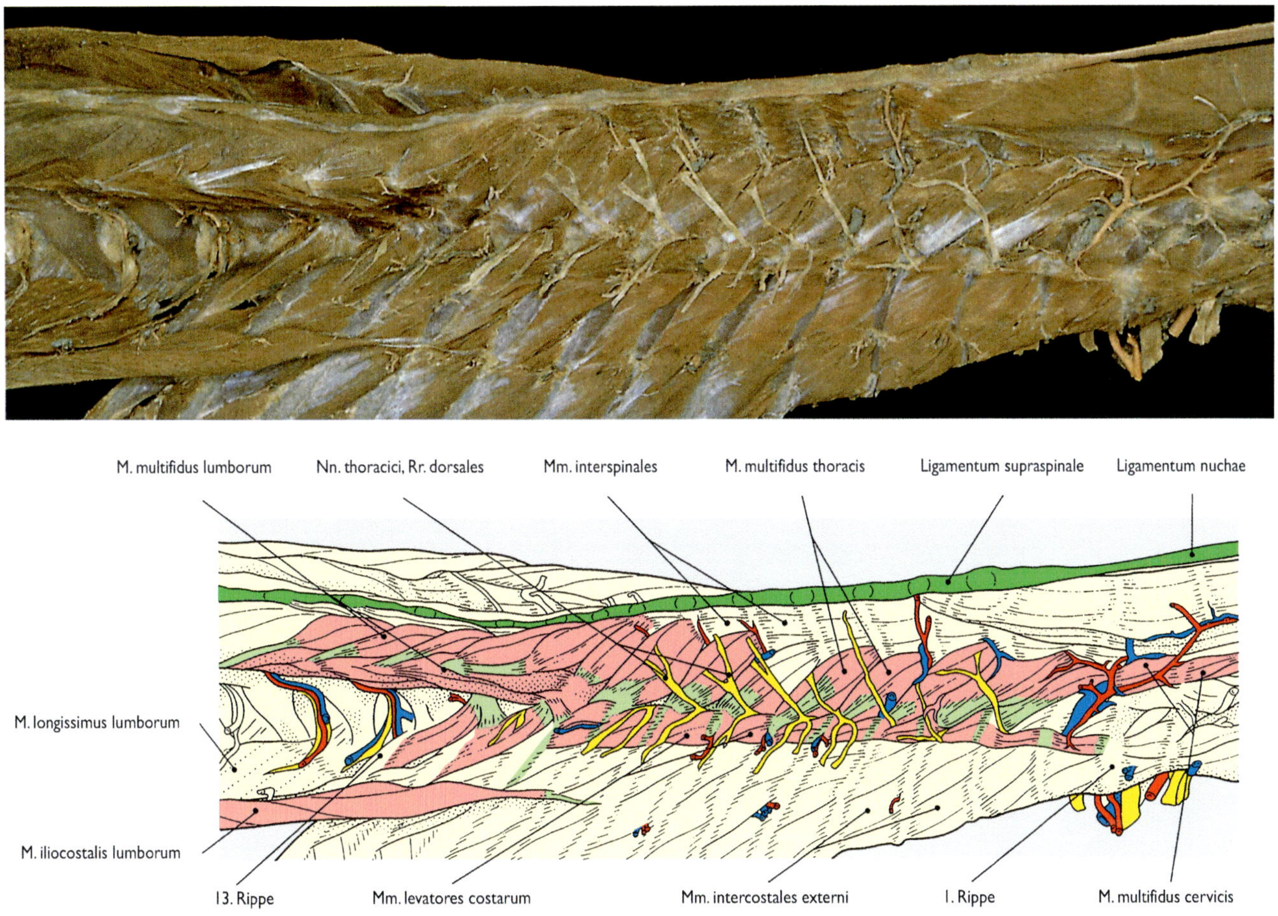

Abb. 9.25 Epaxiale Muskeln des Thorax. (1) Nach Entfernung der Mm. longissimus und iliocostalis: laterale Ansicht. Von der epaxialen Muskulatur verbleiben nur noch die Mm. multifidi und interspinales. Die Mm. multifidi („lange Rotatoren") sind von reich verzweigten Dorsalästen der Thorakalnerven überzogen. Durch Entfernung des M. iliocostalis am äußersten Rand der epaxialen Muskeln wurden auch die Mm. levatores costarum – die dorsalen Fortführungen der Mm. intercostales externi, freigelegt. Eine vergleichbare Ansicht, ebenfalls aus lateraler Perspektive, wird in Abb. 5.40 gezeigt.

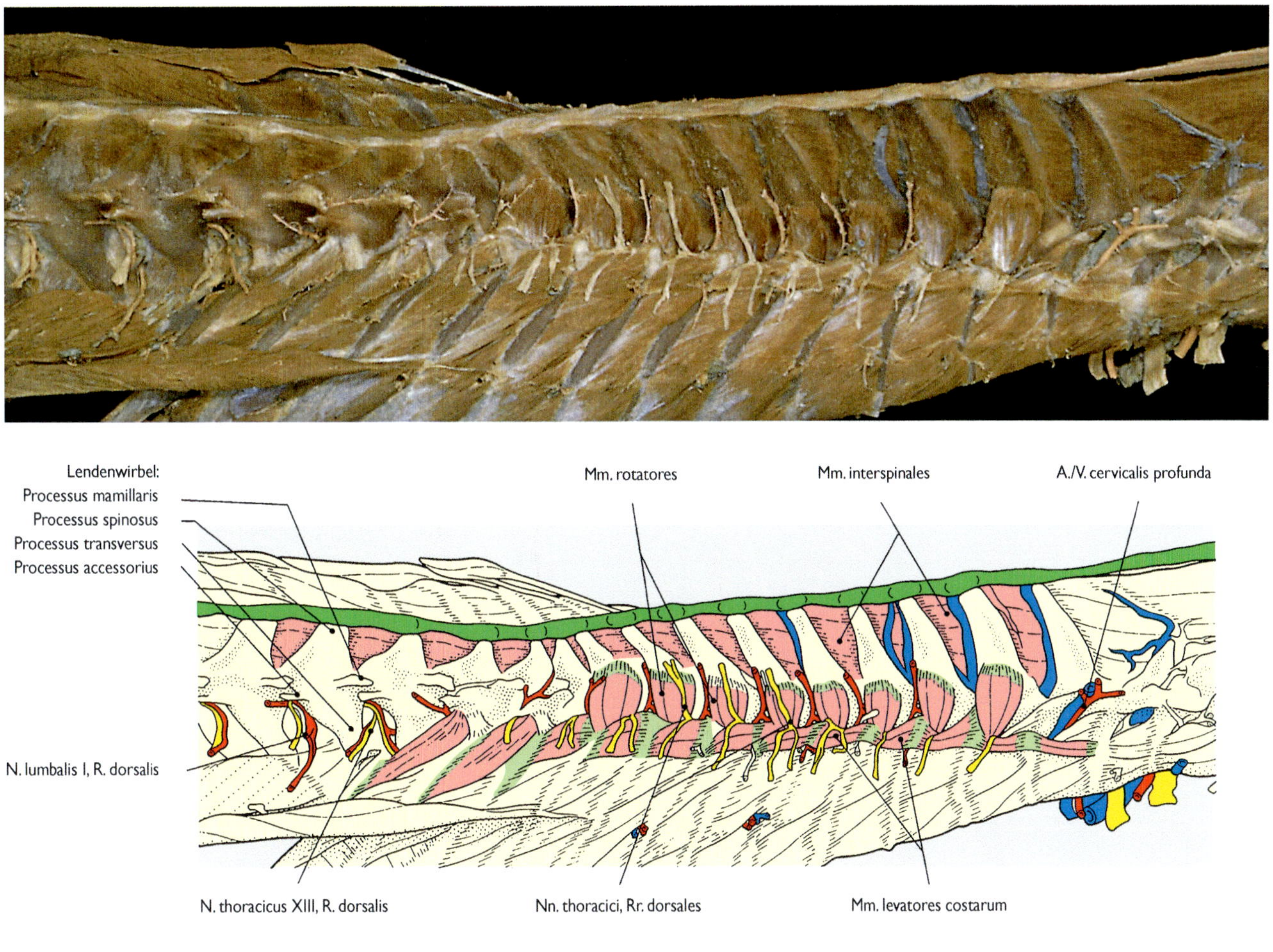

Abb. 9.26 Epaxiale Muskeln des Thorax. (2) Rotatoren und interspinale Muskeln: laterale Ansicht. Die „langen Rotatoren", Anteile des M. multifidus thoracis wurden entfernt, um die kürzeren und eher vertikal ausgerichteten Drehmuskeln sowie die Mm. levatores costarum freizulegen. Interspinale Muskeln und das longitudinal verlaufende Ligamentum supraspinale sind dargestellt.

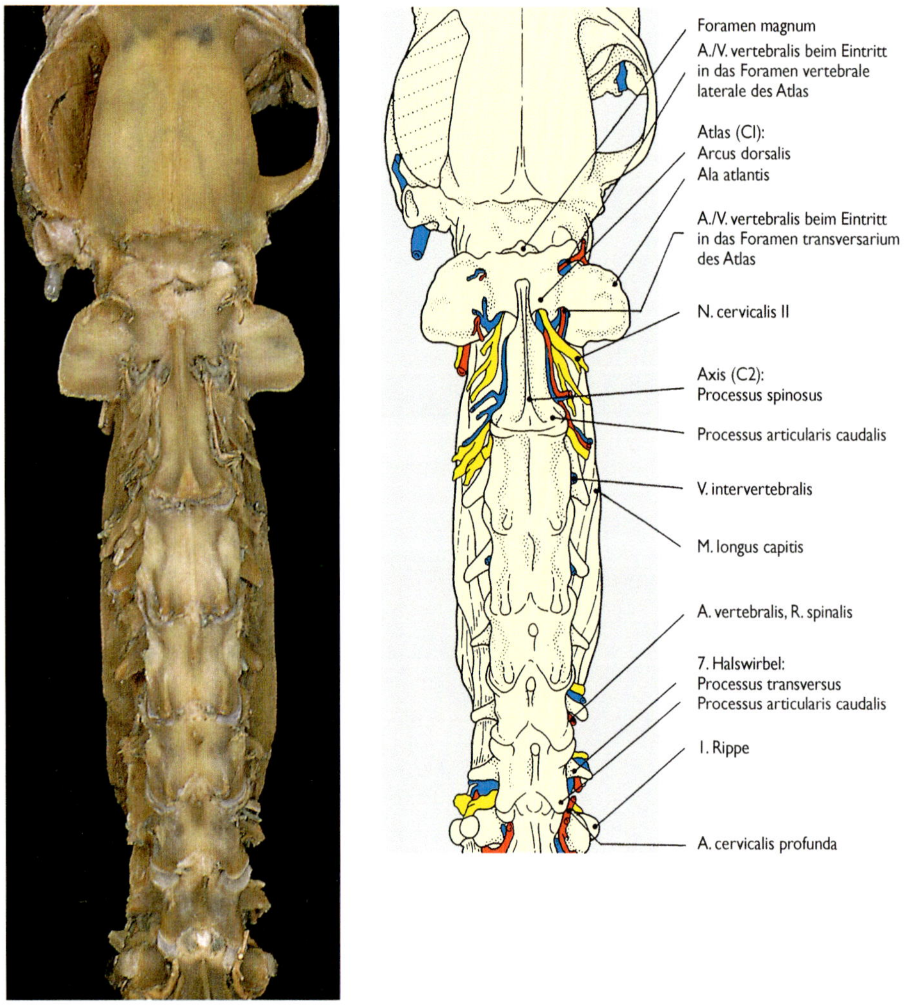

Abb. 9.27 Regio cervicalis der Wirbelsäule nach Entfernung der epaxialen Muskulatur: dorsale Ansicht. Die gesamte epaxiale Muskulatur wurde am Hals entfernt, um eine vollständige Ansicht der Halswirbel zu ermöglichen. Der Verlauf der A. vertebralis durch den Canalis transversarius des Atlas ist auf der rechten Seite erhalten. Der fortführende Ast der Arterie tritt durch das Foramen vertebrale laterale im Arcus dorsalis in den Canalis vertebralis ein. Der vollständige Verlauf der A. vertebralis wird in Abb. 3.21-3.23 und Abb. 3.26 gezeigt, wo die laterale Wandung des Canalis transversarius bei allen Halswirbeln entfernt wurde.

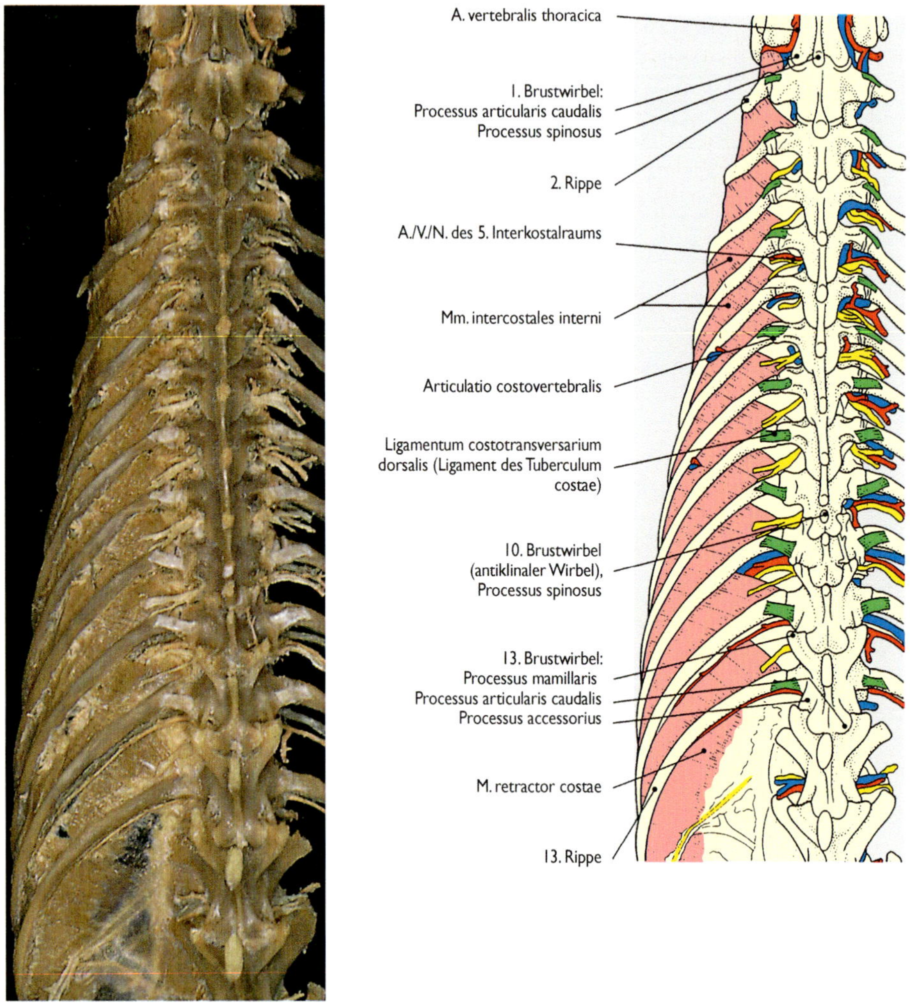

Abb. 9.28 Regio vertebralis thoracis, Nervi intercostales und Blutgefäße: dorsale Ansicht. Die gesamte epaxiale Muskulatur wurde gemeinsam mit der Interkostalmuskulatur vom Thorax entfernt. Die Mm. intercostales interni sind auf der linken Seite in ihrer natürlichen Lage dargestellt. Interkostale „Triaden" aus Arterie, Vene und Nerv sind am oberen Ende der Interkostalräume erkennbar (siehe auch Abb. 5.18 und 5.23 des Thorax in lateraler Ansicht).

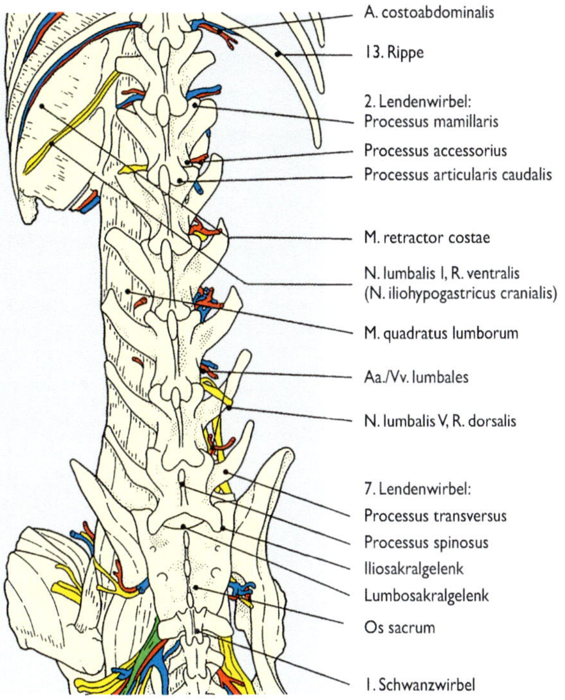

Abb. 9.29 Regiones lumbalis, sacralis und caudalis der Wirbelsäule nach Entfernung der epaxialen Muskeln: dorsale Ansicht. Die gesamte epaxiale Muskulatur wurde von der Regio lumbalis und der Schwanzwurzel entfernt, um eine vollständige Ansicht der Wirbel in diesem Abschnitt zu ermöglichen. Auf der linken Seite werden auch die Nerven und Blutgefäße bei ihrem Austritt aus der Beckenhöhle durch das Foramen ischiadicum minor unterhalb des Ligamentum sacrotuberale auf ihrem Weg zur Hintergliedmaße gezeigt (in der lateralen Ansicht in Abb. 7.16-7.19 und Abb. 8.9 dargestellt).

Abb. 9.30 Regio lumbalis der Wirbelsäule, Lumbalgefäße und der Truncus sympathicus lumbalis: laterale Ansicht. Durch Entfernung des M. iliocostalis lumborum der epaxialen Muskulatur sowie der Mm. quadratus lumborum und psoas der subvertebralen hypaxialen Muskulatur wurde die gesamte Länge der Aorta abdominalis freigelegt. Lumbale Arterien sind deutlich erkennbar, ebenso der Truncus sympathicus mit seinen Rami communicantes zu den ventralen Ästen der Lumbalnerven.

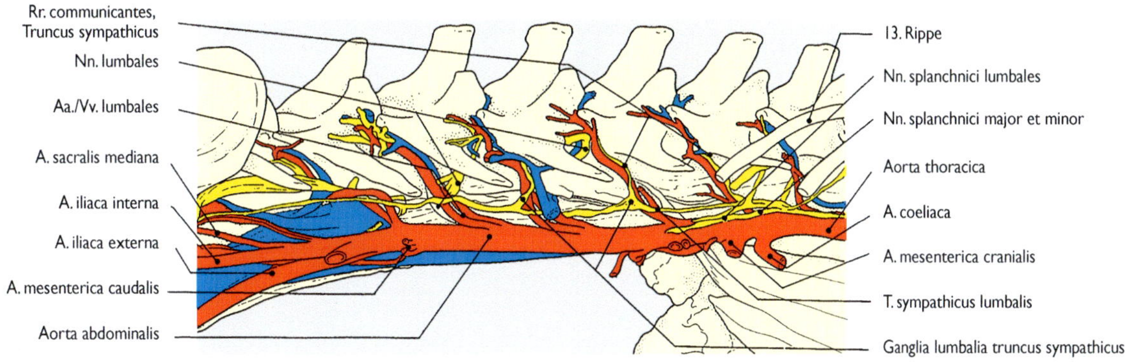

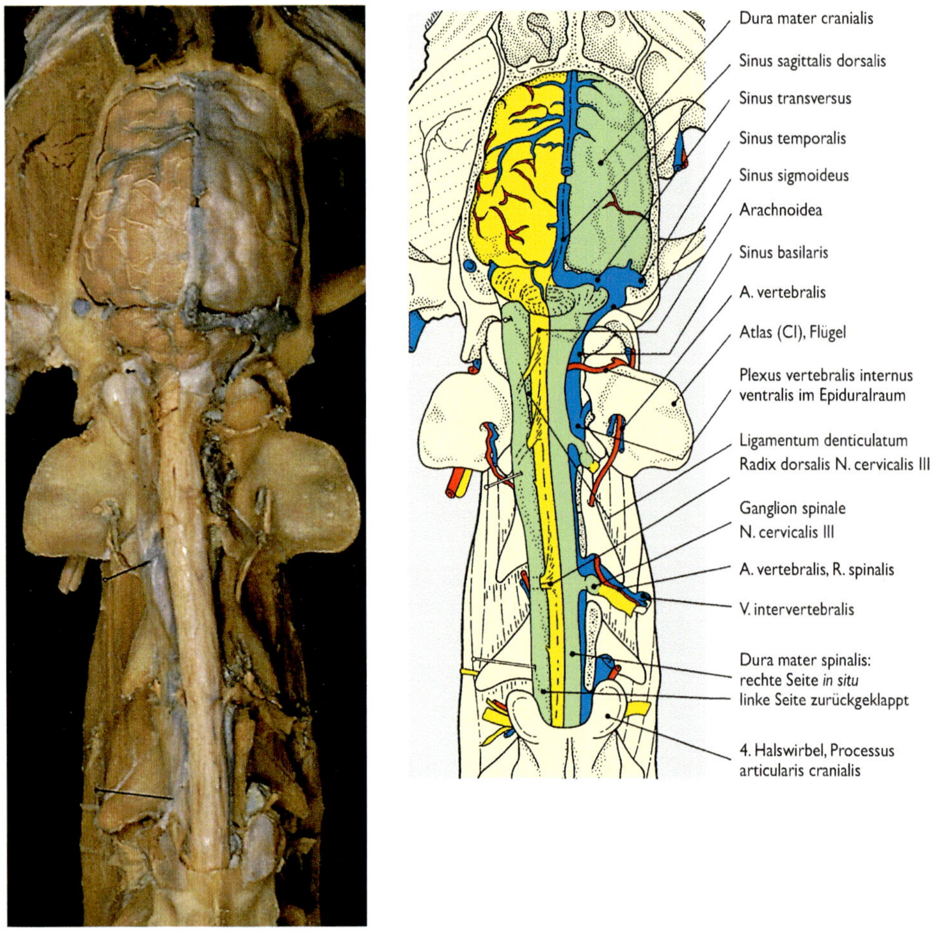

Abb. 9.31 Rückenmark und Rückenmarkshäute in situ. (1) Kraniale Halsregion: dorsale Ansicht. Die Schädelkalotte wurde gemeinsam mit dem dorsalen Atlasbogen,den Bögen und Dornfortsätzen des Axis und des dritten Halswirbels entfernt, wodurch die Schädelhöhle und der Wirbelkanal eröffnet wurden. Das Gehirn, die Hirnhäute und Sinus durae matris wurden bereits an anderer Stelle besprochen (Abb. 2.117 und 2.118). Im Wirbelkanal wurde die Dura entlang der dorsalen Mittellinie longitudinal durchtrennt und die linke Hälfte zurückgeklappt, um die dorsalen Nervenwurzeln bei ihrem Eintritt in ihre jeweiligen Durascheiden und einen Anteil des Ligamentum denticulatum darzustellen. Auf der rechten Seite wurde die A. vertebralis von ihrem Eintritt in den Wirbelkanal bis zu der Stelle erhalten, wo sie unter das Rückenmark zieht und sich von dort aus als Aa. spinalis ventralis und basilaris fortsetzt (siehe Abb. 2.111 und 2.124).

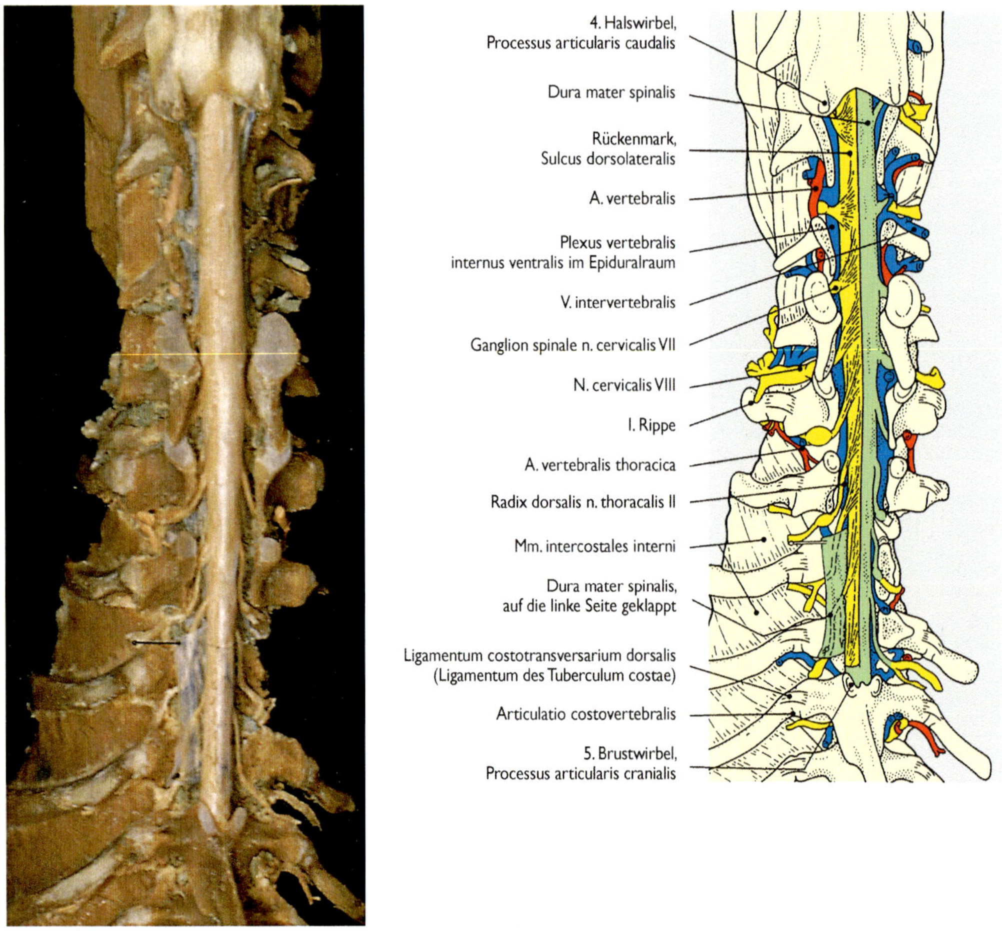

Abb. 9.32 Rückenmark und Rückenmarkshäute in situ. (2) Zervikothorakaler Übergang: dorsale Ansicht. Dieses Präparat zeigt die zervikale Umfangszunahme des Rückenmarks, die in den Wirbelabschnitten C5-C7 liegt und mit der Nervenversorgung der Vordergliedmaße einhergeht. Auch die fortschreitende Verlängerung der Spinalnervenwurzeln im Epiduralraum ist offenkundig: Auf Höhe von C6 verlaufen die Wurzeln nach ihrem Ursprung aus dem Rückenmark mehr oder weniger rechtwinklig bis sie durch das Foramen intervertebrale austreten; auf Höhe von T3 und T4 ziehen die Nervenwurzeln eine gewisse Strecke innerhalb des Wirbelkanals nach kaudal, bevor sie austreten. In dieser kaudalen Region wurde die Dura mater auf der linken Seite vom Rückenmark weggeklappt und ein Anteil des Ligamentum denticulatum liegt frei.

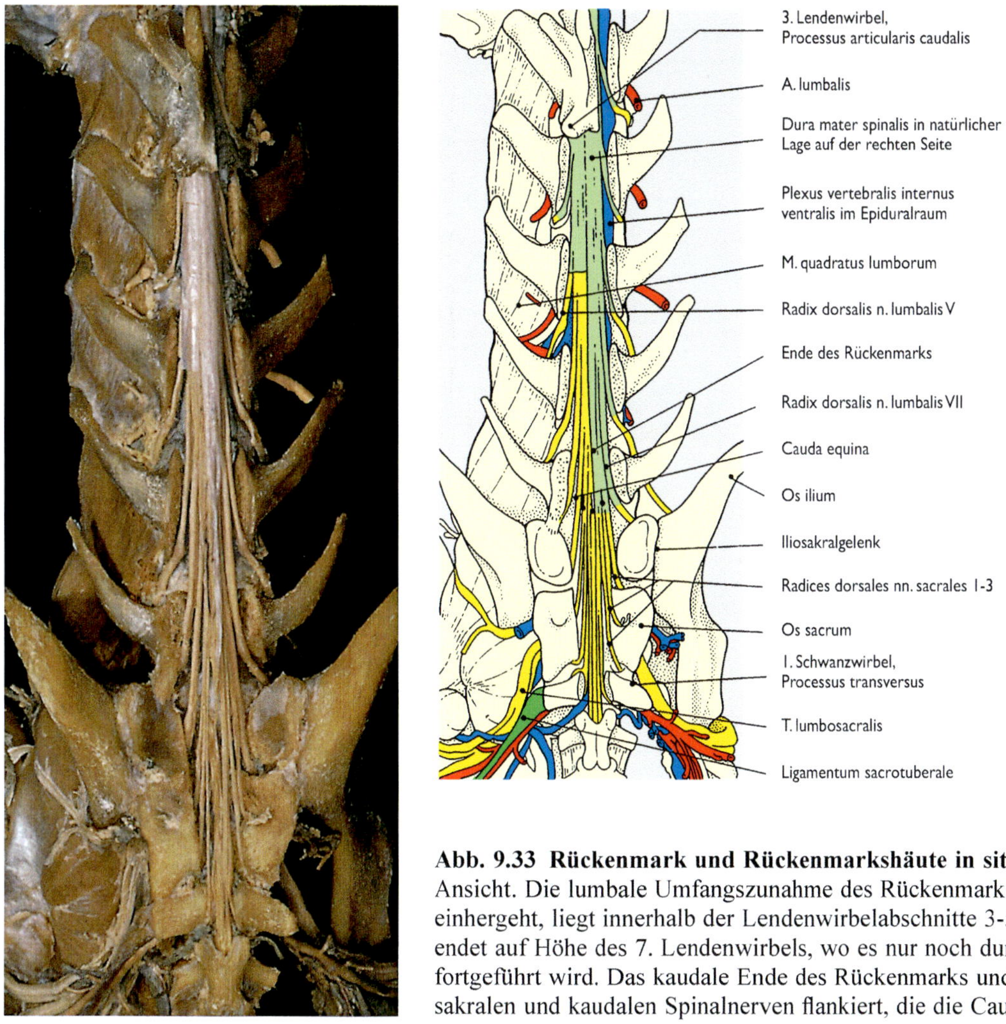

Abb. 9.33 Rückenmark und Rückenmarkshäute in situ. (3) Regio lumbalis und Cauda equina: dorsale Ansicht. Die lumbale Umfangszunahme des Rückenmarks, die mit der Nervenversorgung der Hintergliedmaßen einhergeht, liegt innerhalb der Lendenwirbelabschnitte 3-5. Dahinter verengt sich das Rückenmark zusehends und endet auf Höhe des 7. Lendenwirbels, wo es nur noch durch einen Strang, der nicht aus Nervengewebe besteht, fortgeführt wird. Das kaudale Ende des Rückenmarks und dieses Filum terminale werden von den Wurzeln der sakralen und kaudalen Spinalnerven flankiert, die die Cauda equina bilden.

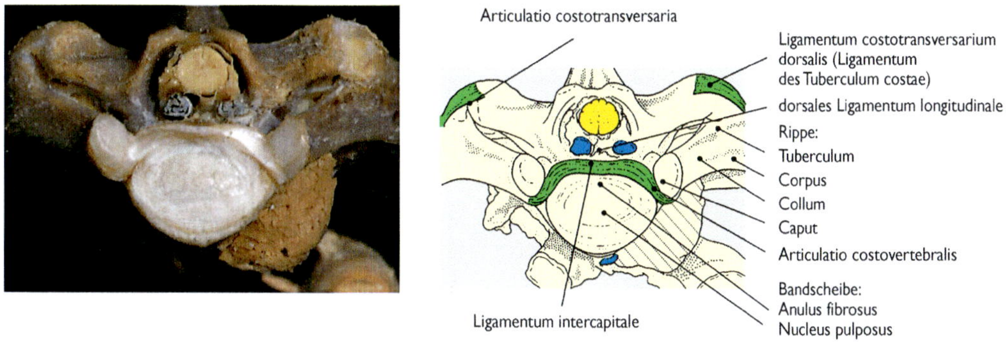

Abb. 9.34 Bänder der Wirbelsäule. (1) Ligamentum intercapitale: kraniale Ansicht. Die Wirbelsäule und das Rückenmark wurden durch einen Schnitt zwischen dem 2. und 3. Brustwirbel durchtrennt. In der durchtrennten Bandscheibe zeigt sich ein äußerer faserknorpeliger Anteil, der einen zentral lokalisierten Nucleus pulposus umgibt. Ein Ligamentum intercapitale, das die Rippenköpfe über den dorsalen Rand einer Bandscheibe hinweg verbindet, ist jeweils zwischen den Köpfen der 2. bis 10. Rippe vorhanden.

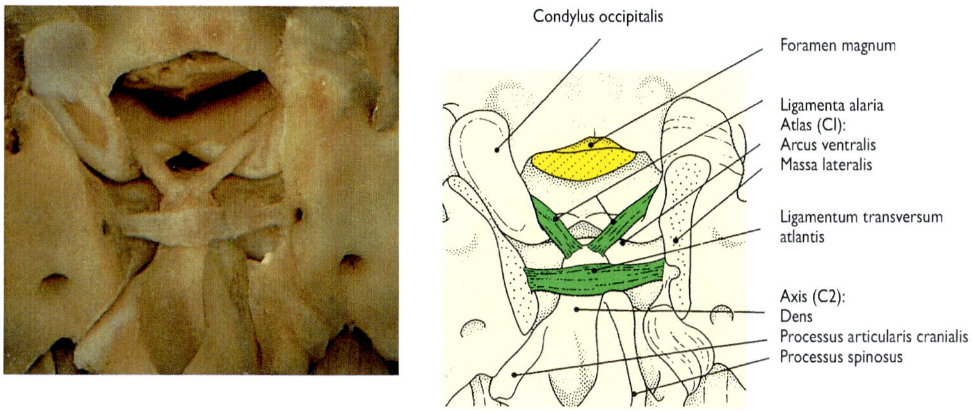

Abb. 9.35 Ligamenta der Wirbelsäule. (2) Ligamenta atlantoaxiale: dorsale Ansicht. Der dorsale Atlasbogen wurde entfernt und der Wirbelkanal von Rückenmark, Rückenmarkshäuten und Venenplexus befreit, um die zum Dens axis (Processus odontoideus) gehörigen Bänder an der Stelle freizulegen, wo sich der Dens an der Bildung des Atlantoaxialgelenks beteiligt.

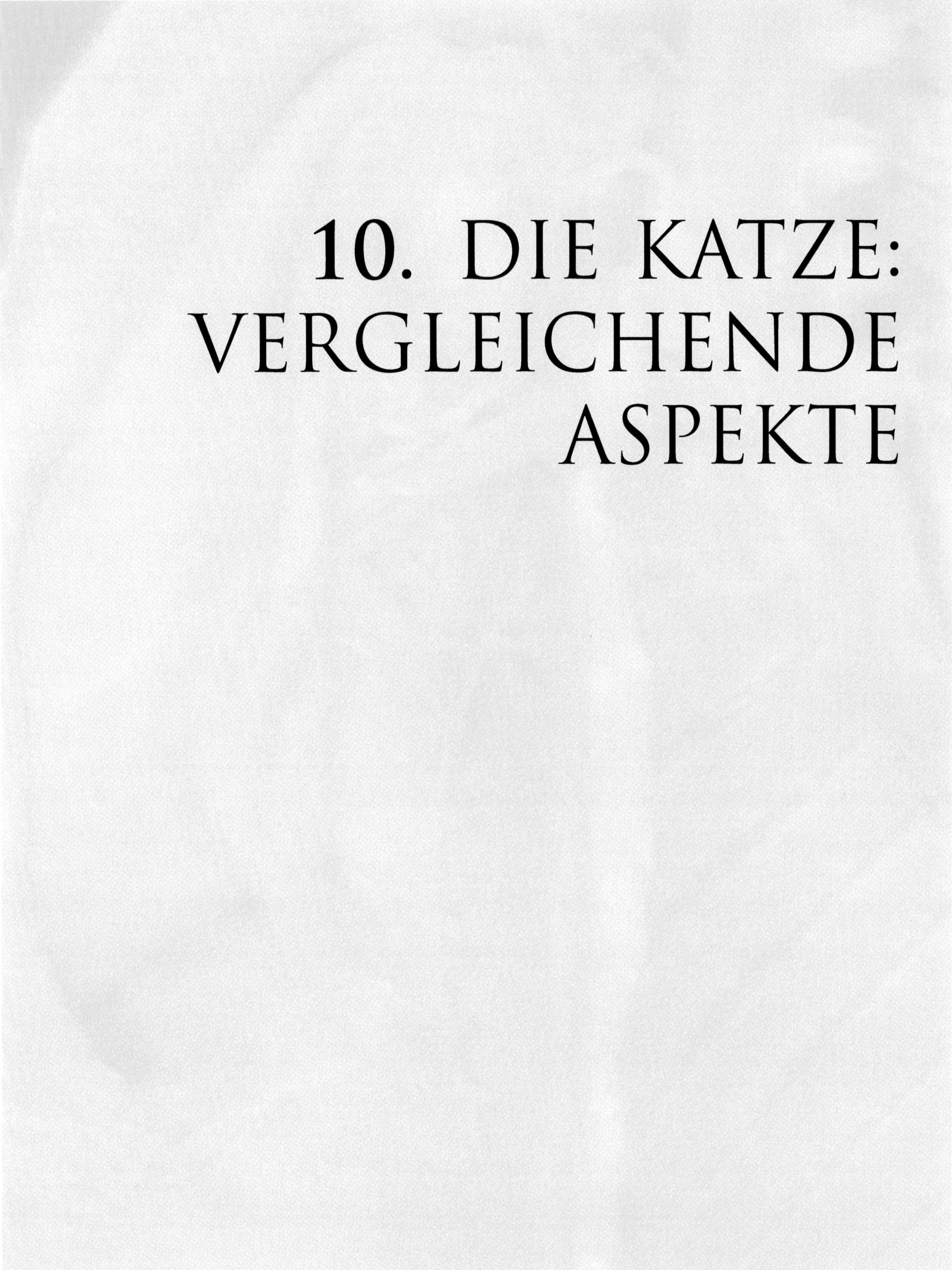

10. DIE KATZE: VERGLEICHENDE ASPEKTE

Abb. 10.1 Oberflächenmerkmale der Katze: linke laterale Ansicht. Die Katze unterscheidet sich in mehrfacher Hinsicht vom Hund (siehe Abb. 1.1), wobei die meisten Unterschiede in Körperform und Körperproportionen bestehen. In diesem Kapitel sind, anstelle einer umfassenden Besprechung der makroskopischen Anatomie der Katze, die den Rahmen dieses Buches sprengen würde, einige wichtige anatomische Unterschiede dargestellt.
Die offensichtlichsten, bei einer Oberflächenuntersuchung feststellbaren Unterschiede bestehen in: (i) einem verkürztem Gesicht mit stärkerer Ausprägung der Vibrissen an der Schnauze und Fehlen der Vibrissen unterhalb des Kinns; (ii) einer elliptischen Pupille im Auge, die sich im hellen Licht bis auf einen vertikalen Schlitz fast vollständig schließen kann; (iii) der Reduktion des Gebisses auf ein reines Fleischfressergebiss mit im Verhältnis zum Hund längeren und stärkeren Canini, die das Zupacken unterstützen, einem beträchtlichen Zwischenraum hinter den Canini, und den Reißzähnen, die im Vergleich zu anderen Karnivoren am scherenähnlichsten sind; (iv) kurzen, gebogenen und spitzen Krallen, die eingezogen werden können; (v) einem kurzen, kaudal ausgerichteten Penis, mit der Öffnung des Präputiums nahe des Skrotums.

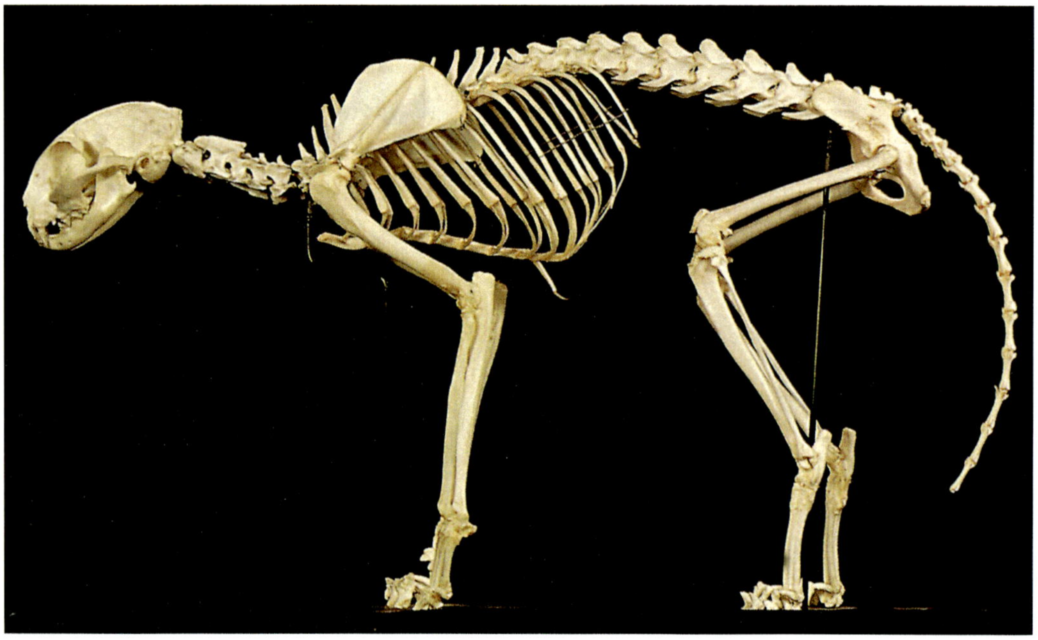

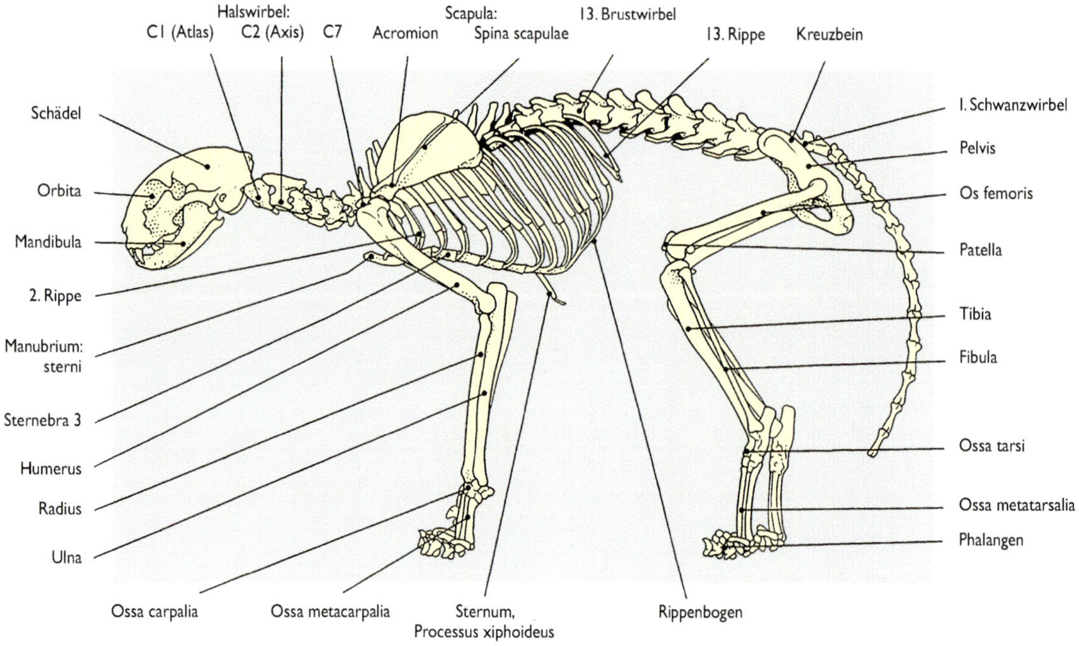

Abb. 10.2 Skelett der Katze: linke laterale Ansicht. Anhand von Skelettbildern und Röntgenaufnahmen wird die Osteologie der Katze dargestellt. Von unmittelbarer Bedeutung ist die große allgemeine Ähnlichkeit mit dem Hund, wobei die Knochen im Allgemeinen zierlicher geformt sind. Eine Abbildung des Skelettes gibt einen klaren Hinweis auf den Unterschied in der Körperhaltung der beiden Tiere (vergleiche mit Abb. 1.2).

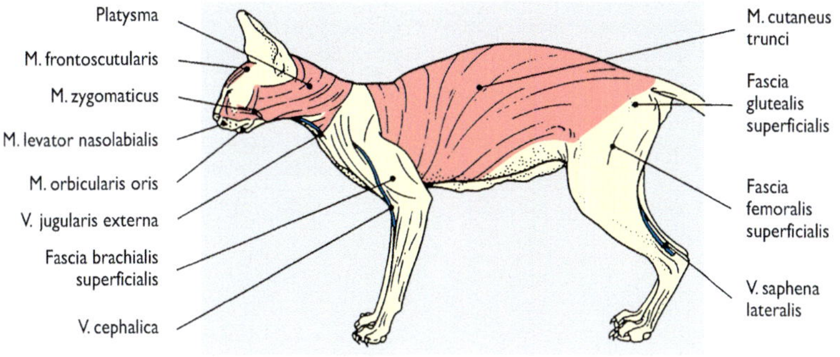

Abb. 10.3 Oberflächliche Strukturen und Hautmuskeln: linke laterale Ansicht. Die Haut wurde entfernt, wobei die oberflächliche Faszie zum Vorschein kommt, die in ihrer Ausdehnung mit der des Hundes vergleichbar ist (siehe Abb. 2.24, 3.6, 4.10, 4.50, 5.6, 6.11, 7.11, 7.42, 9.9 und 9.10). Der Hautmuskel des Rumpfes erstreckt sich bei der Katze über eine größere Fläche, mit deutlichem Ursprung am Rumpf, der Regio sacralis und in manchen Fällen auch am Schwanzansatz.

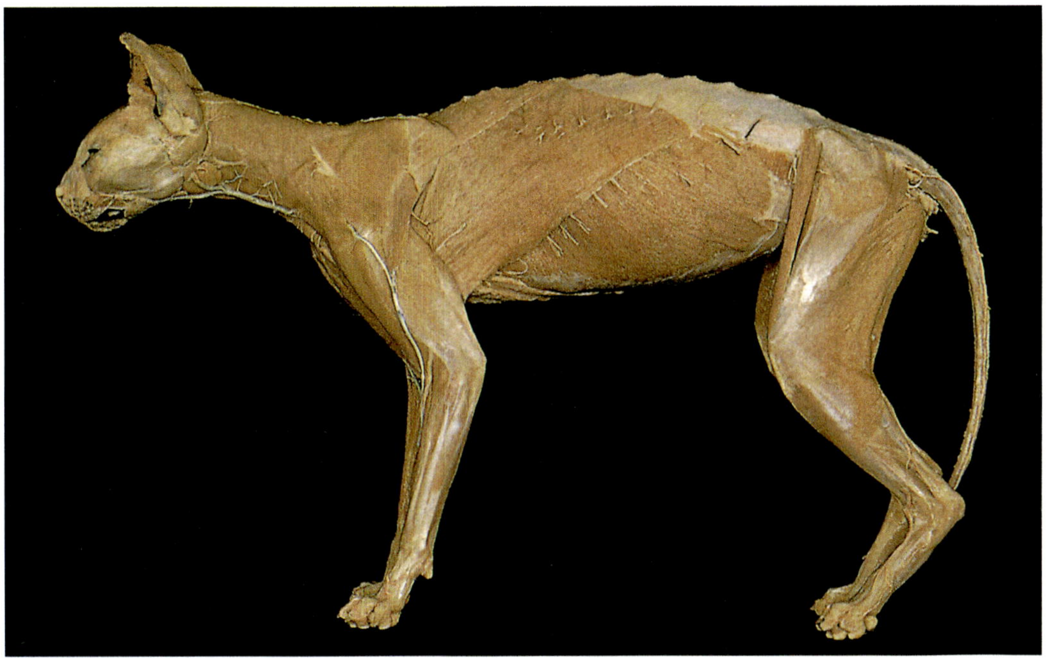

Abb. 10.4 Oberflächliche Muskulatur: linke laterale Ansicht. Die oberflächliche Faszie und der in ihr enthaltene Hautmuskel wurden entfernt, wodurch die oberflächliche Muskulatur freigelegt wurde. Die Überreste der lateralen Hautäste der Rami dorsales Nn. thoracici und der Nn. intercostales (Rami ventrales Nn. thoracici) treten jeweils dorsolateral und lateral aus der Rumpfmuskulatur hervor.

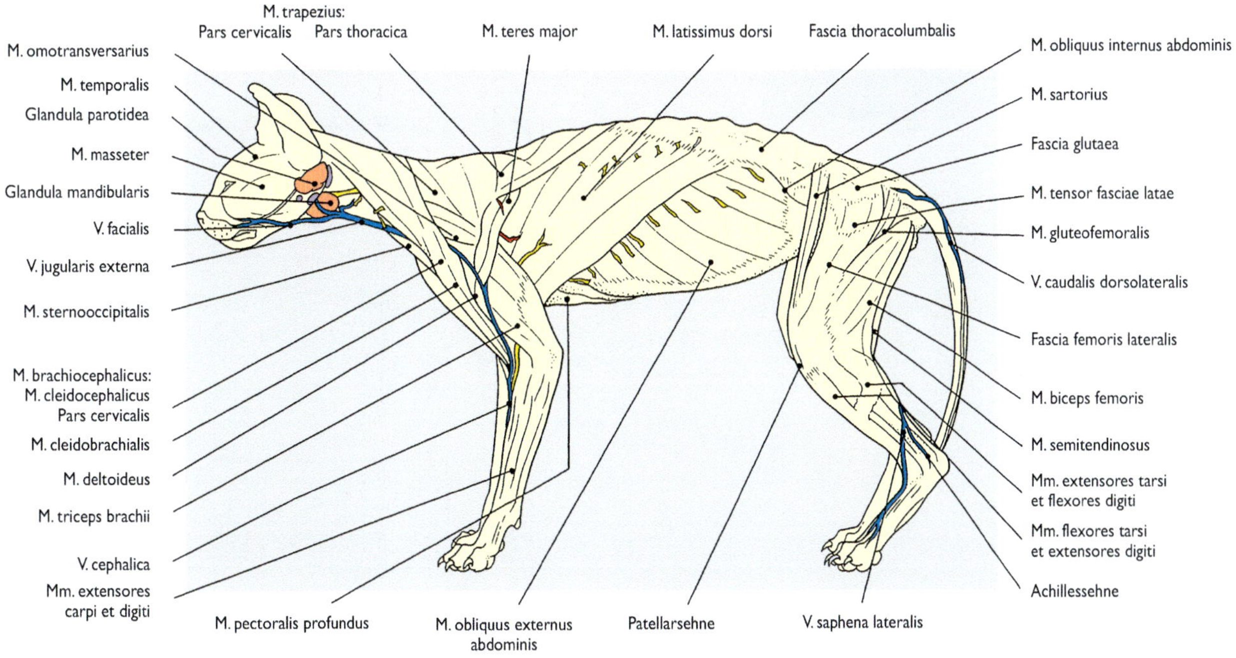

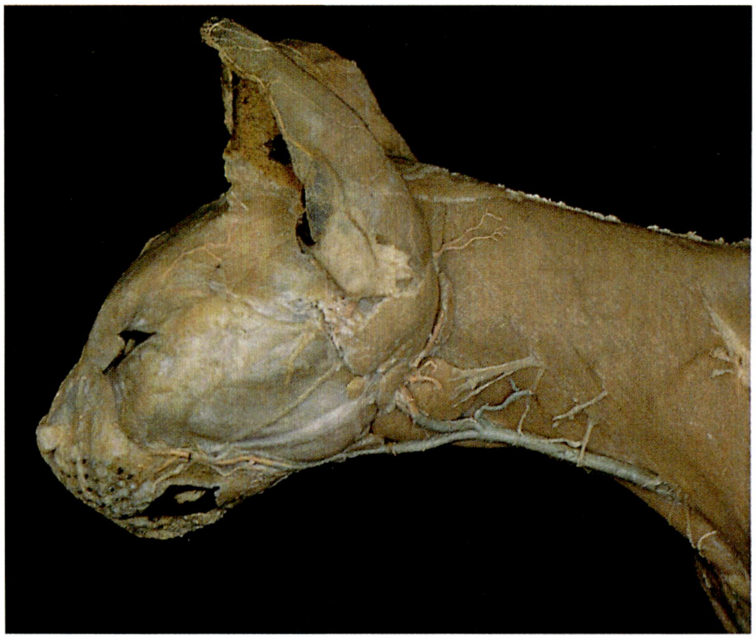

Abb. 10.5 Oberflächliche Strukturen von Kopf und Schulter: linke laterale Ansicht. Der Kopf wurde außer im Bereich der Schnauze enthäutet und der Großteil der Hautmuskulatur entfernt (vergleiche mit Abb. 2.27-2.30 beim Hund). Zu den sichtbaren Unterschieden gehört, abgesehen von Abweichungen in Körperform und -proportion, auch eine Glandula molaris, die stärker hervortritt als die Glandulae buccales des Hundes (Abb. 2.38). Ein zusätzlicher und großer oberflächlicher Ln. parotideus liegt kaudal der Glandula parotis. Beachte: Generell sind die Lymphknoten bei der Katze im Verhältnis größer als beim Hund.

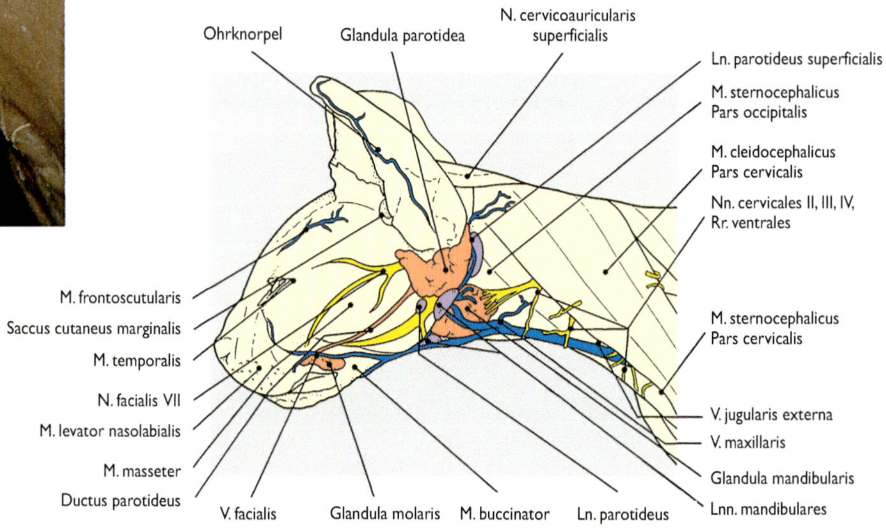

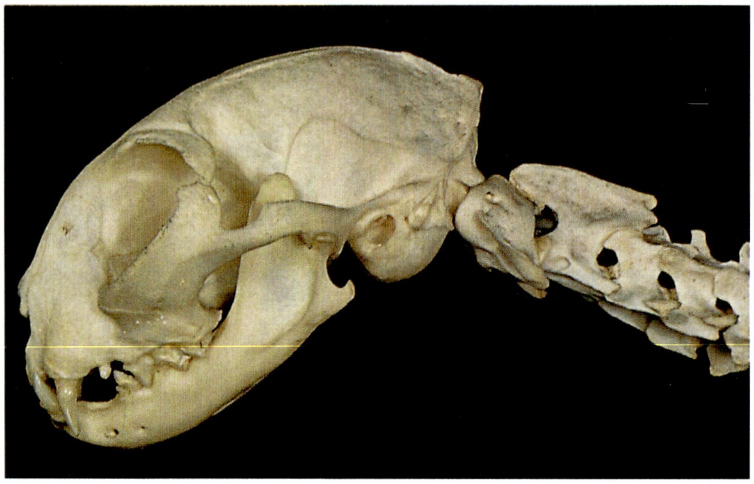

Abb. 10.6 Skelett vom Kopf und kranialen Halsbereich: linke laterale Ansicht. Der Schädel weist einige Unterschiede zum Hund auf (Abb. 2.2). Die Länge des Gesichtsschädels ist im Verhältnis zum Hirnschädel reduziert, was primär auf der Verkürzung des Kiefers beruht. Das Gebiss ist reduziert und rein schneidend (Scherengebiss), es fehlt jegliche Mahlfähigkeit der Backenzähne; die unterdrückte/reduzierte Größe der Prämolaren führt zu einem markanten Zwischenraum hinter den Canini. Die vergrößerte Augenhöhle hat einen praktisch vollständigen knöchernen Rand und ist eher rostral gelegen, was der Katze das am besten entwickelte Binokularsehen aller Fleischfresser verleiht. Eine Crista sagittalis externa ist kurz und auf den kaudalen Hirnschädelabschnitt begrenzt, während die Bulla tympanica, die das Mittelohr enthält, erkennbar größer ist.

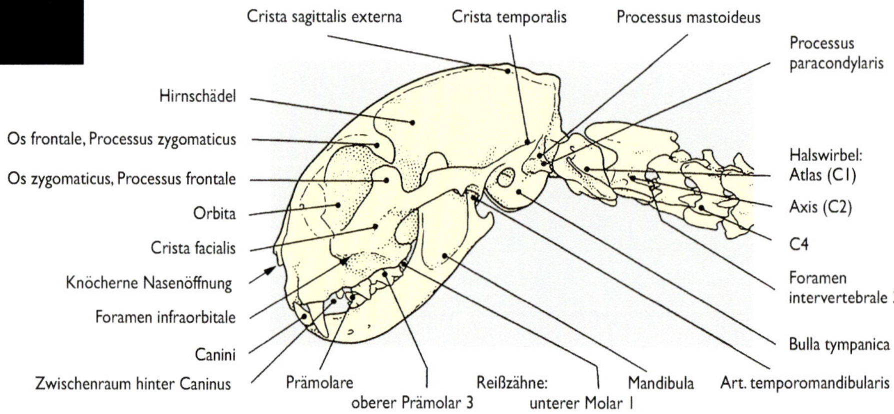

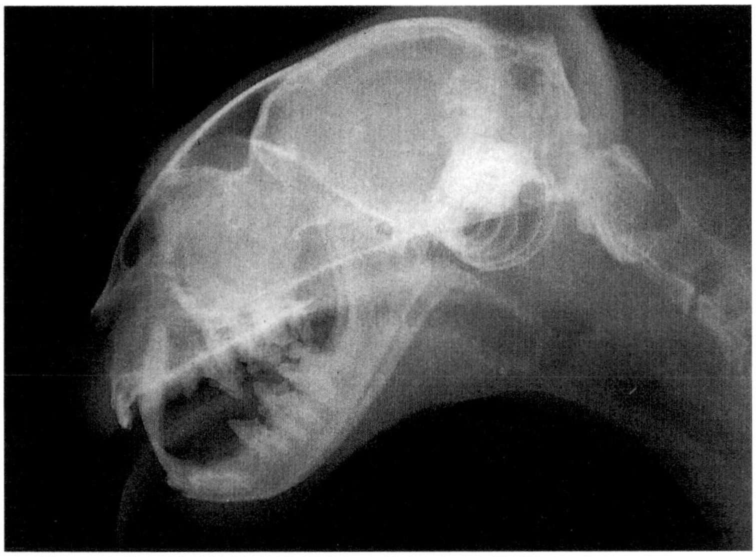

Abb. 10.7 Röntgenbild vom Kopf und kranialen Halsbereich: laterale Ansicht. Die wesentlichen röntgenologischen Merkmale des Kopfes werden auf diesem Bild und in der Abb. 10.17 dargestellt. Wie auf den Röntgenbildern vom Kopf des Hundes (Abb. 2.4 und 2.6) wird die detaillierte interne Osteologie ausgelassen. Der Schwerpunkt liegt vielmehr auf der Identifizierung der wichtigsten Merkmale und derjenigen, die sich vom Hund unterscheiden. Die im Verhältnis beträchtliche Größe der Schädelhöhle und die einzelne Höhle des Sinus frontalis sind erkennbar. Die Zahnreihen und -wurzeln sind durch die Kieferknochen hindurch sichtbar, allerdings sind nur wenige Weichteilmerkmale erkennbar, wobei Pharynx und Trachea durch die in ihnen enthaltene Luft erkennbar sind (siehe Abb. 2.7).

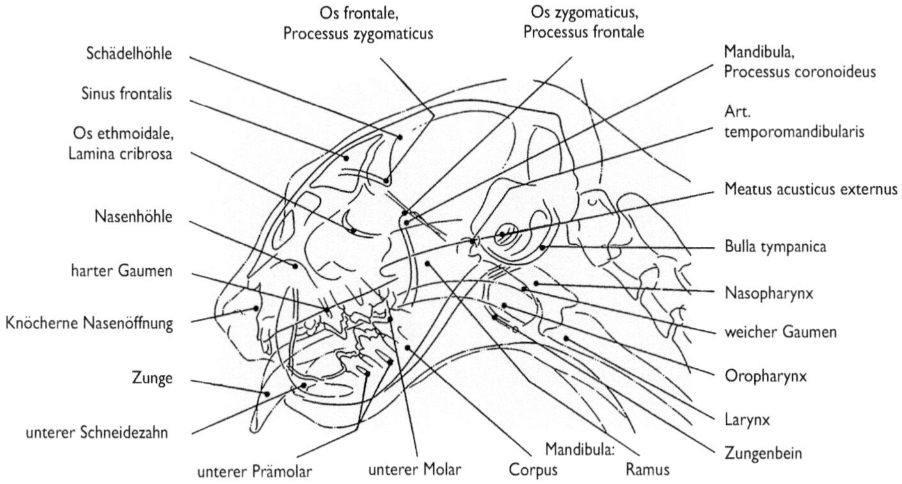

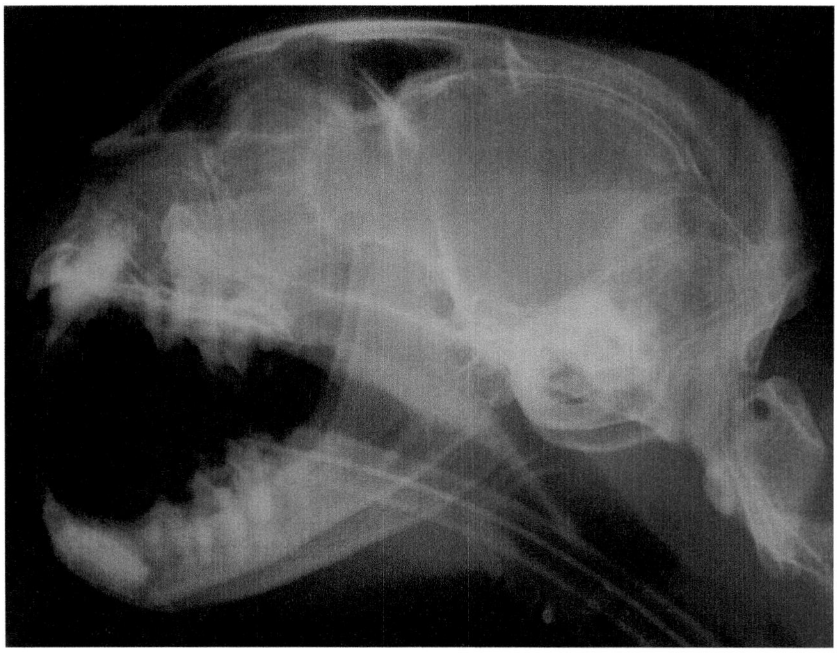

Abb. 10.8 Röntgenbild vom Kopf: laterale Ansicht, brachyzephale Rasse. Os frontale und Os nasale sind bei dieser Rasse stärker gewölbt und die Siebbeinmuscheln verbreitert, bei verkürzten Nasenhöhlen.

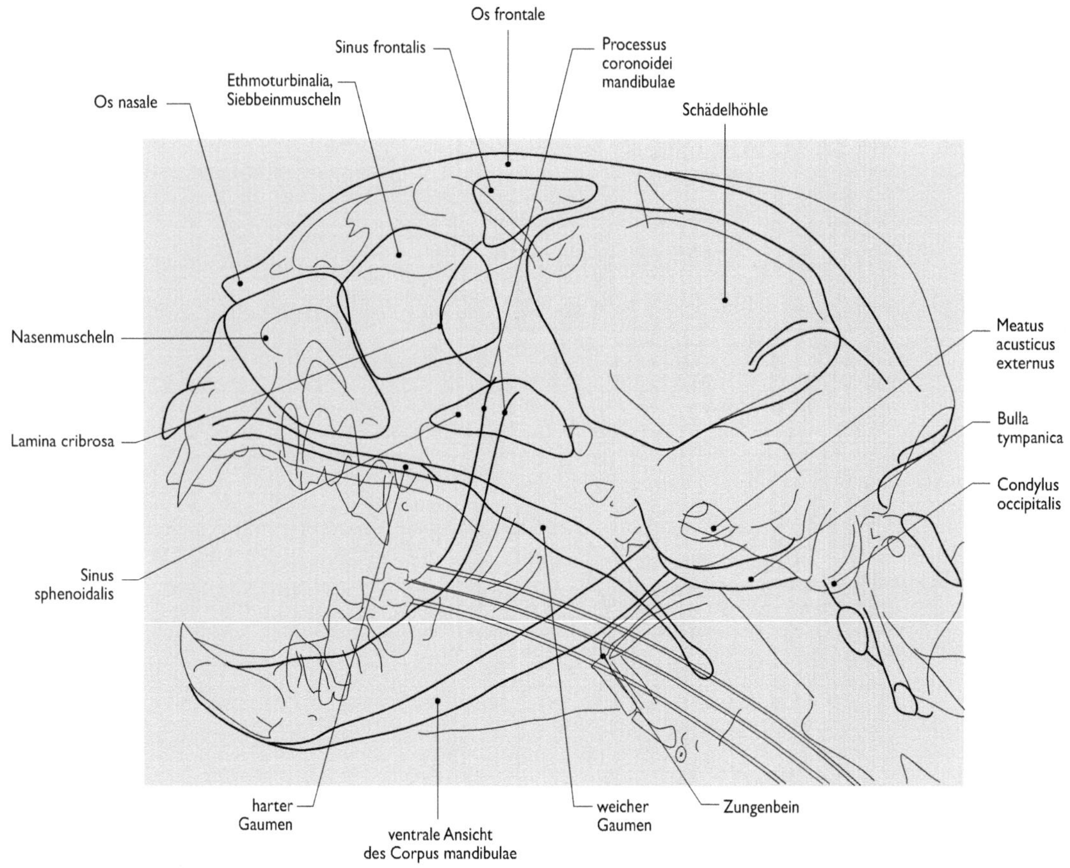

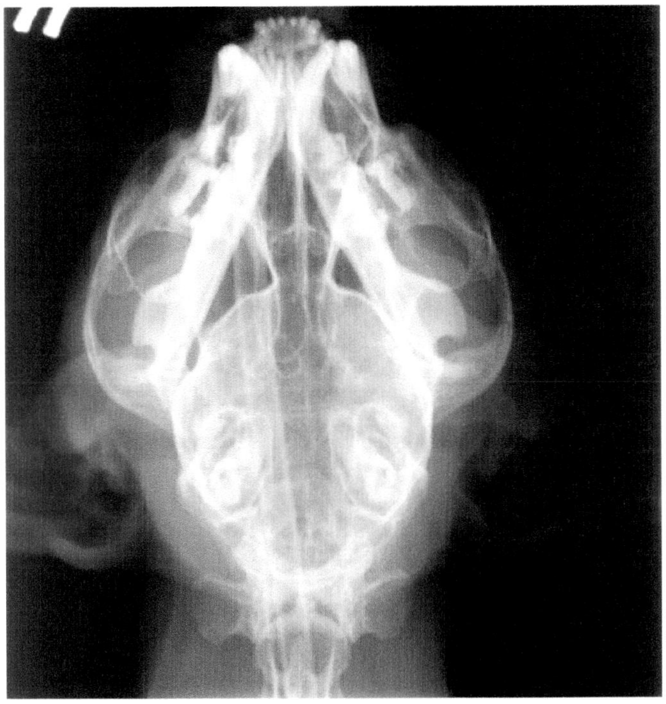

Abb. 10.9 Röntgenbild vom Kopf: ventrodorsale Ansicht. Die großen Jochbögen sind deutlich zu erkennen.

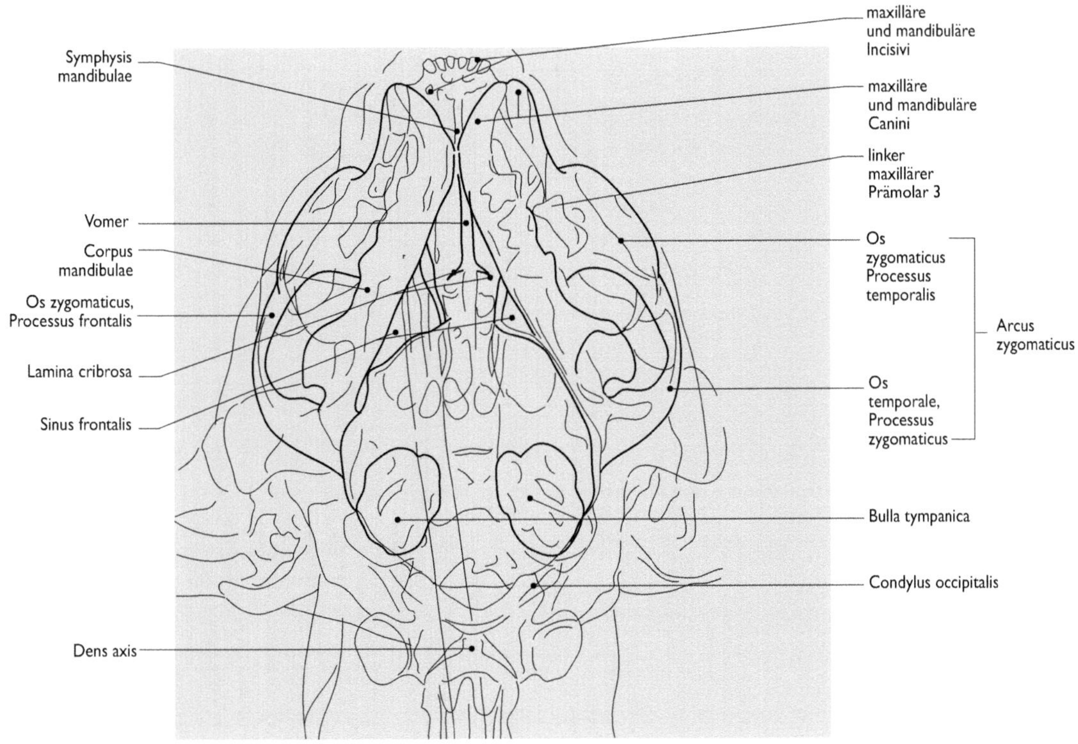

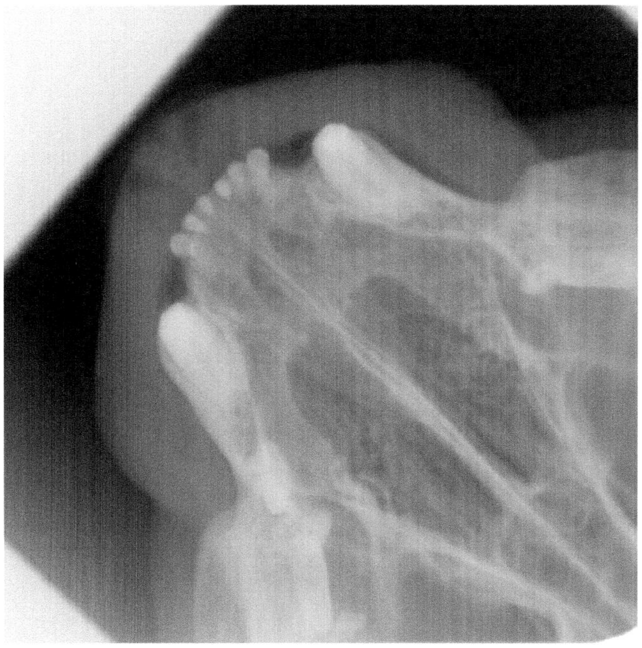

Abb. 10.10 Röntgenbild der Maxilla und der Nasenhöhlen: dorsoventrale intraorale Ansicht. Die Zahnwurzeln erscheinen in dieser Ansicht verkürzt, da sie relativ zum Röntgenstrahl abgewinkelt sind. Die beiden Nasenhöhlen sind ohne Überlagerung zu sehen. Einige Prämolaren und Molaren fehlen.

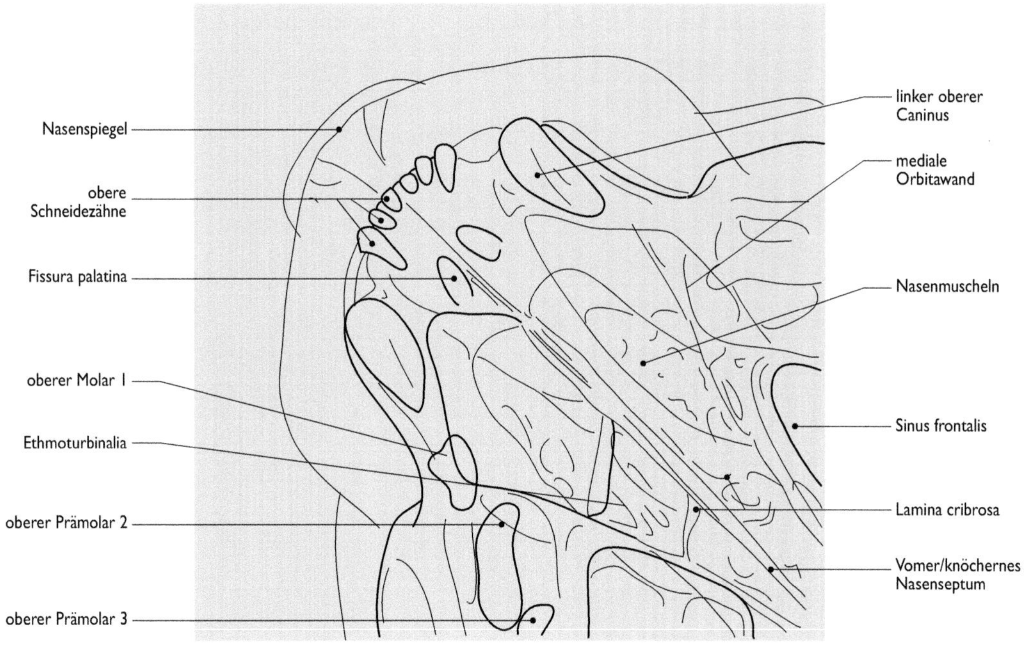

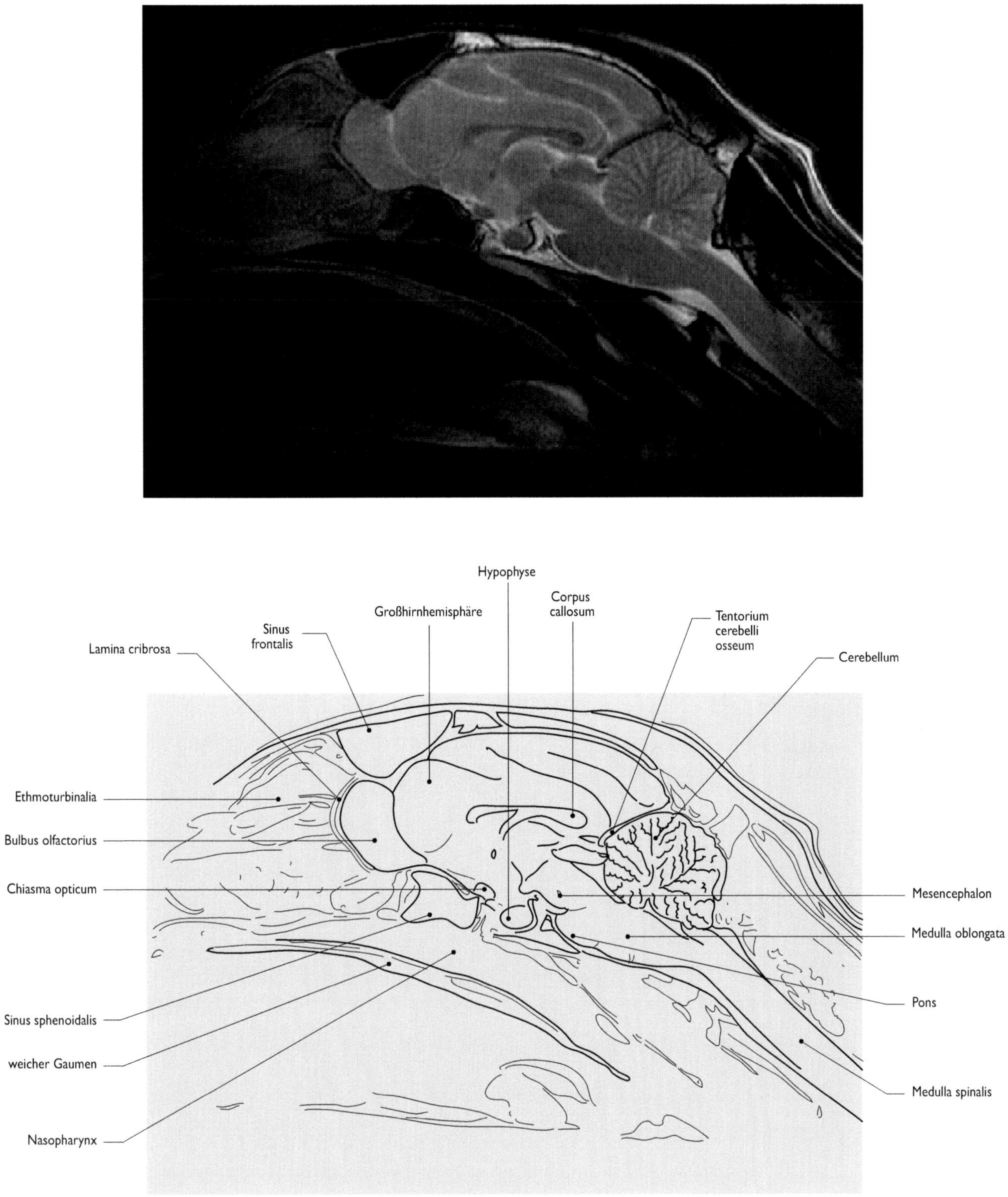

Abb. 10.11 Magnetresonanzbild des Kopfes: Sagittalebene, Mittellinie, T_2 gewichtetes Bild.

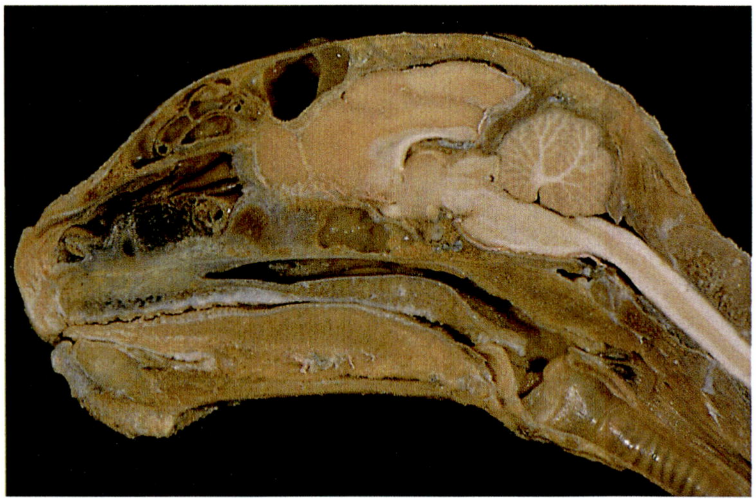

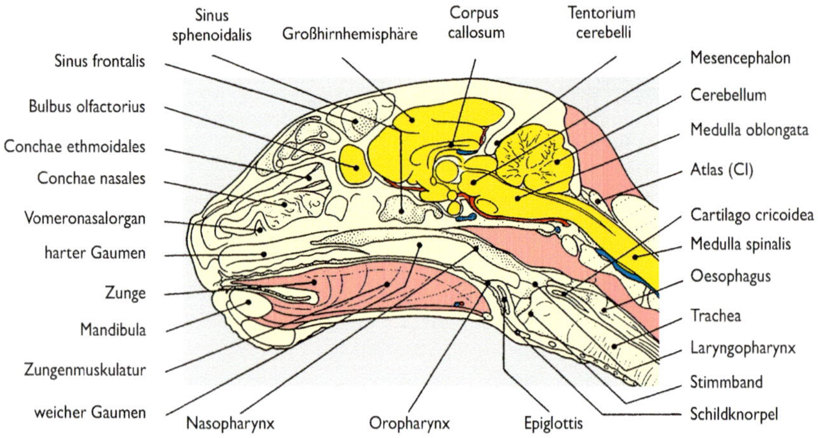

Abb. 10.12 Kopf und kraniales Ende des Halses im Medianschnitt: mediale Ansicht der rechten Hälfte. Die unterschiedliche Kopfform und Kopfproportion werden auch in dieser Ansicht deutlich, die mit der Abb. 2.87 des Hundes vergleichbar ist. Der Sinus sphenoidalis ist ein beträchtlich größerer Hohlraum als im Hundeschädel und liegt ventral des Bulbus olfactorius, der im Verhältnis bei der Katze viel kleiner ist. Das olfaktorische Epithel im Fundus der Nasenhöhle ist auch weniger ausgeprägt als beim Hund, da die Katze nur über halb so viele olfaktorische Rezeptorzellen verfügt. Der Larynx weist eine etwas einfachere Struktur auf, mit einer weniger stark ausgeprägten Plica vestibularis und einem kaum erkennbaren Ventriculus laryngis. Obwohl hier nicht sichtbar, ist der Aryknorpel auch einfacher gestaltet, da ihm die Processus corniculatus und cuneiformes des Hundes fehlen (siehe Abb. 2.91). Der wichtigste Unterschied im Halsbereich ist das Fehlen eines Ligamentum nuchae bei der Katze.

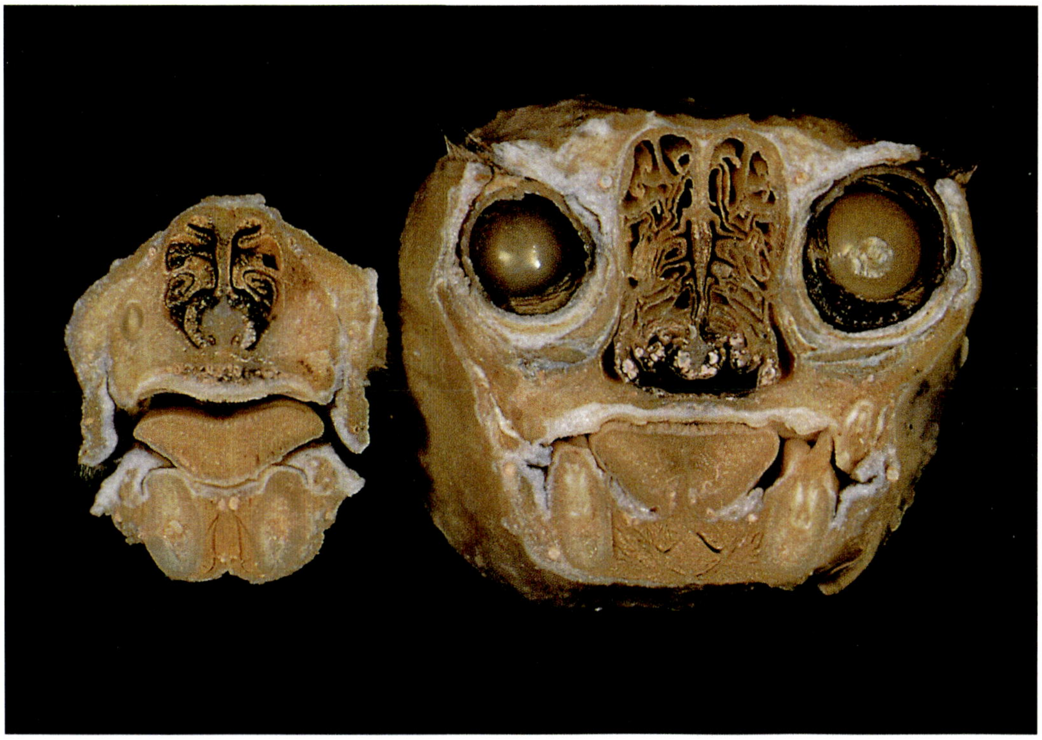

Abb. 10.13 Kopf im Transversalschnitt: (1) durch die rostrale Nasenregion: kaudale Ansicht; **(2) durch die Orbitae:** rostrale Ansicht. Die dazugehörige Zeichnung des Kopfes im Umriss zeigt annähernd die Ebenen, auf denen diese und die zwei folgenden Schnitte geführt wurden. Der für die Schnitte verwendete Kopf war bereits enthäutet. In dem Schnitt durch den rostralen Abschnitt der Nasenhöhle sind die Vomeronasalorgane sichtbar (vergleiche mit Abb. 2.139 beim Hund). Die hoch vaskularisierte Beschaffenheit des submukosalen Gewebes im ventralen Bereich der Nasenhöhle ist in diesem und in dem davon rechts gelegenen Schnitt erkennbar. Dieser zweite Schnitt kann mit der Abb. 2.142 des Hundes verglichen werden und zeigt die verhältnismäßig größere Augengröße bei der Katze. Sie sind auch im Verhältnis zur Nasenhöhle größer. Eine Katze setzt ihre Augen in Kombination mit den Vibrissen an der Schnauze ein, um ihre Umgebung wahrzunehmen, vergleichbar wie der Hund seinen Geruchssinn.

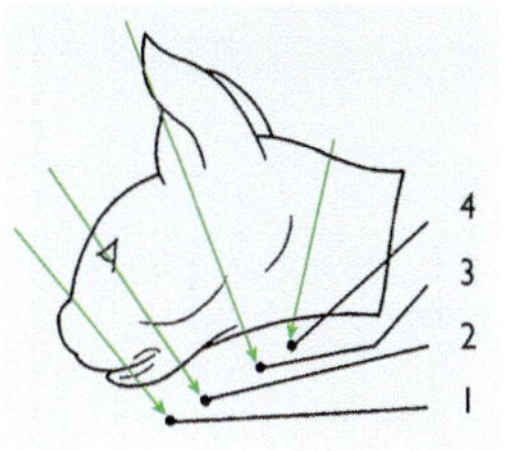

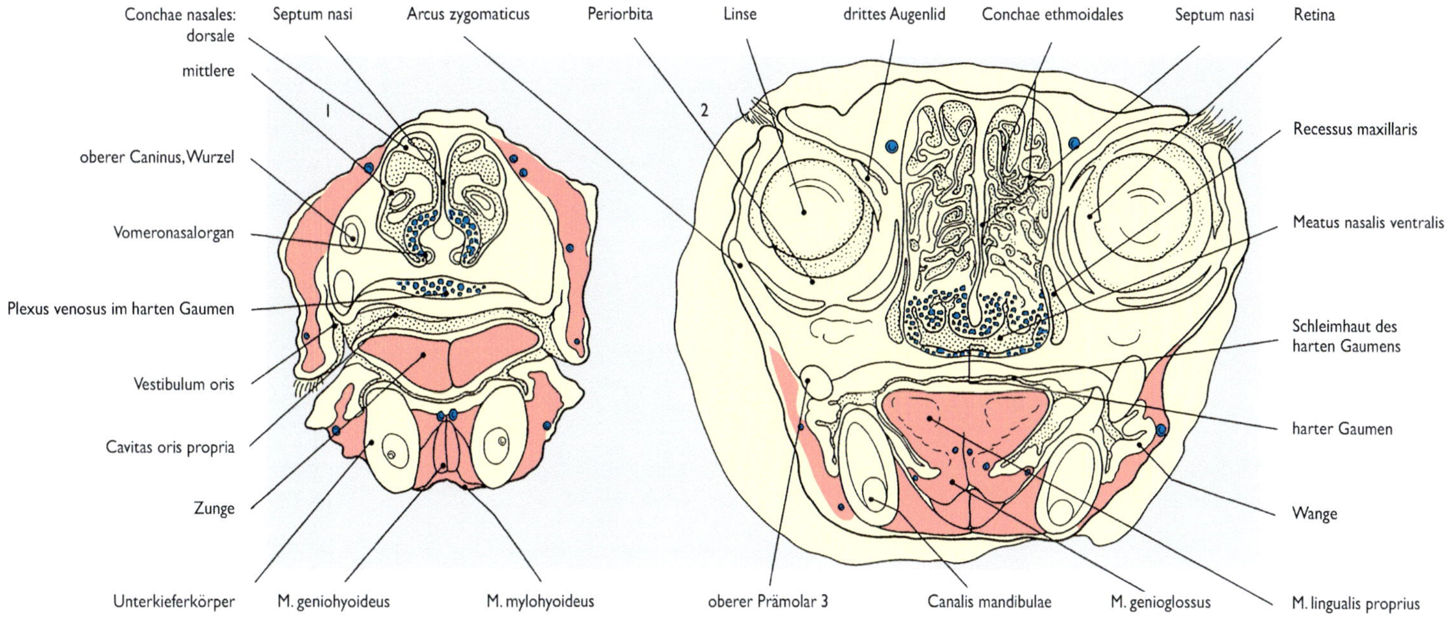

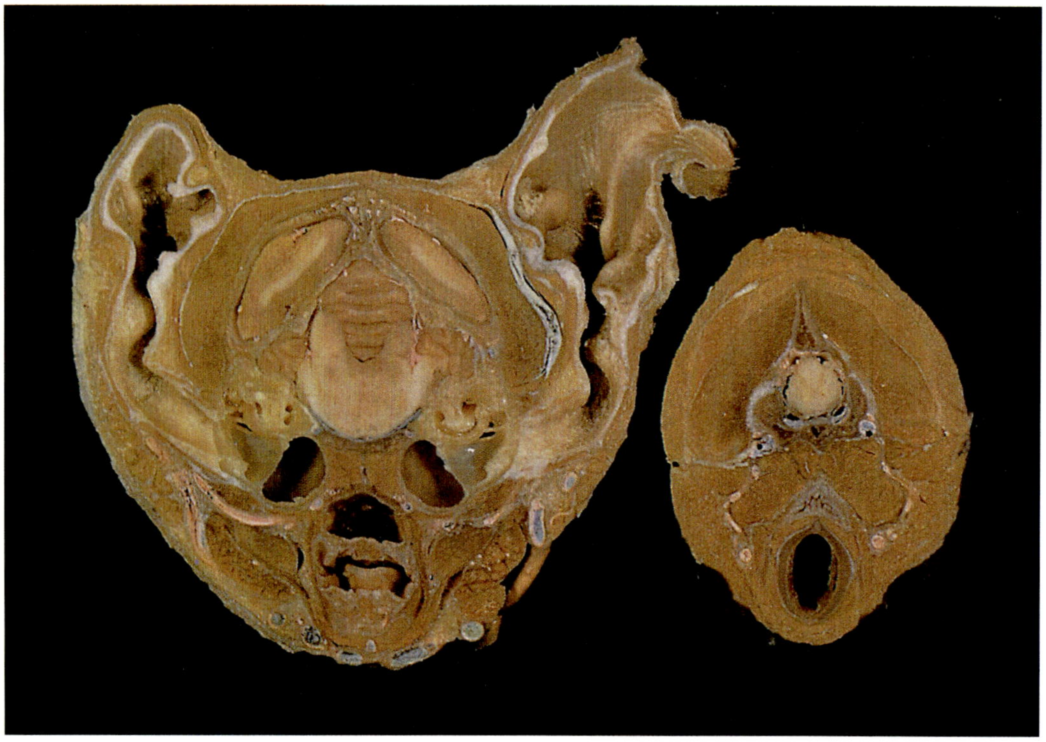

Abb. 10.14 Kopf im Transversalschnitt: (3) durch die Ohrregion: rostrale Ansicht; **(4) durch den Larynx und kranialen Halsabschnitt:** kraniale Ansicht. Der Schnitt auf der linken Seite geht durch die äußeren Gehörgänge, die sich auf beiden Seiten in die markanten Mittelohrhöhlen eröffnen. Das Septum, das die Höhle in zwei Kammern unterteilt, ist ebenfalls sichtbar, ein Merkmal, das beim Hund nicht vorhanden ist. Ventral führt der Schnitt durch den weichen Gaumen und den kaudalen Oropharynxbereich unmittelbar rostral des Larynx. Die orale Epiglottisoberfläche ist sichtbar. Der rechte Schnitt führt durch das Cavum infraglottinum des Larynx, die vom Cartilago cricoidea umgeben ist. Auf dieser Ebene liegt der Eintritt in den Ösophagus unmittelbar dorsal des Larynx. Vergleiche mit den Schnitten der Abb. 2.145 und 3.37 beim Hund.

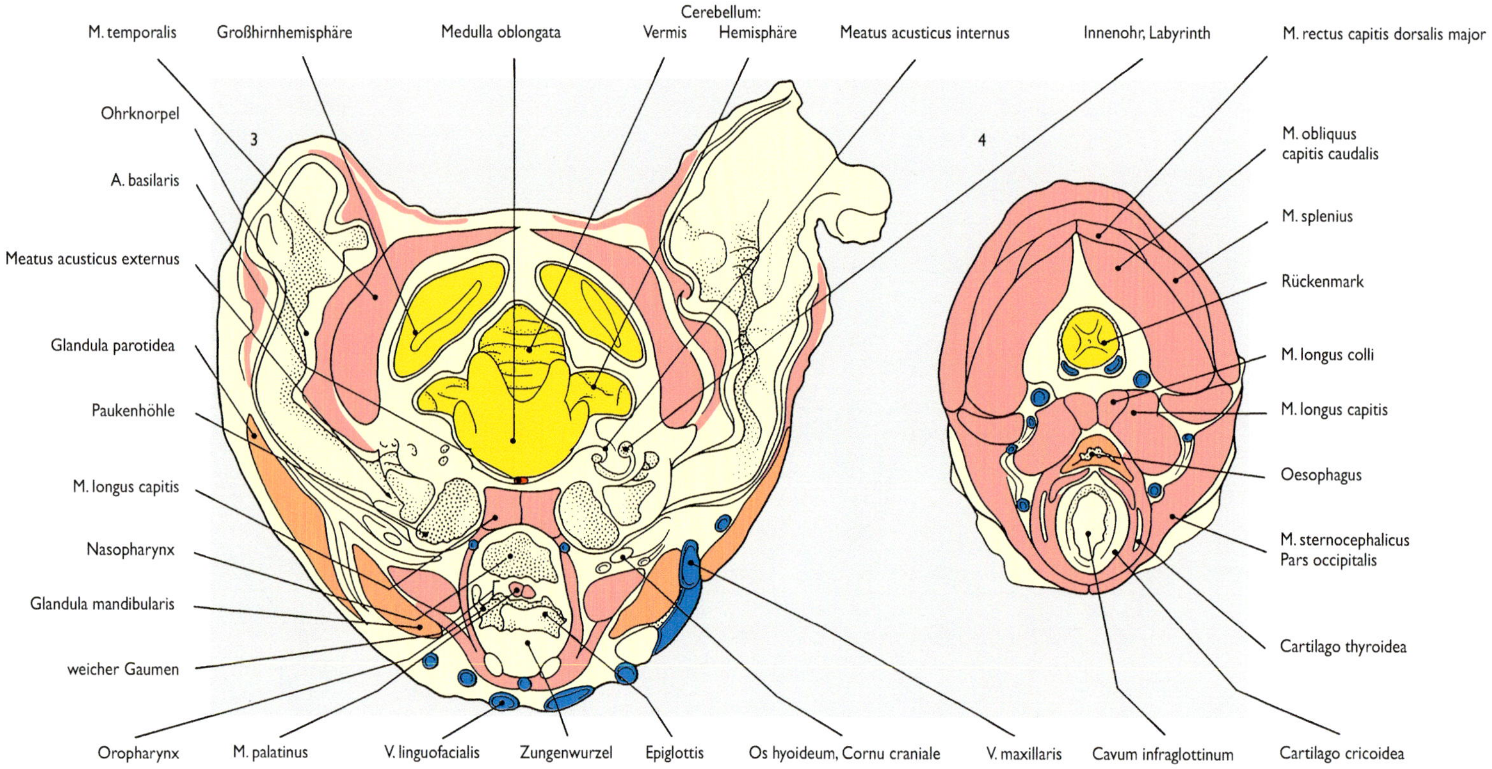

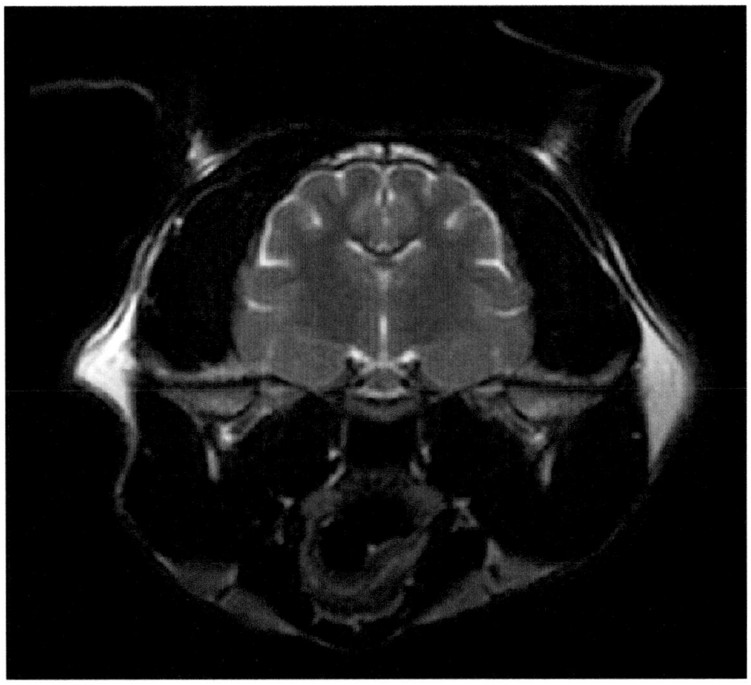

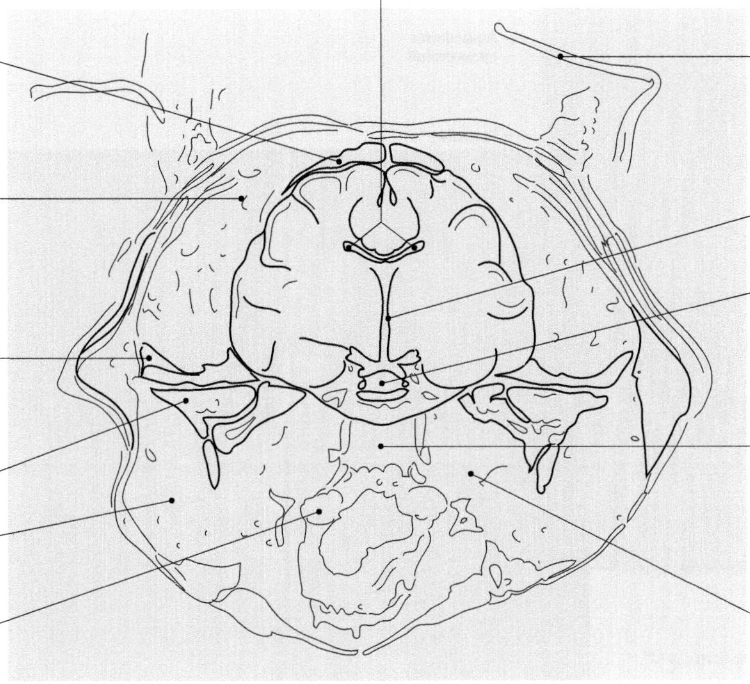

Abb. 10.15 Magnetresonanzbild des Kopfes: Transversalebene, auf der Höhe der Hypophyse, T_2 gewichtetes Bild.

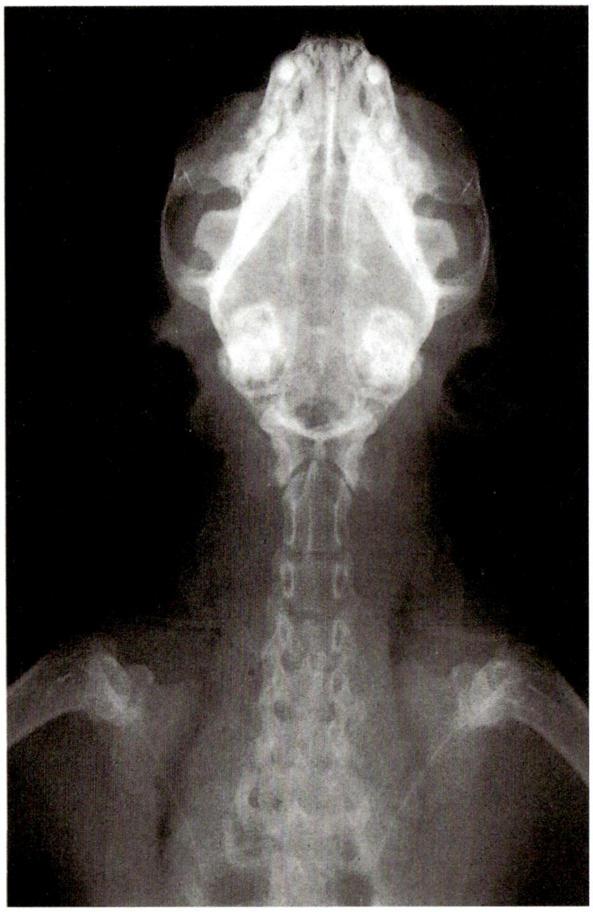

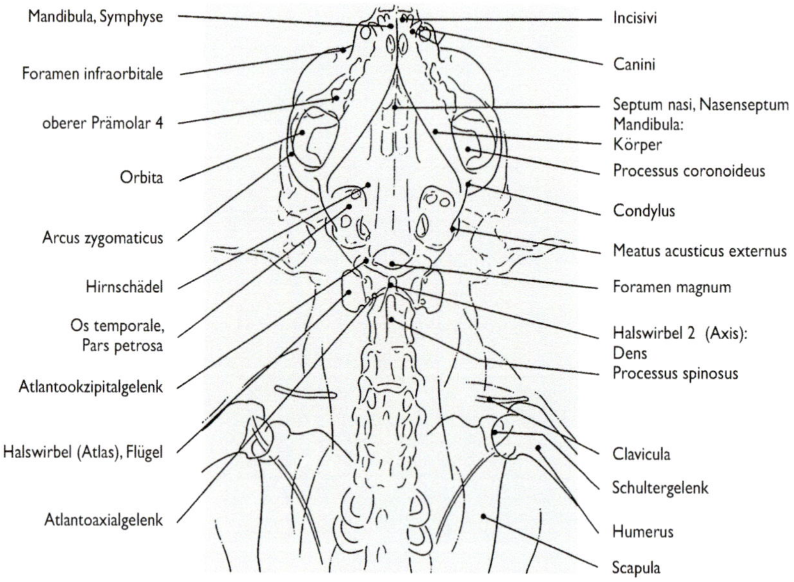

Abb. 10.19 Röntgenbild von Kopf, Hals und Schultern: ventrodorsale Ansicht. Die eher gerundete, bulböse Ausprägung des Schädels ist in dieser Abbildung zu sehen, wie auch die verkürzten Kiefer, deren Art. temporomandibulares markante Processus retroarticulares und articulares aufweisen. Sie ist vergleichbar mit Abb. 2.6 vom Hund. Die Klavikula ist ein transversal ausgerichteter, stabförmiger Knochen, dessen laterales Ende sich etwa 1 cm kranial des Tuberculum majus humeri befindet. Es liegt frei in der Muskulatur und unterteilt den M. brachiocephalicus. Es liegt auf einer Linie, die das Manubrium sterni mit dem Processus hamatus des Acromions verbindet.

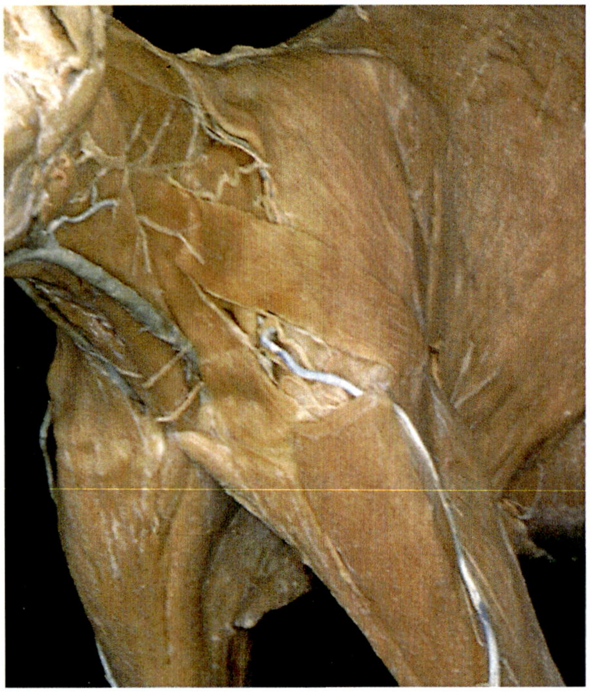

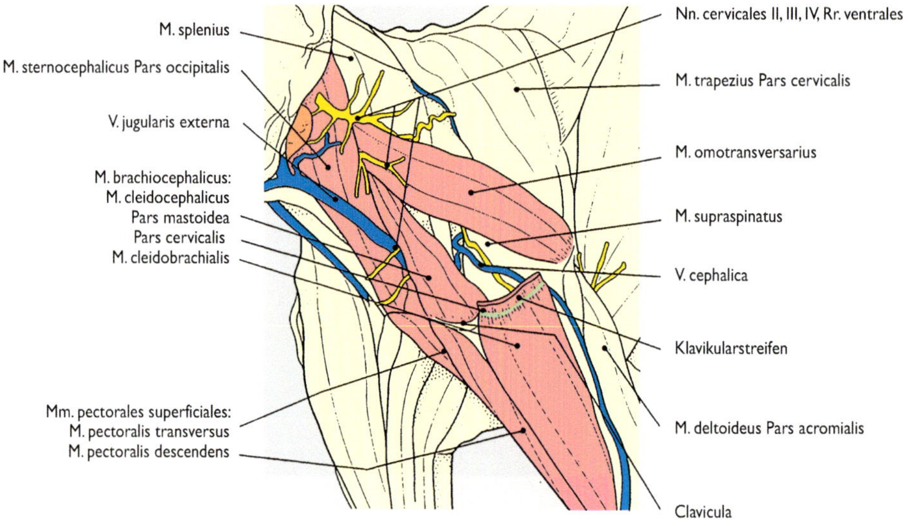

Abb. 10.20 Hals nach Entfernung des M. cleidocervicalis: kraniolaterale Ansicht. Die Pars cleidocervicalis des M. brachiocephalicus wurde entfernt, um eine mit der Abb. 3.9 beim Hund vergleichbare Ansicht zu ermöglichen. Die Klavikula ist freigelegt, wie auch die Verbindung der V. cephalica mit der V. jugularis externa (eine V. omobrachialis fehlt bei der Katze). Der M. cleidobrachialis und die Mm. pectorales superficiales sind dargestellt; anders als beim Hund erstrecken sie sich bis in den Unterarm. Das Vorhandensein einer Klavikula bedeutet, dass eine Fossa jugularis (supraclavicularis) nicht wie beim Hund durch die Brustmuskulatur begrenzt wird.

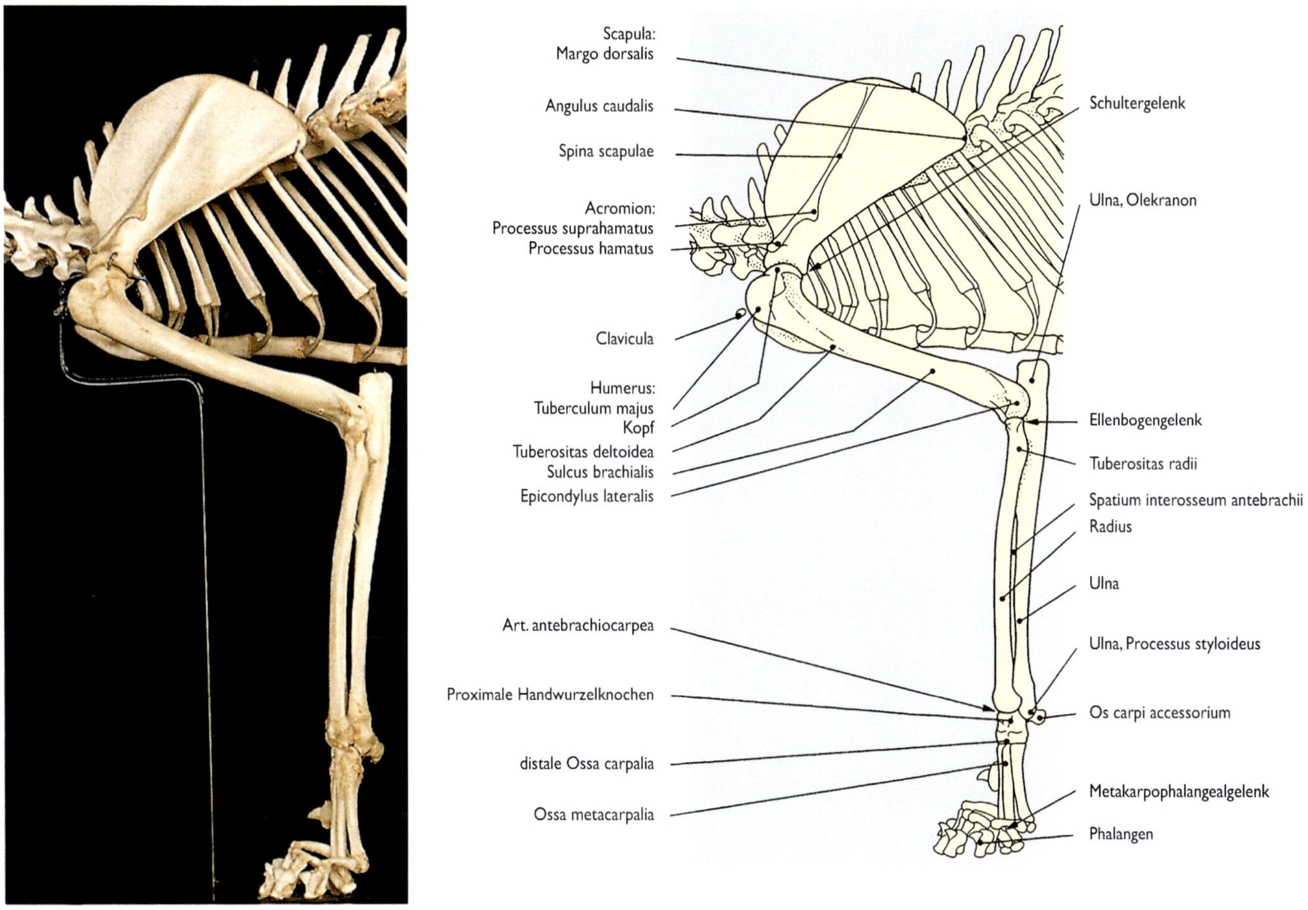

Abb. 10.21 Skelett der Vordergliedmaße: linke laterale Ansicht. Mehrere Unterschiede sind in dieser Ansicht im Vergleich zum Hund (Abb. 4.8 und 4.47) erkennbar. Neben der insgesamt schlankeren Gestalt der Knochen hat die Scapula einen kleinen Tuber spinae scapulae, welcher kaudal ausgerichtet aus der Spina scapulae heraussteht. Das Acromion ist vergrößert und verfügt über die Processus hamatus und suprahamatus. Am Ellenbogen ist das Olecranon ulnae, das die Spitze des Ellenbogens bildet, kürzer und stumpfer. Ein Foramen supracondylare ist am Humerus für den Durchtritt der A. brachialis und den N. medianus vorhanden (siehe Abb. 10.29 und 10.30), allerdings gibt es beim Hund ein Foramen supratrochleare, das bei der Katze fehlt. Das Os carpi accessorium ist weniger markant ausgeprägt als beim Hund.

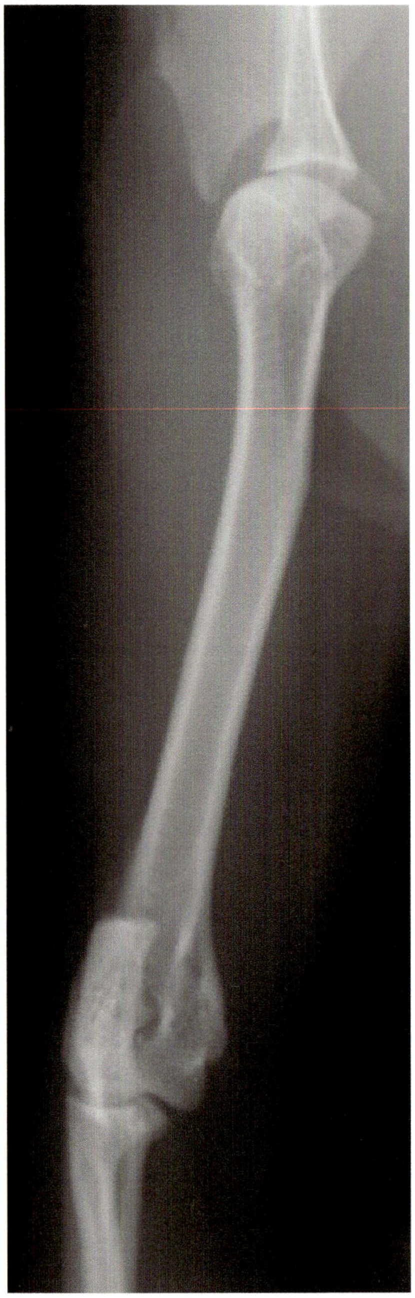

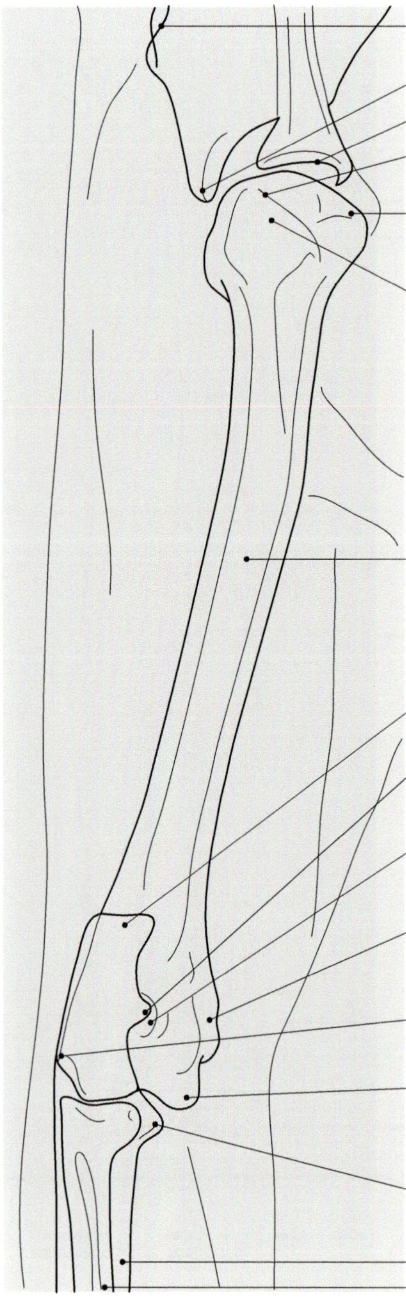

Abb. 10.24 Röntgenbild des Oberarms: kraniokaudale Ansicht.

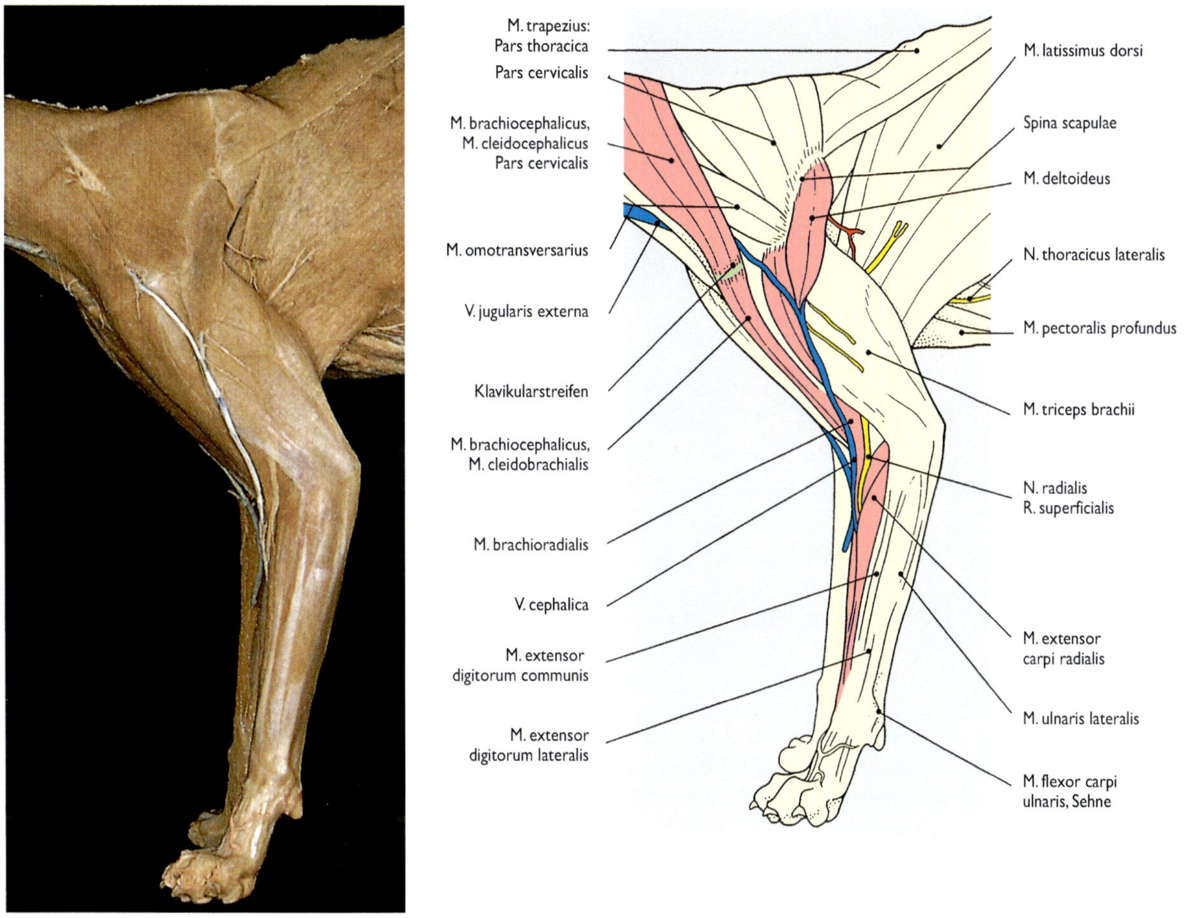

Abb. 10.25 Oberflächliche Muskulatur der Vordergliedmaße: linke laterale Ansicht. Die oberflächliche Faszie wurde von der Gliedmaße entfernt, um die oberflächlichen Gliedmaßenmuskeln, ähnlich wie in den Abb. 4.12, 4.51 und 4.82 beim Hund, freizulegen. In der Schulterregion fällt das Fehlen einer oberflächlichen omobrachialen venösen Verbindung zwischen der V. cephalica und der V. jugularis externa auf und die Unterteilung des M. deltoideus in einen spinalen und acromialen Anteil ist offensichtlich. Ein deutlich markanterer M. brachioradialis ist weiter distal am Oberarm erkennbar und der M. extensor carpi radialis ist zweigeteilt.

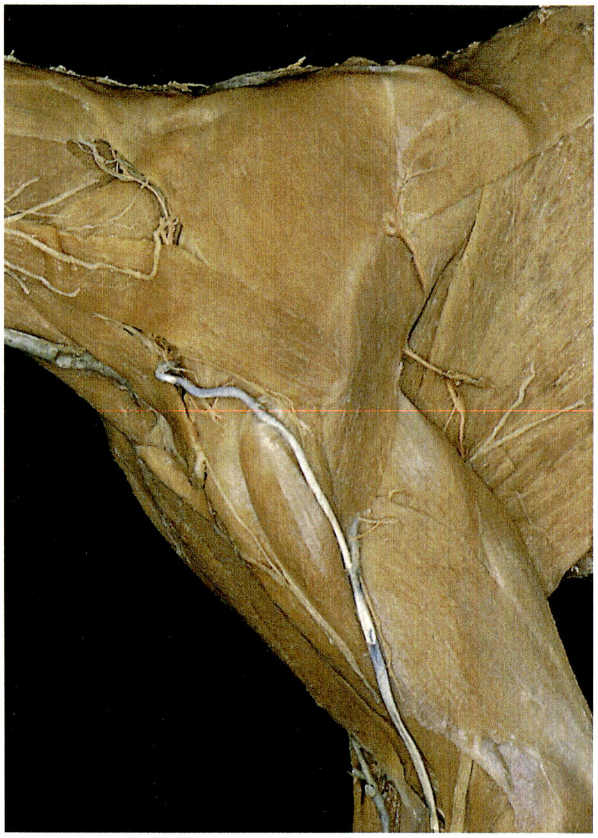

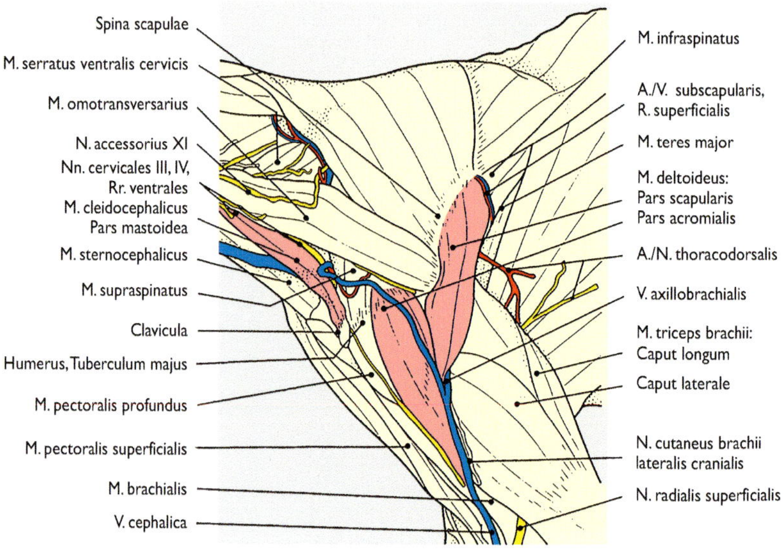

Abb. 10.26 Schulter und Oberarm nach Entfernung des M. brachiocephalicus: linke laterale Ansicht. Durch die Entfernung des M. brachiocephalicus wurde die Fortsetzung der V. cephalica zur V. jugularis externa am Halsansatz freigelegt. Der lateral gelegene N. cutaneus brachii cranialis (aus dem N. axillaris) kommt kaudal des zweigeteilten M. deltoideus mit der V. axillobrachialis zum Vorschein und begleitet am Oberarm die V. cephalica. Am Ellenbogen erscheint der Ramus superficialis des N. radialis auf dem M. brachialis und begleitet den M. brachioradialis in den Unterarm. Vergleichen Sie diese Ansicht mit Abb. 4.12 und 4.13 beim Hund.

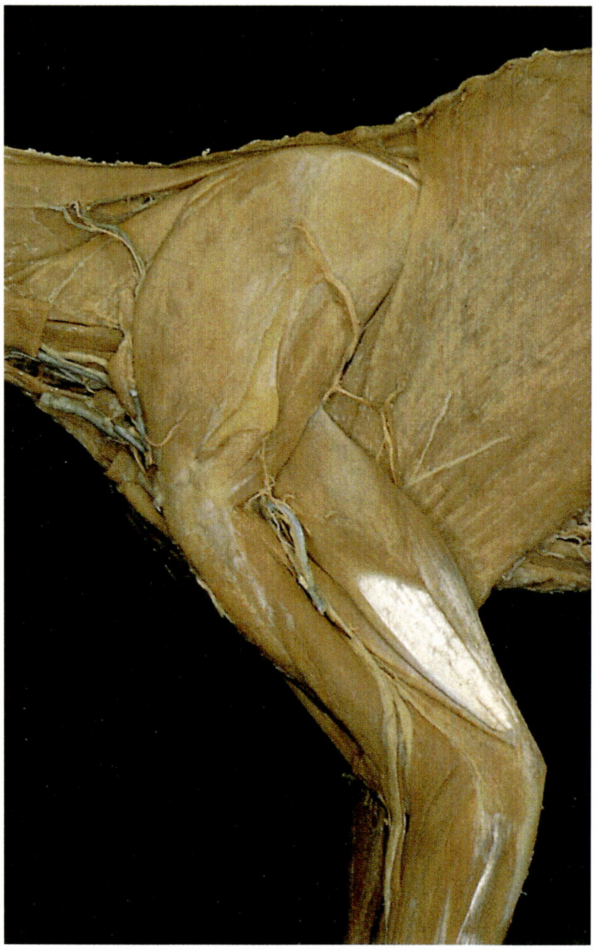

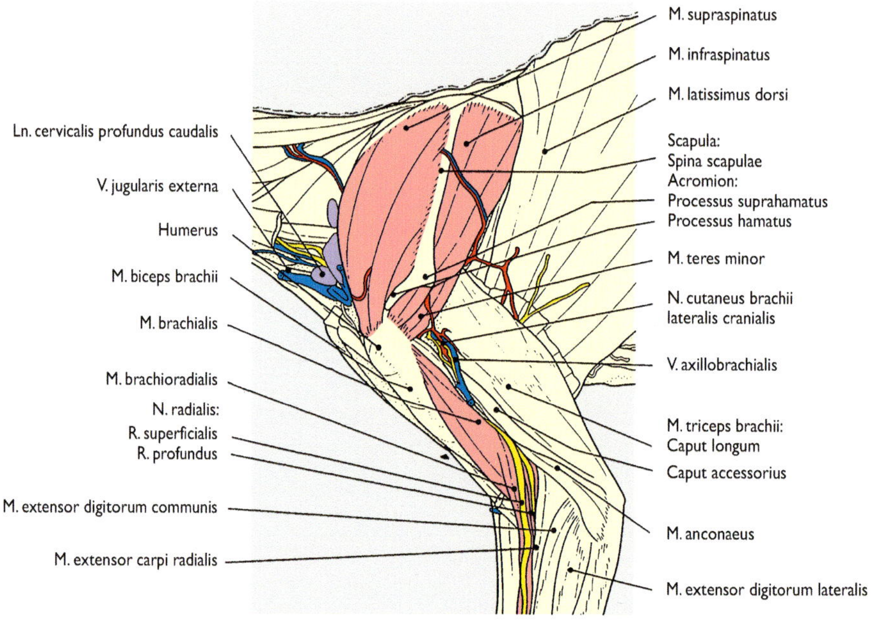

Abb. 10.27 Schulter und Oberarm nach Entfernung des M. deltoideus: linke laterale Ansicht. Zusätzlich zur Entfernung des M. deltoideus wurden auch der M. trapezius und der M. omotransversarius sowie das Caput laterale des M. triceps brachii entfernt, um die das Schultergelenk umgebende intrinsische Vordergliedmaßenmuskulatur freizulegen. Die Unterteilung des Processus acromialis ist erkennbar. Kranial der Schulter sind ein Ln. cervicalis profundus caudalis und die Lnn. cervicales superficiales sichtbar. Durch die Entfernung des M.triceps brachii, Caput laterale proximal des Ellenbogengelenks werden der Ursprung des M. brachioradialis und die Aufteilung des N. radialis freigelegt. Vergleichen Sie diese Ansicht mit Abb. 4.14 und 4.15 beim Hund.

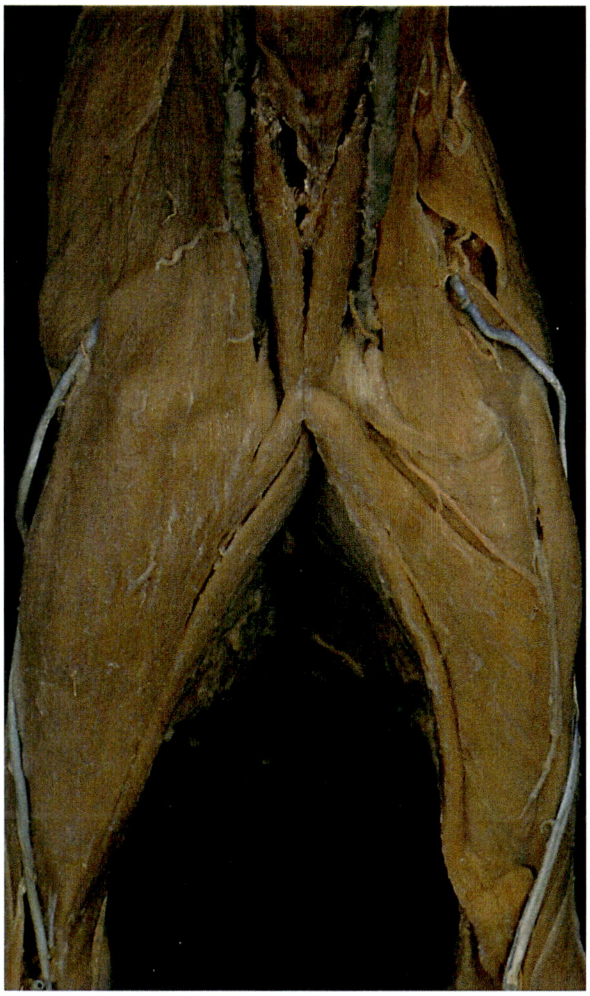

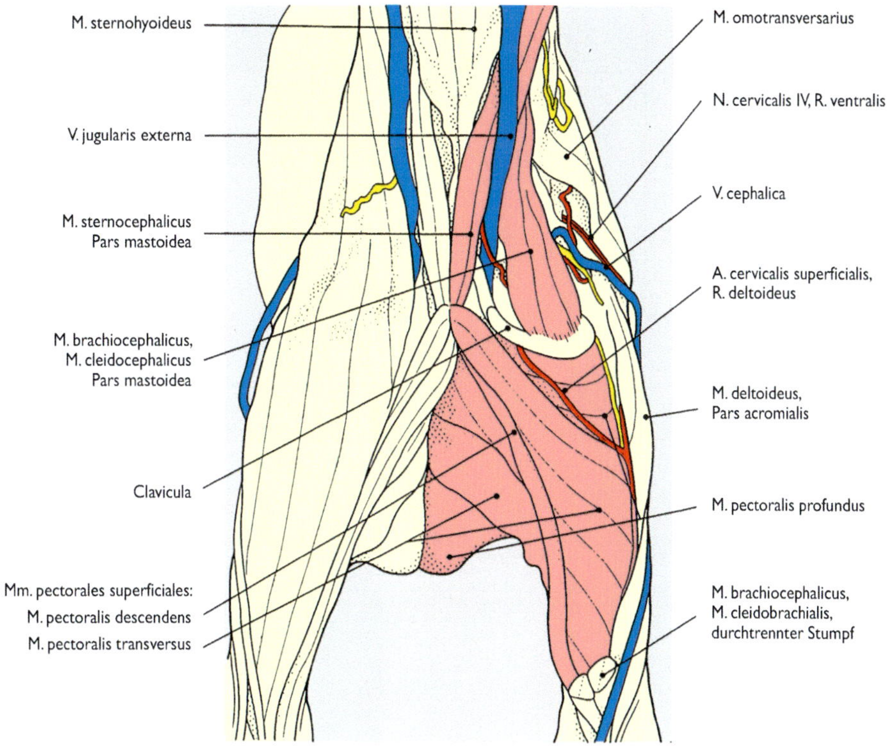

Abb. 10.28 Schulter und Oberarm mit freigelegtem Schlüsselbein: kraniale Ansicht. Die Klavikula und die Pars cleidomastoidea des M. brachiocephalicus verbleiben nach Entfernung der Pars cervicalis und der Pars brachialis an ihrem Platz. Der M. sternocephalicus ist entlang der Mittellinie dargestellt und die oberflächlichen und tiefen Ansätze des M. pectoralis am Humerus freigelegt. Weiter distal am Oberarm sind die Fortführungen des M. cleidobrachialis und der Mm. pectorales superficiales an ihrem Platz belassen worden. Vergleichen Sie diese Ansicht mit Abb. 4.21 und 4.23 beim Hund.

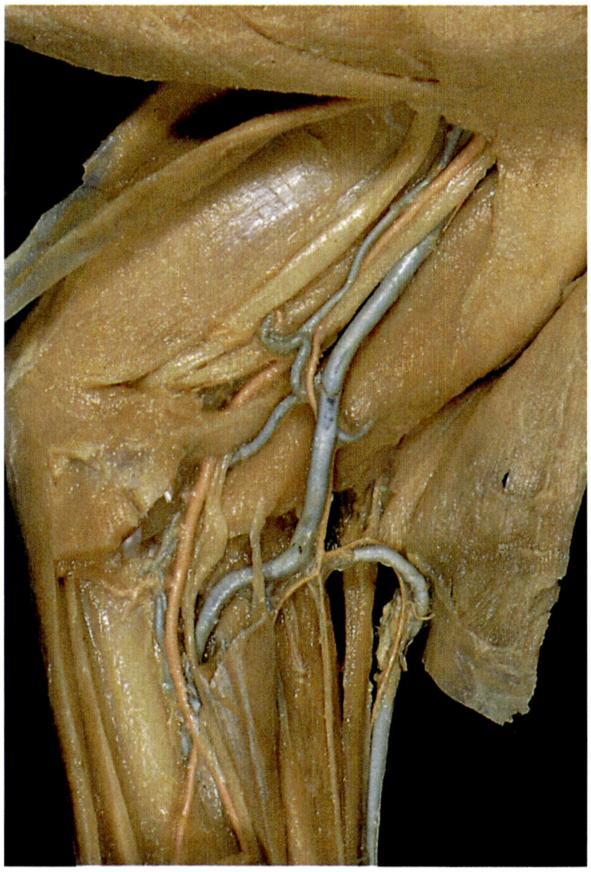

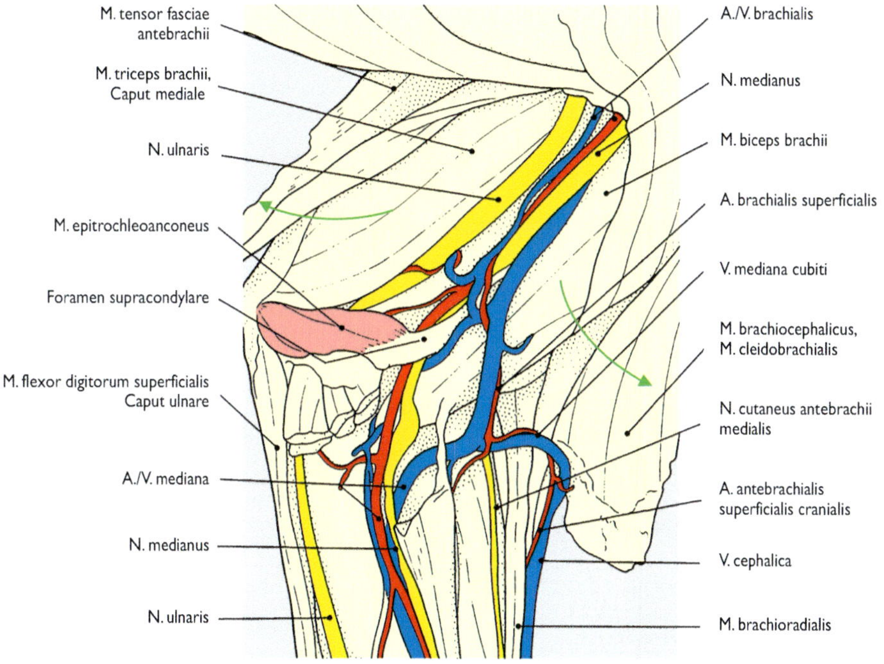

Abb. 10.29 A. brachialis und N. medianus in der Ellenbogenregion der linken Vordergliedmaße: mediale Ansicht. Der M. tensor fasciae antebrachii wurde nach kaudodorsal, der M. cleidobrachialis und die Mm. pectorales superficiales nach kraniodorsal geklappt. Der Verlauf der A. brachialis und des N. medianus durch das Foramen supracondylare humeri und der M. epitrochleoanconeus sind dargestellt. Durch die Entfernung der Beugemuskeln des Unterarms vom Epicondylus medialis wurden die Verläufe des N. medianus und des N. ulnaris sowie der Verlauf der A. brachialis/mediana im Bereich des Unterarms freigelegt. Vergleichen Sie diese Ansicht mit Abb. 4.61 beim Hund.

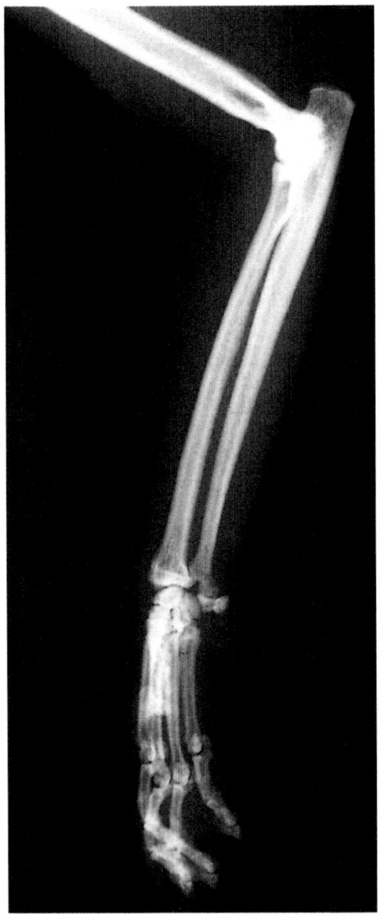

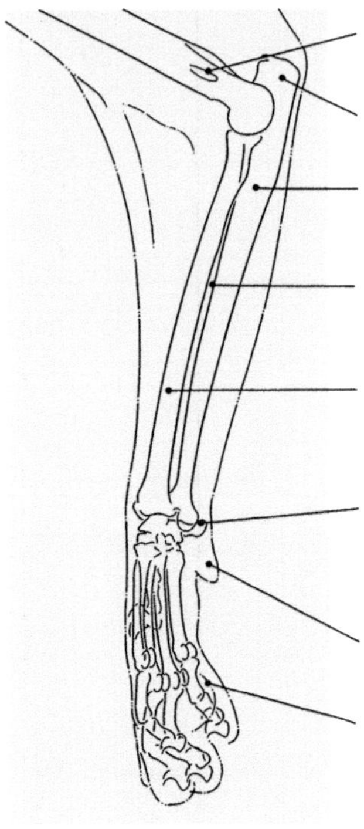

Abb. 10.30 Röntgenbild des Unterarms und der Pfote der linken Vordergliedmaße: kraniolaterale Ansicht. Das Foramen supracondylare des Humerus ist deutlich zu erkennen und der etwas breitere Zwischenraum zwischen den Unterarmknochen, der zu einem erkennbar breiteren Spatium interosseum antebrachii führt, weist auf die größere Bewegungsfreiheit von Unterarm/Vorderpfote bei der Katze hin. Die Osteologie der Vorderpfote ist sehr stark vergleichbar mit der des Hundes (Abb. 4.6 und 4.80).

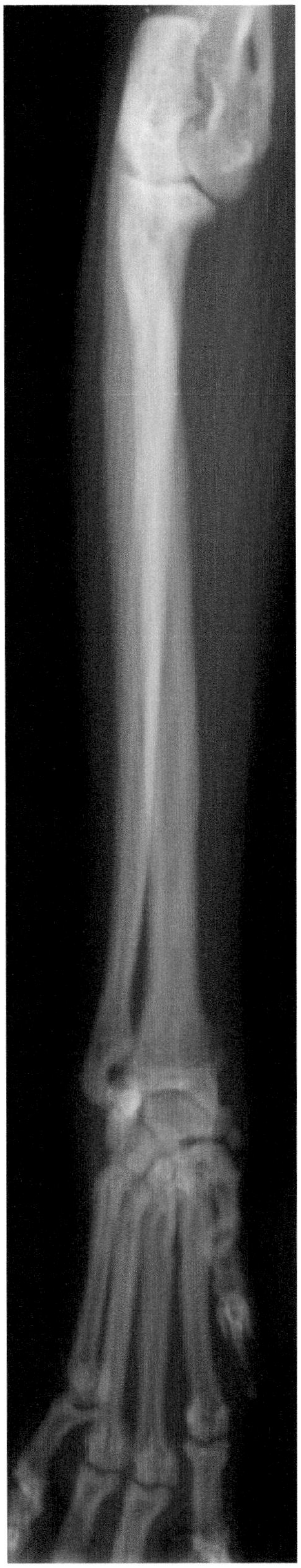

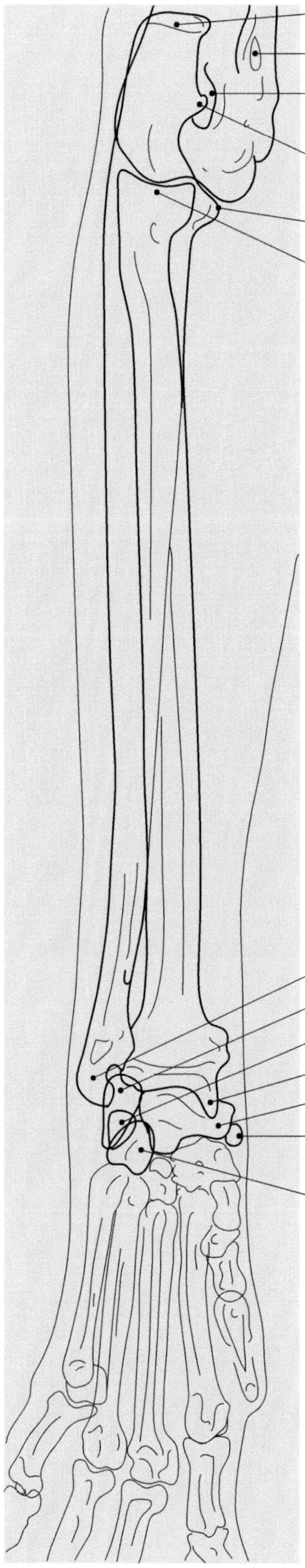

Abb. 10.31 Röntgenbild des Unterarms: kraniokaudale Ansicht. Das Foramen supracondylare ist auf der medialen Fläche des distalen Humerus zu sehen.

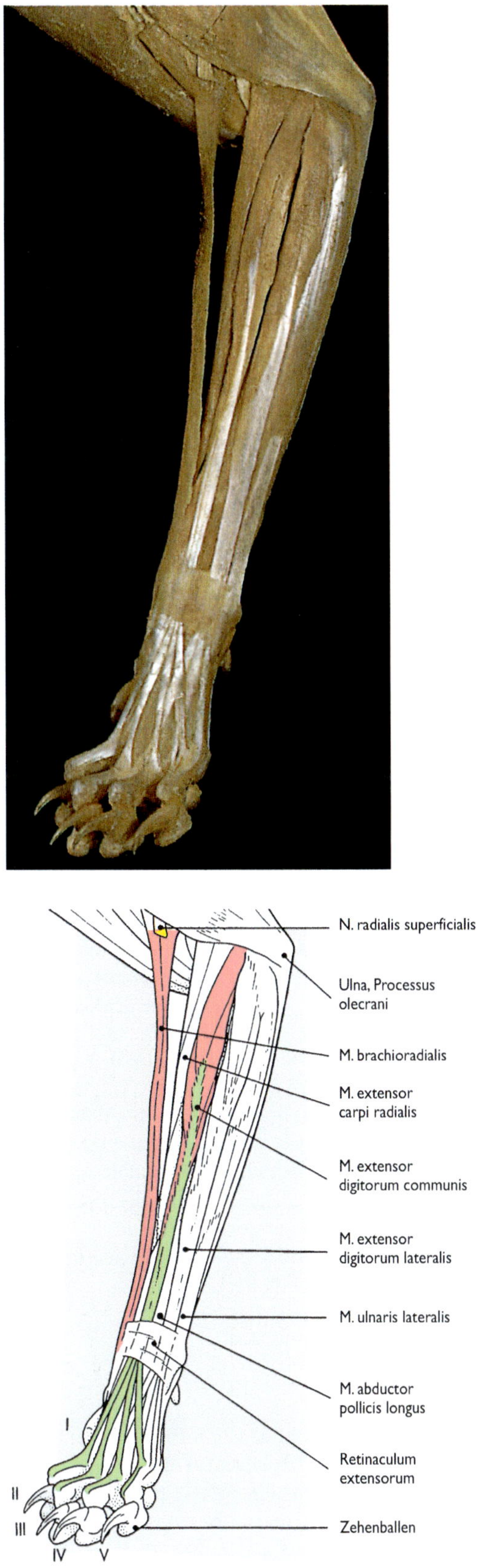

Abb. 10.32 Muskulatur des Unterarms und der Pfote der linken Vordergliedmaße: kraniolaterale Ansicht. Die oberflächliche Faszie, Gefäße und Nerven sowie die Hülle der Fascia antebrachii profunda wurden entfernt, um die Mm. extensores carpi und den M. extensor digitorum auf der kraniolateralen Oberfläche des Unterarms darzustellen. Am Carpus verbleibt das Retinaculum extensorum an seinem Platz. Vergleichen Sie mit Abb. 4.52 und 4.83 beim Hund.

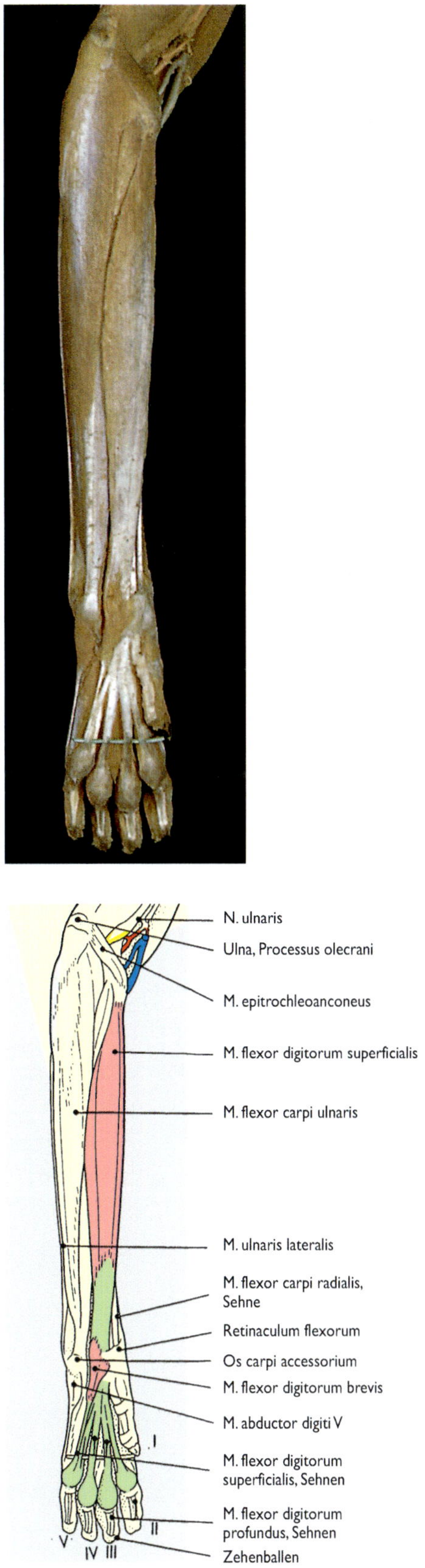

Abb. 10.33 Muskulatur des Unterarms und der Pfote der linken Vordergliedmaße: kaudale Ansicht. Die Beugemuskeln (Mm. flexores) sind nach teilweiser Entfernung des Retinaculum flexorum abgebildet. Der M. flexor digitorum brevis, der beim Hund kaum vertreten ist und unterhalb der Sehne des M. flexor digitorum superficialis liegt, entspringt hier aus dem M. flexor digitorum superficialis und aus dem Retinaculum flexorum. Zum Vergleich mit Abb. 4.55 und 4.86 beim Hund.

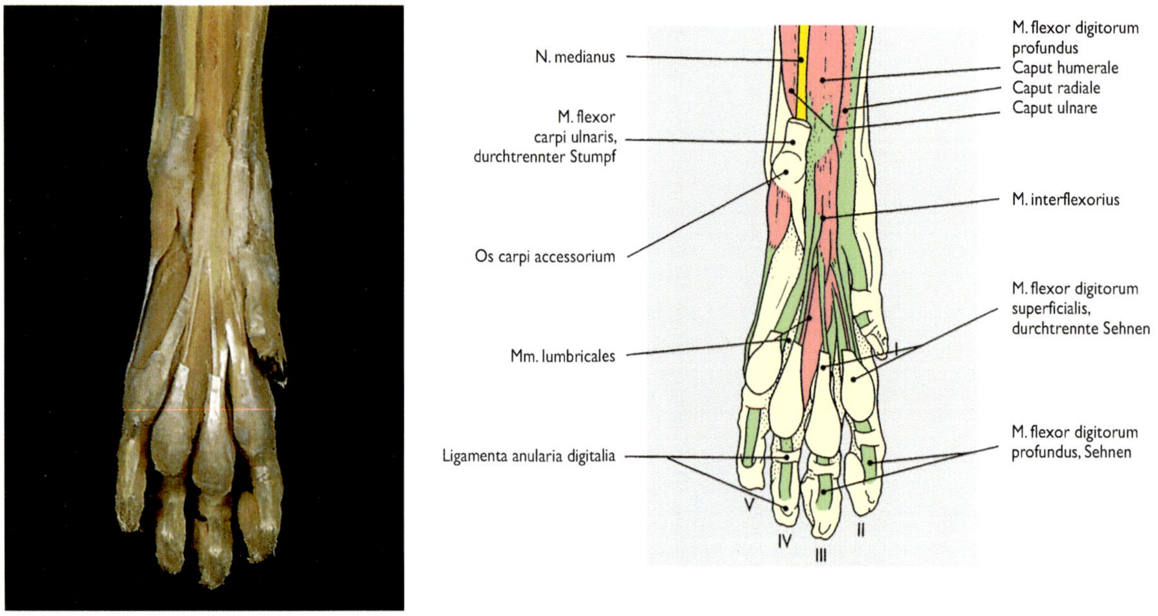

Abb. 10.34 Muskulatur der linken Vorderpfote: palmare Ansicht. Der M. flexor carpi radialis, der M. flexor carpi ulnaris und der M. flexor digitorum superficialis wurden gemeinsam mit dem Retinaculum flexorum entfernt, um den M. flexor digitorum profundus freizulegen. Der M. interflexorius (Caput radiale des Flexor digitorum superficialis) hat Sehnen, die sich bis zur 2., 3. und 4. Zehe erstrecken. Die fleischigen Mm. lumbricales, die ebenfalls aus der Sehne des M. flexor digitorum profundus entspringen, sind zwischen den auseinanderstrebenden Sehnen des M. interflexorius erkennbar. Zum Vergleich mit Abb. 4.88 beim Hund.

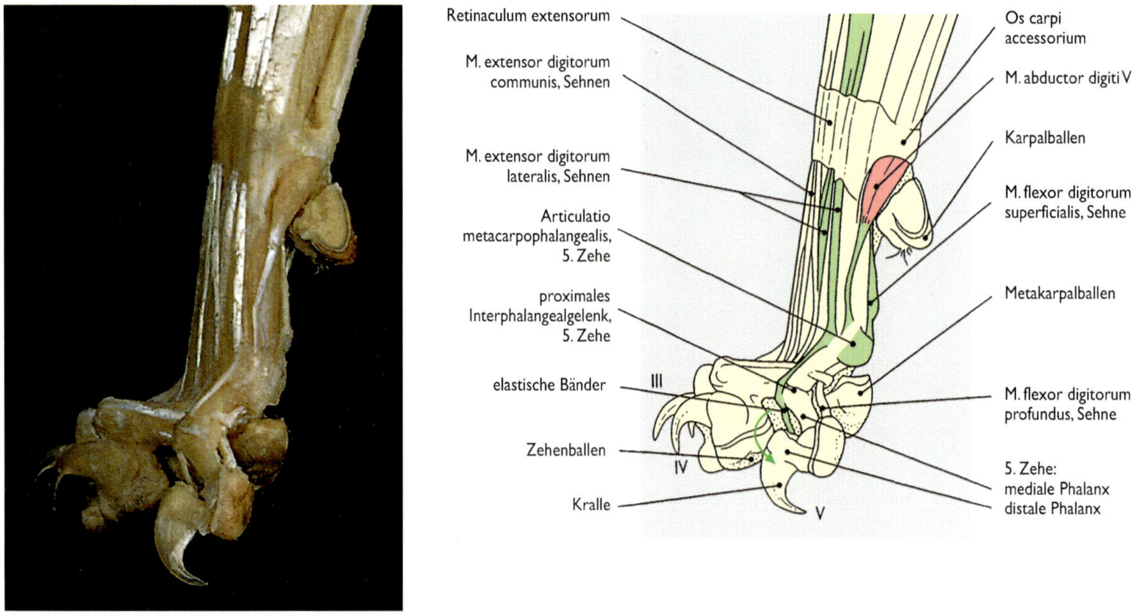

Abb. 10.35 Linke Vorderpfote: laterale Ansicht. Durch Entfernung der Faszie und der oberflächlichen Gefäße wurden die Sehnen der Mm. flexor und extensor digitorum zur 5. Zehe freigelegt. Stark gebogene und spitze Krallen werden dargestellt, nachdem die umschließende Hauthülle entfernt wurde. Im Gegensatz zum Hund sind die distalen Interphalangealgelenke so angeordnet, dass die Kralle, wenn sie eingezogen wird, auf ihrer distalen Phalanx durch Anspannen elastischer Bänder nach kaudal verlagert wird und dann entlang der Phalanx medialis liegt. Die Kralle der 5. Zehe wurde zurückgesteckt, um die elastischen Bänder darzustellen. Zum Vergleich mit Abb. 4.83 beim Hund.

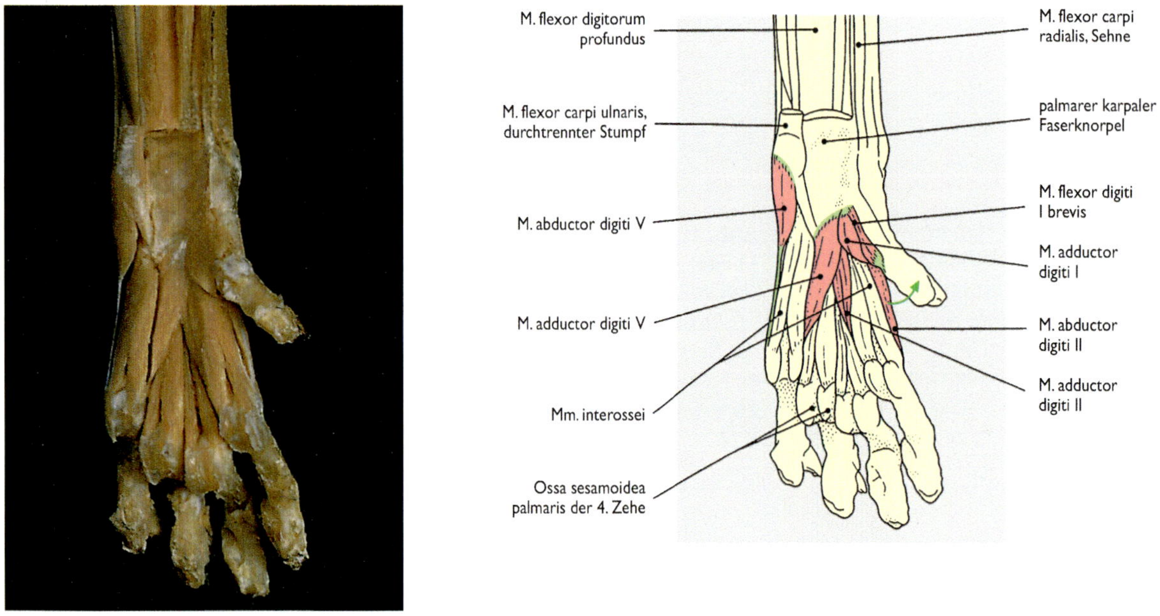

Abb. 10.36 Intrinsische Muskulatur der linken Vorderpfote: palmare Ansicht. Die Entfernung der Sehne des tiefen Beugemuskels legt die intrinsische Muskulatur der Pfote frei (siehe Abb. 4.88). Mm. adductores und abductores gehören zur 2. und 5. Zehe. Der Abduktor der zweiten Zehe ist beim Hund nicht vertreten, die übrigen Muskeln sind kräftiger als beim Hund. Die kleine erste Zehe hat ebenfalls kurze Flexoren und Adduktoren.

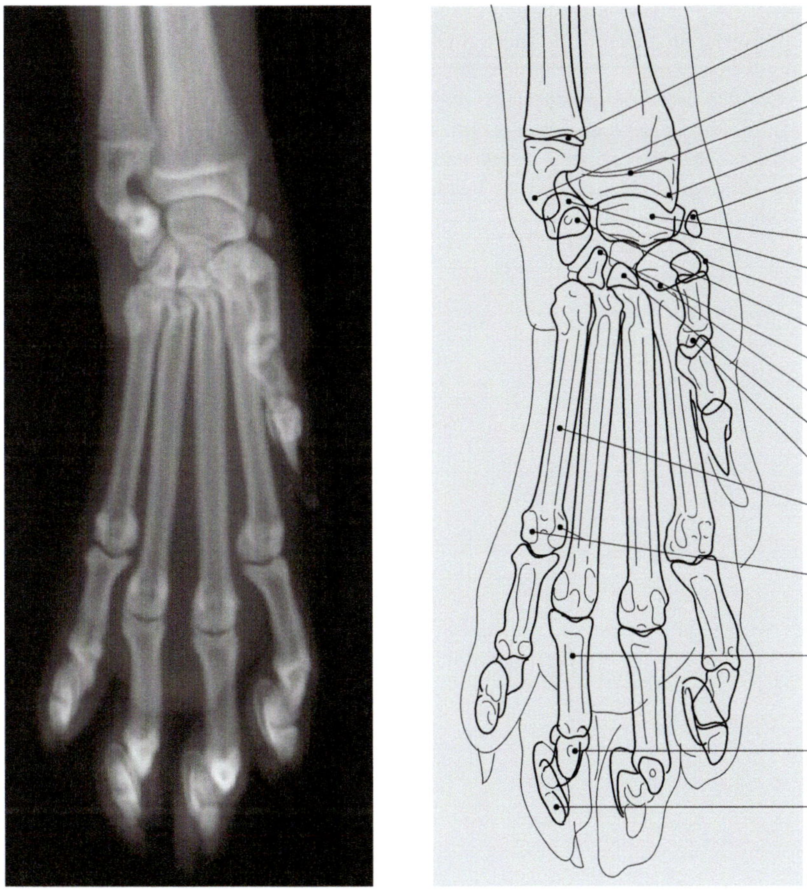

Abb. 10.37 Röntgenbild der Vorderpfote: dorsopalmare Ansicht. Die distale ulnare Wachstumsfuge ist offen.

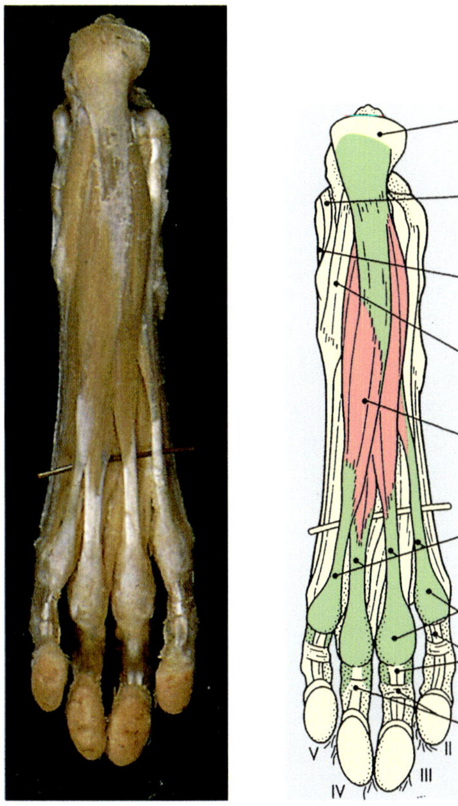

Abb. 10.38 Muskulatur der linken Hinterpfote: plantare Ansicht (1). Die Entfernung der plantaren Faszie und der oberflächlichen Gefäße ermöglicht die Sicht auf den M. flexor digitorum brevis, der beim Hund nicht erkennbar ist (siehe Abb. 7.81). Er entspringt aus der Sehne des M. flexor digitorum superficialis und bildet seine unmittelbare Fortsetzung in die Zehen. Eine Sonde wurde unter seinen vier Sehnen eingefügt, um sie deutlicher von den darunterliegenden Sehnen abzuheben.

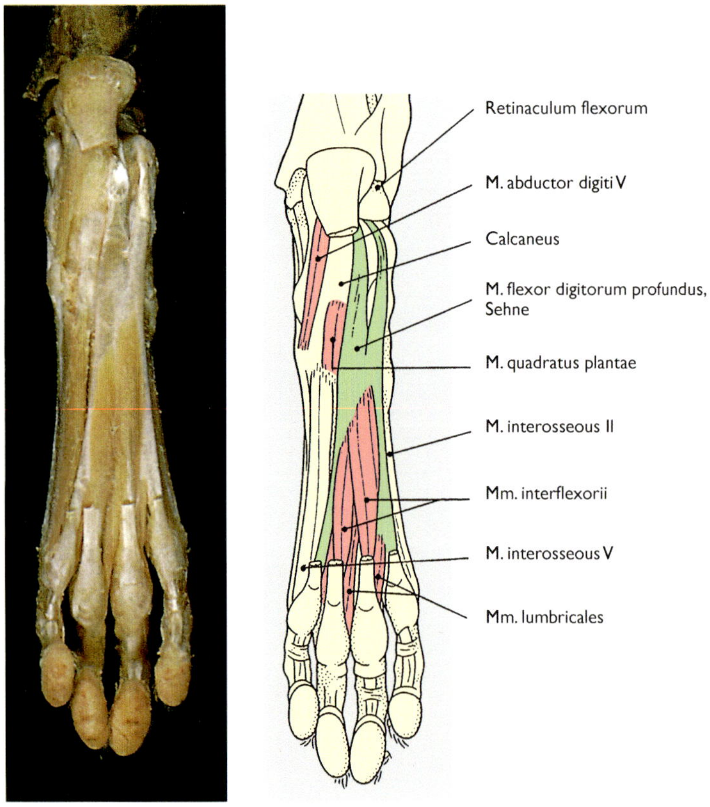

Abb. 10.39 Muskulatur der linken Hinterpfote: plantare Ansicht (2). Durch die Entfernung des M. flexor digitorum brevis wird die Sehne des M. flexor digitorum profundus mit einem ausgeprägten Mm. interflexorii auf der ventralen Oberfläche freigelegt, zum Vergleich mit Abb. 7.85 beim Hund. Die fleischigen Mm. lumbricales kommen distal zwischen den auseinanderstrebenden Beugesehnen zum Vorschein. Der M. quadratus plantae, der kräftiger ausgeprägt ist als beim Hund, ist unterhalb der tiefen Beugesehne erkennbar, an der er ansetzt.

Abb. 10.40 Plexus brachialis und Strukturen der Axilla nach Abklappen der Scapula nach lateral: linke laterale Ansicht. Der M. serratus ventralis wurde von der Facies serrata der Scapula abgetrennt, um sie nach lateral abklappen zu können, wodurch die Axilla von oben eröffnet und eine mit der Abb. 4.19 beim Hund vergleichbare Ansicht erzielt wird.
Die Hauptnerven des Plexus brachialis sind zusätzlich zu den axillären Gefäßen und Lymphknoten abgebildet. Ein besonders großer Ln. axillaris accessorius, der beim Hund nicht immer vorhanden ist, zeigt sich kaudal in der Axilla, sowie ein Ln. cervicalis profundus nahe der Begrenzung zum Hals.

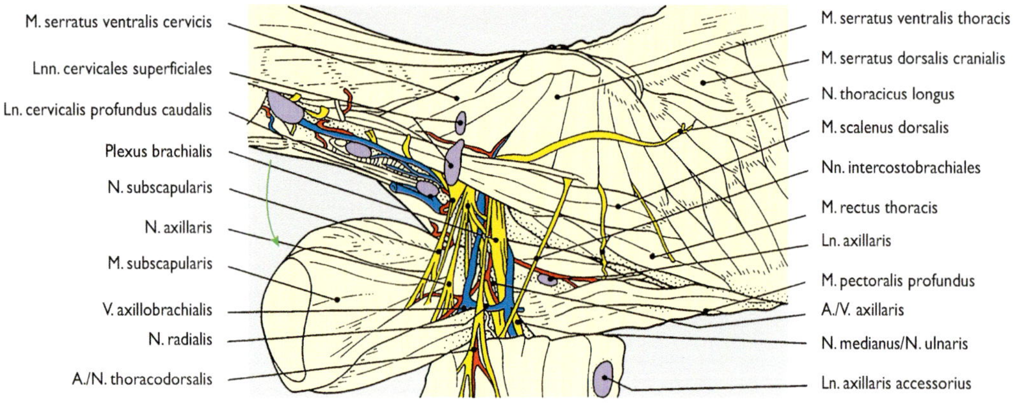

Abb. 10.41 Oberflächliche Muskulatur des Thorax nach Entfernung der Vordergliedmaße: linke laterale Ansicht. Die Vordergliedmaße wurde entfernt, indem die Nerven und Gefäße, die durch die Achselhöhle verlaufen, durchtrennt und die Brustmuskulatur an ihrem Ursprung am Sternum abgetrennt wurde. In der Folge wurden der M. scalenus und der M. serratus ventralis entfernt, abgesehen von den terminalen Verzahnungen des letzteren, die an den Halswirbeln und Rippen ansetzen. Weiter kaudal wurde nach Entfernung des M. obliquus externus abdominis der Brustkorb bis zum Rippenbogen mit seiner Interkostalmuskulatur dargestellt (vergleiche mit Abb. 5.12 und 5.13 beim Hund). Der M. serratus dorsalis, insbesondere sein kaudaler Anteil ist im Vergleich zum Hund gut ausgeprägt.

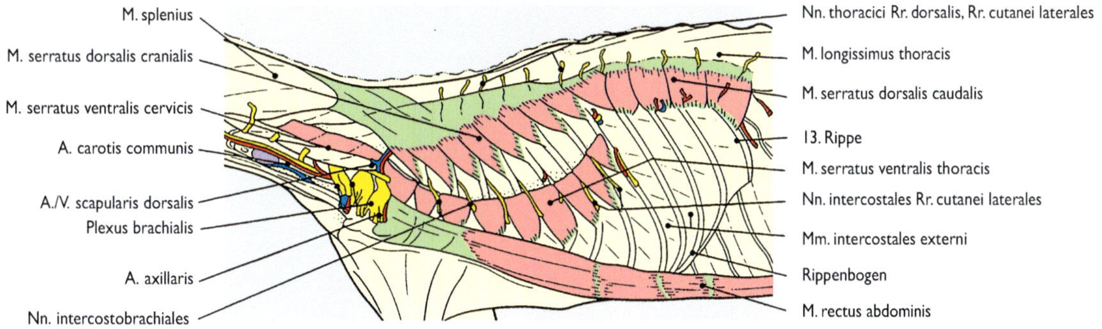

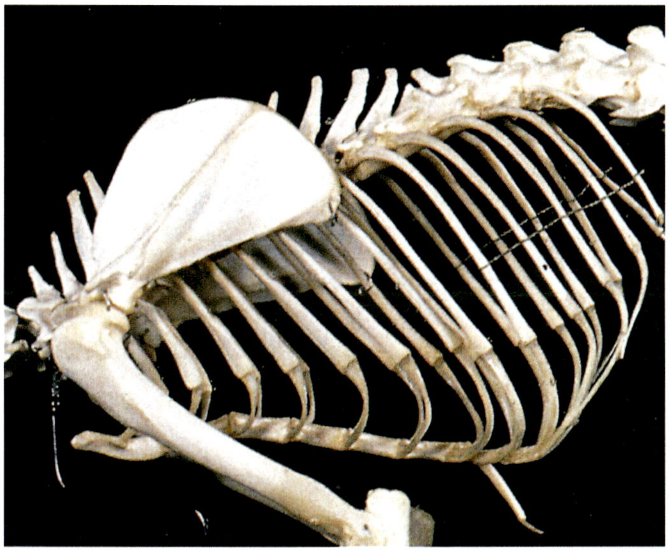

Abb. 10.42 Skelett des Thorax: linke laterale Ansicht. Die Form des Thorax unterscheidet sich geringfügig von der des Hundes (Abb. 5.2), da er flacher und im Verhältnis langgezogener ist; allerdings gibt es beim Hund je nach Rasse beträchtliche Unterschiede. In der detaillierteren Anatomie gibt es wenige wichtige Unterschiede zwischen Hund und Katze, abgesehen von einem markanteren Manubrium sterni und einem längeren und schmaleren Cartilago xiphoidea.

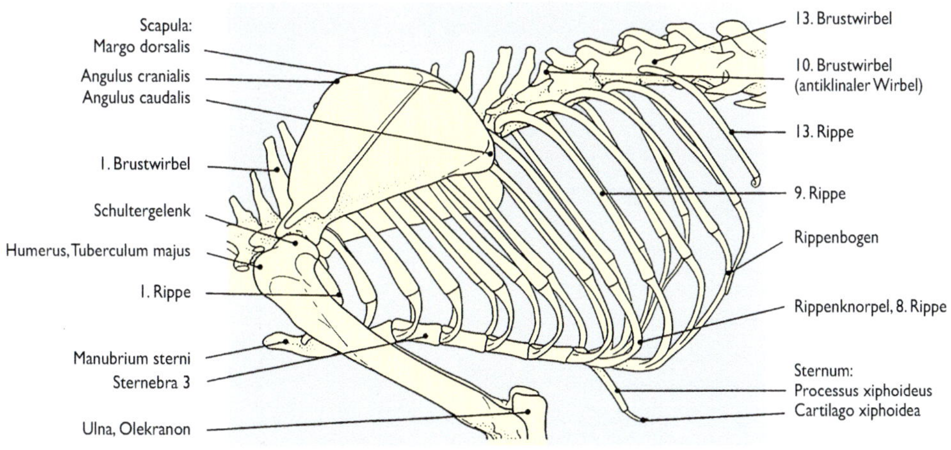

Abb. 10.43 Fascia endothoracica und M. transversus thoracis: linke laterale Ansicht. Die Interkostalmuskulatur wurde gemeinsam mit mehreren Rippen entfernt, wobei die Fascia endothoracica und der M. transversus thoracis intakt belassen wurden. Vergleichen Sie diese Ansicht mit der Abb. 5.18 vom Hund – insbesondere sind dort, wo Rippen entfernt wurden, A. und N. intercostalis in der Faszie sichtbar. Die Interkostalnerven 9 bis 12 und der N. costoabdominalis setzen sich auf der Oberfläche des M. transversus abdominis in die Bauchwand fort. Die ineinandergreifenden Fasern des Rippenanteils des Zwerchfells und des M. transversus abdominis innerhalb des Rippenbogens zeigen die ungefähre Lage des costodiaphragmatischen Pleuraumschlags (gestrichelte grüne Linie). Die A. thoracica interna ist gemeinsam mit einigen ihrer ventralen Interkostal- und Perforationsästen auf der Unterseite des M. transversus thoracis zu sehen.

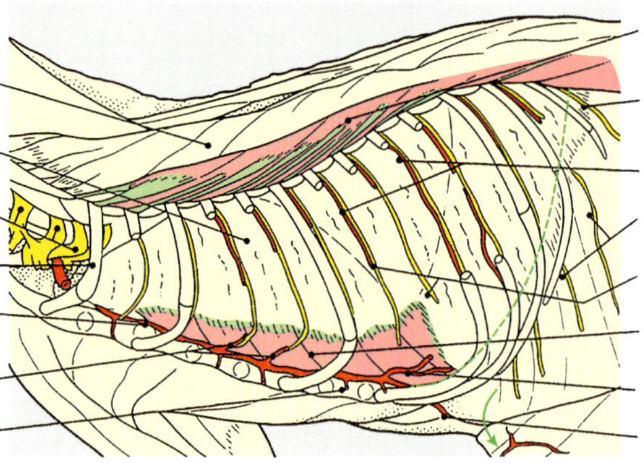

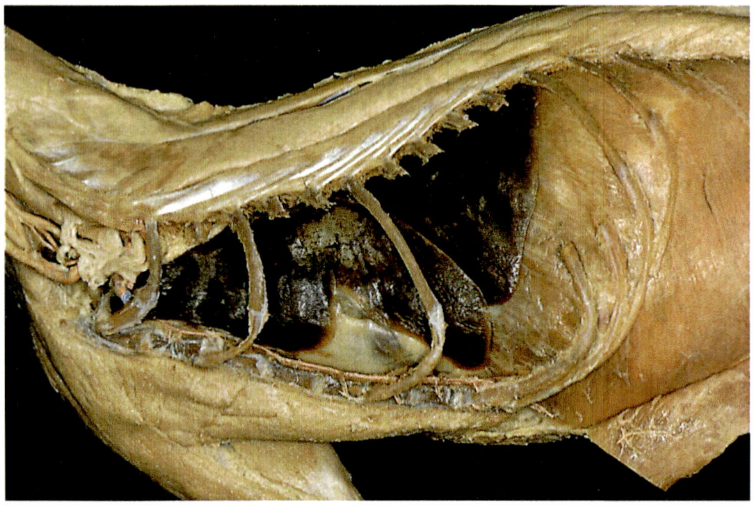

Abb. 10.44 Eingeweide der Brusthöhle *in situ*: linke laterale Ansicht. Die Fascia endothoracica sowie Interkostalgefäße und -nerven wurden entfernt, wobei die 1., 3. und 6. Rippe nicht entfernt wurden, um die Beziehung der Rippen zu den Eingeweiden darzustellen. Vergleichen Sie diese Ansicht mit Abb. 5.21 beim Hund. Eine relativ große Incisura cardiaca ist auf dieser linken Seite vorhanden. Das ist beim Hund nicht der Fall. Die ungefähre Lage, die der basale (kaudale) Lungenrand nach normaler Ausatmung einnehmen würde, ist mittels einer gestrichelten Linie in der Zeichnung eingezeichnet; die Lage des costodiaphragmatischen Pleuraumschlags ist durch die gestrichelte grüne Linie neben dem Rippenbogen eingezeichnet.

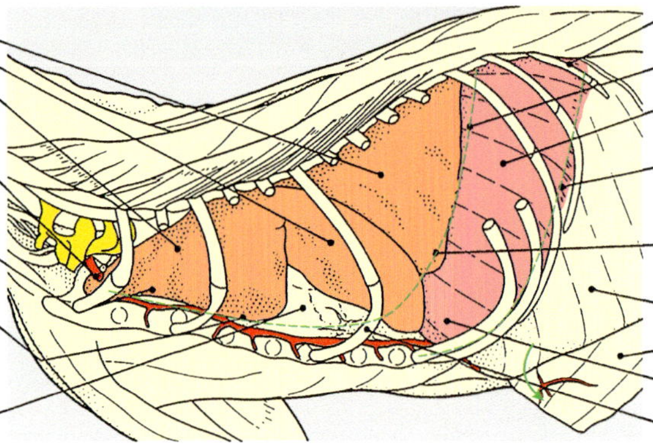

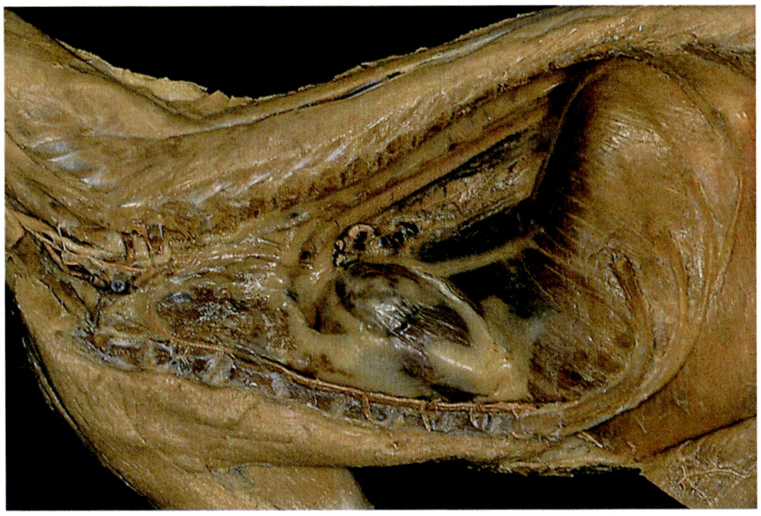

Abb. 10.45 Mediastinum nach Entfernung der linken Lunge: linke laterale Ansicht. Die meisten Rippen des Brustkorbs und die Lunge wurden entfernt, um eine mit der Abb. 5.28 vergleichbare Ansicht beim Hund zu erzielen. Das glänzende mediastinale Pleurablatt bildet die linke laterale Begrenzung des Mediastinums, ist aber dort, wo es sich an der Lungenwurzel umschlägt, unvollständig. Die Strukturen der Lungenwurzel sind dort sichtbar, wo sie bei der Entfernung der Lunge durchtrennt wurden. Beträchtliche Mengen subpleuralen Fettgewebes sind vorhanden und verdecken die mediastinalen Eingeweide, wobei bedeutende Überreste des Thymus im kranialen Mediastinum deutlich erkennbar sind. Die A. thoracica interna, die nicht zum Mediastinum gehört, wird in ihrem Verlauf entlang des Sternums dargestellt, inklusive eines kranial davon gelegenen, sehr kleinen sternalen Lymphknotens am unteren Ende vom 2. Interkostalraum.

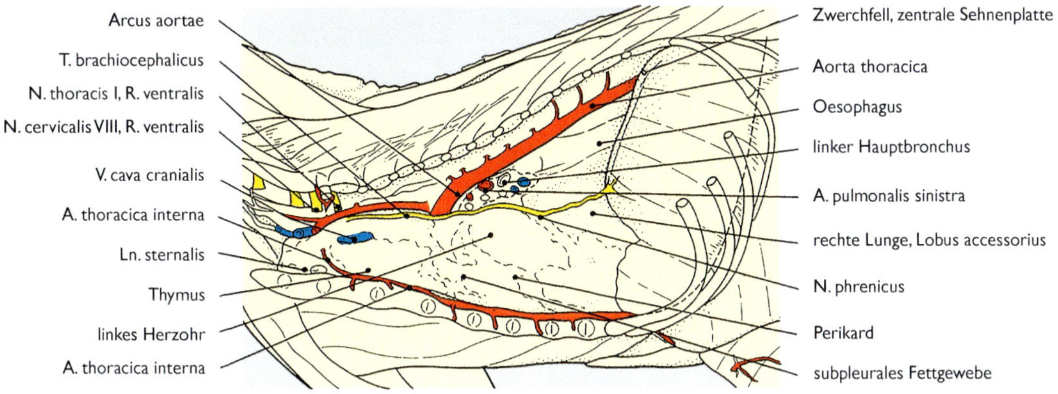

Abb. 10.46 Brustkorb und Lunge *in situ*: rechte laterale Ansicht. Die Interkostalräume auf der rechten Seite des Thorax wurden entfernt, einschließlich des M. transversus thoracis, um eine mit der Abb. 5.27 des Hundes vergleichbare Ansicht zu erzielen. Die rechte Lunge zeigt eine markante Incisura cardiaca zwischen dem kranialen und dem medialen Lappen. Wie auf der linken Seite zeigen gestrichelte Linien die ungefähre Lage des basalen (kaudalen) Lungenrandes nach normaler Ausatmung sowie den costodiaphragmatischen Pleuraumschlag (grün).

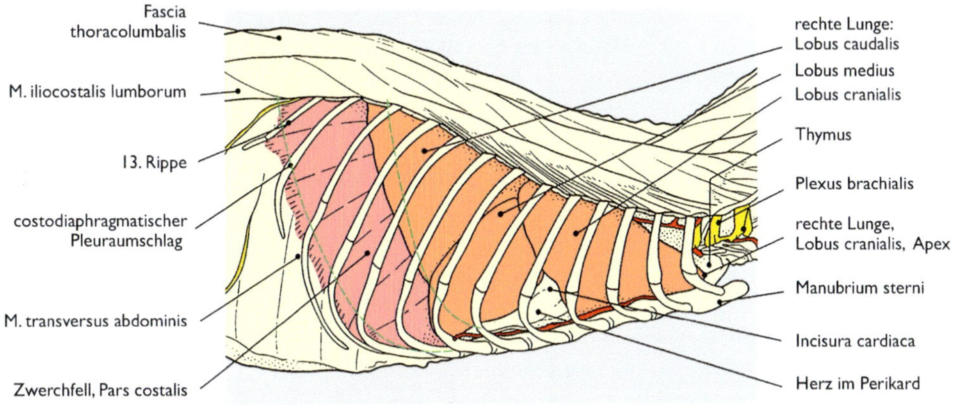

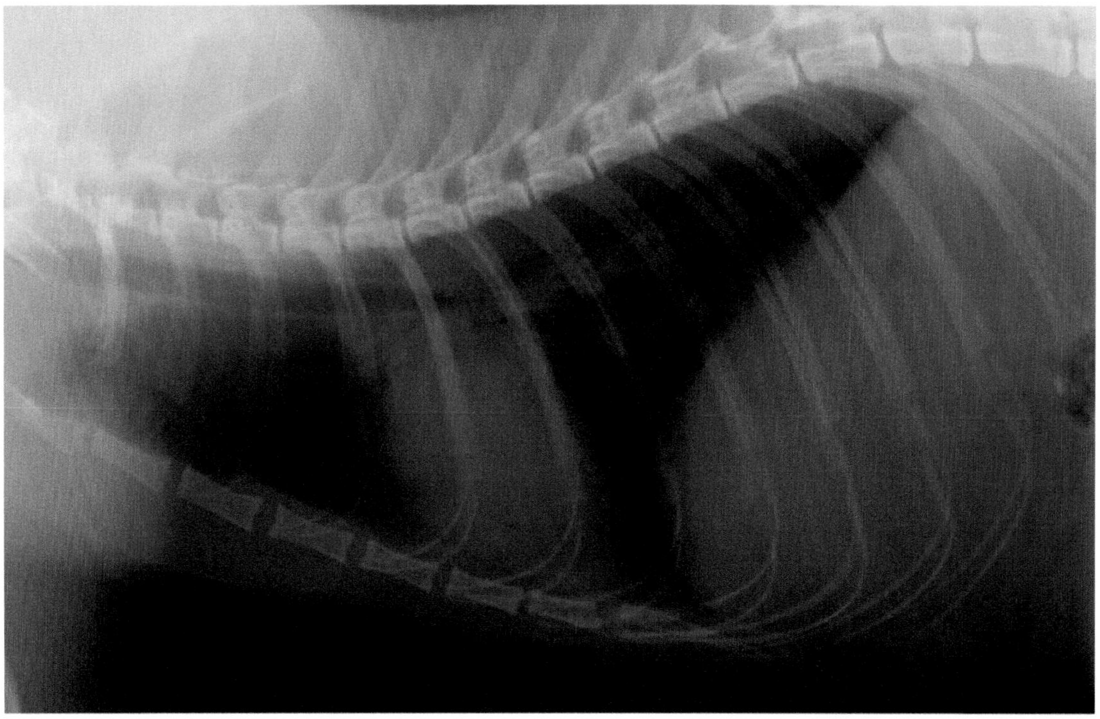

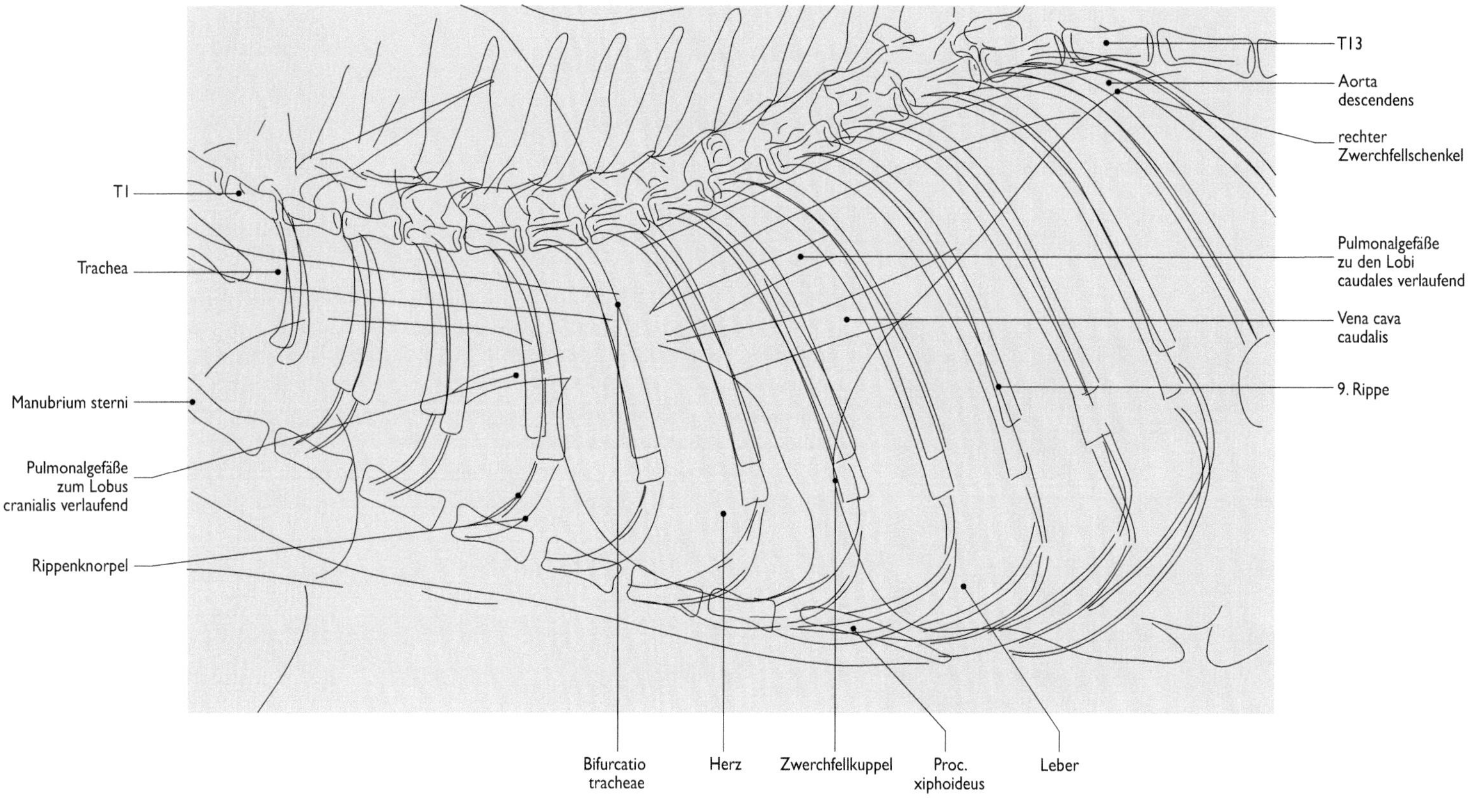

Abb. 10.47 Röntgenbild des Thorax: laterale Ansicht. Die Luft in ihrem Lumen hebt die Trachea optisch hervor. Das Herz ist klar erkennbar und im Vergleich zum Hund geringfügig horizontaler ausgerichtet. Die Lungen sind durch ihren Luftgehalt zu erkennen. Der Großteil der weiteren Strukturen sind Weichteile, liegen im Mediastinum und sind daher nicht klar voneinander abgrenzbar.

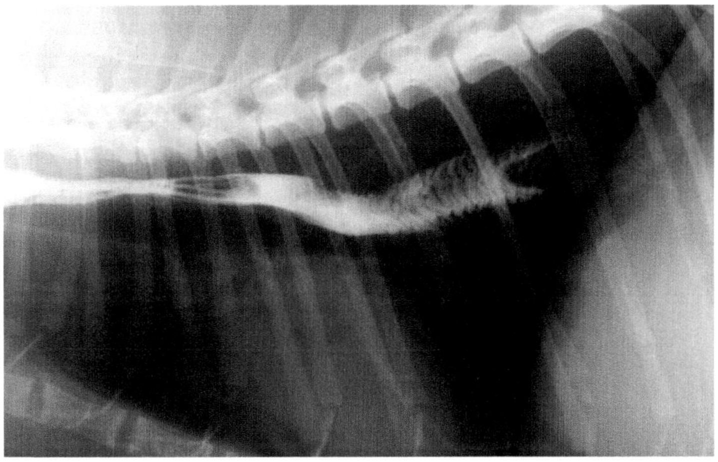

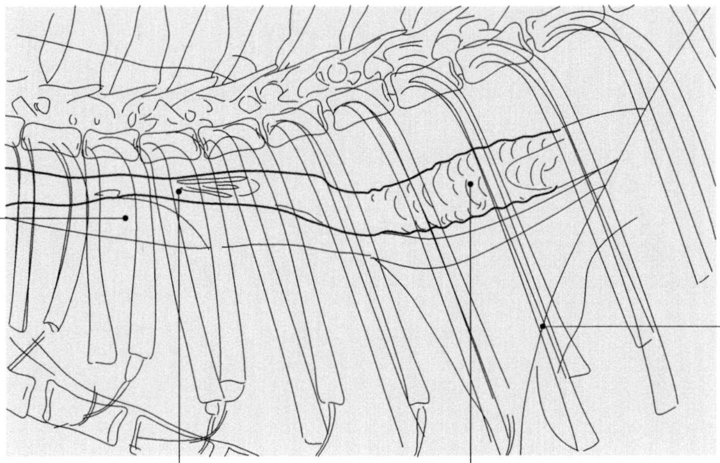

Abb. 10.48 Röntgenbild des Thorax: laterale Ansicht, unmittelbar nach oraler Bariumgabe. Die Schleimhautoberfläche des Ösophagus ist hervorgehoben. Die Schleimhaut hat kranial eine longitudinale und kaudal eine eher fischgrätenartige oder transversale Struktur. Dieser Wechsel der Struktur der Schleimhautfalten weist auf eine Zunahme des Anteils glatter Muskulatur hin.

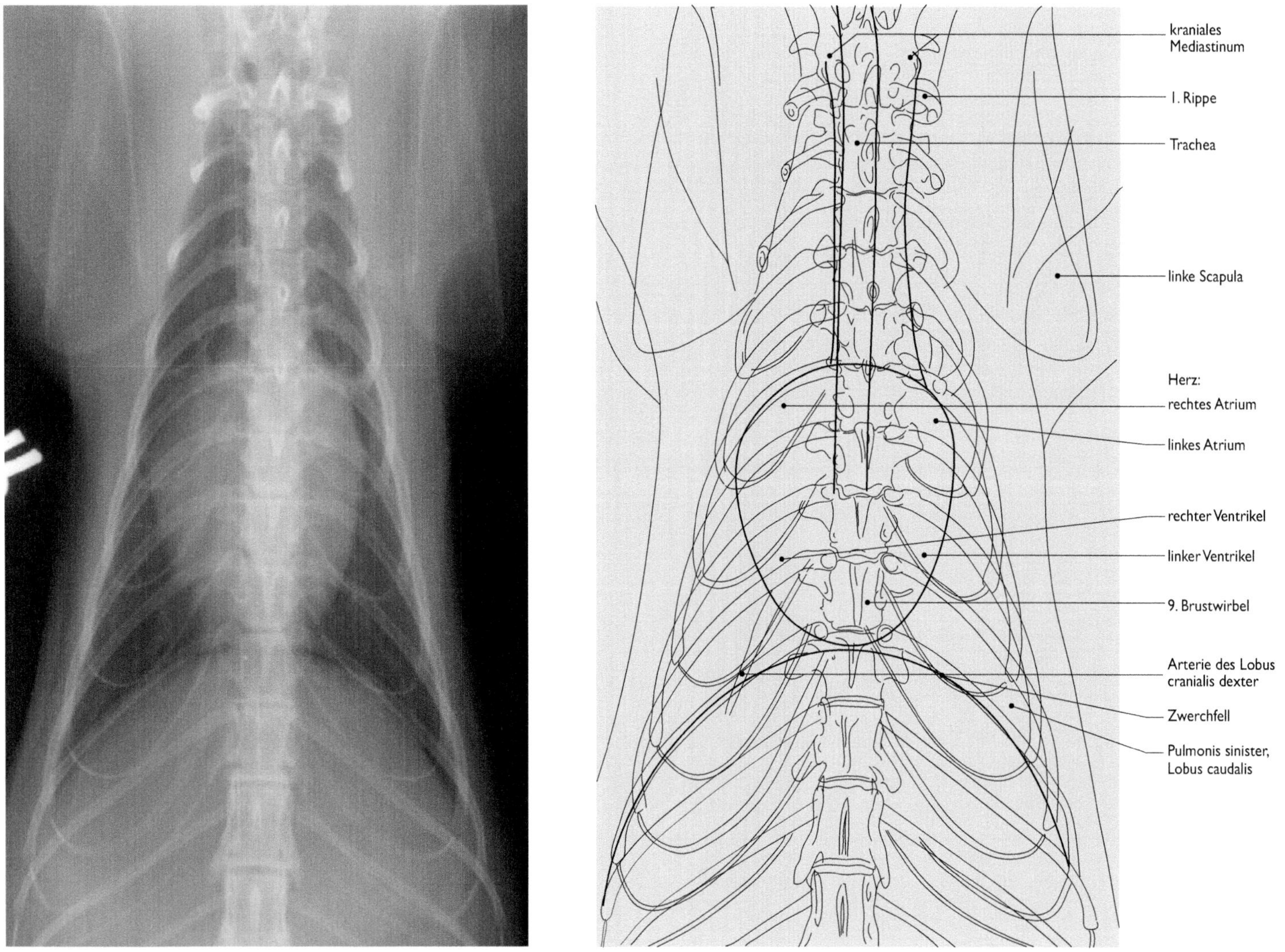

Abb. 10.49 Röntgenbild des Thorax: dorsoventrale Ansicht. Nur die Lungen und das Herz sind in dieser Ansicht deutlich zu erkennen, da weitere Strukturen mediastinal gelegen sind und daher von der Wirbelsäule und dem Sternum überlagert sind.

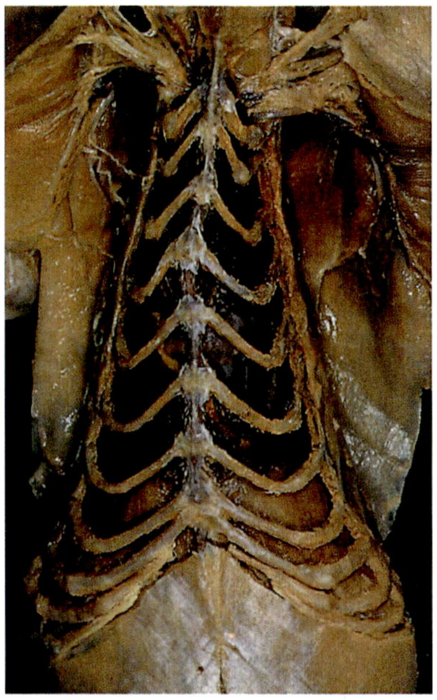

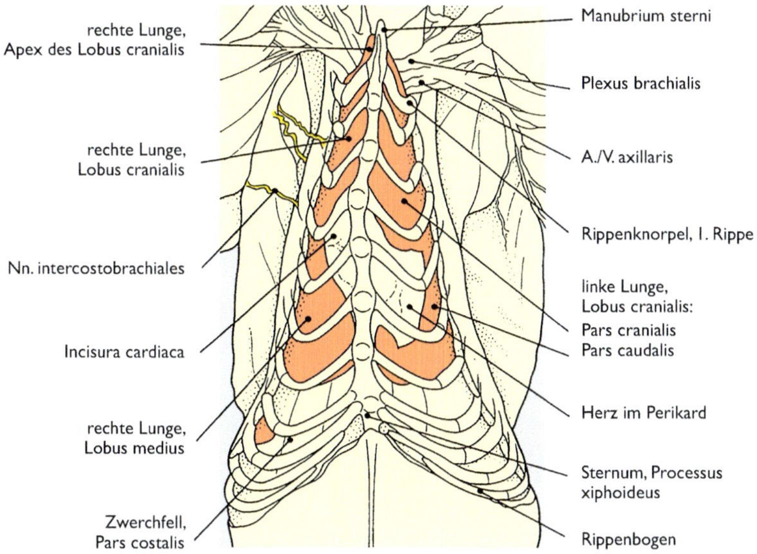

Abb. 10.50 Brustkorb und Eingeweide der Brusthöhle *in situ*: ventrale Ansicht. Die Interkostalmuskeln und der M. transversus thoracis wurden von den unteren Bereichen der Interkostalräume entfernt, um eine mit der Abb. 5.70 des Hundes vergleichbare Ansicht zu erzielen. Bei Rückenlagerung des Tieres ist die Form des Brustkorbs insgesamt etwas verzerrt, wobei die Rippen nach kaudal gezogen werden. Infolgedessen weichen die Lagen des Herzens und der Lunge in Bezug zu den Rippen leicht von der bei normal stehender Haltung zu erwartenden Lagebeziehung ab.

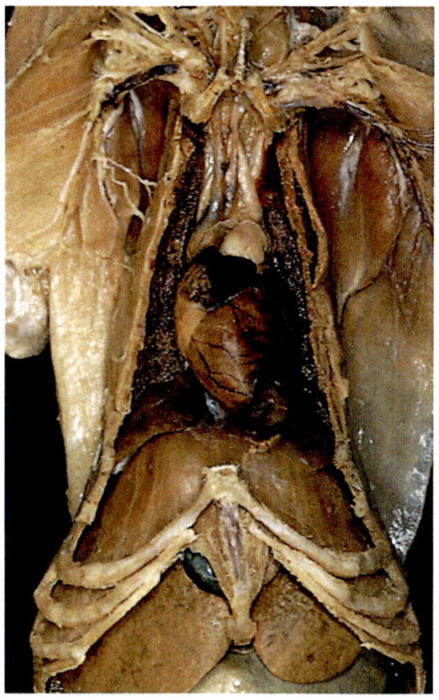

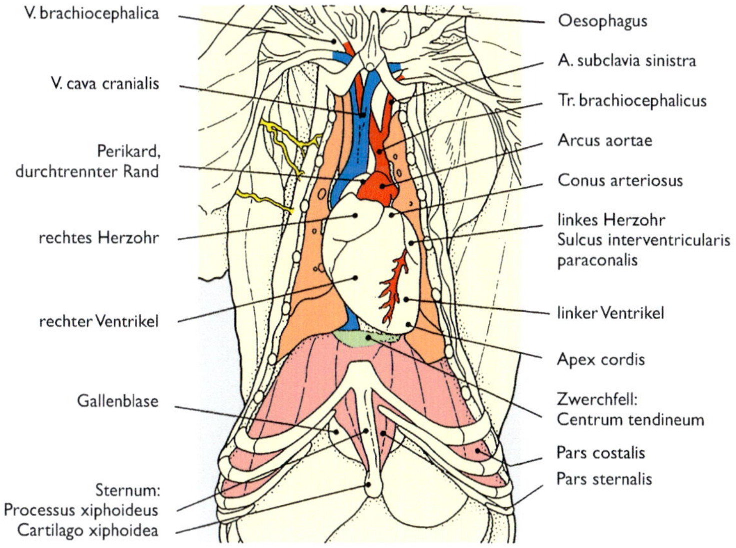

Abb. 10.51 Herz und große Gefäße *in situ*: ventrale Ansicht. Die unteren Enden der 2. bis 8. Rippe und das Sternum, abgesehen von Manubrium sterni und Processus xiphoideus, wurden entfernt. Die Lungen wurden in derselben horizontalen Ebene reseziert wie die Rippen, um das Herz freizulegen. Das Perikard wurde ebenfalls entfernt. In dieser Ansicht, vergleichbar mit der Abb. 5.71 vom Hund, zeigt sich die „horizontalere“ Lage des Herzens, wobei ein größerer Anteil des rechten Herzohres und des Arcus aorticus erkennbar sind. Ausgeprägte sternale Zwerchfellfasern sind in ihrem Verlauf zum Processus xiphoideus deutlich zu erkennen.

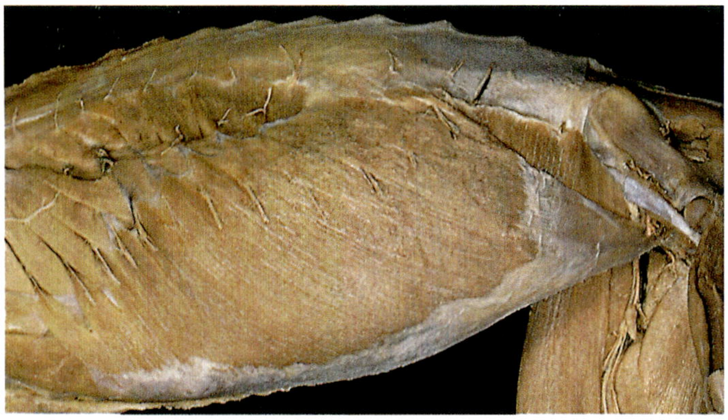

Abb. 10.52 Bauchwandmuskulatur. (1) M. obliquus externus abdominis: linke laterale Ansicht. Haut und oberflächliche Körperfaszie wurden entfernt, wodurch der M. obliquus externus abdominis und seine Aponeurose dort freiliegen, wo sie zur Lamina externa der Rektusscheide beitragen. Diese Ansicht ist vergleichbar mit Abb. 6.14 beim Hund. Bei dieser kastrierten Kätzin ist der Canalis inguinalis ungenügend dargestellt; dennoch verfügt der Kanal im Wesentlichen über den gleichen Aufbau wie der in den Abb. 8.53 bis 8.57 dargestellte Kanal der Hündin.

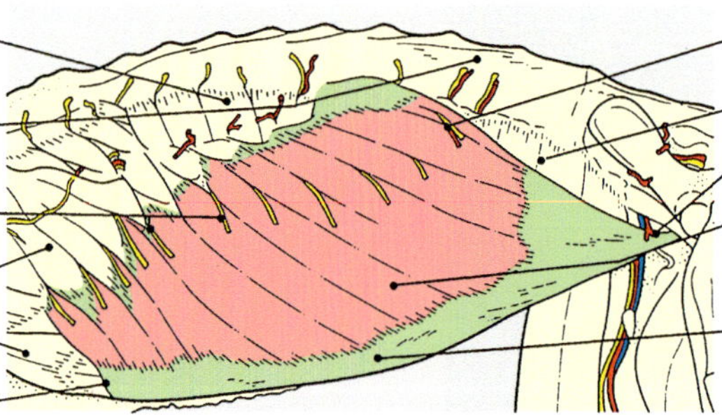

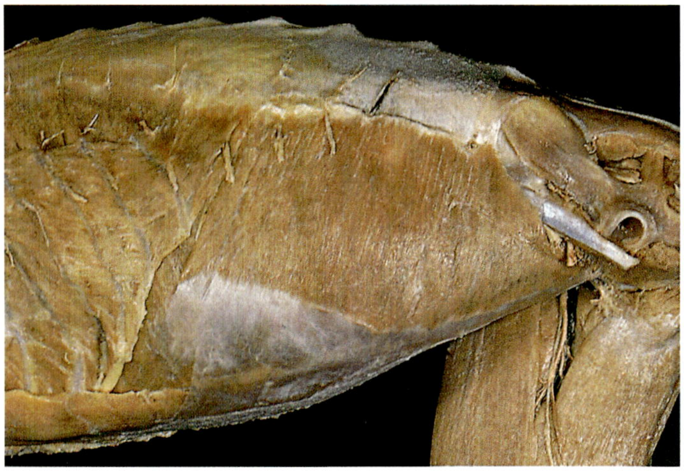

Abb. 10.53 Bauchwandmuskulatur. (2) M. obliquus internus abdominis: linke laterale Ansicht. Der M. obliquus externus abdominis und praktisch seine gesamte Ansatzaponeurose wurden entfernt, wodurch der M. obliquus internus abdominis mit seinem aponeurotischen Beitrag zur Bildung der Rektusscheide freigelegt wurde, eine Ansicht, vergleichbar mit Abb. 6.15 vom Hund. Die Lage der costodiaphragmatischen Umschlagfalte der Pleura ist durch die gestrichelte grüne Linie auf dem Brustkorb kranial des Rippenbogens markiert, so dass die faktische Abgrenzung von Brust- und Bauchhöhle auf der Oberfläche markiert ist.

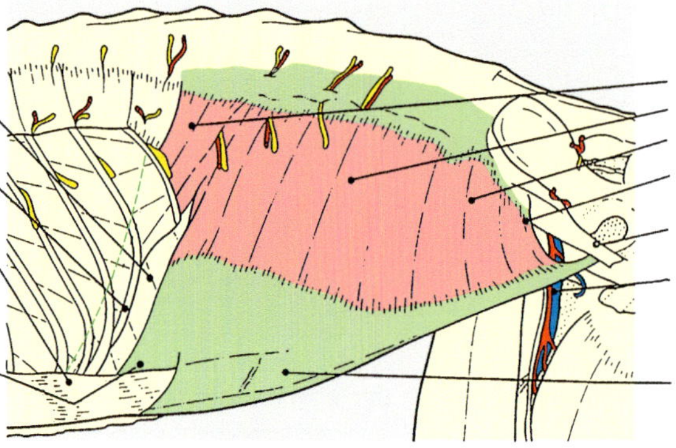

Abb. 10.54 Bauchwandmuskulatur. (3) Mm. transversus und rectus abdominis: linke laterale Ansicht. Durch die Entfernung des M. obliquus internus abdominis und seiner Aponeurose werden die Mm. transversus und rectus abdominis freigelegt, in einer mit der Abb. 6.19 beim Hund vergleichbaren Ansicht. Wie beim Hund trägt die Aponeurose des M. transversus abdominis im kaudalen Abdomen zur Bildung der Lamina externa der Rektusscheide bei, wobei die Lamina interna ausschließlich aus der Fascia transversalis besteht. Die Lage der costodiaphragmatischen Umschlagfalte der Pleura zeigt, dass die Pleurahöhle sich bis knapp kaudal der 13. Rippe ausdehnt, und lateral durch den kostalen Anteil des M. obliquus internus abdominis begrenzt wird.

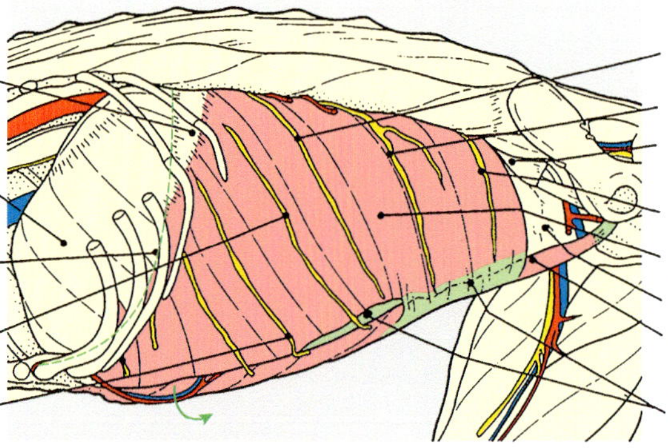

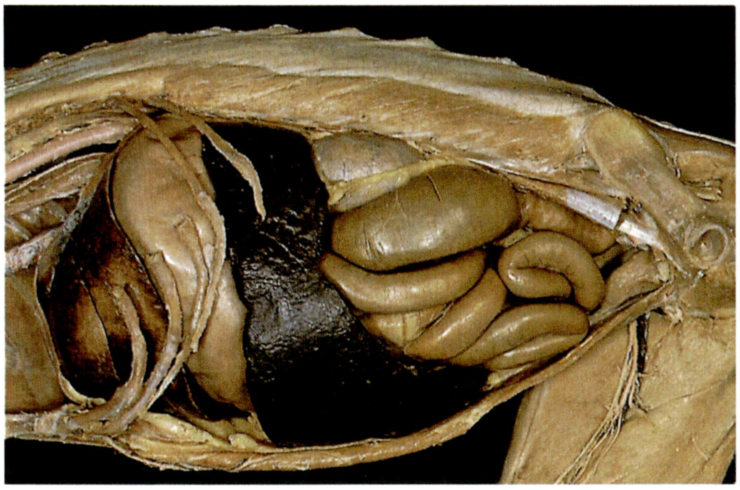

Abb. 10.55 Baucheingeweide *in situ*: linke laterale Ansicht. Die linke Bauchwand und linke Zwerchfellhälfte wurden entfernt und das fettdurchzogene Omentum majus von seinen Ansätzen an Magen und Milz abgetrennt und von der Oberfläche des Darmes entfernt, so dass eine mit Abb. 6.24 vom Hund vergleichbare Ansicht erzielt wird. Die Milz ist erheblich größer, als normalerweise zu erwarten wäre – ein möglicher „normaler" Umriss ist durch die gestrichelte Linie auf der Oberfläche der Milz dargestellt. Eine ähnlich vergrößerte Milz wurde bei dem Hund gesehen, der für die Sektion des Abdomens verwendet wurde (Abb. 6.95-6.97).

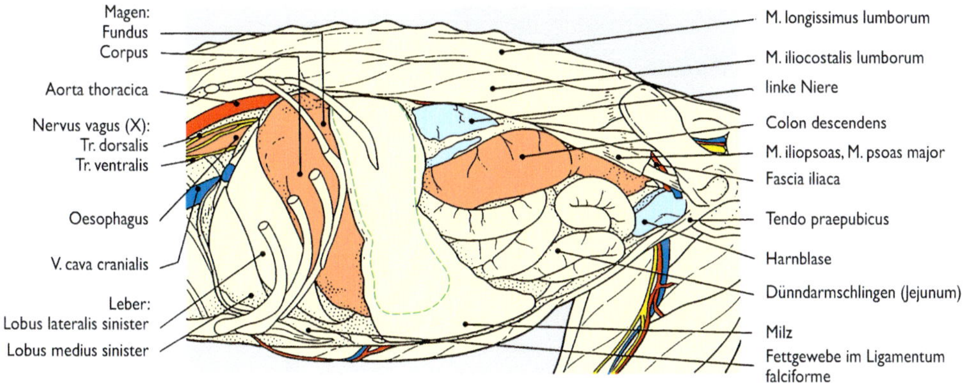

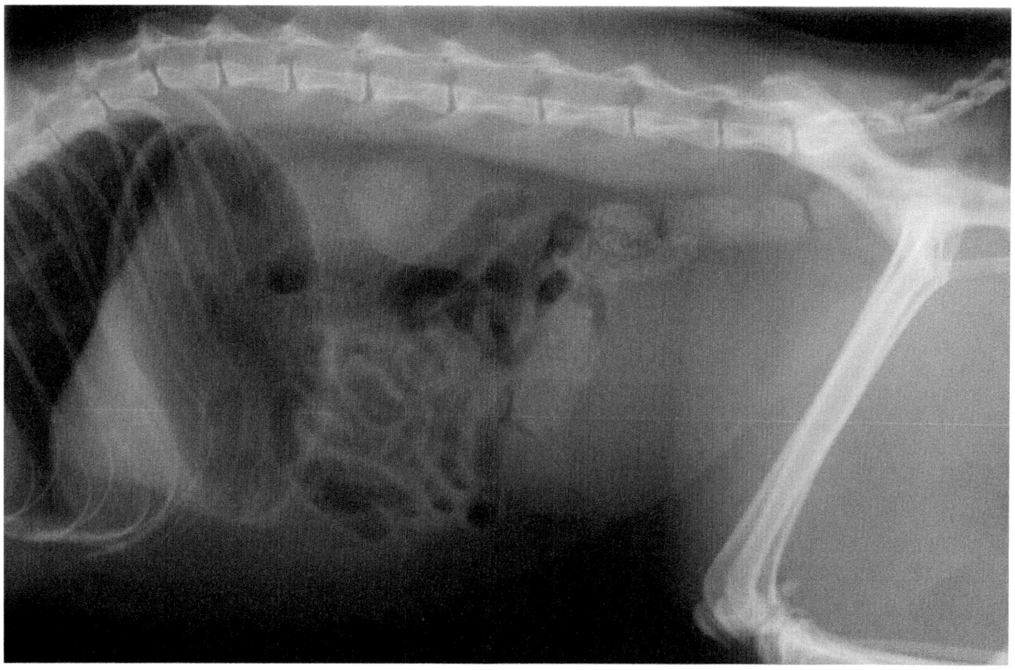

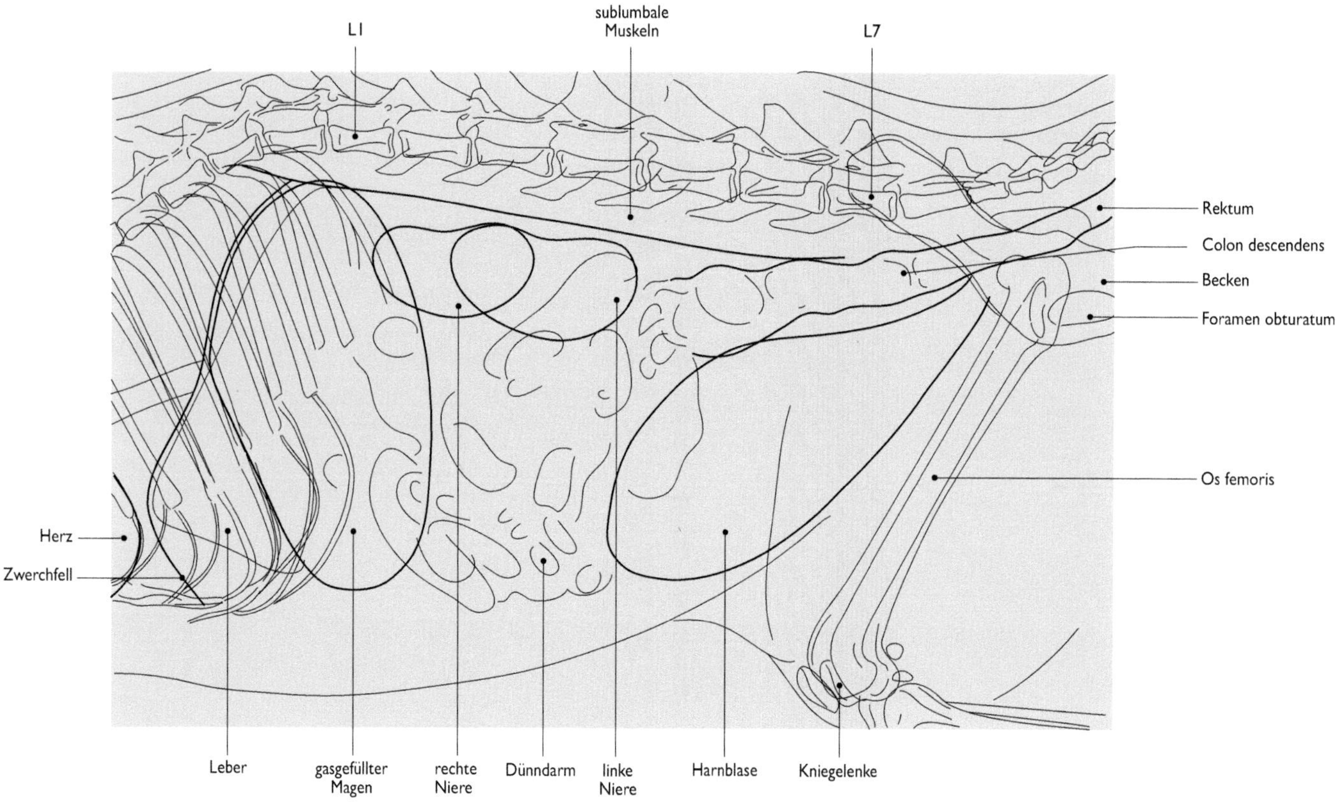

Abb. 10.56 Röntgenbild des Abdomens: laterale Ansicht. Der kleinere Umfang und die im Verhältnis größeren intraabdominalen Fettdepots bei der Katze resultieren in einer größeren intraabdominaler Detailgenauigkeit.

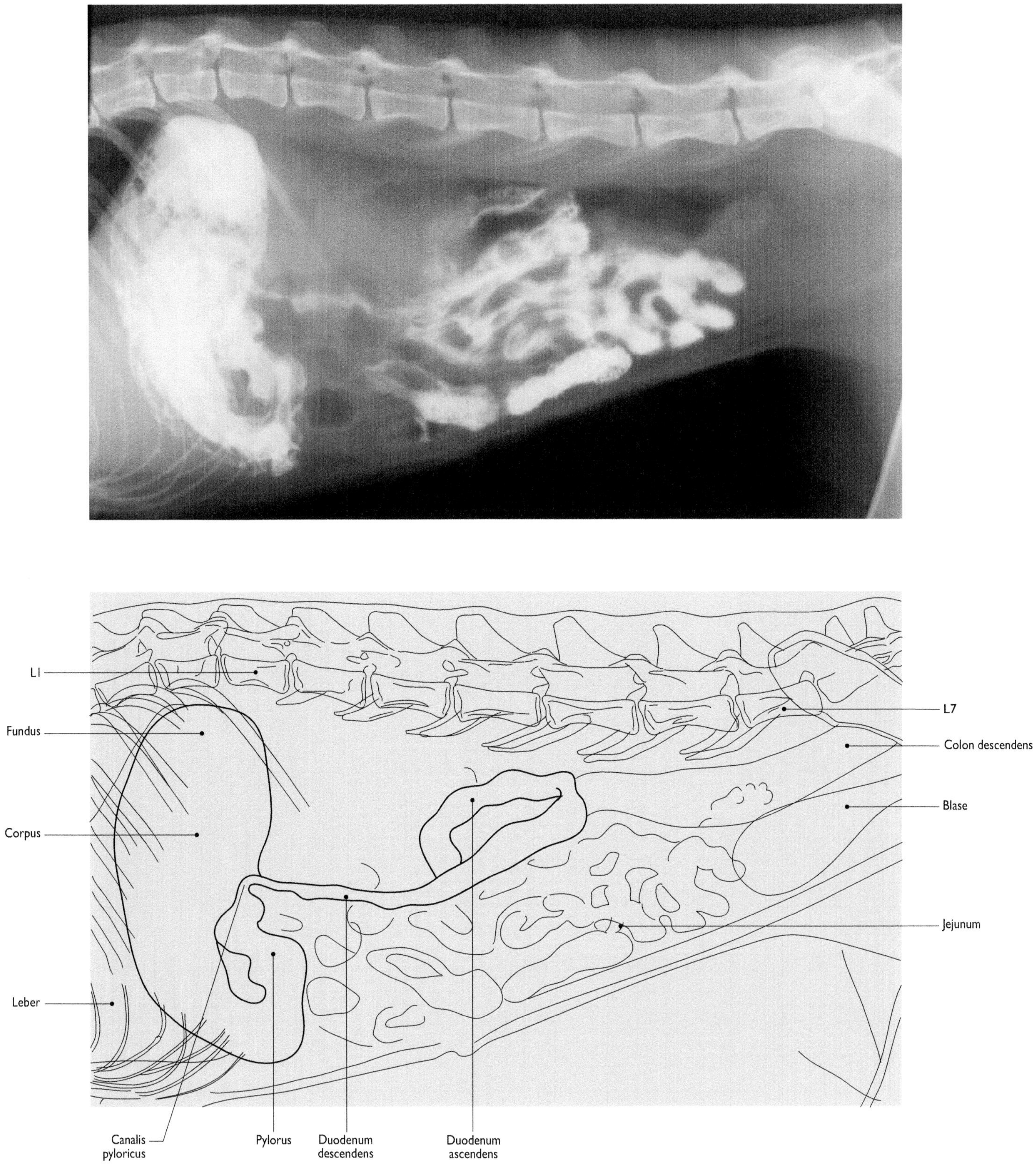

Abb. 10.57 Röntgenbild des Abdomens: laterale Ansicht, 30 Minuten nach oraler Bariumgabe. Das Barium markiert erkennbar Magen und Dünndarm. Der Dünndarm nimmt die Mitte des Abdomens ein und erstreckt sich nach kaudal bis zum kranialen Blasenpol.

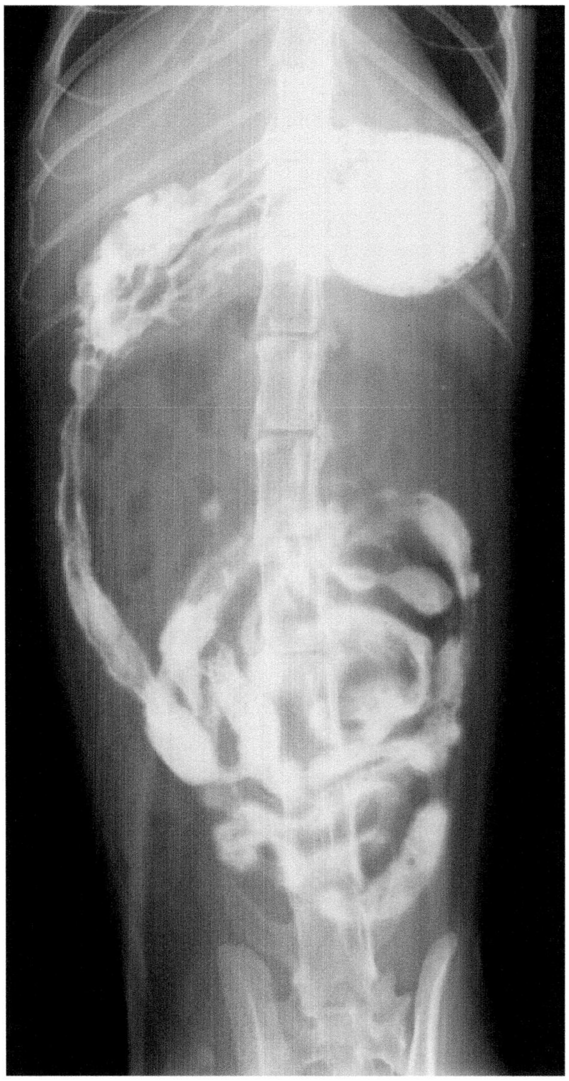

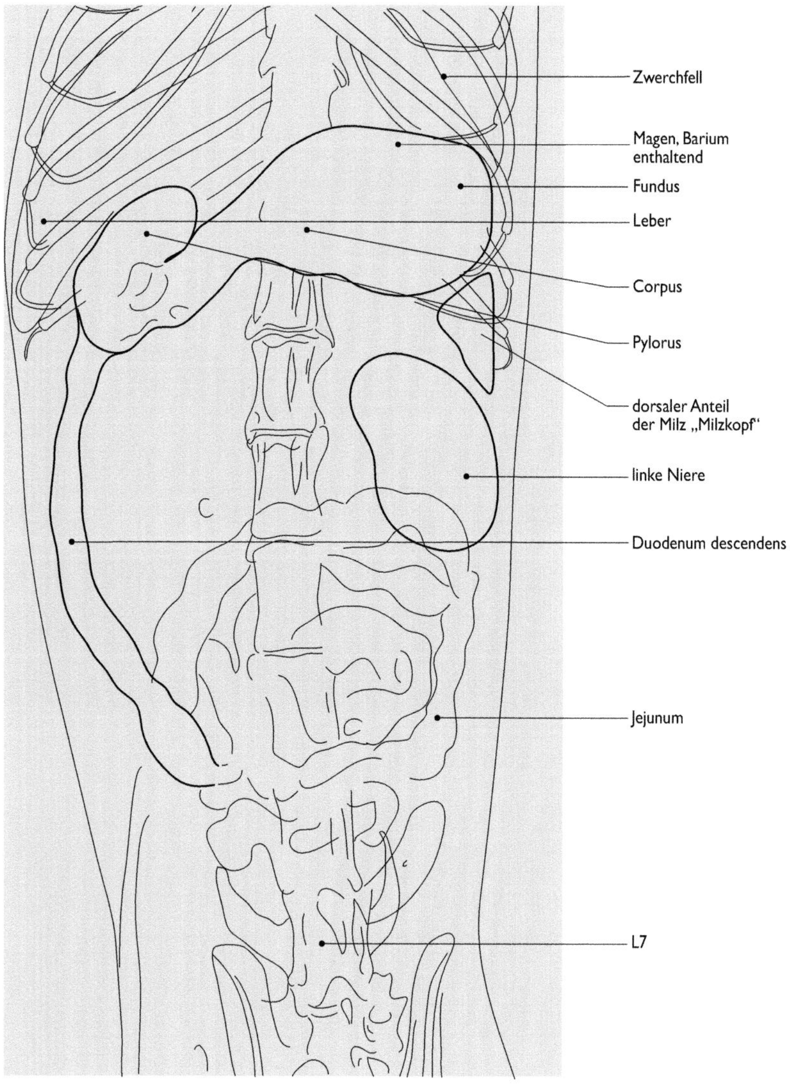

Abb. 10.58 Röntgenbild des Abdomens: ventrodorsale Ansicht, 30 Minuten nach oraler Bariumgabe. Das Barium markiert deutlich Magen und Dünndarm. Der Dünndarm nimmt die Mitte des Abdomens ein und erstreckt sich nach kaudal bis zum kranialen Blasenpol.

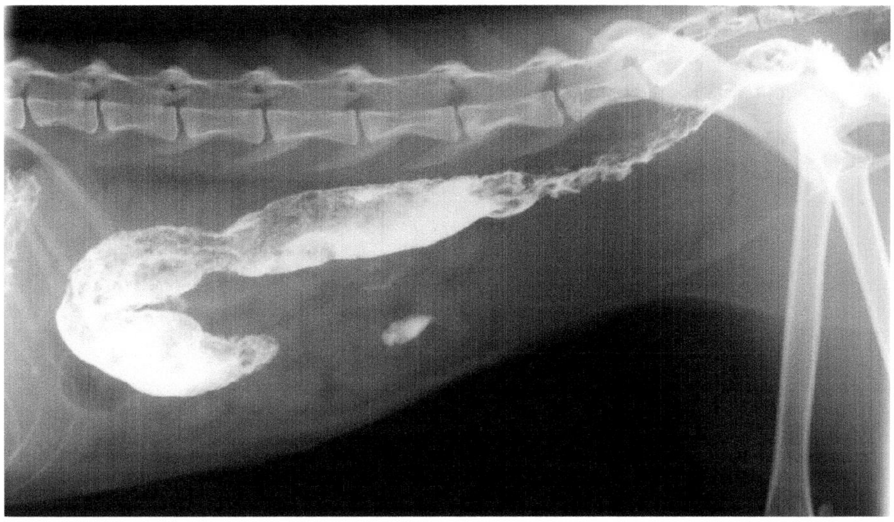

Abb. 10.59 Röntgenbild des Abdomens: laterale Ansicht, 6 Stunden nach oraler Bariumgabe. Das Barium hebt die Strukturen des Rektums, Kolons und Teile des Caecums hervor. Zusätzlich wird auch teilweise der Magenfundus hervorgehoben.

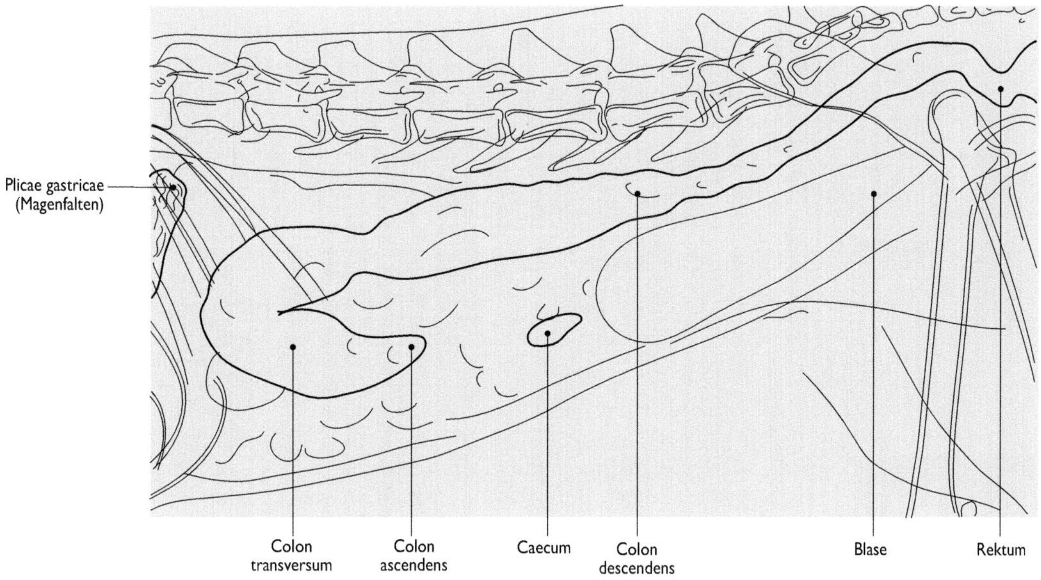

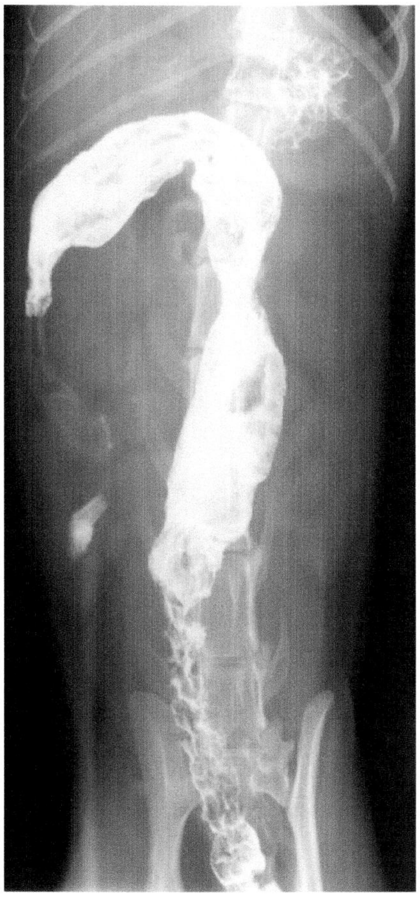

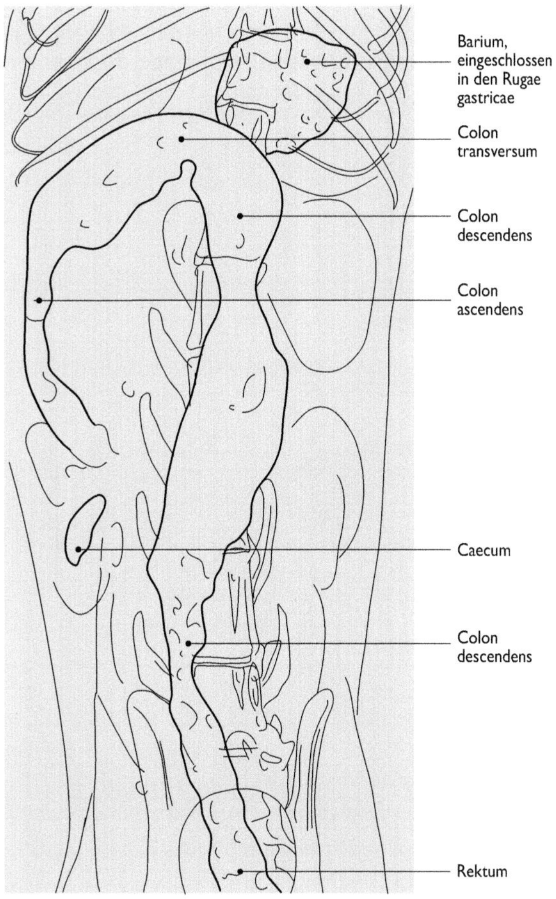

Abb. 10.60 Röntgenbild des Abdomens: ventrodorsale Ansicht, 6 Stunden nach oraler Bariumgabe. Das Barium markiert deutlich das Rektum, Kolon und einen Teil des Caecums. Der Magenfundus ist ebenfalls teilweise markiert.

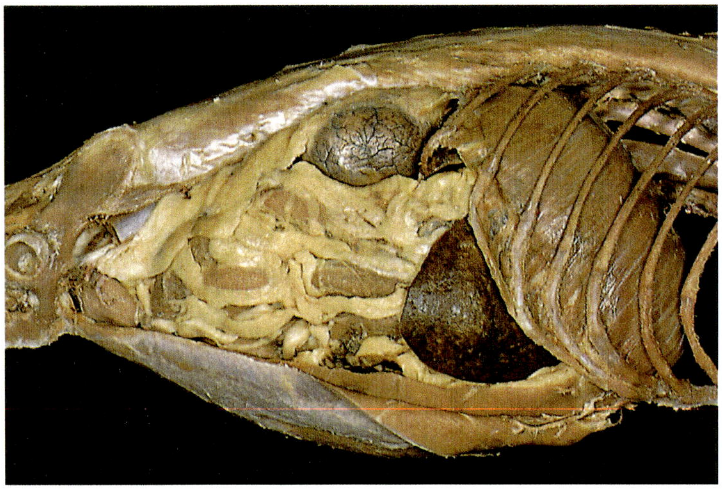

Abb. 10.61 Baucheingeweide *in situ*: rechte laterale Ansicht (1). In dieser Ansicht wurde die Bauchwand auf der rechten Seite entfernt, während das Omentum majus belassen wurde und so die Dünndarmschlingen verdeckt. Ansicht ähnlich wie Abb. 6.48 vom Hund. Das Omentum majus ist großflächig von Fettgewebe durchzogen, wobei sich weitere Fettdepots um die Niere, im Bauchhöhlendach und kranial und kaudal am Boden der Bauchhöhle befinden. Das verzweigte Netz der Kapselvenen ist auf der Oberfläche der Niere durch die fibröse Nierenkapsel hindurch sichtbar.

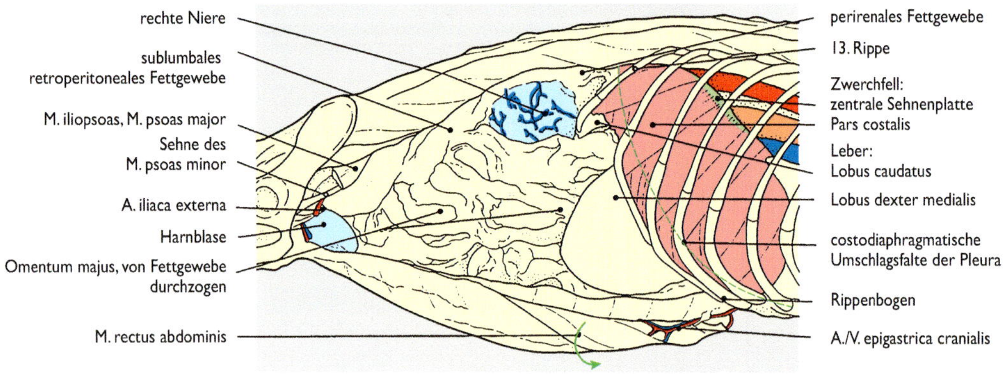

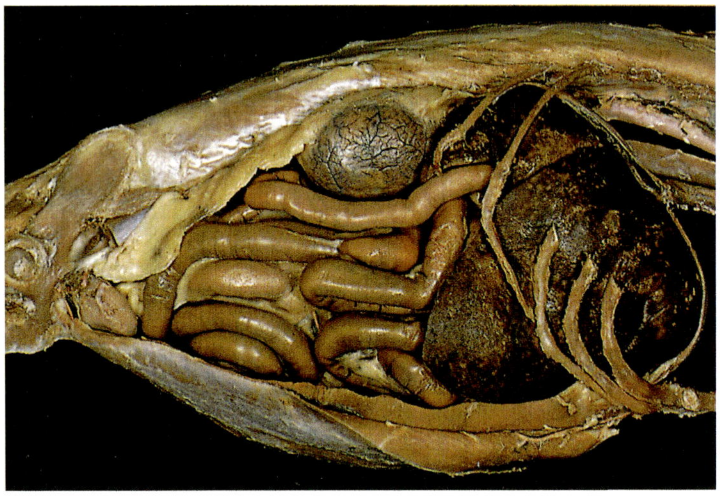

Abb. 10.62 Baucheingeweide *in situ*: rechte laterale Ansicht (2). Das Omentum majus und die rechte Hälfte des Zwerchfells wurden entfernt, um die gesamte Bauchhöhle in einer mit der Abb. 6.51 vom Hund vergleichbaren Ansicht darzustellen. Die Leber ist auf dieser Seite ein markantes Merkmal, wobei das Duodenum descendens ventral der rechten Niere in kaudaler Richtung verläuft. Die costodiaphragmatische Umschlagfalte der Pleura ist durch die gestrichelte grüne Linie vor dem Rippenbogen angedeutet, wie auf dem vorherigen Bild. Diese Linie markiert die Position des Übergangs zwischen Brust- und Bauchhöhle auf der Oberfläche.

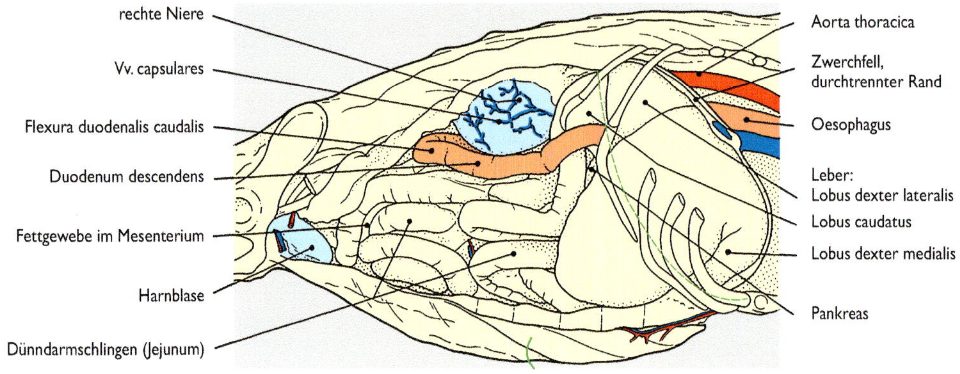

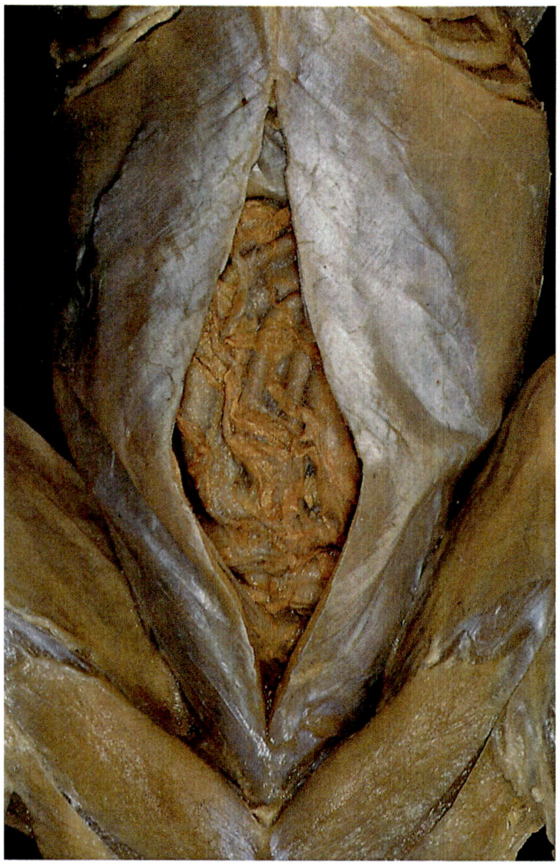

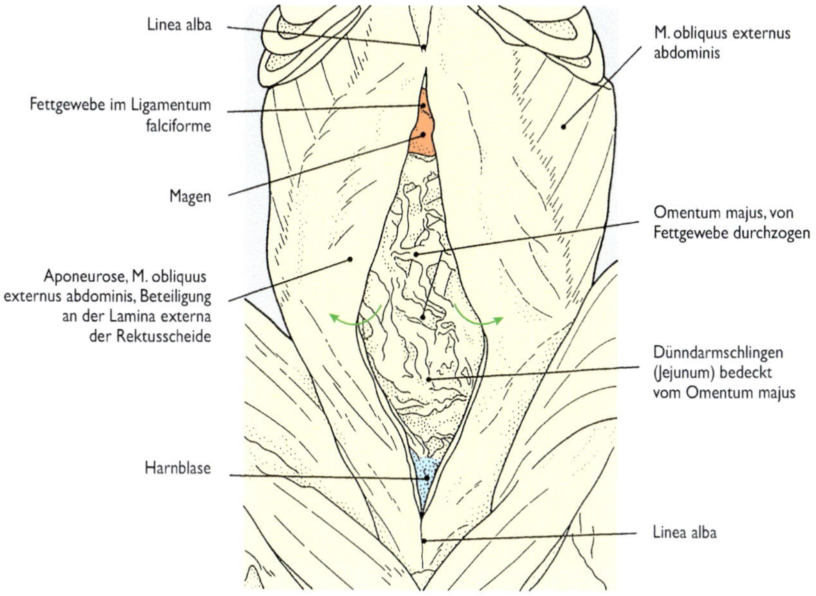

Abb. 10.63 Baucheingeweide *in situ*, dargestellt durch einen Bauchschnitt entlang der Mittellinie: ventrale Ansicht. Es wurde ein Längsschnitt über fast drei Viertel der Länge der Linea alba gemacht und die Bauchdecke auseinandergezogen, um ein Bild zu erhalten, das in etwa mit Abb. 6.73 des Hundes vergleichbar ist. Eine erste ventrale Eröffnung entlang der Mittellinie legt das fettdurchzogene Omentum majus frei, das die Dünndarmschlingen verdeckt. Am kranialen Ende des Schnittes ist das Ligamentum falciforme zu sehen und der Magen im Bereich der großen Kurvatur ist gerade noch erkennbar; am kaudalen Ende ist die Blase nicht vom Omentum majus bedeckt und befindet sich auch gerade noch im Blickfeld.

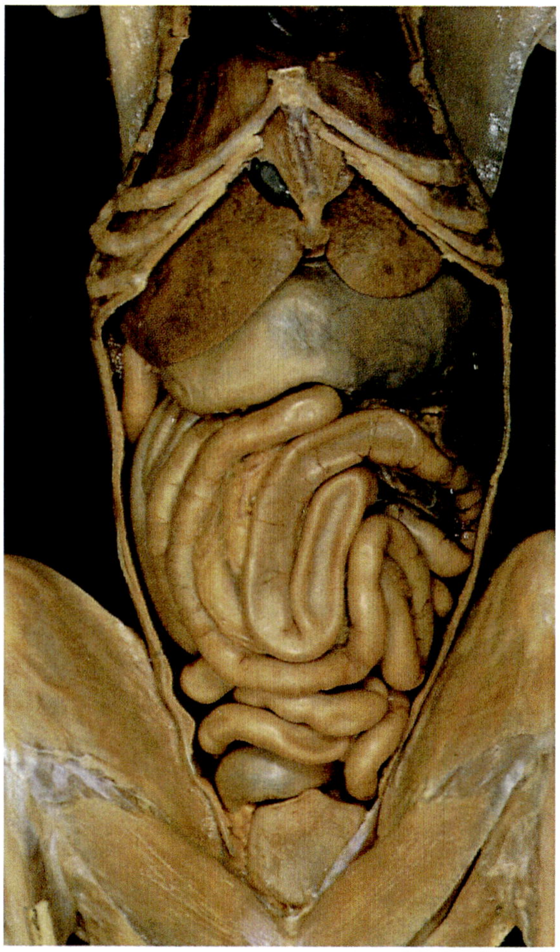

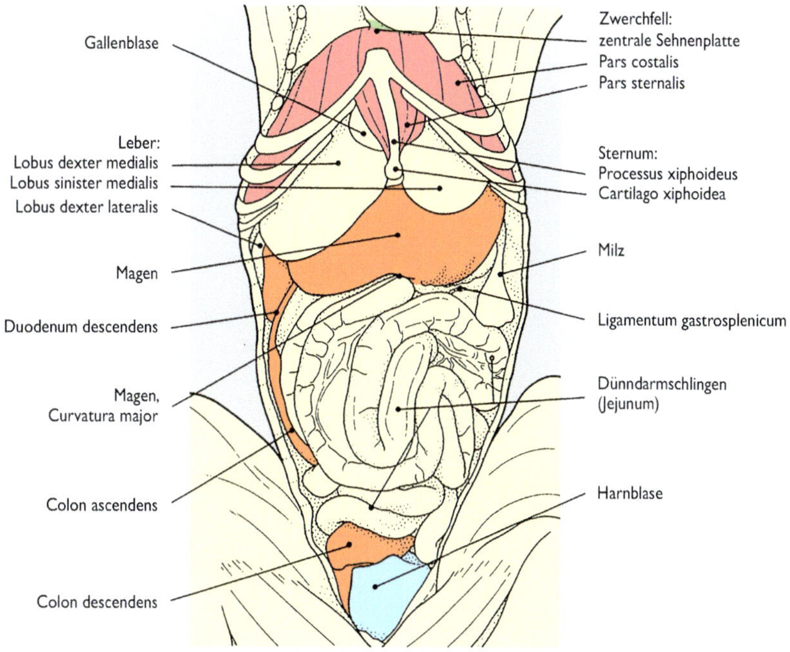

Abb. 10.64 Baucheingeweide nach Entfernung des Omentum majus: ventrale Ansicht. Die Bauchwand wurde entfernt und das Omentum majus an seiner Verbindung zur Curvatura major des Magens abgetrennt und ebenfalls entfernt. Eine vergleichbare Ansicht des Abdomens des Hundes ist in Abb. 6.74 dargestellt. Leber und Magen sind deutlich zu erkennen, wobei sich die gehärtete Leber in Rückenlage tendentiell weiter nach kaudal erstreckt, als es in normaler stehender Haltung der Fall wäre, so dass mehr Leberanteile über den Rippenbogen hinaus an der Bauchwand sichtbar sind. Die Milz hat in diesem Präparat eine normalere Größe und reicht ventral nicht bis zur Mittellinie.

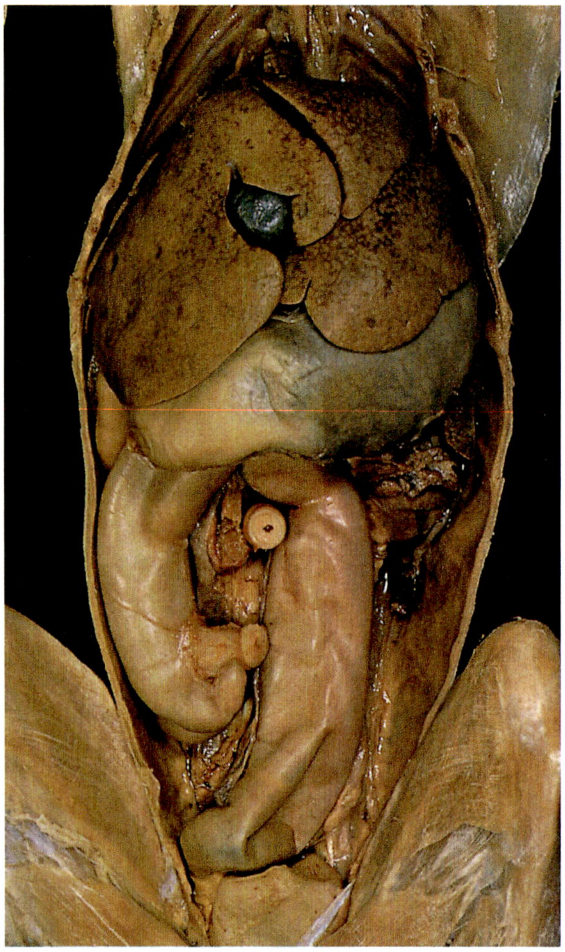

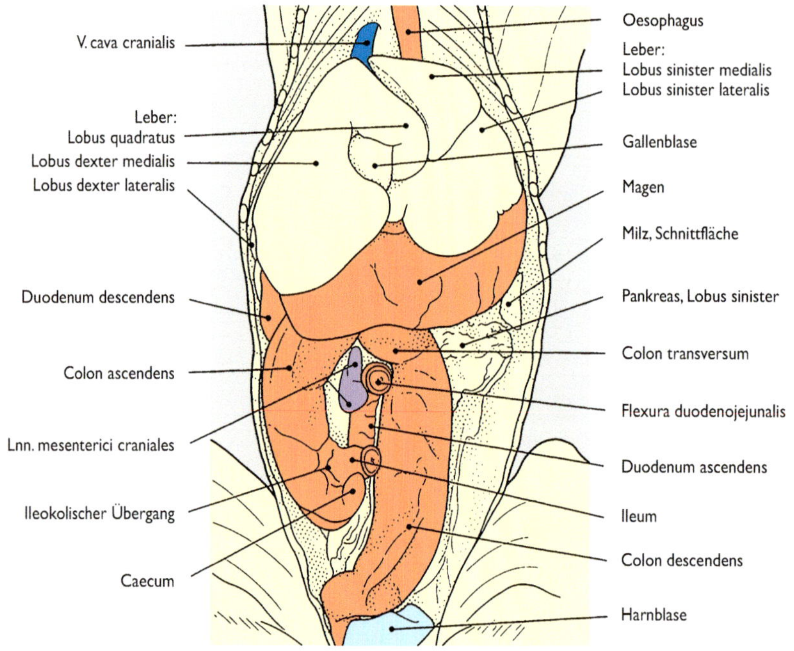

Abb. 10.65 Baucheingeweide der kastrierten Kätzin nach Entfernung von Jejunum und Ileum: ventrale Ansicht. Jejunum und Ileum wurden entfernt, indem die Mesenterialwurzel durchtrennt und das Jejunum an der Flexura duodenojejunalis sowie am ileokolischen Übergang abgetrennt wurde. Die Mesenterialwurzel wurde von Fett befreit, so dass die Lnn. mesenterici freiliegen. Das kleine kommaförmige Caecum kann mit dem größeren, korkenzieherartig geformten Caecum des Hundes verglichen werden (Abb. 6.75). Durch die Entfernung des Zwerchfells und des Rippenbogens werden die Gallenblase und der unvollständig abgetrennte Lobus quadratus sowie der Lobus hepatis dexter medialis freigelegt (vgl. Abb. 6.77 beim Hund).

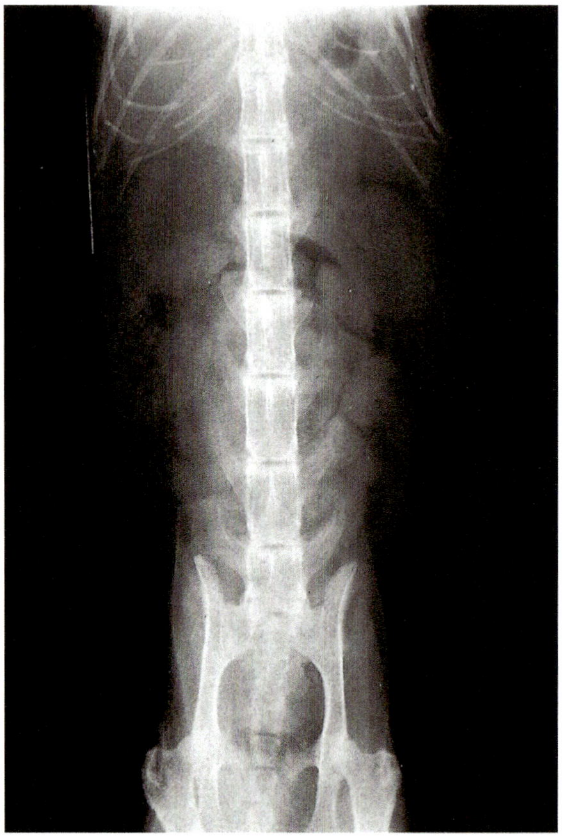

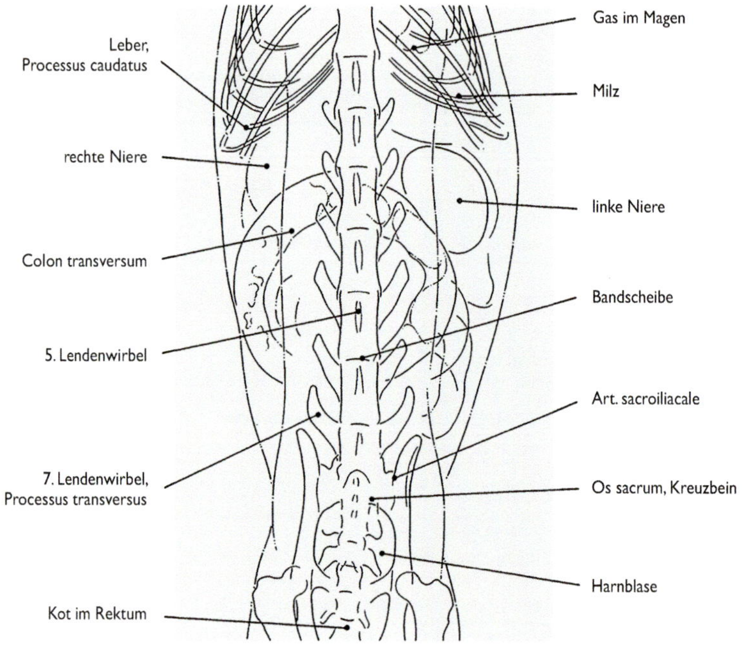

Abb. 10.66 Röntgenbild des Abdomens: ventrodorsale Ansicht.

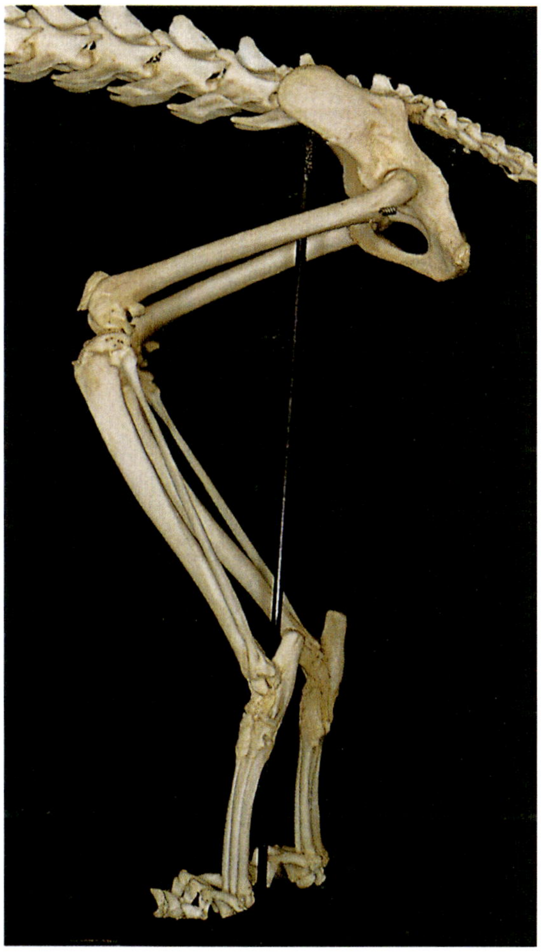

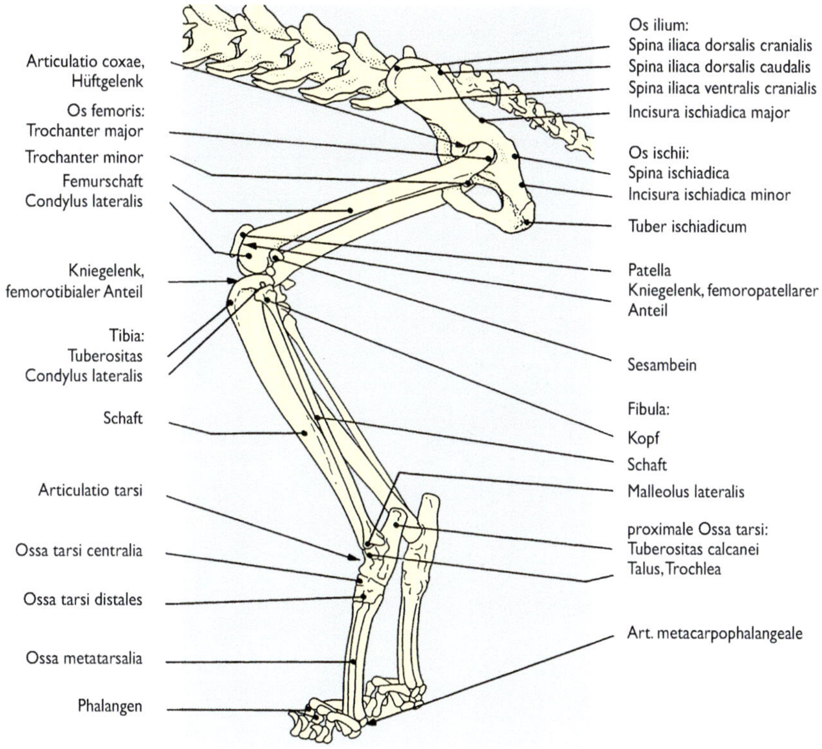

Abb. 10.67 Skelett der Hintergliedmaße: linke laterale Ansicht. Wie bei der Vordergliedmaße wird die insgesamt schlankere und zartere Beschaffenheit der Knochen der Hintergliedmaße deutlich. Wesentliche anatomische Unterschiede sind jedoch nicht erkennbar. Die Sesambeine sind vergleichbar mit den Sesambeinen kaudal des Kniegelenks am Ursprung des M. popliteus.
Ein Großteil des Beckengürtels ist auch im ventrodorsalen Röntgenbild des Abdomens/Pelvis (Abb. 10.66) dargestellt.

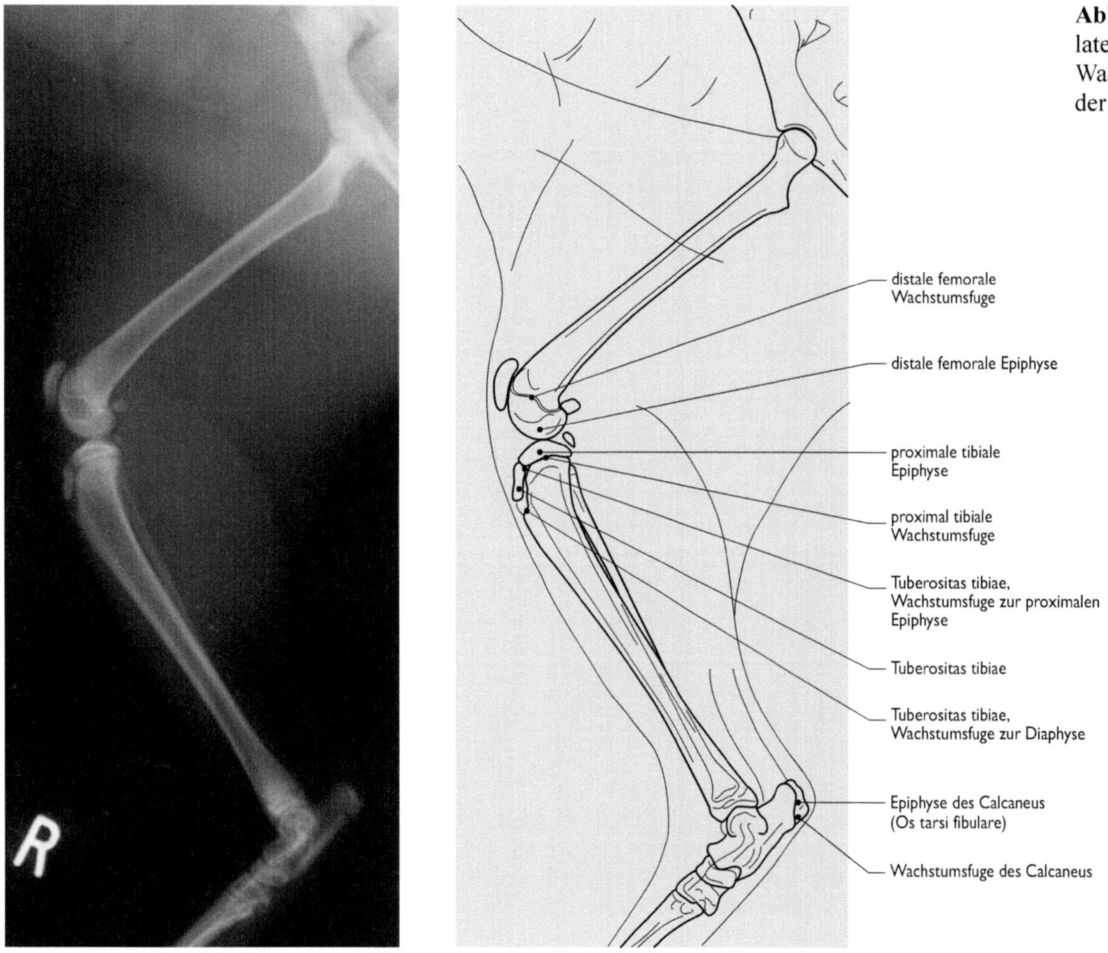

Abb. 10.68 Röntgenbild der Hintergliedmaße: laterale Ansicht, 6 Monate alte Katze. Offene Wachstumsfugen sind am distalen Femur und der proximalen Tibia erkennbar.

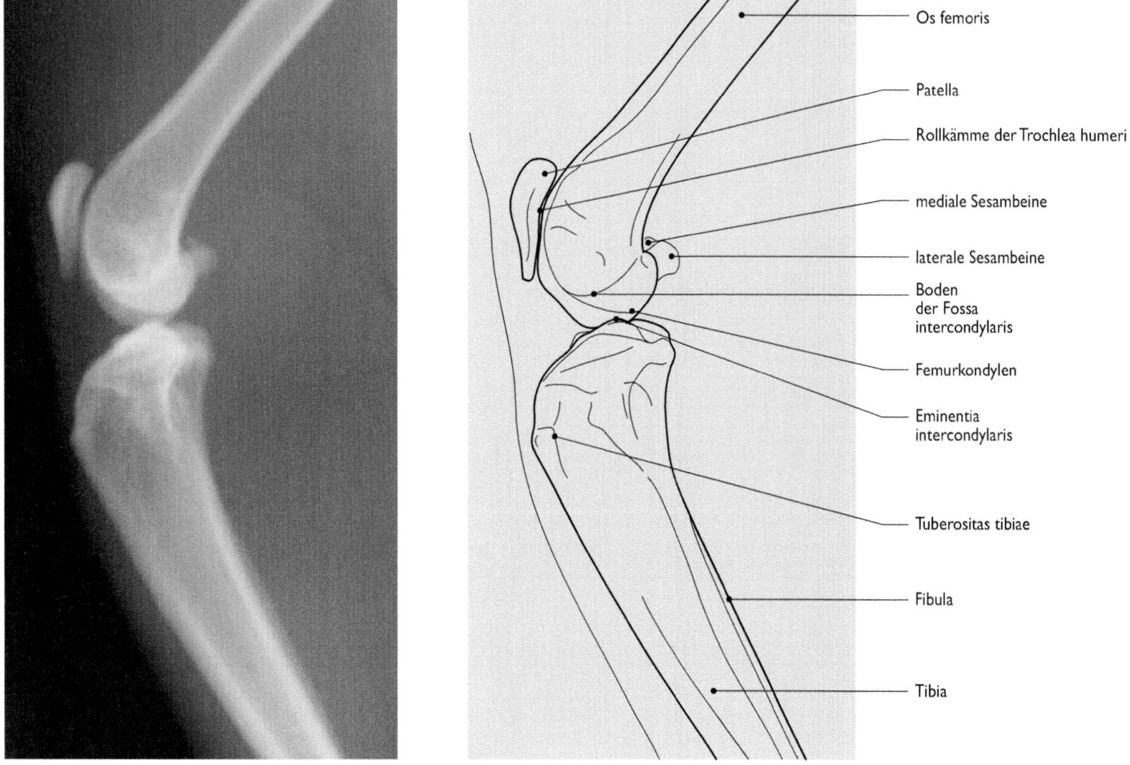

Abb. 10.69 Röntgenbild vom Knie: laterale Ansicht.

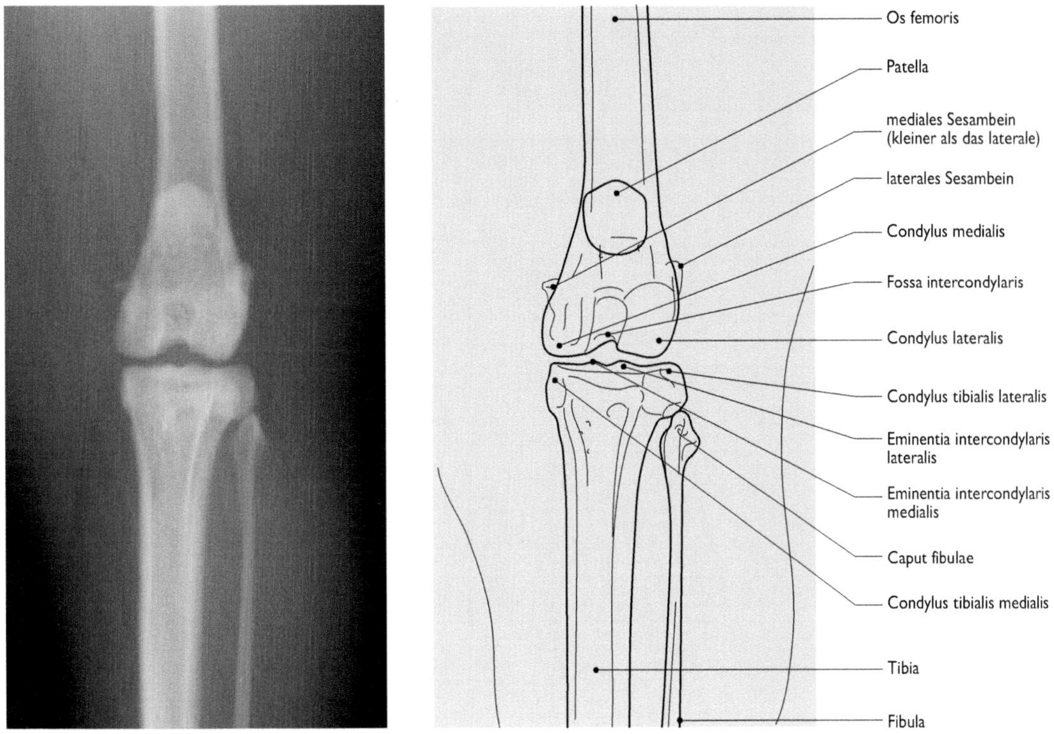

Abb. 10.70 Röntgenbild vom Knie: kraniokaudale Ansicht. Das mediale Sesambein ist häufig schwächer mineralisiert als das laterale und erscheint daher radiografisch kleiner.

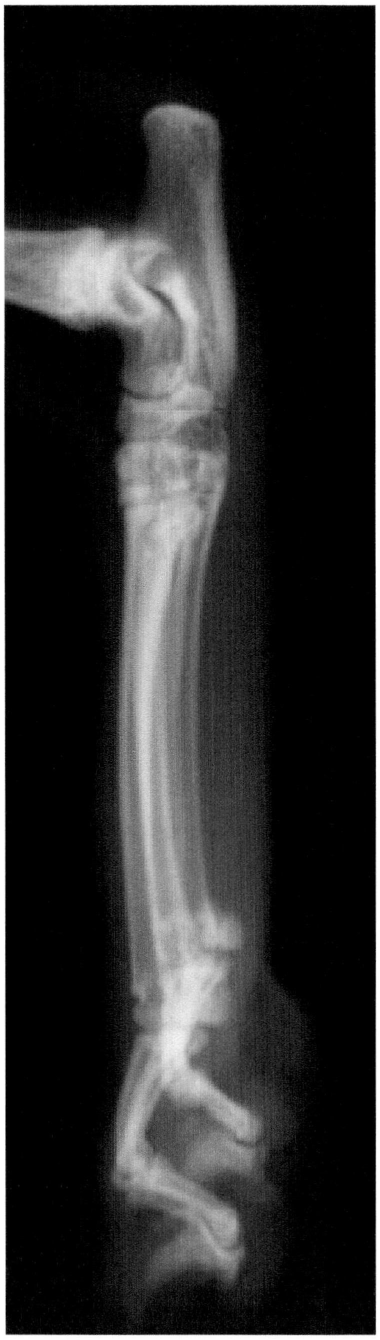

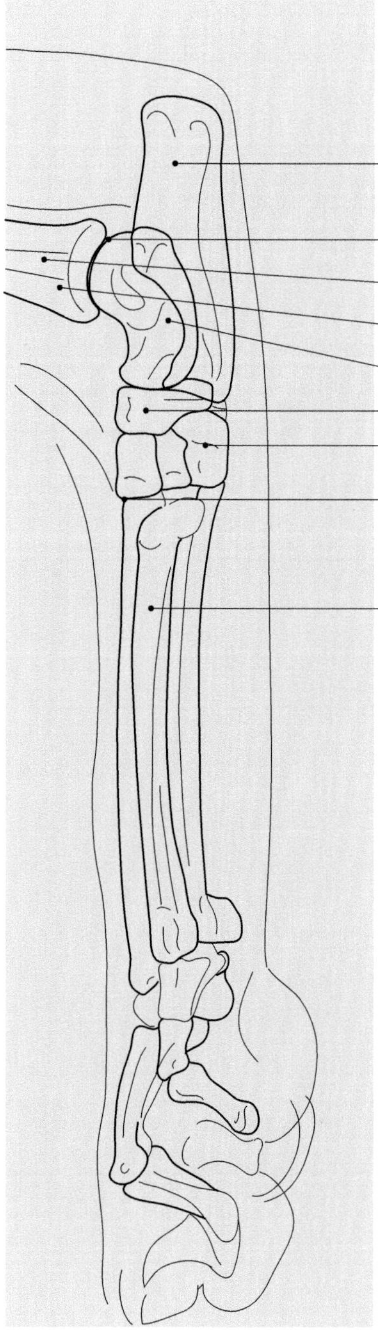

Abb. 10.71 Röntgenbild der Hinterpfote: laterale Ansicht.

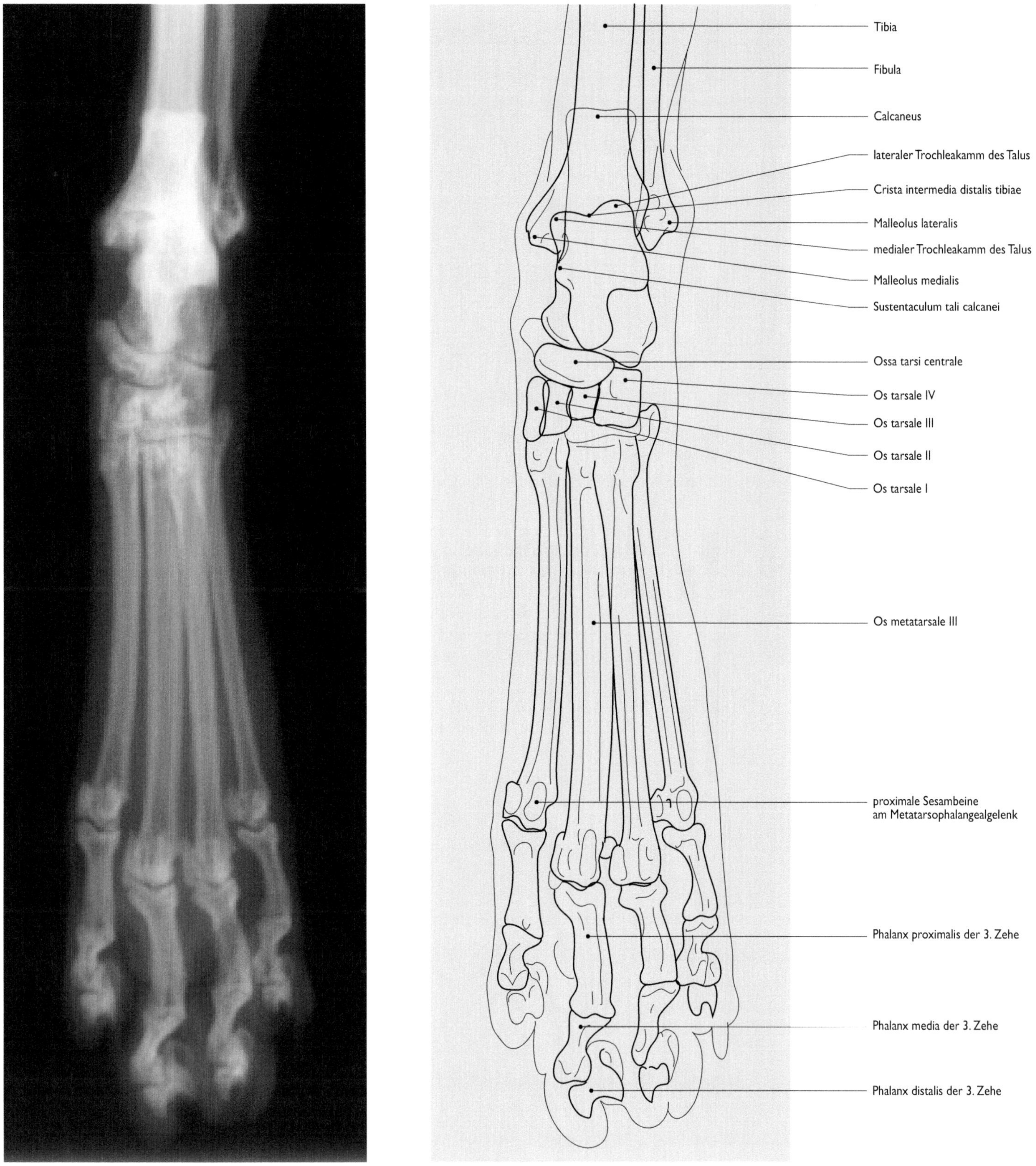

Abb. 10.72 Röntgenbild der Hinterpfote: dorsoplantare Ansicht.

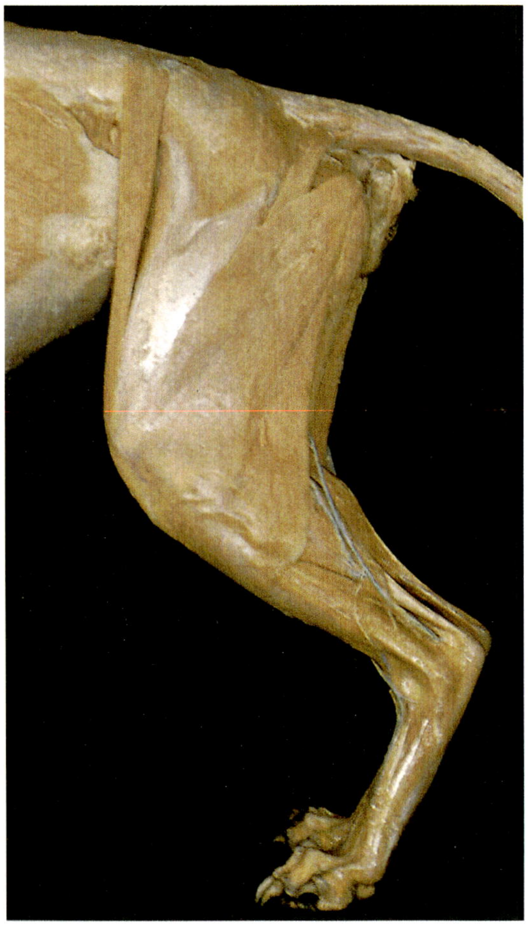

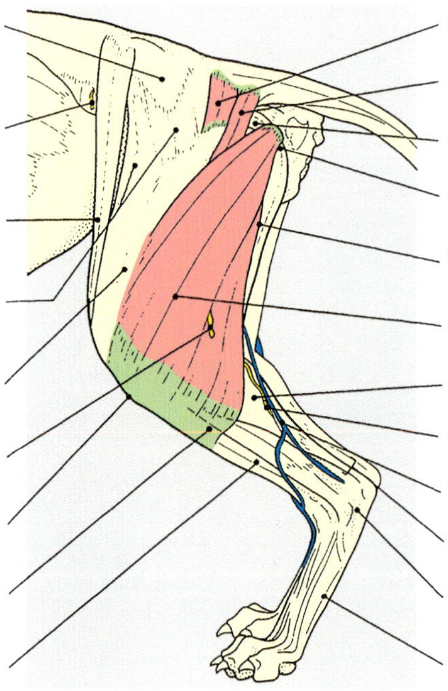

Abb. 10.73 Oberflächliche Muskulatur der Hintergliedmaße: linke laterale Ansicht. Die oberflächliche Faszie wurde von der Gliedmaße entfernt, um die oberflächliche Gliedmaßenmuskulatur freizulegen, ähnlich den Abb 7.12, 7.44 und 7.78 des Hundes. Besonders zu erwähnen ist der M. gluteofemoralis (M. abductor cruris cranialis), ein Biceps-Anteil, der am 2. und 3. Schwanzwirbel entspringt und von M. biceps femoris und dem kleinen M. gluteus superficialis flankiert wird. Der M. tensor fasciae latae ist bei der Katze ein bedeutenderer Muskel als beim Hund.

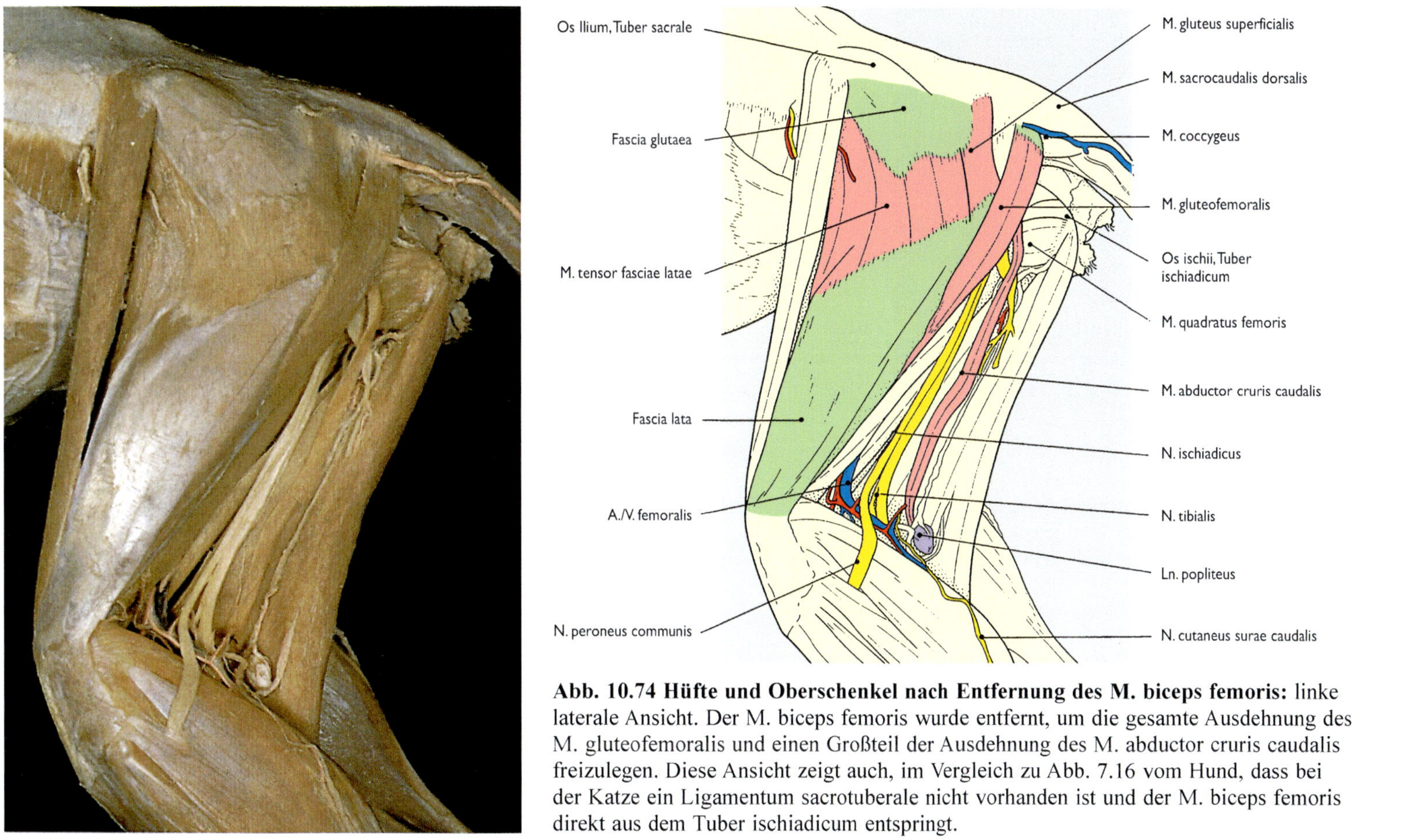

Abb. 10.74 Hüfte und Oberschenkel nach Entfernung des M. biceps femoris: linke laterale Ansicht. Der M. biceps femoris wurde entfernt, um die gesamte Ausdehnung des M. gluteofemoralis und einen Großteil der Ausdehnung des M. abductor cruris caudalis freizulegen. Diese Ansicht zeigt auch, im Vergleich zu Abb. 7.16 vom Hund, dass bei der Katze ein Ligamentum sacrotuberale nicht vorhanden ist und der M. biceps femoris direkt aus dem Tuber ischiadicum entspringt.

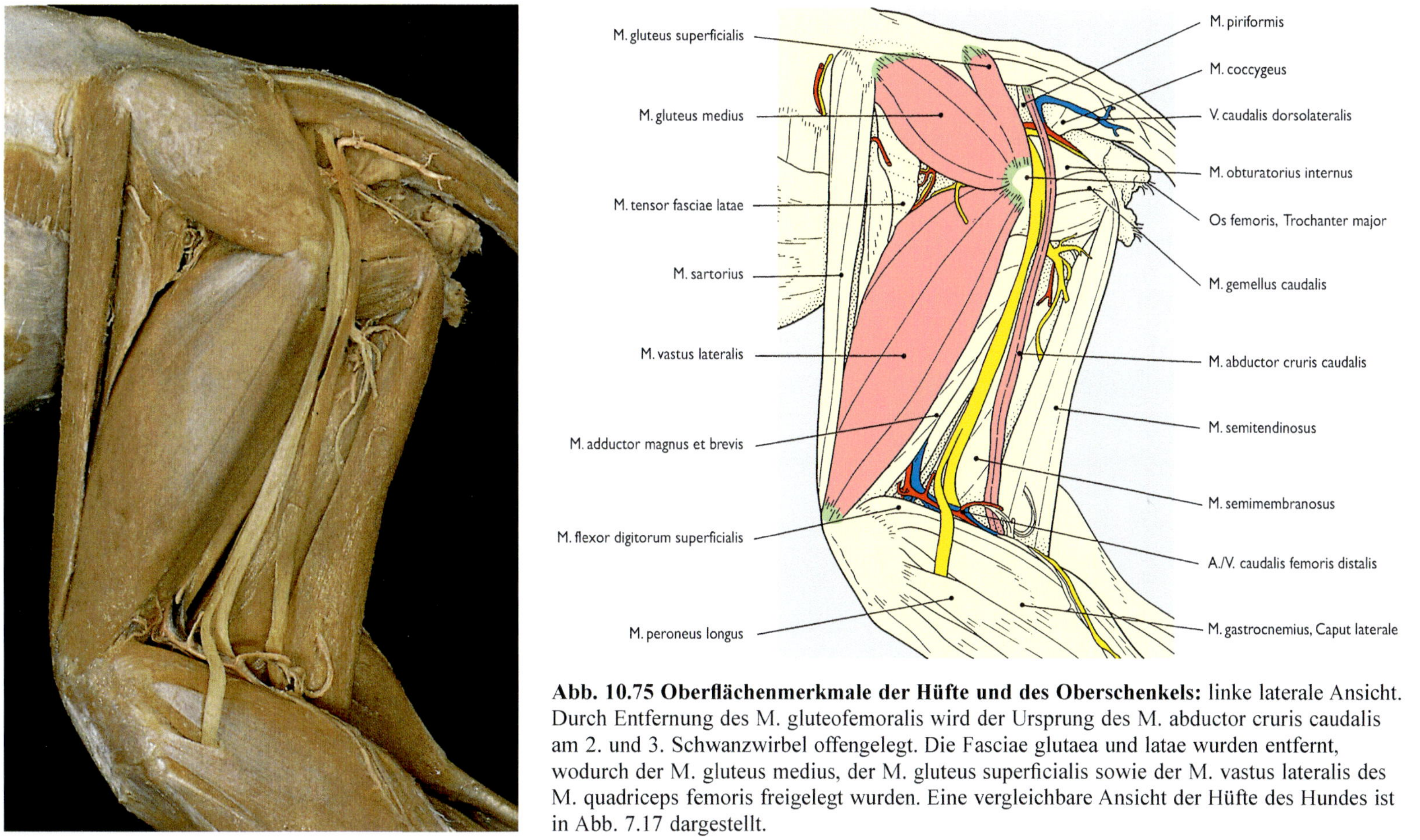

Abb. 10.75 Oberflächenmerkmale der Hüfte und des Oberschenkels: linke laterale Ansicht. Durch Entfernung des M. gluteofemoralis wird der Ursprung des M. abductor cruris caudalis am 2. und 3. Schwanzwirbel offengelegt. Die Fasciae glutaea und latae wurden entfernt, wodurch der M. gluteus medius, der M. gluteus superficialis sowie der M. vastus lateralis des M. quadriceps femoris freigelegt wurden. Eine vergleichbare Ansicht der Hüfte des Hundes ist in Abb. 7.17 dargestellt.

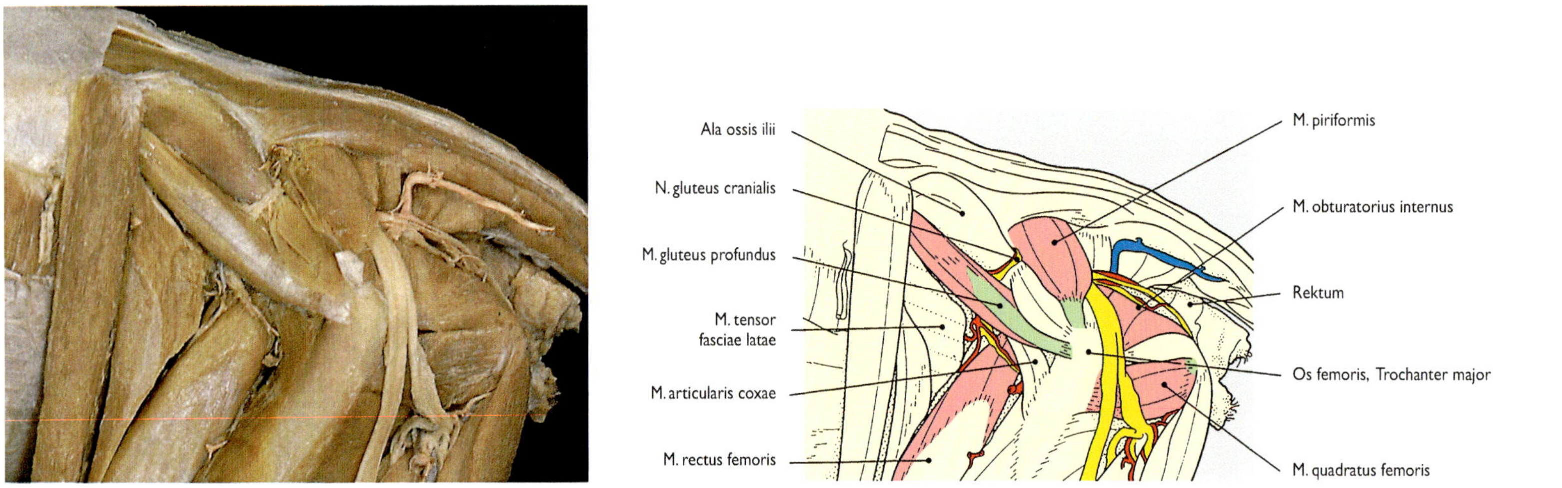

Abb. 10.76 Tiefe Hüftmuskulatur (1): linke laterale Ansicht. Durch Entfernung des M. gluteus superficialis und des M. gluteus medius sowie des M. vastus lateralis wurde die tiefe Hüftgelenksmuskulatur (Mm. piriformis, gluteus profundus, articularis und gemellus) wie auch der M. rectus femoris des M. quadriceps femoris freigelegt. Eine vergleichbare Ansicht vom Hund ist in Abb. 7.18 dargestellt.

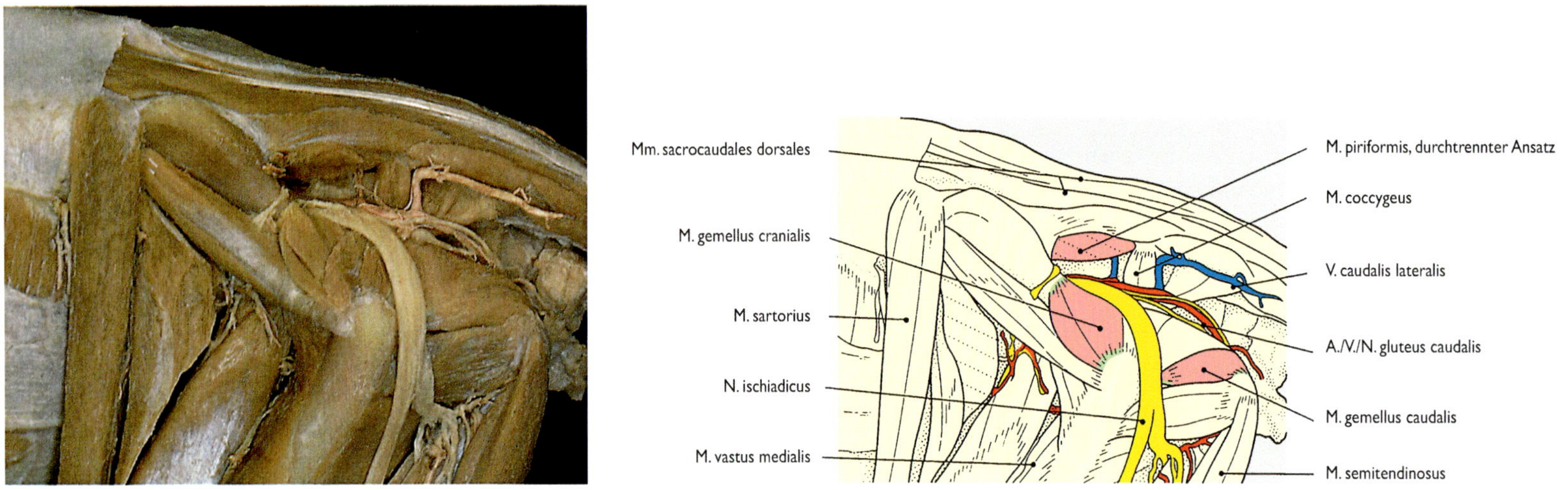

Abb. 10.77 Tiefe Hüftmuskulatur (2): linke laterale Ansicht. Der M. piriformis wurde von seinem Ansatz am Os sacrum abgetrennt, wodurch der Austritt des N. ischiadicus aus der Beckenhöhle sichtbar wird. Die Mm. gemelli haben eine wesentlich größere Ausdehnung als beim Hund (Abb. 7.19).

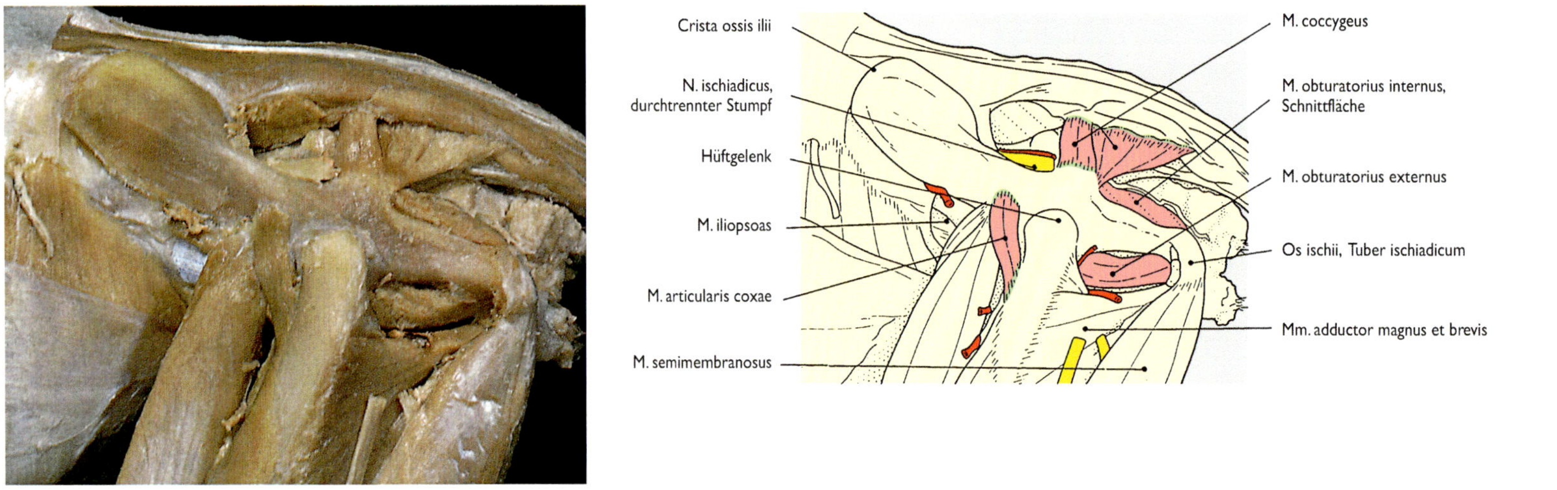

Abb. 10.78 Tiefe Hüftmuskulatur (3): linke laterale Ansicht. Die Entfernung des N. ischiadicus, der Mm. gemelli, des M. quadratus femoris, des M. gluteus profundus und des M. obturator internus legt weitgehend die Beckenknochen frei, eine mit der Abb. 7.24 beim Hund vergleichbare Ansicht. Der M. coccygeus, der an der Spina ischiadica entspringt, ist ein wesentlich kräftigerer Muskel als beim Hund.

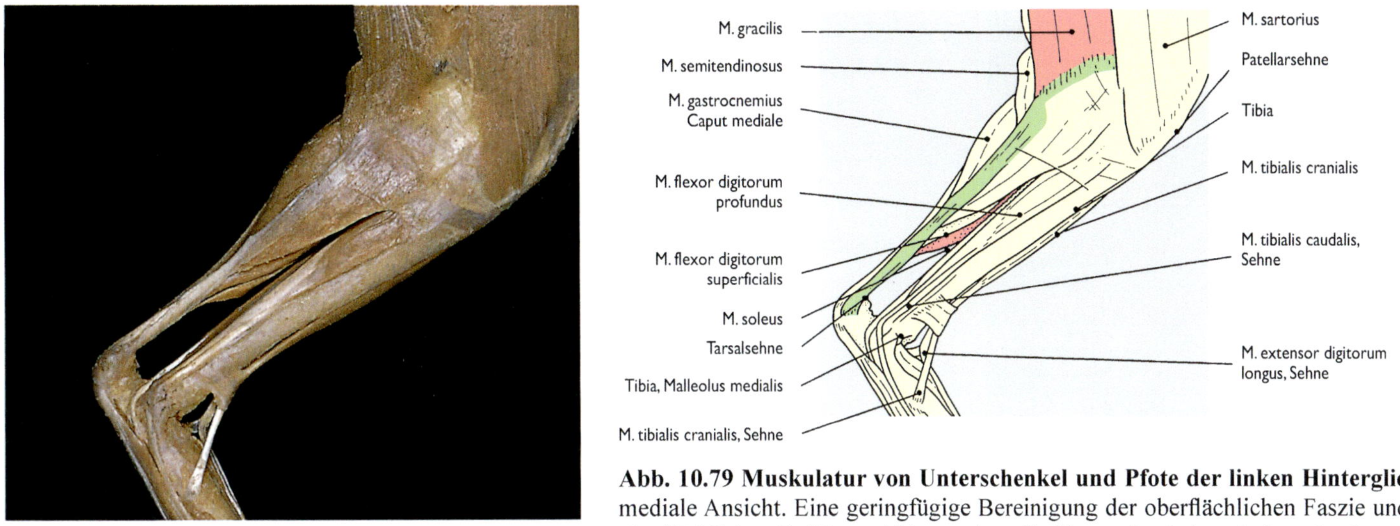

Abb. 10.79 Muskulatur von Unterschenkel und Pfote der linken Hintergliedmaße: mediale Ansicht. Eine geringfügige Bereinigung der oberflächlichen Faszie und Entfernung oberflächlicher Gefäße und Nerven legt die Unterschenkelmuskulatur in einer mit der Abb. 7.45 beim Hund vergleichbaren Ansicht frei. Die Tarsalsehne des M. gracilis und ihre Verbindung mit der Achillessehne sind dargestellt.

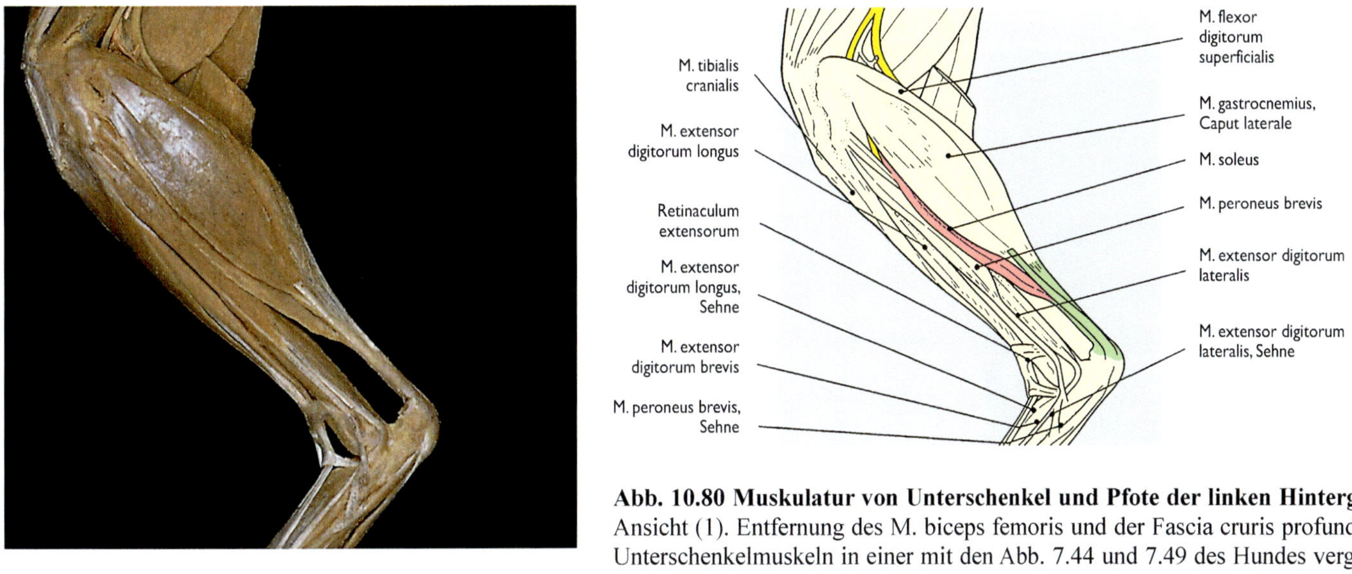

Abb. 10.80 Muskulatur von Unterschenkel und Pfote der linken Hintergliedmaße: laterale Ansicht (1). Entfernung des M. biceps femoris und der Fascia cruris profunda legt die Unterschenkelmuskeln in einer mit den Abb. 7.44 und 7.49 des Hundes vergleichbaren Ansicht frei. Der beim Hund fehlende M. soleus verläuft zwischen dem Caput longum des M. peroneus und dem Caput laterale des M. gastrocnemius, und seine Sehne vereint sich mit der Achillessehne.

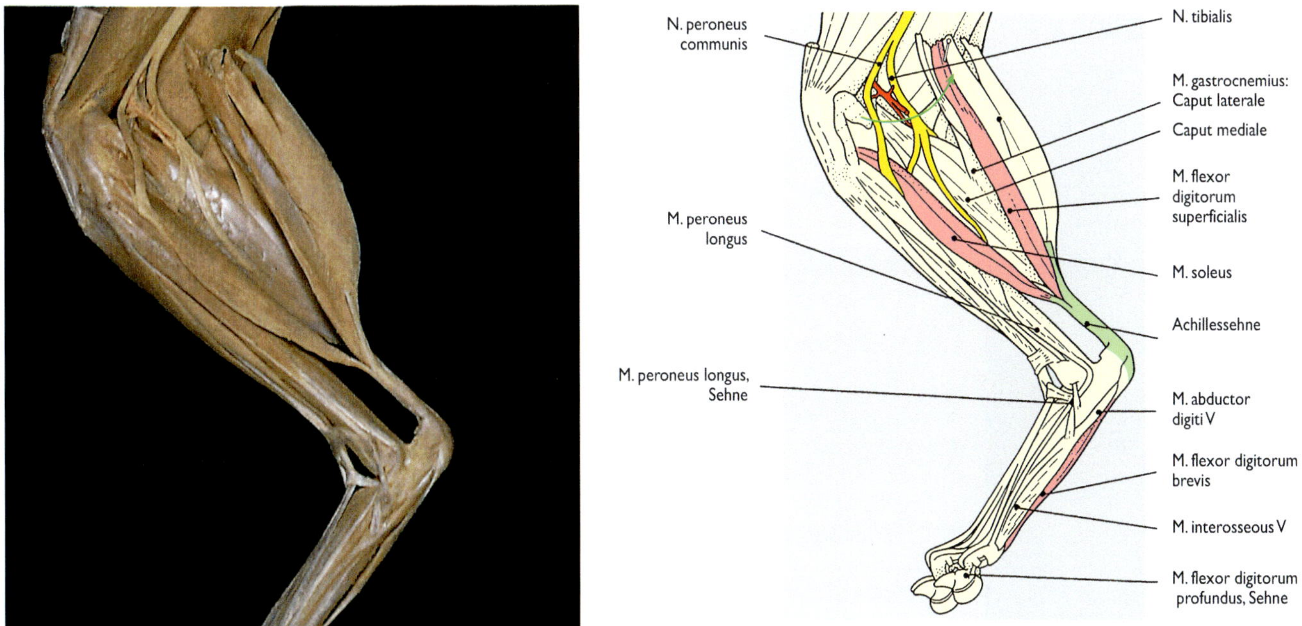

Abb. 10.81 Muskulatur von Unterschenkel und Pfote der linken Hintergliedmaße: laterale Ansicht (2). Das Caput laterale des M. gastrocnemius wurde zusammen mit dem M. flexor digitorum superficialis vom Femur abgetrennt und nach kaudolateral geklappt, um die gesamte Ausdehnung der Mm. soleus und flexor digitorum superficialis darzustellen. Letzterer ist über weite Teile mit dem Caput laterale des M. gastrocnemius verschmolzen.

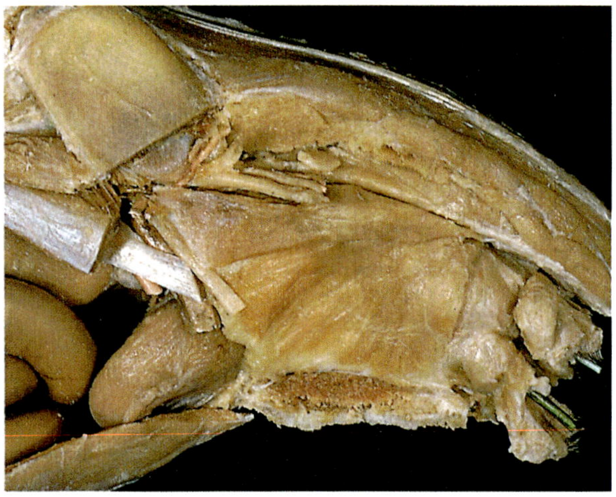

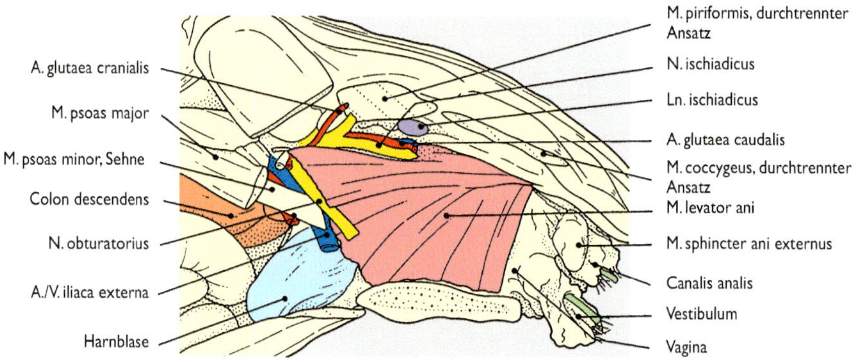

Abb. 10.82 Beckenhöhle der Kätzin nach Entfernung des linken Beckens: linke laterale Ansicht. Die Beckensymphyse und der Darmbeinflügel wurden durchtrennt und die Beckenknochen zusammen mit dem M. obturator internus an seiner Innenseite entfernt. Die Ansicht der Beckenhöhle ist so vergleichbar mit Abb. 8.36 der Hündin und Abb. 8.19 des Rüden.

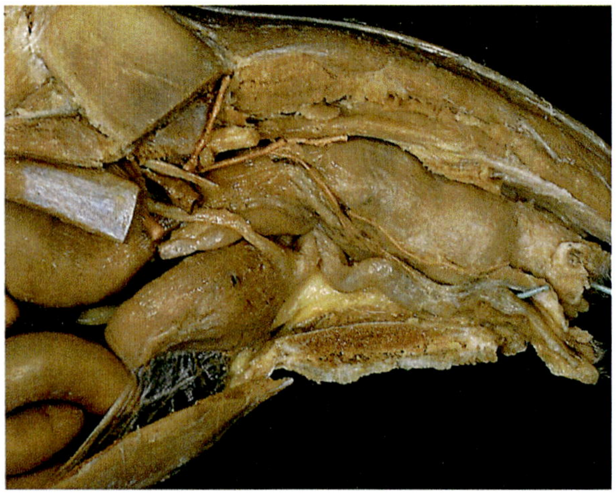

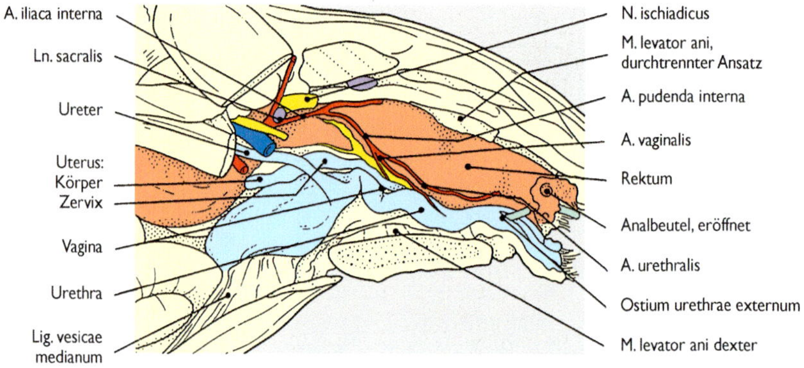

Abb. 10.83 Beckeneingeweide der Kätzin *in situ*: linke laterale Ansicht. Der M. levator ani wurde entfernt und das Becken sowie das Perineum von Fettgewebe und Faszie befreit, um die Beckeneingeweide freizulegen und eine vergleichbare Ansicht wie bei der Hündin in Abb. 8.21 zu erhalten.

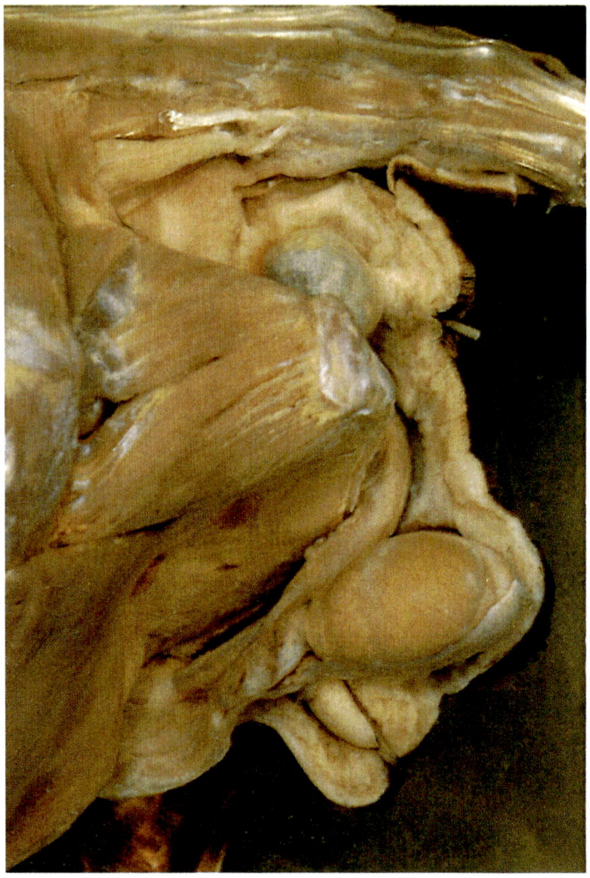

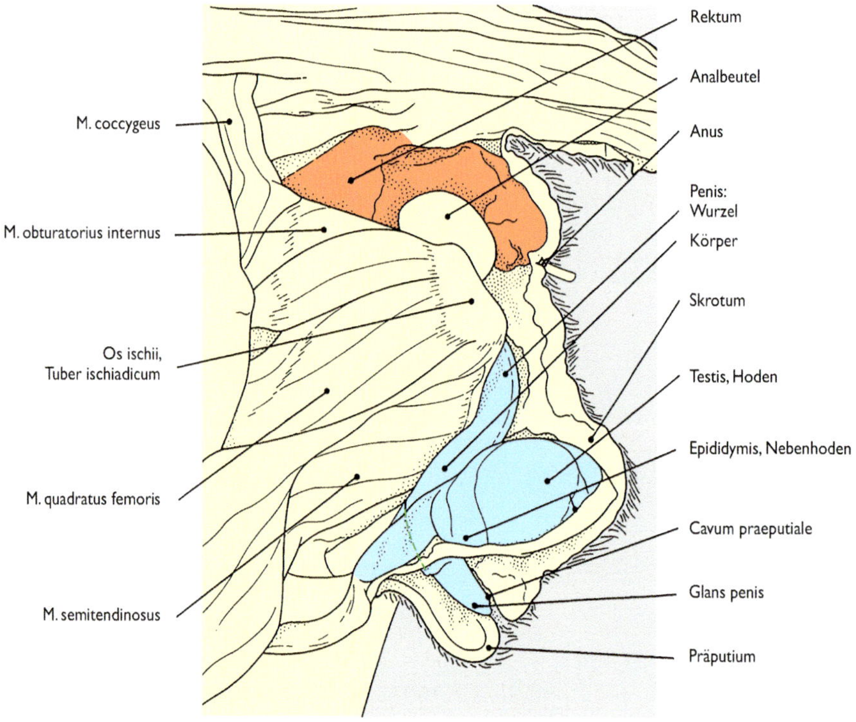

Abb. 10.84 Externe Genitalien des Katers: linke laterale Ansicht. Haut und Unterhautgewebe wurden von der rechten Hälfte des Beckens und von Skrotum und Penis entfernt. Der linke Hoden ist zusammen mit dem Nebenhoden und dem Samenstrang freigelegt. Peniswurzel und -körper sind freigelegt, wobei die Glans penis innerhalb des Cavum praeputiale kaudal ausgerichtet ist.

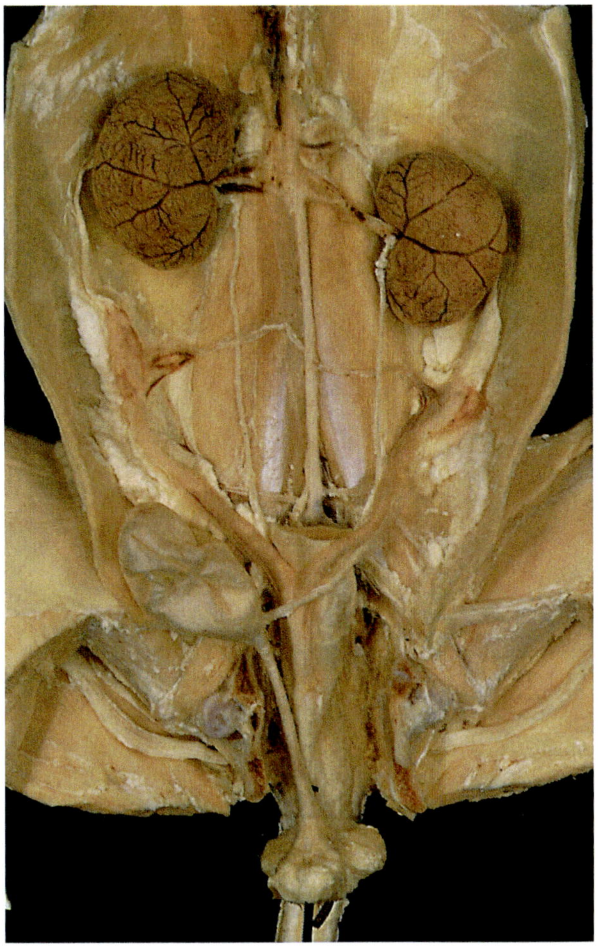

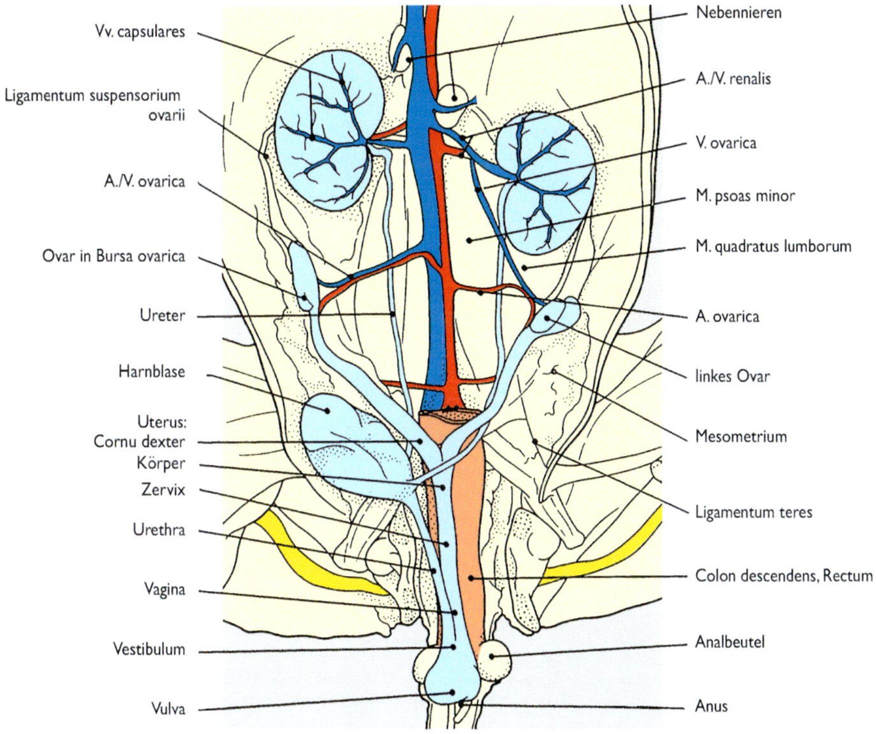

Abb. 10.85 Urogenitalsystem der Kätzin: ventrale Ansicht. Der Gastrointestinaltrakt wurde aus dem Bauchraum entfernt und das Becken durch die Entfernung der mittleren-ventralen Abschnitte der Beckenknochen eröffnet (parallel verlaufende Sägeschnitte durch Os pubis und Os ischii beiderseites der Mittellinie). Die linke Bauchseite wurde von Fettgewebe befreit und die adipösen und fibrösen Kapseln beider Nieren abgezogen, wodurch die typischen Nierenkapselvenen dargestellt werden. Vergleichbare Ansichten der Hündin sind in Abb. 6.84 und 6.85 zu sehen.

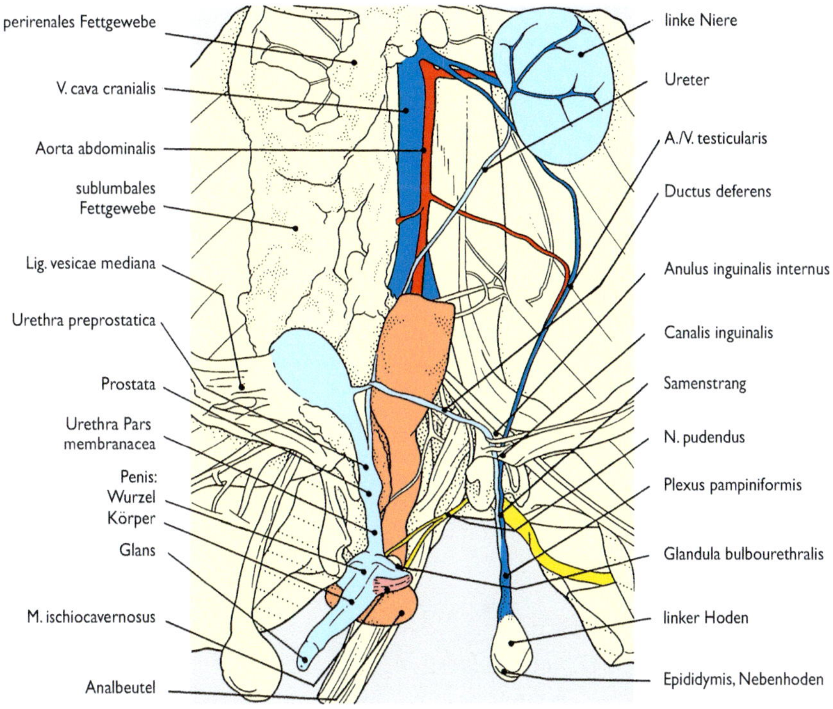

Abb. 10.86 Urogenitaltrakt des Katers: ventrale Ansicht. Der Gastrointestinaltrakt wurde aus dem Bauchraum entfernt und das Becken eröffnet, indem der mittlere ventrale Beckenbodenbereich entfernt wurde. Das linke Crus penis und sein begleitender M. ischiocavernosus wurden durchtrennt. Die Glandula bulbourethralis (fehlt beim Hund) ist dorsal davon sichtbar. Der kaudal ausgerichtete Penis ist freigelegt, allerdings sind die aufgerauten Stacheln auf der Oberfläche der Glans nicht erkennbar.

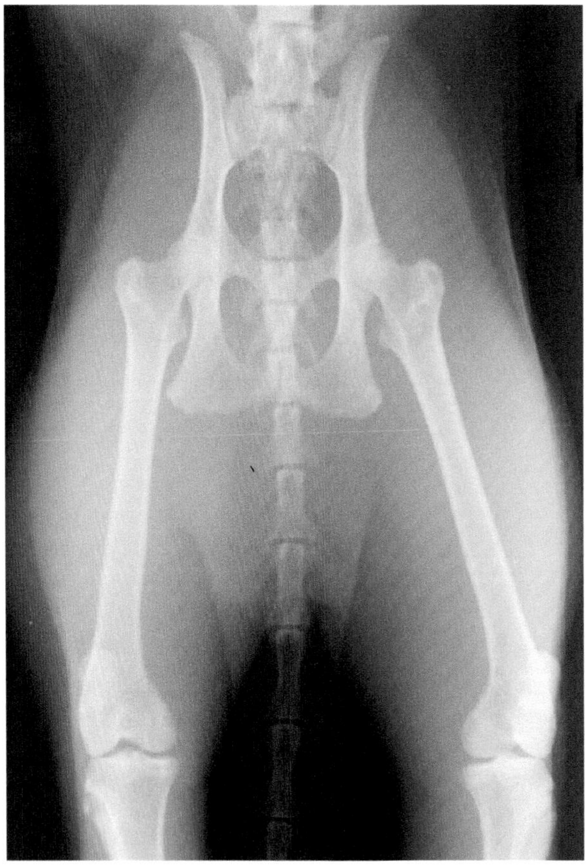

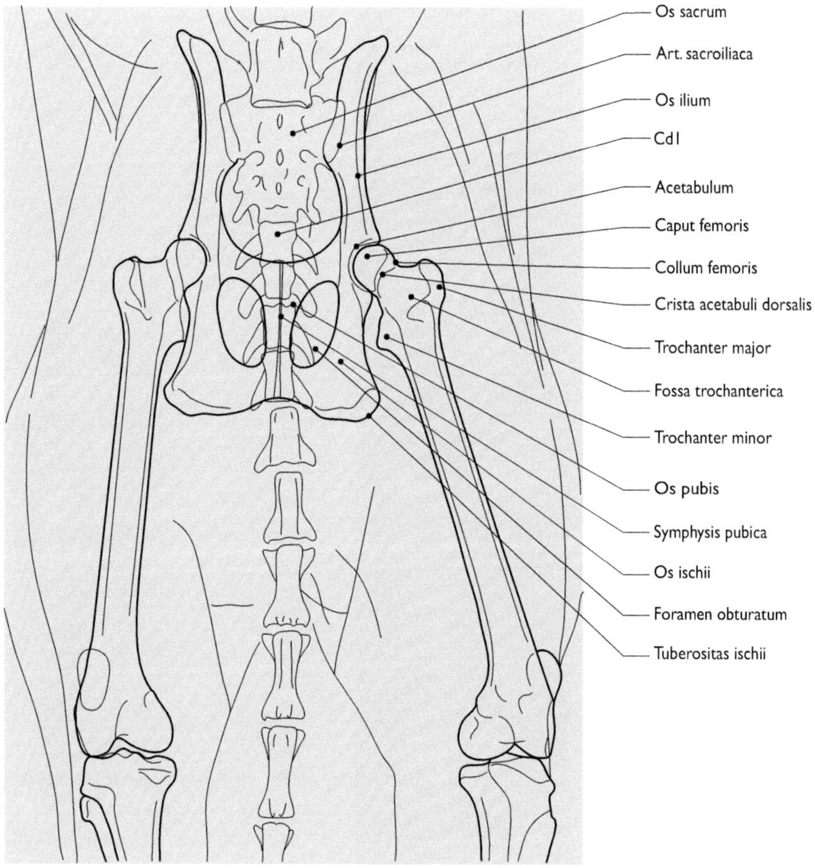

Abb. 10.87 Röntgenbild des Beckens: ventrodorsale Ansicht. Das Acetabulum ist flacher als das des Hundes.

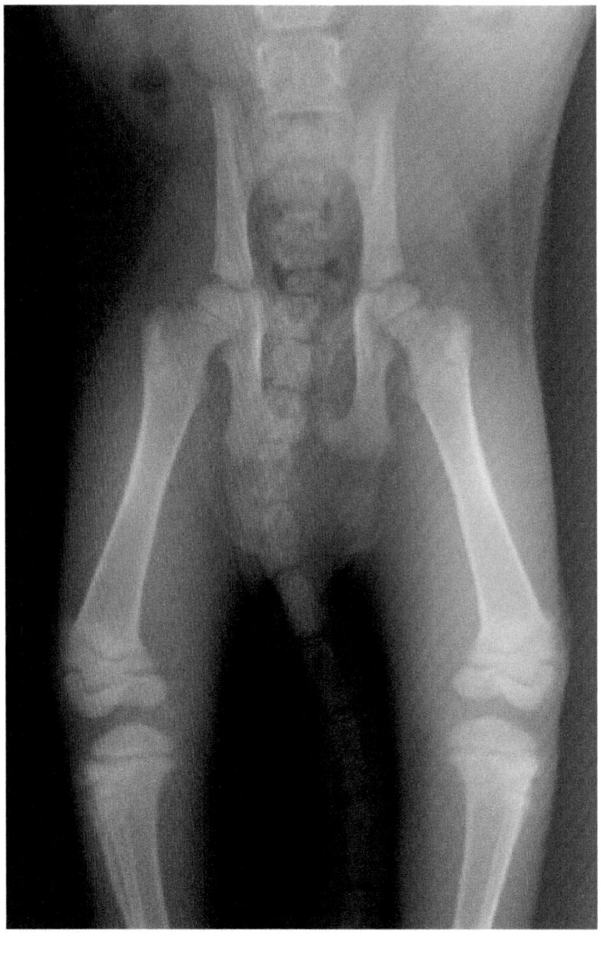

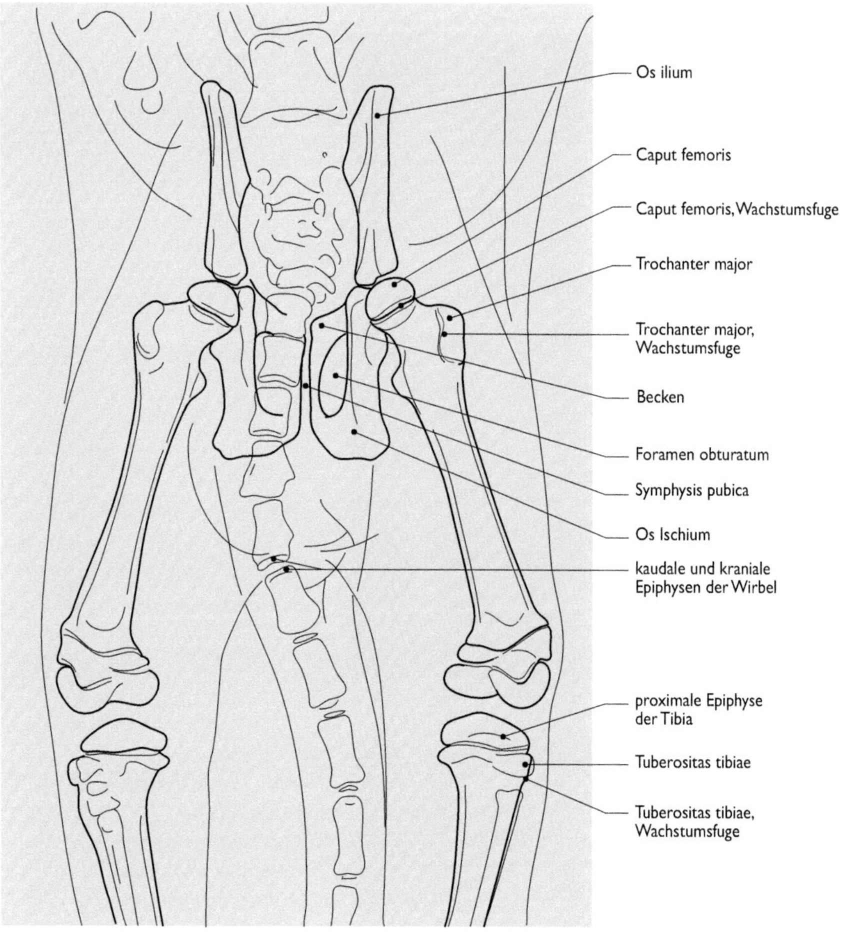

Abb. 10.88 Röntgenbild des Beckens: ventrodorsale Ansicht, 12 Wochen alt. Die Wirbel erscheinen recht kurz. Die offenen Wachstumsfugen sind an den Endplatten der Wirbel, der Verbindung der Ossa ilium und pubis, der Symphysis pubica, dem proximalen und distalen Femur und der proximalen Tibia sichtbar.

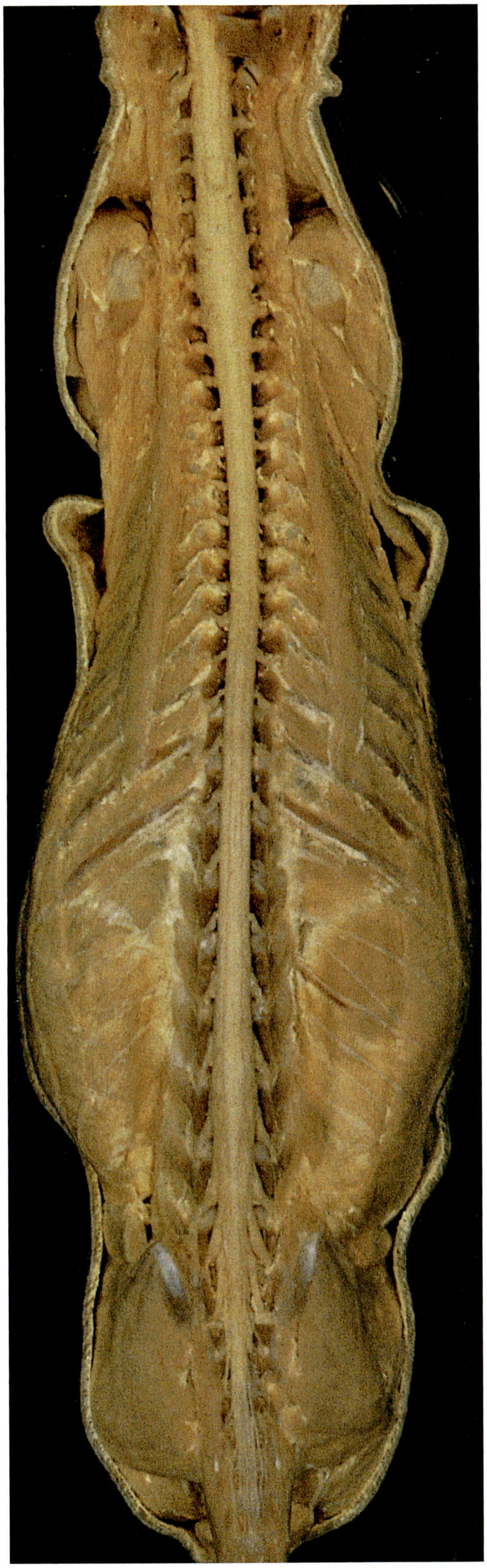

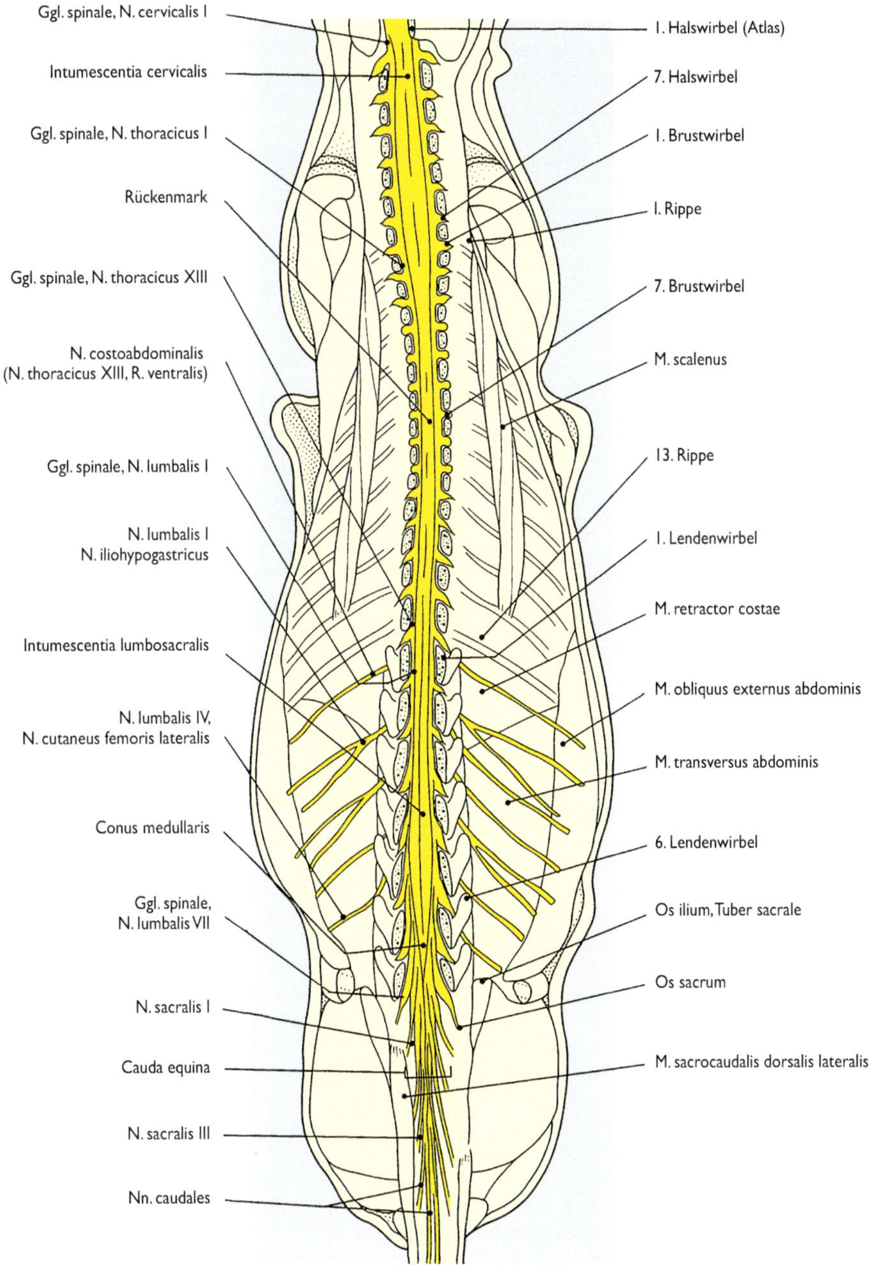

Abb. 10.89 Rückenmark *in situ*: dorsale Ansicht. Die gesamte epaxiale Muskulatur wurde entfernt und der Wirbelkanal durch die Entfernung der Laminae vertebrales eröffnet. Im Kanal wurden Blutgefäße, Fettgewebe und Rückenmarkshäute entfernt, um die gesamte Länge des Rückenmarks freizulegen. Zervikale und lumbale Verdickungen sind erkennbar, die durch den Plexus brachialis und den Plexus lumbosacralis gebildet werden. Die dorsalen Wurzeln der Spinalnerven sind mit den dorsalen Wurzelganglien als markante Erweiterungen dargestellt. Das Rückenmark endet auf der Höhe des 7. Lendenwirbels in der Mitte der „Cauda equina", einer Ansammlung von Nervenwurzeln, die im Durasack nach kaudal im Wirbelkanal des Os sacrum verläuft. Vergleichen Sie diese Ansicht mit den Abb. 9.31-9.33 beim Hund.

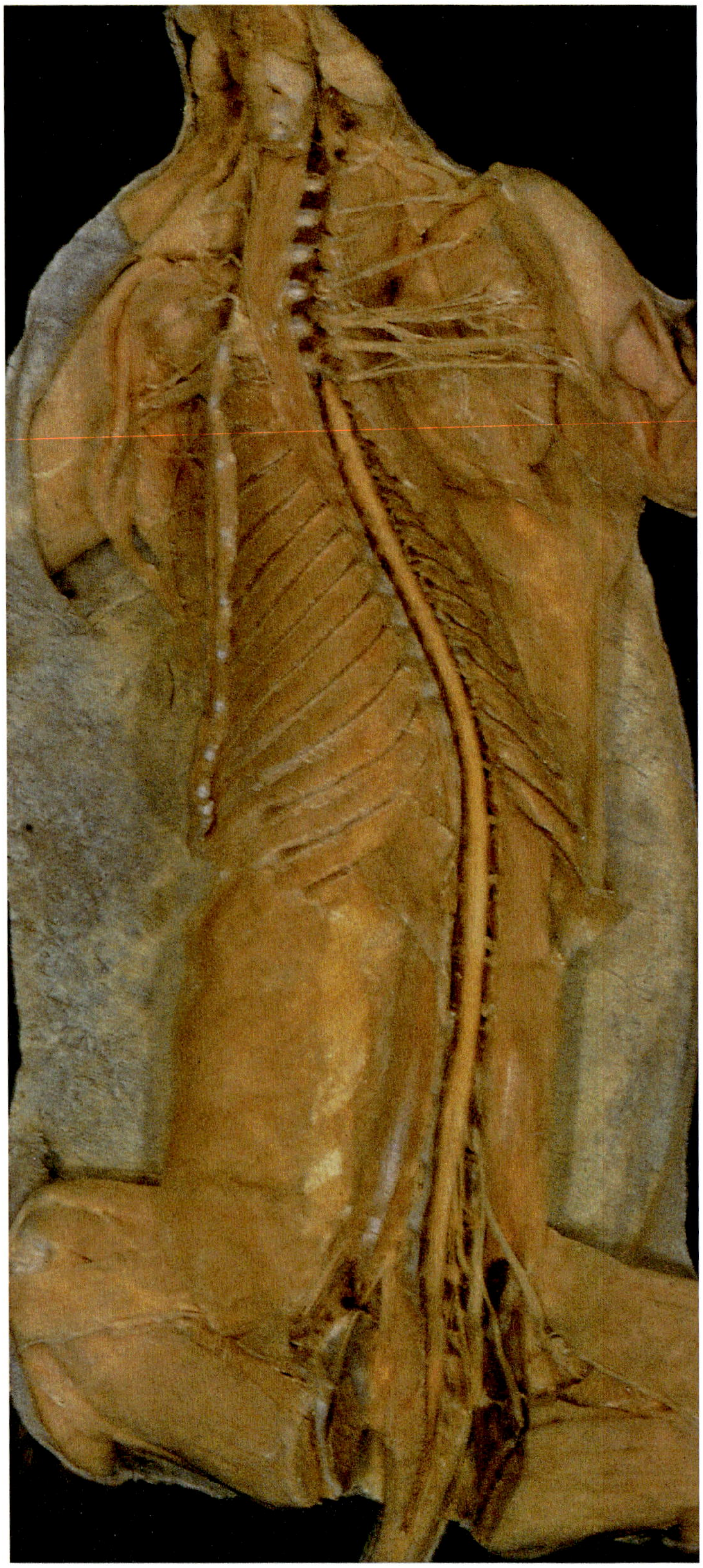

Abb. 10.90 Subvertebrale Muskulatur und Wirbelkanal *in situ*: ventrale Ansicht. Durch die vollständige Eviszeration und Entfernung der Brust- und Bauchwand der linken Seite wurde die subvertebrale Muskulatur im Nackenbereich, in der dorsalen Brusthöhle und der Bauchhöhle freigelegt. Auf der rechten Seite wurde der rechte Truncus sympathicus in seiner Ausdehnung weitgehend an seinem Platz belassen – deutlich erkennbar im Brust- und Lendenbereich. Seine Fortführung in der Halsregion, die als ein Anteil des Truncus vagosympathicus nahe der Trachea verläuft, verbleibt ebenfalls an seinem Platz. Die Wirbelkörper der Brust- und Lendenwirbel und das Kreuzbein wurden nachfolgend entfernt und der Wirbelkanal dadurch ventral eröffnet, um das Rückenmark und die Spinalnervenwurzeln freizulegen. In der kaudalen Halsregion werden der Plexus brachialis und die Nerven, die die Vordergliedmaßen versorgen, über die eröffnete Achselhöhle gespannt dargestellt.

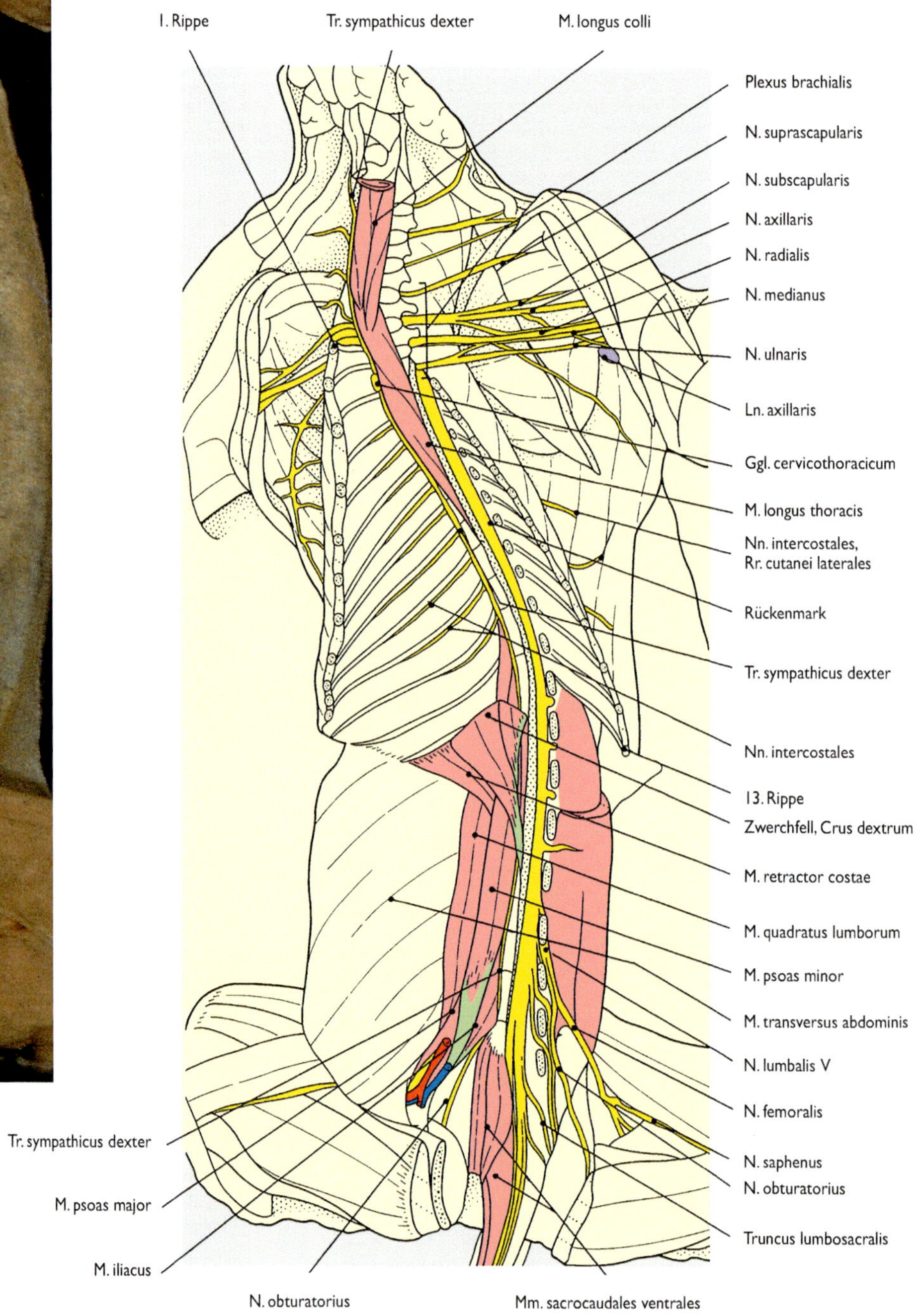

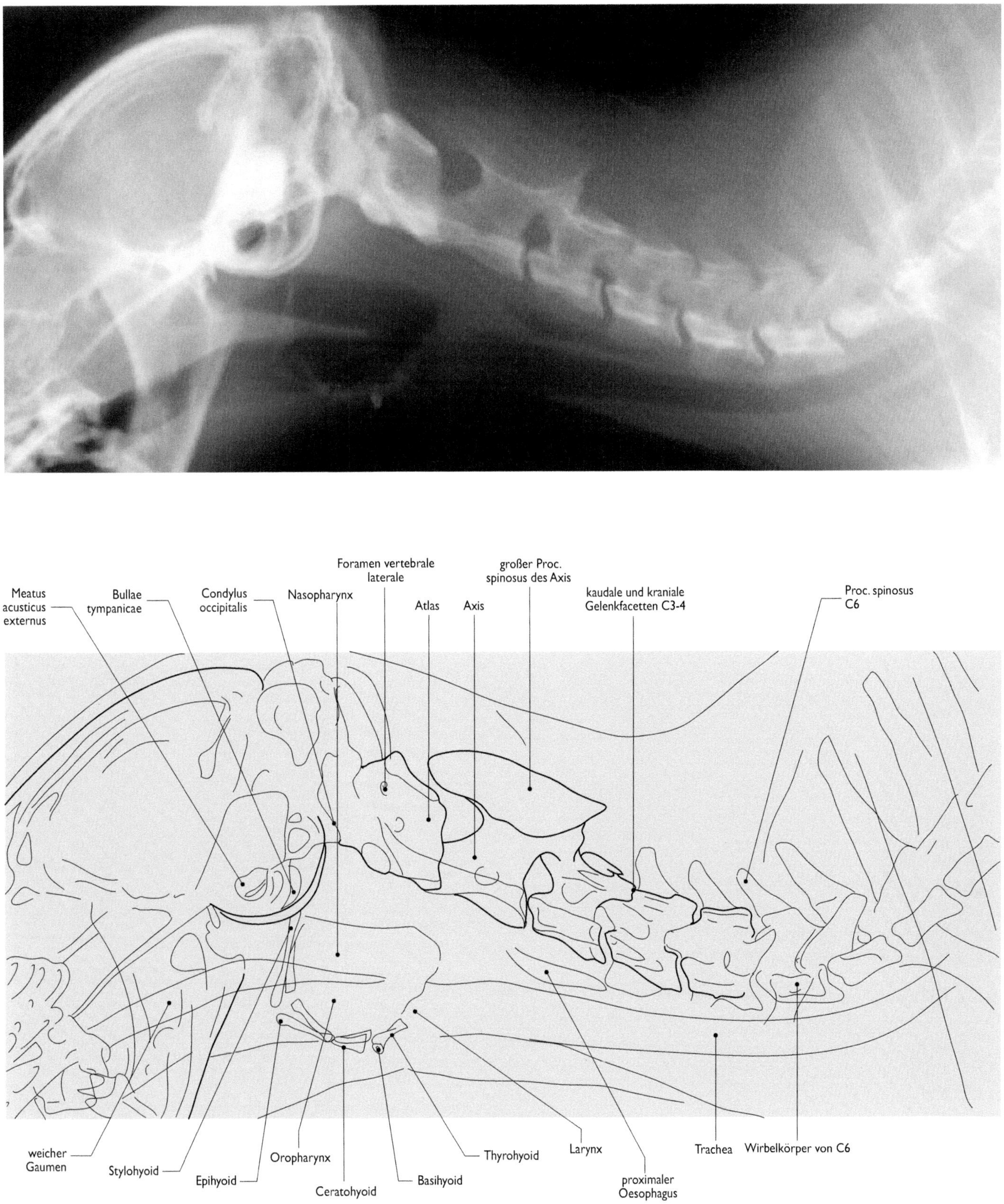

Abb. 10.91 Röntgenbild des Halses: laterale Ansicht. Der Wirbelkanal ist deutlich erkennbar. Das Tympanohyoid ist knorpelig und daher röntgenologisch nicht erkennbar. Der obere Ösophagussphinkter wird kranial und kaudal durch enthaltene Luft hervorgehoben.

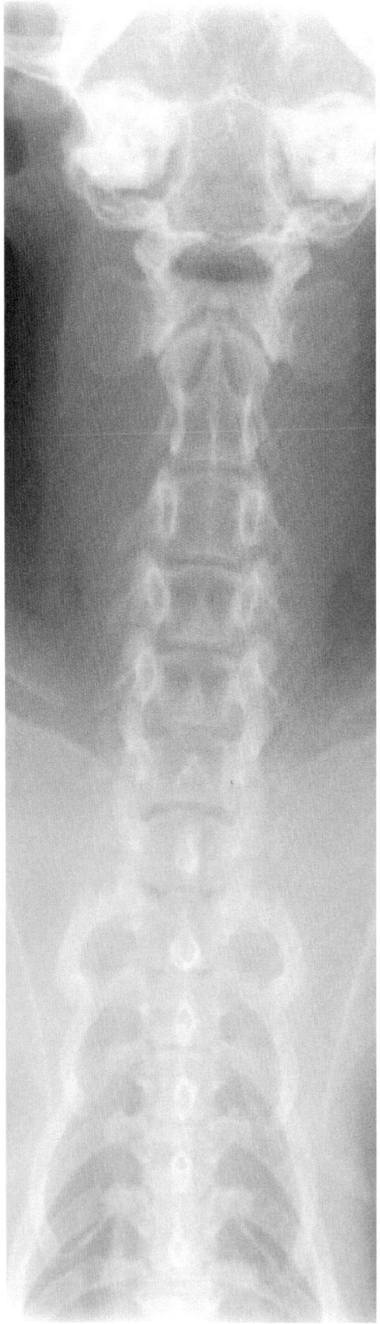

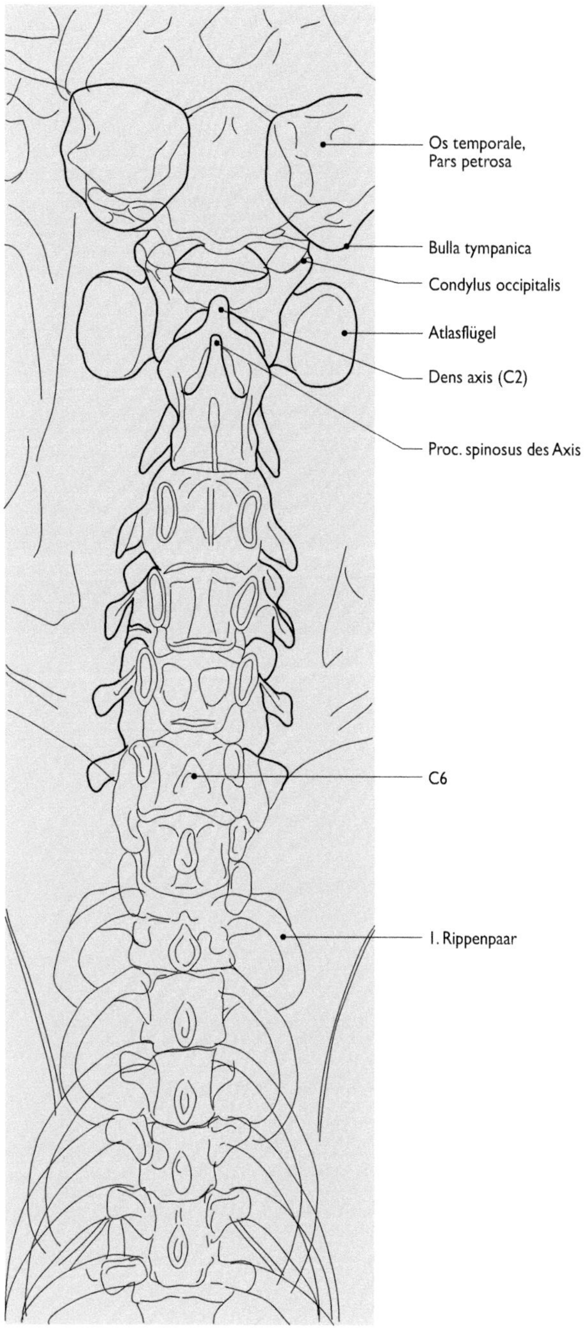

Abb. 10.92 Röntgenbild des Halses: ventrodorsale Ansicht. Die großen Atlasflügel sind deutlich sichtbar. Die Schlüsselbeine sind medial der Schultergelenke sichtbar.

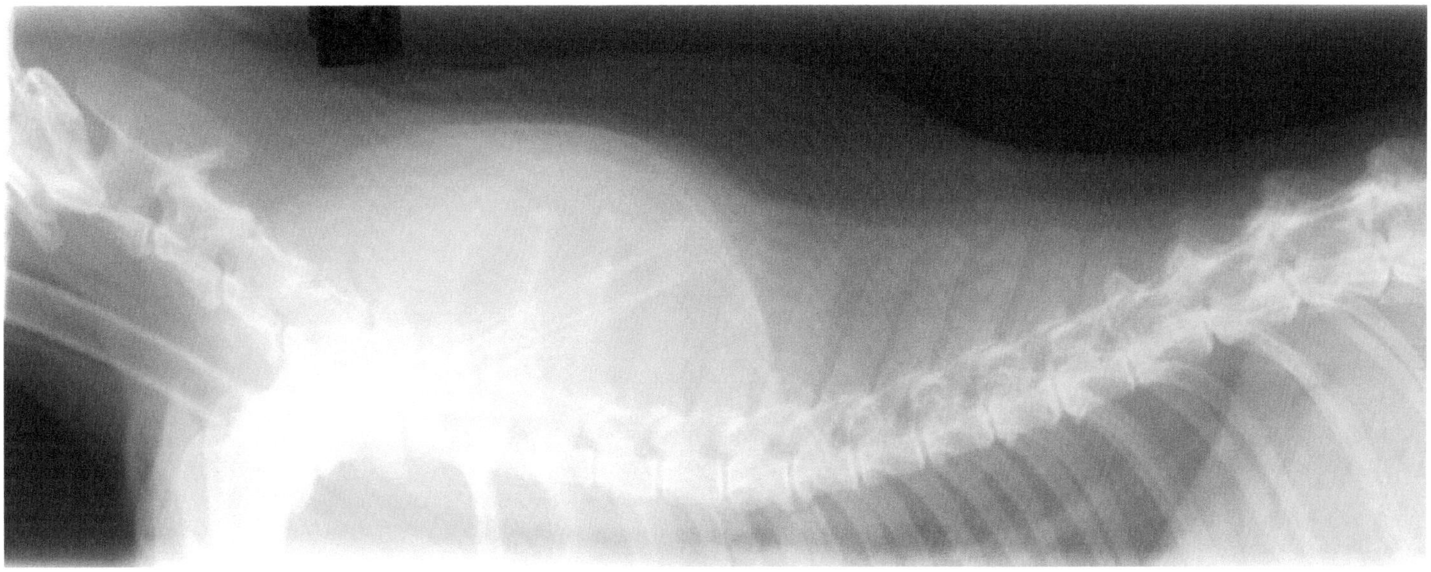

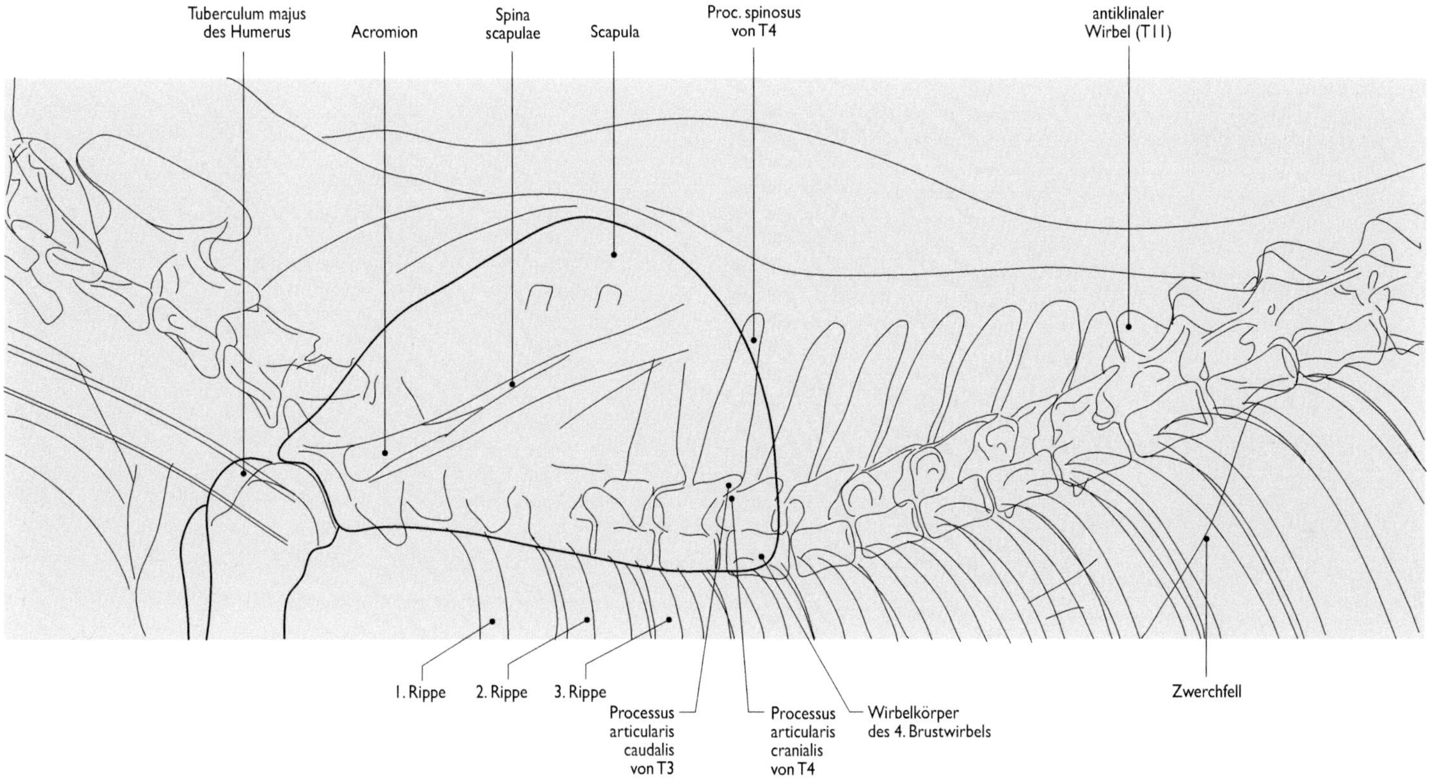

Abb. 10.93 Röntgenbild des Brustwirbelsäule: laterale Ansicht. Die große Scapula und die dazugehörigen Schultermuskeln überlagern die kraniale Brustwirbelsäule.

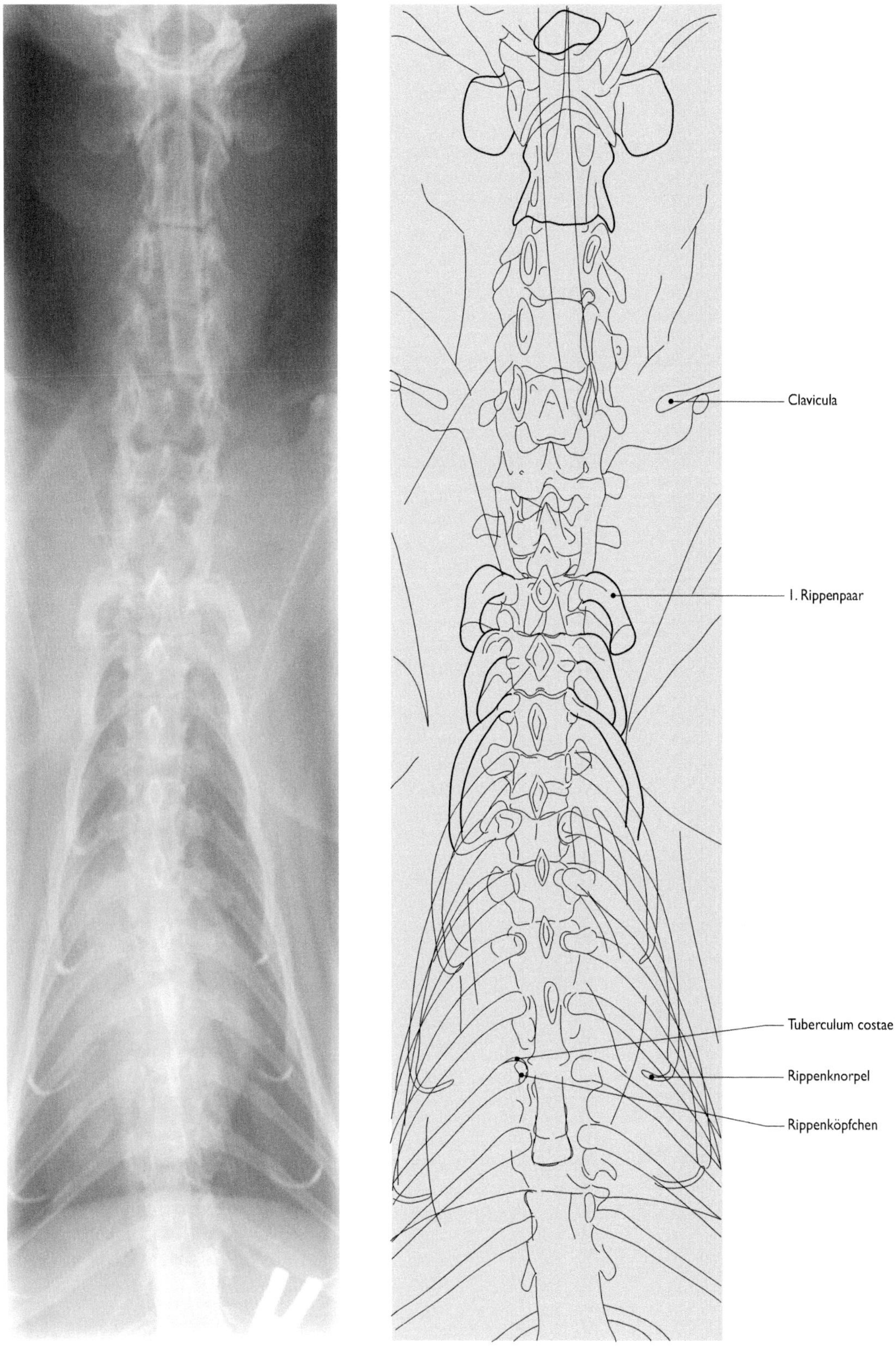

Abb.10.94 Röntgenbild der Brustwirbelsäule: ventrodorsale Ansicht.

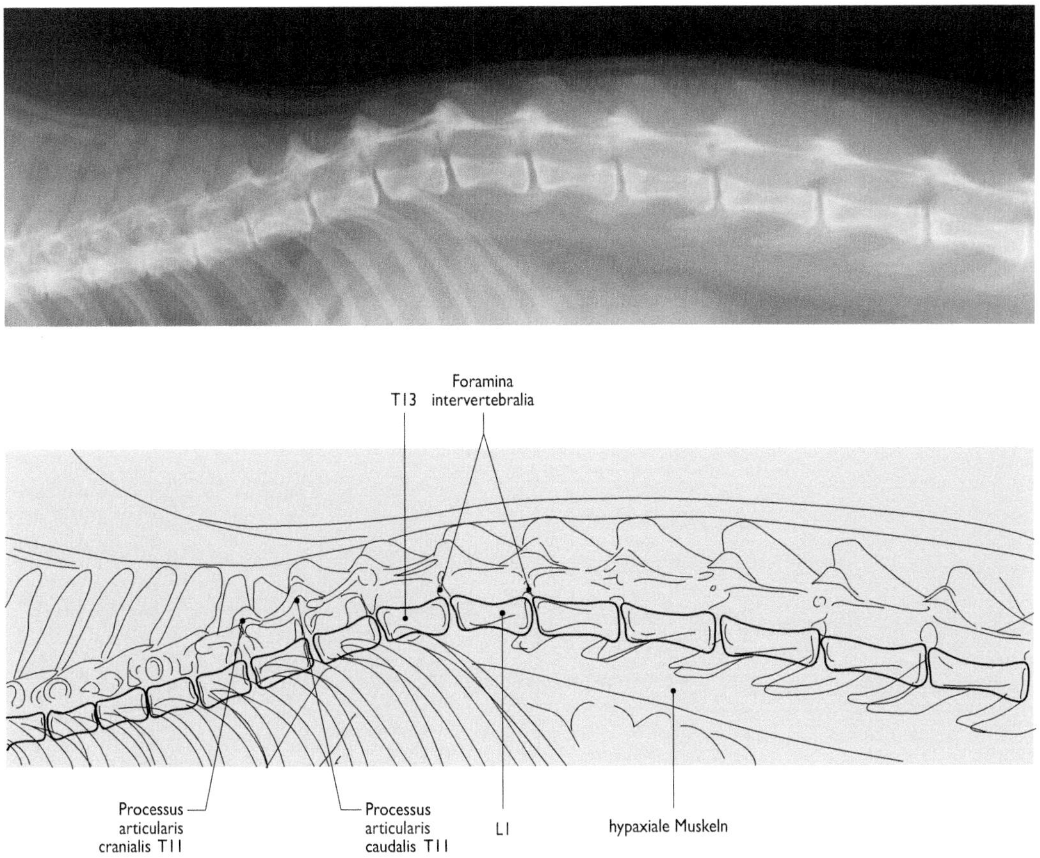

Abb. 10.95 Röntgenbild des thorakolumbalen Übergangs: laterale Ansicht. Der Wechsel der Ausrichtung der Synovialgelenke von der Dorsalebene zur Sagittalebene ist am Gelenk zwischen dem 10. und 11. Brustwirbel zu erkennen. Die Neigung der Procc. spinosi ändert sich ebenfalls an diesem Punkt, von einer kaudalen zu einer kranialen Ausrichtung. Der 11. Brustwirbel ist bei dieser Katze der antiklinale Wirbel.

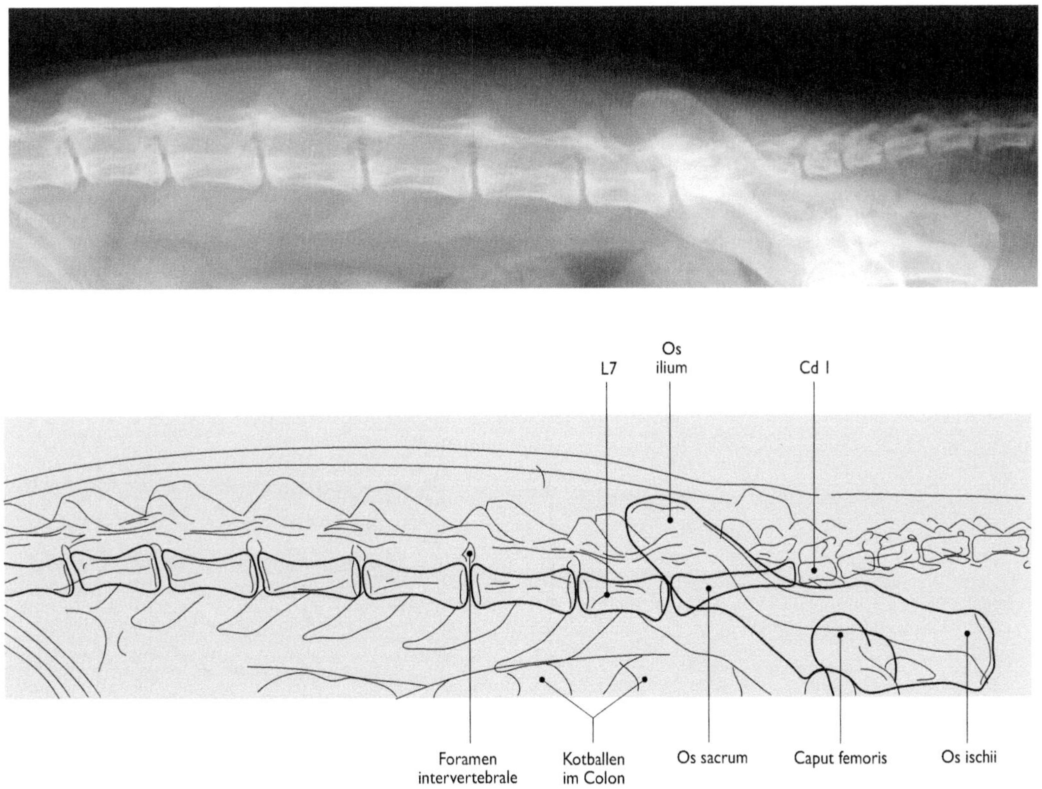

Abb. 10.96 Röntgenbild der Lendenwirbelsäule: laterale Ansicht.

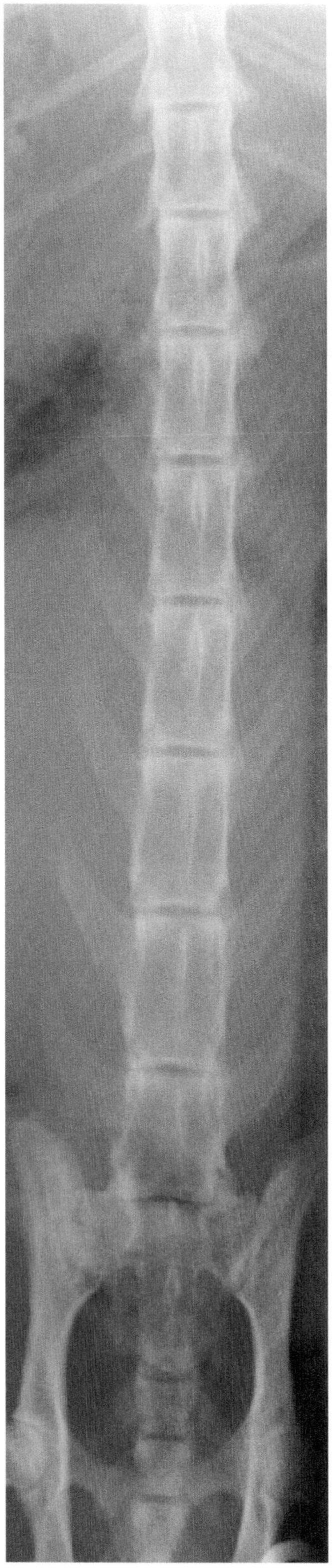

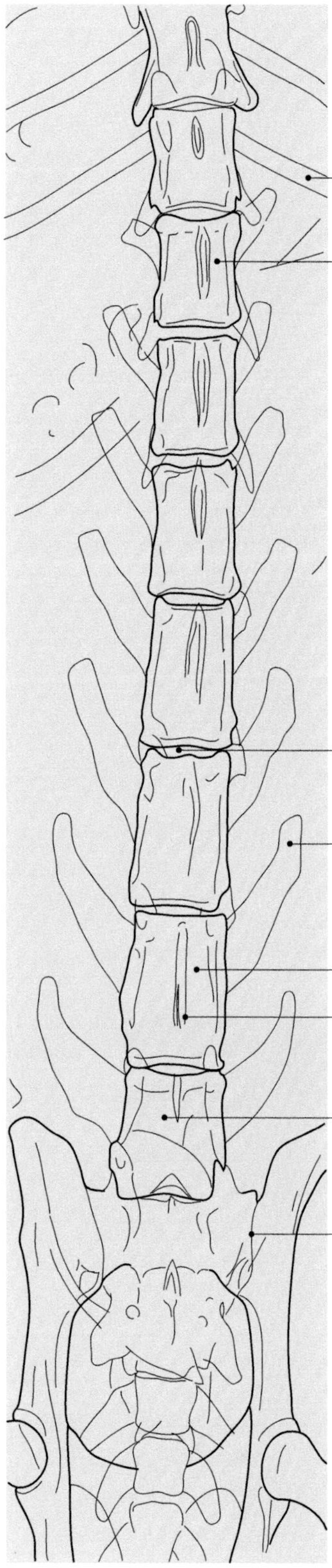

Abb. 10.97 Röntgenbild der Lendenwirbelsäule: ventrodorsale Ansicht.

INDEX FACHWÖRTER

Anmerkungen
Arterien, Lymphknoten, Muskeln, Nerven, Venen und ihre Truncus, Ganglien und Rami sind unter den gängigen Abkürzungen aufgeführt (A, Ln, M, N, V, T, G, R), entsprechend den Abbildungsbezeichnungen. Im Falle der meisten anderen Strukturen wurden die eingedeutschten Namen verwendet, wobei die klassische Bezeichnung dort beibehalten wurde, wo sie im alltäglichen Gebrauch bekannter ist als die entsprechende eingedeutschte Version (z. B. Cauda equina).

Im Allgemeinen entsprechen die für die Abbildungen ausgewählten Bezeichnungen der Nomina Anatomica Veterinaria (1983); der Index führt diese Namen so auf, wie sie in den Bezeichnungen erscheinen.

Dieser Index verweist auf Seitenzahlen, nicht auf Abbildungen Der Index führt die Seiten auf, auf denen jede Struktur in den zu den Fotografien gehörigen Zeichnungen bezeichnet ist Der Index umfasst auch Verweise auf diejenigen Strukturen und Regionen, die in den Titeln der Fotografien erwähnt werden.

A

B

C

D

E

F

G

H

N

O

P

R

S

W

X

Z